图解汉拉兽医解剖学名词

（第4版）

[美] 乔戈·M.康斯坦丁内斯库（Gheorghe M. Constantinescu） 主编

刘为民　陈耀星　司丽芳　叶亚琼　译

彭克美　李福宝　陈树林　审

英文原著前几版的编者包括：乔戈·M.康斯坦丁内斯库（Gheorghe M. Constantinescu），罗伯特·E.哈贝尔（Robert E. Habel[†]），安东·希勒布兰德（Anton Hillebrand），沃尔夫冈·O.萨克（Wolfgang O. Sack[†]），奥斯卡·沙勒（Oskar Schaller[†]），保罗·西莫内（Paul Simoens），内斯特·R.德沃斯（Nestor R. de Vos[†]）。

中国农业出版社

北　京

《兽医解剖学名词（Nomina Anatomica Veterinaria）》（N.A.V.）是世界公认的针对家养动物，特别是犬、猫、猪、牛、绵羊、山羊和马的大体解剖学名词术语的汇编，是由世界兽医解剖学家协会（W.A.V.A.）任命的国际兽医解剖学名词委员会编辑出版，以其权威性、系统性和学术严谨性备受世界兽医解剖学界推崇，迄今已更新至第6版。N.A.V. 的第3版在1983年编辑出版后，作为1965—1980年国际兽医解剖学名词委员会主席的奥地利学者O. Schaller和美国学者R. E. Habel敏锐地意识到国际兽医解剖学名词方面同样需要一部类似于人体解剖学Feneis版本的图解兽医解剖学词典。1992年第1版《图解兽医解剖学名词（Illustrated Veterinary Anatomical Nomenclature）》（I.V.A.N.）面世，该书一经出版即广受欢迎，2017年已经出版了该书的第4版，本译本即是根据第4版I.V.A.N. 编译出版。

I.V.A.N. 在文本和插图的编排上与Feneis版本相同，偶数页包含按N.A.V. 顺序进行编号的名词术语，大部分名词术语的后面都附有一个简短的定义；奇数页则是用相应名词术语顺序进行编号标注的插图。这样的顶层设计既保证了I.V.A.N. 严格按照N.A.V. 的内容进行传承的准确性和严谨性，又大大方便了读者，使我们能够快速找到解剖结构的名称、定义和描述，甚至可以不必查找目录和索引，直接翻阅插图，便可快速便捷地查到。对此，相信每一位使用过的读者都会有同感。

本译本主要参考1986年版的《拉·汉兽医解剖学名词》（湖南科学技术出版社出版）及2017年出版的第6版N.A.V.，并参考了1981年出版的《汉拉英对照人体解剖学图解词典》（人民卫生出版社出版）、1991年及2014年由全国自然科学名词审定委员会公布的《人体解剖学名词》（第1、2版，科学出版社出版）以及近20年来全国出版发行的各类高校兽医解剖学统编教材和相关的专著。名词术语的翻译尽量兼顾国内兽医解剖学界和兽医临床实践长期以来的习惯用法和人体解剖学名词，在不易统一的情况下，优先选择兽医解剖学全国统编教材的名词。译者十分赞同陈耀星教授提出的采用译者注的方式解释名词翻译过程中出现疑义的建议，也非常感谢雷治海教授为我们提供了诸多重要的参考资料。

本书正文分为畜体分区、骨学、关节学、肌学、内脏学、脉管学、神经系统、感觉器官和被皮9章，主要由刘为民、陈耀星、司丽芳和叶亚琼四位从事家畜大体解剖学教学的教师主笔翻译，其中陈耀星教授负责神经系统，司丽芳副教授负责肌学和内脏学两章，叶亚琼讲师负责脉管学（包括淋巴系统），刘为民教授负责畜体分区、骨学、关节学、感觉器官、被皮以及附录和索引。译稿经刘为民教授统一格式，协调润色。

原著正文中有少数词条在拉丁文词条后还附有相应英文词条，因限于篇幅，以及英文词条并不是每一条均有，缺乏系统性、完整性，因此本译本正文中将绝大部分英文词条舍弃，仅在附录Ⅰ、Ⅱ中尽可能加以保留，望读者见谅。

为适应国内教学的需要，我们将rostralis（吻侧的）、anterior（前侧的）和cranialis（颅侧的）统一译为前侧的；将posterior（后侧的）、caudalis（尾侧的）统一译为后侧的。在四足动物，前3个名词的含义是一致的，后2个名词含义也相似。但在汉译英（拉）的过程中仍需要区别对待，为此对上述5词条的翻译仍按原文。

为更清楚地表达词条的层次属性，本书在保持原著层次结构的基础上参考了第6版N.A.V.的层次排序，增加了词条的层次，并采用缩进的方式加以体现。

相较于人体解剖学的类似词典，I.V.A.N.无论在词条数量还是在内容的复杂性上都远远超出前者，这主要是因为兽医解剖学的内容包含了犬、猫、猪、牛、绵羊、山羊、马、兔等动物庞大的解剖学名词术语群，我们深感任务之繁重和责任之重大，唯恐挂一漏万，顾此失彼，但不足之处在所难免，尚祈读者不吝提出宝贵意见，以便改正。

最后，借此机会真诚感谢佛山大学和河南科技大学对本书的出版所给予理解和支持；非常感谢彭克美教授、李福宝教授、陈树林教授三位审稿人拨冗对书稿进行了仔细的审阅并提出宝贵的修改意见；也非常感谢中国农业出版社的弓建芳编辑，以她的热忱和专业的服务以及对工作执着的进取精神和耐心，使本书得以顺利出版。

2024年仲夏于佛山

本书前两版的首位主编，也是唯一的主编 Dr. Dr. Oskar Schaller 在本书第2版出版后去世，我们谨以本书诚挚地献给这位在国际兽医解剖学名词和兽医解剖学诸多方面作出杰出贡献的先驱。

第6版《国际兽医解剖学名词》（N.A.V.）已于2017年10月公布，包括60个新增或更改的结构方面的名词。因此，Georg Thieme 出版公司邀我更新本书的第3版（本书前3版由 Enke Verlag 出版社出版）。第4版在骨学、关节学、肌学、周围神经系统以及自主神经系统方面未做任何更改，大部分的改动在于内脏学、脉管学和中枢神经系统，在内分泌系统和一般用语两章做了些许改动。术语"器"已由"系"或"系统"代替，某些结构的名称也根据兽医组织学名词提供的内容作了相应的更新。第4版的所有改动都是为了促进大体解剖学、组织学、胚胎学这3个兽医名词术语范畴的协调统一。

作为国际兽医大体解剖学名词委员会（I.C.V.G.A.N.）的新成员，世界兽医解剖学家协会（W.A.V.A.）小组委员会改选执行主席，Mario Pereira-Sampaio 在 N.A.V. 从第5版到第6版改版期间对小组委员会主席人选作出的数次调整所带来的进步可以从如下范畴的名词更新中窥见一斑：一般名词、身体的分部和分区、骨学和关节学、中枢神经系统、感觉器官。

感谢 Thieme 出版公司，特别是总编辑兼项目经理 Désirée Schwarz 女士，她给了我修改和更新本书第3版的机会，一并感谢她的团队！

美国密苏里州哥伦比亚市

Gheorghe M. Constantinescu

2018 年 3 月 26 日

第1版前言

　　《兽医解剖学名词（Nomina Anatomica Veterinaria）》（N.A.V.）是首部国际公认的针对家养动物，特别是犬、猫、猪、牛、绵羊、山羊和马的大体解剖学术语的汇编。N.A.V. 是在1968年由世界兽医解剖学家协会（W.A.V.A.）任命的国际兽医解剖学名词委员会（I.C.V.A.N.）编辑出版，其第3版诞生于1983年。目前我们的工作已经包含了被批准的为第4版N.A.V. 所作的修改。之所以能快速实现这种更新，是因为本书作者是国际兽医大体解剖学名词委员会（I.C.V.G.A.N.）小组委员会成员，或者是小组委员会主席。

　　N.A.V. 汇集6 545条术语（同义词或仅出现于灵长类的名词未计入），其中有不到10%的术语在脚注中作了解释。此外，用图解列表词条的9幅图全部都是关于中枢神经系统的。某些词条则反复出现，比如ramus caudalis，tunica muscularis等，它们每一条都重复出现了13次。

　　与本书相似，联邦德国Heinz Feneis在1967年出版的图解人体解剖学名词《Anatomisches Bildwörterbuch der internationalen Nomenklatur》也是受人体解剖学名词《Nomina Anatomica》（N.A.）的推动而完成的。该书出版后广受欢迎，随后被译为数种语言。事实证明，该书不仅对学生、教师有用，而且对医学和生物学的许多其他领域也大有裨益。

　　本书的主编，作为1965—1980年国际兽医解剖学名词委员会（I.C.V.A.N.）主席，敏锐地意识到国际兽医解剖学名词方面同样需要一部类似于人体解剖学Feneis版本的图解兽医解剖学词典。同时，本主编也很幸运地成为了杰出兽医解剖学家行列的一员。获此殊荣的兽医解剖学家在兽医解剖学名词命名方面十分活跃，是国际兽医大体解剖学名词委员会（I.C.V.G.A.N.）各小组的成员：

　　畜体分部和分区小组委员会主席：W. O. Sack（美国）

　　骨学和关节学小组委员会主席：O. Schaller（奥地利）

　　肌学小组委员会主席：前期由L. E. St. Clair（美国，已故）担任，后由O. Schaller（奥地利）继任。

　　内脏学小组委员会主席：R. E. Habel（美国）

　　脉管学小组委员会主席：前期由N. R. de Vos（比利时）担任，后由P. J. Simoens（比利时）继任。

　　神经系统小组委员会主席：前期由担任周围神经系小组委员会主席的R. C.

McClure（美国）兼任，后由 G. Constantinescu（美国）继任。

感觉器和被皮小组委员会主席：W. O. Sack（美国）。

此外，在 N.A.V. 的第 1 版中，O. Schaller 担任编委主席，R. E. Habel 担任编委委员；在第 3 版中，R. E. Habel 担任编委主席，而 O. Schaller 担任编委委员。综上，本书的作者阵容保证了国际兽医解剖学名词委员会出版图解版本的兽医解剖学名词词典的目标得以实现。

文本和图的编排与 Feneis 版本相同，以便读者使用。偶数页包含按 N.A.V. 排列编号的术语，每个术语后都附有一个简短的定义。奇数页则是用相对应的编号进行标注的插图。因此，结构的名称、定义和描述都易于被快速找到。书后还附有按字母顺序编排的索引。

书中插图是由数位艺术家绘制的，其中 Lewis Sadler，Adrian Cornford 和 William P. Hamilton 是著名的医学插图画家。"脉管学"一章的撰写者 P. J. Simoens 博士和"神经系统"一章的撰写者 G. M. Constantinescu 亲自绘制了各自章节的大部分插图。个别插图是引自其他出版物，引用之前征得了各自作者和出版商的许可，并在图中标明出处，资料来源则列于书后的参考文献中。显然，在许多情况下，重点内容尽管不是复制的，但将采用插图的方式展现，就像其他书籍相同内容的插图那样。

衷心感谢 Enke Verlag 出版公司对本书的出版，特别是 J. Niendorf 先生、P. Kleiner 博士和 D. Kosmidis 先生，他们直接参与了本书的制作。

奥地利维也纳

Oskar Schaller

1991 年 10 月

第3版前言

　　1992年出版的本书第1版是根据1983年出版的兽医解剖学名词（N.A.V.）第3版编绘的。本版则是依据N.A.V.最新版（2005年第5版）在文本和图片方面作出了更新，在更新了文本后再更新图片和图标。另外，原有的一些图已被新的原创绘图所取代。本次修订也包括对一些文字、注释和脚注的修改，这是一件费时又费心的工作，我在完成兽医解剖学教授的教职之余，作为唯一的编辑兼绘图师，连续工作了一年零四个月。教授职责包括教学、学术活动和国际会议。

　　作为本书第1版的作者，Wolfgang O. Sack教授和Nestor R. de Vos教授已经离世。兽医解剖学界对他们为本书的成功出版所作的宝贵贡献表示诚挚的感谢。罗马尼亚布加勒斯特斯皮鲁·哈雷特大学的Anton Hillebrand教授已列入本版撰稿人名单。我非常感谢如下3位同事对于本书第1版提出的建议，他们是：康奈尔大学荣誉教授Alexander de Lahunta、密苏里州哥伦比亚大学副教授Brian L. Frappier以及瑞士伯尔尼大学教授Micheal Stoffel。我也非常感谢助理教授Ileana A. Constantinescu对本版的校对和建议。

　　为了更好地理解本书内容，本版增加了许多注释和脚注。在脚注中Nomina Anatomica Veterinaria缩写为N.A.V.，Nomina Anatomica缩写为N.A.。许多第1版N.A.V.中的结构在第5版中被省略，这些名词在本版的脚注中有被提及。

　　受篇幅所限，针对第5版N.A.V.中某些结构的名词需要多达8条脚注的情况，出版商在征得主编同意后，决定在正文中添加大部分脚注，而不是全部。

　　国际兽医大体解剖学名词委员会（I.C.V.G.A.N.）新设的主席、秘书以及小组委员会名单如下：

主席：德国汉诺威Hagen Gasse教授

秘书：比利时根特Wim Van den Broek教授

一般用语和畜体分区、分部小组委员会主席：日本札幌Yoshiharu Hashimoto教授

骨学和关节学小组委员会主席：德国柏林Karl-Dieter Budras教授

肌学小组委员会主席：美国密苏里州哥伦比亚Gheorghe M. Constantinescu教授

内脏学小组委员会主席：埃及米努菲亚大学A. S. Saber教授

脉管学小组委员会主席：比利时根特Paul Simoens教授

被皮小组委员会主席：德国柏林H. Bragulla教授

中枢神经系统小组委员会主席：西班牙卢戈Ignacio Salazar教授

周围神经系统小组委员会主席：匈牙利布达佩斯 Peter Sótonyi 教授

感觉器小组委员会主席：瑞士苏黎世 Heinz Augsburger 教授

小组委员会所有成员名单载于第5版N.A.V.。第5版N.A.V. 对兽医解剖学名词的修改和规则制定的过程，可以看作是L.C.V.G.A.N. 的一段非常有趣和富有教育意义的历史，富含对兽医解剖学名词使用者的启发和对解剖学殊为重要的拉丁语语法的理解。我鼓励对《图解兽医解剖学名词》感兴趣的学者在检索解剖学术语前先阅读这些附录。

书的末尾列出了中枢神经系统的一系列由人名转化来的专义词，这些专义词受到神经学家、神经解剖学家、神经外科专家以及对中枢神经系统特别感兴趣的学者的偏好。

一般而言，身体的结构是对称的，但脊柱、胸骨、一些头骨、韧带和肌肉可看作是不成对但仍是对称的。因此，对于对称且成对的结构不必采用复数形式。

对于某些肌肉，起点用"O"表示（Origo=origin），止点用"T"表示（Terminatio= insertion）。然而，也有一些具有作用互变的肌肉，其起止点在不同情况下是可以互换的，如股二头肌、半腱肌、半膜肌、臀中肌、腰大肌、腰小肌、臂三头肌等，对这些肌肉，采用"附着点"较"起点"或"止点"更为恰当。

在第5版N.A.V. 中，从"骨学"到"神经系统"的每一章前面都有一个结构列表。所有这些列表以及不同术语和名词都汇集在本书第1版的一个特殊章节，称为"一般用语"。我本人也赞同保留这一章，并作必要的修改。这一章现称为"一般用语及特殊用语（Termini generales et peculiares）"。

在此，借用John F. Kennedy总统的一句话表达我的思想："我决定承担这份责任，不是因为它很容易，而是因为它很难"。

最后，我谨向MVS Medizinverlage Stuttgart GmbH & Co.KG公司的Ulrike Arnold博士、Gesina Cramer女士和Sonja Ruffer博士致以诚挚的谢意，也非常感谢文字编辑Uta Schödl给予的建议以及我的爱妻Ileana女士给予的理解、支持和鼓励。

美国密苏里州哥伦比亚市

Gheorghe M. Constantinescu

2011 年 1 月

Contents
目 录

1.在本书查找一个特定的术语有3种方法：①查找每页顶部所指器官系统；②索引；③相关插图。

2.在文本页面上，不同类型和大小的字体表示术语的层次地位。较大字号层次较高；相同字号中文和拉丁文均加粗的层次最高，仅中文加粗的次之；相同字号黑体层次高于楷体。④相同字号，缩进程度越高层次越低。

3.在中文名词中，官方备选方案放在方括号内，解释性或补充性内容放在小括号内。常见的解剖学变异也放在小括号内，但淋巴系统除外，因为在该系统，许多被确立的淋巴模式在实际场合是可变的。

4.个体发生方面的术语用"（ont）"标示。

5.在N.A.V.中涉及的家畜种类有：

Oryctolagus 穴兔属	（or）	Ruminantio 反刍动物	（Ru）
Carnivora 肉食动物	（Car）	Bostaurus 牛	（bo）
Felis catus 猫	（fe）	Ovis aries 绵羊	（ov）
Canis familiaris 犬	（ca）	Capra hircus 山羊	（cap）
Ungulata 有蹄类	（Un）	Equus caballus 马（属）	（eq）
Sus scrofa domestica 家猪	（su）		

当然，即使是含义更宽泛的术语也仅限于指定的家养哺乳动物，如术语有蹄类仅指家猪、羊、水牛、牛和马属动物。术语肉食动物仅指猫和犬。穴兔属，即兔，是在第五版N.A.V.引入的，仅在骨学、关节学和淋巴系统有所体现。

6.当一个物种名称被列于一个术语后时，表明该结构只出现于家养的该哺乳动物物种。但是如果术语后缺乏物种名称时，并不意味着该结构在所有的家养哺乳动物出现。

7.在脉管系统和周围神经系统中需要将不同物种的名称单独列表，以一个大写的种名或目名开头。当单独列表结束时，所有物种的通用术语以及特殊术语在TERMINI COMMUNES项下恢复。

8.在拉丁文名词中，无论是官方备选方案，还是解释性或补充性的内容，均按原文放在方括号内。其中有一类内容，其拉丁文拼写与括号外内容仅差1～2个元音或辅音字母，此为N.A.V.认为在语言学上更为合理的拼写形式，一般情况读者不必过多理会。

9.部分器官内肌肉或结构分属各章节，为便于查找，兹列表如下。

肌肉或器官	归属的系统或器官	肌肉或器官	归属的系统或器官
腭帆肌	内脏：消化系统	舌肌	内脏：消化系统
耳固有肌	感觉器：耳	舌骨肌	肌学：头部肌
耳部肌	肌学：头肌	舌器（舌骨）	骨学：头骨
睾提肌	内脏：生殖系统	肾内的动脉	内脏：泌尿系统
喉肌	内脏：呼吸系统	肾内的静脉	内脏：泌尿系统
会阴肌	内脏：会阴	听小骨	感觉器：耳
脑动脉	心血管系统：动脉	听小骨肌	感觉器：耳
脑静脉	心血管系统：静脉	咽鼓管	感觉器：耳
内耳的血管	感觉器：耳	咽肌	内脏：消化系统
尿道肌	内脏：会阴	咽门肌	内脏：消化系统
盆膈	内脏：会阴	眼球肌	感觉器：眼
球海绵体肌	内脏：会阴	阴茎[蒂]缩肌	内脏：会阴
上睑提肌	感觉器：眼	坐骨海绵体肌	内脏：会阴

10.插图的标号对应于其左页（偶数页）的编号，但有时标号由两个数字组成，若两数字间以"；"隔开，则两数字均对应于偶数页的编号；若两数字间以"."隔开，则表示该标号对应于其他页的某条或其他页插图的某标号，读者可进一步追踪其文字含义。

1　背正中线　Linea mediana dorsalis.　沿头、颈、躯干和尾背面正中的纵向线。　AC

2　腹正中线　Linea mediana wentralis.　沿头、颈、躯干和尾腹面正中的纵向线。　AC

3　臂三头肌缘　Margo tricipitalis.　由臂三头肌后界形成。　B

4　正中矢状面　Planum medianum.　将身体分为对称两部分的切面。　B

5　侧矢状面　Plana sagittalia [Paramediana].　平行于正中矢状面的切面。　B

6　横断面　Plana transversalia.　垂直于身体、四肢或任何其他器官或部分的长轴的切面。　B

7　背平面　Plana dorsalia.　平行于体背面或头、颈、尾相应背面以及前足、后足相应背面，与正中矢状面和横断面相互垂直。　BC（译者注：国内教科书称为额面或水平面。）

8　**头部分区**　Regiones capitis.　头部表面的分区。

9　**颅部分区**　Regiones cranii.　头部背后部的分区。

10　额区　Regio frontalis.　额骨上方的区域。在成年牛还向后扩展到枕区。　D

11　顶区　Regio parietalis.　顶骨上方的区域。在成年牛，顶区在头部的后外侧部。　D

12　枕区　Regio occipitalis.　枕骨上方的区域。　D

13　颞区　Regio temporalis.　颞骨和颞肌所在的表面区域。　D

14　眶上窝　Fossa supraorbitalis.　位于眶的后方，颧弓背侧的陷凹。　D

15　耳区　Regio auricularis.　D

16　角区　Regio cornualis.　C

17　**面部分区**　Regiones faciei.　头部前腹侧部的分区。

18　鼻区　Regio nasalis.　D

19　鼻背区　Regio dorsalis nasi.　D

20　鼻外侧区　Regio lateralis nasi.　D

21　鼻孔区　Regio naris.　鼻孔周围的区域。　D

22　口区　Regio oralis.　口裂周围的区域。　D

23　上唇区　Regio labialis superior.　上唇所在的区域。　DE

24　下唇区　Regio labialis inferior.　下唇所在的区域。　DE

25　颏区　Regio mentalis.　DE

26　眶区　Regio orbitalis.　骨性眶所界定的区域。　D

27　上睑区　Regio palpebralis superior.　D

28　下睑区　Regio palpebralis inferior.　D

29　颧骨区　Regio zygomatica.　在眶的后下方，覆盖颧弓。　D

30　眶下区　Regio infraorbitalis.　位于眶的前下方。　D

31　颞下颌关节区　Regio articulationis temporomandibularis.　位于颧骨区的后方。　D

32　咬肌区　Regio masseterica.　覆盖咬肌的区域。　DE

33　颊区　Regio buccalis.　口区和咬肌区之间的区域。　DE

34　上颌区　Regio maxillaris.　覆盖上颌骨的区域，位于颊区与鼻区之间。　D

35　下颌区　Regio mandibularis.　覆盖下颌骨的区域，位于颊区腹侧。　DE

36　下颌间区　Regio intermandibularis.　位于两侧下颌骨之间，从颏区延伸到舌骨下区。　E

37　舌骨下区　Regio subhyoidea.　覆盖底舌骨的区域，在下颌间区后方。　E

B 身体的平面（Dyee,sack,Wensing）

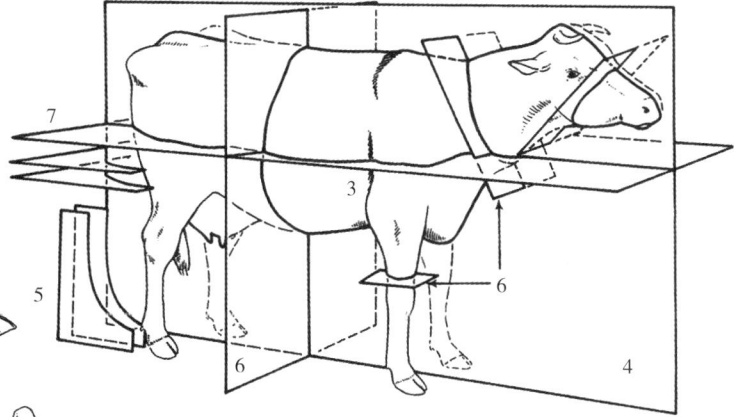

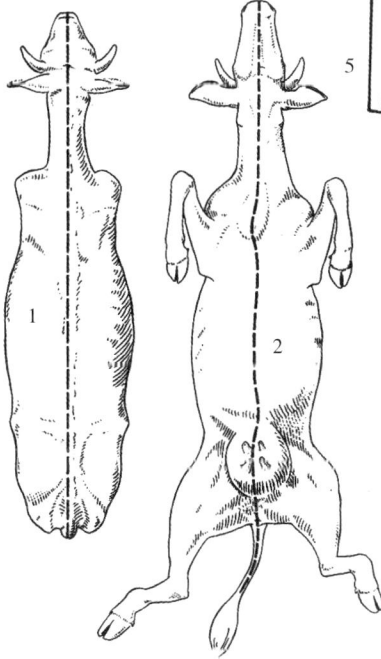

A 背、腹正中线（牛）

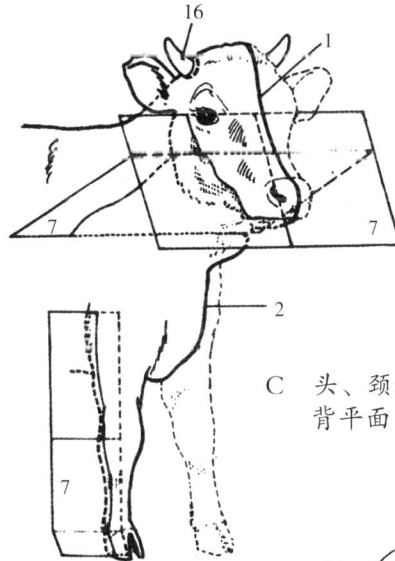

C 头、颈和前肢的
背平面（牛）

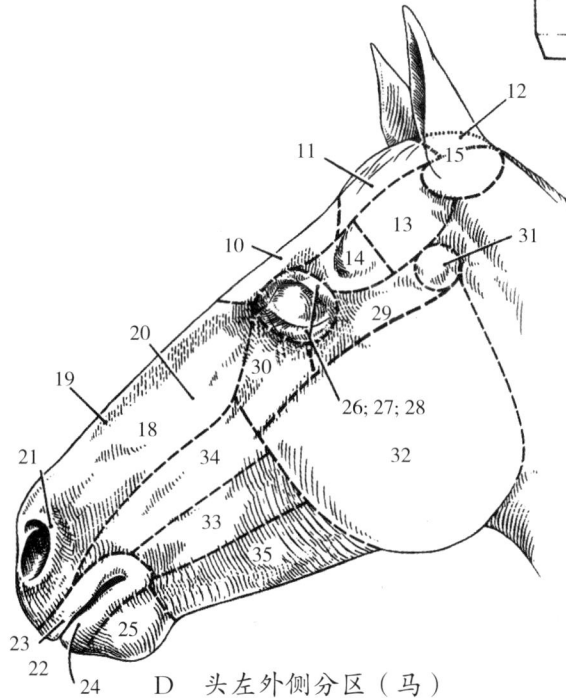

D 头左外侧分区（马）

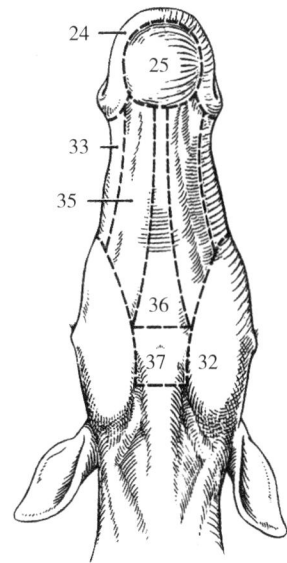

E 头腹侧面分区（马）

1　**颈部分区**　Regiones colli.

2　颈背侧缘　Margo colli dorsalis.　马颈背侧的嵴。　AB

3　颈背侧区　Regio colli dorsalis.　AB

4　颈外侧区　Regio colli lateralis.　AB

5　腮腺区　Regio parotidea.　位于颈前端，覆盖腮腺。　B

6　下颌后窝　Fossa retromandibularis.　位于下颌骨后方，寰椎翼下方，腮腺区的凹陷。　B

7　耳廓后区　Regio retroauricularis.　B

8　咽区　Regio pharyngea.　覆盖咽部的区域，位于腮腺区和喉区之间。　B

9　臂头肌区　Regio brachiocephalica.　覆盖臂头肌的区域，位于颈外侧区腹侧。　A

10　颈静脉沟　Sulcus jugularis.　对应于颈静脉的体表凹陷。其背侧为臂头肌，腹侧为胸头肌。　ABC

11　颈静脉窝　Fossa jugularis.　为颈静脉沟后端的凹陷。　C

12　胸头肌区　Regio sternocephalica.　位于颈静脉沟腹侧，覆盖胸头肌。　ABC

13　肩胛前区　Regio prescapularis [prae-].　位于颈部后端，肩胛骨之前。　A

14　颈腹侧区　Regio colli ventralis.　位于胸头肌区腹侧，由喉区和气管区组成。　B

15　喉区　Regio laryngea.　在颈部腹面，位于舌骨下区和气管区之间。　B

16　气管区　Regio trachealis.　覆盖气管表面的区域，位于胸头肌区腹侧，喉区的后方。　BC

17　**胸部分区**　Regiones pectoris.　胸部表面分区。

18　胸骨前区　Regio presternalis [prae-].　覆盖胸降肌表面，位于胸外侧沟与胸正中沟之间。　C

19　胸正中沟　Sulcus pectoralis medianus.　位于左、右胸降肌之间的沟。　C

20　胸外侧沟　Sulcus pectoralis lateralis.　为臂头肌和胸降肌之间的沟，其深部有头静脉和颈浅动脉的三角肌支经过。　C

21　胸骨区　Regio sternalis.　覆盖胸骨表面。　AD

22　胸乳丘区　Regio mammaria thoracica.　在肉食动物和猪，为具有胸部乳丘的区域。　D

23　肩胛区　Regio scapularis.　覆盖肩胛骨的区域。　A

24　肩胛软骨区　Regio cartilaginis scapulae.　覆盖肩胛软骨的区域。　A

25　冈上区　Regio supraspinata.　覆盖冈上肌的区域。　A

26　冈下区　Regio infraspinata.　覆盖冈下肌的区域。　A

27　肩峰区　Regio acromialis.　覆盖肩峰或肩胛冈腹侧端的区域。　A

28　肋区　Regio costalis.　覆盖各肋，但不包括肋软骨。　A

29　心区　Regio cardiaca.　覆盖臂三头肌后缘后方的心脏部分，当听诊或叩诊心脏时，可以向前推动前肢而扩大该区域。　A

30　肋弓　Arcus costalis.　由假肋的各肋软骨组成，将最后肋的腹端连于胸骨上。　A

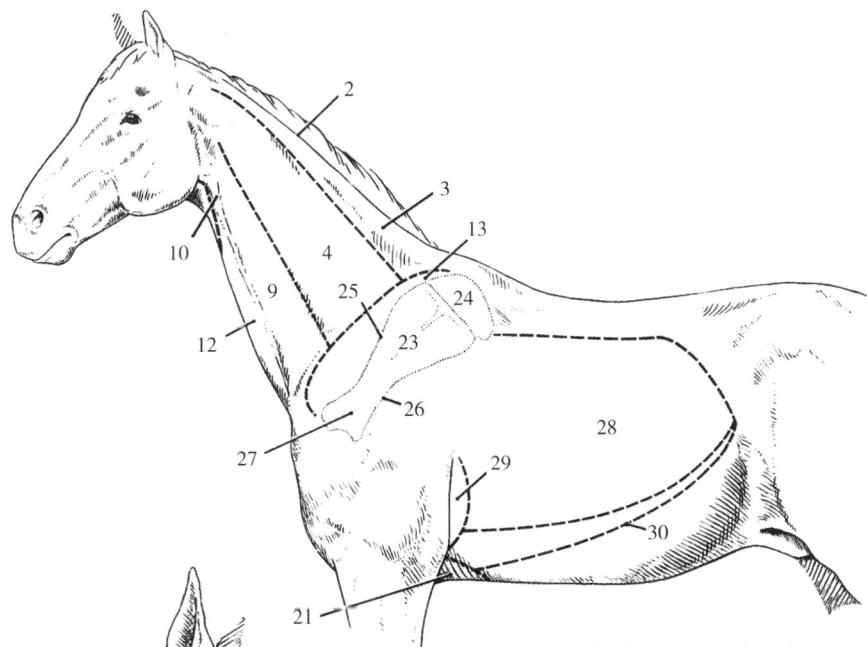

A 颈、胸左外侧分区（马）

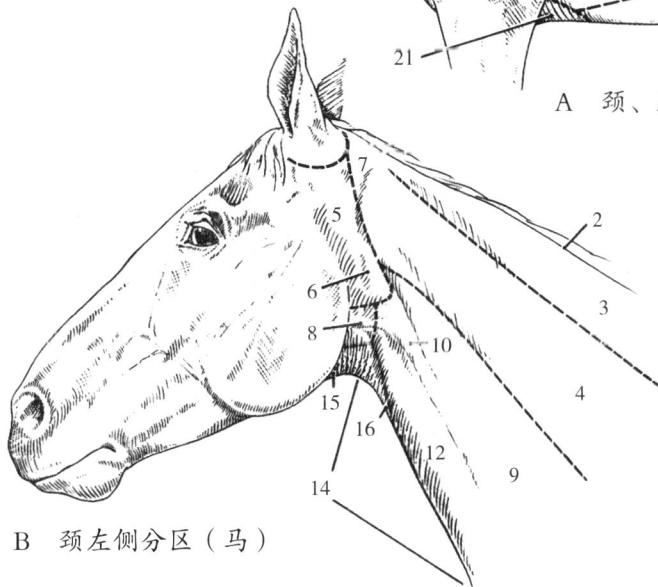

B 颈左侧分区（马）

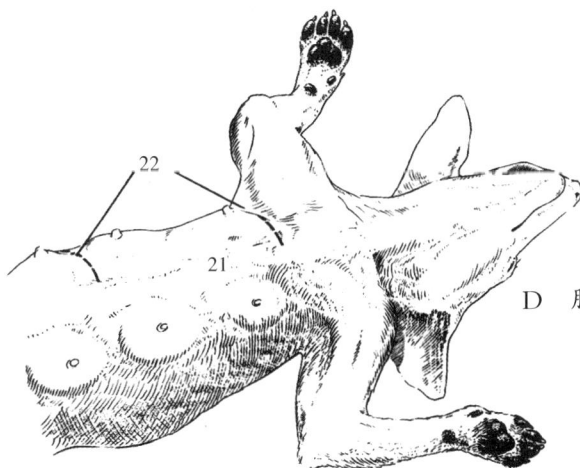

D 胸腹侧面分区（犬）

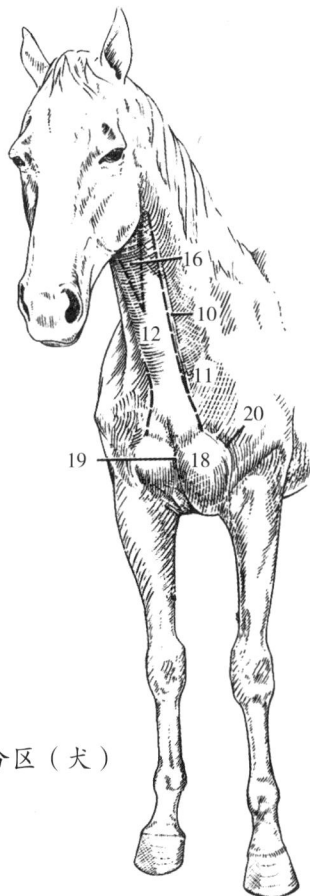

C 颈腹侧和胸前部分区（马）

1　**腹部分区**　Regiones abdominis.　腹部表面的分区。

2　腹前区　Regio abdominis cranialis.　包括左、右季肋区和剑突区。　B

3　季肋区　Regio hypochondriaca.　腹壁的覆盖肋软骨的带状区域。　AB

4　剑突区　Regio xiphoidea.　为从肋弓向后到最后肋腹端之间的腹部腹侧面。　AB

5　腹中区　Regio abdominis media.　包括左、右腹外侧区和脐区。　B

6　腹外侧区　Regio abdominis lateralis.　也称为腹胁区，向后直达髋结节水平。　A（腹胁区在大动物常分为三部，由背向腹分别是腰旁窝（腺窝）、腹胁带（腹内斜肌在最后肋骨肋软骨结合处的附着区）以及坡区。这三区在评估大动物腹腔内脏的位置时十分重要。（第5版 N.A.V. 对于腹胁带未给出任何特殊或具体的描述。）

　　7　腰旁窝　Fossa paralumbalis.　其背侧为腰椎横突，腹侧为从髋结节向最后肋延伸的腹内斜肌（常称为"腹胁带"，见第6条），前方为最后肋骨。　A

　　8　胁襞区　Regio plica lateris.　膝褶所在的区域。　A

9　脐区　Regio umbilicalis.　B

10　腹后区　Regio abdominis caudalis.　为介于两侧胁襞区之间的腹底面，并从腹中区向后延伸至耻骨梳。　B

11　腹股沟区　Regio inguinalis.　位于耻骨区两侧，在A图中它的位置很深，从这个角度是看不到的。　ABC

12　耻骨区　Regio pubica.　位于耻骨前方，左、右腹股沟区之间。　BC

　　13　包皮区　Regio preputialis [prae-].　C

14　腹乳丘区　Regio mammaria abdominalis.　肉食动物和猪的腹部乳丘占据的区域。　E

15　腹股沟乳丘区　Regio mammaria inguinalis.　肉食动物和猪的腹股沟乳丘所占据的区域。　E

16　乳房区　Regio uberis.（反刍动物和马）乳房区域。　D

17　**背部分区**　Regiones dorsi.

18　胸椎区〔背肋区〕　Regio vertebralis thoracis [Reg. dorsocostalis].　胸椎所在区域，从颈背侧区延伸至腰区。　A

19　肩胛间区　Regio interscapularis.　位于两侧肩胛软骨背缘之间。在大家畜，由于此处胸椎棘突特别长，形成一高嵴，称为鬐甲（withers）。　A

20　腰区　Regio lumbalis.　覆盖腰椎的区域。　A

21　**骨盆部分区**　Regiones pelvis.

22　荐区　Regio sacralis.　覆盖荐骨的区域。　A

23　臀区　Regio glutea [glutaea].　覆盖臀中肌的区域，位于髋结节区之后。　A

24　髋结节区　Regio tuberis coxae.　A

25　尻区　Regio clunis.　臀的后部，为骨盆在坐骨结节背侧的部分，尾根的外侧。　A

26　坐骨结节区　Regio tuberis ischiadici.　AF

27　尾区　Regio caudalis.　AF

28　尾根区　Regio radicis caudae.　A

29　会阴区　Regio perinealis.　F

30　肛区　Regio analis.　肛门周围的区域。　F

31　尿生殖区　Regio urogenitalis.　位于肛区的腹侧，两股之间。在大多数种类的雄性，此区延伸到阴囊后部附着处，而在猫和猪，由于阴囊距肛门很近，此区包括阴囊。　CF

32　阴囊区　Regio scrotalis.　在某些种类，根据阴囊的位置可被合理地划分在骨盆部内。　C

33　乳房上区　Regio supramammaria.　在马和反刍动物，指乳房后方附着处背侧的区域。　F

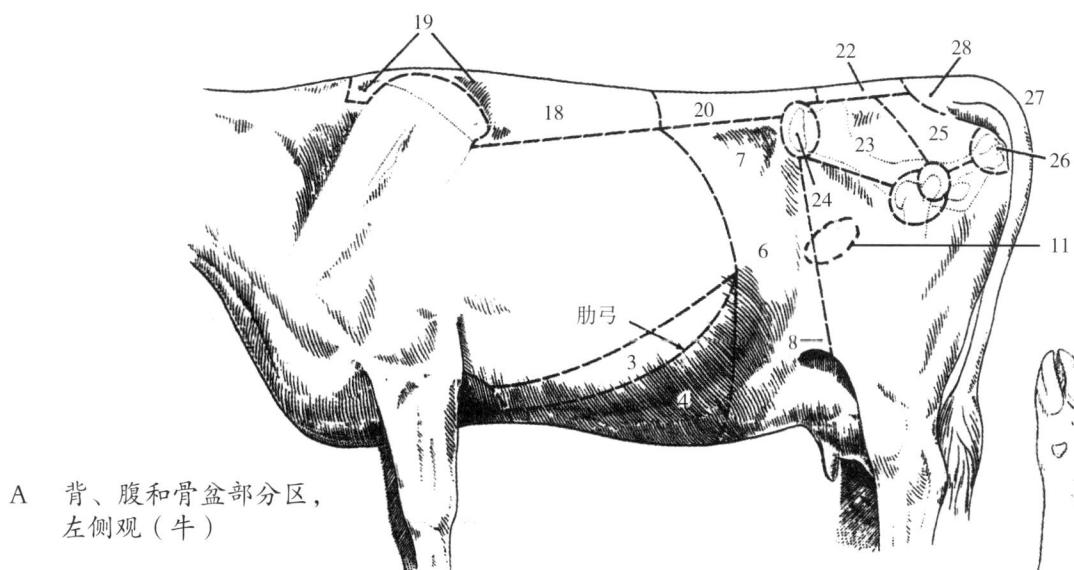

A　背、腹和骨盆部分区，
　　左侧观（牛）

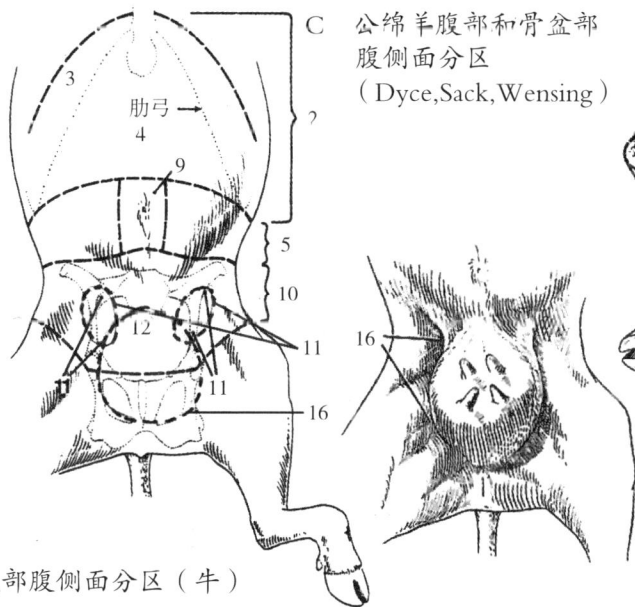

C　公绵羊腹部和骨盆部
　　腹侧面分区
　　（Dyce,Sack,Wensing）

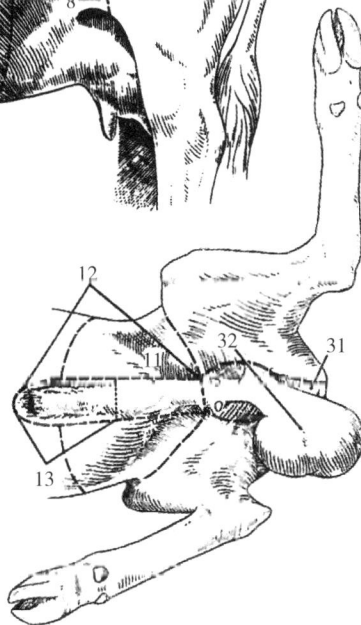

B　腹部腹侧面分区（牛）

D　乳房分区，腹侧观（牛）

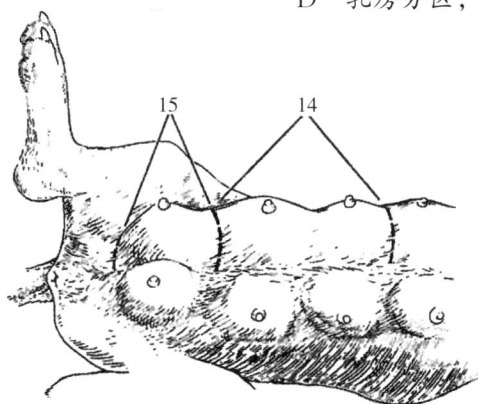

E　母犬腹部分区，腹侧观

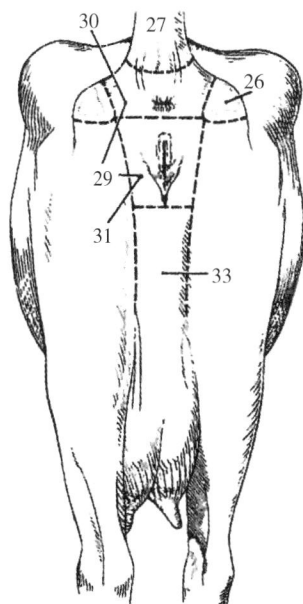

F　骨盆部后面分区（牛）

1 **前肢［胸肢］分区** Regiones membri thoracici.

2 肩关节区 Regio articulationis humeri. A

3 腋区 Regio axillaris. F

4 腋窝 Fossa axillaris. 为前肢与胸部之间的凹陷。 F

5 臂区 Regio brachii. 位于肩关节以远的臂部。 AF

6 三头肌区 Regio tricipitalis. 范围在臂三头肌长头的表面。 AF

7 肘区 Regio cubiti. 肘关节所在的区域，在臂区的远侧。 AF

8 鹰嘴区 Regio olecrani. 在鹰嘴周围，三头肌区腹侧。 AF

9 前臂区 Regio antebrachii. AF

10 腕区 Regio carpi. ADF

11 掌区 Regio metacarpi. AD

12 掌指区 Regio metacarpophalangea. 为掌指关节所在的区域，在大家畜也称球节区或系关节区。 ACD

13 近指节区 Regio phalangis proximalis. D

14 系区 Regio compedi. 有蹄类掌指区与冠区之间的指部。 AC

15 近指节间区 Regio interphalangea proximalis. 围绕近指节间关节的区域。 D

16 中指节区 Regio phalangis mediea. D

17 冠区 Regio coronalis. 在有蹄类，连接较细的系部与蹄冠（角质的蹄匣与皮肤相接处）的稍隆起的皮区。 AC

18 指间隙 Spatium interdigitale. C

19 **后肢［盆肢］分区** Regiones membri pelvini. 后肢表面的分区。

20 髋关节区 Regio articulationis coxae. B

21 转子区 Regio trochanterica. 大转子所在的体表区。 B

22 股区 Regio femoris. B

23 膝前区 Regio genus cranialis. B

24 膝盖［髌］区 Regio patellaris. B

25 膝外侧区 Regio genus laterales. B

26 膝内侧区 Regio genus medialis. B

27 腘区 Regio poplitea. 在膝的后方。 B

28 小腿区 Regio cruris. B

29 跟总腱区 Regio tendinis calcanei communis. 也称 Achile's tendon。 B

30 跗区 Regio tarsi. 在大家畜也称飞节区。 BE

31 跟区 Regio calcanea. 覆盖跟骨表面的区域。 BE

32 跖区 Regio metatarsi. BE

33 跖趾区 Regio metatarsophalangea. 覆盖跖趾关节表面的区域，同本页12条。 BCE

34 近趾节区 Regio phalangis proximalis. E

35 系区 Regio compedis. 有蹄类跖趾区与冠区之间的趾部。 BC

36 近趾节间区 Regio interphalangea proximalis. 覆盖近趾节间关节的区域。 E

37 中趾节区 Regio phalangis mediae. E

38 冠区 Regio coronalis. 有蹄类，连接系区到蹄冠（角质的蹄匣与皮肤相接之处）的稍隆起的皮区。 BC

39 指间隙 Spatium interdigitale. C

B 左后肢分区，
外侧观（马）

C 左指［趾］分区，背
外侧观（牛）

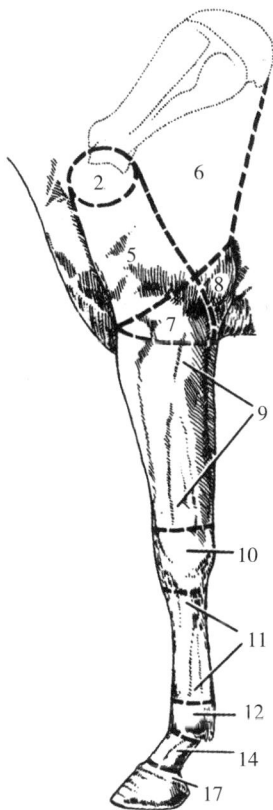

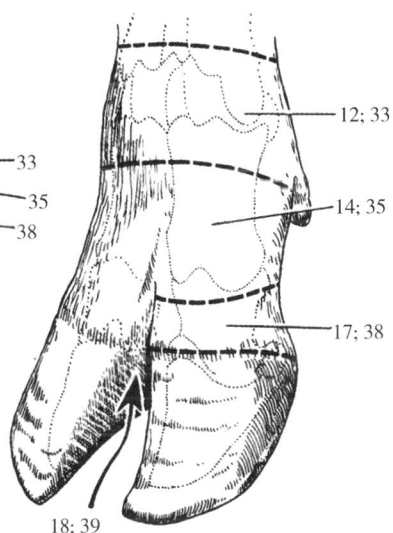

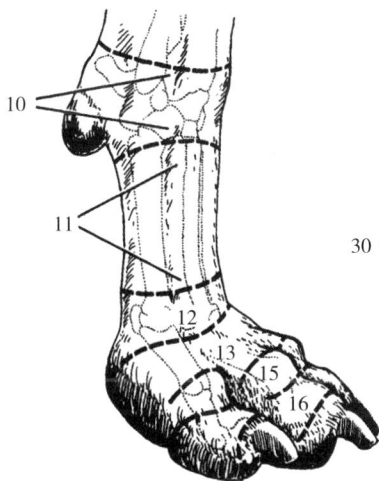

A 左前肢分区，
外侧观（马）

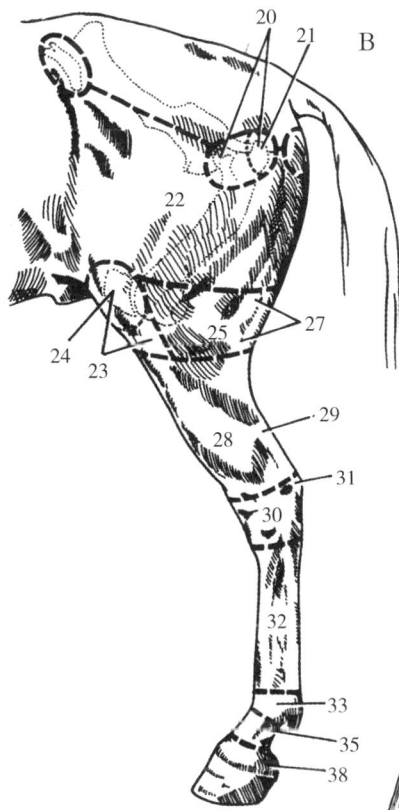

D 右前足分区，背
外侧观（犬）

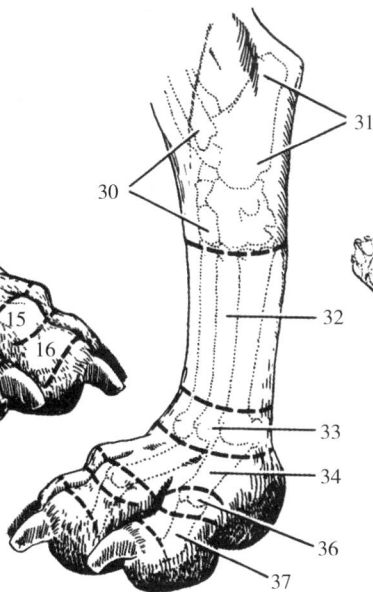

E 左后足分区，背
外侧观（犬）

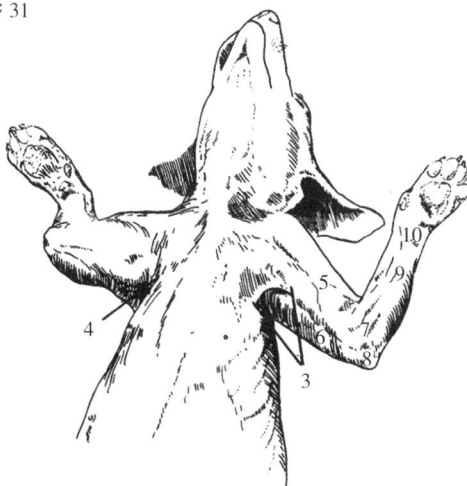

F 前肢分区，内
侧观（犬）

1　**中轴骨骼　SKELETON AXIALE**．由颅骨、面骨、脊柱和胸廓骨骼构成。

2　**颅　CRANIUM**．包围脑的头骨，旧称神经颅。　A

3　颅腔　Cavum cranii．容纳脑、脑膜和脑血管。

4　颅骨膜　Pericranium．头骨外表面被覆的骨膜。　B

5　外板　Lamina externa．颅骨的外板。　B

6　板障　Diploë．颅骨内、外板之间的骨松质。　B

7　板障管　Canales diploici．板障中供静脉通过的管道。　B

8　内板　Lamina interna．颅骨的内板。　B

9　背矢状窦沟　Sulcus sinus sagittalis dorsalis．供背矢状窦通过的骨沟。　C

10　骨小脑幕　Tentorium cerebelli osseum．肉食动物和马小脑背面的骨性隔板，由枕骨、顶间骨和顶骨各骨的幕突组成。　C

11　十字隆起　Eminentia cruciformis．猪和反刍动物颅顶内表面的十字隆起，其中央即枕内隆突。　C

12　颞道　Meatus temporalis．由颞骨和顶骨（除牛以外）形成的供颞窦通过的通道，至少在猪和猫是这样的。　C

13　横窦管　Canalis sinus transversi．犬和马骨小脑幕内供横窦通过的骨管。　C

14　颗粒小凹　Foveolae granulares．颅顶内表面容纳蛛网膜颗粒的小坑凹。　C

15　指压迹　Impressiones digitatae．与脑回相对应的浅沟。　C

16　静脉沟　Sulcus venosi．颅骨内表面供静脉经过的沟。　C

17　动脉沟　Sulcus arteriosi．颅骨内表面供动脉经过的沟。　C

18　（缝骨）（Ossa suturarum）．偶尔出现于头骨的骨缝中。　F

19　颅顶　Calvaria．颅的顶盖。　ABCEF

20　顶　Vertex．头部在自然位置时顶盖的最高处。　A

21　额　Frons．　A

　22　额窝　Fossa frontalis．额骨外表面浅的凹陷。　A

　23　角间隆突*　Protuberantia intercornualis．牛头骨项面和额面相交处增厚的棱。　E

24　枕*　Occiput．头骨的后部。　A

25　颞窝　Fossa temporalis．由颞线围成的区域。　A

26　颧弓*　Arcus zygomasticus．由颧骨的颞突和颞骨鳞部的颧突组成。在某些种类还有额骨的颧突参与。　A

27　颞下窝　Fossa infratemporalis．颞窝向腹侧的扩展。　A

28　颅底外面　Basis cranii externa．头骨基部外表面。　A

28a　颈静脉孔　Foramen jugulare．位于枕骨和颞骨岩部之间，供脑神经Ⅸ、Ⅹ和Ⅺ通过，旧称破裂孔，另见12页第1条。

29　乳突孔　Foramen mastoideum．位于大孔背外侧，供血管通过，猪无。　A

提示：标注"*"的结构是临床上体格检查或临床介入的重要标志。全书余同。

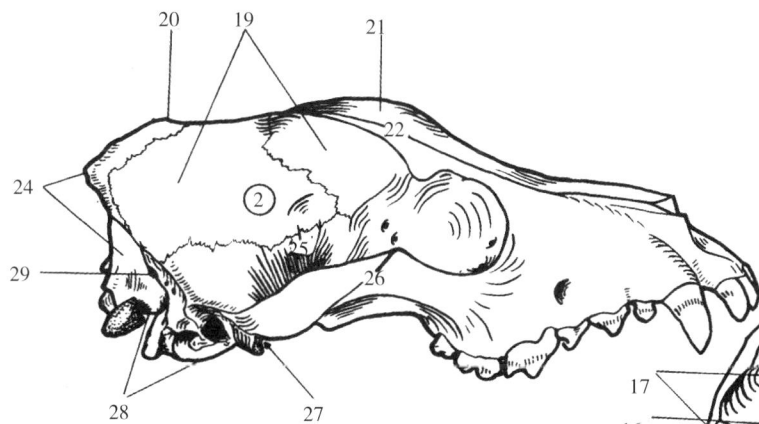

A 颅（犬）

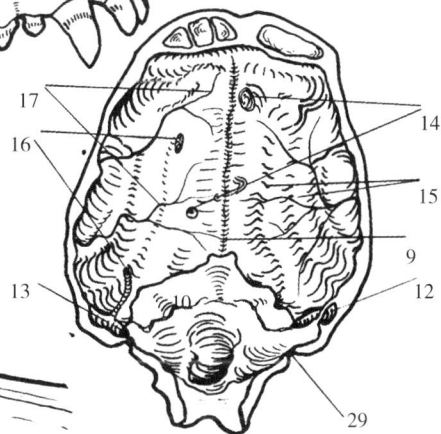

C 颅顶，内面（犬）

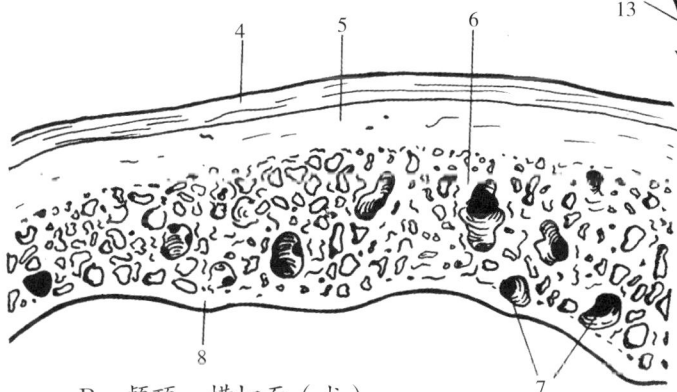

B 颅顶，横切面（犬）

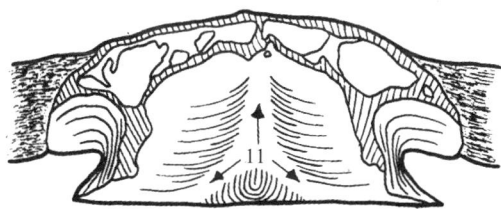

D 枕，内面（牛）

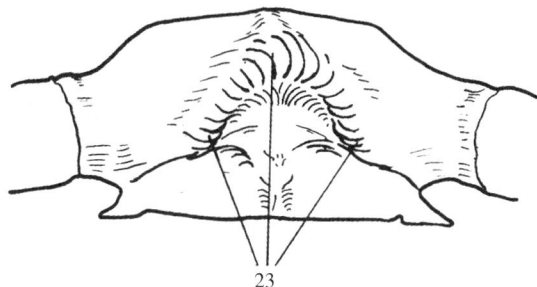

E 颅顶，后面（牛）

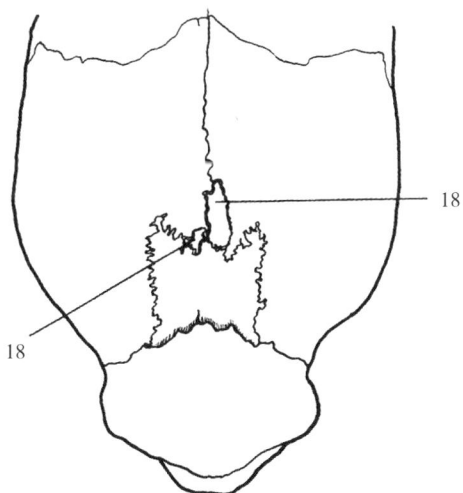

F 颅顶，背面（马驹）

1　颈静脉孔　Foramen jugulare.　此条已被列为第10页第28a，是按第5版N.A.V.将其划入颅底外侧面的。　ABC

2　蝶岩裂（肉食动物）Fissura sphenopetrosa.　位于颞骨岩部和底蝶骨之间。　C

3　蝶鼓裂（肉食动物、反刍动物）Fissura sphenotympanica.　位于颞骨鼓部与底蝶骨之间。　A

4　岩枕裂（肉食动物、反刍动物）Fissura petrooccipitalis.　位于颞骨岩部和枕骨基底部之间。　C

5　鼓枕裂（肉食动物、反刍动物、马）Fissura tympanooccipitalis.　位于颞骨鼓部与枕骨基底部之间。　A

6　岩枕管　Canalis petrooccipitalis.　在犬和反刍动物，位于岩枕裂内，供岩腹侧窦通过。　AC

7　破裂孔　Foramen lacerum.　在猪和马，是指位于颞骨、底蝶骨和枕骨基底部之间大而不规则的裂口（旧称前破裂孔）。　B

8　颅底内面　Basis cranii interna.　头骨基部的内表面。　D

9　颅前窝　Fossa cranii rostralis.　位于筛板和前蝶骨翼之间。　D

10　筛窝　Fossa ethmoidales.　容纳嗅球。　D

11　颅中窝　Fossa cranii media.　其范围从前蝶骨翼后缘到蝶枕嵴和颞骨的岩部嵴。　D

12　蝶枕嵴　Crista sphenooccipitalis.　D

13　颅后窝　Fossa cranii caudalis.　其范围从蝶枕嵴和颞骨的岩部嵴到大孔。　D

14　斜坡　Clivus.　颅底内表面上从鞍背到大孔之间的部分。　D

15　颅囟　Fonticuli cranii.　幼年期颅骨之间的膜性间隔称作囟。它们在生后不同年龄发生骨化，不同动物的骨化时间不同。　E（其中有4个在N.A.V.中列出，在医学词汇中多达14个。）

16　额顶囟　Fonticulus frontoparietalis.　额骨和顶骨间正中的间隙，仅在小型犬类存在一段时间。　E

17　蝶囟　Fonticulus sphenoidalis.　位于额骨、顶骨、颞骨和前蝶骨之间的间隙。　E

18　乳突囟　Fonticulus mastoideus.　位于顶骨、枕骨和颞骨之间的间隙。　E

19　**面　FACIES**.　头骨中形成消化器和呼吸器的部分（旧称内脏颅）。

20　翼腭窝　Fossa pterygopalatina.　位于蝶骨翼突和上颌骨之间的间隙。　AB

21　腭大管　Canalis palatinus major.　由腭骨和上颌骨围成（在牛仅由腭骨围成），供腭大动脉和腭大神经通过。　AB

22　腭后孔　Foramen palatinum caudale.　腭大管的后口。　A

23　骨腭　Palatinum osseum.　由切齿骨的腭突，上颌骨的腭突和腭骨的水平板共同构成。　AB

24　腭大孔　Foramen palatinum majus.　腭大管的前口。　A

25　腭裂　Fissura palatina.　骨腭前部旁正中的裂隙，容纳切齿管。　AB

26　切齿骨间管　Canalis interincisivus.　位于于两侧切齿骨中间的管道，见于犬和马。　B

27　切齿骨间裂　Fissura interincisivus.　位于两侧切齿骨正中间的裂隙，见于猪和反刍动物。　A

28　褶压迹　Impressiones rugales.　骨腭腹侧面的压迹，由年龄较大的猪和马的腭褶所致。　B

29　腭圆枕　Torus palatinus.　位于骨腭后部腹面正中纵向的隆起。　AB

A 颅底和硬腭（牛）

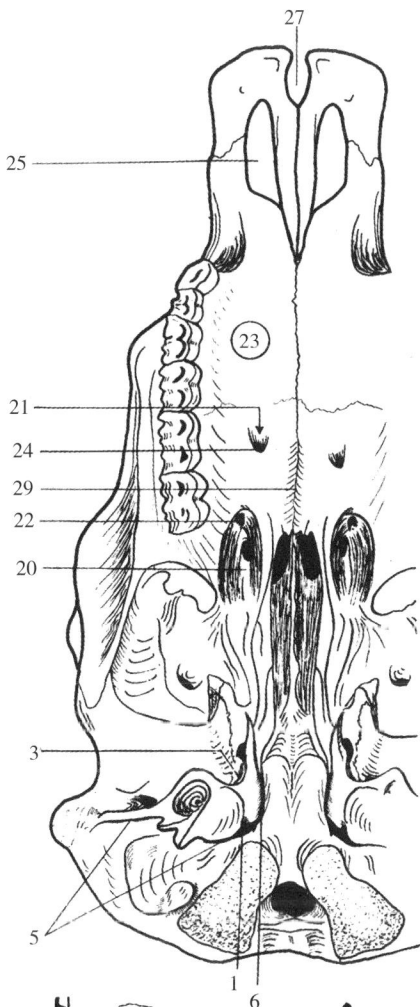

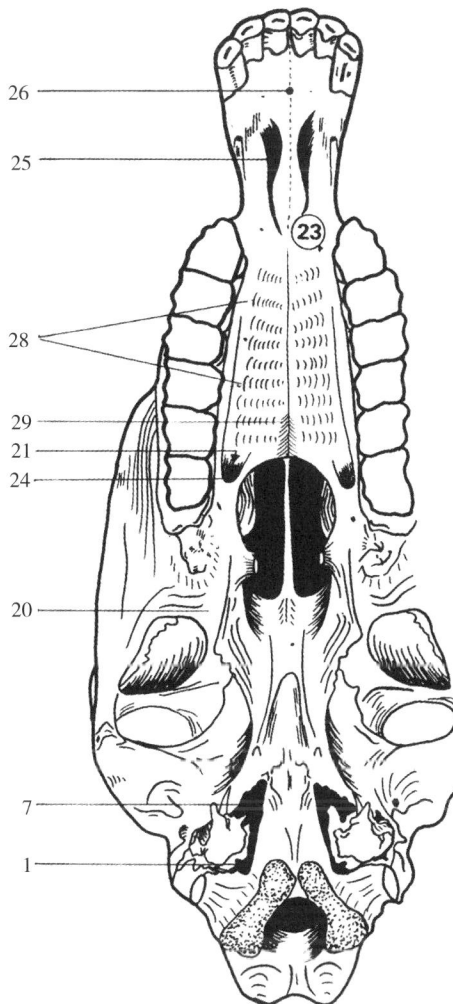

B 颅底和硬腭（马）

C 颅底背侧面，部分岩颞骨去除，前内侧观（犬）

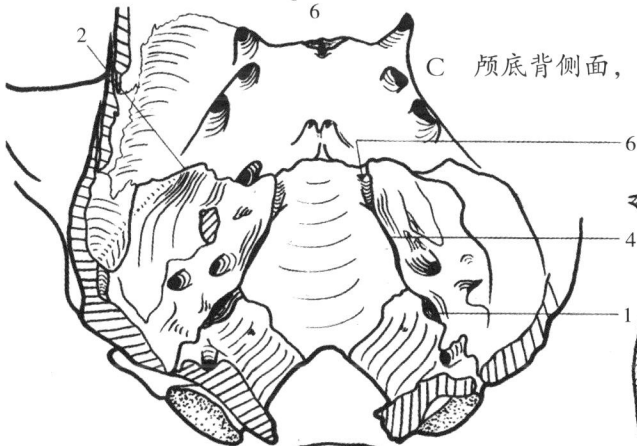

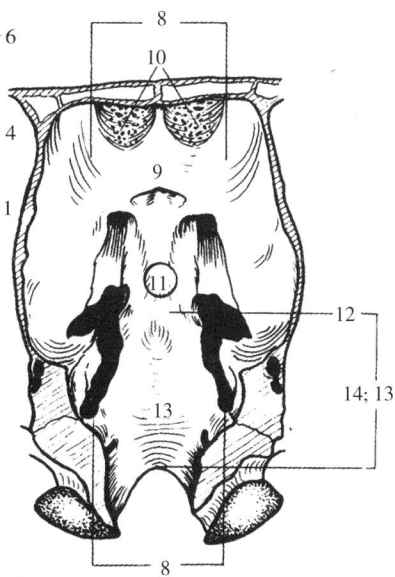

D 颅底背侧面（马）

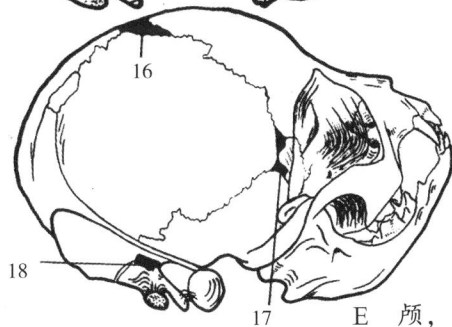

E 颅，右后背侧观（犬，新生）

1 鼻腔 Cavum nasi. A

2 骨鼻中隔 Septum nasi osseum. 由犁骨和筛骨垂直板构成。 A

3 骨鼻孔 Apartura nasi ossea. 在头骨标本上看到的鼻腔的前口。 A

　　4 鼻切齿骨切迹* Incisura nasoincisiva. 位于鼻骨和切齿骨之间。 B

5 上鼻道 Meatus nasi dorsalis. 位于上鼻甲背侧。 A

6 中鼻道 Meatus nasi medius. 位于上、下鼻甲之间。 A

7 下鼻道 Meatus nasi ventralis. 位于下鼻甲腹侧。 A

8 总鼻道 Meatus nasi communis. 鼻中隔与鼻甲之间的空隙。 A

9 鼻泪道 Canalis nasolacrimalis. 鼻腔侧壁上供鼻泪管通过的通道。 C

10 鼻咽道 Meatus nasopharyngeus. 下鼻道向后的延续部。 C

11 鼻后孔 Choanae. 鼻腔的后口。 C

12 蝶腭孔 Foramen sphenopalatinum. 骨性鼻腔向翼腭窝的开口。 C

13 上颌隐窝 Recessus maxillaris. 在肉食动物的上颌骨内不含上颌窦。该隐窝的内界为筛骨的眶板，外界为上颌骨和腭骨（犬还有泪骨参与），在马该隐窝显著缩小。 C

14 鼻颌裂 Fissura nasomaxillaris. 在绵羊、山羊，有时还在牛的鼻骨和上颌骨之间的裂隙。 B

15 鼻泪裂 Fissura nasolacrimalis. 在牛的泪骨和鼻骨之间的裂隙。 B

16 眶* Orbita. DE

17 眶口 Aditus orbitae. DE

18 眶缘* Margo orbitae. E

　　19 眶上缘 Margo supraorbitalis. 眶缘的上部。 DE

　　20 眶下缘 Margo infraorbitalis. 眶缘的下部。 DE

　　21 眶韧带 Lig. orbitale. 在肉食动物和猪，位于额骨颧突和颧骨之间的韧带，构成眶缘的外侧部，在猫很短。 E

22 背侧壁 Paries dorsalis. 眶的上壁。 DE

23 腹侧壁 Paries ventralis. 眶的下壁。 DE

24 外侧壁 Paries lateralis. 眶的外侧壁。 D

25 内侧壁 Paries medialis. 眶的内侧壁。 DE

　　26 筛孔 Foramen ethmoidale. 位于眶内侧壁，供同名的脉管和神经通过。 D

　　27 筛孔（复数） Foramina ethmoidalia. 犬通常每侧有两个筛孔，一般为上、下位，但有时也呈前、后位。 E

　　28 泪沟 Sulcus lacrimalis. 泪骨内的沟。在猫，其边缘由上颌骨的额突构成。 F

　　29 泪囊窝 Fossa sacci lacrimalis. 此条亦被列在眶的结构内，因在猫，它不仅由泪骨构成，而且还有上颌骨的额突参与。 F

30 眶裂 Fissura orbitalis. 在马和肉食动物，位于前蝶骨翼和底蝶骨翼之间，供脉管和神经通过。E

31 眶圆孔（兔、猪、反刍动物） Foramen orbitorotunum. 眶裂和圆孔融合而成的大开口。 D

A 鼻腔，前面观（犬）

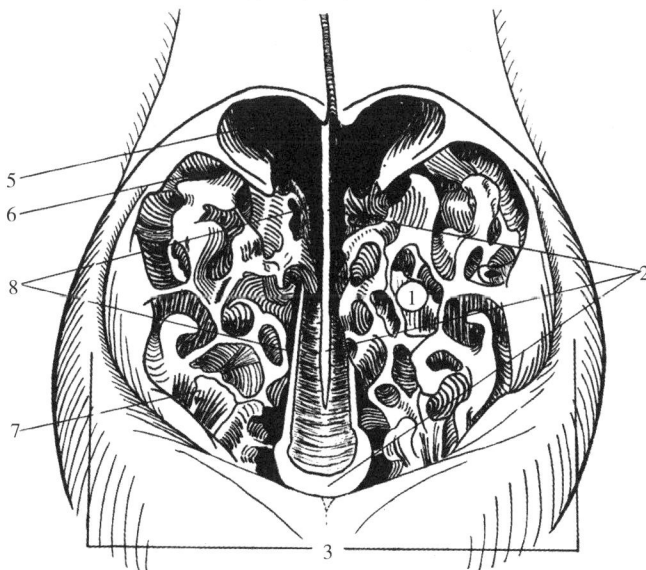

B 右面骨（牛）

C 右鼻腔外侧壁，去除部分鼻甲（犬）

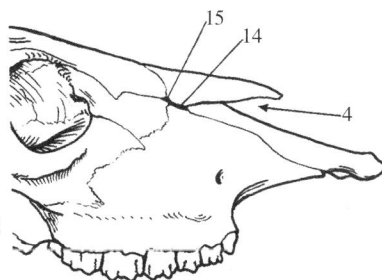

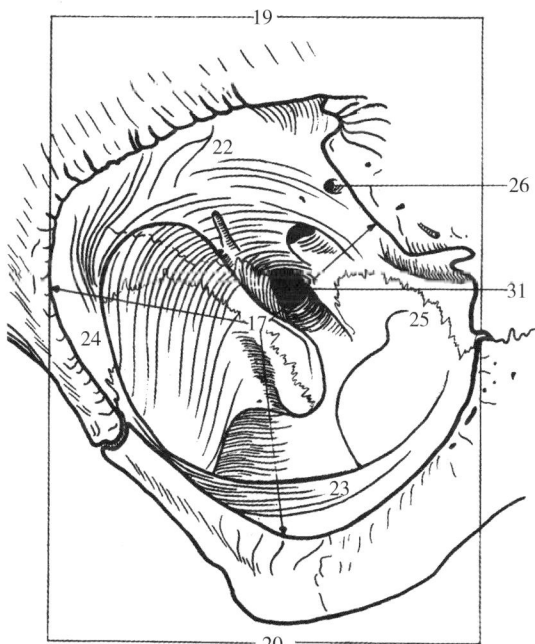

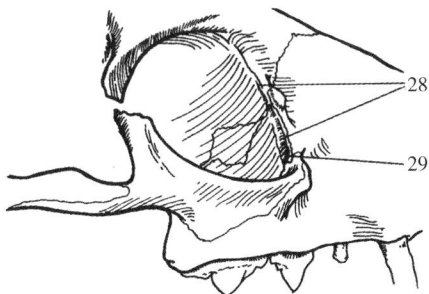

D 右眶，前外侧观（牛）

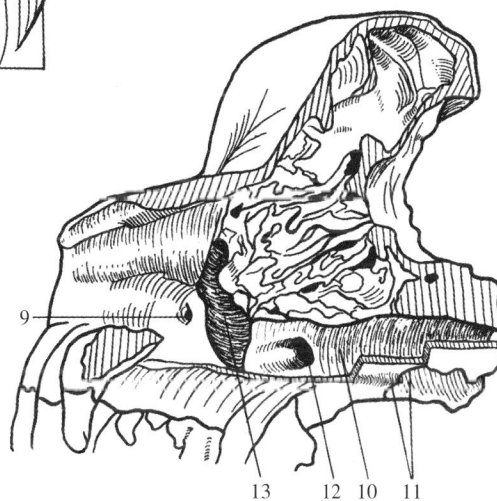

F 右眶，外侧观（猫）

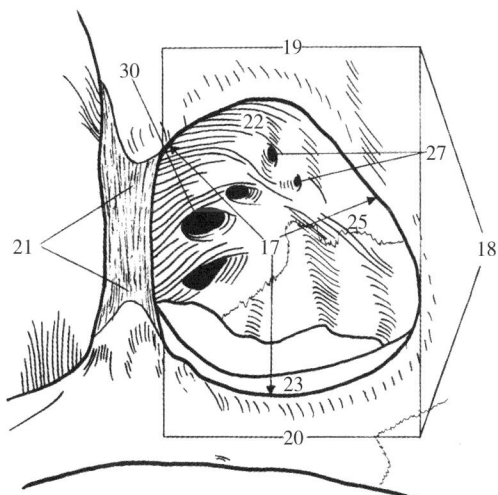

E 右眶，前外侧及背侧观（犬）

1 颅骨 OSSA CRANII

2 枕骨 Os occipitale. ABC

3 大孔 Foramen magnum. 供延髓通过的大孔。 ABC

4 项结节 Tuberculum nuchale. 肉食动物和猪大孔背外侧缘的结节。 AB

5 基底部 Pars basilaris. 枕骨基底部。 ABC

6 岩腹侧窦沟 Sulcus sinus petrosi ventralis. 肉食动物和反刍动物供岩腹侧窦通过的沟。 A

7 咽结节 Tuberculum pharyngeum. 肉食动物枕骨基底部腹侧面上位于正中的小结节。 B

8 肌结节 Tuberculum musculare. 枕骨基底部腹侧面上旁正中的小结节。 B

9 脑桥压迹 Impressio pontina. C

10 延髓压迹 Impressio medullaris. C

11 蝶窦 Sinus sphenoidalis. 在老龄猪可扩展到枕骨内。 D

12 侧部 Pars lateralis. 枕骨的侧部。 ABC

13 枕髁 Condylus occipitalis. 与寰椎成关节。 BE

14 颈静脉突 Processus jugularis. 颈静脉孔外侧的突起,对应于椎骨的一个突起。 ACE

15 髁旁突* Processus paracondylaris. 人和家畜的颈静脉突从枕髁基部伸向外侧;在家畜,此突有一供肌肉附着的突起,即为髁旁突(并不是人髁旁突的同类物)。 ABCDE

16 髁背侧窝 Fossa condylaris dorsalis. 枕髁背侧的凹陷。 BE

17 髁腹侧窝 Fossa condylaris ventralis. 枕髁腹侧的凹陷。 B

18 舌下神经管 Canalis n. hypoglossi. 供舌下神经通过的管道。 AB

19 髁管 Canalis condylaris. 供髁窦通过的管道,马和猪缺如。 AB

20 颈静脉切迹 Incisura jugularis. 在枕骨前缘,参与围成颈静脉孔。 AC

21 颈静脉孔内突 Processus intrajugularis. 在颅腔内正对颈静脉突。 A

22 枕鳞 Squama occipitalis. 枕骨背侧部。 ABC

23 乳突缘 Margo mastoideus. 与颞骨相接。 ABC

24 顶缘 Margo parietalis. 与顶骨及顶间骨相接。 ABC

25 顶间突 Processus interparietalis. 在两侧顶骨间扩展,在犬由枕鳞和顶间骨出生前愈合而成。 AB

26 枕外粗隆 Protuberantia occipitalis externa. 在枕鳞外面正中的粗隆,猪缺如。 BE

27 枕外嵴 Crista occipitalis externa. 由枕外粗隆延伸到大孔的嵴。 BE

28 项嵴 Crista nuchae. 在兔、肉食动物、猪和马,为枕鳞外表面横向的锐嵴,在反刍动物对应于项线。 BD

29 项线 Linea nuchae. 反刍动物枕鳞外表面横向的骨线。 E

30 外矢状嵴 Crista sagittalis externa. 肉食动物和马枕鳞外表面正中的矢状嵴。 B

31 颞线 Linea temporalis. 颞窝的边缘,供颞筋膜附着,其中额骨部分旧称额嵴或额外嵴,顶骨部分称为顶嵴。 CE

32 枕内隆凸 Protuberantia occipitalis interna. 猪和反刍动物有。 F

33 枕内嵴 Crista occipitalis interna. A

34 幕突 processus tentoricus. 在犬和马,为骨性小脑幕的一部。 A

35 背侧矢状窦孔 Foramen sinus sagittalis dorsalis. 在肉食动物位于幕突的前面,通过此孔静脉性的矢状窦汇入横窦。 A

36 蚓压迹 Impressio vermialis. 由小脑蚓部形成的压迹。 A

37 横窦沟 Sulcus sinus transversi. 供横窦通过。 A

38 额后窦 Sinus frontalis caudalis. 在猪和反刍动物还扩展到枕鳞。 D

39 额窦中隔 Septum sinum frontalium. 将两侧额窦对称地隔开。 D

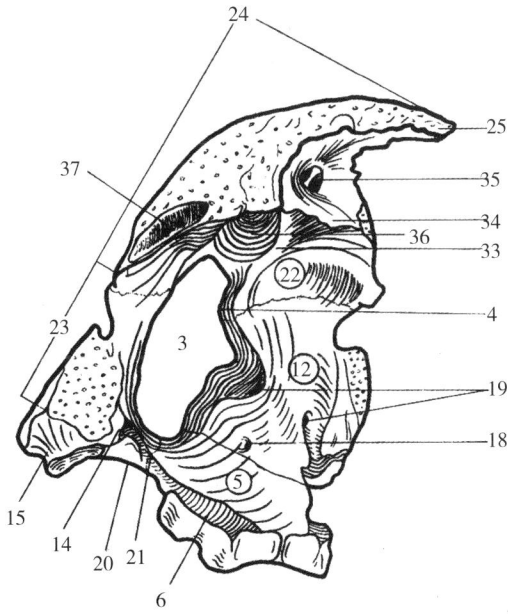

A 枕骨，右前面观（犬）

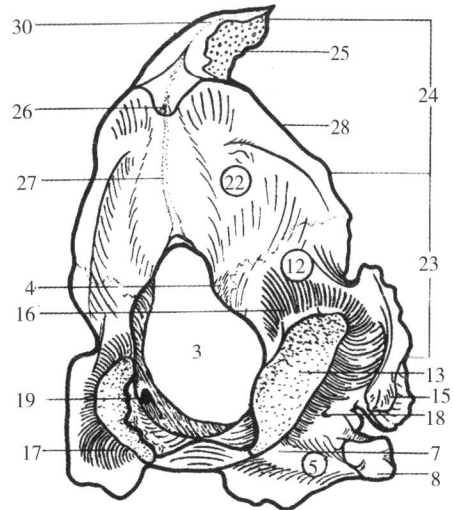

B 枕骨，右后面观（犬）

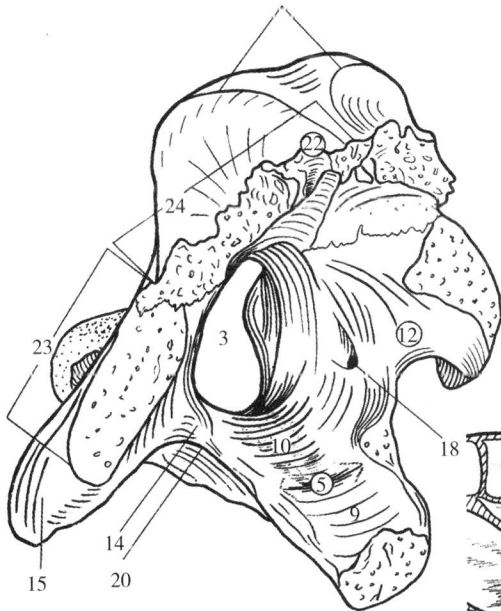

C 枕骨，右前背侧观（马）

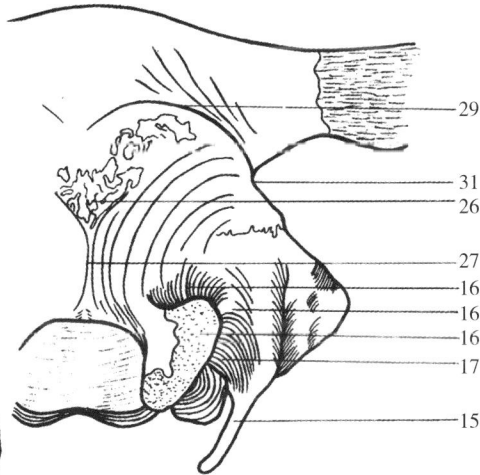

E 颅背面，后面观（牛）

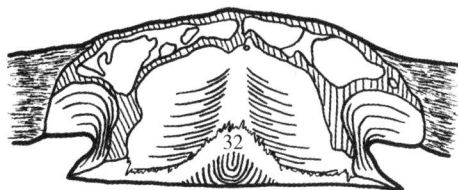

F 颅顶，内面观（牛）

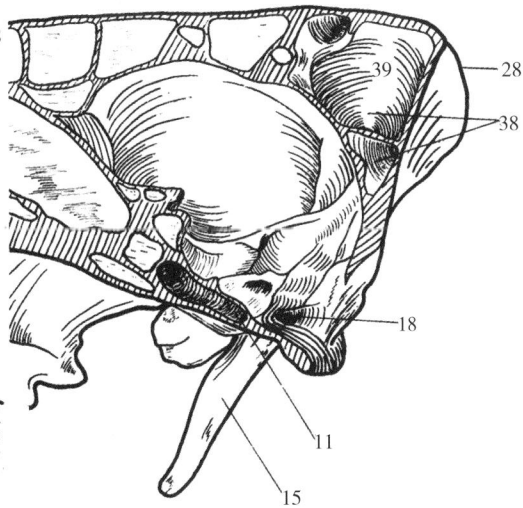

D 颅右侧半，正中矢状面，部分岩颞骨去除（猪）

1　**顶间骨**　Os interparietale.　在猪，该骨在外表面是看不到；在犬则形成枕骨的顶间突。　AB

2　幕突　Processus tentoricus.　在犬和马，指骨质的小脑幕。　A

3　外矢状嵴　Crista sagittalis externa.　在肉食动物和马，指外面正中的矢状嵴。　A

4　颞线　Linea temporalis.　肉食动物和马的颞筋膜附着线。　A

5　内矢状嵴　Crista sagittalis interna.　犬和马幕突前方正中的嵴。　A

6　横窦沟　Sulcus sinus transversi.　在肉食动物和马，供横窦通过的沟。　A

7　额后窦　Sinus frontalis caudalis.　在牛，指额窦扩展到顶间骨内的部分。　B

8　额窦中隔　Septum sinus frontalium.　将两侧额窦对称地隔开。　B

9　**底蝶骨**　Os basisphenoidale.　除猪以外，其他动物底蝶骨和前蝶骨在老年时才愈合，因此认为此二骨为分开的两骨。　CDEF

10　**体**　Corpus.　底蝶骨中间的部分。　CDEFG

11　蝶鞍　Sella turcica.　底蝶骨体的背侧部。　C

12　垂体窝　Fossa hypophysialis.　蝶鞍中央的凹陷，容纳垂体。　CD

13　（颅咽管）　(Canalis craniopharyngeus.)　大概与腺垂体有关的位于底蝶骨和前蝶骨之间的原始管道。在猫终身保留，有时见于犬、山羊和马；绵羊和牛则少见。　D

14　鞍背　Dorsum sellae.　垂体窝的后壁，马无。　CG

15　后床突　Processus clinoideus caudalis.　鞍背各边的突起。　G

16　颈动脉沟　Sulcus caroticus.　在犬和马，供颈内动脉通过的沟。　D

17　翼　Ala.　底蝶骨的侧部。　CDEFG

18　大脑面　Facies cerebralis.　翼的大脑面，朝向脑。　CD

19　梨状窝　Fossa piriformis.　由梨状叶后部形成的压迹。　D

20　颞面　Facies temporalis.　翼的外侧面。　EF

21　上颌面　Facies maxillaris.　朝向上颌骨的面。　C

22　眶面　Facies orbitalis.　面向眶窝。　EF

23　颞下嵴　Crista infratemporalis.　翼外面的外侧面和腹侧面之间的嵴。　E

24　圆孔　Foramen rotundum.　在肉食动物和马，连通颅腔和翼腭窝，供上颌神经通过。　DG

25　颈动脉切迹　Incisura carotica.　在犬和马的底蝶骨后缘，供颈内动脉通过。　DF

26　颈动脉窝　Fossa carotica.　马底蝶骨腹侧面上由颈内动脉"S"状弯曲形成的压迹。　F

27　卵圆孔　Foramen ovalis.　在肉食动物和反刍动物，供下颌神经通过的孔。　EGH

28　卵圆切迹　Incisura ovalis.　在猪和马，位于底蝶骨翼后缘，供下颌神经通过。　DF

29　棘孔　Foramen spinosum.　在肉食动物，供脑膜中动脉通过的孔。　H

30　棘切迹　Incisura spinosa.　在猪和马，底蝶骨后缘上供脑膜中动脉通过的切迹。　DF

31　蝶骨棘　Spina ossi sphenoidalis.　翼的后外侧顶点。　DF

32　眼神经沟（肉食动物、马）　Sulcus n. ophthalmici.　供眼神经通过的沟。　D

33　上颌神经沟（肉食动物、马）　Sulcus n. maxillaris.　供上颌神经通过的沟。　D

34　眼神经和上颌神经沟（猪、反刍动物）　Sulcus nn. ophthalmici et maxillaris.　供眼神经和上颌神经通过。　C

35　咽鼓管沟　Sulcus tubae auditivae.　底蝶骨翼腹侧面供咽鼓管通过的沟，位于翼突根部的外侧。　EH

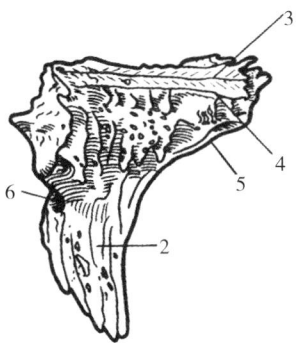

A　顶间骨，右背侧观（马）

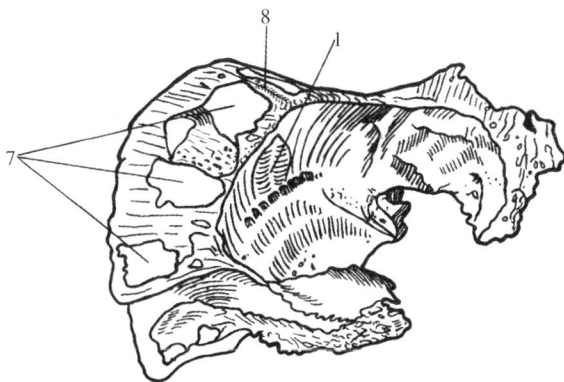

B　顶骨、顶间骨和枕鳞，右前背侧观（牛）

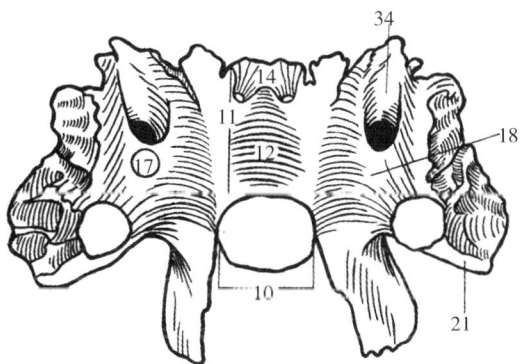

C　底蝶骨，前背侧观（牛）

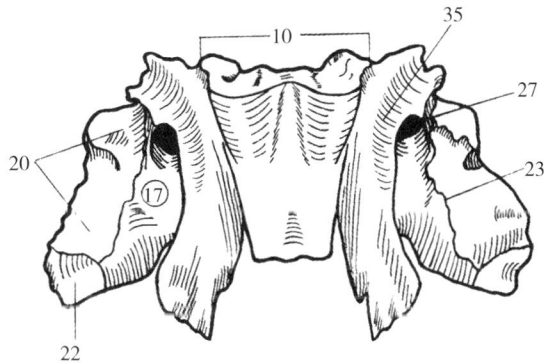

E　底蝶骨，腹侧观（牛）

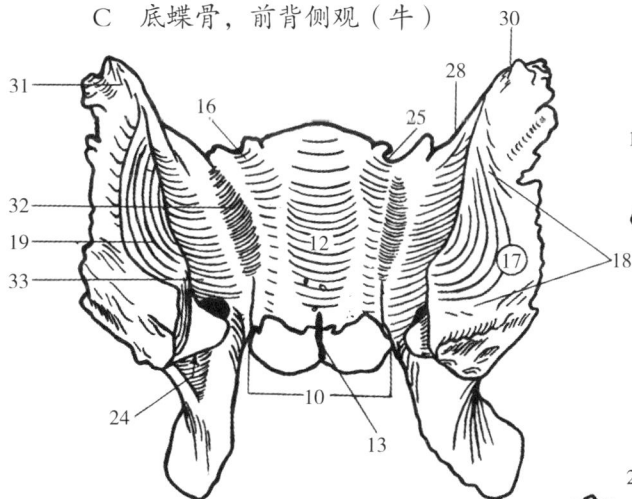

D　底蝶骨，前背侧观（马）

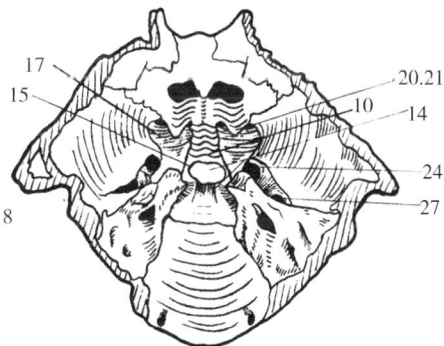

G　部分颅底，后背侧观（犬）

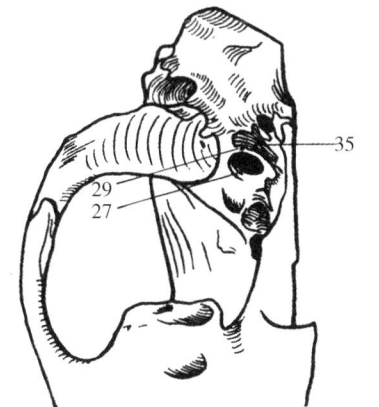

H　部分颅底，前腹侧观（犬）

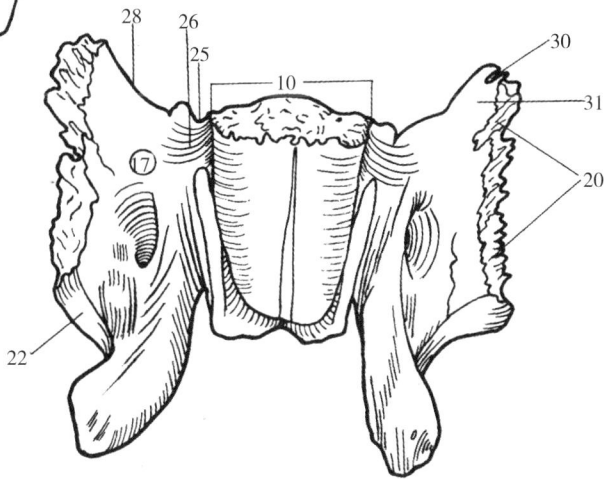

F　底蝶骨，腹侧观（马）

1 翼突　Processus pterygoideus.　底蝶骨的翼突。　AB

2 翼状管　Canalis alaris.　在犬和马，穿通翼突，供上颌动脉通过。　A

3 前翼孔　Foramen alare rostrale.　翼状管的前口。　A

4 后翼孔　Foramen alare caudale.　翼状管的后口。　AB

5 小翼孔　Foramen alare parvum.　在马，供颞深前动脉通过。　A

6 翼嵴　Crista pterygoidea.　沿翼突向背侧延伸，作为翼腭窝的边界，肉食动物无。　AF

7 舟状窝　Fossa scaphoidea.　翼突后面的凹陷，在猪位于翼窝（fossa pterygoid）的背侧，在马难以区分。　BF

8 翼管　Canalis pterygoideus.　穿通翼突基部的纵向通道，供翼管神经通过。　B

9 翼管神经沟　Sulcus n. canalis pterygoidei.　翼管在底蝶骨体和翼突间向后延伸而成的沟。　B

10 蝶窦　Sinus sphenoidalis.　猪的蝶窦向底蝶骨内的扩展部。　C

11 蝶窦中隔　Septum sinuum sphenoidalium.　并不完全分隔左、右蝶窦。　C

12 **前蝶骨**　Os presphenoidale [prae-].　除猪以外，其他动物的底蝶骨和前蝶骨的愈合只发生在老龄阶段，因此应看作是分开的两骨。　DE

13 **体**　Corpus.　前蝶骨的正中部。　D

14 蝶轭　Jugum sphenoidale.　前蝶骨高而平坦的部分，覆盖在视神经管的上方。　D

15 视交叉沟　Sulcus chiasmatis.　位于左、右视神经管之间。　D

16 蝶嵴　Crista sphenoidalis.　前蝶骨前面正中的嵴，供筛骨垂直板接合。　E

17 蝶嘴　Rostrum sphenoidale.　前蝶骨体的延伸部。　E

18 翼　Ala.　前蝶骨的侧部。　DE

19 眶蝶嵴　Crista orbitosphenoidalis.　蝶轭的后缘。　D

20 视神经管　Canalis opticus.　供视神经通过的管道。　CE

21 前床突　Processus clinoidens rostralis.　前蝶骨翼后缘的突起。　19页G

22 蝶窦　Sinus sphenoidalis.　成对的蝶窦，在反刍动物可能缺如。　CE

23 蝶窦中隔　Septum sinuum sphenoidalium.　左、右蝶窦间的隔板，可能不完整。　CE

24 蝶窦口　Apertura sinus sphenoidalis.　蝶窦的开口。　C

25 **翼骨**　Os pterygoideum.　BF

26 翼切迹　（猪、绵羊、山羊）Incisura pterygoidea.　翼骨和翼突之间腹后方的切迹。　F

27 翼窝　Fossa pterygoidea.　猪的翼骨和翼突之间的后凹陷。　F

28 翼骨钩　Hamulus pterygoideus.　翼骨前腹端钩状的突起。　BF

29 翼骨钩沟　Sulcus hamuli pterygoidei.　翼骨钩外缘或前缘的沟。　F

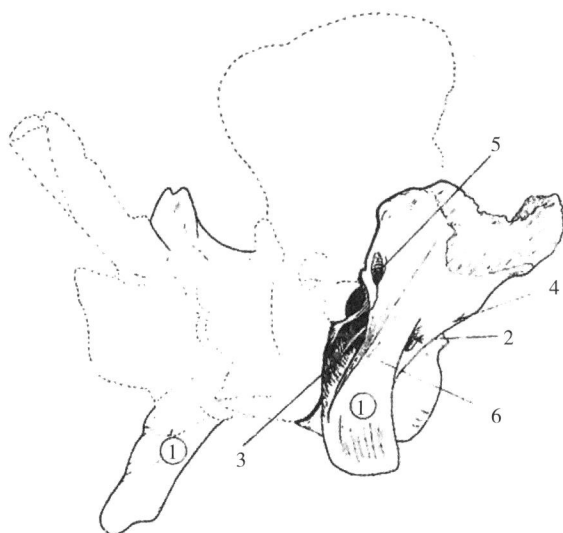

A 底蝶骨，左前面观（马）

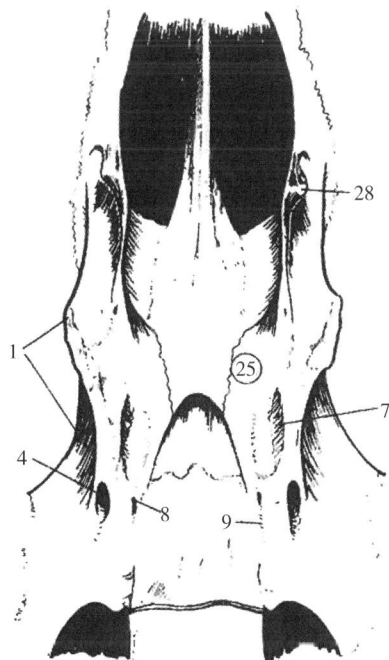

B 部分颅底，腹侧观（幼驹）

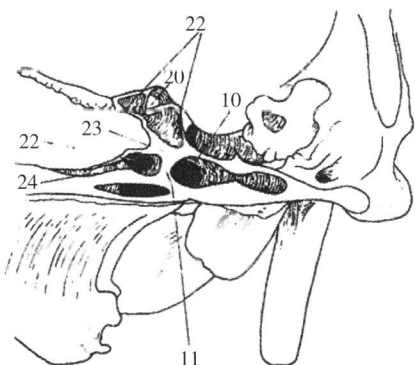

C 部分颅底，旁正中矢状面，左侧观（猪）

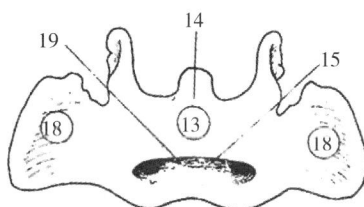

D 前蝶骨，背侧观（马）

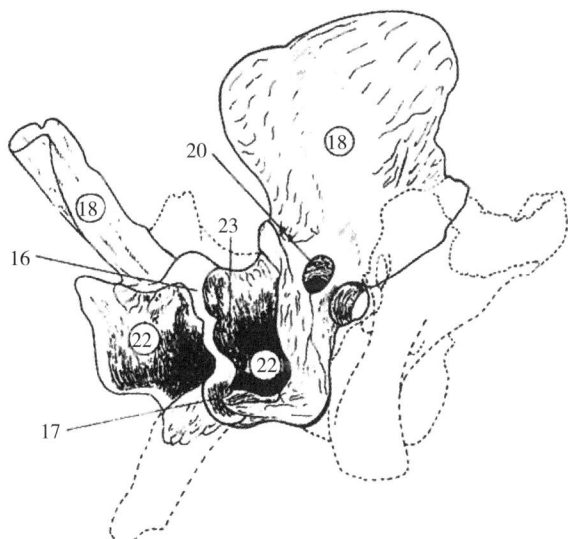

E 前蝶骨，左前面观（马）

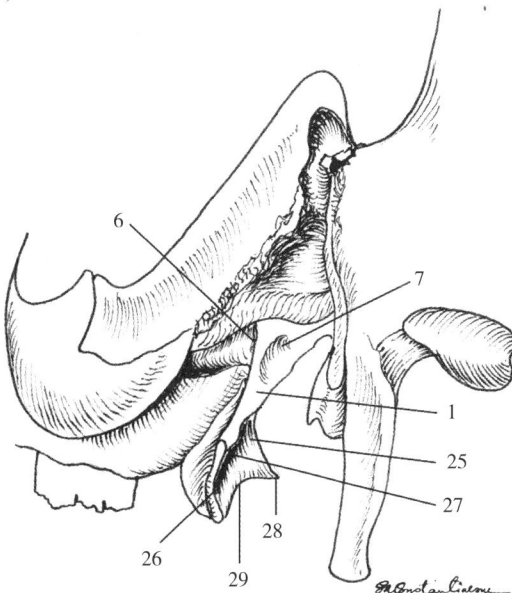

F 左侧翼突和翼骨，后外侧观（猪）

1 **颞骨** Os temporale. E

2 岩部 Pars petrosa. 颞骨的岩部，岩骨。 ABCDE

3 枕面 Facies occipitalis. 岩骨朝向枕骨的面。 A

4 乳（状）突 Processus mastoideus. 即腹侧突，在外耳道后方。 ABC

5 脑膜后动脉沟 Sulcus a. meningeae caudalis. 在马，位于岩骨外侧面的沟，供脑膜后动脉通过。 B

6 面神经管 Canalis facialis. 供面神经通过的管道，起于内耳道，终于茎乳孔。 C

7 面神经管膝 Geniculus canalis facialis. 面神经管向后外方急剧的弯曲。 C

8 鼓索小管 Canaliculus chordae tympani. 鼓室与面神经管之间狭窄的通路。 C

9 岩部尖 Apex partis petrosae. 为向前腹侧的岩骨尖端。 DE

10 岩部前面 Facies rostralis partis petrosae. 岩骨的前面，面向前腹侧。 BDE

11 鼓室盖 Tegmen tympani. 鼓室的顶盖。 DE

12 岩大神经管 Canalis n. petrosi majoris. 岩骨前壁内的通道，供岩大神经通过。 E

13 岩小神经管 Canalis n. petrosi minoris. 岩骨前壁内的通道，供岩小神经通过。 E

14 三叉神经压迹 Impressio n. trigemini. 在猫和有蹄类，为临近岩部尖的压迹，因三叉神经节而成。 ACE

15 三叉神经管 Canalis n. trigemini. 在犬，供三叉神经通过的通道。 D

16 岩部嵴 Crista partis petrosae. 在犬和马，岩骨前面和内侧面之间的锐嵴（牛的低矮）。 ADE

17 岩背侧窦沟 Sulcus sinus petrosi dorsalis. 肉食动物和马岩部嵴上的沟，供岩背侧窦通过。 D

18 岩部内侧面 Facies medialis partis petrosae. 岩骨的内侧面。 ACD

19 内耳门 Porus acusticus internus. 内耳道的开口。 AD

20 内耳道 Meatus acusticus internus. AD

21 小脑窝 Fossa cerebellaris. 容纳小脑的大凹陷，在内耳道背侧。 A

22 弓状下窝 Fossa subarcuata. 在肉食动物，为内耳门背侧深的压迹。 D

23 前庭水管 Aqueductus [Aquae-] vestibuli. 供内淋巴管通过。 A

24 前庭水管外口 Apertura externa aqueducti vestibuli. 前庭水管向外的开口。 A

25 岩部腹侧缘 Margo ventralis partis petrosae. 岩骨腹侧缘。 ACD

26 颈静脉切迹 Incisura jugularis. 参与围成颈静脉孔的颞骨前缘。 D

27 蜗小管［蜗水管］ Canaliculus cochleae. 供外淋巴通过的管道。 A

28 蜗小管外口［蜗水管外口］ Apertura externa canaliculi cochleae. 蜗小管的外口。 A

29 岩部腹侧面 Facies ventralis partis petrosae. 岩骨的腹侧面。 C

30 乳突小管 Canaliculus mastoideus. 供迷走神经耳支通过。 AC

31 茎突 Processus styloideus. 在马和反刍动物为圆柱形突起，在肉食动物和猪为粗糙的面。 BC

32 茎乳孔 Foramen stylomastoideus. 面神经管的开口。 BC

33 鼓室小管 Canaliculus tympanicus. 供鼓室神经通过的管道。 A

34 岩小窝 Fossula petrosa. 容纳舌咽神经远神经节的小窝。 A

35 鼓室 Cavum tympani. （见前庭蜗器）

36 岩鼓裂 Fissura petrotympanica. 位于岩部和鼓部之间。 AE

37 岩鳞裂 Fissura petrosquamosa. 位于岩部和鳞部之间，见于山羊、绵羊、猪、马，在其他种类则骨化。 E

38 鼓乳突裂 Fissura tympanomastoidea. 位于鼓部和乳突部之间。 AB

39 鼓鳞裂 Fissura tympanosquamosa. 位于鼓部和鳞部之间，见于山羊、绵羊和马，在其他种类则骨化。 E

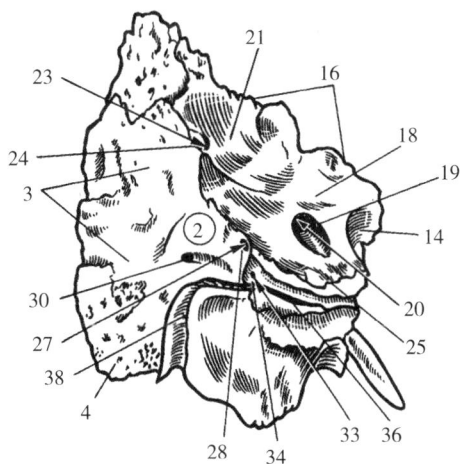

A 颞骨的岩部和鼓部，后内侧观（马）

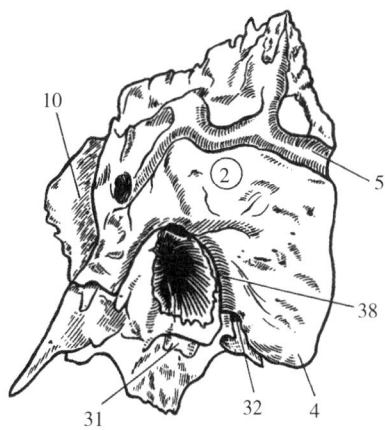

B 左侧颞骨的岩部和鼓部，外侧观（马）

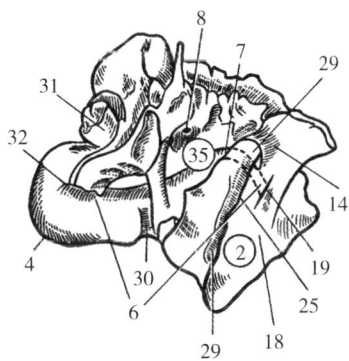

C 右侧颞骨的岩部和部分鼓部（鼓室已打开），腹侧观（马）

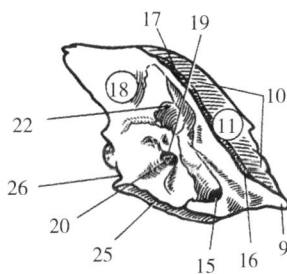

D 左侧颞骨岩部，背内侧观（犬）

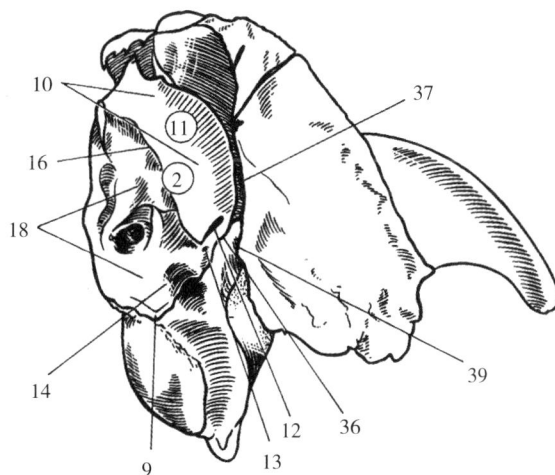

E 左颞骨，前背内侧观（牛）

1 鼓部　Pars tympanica.　颞骨的鼓部。　ABC

2 鼓环　Anulus tympanicus.　几乎完全环绕鼓膜的环。　A

3 鼓沟　Sulcus tympanicus.　鼓环上的沟，供鼓膜附着。　A

4 外耳道*　Meatus acusticus externus.　骨性的外耳道。　B

5 外耳门*　Porus acusticus externus.　骨性外耳道的开口。　BC

6 茎突鞘　Vagina processus styloidei.　反刍动物和马茎突的鞘。　B

7 肌突　Processus muscularis.　伸向前腹侧，在反刍动物和马较长，在猪和犬较短。　AB

8 鼓泡　Bulla tympanica.　鼓部腹侧薄壁的膨大，包围部分鼓室。　A

9 鼓泡隔　Septum bullae.　犬鼓泡内的间隔。　A

10 颈动脉管　Canalis caroticus.　犬的穿通鼓泡内壁的管道，供颈内动脉通过。　A

11 颈鼓小管　Canaliculi caroticotympanici.　在犬，连接颈动脉管和鼓室的小管。　A

12 肌咽鼓管　Canalis musculotubarius.　进入鼓室的双重管道，供咽鼓管和腭帆张肌通过，在猪和马由鼓部构成，在肉食动物和反刍动物还有底蝶骨参与形成。　A

13 腭帆张肌半管　Semicanalis m. tensoris veli palatini.　A

14 咽鼓管半管　Semicanalis tubae auditivae.　A

15 肌咽鼓管隔　Septum canalis musculotubarii.　不完全地分隔出外侧的腭帆张肌半管和内侧的咽鼓管半管。　A

16 内鼓部 Pars endotympanica.　猫的大鼓泡内侧部，并不像鼓部那样由结缔组织直接骨化而成，而是先形成软骨。　C

17 鼓泡*　Bulla tympanica.　在猫，鼓泡的内侧部是由内鼓部形成的。　C

18 鼓泡隔[1]*　Septum bullae.　在猫，由鼓部和内鼓部构成。　C

19 鳞部 Pars squamosa.　颞骨的鳞部。　CD

20 顶缘　Margo parietalis.　背侧缘，邻接顶骨。　CD

21 枕突　Processus occipitalis.　鳞部的后突，与枕骨形成缝。　CD

22 额缘　Margo frontalis.　在猪、牛、马，为鳞部的前背缘，与额骨相接。　D

23 蝶缘　Margo sphenoidalis.　为鳞部的前腹缘，与蝶骨相接。　D

24 颞面　Facies temporalis.　颞（外）面。　CD

25 乳突上嵴　Crista supramastoidea.　外面横向的嵴，供颞筋膜附着。　CD

26 颧突*　Processus zygomaticus.　参与形成部分颧弓。　CDE

27 下颌窝　Fossa mandibularis.　容纳下颌髁。　CD

28 关节面　Facies articularis.　容纳下颌骨头。　CD

29 关节结节　Tuberculum articulare.　下颌窝前方粗糙的隆起。　CD

30 关节后突　Processus retroarticularis.　下颌窝后方的突起。　CD

31 关节后孔　Foramen retroarticulare.　为颞道的外口，猪和猫不发达。　D

32 鼓切迹　Incisura tympanica.　面向鼓部的切迹。　D

33 鼓后突　Processus retrotympanicus.　在鼓部后侧，猫缺如。　D

34 大脑面　Facies cerebralis.　大脑面（内面）。　E

35 幕嵴　Crista tentorica.　在猪、绵羊和山羊，膜小脑幕是附着于颞骨鳞部的嵴上的，该嵴即为幕嵴。　E

36 额后窦　Sinus frontalis caudalis.　在老龄猪和牛，该窦还扩展到颞骨的鳞部内。　E

37 蝶窦　Sinus sphenoidalis.　在老龄猪，该窦还扩展到颞骨鳞部内。　E

1）：在犬，鼓泡隔将鼓室分隔为背侧部和基底部；然而在猫，此隔分隔鼓泡为背外侧部和腹内侧部；鼓泡隔在外科上有重要意义，特别是在腹泡骨化和猫的呼吸道息肉方面。

A 左颞骨的鼓部，前背侧观（犬）

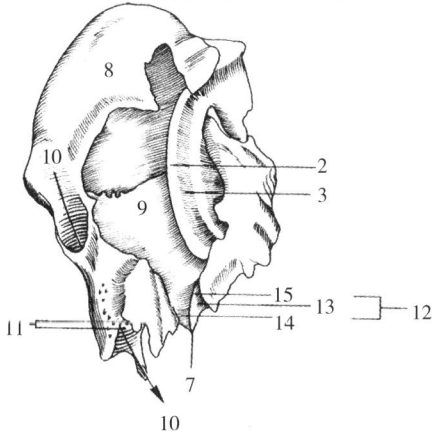

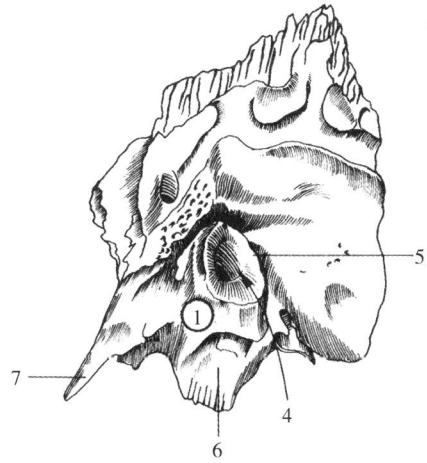

B 左颞骨的岩部和鼓部，外侧观（马）

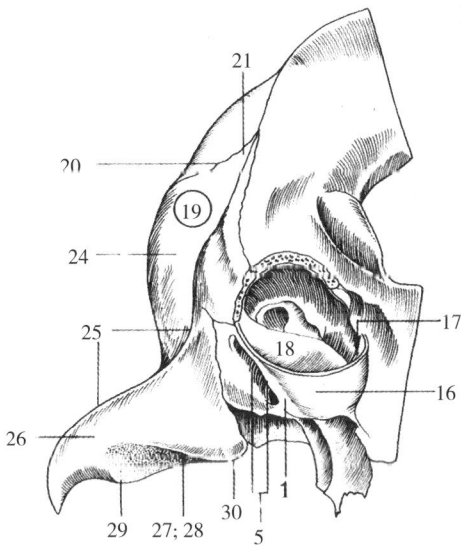

C 头骨，鼓泡已打开，腹后面观（猫）

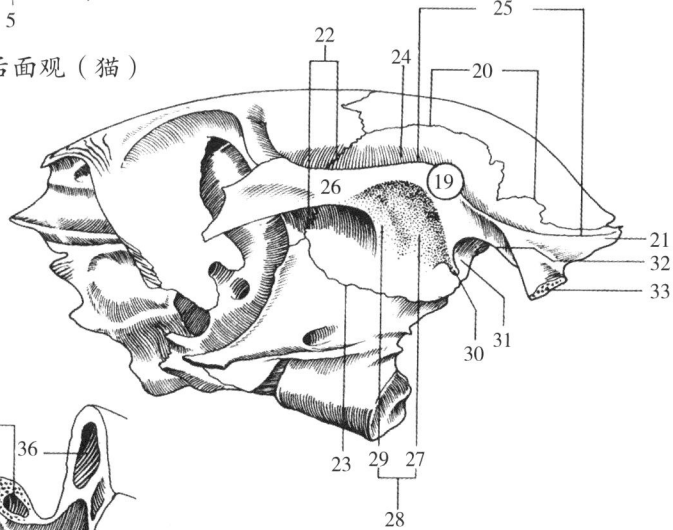

D 左侧头骨（马）

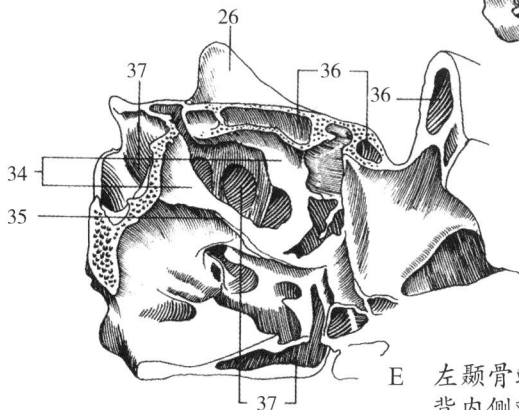

E 左颞骨鳞部及部分颅底，额后窦和蝶窦已打开，
  背内侧观（猪）

1 **顶骨**　Os parietale.　ABCDE

2 内面　Facies interna.　BDE

3 （内矢状嵴）　(Crista sagittalis interna).　马顶骨内面不恒定出现的矢状嵴。　D

4 幕突　Processus tentoricus.　构成肉食动物和马骨质小脑幕的部分。　D

5 外面　Facies externa.　ABCE

6 外矢状嵴*　Crista sagittalis externa.　肉食动物和马的外矢状嵴。　C

7 颞线　Linea temporalis.　颞窝的周缘，供颞筋膜附着。　C

8 顶结节　Tuber parietale.　肉食动物和马顶骨外面相对明显的隆起。　AC

9 枕缘　Margo occipitalis.　邻接枕骨的缘。　ABD

10 鳞缘　Margo squamosus.　邻接颞骨的缘。　ABD

11 矢状缘　Margo sagittalis.　ABDE

12 顶间缘　Margo interparietalis.　邻接顶间骨的缘，在犬则与顶间突为邻。　ABD

13 额缘　Margo frontalis.　邻接额骨的缘。　ABD

14 额角　Angulus frontalis.　前背侧角。　ABD

15 枕角　Angulus occipitalis.　后背侧角。　A

16 蝶角　Angulus sphenoidalis.　前腹侧角。　ABD

17 乳突角　Angulus mastoideus.　后腹侧角。　ABD

18 顶平面　Planum parietale.　外面的背侧部，位于颞线的内侧。在长头型犬和牛不存在。　AE

19 颞平面　Planum temporale.　外面的外侧部，被颞肌覆盖。　AB

20 项平面　Planum nuchale.　牛颞骨后部的外面。　B

21 背侧矢状窦沟　Sulcus sinus sagittalis dorsalis.　供背侧矢状窦通过的矢状沟。　D

22 额后窦　Sinus frontalis caudalis.　在猪和牛，此窦也扩展到顶骨内。　E

23 额窦中隔　Septum sinuum frontalium.　对称分隔两侧额窦。　E

24 **额骨**　Os frontale.　ACEF

25 额鳞　Squama frontalis.　额骨的鳞部。　AF

26 外面　Facies externa.　AEF

27 额结节　Tuber frontale.　额骨外面平缓的隆起，尤其在犬和牛易于见到。　ACF

28 睫上弓　Arcus superciliaris.　额骨在眶上缘背侧高出的部分，在反刍动物特别明显。　F

29 眶上缘　Margo supraorbitalis.　ACF

30 眶上孔*　Foramen supraorbitale.　马的临近额骨颧突基部的开口，供血管、神经通过。　AC

31 眶上切迹　Inciura supraorbitale.　有时在犬眶上缘出现的缺刻。

32 眶上管　Canalis supraorbitalis.　猪和反刍动物的位于眶上缘内侧的管道，供血管和神经通过。　EF

33 眶上沟　Sulcus supraorbitalis.　位于眶上缘内侧，供眶上管开口的向前（猪、反刍动物）或向后（牛）的沟。　EF

34 颞面　Facies temporalis.　颞面（外侧面）。　A

35 颞线　Linea temporalis.　颞窝的边缘，供颞筋膜附着。　CF

A 顶骨和额骨，后背侧观（马驹）

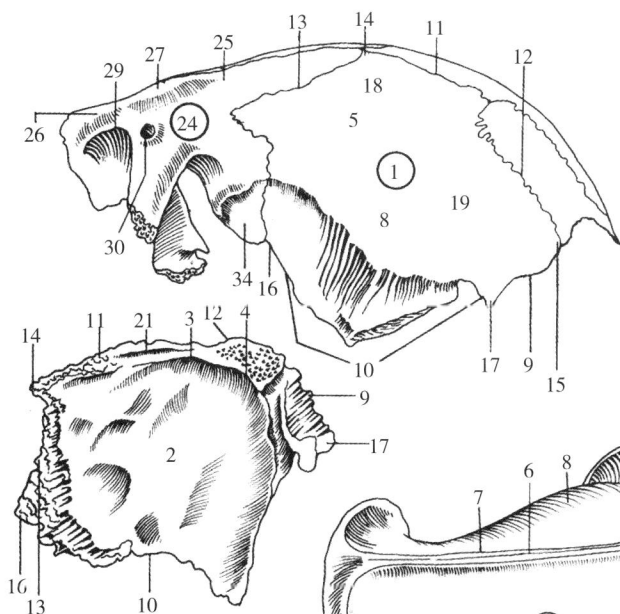

B 枕鳞、顶骨和顶间骨，左后背侧观（牛）

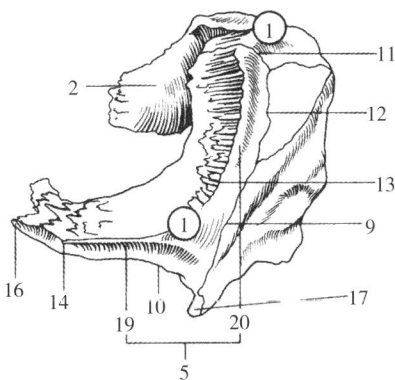

D 右顶骨，腹内侧观（马）

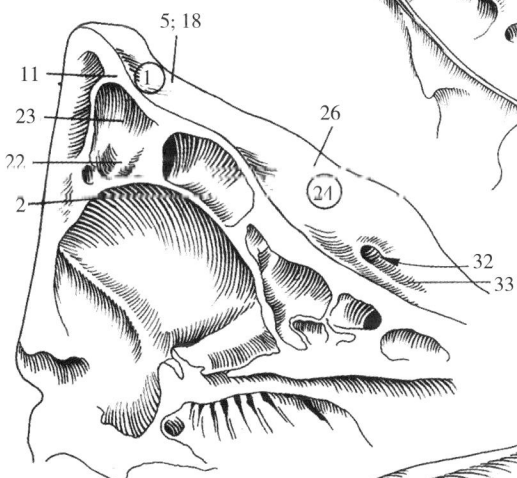

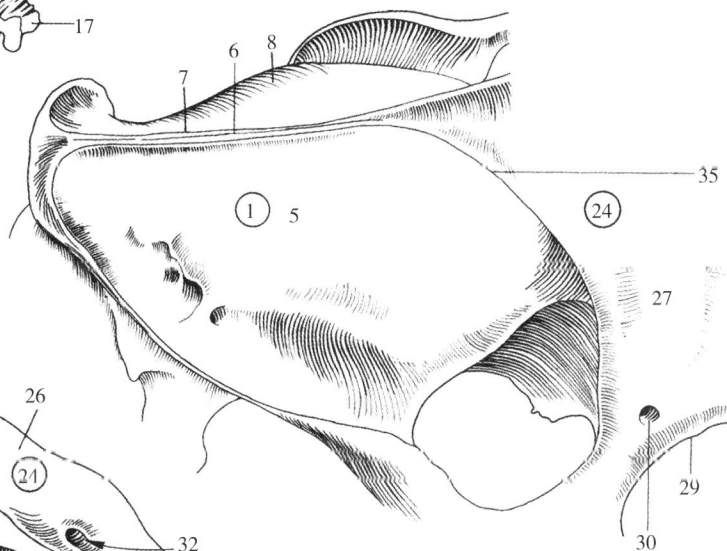

C 颅顶，右背侧观（老马）

E 头骨正中矢状面，左侧半，
前内侧观（猪）

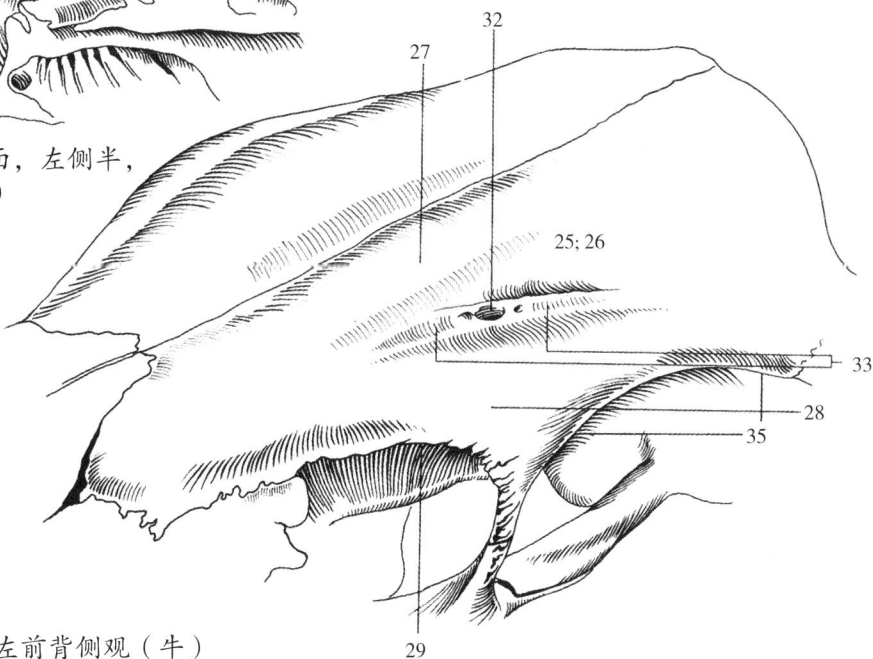

F 额骨，左前背侧观（牛）

1 眶颞嵴 Crista orbitotemporalis. 位于眶部和颞部之间的嵴。 BC

2 颧突 Processus zygomaticus. 在眶的外侧，在反刍动物与颧骨相接，在马与颞骨相接，在肉食动物和猪与眶韧带相接。 ABC

3 泪腺窝 Fossa glandulae lacrimalis. 反刍动物和马泪腺形成的压迹。 A

4 内面 Facies interna. 面向脑。 AD

5 额嵴 Crista frontalis. 内表面的矢状嵴，供大脑镰附着。 A

6 背侧矢状窦沟 Sulcus sinus sagittalis dorsalis. 额嵴向后延伸部的沟，供背侧矢状窦通过。 A

7 筛缘 Margo ethmoidalis. 位于额骨内面与鼻部之间，与筛骨相结合。 AD

8 鼻部 Pars nasalis. 额骨的前部，面向鼻腔。 AD

9 鼻缘 Margo nasalis. 鼻部的前缘。 AB

10 眶部 Pars orbitalis. 形成眶内壁的部分。 A

11 眶面 Facies orbitalis. 面向眶。 BC

12 滑车凹 Fovea trochlearis. 供上斜肌的滑车附着的小凹陷。 BC

13 筛孔 Foramen ethmoidale. 开口于眶部，但在马则接近于筛骨的边缘。 B

14 筛孔（复数） Foramina ethmoidalia. 在犬的眶部通常有两个筛孔。 CD

15 眶腹侧嵴 Crista orbitalis ventralis. 标志眶与翼腭窝结合的嵴。 C

16 筛切迹 Incisura ethmoidalis. 左、右眶部间的切迹，筛骨嵌入其间。 A

17 蝶切迹 Incisura sphenoidalis. 反刍动物和马额骨眶部和颞部间的切迹，前蝶骨翼嵌入其中。 A

17a 眶上后切迹（兔） Incisura supraorbitalis caudalis.

17b 眶上前切迹（兔） Incisura supraorbitalis rostralis.

18 角突 Processus cornualis. 在有角的反刍动物，支持角。 B

19 角突冠 Corona processus cornualis. 角突颈以远的膨大部分。 B

20 角突颈 Collum processus cornualis. 角突基部缩细的部分。 B

21 顶缘 Margo parietalis. 与顶骨邻接的缘。 ABD

22 矢状缘 Margo sagittalis. AD

23 额窦 Sinus frontalis. 猫和马的额窦。 A

24 额窦（复数） Sinus frontales. 犬、猪和反刍动物的额窦，复数表示每侧不止一个额窦。 D

25 额窦口 Aperturae sinuum frontalium. 额窦向鼻腔的开口，在马则是向上颌窦的开口。 D

26 额窦隔 Septa sinuum frontalium. 各额窦间的间隔。 D

27 隔突 Processus septalis. 在肉食动物，与鼻骨的隔突共同构成鼻中隔的背侧部。 D

28 **筛骨** Os ethmoidale. EF

29 筛板 Lamina cribrosa. 位于鼻腔和颅腔之间，被嗅神经穿过。 EF

30 鸡冠 Crista galli. 突向颅腔的正中嵴，供大脑镰附着。 E

31 垂直板 Lamina perpendicularis. 构成鼻中隔的后部。 E

32 筛骨迷路 Labyrinthus ethmoidalis. 筛鼻甲骨的总称。 F

33 筛鼻甲 Ethmoturbinalia. 鼻腔内菲薄的卷筒样骨。 F

34 外鼻甲 Ectoturbinalia. 大的筛鼻甲骨，不抵达鼻中隔。 F

35 内鼻甲 Endoturbinalia. 小而为数众多的筛鼻甲骨，抵达鼻中隔。 F

36 筛小房 Cellulae ethmoidales. 猪和反刍动物有。 E

37 筛道 Meatus ethmoidales. 筛鼻甲之间的空隙。 F

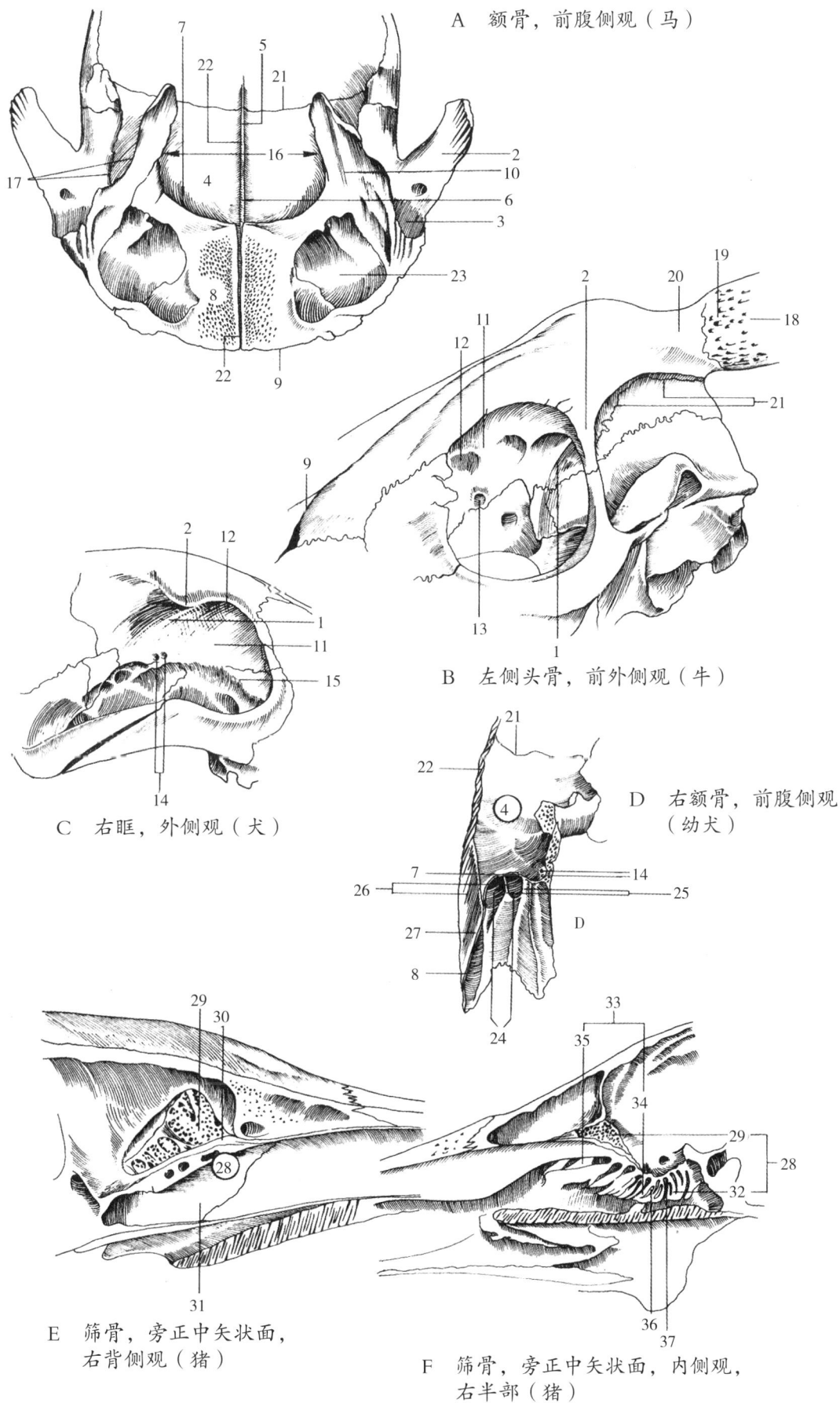

A 额骨，前腹侧观（马）

B 左侧头骨，前外侧观（牛）

C 右眶，外侧观（犬）

D 右额骨，前腹侧观
（幼犬）

E 筛骨，旁正中矢状面，
右背侧观（猪）

F 筛骨，旁正中矢状面，内侧观，
右半部（猪）

1 眶板 Lamina orbitalis. 薄的侧板，在猪和牛仅形成翼腭窝内侧壁的一部分，在肉食动物形成上颌隐窝的内侧壁。 AD

2 筛孔 Foramen ethmoidale. 仅在马，筛骨才参与筛孔的形成。 B

3 盖板 Lamina tectoria. 上板，构成筛骨迷路的顶板。 BC

4 基板 Lamina basalis. 下板，构成筛骨迷路的底板。 CD

5 上鼻甲 Concha nasalis dorsalis. BC

6 钩突 Processus uncinatus. 肉食动物眶板的前背端，与鼻壁分立，部分地关闭上颌隐窝的入口。 D

7 中鼻甲 Concha nasalis media. C

8 **犁骨** Vomer. E

9 犁骨沟［鼻中隔沟］ Sulcus vomeris. 犁骨背面的沟，容纳鼻中隔软骨。 E

10 犁骨嵴 Crista vomeris. 犁骨后腹部的嵴。 E

11 犁骨翼 Ala vomeris. 犁骨后端翼状的侧突。 E

12 **面骨** OSSA FACIEI.

13 **鼻骨** Os nasale. ACFG

14 外面 Facies externa. AF

15 眶上沟 Sulcus supraorbitalis. 在猪，眶上沟可延伸到鼻骨。 AF

16 内面 Facies interna. G

17 中隔突 Processus septalis. 供鼻中隔软骨附着的矢状嵴。 G

18 筛嵴 Crista ethmoidalis. 供上鼻甲附着的矢状嵴，延伸到鼻骨。 G

19 （额窦） （Sinus frontalis）. 在猪、牛、马，额窦或可扩展到鼻骨处。 C

20 **泪骨** Os lacrimale. AHI

21 眶面 Facies orbitalis. 面向眶窝。 AH

22 颜面面 Facies facialis. 在眶前方，犬的小，在猫缺如。 A

23 鼻面 Facies nasalis. 鼻面（内面）。 I

24 滑车下切迹* Incisura infratrochlearis. 供滑车下神经通过的切迹。 H

25 额突 processus frontalis. 犬的突向额骨切迹的一个背侧突起。 D

26 后泪突* Processus lacrimalis caudalis. 反刍动物和马眶上缘的突起。 H

27 前泪突 Processus lacrimalis rostralis. 猪和马泪骨颜面面的小突起。 A

28 外泪窝 Fossa lacrimalis externa. 在猪和绵羊，位于眶面。 A

29 泪囊窝 Fossa sacci lacrimalis. 泪囊形成的压迹，猪无。 H

30 泪孔 Foramen lacrimale. 鼻泪管的开口，猪无。 H

31 泪孔（复数，猪） Foramina lacrimalia. 猪泪骨眶面上的两个开口。 A

32 泪管 Canalis lacrimalis. 供鼻泪管穿行的通道。 I

33 下斜肌窝 Fossa m. obliqui ventralis. 供肌肉附着的凹陷。 AH

34 泪泡 Bulla lacrimalis. 在反刍动物，突出于眶腹侧部的薄壁隆突。 HI

35 上颌窦（反刍动物） Sinus maxillaris. 在反刍动物，上颌窦扩展到泪泡。 I

36 泪窦（牛） Sinus lacrimalis. 上颌窦的扩展到除泪泡以外的泪骨内的部分。 I

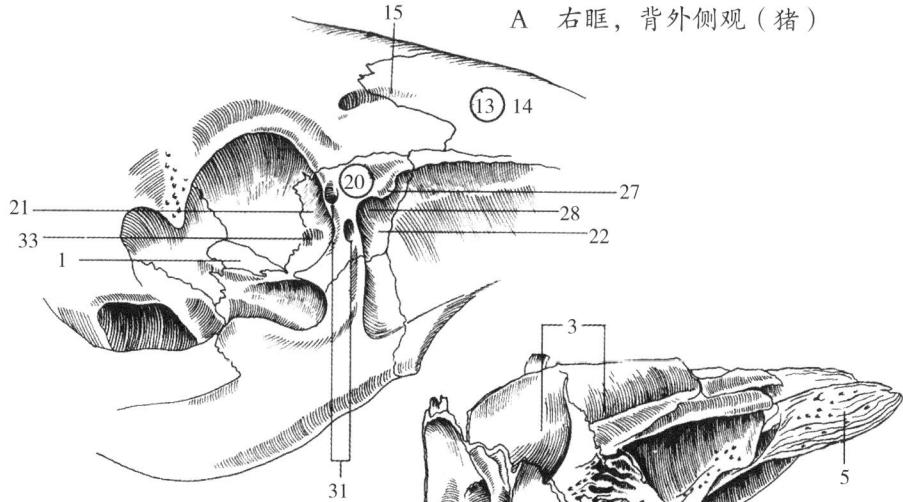

A 右眶，背外侧观（猪）

B 筛骨，右后背侧观（马）

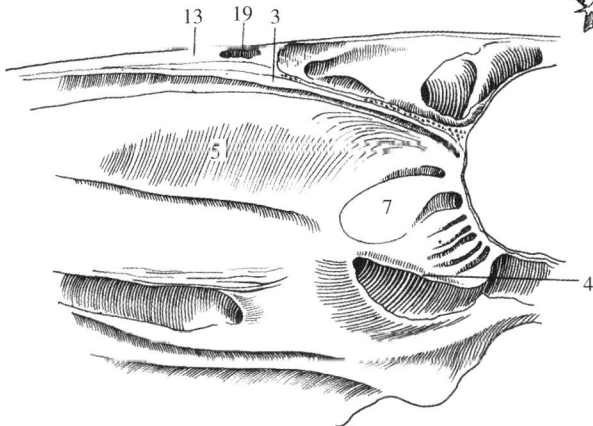

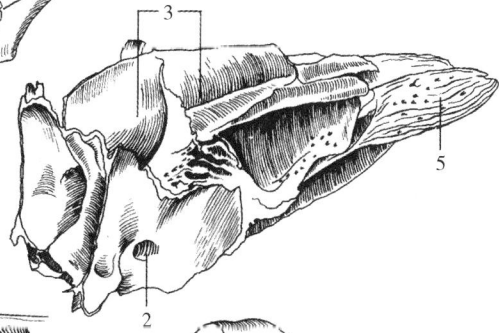

C 部分鼻腔右半部，侧矢状面，
内侧观（马）

D 左侧面骨，前内侧面观（犬）

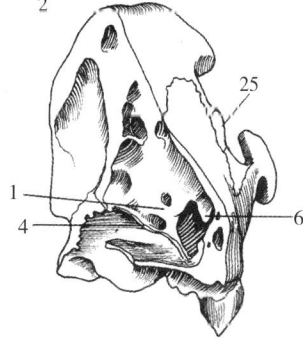

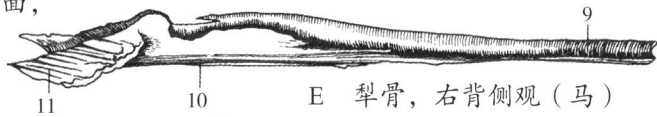

E 犁骨，右背侧观（马）

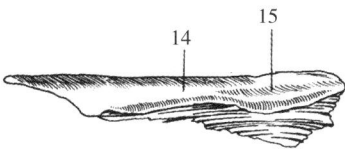

F 左鼻骨，背外侧观（猪）

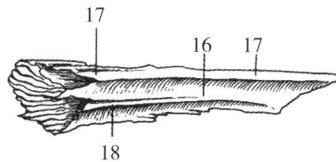

G 左鼻骨，腹内侧观（猪）

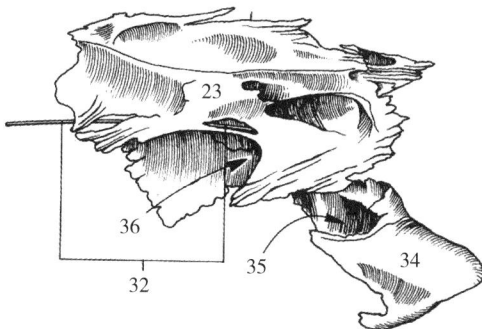

I 右泪骨，内侧观（牛）

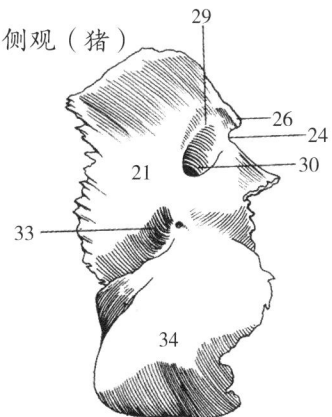

H 右泪骨，后面观（牛）

1 （泪窦，猪、绵羊、山羊）(Sinus lacrimalis).　在这3种动物中，偶尔有单独的泪窦憩室；在其他情况下，泪骨内大部分被扩展的额窦占据，泪泡除外（见本页第3、4条）。　B

2 泪窦口　Apertura sinus lacrimalis.　泪窦的开口或交通口。　B

3 （额前外侧窦，猪）(Sinus frontalis rostralis lateralis).　见本页第1条。　A

4 （额外侧窦，绵羊、山羊）(Sinus frontalis lateralis).　见本页第1条。　B

5 上颌后窦（马）Sinus maxillaris caudalis.　也扩展到泪骨内。　C

6 **上颌骨**　Maxilla.　上颌的主要骨。　ABCDEF

7 上颌体 Corpus maxillae.　上颌骨体。　CDEF

8 眶面　Facies orbitalis.　在猫，严格讲还有马，构成眶的一部分。　D

9 颜面面　Facies facialis.　CDEF

10 面嵴　Crista facialis.　供咬肌附着。在牛不完整，常常不能抵达面结节。　CDEF

11　面结节 *　Tuber faciale.　在牛有时是孤立的结节，位于理应是面嵴前端的部位。　E

12 眶下孔 *　Foramen infraorbitale.　眶下管的前口。　CDEF

13 眶下管　Canalis infraorbitalis.　含有眶下神经及相伴行的血管。　C

14 齿槽管　Canalis alveolaris.　含有到切齿、犬齿和前臼齿的神经和血管，牛缺如。　F

15 犬齿窝　Fossa canina.　猪面嵴和眶下孔背侧的凹面。　F

16 齿槽轭　Juga alveolaria.　由于深部齿的膨突而形成的嵴。　F

17 翼腭面　Facies pterygopalatina.　上颌骨的后面，面向翼腭窝。　D

18 齿槽孔（复数）　Foramina alveolaria.　供到达臼齿的神经和血管通过的小孔。　D

19 齿槽管　Canalis alveolaris.　供所有到达臼齿的齿支和齿槽支的血管和神经通过的管道。　D

20 上颌结节　Tuber maxillae.　上颌骨后端的隆凸。　ACDE

21 上颌孔　Foramen maxillare.　眶下管的后口。　A

22 鼻面　Facies nasalis.　AB

23 泪沟　Sulcus lacrimalis.　供鼻泪管通过的沟，是泪管向前的延续。　AB

24 泪管　Canalis lacrimalis.　供鼻泪管通过的管道。　AB

25 鼻甲嵴　Crista conchalis.　供下鼻甲附着的嵴。　A

26 上颌窦裂孔　Hiatus maxillaris.　是指由鼻腔进入上颌窦的大开口，在除去筛骨和下鼻甲后就可看到，它的周界全由上颌骨形成。　A

27 腭大沟　Sulcus palatinus major.　供腭大神经和腭大脉管通过的沟，与腭骨的腭大沟共同形成腭大管（牛除外）。　A

28 上颌窦　Sinus maxillaris.　猪和牛的上颌窦。　A

29 上颌前窦　Sinus maxillaris rostralis.　马较小的上颌前窦。　C

30 上颌后窦　Sinus maxillaris caudalis.　马较大的上颌后窦。　C

31 上颌窦隔　Septum sinuum maxillarium.　马上颌前窦和上颌后窦间的隔板。C

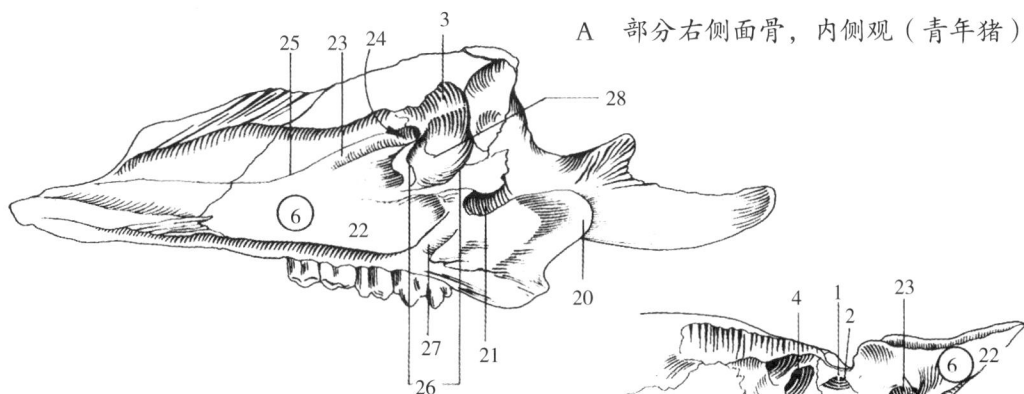

A 部分右侧面骨，内侧观（青年猪）

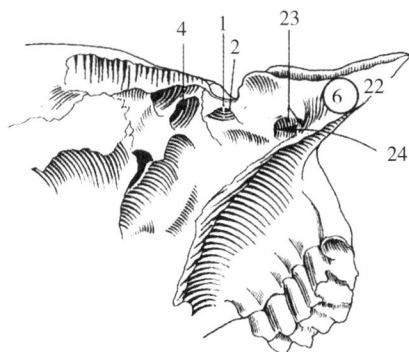

B 部分左侧面骨，腹前内侧观（山羊）

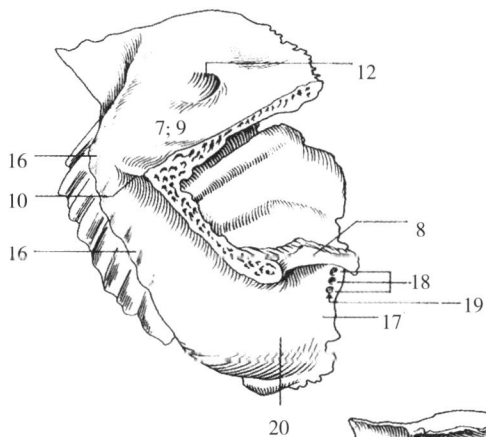

D 左上颌骨，后外侧观（马）

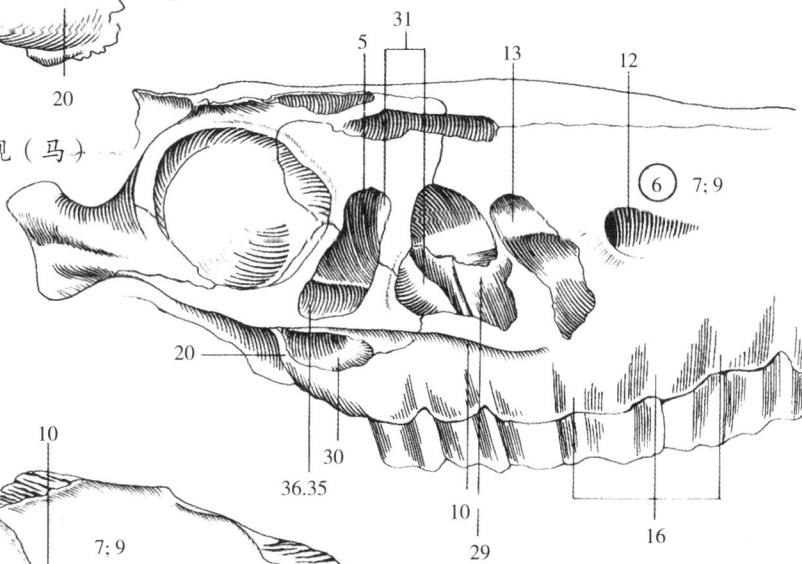

C 右面骨，窦已打开，外侧观（马）

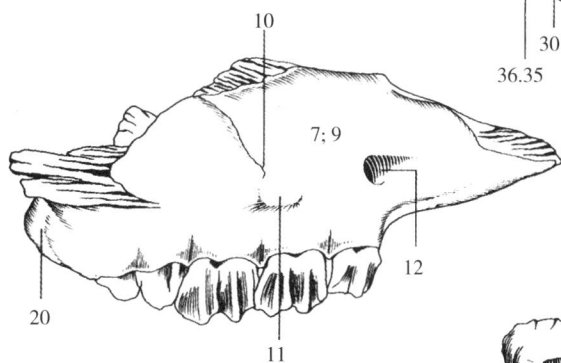

E 右上颌骨，外侧观（牛）

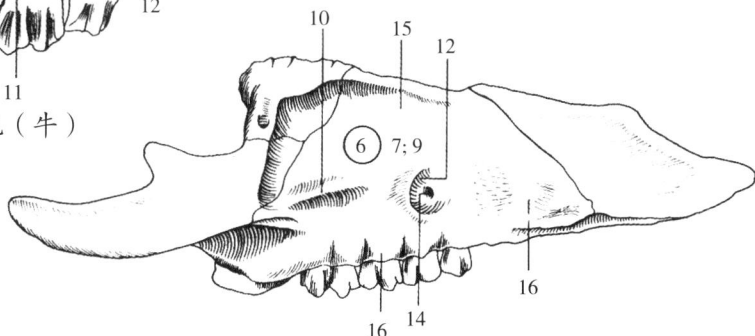

F 部分右面骨，外侧观（青年猪）

1 额突（肉食动物） Processus frontalis. 肉食动物上颌骨的额突。 A

2 筛嵴 Crista ethmoidalis. 在肉食动物和猪，供上鼻甲附着的筛嵴也越过上颌骨。 A

3 颧突 Processus zygomaticus. 位于上颌结节背外侧的后突，连接颧骨。 A

4 腭突 Processus palatinus. 构成硬腭的最大部分。 ABCD

5 鼻嵴 Crista nasalis. 供鼻中隔（犁骨）附着的正中矢状嵴。 AC

6 腭沟 Sulcus palatinus. 位于上颌骨口腔面的矢状沟，供腭大神经和脉管通过。 BD

7 腭大孔 Foramen palatinum majus. 腭管的前口，在猪（有时在犬）单独由上颌骨构成。 B

8 腭窦 Sinus palatinus. 在反刍动物此窦还扩展到上颌骨的腭突内。 C

9 腭窦中隔 Septum sinuum palatinorum. 反刍动物左、右侧腭窦之间的中隔。 C

10 齿槽突 Processus alveolaris. 朝向腹侧，为齿提供齿槽。 D

11 齿槽缘* Margo alveolaris. 齿槽突的边缘，围成齿槽。 D

12 齿槽间缘* Margo interalveolaris. 上颌骨腹缘的前部，不具有齿槽缘的部分。 D

13 齿槽 Alveoli dentales. 齿槽突的腔隙，容纳齿根。 D

14 齿槽间隔 Septa interalveolaria. 相邻齿齿槽之间的间隔。 D

15 齿根间隔 Septa interradicularia. 同一枚齿不同齿根之间的间隔。 D

16 **下鼻甲骨** Os conchae nasalis ventralis. A

17 **切齿骨** Os incisivum. 上颌的前部。 BCDE

18 切齿骨体 Corpus ossis incisivi. BCDE

19 唇面 Facies labialis. 切齿骨的外面，面对上唇。 E

20 腭面 Facies palatina. BDE

21 齿槽突 Processus alveolaris. 除反刍动物外，提供切齿齿槽的突起。 DE

22 齿槽弓 Arcus alveoilaris. 每个齿槽突弓形的边缘。 DE

23 齿槽 Alveoli dentalis. 容纳切齿齿根的齿槽突的腔。 DE

24 齿槽间隔 Septa interalveolaria. 齿槽之间的间隔。 DE

25 齿槽间缘* Margo interalveolaris. 切齿骨的齿槽突以后的部分，不提供齿槽。齿槽间隙的部分。 DE

26 齿槽轭 Juga alveolaria. 由于齿的着生而导致的骨外表面的突起。 E

27 腭突 Processus palatinus. 构成硬腭前部的骨质薄板。 BCDE

28 鼻突 Processus nasalis. 向后背侧伸出，构成鼻腔侧壁的一部分。 CE

29 **吻骨** Os rostrale. 在猪，有时在牛，构成鼻中隔的前端。 F

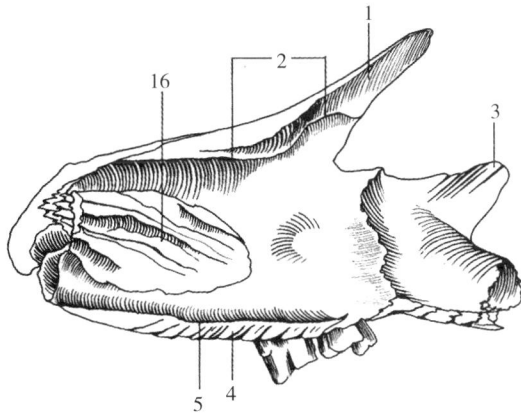

A 右上颌骨，内侧观（青年犬）

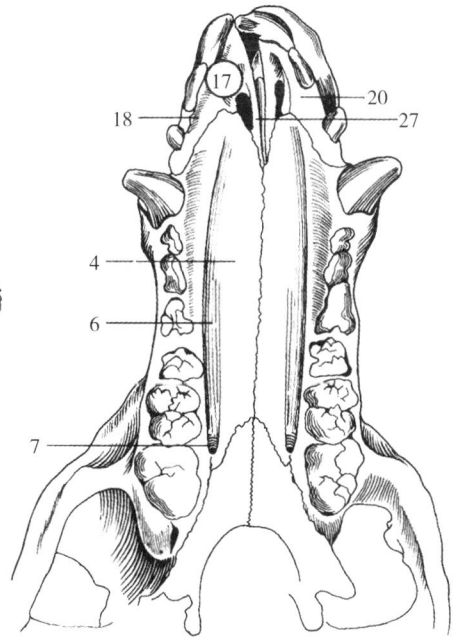

B 硬腭（青年猪）

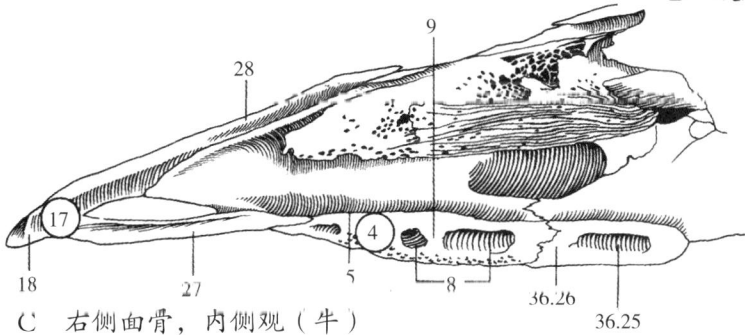

C 右侧曲骨，内侧观（牛）

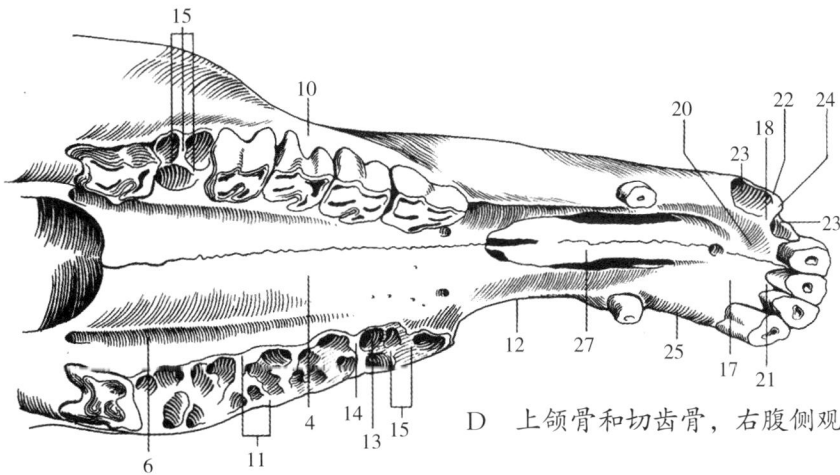

D 上颌骨和切齿骨，右腹侧观（马）

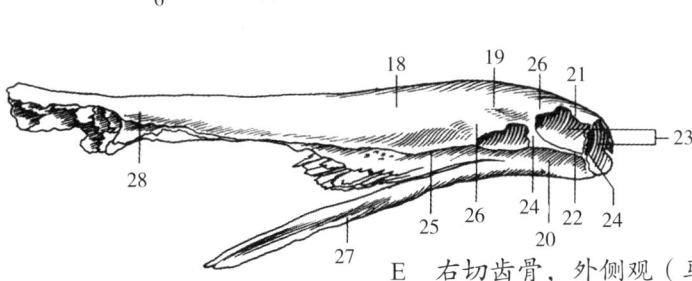

E 右切齿骨，外侧观（马）

F 吻骨，右前面观（猪）

1 **腭骨** Os palatinum. ABCD

2 **垂直板** Lamina perpendicularis. ABCD

3 鼻面 Facies nasalis. 内面。 ACD

4 上颌面 Facies maxillaris. 外面。 B

5 蝶腭切迹 Incisura sphenopalatina. 见于牛，偶尔见于马，构成蝶腭孔的一部分。 AB

6 蝶腭孔 Foramen sphenopalatinum. 翼腭窝与鼻腔间的通口，在牛（偶尔在马）腭骨仅参与其部分构成。 C

7 腭大沟 Sulcus palatinum major. 供腭大神经和脉管通过的沟，与上颌骨的腭大沟共同构成腭大管（牛除外）。 B

8 腭大管 Canalis palatinus major. 牛的该管仅由腭骨构成。 A

9 锥突 Processus pyramidalis. 向后腹侧的突起，插入到底蝶骨翼突和翼骨之间，在猪相当发达，在肉食动物缺如。 B

10 筛嵴 Crista ethmoidalis. 犬蝶筛板向前的延续，供一个外鼻甲附着。 C

11 蝶筛板 Lamina sphenoethmoidalis. 从鼻面发出的与水平部平行的骨板，两侧的该板将鼻咽道与筛鼻甲分开；蝶筛板向后与前蝶骨毗邻，向前背侧与筛骨基板结合。犬和猪的长，反刍动物缺如。 C

12 眶突 Processus orbitalis. 腭骨的背侧突，突向眶内侧壁。 BC

13 蝶突 Processus sphenoidalis. 腭骨的后内侧突，突向前蝶骨体。 BC

14 （蝶窦） (Sinus sphenoidalis). 在猪和马，蝶窦可能会扩展到蝶突内。 D

15 水平板 Lamina horizontalis. 形成硬腭的后部。 ABCD

16 鼻面 Facies nasalis. 背面。 C

17 腭面 Facies palatina. 腹面。 ABD

18 游离缘 Margo liber. 后缘。 ABCD

19 鼻后棘 Spina nasalis caudalis. 在肉食动物、猪，偶尔在马，在后缘正中的棘。 C

20 腭小管 Canales palatini minores. 在犬、猪和牛，供腭小神经和脉管通过。 A

21 腭大孔 Foramen palatinum majus. 腭大管的前口，在牛全由腭骨构成。 A

22 腭小孔（复数） Foramina palatina minora. 在犬、猪和牛，各腭小管的前端开口。 A

23 鼻嵴 Crista nasalis. 正中矢状的背侧嵴，牛有时缺如。 ACD

24 （腭嵴） (Crista palatina). 腭面的嵴，偶见于猪。 D

25 腭窦 Sinus palatinus. 在马位于垂直部，在反刍动物位于水平部。 35页C

26 腭窦中隔 Septum sinuum palatinirum. 牛腭窦之间的正中矢状隔。 35页C

27 **颧骨** Os zygomaticum. DEF

28 外侧面 Facies lateralis. E

29 眶面 Facies orbitalis. EF

30 颞突* Processus temporalis. 指向后方，与颞骨颧突共同构成颧弓。 DEF

31 额突 Processus frontalis. 在反刍动物，紧邻额骨颧突，在猪和肉食动物连接眶韧带。 DEF

32 眶下缘 Margo infraorbitalis. 将外侧面与眶面分开。 EF

33 面嵴 Crista facialis. 从上颌骨向后延伸。 E

34 上颌窦 Sinus maxillaris. 反刍动物和猪的上颌窦还扩展到颧骨。 33页C

35 上颌后窦 Sinus maxillaris caudalis. 马上颌后窦可扩展到颧骨内。 33页C

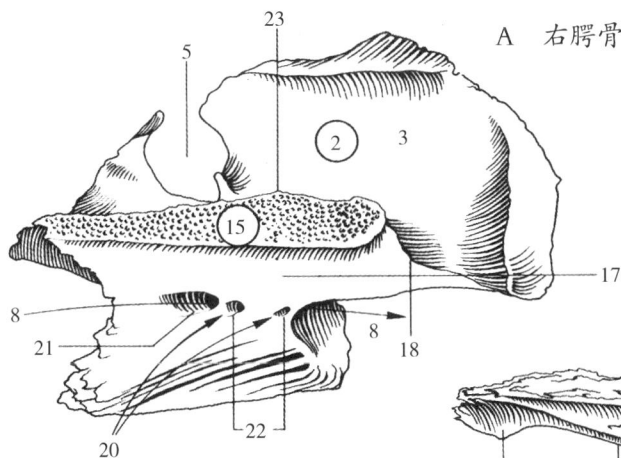

A 右腭骨，腹内侧观（青年牛）

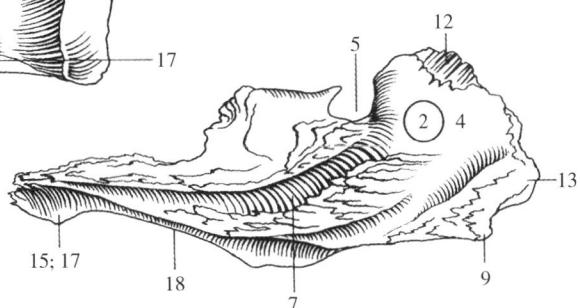

B 左腭骨，外侧观（马）

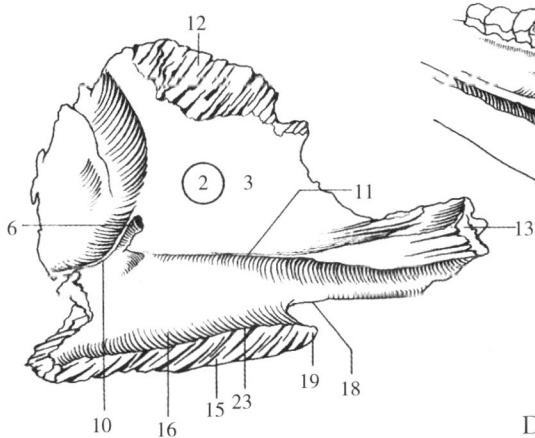

C 右腭骨，背内侧观（犬）

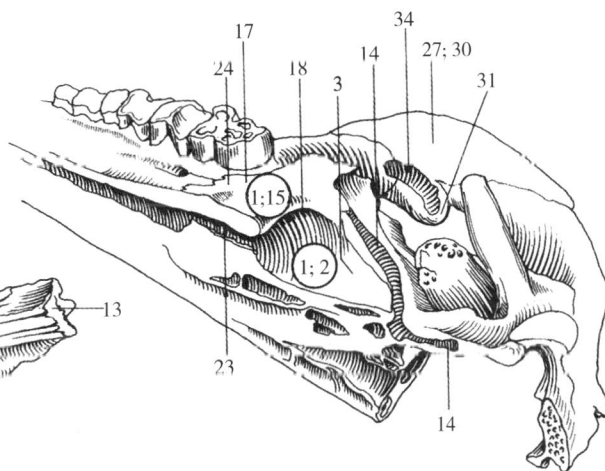

D 左翼腭窝和部分硬腭，蝶窦已打开，
后腹侧观（猪）

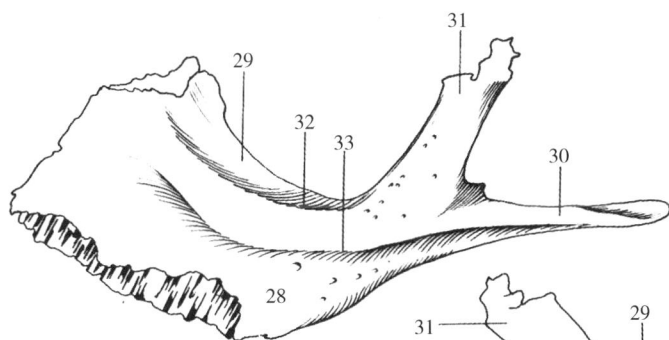

E 左颧骨，外侧观（牛）

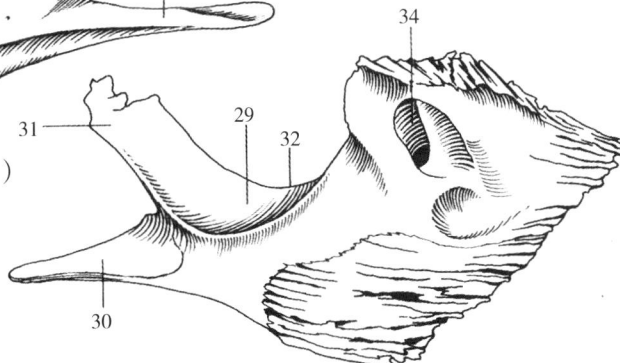

F 左颧骨，内侧观（牛）

1 **下颌骨** Mandibula. ABCD（下颌骨是由两块对称的骨组成的对骨，但通常简称为下颌骨。）

2 下颌体 Corpus mandibulae. 下颌骨体，附着有齿。 ABCD

3 切齿部 Pars incisiva. 前部，具有切齿齿槽。 ABCD

4 齿槽弓* Arcus alveolaris. 切齿部弯曲的边缘。 ABD

5 齿槽管 Canales alveolares. 含有供应所有切齿和犬齿的神经和脉管。 A

6 臼齿部 Pars molaris. 下颌体的后部，有前臼齿和臼齿齿槽。 ABCD

7 齿槽缘 Margo alveolaris. 齿槽部的背侧缘，参与围或齿槽。 ABC

8 腹侧缘 Margo ventralis. 游离的腹侧缘。 ABCD

　9 面血管切迹 Incisura vasorum facialium. 供面血管通过。肉食动物、绵羊、山羊缺如。 ACD

10 颏孔* Foramen mentale. 反刍动物和马下颌管的前口。 A

11 颏孔*（复数） Foramina mentalia. 肉食动物下颌管的多个开口。 B

12 颏外侧孔*（复数） Foramina mentalia lateralia. 只在猪的下颌骨外侧面的开口。 C

13 颏内侧孔 Foramen mentale mediale. 仅见于猪。 C

14 唇面 Facies labialis. 切齿部的唇面，与唇相关。 ABC

15 颊面 Facies buccalis. 臼齿部的外侧面，与颊相关。 ABC

16 舌面 Facies lingualis. 下颌体的内面。 D

17 下颌舌骨肌线 Linea mylohyoidea. 供下颌舌骨肌起始的线。 CD

18 齿槽 Alveoli dentales. 见34页13条。

19 齿槽间隔 Septa interalveolaria. 见34页14条。

20 齿根间隔 Septa interradicularia. 见34页15条。

21 齿槽轭 Juga alveolaria. 见34页26条。

22 齿槽间缘* Margo interalveolaris. 背缘上无齿槽的部分，也称齿槽间隙。 AD

23 下颌支* Ramus mandibulae. 指向背侧的下颌骨后部。 ABCD

24 下颌角* Angulus mandibulae. 下颌体和下颌支之间的角。 ABCD

25 角突 Processus angularis. 肉食动物的后腹侧突。 B

26 胸下颌肌结节* Tuberositas m. sternomandibularis. 马胸头肌的抵止点（也称胸下颌肌）。 D

27 咬肌窝 Fossa masseterica. 供咬肌抵止的凹陷，外侧面。 B

28 翼肌窝 Fossa pterygoidea. 下颌支内侧面的凹陷，供翼肌抵止。 CD

29 下颌孔* Foramen mandibulae. 在下颌支内侧面，为下颌管后部的开口。 CD

30 下颌管 Canalis mandibulae. 供下颌齿槽神经通过的管道。 ABCD

31 下颌舌骨肌沟 Sulcus mylohyoideus. 下颌孔前腹侧的沟。 CD

32 冠突* Processus coronoideus. 供颞肌抵止的突起。 ABCD

33 下颌切迹* Incisura mandibulae. 位于冠突和髁突之间。 ABCD

34 髁突 Processus condylaris. 关节突。 ABCD

35 下颌头 Caput mandibulae. 髁突上面的关节头。 ABCD

36 下颌颈 Collum mandibulae. 髁突的颈。 ABC

37 翼肌凹 Fovea pterygoidea. 供翼外肌抵止。 CD

38 **舌器［舌骨］** Apparatus hyoideus [Os hyoideum]. E

39 底舌骨［舌骨体］* Basihyoideum [Corpus]. 体，前腹侧部。 E

40 舌突* Processus lingualis. 反刍动物和马舌骨体向前的突起。 E

41 角舌骨［小角］ Ceratohyoideum [Cornu minus]. E

42 甲状舌骨［大角］ Thyrohyoideum [Thyreo-，Cornu majus]. E

43 上舌骨 Epihyoideum. 在角舌骨和茎突舌骨之间，猪的为韧带。 E

44 茎突舌骨 Stylohyoideum. E

45 茎突舌骨角 Angulus stylohyoideus. E

46 鼓舌骨 Tympanohyoideum. 位于茎突舌骨和颞骨之间。 E

A 左下颌骨（牛）

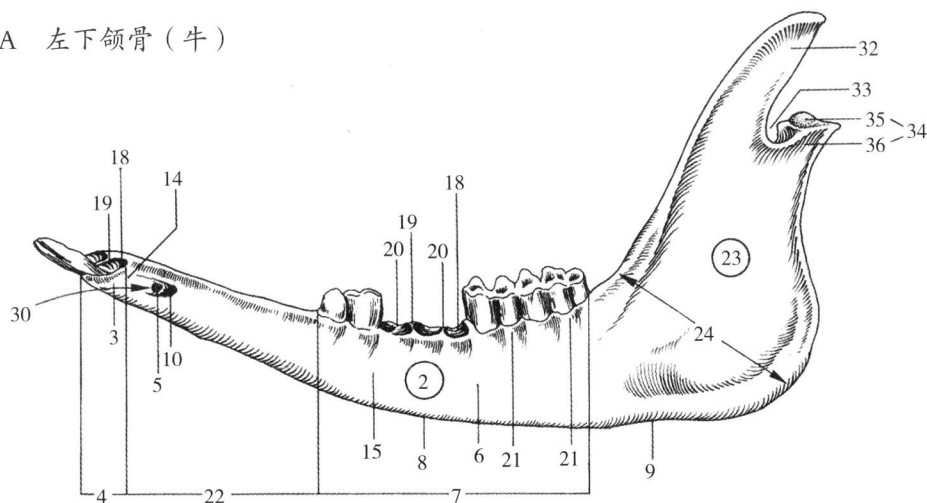

B 左下颌骨，外侧观（犬）

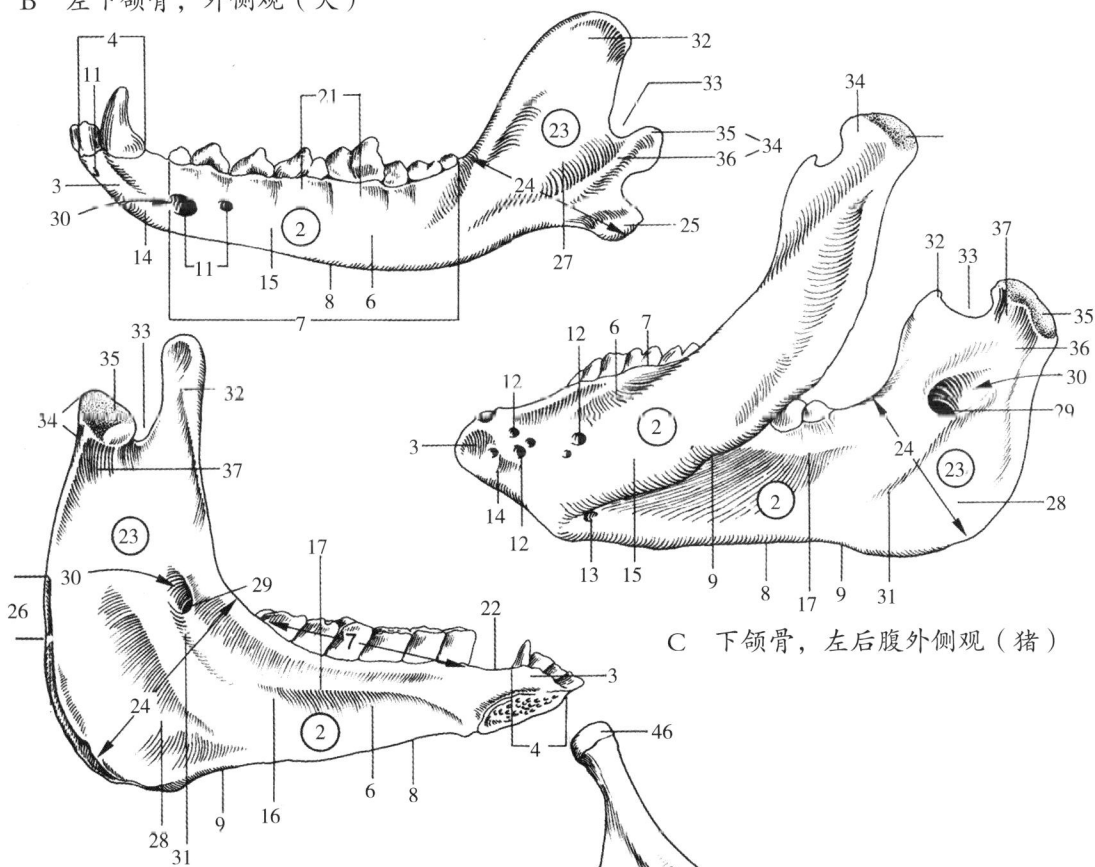

C 下颌骨，左后腹外侧观（猪）

D 左下颌骨，后内侧观（马）

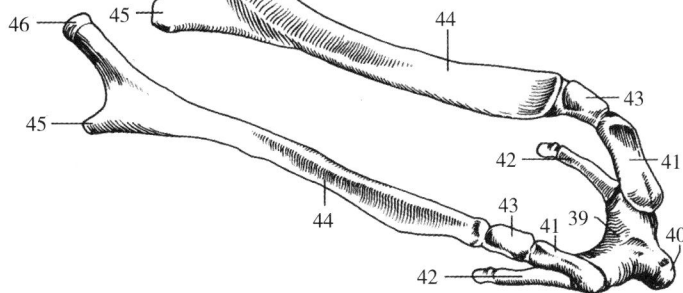

E 舌器，右前背侧观（牛）

1 **脊柱　COLUMNA VERTEBRALIS**.　A

2 椎体　Corpus vertebrae.　椎骨的体部。　B

3 前端［椎头］　Extremitas cranialis [Caput vertebrae].　BC

4 后端［椎窝］　Extremitas caudalis [Fossa vertebrae].　B

5 腹侧嵴　Crista ventralis.　颈椎、前部胸椎、后部胸椎以及腰椎椎体腹侧的嵴。　B

6 椎弓　Arcus vertebrae.　从背侧和两侧围成椎孔，每一侧的椎弓由背侧的板和腹侧的根构成。　C

7 椎弓根　Pediculus arcus vertebrae.　椎弓的根，与体相连。　C

8 椎弓板　Lamina arcus vertebrae.　椎弓的背侧部。　C

9 椎孔　Foramen vertebrale.　由椎体和椎弓围成。　C

10 椎管　Canalis vertebralis.　由各椎孔组成，容纳脊髓。　B

11 弓间隙　Spatium interarcuale.　从背侧分隔相邻椎弓。　B

12 椎间孔　Foramen intervertebrale.　两相邻椎骨间的开口，供脊神经通过。　B

13 椎前切迹　Incisura vertebralis cranialis.　椎弓根的前切迹。　BC

14 椎后切迹　Incisura vertebralis caudalis.　椎弓根的后切迹。　BC

15 椎外侧孔　Foramen vertebrale laterale.　由大而深的椎后切迹转变为一个孔，特别在牛的胸椎，马偶尔有，猪通常为两个。　43页D

16 脊神经沟　Sulcus n. spinalis.　猫、猪和牛第4~6颈椎横突上供脊神经通过的沟。　C

17 棘突　Processus spinosus.　BC

18 横突　Processus transversus.　C

19 肋突　Processus costalis.　腰椎的横突，与肋骨同源。　B

20 前关节突　Processus articularis cranialis.　位于椎弓上的前关节突。　BC

21 后关节突　Processus articularis caudalis.　位于椎弓上的后关节突。　BC

22 副突　Processus accessorius.　在肉食动物的后部胸椎和腰椎，以及猪的后部胸椎，为后关节突和横突之间的突起。　B

23 乳突　Processus mamillaris.　在胸椎和腰椎上，位于横突和前关节突之间的突起。　B

24 **颈椎**　Vertebrae cervicales.　A

25 横突　Processus transversus.　C

26 腹侧结节　Tuberculum ventrale.　第3~5颈椎横突的前腹侧分支。　C，以及43页AB

27 腹侧板（第6颈椎）　Lamina ventralis [Vertebrae cervicalis Ⅵ].　对称的矩形板，为扩大的腹侧结节。　A

28 横突孔　Foramen transversarium.　横突上的开口，供椎脉管和椎神经通过。　C

29 背侧结节　Tuberculum dorsale.　第3~6颈椎横突的后背侧分支。　C

30 后肋凹（第7颈椎）　Fovea costalis caudalis [Vertebrae cerviculis Ⅶ].　供第1肋骨头附着。　A

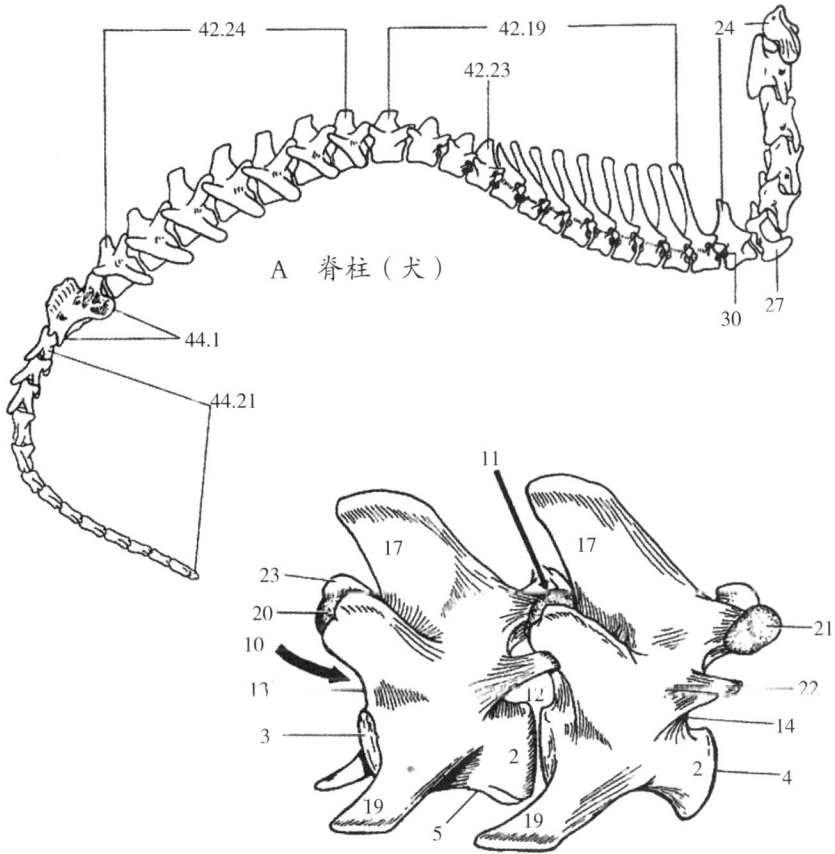

A 脊柱（犬）

B 第2、3腰椎，左背侧观（犬）

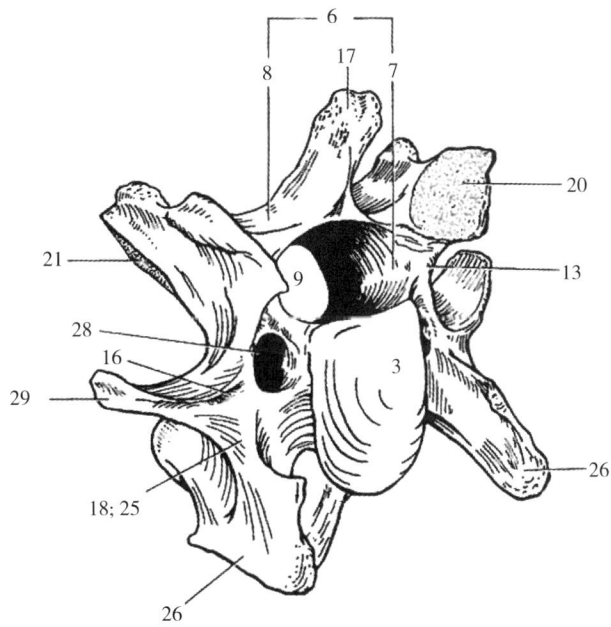

C 第4颈椎，右前面观（牛）

1 **寰椎** Atlas. 第1颈椎，缺椎体。 AB

2 **侧块** Massa lateralis. 寰椎的侧部。 AB

3 **横突［寰椎翼］*** Processus transversus [Ala atlantis]. 横突［翼］。 AB

    4 **翼孔** Foramen alare. 向前穿通寰椎翼，供椎动脉通过。肉食动物缺。 A

    5 **翼切迹（肉食动物）** Incisura alaris. 寰椎翼前缘的切迹，供椎动脉通过。 B

6 **寰椎窝** Fossa atlantis. 寰椎翼腹侧面的凹陷，在马特别深，在肉食动物较平坦。 A

7 **前关节凹** Fovea articularis cranialis. 与成对的枕髁成关节。 A

8 **后关节凹** Fovea articularis caudalis. 与枢椎的关节面成关节。 B

9 **腹侧弓** Arcus ventralis. 它代表了寰椎椎体较小的一部分，其大部分则融合到枢椎的齿突和前关节面。 A

10 **齿突凹** Fovea dentis. 位于腹弓背面的容纳枢椎齿突的关节面凹陷。 B

11 **腹侧结节** Tuberculum ventrale. 腹侧弓腹侧的结节。 AB（这个结构在第5版N.A.V.被忽略了。对于其余颈椎的这一结构已在40页26条列出，但腹侧结节也是寰椎的一个结构。）

12 **背侧弓** Arcus dorsalis. AB

13 **背侧结节*** Tuberculum dorsale. 棘突的遗迹。 B

14 **枢椎** Axis. 第2颈椎。 C

15 **齿突** Dens. 齿状的枢椎前突。 C

16 **顶** Apex. 齿突的前端。 C

17 **腹侧关节面** Facies articularis ventralis. 齿突的腹侧关节面。 C

18 **背侧关节面** Facies articularis dorsalis. 肉食动物和猪齿突的背侧关节面。 C

19 **胸椎** Vertebrae thoracicae. 41页A

20 **前肋凹** Fovea costalis cranialis. 位于前端的小面，供肋骨头的后部成关节。 D

21 **后肋凹** Fovea costalis caudalis. 位于后端的小面，供肋骨头的前部成关节。 D

22 **横突肋凹** Fovea costalis processus transversi. 横突上的小关节面，供肋结节成关节。 D

23 **直椎*** Vertebra anticlinalis. 胸后部或腰部第1枚棘突垂直于躯干的椎骨，在它之前的椎骨其棘突向后倾斜。 41页A

24 **腰椎*** Vertebrae lumbales. 41页A

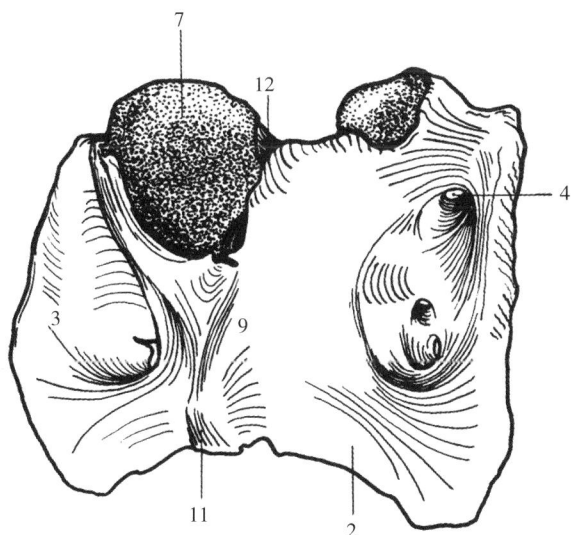

A 寰椎，左腹侧观（马）

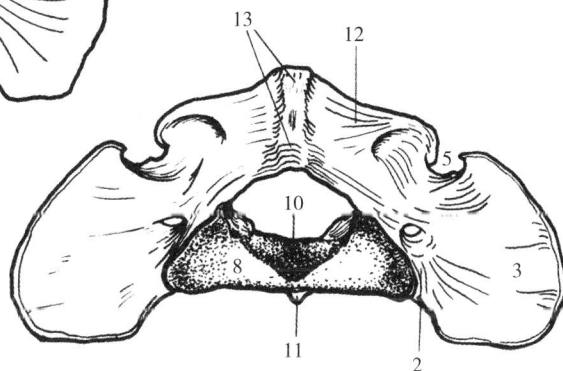

B 寰椎，后背侧观（犬）

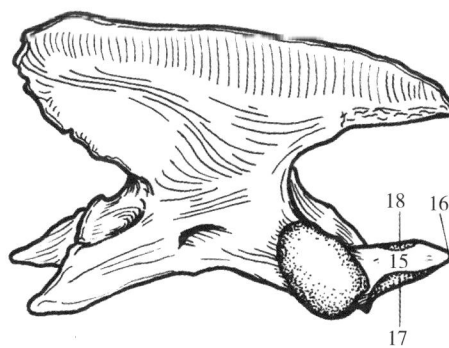

C 枢椎，右侧观（犬）

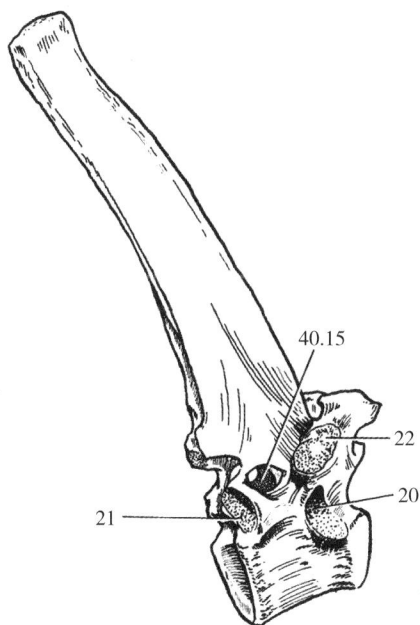

D 第8胸椎，右后面观（马）

1 荐骨［荐椎］ Os sacrum [Vertebrae sacrales]. 融合的荐椎。 ABCD

2 荐骨底 Basis ossis sacri. 荐骨的底［前端］。 ABCD

3 前关节突 Processus articularis cranialis. 与最后腰椎的后关节突成关节。 ACD

4 岬* Promontorium. 荐骨底的腹侧缘，与椎间盘一起突向盆腔入口。 ABC

5 侧部 Pars lateralis. 由相互融合的横突组成。 ABD

6 荐骨翼 Ala sacralis. 荐骨的翼，为显著增长的第1（马、牛）或第1、2横突。 ABD

7 耳状面 Facies auricularis. 与髂骨成关节的耳状面。 A

8 荐骨粗隆 Tuberositas sacralis. 耳状面背侧的粗糙面，供韧带附着。 A

9 背侧面 Facies dorsalis. D

10 荐正中嵴 Crista sacralis mediana. 在牛，有时在山羊和绵羊，由完全融合的棘突构成的荐背侧嵴。 AC

11 荐中间嵴 Crista sacralis intermedia. 在牛，为由融合的关节突构成的背外侧嵴。 A

12 荐背侧孔 Foramina sacralia dorsalia. 供脊神经背侧支穿出的开口。 AD

13 荐外侧嵴 Crista sacralis lateralis. 由融合的横突构成。 AB

14 盆面 Facies pelvina. 腹面。 B

15 荐腹侧孔* foramina sacralia ventralia. 供荐神经腹侧支穿过的开口。 B

16 横线 Lineae transversae. 荐椎椎体融合形成的线。 B

17 荐骨尖 Apex ossis sacri. 荐骨小的后端。 ABC

18 后关节突 Processus articularis caudalis. 仅在猪和肉食动物有。 D

19 荐管 Canalis sacralis. 荐骨的椎管。 C

20 椎间孔 Foramina intervertebralia. 荐椎椎弓间的开口，供脊神经通过。 C

21 尾椎 Vertebrae caudales [coccygeae]. 41页A

22 血管突 Processus hemalis [haemalis]. 肉食动物和猪尾椎的侧矢状腹侧突起。 E

23 血管弓 Arcus hemalis [haemalis]. 在牛由第2、3尾椎的左、右血管突融合而成；在肉食动物则是由第3~8尾椎的血管突及其一至多对相互接触的血管弓骨构成。 E

24 血管弓骨 Os arcus hemalis [haemalis]. 在肉食动物，与血管突接触的成对而分开的骨，左、右侧的该骨可融合为V形骨。 E

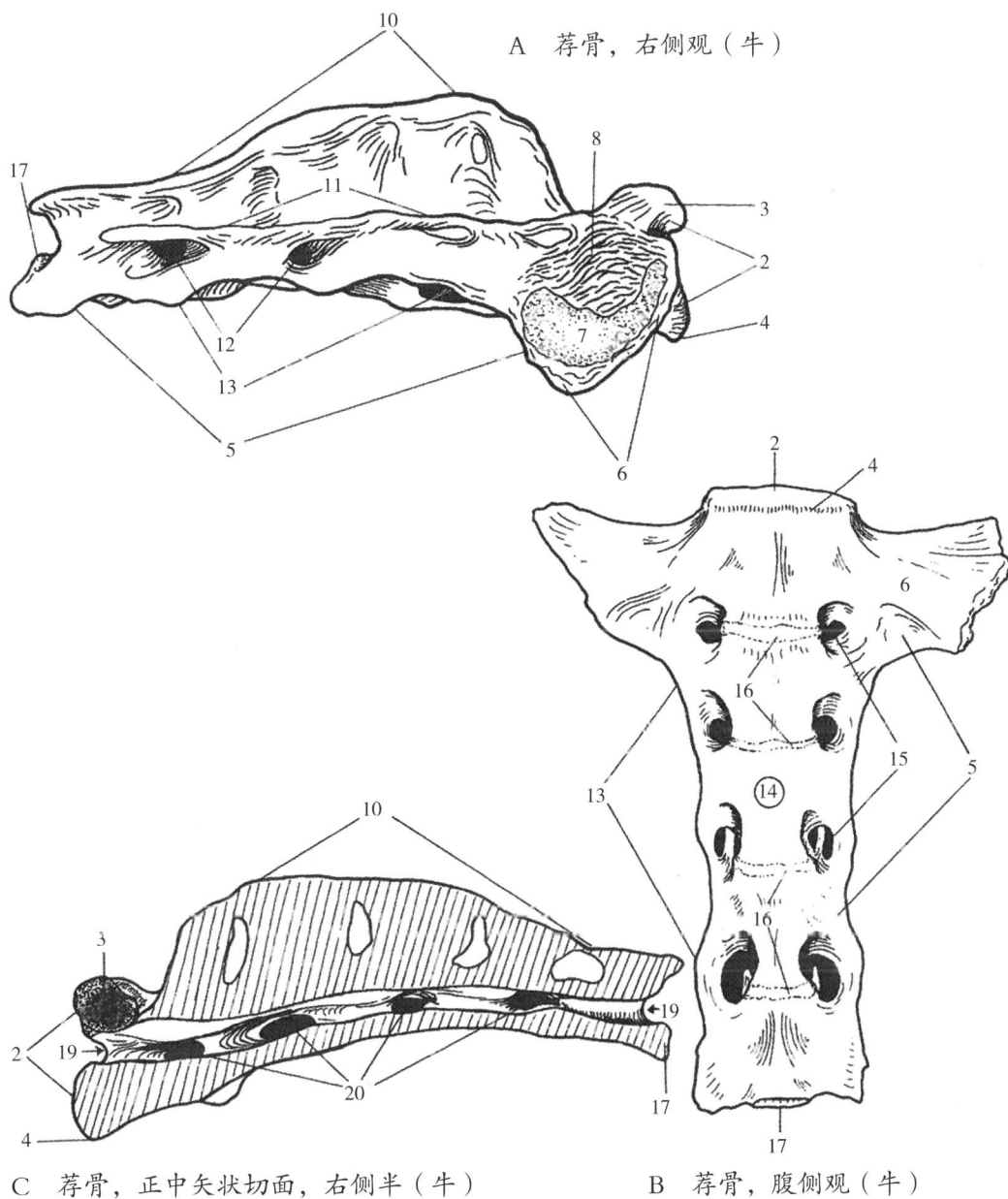

A　荐骨，右侧观（牛）

B　荐骨，腹侧观（牛）

C　荐骨，正中矢状切面，右侧半（牛）

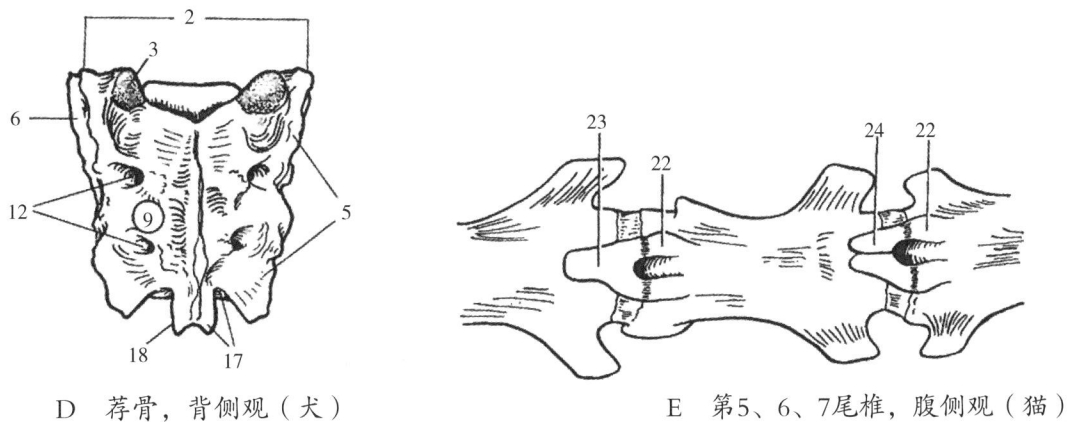

D　荐骨，背侧观（犬）

E　第5、6、7尾椎，腹侧观（猫）

1 **胸廓骨骼　SKELETON THORACIS.** 由胸椎、肋和胸骨构成的骨性胸廓，有时称胸廓。 D

2 **肋**　Costae. D

3 真肋〔胸肋〕Costae verae [sternales]. 直接与胸骨相连。 D

4 假肋〔非胸肋〕Costae spuriae [asternales]. 间接与胸骨相连。 D

5 浮肋　Costae fluctuantes. 其腹端游离。 D

6 肋软骨* Cartilago costalis. 肋的腹侧部。 D

7 肋骨　Os costale. 肋的骨性背侧部。 D

8 肋头　Caput costae. 与相邻的两个椎体成关节。 AB

　9 肋头关节面　Facies articularis capitis costae. 一个肋头上的关节面。 AB

　10 肋头嵴　Crista capitis costae. 肋头上分开前、后关节面的嵴，其中有沟，供肋头间韧带附着。 B

11 肋颈　Collum costae. 从肋头向外延展的缩细部。 B

　12 肋颈嵴　Crista colli costae. 肋颈前缘的嵴。 B

13 肋体* Corpus costae. 肋的主要部分。 A

14 肋结节　Tuberculum costae. 肋颈和肋体之间向背侧的突出部。 AB

　15 肋结节关节面　Facies articularis tuberculi costae. 肋结节的关节面，与横突成关节。 B

16 肋角　Angulus costae. 肋骨的角，特别指肋结节附近的弯曲。 B

17 腹斜角肌结节　Tuberculum m. scaleni ventralis. 第1肋骨前缘的隆起区域，供腹斜角肌的后端抵止，在猪和马明显。A

18 最长肌粗隆　Tuberositas m. longissimi. 供最长肌抵止的粗隆，在马总能见到，在其他种类也常见。 B

19 髂肋肌粗隆　Tuberositas m. iliocostalis. 供髂肋肌抵止的粗隆。在马总能见到，在其他种类也常见。 B

20 肋沟　Sulcus costae. 在内侧面接近后缘处，供肋间血管和肋间神经通过。 AB

21 肋膝　Genu costae. 肋的膝部，在有蹄类为接近肋骨肋软骨结合处的弯曲，在肉食动物位于肋软骨处。 D

22 **胸骨**　Sternum. CD

23 胸骨柄* Manubrium sterni. 胸骨的前端。 CD

24 柄软骨　Cartilago manubrii. 胸骨柄软骨，在反刍动物很小或无。 CD

25 胸骨体　Corpus sterni. 胸骨的体部，在胸骨柄和剑状突之间。 CD

26 胸骨嵴　Crista sterni. 马胸骨的软骨性的腹侧嵴。 C

27 胸骨节　Sternebrae. 骨性的节段，由其间的软骨联合成一体或经骨性结合愈合，在某些种类则终生保持分节状态。 C

28 剑状突　Processus xiphoideus. 胸骨后端剑状的突起。 C

29 剑状软骨* Cartilago xiphoidea. 剑状突向后的延续。 C

30 肋切迹　Incisurae costales. 供肋软骨连结的凹陷。 C

31 **胸腔**　Cavum thoracis. D

32 胸廓前口　Apertura thoracis cranialis. 胸廓入口。 D

33 胸廓后口　Apertura thoracis caudalis. 胸廓出口。 D

34 肺沟　Sulcus pulmonalis. 胸腔的背侧部，椎体的两旁。 D

35 肋弓* Arcus costalis. 由最后胸肋和所有非胸肋的肋软骨构成。 D

36 肋间隙* Spatium intercostale. D

37 肋弓角　Angulus arcuum costalium. 左、右侧肋弓之间的夹角。 D

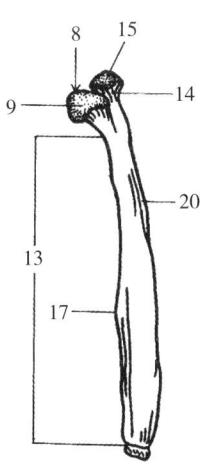

A　第1右肋，内侧观（马）

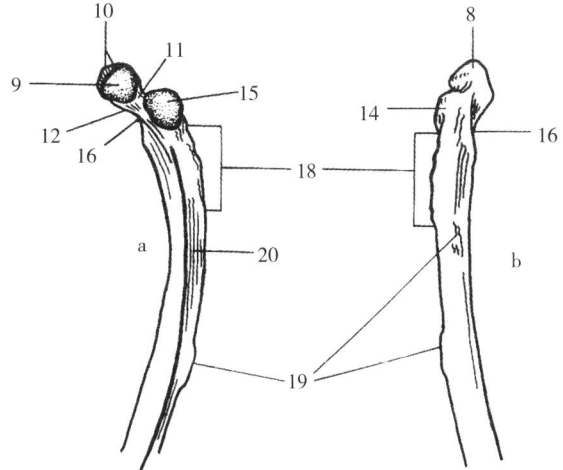

B　第12右肋，背侧部（马）
　　a.内侧观　b.外侧观

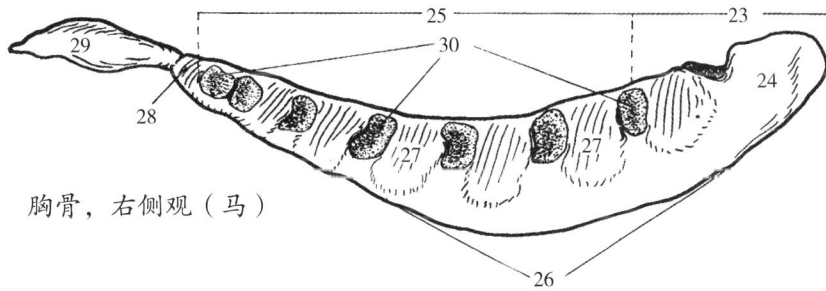

C　胸骨，右侧观（马）

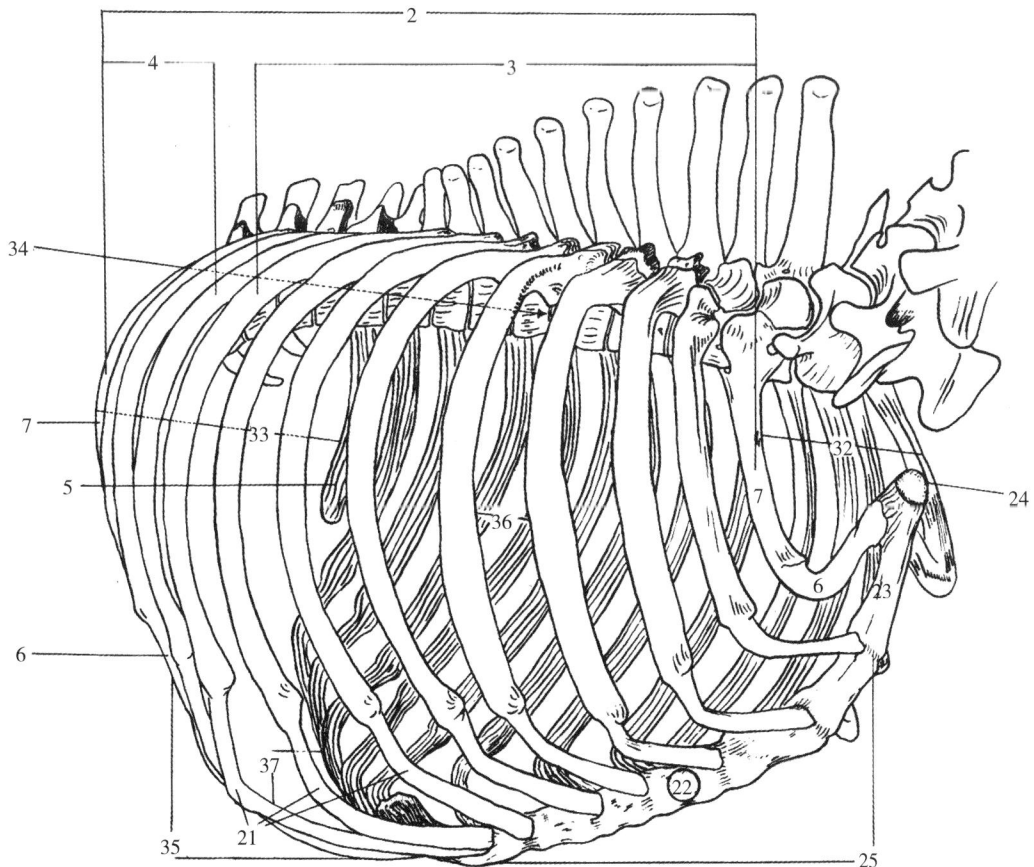

D　胸廓，右前腹侧观（犬）

1 附肢骨骼　SKELETON APPENDICULARE.

2 前肢［胸肢］骨　OSSA MEMBRI THORACICI.　前肢［胸肢］的骨。（在前肢骨上有一个或多个滋养孔，在第5版N.A.V.没有列出，但却在外科手术中有重要意义。）

3 前肢［胸肢］带　Cingulum membri thoracici.　肩带或胸廓带，在哺乳动物由肩胛骨和锁骨组成（兔和猫，犬则不明显）。鸟类的乌喙骨在哺乳类体现为盂上结节。

4 肩胛骨　Scapula.　ABC

5 肋面［内侧面］　Facies costalis [medialis].　肋面或内侧面，面向肋。　C

6 锯肌面　Facies serrata.　供腹侧锯肌起始（近附着点）的面。　C

7 肩胛下窝　Fossa subscapularis.　供肩胛下肌起始的凹陷。　C

8 外侧面　Facies lateralis.　AB

9 肩胛冈＊　Spina scapulae.　肩胛骨外面的嵴。　ABD

　　10 冈结节＊（猪、马）Tuber spinae scapulae.　肩胛冈中部的结节。　B

11 冈上窝　Fossa supraspinata.　肩胛冈前方的窝。　AB

12 冈下窝　Fossa subspinata.　肩胛冈后方的窝。　AB

13 肩峰　Acromion.　肉食动物和反刍动物肩胛冈的腹端。　AD

14 钩突（兔、肉食动物）Processus hamatus.　肩峰的腹侧突。

15 钩上突（兔、猫）Processus suprahamatus.　肩峰的后突。　A

16 背缘　Margo dorsalis.　背缘，朝向脊柱。　ABC

17 后缘　Margo caudalis.　朝向三头肌区。　ABC

18 前缘　Margo cranialis.　朝向颈部。　ABC

19 肩胛切迹　Incisura scapulae.　位于前缘，在盂上结节的背侧。　ABC

20 后角＊　Angulus caudalis.　ABC

21 腹侧角＊　Angulus ventralis.　承载关节盂。　BCE

22 前角＊　Angulus cranialis.　ABC

23 关节盂［肩臼］　Cavitas glenoidalis.　与肱骨成关节。　CDE

24 盂［肩臼］切迹　Incisura glenoidalis.　马关节盂前内侧边缘的切迹。　E

25 肩胛颈　Collum scapulae.　肩胛骨的缩窄部，位于腹角的背侧。　BC

26 盂［肩臼］下结节　Tuberculum infraglenoidale.　位于腹角后缘的背侧，在犬和马供臂三头肌起始，在猫、猪和马供肩关节肌起始。　D

27 盂［肩臼］上结节　Tuberculum supraglenoidale.　位于前缘的腹侧端，供臂二头肌起始。　ABC

28 喙突　Processus coracoideus.　盂上结节内侧的突起，供喙臂肌起始，在家畜较小。　CE

29 肩胛软骨＊　Cartilago scapulae.　在背缘，肉食动物的小。　AC

30 锁骨（兔、猫）Clavicula.　在犬不完整。　F

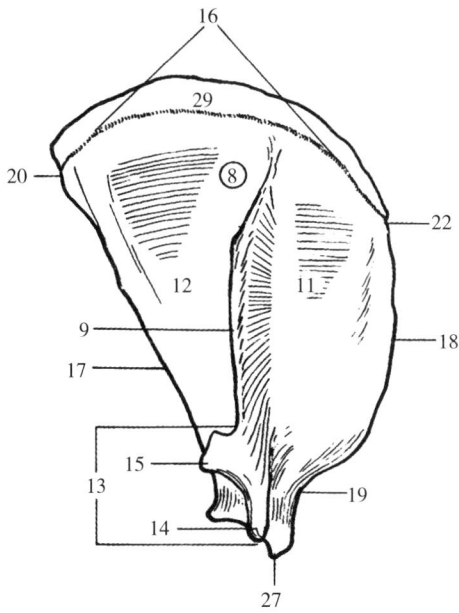

A 右肩胛骨，外侧观（猫）

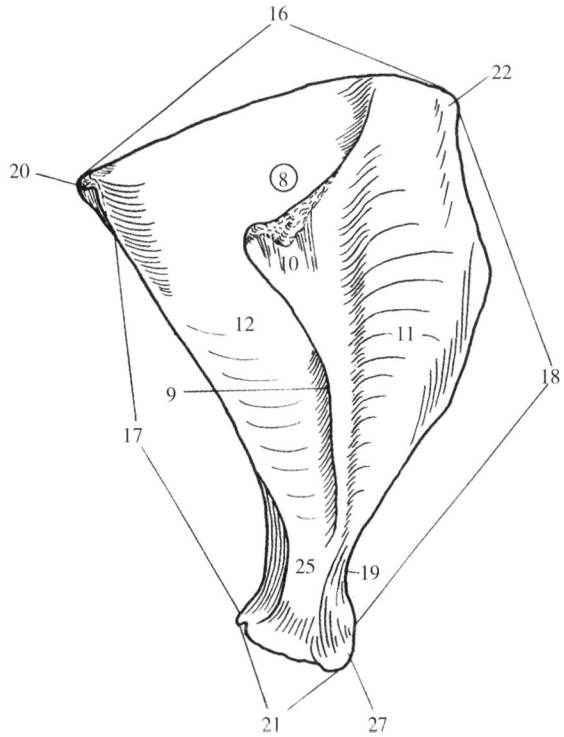

B 右肩胛骨，外面观（猪）

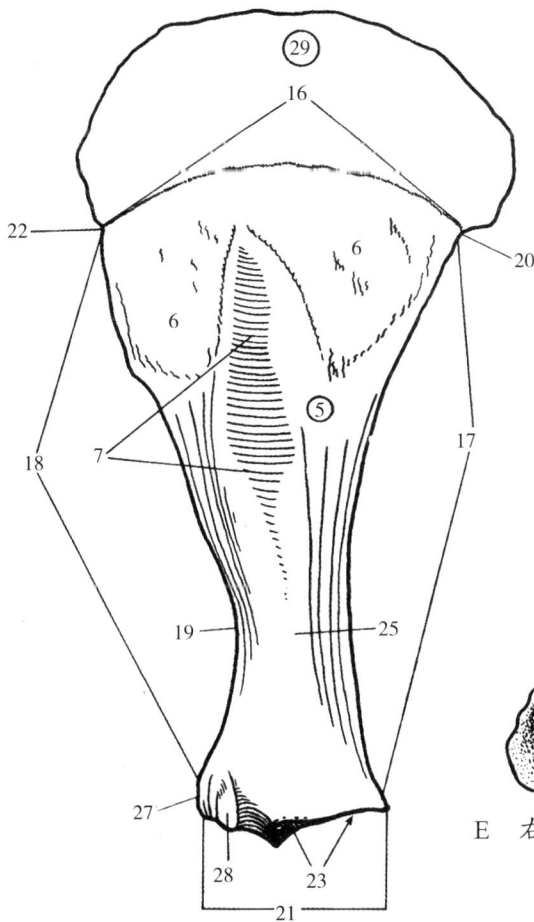

C 右肩胛骨，内侧观（马）

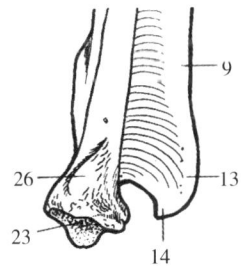

D 右肩胛骨局部，后面观（犬）

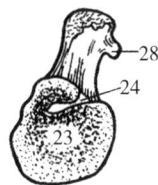

E 右肩胛骨腹侧角，前腹侧观（马）

F 右锁骨，背侧观（猫）

1 **臂部骨骼** Skeleton brachii. 臂部骨骼，也称胸肢柱。

2 肱骨 Humerus. AB

3 肱骨头 Caput humeri. BC

4 肱骨颈 Collum humeri. 处于头、体和结节之间。 BC

5 大结节* Tuberculum majus. 肱骨近端前外侧部。 AC

6 前部 Pars cranialis. 有蹄类大结节的前部。 AB

7 后部 Pars caudalis. 有蹄类大结节的后部，为冈下肌深部的抵止处。 AB

8 大结节嵴* Crista tuberculi majoris. 从大结节向远侧延伸的嵴，抵达三角肌粗隆。在某些种类不太明显。 AB

9 小结节 Tuberculum minus. 肱骨近端前内侧部。 ABC

10 前部 Pars cranialis. 反刍动物和马小结节的前部。 AB

11 后部 Pars caudalis. 反刍动物和马小结节的后部。 AB

12 小结节嵴 Crista tuberculi minoris. 从小结节向远侧延伸的嵴，抵达大圆肌粗隆。在某些种类不明显。 C

13 结节间沟 Sulcus intertubercularis. 大、小结节间的沟。 AC

14 中间结节 Tuberculum intermedium. 在马位于结节间沟内，在其他种类未充分发育。 AB

15 冈下肌面 Facies m. infraspinati. 有蹄类冈下肌浅部抵止的面。 AB

16 小圆肌粗隆 Tuberositas teres minor. 小圆肌抵止的区域。 A

17 三头肌线 Linea m. tricipitis. 臂三头肌外头的起始线。 B

18 肱骨体* Corpus humeri. 肱骨的体部。 AB

19 前面 Facies cranialis. A

20 外侧面 Facies lateralis. A

21 后面 Facies caudalis. B

22 内侧面 Facies medialis. AB

23 肱骨嵴 Crista humeri. 从三角肌粗隆向远内侧延伸的嵴。 A

24 三角肌粗隆 Tuberositas deltoidea. 位于外侧面，供三角肌抵止。 AB

25 臂肌沟 Sulcus m. brachialis. 向远外侧延伸的螺旋状沟，供臂肌通过。 AB

26 大圆肌粗隆* Tuberositas tere major. 为有蹄类大圆肌和背阔肌在肱骨内侧面的抵止区。 AB

27 外侧髁上嵴 Crista supracondylaris lateralis. 从外上髁向上内侧延伸的嵴。 ABD

28 肱骨髁 Condylus humeri. 除上髁外的整个肱骨远端。 ABD

29 肱骨小头* Capitulum humeri. 出现于肉食动物，在猫更明显，看上去像一截圆柱体（髁）。 AD

30 肱骨滑车 Trochlea humeri. 肱骨远端滑轮样的部分。 ABD

31 鹰嘴窝 Fossa olecrani. 肱骨后面滑车近侧深的凹陷。 B

32 冠窝 Fossa coronoidea. 猫肱骨远端前面的凹陷，在桡窝的内侧，以适应肘关节屈曲时尺骨的内侧冠突。 D

33 桡窝 Fossa radialis. 在肱骨滑车上方，与鹰嘴窝相对。 A

34 内侧上髁 Epicondylus medialis. AB（译者注：该结构不属于肱骨髁，据第6版N. A. V.，与肱骨髁同级。）

35 外侧上髁 Epicondylus lateralis. AB（译者注：该结构不属于肱骨髁，据第6版N. A. V.，与肱骨髁同级。）

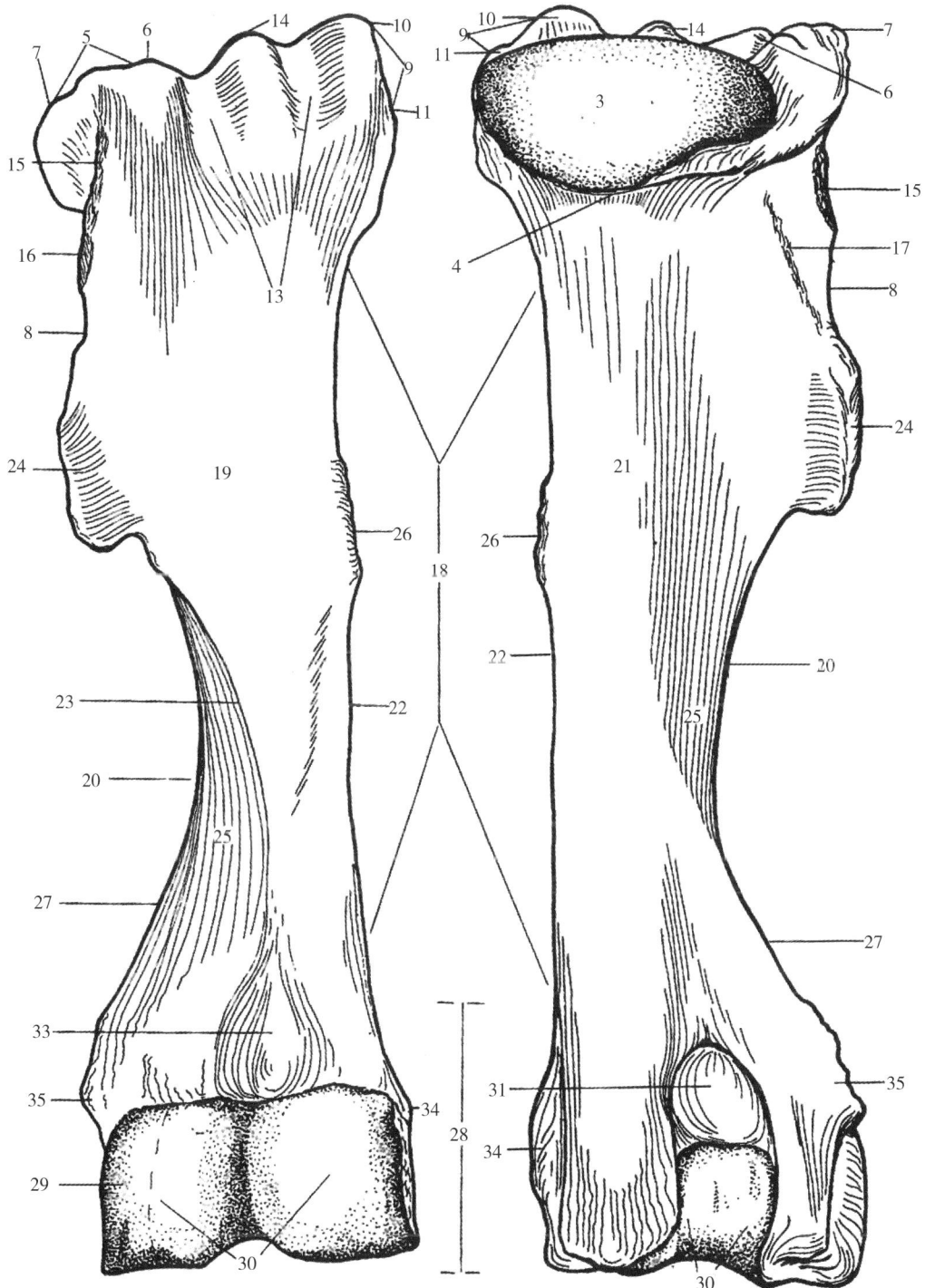

A 右肱骨，前面观（马）

B 右肱骨，后面观（马）

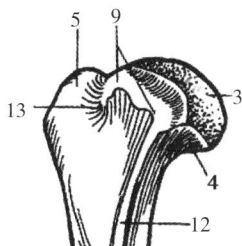

C 右肱骨局部，内侧观（犬）

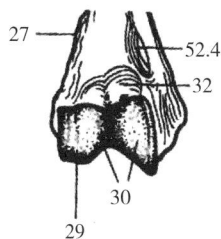

D 右肱骨的髁，前面观（猫）

1　桡窝　Fossa radialis.　肱骨前面、滑车上方的凹陷，以适应屈肘时的桡骨头。　A以及51页A

2　滑车上孔（犬）Foramen supratrochleare.　在犬，偶尔在猪，鹰嘴窝和桡窝之间的开口。　A〔关于滑车上孔存在于哪些种类仍有歧义：在第5版N.A.V. 中它被列在犬项下（见其第22页），但在该书的第46条注释中则被列在肉食动物项下（见其第30页），莫非是打字错误？〕（译者注：在第6版N.A.V. 中已明确该结构只属于犬。）

3　内侧上髁*　Epicondylus medialis.　肱骨髁的内侧非关节性突起。　A以及51页AB

4　髁上孔（猫）Foramen supracondylare.　开口于内侧上髁的孔。　51页D

5　外侧上髁*　Epicondylus lateralis.　肱骨髁的外侧非关节性突起。　A以及51页AB

6　**前臂骨骼**　Skeleton antebrachii.　前臂部骨骼，也称胸肢杆。

7　桡骨　Radius.　前臂前内侧的骨。　BD

8　桡骨头　Capus radii.　BD

9　桡骨头凹　Fovea capitis radii.　在兔、肉食动物和猪比较典型。　BD

10　关节周缘　Circumferentia articularis.　在肉食动物，与尺骨桡切迹成关节的环形带，在有蹄类缩小为两个小的后面。　B

11　桡骨颈　Collum radii.　在头和体之间。　BD

12　桡骨粗隆　Tuberositas radii.　为桡骨颈内侧部的粗糙区，供臂二头肌抵止。　D

13　桡骨体*　Corpus radii.　BD

14　前面　Facies cranialis.　在马和牛，桡骨远端有明显的三条腱沟，由内而外分别是：供拇长展肌通过的沟（斜向的），供腕桡侧伸肌通过的沟，以及供指总伸肌通过的沟，后二者都是垂直的沟。　D

15　后面　Facies caudalis.　B

16　横嵴　Crista transversa.　位于后面，滑车的上方。　C

17　内侧缘　Margo medialis.　BD

18　外侧缘　Margo lateralis.　BD

19　桡骨滑车　Trochlea radii.　在远端。　BCD

20　腕关节面　Facies articularis carpea.　在肉食动物，与腕骨成关节；在有蹄类，则具有与第1列腕骨相反的凹陷和突起。　BCD

21　茎突　Processus styloideus.　桡骨远端内侧向下的延伸，马除外。　B

22　内侧茎突　Processus styloideus medialis.　为了表示在马与其他物种茎突同源的突起，用"内侧"加以标示。　CD

23　外侧茎突　Processus styloideus lateralis.　在马，外侧茎突似乎起源于桡骨，尽管在发育上它属于尺骨。　CD

24　尺切迹　Incisura ulnaris.　在肉食动物和猪，为与尺骨成关节的凹陷形关节面。　B

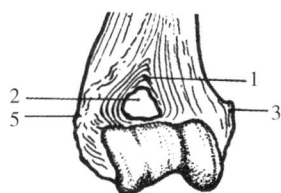

A 右肱骨的髁，后面观（犬）

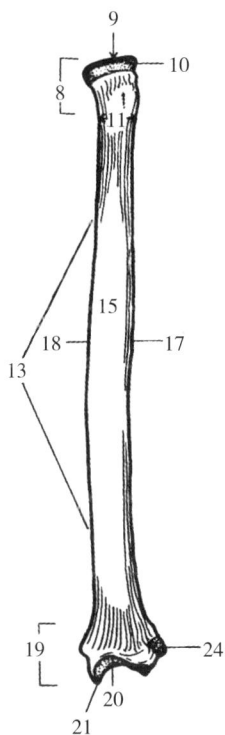

B 右桡骨，后面观（犬）

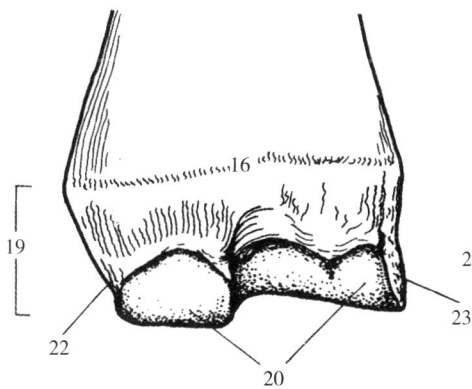

C 右桡骨局部，后面观（马）

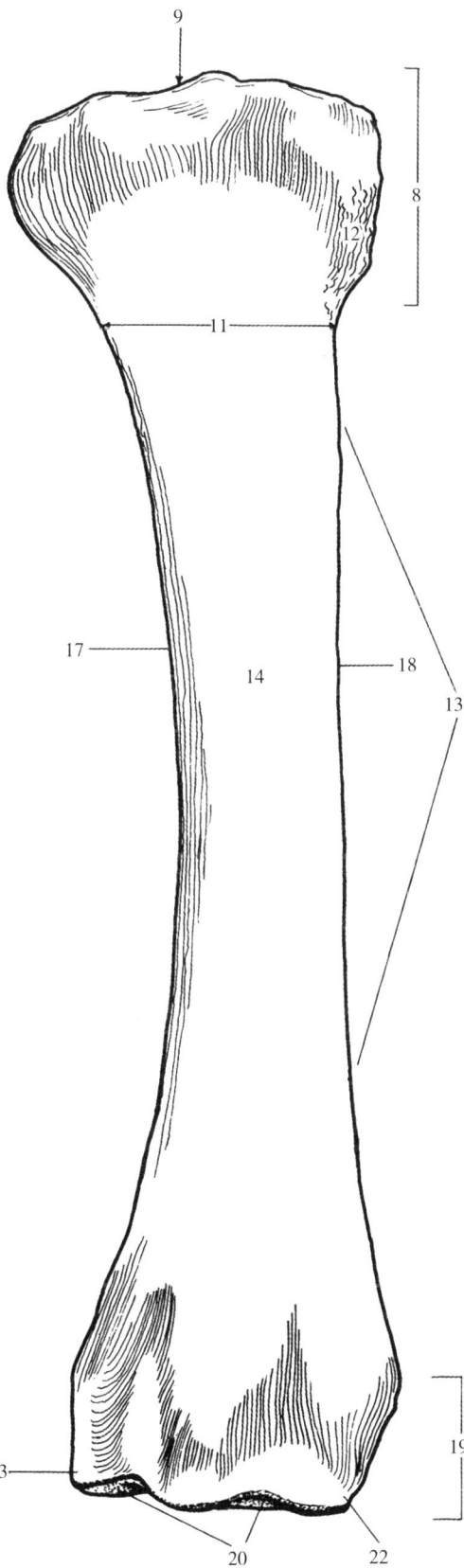

D 右桡骨，前面观（马）

1 尺骨　Ulna. 前臂部后外侧的骨。 ACDE

2 鹰嘴*　Olecranon. 尺骨的近端。 ACDE

3 鹰嘴结节*　Tuber olecrani. 供臂三头肌抵止的近端粗隆。 ABCDE

4 肘突　Processus anconeus [anconaeus]. 滑车切迹近端的前突。 ABCDE

5 内侧冠突　Processus coronoideus medialis. 滑车切迹远端前内侧的突起，在肉食动物与肱骨髁成关节；在有蹄类显著缩小。 ADE

6 外侧冠突　Processus coronoideus lateralis. 滑车切迹远端前外侧的突起，在肉食动物显著缩小。 ABCDE

7 滑车切迹　Incisura trochlearis. 与肱骨滑车成关节。 ABCD

8 桡切迹　Incisura radialis. 在左、右冠突之间，面向桡骨头。 AD

9 尺骨体*　Corpus ulnae. 在马缩小。 ACDE

10 外侧面　Facies lateralis. ABCE

11 前面　Facies cranialis. D

12 内侧面　Facies medialis. AE

13 骨间缘　Margo interosseus. 仅见于肉食动物，供骨间膜附着的缘。 A

14 外侧缘　Margo lateralis. 为有蹄类的外侧缘。 DE

15 后缘　Margo caudalis. BCE

16 内侧缘　Margo medialis. DE

17 尺骨头*　Caput ulnae. 即尺骨远端，马除外。 AC

18 关节周缘　Circumferentia articularis. 在肉食动物和猪出现的与桡骨的尺切迹成关节的环形周边。 A

19 茎突*　Processus styloideus. 尺骨的远端。 AC

20 腕关节面　Facies articularis carpea. 与尺腕骨成关节的面。 A

21 前臂骨间隙　Spatium interosseum antebrachii. 马桡骨与尺骨间的间隙。 B

22 前臂近骨间隙　Spatium interosseum antebrachii proximale. 反刍动物桡骨与尺骨之间的近骨间隙。 C

23 前臂远骨间隙　Spatium interosseum antebrachii distale. 反刍动物桡骨与尺骨之间的远骨间隙。 C

B　右桡骨和右尺骨局部，外侧观（马）

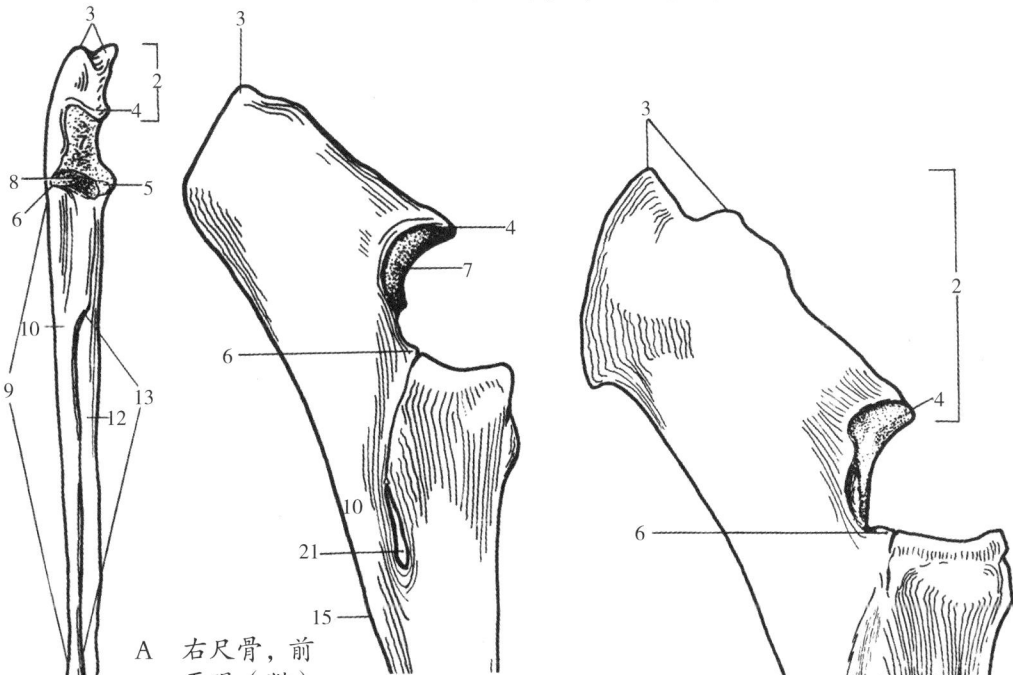

A　右尺骨，前
面观（猫）

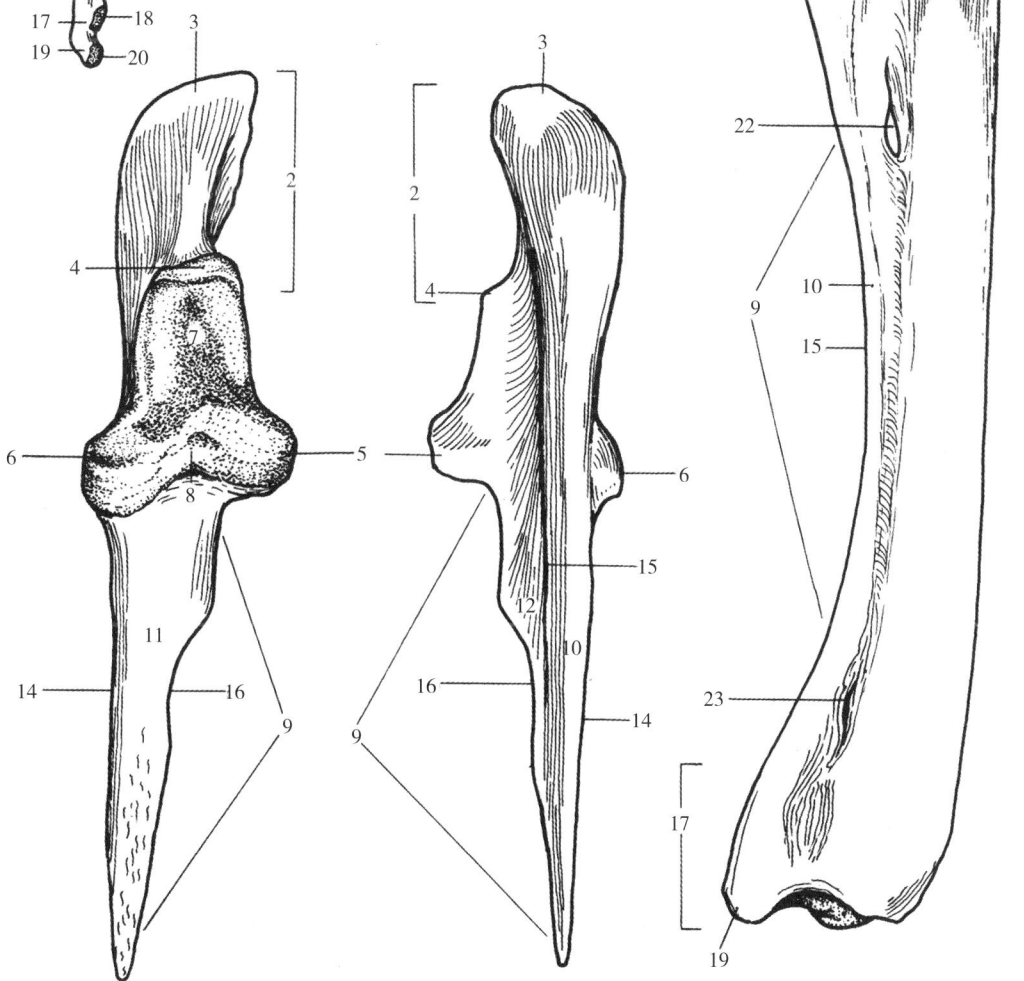

D　右尺骨，前面观（马）　E　右尺骨，后面观（马）　C　右桡骨和右尺骨，外侧观（牛）

1 **前足骨骼** Skeleton manus. 也称胸肢枝。

2 **腕骨 *** Ossa carpi. 也称胸肢枝基。 ABC

3 （中央腕骨）（Os carpi centrale）. 肉食动物的中央腕骨位于中间桡腕骨的远侧，第2和第3腕骨的近侧，在生后数周内与中间桡腕骨愈合。

4 桡腕骨［舟骨］ Os carpi radiale [Os scaphoideum]. C

5 中间腕骨［月骨］ Os carpi intermedium [Os lunatum]. C

6 尺腕骨［三角骨］ Os carpi ulnare [Os triquetrum]. ABC

7 副腕骨［豌豆骨］ Os carpi accessorium [Os pisiforme]. ABC

8 第1腕骨［斜方骨］ Os carpale Ⅰ [Os trapezium]. 马常有，反刍动物缺如。 AB

9 第2腕骨［类斜方骨］ Os carpale Ⅱ [Os trapezoideum]. AB

10 第3腕骨［头状骨］ Os carpale Ⅲ [Os capitatum]. AB

11 第4腕骨［钩骨］ Os carpale Ⅳ [Os hamatum]. ABC

12 中间桡腕骨［舟月骨］ Os carpi intermedioradiale [Os scapholunatum]. 在肉食动物由桡腕骨和中间腕骨愈合而成。 AB

13 第2和3腕骨［类斜方头状骨］ Os carpale Ⅱ et Ⅲ [Os trapezoideocapitatum]. 反刍动物愈合的第2和第3腕骨。 C

14 腕骨沟 Sulcus carpi. 由桡骨掌侧面、中间腕骨和副腕骨的内侧面围成，进一步由屈肌支持带闭合为腕管，供屈肌腱通过。 A

15 第1指［拇］长展肌籽骨 Os sesamoideum m. abductoris digiti Ⅰ [pollicis] longi. 肉食动物腕内侧的籽骨。 AB

16 （掌籽骨）（Ossa sesamoidea palmaria）. 肉食动物腕部掌侧面上数量不等的籽骨。 A

17 第1~5掌骨 * Ossa metacarpalia Ⅰ - Ⅴ. 或称胸肢枝梢。 ABDE

18 底 Basis. 近端。 ABDE

19 关节面 Facies articularis. DE

20 体 Corpus. ABDE

21 背侧面 Facies dorsalis. BE

22 第3掌骨粗隆 Tuberositas ossis metacarpalis Ⅲ. 第3掌骨底的粗隆，供腕桡侧伸肌抵止（在肉食动物，供腕桡侧短伸肌抵止。）。 E

23 掌侧面 Facies palmaris. AD

24 内侧缘 Margo medialis. DE

25 外侧缘 Margo lateralis. DE

26 头 Caput. 远端。 ABDE

27 第3和4掌骨 （反刍动物）Os metacarpale Ⅲ et Ⅳ. 愈合的第3和第4掌骨。 DE（反刍动物有发育不全的第5掌骨，位于第4掌骨底的掌侧，像犬牙状。）

28 背侧纵沟 Sulcus longitudinalis dorsalis. E

29 掌侧纵沟 Sulcus longitudinalis palmaris. D

30 掌近管 Canalis metacarpi proximalis. DE

31 掌远管 Canalis metacarpi distalis. DE

32 头间切迹 Incisura intercapitalis. 旧称滑车间切迹，在反刍动物，将两头分开。 DE

B　右腕骨和右掌骨，
　　背侧观（犬）

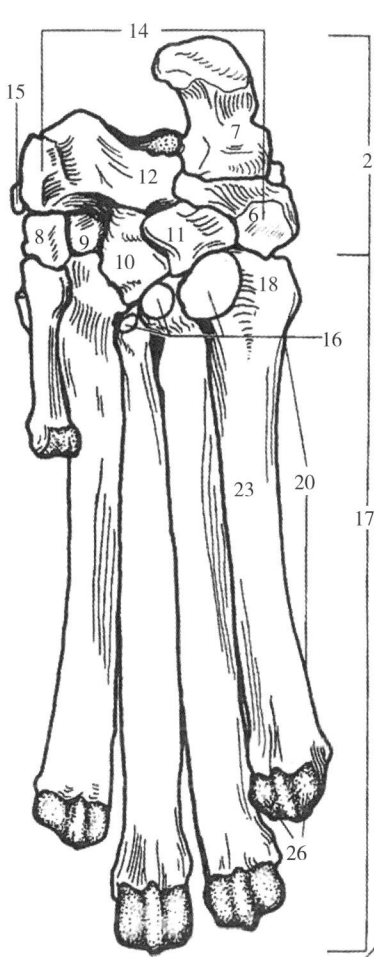

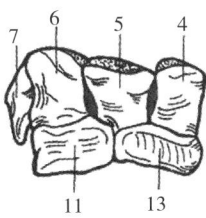

A　右腕骨和右掌骨，
　　掌侧观（犬）

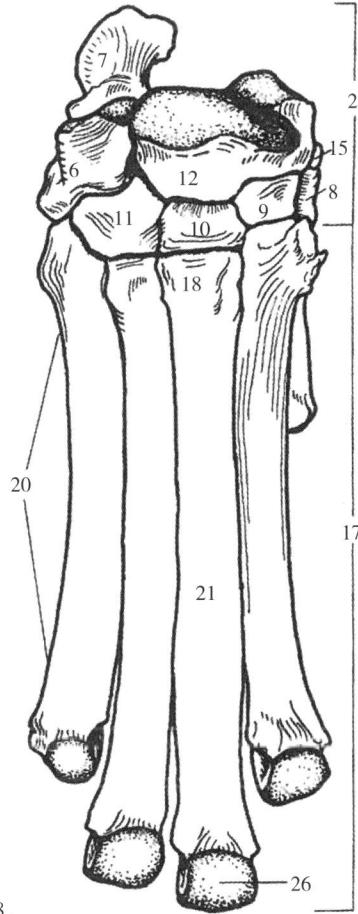

C　右腕骨，背
　　侧观（牛）

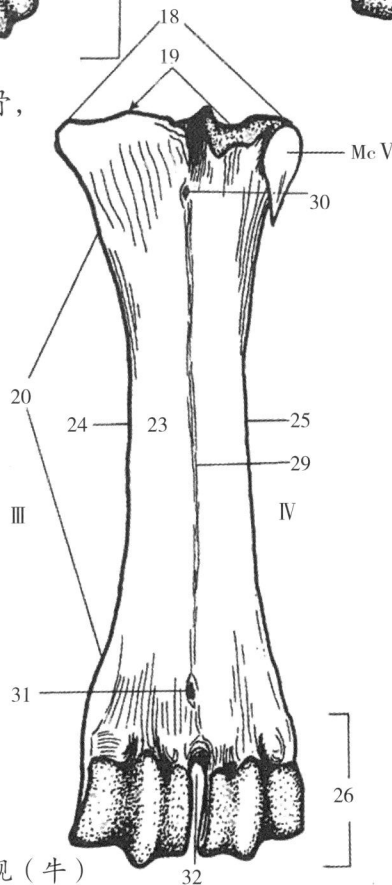

Mc V

D　右掌骨，掌侧观（牛）

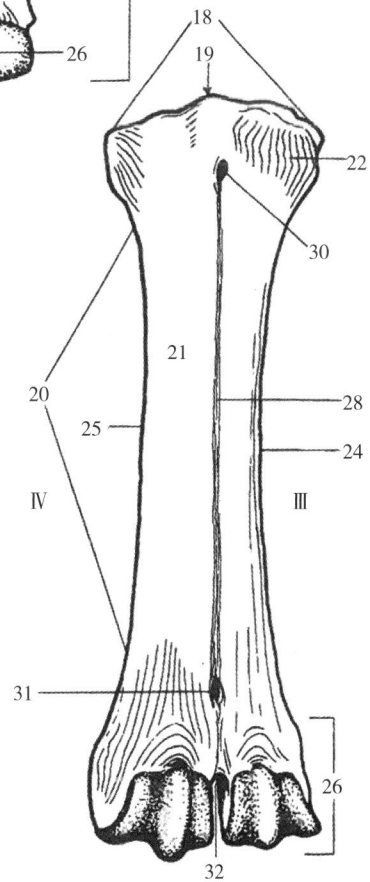

E　右掌骨，背侧观（牛）

1　指骨　Ossa digitorum manus.　前足部的指骨，或称胸肢枝尖。为了有助于该部关节韧带的命名，特引入系骨、冠骨和蹄骨作为有蹄类的备用名词，在肉食动物则引入爪骨备用。　A

2　近指节骨［系骨］Phalanx proximalis [Os compedale].　AB

3　近指节骨底*　Basis phalangis proximalis.　即近指节骨近端。　AB

　4　关节凹　Fovea articularis.　B

　4a掌内侧隆起*　Eminentia palmaris medialis.　近指节骨上的突出结构，为球节内侧副韧带及籽骨内侧短韧带的抵止区。　B

　4b掌外侧隆起*　Eminentia palmaris lateralis.　同上条，在外侧。　B

5　近指节骨体　Corpus phalangis proximalis.　AB

　6　近指节骨三角　Trigonum phalangis proximalis.　马近指节骨［系骨］掌侧面的粗糙区。　B

7　近指节骨头*　Caput phalangis proximalis.　近指节骨的远端。　AB

8　中指节骨［冠骨］Phalanx media [Os coronale].　AC

9　中指节骨底*　Basis phalangis mediae.　中指节骨的近端。　AC

　10　关节凹　Fovea articularis.　C

　11　伸肌突*　Processus extensorius.　反刍动物和马的伸肌突，在背侧。　C

　12　屈肌粗隆　Tuberositas flexoria.　在反刍动物和马，增厚的掌侧缘，供指深屈肌腱通过。　C

13　中指节骨体*　Corpus phalangis mediae.　AC

14　中指节骨头　Caput phalangis mediae.　远端。　AC

15　远指节骨［蹄骨、爪骨］Phalanx distalis [Os ungulare，Os unguiculare].　ADE

　16　关节面　Facies articularis.　D

　17　籽关节面　Facies articularis sesamoidea.　关节面的一部分，与远籽骨成关节。　D

18　壁面　Facies parietalis.　D

　18a轴面　Facies axialis.　肉食动物、猪和反刍动物的轴面。61页A（译者注：除马属动物外，前、后肢的轴都规定为经过第3、4指［趾］之间。）

　　18b壁面轴侧沟　Sulcus parietalis axialis.　在轴侧的壁面沟。

　　18c轴侧孔　Foramen axiale.　见于猪和反刍动物。61页A

　18d背侧缘　Margo dorsalis.　马除外。61页A

　18e远轴面　Facies abaxialis.　肉食动物、猪和反刍动物的远轴面。

　　18f 壁面远轴侧沟　Sulcus parietalis abaxialis.　远轴侧的壁面沟。

　　18g远轴侧孔　Foramen abaxiale.　见于肉食动物、猪和反刍动物。

　18h内侧部　Pars medialis.

　　19　壁面内侧沟　Sulcus parietalis medialis.　马的壁面内侧沟。　D

　　20　掌内侧突　Processus palmaris medialis.　马的掌内侧突。　DE

　　　20a掌内侧突孔　Foramen processus palmaris medialis.　掌内侧突上的孔，可变为切迹。

　　　20b掌内侧突切迹　Incisura processus palmaris medialis.　掌内侧突的切迹。

　20c背侧部　Pars dorsalis.

　20d外侧部　Pars lateralis.

　　21　壁面外侧沟　Sulcus parietalis lateralis.　马的壁面外侧沟。　D

　　22　掌外侧突　Processus palmaris lateralis.　马的掌外侧突。　DE

　　　22a掌外侧突孔　Foramen processus palmaris lateralis.　掌外侧突上的孔，可变为切迹。　D

　　　22b掌外侧突切迹　Incisura processus palmaris lateralis.　掌外侧突上的切迹。

23　爪突　Processus unguicularis.　肉食动物的爪突（远侧突）。61页BC

24　底面　Facies solearis.　E

　25　屈肌结节　Tuberculum flexorium.　出现于肉食动物与反刍动物，猪的略明显，为指深屈肌腱的抵止点。　A以及61页A

　26　屈肌面　Facies flexoria.　猪和马供指深屈肌腱抵止的面。　E

　27　半月状线　Linea semilunaris.　马的半月状线，将屈肌面与皮平面分开。　E

　28　皮平面　Planum cutaneum.　有蹄类对应于蹄底的面。　E

　29　底内侧沟　Sulcus solearis medialis.　马的底内侧沟。　E

　30　底外侧沟　Sulcus solearis lateralis.　马的底外侧沟。　E

　30a底轴侧孔　Foramen soleare axiale.　见于肉食动物。61页BC

　30b底远轴侧孔　Foramen soleare abaxiale.　见于肉食动物。61页B

　31　底内侧孔　Foramen soleare mediale.　马的底内侧孔。　E

　32　底外侧孔　Foramen soleare laterale.　马的底外侧孔。　E

　33　底管　Canalis solearis.　见于马。　E

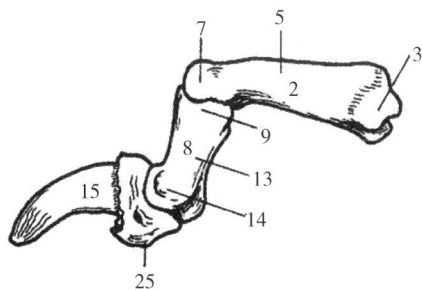

A 右第4指骨，轴侧观（犬）

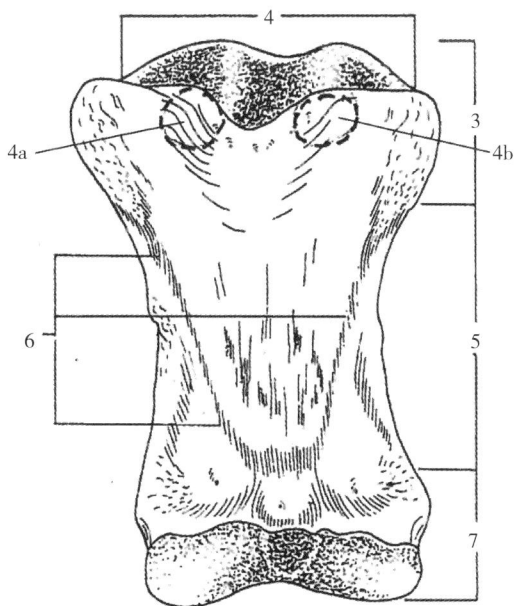

B 右指近指节骨，掌侧观（马）

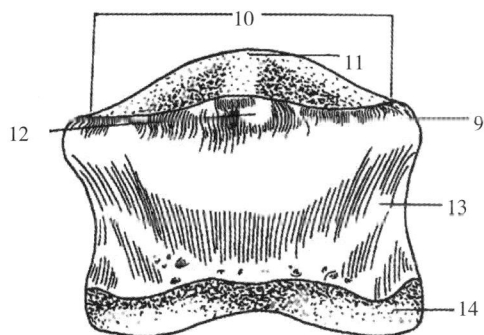

C 右指中指节骨，掌侧观（马）

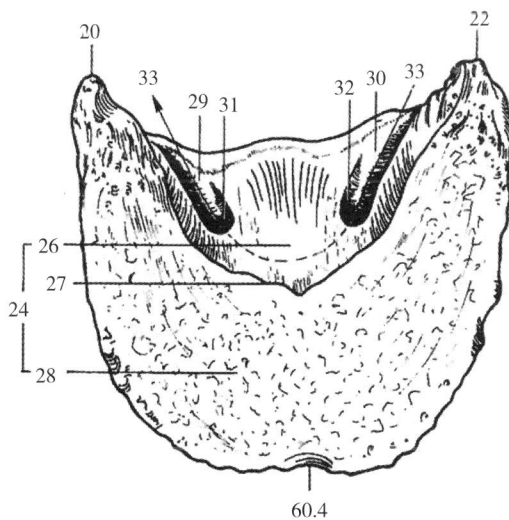

E 右指远指节骨，远侧观（马）

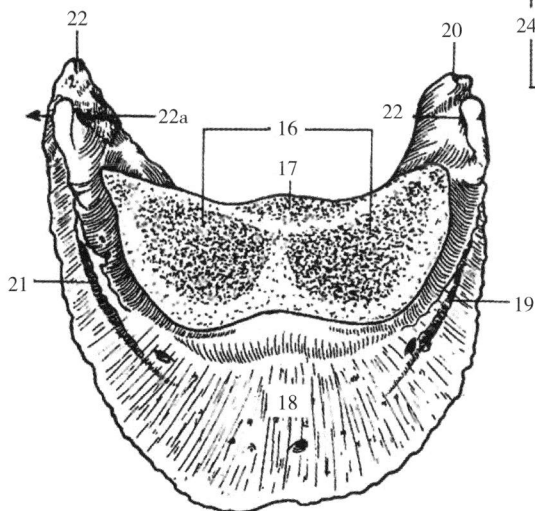

D 右指远指节骨，近侧观（马）

1 冠缘 Margo coronalis. 近侧缘。 ACD

   1a爪嵴 Crista unguicularis. 肉食动物的爪嵴，为基部突出的薄板，覆盖爪根。 BC（译者注：肉食动物的爪根类似于人类的甲根，为爪壁的近侧部，包括隐缘和包埋于爪缘深面的部分爪壁。）

   1b爪沟 Sulcus unguicularis. 肉食动物的爪沟，沟内含有爪根。 C

   2 伸肌突 Processus extensorius. 指总伸肌腱的止点。 AD

3 底缘 Margo solearis. AD

   4 （底缘裂） (Crena marginis solearis). 马底缘中间浅的切迹。 59页E

5 尖 Apex. 肉食动物背缘的远端。 AB

6 内侧蹄软骨* Cartilago ungularis medialis. 马蹄的内侧软骨。 D

7 外侧蹄软骨* Cartilago ungularis lateralis. 马蹄的外侧软骨。 D

8 近籽骨* Ossa sesamoidea proximalia. 一对近籽骨，位于每一掌骨远端掌侧。 E

9 关节面 Facies articularis. E

10 屈肌面 Facies flexoria. 屈肌面或掌侧面，供指深屈肌腱通过。 E

11 骨间肌面 Facies m. interossei. 轴侧或远轴侧的面（在马为内侧和外侧面），供骨间肌抵止。 E

12 远籽骨 Os sesamoideum distale. 位于中指节骨远端掌侧，在肉食动物为一软骨。 FG（远籽骨常被马医学和外科临床医生称为"舟状骨"，如舟状骨疾病、舟状骨关节炎等。）

13 屈肌面 Facies flexoria. 掌侧面或屈肌面，供指深屈肌腱通过。 F

14 关节面 Facies articularis. 背侧面以及较小的远侧面。 G

15 近缘 Margo proximalis. F

16 远缘 Margo distalis. 供籽骨远奇韧带抵止。 G（该韧带在马常被临床医生称为"舟状骨韧带"，见本页12条。）

17 背侧籽骨 Ossa sesamoidea dorsalia. 犬的背侧籽骨，有时为软骨。 H

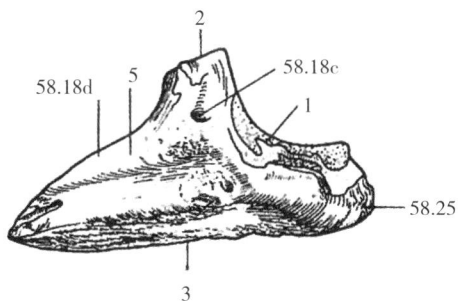

A　右第4指［趾］远指［趾］节骨，
　　轴侧观（牛）

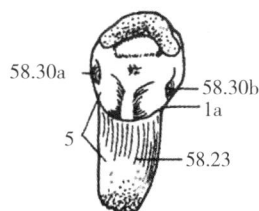

B　左第3指［趾］远指［趾］节骨，
　　近侧观（犬）

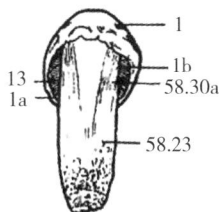

C　左第3指［趾］远指［趾］节骨，
　　背远侧观（犬）

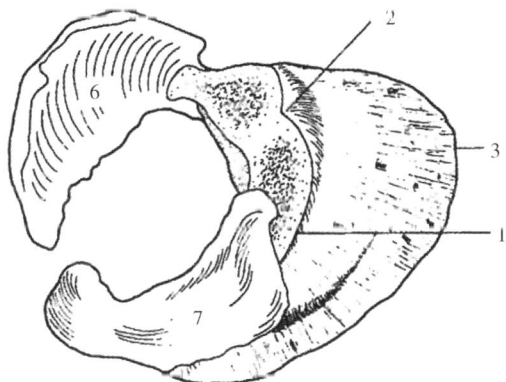

D　右指［趾］远指［趾］节骨和蹄软骨，近外侧观（马）

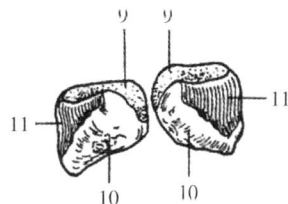

E　右指［趾］近籽骨，
　　近侧观（马）

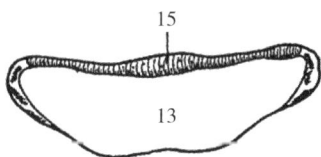

F　右指［趾］远籽骨，近掌侧观（马）

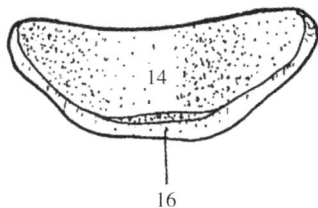

G　右指［趾］远籽骨，远背侧观（马）

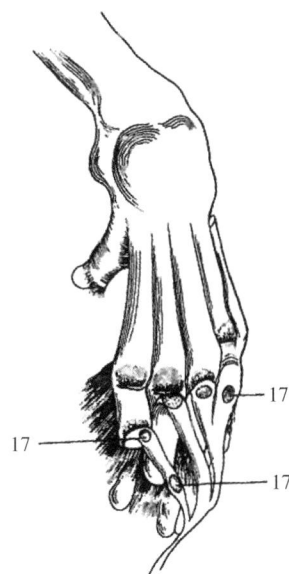

H　右前足骨骼，背侧观（犬）

1 **后肢［盆肢］骨　OSSA MEMBRI PELVINI.**（在骨外科方面，后肢有一个或多个非常重要的滋养孔，但未在第5版N.A.V.中列出。）

2 **后肢［盆肢］带** Cingulum membri pelvic.　也称盆带骨骼。

3 **髋骨** Os coxae.　由髂、坐、耻三骨构成。　ABC

4 **髋臼** Acetabulum.　髋关节窝。　AB

5 髋臼缘　Margo acetabuli.　A

6 髋臼窝　Fossa acetabuli.　髋臼的深陷部分，供股骨头韧带附着。　AB

7 髋臼切迹　Incisura acetabuli.　月状面两端间的切迹，朝向闭孔。　AB

8 月状面　Facies lunata.　月状的关节面，在反刍动物由两部分组成，如下条。　AB

　　9 大部　Pars major.　反刍动物月状面的较大部。　A

　　10 小部　Pars minor.　反刍动物月状面的较小部。大部和小部间由一不含软骨的粗糙区隔开。　A

11 坐骨棘　Spina ischiadica.　坐骨大切迹与坐骨小切迹之间高耸的部分，由髂骨和坐骨构成。　ABC

12 闭孔　Foramen obturatum.　由耻骨和坐骨围成的大开口。　ABC

13 髂骨　Ilium.　ABC

14 髂骨体　Corpus ossis ilii.　髂骨体部，指髂骨的后腹侧部。　ABCD

15 股直肌外侧区　Area lateralis m. recti femoris.　由于这些区（包括股直肌内侧区）在肉食动物为一些突起，因此股直肌在髂骨上的一些起点不再称作凹（第1版N.A.V.），而改为中性的区这一名词。　AB

16 股直肌内侧区［髂腹侧后棘］　Area medialis m. recti femoris [Spina iliaca ventralis caudalis]，见上条。BC

17 髂骨翼　Ala ossis ilii.　宽阔的前背侧部。　ABCD

18 翼棘　Spina alaris.　在肉食动物、绵羊以及山羊髂骨翼腹侧缘上的突起。　BC

19 髂嵴*　Crista iliaca.　髂骨前背侧缘。　ABCD

20 髋结节*　tuber coxae.　髂骨翼的腹外侧突起。　ABCD（译者注：在第6版N.A.V.，较髂嵴低一级。）

　　21 髂腹侧前棘　Spina iliaca ventralis cranialis.　肉食动物、绵羊和山羊髋结节的前腹侧角。　BC

　　22 内唇　Labium internum.　见于反刍动物和马，为髂肌起始区的边缘。　AD

　　23 外唇　Labium externum.　见于反刍动物和马，为臀中肌起始区的边缘。　AD

24 荐结节*　Tuber sacrale.　髂骨翼背内侧的突起。　ABCD（译者注：在第6版N.A.V.，较髂嵴低一级。）

　　25 髂背侧前棘　Spina iliaca dorsalis cranialis.　肉食动物、绵羊和山羊荐结节前端的突起。　BC

　　26 髂背侧后棘　Spina iliaca dorsalis caudalis.　肉食动物、绵羊和山羊荐结节后端的突起。　BC

27 臀（肌）面　Facies glutea [glutaea].　翼的外面。　ABD

　　28 臀（肌）线　Lineae gluteae [glutaeae].　臀肌附着区边缘的线。

　　　　29 臀（肌）腹侧线　Linea glutea [glutaea] ventralis.　在肉食动物为臀中肌与臀深肌附着区之间的线，在马和牛为臀副肌和臀深肌附着区之间的线。　ABD

　　　　30 臀（肌）后侧线　Linea glutea [glutaea] caudalis.　臀深肌附着区的边缘。　AB

　　　　30a 臀（肌）背侧线（兔）Linea glutea dorsalis.

　　　　31 臀（肌）副线（牛、马）Linea glutea [glutaea] accessoria.　臀中肌附着区和臀副肌附着区之间的线。　D

32 荐盆面　Facies sacropelvina.　翼的内面。　C

　　33 髂肌面　Facies m. iliaca.　荐盆面的前外侧部。　C

　　34 耳状面*　Facies auricularis.　与荐骨成关节。　C

　　35 髂骨粗隆　Tuberositas iliaca.　耳状面前内侧的粗糙区，供荐髂韧带附着。　C

36 弓状线　Linea arcuate.　髂骨体的腹内侧缘，界线的一部分。　C

37 腰小肌结节　Tuberculum m. psoas minoris.　犬缺如。　65页E

38 坐骨大切迹　Incisura ischiadica major.　荐结节和坐骨棘之间较大的切迹。　ABD

D 左髂骨，外侧观（马）

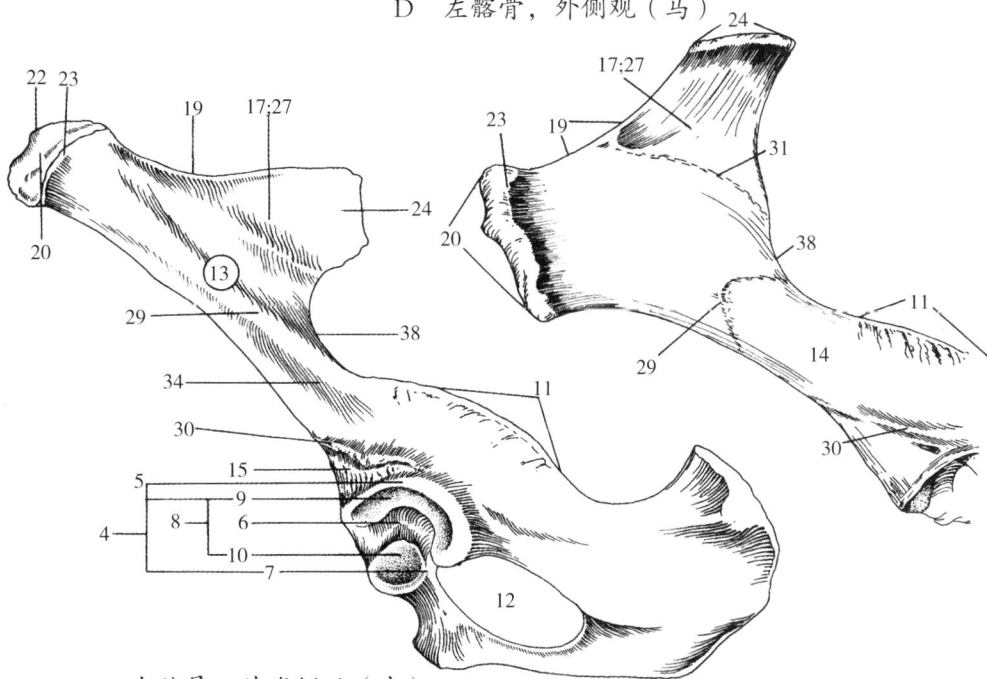

A 左髋骨，外腹侧观（牛）

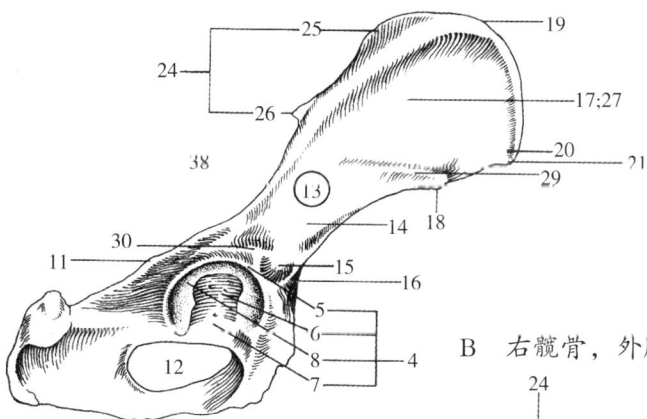

B 右髋骨，外腹侧观（犬）

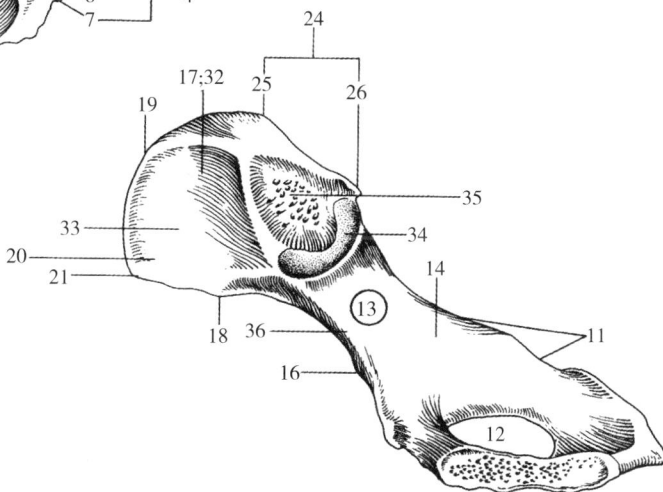

C 右髋骨，背内侧观（犬）

1　坐骨　Os ischii.　ABCE

2　坐骨体　Corpus ossis ischii.　闭孔外侧的部分。　ABCE

3　坐骨板　Tabula ossis ischii.　闭孔后侧的部分。　ABCE

4　坐骨支　Ramus ossis ischii.　闭孔内侧的部分，向前与耻骨后支愈合。　ABCE

5　联合面　Facies symphysialis.　面向骨盆联合的面。　E

6　坐骨结节 *　Tuber ischiadicum.　坐骨的后外侧端。　ABCE

7　坐骨小切迹　Incisura ischiadica minor.　在坐骨棘和坐骨结节之间。　BE

8　耻骨　Os pubis.　ABCE

9　耻骨体　Corpus ossis pubis.　AC

10　耻骨前支　Ramus cranialis ossis pubis.　位于闭孔前方。　AB

11　耻骨后支　Ramus caudalis ossis pubis.　位于闭孔内侧，向后与坐骨支愈合。　AB

12　联合面　Facies symphysialis.　面向骨盆联合的面。　E

13　耻骨梳　Pecten ossis pubis.　耻骨前支尖锐的前缘。　ABD

14　髂耻隆起　Eminentia iliopubica.　位于耻骨梳外端的隆起。　ACE

15　耻骨背侧结节　Tuberculum pubicum dorsale.　在雄性出现的背内侧结节，在马特别明显。　B

16　耻骨腹侧结节　Tuberculum pubicum ventrale.　腹侧旁正中的结节。　C

17　闭孔沟　sulcus obturatorius.　位于闭孔前外侧，耻骨背侧面的沟，供闭孔神经通过，母牛的闭孔神经在分娩时易受伤害。　B

18　股骨副韧带沟（马）Sulcus ligamenti accessorii ossis femoris.　耻骨前支腹侧面上的沟，供股骨头的副韧带通过。　C

19　**骨盆**　Pelvis.　由左、右髋骨和荐骨组成。　DE

20　坐骨弓　Arcus ischiadicus.　由左、右坐骨板的后缘组成，位于两侧坐骨结节之间。　C

21　联合嵴　Crista symphysialis.　牛骨盆联合腹侧面上的正中矢状嵴。　A

22　骨盆腔　Cavum pelvis.　位于骨盆前口和后口之间。　D

23　界线　Linea terminalis.　从荐骨岬开始的环形线，其经过荐骨翼，沿弓状线到耻骨梳。　D

24　骨盆前口 *　Apertura pelvis cranialis.　以界线为界。　D

25　骨盆后口 *　Apertura pelvis caudalis.　以荐骨、荐结节韧带（犬）或荐结节阔韧带（大动物）以及坐骨弓为界。　E

26　骨盆轴　Axis pelvis.　所有荐骨骨盆面与骨盆联合骨盆面直径的中点连线。　E

27　骨盆底 *　solum pelvis osseum.　骨盆的底板，由耻骨和坐骨构成。　BC

28　直径　Diameter conjugata.　从岬到骨盆联合前端的连线。　E

29　横径　diameter transversa.　骨盆前口最大的横径。　D

30　垂直径　Diameter verticalis.　从骨盆联合前端到荐骨或某个尾椎的盆腔面，垂直于骨盆底。　E

31　骨盆斜度　Inclinatio pelvis.　直径和垂直径之间的夹角。　E

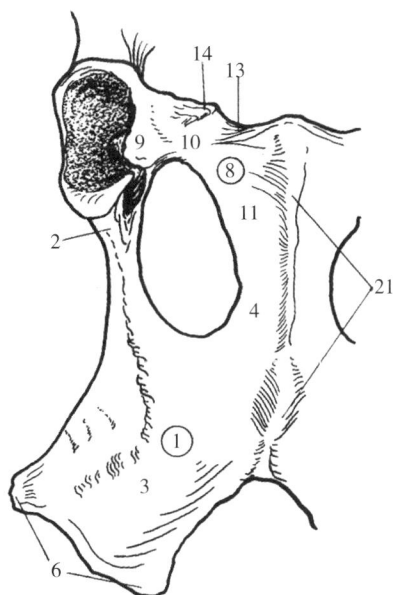

A　右坐骨和右耻骨，腹侧观（公牛）

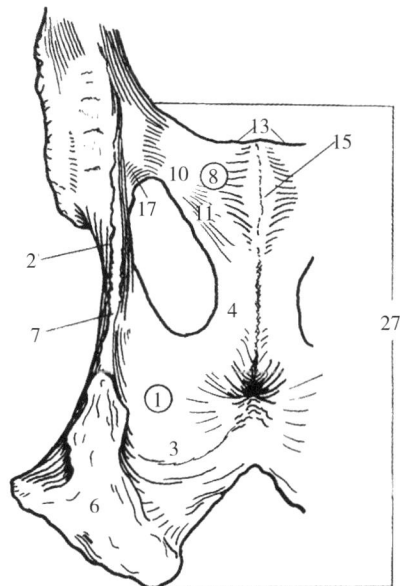

B　左坐骨和左耻骨，背侧观（马）

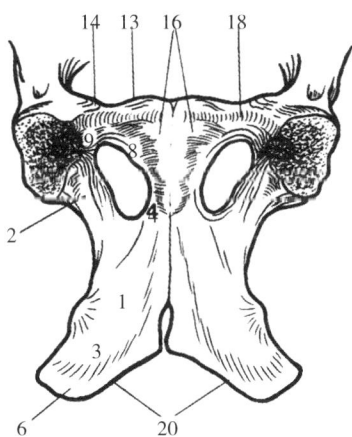

C　骨盆底，腹侧观（马）

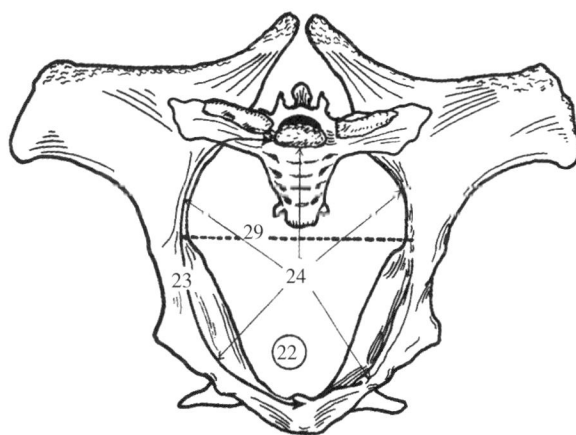

D　骨盆，前面观（马）

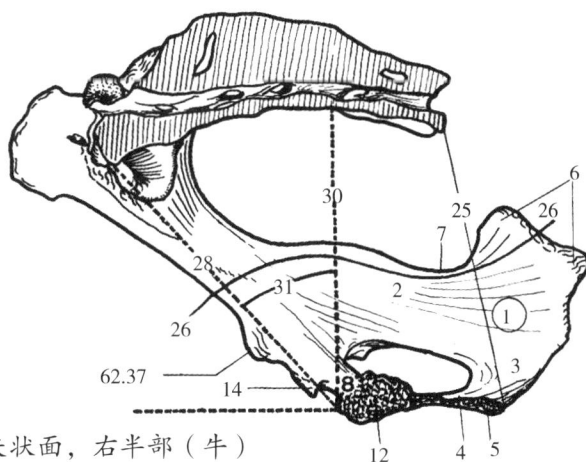

E　骨盆，正中矢状面，右半部（牛）

1　**股部骨骼**　Skeleton femoris.　大腿部的骨骼，包括股骨、髌骨。也称盆肢柱。

2　**股骨**　Os femoris [Femur].　AB（译者注：在 N.A. 称为 Femur。）

3　**股骨头**　Caput ossis femoris.　ABC

4　**头凹**　Fovea capitis.　股骨头韧带的抵止点，在马还有股骨副韧带抵止。　ABC

5　**股骨颈**　Collum ossis femoris.　位于头和体之间。　BC

6　**大转子***　Trochanter major.　为臀中肌和臀深肌的抵止点，在牛有一水平嵴将大转子与股骨体分开，供股外侧肌附着[1]。　ABC

7　**前部（马）**　Pars cranialis.　在前部外侧有一明显的嵴，为臀副肌的抵止部[1]。　AB

8　**后部（马）**　Pars caudalis.　AB

9　**转子切迹***　Incisura trochanterica.　马大转子前、后部之间的切迹。　AB

10　**转子窝**　Fossa trochanterica.　后面上深的切迹，在大转子基部的内侧。　BC

11　**小转子**　Trochanter minor.　股骨内侧面的隆起，供髂腰肌抵止。　ABC

12　**转子间线**　Linea intertrochanterica.　在前面，从小转子到股骨头。　A

13　**转子间嵴**　Crista intertrochanterica.　在后面，由大转子内侧缘延续而成。　BC

14　**股骨体**　Corpus ossis femoris.　AB

15　**第三转子**　Trochanter tertium.　马的相当发达，在猪及反刍动物不存在，为体外侧的隆突，供臀浅肌抵止。　AB

16　**粗面**　Facies aspera.　粗糙的后面，供内收肌抵止。　BC

　　17　**外侧唇**　Labium laterale.　粗面的外缘。　BC

　　18　**内侧唇**　Labium mediale.　粗面的内缘。　BC

19　**臀肌粗隆**　Tuberositas glutea [gluteaa].　肉食动物外侧唇近端的粗糙区域，供臀浅肌抵止。　C

20　**二头肌粗隆**　Tuberositas m. bicipitis.　马股二头肌的抵止点。　B

21　**髁上窝**　Fossa supracondylaris.　外侧髁近侧的凹陷，马的深，反刍动物和猪的浅，供趾屈肌/趾浅屈肌起始。　B

22　**外侧髁上粗隆**　Tuberositas supracondylaris lateralis.　肉食动物和猪外侧髁近侧的粗糙区，在髁上窝外侧，供腓肠肌外头起始。　BE

23　**内侧髁上粗隆**　Tuberositas supracondylaris medialis.　内侧髁近侧的粗糙区，供腓肠肌内头起始。　BE

24　**腘肌面**　Facies poplitea.　平坦的后面，在髁的近侧。　BE

25　**内侧髁***　Condylus medialis.　与胫骨成关节。　BE

26　**内侧籽关节面**　Facies articularis sesamoidea medialis.　在肉食动物，对腓肠肌的内侧籽骨的关节面。　E（译者注：此条或可译为内侧髁籽关节面。）

27　**内侧上髁***　Epicondylus medialis.　内侧髁上非关节面的隆起。　ABDE（译者注：与肱骨不同，内侧上髁为内侧髁的一部分。）

28　**外侧髁***　Condylus lateralis.　与胫骨成关节。　BE

29　**外侧籽关节面**　Facies articularis sesamoidea lateralis.　在肉食动物，为对腓肠肌的外侧籽骨的关节面。　E（译者注：此条或可译为外侧髁籽关节面。）

30　**外侧上髁***　Epicondylus lateralis.　外侧髁上的非关节面的隆起。　ABD（译者注：与肱骨不同，外侧上髁为外侧髁的一部分。）

31　**伸肌窝***　Fossa extensoria.　位于外侧髁与滑车之间的小凹陷，为趾长伸肌和第3腓骨肌的起始点。　D

32　**腘肌窝**　Fossa m. poplitei.　外侧髁外侧的凹陷，为腘肌的起始点。　BD

33　**髁间窝**　Fossa intercondylaris.　两髁之间大而深的凹陷。　BE

34　**髁间线**　Linea intercondylaris.　髁间窝近端的后嵴。　BE

35　**股骨滑车***　Trochlea ossis femoris.　与髌骨［膝盖骨］成关节，包括一个内侧嵴和一个外侧嵴。　AD

36　**股骨滑车结节**　Tuberculum trochleae ossis femoris.　马股骨滑车内侧嵴近端的内侧突起。　A

1）：编著者建议将此嵴称为"外侧转子嵴"（Crista trochanterica lateralis），而巴隆（Barone，1999）则称其为大转子嵴。

A　右股骨，前面观（马）

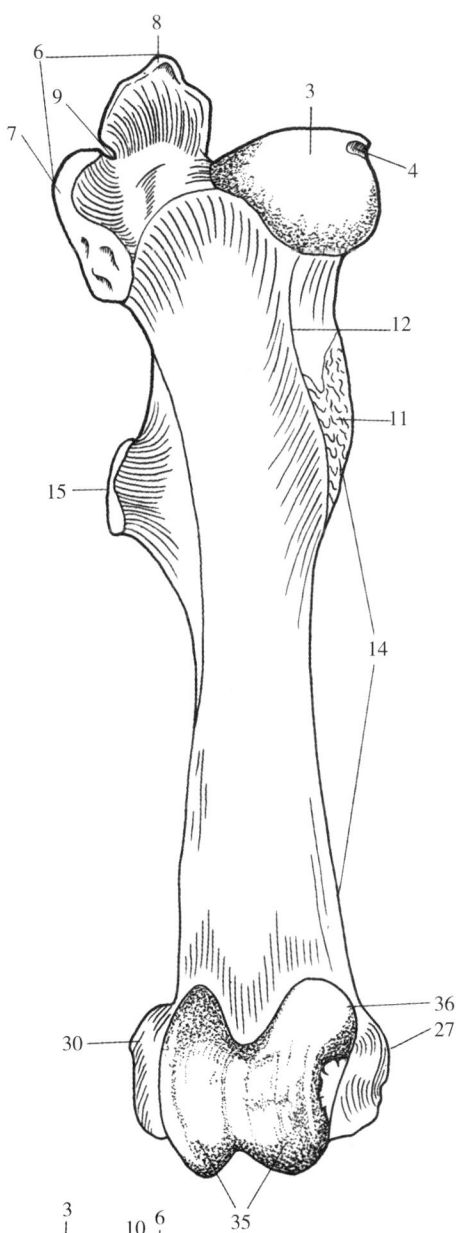

B　右股骨，后面观（马）

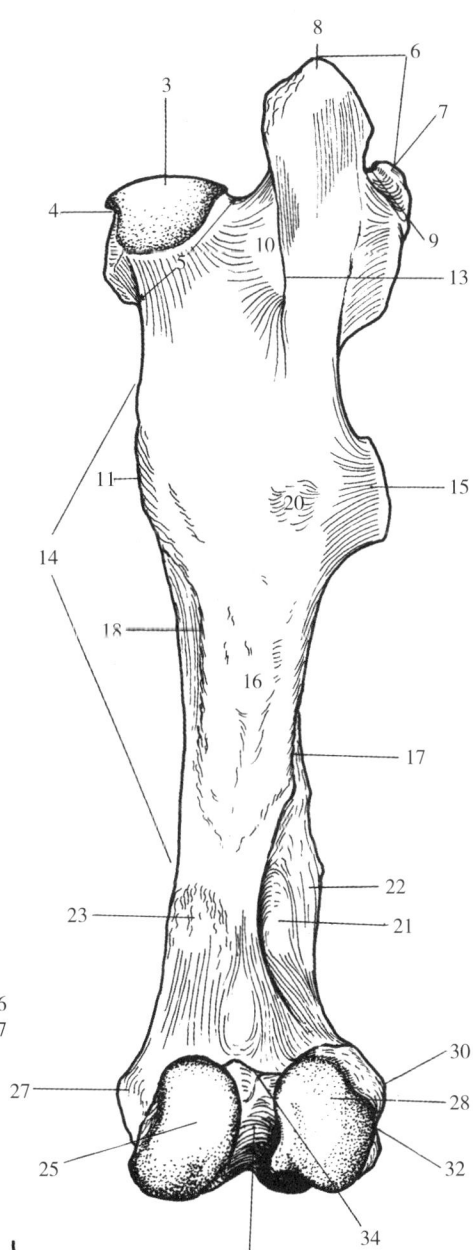

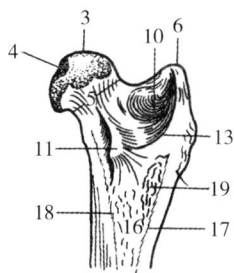

C　右股骨近部，后
　　内侧观（犬）

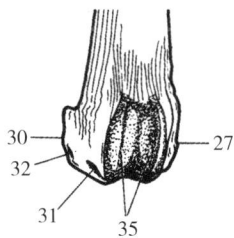

D　右股骨远部，前
　　外侧观（犬）

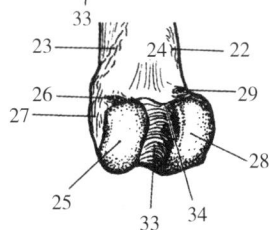

E　右股骨远部，后
　　内侧观（犬）

1 **腓肠肌籽骨** Ossa sesamoidea m. gastrocnemii. 肉食动物腓肠肌两头中存在的籽骨。 A（这些骨块在兽医临床上常被称为"腓肠豆"。）

2 **腘肌籽骨** Ossa sesamoideum m. poplitei. 肉食动物腘肌腱中的籽骨。 A

3 **膝盖骨〔髌骨〕*** Patella. BC

4 **膝盖骨〔髌骨〕底** Basis patellae. 指膝盖骨稍宽的近端。 B

5 **膝盖骨〔髌骨〕头** Apex patellae. 膝盖骨的远端。 BC

6 **关节面** Facies articularis. 面向股骨。 B

7 **前面** Facies cranialis. C

8 **软骨突** Processus cartilagineus. 马和牛的内侧突，部分为软骨。 BC

9 **小腿骨骼** Skeleton cruris. 也称盆肢杆。

10 **胫骨** Tibia. DE

11 **近关节面** Facies articularis proximalis. DE

12 **内侧髁*** Condylus medialis. 与股骨内侧髁成关节。 DE

13 **外侧髁*** Condylus lateralis. 与股骨外侧髁成关节。 DE

14 **腓关节面** Facies articularis fibularis. 与腓骨头成关节的面，反刍动物除外。 E

15 **腘肌切迹** Incisura poplitea. 位于胫骨近端。 D

16 **髁间前区*** Area intercondylaris cranialis. 位于髁间隆起之前的两个粗糙面，供半月板附着。 D

17 **髁间中央区*** Area intercondylaris centralis. 髁间隆起中央的粗糙凹陷面，供前交叉韧带抵止。D

18 **髁间后区*** Area intercondularis caudalis. 髁间隆起之后的一个粗糙区，供后交叉韧带和内侧半月板抵止。 DE

19 **髁间隆起*** Eminentia intercondylaris. 胫骨近端两髁间的突起。 DE

20 **髁间内侧结节** Tuberculum intercondylare mediale. 髁间隆起的内侧结节。 DE

21 **髁间外侧结节** Tuberculum intercondylare laterale. 髁间隆起的外侧结节。 DE

22 **伸肌沟*** Sulcus extensorius. 胫骨近端前外侧的沟，供趾长伸肌和第3腓骨肌通过。 D

23 **胫骨体** Corpus tibiae. E

24 **胫骨粗隆*** Tuberositas tibiae. 胫骨近端前面的突起，供膝韧带抵止。 DE

25 **胫骨粗隆沟*** Sulcus tuberositatis tibiae. 马和猪胫骨粗隆表面的沟，在猪为膝韧带抵止点，在马为膝中间韧带抵止点。 D

26 **内侧面*** Facies medialis. 前内侧面。 D

27 **后面** Facies caudalis. E

28 **腘肌线** Linea m. poplitei. 腘肌抵止区的向下向内斜向的边缘，将此区与趾外侧屈肌附着区分开。 E

A 右膝关节，后面观（犬）

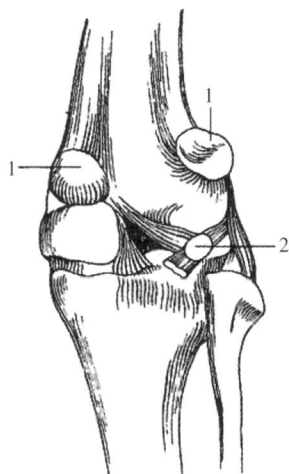

B 左膝盖骨，后面观（马）

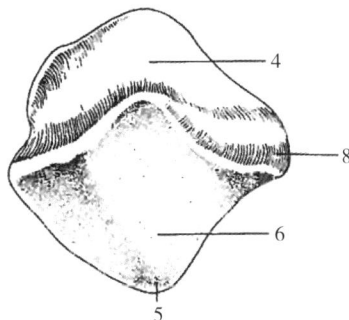

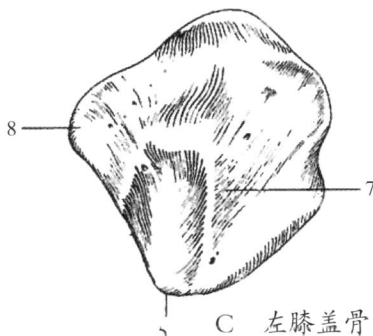

C 左膝盖骨，前面观（马）

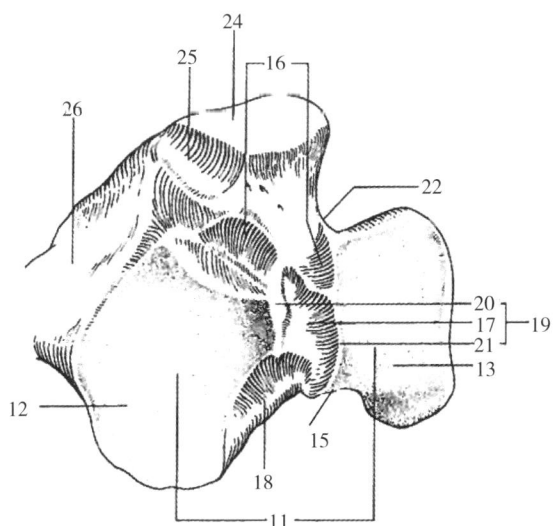

D 右胫骨，近侧观（马）

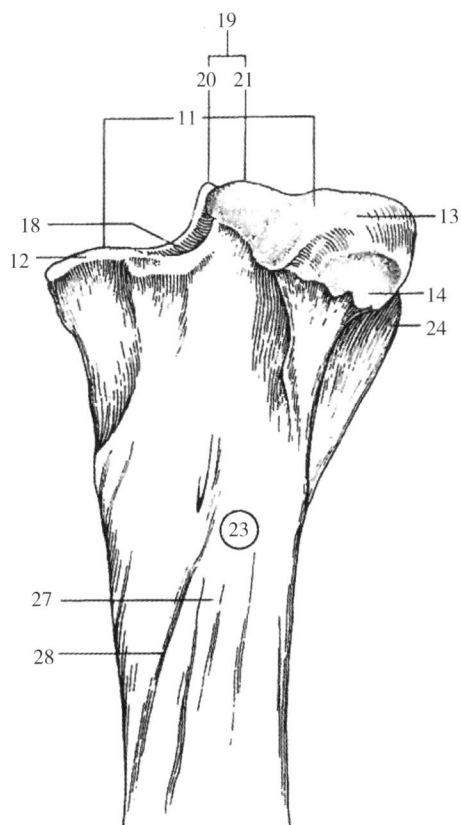

E 右胫骨近半部，后外侧观（马）

1　外侧面　Facies lateralis.　前外侧面。　A

2　前缘＊　Margo cranialis.　旧称胫骨嵴。　A

3　内侧缘＊　Margo medialis.　A

4　外侧缘［骨间缘］Margo lateralis [Margo interosseus].　在肉食动物、猪和部分马，面向腓骨，供骨间膜附着。　A

5　胫骨蜗　Cochlea tibiae.　远端关节面，面向跗骨。　ABD

6　内侧踝＊　Malleolus medialis.　胫骨蜗内侧的非关节性的突起。　ABD

7　踝沟　Sulcus malleolaris.　内侧踝后部平坦的沟，供趾内侧屈肌通过（在肉食动物还有胫骨后肌）。　BD

8　腓切迹　Incisura fibularis.　肉食动物、猪和反刍动物胫骨远端外面的切迹，形成容纳腓骨的小面。　D

9　外侧踝＊（绵羊、马）Malleolus lateralis.　胫骨的一部分，为胫骨蜗外侧非关节性的突起。AB（译者注：根据第6版N.A.V.，胫骨远端外侧部作为外侧踝的还有绵羊，为与腓骨形成的外侧踝相区别，绵羊和马的此结构应全称为胫骨外侧踝。）

10　踝沟＊　Sulcus malleolaris.　在马，供趾外侧伸肌腱通过的平坦的沟。　B

11　**腓骨**　Fibula.　CD

12　腓骨头＊　Caput fibulae.　腓骨的近端，在反刍动物不发达，并与胫骨愈合。　C

13　腓骨头关节面　Facies articularis capitis fibulae.　肉食动物、猪和马腓骨头的关节面。　C

14　腓骨颈　Collum fibulae.　C

15　腓骨体　Corpus fibulae.　反刍动物常缺如，在马也退化变小。　C

16　骨间缘　Margo interosseus.　在猪，位于内侧面；在肉食动物，则与前缘融合，为骨间膜的附着部。　C

17　内侧缘　Margo medialis.　猪有，在肉食动物则出现于腓骨近侧半。　C

18　外侧缘　Margo lateralis.　猪有，在肉食动物则出现于腓骨近侧半。　C

19　前缘　Margo cranialis.　肉食动物、猪和马有。　CD

20　后缘　Margo caudalis.　出现于猪和肉食动物腓骨的远侧部。　D

21　内侧面　Facies medialis.　朝向胫骨，见于猪以及肉食动物腓骨近侧半。

22　外侧面　Facies lateralis.　见于猪以及肉食动物腓骨近侧半。　D

23　后面　Facies caudalis.　见于肉食动物腓骨的近侧半，在猪变窄，位于内侧缘与外侧缘之间。　C

24　外侧踝（肉食动物、猪）Malleolus lateralis.　肉食动物和猪的腓骨远端，在反刍动物是一块分离的骨（见本页29条），在马为胫骨的一部分。　CD

25　（外侧踝）关节面　Facies articularis malleoli.　在肉食动物、猪和反刍动物，与胫骨、距骨和跟骨成关节的外侧踝的关节面。　CDE（译者注：为与72页的踝关节面相区别，此处并未按原文直译。）

26　踝沟　Sulcus malleolaris.　在有蹄类外侧踝外侧面上的沟。在猪和反刍动物供趾外侧伸肌和腓骨长肌腱通过；在肉食动物则有两条沟：一条在外侧面，供腓骨长肌腱通过；另一条在后缘，供趾外侧伸肌腱和腓骨短肌腱通过。　E

27　腓骨长肌腱沟　Sulcus tendinis m. fibularis [peron(a)ei] longi.　肉食动物腓骨远端外面上的沟，供腓骨长肌腱通过。　D

28　趾外侧伸肌和腓骨短肌腱沟　Sulcus tendinum mm. extensoris digitorum lateralis et fibularis [peron(a)ei] brevis.　肉食动物腓骨远端后侧的沟，供趾外侧伸肌腱和腓骨短肌腱通过。　D

29　踝骨＊（反刍动物）Os malleolare.　反刍动物的胫骨远端外侧像皇冠样的骨。　E（译者注：根据本页24条的注释，该骨相当于外侧踝。）

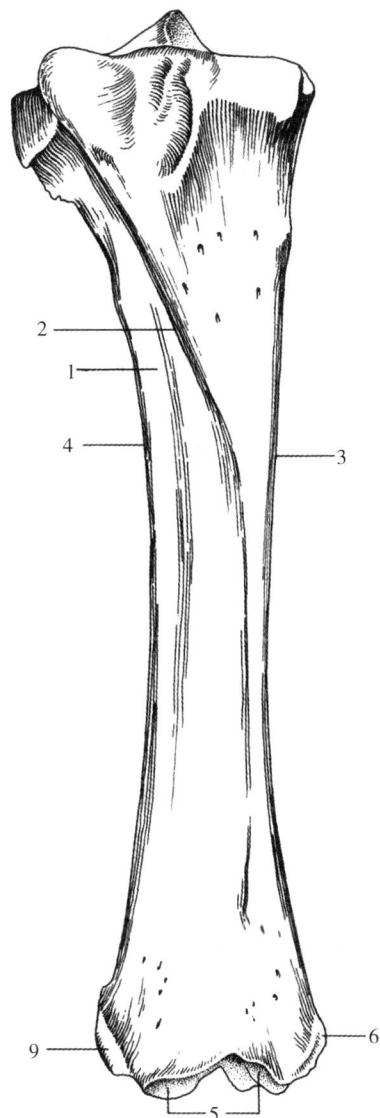

A 右胫骨，前面观（马）

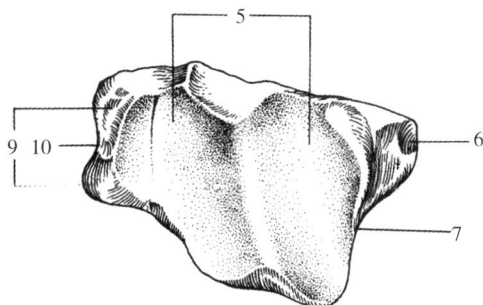

B 右胫骨，远侧观（马）

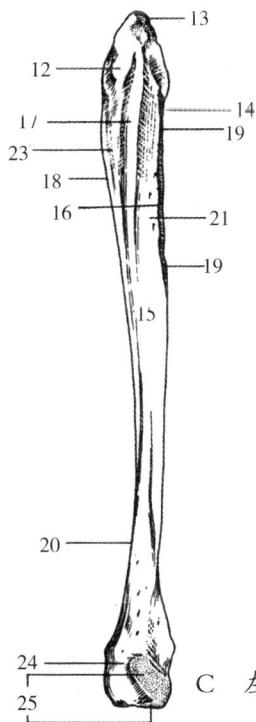

C 左腓骨，后内侧观（猪）

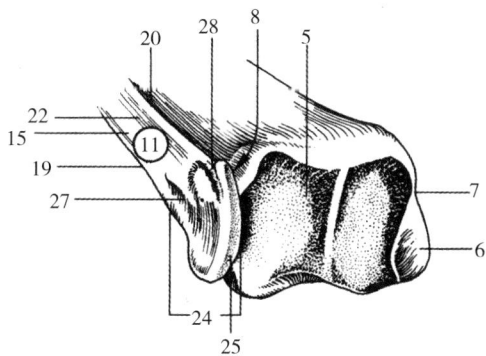

D 左胫骨和左腓骨，远后外侧观（犬）

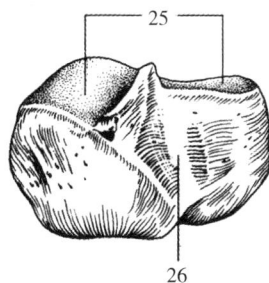

E 右外侧踝，外侧观（牛）

1 **后足骨骼** Skeleton pedis. 或盆肢枝。

2 **跗骨** Ossa tarsi。或盆肢枝基。 ABC

3 **距骨** Talus. ABCD

4 *距骨头* Caput tali. 肉食动物的距骨头,与中央跗骨成关节。 D

5 *距骨颈* Collum tali. 肉食动物的明显,马缺如。 D

6 *距骨体* Corpus tali. ABD

   7 *距骨滑车** Trochlea tali. 距骨的近端,在肉食动物与胫骨和腓骨成关节,在马与胫骨成关节。 CD(在反刍动物存在第3滑车,与跟骨成关节,编者建议将其称为"距骨跖侧滑车"。)

   8 *距骨近滑车* Trochlea tali proximalis. 反刍动物和猪距骨近侧与胫骨和腓骨成关节的部分。 AB

9 *跟关节面* Facies articulare calcaneae. 距骨上与跟骨成关节的面,位于跖侧。 D

   10 *距骨沟* Sulcus tali. 肉食动物和马跟关节面之间上下向延伸的沟。 D

11 *距骨结节** Tuberculum tali. 马距骨内侧的结节,供跗跖背侧韧带抵止。 C

12 *舟关节面* Facies articularis navicularis. 肉食动物和马距骨远侧的关节面,与中央跗骨成关节。AB

13 *距骨远滑车* Trochlea tali distalis. 猪和反刍动物距骨的远侧部,与中央跗骨和第4跗骨成关节。 AB

14 **跟骨** Calcaneus. ABCE

15 *跟结节** Tuber calcanei. 飞节的端点。 ABCE

16 *喙突* Processus coracoideus. 跟结节基部的背侧突。 E

17 *载距突* Sustentaculum tali. 跟骨内侧部具有与距骨成关节的突起。 CE

   18 *趾外侧屈肌腱沟* Sulcus tendinis m. flex. digit. lateralis. 在载距突跖侧面上供肌腱通过的沟,在此处肌腱被屈肌支持带束缚。 C

19 *跟骨沟* Sulcus calcanei. 肉食动物和马跟骨背侧关节面之间上下向延伸的沟。 E(译者注:跟骨背侧关节面即距关节面。)

20 *跗骨窦* Sinus tarsi. 距骨和跟骨之间的空隙。 CDE

21 *距关节面* Facies articulares talares. 跟骨的与距骨成关节的面,位于背侧。 E

22 *骰关节面* Facies articularis cuboidea. 跟骨远端的关节面,与第4跗骨成关节。 ACE

23 *踝关节面* Facies articularis malleolaris. 跟骨的与外侧踝成关节的面,在反刍动物则与踝骨成关节。 B

24 **中央跗骨〔舟骨〕** Os tarsi centrale [Os naviculare]. AC

25 **第1跗骨〔内侧楔骨〕** Os tarsi Ⅰ [Os cuneiforme mediale]. A

26 **第2跗骨〔中间楔骨〕** Os tarsi Ⅱ [Os cuneiforme intermedium]. A

27 **第3跗骨〔外侧楔骨〕** Os tarsi Ⅲ [Os cuneiforme laterale]. A

28 **第4跗骨〔骰骨〕** Os tarsi Ⅳ [Os cuboideum]. AC

29 *腓骨长肌腱沟* Sulcus tendinis m. fibularis [peron(a)ei] longi. 供腓骨长肌通过的跖外侧的沟。 AB

30 **第1和2跗骨〔内侧中间楔骨〕** Os tarsi Ⅰ et Ⅱ [Os cuneiforme mediointermedium]. 马愈合的第1和2跗骨。 C

31 **第2和3跗骨〔中间外侧楔骨〕** Os tarsi Ⅱ et Ⅲ [Os cuneiforme intermediolaterale]. 反刍动物愈合的第2和3跗骨。 B

32 **中央和第4跗骨〔舟骰骨〕** Os centroquartale [Os naviculocuboideum]. 反刍动物愈合的中央跗骨和第4跗骨。 B

33 **跗管** Canalis tarsi. 有蹄类第3和第4跗骨之间供跗穿动、静脉通过的管道;在猪,于跟骨和距骨之间还有额外的通道。 AC

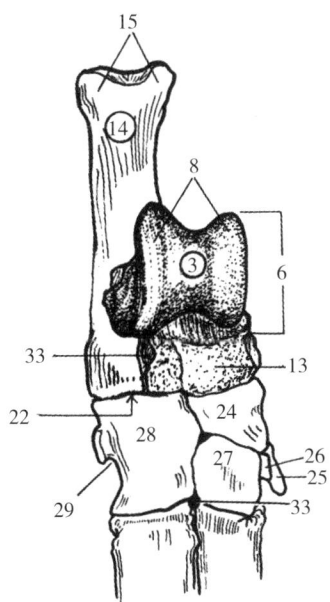

A 右蹠骨，背侧观（猪）

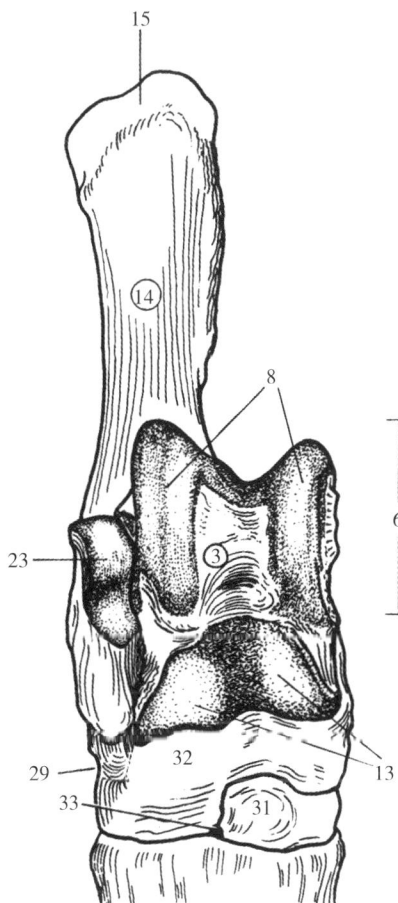

B 右蹠骨，背侧观（牛）

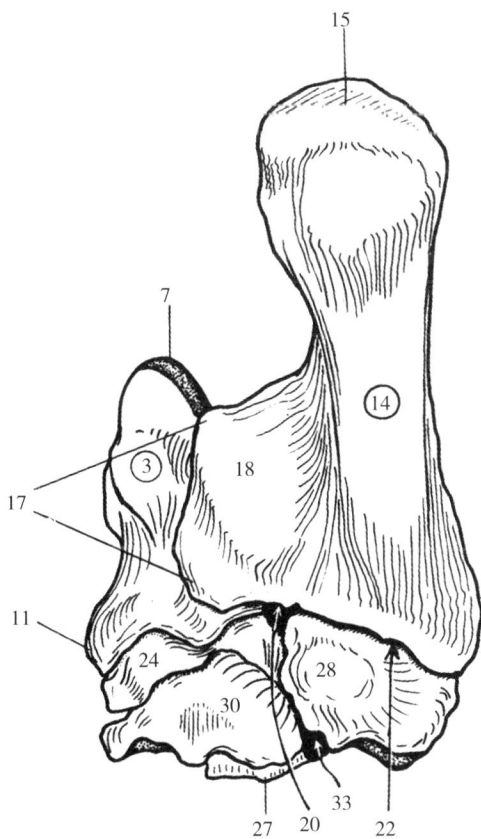

D 右距骨，跖侧观（犬）

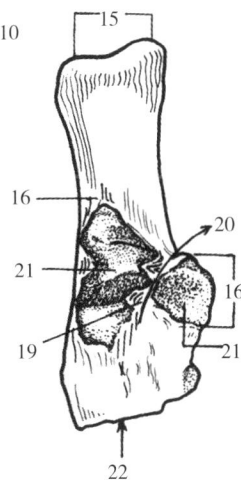

C 右蹠骨，跖侧观（马）

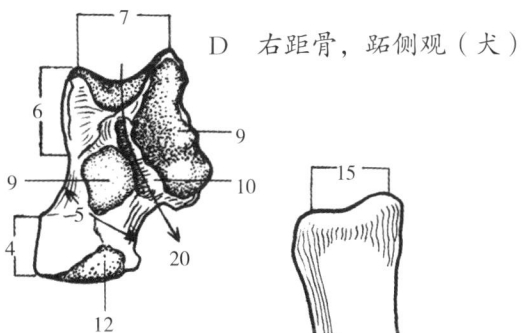

E 右跟骨，背侧观（犬）

1　第1~5跖骨　Ossa metatarsalia Ⅰ-Ⅴ. 或盆肢枝梢。　AB

2　底*　Basis。跖骨的近端。　ABCD

3　跗关节面　Facies articularis tarsea.　CD

4　体　Corpus.　ABCD

5　背侧面*　Facies dorsalis.　BD

6　第3跖骨粗隆*　Tuberositas ossis metatarsalis Ⅲ. 在反刍动物、猪和马第3跖骨底的背侧，供肌腱抵止。　D

7　跖侧面　Facies plantaris.　AC

8　内侧面*　Facies medialis.　C

9　外侧面*　Facies lateralis.　D

10　头*　Caput. 即跖骨的远端。　ABCD

11　第3和4跖骨*（反刍动物）Os metatarsale Ⅲ et Ⅳ. 愈合的第3和4跖骨。　CD

12　背侧纵沟　Sulcus longitudinalis dorsalis.　D

13　跖侧纵沟　Sulcus longitudinalis plantaris.　C

14　跖近管　Canalis metatarsi proximalis.　CD

15　跖远管　Canalis metatarsi distalis.　CD

16　头间切迹*　Incisura intercapitalis. 旧称滑车间切迹，指反刍动物分隔远端的切迹。　CD

17　跖籽骨　Os sesamoideum metatarsale. 猪和反刍动物的跖籽骨，与第3跖骨的底成关节。　C

18　趾骨*　Ossa digitorum pedis. 也称盆肢枝尖，见指骨，但下列名词除外。

19　跖内侧隆凸　Eminentia plantaris medialis. 马的跖内侧隆凸。　E

20　跖外侧隆凸　Eminentia plantaris lateralis. 马的跖外侧隆凸。　E

20a　跖内侧突　Processus plantaris medialis. 马的跖内侧突。　E

20b　跖外侧突　Processus plantaris lateralis. 马的跖外侧突。　E

21　跖侧突孔　Foramen processus plantaris. 跖侧突上大小不定的孔。　E

22　跖侧突切迹　Incisura processus palntaris. 跖侧突上大小不定的切迹。　E

A　左跖骨，跖侧观（犬）

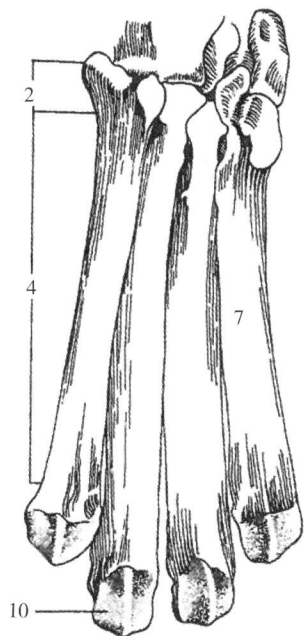

B　左跖骨，背侧观（犬）

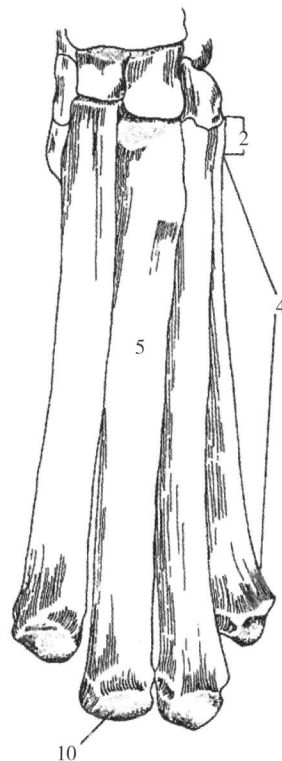

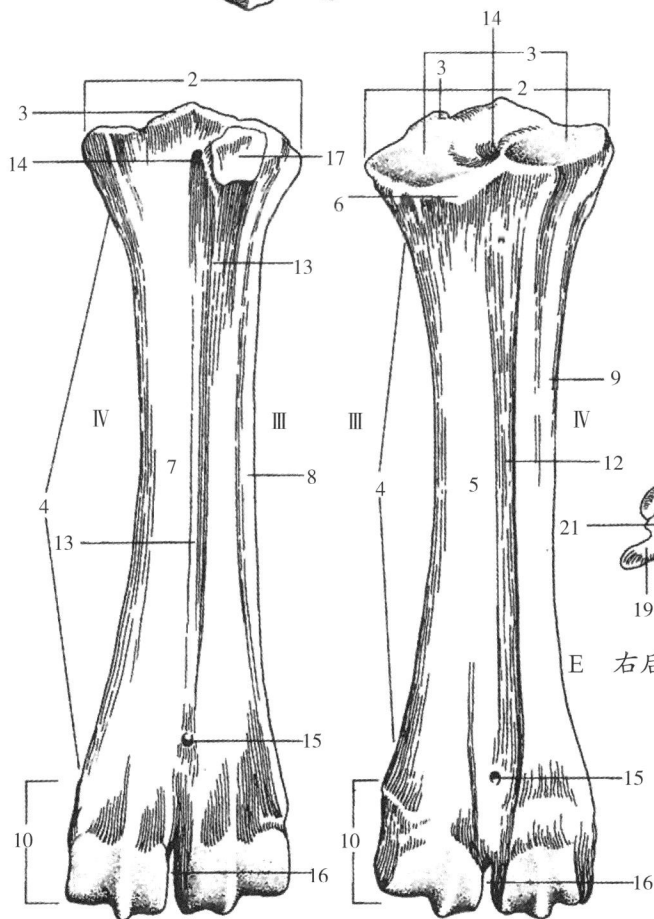

C　左跖骨，跖侧观（牛）

D　左跖骨，背侧观（牛）

E　右后肢的远趾节骨，跖外侧观（马）

1 **头缝 SUTURAE CAPITIS.**

2 冠状缝 Sutura coronalis. 位于额骨和顶骨之间。 ABC

3 矢状缝 Sutura sagittalis. 位于左、右顶骨之间。 A

4 人字缝 Sutura lambdoidea. 位于枕骨与顶骨，以及顶间骨之间。 AB

5 枕顶间缝 Sutura occipitointerparietalis. 位于猫、反刍动物和马的枕骨和顶间骨之间，仅在猫和绵羊持久存在。 A

6 枕鳞缝 Sutura occipitosquamosa. 位于枕骨和颞骨鳞部之间。 ABCD

7 枕乳突缝 Sutura occipitomastoidea. 枕鳞缝向腹侧的延续。 ACD

8 枕鼓缝 Sutura occipitotympanica. 在枕骨和颞骨的鼓部（猫为内鼓部）之间，马无。 CD

9 蝶额缝 Sutura sphenofrontalis. 在蝶骨和额骨之间。 BD

10 蝶筛缝 Sutura sphenoethmoidalis. 在前蝶骨和筛骨之间，肉食动物和马仅在头骨内部。 BD

11 蝶鳞缝 Sutura sphenosquamosa. 位于底蝶骨（在马还有前蝶骨）和颞骨鳞部之间。 BCD

12 蝶顶缝 Sutura sphenoparietalis. 肉食动物、绵羊和山羊的蝶顶缝，位于底蝶骨和顶骨之间。 C

13 蝶腭缝 Sutura sphenopalatina. 在蝶骨和腭骨之间。 BCD

14 翼腭缝 Sutura pterygopalatina. 在翼骨和腭骨之间。 BC

15 翼蝶缝 Sutura pterygosphenoidalis. 在翼骨和蝶骨之间。 C

16 鳞缝 Sutura squamosa. 在顶骨和颞骨之间。 ABCD

17 额间缝 Sutura interfrontalis. 在左、右额骨之间。 A

18 鳞乳突缝 Sutura squamosomastoidea. 在颞骨的鳞部和岩部之间。 AD

19 鳞额缝 Sutura squamosofrontalis. 猪、马和老龄牛的鳞额缝位于颞骨鳞部和额骨之间。 AB

20 额鼻缝 Sutura frontonasalis. 位于额骨和鼻骨之间。 AD

21 额筛缝 Sutura frontoethmoidalis. 位于额骨和筛骨之间，在肉食动物和马仅在头骨内部。 BD

22 额（上）颌缝 Sutura frontomaxillaris. 猪和肉食动物的额上颌缝，位于额骨和上颌骨之间。 B

23 额泪缝 Sutura frontolacrimalis. 位于额骨和泪骨之间。 ABC

24 额颧缝 Sutura frontozygomatica. 在反刍动物位于额骨和颧骨之间，在马位于额骨和颞骨颧突之间，眶外侧壁上。 A

25 额腭缝 Sutura frontopalatina. 肉食动物和马的额腭缝，位于额骨和腭骨之间。 C

26 颧（上）颌缝 Sutura zygomaticomaxillaris. 在颧骨和上颌骨之间。 AB

27 犁腭缝 Sutura vomeropalatina. 位于犁骨翼和腭骨垂直部之间，在犬和猪还位于犁骨腹侧缘和腭骨水平部之间。 CD

28 犁（上）颌缝 Sutura vomeromaxillaris. 位于犁骨腹侧缘与左、右侧上颌骨的腭突之间。 D

29 犁切齿骨缝 Sutura vomeroincisiva. 位于犁骨和左、右切齿骨腭突之间。 D

30 犁蝶缝 Sutura vomerosphenoidalis. 在前蝶骨和犁骨翼之间。 C

31 犁筛缝 Sutura vomeroethmoidalis. 位于犁骨沟（中隔沟）和筛骨垂直部之间，在肉食动物和猪还位于犁骨翼和筛骨基板之间。 D

32 筛（上）颌缝 Sutura ethmoidomaxillaris. 位于上颌骨和筛骨的基板和眶板之间。 B

33 筛鼻缝 Sutura ethmoidonasalis. 位于鼻骨和筛骨盖板之间。 D

34 蝶（上）颌缝 Sutura sphenomaxillaris. 位于猪的底蝶骨翼突和上颌骨之间。 B

35 颞颧缝 Sutura temporozygomatica. 位于颧弓上，颞骨和颧骨之间。 A

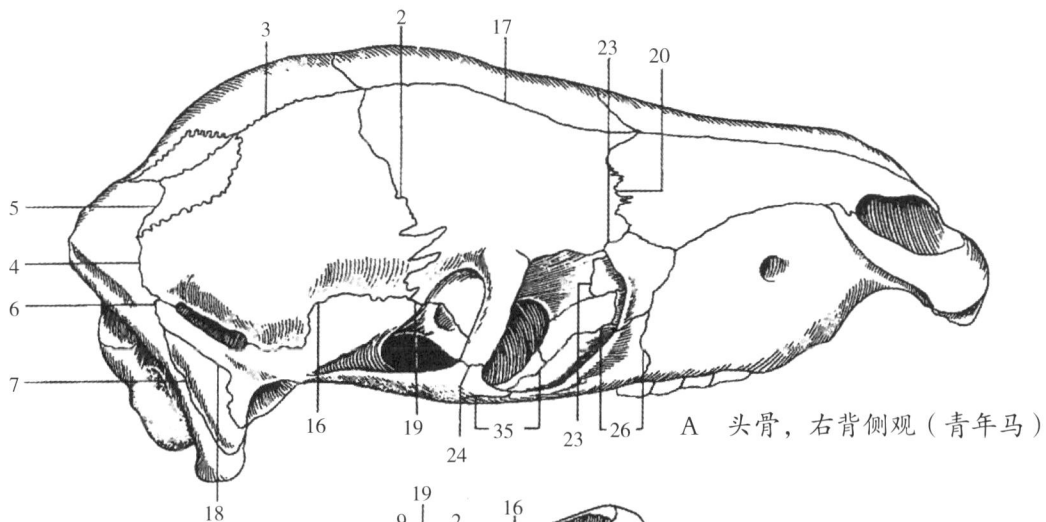

A 头骨，右背侧观（青年马）

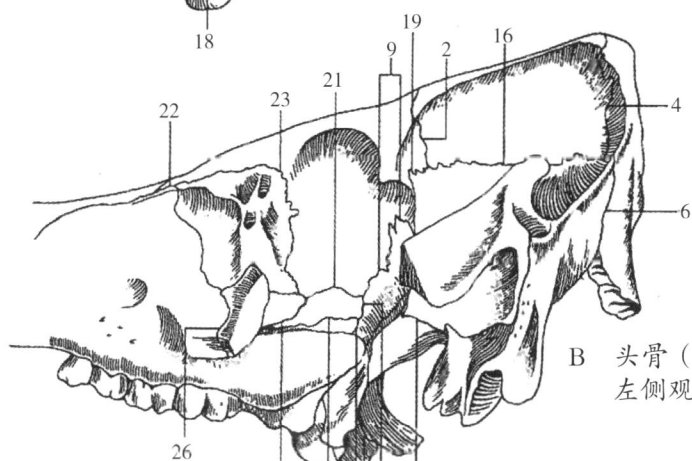

B 头骨（颧弓、部分枕骨和翼骨已去除），
左侧观（猪）

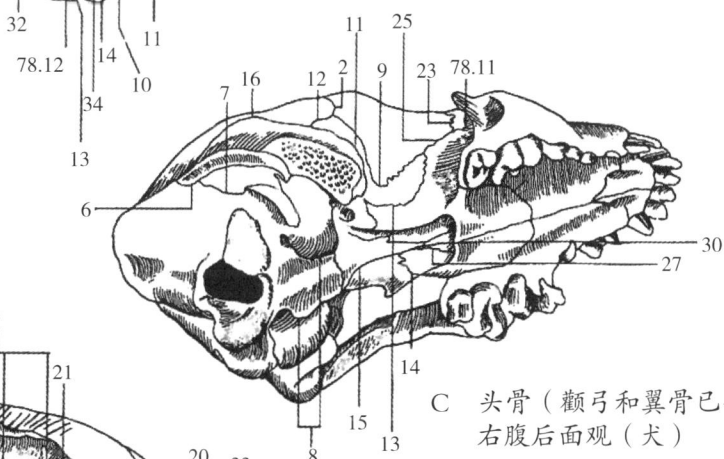

C 头骨（颧弓和翼骨已去除），
右腹后面观（犬）

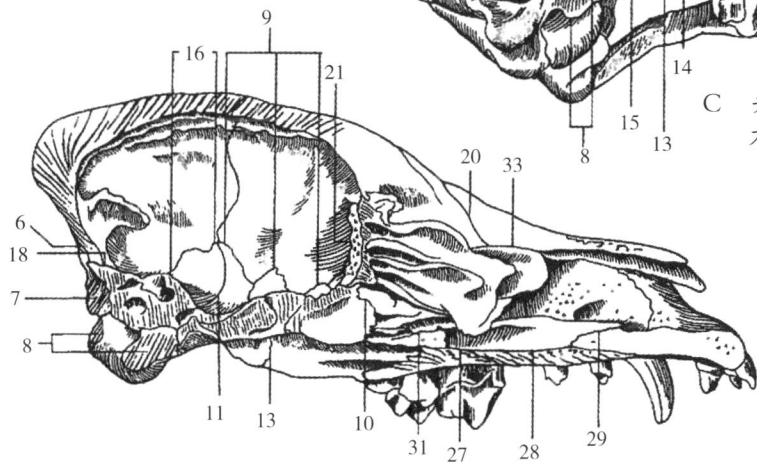

D 头骨，侧矢状面（枕骨和翼骨已去除），左内侧观（犬）

1 鼻骨间缝　Sutura internasalis.　左、右鼻骨之间的缝。　A

2 鼻（上）颌缝　Sutura nasomaxillaris.　肉食动物、猪、马，有时在牛，位于鼻骨和上颌骨之间。在绵羊、山羊和部分牛，此处为鼻［上］颌裂。　A

3 鼻切齿（骨）缝　Sutura nasoincisiva.　在肉食动物、猪和马，位于鼻骨和切齿骨之间。　A

4 泪（上）颌缝　Sutura lacrimomaxillaris.　位于泪骨和上颌骨之间。　AB

5 泪（鼻）甲缝　Sutura lacrimoconchalis.　在猪和反刍动物，位于泪骨和下鼻甲骨之间。　B

6 泪颧缝　Sutura lacrimozygomatica.　位于泪骨和颧骨之间，在猫不存在。　A

7 鼻泪缝　Sutura nasolacrimalis.　马的鼻泪缝，位于鼻骨和泪骨之间，在反刍动物则为鼻泪裂。　A

8 切齿骨间缝　Sutura interincisiva.　在肉食动物和马，位于左、右切齿骨间的正中矢状缝。　A

9 （上）颌切齿骨缝　Sutura maxilloincisiva.　位于上颌骨和切齿骨之间。　ABC

10 腭（上）颌缝　Sutura palatomaxillaris.　在翼腭窝内，位于腭骨垂直部与上颌骨之间。　BC

11 腭泪缝　Sutura palatolacrimalis.　在肉食动物，位于腭骨与泪骨之间。　77页C

12 腭筛缝　Sutura palatoethmoidalis.　位于腭骨和筛骨之间，仅在猪和牛的翼腭窝易于见到。　77页B

13 腭正中缝　Sutura palatina mediana.　位于硬腭的两半之间，猪和反刍动物硬腭的前半部除外。　C

14 腭横缝　Sutura palatina transversa.　位于上颌骨腭突和腭骨水平部之间。　BC

15 头骨的软骨结合　SYNCHONDROSES CRANII.　大部分随年龄骨化而逐渐消失。

16 蝶枕软骨结合　Synchondrosis sphenooccipitalis.　位于底蝶骨和枕骨之间。　CD

17 蝶岩软骨结合　Synchondrosis sphenopetrosa.　在肉食动物，位于底蝶骨和岩（颞）骨之间。在浸渍保存的成年头骨标本上，残存为裂，含有纤维软骨。　D

18 岩枕软骨结合　Synchondrosis petrooccipitis.　位于肉食动物和反刍动物岩（颞）骨和枕骨之间。在浸渍保存的成年头骨标本上体现为含有纤维软骨的裂隙。　D

19 蝶间软骨结合　Synchondrosis intersphenoidalis.　位于前蝶骨和底蝶骨之间。　CD

20 （枕内鳞侧软骨结合）　(Synchondrosis intraoccipitalis squamolateralis).　位于枕骨鳞部和侧部之间。　E

21 （枕内基侧软骨结合）　(Synchondrosis intraoccipitalis basilateralis).　位于枕骨基底部和侧部之间。　DE

22 颞下颌关节*　Articulatio temporomandibularis.　下颌支与颞骨鳞部之间的滑膜连结。　E

23 关节囊　Capsula articularis.

24 背侧滑膜　Membrana synovialis dorsalis.　位于颞骨与关节盘之间。　F

25 腹侧滑膜　Membrana synovialis ventralis.　位于关节盘和下颌骨之间。　F

26 关节盘　Discus articularis.　颞下颌关节内的盘，将该关节分为完全隔开的两部分。　F

27 外侧韧带　Lig. lateralis.　关节囊外侧面的韧带。　F

28 后韧带　Lig. caudale.　在马（还有反刍动物），为从颞骨的关节后突到下颌颈的弹性韧带。　F

29 颞舌骨连结　Articulatio temporohyoidea.　舌器与颞骨的连结。　F

30 下颌间连结　Articulatio intermandibularis.　左、右下颌体正中的矢状连结，在成年猪和马被骨性结合代替。　G

31 下颌间软骨结合　Synchondrosis intermandibularis.　下颌间连结的一小部分，由软骨构成。　G

32 下颌间缝　Sutura intermandibularis.　下颌间连结的大部分，由结缔组织构成。　G

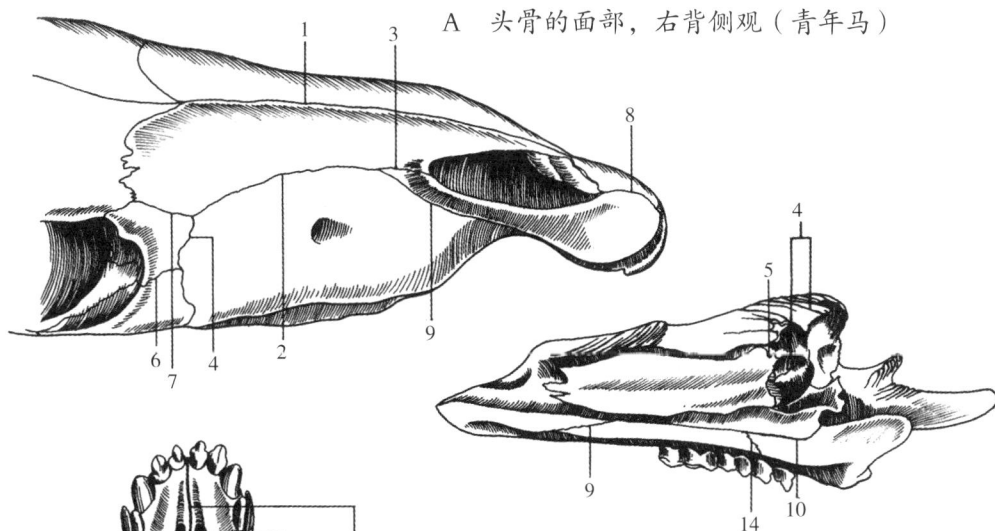

A 头骨的面部，右背侧观（青年马）

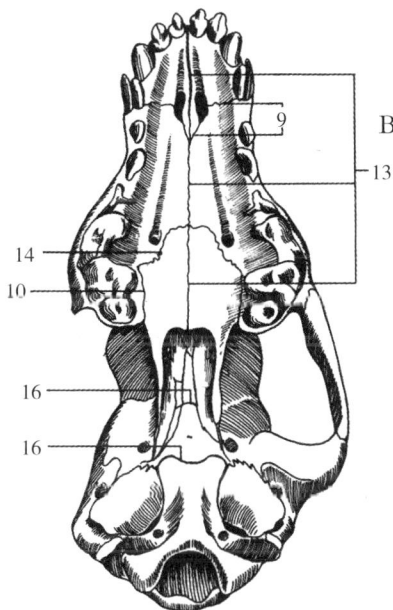

B 右上颌骨、右切齿骨和右下鼻甲骨，内侧观（猪）

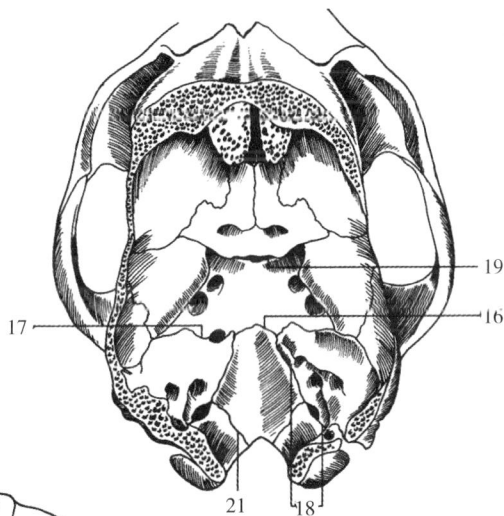

C 硬腭和头骨底（犬）

D 头骨底（部分左岩颞骨去除），
背侧观（犬）

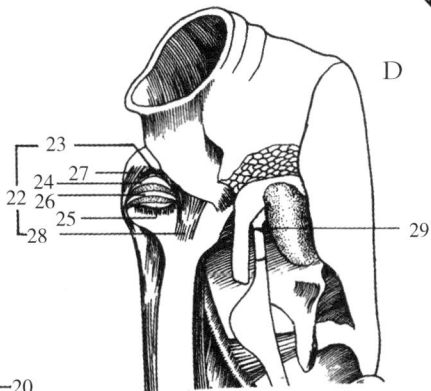

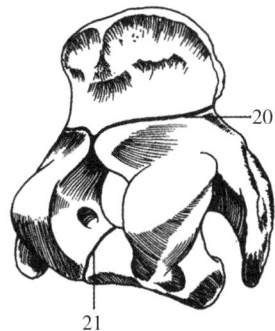

F 右侧颞下颌和颞舌骨关节，
后内侧观（马）

E 枕骨，右后面观（青年马）

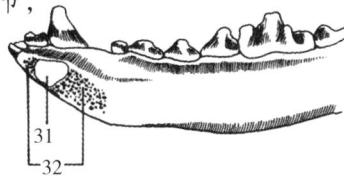

G 下颌骨间连结，正中矢状切面，
右侧半（犬）

1 脊柱、胸廓和颅的骨连结 ARTICULATIONES COLUMNAE VERTEBRALIS，THORACIS ET CRANII.

2 椎间联合 Symphysis intervertebralis. B

3 椎间盘 Discus intervertebralis. 连接相邻椎体。 ABD

 4 纤维环 Anulus fibrosus. 环绕髓核的纤维性环。 AB

 5 髓核* Nucleus pulposus. 椎间盘中央的柔软但不可压缩的物质，易向椎管内突出。 AB

6 腹纵韧带 Lig. longitudinale ventrale. 从第7胸椎到荐骨的连接椎体腹侧面的韧带。 B

7 背纵韧带 Lig. longitudinale dorsale. 连接椎体的背侧面。 AB

8 黄韧带 Ligg. flava. 连接各椎弓的黄色弹性韧带。 A

9 关节突关节 Articulationes processuum articularium. 颈、胸、腰椎关节突间的关节，以及最后腰椎与荐骨关节突间的关节。 ACD

10 关节囊 Capsula articularis. AC

11 横突间韧带 Ligg. intertransversaria. 位于腰椎横突间。 BD

12 棘间韧带 Ligg. interspinalia. 位于棘突之间，肉食动物缺如。 C

13 棘上韧带 Lig. supraspinale. 抵止于胸椎、腰椎棘突的顶端。 C

14 项韧带 Lig. nuchae. 犬、反刍动物和马棘上韧带适应性的弹性延续部分。 C

15 索状部* Funiculus nuchae. 在马和反刍动物从枕外粗隆，在犬从枢椎棘突到胸椎棘突。 C

16 板状部 Lamina nuchae. 在反刍动物和马，从颈椎棘突到索状部。 C

17 腰横突间关节 Articulationes intertransversariae lumbales. 马的第5、6腰椎横突之间的滑膜连结（关节），也常见于第4、5腰椎横突之间。 D（译者注：此处articulationes为articulatio的复数形式。）

18 腰荐连结 Articulatio lumbosacralis. 最后腰椎与荐骨之间的连结。 D

19 髂腰韧带 Lig. iliolumbale. 从最后腰椎横突（肉食动物、猪、山羊、绵羊）、最后2个腰椎横突（牛）或最后3~4个腰椎横突（马）延伸向髂嵴的板。 D

20 腰荐横突间关节 Articulatio intertransversaria lumbosacralis. 马第6腰椎横突与荐骨翼之间的滑膜连结［关节］。 D

21 寰枕关节* Articulatio atlantooccipitalis. 枕骨和寰椎之间的关节。 CEFG

22 关节囊 Capsula articularis. EFG

23 寰枕腹侧膜 Membrana atlantooccipitalis ventralis. 关节囊的腹侧增厚部分。 E

24 寰枕背侧膜 Membrana atlantooccipitalis dorsalis. 连接寰椎背侧弓和枕骨。 EG

25 外侧韧带 Lig. laterale. 从寰椎翼到枕骨。 EFG

26 寰枢关节 Articulatio atlantoaxialis. 寰椎与枢椎间的关节。 CEFG

27 关节囊 Capsula articularis. EFG

28 寰枢背侧膜 Membrana atlantoaxiali dorsalis. 连接于寰椎背侧弓和枢椎弓之间。 E

29 寰枢背侧韧带 Lig. atlantoaxiale dorsale. 位于寰椎背侧结节与枢椎棘突之间的弹性韧带。 E

30 覆膜 Membrana tectoria. 从枢椎椎体的背侧面到大孔的腹侧缘，也附着于寰椎内部。 G

31 寰椎横韧带（兔、肉食动物、猪） Lig. transversum atlantis. 从寰椎的一侧到另一侧，在齿突背侧。 E

32 齿突纵韧带 Lig. longitudinale dentis. 在反刍动物和马，从齿突的背侧面延伸到寰椎腹侧弓的背侧面。 G

33 齿突尖韧带（兔、猪、肉食动物、反刍动物） Lig. apicis dentis. 从齿突尖延伸至枕骨基底部。 G

34 翼状韧带（兔、肉食动物、猪） Ligg. alaria. 从齿突的外侧缘到枕髁（兔、肉食动物）或枕髁内侧方（猪）。 F

35 寰枢腹侧韧带 Lig. atlantoaxiale ventrale. 在反刍动物和马，从寰椎腹侧结节到枢椎腹侧嵴。 E

A 最后颈椎（在左边）和第1胸椎（在右边）的连结，
正中矢状面，右侧半（马）

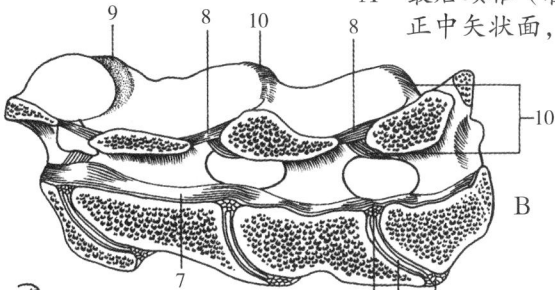

B 腰椎，椎弓已切除，左前背侧观（马）

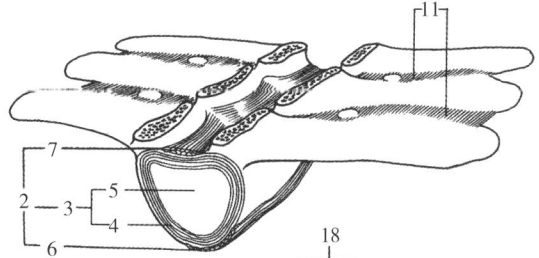

C 项韧带，左侧观（马）

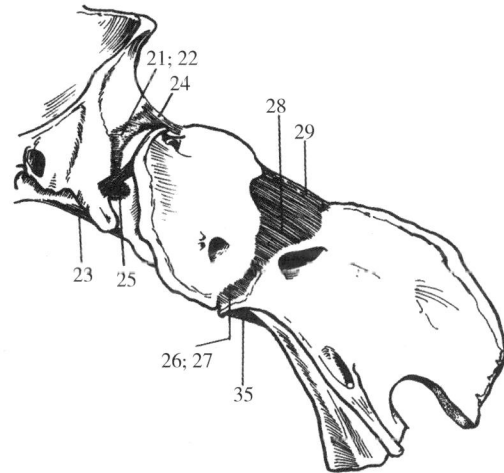

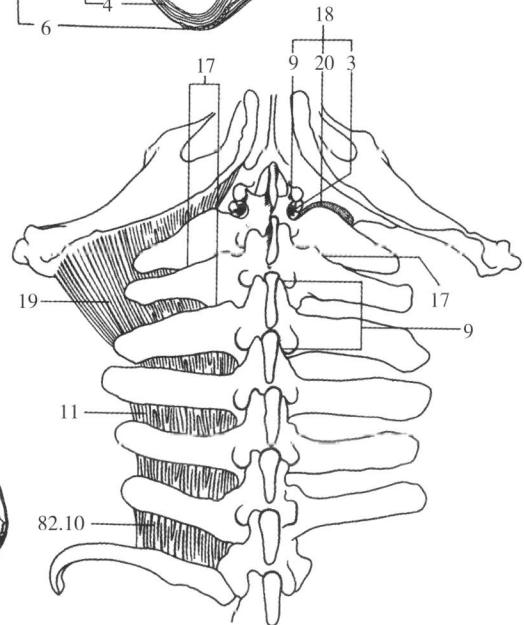

D 腰椎间的连结，前背侧观（马）

E 寰椎和枢椎的骨连结，左侧观（马）

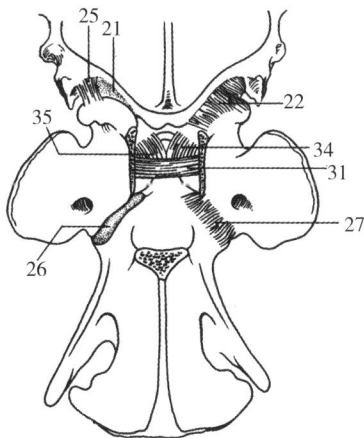

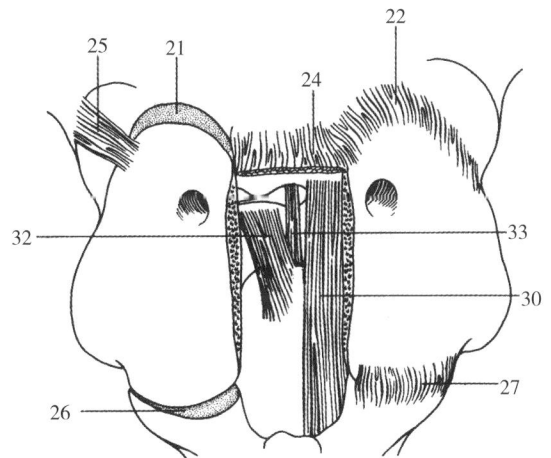

F 寰椎和枢椎的骨连结，寰椎背侧弓已切除，
背侧观（犬）

G 寰椎和枢椎的骨连结，寰椎背侧弓
已切除，背侧观（牛）

1 **肋椎关节** Articulationes costovertebrales. 胸椎和肋之间的关节。 AB

2 **肋头关节** Articulatio capitis costae. 肋头与相邻两椎骨的椎体及椎间盘的连结。 AB

3 **关节囊** Capsula articularis. B

4 **肋头辐状韧带** Lig. capitis costae radiatum. 从一个肋头辐散向两个相邻的椎体。 AB

5 **肋头关节内韧带** Lig. capitis costae intraarticulare. 从肋头嵴到两个相邻椎体背侧面以及椎间盘。 A

6 **肋头间韧带** Lig. intercapitale. 肋头关节内韧带的一部分，连接同一节段的两侧肋头。 A

7 **肋横突关节** Articulatio costotransversaria. 某肋的肋结节与此肋后方的胸椎横突形成的关节。 AB

8 **关节囊** Capsula articularis. AB

9 **肋横突韧带** Lig. costotransversarium. 位于肋颈和肋后面胸椎横突之间。 A

10 **腰肋韧带** Lig. lumbocostale. 位于最后肋与第1腰椎横突之间，不同动物、不同个体有不同厚度。 81页D

11 **胸肋关节** Articulationes sternocostales. 肋软骨和胸骨之间的关节。 CE

12 **关节囊** Capsula articularis. CE

13 **胸肋辐状韧带** Ligg. sternocostalia radiata. 从肋软骨辐散向胸骨，特别是其腹侧面。 C

14 **胸骨韧带** Lig. sterni. 牛和马胸骨背侧面的纤维束。 C

15 **胸骨膜** Membrana sterni. 猪和反刍动物胸骨腹侧面的韧带组织。 D

16 **肋剑突韧带** Ligg. costoxiphoidea. 为从最后真肋（马为第1假肋）到剑状突的纤维。 E

17 **肋间外膜** Membrana intercostalis externa. 肋间外肌在肋间隙腹侧端的延续部分，只在牛和马比较发达。 E

18 **肋间内膜** Membrana intercostalis interna. 肋间内肌在肋间隙腹侧端的延续部分，仅在牛和马较发达，特别是牛。 E

19 **胸骨软骨结合** Synchondroses sternales. 胸骨各部间的透明软骨连结。 E

20 **柄胸软骨结合** Synchondrosis manubriosternalis. 幼龄期家畜胸骨柄和胸骨体之间的软骨连结；在成年仅见于肉食动物、马，有时见于山羊。 E

21 **胸骨节间软骨结合** Synchondroses intersternebrales. 胸骨节间的软骨连结，在猪和反刍动物骨化。 DE

22 **剑胸软骨结合** Synchondrosis xiphosternalis. 胸骨体和剑状突之间的软骨连结，在反刍动物和猪骨化。 E

23 **柄胸滑膜关节** Articulatio synovialis manubriosternalis. 在成年猪、牛、绵羊，有时见于山羊，胸骨柄和胸骨体之间的滑膜连结。 D

24 **关节囊** Capsula articularis. D

25 **胸肋关节内韧带** Lig. sternocostale intraarticulare. 见于猪、牛、绵羊，偶尔在山羊的左、右侧第2肋和胸骨之间，位于关节腔内。 D

26 **肋软骨连结*** Articulationes costochondrales. 位于肋的骨质部和软骨部之间的直接连结。 CD

27 **肋软骨内关节** Articulationes intrachondrales. 滑膜连结，位于猪的第2~5肋软骨内以及反刍动物的第2~10肋软骨内，偶尔出现于老龄犬。 D

A 肋椎连结，前背外侧观（马）

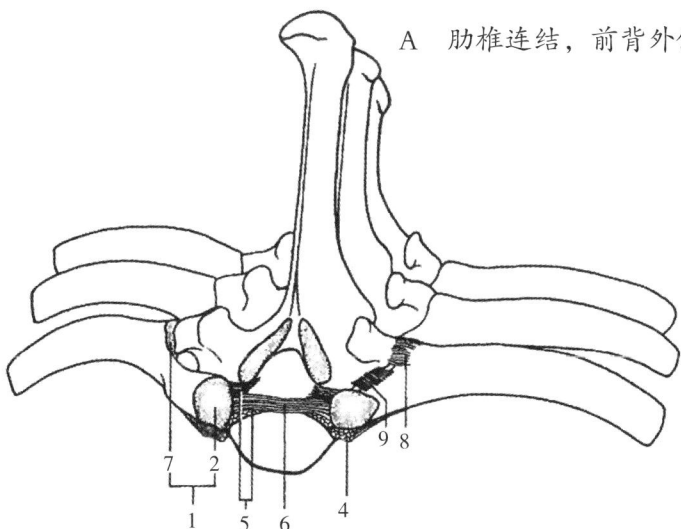

7 2
1 5 6 4 9 8

B 肋椎连结，腹侧观（马）

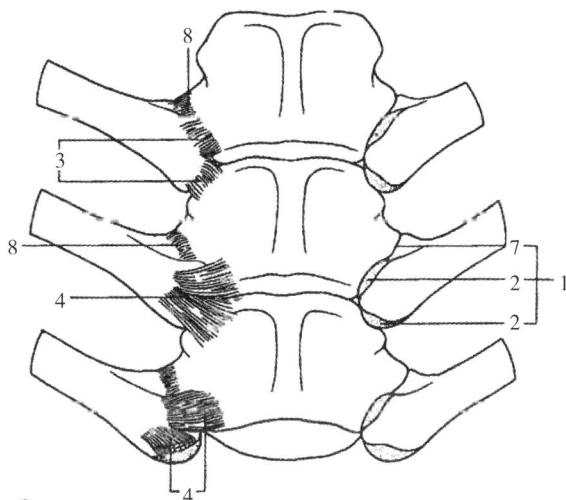

8
3
8
4
7
2 1
2
4

C 胸肋连结，背侧观（马）

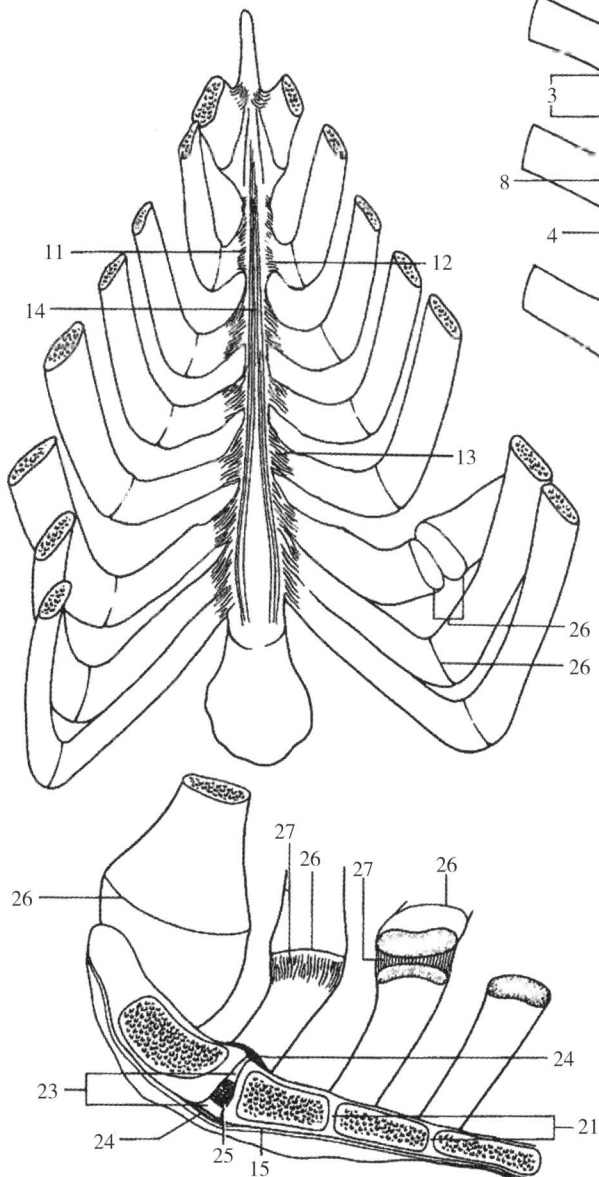

11 12
14
13
26
26

27 26 27 26
26
24
23
24 21
25 15

E 胸骨和肋软骨的骨连结

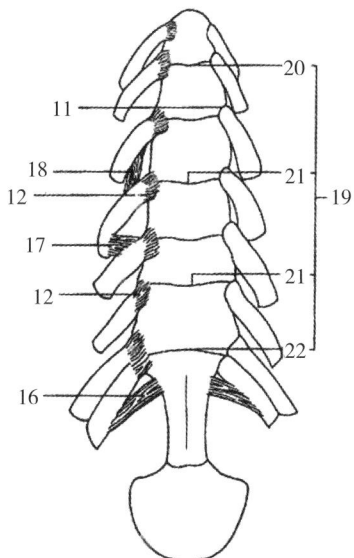

11 20
18 21
12 19
17 21
12 22
16

1 **前肢［胸肢］的骨连结** ARTICULATIONES MEMBRI THORACICI.

2 **肩关节*** Articulatio humeri. 位于肩胛骨和肱骨之间。 AB

3 关节囊 Capsula articularis. 包绕整个关节。 A

4 盂缘［唇］ Labrum glenoidale. 纤维软骨性的轮缘，以扩大和加深关节盂。 AB

5 喙肱韧带 Lig. coracohumerale. 有蹄类肩关节囊在盂上结节与大、小结节间的增厚部分。 A

6 盂肱韧带 Ligg. glenohumeralia. 犬和马肩关节囊内侧壁和外侧壁内表面的增厚部分（马的为前侧壁）。 A

7 **肘关节*** Articulatio cubiti. 位于肱骨、桡骨和尺骨之间。 CDE

8 肱尺关节 Articulatio humeroulnaris. 位于肱骨和尺骨之间。 CDE

9 肱桡关节 Articulatio humeroradialis. 位于肱骨和桡骨之间。 CDE

10 关节囊 Capsula articularis. 其纤维层仅存在于前侧（关节角侧）。CE（在犬，前侧的纤维层受到一个韧带的加强，该韧带被非正式地称为斜韧带。）

11 肘内侧副韧带* Lig. collaterale cubiti mediale. 从内侧上髁到桡骨，在肉食动物和猪还到尺骨[1]。 E

12 肘外侧副韧带* Lig. collaterale cubiti laterale. 从外侧上髁到桡骨，在肉食动物、猪和反刍动物还到尺骨[1]。 E

13 鹰嘴韧带 Lig. olecrani. 在肉食动物，从鹰嘴窝内缘到鹰嘴的弹性韧带。 DE

14 **桡尺近关节** Articulatio radioulnaris proximalis. 位于桡骨近端的关节周缘与尺骨的桡切迹之间。 CE

15 桡骨环状韧带 Lig. anulare radii. 肉食动物的包绕桡骨头的韧带。抵止于尺骨的桡切迹边缘。CE

16 前臂骨间膜 Membrana interossea antebrachii. 仅存在于肉食动物的连接桡骨和尺骨的膜，在有蹄类为逐步骨化的组织。 CDE

17 前臂骨间韧带 Lig. interosseum antebrachii. 在肉食动物，为前臂骨间隙近侧半连接桡骨和尺骨的韧带，位于前臂骨间膜的外侧。 E

18 **桡尺远关节** Articulatio radioulnaris distalis. 肉食动物和猪桡骨的尺切迹与尺骨的关节周缘间的关节。 FG

19 关节囊 Capsula articularis. F

20 桡尺韧带 Lig. radioulnare. 肉食动物桡骨和尺骨远端前侧的纤维。 F

21 **前足关节** Articulationes manus. 该名词涵盖所有前足关节。

22 **腕关节** Articulatio carpi. 包含腕骨与前臂骨、腕骨与腕骨、腕骨与掌骨间的关节。 FG（背侧和掌侧关节囊理应在第5版N.A.V.中出现，但未列出。）

23 腕外侧副韧带 Lig. collaterale carpi laterale. 在肉食动物由尺骨茎突延伸向尺腕骨，在有蹄类还延伸向第4腕骨和掌骨，分为深浅不同的束。 FG

25 前臂腕关节 Articulatio antebrachiocarpea. 桡骨、尺骨的远端部与近列腕骨之间的关节。 F

26 桡腕关节 Articulatio radiocarpea. 位于桡骨和近列腕骨之间。 FG

27 尺腕关节 Articulatio ulnocarpea. 位于尺骨和近列腕骨之间。 F

28 关节囊 Capsula articularis. G

29 桡腕背侧韧带 Lig. radiocarpeum dorsale. 为从桡骨到尺腕骨的背侧纤维（猪的还到中间腕骨），马缺如。 F

30 桡腕掌侧韧带 Lig. radiocarpeum palmare. 为从桡骨到桡腕骨（马）、中间腕骨（肉食动物）、尺腕骨（猪、反刍动物）的掌侧纤维。 G

31 尺腕掌侧韧带 Lig. ulnocarpeum palmare. 从尺骨茎突到桡腕骨、中间腕骨以及牛的尺腕骨。 G

32 腕间关节 Articulationes intercarpeae. 一列腕骨内各腕骨之间的关节。 FG

33 腕骨间背侧韧带 Ligg. intercarpea dorsalia. 腕骨间的背侧韧带。 G

34 腕骨间掌侧韧带 Ligg. intercarpea palmare. 腕骨间的掌侧韧带。 G

35 腕骨间骨间韧带 Ligg. intercarpea palmare interossea. 一列腕骨内各腕骨之间的骨间纤维。 FG

36 腕中关节 Articulatio mediocarpea. 近列腕骨和远列腕骨之间的关节。 FG

37 关节囊 Capsula articularis. F（此关节囊为腕关节总的背侧囊和腹侧囊的一部分，大部分动物都没有单独的对每一关节的纤维层。）

38 腕辐状韧带 Lig. carpi radiatum. 为从第3腕骨发散开的掌侧纤维。 FG

1）：在马，这些韧带是由扭曲的纤维构成的，在肌肉启动伸或屈的运动时，这些韧带都能产生弹簧样的推动作用，是肌肉的节能装置（Ghetie 和 Riga，1944/1945）。

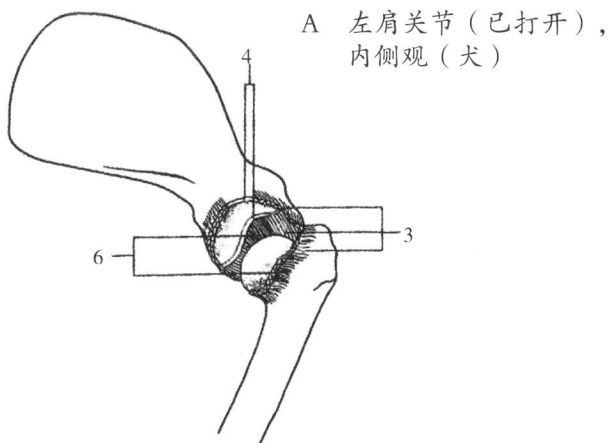

A　左肩关节（已打开），
　　内侧观（犬）

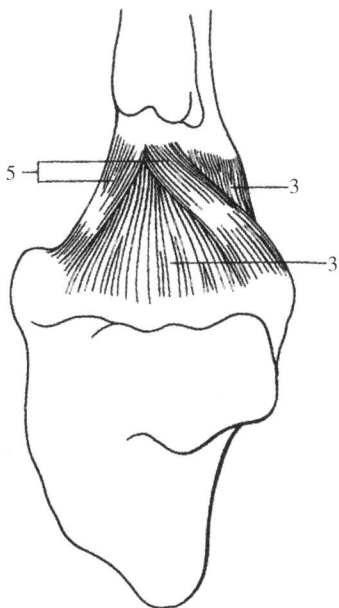

B　右肩关节，前面观（马）

C　左肘关节，矢状切面，
　　外侧观（犬）

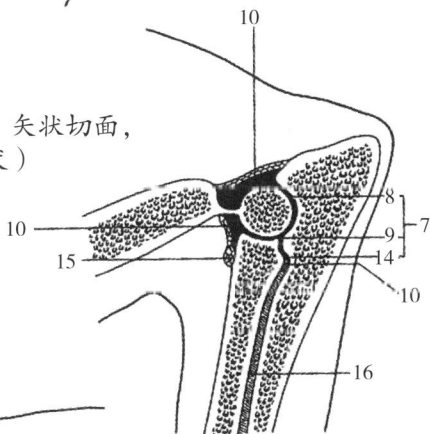

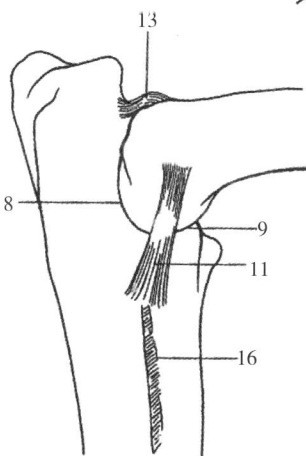

D　左肘关节，内
　　侧观（犬）

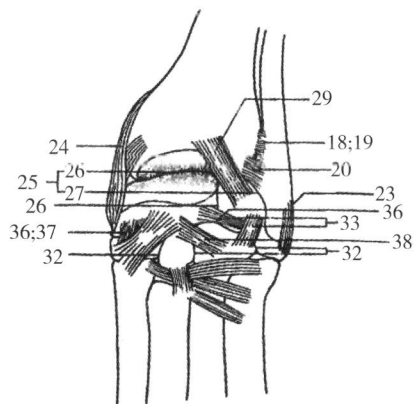

F　左腕关节，背侧观（犬）

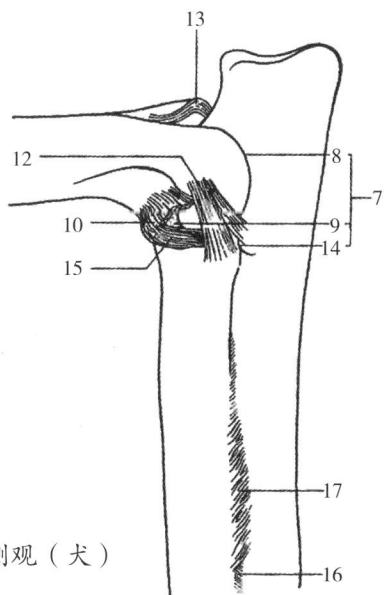

E　左肘关节，外侧观（犬）

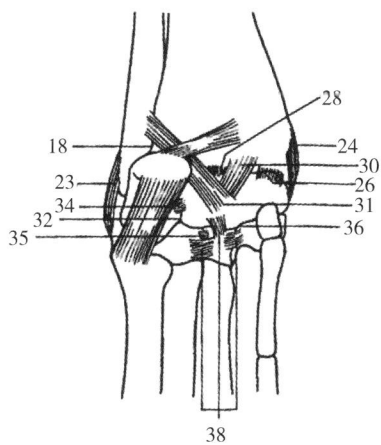

G　左腕关节，掌侧观（犬）

1　副腕骨［豆状骨］关节　Articulatio ossis carpi accessorii [ossis pisiformis]．　副腕骨和尺腕骨之间的关节，在肉食动物还与尺骨，在马还与桡骨成关节。　AB

2　关节囊　Capsula articularis．　为副腕骨在一侧，另一侧为尺腕骨和尺骨头或尺骨茎突［外侧茎突］之间的关节囊，视动物种类而定。　A

3　副腕骨尺骨［豆尺］韧带[1]　Lig. accessorioulnare [pisoulnare]．　从副腕骨到尺骨（马为桡骨）。　A

4　副腕骨尺腕骨［豆三角］韧带[1]　Lig. accessoriocarpoulnare [pisotriquetrum]．　从副腕骨到尺腕骨。　A

5　副腕骨第4腕骨［豆钩］韧带[1]　Lig. accessorioquartale [pisohamatum]．　从副腕骨到第4腕骨。　A

6　副腕骨掌骨［豆掌］韧带[1]　Lig. accessoriometacarpeum [pisometacarpeum]．　从副腕骨到掌骨。AB（在牛和马，它是临床上最重要的韧带，作为神经阻滞麻醉的标志。）

7　腕管　Canalis carpi．　位于近列腕骨和屈肌支持带之间的管道。　B（在反刍动物和马，腕管含有一深部［固有腕管或深腕管］和一浅部［浅腕管］。在反刍动物，指深屈肌腱和指浅屈肌的深腱共同滑过固有腕管，而指浅屈肌的浅腱和腕桡侧屈肌腱则通过浅腕管。在马则是指深屈肌腱和指浅屈肌腱共同通过固有腕管，只有腕桡侧屈肌腱通过浅腕管。）

8　腕掌关节　Articulationes carpometacarpeae．　远列腕骨和掌骨近端之间的关节。　AB

9　关节囊　Capsula articulares．　AB（在大部分种类，对于每个关节都没有单独的关节囊纤维层，它们是腕关节总的背囊和腹囊的一部分。）

10　腕掌背侧韧带　Ligg. carpometacarpea dorsalia．　为腕骨和掌骨间的背侧纤维。　A

11　腕掌掌侧韧带　Ligg. carpometacarpea palmaria．　为腕骨和掌骨间的掌侧纤维。　B

12　**掌骨间关节**　Articulationes intermetacarpeae．　掌骨之间的关节。　AB

13　关节囊　Capsulae articulares．　AB

14　掌背侧韧带　Ligg. metacarpea dorsalia．　为掌骨底之间的背侧纤维。　A

15　掌心韧带　Ligg. metacarpea palmaria．　为掌骨底之间的掌侧纤维。　B

16　掌骨间韧带　Ligg. metacarpea interossea．　为掌骨底之间的骨间纤维。　B

17　掌骨间隙　Spatia interossea metacarpi．　各掌骨之间的空隙。　B

18　**掌指关节**　Articulationes metacarpophalangeae．　掌骨与近指节骨之间的关节。　CDEF（在有蹄类称为球节 fetlock joint。）

19　关节囊　Capsulae articulares．　此关节囊包绕除掌侧以外的关节周围。　CE

20　背侧隐窝　Recessus dorsales．　在每一关节的背侧，为袋底朝向近侧的小袋。　C

21　掌侧隐窝　Recessus palmares．　在每一关节的掌侧，为袋底朝向近侧的小袋。　C

22　侧副韧带　Ligg. collateralia．　每一关节的两条侧副韧带。　DEF

23　掌侧韧带　Ligg. palmaria．　含有横向的纤维，这些纤维抵止于近籽骨，但在有蹄类其范围超出近籽骨，尤其是在近侧，充当一个供指深屈肌腱通过的纤维软骨性支撑面（译者注：也称籽骨间韧带）。这块纤维软骨形成了近纤维软骨板 Scutum proximale（见肌学部分）。　CDEF

24　籽骨侧副韧带　Ligg. sesamoidea collateralia．　每条韧带连接一个籽骨到掌骨或近指节骨。　DEF

25　掌籽骨间韧带　Lig. metacarpointersesamoideum．　马的具有起于第3掌骨的两个起始点的弹性韧带，终止于掌侧韧带。　D

26　指间籽骨间韧带　Lig. intersesamoideum interdigitale．　反刍动物第3和第4指的轴侧籽骨间的韧带。F

27　籽骨直韧带　Lig. sesamoideum rectum．　马的从籽骨到中指节骨的韧带，也称浅韧带或Y韧带。　CD

28　籽骨斜韧带　Lig. sesamoidea obliqua．　马的从籽骨到近指节骨的韧带，在籽骨直韧带的外侧、内侧和深侧，呈V形，也称中韧带或V韧带。　D

29　籽骨短韧带　Lig. sesamoidea brevia．　有蹄类中，为一个籽骨的远缘到近指节骨的短纤维，位于籽骨交叉韧带的两侧。　EF

30　籽骨交叉韧带　Ligg. sesamoidea cruciata．　从籽骨远侧缘到近指节骨，在有蹄类位于籽骨短韧带之间，也称X韧带。　EF

31　指间指节骨籽骨韧带（牛）　Ligg. phalangosesamoidea interdigitalia．　在每一指的近指节骨和另一指的轴侧籽骨间的韧带。　F

32　掌横深韧带　Lig. metacarpeum transversum profundum．　在肉食动物和猪，连接毗邻指的掌环状韧带，这些韧带束缚指屈肌腱。　B

33　指间近韧带　Lig. interdigitale proximale．　偶蹄兽连接第3、4指近指节骨近侧半的短而强厚的韧带。F

---

1 ）：这些韧带应该被称为 "pisi-…"，而不是 "piso-…"，因为这个名词来自 pisiforme，而不是 pisoforme（"i" 对 "o"）。

A 右腕关节，外侧观（马）

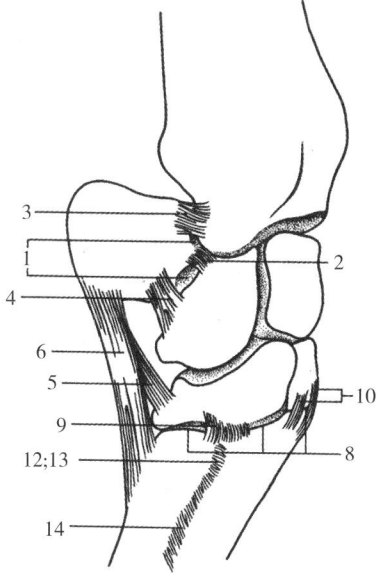

B 左腕关节，掌侧观（犬）

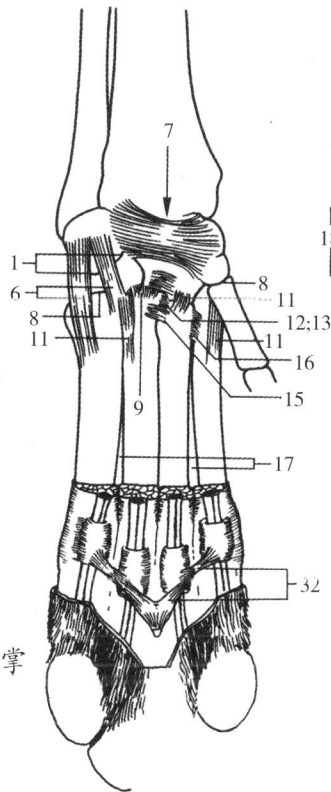

C 掌指关节，矢状切面，右侧观（马）

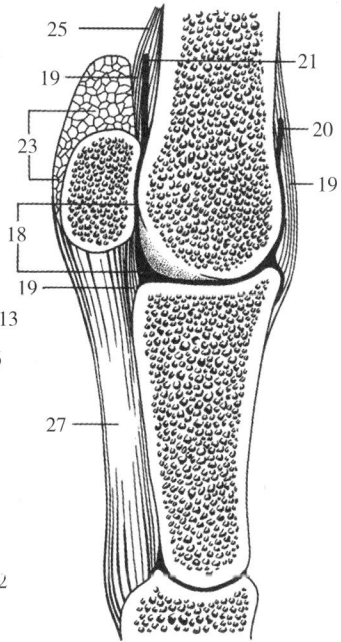

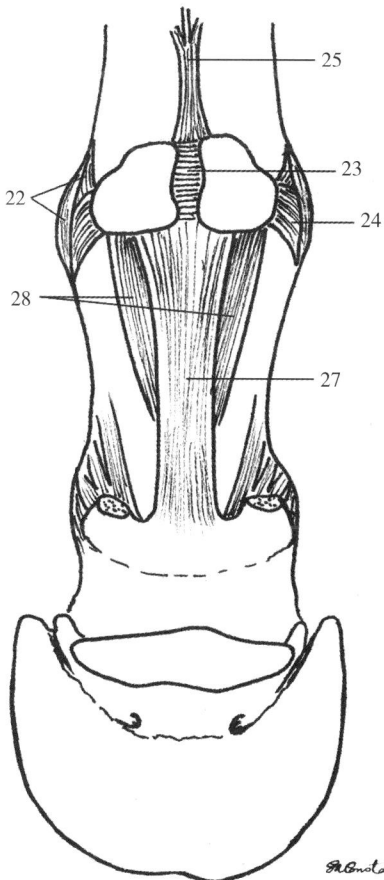

D 掌指关节，掌侧观（马）

E 掌指关节，掌骨已切除，背近侧观（马）

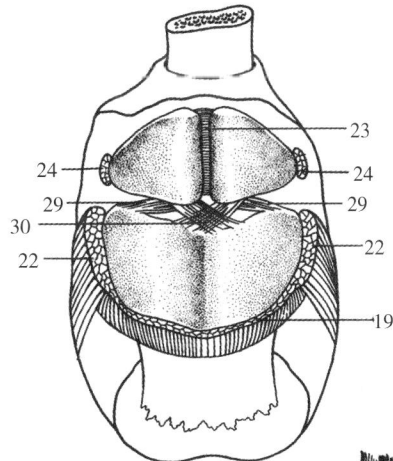

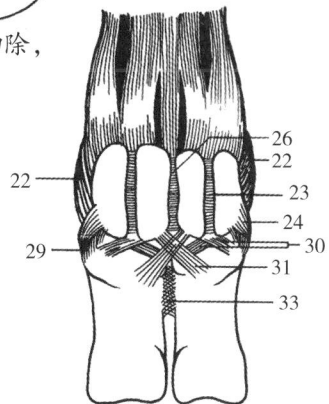

F 掌指关节，掌侧观（牛）

1　**近指节间关节***　Articulationes interphalangeae proximales manus.　近指节骨和中指节骨之间的关节。　ABCDE（在有蹄类也称为骹关节［译者注：即冠关节］pastern joint。）

2　关节囊　Capsula articulares.　仅在背侧具有纤维层。　A

3　背侧隐窝　Recessus dorsales.　每一关节囊伸向近侧的背侧小盲袋。　A

4　掌侧隐窝　Recessus palmares.　每一关节囊伸向近侧的掌侧小盲袋。　A

5　侧副韧带　Ligg. collateralia.　每一关节的两条侧副韧带。　BDE

5a　轴侧共侧副韧带　Lig. collaterale commune axiale.　该韧带见于反刍动物，在轴面上从近指节骨远端和中指节骨远端抵止于远指节骨，在其他侧副韧带的背侧。

6　掌侧韧带　Ligg. palmaria.　从中指节骨的掌近侧缘到近指节骨的掌侧。在反刍动物和猪的第3和第4指各有3条韧带，马有6条韧带抵止于近指节骨。　CDE

7　**远指节间关节**　Articulationes interphalangeae distales manus.　中指节骨与远指节骨之间的关节。ABCDE（在有蹄类称为蹄关节 coffin joint。）

8　关节囊　Capsula articulares.　其纤维层仅存在于背侧。　A

9　背侧隐窝　Recessus dorsales.　每一关节囊向近侧延伸的背侧小盲袋。　A

10　掌侧隐窝　Recessus palmares.　每一关节囊向近侧延伸的掌侧小盲袋。　A

11　侧副韧带　Ligg. collateralia.　每一关节有2条侧副韧带。　BDE

11a　轴侧共侧副韧带　Lig. collaterale commune axiale.　该韧带见于反刍动物，在轴面上从近指节骨远端和中指节骨近端抵止于远指节骨，在其他侧副韧带背侧。

12　背侧韧带　Ligg. dorsalia.　在肉食动物，每一关节有2条从中指节骨到远指节骨的背侧弹性韧带，在猪和反刍动物为1条背轴侧韧带。　D

13　指间远韧带　Ligg. interdigitale distalia.　猪和反刍动物紧在指间隙上方连接各指的韧带，位于中指节骨和远指节骨之间。　D

14　籽骨侧副韧带　Ligg. sesamoidea collateralia.　在反刍动物连接远籽骨到中指节骨；在马连接远籽骨到近指节骨的内缘和外缘。　BCDE

15　远籽骨奇韧带　Lig. sesamoideum distale impar.　在马连接远籽骨与远指节骨。　ACF（在马可以称其为籽骨远韧带［舟骨远韧带］，因为在马没有轴侧和远轴侧韧带。）

16　远籽骨轴侧韧带　Lig. sesamoideum distale axiale.　在反刍动物连接远籽骨与远指节骨。　D

17　远籽骨远轴侧韧带　Lig. sesamoideum distale abaxiale.　在反刍动物连接远籽骨与远指节骨。　D

18　蹄软骨系骨韧带[1]　Ligg. chondrocompedalia.　从蹄软骨到近指节骨的韧带。　EF

19　蹄软骨冠骨韧带[1]　Ligg. chondrocoronalia.　从蹄软骨到中指节骨的韧带。　E

20　蹄软骨籽骨韧带[1]　Ligg. chondrosesamoidea.　从蹄软骨到远籽骨的韧带。　BC

21　蹄软骨蹄骨侧副韧带[1]　Ligg. condroungularia collateralia.　从蹄软骨到同侧远指节骨掌突（内侧或外侧）。　BE

22　蹄软骨蹄骨交叉韧带[1]　Ligg. condroungularia cruciata.　从一侧蹄软骨到另一侧蹄软骨及另一侧远指节骨掌突。　F

1）：这些起自蹄软骨的韧带命名以 "软骨 ＋抵止骨名称（这些名称为该骨的别名，列于方括弧内，见骨学部分）"。

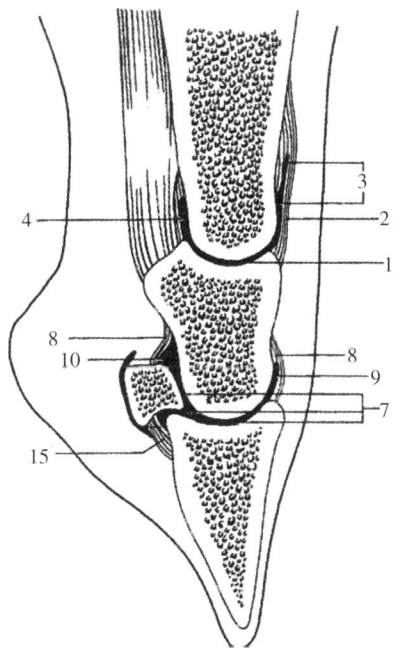

A 指节间关节，矢状切面，右侧观（马）

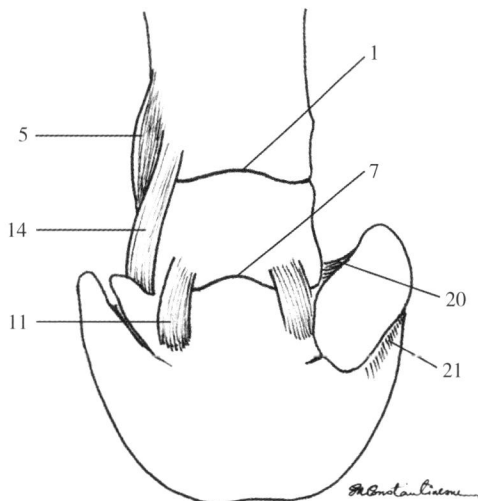

B 右前足指节间关节，背侧观（马）

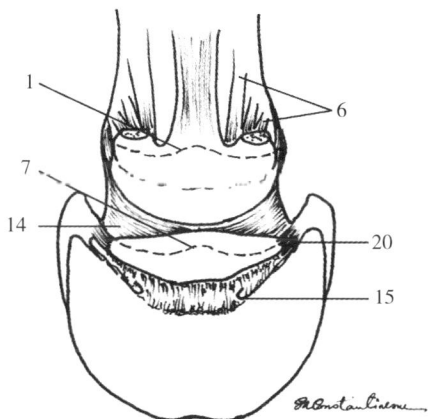

C 右前足指节间关节，掌侧观（马）

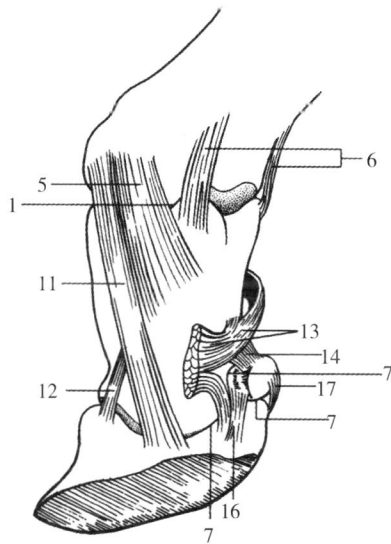

D 右前足指节间关节，掌轴侧观（牛）

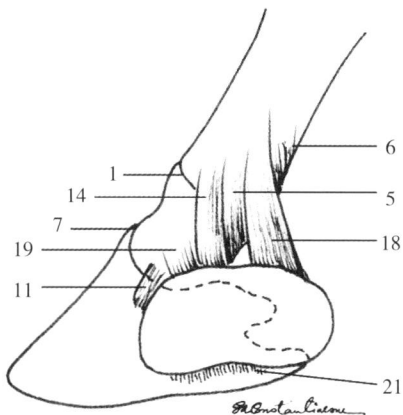

E 左前足外侧蹄软骨韧带，外侧观（马）

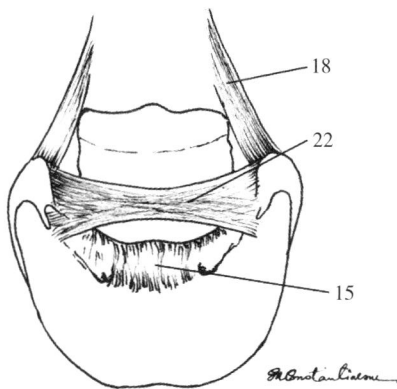

F 右前足外侧蹄软骨韧带，掌内侧观（马）

1 **后肢［盆肢］的骨连结** ARTICULATIONES MEMBRI PELVINI.

2 闭孔膜 Membrana obturatoria. 在马，封闭闭孔。 AE

3 闭膜管 Canalis obturatorius. 除偶蹄兽外，在闭孔前外侧部供闭孔脉管和神经通过的管道。 AE

4 荐结节韧带（犬） Lig. sacrotuberale. 从荐骨和第1尾椎到坐骨结节的强厚韧带。 B

5 荐结节阔韧带［荐坐韧带］ Lig. sacrotuberale latum (Lig. sacroischiadicum). 从荐骨（有蹄类）和第1尾椎（猪、马）到坐骨棘和坐骨结节。 AC

6 坐骨大孔 Foramen ischiadicum majus. 在有蹄类，位于坐骨大切迹、荐骨以及荐结节阔韧带之间。 AC

7 坐骨小孔 Foramen ischiadicum minus. 位于坐骨小切迹和荐结节韧带（在有蹄类为荐结节阔韧带）之间。 BC

8 **荐髂关节** Articulatio sacroiliaca. 位于荐骨和髂骨之间。 AB

9 荐髂腹侧韧带 Ligg. sacroiliaca ventralia. 从荐骨翼到髂骨的腹侧纤维板。 A

10 荐髂骨间韧带 Ligg. sacroiliaca interossea. 从荐骨粗隆到髂骨粗隆。 A

11 荐髂背侧韧带 Ligg. sacroiliaca dorsalia. 位于荐骨与髂骨之间的浅背侧的纤维结构。 BC

12 **骨盆联合** Symphysis pelvina. 将在早期（马）或后期逐步骨化。 ABE

13 耻骨联合 Symphysis pubica. ABE

14 坐骨联合 Symphysis ischiadica. 有时不发生骨化。

15 （耻前韧带） (Lig. pubicum craniale). 连接左、右侧耻骨梳的横向纤维，仅偶尔出现于犬，也称耻前韧带（prepubic ligament）。

16 坐骨弓韧带 Lig. arcuatum ischiadicum. 坐骨弓处的横向纤维。 AE

17 髋骨间纤维软骨板 Lamina fibrocartilaginea intercoxalis. 左、右侧髋骨间正中矢状的纤维软骨结构。 ABE

18 **髋关节** * Articulatio coxae. 位于髋骨与股骨之间。 BDE

19 关节囊 Capsula articularis. BDE

20 轮匝带 Zona orbicularis. 髋关节囊背侧部的加强，平行于髋臼缘，在犬特别明显。 B

21 髂股韧带 Lig. iliofemorale. 关节囊前部的加强。 D

22 坐股韧带 Lig. ischiofemorale. 肉食动物，特别是猫和猪，关节囊后部的加强。 B

23 耻股韧带 Lig. pubofemorale. 猪髋关节囊腹侧部的加强。

24 髋臼缘［唇］ Labrum acetabulare. 髋臼的纤维软骨性的边缘，可加深和扩大髋臼。 CE

25 髋臼横韧带 Lig. transversum acetabuli. 跨越髋臼切迹。 CE

26 股骨头韧带 Lig. capitis femoris. 位于髋臼窝和股骨头凹之间，含有血管。 E

27 股骨副韧带（兔、马） Lig. accessorium ossis femoris. 从耻前腱穿过髋臼切迹到股骨头凹。 E

A 骨盆，腹侧观（马）

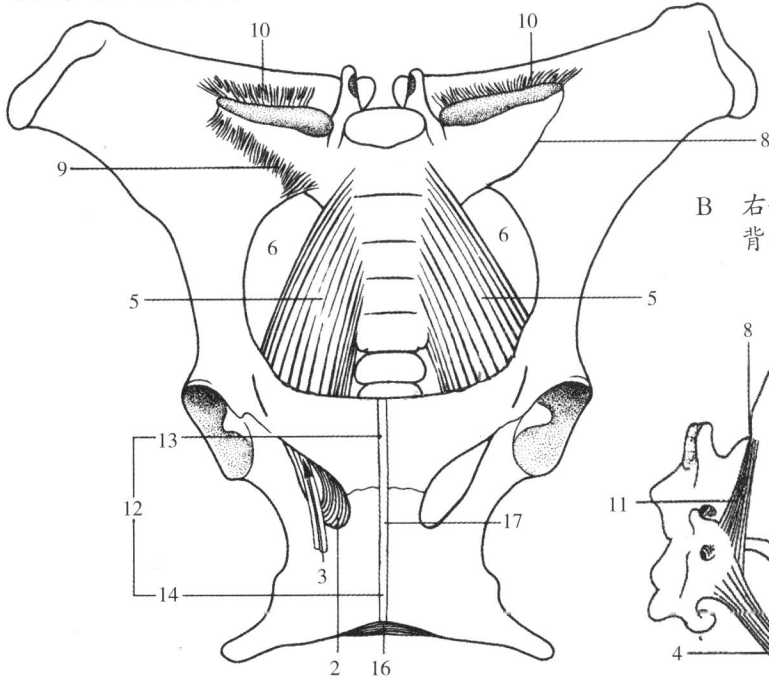

B 右侧髋关节和骨盆局部，
    背外侧观（犬）

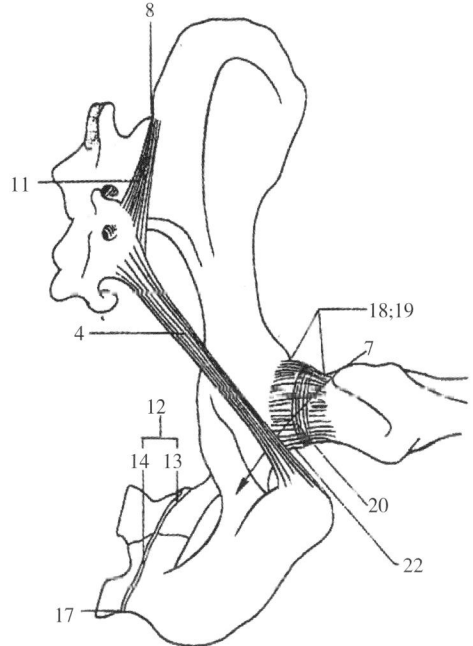

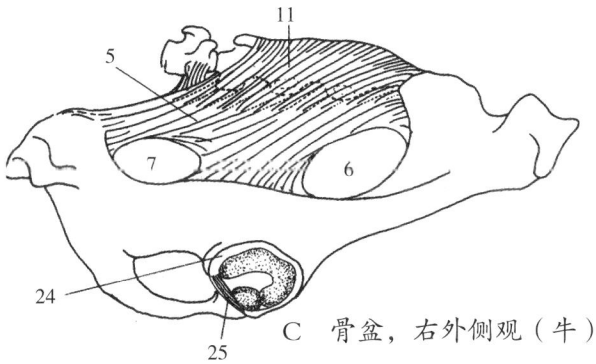

C 骨盆，右外侧观（牛）

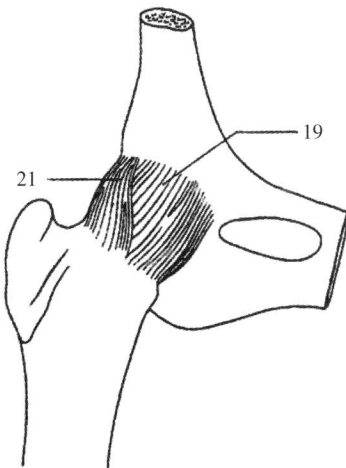

D 右髋关节，前腹侧观（犬）

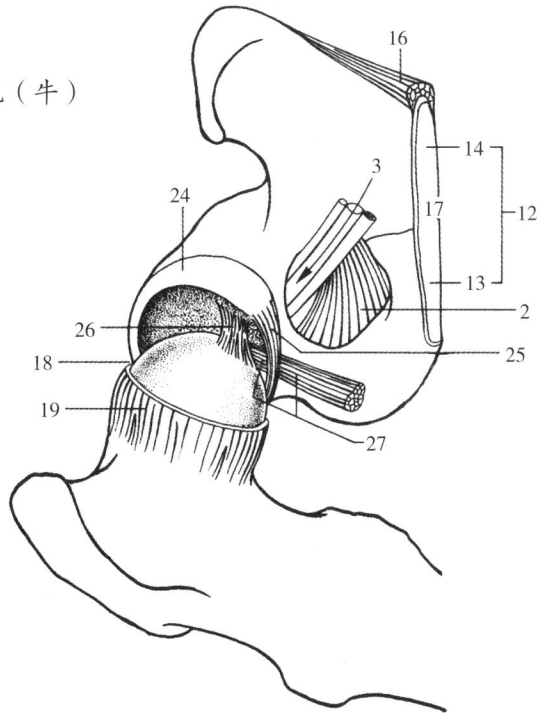

E 左髋关节，已切开，后腹侧观（马）

1 **膝关节**＊ Articulatio genus.

2 股胫关节 Articulatio femorotibialis. ABCD

3 关节囊 Capsula articularis. A

4 外侧半月板 Meniscus lateralis. 半月状的纤维软骨，位于股骨外侧髁和胫骨外侧髁之间。 BCD

5 半月板股骨韧带 Lig. meniscofemorale. 从外侧半月板（后端）到（股骨）内侧髁的内面（译者注：即股骨内侧髁外侧面），在后交叉韧带的后方。 B

6 内侧半月板 Meniscus medialis. 半月状的纤维软骨，位于股骨内侧髁和胫骨内侧髁之间。 BCD

7 膝横韧带 Lig. transversum genus. 从前面连接两半月板，在犬和猪特别明显。 C

7a 半月板胫骨韧带 Lig. meniscotibiale. 从外侧半月板到胫骨外侧髁的后缘。 B（这一韧带原本应该在第5版N.A.V.内被列为5a，因为它是外侧半月板的一条韧带，而不属于膝横韧带或内侧半月板。）（译者注：在第6版N.A.V.，该条与膝横韧带同级。）

8 膝交叉韧带 Ligg. cruciata genus. C

9 前交叉韧带 Lig. cruciatum craniale. 从股骨外侧髁的内面到胫骨的髁间中央区。 C

10 后交叉韧带 Lig. cruciatum caudale. 从股骨内侧髁的内面到胫骨的髁间后区。 BC

11 外侧副韧带 Lig. collaterale laterale. 从股骨的外侧上髁到腓骨头和胫骨。 ABCD

12 内侧副韧带 Lig. collaterale mediale. 从股骨的内侧上髁到胫骨；在犬，与内侧半月板融合。 ABCD

13 腘斜韧带 Lig. popliteum obliquum. 股胫关节囊后壁的加强带，沿近外侧至远内侧方向延伸。 A

14 **股膝关节**＊ articulatio femoropatellaris. ABCD

15 关节囊 Capsula articularis. AC

16 膝盖骨〔髌〕旁纤维软骨 Fibrocartilagines parapatellares. 在犬最为发达。 C

17 膝韧带＊ Lig. patellae. 从膝盖骨〔髌〕头到胫骨粗隆，除牛、马以外（见本页18、21、24条）。 BC

18 膝中间韧带＊ Lig. patellae intermedium. 马和牛的膝中间韧带。 D

19 膝内侧支持带 Retinaculum patellae mediale. 股膝关节囊内侧壁的增厚和强化的部分，抵达膝盖〔髌〕骨。在马和牛还向更远的方向抵达胫骨粗隆。 D

20 股膝内侧韧带 Lig. femoropatellare mediale. 从膝盖骨的内侧缘或马、牛的软骨突到股骨或肉食动物的腓肠肌籽骨。 ABCD

21 膝内侧韧带＊ Lig. patellae mediale. 马和牛的膝内侧韧带。 AD

22 膝外侧支持带 Retinaculum patellae laterale. 股膝关节囊外侧壁的增厚和强化的部分，抵达膝盖〔髌〕骨。在牛和马还向更远的方向抵达胫骨粗隆。 D

23 股膝外侧韧带 Lig. femoropatellare laterale. 从膝盖〔髌〕骨的外侧缘到股骨或肉食动物的腓肠肌籽骨。 D

24 膝外侧韧带＊ Lig. patellae laterale. 马和牛的膝外侧韧带。 D

25 膝下脂体 Corpus adiposum infrapatellare. 位于关节囊的滑膜层和纤维层之间。 A

26 **胫腓近关节** Articulatio tibiofibularis proximalis. 位于腓骨头和胫骨之间的关节，在反刍动物不存在。 ABC

27 关节囊 Capsula articularis. A

28 腓骨头前韧带 Lig. capitis fibulae craniale. 腓骨头连接胫骨的前韧带。 C

29 腓骨头后韧带 Lig. capitis fibulae caudale. 腓骨头连接胫骨的后韧带。 B

30 小腿骨间膜 Membrana interossea cruris. 连接胫骨和腓骨的膜。 ABC

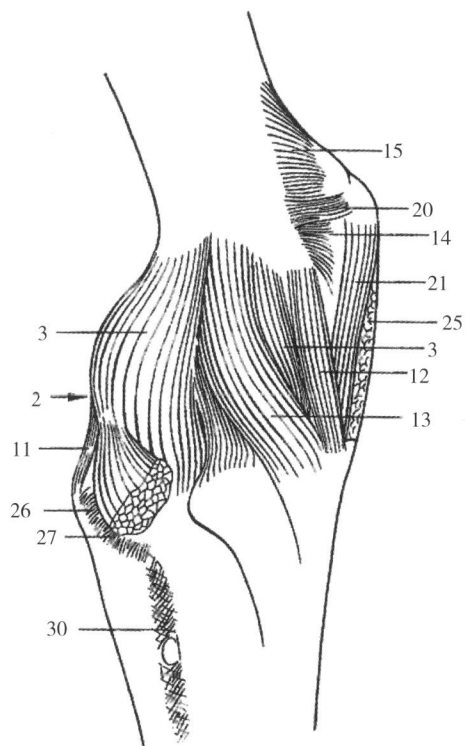

A 左膝关节，后内侧观（马）

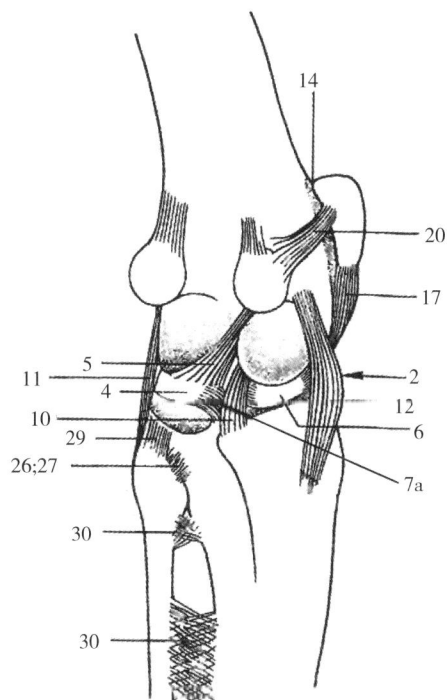

B 左膝关节，关节囊已切除，
后内侧观（犬）

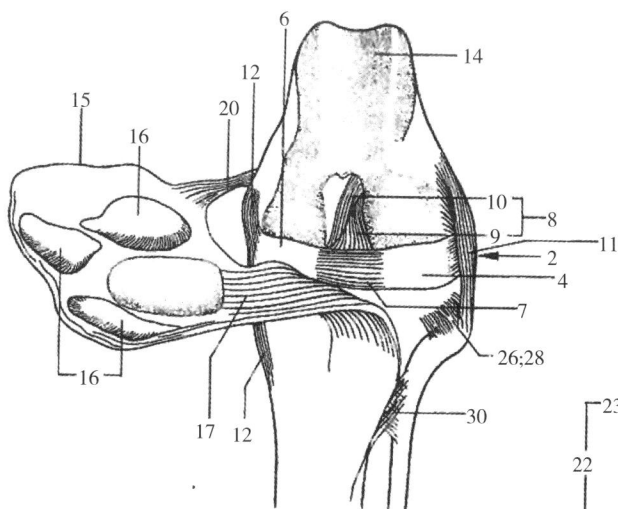

C 左膝关节，已打开，前面观（犬）

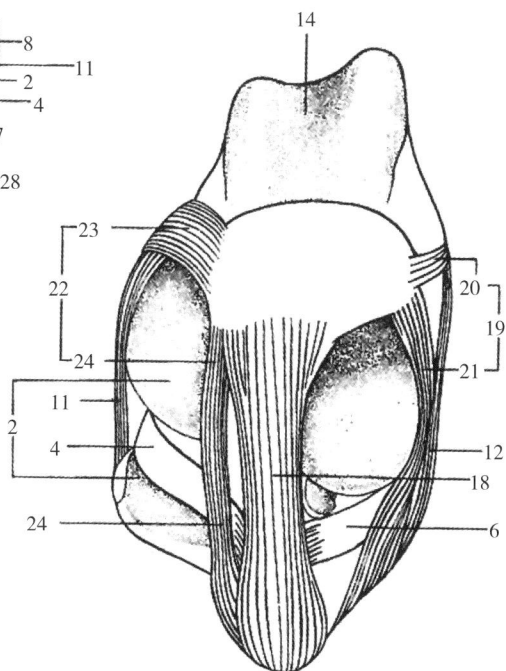

D 右膝关节，已打开，前面观（马）

1　**胫腓远关节**　Articulatio tibiofibularis distalis.　胫骨和腓骨间的远关节，马缺如。　A

2　关节囊　Capsula articularis.　A

3　胫腓前韧带　Lig. tibiofibulare craniale.　胫骨远端和腓骨远端之间前侧的韧带。　AD

4　胫腓后韧带　Lig. tibiofibulare caudale.　胫骨远端和腓骨远端之间后侧的韧带。　B

5　**后足关节**　Articulationes pedis.　是对所有后足关节的总称。跗关节包括小腿骨骼、跗骨及与距骨之间的关节。其近关节被称为小腿跗关节，因为在家畜，除马以外距骨和跟骨均与小腿骨骼成关节。

6　**跗关节***　Articulatio tarsi.　包括小腿骨、跗骨和跖骨之间的关节。　ABCDE（译者注：也称飞节。）

7　**跗内侧副韧带***　Lig. collaterale tarsi mediale.　含有下列几部分。　ABC（在马，该韧带由扭曲的纤维构成，在伸跗肌肉启动的运动中发挥弹簧样的伸跗作用，是一种肌肉的节能装置 [Ghetie 和 Riga，1943]。）

8　跗内侧副长韧带[1]　Lig. collaterale tarsi mediale longum.　从胫骨到远列跗骨和跖骨，在猫仅到中央跗骨。　ABC

9　跗内侧副短韧带　Lig. collaterale tarsi mediale breve.　表示跗内侧副韧带中短韧带的集合名词。　C（在马有其最短最深的部分 [跗内侧副深韧带] [Constantinescu 和 Constantinescu，2004]，也被 Barone 称为副束 [Barone，1999a]。）

10　胫距部　Pars tibiotalaris.　连接胫骨踝与距骨。　C（译者注：胫骨踝Malleolus tibiae、腓骨踝Malleolus fibulae以及胫骨外侧踝Malleolus lateralis tibiae为非正规名词，因其未被第6版N.A.V.收入，但却在兽医解剖学著作中经常出现，从其上、下文以及参考人体解剖学，我们判断胫骨踝即内侧踝，腓骨踝即外侧踝。由于马等动物腓骨远端退化，胫骨远端外侧部也称外侧踝，或称胫骨外侧踝，以下同。）

11　胫跟部　Pars tibiocalcanea.　连接胫骨踝与跟骨。　C

12　胫中央跗骨 [胫舟] 部　Pars tibiocentralis [tibionavicularis].　在猪和反刍动物，连接胫骨踝与中央跗骨的部分。　AB

13　跗外侧副韧带***　Lig. collaterale tarsi laterale.　含有下列部分。　ABDE（在马，该韧带由扭曲的纤维构成，在伸跗肌肉启动的运动中发挥弹簧样的伸跗作用，为一种肌肉的节能装置 [Ghetie 和 Riga，1943]。）

14　跗外侧副长韧带[1]　Lig. collaterale tarsi laterale longum.　从腓骨（在马为胫骨的外侧踝）到第4跗骨和跖骨，在猫仅到跟骨。　ABDE

15　跗外侧副短韧带　Lig. collaterale tarsi laterale breve.　表示跗外侧副韧带中的短而深的部分的集合名词。　BDE

16　距腓部　Pars talofibularis.　在肉食动物，连接腓骨踝与距骨的部分。

17　胫距部　Pars tibiotalaris.　在马，连接胫骨外侧踝与距骨的部分。　E

18　跟腓部　Pars calcaneofibularis.　连接腓骨踝与跟骨的部分。　ABD

19　胫跟部　Pars tibiocalcanea.　在马，连接胫骨外侧踝与跟骨的部分。　E

20　跟跖部　Pars calcaneometatarsea.　在肉食动物和猪，连接跟骨和跖骨的部分，在跗外侧副长韧带的跖侧。　BD

21　**小腿跗关节**　Articulatio tarsocruralis.　跗关节中最近的关节，在胫骨、腓骨（马除外）、距骨和跟骨（马除外）之间。　ABCDE

22　关节囊　Capsula articularis.　CD

23　距腓跖侧韧带　Lig. talofibulare plantare.　从腓骨踝到距骨跖侧面的短韧带，马缺如，猪和反刍动物的强厚。　BD

24　胫距跖侧韧带（兔、猪）Lig. tibiotalare plantare.　从胫骨踝到距骨跖侧面。　C

25　跗骨间关节　Articulationes intertarseae.　位于跗骨之间。

26　**距跟中央跗骨 [距跟舟] 关节**　Articulatio talocalcaneocentralis [talocalcaneonavicularis].　距骨、跟骨与中央跗骨 [舟骨] 之间的关节，在猪和反刍动物还有第4跗骨参与。　ACE

27　**距跟关节**　Articulatio talocalcanea.　距骨和跟骨之间的关节。　ABCE

28　关节囊　Capsula articularis.　C

29　距跟外侧韧带　Lig. talocalcaneum laterale.　从距骨到跟骨的外侧面，猪的加倍强厚。　ADE

30　距跟跖侧韧带　Lig. talocalcaneum plantare.　从跟骨的载距突到距骨跖侧面，马的加倍强厚。　BC

31　**跟第4跗骨 [跟骰] 关节**　Articulatio calcaneoquartalis [calcaneocuboidea].　跟骨与第4跗骨 [骰骨] 之间的关节。　ABDE

32　关节囊　Capsula articularis.　B

1）：这些是飞节侧副韧带中最浅的纤维束。

B　左跗关节，跖侧观（猪）（仿Schreiber）

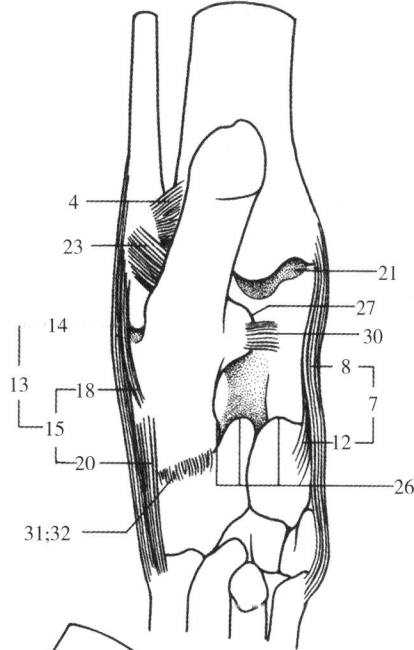

A　左跗关节，背侧观（猪）（仿Schreiber）

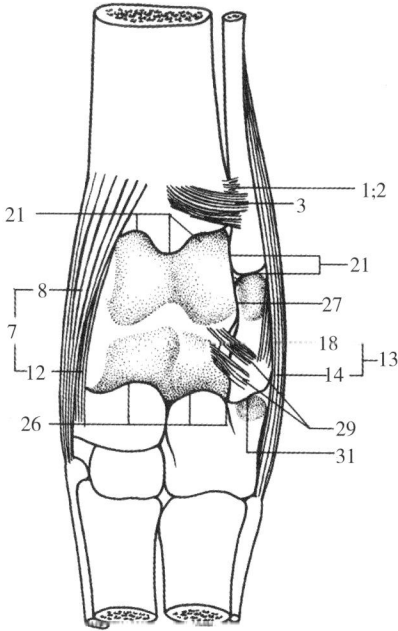

C　左跗关节，内侧观（猪）（仿Schreiber）

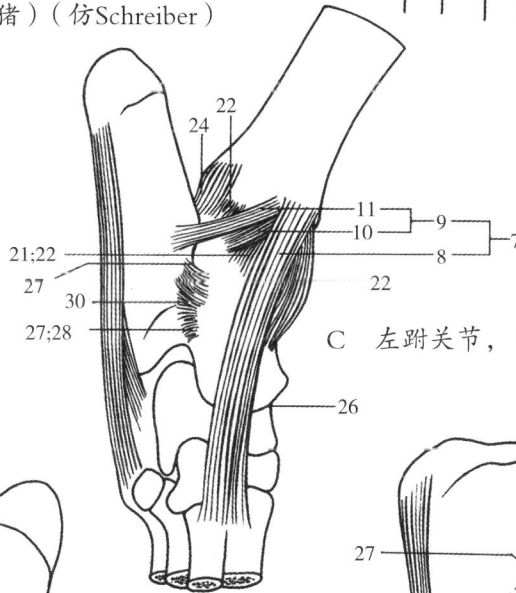

D　左跗关节，外侧观（猪）（仿Schreiber）

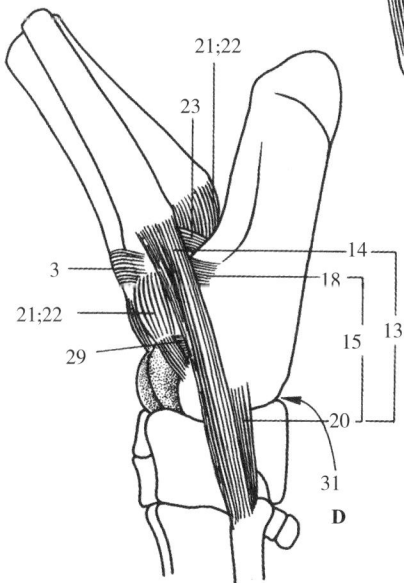

E　右跗关节，外侧观（马）

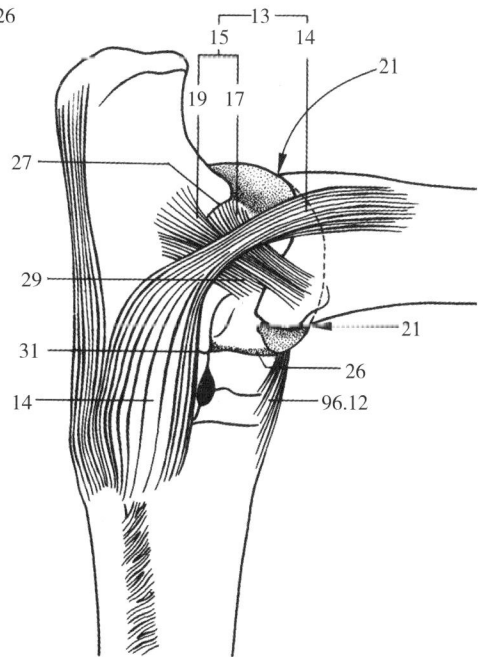

1 **中央远列跗骨［楔舟］关节** Articulatio centrodistalis [cuneonavicularis]. 中央跗骨与远列跗骨之间的关节。 ABCDE

2 **关节囊** capsula articularis. ABCE

3 **跗骨间韧带** Ligg. tarsi interossea.

4 **距跟骨间韧带** Lig. talocalcaneum interosseum. 位于距骨与跟骨之间。该韧带又由3条韧带构成：骨间的、外侧的和跖侧的（牛无跖侧韧带）。 E

5 **距中央跗骨［距舟］骨间韧带（马）** Lig. talocentrale [talonaviculare] interosseum. 位于距骨与中央跗骨之间。 E

6 **中央远列跗骨［楔舟］骨间韧带** Lig. centrodistale [cuneonaviculare] interosseum. 位于中央跗骨和第3跗骨（T3）之间。 E

7 **跟第4跗骨［跟骰］骨间韧带** Lig. calcaneoquartale [calcaneocuboideum] interosseum. 位于跟骨与第4跗骨（T4）之间。 E

8 **中央第4跗骨［骰舟］骨间韧带** Lig. centroquartale [cuboideonaviculare] interosseum. 位于中央跗骨与第4跗骨之间。 E

9 **第4远列跗骨［楔骰］骨间韧带** Lig. quartodistale [cuneocuboideum] interosseum. 位于T3与T4之间。 E

10 **远列跗骨间［楔间］骨间韧带** Ligg. interdistalia [intercuneiformia] interossea. 位于T3与T2，在马为T3与第1、2跗骨间。 E

11 **跗背侧韧带** Ligg. tarsi dorsalia.

12 **距中央远列跗骨跖骨韧带［距舟楔跖］韧带** Lig. talocentrodistometatarseum [talonaviculocuneometatarseum]. 在马为跗跖背侧韧带。从距骨的内侧面（马为一结节）向远背外侧延伸，肉食动物缺如。 AC以及95页E

13 **远列跗骨间［楔间］背侧韧带** Ligg. interdistalia [intercuneiformia] dorsalia. T3与T2（马为第1、2跗骨）间背侧的韧带。 A

14 **第4远列跗骨［楔骰］背侧韧带** Lig. quartodistale [cuneocuboideum] dorsale. T4与T3之间的背侧韧带。 AD

15 **中央第4跗骨［骰舟］背侧韧带** Lig. centroquartale [cuboideonaviculare] dorsale. 中央跗骨与T4之间的背侧韧带。 AD

16 **跟中央跗骨［跟舟］背侧韧带** Lig. calcaneocentrale [calcaneonaviculare] dorsale. 跟骨与中央跗骨之间的背侧韧带。

17 **跟第4跗骨［跟骰］背侧韧带** Lig. calcaneoquartale [calcaneocuboideum] dorsale. 跟骨与T4之间的背侧韧带。 A

18 **中央远列跗骨［楔舟］背侧韧带（肉食动物）** Ligg. centrodistalia [cuneonavicularia] dorsalia. 也见于猪。中央跗骨与T3及T2（马为第1、2跗骨）之间的背侧韧带。 A

19 **跗跖侧韧带** Ligg. tarsi plantaria.

20 **跖侧长韧带*** Lig. plantare longum. 位于跟骨、第4跗骨和跖骨的跖侧面。 BCD

21 **跟第4跗骨［跟骰］跖侧韧带** Lig. calcaneoquartale [calcaneocuboideum] plantare. 跟骨和第4跗骨之间的跖侧韧带。 D

22 **跟中央跗骨［跟舟］跖侧韧带** Lig. calcaneocentrale [calcaneonaviculare] plantare. 跟骨与中央跗骨之间的跖侧韧带。在马为跗跖跖侧韧带。 BC

23 **中央远列跗骨［楔舟］跖侧韧带** Ligg. centrodistalia [cuneonavicularis] planteria. 中央跗骨与T3间的跖侧韧带。 B

24 **中央第4跗骨［骰舟］跖侧韧带** Lig. centroquartale［cuboinaviculare］plantare. 中央跗骨与T4间的跖侧韧带。 B

25 **远列跗骨间［楔间］跖侧韧带** Ligg. interdistalia [intercuneiformia] plantaria. T3与T2（马为第1、2跗骨）的跖侧韧带。 B

26 **第4远列跗骨间［楔骰］跖侧韧带** Lig. quartodistale [cuneocuboideum] plantare. T4与T3间的跖侧韧带。 B

27 **跗跖关节** Articulationes tarsometatarseae. 远列跗骨与跖骨间的关节。 ABE

28 **关节囊** Capsulae articulares. ABE

29 **跗跖背侧韧带** Ligg. tarsometatarseae dorsalia. AD

30 **跗跖跖侧韧带** Ligg. tarsometatarseae plantaria. B

31 跗跖［楔跖］骨间韧带 Ligg. tarsometatarseae［cuneometatarseae］interosseae. 位于第1~4跗骨与距骨之间的跖侧韧带。 E

32 **跖骨间关节** Articulationes intermetatarseae. 各跖骨底之间的关节。 ABE

33 关节囊 Capsulae articulares. AB

34 跖骨间韧带 Ligg. metatarseae interossea. 各跖骨底之间的纤维。 E

35 跖背侧韧带 Ligg. metatarseae dorsalia. 各跖骨底之间背侧的纤维。 A

36 跖跖侧韧带 Ligg. metatarseae plantaria. 各跖骨底之间跖侧的纤维。 B

37 跖骨间隙 Spatia interossea metatarsi. 各跖骨间的间隙。 A

38 **跖趾关节** Articulationes metatarsophalangeae.（参照前肢关节，但下列名词例外：跖侧隐窝、跖侧韧带、跖籽骨间韧带以及跖深横韧带。）

39 **后足趾节间关节** Articulationes interphalangeae pedis.（参照前肢关节，但下列名词例外：跖侧隐窝、跖侧韧带。）

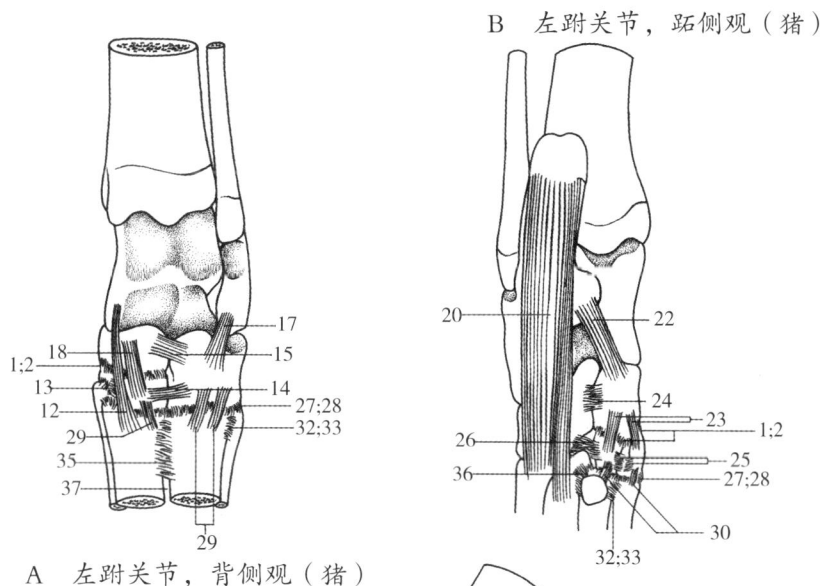

B 左跗关节，跖侧观（猪）

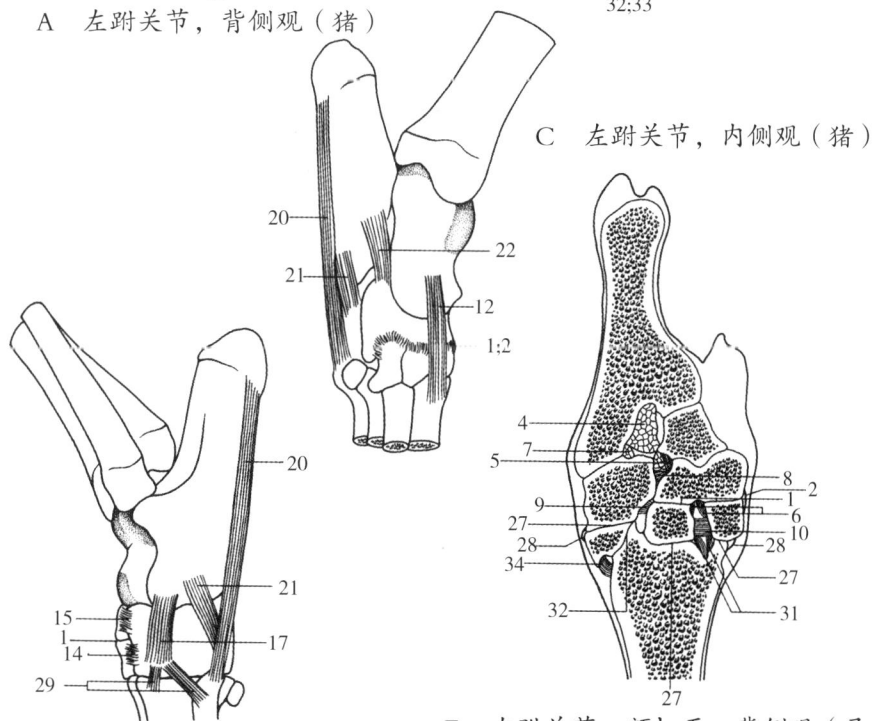

A 左跗关节，背侧观（猪）

C 左跗关节，内侧观（猪）

D 左跗关节，外侧观（猪）

E 右跗关节，额切面，背侧观（马）

1 **皮肌 MUSCULI CUTANEI.** 为分布于身体特殊区域且能运动皮肤的肌肉。这里对皮肌的罗列并不全面，其他的皮肌将在相应的局部列出。

2 躯干皮肌 M. cutaneus trunci. 覆盖肩、臂之后躯干侧部。它形成胁襞（Fold flank［膝褶］），并伴同胸深肌深入臂部内侧。 A

3 肩臂皮肌 M. cutaneus omobrachialis. 猪和马躯干皮肌在肩臂外侧的延续。在牛或许能与躯干皮肌分开。 A

4 包皮前肌 M. preputialis [prae-] cranialis. 在包皮口周围形成环。 C

5 包皮后肌 M. preputialis [prae-] caudalis. 在牛，有时在猪，沿包皮口后方包皮壁内阴茎两侧延伸。 C

6 乳丘上前肌（肉食动物） M. supramammarius cranialis. 与躯干皮肌腹缘一起在乳丘深侧延伸。B

7 乳丘上后肌（肉食动物） M. supramammarius caudalis. 为腹股沟区乳丘深侧或乳丘之间的肌纤维。 B

8 颈浅括约肌 M. sphincter colli superficialis. 在肉食动物的颈腹侧，为胸骨到下颌骨的肌纤维，猪的仅为残存物。 D

9 颈阔肌 Platysma. 在肉食动物和猪，从项区到口角。 D

10 颈皮肌 M. cutaneus colli. 在有蹄类，从颈腹侧斜行越过颈静脉沟。 A

11 面皮肌 M. cutaneus faciei. 在反刍动物和马，为颈皮肌向咬肌区的延续；在猪和肉食动物，为颈阔肌的一部分。 A

12 颈深括约肌 M. sphincter colli profundus. 在肉食动物，位于颈阔肌深侧、耳腹侧的咬肌区和腮腺区。 D

13 **头肌 MUSCULI CAPITIS.** 头部肌。

14 头腹侧直肌 M. rectus capitis ventralis. 从寰椎腹侧弓到枕骨基底部，屈寰枕关节。 E

15 头背侧大直肌 M. rectus capitis dorsalis major. 在寰枢关节及寰椎的背侧，从枢椎棘突到枕鳞，伸寰枕关节。在牛和马分为深、浅两部分。 E

16 头背侧小直肌 M. rectus capitis dorsalis minor. 在前一肌的深侧，起自寰椎的背侧结节，抵止于枕鳞，伸寰枕关节。 E

17 头外侧直肌 M. rectus capitis lateralis. 从寰椎腹侧弓至髁旁突，可向腹侧屈寰枕关节。 E

18 头前斜肌 M. obliquus capitis cranialis. 寰枕关节背侧斜向后内侧的肌纤维，从寰椎前缘至枕鳞，可向侧方伸和屈寰枕关节。 E

19 头后斜肌 M. obliquus capitis caudalis. 从枢椎棘突和后关节突到寰椎翼背侧面的斜向前外侧的肌纤维，位于寰椎和枢椎背侧，具有旋转寰枢关节的作用。 E

20 头夹肌 M. splenius capitis. 颈夹肌向前的延续，肌纤维向前外侧止于枕鳞，起仰头的作用。 F
（在第5版N.A.V.，由于排印或其他错误，该肌被列在颈肌项下，见其第40页。）

21 头长肌 M. longus capitis. 位于颈椎横突腹外侧，从3~6颈椎横突到枕骨基底部的前部，具有屈头颈的作用。 EF

再次提示，凡标有"*"者均为具有体格检查或临床介入意义的结构。

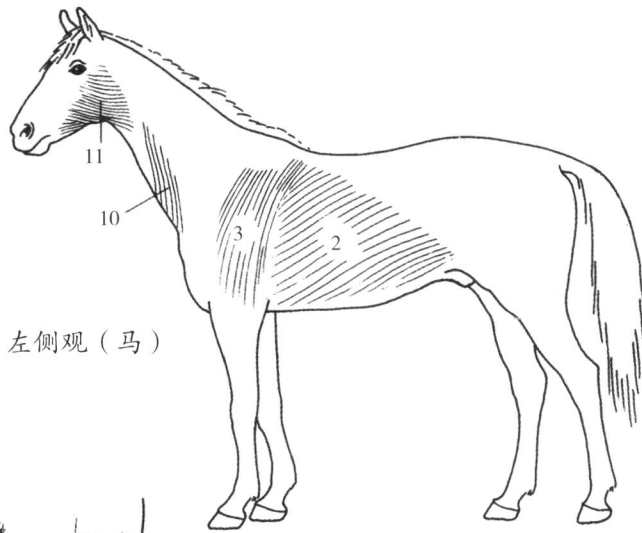

A　皮肌，左侧观（马）

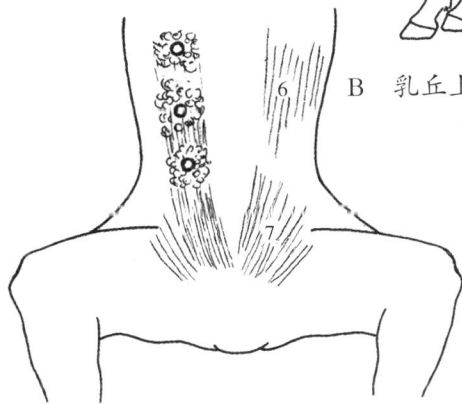

B　乳丘上肌（猫）

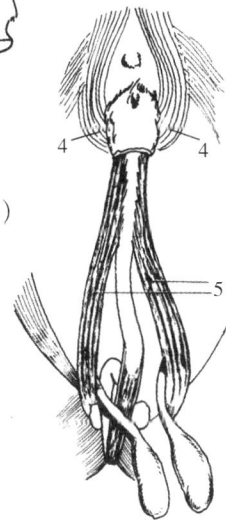

C　包皮肌（牛）

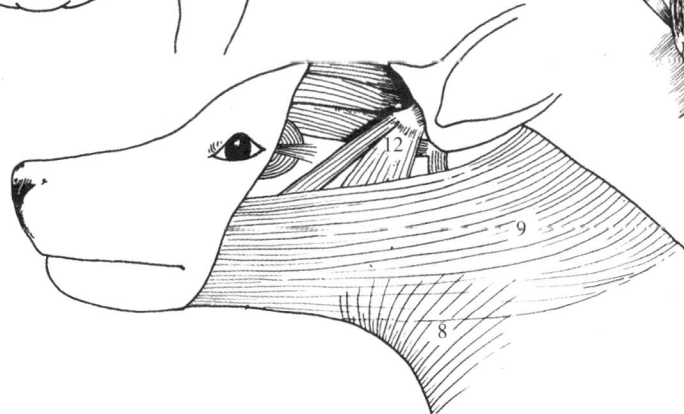

D　左侧颈部和头部的皮肌（犬）

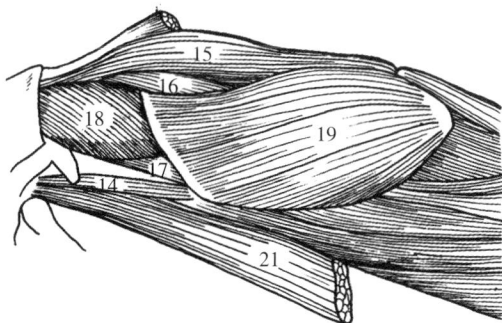

E　左侧头–颈结合部深处的肌肉（马）

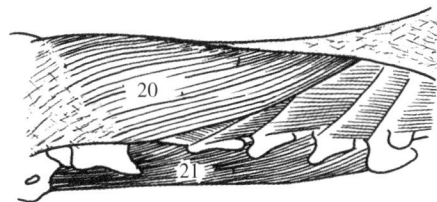

F　左侧夹肌和头长肌（犬）

1　额肌　M. frontalis.　在肉食动物、猪和反刍动物，为覆于额骨及颞肌表面的皮肌。　AC

2　枕肌　M. occipitalis.　在肉食动物，位于枕骨、顶骨和颞肌表面，部分被盾间肌掩盖。　C

3　鼻外侧肌　M. lateralis nasi.　在反刍动物和马，为沿鼻切齿骨切迹（Incisura nasoincisiva）和鼻翼后部背侧和腹侧的小纤维束（马有四部），协助扩张鼻孔。　AD

4　鼻端开大肌　M. dilatator naris apicalis.　在反刍动物和马，为从中线到鼻孔的横向纤维。　D

5　眼轮匝肌　M. orbicularis oculi.　眼睑的括约肌。　AC

6　睑部　Pars palpebralis.　眼睑内的部分。　AC

7　眶部　Pars orbitalis.　侵入眼眶的部分。　AC

8　眼内侧角提肌　M. levator anguli oculi medialis.　从额骨向前外方到上眼睑的内侧部，上提该部。　C

9　眼外侧角缩肌　M. retractor anguli oculi lateralis.　从颞筋膜（肉食动物）到眼外侧角，在牛为额盾肌（M. frontoscutularis）的延续部。　AC

10　颧骨肌　M. malaris.　为从内眼角的区域向下延伸的皮肌纤维。　A

11　耳前肌　Mm. auriculares rostrales.　从耳前的头骨到耳。　AB（即所谓的"关注肌"。）

12　盾耳浅肌　Mm. scutuloauriculare superficiales.　由数块肌肉组成的从盾状软骨到耳甲肌群的浅侧组，可向前转动屏间切迹。　AB

13　盾耳深肌　Mm. scutuloauriculare profundi.　从盾状软骨腹侧面到耳甲隆起的大小数块肌肉，可向后转动屏间切迹。　B

14　额盾肌　M. frontoscutularis.　从前后向延伸的颞线到盾状软骨，可向前拉盾状软骨。　ABC

15　颧盾肌　M. zygomaticoscutularis.　在前一肌的外侧，从额骨的颧突到盾状软骨，可向前拉盾状软骨。　AB

16　颧耳肌　M. zygomaticoauricularis.　从颧弓到耳甲，可向前转动屏间切迹。　AB

17　耳背侧肌　Mm. auriculares dorsales.　从背中线到盾状软骨或耳甲。　B（在摩根马非常发达。）

18　盾间肌　M. interscutularis.　为从背正中线（肉食动物和马）或颞线（猪、反刍动物、马）到盾状软骨的横向肌纤维。　B

19　顶盾肌　M. parietoscutularis.　位于盾间肌和颈盾肌的深面，从顶耳肌分出，抵止于盾状软骨。　B

20　顶耳肌　M. parietoauricularis.　条带状，位于盾间肌及颈盾肌的深侧，从顶骨到耳甲，可竖耳甲。　B

21　耳后肌　Mm. auriculares caudales.　从项部至盾状软骨或耳甲。　B（这组肌肉即"邪恶之肌"。）

22　颈盾肌　M. cervicoscutularis.　位于盾间肌之后，从颞线到盾状软骨后部。　AB

23　颈耳浅肌　M. cervicoauricularis superficialis.　带状，从项嵴或项韧带索状部（反刍动物）到耳甲，有竖耳作用。　AB

24　颈耳中肌　M. cervicoauricularis medius.　在前肌的后侧和深侧，可向外转动屏间切迹。　B

25　颈耳深肌　M. cervicoauricularis profundus.　在前肌深侧，可向外转动屏间切迹。　B

26　耳腹侧肌　Mm. auriculares ventrales.　位于腮腺区，可降耳甲。　A

27　茎突耳肌　M. styloauricularis.　越过软骨性外耳道，从下颌骨或颞骨鼓部到耳甲。　A

28　腮耳肌　M. parotidoauricularis [parotideo-].　越过腮腺，向背侧抵达耳甲。　A

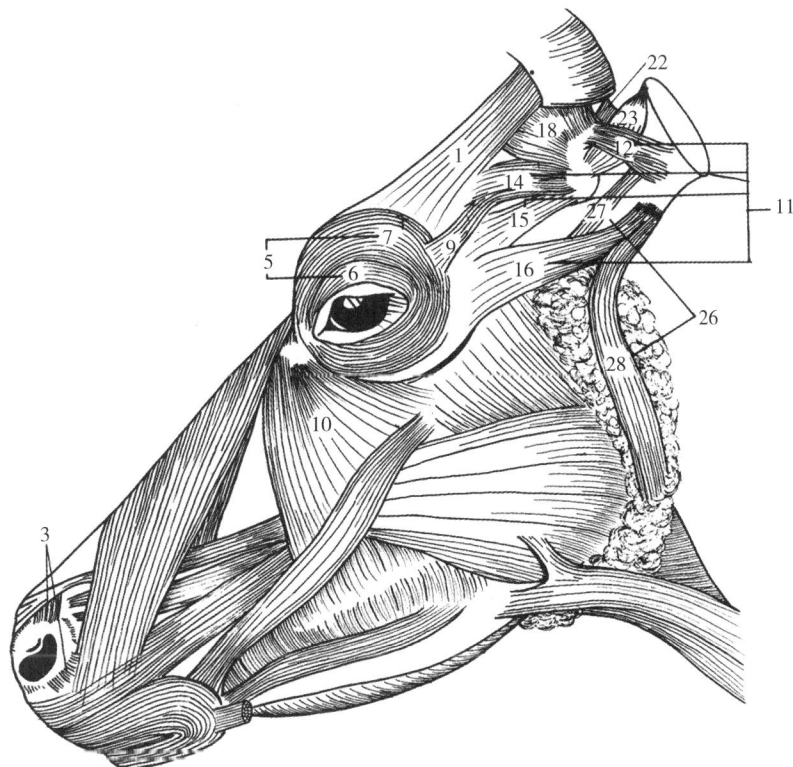

A 头部肌肉，左侧观（牛）

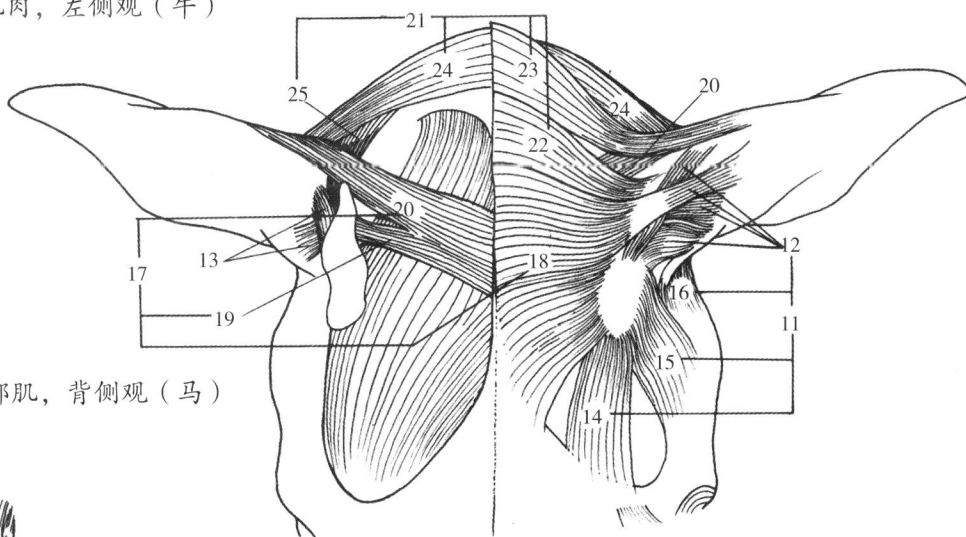

B 耳部肌，背侧观（马）

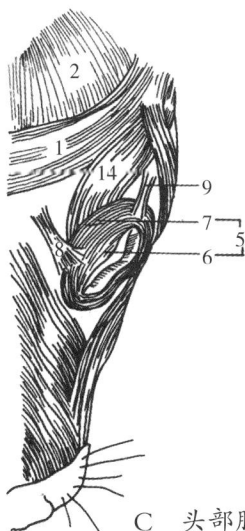

C 头部肌，背侧观（犬）

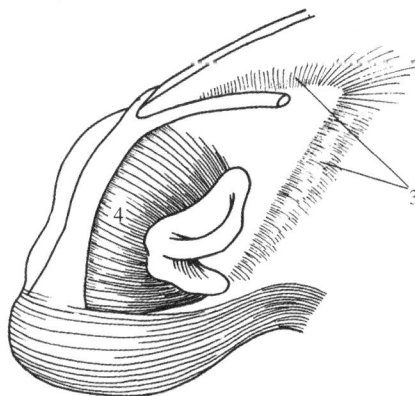

D 鼻肌，左背外侧观（马）

1　上切齿肌[1]　M. incisivus superior.　上唇内辐散状的肌纤维，可提升上唇。　C

2　下切齿肌[1]　M. incisivus inferior.　下唇内辐散状的肌纤维，可下降下唇。　C

3　口轮匝肌　M. orbicularis oris.　口的括约肌。　BC

4　缘部　Pars marginalis.　接近口裂的部分。　BC

5　唇部　Pars labialis.　唇内，主要部分。　BC

6　口角降肌　M. depressor anguli oris.　颈阔肌［面皮肌］中抵止于口角的部分，可下降口角。　ABC

7　颧肌　M. zygomaticus.　带状肌，从面嵴（有蹄类）或盾状软骨（肉食动物）到口角，位于颈阔肌深侧，可后掣口角。　ABC

8　鼻唇提肌　M. levator nasolabialis.　扁平肌，起自眶前方，抵止于上唇和鼻翼，可提举上唇和开张鼻孔。　ABC

9　上唇提肌　M. levator labii superioris.　起于前肌的腹侧，并在其深侧向前延伸。在马，左、右侧腱合并成腱膜抵止于上唇；在其他动物，其腱伸展开来，并可抵止于鼻外侧翼。可提举上唇。　ABC

10　犬齿肌　M. caninus.　在前肌的腹侧，穿过鼻唇提肌或者在其唇部深侧，抵止于上唇（肉食动物）、鼻孔（马）或上唇和鼻孔（猪、反刍动物），可扩张鼻孔和提举上唇。　ABC

11　上唇降肌（猪、反刍动物）　M. depressor labii superior.　与前肌共同起始，但位于前肌腹侧，加入口轮匝肌。　B

12　下唇降肌　M. depressor labii inferior.　沿下颌体延伸，抵止于下唇，肉食动物缺如。　AB

13　颊肌　M. buccinator.　ABC

14　颊部　Pars buccalis.　沿上颌骨和下颌骨的臼齿区附着，肌纤维以锐角相向而行，形成一条相互穿插的缝。　ABC

15　臼齿部　Pars molaris.　在前肌深侧，为向后抵止于下颌支的纵向纤维。　AC

16　颏肌　M. mentalis.　从下颌体的外侧部到下唇，可绷紧下唇。　A

17　咬肌　M. masseter.　咀嚼肌中强大的外侧肌，可提升下颌骨和闭口。　AB

18　浅部　Pars superficialis.　从颧弓到下颌骨的腹后部，肌纤维向腹后方。　AB

19　深部　Pars profunda.　较小的深部，肌纤维更加垂直。　AB

20　颞肌　M. temporalis.　占据整个颞窝并起于颞窝，纤维汇集抵止于下颌骨的冠突，可提升下颌骨和闭口。　A

21　翼外侧肌　M. pterygoideus lateralis.　咀嚼肌中最小的肌肉，从底蝶骨的翼嵴到下颌骨的翼肌窝和关节盘，可向前向外牵拉下颌骨。　D

22　翼内侧肌　M. pterygoideus medialis.　咀嚼肌中强大的内侧肌，从翼骨、底蝶骨、腭骨和翼腭窝起始，到下颌骨的翼肌窝，可提升下颌骨和闭口。　D

23　二腹肌　M. digastricus.　具有两个肌腹的开口肌，从髁旁突到下颌体的臼齿部，腱位于两个肌腹之间。在肉食动物，此中间腱被腱划替代。　D

24　前腹　Venter rostralis.　从中间腱到下颌骨。　D

24a　中间腱（反刍动物、马）　Tendo intermedius.　在前、后腹之间，这个腱在肉食动物表现为原始状态，常称为"腱划"。　D

25　后腹　Venter caudalis.　从髁旁突到中间腱。　AD

　　26　枕下颌部　Pars occipitomandibularis.　见于马和兔，由后腹分出，抵止于下颌支，并不连接中间腱。　AD

1）：吮乳期幼兽此肌发达。

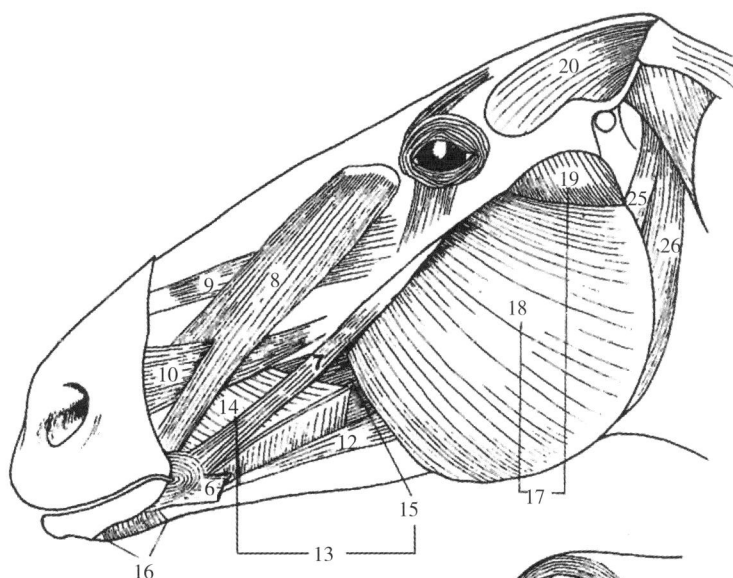

A　头部肌，左侧观（马）

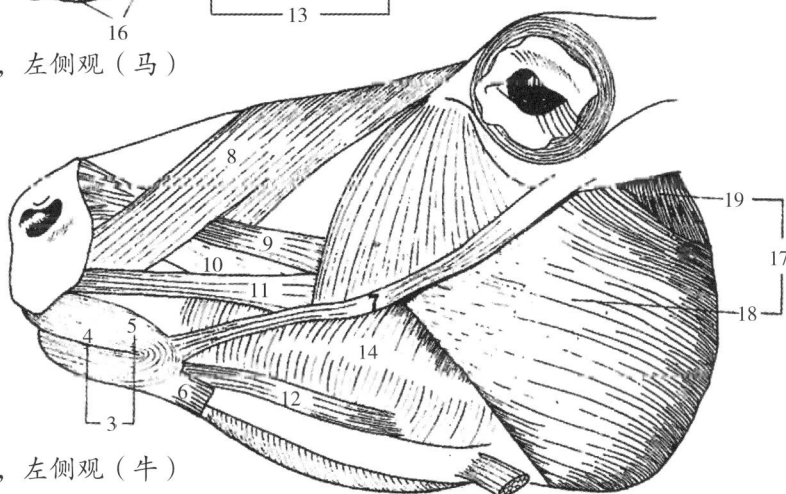

B　头部肌，左侧观（牛）

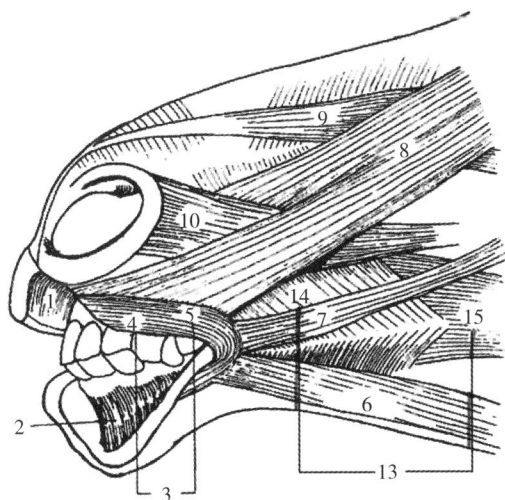

C　头部吻侧肌，左侧观（马）

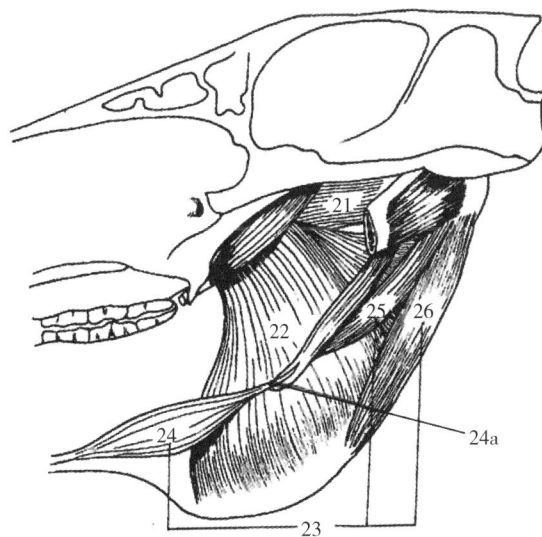

D　右侧内侧的咀嚼肌，内侧观（马）

1 颊咽筋膜[1] Fascia buccopharyngea. 位于颊肌表面，继续越过下颌骨到咽缩肌。 A

2 咬肌筋膜[1] Fascia masseterica. 覆盖咬肌表面。 A

3 腮筋膜[1] Fascia parotidea. 从咬肌筋膜延续而来，覆盖腮腺区。 A

4 颞筋膜 Fascia temporalis. 覆盖颞肌。 A

5 浅层 Lamina superficialis. 由颧弓扩展开，加入腮筋膜。 A

6 深层 Lamina profunda. 向腹侧附着于颧弓。 A

7 **颈肌 MUSCULI COLLI**. 主要位于颈部的以及与舌器相关的肌肉。

8 颈夹肌 M. splenius cervicis. 与头夹肌相延续，肉食动物缺如。起于项韧带和胸腰筋膜，止于颈椎横突。可伸展和侧偏颈部。 E

9 臂头肌 M. brachiocephalicus. 指从锁骨腱划发出的各个部分，可伸肩关节，向腹侧和侧方牵拉头、颈。 BCE

10 锁臂肌［三角肌锁骨部］ M. cleidobrachialis [Pars clavicularis m. deltoidei]. 位于臂部前面。从锁骨腱划到肱骨嵴。在家畜，由于锁骨缩小为一块残基，使得相当于人类三角肌锁骨部的同源器官变为了臂头肌整体的一部分。 BCE

11 锁头肌 M. cleidocephalicus. 位于颈的侧部，从锁骨腱划到头部（在肉食动物还到颈部）。 BC

12 乳突部[2]* Pars mastoidea. 锁头肌的腹侧部，从锁骨腱划到乳突。在牛还抵止于枕骨的肌结节。 BC

13 枕部（猪、反刍动物）[2] Pars occipitalis. 锁头肌的背侧部，抵止于项嵴（猪）、项线和项韧带（反刍动物）。 C

14 颈部（肉食动物）[2] Pars cervicalis. 锁头肌的背侧部，抵止于颈前部的背侧纤维缝。 B

15 锁骨腱划 Intersectio clavicularis. 在锁臂肌和锁头肌之间、肩关节之前，在牛（还有马）很难证明它的存在。猫是有锁骨的。 BC（在马，锁骨腱划将锁臂肌与锁乳突肌及肩胛横突肌隔开——见马特有的锁横突肌。）

15a 肩胛横突肌 M. omotransversarius. 从肩胛冈腹侧部及臂筋膜到前部颈椎横突。在马，与臂头肌有结合，可牵引肩部向前。 CE（在马，它连接锁骨腱划，与锁乳突肌并列，一些解剖学家称其为锁横突肌［Ghetie，1971；Constantinescu 和 Constantinesca，2004］。）

16 胸头肌 M. sternocephalicus. 从胸骨起始，在马止于下颌支，在猪和绵羊止于乳突，在其他动物则兼有两部，可屈头、颈。 BCE

17 下颌部（牛、山羊、马） Pars mandibularis. 抵止于咬肌筋膜，在牛还抵止于下颌体，在马还抵止于下颌角后缘。 C（在马，胸头肌也称胸下颌肌，因为马的胸头肌仅含下颌部。）

18 乳突部（肉食动物、牛、山羊）[3] Pars mastoidea. 胸头肌的深部或腹侧部，抵止于乳突，在牛还抵止于枕骨的肌结节。 BC

19 枕部（肉食动物）[3] Pars occipitalis. 背侧部，抵止于枕骨。 B

20 颈长肌 M. longus colli. 许多位于颈部及前胸部脊柱腹侧的肌束，可屈颈。 D

21 腹侧斜角肌（有蹄类） M. scalenus ventralis. 从C3~6（猪还有C1和C2）横突到第1肋中部。肉食动物缺如。 D

22 中斜角肌 M. scalenus medius. 从C6和C7横突到第1肋的背侧部。 D

23 背斜角肌（肉食动物、猪、反刍动物） M. scalenus dorsalis. 位于中斜角肌、腹斜角肌以及前几支肋的外侧。马缺如，大部分绵羊有，一些山羊有，在个体间有差异。该肌从C4~6（C2、C3）横突到第2~4肋，在肉食动物还到第8或第9肋。所有斜角肌具有吸气和屈颈作用。 D

24 颈腹侧锯肌 M. serratus ventralis cervicis. 锯齿状的大扇形肌的颈部，从颈椎横突起始，到肩胛骨的锯肌面，作用为支持躯干，该肌对应于人的肩胛提肌。 107页F

1）：在犬位于颈阔肌和颈深括约肌深侧。

2）：在临床上，这些肌被称为锁乳突肌、锁枕肌和锁颈肌。

3）：在临床上，这些肌被称为胸乳突肌和胸枕肌。

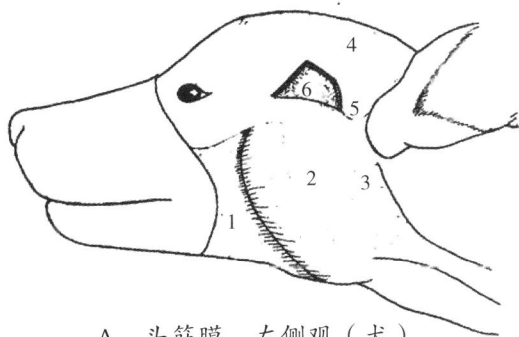

A　头筋膜，左侧观（犬）

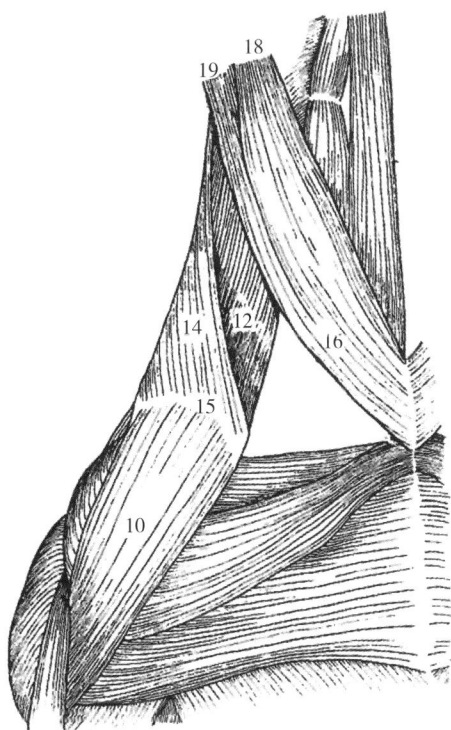

B　右臂头肌和右胸头肌，腹侧观（犬）

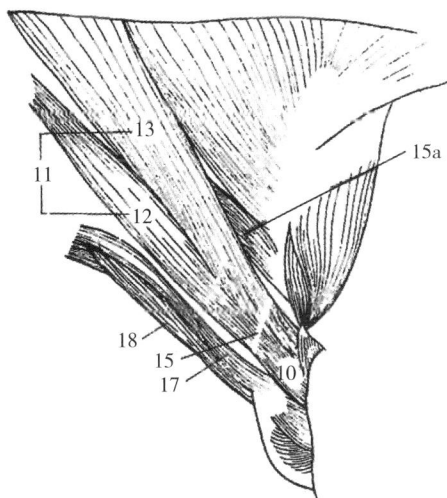

C　臂头肌和胸头肌，左侧观（牛）

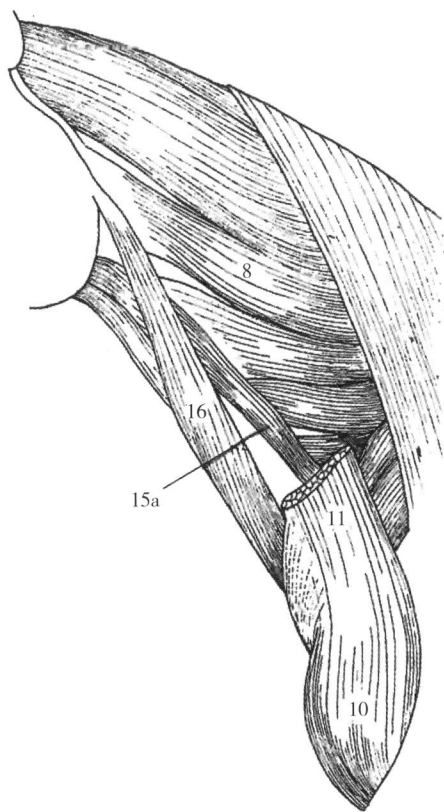

D　颈深部肌，左侧观（牛）

E　颈部肌，左侧观（牛）

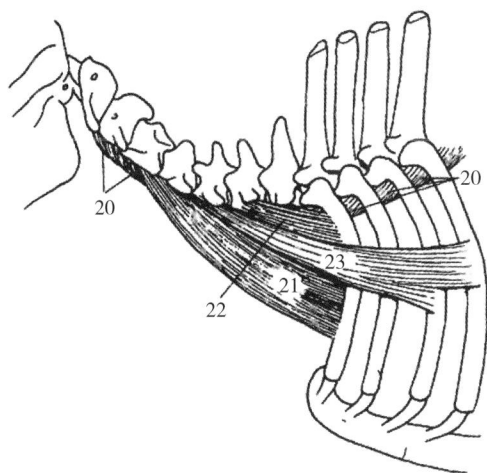

1 **舌骨肌** Mm. hyoidei. 与舌器相关的肌肉。 ABD

2 茎突舌骨肌 M. stylohyoideus. 为从茎突到底舌骨［舌骨体］的小型肌肉，在二腹肌浅侧，可上提舌骨体。在马，其腱被二腹肌的中间腱分开并穿过。 AD

3 下颌舌骨肌 M. mylohyoideus. 为贯穿下颌间隙的横向纤维，从下颌骨的下颌舌骨肌线到矢状缝和底舌骨［舌骨体］，可提升口腔底。 AB

4 颏舌骨肌 M. geniohyoideus. 在前肌的深侧，从下颌体的前内端到底舌骨［舌骨体］，可牵拉舌骨向前。 A

5 胸骨舌骨肌 M. sternohyoideus. 从胸骨柄到底舌骨［舌骨体］，可牵拉舌骨向后。 ABC

6 肩胛舌骨肌 M. omohyoideus. 在猪和马起自肩胛下筋膜，在反刍动物起自中部颈椎外侧的筋膜，斜向越过颈外静脉，抵止于底舌骨［舌骨体］，可牵拉舌骨向后，肉食动物缺如。 B

7 胸骨甲状肌 M. sternothyroideus [-thyreoideus]. 与胸骨舌骨肌相伴行并位于其外侧，止于甲状软骨，可后掣喉。 AB

8 甲状舌骨肌 M. thyrohyoideus [thyreo-]. 短而扁平，从胸骨甲状肌的止点到甲状舌骨，可牵拉舌骨向后和喉向前。 A

9 枕舌骨肌* M. occipitohyoideus. 从枕骨的髁旁突到茎突舌骨的小型肌，可向后牵动茎突舌骨。 A

10 角舌骨肌 M. ceratohyoideus. 填充在甲状舌骨与角舌骨之间的角内，可缩小此夹角。 D

11 舌骨横肌 M. hyoideus transversus. 位于两侧角舌骨或上舌骨之间，不成对的小型带状肌。 D

12 **颈筋膜** Fascia cervicalis. 颈部结缔组织膜层的总称。 E

13 浅层 Lamina superficialis. 从腮筋膜到臂筋膜。在皮肌深侧，包围胸头肌、锁头肌和斜方肌。 E

14 气管前层 Lamina pretrachealis. 在食管和气管腹侧，包围和保护食管和气管，也包围舌骨后肌群（肩胛舌骨肌、胸骨舌骨肌和胸骨甲状肌）。 E

15 颈动脉鞘 Vagina carotica. 供颈总动脉和相关结构通过的结缔组织鞘。 E

16 椎前层 Lamina prevertebralis [prae-]. 位于颈长肌腹侧，在食管和气管的背侧。 E

17 **背肌** MUSCULI DORSI. 胸腰部的固有肌及轴上肌。

18 斜方肌 M. trapezius. 位于颈部和鬐甲部的三角形阔肌，含有两个连续的部分，可提举和旋转肩胛骨。 C

19 颈部 Pars cervicalis. 起自颈部的矢状纤维缝（肉食动物和猪）或项韧带（反刍动物和马），止于肩胛冈。 C

20 胸部 Pars thoracica. 从鬐甲部的棘上韧带起，抵止于肩胛冈的背侧1/3。 C

21 肩胛横突肌 M. omotransversarius. C（根据第5版N.A.V.，该条已移至104页15a。）

22 背阔肌 M. latissimus dorsi. 肩胛骨后方扁平的三角形肌，起自胸腰筋膜浅层，在有蹄类抵止于大圆肌粗隆，在肉食动物抵止于肱骨的小结节嵴，可屈肩关节。 C

23 胸菱形肌 M. rhomboideus thoracis. 在斜方肌深侧，肌纤维从前部胸椎棘突向腹侧到肩胛骨背缘和肩胛软骨的内侧面，可提举肩胛骨。 F

24 颈菱形肌 M. rhomboideus cervicis. 从颈部的背矢状缝（肉食动物、猪）或项韧带（反刍动物、马）到肩胛骨前角和背缘，在胸菱形肌之前。 F

25 头菱形肌（肉食动物、猪） M. rhomboideus capitis. 在颈菱形肌前端起始处分出的狭窄条带。 F（在猪有寰菱形肌 [Constantinescu，1996]。）

26 颈腹侧锯肌 M. serratus ventralis cervicis. F（根据第5版N.A.V.，该条已移至104页24条。）

27 后背侧锯肌 M. serratus dorsalis caudalis. 起自胸腰筋膜，纤维束向前下方抵止于后部肋，为呼气肌。 C

28 前背侧锯肌 M. serratus dorsalis cranialis. 起自胸腰筋膜的扁平锯肌，止于前部肋，肌纤维向后腹侧，为吸气肌。 F

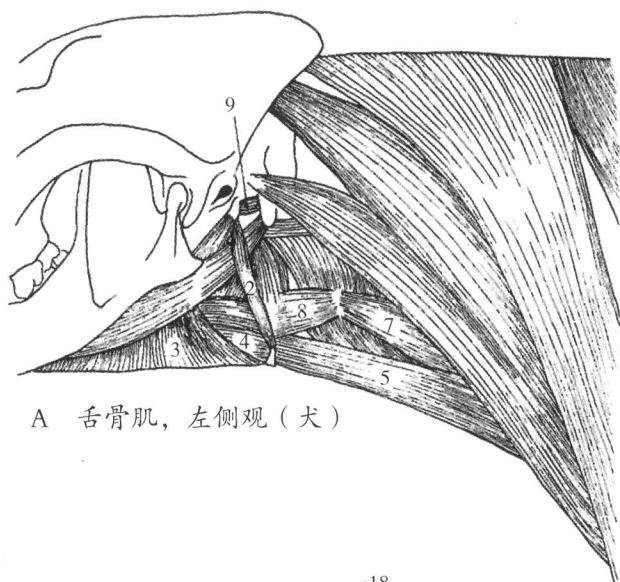

A 舌骨肌，左侧观（犬）

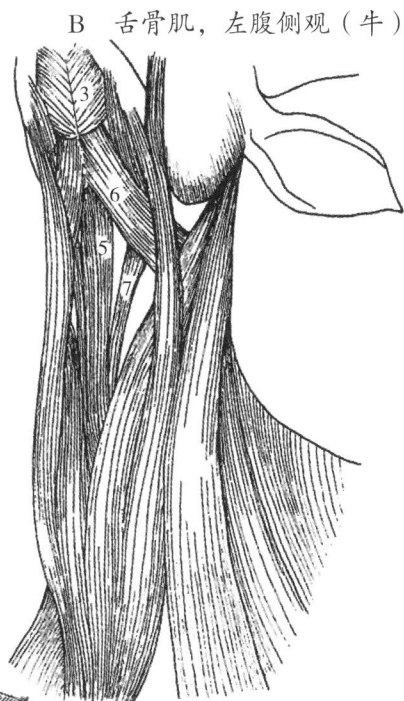

B 舌骨肌，左腹侧观（牛）

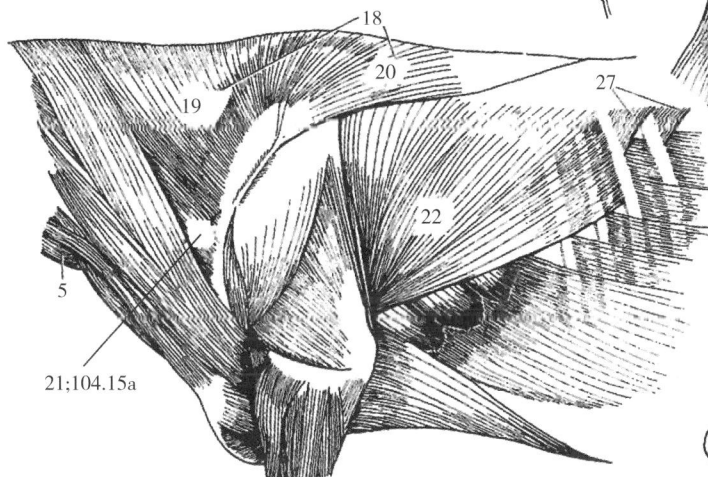

C 背部浅层肌，左侧观（牛）

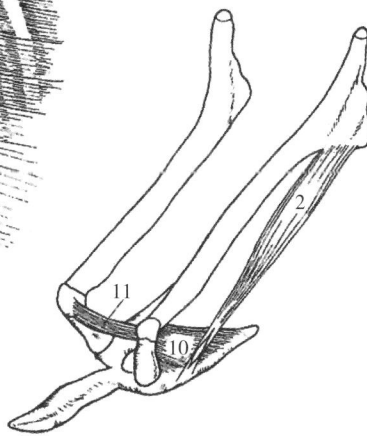

D 舌骨肌，左前面观（马）

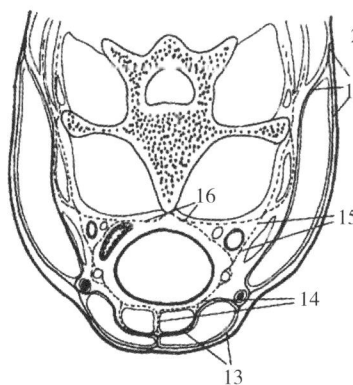

E 颈筋膜，横断面（马）

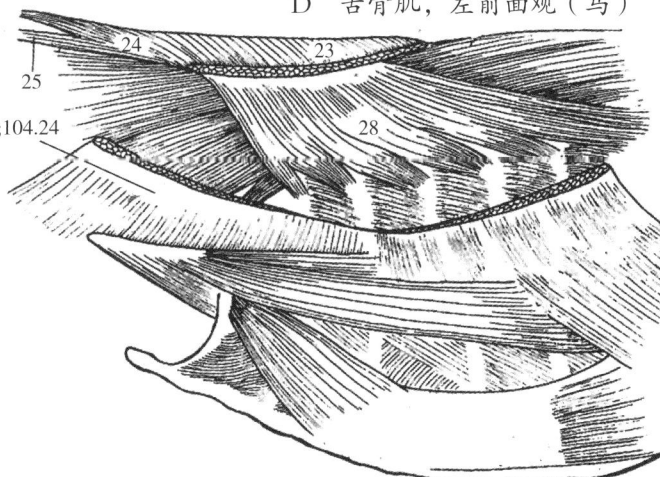

F 背部深层肌，左侧观（犬）

1 竖脊肌　M. erector spinae.　轴上肌，位于脊柱和肋的背侧面，伸展脊柱。　A

2 髂肋肌　M. iliocostalis.　狭长的纵向肌群，其腱向前腹侧跨过数个节段。　A

3 腰髂肋肌　M. iliocostalis lumborum.　为腰椎横突背侧肌群的外侧部。　A

4 胸髂肋肌　M. iliocostalis thoracis.　在胸最长肌外侧，腰髂肋肌向前的延续，腱束可向前远达最后颈椎的横突。　A

5 颈髂肋肌　M. iliocostalis cervicis.　前肌向前的延续，以狭窄的条形抵达最后3~4个颈椎横突。
111页 E

6 最长肌　M. longissimus.　形成轴上肌的最大的一部，肌束向前腹侧跨越数个节段。可从头部至髂部伸展脊柱。　A

7 腰最长肌　M. longissimus lumborum.　从髂骨开始，进而延续为胸最长肌。　A

8 胸最长肌　M. longissimus thoracis.　肌束以腱叶抵止，向前延续为颈最长肌。　A

9 颈最长肌　M. longissimus cervicis.　肌束向腹侧抵止于最后几个颈椎横突。　A

10 寰最长肌　M. longissimus.atlantis.　与头最长肌平行，并在其腹侧，止于寰椎翼。　A

11 头最长肌　M. lomgissimus capitis.　起自颈最长肌的前行长肌，止于乳突。　A

12 棘肌　M. spinalis.　从胸最长肌的内侧面分出，沿胸椎棘突向前延伸到颈椎棘突，在马仅到颈中部。　ABC

13 胸棘肌　M. spinalis thoracis.　附着于胸椎棘突，向前延续为颈棘肌。　C

14 颈棘肌　M. spinalis cervicis.　位于多裂肌内侧，附着于颈椎棘突。　C

15 横突棘肌　M. tansversospinalis.　为下列肌肉的总称。

16 半棘肌　M. semispinalis.　与棘肌密接并在其外侧，可伸脊柱和头。在肉食动物和反刍动物，棘肌、胸半棘肌和颈半棘肌结合为一块。　C

17 胸半棘肌　M. semispinalis thoracis.　肌束从乳突发出，越过棘肌外侧面，抵止于棘突背侧部，并向前延续为颈半棘肌。　C

18 颈半棘肌　M. semispinalis cervicis.　在肉食动物和反刍动物，与颈棘肌融合，在马和猪不存在。　C

19 头半棘肌　M. semispinalis capitis.　一块明确的由两部组成的肌肉，起自胸棘肌和胸最长肌之间。　A

20 颈二腹肌　M. biventer cervicis.　头半棘肌的背内侧部，起自胸腰筋膜或胸椎横突，在多裂肌浅侧前行，抵止于枕骨。　A

21 复肌　M. complexus.　头半棘肌的腹外侧部。起自颈椎关节突，抵止于枕骨的颈二腹肌止点偏外侧处。　A

22 多裂肌　Mm. multifidi.　分布于腰、胸、颈深部连续的肌束，每一肌束向前侧跨越数个节段。肌束起自乳突、横突或关节突，抵止于棘突。可伸展脊柱。　BD

22a 外侧多裂肌　Mm. multifidi laterales.　为外侧肌束。

22b 内侧多裂肌　Mm. multifidi mediales.　为内侧肌束。

22c 深多裂肌　Mm. multifidi profundi.　为深肌束。

23 回旋肌　Mm. rotatores.　为在前胸区多裂肌深侧的长的和短的肌束。长肌束从横突向前上方到其他棘突，短肌束更为垂直。可旋转脊柱。　D

24 棘间肌　Mm. interspinales.　从后颈区到前腰区棘突之间的肌肉。其中腰部的纤维在多裂肌深侧。　D

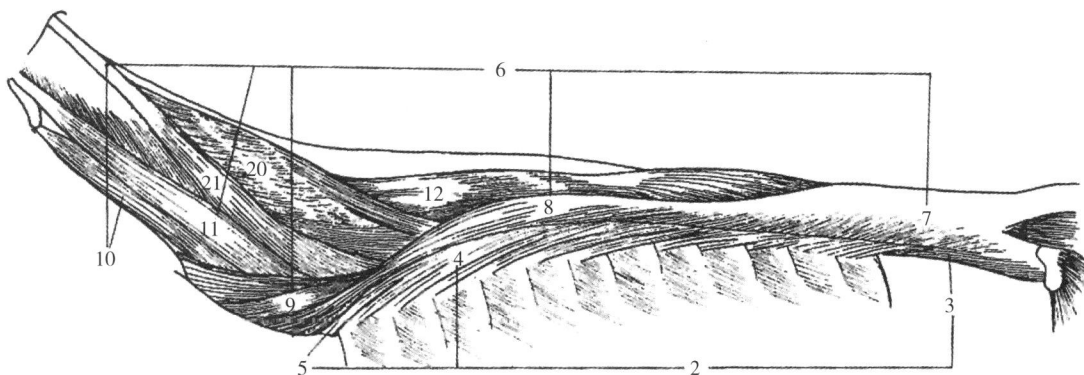

A 背部深层肌，左侧观（牛）

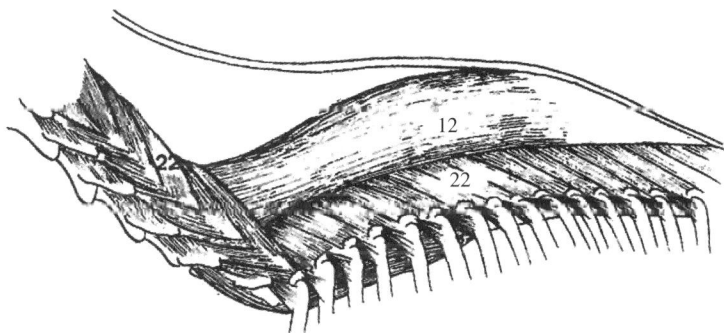

B 背部深层肌，左侧观（马）

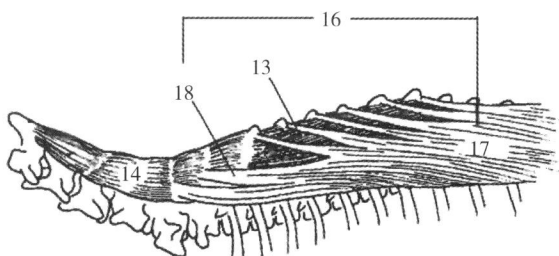

C 背部深层肌，左侧观（犬）

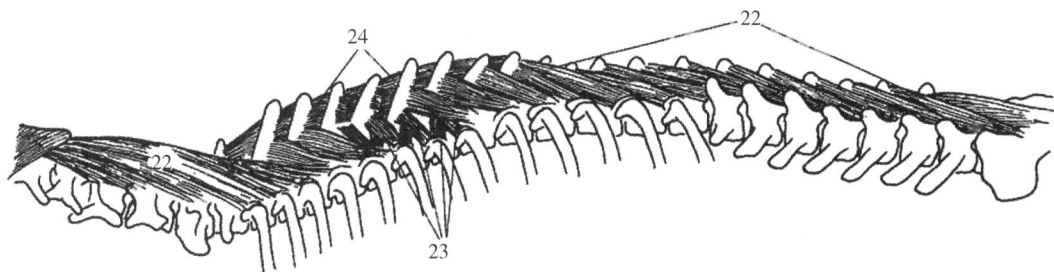

D 背部短肌，左侧观（犬）

1 **横突间肌** Mm. intertransversarii. 位于横突之间，或关节突与横突之间，或乳突与横突之间。 AB

2 **腰横突间肌** Mm. intertransversarii lumborum. 内侧肌束从乳突向前腹侧到横突（或副突），外侧肌束在横突之间。 A

3 **胸横突间肌** Mm. intertransversarii thoracis. 出现于胸后区，作为腰横突间肌内侧组的延续。 A

4 **颈横突间背侧肌** Mm. intertransversarii dorsales cervicis. 肌束在前关节突间水平延伸。 B

4a **颈横突间中肌** Mm. intertransversarii medii cervicis. 由向前腹侧延伸的肌束组成，每一肌束起自一个关节前突，向前跨过一个椎骨到达一个横突的后端（如C5到C3）。 B

5 **颈横突间腹侧肌** Mm. intertransversarii ventrales cervicis. 由连接于相邻两颈椎的横突后端间的水平向肌束构成。 B

6 **胸腰筋膜** Fascia thoracolumbalis. 覆盖竖脊肌的筋膜，又可分为浅层和深层。由浅层发出背阔肌，深层则深入到肩胛骨深面，夹肌和背侧锯肌起自深层。 C

7 **背肩胛韧带** Lig. dorsoscapulare. 在马，为胸2~5棘突到肩胛骨内侧面上锯肌止点上方的弹性韧带。夹肌、头半棘肌、前背侧锯肌的腱膜、棘上韧带来的弹性纤维以及胸腰筋膜均参与了该韧带的形成，为马悬挂和稳定身体的重要静力装置。 C

8 **项筋膜** Fascia nuchae. 为颈筋膜的背侧延续。

9 **胸肌** MUSCULI THORACIS. 胸壁的肌肉。（译者注：根据以下所含内容，不宜称胸廓肌。）

10 **胸浅肌** Mm. pectorales superficiales. 为从胸骨前半部到肱骨和前臂筋膜的横向肌肉。可内收前肢。 DE

11 **胸降肌*** M. pectoralis descendens. 胸浅肌的前部，从胸骨柄到肱骨嵴的远端。 DE

12 **胸横肌*** M. pectoralis transversus. 在胸骨上有宽阔的起点，肌纤维向外抵止于肱骨嵴（肉食动物）或前臂筋膜浅层（有蹄类）。 DE

13 **胸深肌［胸升肌］*** M. pectoralis profundus [M. pectoralis ascendens]. 沿胸骨的胸浅肌起点的深面及剑状软骨后方的胸肌筋膜起始，向前方变窄，止于筋膜和肱骨结节，可内收前肢和拉前肢向后。 D

14 **锁骨下肌** M. subclavius. 起自第1（偶见1~4）肋软骨，向前外侧抵止于臂头肌深面（猪、反刍动物）或/和冈上肌的前面（猪、马），在猪和马特别发达，旧称M. pectoralis cleidoscapularis，被认为是胸深肌的一部分。在反刍动物小，在肉食动物不存在。根据其起点在第1肋软骨，此肌在反刍动物不应与抵止在冈上肌表面的多肉质的胸深肌相混淆。 E

15 **胸肌筋膜** Fascia pectoralis. 覆盖胸肌的筋膜。 D

16 **胸腹侧锯肌** M. serratus ventralis thoracis. 从胸廓前半部的肋起始，到肩胛骨锯肌面的后部，于两侧前肢间支持胸廓。 DE

17 **肋提肌** Mm. levatores costarum. 位于每一肋间隙的近端，从各个椎骨横突向后到紧随该椎骨后方的肋，参与吸气。 F

18 **肋间外肌** Mm. intercostales externi. 占据从肋提肌的腹缘到肋软骨间连结的肋间隙的浅层，肌纤维向后腹侧，可吸气。 EF

19 **肋间内肌** Mm. intercostales interni. 占据整个肋间隙和肋软骨间隙，肌纤维向前腹侧，可呼气。 F

20 **肋下肌** Mm. subcostales. 在后部肋的椎骨端，为肋间内肌深侧的肌束。肌束向前下方跨越数根肋，在肉食动物第9~11肋范围特别明显。 F

21 **肋退肌** M. retractor costae. 为扁平的肌纤维组，从第1腰横突到最后肋的近侧部。 F

22 **胸横肌** M. transversus thoracis. 在腹侧胸壁的深面，从胸骨到真肋的肋软骨结合处。一般而言，肌束是横向的，可协助呼气。 G

23 **胸直肌** M. rectus thoracis. 在骨性胸廓外的扁肌，从第1肋向后腹侧越过几条肋到腹直肌起点处。可协助吸气。 E

24 **胸廓内筋膜** Fascia endothoracica. 处于壁胸膜与胸壁之间的结缔组织层。为颈筋膜椎前层的延续。 G

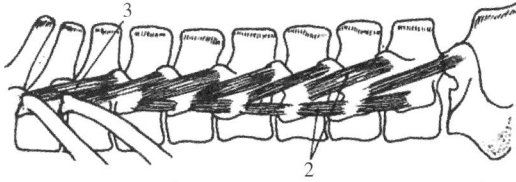

A 胸、腰部的横突间肌，左侧观（牛）

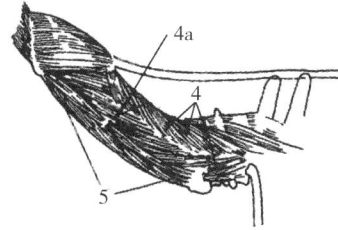

B 颈部的横突间肌（犬）

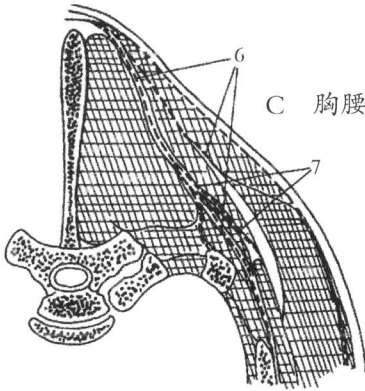

C 胸腰筋膜，横切面（马）

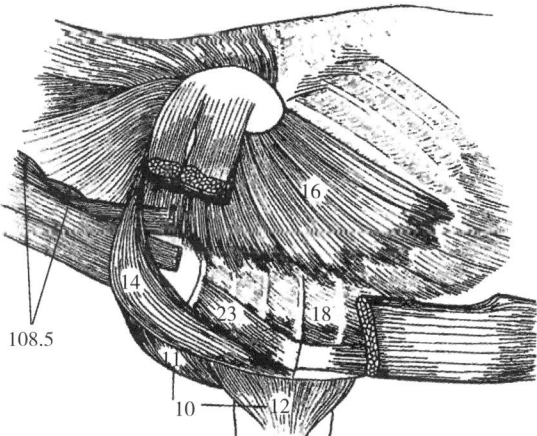

D 胸部的肌肉和筋膜，腹侧观（马）

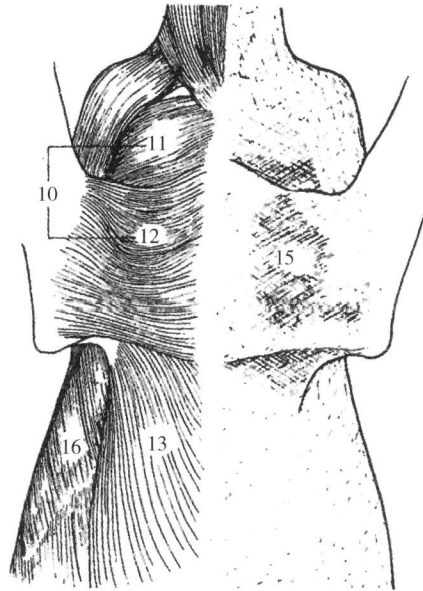

E 胸部的肌肉，左侧观（马）

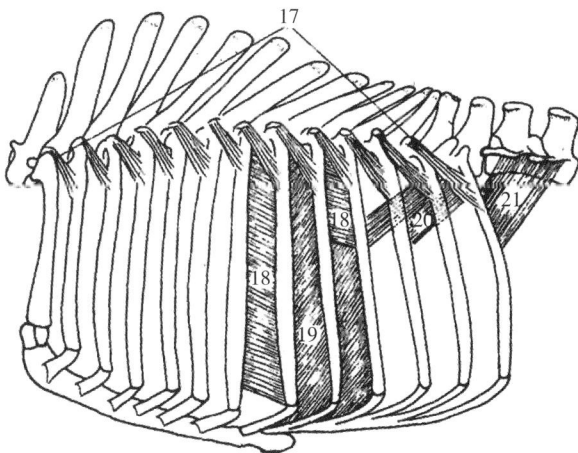

F 肋骨的肌肉，左侧观（牛）

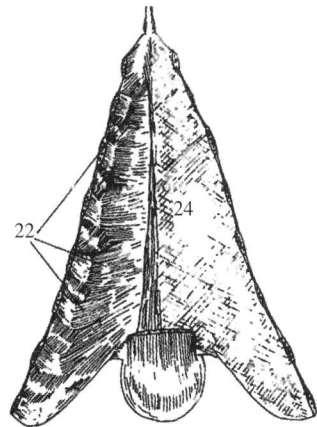

G 胸廓横肌和胸廓内筋膜，背侧观（马）

1 **膈** Diaphragma. 胸腔和腹腔间肌腱性的间隔，为吸气肌。 A

2 *腰部* Pars lumbalis. 包括两膈脚，起自前部腰椎椎体，在膈内扩散开来。 AD

3 *右脚* Crus dextrum. 大脚，以长腱起自腰椎，扩散开后包围食管。 A

4 *左脚* Crus sinistrum. 小脚。 A

5 *肋部* Pars costalis. 起自后部肋，纤维趋向中心腱。 AD

6 *胸骨部* Pars sternalis. 肋部的延续，起自胸骨和剑状软骨。 AD

7 *主动脉裂孔* Hiatus aorticus. 在椎体处左、右膈脚腱间的裂口。 AD

8 *食管裂孔* Hiatus esophageus [oesophageus]. 右膈脚内位于前腹侧部的裂口。 AD

9 *中心腱* Centrum tendineum. 位于腰部、胸骨部、肋部之间的腱性薄板。 AD

10 *膈顶* Cupula diaphragmatis. 膈的最前部。 D

11 *腔静脉孔* Foramen venae cavae. 中心腱上的开口，供后腔静脉通过。 AD

12 *腰肋弓* Arcus lumbocostalis. 在腰肌腹侧，在这里膈脚向外侧连接肋部。 A

13 **腹肌** MUSCULI ABDOMINIS. 腹壁的肌肉，作用为增加腹压。

14 腹直肌 M. rectus abdominis. 平行于腹中线，以扁平腱起自胸骨和肋软骨，作为耻前腱的主要成分抵止于耻骨。 BC

15 *腱划* Intersectiones tendineae. 横穿腹直肌的结缔组织薄板。 BC

15a *乳静脉环* Anulus wenae mammariae. 供腹壁前浅静脉通过，在反刍动物称为乳井。

16 *腹直肌鞘* Vagina m. recti abdominis. 由走向白线过程中的腹肌腱膜形成。 C

   17 *外层* Lamina externa. 由腹外斜肌腱膜和腹内斜肌腱膜参与构成。在肉食动物，在耻骨前方，腹横肌腱膜也加入外层中。 BC

   18 *内层* Lamina interna. 由腹横肌腱膜构成。在肉食动物、绵羊和山羊，腹内斜肌发出一腱膜加入脐之前的内层中。 C

      19 *弓形线* Linea arcuata. 腹横肌腱膜的后缘。 C

20 腹外斜肌 M. obliquus externus abdominis. 纤维向后腹侧倾斜，并在腹股沟区形成腱膜。起自肋外侧面及胸腰筋膜（反刍动物除外）。 BC

21 *腹股沟弓［腹股沟韧带］* Arcus inguinalis [Lig. inguinale]腹外斜肌腱膜后部的增厚部分，从髋结节到髂耻隆起。 115页A

22 腹内斜肌 M. obliquus internus abdominis. 纤维向腹前方斜向组成腱膜。在腹股沟区肌纤维靠近中线，覆盖在腹直肌外缘的表面，并拐向后方。起自胸腰筋膜（马除外）和髋结节。 BC

23 睾提肌 M. cremaster. 为从腹内斜肌向后分出的一束肌纤维，到精索。 B（译者注：按照202页12条注释，该肌实际抵止于阴囊内的总鞘膜背外侧面。）

24 腹横肌 M. transversus abdominis. 起自肋的内侧面和胸腰筋膜。在腹直肌外缘处形成腱膜。 AC

25 腰方肌 M. quadratus lumborum. 位于最后胸椎和腰椎椎体及腰椎横突腹侧的纵向肌纤维，在腰大肌和腰小肌的背侧。 A

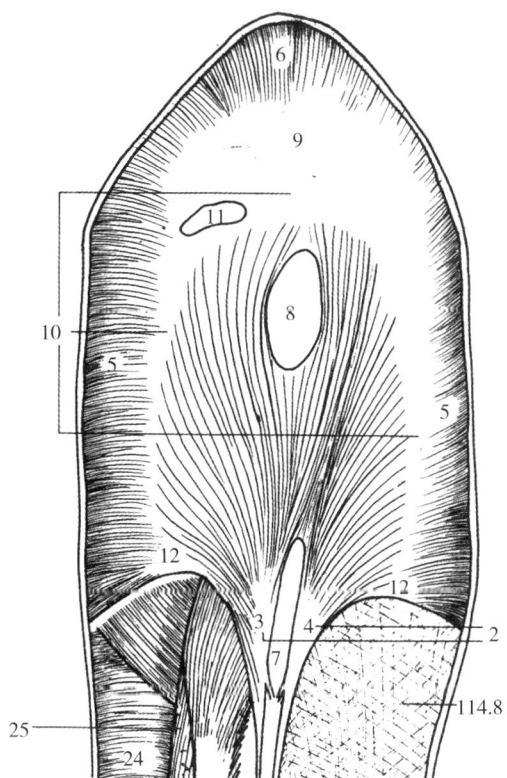

A 膈，后腹侧观（犬）

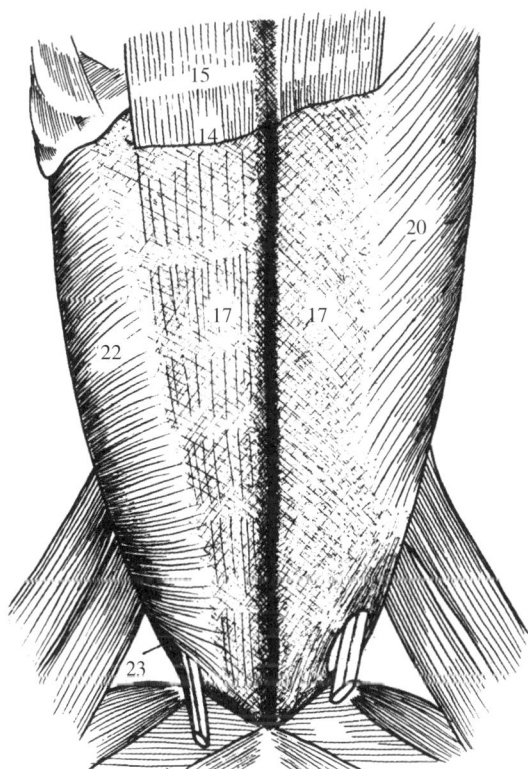

B 腹肌（犬）

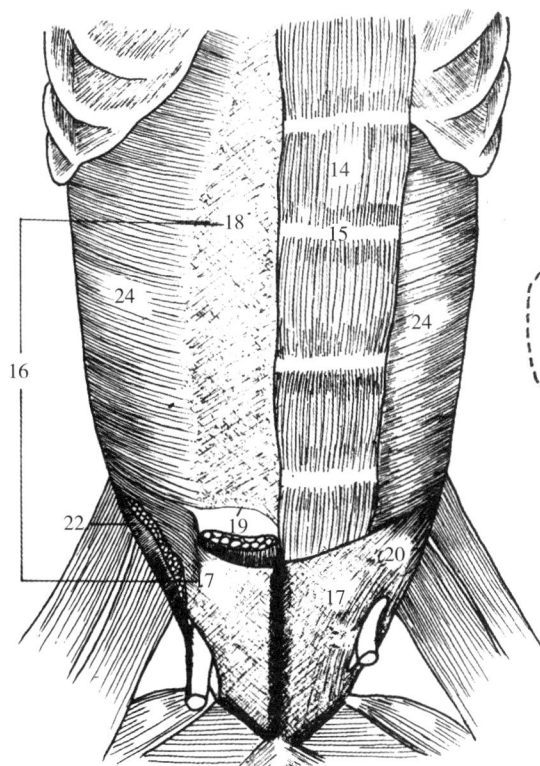

C 腹肌（犬）

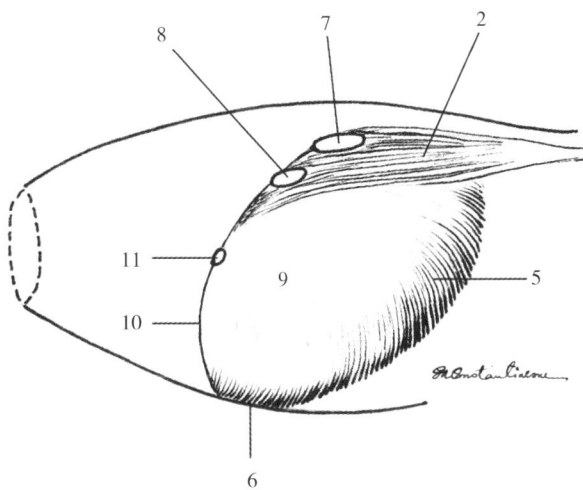

D 膈，左外侧观（示意图）

1　腹黄膜　Tunica flava abdominis. 在有蹄类为改性筋膜而成的弹性薄板，被覆在腹外斜肌表面。由腹黄膜还分出乳房悬器的内侧板，这在母牛尤为发达（见560页被皮部分）。　A

2　白线　Linea alba. 腹肌各腱膜在腹中线交汇形成的从剑状软骨到耻骨的白色纤维线。　A以及217页B

3　脐环*　Anulus umbilicalis. 由白线在闭锁的脐处增宽而成。　A

4　阴茎袢状韧带　Lig. fundiforme penis. 从白线和筋膜到包皮的侧翼弹性条带。　C

5　耻前腱　Tendo prepubicus [prae-]. 由数条腱结合而成的复合体，主要有抵止于耻骨前支的耻骨肌腱和腹直肌腱。　A

6　阴茎悬韧带　Lig. suspensorium penis. 从骨盆联合后部到阴茎的正中矢状纤维带。　C

7　阴蒂悬韧带　Lig. suspensorium clitoridis. 从骨盆联合后部到阴蒂的正中矢状纤维带。

8　腹横筋膜　Fascia transversalis. 腹壁的一层，位于腹膜外面，向背侧可远达腰椎横突末端。　113页A

9　**腹股沟管［腹股沟隙］**　Canalis inguinalis [Spatium inguinale]. 腹股沟管浅环和深环之间的区域，包括如下结构。　B

10　腹股沟管深环　Anulus inguinalis profundus. 背外-腹内倾斜的腹腔向腹股沟管的入口，周界为腹内斜肌后缘和腹股沟弓［腹股沟韧带］，在腹直肌外侧。　B（译者注：也称腹股沟管腹环，在雄性动物和母犬，该环周缘被覆一层鞘膜并形成鞘环。）

11　腹股沟管浅环*　Anulus inguinalis superficialis. 在腹股沟区腹外斜肌腱膜上的裂隙或卵圆形开口。　AB（译者注：也称腹股沟管皮下环。）

12　内侧脚　Crus mediale. 为构成浅环前内侧界的腹外斜肌腱膜。　AB

13　外侧脚　Crus laterale. 为构成浅环后外侧界的腹外斜肌腱膜。　AB

14　脚间纤维　Fibrae intercrules. 指内侧脚和外侧脚之间的纤维性条带，可加强腹股沟管浅环的前外端。　A

15　股板　Lamina femoralis. 为起自腹股沟管浅环外侧脚的腹外斜肌腱膜板，到股的内侧面，并且形成乳房悬器的外侧板，在母牛尤为发达（见560页被皮部分）。　A

16　**尾肌　MUSCULI CAUDAE [COCCYGIS].**　D

17　尾骨肌　M. coccygeus. 起自盆膈的坐骨棘部，向外侧抵止于前几个尾椎的横突。可降尾，单侧收缩可向外侧屈尾。　D

18　荐尾腹内侧肌　M. sacrocaudalis [-coccygeus] ventralis medialis. 两条腹侧纵行肌中偏内侧的那一条。由短的节段从最后荐椎开始连续向后排列。　D

19　荐尾腹外侧肌　M. sacrocaudalis [-coccygeus] ventralis lateralis. 起自最后腰椎（肉食动物）和荐骨，节段变为腱质。　D

20　荐尾背内侧肌　M. sacrocaudalis [-coccygeus] dorsalis medialis. 为最后腰椎处多裂肌向后的延续，由许多节段组成。　D

21　荐尾背外侧肌　M. sacrocaudalis [-coccygeus] dorsalis lateralis. 在胸腰最长肌和多裂肌之间，最远可起自第1腰椎，由许多长的肌束构成。在肉食动物，到尾部变为腱质。　D

22　尾腹侧横突间肌　Mm. intertransverarii ventrales caudae [coccygis]. 在横突腹侧，起始于荐骨以后，节段性的。

23　尾背侧横突间肌　Mm. intertransversarii dorsales caudae [coccygis]. 在腹侧组背侧，起自荐骨，但达不到尾尖。　D

24　尾筋膜　Fascia caudae [coccygis]. 包裹尾部，发出肌间隔到椎骨，特别在中线上的和包围横突间肌的筋膜。　D

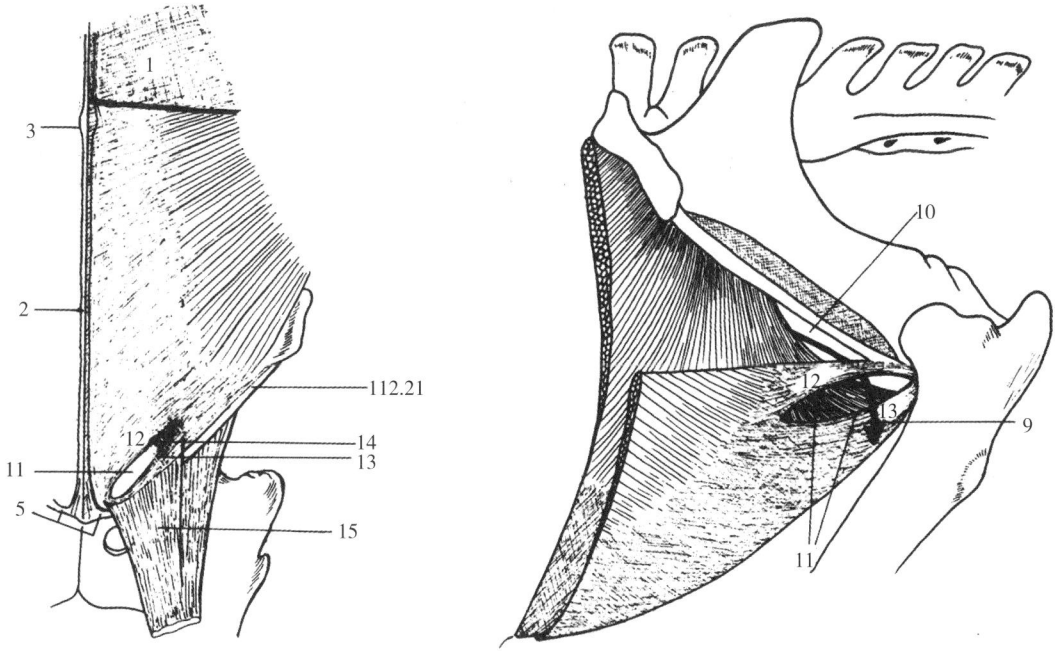

A　腹侧腹壁左半部，腹侧观（马）

B　左侧腹股沟管，外侧观（马）

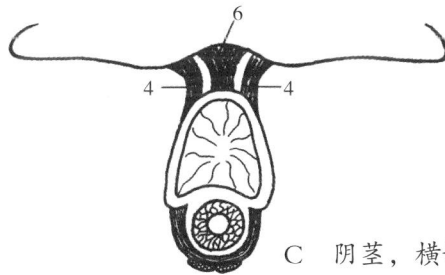

C　阴茎，横切面（马）

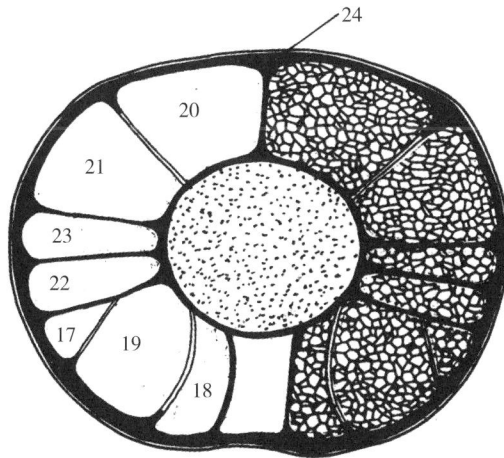

D　尾的肌肉和筋膜，横切面（马）

1　**前肢［胸肢］肌　MUSCULI MEMBRI THORACICI**.　前肢固有的肌肉。

2　三角肌　M. deltoideus.　肩关节外侧的肌肉。在马，具有不同起点的两部合并为一体，因为马无肩峰。可屈肩关节。　AE

3　肩胛部　Pars scapularis.　从肩胛冈到三角肌粗隆。　AC

4　肩峰部　Pars acromialis.　从肩峰到三角肌粗隆。　AC

5　锁骨部［锁臂肌］　Pars clavicularis [M. cleivodobrachialis].　在家畜，由于锁骨的缩小，使得三角肌的锁骨部成为了臂头肌的一部分。　A，另见104页第10条。

6　冈上肌　M. supraspinatus.　占据冈上窝，越过肩关节前部到大结节，在有蹄类还止于小结节。可伸肩关节。　ABCEF

7　冈下肌*　M. infraspinatus.　占据冈下窝，越过肩关节的外侧部，抵止于肱骨大结节的粗糙区。可发挥肩关节的外侧副韧带样的作用。　ACE

8　小圆肌　M. teres minor.　从肩胛骨后缘起始的小圆形肌，沿冈下肌后缘下行，止于该肌止点远方的肱骨上，可屈肩关节。　ACE

9　大圆肌　M. teres major.　从肩胛骨后缘的近侧部起始，与背阔肌一同止于大圆肌粗隆（有蹄类）或小结节嵴（肉食动物）。可屈肩关节。　ABCDF

10　肩胛下肌　M. subscapularis.　占据肩胛下窝，抵止于小结节后部，可发挥肩关节的内侧副韧带样作用。　BCDF

11　肩关节肌（猫、猪、马）　M. articularis humeri.　为越过肩关节囊后方的小型肌肉。　B

12　喙臂肌　M. coracobrachialis.　以腱起始于喙突，抵止于大圆肌粗隆周围，止点依动物种类而异，可内收和伸肩关节。　BDF

13　臂二头肌　M. biceps brachii.　起于盂上结节，向远通过肱骨的结节间沟，抵止于桡骨粗隆和筋膜。可伸肩关节和屈肘关节。从起点处以强大的腱起始后，腱贯穿臂二头肌全长，发挥固定肩关节的作用。　ABCD

13a　横支持带　Retinaculum transversum.　肉食动物、猪和反刍动物强韧的横向结缔组织带，束缚臂二头肌腱。

14　纤维带　Lacertus fibrosus.　臂二头肌与腕桡侧伸肌近侧腱之间在内侧面上的纤维连接，在马作为前肢被动的支撑和驻立装置而尤为发达。　B

15　臂肌　M. brachialis.　占据臂肌沟，越过肘关节的前面，抵止于桡骨和尺骨的接近臂二头肌止点的附近。可屈肘关节。　ABEF

16　臂三头肌　M. triceps brachii.　位于肱骨和肩关节后方，有3~4个头，它们均汇集于鹰嘴，可伸肘关节，作为前肢的推进器。　A

17　长头*　Caput longum.　是唯一起自肩胛骨后缘的头，也可屈肩关节。　ACD

18　外侧头*　Caput laterale.　起自三头肌线，在肉食动物还起自肱骨嵴。　AE

19　内侧头　Caput mediale.　起自肱骨大圆肌粗隆后方的肱骨上（在肉食动物为小结节嵴）。　BF

20　副头　Caput accessorium.　在其他头的深侧，起点较其他肱骨头远。马无此肌。　AEF

21　肘肌　M. anconeus [anconaeus].　起自肱骨的鹰嘴窝外侧的区域，止于鹰嘴，可伸肘关节。　AEF

22　前臂筋膜张肌　M. tensor fasciae antebrachii.　位于臂三头肌内侧面，起自背阔肌（肉食动物、反刍动物和马）以及肩胛骨后缘（猪、反刍动物和马），止于鹰嘴和前臂筋膜深层，可伸肘关节和屈肩关节（肉食动物除外）。　B

B　左侧肩部和臂部肌，内侧观（马）

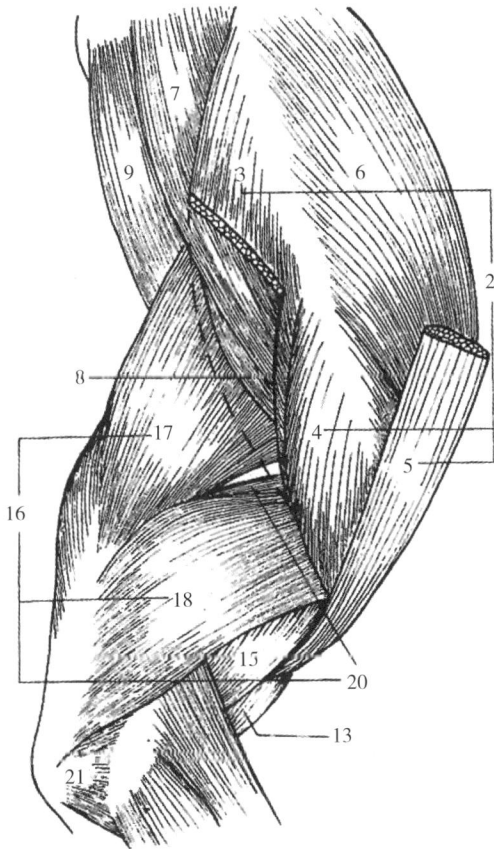

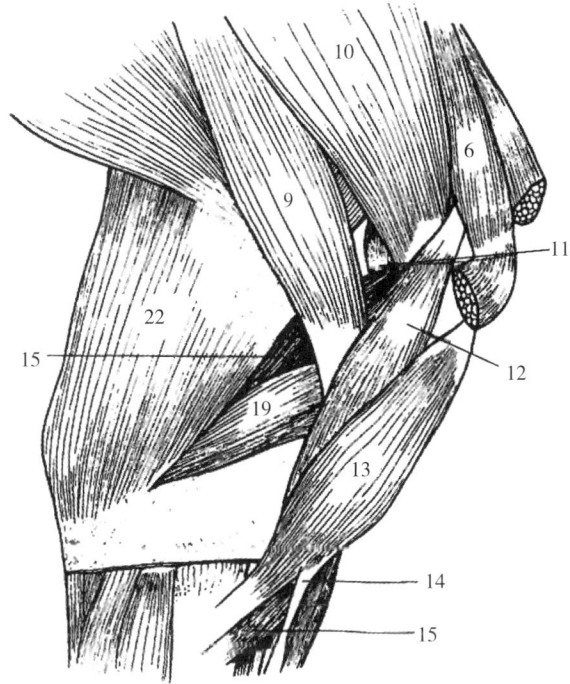

A　右侧肩部和臂部肌，外侧观（犬）

C　左肩胛骨，外侧观（犬）

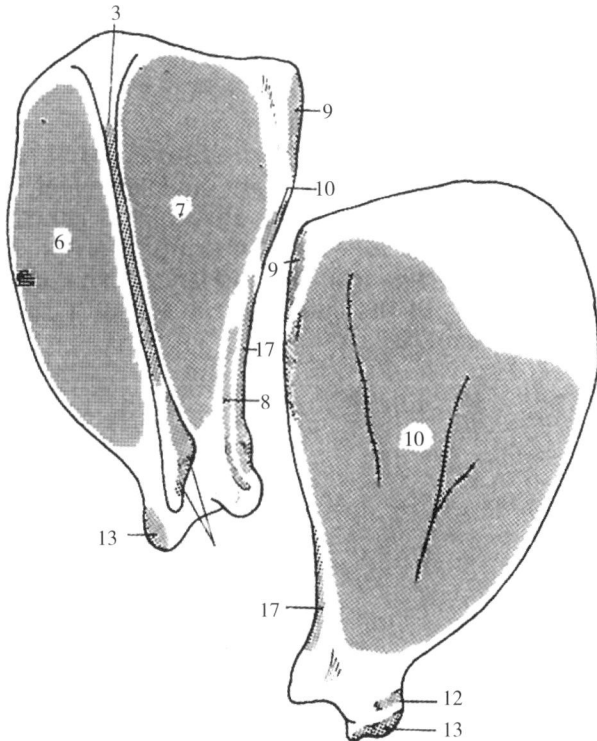

D　左肩胛骨，内侧观（犬）　　E　左肱骨，前外侧观（犬）　　F　左肱骨，内侧观（犬）

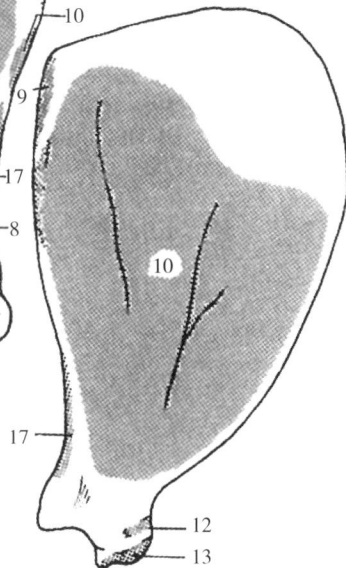

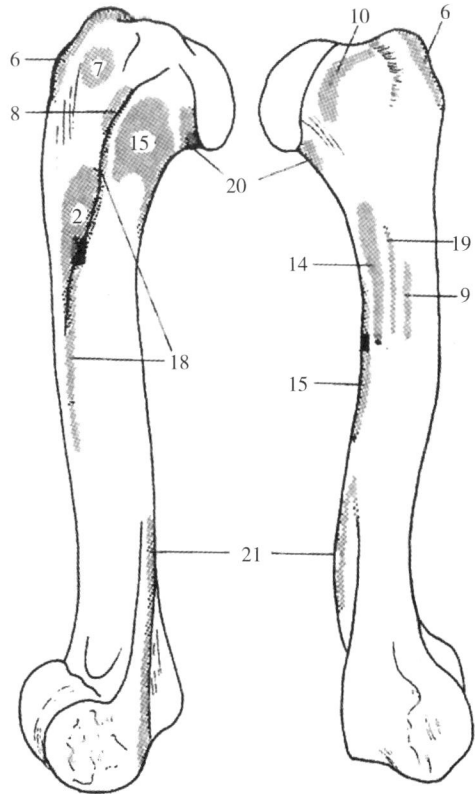

1 旋前圆肌 M. pronator teres. 从肱骨内侧上髁到桡骨内侧面，旋前或内转桡尺关节，该肌在马腱化或消失。 CD

2 腕桡侧屈肌 M. flexor carpi radialis. 起点在前肌的后方，起自肱骨内侧上髁，止于第2掌骨（肉食动物、马）底，第3掌骨（肉食动物、猪、反刍动物）底。 AC

3 腕尺侧屈肌 M. flexor carpi ulnaris. 屈肌群内最靠后的一块。在肉食动物两头不合并，屈腕关节。 AB

4 肱头 Caput humerale. 从肱骨的内侧上髁到副腕骨，在肉食动物位于指浅屈肌深侧。 AB

5 尺头 Caput ulnare. 从鹰嘴的内侧面到副腕骨。 ABCD

6 指浅屈肌[1]* M. flexor digitorum [digitalis] superficialis. 起自肱骨的内侧上髁，腱分叉到各主指，每一分支的腱被指深屈肌穿过，抵止于中纤维软骨板，可屈腕和近指节间关节。 AC

7 副韧带* Ligamentum accessorium. 在马，从桡骨远部到指浅屈肌腱，作为前肢被动悬吊或驻立装置的一部分。 A

8 屈肌腱筒 Manica flexoria. 由指浅屈肌腱的每一支或马的指浅屈肌腱形成的筒套，在掌指关节处包围相应的指深屈肌腱。 A

9 指深屈肌[1]* M. flexor digitorium [digitalis] profundus. 在屈肌群中较深，其三个头合并为一总腱，进而分支抵止于每一远指节骨的屈肌面，可屈腕和各指关节。 AE

10 肱头 Caput humerale. 含大量肌纤维，起自肱骨的内侧上髁。 AE

11 桡头 Caput radiale. 起自桡骨中部后面的小带状肌。 CDE

12 尺头 Caput ulnare. 起自尺骨，在马大部分为腱质。 ADE

13 副韧带* Ligamentum accessorium. 马腕掌侧韧带的纤维性延续，止于指深屈肌腱，作为前肢被动悬吊或驻立装置的一部分。 A（在马旧称为指深屈肌的副韧带，或称下翼状韧带。）

13a 横板 Lamina transversa. 在反刍动物和马，为指深屈肌腱在中指节骨掌侧面的结缔组织性的附着点（含丰富的弹性纤维）。它将指腱滑膜鞘与前足舟骨囊分隔开。 135页F

14 屈肌间肌 Mm. interflexorii. 在肉食动物的腕部，起自指深屈肌的掌侧面的纵向肌束，以细腱抵止于指浅屈肌腱。在猪和反刍动物，在前臂部的指浅和指深屈肌间还有附加的连结。马无本肌。 E

15 旋前方肌 M. pronator quadratus. 肉食动物桡骨和尺骨间的横向纤维。 DE

16 臂桡肌 M. brachioradialis. 在肉食动物，位于腕桡侧伸肌前面的细长条肌肉，在犬常缺如。可旋后前臂。 BCD

17 腕桡侧伸肌 M. extensor carpi radialis. 伸肌群中最靠前的大肌，从肱骨外侧髁上嵴起始，在有蹄类抵止于第3掌骨粗隆，在肉食动物抵止于第2和第3掌骨，可伸腕关节。 ABC

18 腕桡侧长伸肌 M. extensor carpi radialis longus. 在兔为腕桡侧伸肌的内侧部，在犬为腕桡侧伸肌的内侧腱，抵止于第2掌骨。 BF

19 腕桡侧短伸肌 M. extensor carpi radialis brevis. 在兔为腕桡侧伸肌的外侧部，在犬为腕桡侧伸肌的外侧腱，抵止于第3掌骨。在兔，腕桡侧长伸肌和腕桡侧短伸肌是分开的，在犬是部分融合的。 BF

20 指总伸肌[1] M. extensor digitorum [digitalis] communis. 在腕桡侧伸肌起点的远后方起始，其腱越过腕背侧面，分支抵止于第2~4指（肉食动物、猪）、第3指（马）的远指节骨的伸肌突；在反刍动物则抵止于第3、4指的所有指节骨。在反刍动物，分开的中间部是走向第3指的，在猪有3个部分。可伸腕和指。 BF

20a 副头（反刍动物、马） Caput accessorium. 为旧名词"蒂内尔塞肌"的退化遗迹。

21 指外侧伸肌 M. extensor digitorum [digitalis] lateralis. 在前肌的后外侧，起自桡骨和尺骨。以腱止于近指节骨（马）、第4指的所有指节骨（反刍动物）、第4、5指的所有指节骨（猪）、第3、4、5指的所有指节骨（犬）、第2~5指的所有指节骨（兔），可伸腕及相应的指关节。 BF

21a 副头（绵羊、山羊、马）Caput accessorium. 为旧名词"菲利浦肌"的遗迹。

22 腕尺侧伸肌［尺骨外侧肌］ M. extensor carpi ulnaris [M. ulnaris lateralis]. 伸肌群里最靠后外侧。起于外侧上髁，以腱抵止于副腕骨，亦发出腱到外侧掌骨。其位置是如此靠后，以致其作用是屈腕。 B

1）：在马，由于其是单指，两块指屈肌应该采用属格"digitalis"。

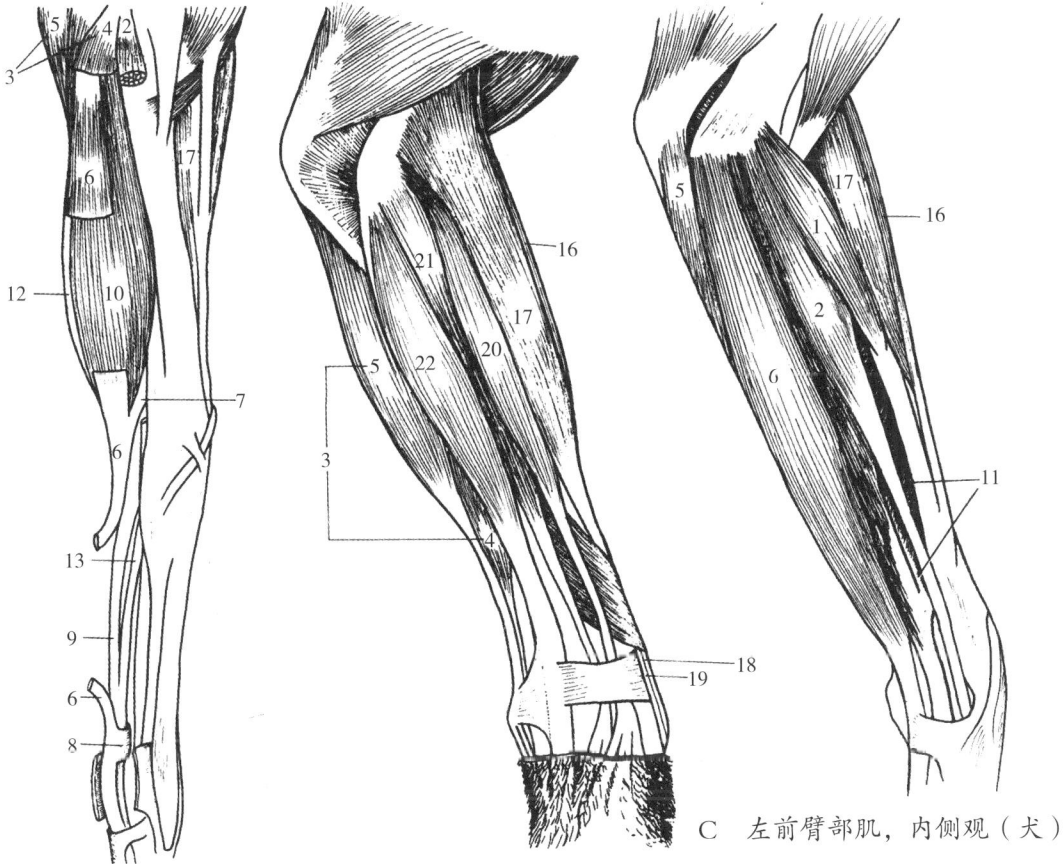

A 左前臂部肌，内侧观（马）

B 右前臂部肌，外侧观（犬）

C 左前臂部肌，内侧观（犬）

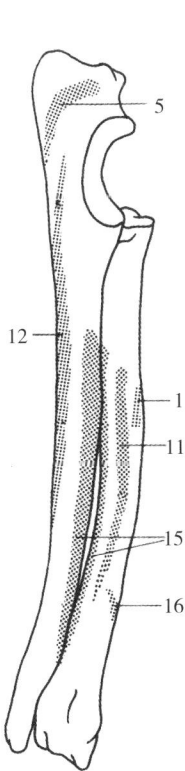

D 左前臂骨，内侧观（犬）
（译者注：原著为右前臂骨）

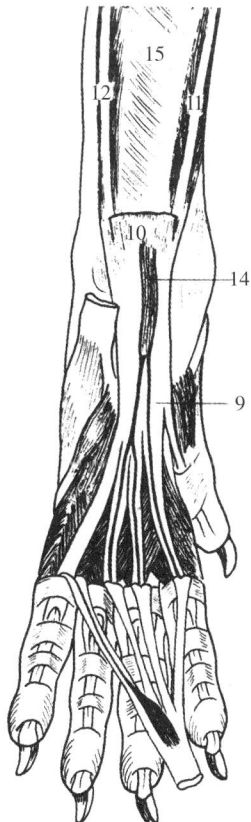

E 左前足肌，掌侧观（犬）

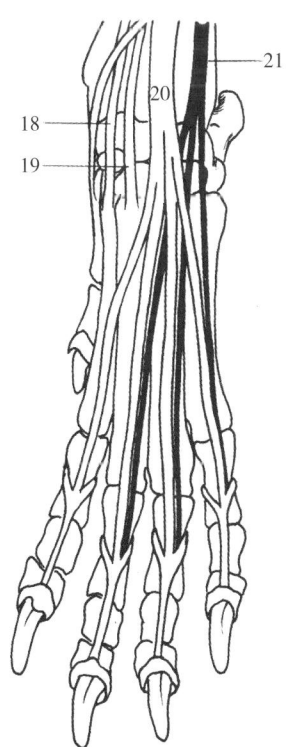

F 左前足肌，背侧观（犬）

1 旋后肌　M. supinator.　在伸腕肌和伸指肌深侧，起自肱骨外侧上髁，抵止于桡骨近1/4部。可旋后或外转前臂。见于肉食动物，猪的不发达。　AF

2 第1指［拇］长展肌［腕斜伸肌］　M. abductor digiti Ⅰ [pollicis] longus [M. extentor carpi obliquus].　从桡骨（有蹄类）或桡骨和尺骨（肉食动物）起始，斜行抵止于第1掌骨底（肉食动物）、第2掌骨底（猪、马）、第3掌骨底（反刍动物）。可展第1指（肉食动物），伸第1指（肉食动物）和腕。　EF

3 第1指［拇］伸肌　M. extensor digiti Ⅰ [pollicis].　见于肉食动物，与第2指伸肌合并。起自尺骨中部，在指伸肌之间抵达第1掌骨远端。　EF

4 第2指伸肌　M. extensor digiti Ⅱ.　与前肌合并，腱加入指总伸肌腱的第2指分支中。　EF

5 指短屈肌　M. flexor digitorum brevis.　肉食动物的位于指浅屈肌深面的一块小型肌，腱抵止于第5指（犬）或3~5指（猫）。　C

6 第1指［拇］短展肌　M. abductor digiti Ⅰ [pollicis] brevis.　在肉食动物，起自屈肌支持带，到第1指的近籽骨或近指节骨。　BC

7 第1指［拇］短屈肌　M. flexor digiti Ⅰ [pollicis] brevis.　在肉食动物，位于前肌外侧，从屈肌支持带到第1指的近指节骨。　BC

8 第1指［拇］收肌　M. adductor digiti Ⅰ [pollicis].　肉食动物第1指外侧的肌肉。　BC

9 第2指展肌　M. abductor digiti Ⅱ.　猪的一小块肌肉，从屈肌支持带到第2指近指节骨的远轴侧面。　D

10 第2指屈肌　M. flexor digiti Ⅱ.　在猪位于前肌的外侧。　D

11 第2指收肌　M. adductor digiti Ⅱ.　在肉食动物和猪，起自第2骨间肌和第5指收肌之间的屈肌支持带，抵止于第2指的近指节骨。　BD

12 第5指展肌　M. abductor digiti Ⅴ.　在猪和肉食动物，起自副腕骨，止于第5指近指节骨远轴侧面。　BCD

13 第5指屈肌　M. flexor digiti Ⅴ.　在猪和肉食动物，在前肌内侧并与前肌一同抵止。　BCD

14 第5指收肌　M. adductor digiti Ⅴ.　在猪和肉食动物，起自屈肌支持带，在第4骨间肌内侧下降至第5指近指节骨轴侧面。　BD

15 蚓状肌　Mm. lumbricales.　肌纤维位于指深屈肌腱之间，斜向外侧止于第2~5指（猫）、3~5指（犬）的近指节骨。在肉食动物最为发达，在猪和反刍动物不存在。在马未充分发育。抵止于掌侧环韧带。可屈掌指关节。　C

16 骨间肌*　Mm. interossei.　位于掌骨的掌侧面，第1掌骨除外，每一肌的纤维在远侧分开附着于近籽骨，并继续沿掌指关节两侧行，加入指总伸肌腱。该肌在马和牛腱化，可支持掌指关节。马的骨间中肌也称为悬韧带，为静力装置的一部分。在马仅有一个骨间肌（第3骨间肌），在反刍动物有两条融合的骨间肌（第3和第4骨间肌）。　BD

17 外侧腋筋膜　Fascia axillaris lateralis.　覆盖肩外侧的肌肉。

17a 内侧腋筋膜　Fascia axillaris medialis.　覆盖肩内侧的肌肉。

18 臂筋膜　Fascia brachii.　包围臂部肌肉并带肌间隔的隔膜。　G

18a 浅层　Lamina superficialis.

18b 深层　Lamina profunda.

19 前臂筋膜　Fascia antebrachii.　前臂肌肉的隔膜。　H

19a 浅层　Lamina superficialis

19b 深层　Lamina profunda.

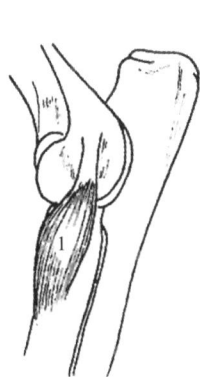

A　左侧旋后肌，
外侧观（犬）

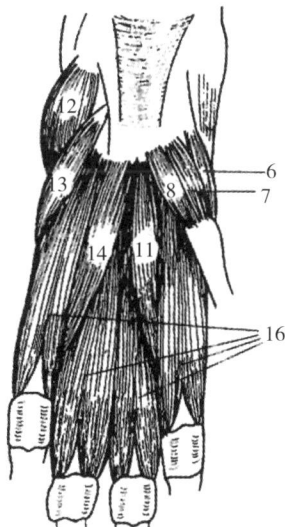

B　左前足肌，掌侧观（犬）

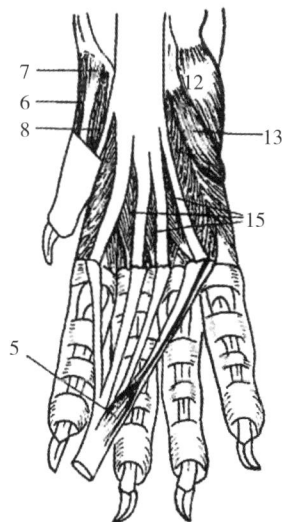

C　右前足肌和腱，
掌侧观（犬）

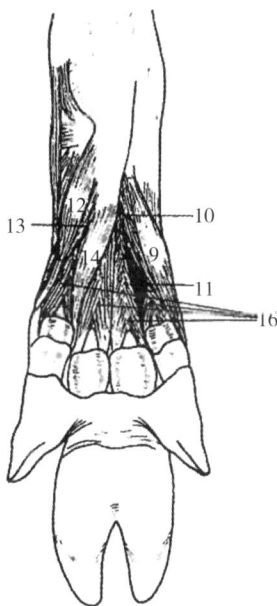

D　左前足肌，掌侧观（猪）

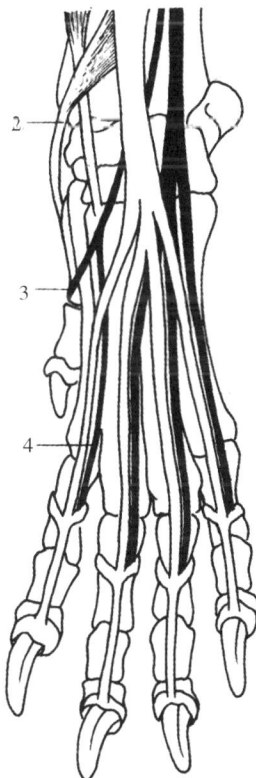

E　左前足的肌腱，
背侧观（犬）

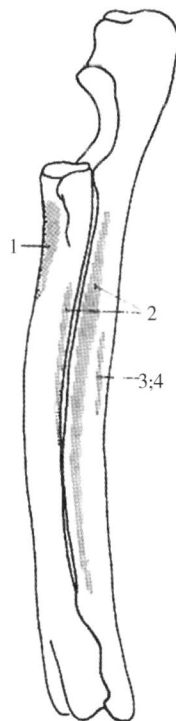

F　左前臂骨，
外侧观（犬）

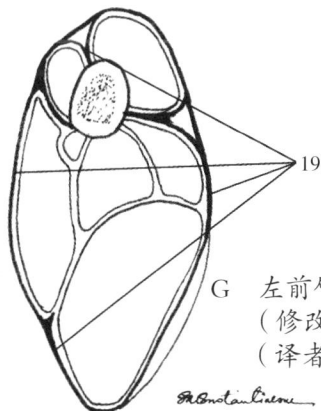

G　左前臂横切面，近侧观（犬）
（修改自R.Barone）
（译者注：原著为右前臂）

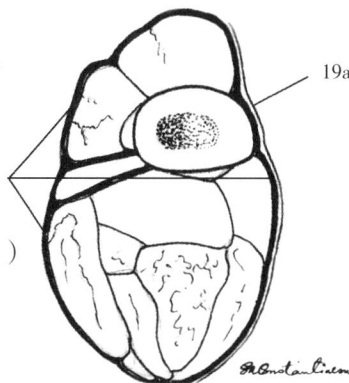

H　左前臂横切面，近侧观（马）

1 前足背侧筋膜 Fascia dorsalis manus. 容纳和包裹前足部背侧各腱。 D

2 伸肌支持带 Retinaculum extensorum. 横跨腕部背侧，包容各伸肌腱的筋膜带。 A

3 前足掌侧筋膜* Fascia palmaris manus. 容纳和包裹前足掌侧各结构的筋膜带。 D

4 屈肌支持带 Retinaculum flexorum. 从内侧腕骨到副腕骨的特别增厚的横向筋膜带。在马和反刍动物具有双层结构而形成两个腕管：浅和深［固有］腕管。 B

5 腕管 Canalis carpi. 位于近列腕骨和屈肌支持带之间的管道。见上条和86页第7条。

6 指筋膜* Fascia digiti. 分为浅层和深层，其中深层构成环状韧带。 CE

7 掌浅横韧带［掌侧环状韧带］* Lig. metacarpeum transversum superficiale [Lig. annulare palmare]. 掌指区的筋膜在掌侧面的增厚部分，横向。在反刍动物和马分浅、深两层。它常被解剖学家或临床医生称为掌侧环状韧带。 CEF

8 指纤维鞘 Vaginae fibrosae digitorum manus. 为指筋膜在掌侧横向跨越的纤维。 C

9 纤维鞘环状部［指环状韧带］ Pars anularis vaginae fibrosae [Lig. anulare digiti]. 具有横向纤维的增强部分，有近侧（9）和远侧环状韧带（9a），马的近侧环状韧带在近指节骨上有远侧和近侧对称的附着点，不与掌侧环状韧带分离。 CE

10 纤维鞘交叉部 Pars cruciformis vaginae fibrosae. 含有交叉纤维的薄弱部分，但在马近侧交叉部强厚并与近侧指环状韧带的两个对称的附着点组成一四边形膜片，而远侧交叉部则与远侧指环状韧带的两个对称性附着点形成新月形膜。 CE

11 近纤维软骨板 Scutum proximale. 掌侧韧带的纤维软骨性的掌侧面，为指深屈肌腱提供滑动面。 F

12 中纤维软骨板 Scutum medium. 被覆在中指节骨近侧部掌侧面的纤维软骨板，并可向上高过中指节骨，为指深屈肌腱提供滑动面。指浅屈肌腱附着于该板。在牛和马球节的总腱鞘和屈肌腱筒之间尚有数条腱纽。 F

13 远纤维软骨板 Scutum distale. 覆盖远籽骨掌侧面的纤维软骨板，它也向近侧超过远籽骨并附着于中指节骨的掌侧面，向外侧融入舟状骨侧副韧带。远纤维软骨板为每一条指深屈肌腱提供滑动面。 F

14 指腱滑膜鞘 Vaginae synoviales tendinum digitorum manus. 围绕在每一指的指浅、指深屈肌腱的远腱滑膜鞘，分布范围从掌远侧部到中指节骨的中部。见134页17条。

15 腱纽 Vincula tendinum. 马富含血管的支持纤维，从指深屈肌腱到籽骨直韧带中部。在牛后肢的趾腱滑膜鞘也发现一条腱纽。 F

16 后肢［盆肢］肌 MUSCULI MEMBRI PELVINI.

17 髂腰肌 M. iliopsoas. 由腰大肌和髂肌组成，向后抵止于小转子，可屈髋和旋外髋关节。 G

18 髂肌 M. iliacus. 从髂筋膜（长头）和髂骨体（短头）到小转子。在腹侧面形成沟槽供腰大肌通过。 G

19 腰大肌[1] M. psoas major. 从腰椎椎体和横突到小转子，也附着在最后两个胸椎和肋，向前体积变大。 G

20 腰小肌[1] M. psoas minor. 在腰大肌的腹内侧，以肉质附着于腰椎和后3~4个胸椎椎体，以长腱附着于髂骨的腰小肌结节（犬为弓状线）。 G

1）：两肌均可作为屈髋、屈脊柱的肌肉，在后腿直立的情况下，肌肉的作用是不同的，可转换角色，因此肌肉的起止点也是可以转换的，故而采用"附着"一词代替起点和止点。

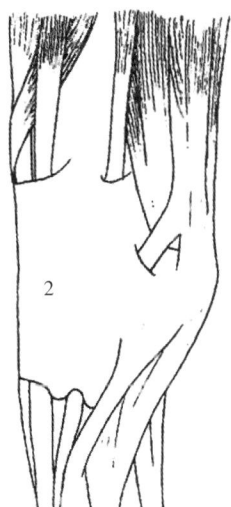

A 左前肢伸肌支持带，
背外侧观（马）

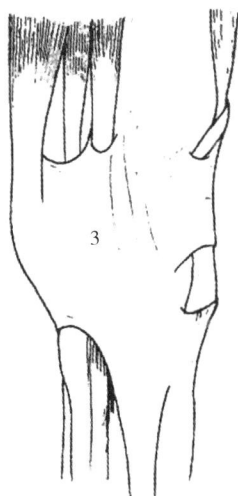

B 左前肢屈肌支持带，
内侧观（马）

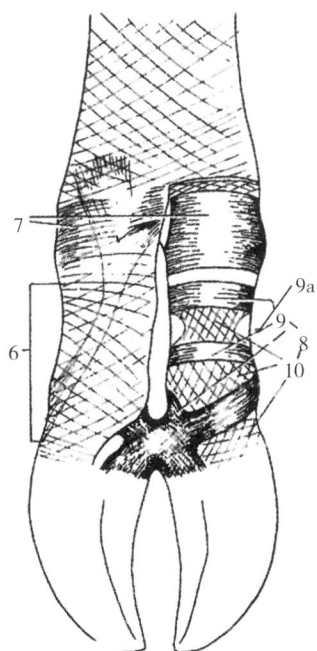

C 指筋膜，掌侧观（牛）

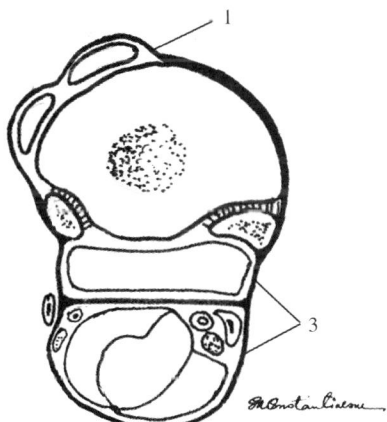

D 左掌部横切面，
近侧观（马）

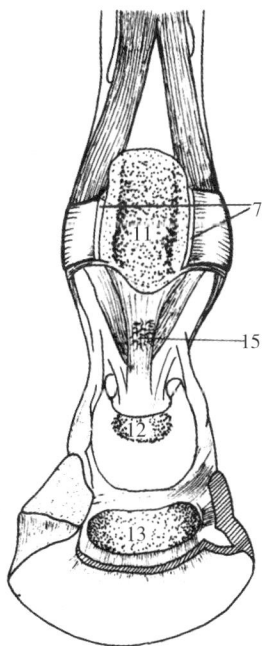

E 指筋膜，掌侧观（马）

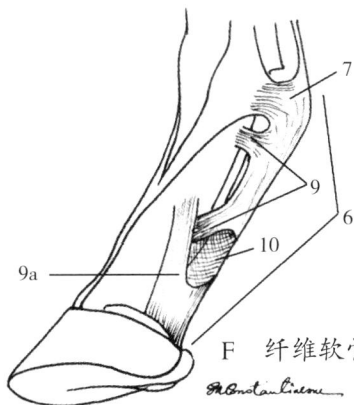

F 纤维软骨板和腱纽，掌侧观（马）

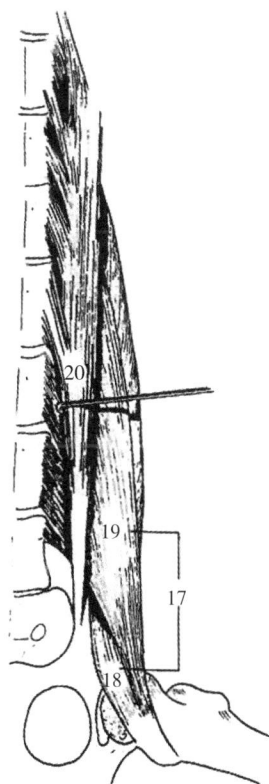

G 左侧髂腰肌和腰小肌，
腹侧观（犬）

1　臀浅肌　M. gluteus [glutaeus] superficialis.　在臀中肌后面，起自臀筋膜和荐骨，抵止于臀肌粗隆（肉食动物）或第3转子（马）。在猪和反刍动物，则与臀二头肌合并。在马，该肌有一前头，起自阔筋膜张肌。在肉食动物伸髋，在马为屈髋。　AFG

2　臀股肌　M. gluteofemoralis [glutaeo-].　猫的该肌位于臀浅肌后方，起于前几个尾椎，到阔筋膜浅层。旧称尾股肌或小腿前外侧展肌，可伸或外展髋关节。　A

3　臀二头肌　M. gluteobiceps [glutaeobiceps].　在猪和反刍动物，由臀浅肌和股二头肌前部融合而成，可伸髋关节。B（译者注：在国内教科书称为臀股二头肌。）

4　臀中肌　M. gluteus [glutaeus] medium.　髋关节的大型肌。前端附着于髂骨的臀筋膜，在有蹄类还附着于最长肌，向后附着于大转子。在动物行进中可伸髋。在马还有直立躯体的作用。　ABEFG（见122页的页下注。）

5　臀副肌　M. gluteus [glutaeus] accessorius.　在有蹄类位于臀中肌的深部。　D（Barone曾报道虽然该肌在肉食动物与臀中肌紧密融合在一起，但其与臀中肌在大转子的附着部却易于区分，以致其相应的肌腹部分也易于区分开 [Barone，1999，p861]。）

6　臀深肌　M. gluteus [glutaeus] profundus.　附着于髂骨体和坐骨棘，在肉食动物、猪和马抵止于大转子前部，在反刍动物抵止处稍远。可外展髋关节。　CDEG

7　阔筋膜张肌*　M. tensor fasciae latae.　从髋结节到阔筋膜的扇形肌，可屈髋和紧张阔筋膜。　AB

8　梨状肌　M. piriformis.　在肉食动物，位于臀中肌后部的深侧。从荐骨和荐结节韧带（犬）到大转子。在有蹄类，它是臀中肌的一部分（相互间不完全分隔），抵止于转子间嵴。由于其不同的肌纤维方向和附着点而易于辨识。伸髋关节。　C

9　闭孔内肌　M. obturatorius internus.　起自坐骨、耻骨，在马还有髂骨体的内侧面，其腱越过坐骨小切迹抵止于转子窝。这一名词应该仅指肉食动物和马的该肌。接受坐骨神经支配，可旋外髋关节。　CF

10　孖肌　Mm. gemelli.　抵止于股骨转子窝的一对孪生肌，起于坐骨外侧缘，可旋外髋关节。　CEF

11　股方肌　M. quadratus femoris.　起自坐骨腹侧面，抵止于转子窝下方，可旋外髋关节。　CF

12　缝匠肌　M. sartorius.　起自髂筋膜（有蹄类）以及髂骨体（猪）或髋结节（肉食动物），借助小腿筋膜抵止于胫骨近侧部的内侧面。可屈髋关节，在有蹄类内收髋关节。　AE

13　前部（犬）　Pars cranialis.　C

14　后部（犬）　Pars caudalis.　C

15　髋关节肌（肉食动物、马）　M. articularis coxae.　小型肌，在股直肌深侧，跨越髋关节。　DEG

16　股四头肌　M. quadriceps femoris.　股前部的大肌群。具有4个汇聚于膝盖骨的头，并通过膝韧带终止于胫骨粗隆，可伸膝关节。　CD

17　股直肌　M. rectus femoris.　起自髋臼的前方，既可伸膝关节，又可屈髋关节。　CDE

18　股外侧肌　M. vastus lateralis.　起自股骨近侧部的前外侧面，在反刍动物起自大转子。　CDEG

19　股中间肌　M. vastus intermedius.　起自股骨的前面。　DG

20　股内侧肌　M. vastus medialis.　起自股骨内侧面。　DFG

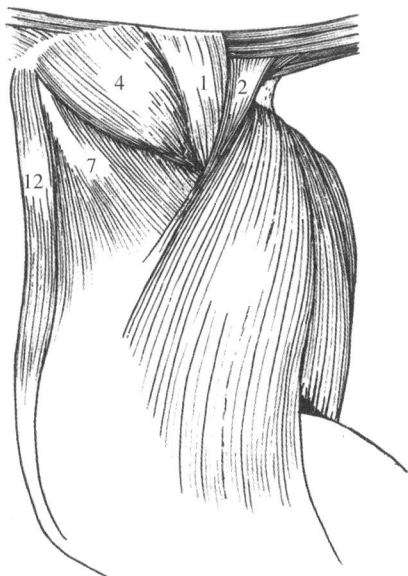

A 左侧臀部和股部肌，外侧观（猫）

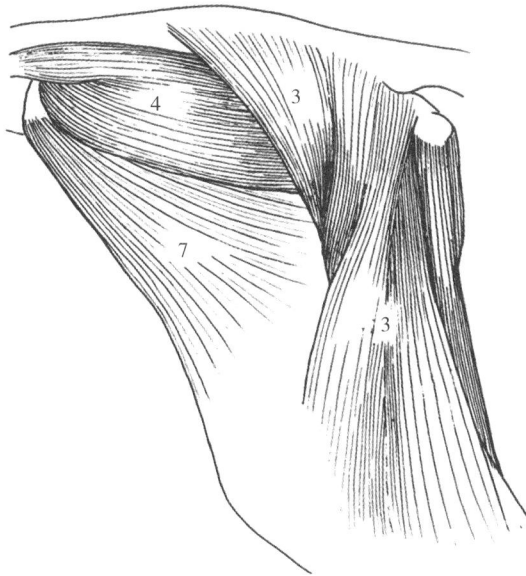

B 左侧臀部和股部肌，外侧观（山羊）

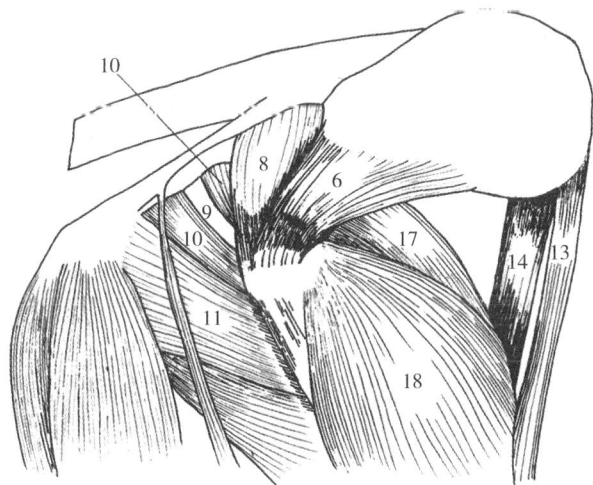

C 右侧臀部和股部深层肌，外侧观（犬）

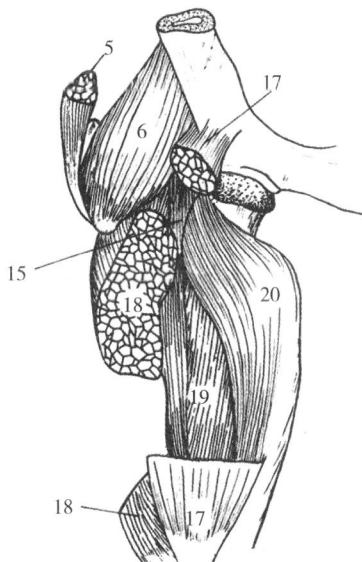

D 右侧臀部和股部深层肌，前面观（马）

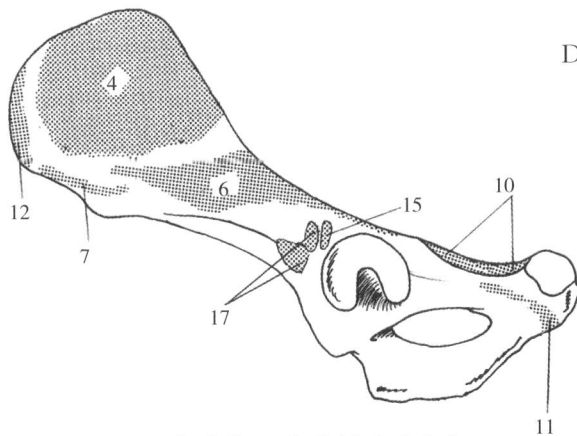

E 左髋骨，外腹侧观（犬）

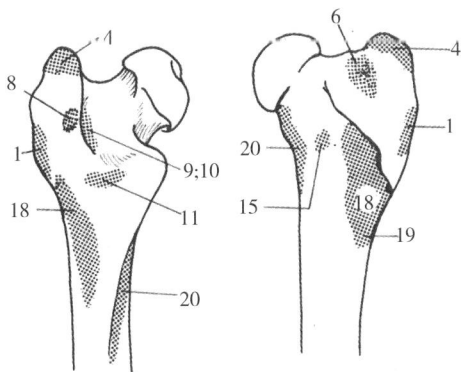

F 左股骨近侧部，后面观（犬）

G 左股骨近侧部，前外侧观（犬）

1　膝关节肌（肉食动物、牛） M. articularis genus.　在股四头肌止点深侧的小肌，可紧张膝关节囊。　B

2　耻骨肌　M. pectineus.　起于对侧和同侧的耻骨梳以及髂耻隆起，抵止于股骨粗面的内侧唇。　C

3　股薄肌　M. gracilis.　大腿浅层宽阔的收肌，借联合腱起自骨盆联合，抵止于小腿近侧部内侧面的小腿筋膜。　C

4　联合腱　Tendo symphysialis.　位于正中矢状面方向的股薄肌和内收肌的起始腱。　C

5　内收肌　M. adductor.　由多至三个部分组成，也可像猪和反刍动物那样由不可分的一个整体组成。　BE

6　长收肌　M. adductor longus.　猫的小型梭状肌，起自耻骨，终止于股骨粗面的内侧唇。在其他动物为耻骨肌的一个部分。　E

7　短收肌　M. adductor brevis.　常与大收肌结合为一体（猫、马及部分犬除外），作为其近侧部。　B

8　大收肌　M. adductor magnus.　常与短收肌结合为一体（猫、马以及部分犬除外）。从联合腱、耻骨后支、坐骨支起始，抵止于股骨粗面，在马还抵止于股骨内侧髁。　B

9　闭孔外肌　M. obturotorius externus.　起自骨盆腹侧面，其腱向外侧止于转子窝。　E

10　盆内部　Pars intrapelvina.　在偶蹄兽起自骨盆底的背侧面，越过闭孔加入闭孔外肌的主部。　C

11　股二头肌*　M. biceps femoris.　以两个头起自荐骨（马）、荐结节阔韧带和坐骨结节，在猪和反刍动物融合了臀浅肌。广泛抵止于阔筋膜、小腿筋膜以及跟总腱外侧面。在该后肢离地的情况下有伸髋和屈膝关节作用，在着地负重时有伸髋伸膝伸跗作用，因而产生推动作用。在马直立躯干过程中也发挥作用[1]。　A

12　小腿后展肌（肉食动物）M. abductor cruris caudalis.　位于股二头肌深侧的狭长带状肌，理论上具有外展后肢的作用。　B

13　半腱肌*　M. semitendinosus.　起于坐骨结节，越过腓肠肌表面，抵止于胫骨近侧部的内侧面和跟总腱。在猪和马还有一附着于荐结节阔韧带的起点。其作用同股二头肌[1]。　ABC

14　半膜肌*　M. semimembranosus.　起自坐骨结节，在马还起自荐结节阔韧带。远附着点在股骨内侧髁和胫骨内侧髁（猪、马除外）。在肉食动物、猪和反刍动物，这些远附着点（止点）是纵向分开的。可伸和内收髋关节和膝关节。除猪和马外，其他动物的半膜肌在负重行进时也有推动作用。在马还有直立躯干的作用[1]。　ABC

15　胫骨前肌　M. tibialis cranialis.　起自胫骨外侧面，向内侧抵止于跗骨和跖骨，可屈跗关节。　DFG

16　趾长伸肌[2]*　M. extensor digitorum [digitalis] longus.　起自股骨伸肌窝，腱分支抵止于每一趾的远趾节骨。在反刍动物，还具有一单独腱到第3趾的内侧部（除抵止于远趾节骨外，也抵止于近趾节骨和中趾节骨），猪的则是第2和3趾。可屈跗关节，伸膝、趾关节。　DFG

17　第3腓骨肌　M. fibularis [peroneus, peronaeus] tertius.　马的已腱化。在偶蹄兽甚发达，在肉食动物甚小，起自伸肌窝，止于跖骨近侧部，可伸膝关节，屈跗关节。在马为互动性的静力装置的一部分。　G

18　第1趾［拇］长伸肌（肉食动物、猪、绵羊）　M. extensor digiti Ⅰ [hallucis] longus.　小巧精致的肌肉，起自腓骨，抵止于跖骨的远内侧部。有轻微的屈跗作用。　F

19　腓骨长肌　M. fibularis [peroneus, peronaeus] longus.　起自胫骨外侧髁和腓骨头，其腱越过跗部外侧面及跖侧面，抵止于内侧跗骨和内侧跖骨的跖侧面，马无此肌。可屈跗关节，在肉食动物旋前（旋内）跗关节。　D

20　趾外侧伸肌　M. extensor digitorum [digitalis] lateralis.　起自腓骨近侧部，在反刍动物为胫骨近侧部；其止点，在马与趾长伸肌腱合并，在肉食动物与趾长伸肌的第5趾分支合并；在猪则独立抵止于第4、5趾；在反刍动物独立抵止于第4趾，连于3个趾节骨上。可伸对应趾的趾关节。　DG

21　腓骨短肌　M. fibularis [peroneus, peronaeus] brevis.　肉食动物有，抵止于第5跖骨的底，为跗关节较弱的屈肌。　D

1）：见 122 页下注。

2）：在马，两条趾伸肌应称为"digitalis"，因为马为单蹄动物。

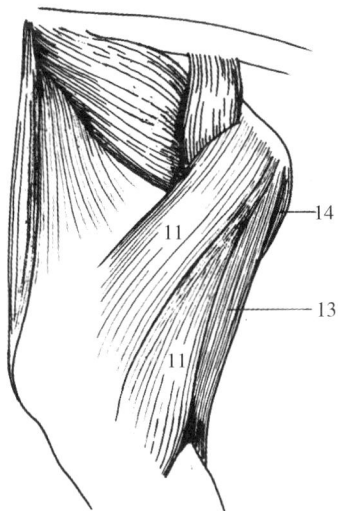

A　左股部肌，外侧观（犬）

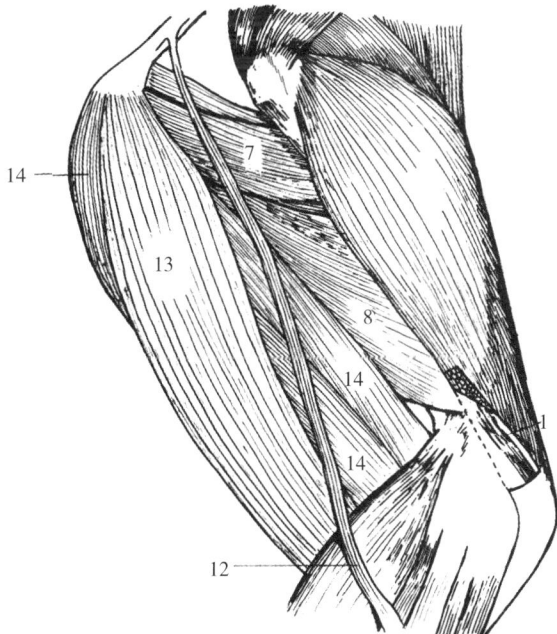

B　右股部肌，外侧观（犬）

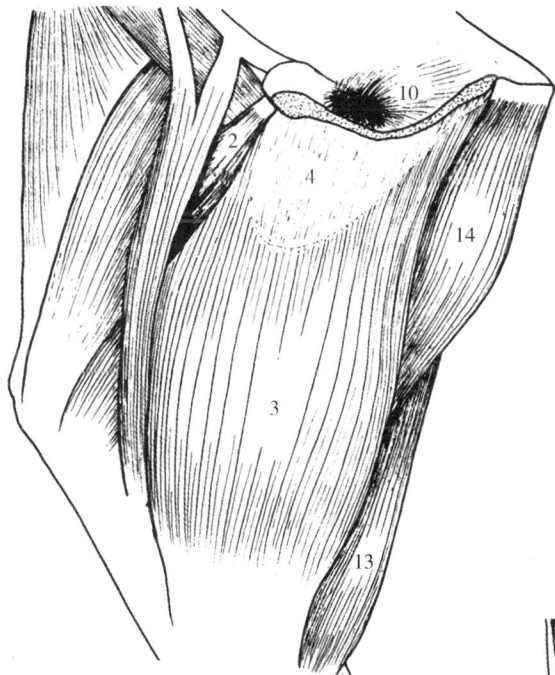

C　右股部肌，内侧观（牛）

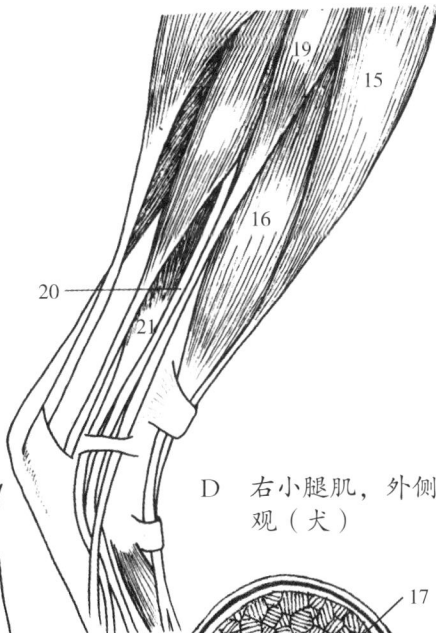

D　右小腿肌，外侧观（犬）

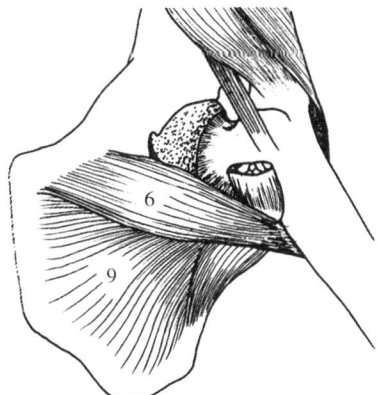

E　左侧的长收肌和闭孔外肌，腹内侧观（猫）

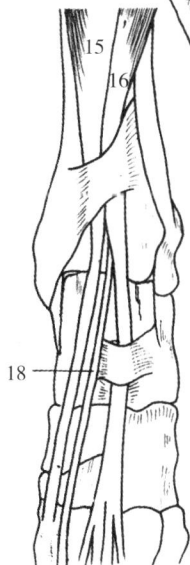

F　左跗部，背侧观（犬）

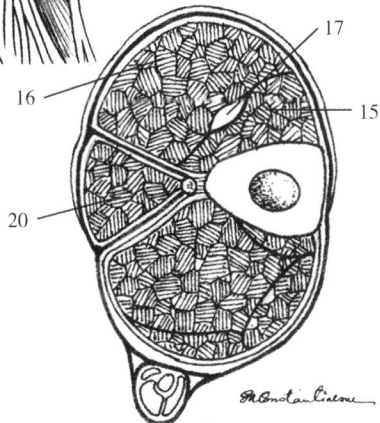

G　左小腿横切面，近侧观（马）

1　小腿三头肌　M. triceps surae.　包括腓肠肌的两个头和比目鱼肌，可屈膝关节和伸跗关节（犬无比目鱼肌）。

2　腓肠肌　M. gastrocnemius.　包括两个头，以长腱抵止于跟结节。　AB

　　3　外侧头　Caput laterale.　起自股骨外侧髁上粗隆。　B

　　4　内侧头　Caput mediale.　起自股骨内侧髁上粗隆。　A

5　比目鱼肌　M. soleus.　起自腓骨（在反刍动物起自胫骨外侧髁），加入腓肠肌外侧头的腱中。犬无此肌。　B

6　跟总腱*　Tendo calcaneus communis.　为小腿三头肌、趾浅屈肌、股二头肌和半腱肌的复合腱，结合紧密并被小腿筋膜固有层包裹，抵止于跟结节。　B

7　趾浅屈肌*　M. flexor digitorum [digitalis] superficialis.　起自股骨髁上窝。其腱与腓肠肌腱向远侧以内-后方向缠绕，并且在其抵达趾的途中附着于跟结节，腱继续下降，抵止于中纤维软骨板。此肌在马腱化。可屈膝关节和趾关节，伸跗关节。在马为互动性静力装置的一部分。　ABDF

8　屈肌腱筒　Manica flexoria.　由趾浅屈肌腱形成的在跖趾关节水平包围相应的趾深屈肌腱的套筒样结构。在反刍动物，每一趾的腱筒由趾浅屈肌腱以及每一趾的骨间肌的腱共同构成。　B

9　腘肌　M. popliteus.　三角形的肌肉，以腱起自腘肌窝，止于胫骨后面远至腘肌线，可屈和旋前[旋内]膝关节。　AC

10　趾深屈肌　Mm. flexores digitorum [digitalis] profundi.　趾外侧屈肌腱和趾内侧屈肌腱（在有蹄类还有胫骨后肌腱）合并成趾深屈肌腱，然后分支抵止于每一趾远趾节骨的屈肌面。可伸跗关节和屈趾关节。　A

11　趾外侧屈肌　M. flexor digitorum [digitalis] lateralis.　趾伸屈肌的主要部分，起自胫骨和腓骨的后面（反刍动物仅为胫骨后面）。向下越过载距突。　ABC

12　趾内侧屈肌　M. flexor digitorum [digitalis] medialis.　起于趾外侧屈肌和腘肌之间，其腱在跗关节以远加入趾深屈肌腱。　AC

13　胫骨后肌　M. tibialis caudalis.　是趾深屈肌的一个小头。但肉食动物除外。在肉食动物，此肌的腱独立地抵止于跗部的内侧面上，并不参与形成趾深屈肌总腱。　AC

14　总腱　Tendo communis.　趾深屈肌各部的总腱。　ABDF

15　副韧带　Lig. accessorium.　为马跗跖侧韧带到趾深屈肌腱的纤维性延续，为后肢被动悬挂的静力装置的一部分。　B（旧称趾深屈肌的腱头，也曾一度称为"远牵制韧带"，为趾深屈肌副韧带的别名。）

16　屈肌间肌　Mm. interflexorii.　为起自趾深屈肌腱跖侧面到趾浅屈肌腱的2个（犬）或3个（猫）纤维束。

17　趾短伸肌*　M. extensor digitorum [digitalis] brevis.　从跗部到趾长伸肌（在马还到趾外侧伸肌）。　B

18　第1趾[拇]展肌　M. abductor digiti Ⅰ [hullucis].　在犬如果出现第1趾，则位于第1跖骨跖侧面的内侧部。　E

19　第1趾[拇]短屈肌　M. flexor digiti Ⅰ [hullucis] brevis.　在犬如出现第1趾，则该肌位于第1跖骨跖侧面的中间部。　E

20　第1趾[拇]收肌　M. adductor digiti Ⅰ [hullucis].　在犬如果出现第1趾，则该肌位于第1跖骨跖侧面偏外侧的区域。　E

21　第2趾展肌　M. abductor digiti Ⅱ.　在猪，起自跗部跖侧面，到第2趾近趾节骨。　F

22　第2趾收肌　M. adductor digiti Ⅱ.　在肉食动物和猪，起自跗跖侧韧带，到第2趾近趾节骨的轴侧面。　EF

23　第5趾展肌　M. abductor digiti Ⅴ.　在猪起自跗外侧部，止于第5趾近趾节骨。　F

24　第5趾收肌　M. adductor digiti Ⅴ.　在肉食动物和猪，起自跗跖侧韧带，到第5趾近趾节骨的轴侧面。　EF

25　趾短屈肌　M. flexor digitorum [digitalis] brevis.　从趾浅屈肌腱的深面起始，到跖趾关节区，在猫尤为明显。　D

26　跖方肌[副屈肌]　M. quatratus plantae [M. flexor accessorius].　在犬，起自跟骨，到趾深屈肌腱。　D

27　蚓状肌　Mm. lumbricales.　在肉食动物，起自趾深屈肌腱，止于第3、4、5趾的近趾节骨，马的此肌不发达。　D

28　骨间肌　Mm. interossei.　从跖骨跖侧面到近籽骨，在马也称悬韧带，是被动悬挂的静力装置的一部分。在马仅有一条骨间肌（Ⅲ），在反刍动物有两条合并的（Ⅲ和Ⅳ）骨间肌。　D，另见120页16条。

B 左小腿肌，外侧观（马）

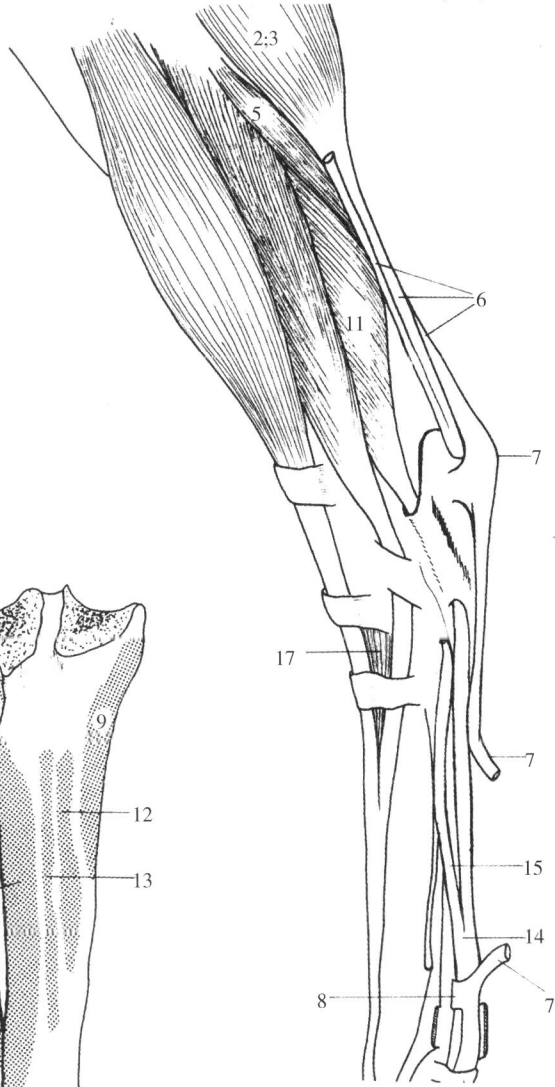

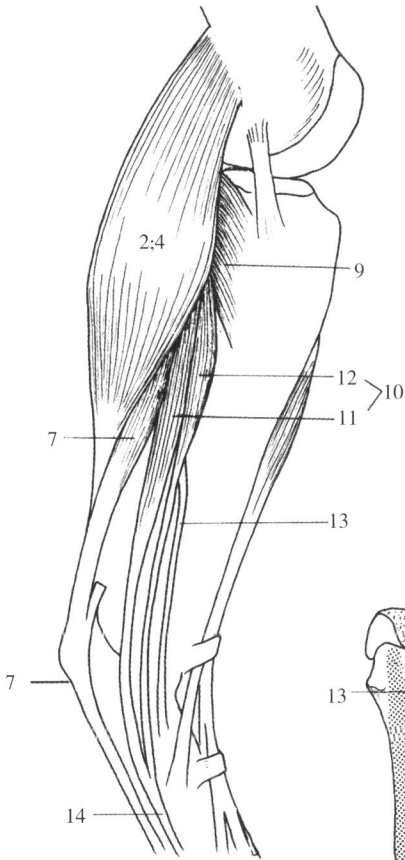

A 左小腿肌，内侧观（犬）

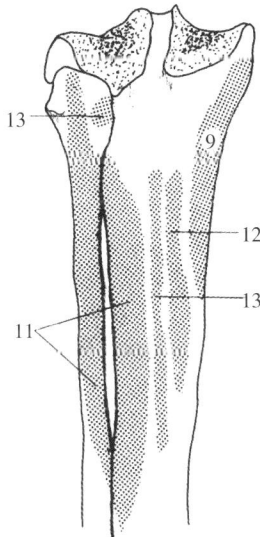

C 左小腿骨局部，后面观（犬）

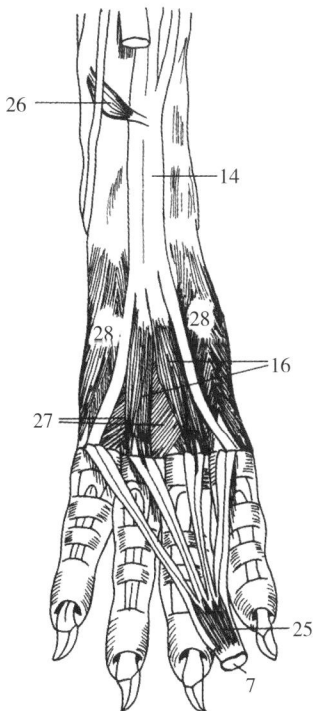

D 左后足肌，跖侧观（犬）　　E 左后足肌，跖侧观（犬）　　F 左后足肌，跖侧观（猪）

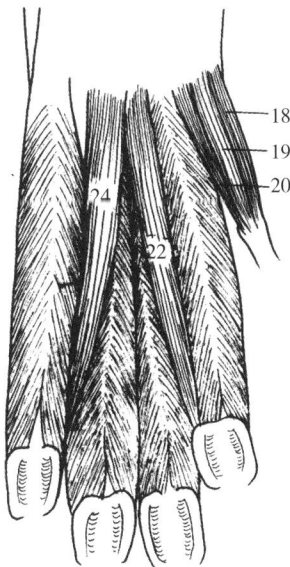

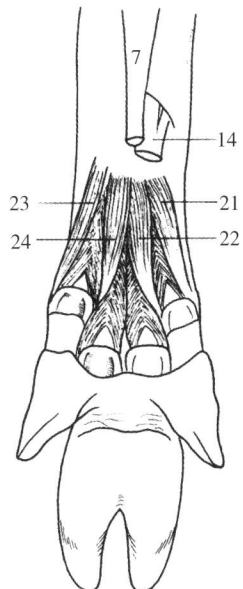

1 臀筋膜 Fascia glutea [glutaea]. 增厚的深筋膜，由胸腰筋膜延续而来，覆盖臀肌，臀肌部分地起始于此筋膜。 A

2 阔筋膜 Fascia lata. 为臀筋膜向大腿外侧面的延续，覆盖小腿的则另有名称。阔筋膜张肌抵止于此筋膜。 A

2a 浅层 Lamina superficialis. 紧密覆盖在股后外侧肌肉表面，并延续为小腿筋膜浅层。

2b 深层 Lamina profunda. 在股后外侧肌肉下延伸，并延续为小腿筋膜深层。

3 髂筋膜 Fascia iliaca. 与腰肌和髂肌有关，为腹横筋膜向背侧的延续。 B

4 肌腔隙 Lacuna musculorum. 在髂骨和腹股沟韧带之间的供缝匠肌和髂腰肌通过的空隙。 B

5 血管腔隙 Lacuna vasorum. 在腹股沟韧带和髂骨之间供血管通过的空隙，在肌腔隙的后内侧。 B

6 股环 Anulus femoralis. 在腹股沟韧带处供腹腔内血管进入股管的环状入口。 B

7 股管隔 septum femorale. 跨过入口进入股管的结缔组织，为股板的一部分。 B

8 股三角 Trigonum femorale. 由前侧的缝匠肌、后侧的耻骨肌、深侧的髂腰肌，以及浅侧的股板围成的三角，供血管通过。 B

9 股管 Canalis femoralis. 位于股部内侧，含有股血管，在马还有腹股沟深淋巴结。 B

10 小腿筋膜 Fascia cruris. 为股部肌肉提供附着点，发出肌间隔束缚小腿部肌肉。 C

10a 浅层 Lamina superficialis. 包围小腿前部的肌肉。

10b 深层 Lamina profunda. 包围小腿后部深侧的肌肉。

10c 固有层 Lamina propria. 包围整个小腿并形成支持带。

11 小腿伸肌支持带 Retinaculum extensorum crurale. 小腿筋膜固有层中束缚趾长伸肌、胫骨前肌和第3腓骨肌的横向支持带。 DEF

12 跗伸肌支持带 Retinaculum extensorum tarsale. 小腿筋膜固有层在跗部形成的支持带，束缚趾长伸肌。反刍动物缺如。 DEF

13 跖伸肌支持带 Retinaculum extensorum metatarsale. 在马和反刍动物，为起自小腿筋膜固有层的跖部支持带，束缚趾长伸肌腱、趾外侧伸肌腱及趾短伸肌腱。 D

14 腓骨诸肌支持带 Retinaculum mm. fibularium [peron(a)ei]. 在肉食动物，在跗部束缚腓骨诸肌以及趾外侧伸肌的支持带。 E

15 屈肌支持带 Retinaculum flexorum. 跖侧支持带，于跗部束缚趾深屈肌。 F

16 后足背侧筋膜 Fascia dorsalis pedis. 束缚并插入足背侧的腱之间。 G

17 足底筋膜* Fascia planteris. 束缚并插入足底结构之间。 G

18 趾筋膜* Fascia digiti. 见122页6条。

19 跖浅横韧带［足底环状韧带］* Lig. metatarseum transversum superficiale [Lig. anulare plantare]. 见122页7条。

20 趾纤维鞘 Vaginae fibrosae digitorum pedis. 见122页8条。

21 纤维鞘环状部［趾环状韧带］ Pars anularis vaginae fibrosae [Lig. anulare digiti]. 见122页9条。

22 纤维鞘交叉部 Pars cruciformis vaginae fibrosae. 见122页10条。

23 近纤维软骨板 Scutum proximale. 见122页11条。

24 中纤维软骨板 Scutum medium. 见122页12条。

25 远纤维软骨板 Scutum distale. 见122页13条。

26 趾腱滑膜鞘 Vaginae synoviales tendinum digitorum pedis. 见122页14条。

27 腱纽 Vincula tendinum. 见122页15条。

A　左臀筋膜和股筋膜（牛）

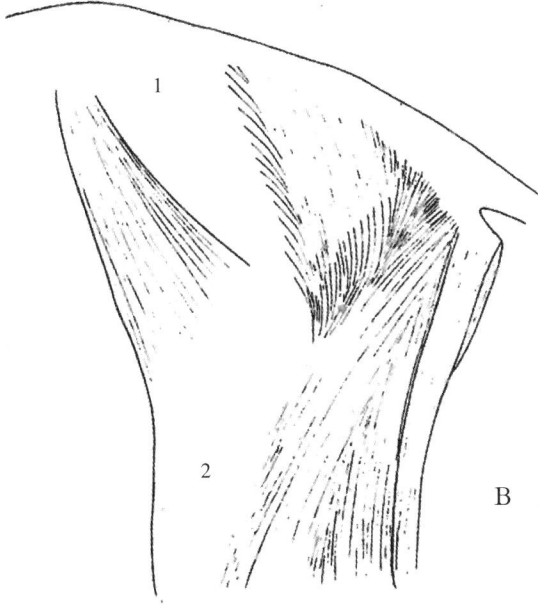

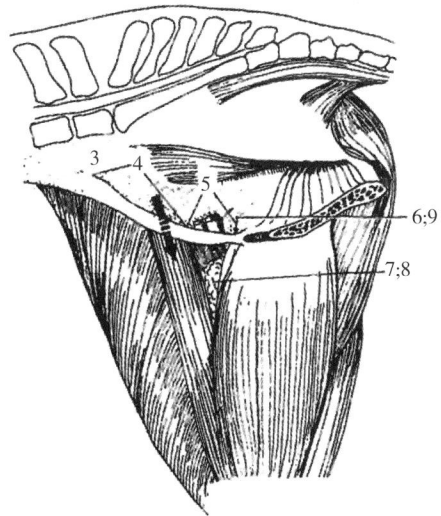

B　盆（正中矢状切面）和右股，内侧观（马）

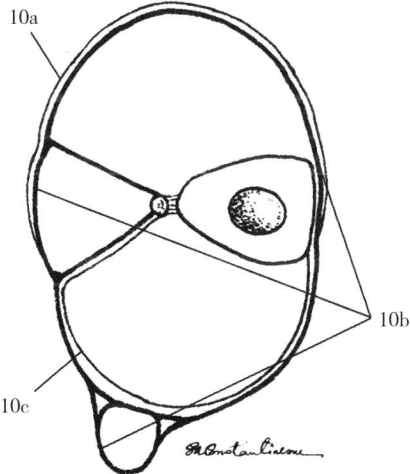

C　左小腿横切面，近侧观（马）

D　左跗，外侧观（马）

E　左跗，外侧观（犬）

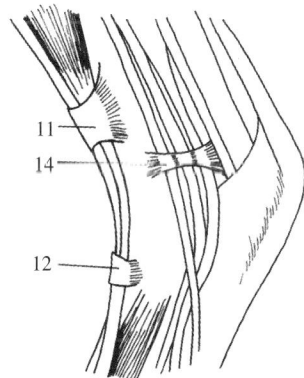

F　左跗，内侧观（犬）

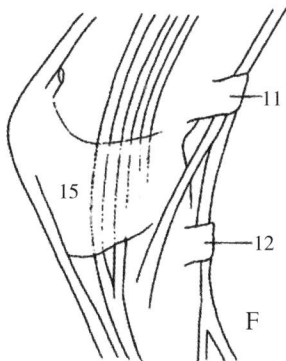

G　左跖横切面，近侧观（马）

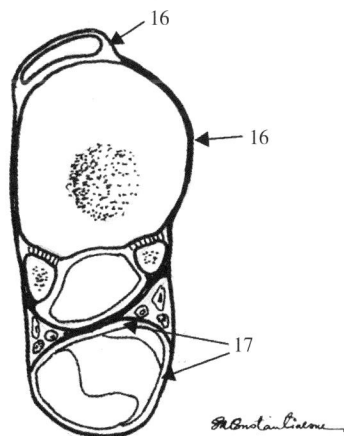

1 **头、颈、躯干的滑膜囊和滑膜鞘** Bursae et vaginae synoviales capitis, colli et trunci. 头、颈、躯干的滑膜囊和腱鞘（tendon sheath）。

2 上斜肌滑膜鞘 Vag. synovialis m. obliqui dorsalis. 包绕于上斜肌接触滑车处的腱表面（见眼球肌）。

3 腭帆张肌囊 B. m. tensoris veli palatini. 腭帆张肌腱在绕过翼骨钩时附带的滑膜囊。 A

4 二腹肌腱鞘 Vag. tendinis m. digastrici. 马的包绕在二腹肌中间腱穿过茎突舌骨肌止点腱处的滑膜鞘。 A

5 棘上韧带下囊* B. subligamentosa supraspinalis. 马的位于第2、3、4胸椎棘突与项韧带之间的滑膜囊。 B

6 前项韧带下囊* B. subligamentosa nuchalis cranialis. 马的位于项韧带与寰椎背侧结节处的背侧直肌之间的滑膜囊，不恒定。 B

7 后项韧带下囊* B. subligamentosa nuchalis caudalis. 马以及犬的位于项韧带与枢椎棘突间的滑膜囊，不恒定。 B

8 **前肢［胸肢］的滑膜囊和滑膜鞘** Bursae et vaginae synoviales membri thoracici. 许多滑膜囊不恒定。

9 肩胛前皮下囊（马）* B. subcutanea prescapularis [prae-]. 位于皮肤与冈结节之间。 C

10 三角肌下囊 B. subdeltoidea. 在肉食动物和牛，在三角肌肩峰部深面，在该部越过冈下肌腱表面时。 D

11 喙臂肌腱下囊 B. subtendinea m. coracobrachialis. 有蹄类肩关节内侧喙臂肌起点腱下面的滑膜囊。 E

12 喙臂肌滑膜鞘 Vag. synovialis m. coracobrachialis. 肉食动物喙臂肌起点腱上的滑膜鞘。 F

13 冈下肌腱下囊* B. subtendinea m. infraspinati. 位于冈下肌止点腱与肱骨大结节后部之间。 B

14 冈上肌腱下囊（猪） B. subtendinea m. supraspinati. 位于冈上肌和肱骨大结节之间的滑膜囊。 E

15 肩胛下肌腱下囊 B. subtendinea m. subscapularis. 位于肩胛下肌越过肩关节时的腱下滑膜囊，在肉食动物仅是肩关节囊的一个憩室。 F

16 大圆肌腱下囊（猪） B. subtendinea m. teretis majoris. 位于大圆肌止点腱越过肩关节时的腱下，偶尔也见于犬。 E

17 小圆肌腱下囊 B. subtendinea m. teretis minoris. 在有蹄类，位于小圆肌止点腱与肱骨之间，在冈下肌腱下囊后方。 B

18 结节间滑膜鞘 Vag. synovialis intertubercularis. 在肉食动物、猪和绵羊，臂二头肌在越过肱骨的结节间沟时附带的滑膜腱鞘。 EF

19 结节间囊* B. intertubercularis. 在山羊、牛和马，臂二头肌腱在越过结节间沟时附带的滑膜囊。 B

20 鹰嘴皮下囊 B. subcutanea olecrani. 位于鹰嘴和皮肤之间的滑膜囊。 C

21 鹰嘴腱内囊 B. intratendinea olecrani. 位于臂三头肌内侧头和长头在鹰嘴的止点腱之间。 G

22 臂三头肌腱下囊 B. subtendinea m. tricipitis brachii. 位于臂三头肌止点腱与鹰嘴之间的滑膜囊。 G

23 二头肌桡骨囊 B. bicipitoradialis. 位于桡骨与臂二头肌止点之间的滑膜囊。 G

24 臂肌腱下囊 B. subtendinea m. brachialis. 位于臂肌在桡骨上的止点腱的深面。 G

25 腕前皮下囊 B. subcutanea precarpalis [prae-]. 在反刍动物和马，位于腕背侧面皮肤深面的滑膜囊。 C

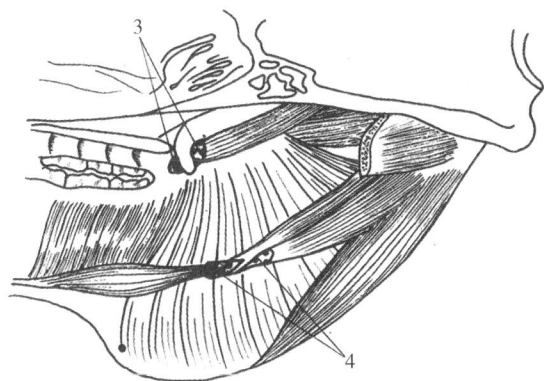

A 右侧腭帆张肌囊和二腹肌滑膜鞘，内侧观（马）

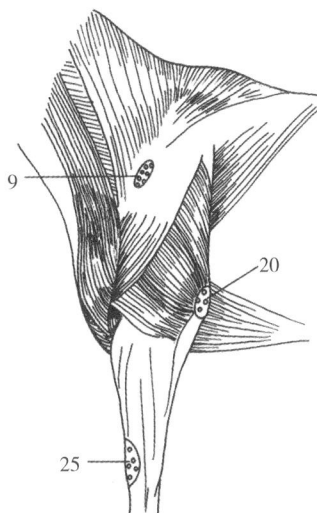

C 前肢的皮下囊（马）

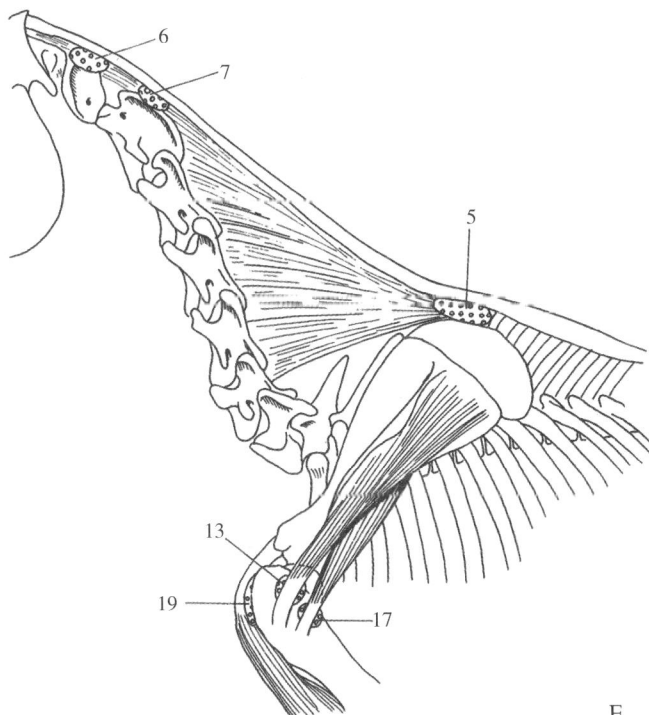

B 颈和左肩滑膜囊（马）

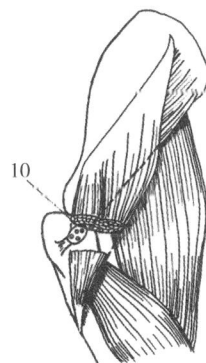

D 左三角肌下囊，外侧观（犬）

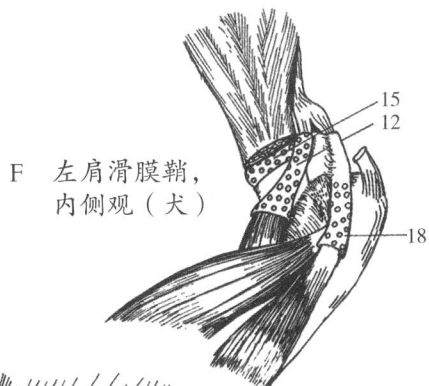

F 左肩滑膜鞘，
内侧观（犬）

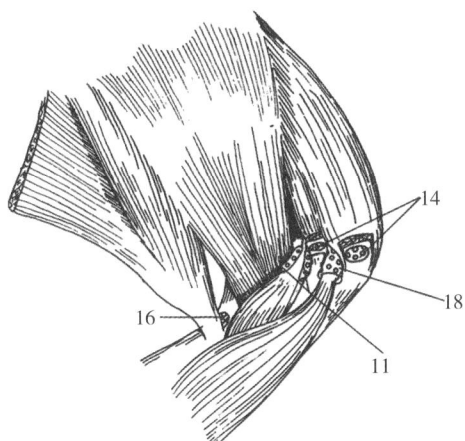

E 左肩部囊，内侧观（猪）

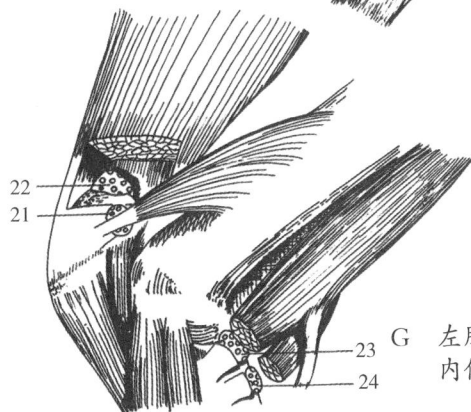

G 左肘的滑膜囊，
内侧观（马）

1 第1指［拇］长展肌［腕斜伸肌］腱鞘 Vag. tendinis m. abductoris digiti Ⅰ [pollicis] longi [m. extenoris carpi obliqui]. 在该肌止点腱越过腕部背内侧面时附带的滑膜鞘。 BC

2 第1指［拇］长展肌［腕斜伸肌］腱下囊（牛、马） B. subtendinea m. abductor digiti I [pollicis] longi [m. extensoris carpi obliqui]. 腱下滑膜囊，远于该腱的滑膜鞘，接近腱的抵止点。 C

3 腕桡侧伸肌腱鞘 Vag. tendinis m. extensoris carpi radialis. 围绕在腕桡侧伸肌止点腱或其多个止点腱（肉食动物），在其越过桡骨前面内侧部和腕部背侧面时的滑膜鞘。 ABC

4 指总伸肌腱鞘 Vag. tendinis m. extensori digit. communis. 指总伸肌腱在越过桡骨前面或腕部背侧面时附带的滑膜鞘。 AB

5 指外侧伸肌腱鞘 Vag. tendinis m. extensoris digit. lateralis manus. 在该肌腱越过腕部外侧面时所附带的滑膜鞘。在猪多为两个鞘。 AB

6 腕尺侧伸肌［尺骨外侧肌］腱鞘 Vag. tendinis m. extensoris carpi ulnaris [m. ulnaris lateralis]. 马的腕尺侧伸肌长的止点腱在越过腕部外侧面时表面包绕的滑膜鞘。 A

7 腕尺侧伸肌［尺骨外侧肌］腱下囊 B. subtendinea m. extensoris carpi ulnaris [m. ulnaris lateralis]. 在该肌长的止点腱越过腕部外侧（猪和反刍动物）或尺骨外侧面时（肉食动物）腱下的滑膜囊。 B

8 腕桡侧伸肌腱下囊 B. subtendinea m. extensoris carpi radialis. 反刍动物和马腕桡侧伸肌在掌骨近端背侧面止点腱下的滑膜囊。 BC

9 腕桡侧屈肌腱鞘 Vag. tendinis m. flexoris carpi radialis. 当该肌经过腕掌侧面内侧部时包绕该腱的滑膜鞘。 C

10 屈肌总滑膜鞘 Vag. synovialis communis mm. flexorum. 马的在深腕管及其以近以远水平包绕两个指屈肌腱的总滑膜鞘。 A

11 指深屈肌腱下囊 B. subtendinea m. flexoris digit. profundi. 在肉食动物和猪，位于腕管内指深屈肌腱深侧；在反刍动物，位于深腕管（固有腕管）指深屈肌腱深侧。 C

12 指浅屈肌囊 Bb. m. flexoris digit. superficialis. 在反刍动物，位于两条指浅屈肌腱下（在深腕管和浅腕管内），在猪只有一个浅腱下囊。 C

13 腕尺侧屈肌腱鞘（肉食动物）Vag. tendinis m. flexoris carpi ulnaris. 为包围腕尺侧屈肌在副腕骨止点腱的滑膜腱鞘。 E

14 指总伸肌腱下囊（反刍动物、马）B. subtendinea m. extensoris digit. communis. 在反刍动物，为指总伸肌内侧部的腱与内侧掌指关节背侧面之间的滑膜囊；在马，为指总伸肌腱和掌指关节之间的滑膜囊。 DF

15 指外侧伸肌腱下囊（反刍动物、马）B. subtendinea m. extensoris digit. lateralis manus. 在反刍动物，为指外侧伸肌腱与外侧掌指关节背侧面之间的滑膜囊；在马，为指外侧伸肌腱与掌指关节间的滑膜囊。 AD

16 指总伸肌远腱鞘（反刍动物）Vag. distalis tendinum m. extensoris digit. communis. 该腱鞘从掌指关节上方起始，分支到抵止于第3、4指远指节骨的两条腱上。 D

17 指腱滑膜鞘* Vagg. synovialis tendinum digitorum manus. 前足部总括每一指指浅和指深屈肌腱的滑膜鞘。 AEF

18 前足骨间肌腱下囊 Bb. subtendineae mm. interosseorum manus. 马的前足骨间肌［悬韧带］腱在经过掌指关节侧面并入到指总伸肌腱的途中的腱下滑膜囊。 A

19 前足舟骨囊* Bb. podotrochleares manus. 有蹄类的每一指位于指深屈肌腱和远籽骨之间的滑膜囊。 F

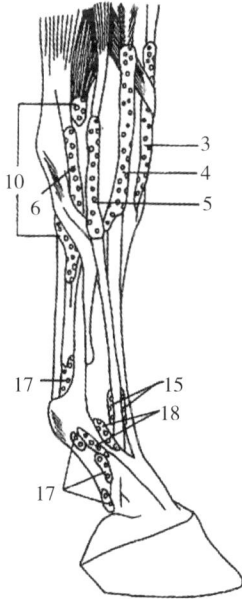

A 右前足滑膜囊和滑膜鞘，
外侧观（马）

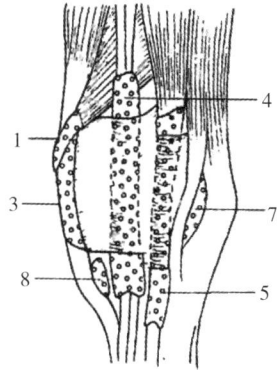

B 左腕部滑膜囊和滑膜鞘，
背外侧观（牛）

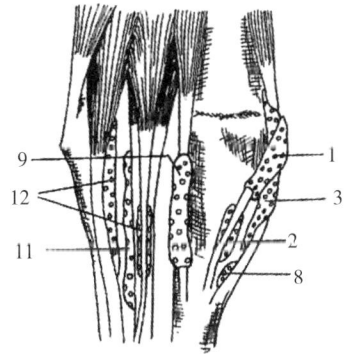

C 左腕部滑膜鞘和滑膜囊，
内侧观（牛）

D 左侧指［趾］部滑膜囊和
滑膜鞘，背侧观（牛）

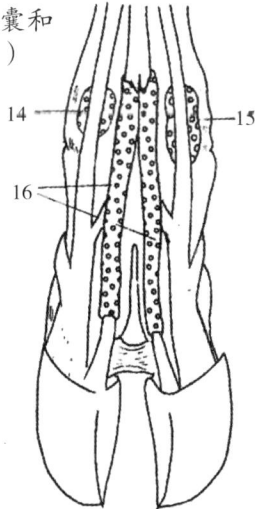

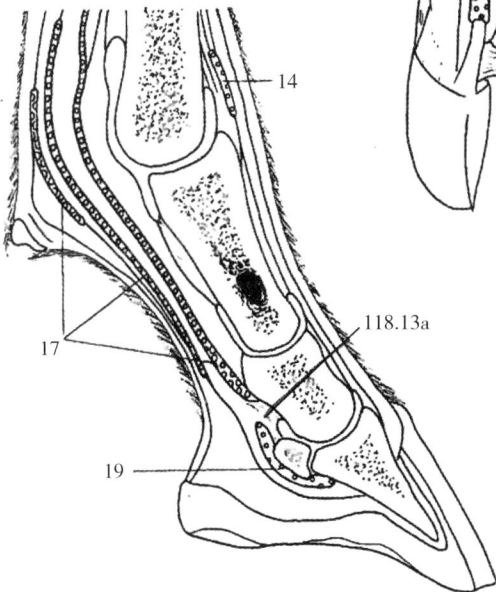

F 指［趾］部滑膜囊和滑膜鞘，矢状切面（马）

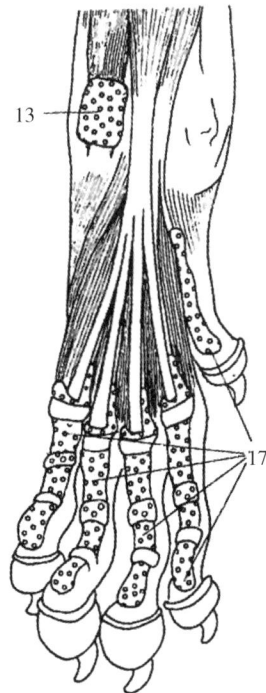

E 左前足的滑膜鞘，掌侧观（犬）

1 后肢［盆肢］的滑膜囊和滑膜鞘 Bursae et vaginae syniviales membri pelvini. 后肢的滑膜囊和腱鞘，下列的许多结构并不恒定出现。

2 转子皮下囊 B. subcutanea trochanterica. 在马，位于皮肤与大转子表面肌肉之间。 A

3 髂［髋］皮下囊 B. subcutanea iliaca [coxalis]. 位于皮肤与髋结节之间的滑膜囊。 A

4 坐骨皮下囊 B. subcutanea ischiadica. 在马位于皮肤和坐骨结节表面的半腱肌之间；在牛和犬位于皮肤和坐骨结节之间。 A

5 臀浅肌转子囊 B. trochanterica m. glutei [glutaei] superficialis. 在马位于臀浅肌止点腱与第3转子之间；在犬位于臀浅肌止点腱与大转子之间。 C

5a 臀中肌转子囊 Bb. trochanterica m. glutei [glutaei] medii. 在猪和反刍动物，在大转子前方有2~3个滑膜囊；在马位于臀中肌在大转子后部抵止点的深侧。

6 臀副肌转子囊（马）Bb. trochanterica m. glutei [glutaei] accessorii. 位于臀副肌在大转子前部抵止腱的深侧。 B

7 臀深肌转子囊 B. trochanterica m. glutei [glutaei] profundi. 在臀深肌止点的深侧。 E

8 闭孔内肌坐骨囊（肉食动物、马）B. ischiadica m. obturatorii interni. 位于闭孔内肌与坐骨小切迹之间的滑膜囊。 F

9 闭孔外肌坐骨囊（猪、反刍动物）B. ischiadica m. obturatorii externi. 位于闭孔外肌盆内部与闭孔外缘之间的滑膜囊。 B

10 闭孔内肌腱下囊（肉食动物、马）B. subtendinea m. obturatorii interni. 在转子窝处闭孔内肌止点腱下的滑膜囊。 F

11 闭孔外肌腱下囊（猪、反刍动物）B. subtendinea m. obturatorii externi. 在转子窝处闭孔外肌止点腱下的滑膜囊。 B

12 股二头肌转子囊 B. trochanterica m. bicipitis femoris. 当该肌越过大转子时在其深侧的滑膜囊。 E

13 半腱肌坐骨囊 B. ischiadica m. semitendinosi. 在马，当该肌越过坐骨结节时在其深侧的滑膜囊。 A

14 股直肌囊 B. m. tecti femoris. 位于该肌起点与髂骨之间的滑膜囊，在犬还位于该肌与股骨体远1/3之间。 F

15 髂肌腱下囊 B. subtendinea iliaca. 此囊在牛（及犬）位于髂腰肌止点腱深面。 E

16 膝盖骨［髌］前皮下囊 B. subcutanea prepatellaris [prae-]. 位于髌骨处皮肤与阔筋膜浅层间的滑膜囊。 A

17 膝盖骨［髌］前筋膜下囊 B. subfascialis prepatellaris [prae-]. 位于膝盖骨处阔筋膜浅层深侧的滑膜囊。 CF

18 膝盖骨［髌］前腱下囊 Bb. subtendineae prepatellaries [prae-]. 位于膝盖骨处股四头肌止点腱深侧的滑膜囊。 CD

19 膝盖骨［髌］下近囊（马）B. infrapatellaris proximalis. 位于膝中间韧带与膝盖骨之间的滑膜囊。 C

20 膝盖骨［髌］下远囊 B. infrapatellaris distalis. 位于膝韧带与胫骨之间。 C

21 胫骨粗隆皮下囊 B. subcutanea tuberositatis tibiae. 位于皮肤和胫骨粗隆间的滑膜囊。 A

22 半腱肌腱下囊 B. subtendinea m. semitendinosi. 位于该肌在胫骨抵止点腱下的滑膜囊。 D

23 股二头肌远腱下囊 B. subtendinea m. bicipitis femoris distalis. 在反刍动物位于该肌越过股骨外侧髁时的深侧，在马位于该肌在膝盖骨外侧部止点腱的深侧。 C

24 腘肌下隐窝 Recessus subpopliteus. 滑膜向腘肌在胫骨外侧髁起点腱下的扩展。 C

25 伸肌下隐窝 Recessus subextensorius. 滑膜向趾长伸肌和第3腓骨肌（肉食动物除外）越过胫骨伸肌沟时的腱下扩展。 C

26 外侧踝皮下囊 B. subcutanea malleoli lateralis. 位于胫骨外侧踝皮下的滑膜囊。 A

27 内侧踝皮下囊 B. subcutanea malleoli medialis. 位于胫骨内侧踝皮下的滑膜囊。 A

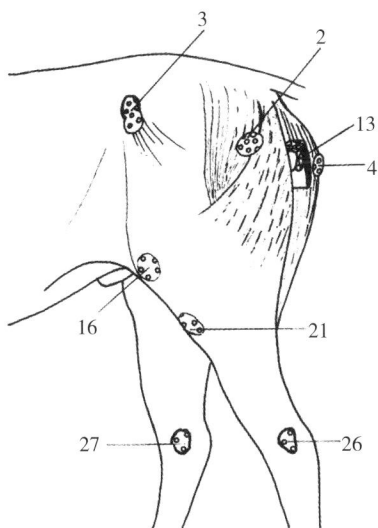

A 后肢的皮下囊（马）

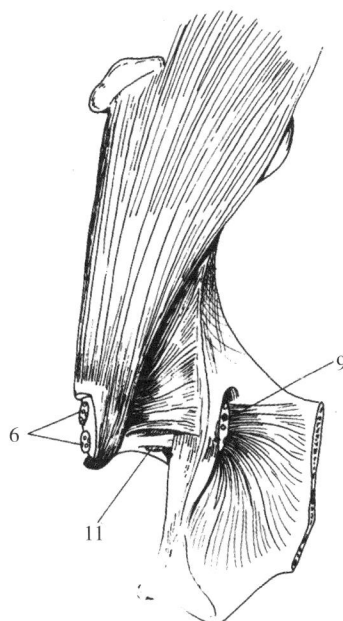

B 左臀的滑膜囊，背侧观（牛）

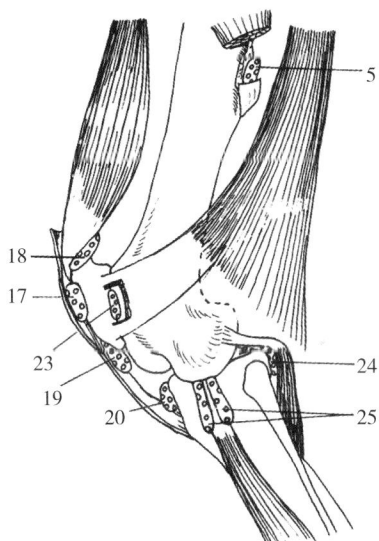

C 左膝滑膜囊和滑膜隐窝，外侧观（马）

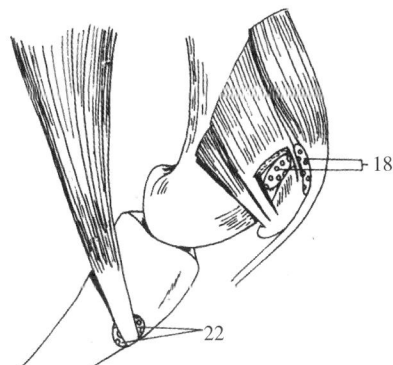

D 左膝滑膜囊，内侧观（马）

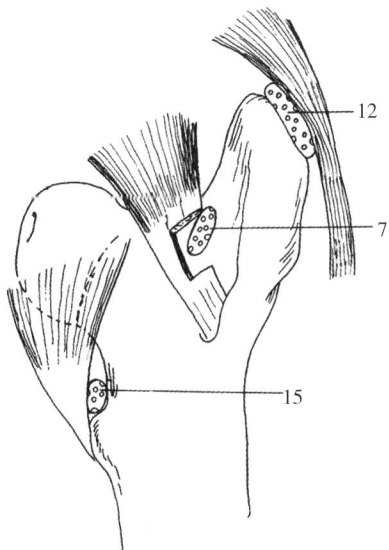

E 左股滑膜囊，前面观（牛）

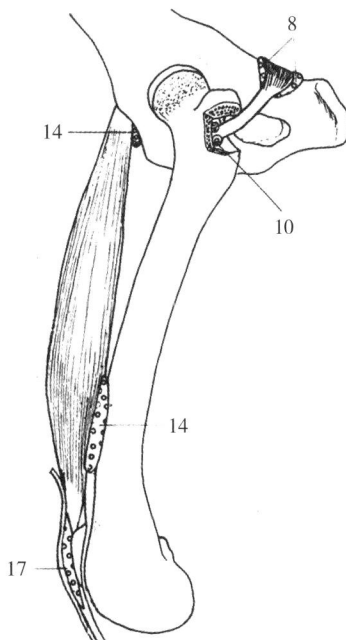

F 左股和膝的滑膜囊，外侧观（犬）

1 胫骨前肌腱鞘　Vag. tendinis m. tibialis cranialis.　在跗部背内侧面包围胫骨前肌止点腱的滑膜鞘。在猪和反刍动物，与第3腓骨肌腱鞘、趾长伸肌腱鞘融合。　BC

2 第3腓骨肌腱鞘（猪、反刍动物）　Vag. tendinis m. fibularis [peron] tertii.　在跗部背侧面包围该肌止点腱的滑膜鞘，与胫骨前肌腱鞘和趾长伸肌腱鞘融合。　D

3 趾长伸肌腱鞘　Vag. tendinum m. extensoris digit. longi.　在跗部背侧面包裹经过的趾长伸肌腱的滑膜鞘，在猪和反刍动物，该腱鞘与胫骨前肌腱鞘、第3腓骨肌腱鞘融合。　AD

4 趾外侧伸肌腱鞘　Vag. tendinis m. extensoris digit. lateralis pedis.　在跗部背外侧面包围经过该处的趾外侧伸肌腱的滑膜鞘，在肉食动物还包围腓骨短肌。　AD

5 胫骨后肌腱鞘（犬）　Vag. tendinis m. tibialis caudalis.　在跗部内侧面包围胫骨后肌止点腱的滑膜鞘。　B

6 趾内侧屈肌腱鞘　Vag. tendinis m. flexoris digit. medialis.　在跗部内侧面包围路经此处的该肌腱，在猪和马向下可与趾外侧屈肌腱鞘相延续。　BC

7 趾外侧屈肌腱鞘　Vag. tendinis m. flexoris digit. lateralis.　在跗部跖侧面包围该肌腱，在有蹄类还包围胫骨后肌腱。在猪和马向下与趾内侧屈肌腱鞘相延续。　BC

8 腓骨长肌外侧腱鞘　Vag. tendinis m. fibularis [peron] longi lateralis.　当该肌腱越过跗部外侧面时包围该肌腱的滑膜鞘。　AD

9 腓骨短肌腱下囊（肉食动物）　B. subtendinea m. fibularis [peron] brevis.　位于该肌止点腱与跗骨外侧面远部之间的滑膜囊。　A

10 胫骨前肌腱下囊　B. subtendinea m. tibialis cranialis.　位于该肌止点腱与跗骨远内侧部之间的滑膜囊。　BC

11 跟骨皮下囊　B. subcutanea calcanea.　位于皮肤与跟结节表面趾浅屈肌腱之间的滑膜囊。　C

12 趾浅屈肌腱下跟骨囊　B. calcanea subtendinea m. flexoris digit. superficialis.　在趾浅屈肌腱跨越跟结节和腓肠肌表面时的腱下囊。在马常与跟腱囊融合。　ABCD

13 跟腱囊　B. tendinis calcanei.　位于小腿三头肌的跟腱的深侧。在马常与趾浅屈肌腱下跟骨囊融合。　ABC

14 腓骨长肌跖侧腱鞘　Vag. tendinis m. fibularis [peron] longi plantaris.　在反刍动物，当该肌的止点腱由外侧转为跖侧后，包围在该腱远侧部的滑膜鞘。在猪和肉食动物则为关节腔的一个憩室。　A

15 腓骨长肌腱下囊（猪、反刍动物）　B. subtendinea m. fibularis [peron] longi.　位于腓骨长肌止点腱和跗骨跖侧远侧部之间的滑膜囊，为关节腔的憩室。　D

16 趾长伸肌腱下囊（反刍动物、马）　B. subtendinea m. extensoris digit. longi.　见134页14条。

17 趾外侧伸肌腱下囊（反刍动物）　B. subtendinea m. extensoris digit. lateralis pedis.　见134页15条，但仅见于反刍动物。

18 趾长伸肌远腱鞘（反刍动物）　Vag. distalis tendinum m. extensoris digit. longi.　见134页16条。

19 趾腱滑膜鞘　Vagg. synoviales tendinum digitorum pedis.　见134页17条。

20 后足骨间肌腱下囊　Bb. subtendineae mm. interosseorum pedis.　见134页18条。

21 后足舟骨囊　Bb. podotrochleares pedis.　见134页19条。

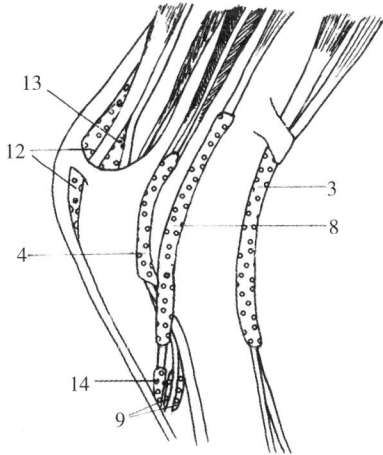

A　右跗部滑膜囊和滑膜鞘，外侧观（犬）

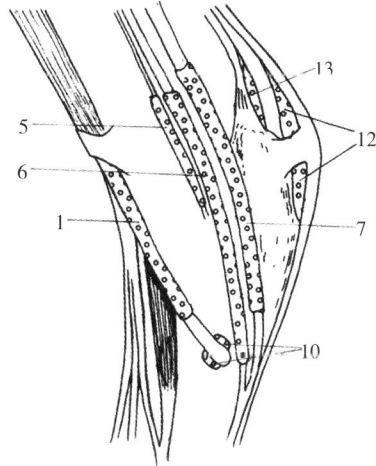

B　右跗部滑膜囊和滑膜鞘，内侧观（犬）

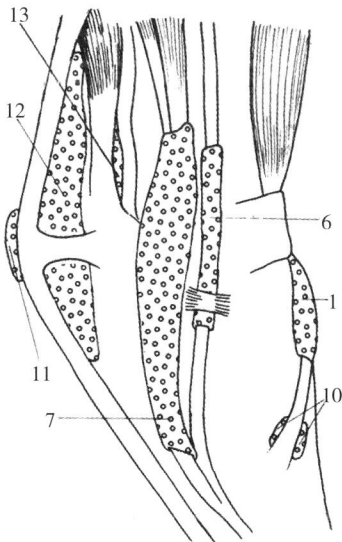

C　左跗部滑膜囊和滑膜鞘，内侧观（牛）

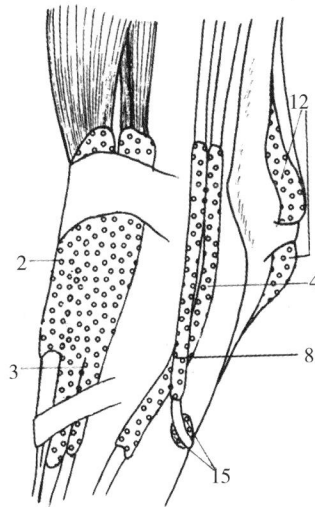

D　左跗部滑膜囊和滑膜鞘，背外侧观（牛）

1　消化系统　SYSTEM DIGESTORIUM
2　口腔　CAVUM ORIS.　C
3　口腔前庭　Vestibulum oris.　位于齿、颊、唇之间的空隙。　CDF
4　口裂　Rima oris.　口腔的入口，唇之间的缝隙，终止于口角。　A
5　口唇　Labia oris.　A

　　6　上唇　Labium superius.　AD
　　7　人中　Philtrum.　从鼻中隔到上唇的正中沟。　A
　　8　下唇　Labium inferius.　AE

9　口角　Angulus oris.　口裂的两端，对称的。　AE
10　颊　Bucca.　A

　　11　颊脂体　Corpus adiposum buccae.　位于咬肌前缘颊肌的表面。　B
　　11a 口旁器官　Organum juxtaorale.　这一无腔且封闭的上皮索见于人、猫、犬、猪以及牛，位于颞肌和颊肌之间，采用大体解剖方法仅能在人体见到。（本信息来源于2005年第5版 N.A.V.，这一结构未在 N.A. 列出，但在1998年由解剖学名词联邦委员会汇编的解剖学名词中出现。）

12　固有口腔　Cavum oris proprium.　由齿和腭舌弓围成的腔。　CF
13　腭　Palatum.　将鼻腔和鼻咽部与口腔和口咽部隔开的隔板。　C

　　14　硬腭　Palatum durum.　内有骨质支持。　CD
　　15　软腭［腭帆］ Palatum molle [Velum palatinum].　腭的后部，柔软。　C
　　16　腭缝　Raphe [Rhaphe] palati.　腭的左、右两半结合形成的正中矢状线。　D

17　舌下外侧隐窝　Recessus sublingualis lateralis.　在舌下左、右对称的空隙。　F
18　口腔黏膜　Tunica mucosa oris.　衬在口腔内表面的黏膜。被覆复层扁平上皮，被许多黏膜下腺体的腺管穿过。
19　上唇系带　Frenulum labii superioris.　连系上唇和齿龈的正中矢状黏膜褶。　G
20　下唇系带　Frenulum labii inferioris.　连系下唇和齿龈的正中矢状黏膜褶。　E
21　齿龈　Gingiva.　附着到齿和齿槽骨的黏膜。　CE
22　齿龈缘　Margo gingivalis.　齿龈的边缘，围绕齿。　CE
23　齿龈乳头［齿间乳头］ Papilla gingivalis [interdentalis].　齿之间小的黏膜突起。　CE
24　齿龈沟　Sulcus gingivalis.　齿龈和齿之间的沟。　CE
25　舌下阜　Caruncula sublingualis.　位于舌系带前外侧的扁平突起，下颌腺管和舌下腺大管（马除外）开口于此。　EF
26　舌下扁桃体　Tonsilla sublingualis.　舌下阜附近的淋巴滤泡。　F
27　舌下襞［褶］ Plica sublingualis.　位于口腔底舌系带外侧的黏膜褶，终于舌下阜。　EF
28　口底器　Organum orobasale.　原始的上皮细胞索或管，起自下门齿后面的黏膜小坑或沟，向深延伸至固有层。　EF
29　腮腺乳头　Papilla parotidea.　腮腺管开口处黏膜上的小突起，正对第2~5颊齿，不同动物位置不同（猫：第2前臼齿；绵羊、山羊和马：第3前臼齿；犬和猪：第3或第4前臼齿；牛：第2臼齿）。　G
30　颧腺乳头（肉食动物） Papilla zygomatica.　从腮腺乳头向后延伸的颊黏膜短的皱褶，其上有正对上臼齿的颧腺管开口。　G
31　腭褶　Rugae palatinae.　硬腭黏膜形成的横向嵴。　CD
32　齿枕　Pulvinus dentalis.　口腔黏膜形成的硬实的板，在反刍动物替代缺失的上切齿。　CD
33　切齿乳头　Papilla incisiva.　在腭缝前端黏膜的隆起，其内隐藏有切齿管的开口。　D
34　唇乳头（犬、反刍动物） Papillae labiales.　在犬位于下唇边缘，在反刍动物为唇内表面角质化的尖锐突起。　C
35　颊乳头（反刍动物） Papillae buccales.　被覆有角质化上皮的颊黏膜突起。　C
36　翼下颌襞　Plica pterygomandibularis.　最后臼齿后方位于腭与下颌之间背腹向的黏膜皱褶。　G

　　再次提示，凡标有"*"者均为具有体格检查或临床介入意义的结构。

A 口区，右前背侧观（绵羊）

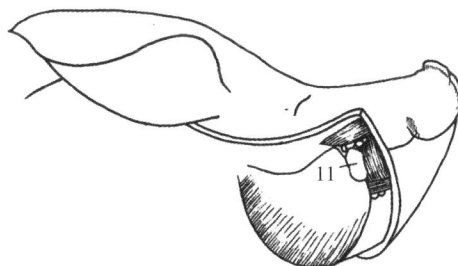

B 颊区，皮肌已去除（猪）

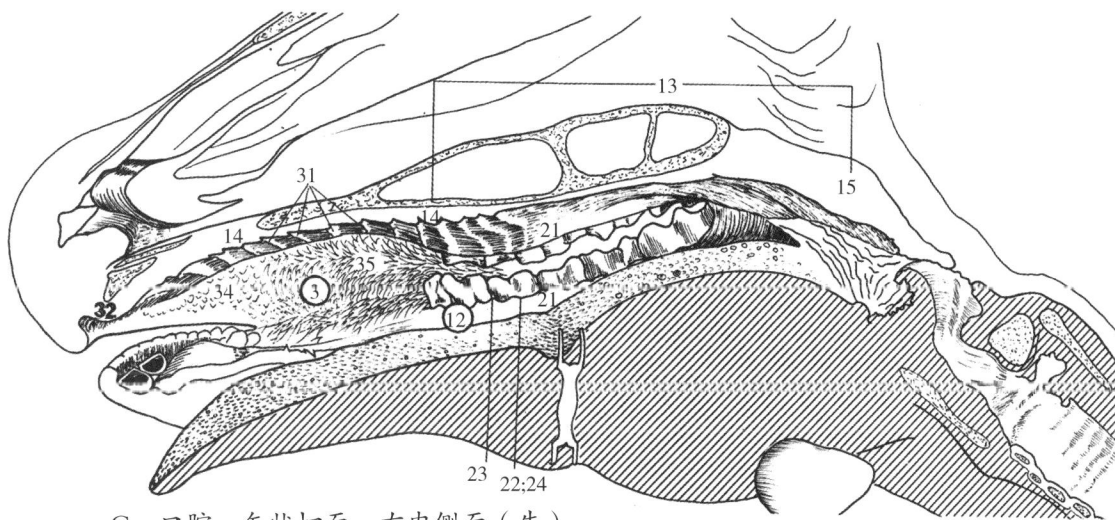

C 口腔，矢状切面，右内侧面（牛）

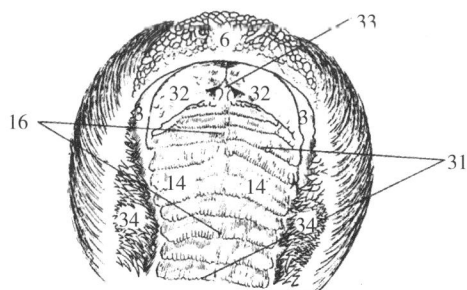

D 硬腭和上唇（牛）

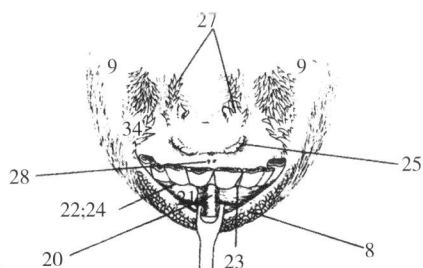

E 舌下隐窝和下唇（牛）

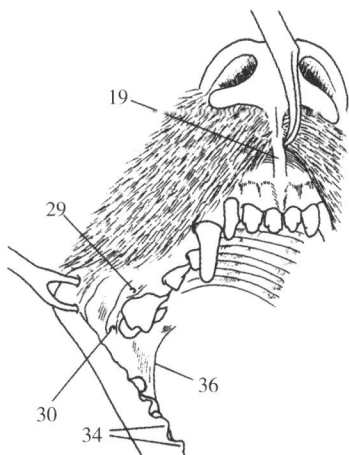

G 右口腔前庭（犬）

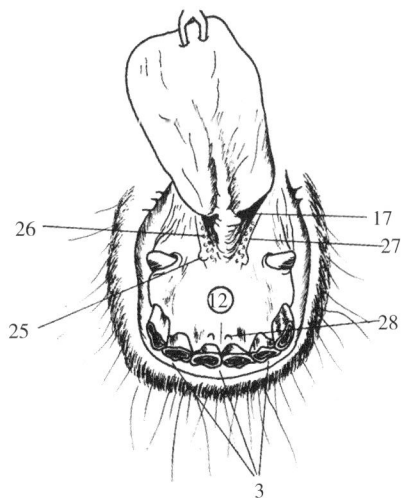

F 舌下隐窝和下唇（马）

1 **口腔腺** Glandulae oris.

2 **小唾液腺** Glandulae salivariae minores.

3 唇腺 Gll. labiales. A

4 颊腺 Gll. buccales.

5 颊背侧腺 Gll. buccales dorsales. 分布于口角和咬肌之间。分为两层，一层在颊肌浅侧，沿上唇动脉分布；另一层被颊肌的浅层遮盖，在肉食动物由颧腺代表。 C

6 颧腺 Gl. zygomatica. 肉食动物的一个大唾液腺，位于颧弓内侧，并与眶骨膜和翼内侧肌接触。 E

7 颧腺大管 Ductus glandulae zygomaticae major. 颧腺的主管，它开口于正对上第1臼齿的乳头上。 E

8 颧腺小管 Ductus glandulae zygomaticae minores.2~4个小管，开口于主管开口之后。 E

9 颊中间腺（反刍动物）Gll.buccales intermediae. 位于颊肌的两层之间，沿下唇动脉背缘分布。 C

10 颊腹侧腺 Gll. buccales ventrales. 从口角延伸到咬肌，在下唇动脉腹侧，除其后部外，大部分被颊肌覆盖。 C

11 臼齿腺 Gll. molares. 颊腹侧腺向后在咬肌深面的延续。 C

12 腭腺 Gll. palatinae. 分布于软腭的口咽部一侧；在肉食动物、绵羊和山羊还分布于软腭的鼻咽部一侧，以及硬腭上。 A

13 舌腺 Gll. linguales. 主要分布于舌根和舌的边缘。 A

14 味腺 Gll. gustatoriae. 其腺管开口在轮廓乳头的沟内。 D

15 舌尖腺 Gl. lingualis apicalis. 在绵羊分布于舌尖腹侧面的肌肉内。 B

16 阜旁腺（山羊、马）Gl. paracaruncularis. 在舌下阜附近的一团小腺，在山羊与舌下腺相延续。 A

17 **大唾液腺** Glandulae salivariae majores.

18 单口舌下腺 Gl. sublingualis monostomatica. 该腺沿下颌腺腺管分布，在二腹肌与位于下颌骨内表面的咀嚼肌之间。在肉食动物，其后部与下颌腺接触。马无单口舌下腺。 E

19 舌下腺大管 Ductus sublingualis major. 单口舌下腺的腺管，与下颌腺管相伴，开口于舌下阜或其附近。 E

20 多口舌下腺 Gl. sublingualis polystomatica. 由一系列具有独立腺管的小块唾液腺组成，在口腔底的黏膜下，沿下颌腺管分布。 E

21 舌下腺小管 Ductus sublinguales minores. 多口舌下腺的腺管，沿舌下襞开口。

22 下颌腺 Gl. mandibularis. 部分或全部被腮腺覆盖，依种类不同而异。 CE

23 下颌腺管 Ductus mandibularis. 沿口腔底行至舌下阜。 E

24 腮腺 Gl. parotis. 最浅表的也是最大的唾液腺（牛的除外），向背侧涉及耳基部。 CE

25 浅部 Pars superficialis. 位于面神经浅侧。 C

26 深部 Pars profunda. 位于面神经深侧。 C

27 副腮腺 Gl. parotis accessoria. 沿腮腺管出现的小块腺。 C

28 腮腺管 Ductus parotideus. 在肉食动物和绵羊，该腺管前行越过咬肌的表面，在猪、牛、山羊和马，该管沿咬肌腹侧延伸，均终止于腮腺乳头。 CE

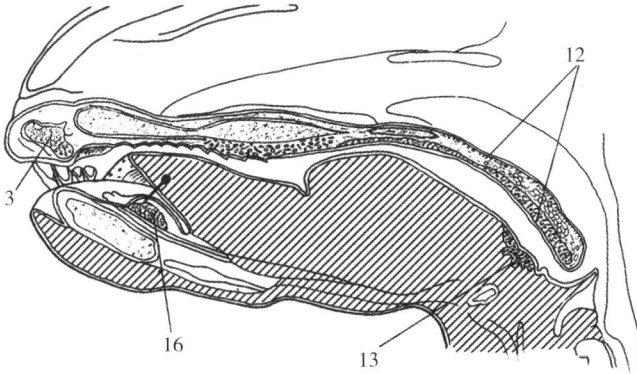

A　口腔，矢状切面，右半部内侧观（山羊）

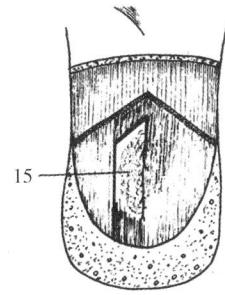

B　舌尖，黏膜和浅层肌肉已切除，腹侧观（绵羊）

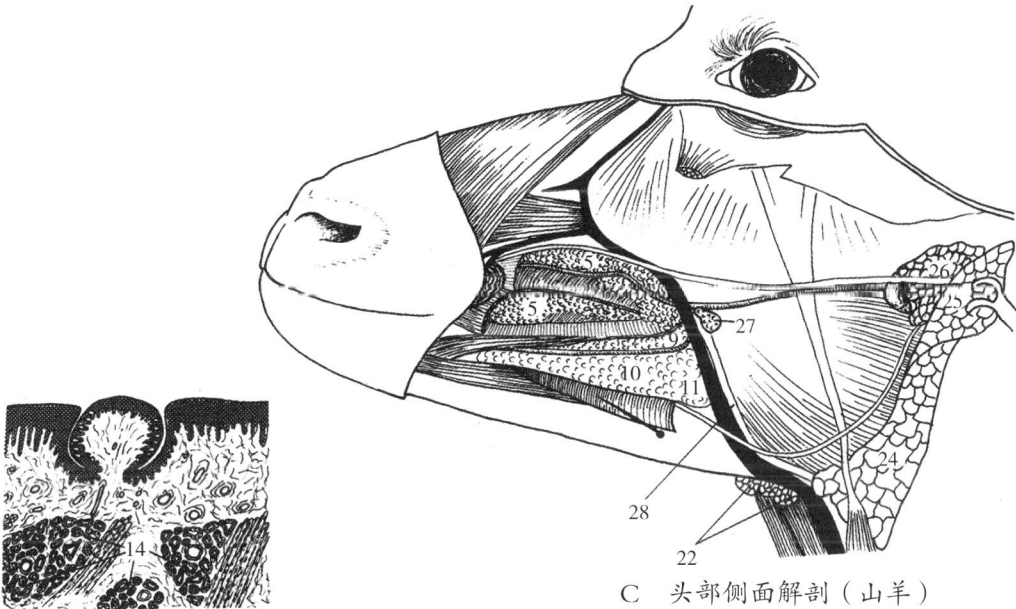

C　头部侧面解剖（山羊）

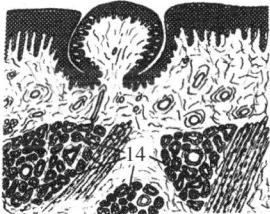

D　轮廓乳头，组织学切片

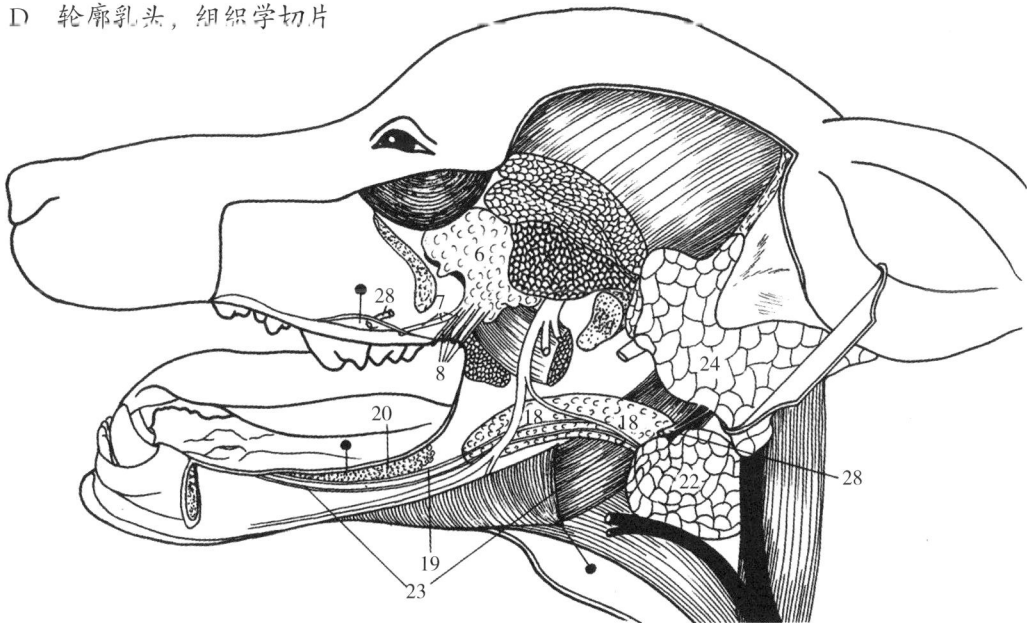

E　头部解剖，颧弓和大部分左下颌已切除，左侧观（犬）

1 **齿** Dentes.

2 **齿体** Corpus dentis. 此名词适用于长冠齿（hypsodont tooth），在长冠齿，齿冠和齿颈不易区分。齿体包括除齿根外的所有部分。长冠齿被齿釉质包被的部分并不等同于短冠齿的齿冠（解剖冠）。 A

3 **齿冠** Corona dentis. 短冠齿的冠，被覆齿釉质，以齿颈与齿根为界。 EF

4 **齿〔冠〕尖** Cuspidis [coronae] dentis. 咀嚼面上的主要突出部，可以是尖的或圆的。 E

   5 **尖顶** Apex cuspis. 齿尖的顶端。 E

6 **齿〔冠〕结节** Tuberculum [coronae] dentis. 齿冠的非咀嚼面上的次级突出部，见于猫和牛某些切齿的舌面上。 B

7 **齿漏斗** Infundibulum dentis. 出现于切齿（猪、马），前臼齿以及臼齿（反刍动物、马）咬合面上的釉质和齿质的内陷。 AD

8 **釉质襞〔褶〕** Plica enameli. 出现于前臼齿或臼齿侧边的内折。 C

9 **釉质嵴** Crista enameli. 磨损齿咀嚼面釉质层的尖锐的游离缘。 C

10 **临床冠** Corona clinica. 突出于齿龈的游离部分。 A

11 **齿颈** Cervix dentis. 齿冠和齿根间的缩细部分。 EF

12 **齿根** Radix dentis. 不被釉质包被。 AEF

13 **齿根尖** Apex radicis dentis. 齿根的顶点。 EF

14 **临床根** Radix clinica. 齿的被齿龈和齿槽掩盖的部分。 A

15 **咀嚼面〔咬合面〕** Facies occlusalis. 对接另一颌的齿的面。 D

16 **前庭〔颜面〕面** Facies vestibularis [facialis]. 齿的外面，朝向口腔前庭。 D

17 **舌面** Facies lingualis. 齿的内面，朝向舌。 D

18 **接触面** Facies contactus. 每一齿，除了最后臼齿（以及某些种类的第1前臼齿和隅齿），都有两个接触同一齿弓相邻齿的面。 D

19 **近中面** Facies mesialis. 对于门齿，是指靠近正中矢状面的接触面；对于其他齿，是指朝向门齿的面。 D

20 **远中面** Facies distalis. 与近中面朝向相反的面。 D

21 **基嵴** Cingulum. 在齿冠的舌面上接近齿颈的嵴，与缘嵴相连，见于犬和反刍动物的切齿。 F

22 **缘嵴** Crista marginalis. 为犬和反刍动物切齿和犬齿舌面的每一侧接触缘的一个嵴。 F

23 **切缘** Margo incisalis. 切齿的咬合缘。 F

24 **齿（髓）腔** Cavum dentis [pulpare]. 齿的内腔，含有齿髓。 AG

25 **齿冠腔** Cavum coronale dentis. 位于齿冠内的齿腔。 G

   25a 齿腔角 Cornu cavitatis dentis. 为齿髓腔向齿尖的延伸。包在齿腔角内的齿髓被兽医齿科医生称为"齿髓角"。（译者注：原著中齿腔角与齿（髓）腔平级。另外在本页27条后附有27a齿腔角，其注释与本条重复，故删去27a，并对145页图G作相应修改。）

26 **齿根管** Canalis radicis dentis. 根管。 G

   27 **齿根尖孔** Foramen apicis dentis. 根管的开口。 AG

28 **齿髓** Pulpa dentis. A

29 **齿冠髓** Pulpa coronalis. 齿冠内的齿髓。 G

30 **齿根髓** Pulpa radicularis. 位于根管内的齿髓。 G

31 **齿乳头（个体发生结构）** Papilla dentis. （这一结构在第5版N.A.V.中被删除，因其为个体发育名词。）

32 **齿质** Dentinum. 齿的主要物质，由钙化的胶原基质中弥散分布大量成齿质细胞的突起构成。 ACG

33 **釉质** Enamelum. 覆盖于齿冠或齿体齿质表面的白色坚硬物质。 AG

34 **黏合质** Cementum. 覆盖于齿根的像骨一样的物质。在长冠齿，也被覆于齿体，填充于齿漏斗和釉质襞内。 ACG

35 **齿周膜** Periodontium. 为结缔组织，将齿和齿龈固着于齿槽。 A

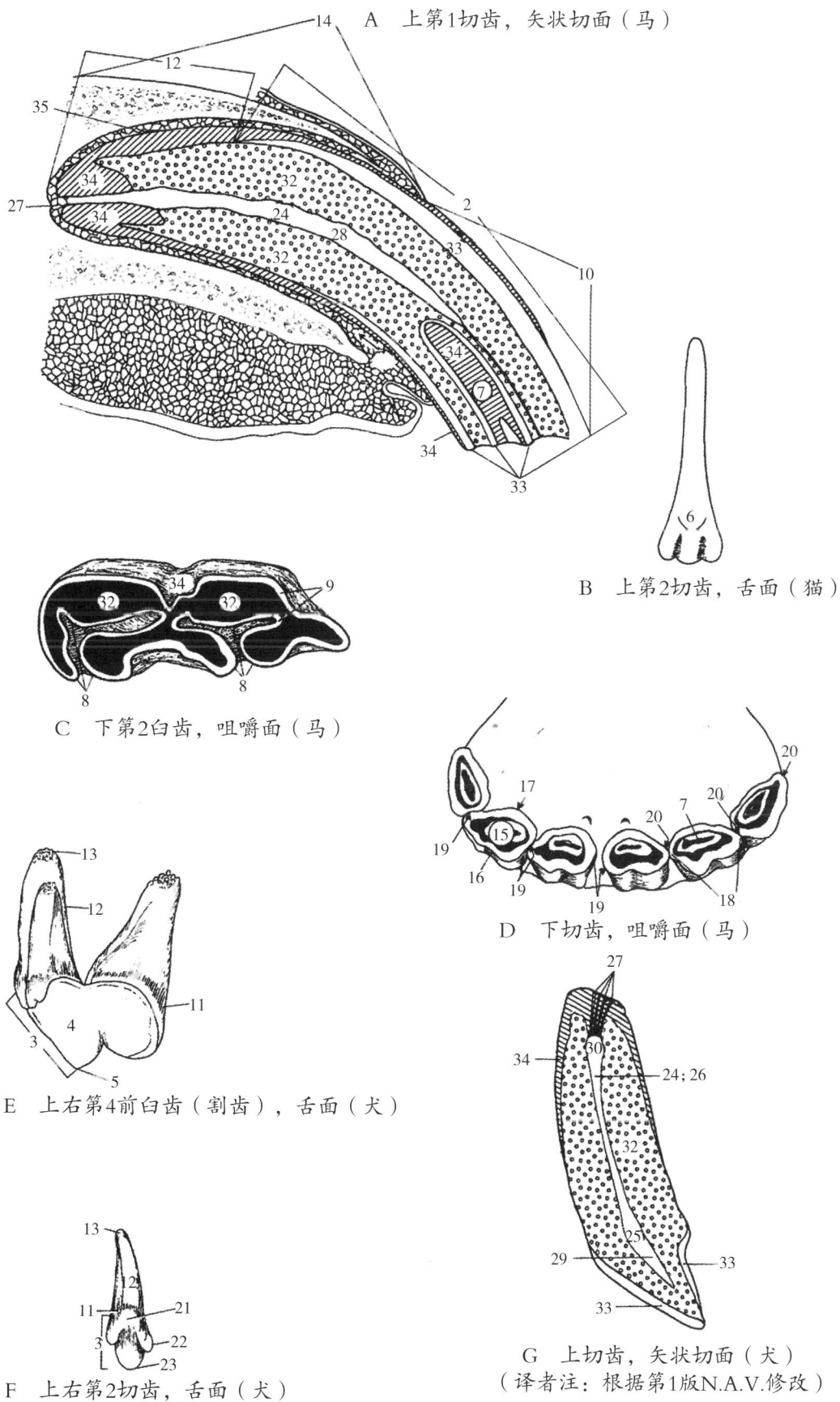

A　上第1切齿，矢状切面（马）

B　上第2切齿，舌面（猫）

C　下第2臼齿，咀嚼面（马）

D　下切齿，咀嚼面（马）

E　上右第4前臼齿（割齿），舌面（犬）

F　上右第2切齿，舌面（犬）

G　上切齿，矢状切面（犬）
（译者注：根据第1版N.A.V.修改）

1　上齿弓　Arcus dentalis superior.　由所有上排齿组成。　A

2　下齿弓　Arcus dentalis inferior.　由所有下排齿组成。　A

3　齿间隙　Diastema.　同一齿弓中相邻齿之间的空隙。　B

4　切齿[I]　Dentes incisivi.　离正中矢状面两侧最近的3个齿，分别为门齿、中间齿和隅［边］齿。在反刍动物，第4个齿具有切齿的外形，但实际上是一枚迁徙的犬齿加入了切齿的队列。因而在反刍动物就有第1［内］和第2［外］中间齿之分。　A

5　犬齿[C]　Dentes canini.　位于切齿和前臼齿之间有弯尖的齿，反刍动物无。　A（5为左侧犬齿，5a为右侧犬齿。）

6　前臼齿[PM]　Dentes premolaris [prae-].　为真兽亚纲动物的全齿列中前4枚颊齿，在臼齿之前。除第1前臼齿外，其他前臼齿均有乳齿引导。　A

7　狼齿（马）Dens lupinus.　第1前臼齿，不发达，不恒有。　B

8　臼齿[M]　Dentes molares.　每侧上颌或下颌的最后3枚齿，可能会少1枚或2枚。它们没有乳齿引导。　A

9　裂齿（肉食动物）　Dens sectorius.　每侧颌上最大的割齿，即最后上前臼齿及第1下臼齿。　A

10　乳齿　[Di, Dc, Dp] Dentes decidui.　它们陆续被恒切齿、恒犬齿和恒前臼齿替代。

11　恒齿　Dentes permanentes.

12　**舌**　Lingua.　CF

13　舌体　Corpus linguae.　舌尖与舌根之间。　C

14　舌根　Radix linguae.　C

15　舌尖　Apex linguae.　C

16　舌背　Dorsum linguae.　C

17　舌圆枕（反刍动物）　Torus linguae.　在牛，指舌背的舌窝之后的部分。　D

18　舌窝（牛）　Fossa linguae.　位于舌圆枕前方舌背面的深洞。　D

19　舌腹侧面　Facies ventralis linguae.　C

20　伞襞[1)]　Plica fimbriata.　见于人，家畜无。

21　舌缘　Margo linguae.　D

22　舌黏膜　Tunica mucosa linguae.

23　舌系带　Frenulum linguae.　为舌腹侧面正中的黏膜褶，将舌连系于口腔底。在猪和牛是一对褶。　C

24　舌乳头　Papillae linguales.　被覆于舌的背面。

25　丝状乳头　Papillae filiformes.　在猫和有蹄类，为线状的角质化上皮突起，发挥机械性作用；在犬，有结缔组织的芯突入乳头内。　DF

26　锥状乳头　Papillae conicae.　较大的圆锥状乳头，发挥机械性作用，乳头内有结缔组织芯。　D

27　菌状乳头　Papillae fungiformes.　为舌黏膜的蘑菇状突起，含有味蕾。　CDF

28　豆状乳头　Papillae lentiformes.　大的豆状的具有机械功能的乳头。　D

29　轮廓乳头　Papillae vallatae.　周围有环形沟围绕的扁平乳头，沟壁含有味蕾。　DFG

30　叶状乳头　Papillae foliatae.　在舌缘后端出现的平行黏膜褶，在其间隔的沟内含有味蕾，反刍动物无。　CG

31　缘乳头　Papillae marginales.　见于新生的肉食动物和新生的猪。　E

32　舌正中沟　Sulcus medianus linguae.　背侧正中沟。　F

33　甲状舌管（发育性结构）[1)]　Ductus thyroglossus [thyreo-].

34　舌扁桃体　Tonsilla lingualis.　在牛、马为淋巴滤泡，在猪为扁桃体乳头。　G

35　舌滤泡　Folliculi linguales.　黏膜的圆形突起，每一滤泡由淋巴组织围绕一个隐窝（淋巴小窝）形成。　G

36　扁桃体乳头（猪）　Papillae tonsillares.　舌根部含有淋巴小结的锥状乳头。　H

---

　　1)：这些名词在第5版 N.A.V. 是被忽略的，因其为个体发生名词。

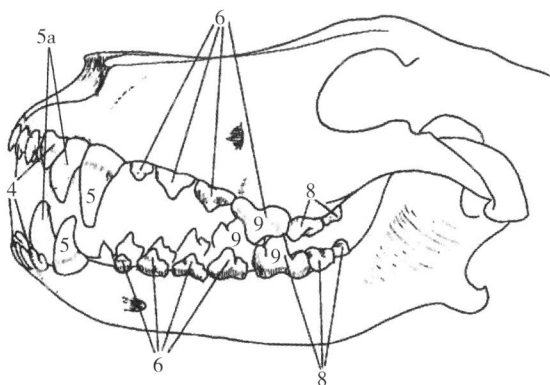

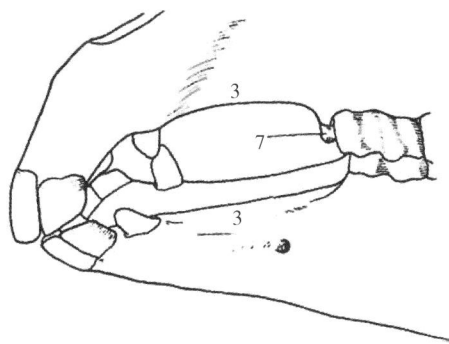

A 齿弓（犬）

B 切齿、犬齿、第1和第2前臼齿（马）

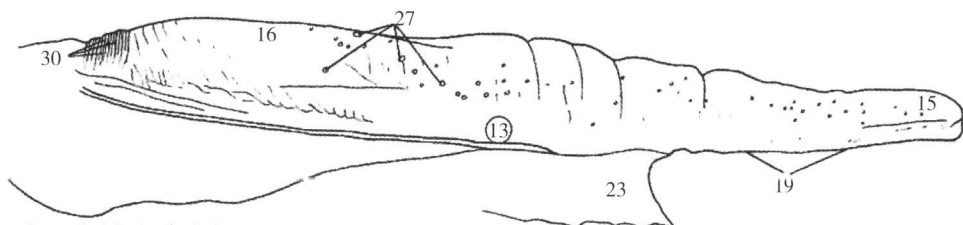

C 舌，右侧面（马）

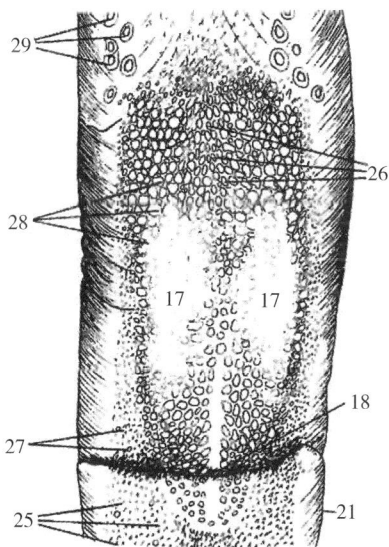

D 舌背的局部（牛）

E 舌尖背侧面（新生仔猪）
（引自Habermehl）

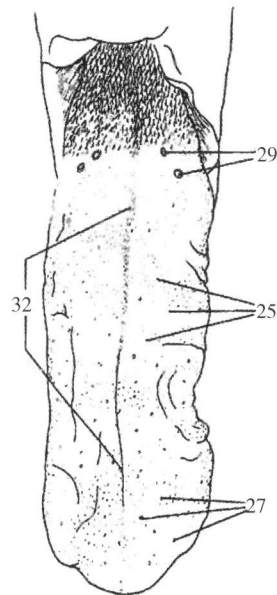

F 舌背（犬）

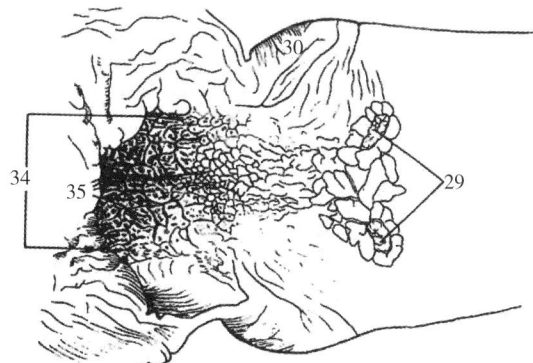

G 舌根（马）

H 扁桃体乳头，组织切片（猪）（引自Vollmerhaus）

1　舌中隔　Septum linguae.　正中矢状面上的结缔组织板。　B

2　蚓状体（肉食动物）Lyssa.　其前部为一梭形的矢状结构，位于舌的腹侧面黏膜下，它由一结缔组织鞘包围脂肪、横纹肌和软骨细胞构成，向后延伸于颏舌肌之间，延续为一条纤维索。　A

3　舌背软骨（马）Cartilago dorsi linguae.　舌背侧黏膜固有层的显著增厚部分，含有分离的软骨样细胞和脂肪细胞。　B

4　舌腱膜　Aponeurosis linguae.　包裹舌肌的致密结缔组织层，也是舌肌的固着部，在舌背，它与黏膜固有层融合。　B

5　舌肌　Musculi linguae.（译者注：舌肌指主要抵止于舌腱膜的肌肉，包括舌外来肌和舌固有肌。）

6　颏舌肌　M. gcnioglossus.　包括一条腹侧的腱和朝向前、向上或向后的肌纤维。起于下颌骨的切齿部，止点进入舌腹侧部，平行于正中矢状面，向后可达舌骨水平，主要作用是伸舌。　AE

7　舌骨舌肌　M. hyoglossus.　起点：舌骨；止点：在颏舌肌（在内侧）和茎突舌肌（在外侧）之间进入舌内。作用为缩回和压低舌。　AE

8　茎突舌肌　M. styloglossus.　起点：茎突舌骨腹端的外侧面；止点：舌尖。它是舌外来肌的最外侧部分，可缩回舌或向一侧偏转舌。　AE

9　舌固有肌　M. lingualis proprius.　B

10　浅纵纤维　Fibrae longitudinales superficiales.　B

11　深纵纤维　Fibrae longitudinales profundae.　见于马。　B

12　横纤维　Fibrae transversae.　B

13　垂直纤维　Fibrae perpendiculares.　B

14　咽　PHARYNX.　位于口腔和鼻腔（在前）与食管和喉（在后）之间的消化道和呼吸道的肌膜性交叉道。

15　咽腔　Cavum pharyngis.　可分为鼻、口和喉部。家畜的这三部并不与人的相对应，因为家畜有更长的软腭和更钝的头颈角。

16　鼻咽部　Pars nasalis pharyngis.　该部位于软腭的后背侧，从鼻后孔至咽内口。　C

17　咽穹　Fornix pharyngis.　咽腔的最上部。　C

18　咽中隔（猪、反刍动物）Septum pharyngis.　鼻中隔在咽穹的膜性延续。　C

19　咽扁桃体　Tonsilla pharyngea.　位于鼻咽部的后背侧壁，在猪和反刍动物位于咽中隔上。　C

　　20　扁桃体滤泡　Folliculi tonsillares.　见于猪和马。一个滤泡由淋巴组织围绕一个具有开口的隐窝（扁桃体小窝）构成。　C

21　咽鼓管咽口　Ostium pharyngeum tubae auditivae.　CD

22　咽鼓管圆枕*　Torus tubarius.　指咽鼓管咽口后背侧鼓起的部分，是由于其内含有咽鼓管软骨的内侧板所致。　D

23　提肌圆枕*　Torus levatorius.　指从咽鼓管咽口延伸向软腭的矮黏膜褶，是由于其深部存在腭帆提肌。　D

24　咽鼓管扁桃体　Tonsilla tubaria.　在猪和反刍动物出现于咽鼓口咽口。　C

25　咽隐窝　Recessus pharyngeus.　有蹄类鼻咽部后背侧的凹陷，肉食动物无。　D

26　（咽囊）（Bursa pharyngea）.　只在马不恒定地出现的背侧正中上皮小袋，以咽隐窝的管状延伸或独立的外翻形式出现。　D

27　咽憩室　Diverticulum pharyngeum.　仅在猪出现的紧在食管背侧黏膜形成的正中向后的盲囊，与咽囊无关。　C

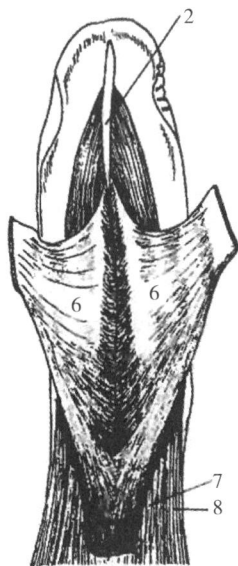

A 舌，颏舌骨肌和部分黏膜已去除，对称
  性的颏舌肌已分离，腹侧观（犬）

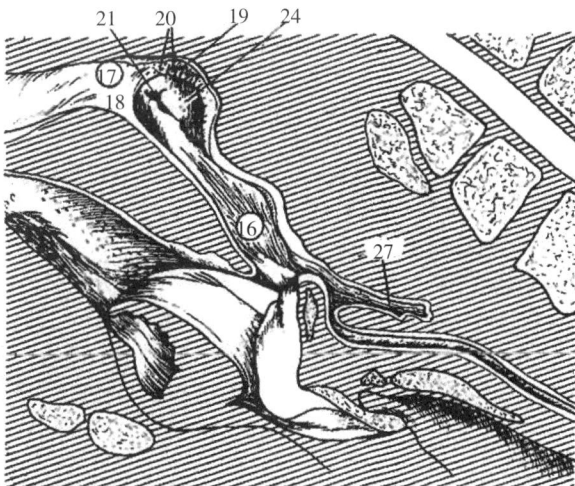

C 咽，旁正中矢状切面，右侧半内侧观（猪）

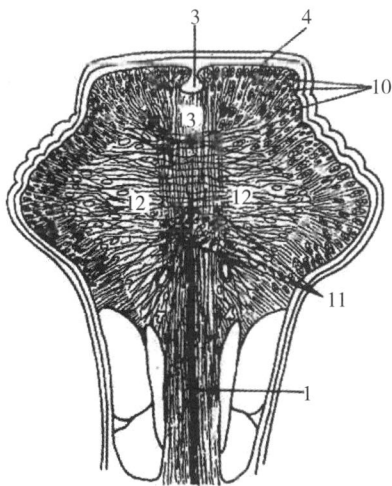

B 舌，横切面（马）

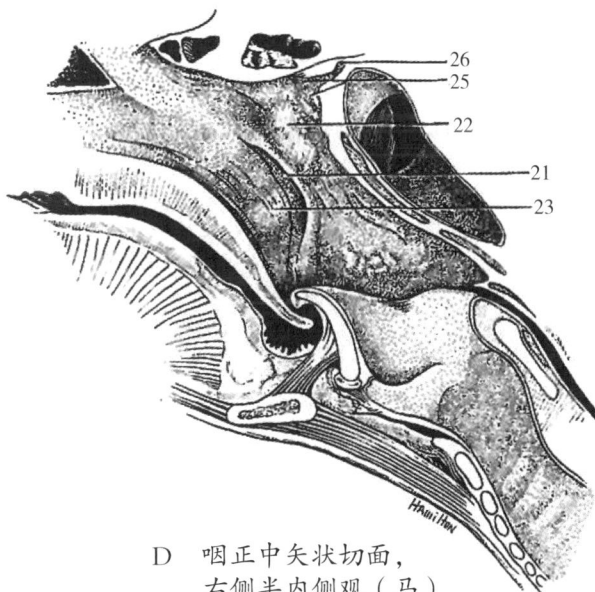

D 咽正中矢状切面，
  右侧半内侧观（马）

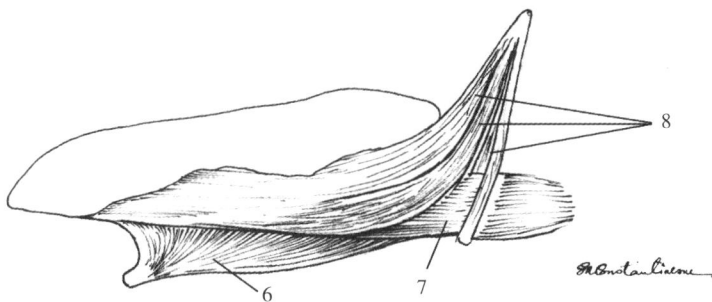

E 舌固有肌，左外侧观（犬）（仿R.Barone）

1　咽内口　Ostium intrapharyngeum.　鼻咽部和喉咽部之间的通道，由软腭游离缘和左、右腭咽弓围成。　A

2　软腭［腭帆］　Palatum molle [Velum palatinum].　AD

3　悬雍垂（猪）　Uvula [palatina].　位于软腭游离缘正中的柔软的突起。　A

4　腭舌弓　Arcus palatoglossus.　左、右对称的黏膜褶，于口和咽交界处从软腭延伸向舌。　AD

5　腭咽弓　Arcus palatopharyngeus.　左、右对称的黏膜褶，从软腭游离缘开始环绕咽内口，并在咽后壁左、右汇合。　AD

6　**咽峡**　Isthmus faucium.　口腔和口咽部之间的开口，以腭舌弓为界。　AD（译者注：咽峡也称咽口或口咽峡，由背侧的软腭、两侧的腭舌弓和腹侧的舌围成。）

7　口咽部　Pars oralis pharyngis.　其范围从腭舌弓到会厌基部。对应于人类口咽部的腔则因软腭较长而被划分在鼻咽部。　A

8　咽门　Fauces.　指腭舌弓之后的口咽部，侧面以腭扁桃体及其周围的结构为界。在家畜，口咽部主要包括咽门。　D（单数形式 faux，复数形式 fauces）（译者注：咽门是指口咽部的侧壁，故采用复数形式。）

9　腭扁桃体　Tonsilla palatina.　该扁桃体与软腭的侧附着缘部有关，位于腭舌弓和腭咽肌之间。猪无。　D

10　腭扁桃体滤泡　Folliculi tonsillares.　一个扁桃体滤泡是一个隐窝，包括隐窝口（扁桃体小窝）及包围隐窝的淋巴组织（淋巴小结）。　B

11　扁桃体小窝　Fossulae tonsillares.　为扁桃体滤泡的开口，它开口于黏膜表面或扁桃体窦。　B

12　扁桃体隐窝　Cryptae tonsillares.　从扁桃体小窝向深部延伸的上皮性盲管。　B

13　淋巴小结　Lymphonoduli [Noduli lymphatici].　一个扁桃体滤泡包含许多淋巴小结。　B

14　扁桃体窦　Sinus tonsillaris.　反刍动物腭扁桃体内深而窄口的腔。　B

15　扁桃体囊　Capsula tonsillaris.　B

16　半月襞　Plica semilunaris.　肉食动物的从软腭外侧部向腹侧延伸的黏膜褶，构成扁桃体窝的内侧壁。　D

17　扁桃体窝　Fassa tonsillaris.　肉食动物的含有腭扁桃体的凹陷。　D

18　扁桃体上窝　Fossa supratonsillaris.　猫的扁桃体窝的背侧部。

19　腭帆扁桃体（猪、马）　Tonsilla veli palatini.　位于软腭口腔面的扁桃体滤泡群。　AC

20　会厌旁扁桃体（猫、猪、绵羊、山羊）　Tonsilla paraepiglottica.　在猫位于杓状会厌褶（襞）上；在猪、山羊和绵羊位于会厌基部两侧。　C

21　扁桃体沟（猪）　Sulcus tonsillaris.　在会厌旁扁桃体内的深沟。　C

22　会厌谷*　Vallecula epiglottica.　位于舌和会厌之间，以及舌会厌正中褶（襞）和舌会厌侧褶（襞）之间的凹陷。　CD

23　舌会厌正中襞［褶］　Plica glossoepiglottica mediana.　从舌到会厌的正中褶。　C

24　舌会厌侧襞［褶］　Plica glossoepiglottica lateralis.　从舌到会厌的外侧褶。　C

25　喉咽部　Pars laryngea pharyngis.　咽的咽内口腹侧的部分，从会厌基部到食管。　AD

26　梨状隐窝　Recessus piriformis.　是指内侧的会厌、杓会厌襞（褶）、杓状软骨与外侧的甲状舌骨膜和甲状软骨之间的通道。　C

27　食管前庭［食管部］　Vestibulum esophagi [Pars esophagea, oesophagea].　为喉咽部的一部分，位于杓状软骨与食管前端之间。　AD

28　咽食管阈（肉食动物）　Limen pharyngoesophageum [-oesophageum].　为咽和食管的内部界线，在猫为一环形褶，在犬为一腺性增厚区。　D

29　咽颅底筋膜　Fascia pharyngobasilaris.　固着于颅底的咽筋膜。　D

30　黏膜下组织　Tela submucosa.　在鼻咽部的黏膜下组织由假复层柱状上皮被覆，在其他部由复层扁平上皮被覆。　D

31　黏膜　Tunica mucosa.　在鼻咽部被覆假复层柱状上皮，在其他部被覆复层扁平上皮。　D

32　咽腺　Gll. pharyngae.　D

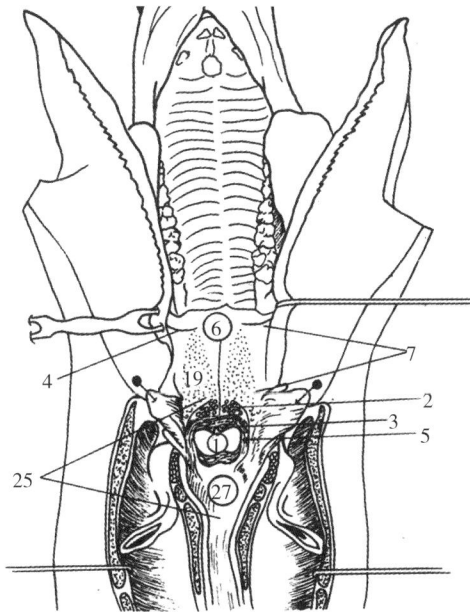

A 腭，舌和喉已被纵切为两半并翻起，
食管已打开，腹侧观（猪）

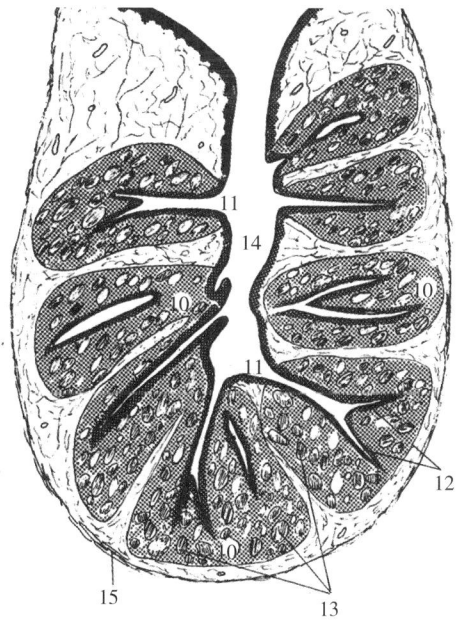

B 腭扁桃体，组织切片（牛）

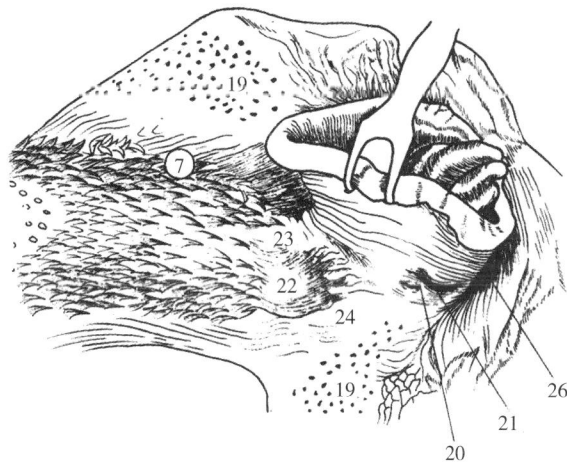

C 咽的口部和喉部，软腭被从中线切开并翻起，
背外侧观（猪）

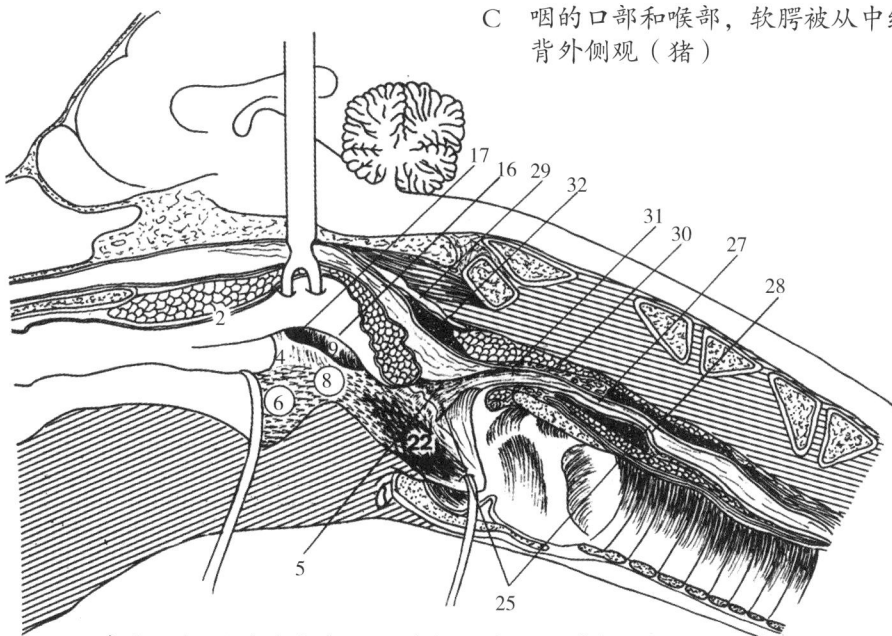

D 咽正中矢状切面（舌和会厌已被拉至左侧切掉），
右侧半内侧观（犬）

1　**咽肌织膜**　Tunica muscularis pharyngis.　咽的肌质外套，是由下列横纹肌构成的。

2　咽缝　Raphe [Rhaphe] pharyngis.　咽的缩肌在咽背侧正中抵止形成的线。　A

3　咽前缩肌　Mm. constrictores pharyngis rostrales.　腭咽肌是咽肌织膜的重要组分，尽管它被列入软腭肌之一，但在功能上属于咽前缩肌。

4　翼咽肌　M. pterygopharyngeus.　起点：翼骨和腭腱膜，马的仅起于翼骨；止点：咽缝。该肌也属于咽前缩肌。　AB

5　茎突咽前肌　M. stylopharyngeus rostralis.　起点：茎突舌骨远侧半的内侧面；止点：咽缝。见于反刍动物，偶见于马。在反刍动物，该肌属于咽前缩肌。　A

6　茎突咽后肌　M. stylopharyngeus caudalis.　起点：茎突舌骨近侧半的内侧面。然后沿咽前缩肌与舌骨咽肌［咽中缩肌］之间延伸；止点：咽壁。在牛主要抵止于甲状软骨，此肌可扩张咽腔，在牛还可提升喉。除牛以外，该肌是其他动物唯一的茎突咽肌。　AB

7　舌骨咽肌［咽中缩肌］　M. hyopharyngeus [M. constractor pharyngis medius].　起点：角舌骨和甲状舌骨；止点：咽缝。该肌是唯一的咽中缩肌。　ABE

8　咽后缩肌　Mm. constractores pharyngis caudales.

9　甲咽肌　M. thyropharyngeus [thyreo-].　起点：甲状软骨表面的斜线；止点：咽缝。　ADE

10　环咽肌　M. cricopharyngeus.　起点：环状软骨；止点：咽缝。　ADE

11　咽后间隙　Spatium retropharyngeum.　咽后背侧的间隙。　A

12　咽外侧间隙　Spatium lateropharyngeum.　咽两侧的间隙。

13　**腭和咽门肌**　Musculi palati et faucium.

14　腭腱膜　Aponeurosis palatina.　位于软腭前部内的腱性膜，抵止于腭骨。　B

15　腭帆提肌　M. levator veli palatini.　起点：颞骨鼓部（肌突），在马还起自咽鼓管软骨；止点：软腭，与对侧同肌融合。作用为提举软腭。　AB

16　腭帆张肌　M. tensor veli palatini.　起点：颞骨鼓部（肌突）；止点：腭腱膜。　A

17　腭肌　M. palatinus.　起点：腭骨水平板，在马还起自腭腱膜；止点：与腭咽肌融为一体。可缩短软腭。　B

18　腭咽肌　M. palatopharyngeus.　起点：腭腱膜和腭肌；止点：咽缝。为鼻咽部和咽内口的括约肌。BD，另见本页第3条。

19　**消化管**　**CANALIS ALIMENTARIUS**.　包括食管、胃和肠。

20　**食管**　**ESOPGAGUS [OESOPHAGUS]**.　从咽到胃的管道。　C

21　颈部　Pars cervicalis.　从咽到第1肋水平。　C

22　胸部　Pars thoracica.　从第1肋到膈。　C

23　腹部　Pars abdominalis.　从膈到胃的很短的部分。　C

24　外膜　Tunica adventitia.　结缔组织外套。　F

25　肌织膜　Tunica muscularis.　除猪和马的食管后段为平滑肌外，均为横纹肌。　DF

26　环状软骨食管腱　Tendo cricoesophageus [-oesophageus].　将食管肌固着在环状软骨和杓状软骨上。　D

27　食管背侧纵肌　M. esophageus [oesophageus] longitudinalis dorsalis.　E

28　食管外侧纵肌　M. esophageus [oesophageus] longitudinalis lateralis.　起点：喉（肉食动物、反刍动物）或咽（猪、马）；止点：食管外侧面。　DE

29　食管腹侧纵肌　M. esophageus [oesophageus] longitudinalis ventralis.　起点：环状软骨食管腱。　E

30　支气管食管肌　M. branchoesophageus [-oesophageus].　为主支气管到食管的平滑肌[1]。

31　胸膜食管肌（犬）M. pluroesophageus [-oesophageus].　为食管与左侧纵隔胸膜间的平滑肌束[1]。

32　黏膜下组织　Tela submucosa.　黏膜下的一层由疏松结缔组织和脂肪构成的组织。

33　黏膜　Tunica mucosa.　此黏膜被覆一层复层扁平上皮。　F

34　黏膜肌层　Lamina muscularis mucosae.　在家畜不完整。　F

35　食管腺　Gll. esophageae [oesophageae].　位于黏膜下层的黏液腺。在猫、反刍动物和马，此腺仅限于食管前段。　F

　　1）：这些定义摘自 Feneis 和 Duber 2000 年出版的《人体解剖学袖珍图谱》。Barone（1976）认为这两种肌肉的名称有点滥用，因为它们的肌纤维因物种和个体而异。

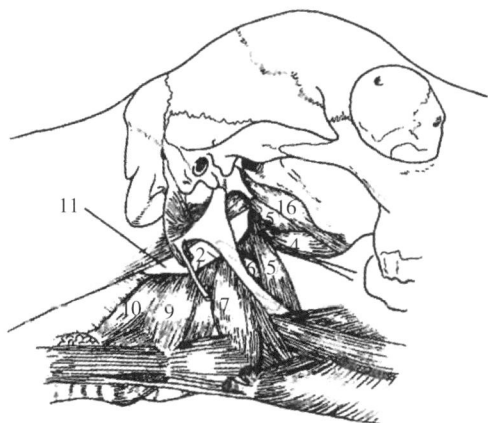

A 咽肌，右侧观（绵羊）（引自Habel）

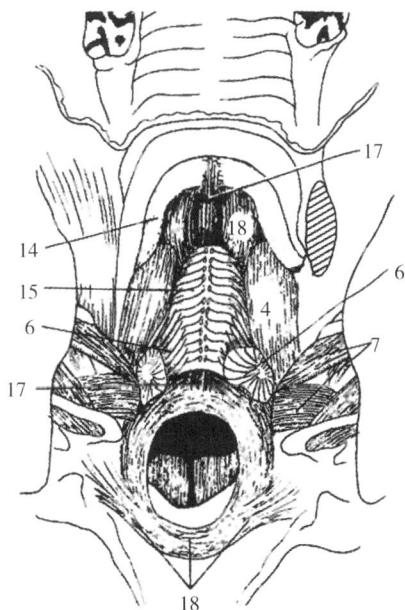

B 软腭的肌肉，左侧翼肌已切除，腹侧观（猪）

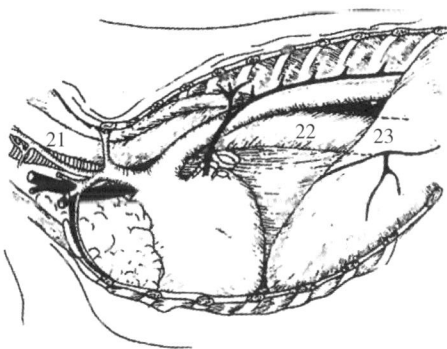

C 颈后部和胸腔，左侧观（绵羊）
（引自Habel）

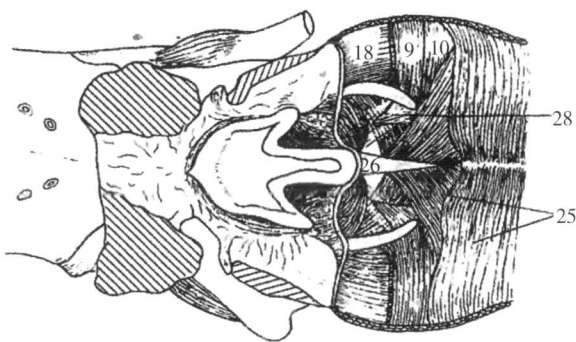

D 咽肌和向背侧打开的食管（犬）

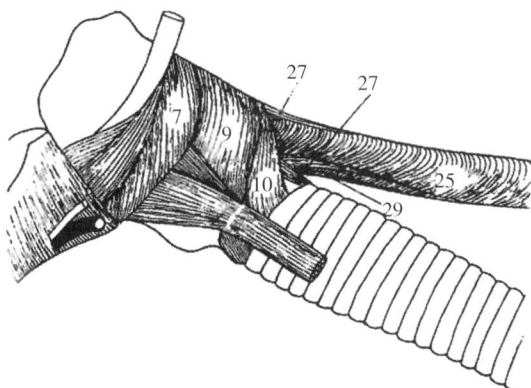

F 食管，组织切片横切面（犬）

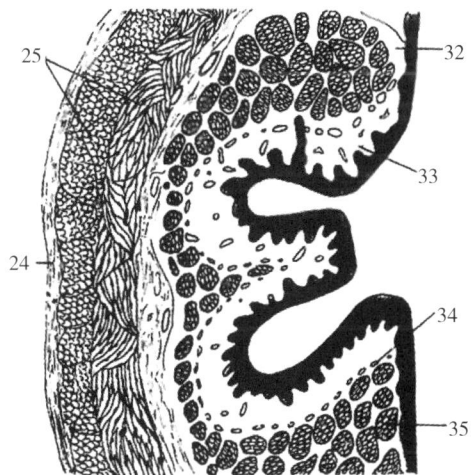

E 咽肌和食管，左侧观（山羊）

1　**胃　VENTRICULUS [GASTER]**．　在反刍动物，胃分为4个部分。

2　壁面　Facies parietalis．　面向腹壁和肝的面。　AB

3　脏面　Facies visceralis．　面向肠的面。　C

4　胃大弯　Curvatura ventriculi major．　A

5　胃小弯　Curvatura ventriculi minor．　A

6　角切迹　Incisura angularis．　在胃小弯处胃体和幽门部之间的切迹。　AB

7　贲门部　Pars cardiaca．　围绕食管开口周围的区域。　AB

8　贲门口　Ostium cardiacum．　食管和胃之间的开口。　C

9　贲门切迹　Incisura cardiaca．　位于食管和胃底之间的切迹。　A

10　胃底　Fundus ventriculi．　位于贲门部左侧的盲囊。这一术语来源于人医，从腹部切口看到人类胃
的胃底有一定深度。胃底内表面被覆固有胃腺，但猪（贲门腺）和马（无腺）除外。　A

11　胃盲囊（马）　Saccus cecus [caecus] ventriculi．　为马的大的胃底。马的胃盲囊、贲门部以及胃体
毗邻胃盲囊和贲门部的区域内衬以复层扁平上皮。　B

12　胃憩室（猪）　Diverticulum ventriculi．　为胃底部的扁平锥形袋，向右后方突，内衬以贲门腺。　C

13　**胃体**　Corpus ventriculi．　胃的主体，位于胃底和幽门部之间，内衬以胃腺［固有胃腺］。　AB

14　胃沟　Sulcus ventriculi．　从贲门口沿胃小弯内表面延伸向幽门。　C（在反刍动物，其胃沟被网瓣
胃口和瓣皱胃口分为三段：网胃沟、瓣胃沟和皱胃沟，见158页7、19和31条。）

15　幽门部　Pars pylorica．　胃的幽门部，在角切迹和幽门之间。　A

16　幽门窦　Antrum pyloricum．　幽门部的第1部分，也是最粗的部分。　AB

17　幽门管　Canalis pyloricus．　幽门部的第2部分，短而细的部分，正在幽门之前。　AB

18　幽门　Pylorus．　胃远端收窄的部分，含有括约肌。　A

19　幽门口　Ostium pyloricum．　胃与十二指肠之间的开口。　C

20　幽门圆枕（猪、反刍动物）　Torus pyloricus．　幽门处的突起，由胃小弯末端的环形肌、脂肪和黏
膜构成。　C

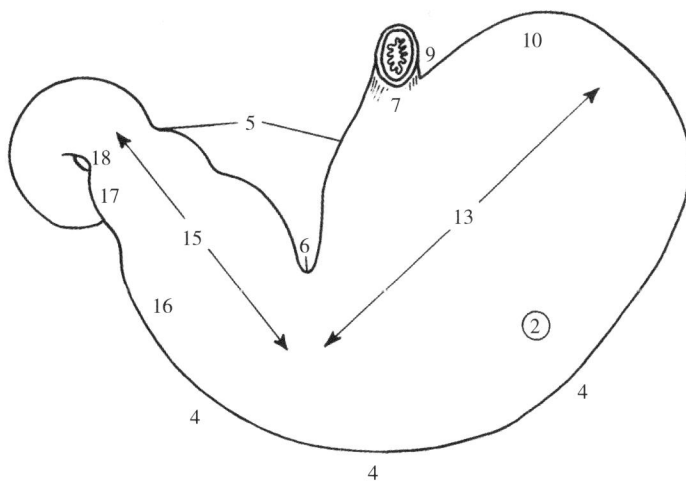

A 胃，壁面（犬）

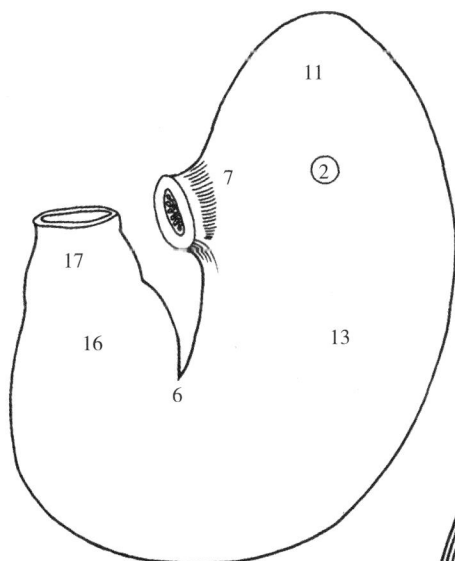

B 胃，壁面（马）

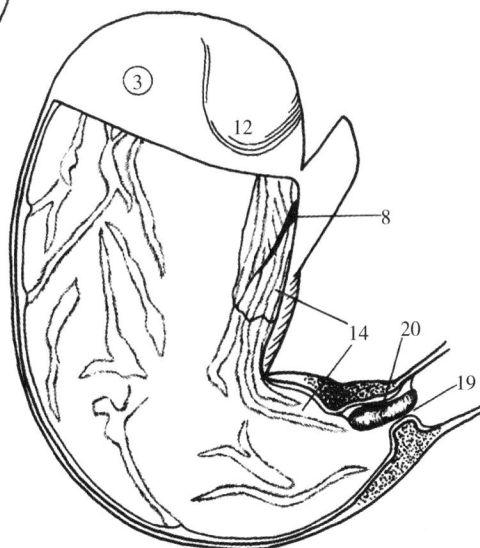

C 胃，大部分脏面胃壁已切除，脏面观（猪）

1　**前胃**　Proventriculus.　反刍动物的前胃，可分为三室：瘤胃、网胃、瓣胃。

2　瘤网胃　Ruminoreticulum.　是常用来表示瘤胃和网胃这两个室在形态和功能上作为一个整体的一个术语。　C

3　瘤胃　Rumen.　反刍胃中最大的一个室。　ABC

4　壁面　Facies parietalis.　面向左侧的和腹壁的面。　A

5　脏面　Facies visceralis.　面向肠管，朝向右侧的面。　B

6　背侧弯　Curvatura dorsalis.　A

7　腹侧弯　Curvatura ventralis.　B

8　前端　Extremitas cranialis.　接近网胃。　A

9　后端　Extremitas caudalis.　指后背侧盲囊和后腹侧盲囊。　A

10　瘤胃房［前囊］Atrium ruminis [Saccus cranialis].　位于网胃和腹囊（瘤胃隐窝）之间，它在形态和功能上有别于背囊。　AC

11　背囊　Saccus dorsalis.　位于纵沟的背侧。　AC

12　后背盲囊　Saccus cecus [caecus] caudodorsalis.　AC

13　腹囊　Saccus ventralis.　位于纵沟的腹侧。　AC

14　瘤胃隐窝　Recessus ruminis.　腹囊的前端。　AC

15　后腹盲囊　Saccus cecus [caecus] caudoventralis.　AC

16　前沟　Sulcus cranialis.　位于瘤胃房和瘤胃隐窝之间。　A（此沟的单数形式为sulcus，复数形式为sulci，是指瘤胃外表面的沟，其里面对应肌质隆起，称为柱，或对应黏膜褶或襞。）

17　后沟　Sulcus caudalis.　此沟将后背盲囊和后腹盲囊隔开。　AB

18　右纵沟　Sulcus longitudinalis dexter.　B

19　右副沟　Sulcus accessorius dexter.　位于右纵沟的背侧。　B

20　瘤胃岛　Insula ruminis.　由右纵沟和右副沟围成的椭圆形区域。　BC

21　左纵沟　Sulcus longitudinalis sinister.　A

22　左副沟　Sulcus accessorius sinister.　为左纵沟向背侧的分支。　A

23　背侧冠状沟　Sulcus coronarius dorsalis.　界定后背盲囊。　AB

24　腹侧冠状沟　Sulcus coronarius ventralis.　界定后腹盲囊。　AB

25　前柱　Pila cranialis.　为瘤胃房和瘤胃隐窝之间突向瘤胃腔的肌质隆起。　C

26　后柱　Pila caudalis.　位于后背盲囊和后腹盲囊之间。　C

27　右纵柱　Pila longitudinalis dextra.　C

28　右副柱　Pila accessoria dextra.　位于右纵柱的背侧。　C

29　左纵柱　Pila longitudinalis sinistra.　对应于左纵沟。

30　左副柱　Pila accessoria sinistra.　左纵柱的背侧分支，对应于左副沟。

31　背侧冠状柱　Pila coronaria dorsalis.　左背侧冠状柱，界定后腹盲囊。　C

32　腹侧冠状柱　Pila coronaria ventralis.　左腹侧冠状柱，界定后腹盲囊。　C

33　瘤胃内口　Ostium intraruminale.　瘤胃背、腹囊间的开口，其周界是前柱、后柱、左纵柱和右纵柱。　C

34　瘤网胃沟　Sulcus ruminoreticularis.　A

35　瘤网胃襞［褶］　Plica ruminoreticularis.　C

36　瘤网胃口　Ostium ruminoreticularis.　瘤胃与网胃之间的开口。　C

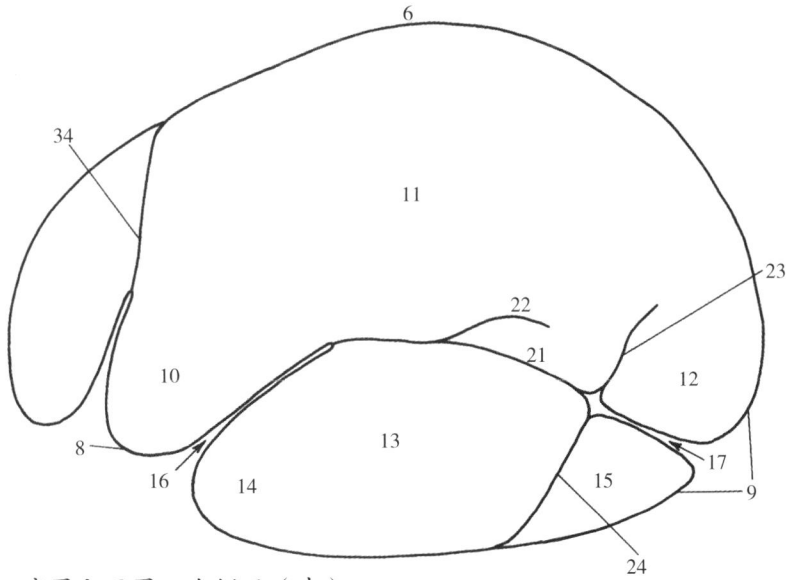

A 瘤胃和网胃，左侧观（牛）

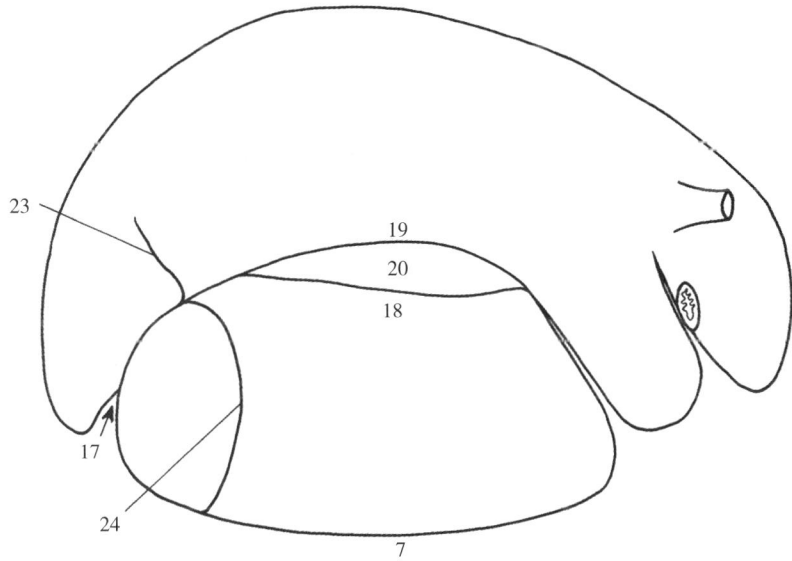

B 瘤胃和网胃，右侧观（牛）

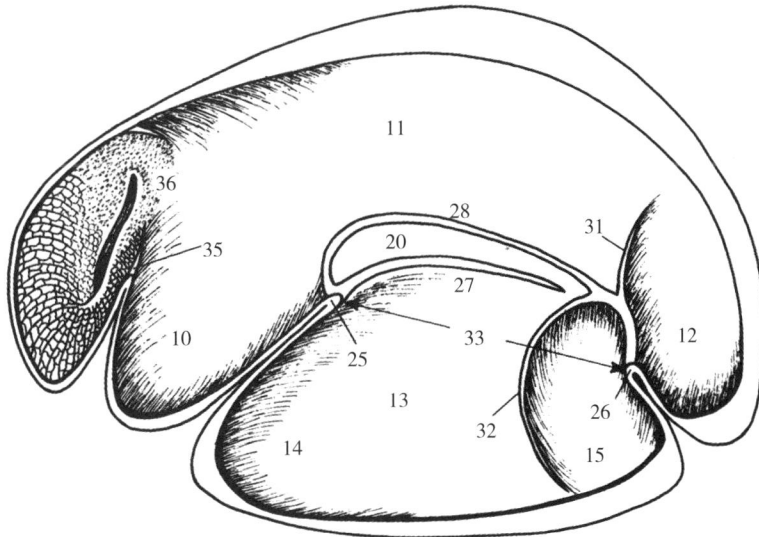

C 瘤胃和网胃内面，左侧观（牛）

1　网胃　Reticulum.　反刍胃中最靠前的一个室，名词缘于其蜂巢样黏膜皱褶形成的网格。　A

2　膈面　Facies diaphragmatica.　与膈相接触的面。　B

3　脏面　Facies visceralis.　朝向瘤胃的面。　B

4　大弯　Curvatura major.　较大的弯曲，位于左腹侧。　B

5　小弯　Curvatura minor.　较小的弯曲，朝向右后方并与瓣胃相接触。　A

6　网胃底　Fundus reticuli.　呈圆形的网胃腹侧部。　A

7　网胃沟　Sulcus reticuli.　在网胃小弯内表面，从贲门口至网瓣口。　B（译者注：国内教科书称为食管沟。）

8　网胃沟底　Fundus sulci reticuli.　在网胃沟左唇和右唇之间。　B

9　右唇　Labium dextrum.　依贲门口处的位置而定。右唇以X形的交叉重叠在左唇表面。　B

10　左唇　Labium sinistrum.　依贲门口处的位置而定。　B

11　网瓣胃口　Ostium reticuloomasicum.　从网胃向瓣胃的开口。　BC

12　瓣胃　Omasum.　反刍胃的第3室。　AC

13　瓣胃体　Corpus omasi.　是指瓣胃底和瓣胃弯之间的部分。　A

14　壁面　Facies parietalis.　面向肝的一侧。　A

15　脏面　Facies visceralis.　面向瘤胃的一侧。

16　瓣胃弯　Curvatura omasi.　瓣胃弯朝向右背后侧。　A

17　瓣胃底　Basis omasi.　瓣胃底朝向左前方，并固着于网胃和皱胃。其内表面含有瓣胃沟。　A

18　瓣胃颈　Collum omasi.　固着于网胃，内含网瓣胃口。　A

19　瓣胃沟　Sulcus omasi.　指胃沟在瓣胃内的一短段，从网瓣口到瓣皱口。　C

20　瓣胃管　Canalis omasi.　胃沟的一部分，由瓣胃沟与瓣胃叶的游离缘围成。　C

21　瓣胃柱　Pila omasi.　位于瓣胃沟皱胃端的横向肌质隆起。　C

22　瓣皱胃沟　Sulcus omasoabomasicus.　瓣胃和皱胃之间外表面的沟。　A

23　瓣皱胃口　Ostium omasoabomasicum.　C

24　皱胃　Abomasum.　反刍胃的腺部。　ABC

25　壁面　Facies parietalis.　面向腹壁的面。　A

26　脏面　Facies visceralis.　面向瘤胃的面。　C

27　大弯　Curvatura major.　面向腹侧。　B

28　小弯　Curvatura minor.　面向背侧。　A

29　皱胃底　Fundus abomasi.　从瓣皱口向前向左的膨突部。　B

30　皱胃体　Corpus abomasi.　AC

31　皱胃沟　Sulcus abomasi.　属于胃沟的一段，是一条沿小弯黏膜褶之间延伸的沟。　163页B

32　幽门部　Pars pylorica.　AC

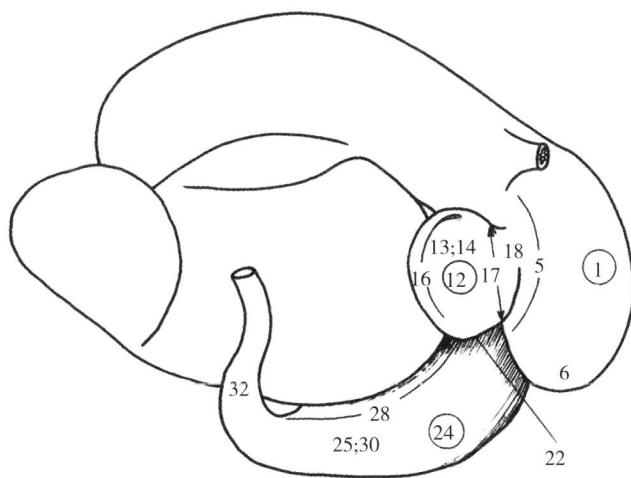

A 胃，右侧观（绵羊）

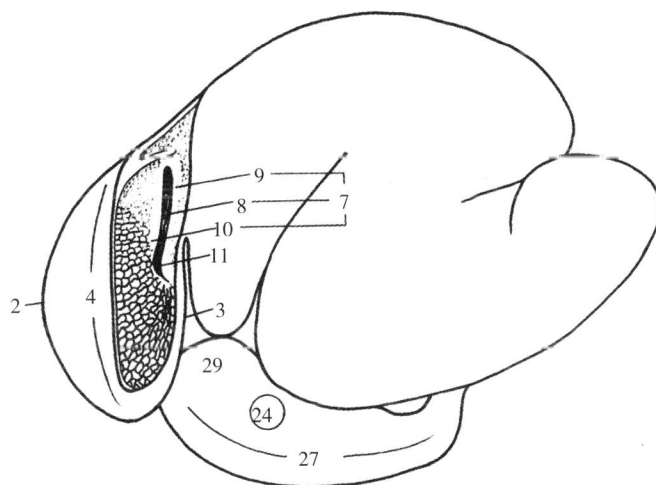

B 胃，左侧观，部分网胃壁切除（绵羊）

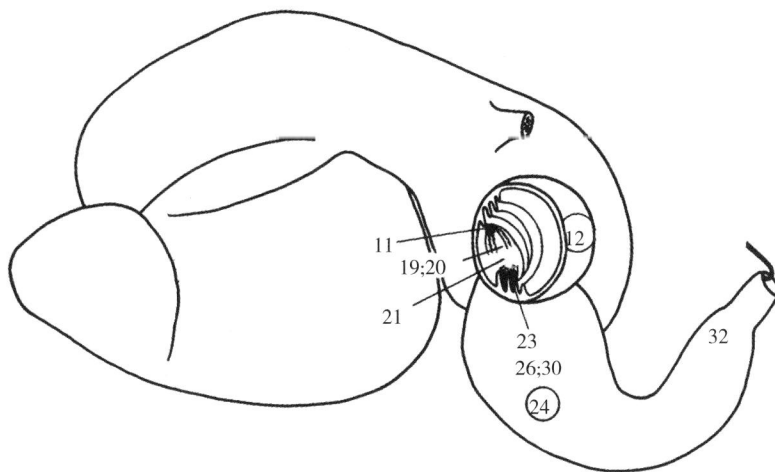

C 胃，右侧观，瓣胃和皱胃被拖向右前方，瓣胃的
部分脏面壁已切除（绵羊）

1 **胃壁**　Paries ventriculi.

2 浆膜　Tunica serosa.　由间皮和一层结缔组织构成。　D

3 浆膜下组织　Tela subserosa.　浆膜下一层疏松结缔组织和脂肪。　D

4 肌织膜　Tunica muscularis.　主要的肌肉层。　AD

5 纵层　Stratum longitudinale.　外层，纵行层，不完整。　A

6 瘤网皱纤维　Fibrae ruminoreticuloabomasicae.　在左侧面连接网胃、瘤胃房、腹囊和皱胃底的浅肌片层。　B

7 外斜纤维　Fibrae obliquae externae.　该层纤维分布于胃底以及胃体的贲门部之壁面和脏面，肌纤维斜向。　A

8 环层　Stratum circulare.　中层的、环行的、分布最广的一层。　AC

　　9 幽门括约肌　M. sphincter pylori.　在幽门处增厚的环行肌。　A

10 内斜纤维　Fibrae obliquae internae.　从贲门部向大弯扩散开。　AC

　　11 贲门祥　Ansa cardiaca．　指从胃沟的一边越到另一边，围绕着贲门口的内斜纤维束。在反刍动物形成了网胃沟的纵行肌。　C

12 贲门括约肌　M. sphincter cardiae.　围绕贲门口的肌肉，由贲门祥和环层构成。　C

13 网瓣胃括约肌　M. sphincter reticuloomasicus.　由来自网胃沟唇的肌纤维和环肌构成。　C

14 黏膜下组织　Tela submucosa.　位于黏膜下的疏松结缔组织。　D

15 黏膜　Tunica mucosa.　在肉食动物全为腺性的，在有蹄类则是部分腺性部分非腺性的。　DEFGHI

16 腺部　Pars glandularis.　黏膜的腺性部分。　DH

　　17 胃襞［褶］Plicae ventricae.　胃黏膜的皱褶，一般是纵向的。　H

18 黏膜肌层　Lamina muscularis mucosae.　为一薄层平滑肌，构成黏膜的最深层，发出许多纤维束进入固有层。　DEFG

19 胃区　Areae gastricae.　胃内表面由众多的小沟交织成网，分隔胃的内表面为许多直径1~5mm的小丘，这些小丘称为胃区。　D

20 胃小沟　Sulci gastrici.　胃区之间的沟。　D

21 绒毛襞［褶］Plicae villosae.　在幽门部胃小凹之间肉眼看不到的微小黏膜皱褶。　G

22 胃小凹　Foveolae gastricae.　微小的胃表面凹陷，为胃腺开口处。　DEFG

23 贲门腺　Glandulae cardiacae.　在猪，占据胃底、胃憩室以及部分胃体。在其他动物，局限于腺部起始处的一窄条区域内。　E

24 （固有）胃腺　Glandulae gastricae [propriae].　固有胃腺以含有胃酶原细胞和壁细胞为特征，衬贴于胃体内表面，在肉食动物还分布于胃底，在反刍动物衬贴于皱胃体和皱胃底内表面。　F（译者注：原著及第6版N. A. V.将固有胃腺列于贲门腺项下。国内教科书将该腺称为胃底腺。）

25 幽门腺　Glandulae pyloricae.　分布于幽门部。　G

26 胃淋巴小结　Lymphonoduli [Noduli lymphatici] gastrici.　E

27 无腺部　Pars nonglandularis.　黏膜的非腺性部分，在有蹄类被覆复层扁平上皮。　H

28 褶缘（猪、马）　Margo plicatus.　在腺部和无腺部交界处增厚的蜿蜒曲折的边界线。　H

29 瘤胃乳头　Papillae ruminis.　瘤胃黏膜表面突起的高约1cm的指状、舌状或叶片状的突起。　I

30 网胃小房　Cellulae reticuli.　网胃黏膜呈四、五或六边形的凹陷，由类似于蜂窝状的网胃嵴围成。　I

31 网胃嵴　Cristae reticuli.　网胃黏膜永久性的皱褶。　I

32 网胃乳头　Papillae reticuli.　分布于网胃嵴和网胃小房的锥状乳头。　I

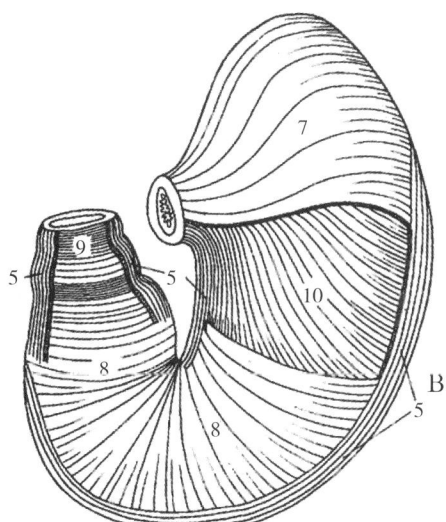

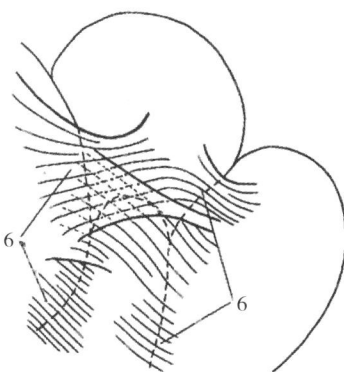

A 胃的肌层，部分纵肌层、环
　肌层和外斜肌层被切除（马）

B 反刍胃的前侧局部右侧观，
网胃在左，瘤胃腹囊在右，
瘤胃房在上，皱胃底在下
（引自Hofmann）

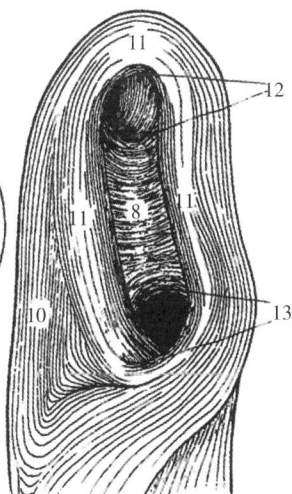

C 网胃沟的肌层（牛）

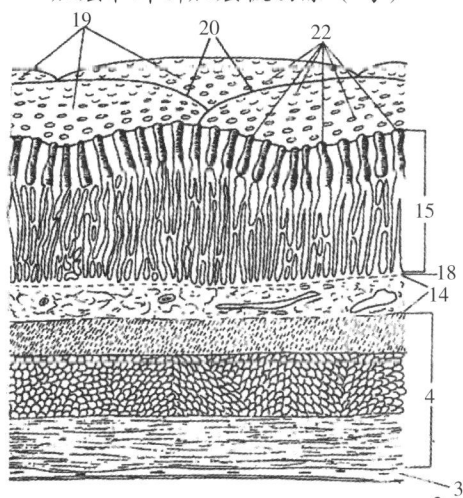

D 胃腺，立体示意图

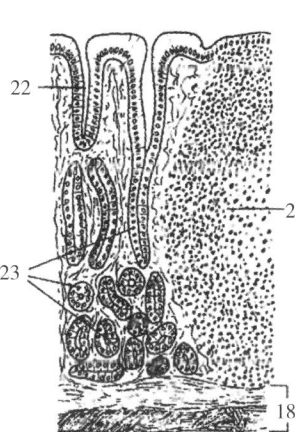

E 贲门腺（猪）

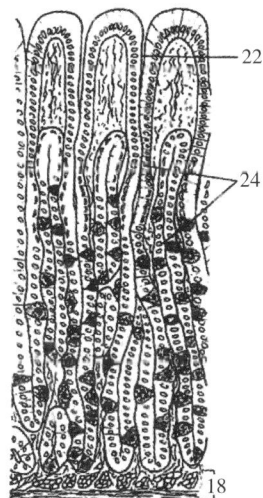

F 固有胃腺（犬）

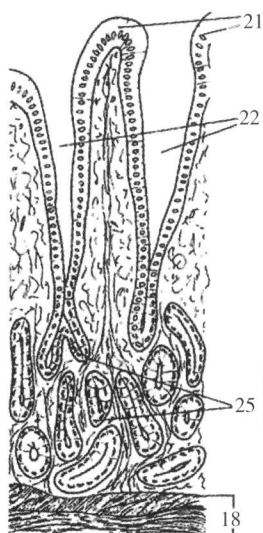

G 幽门腺（犬）

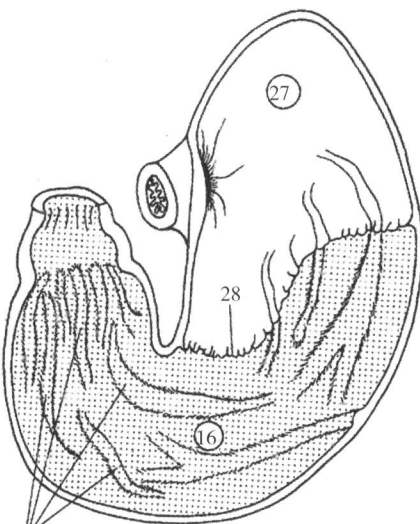

H 胃黏膜，壁面已切除（马）

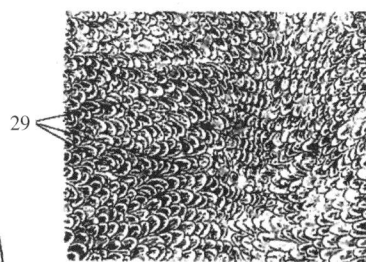

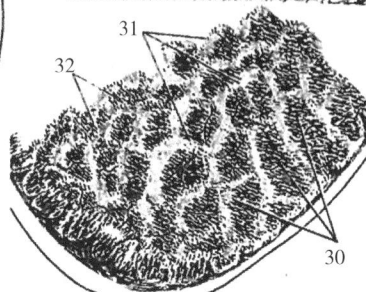

I 上图为瘤胃黏膜，下图为
网胃黏膜（绵羊）

1　爪状乳头（反刍动物）　Papillae unguiculiformes.　在网瓣胃口内及其周围的长的、尖锐的、弯曲的突起。　A

2　瓣胃叶　Laminae omasi.　瓣胃黏膜平行排列的扁平褶，从瓣胃弯起始，指向瓣胃沟，最多有四级长短不同的瓣胃叶插入最长的瓣胃叶之间（例如在山羊只有3级）。　A

3　叶间隐窝　Recessus interlaminares.　瓣胃叶间狭窄的间隙。　A

4　瓣胃乳头　Papillae omasi.　偏于网胃端的较大，偏于皱胃端的较小。　A

5　皱胃帆　Vela abomasica.　位于瓣皱口两侧的黏膜皱褶。　B

6　皱胃旋襞［褶］　Plicae spirales abomasi.　位于皱胃底和体的大黏膜褶，斜向伸展向大弯和幽门部。　B

7　**小肠**　**INTESTINUM TENUE**.　包括十二指肠、空肠和回肠。

8　浆膜　Tunica serosa.　由间皮和一层结缔组织构成。　C

9　浆膜下组织　Tela subserosa.　浆膜下一层疏松结缔组织。　C

10　肌织膜　Tunica muscularis.　主要的肌层。　C

11　纵层　Stratum longitudinale.　外纵肌层。　C

12　环层　Stratum circulare.　内环肌层。　C

13　黏膜下组织　Tela submucosa.　在黏膜下的疏松结缔组织。　C（译者注：国内教科书称为黏膜下层，以下同。）

14　黏膜　Tunica mucosa.　小肠黏膜是腺性的，并着生有被覆柱状上皮的肠绒毛。　C

15　黏膜肌层　Stratum muscularis mucosae.　为一薄层平滑肌，形成黏膜的最深层，其发出肌纤维束进入肠绒毛。　C

16　环状襞［褶］　Plicae circulares.　由黏膜和黏膜下层构成的环行黏膜褶。　DE

17　肠绒毛　Villi intestinales.　黏膜微小的突起，大约1mm长，赋予黏膜以天鹅绒样的外观。　C

18　肠腺　Gll. intestinales.　C

19　孤立淋巴小结　Lymphonoduli [Noduli lymphatici] solitarii.　直径为0.15~1.5mm。　C

20　集合淋巴小结　Lymphonoduli [Noduli lympgatici] aggregati.　淋巴组织斑。　D

21　**十二指肠**　Duodenum.　从幽门到十二指肠空肠曲。　F

22　前部　Pars cranialis.　从幽门至十二指肠前曲。　F

23　十二指肠壶腹　Ampulla duodeni.　十二指肠前部的一个膨大。　F

24　乙状袢（有蹄类）　Ansa sigmoidea. S形肠袢，仅在有蹄类动物十二指肠前部的双弯曲。　F

25　十二指肠前曲　Flexura duodeni cranialis.　位于十二指肠前部和降部之间。　F

26　降部　Pars descendens.　在右侧向后延伸。　F

27　十二指肠后曲　Flexura duodeni caudalis.　位于降部和横部之间。　F

28　横部［后部］Pars transversa [Pars caudalis].　F

29　升部　Pars ascendens.　从横部向前到十二指肠空肠曲。　F

30　十二指肠空肠曲　Flexura duodenojejunalis.　其肠系膜突然变长是该曲的标志。　F

31　十二指肠大乳头　Papilla duodeni major.　为十二指肠黏膜在胆总管以及胰管（如果有的话）开口处的隆起。　E

32　十二指肠小乳头　Papilla duodeni minor.　为十二指肠黏膜的隆起，其上有副胰管的开口。　E

33　十二指肠腺　Gll. duodenales.　位于十二指肠黏膜下层内的分支管泡状腺，根据动物种类，该腺可仅占据十二指肠起始部或者由此延伸很远。　C

34　**空肠**　Jejunum.　小肠中十二指肠与回肠之间的部分，空肠系膜附着于小弯。　F

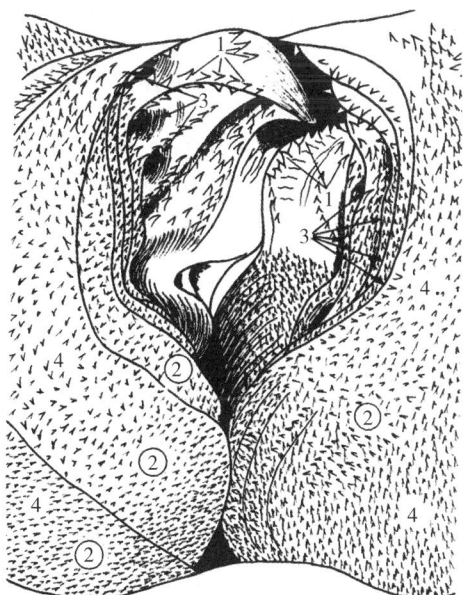

A 瓣胃沟，平行于瓣胃叶切开（绵羊）

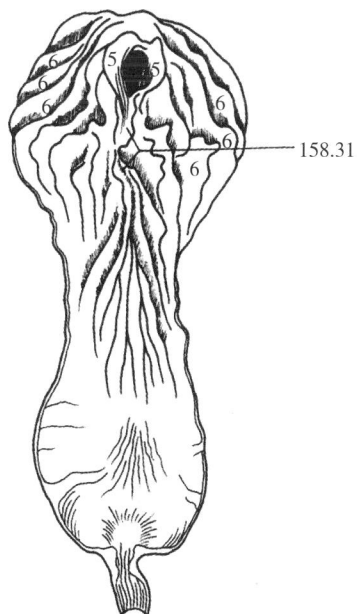

158.31

B 皱胃，沿大弯切开（绵羊）

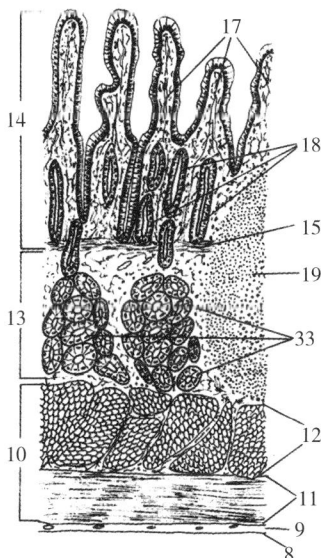

C 十二指肠，组织切片（牛）

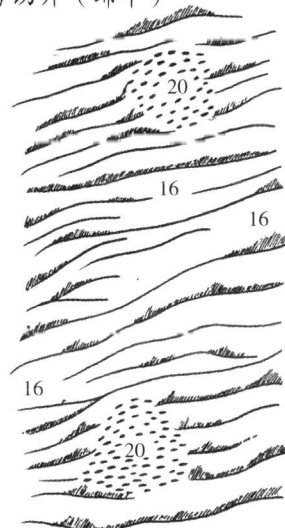

D 空肠（马）

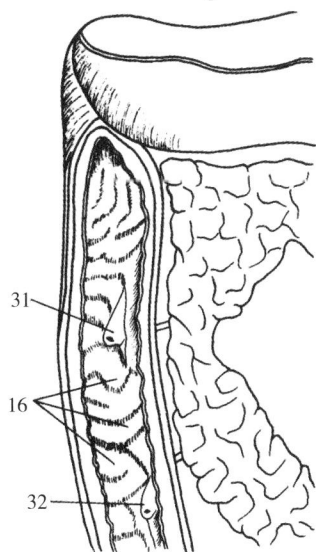

E 十二指肠降部，腹侧观，切开（犬）

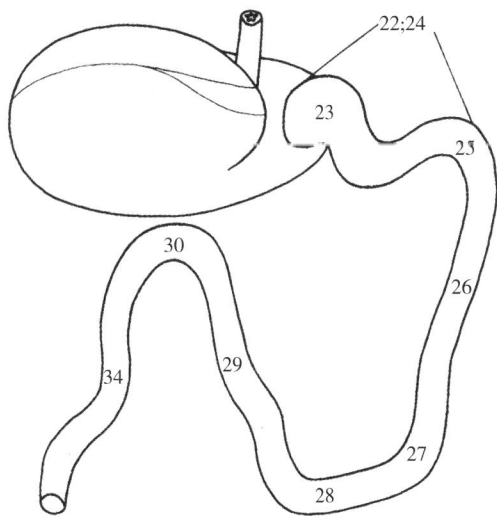

F 胃和十二指肠，背侧观（马）

1 **回肠** Ileum. 在兽医解剖学文献中定义为小肠短的末端部分，回盲襞［韧带］附着在回肠的大弯，而回肠系膜则附着在小弯。 D

2 **回肠括约肌** M. sphincter ilei. 围绕在回肠末端的环行肌纤维。马无此肌。马回肠的整个肌层可视为与回肠乳头相连的功能性括约肌。 C

3 **回肠乳头*** Papilla ilealis. 回肠末端突入大肠腔内的突起。BE（这里是马肠套叠的常发部位。）

4 **回肠口** Ostium ileale. 回肠的开口。 BC

5 **回肠乳头系带** Frunulum papillae ilealis. 为抵止于回肠乳头的大肠黏膜褶。 B

6 **大肠** INTESTINUM GRASSUM. 包括盲肠、结肠、直肠和肛管。

7 **浆膜** Tunica serosa. 由间皮和一层结缔组织构成。 A

8 **浆膜下组织** Tela subserosa. 浆膜下一层疏松结缔组织。 A

9 **肌织膜** Tunica muscularis. 主要的肌层。 A

10 **纵层** Stratum longitudinale. 外层，纵行层。 A

11 **环层** Stratum circulare. 内层，环行层。 A

12 **黏膜下组织** Tela submucosa. 在黏膜下的疏松结缔组织。 A

13 **黏膜** Tunica mucosa. 大肠黏膜是腺性的，但并不形成绒毛。 A

14 **黏膜肌层** Lamina muscularis mucosae. 为一薄层平滑肌，构成了黏膜的最深层，该层向肠腺间发出肌束。 A

15 **肠腺** Gll. intestinales. A

16 **孤立淋巴小结** Lymphonoduli [Noduli lymphatici] solitarii. 直径0.15~1.5mm。 A

17 **集合淋巴小结** Lymphonoduli [Noduli lymphatici] aggregati. 长条形的淋巴组织斑。 B

18 **盲肠*** Cecum [Caecum]. 除马外，盲肠在回盲口处无约束地开口于结肠。在马，盲-结肠的结合处为盲结口。

19 **盲肠底** Basis ceci [caeci]. 马盲肠向背侧的膨大部。其在回肠乳头前的部分是从胚胎时期结肠的第一部分发育而来，尽管如此，人们还是习惯性地将该部划归在盲肠底。 DE

20 **盲肠体** Corpus ceci [caeci]. 盲肠的体部。 DE

21 **盲肠尖** Apex ceci [caeci]. D

22 **盲肠大弯** Curvatura ceci [caeci] major. D

23 **盲肠小弯** Curvatura ceci [caeci] minor. D

24 **盲肠带** Teniae ceci [Taeniae caeci]. 猪和马盲肠的带。该带的形成是由于肌织膜的纵层增厚，但在其他部位则薄。

25 **背侧带*** Tenia [Taenia] dorsalis. 猪无，在马有回盲襞［韧带］附着。 D

26 **腹侧带** Tenia [Taenia] ventralis. D

27 **内侧带** Tenia [Taenia] medialis. D

28 **外侧带** Tenia [Taenia] lateralis. D

29 **盲肠袋** Haustra ceci [caeci]（单数形式haustrum）. 为两条盲肠带之间和沟之间的囊，是由于盲肠带轻微收缩所致。这些沟对应于内面的半月襞（褶）。 DE

30 **盲肠半月襞［褶］** Plicae semilunares ceci [caeci]. 盲肠黏膜的半月襞是由于盲肠袋之间的肌肉收缩所致。它对应于盲肠表面分隔肠袋的沟。

31 **盲结口*** Ostium cecocolicum [caeco-]. 从盲肠向结肠的开口。 EF（此处是马肠梗阻的好发部位。）

32 **盲结瓣（马）** Valva cecocolica [caeco-]. 由两片黏膜褶组成。 E

33 **盲肠括约肌** M. sphincter ceci [caeci]. 在马，该肌围绕盲结口。 F

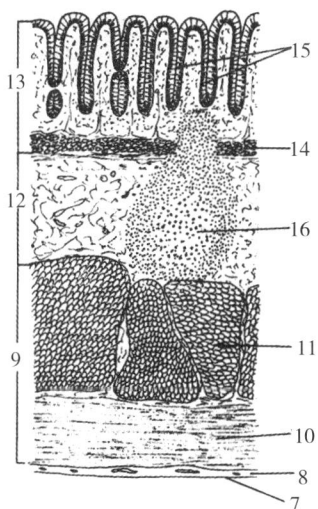

A　结肠，组织切片

B　回肠乳头（绵羊）

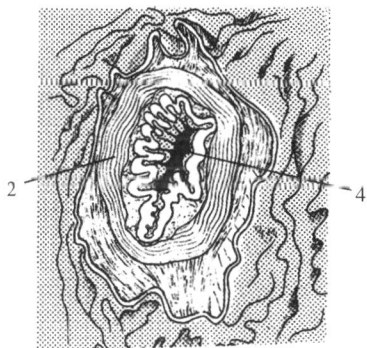

C　回肠乳头，去除黏膜（马）

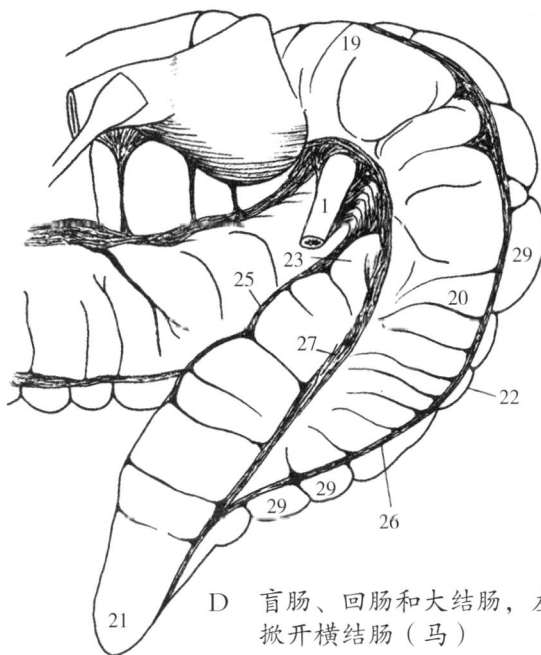

D　盲肠、回肠和大结肠，左侧观，
掀开横结肠（马）

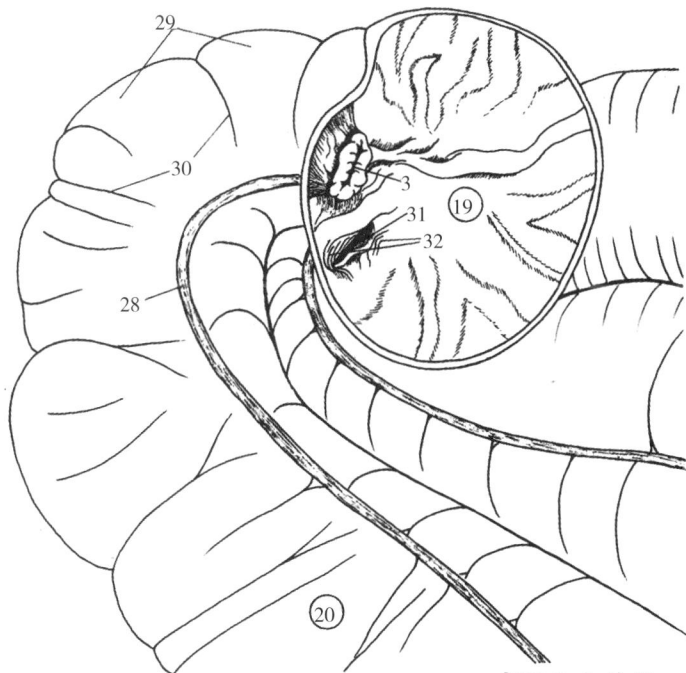

E　盲肠和大结肠，右侧观，盲肠底切开（马）

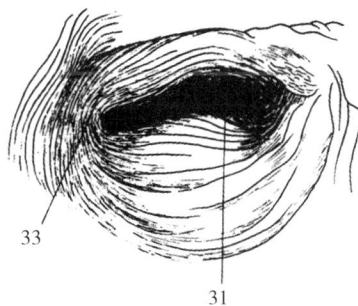

F　盲肠括约肌，黏膜
已切除（马）

1 **结肠** Colon. 大肠的从盲肠到直肠的部分。

2 升结肠 Colon ascendens. 从盲肠延伸至横结肠。 ABC

3 大结肠（马） Colon crassum. 是一个由下大结肠和上大结肠组成的肠袢，向左侧弯曲。 C

　　4 结肠颈* [1] Collum coli. 为右下大结肠的起始部。 C

　　5 右下大结肠 Colon ventrale dextrum. 从盲肠到胸骨曲，具有肠袋和4条肌带（其中两条附着有结肠系膜，在结肠背侧表面，分别为内侧结肠系膜带和外侧结肠系膜带；在远侧的腹侧面上有两条不附有系膜的肌带，分别为内侧游离带和外侧游离带）。 C

　　6 胸骨曲［下膈曲］ Flexura sternalis [diaphragmatica ventralis]. 胸骨曲，呈水平位。 C

　　7 左下大结肠* Colon ventrale sinistrum. 从胸骨曲到盆曲，具有肠袋和4条肌带，与右下大结肠相同。 C

　　8 盆曲* [1] Flexura pelvina. 为垂直位，食糜由下向上推送。 C

　　9 左上大结肠* Colon dorsale sinistrum. 从盆曲到膈曲，表面平坦光滑，有一条肌带供升结肠系膜附着，沿此带有结肠右动脉、静脉、神经以及结肠淋巴结分布。 C

　　10 膈曲［上膈曲］ Flexura diaphragmatica [dorsalis]. 呈水平位。 C

　　11 右上大结肠* Colon dorsale dextrum. 大结肠的末部，连于横结肠，具有肠袋和3条肌带。 C（右上大结肠只有一条位于腹面的结肠系膜带，沿此带分布的相应有结肠右动脉、静脉、神经以及结肠淋巴结，沿此带还附着有升结肠系膜。在右上大结肠背面的内、外有两条游离带。）

　　12 结肠壶腹* Ampulla coli. 为右上大结肠的膨大，然后其直径突然变小，并延续为横结肠。 C

13 结肠近袢（反刍动物） Ansa proximalis coli. 为升结肠的第一部，S形弯曲，延续为结肠旋袢。 B

14 结肠旋袢（猪、反刍动物） Ansa spiralis coli. 在反刍动物以垂直姿态盘曲于肠系膜左侧面。 B

　　15 向心回 Gyri centripetales. 食糜以进线线圈的方式移向中央曲。 B

　　16 中央曲 Flexura centralis. 在这里，向心回的最末肠圈延续为离心回的第1肠圈。 B

　　17 离心回 Gyri centrifugales. 食糜以出线线圈的方式从中央曲移向远袢。 B

18 结肠远袢（猪、反刍动物） Ansa distalis coli. 升结肠最末一段。 B

19 结肠右曲 Flexura coli dextra. 将升结肠连接于横结肠。 A

20 横结肠* [1] Colon transversum. 从右侧越到左侧，在肠系膜前动脉前方，位于结肠右曲和左曲之间。 ABC

21 结肠左曲 Flexura coli sinistra. 将横结肠连接于降结肠。 A

22 降结肠［小结肠（马）］ Colon descendens [Colon tenue]. 从结肠左曲至直肠。 ABC，以及217页B

23 乙状结肠 Colon sigmoideum. 在牛的直肠之前，S形弯曲。 B

24 结肠带* Teniae [Taeniae] coli. 猪和马结肠的肌带，由纵行肌构成，在猪有两条，在马的左上大结肠有1条，右上大结肠有3条，下大结肠有4条。

25 外侧结肠系膜带 Tenia [Taenia] mesocolica lateralis. 见于马，位于下大结肠的背侧（左、右侧都有），隐藏在升结肠系膜的附着缘内。 C

26 内侧结肠系膜带 Tenia [Taenia] mesocolica medialis. 见于马，位于下大结肠背侧，对应于结肠右动脉、静脉和神经的分支以及结肠淋巴结。 C

27 外侧游离带 Tenia [Taenia] libera lateralis. 位于马下大结肠腹外侧面和右上大结肠的背侧面。 C

28 内侧游离带 Tenia [Taenia] libera medialis. 与外侧游离带相似。 C

29 结肠袋 Haustra coli. 在结肠带之间和半月襞［褶］之间的囊，马和猪有。 C

30 结肠半月襞［褶］ Plicae semilunares coli. 结肠黏膜的半月形皱襞，是由于结肠袋之间的肌肉收缩所致，它在结肠表面对应于结肠袋之间的沟。 C

31 系膜垂 Appendices epiploicae. 为被覆腹膜的脂肪垂坠，附着于结肠带。 C

32 **直肠** Rectum. 大肠的骨盆部分，止于肛管。 AB

33 直肠壶腹 Ampulla recti. 直肠末部的增大部分，猫、绵羊、山羊无。 B

1）：这些部位都是潜在的梗阻发病部位。

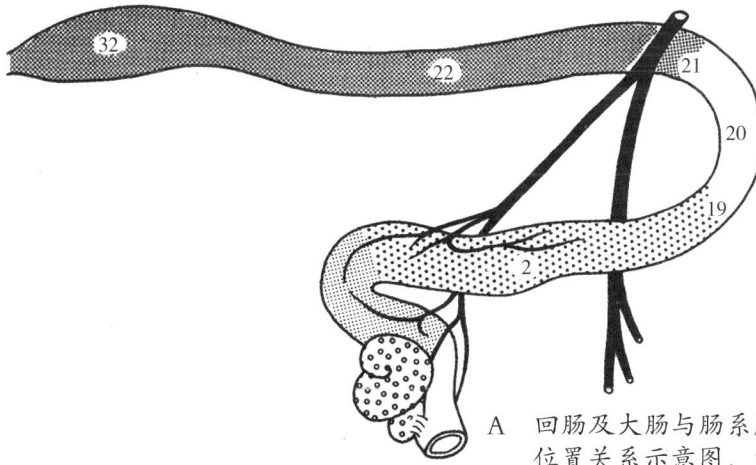

A　回肠及大肠与肠系膜前动脉和回结肠动脉的
位置关系示意图，右侧观（犬）

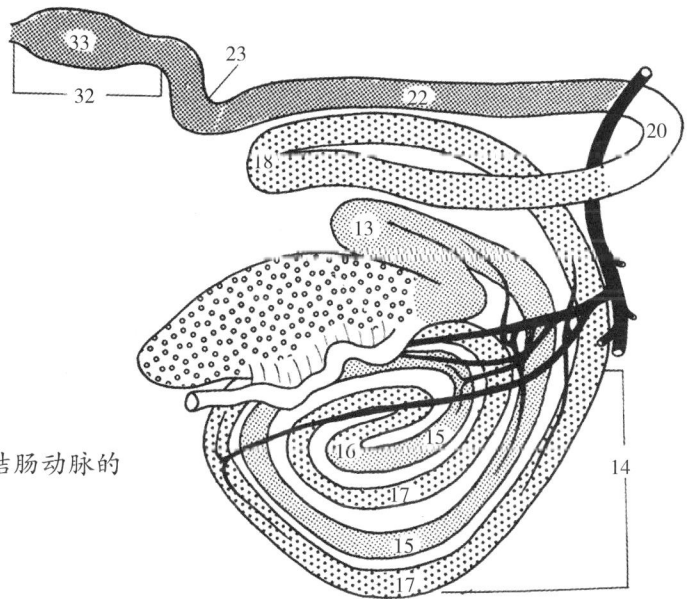

B　回肠及大肠与肠系膜前动脉及回结肠动脉的
位置关系示意图，右侧观（牛）

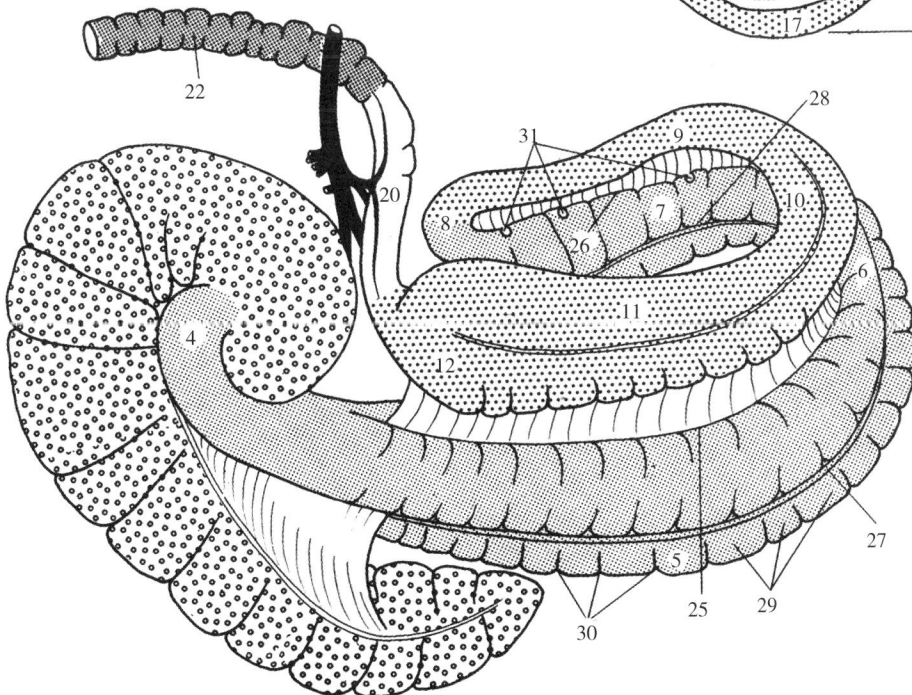

C　大肠与肠系膜前动脉，右侧观，其中左侧大结肠故意被绘短（马）

1 外膜 Tunica adventitia. 覆盖于直肠的腹膜后部外表面的结缔组织。 C

2 直肠尾骨肌 M. rectooccygeus. 由聚集的抵达直肠背侧面的纵行肌纤维构成，起于2~7尾椎（依动物种类而异），止于直肠。 B

3 直肠尿道肌 M. rectourethralis. 起点：直肠；止点：在雄性为尿道，在雌性为阴道前庭或阴唇。 B

4 直肠横襞 Plicae transversales recti. 在反刍动物，直肠的暂时性收缩所形成的黏膜皱襞。

5 直肠柱 Columnae rectales. 在反刍动物，由肛直肠线向前延伸的纵向黏膜皱褶，短。

6 **肛管** Canalis analis. 直肠的终末段，内衬复层扁平上皮。 A

7 肛门内括约肌 M. sphincter ani internus. 与直肠环行肌层相延续的平滑肌。 BC

8 肛直肠线 Junctio anorectalis. 位于有单层柱状上皮的直肠黏膜与有复层扁平上皮的肛管黏膜之间。 A

9 肛柱区（犬、猪） Zona columnaris ani. 肛门的肛柱区，内衬复层扁平非角化上皮。 AC

10 肛柱 Columnae anales. 由肛直肠线向后延伸的短而纵行的黏膜褶，猫、反刍动物和马无。 A

11 肛窦 Sinus anales. 肛柱之间的沟。 A

12 肛腺 Gll. anales. 管泡状腺，位于黏膜下组织中或肛门内括约肌外面。 C

13 中间区 Zona intermedia. 位于肛柱与肛皮线之间，内衬非角化的复层扁平上皮，犬的狭窄。 AC

14 肛皮线 Junctio anocutanea. 皮肤与肛管黏膜之间的界线。 A

15 皮肤区 Zona cutanea. 具有角化上皮、皮肤腺和毛。 AC

16 肛旁窦（肉食动物） Sinus paranalis. 肛门外括约肌与肛管之间的皮肤小袋。 C

17 肛旁窦腺 Gll. sinus paranalis. 肛旁窦的腺体，为顶浆分泌的皮脂腺。 C

18 围肛腺（犬） Gll. circumanales. 腺小叶由多边形细胞构成，由皮脂腺派生而来，无腺管。 C

19 肛门外括约肌 M. sphincter ani externus.（见会阴）C

20 肛门 Anus. 肠道的末端开口。 B

21 **肝** HEPAR.

22 膈面 Facies diaphragmatica. E

23 裸区 Area nuda. 肝表面没有被覆浆膜的区域。 E

24 腔静脉沟 Sulcus venae cavae. 供后腔静脉通过的沟。 E

25 脏面 Facies visceralis. 与胃相接触的面。 D

26 胆囊窝 Fossa vesicae felleae. 位于脏面。 D

27 （肝）圆韧带裂 Fissura lig. teretis. 位于脏面，供肝圆韧带通过。 D

28 肝圆韧带 Lig. teres hepatis. 为脐静脉的遗迹。 D

29 脐静脉沟（个体发生）[1] Sulcus venae umbilicalis.

30 静脉导管窝（个体发生）[1] Fossa ductus venosi.

31 肝门 Porta hepatis. 位于脏面。 D

32 网膜结节（肉食动物） Tuber omentale. 肝脏面左外叶的突起。 D

33 食管压迹 Impressio esophagea. 位于背缘。 171页A

34 胃压迹 Impressio gastrica. 在单胃动物，胃在肝左叶上形成的压迹。 171页A

35 网胃压迹 Impressio reticularis. 在左叶上。见171页B，肝被放置在其长轴呈水平位，顺时针旋转了90°，但在自然状态下其长轴几乎是垂直的，其左叶指向腹侧，这解释了为什么在原位时网胃压迹位于肝脏面的左下角，但在171页B中却变成了该图的左上角。

1）：在第5版 N.A.V. 中这些结构是被省略的，因其属于个体发生的名词。

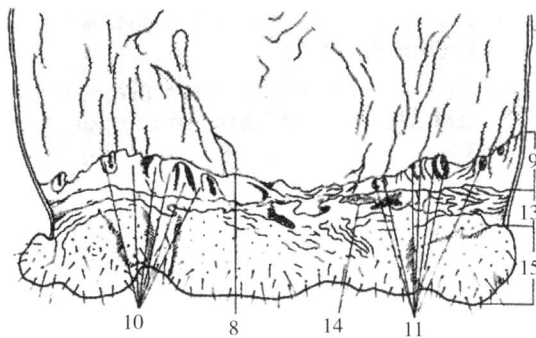

A 肛管，从背侧打开（猪）

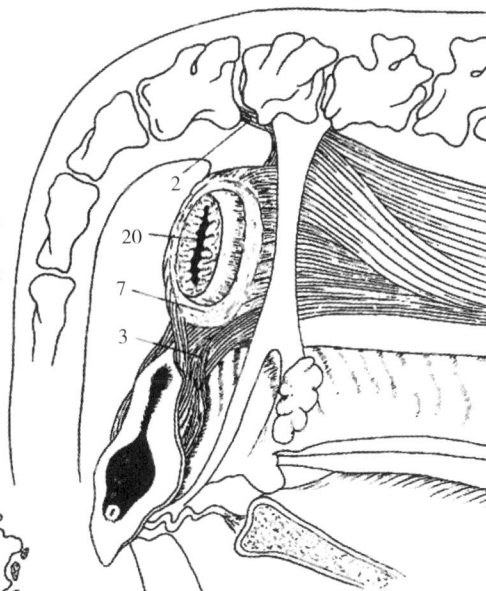

B 会阴（牛）（引自Geiget）

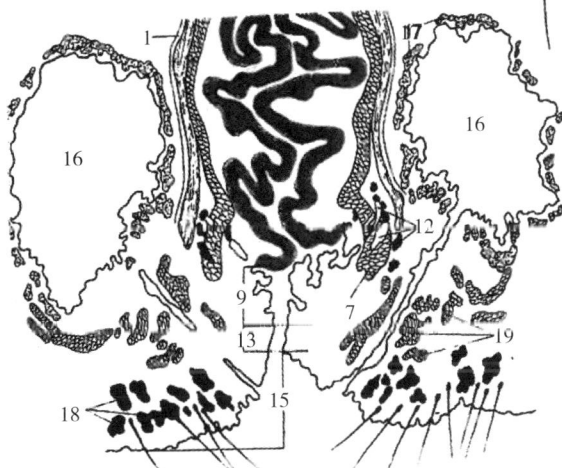

C 肛管（犬）（引自Gerisch和Neurand）

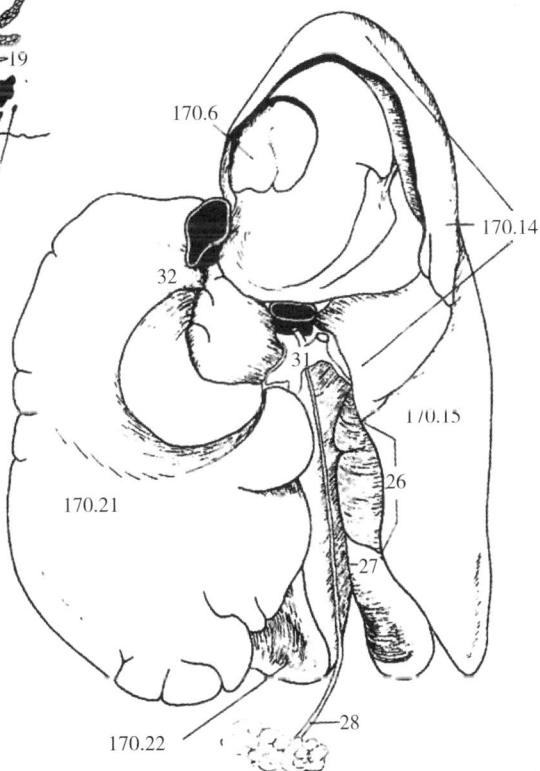

D 肝，脏面（犬）

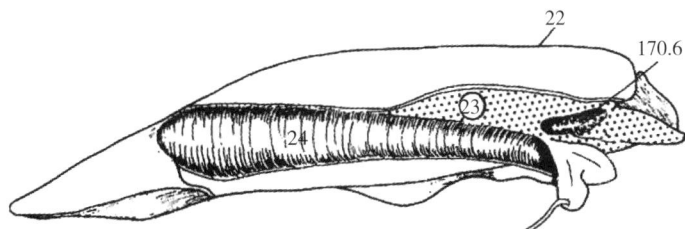

E 肝，背侧缘，肾上腺被翻转（牛）

1　瓣胃压迹　Impressio omasica.　占据脏面很大部分。见168页35条对171页B的解释。

2　十二指肠压迹　Impressio duodenalis.　位于肝门的腹侧和右侧。　A

3　结肠压迹　Impressio colica.　位于马肝脏面右下部，由升结肠的胸骨曲和膈曲压迫所致。　A

4　盲肠压迹（马）　Impressio cecalis [caecalis].　位于右叶。　A

5　肾压迹　Impressio renalis.　位于右叶和尾状突，猪无。　A

6　肾上腺压迹　Impressio adrenalis [supra-].　由右肾上腺在尾状叶/尾状突上形成的压迹。　169页D

7　背缘　Margo dorsalis.　对于反刍动物，该缘几乎在正中矢状面上。　B

8　右缘　Margo dexter.　在反刍动物，为肝的后背侧缘。　B

9　左缘　Margo sinister.　在反刍动物，为肝的前腹侧缘。　B

10　腹缘　Margo ventralis.　在反刍动物，为肝的右侧缘。　B

11　叶间切迹　Incisurae interlobares.　A

12　圆韧带切迹　Incisura lig. teretis.　供圆韧带通过的切迹。　B

13　肝右叶　Lobus hepatis dexter.　反刍动物和马的肝右叶。　B

14　肝右外侧叶　Lobus hepatis dexter lateralis.　肉食动物和猪的右外侧叶。　169页D

15　肝右内侧叶　Lobus hepatis dexter medialis.　肉食动物和猪的右内侧叶。　169页D

16　方叶　Lobus quadratus.　位于胆囊窝和圆韧带切迹之间（马例外，在马位于肝右叶和左内叶之间）。　B

17　尾状叶　Lobus caudatus.　位于肝门的背侧。　B

18　乳头突　Processus papillaris.　反刍动物和肉食动物尾状叶向网膜囊前庭的突出部。　B

19　尾状突　Processus caudatus.　从尾状叶的脏面上向右侧伸出的突起。　B

20　肝左叶　Lobus hepatis sinister.　反刍动物肝的左叶。　B

21　肝左外侧叶　Lobus hepatis sinister lateralis.　肉食动物、猪、马的肝左外侧叶。　169页D

22　肝左内侧叶　Lobus hepatis sinister medialis.　肉食动物、猪、马的肝左内侧叶，位于肝左外侧叶与圆韧带切迹之间。　169页D

23　（肝纤维附件）　（Appendix fibrosa hepatis）.　老龄马肝右叶后端萎缩部分的遗迹。　A

24　肝小叶　Lobuli hepatis.　肝的组织学单位，大约直径1mm、长2mm的柱体。仔猪在生后1个月时开始在肝表面可见肝小叶的多边形图案。　C

25　浆膜　Tunica serosa.　B

26　浆膜下组织　Tela subserosa.　为一层疏松结缔组织或脂肪。　B

27　纤维膜　Tunica fibrosa.　肝的结缔组织外层，位于肝实质与浆膜下组织之间。　B

28　血管周纤维鞘　Capsula fibrosa perivascularis.　也称Glisson血管周纤维鞘，包绕肝内胆管、肝动脉分支和肝内门静脉分支。　AC

29　小叶间动脉　Arteriae interlobulares.　位于肝小叶之间。　C

30　小叶间静脉　Venae interlobulares.　位于肝小叶之间的门静脉的分支。　C

31　中央静脉　Venae centrales.　肝小叶内的肝静脉终末支。　C

32　小叶间胆管　Ductuli interlobulares.　C

33　胆小管　Ductuli biliferi.

34　肝总管　Ductus hepaticus communis.　从肝左管和肝右管汇合处开始至胆囊管汇入处，肉食动物无。　B［在肉食动物，肝左管和肝右管分别汇入胆囊管，从最后汇入处开始，胆囊管变为胆总管或胆管（Bile duct or choledochus）。］

35　肝右管　Ductus hepaticus dexter.　肝右侧部的导出管。　B

36　肝左管　Ductus hepaticus sinister.　肝左侧部的导出管。　B

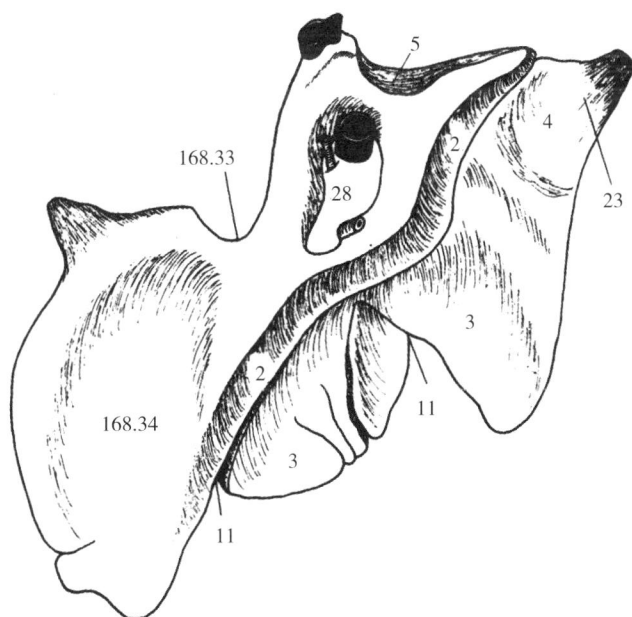

A 肝, 脏面 (马)

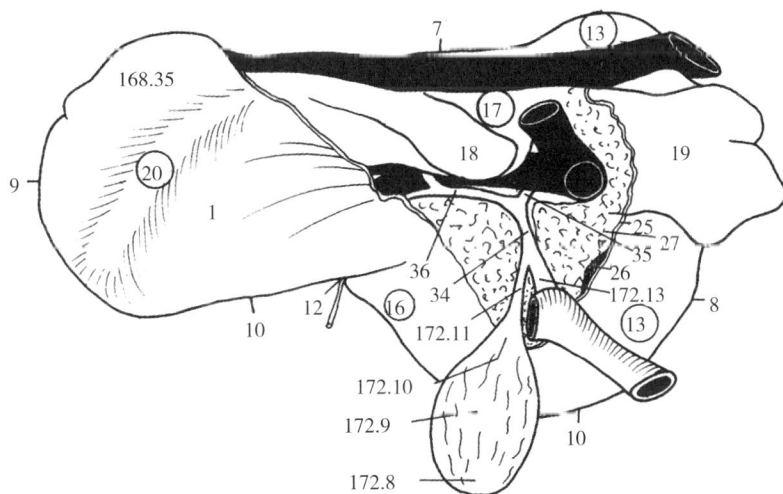

B 肝, 脏面, 按顺时针方向旋转90° (牛)

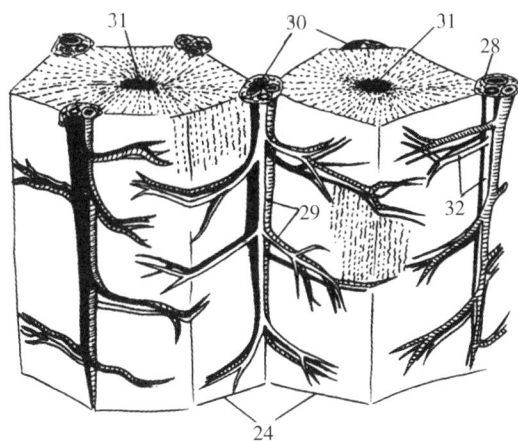

C 肝小叶, 立体观

1 **胆囊** Vesica biliaris [Vesica fellea].

2 胆囊浆膜 Tunica serosa vesicae felleae. 胆囊的浆膜。 A

3 胆囊浆膜下组织 Tela subserosa vesicae felleae. 胆囊浆膜下的疏松结缔组织。 A

4 胆囊肌织膜 Tunica muscularis vesicae felleae. 胆囊的肌层。 A

5 胆囊黏膜 Tunica mucosa vesicae felleae. 衬贴单层柱状上皮。 A

6 胆囊黏膜襞［褶］ Plicae tunicae mucosae vesicae felleae. 胆囊黏膜的皱褶。 A

7 胆囊腺 Gll. vesicae felleae. 在反刍动物为胆囊体部的大量管状腺，在肉食动物和猪稀少，并局限于胆囊颈。 A

8 胆囊底 Fundus vesicae felleae. 为胆囊的盲端。见171页B

9 胆囊体 Corpus vesicae felleae. 见171页B

10 胆囊颈 Collum vesicae felleae. 见171页B

11 胆囊管 Ductus cysticus. 加入肝总管中而形成胆总管。见171页B

12 肝胆囊管 Ductus hepatocystici. 从肝直接进入胆囊，在反刍动物和肉食动物变化不定。

13 **胆总管** Ductus choledochus. 由胆囊管和肝总管合并而成，终止于十二指肠大乳头。 C，以及171页B［在肉食动物，由于没有肝总管，其总管称为胆管（bile duct）。］

14 胆总管括约肌 M. sphincter ductus choledochi. 胆总管末端环行肌层的增厚部分。 C

15 肝胰壶腹 Ampulla hepatopancreatica. 在十二指肠大乳头内（猫、马）由胆管和胰管形成的共同的末端短管。在绵羊和山羊，胆总管和胰管在到达十二指肠之前就已经合并。 B

16 肝胰壶腹括约肌［壶腹括约肌］ M. sphincter ampullae hepatopancreaticae [M. sphincter ampullae]. 围绕壶腹的一束肌纤维（猫），或围绕总肝胰管（绵羊、山羊），或围绕两条管的末端部（犬、马）的一束肌纤维。 C

17 **胰 PANCREAS**. 与胃、十二指肠前部和降部相关的一个大消化腺。 DEF

18 胰右叶 Lobus pancreatis dexter. 位于十二指肠降部的系膜内。 DEF

19 钩突（反刍动物） Processus uncinatus. 从胰右叶向中线扩展，经过门静脉的后背侧。 D

20 胰体 Corpus pancreatis. 胰的中间部分，与十二指肠前部接触，EF

21 网膜结节 Tuber omentale. 胰体在网膜囊内向腹侧的突出。 D

22 胰左叶 Lobus pancreatis sinister. 在胃的脏面上，在反刍动物位于瘤胃的背侧。 DEF

23 胰切迹（肉食动物、反刍动物） Incisura pancreatis. 在胰后缘供门静脉通过的切迹。 DE

24 胰环（猪、马） Anulus pancreatis. 由胰腺形成的环，围绕门静脉。 F

25 腹侧面 Facies ventralis. DEF

26 背侧面 Facies dorsalis.

27 前缘 Margo cranialis. EF

28 后缘 Margo caudalis. EF

29 右缘 Margo dexter. EF

30 左缘 Margo sinister. EF

31 胰管 Ductus pancreaticus. 开口于十二指肠大乳头，在猫、绵羊、山羊和马为主要的胰管，牛和猪无。 CDEF

32 胰管括约肌 M. sphincter ductus pancreatici. C

33 副胰管 Ductus pancreaticus accessorius. 开口于十二指肠小乳头，在犬为最大的胰管，在牛和猪为唯一的胰管。 EF

34 副胰管括约肌 M. sphincter ductus pancreatici accessorii.

35 （副胰）（Pancreas accessorium）. 见于犬。

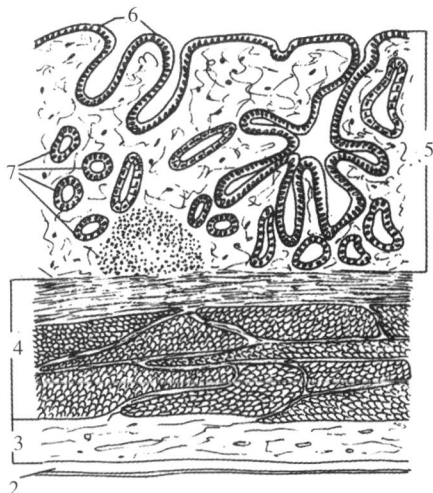

A　胆囊壁，组织切片

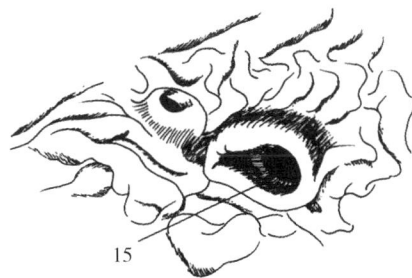

B　十二指肠大乳头和小乳头（马）

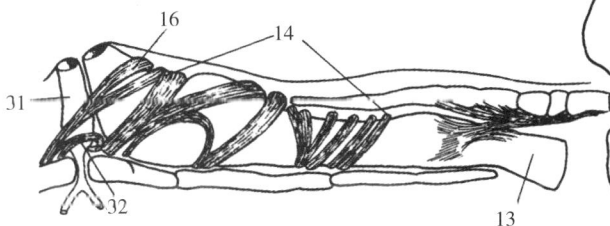

C　十二指肠大乳头（犬）
（引自Eichorn和boyden）

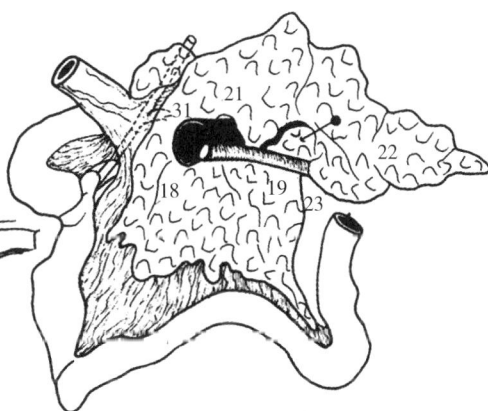

D　胰和十二指肠，腹侧观（绵羊）

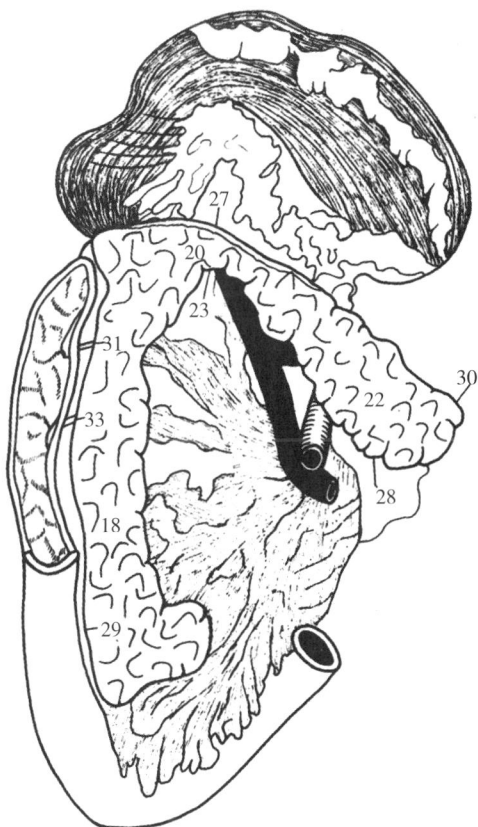

E　胰的腹侧面，以及胃和十二指肠（犬）

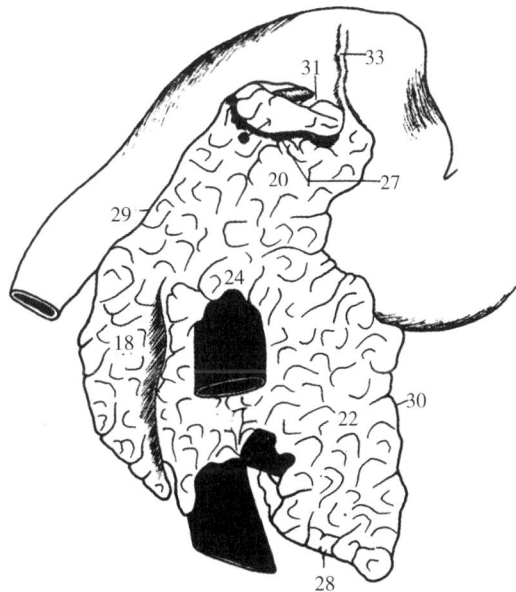

F　胰的腹侧面，以及幽门和十二指肠（马）

1 **呼吸系统　SYSTEMA　RESPIRATORIUM.**

2 **外鼻　NASUS EXTERNUS.** 面部中位于额区之前，眶下区、颊区和口区之上的部分。　A

3 鼻根　Radix nasi.　外鼻的后端。　A

4 鼻背　Dorsum nasi.　鼻的背侧面。　A

5 鼻尖　Apex nasi.　A

6 鼻翼　Alae nasi.　每一鼻孔的两侧翼，不同动物，甚至在犬的不同品种，都有不同的位置形态。　ABD

7 鼻中隔活动部　Pars mobilis septi nasi.　鼻中隔的可活动部分。　F

8 吻　Rostrum.　猪的吻。　B

9 鼻镜（肉食动物）[1)]　Planum nasale.　鼻尖处无毛无腺体的区域。　A

10 区　Areae.　鼻镜表面直径约1mm的多边形区域，由沟隔开。　A

11 沟　Sulci.　区之间的沟。　A

12 吻镜（猪）[1)]　Planum rostrale.　吻盘的皮肤，除了稀疏而短的触毛外，无其他毛。　B

13 区　Areae.　吻镜表面直径2mm左右的区域，由沟隔开。　B

14 沟　sulci.　吻镜上半部内若隐若现的沟。　B

15 小凹　Foveolae.　有腺体开口的小凹陷。　B

16 腺　Glandulae.　皮下组织内的大浆液腺。

17 鼻唇镜（牛）[1)]　Planum nasolabiale.　位于鼻和上唇的无毛皮肤。　C

18 区　Areae.　鼻唇镜表面直径2~4mm的区域，被沟隔开。　C

19 沟　Sulci.　区之间的沟。　C

20 小凹　Foveolae.　有大浆液腺开口的小凹陷。　C

21 腺　Glandulae.　鼻唇镜皮下组织内的大浆液腺。　C

22 鼻镜（绵羊，山羊）[1)]　Planum nasale.　鼻孔间和鼻翼边缘狭窄的无毛区域。　D

23 区　Areae.　鼻镜表面直径大约2mm的区。　D

24 沟　Sulci.　区之间的沟。　D

25 小凹　Foveolae.　有大浆液腺开口的小凹陷。　D

26 腺　Glandulae.　在鼻镜皮下组织内的大浆液腺。

27 外鼻软骨　Cartilagines nasi externi.　外鼻的软骨。　EF

28 鼻背外侧软骨*　Cartilago nasi lateralis dorsalis.　从鼻中隔软骨背缘向外侧的扩展。　EF（在做犬的气管插管术时，气管插管被缝合在此软骨上。）

29 鼻腹外侧软骨　Cartilago nasi lateralis ventralis.　为鼻中隔软骨腹侧缘向外侧的扩展，马缺如。　F

30 鼻翼软骨　Cartilago alaris.　马的鼻翼软骨，呈逗点状，其宽部［板］位于鼻孔的上内侧翼中，其窄部［角］位于鼻孔腹侧，在切齿骨上方。　E

　31 角（马）Cornu.　鼻翼软骨的角。　E

　32 板（马）Lamina.　鼻翼软骨的板。　E

33 鼻外侧副软骨　Cartilago nasalis accessoria lateralis.　在肉食动物附着于鼻腹外侧软骨；在猪附着于吻骨；在反刍动物附着于鼻背外侧软骨。　F

34 鼻内侧副软骨　Cartilago nasalis accessoria medialis.　位于翼襞［褶］内。　E

1）：在健康的个体，这些结构应当是湿润和凉爽的。

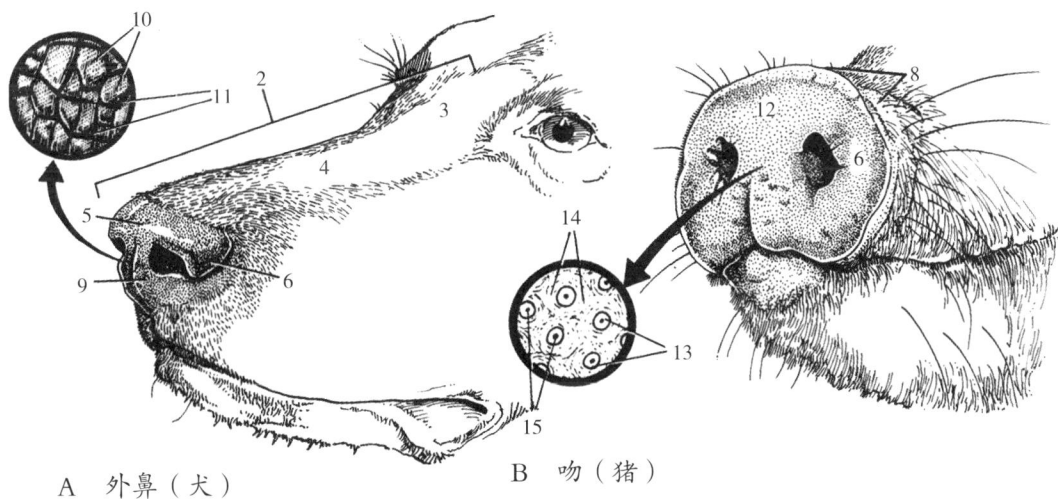

A　外鼻（犬）

B　吻（猪）

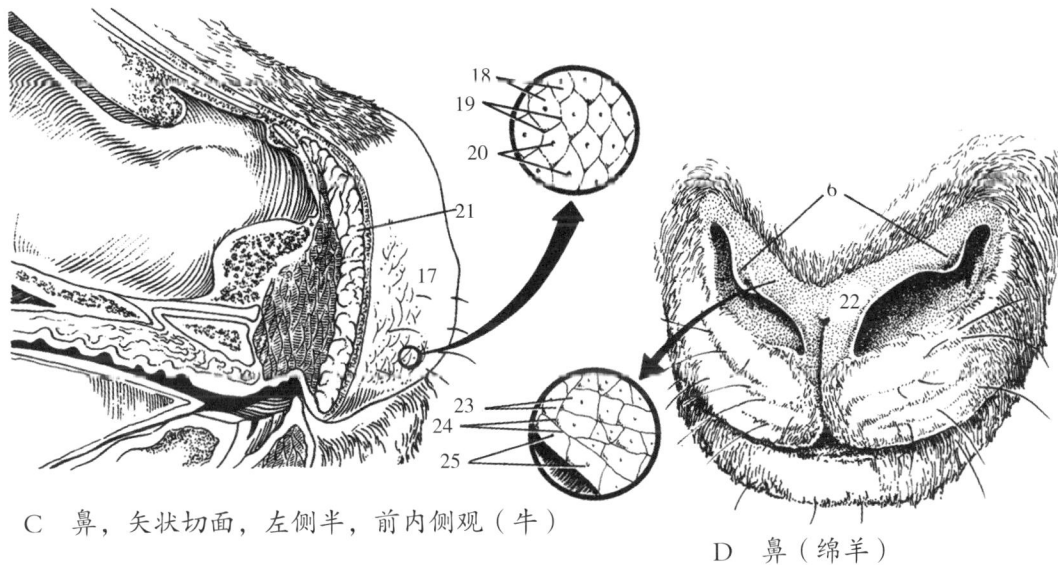

C　鼻，矢状切面，左侧半，前内侧观（牛）

D　鼻（绵羊）

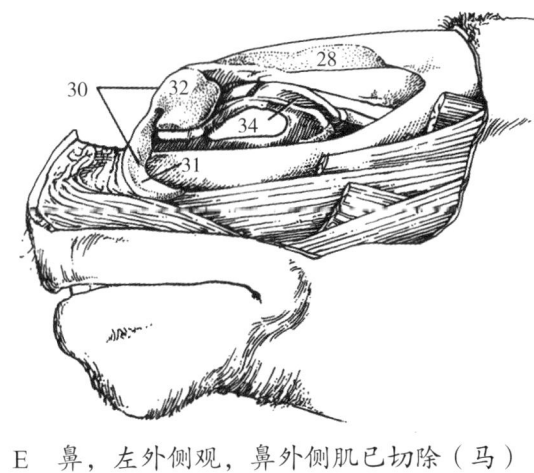

E　鼻，左外侧观，鼻外侧肌已切除（马）

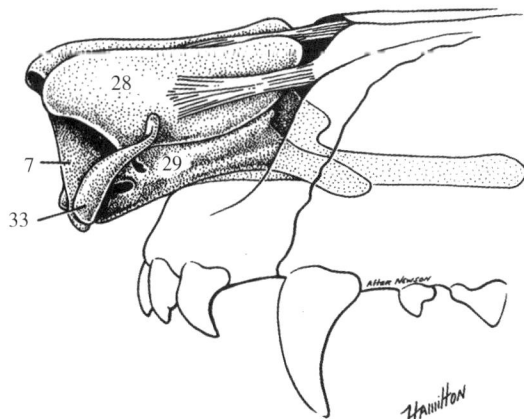

F　鼻软骨的左侧观（犬）（引自Evans,1979）

1 **鼻腔** CAVUM NASI. D

2 鼻孔 Nares. 鼻的两个对称的开口（单数形式naris）。 A

3 鼻翼沟 Sulcus alaris. 在肉食动物和反刍动物，位于鼻孔的后外侧角，在鼻翼与鼻孔腹外侧缘之间。 A

4 鼻憩室（马） Diverticulum nasi. 从鼻孔背角扩展到鼻切齿骨切迹后端的皮肤盲囊，它的开口称为伪鼻孔，位于鼻骨与切齿骨鼻突之间空隙的骨膜表面。 B

5 鼻后孔 Choanae. 左、右侧鼻腔与鼻咽部之间的开口。 C

6 鼻中隔 Septum nasi. 将鼻腔分为左、右腔室的隔板。 C

7 鼻中隔软骨 Cartilago septi nasi. C

8 后突 Processus caudalis. 鼻中隔软骨的后突，突入到犁骨与筛骨垂直板之间的夹角内。 C

9 膜部 Pars membranacea. 鼻中隔的膜部，位于该软骨的前端与两鼻孔间皮肤之间。犬有另外一个处于骨性鼻孔处的膜部，形成了鼻中隔软骨的一个大的空缺，为其吻部提供了可动性。 C

10 骨部 Pars ossea. 鼻中隔的骨部，由筛骨垂直板、犁骨以及猪和牛（如果有吻骨）的吻骨构成。 C（骨部在第14页第2条称为骨鼻中隔。）

11 犁鼻器 Organum vomeronasale. 位于鼻腔底壁上鼻中隔下方的一个具有特殊感觉功能的管状器官，从腭裂的前端向后延伸，不同物种到不同的前后水平，如在猪从第3切齿水平开始，在绵羊到第4前白齿水平。 C

12 犁鼻管 Ductus vomeronasalis. 为上皮性的管，向后为盲端，向前开口于切齿管，其内侧壁成自大量神经感觉上皮（neurosensory epithelium），它们的轴突组成犁鼻神经。 C

13 犁鼻软骨 Cartilago vomeronasalis. 为部分地包围在犁鼻管及其相关的腺体、血管和神经外面的不完整的圆柱形软骨。 C

14 切齿管 Ductus incisivus. 旧称鼻颌管，它从鼻腔面开始向前腹侧延伸，穿过腭裂到口腔，在口腔端开口于切齿乳头两旁的沟内；马的除外，在马其腹侧端为盲端。切齿管上有犁鼻管的开口。 C

15 鼻前庭 Vestibulum nasi. 鼻的前庭，为鼻腔的前部，内衬复层扁平上皮。 BD

16 鼻阈 Limen nasi. 鼻腔内表面上，鼻前庭复层扁平上皮与鼻腔其余部分呼吸性上皮之间的界线。 BD

17 鼻泪管口 Ostium nasolacrimale. 鼻泪管在鼻腔的开口。 BD

18 翼襞［褶］ Plica alaris. 由鼻内侧副软骨支撑的黏膜褶，从下鼻甲的前端延伸到鼻翼。 BD

19 直襞［褶］ Plica recta. 从上鼻甲延伸到鼻孔，在马则以上鼻甲前端的背、腹支起始。 D

20 底襞［褶］ Plica basalis. 鼻黏膜的底襞［褶］。在马，该襞从下鼻甲向前腹侧延伸到鼻腔的底壁，内含鼻泪管；在其他动物，起自下鼻甲腹侧，然后向前延伸并入到翼襞。 BD

21 斜襞［褶］（肉食动物） Plica obliqua. 从直襞［褶］向前延伸到翼襞的外侧；在翼襞附近，斜襞含有外侧鼻腺管的开口。 D

22 平行襞［褶］（肉食动物） Plicae parallelae. 位于鼻前庭的外侧壁，它从斜襞［褶］向前背侧延伸。 D

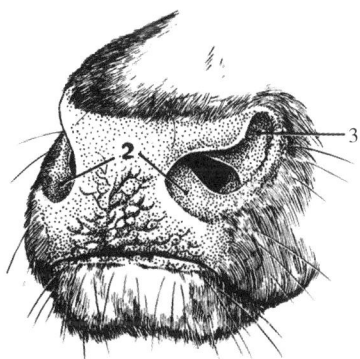

A　鼻孔（牛）

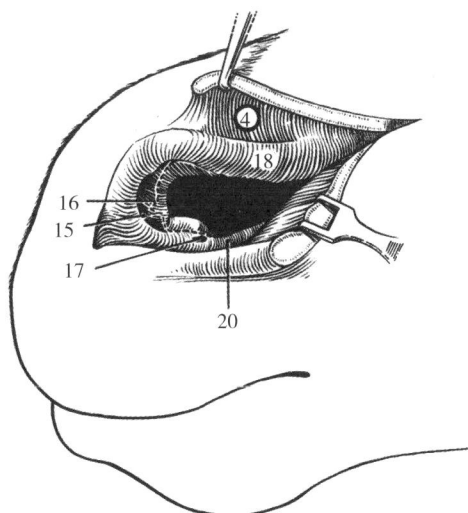

B　鼻前庭和鼻憩室，左侧观（马）

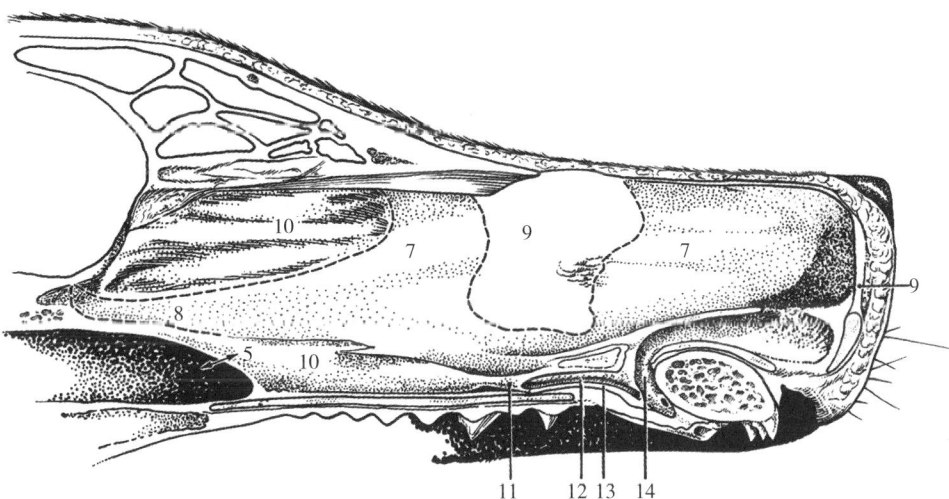

C　鼻中隔，右侧观（犬）

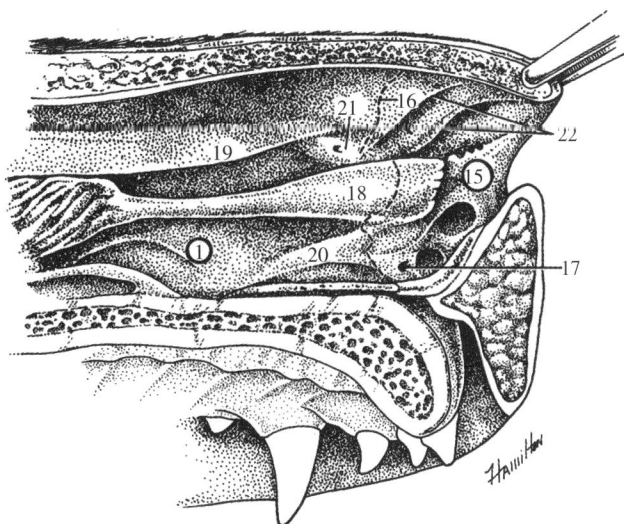

D　左鼻腔前部，内侧观（犬）

1　上鼻甲　Concha nasalis dorsalis.　附着于筛骨和鼻骨，与人的上鼻甲并非同源结构。　AB

2　上鼻甲隔（马）Septum conchae dorsalis.　上鼻甲的隔板，横亘在上鼻甲前部和后部之间。　A

3　前部（马）Pars rostralis.　上鼻甲的前部。　A

4　后部（马）Pars caudalis.　上鼻甲的后部。　A

5　中鼻甲　Concha nasalis media.　楔形突入到上鼻甲后端和筛鼻甲以及下鼻甲后端之间，是最大的筛鼻甲。　A

6　筛鼻甲　concha ethmoidales.　构成鼻腔后端部的迷路。　A

7　下鼻甲　Concha nasalis ventralis.　附着于上颌骨。　ABE

8　下鼻甲隔（马）Septum concha ventralis.　下鼻甲前部与后部之间的隔板。　A

9　前部　Pars rostralis.　下鼻甲的前部。　A

10　后部　Pars caudalis.　下鼻甲的后部。　A

11　上部（猪、反刍动物）Pars dorsalis.　下鼻甲的背侧部，向背侧卷曲。　E

12　下部（猪、反刍动物）Pars ventralis.　下鼻甲的腹侧部，向腹侧卷曲。　E

13　鼻黏膜　Tunica mucosa nasi.　衬贴于鼻腔内表面的黏膜。　E

14　呼吸区　Regio respiratoria.　鼻黏膜的呼吸区，被覆假复层柱状纤毛上皮和杯状细胞。　AD

15　嗅区　Regio olfactoria.　鼻黏膜的嗅区，分布于筛鼻甲后部及附近的鼻中隔上，被覆嗅上皮。　AC

16　嗅腺　Gll. olfactoriae.　嗅区的嗅腺，为分支管状浆液腺，位于嗅区固有层内。　C

17　鼻腺　Gll. nasales.　鼻黏膜的鼻腺，为管泡状混合腺，位于呼吸区，在肉食动物小而稀少。　D

18　鼻外侧腺　Gl. nasalis lateralis.　为浆液腺，在上颌窦（肉食动物为上颌隐窝）内或鼻上颌口内，牛无。　B

19　鼻海绵丛　Plexus cavernosi nasales.　鼻的海绵丛，为黏膜下稠密的静脉网。　E

20　上鼻道　Meatus nasi dorsalis.　为上鼻甲与鼻腔顶壁间的通道。　E

21　中鼻道　Meatus nasi medius.　为上、下鼻甲间的通道。　BE

22　下鼻道*　Meatus nasi ventralis.　为下鼻甲与鼻腔底壁间的通道。这是临床上唯一可将内窥镜或胃管引导到鼻咽部的鼻道。　E

23　总鼻道　Meatus nasi communis.　沿鼻中隔延伸的侧矢状通道。　E

24　筛道　Meatus ethmoidales.　筛鼻甲之间的通道。　A

25　鼻旁窦　SINUS PARANASALES.

26　上鼻甲窦　Sinus conchae dorsalis.　由上鼻甲的后部包围而成的腔。　A

27　上鼻甲泡　Bulla conchalis dorsalis.　由上鼻甲前部向上卷曲的游离缘围成。　A

28　小房　Cellulae.　上鼻甲泡小房，由横向隔板形成的隔间。　A

29　中鼻甲窦　Sinus conchae mediae.　A

30　下鼻甲窦　Sinus conchae ventralis.　由下鼻甲后部围成的腔。　A

31　下鼻甲泡　Bulla conchalis ventralis.　由下鼻甲前部向上卷曲的游离缘围成。　AE

32　小房　Cellulae.　下鼻甲小房，由横向隔板形成的隔间。　E

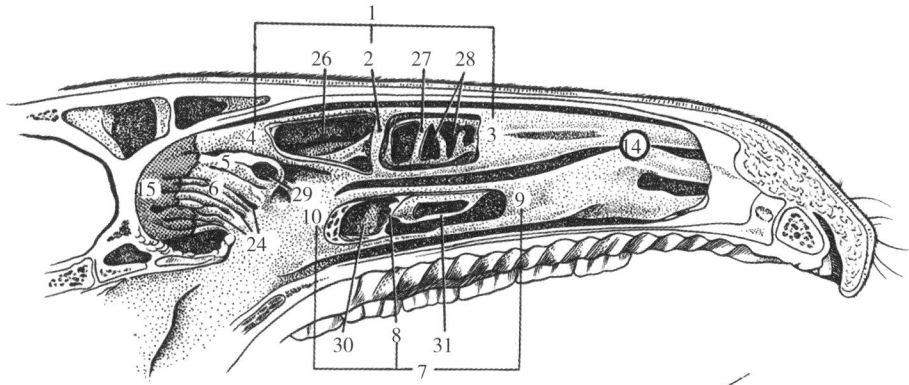

A 鼻腔，鼻中隔已切除，左内侧面（马）

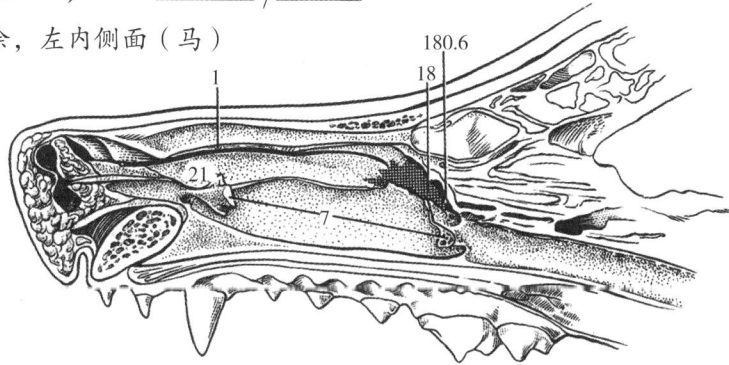

B 鼻腔，侧矢状切面的内侧观，大部分鼻甲已去除（犬）

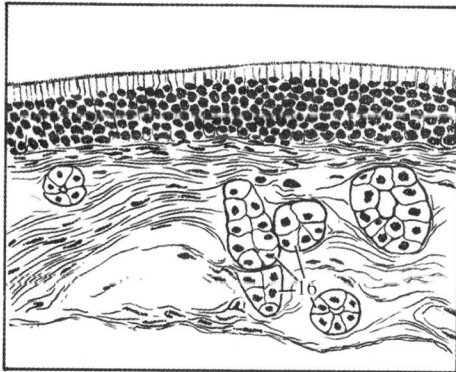

C 嗅区黏膜，组织切片（犬）

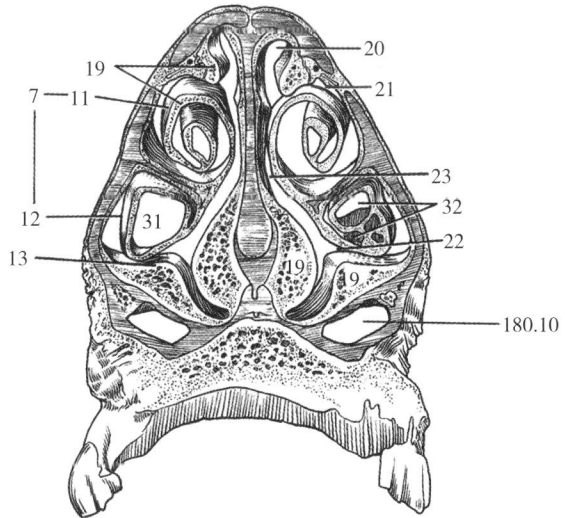

E 鼻腔，沿第2前白齿作横切面（牛）

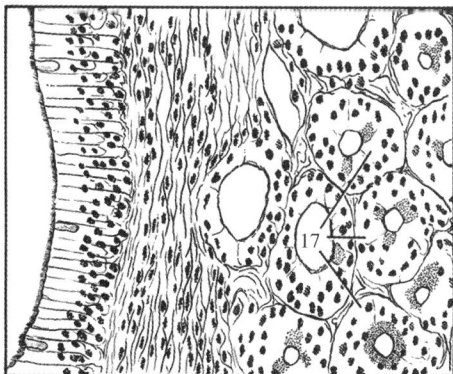

D 呼吸区黏膜，组织切片（牛）

1 上颌窦 Sinus maxillaris. 位于面骨的内板和外板之间。 B

2 上颌前窦 Sinus maxillaris rostralis. 马的上颌前窦，由上颌窦隔与上颌后窦隔开，独自开口于下鼻甲窦。 A

3 上颌后窦 Sinus maxillaris caudalis. 马的上颌后窦，由上颌窦隔与上颌前窦隔开，与额窦和蝶腭窦相通，开口于中鼻道。 A

4 上颌窦隔 Septum sinuum maxillarium. 位于马的上颌前窦和后窦之间。 A

5 上颌隐窝（肉食动物） Recessus maxillaris. 位于筛骨（在内侧）和上颌骨、腭骨、泪骨（在外侧）之间。 CE

6 鼻上颌口 Apertura nasomaxillaris. 为从上颌窦或上颌隐窝到中鼻道的裂隙。在马是上颌前窦和上颌后窦共同的开口。 ABC，以及179页B

7 上颌腭口（反刍动物） Apertura maxillopalatina. 从上颌窦越过眶下管到腭窦的宽阔通道。 B

8 鼻甲上颌口（马） Apertura conchomaxillaris. 从下鼻甲窦到上颌前窦的通道。 A

9 泪窦（猪、反刍动物） Sinus lacrimalis. 位于泪骨内。 BD

10 腭窦 Sinus palatinus. 在反刍动物位于硬腭内，在马位于腭骨垂直板内。 179页E

11 额窦 Sinus frontalis. 指猫和马每侧单一的额窦，其他动物每侧不止一个额窦。 AE

12 额前窦（犬） Sinus frontalis rostralis. C

13 额前内侧窦（猪、牛） Sinus frontalis rostralis medialis. D

14 额前中间窦（牛） Sinus frontalis rostralis intermedius. D

15 额前外侧窦（猪、牛） Sinus frontalis rostralis lateralis. D

16 额内侧窦（犬、绵羊、山羊） Sinus frontalis medialis. C

17 额外侧窦（犬、绵羊、山羊） Sinus frontalis lateralis. C

18 额后窦（猪、牛） Sinus frontalis caudalis. 在牛该窦包含三个憩室：角憩室，扩展向角突内；项憩室，扩展进入颅的后壁内；眶后憩室，扩展到眶与颅腔之间。 BD（在给成年动物锯角时角憩室会被打开。引自Nickel等，1979。）

19 额窦口 Apertura sinuum frontalium. 额窦的开口。 D

20 额窦隔 Septa sinuum frontalium. 额窦之间完全的分隔板（复数）。 D

21 窦内板 Lamellae intrasinuales. 突入到一个窦内的骨板。 D

22 鼻甲额窦 Sinus conchofrontalis. 鼻甲额窦是有关额窦和上鼻甲窦的一个复合名词，在马是相互延续的。 A

23 额上颌口（马） Apertura frontomaxillaris. 为额窦与上颌后窦之间的开口。 A

24 蝶窦 Sinus sphenoidalis. 蝶骨内的腔，犬、绵羊、山羊无。 E

25 蝶窦隔 Septum sinuum sphenoidalium. 左、右侧蝶窦之间的隔板。 E

26 蝶窦口 Apertura sinus sphenoidalis. 蝶窦的开口。 E

27 蝶腭窦（马） Sinus sphenopalatinus. 马的蝶窦和腭窦相互延续并开口于上颌后窦。 A

28 筛小房 Cellulae ethmoidales. 由筛鼻甲围成。 AE

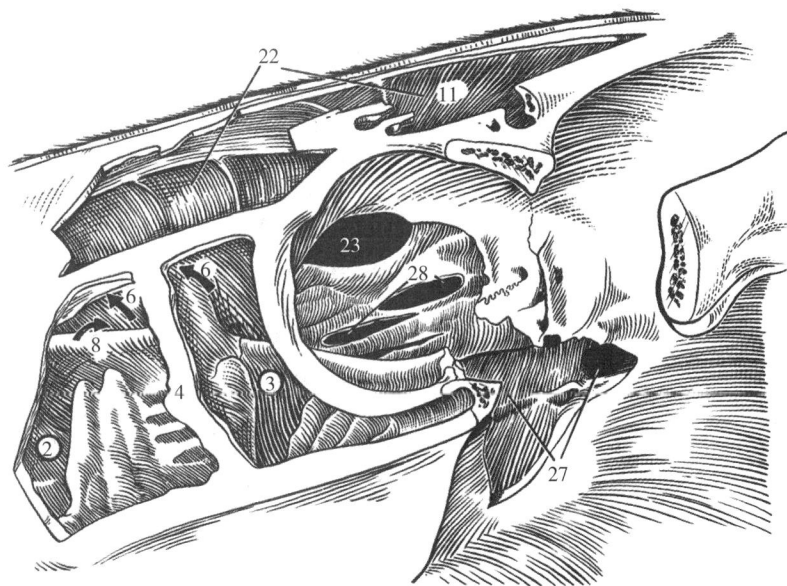

A 鼻旁窦，左眶内侧壁已切除，左外侧观（马）

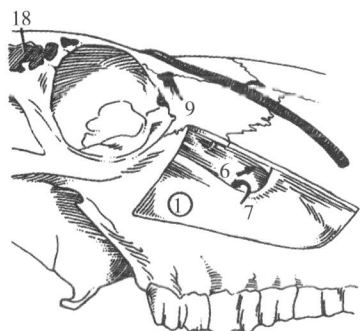

B 右上颌窦（牛）

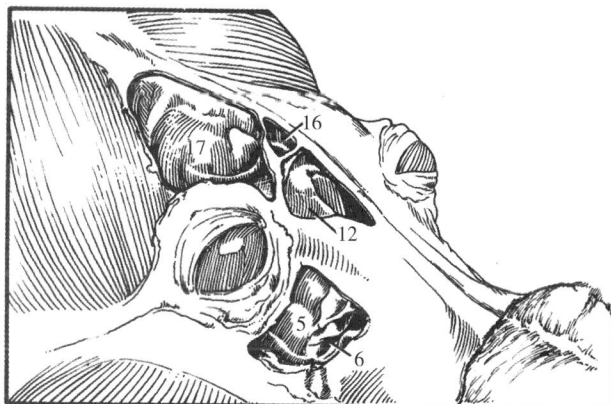

C 右额窦和上颌隐窝，眶下管已切除（犬）

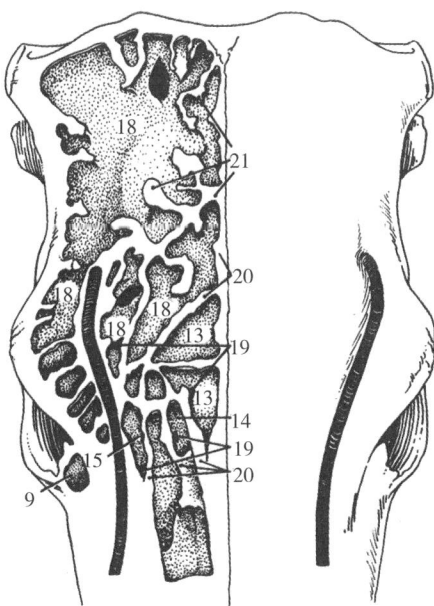

D 右额窦（牛）

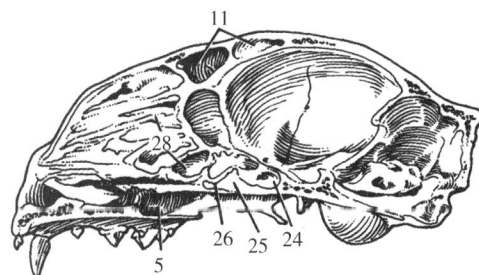

E 头骨，右矢状切面，内侧观（猫）

1 **喉 LARYNX**. 既是发声器官，也是咽与气管之间的过渡性器官。

2 喉结 Prominentia laryngea. 甲状软骨腹侧的突起。 AD

3 **喉软骨** Cartilagines laryngis.

4 甲状软骨 Cartilago thyroidea [thyreoidea]. AD

5 （右和左）板* Lamina [dextra et sinistra]. 甲状软骨的右板和左板，两板在腹侧连接形成甲状软骨。 BD

6 甲状前切迹 Incisura thyroidea [thyreoidea] rostralis. 反刍动物的甲状前切迹。 D

7 甲状后切迹* Incisura thyroidea [thyreoidea] caudalis. BD

8 斜线 Linea obliqua. 甲状软骨的斜线，位于板的外面，供肌肉附着。 A

9 前角 Cornu rostrale. 甲状软骨的前角，猪缺如。与甲状舌骨成关节。 AD

10 后角 Cornu caudale. 甲状软骨的后角，与环状软骨成关节。 AD

11 甲状软骨裂 Fissura thyroidea [thyreoidea]. 位于前角和板之间。 A

12 甲状软骨孔 Foramen thyroidea [thyreoidea]. 位于甲状软骨裂的后端，由软骨和软骨膜环绕形成。 A

13 环关节面 Facies articularis cricoidea. 甲状软骨的环关节面，与环状软骨成关节，位于后角上。在反刍动物则为韧带连结。 D

14 舌骨关节面 Facies articularis hyoidea. 甲状软骨前角上与甲状舌骨成关节的关节面。 D

15 甲状舌骨关节 Articulatio thyrohyoidea [thyreo-]. 甲状软骨和甲状舌骨之间的关节。 A

16 甲状舌骨关节囊 Capsula articularis thyroihyodea [thyreo-]. 在猪和肉食动物无关节囊，取而代之的是韧带连结。 A

17 甲状舌骨膜 Membrana thyrohyoidea [thyreo-]. 为从甲状软骨板的前缘到底舌骨和甲状舌骨的结缔组织膜。 AB

18 环状软骨 Cartilago cricoidea. 附着于气管的环形软骨。 AC

19 环状软骨弓 Arcus cartilaginis cricoideae. 环状软骨腹侧的缩窄部分。 BC

20 环状软骨板 Lamina cartilaginis cricoideae. 环状软骨背侧增宽的部分。 C

21 正中嵴 Crista mediana. 环状软骨板的正中嵴。 C

22 杓关节面 Facies articularis arytenoidea [arytaenoidea]. 环状软骨对杓状软骨的关节面。 C

23 甲关节面 Facies articularis thyroidea [thyreoidea]. 环状软骨对甲状软骨的关节面。 C

24 环甲关节 Articulatio cricothyroidea [-thyreoidea]. 反刍动物无，代之以韧带连结。 A

25 环甲关节囊 Capsula articularis cricothyroidea [-thyreoidea]. 反刍动物无，代之以韧带连结。 A

26 环甲韧带* Leg. cricothyroideum [-thyreoideum]. 从环状软骨到甲状软骨板。 B

27 环气管韧带 Lig. cricotracheale. 为环状软骨与第1气管环之间的膜。 B

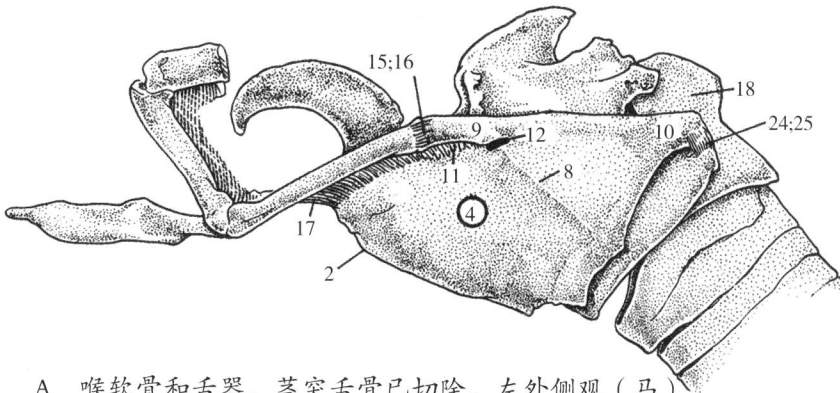

A 喉软骨和舌器，茎突舌骨已切除，左外侧观（马）

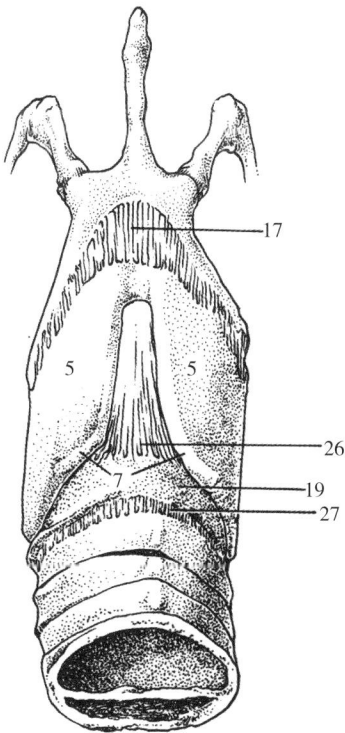

B 喉软骨和舌器，茎突舌骨已切除，腹侧观（马）

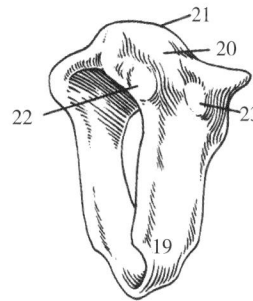

C 环状软骨，左前外侧观（马）

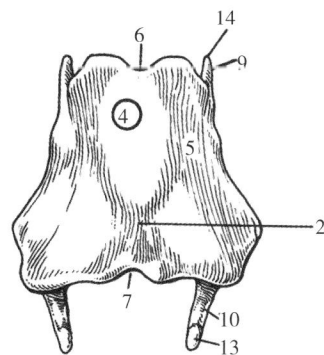

D 甲状软骨，腹侧观（牛）

1 杓状软骨　Cartilago arytenoidea [arytaenoidea]．控制声门开合的稍扁的操纵杆。　ACD

2 关节面　Facies articularis．与环状软骨的关节面。　D

3 杓状软骨底　Basis cartilaginis arytenoideae [arytaenoideae]．朝向后方，面对环状软骨。　CD

4 声带突　Processus vocalis．杓状软骨腹侧的突起，供声韧带附着。　ACD

5 外侧面　Facies lateralis．杓状软骨的外侧面，以弓形嵴与背侧面隔开。　C

6 肌突　Processus muscularis．位于弓形嵴的后端。　BC

7 弓形嵴　Crista arcuata．将杓状软骨外侧面与背侧面隔开。　C

8 内侧面　Facies medialis．构成声门的背侧部。　D

9 内侧突　Processus medialis．杓状软骨的内侧突，供杓横韧带附着。　B

10 背侧面　Facies dorsalis．杓状软骨的背侧面。　BC

11 杓状软骨尖　Apex cartilaginis arytenoideae [arytaenoideae]．杓状软骨前背侧角，为杓状软骨小角突附着处。　AC

　　12 小角突　Processus corniculatus．也许是孤立的，猫缺如。　ABC

　　13 楔状突（肉食动物）Processus cuneiformis．杓状软骨尖的前背侧突，以支持杓状会厌襞（褶）和前庭襞（褶）。　AB

14 杓间软骨　Cartilago interarytenoidea [-arytaenoidea]．在猪和犬，位于杓横韧带背侧，环状软骨前方。　AB

15 籽软骨　Cartilago sesamoidea．对称性的籽状软骨，在肉食动物位于小角突后方，杓状软骨背侧面。在犬也许是成对的。　AB

16 杓横韧带　Lig. arytenoideum [arytaenoideum] transversum．位于杓状软骨内侧突之间。　B

17 杓小角韧带　Lig. arycorniculatum．从杓状软骨的弓形嵴到小角突游离缘的下半部。　C（当小角软骨是孤立状态时，见本页12条，小角突与杓状软骨以微动连结amphiarthrosis相连，其中也包括杓小角韧带。）

18 环杓关节　Articulatio cricoarytenoidea [-arytaenoidea]．环状软骨和杓状软骨之间的关节。　B

19 环杓关节囊　Capsula articularis cricoarytenoidea [-arytaenoidea]．　BD

20 环杓韧带　Lig. cricoarytenoideum [-arytaenoideum]．从环状软骨板到每一侧杓状软骨底。　A

21 会厌　Epiglottis．喉的最前部。　BE

22 舌面　Facies lingualis．会厌的舌面。　A

23 喉面　Facies laryngea．会厌的喉面。　E

24 侧缘　Margines laterales．会厌的侧缘。　E

25 底　Basis．会厌的底，附着在甲状软骨。　E

26 尖　Apex．会厌游离的前端。　A

27 会厌软骨茎　Petiolus epiglotticus．会厌软骨的茎，从会厌软骨正中伸出的突。　E

28 会厌软骨　Cartilago epiglottica．　A

29 楔状突（马）processus cuneiformis．位于前庭襞（褶）内的会厌软骨的突起。　E

30 甲状会厌韧带　Lig. thyroepiglotticum [thyreo-]．将会厌底附着于甲状软骨上。　E

31 舌骨会厌韧带　Lig. hyoepiglotticum．从底舌骨和角舌骨，在猪还起于甲状舌骨，到会厌。　A以及187页B

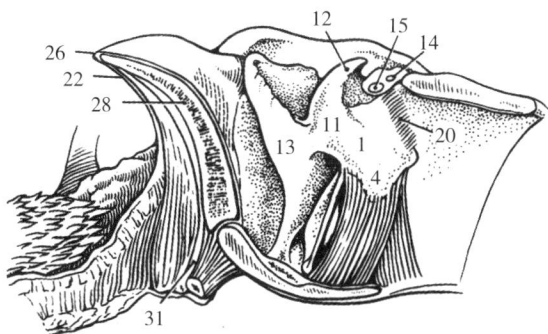

A 喉，正中矢状切面，右内侧面，切除部分肌肉（犬）

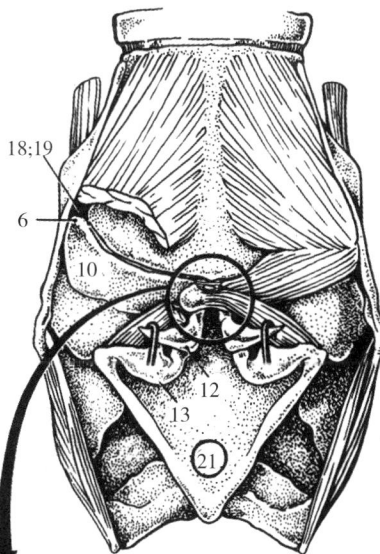

B 喉，右侧杓横肌、环杓背侧肌以及室肌已切除，背侧观（犬）

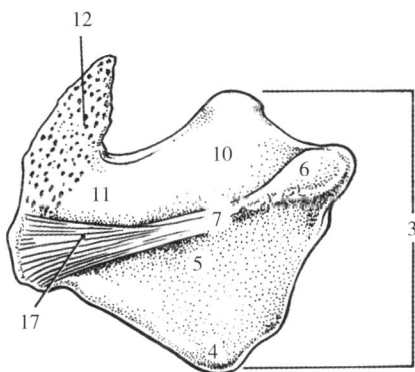

C 左杓状软骨，外侧观（马）

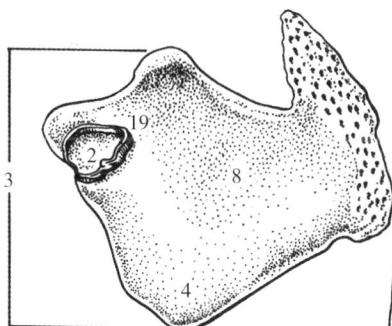

D 左杓状软骨，内侧观（马）

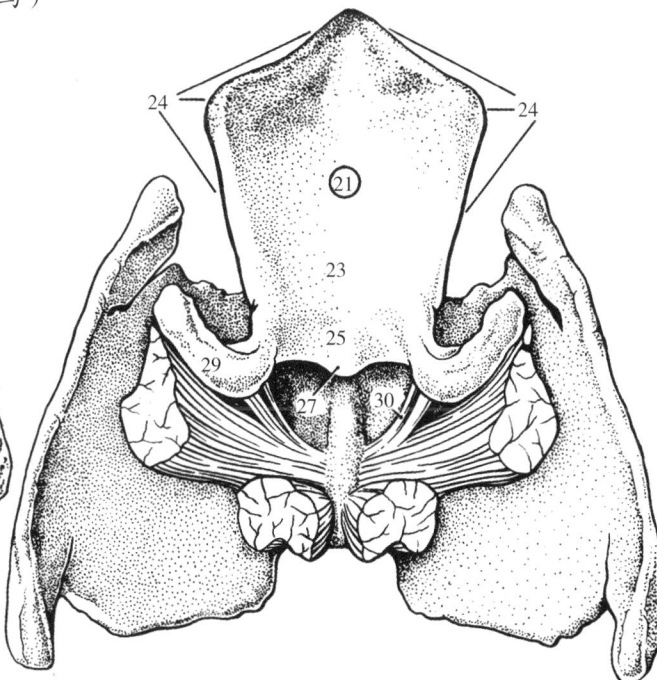

E 会厌软骨和甲状软骨，声带肌断端和室肌断端保留，后背侧观（马）

1　**喉肌**　Musculi laryngis.

2　环甲肌　M. cricothyroideus [-thyreoideus]．　起点：环状软骨弓；止点：甲状软骨板。可紧张声襞（褶）。　AD

3　环杓背侧肌　M. cricoarytenoideus [-arytaenoideus] dorsalis．　起点：环状软骨板；止点：杓状软骨的肌突。可扩张声门。　AB

4　环杓侧肌　M. cricoarytenoideus [-arytaenoideus] lateralis．　起点：环状软骨弓；止点：杓状软骨肌突。可关闭或缩窄声门。　AD

5　甲杓肌　M. thyroarytenoideus [-arytaenoideus]．　起点：甲状软骨、会厌、环甲韧带；止点：杓状软骨的弓形嵴、肌突和声带突。　A

6　室肌　M. ventricularis．　指犬和马甲杓肌的前部。　AD

7　声带肌　M. vocalis．　在犬和马，从甲状软骨和环甲韧带到杓状软骨的弓形嵴和声带突。　AD

8　甲杓副肌（马）　M. thyroarytenoideus [thyreoarytaenoideus] accessorius．　起点：甲状软骨；止点：杓横肌。　A

9　舌骨会厌肌　M. hyoepiglotticus．　起点：依动物种类而不同，起于底舌骨或角舌骨，或二者兼有；止点：会厌软骨。　B

10　喉室张肌（马）　M. tensor ventriculi laryngis．　起点：会厌软骨的楔状突；止点：喉室的腹侧部。

11　杓横肌　M. arytenoideus [arytaenoideus] transversus．　起点：杓状软骨的弓形嵴；止点：对侧同肌。　AB

12　**喉腔**　Cavum laryngis.

13　喉口　Aditus laryngis．　喉腔的入口，周界为会厌、杓状会厌襞（褶）以及小角结节（在猫为杓状软骨）。　C

14　楔状结节　Tuberculum cuneiforme．　位于杓状会厌襞内，由楔状突形成。　C

15　小角结节　Tuberculum corniculatum．　由小角突形成的黏膜隆起，猫无。　ABC

16　杓状会厌襞〔褶〕　Plica aryepiglottica．　起于会厌，在犬和马止于杓状软骨，在猫止于环状软骨；在猪和反刍动物止于小角结节后方的黏膜。　BC

17　杓间切迹　Incisura interarytenoidea [-arytaenoidea]．　小角突间的切迹。　C

18　喉前庭　Vestibulum laryngis．　位于喉口和声襞〔声带褶〕之间。　BD

19　前庭襞〔褶〕　Plica vestibularis．　在犬和马由前庭韧带和楔状突支撑，在猫为一黏膜褶；猪和反刍动物缺如。　BD

20　前庭裂　Rima vestibuli．　位于左、右前庭襞之间。　D

21　喉室　Ventriculus laryngis．　在犬和马位于喉前庭和声襞〔褶〕之间；在猪位于声襞〔褶〕两部之间。ABD（在兽医临床上叫"喉小囊"，这是一个误称，因为它并不与人的喉小囊同源，人的喉小囊是喉室的附属物。）

22　喉中隐窝　Recessus laryngis medianus．　位于会厌的后方。　B

23　声门　Glottis．　喉的发声装置，由声襞〔褶〕、杓状软骨和声门裂构成。　B

24　声襞〔声带褶〕　Plica vocalis．　覆盖在声韧带、声带肌或甲杓肌后部的表面。　BD（译者注：按照本条的注释，声襞〔声带褶〕应该是指附着在声带表面的黏膜，但现时国内教科书多将该处黏膜及其所包含的声韧带、声带肌等结构一起看作声襞〔声带褶〕，即声带。）

25　声门裂　Rima glottidis．　位于两侧声襞和杓状软骨之间。　D

26　膜间部　Pars intermembranacea．　位于两侧声襞之间。　B

27　软骨间部　Pars intercartilaginea．　位于黏膜被覆的两侧杓状软骨之间。　B

28　声门下腔　Cavum infraglotticum．　在声门之后。　BD

29　黏膜　Tunica mucosa．　声襞〔声带褶〕表面被覆复层扁平上皮；其他部位，包括马的喉室，被覆假复层柱状纤毛上皮。　D

30　喉纤维弹性膜　Membrana fibroelastica laryngis．　从会厌到前庭韧带以及从声韧带到环状软骨。　D

31　前庭韧带　Lig. vestibulare．　在犬为从甲状软骨到楔状突；在猪从会厌到小角突；在马从楔状突到杓状软骨；猫和反刍动物缺如。　D

32　声韧带　Lig. vocale．　从甲状软骨和环甲韧带到声带突。　D

33　喉腺　Gll. laryngeae．　D

34　喉淋巴小结　Lymphanoduli [Noduli lymphatici] laryngei．　喉的淋巴小结。　D

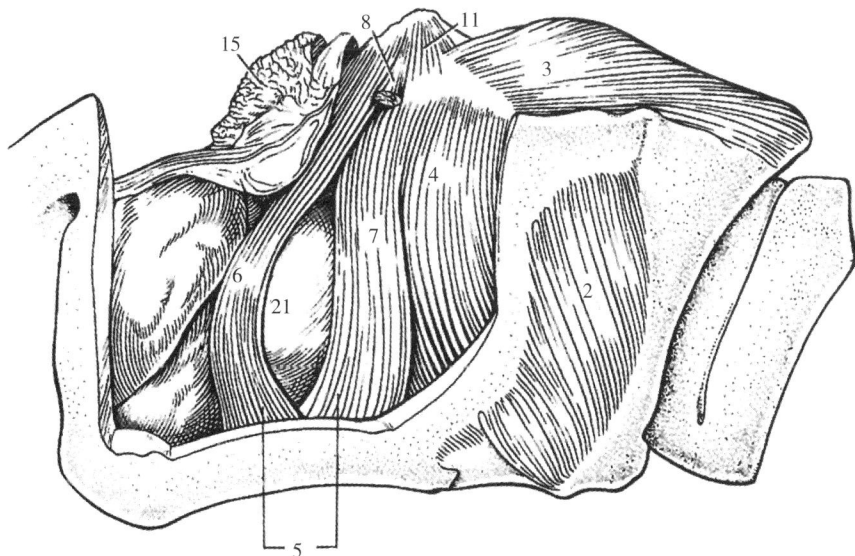

A 喉肌，大部分甲状软骨切除，左外侧观（马）

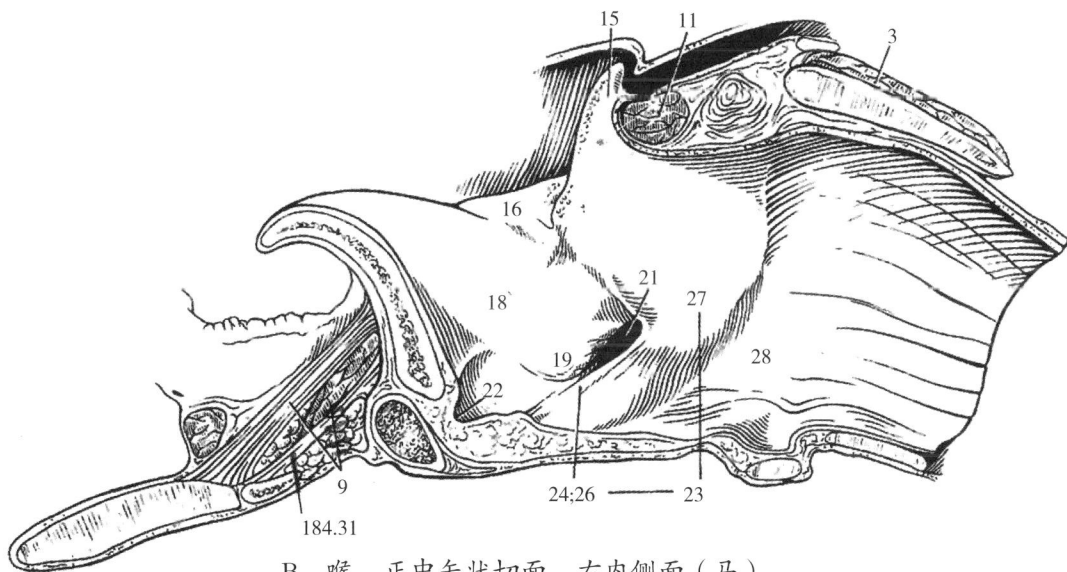

B 喉，正中矢状切面，右内侧面（马）

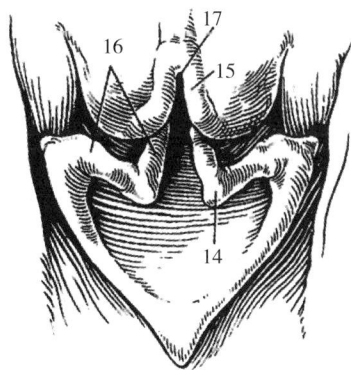

C 喉口，背侧观（犬）

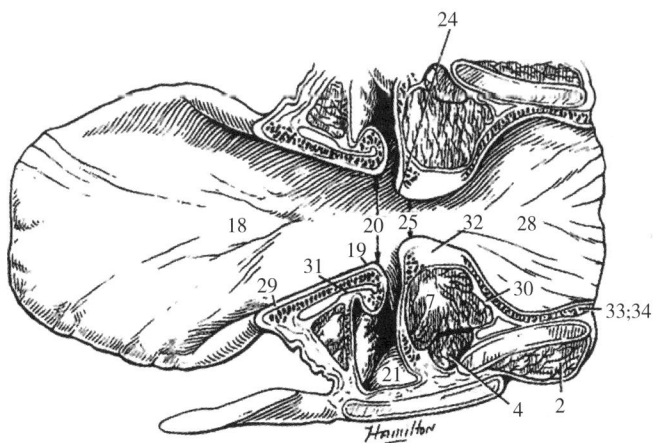

D 喉，作垂直于声带褶的切面，背侧观（马）

1 **气管** * TRACHEA. AB

2 颈部 pars cervicalis. 气管的颈部。

3 胸部 Pars thoracica. 气管的胸部。

4 气管软骨 Cartilagines tracheales. 背侧有缺口的环形软骨。 ABC

5 气管肌 Musculus trachealis. 连接每一气管软骨背侧两端的平滑肌束。除肉食动物，在其他动物从气管软骨内表面连接两端。在肉食动物则从软骨的外表面连接。 B

6 （气管）环韧带 Ligg. anularia [trachealia]. 气管环之间的结缔组织。 AC

7 膜壁 Paries membranaceus. 在气管软骨背侧端之间的空隙处，由软骨膜延续而成。 B

8 黏膜下组织 Tela submucosa. 气管黏膜下疏松的脉管化的结缔组织。 C

9 气管腺 Gll. tracheales. 位于黏膜下组织中的混合腺。 C

10 黏膜 Tunica mucosa. 气管黏膜，衬以假复层纤毛上皮。 C

11 气管杈 Bifurcatio tracheae. 左、右支气管起始的地方。 AD

12 气管隆嵴 Carina tracheae. 气管杈内腔后部正中向前突出的嵴。 D

13 **支气管** BRONCHI. 气管的分支及其再分支。

14 支气管树 Arbor bronchalis. A

15 （右和左）主支气管 Bronchus principalis [dexter et sinister]. 右和左主支气管。 AD

16 肺叶支气管 Bronchi lobares. 每一支肺叶支气管供应一整片肺叶。 A

17 气管支气管（猪、反刍动物） Bronchus trachealis. 为右肺前叶的肺叶支气管，单独起自气管。 A

18 肺段支气管 Bronchi segmentales. 节段性支气管，每一支分布于一整个支气管肺段。 A

19 支气管软骨 Cartilagines bronchales. 支气管的环状软骨，没有缺口。 DE

20 黏膜下组织 Tela submucosa. 富含血管的疏松结缔组织，位于黏膜的外面。 E

21 支气管腺 Gll. bronchales. 位于黏膜下组织内的混合腺。 E

22 黏膜 Tunica mucosa. 被覆假复层纤毛上皮。 E

23 黏膜肌层 Lamina muscularis mucosae. 支气管的肌肉，位于黏膜固有层与黏膜下组织间，在兽医组织学名词中被命名为支气管螺旋肌。 E

24 支气管淋巴小结 Lymphonoduli [Noduli lymphatici] bronchales.

25 **（右和左）肺** PULMO [DEXTER ET SINISTER]. 右肺和左肺。 FG

26 肺底 Basis pulmonis. 在肺的后部，其面与膈胸膜接触。 G

27 肺尖 Apex pulmonis. 肺的前端。 F

28 肋面 Facies costalis. 肺的肋面，与肋胸膜接触。 F

29 内侧面 Facies medialis. 肺的内侧面。 G

30 脊椎部 Pars vertebralis. 肺内侧面的脊椎部，沿脊椎分布的一条背侧带。 G

31 纵隔部 Pars mediastinalis. 肺内侧面的纵隔部，与纵隔相接触。 G

32 心压迹 Impressio cardiaca. 肺内侧面的心压迹。 G

33 主动脉压迹 Impressio aortica. 肺内侧面的主动脉压迹。 G

34 食管压迹 Impressio esophagea [oesophagea]. 肺内侧面的食管压迹。 G

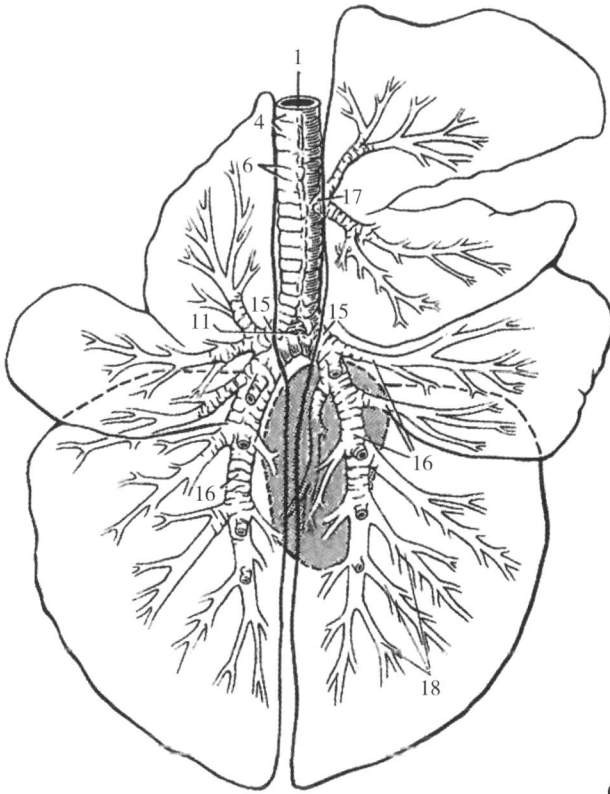

A　支气管树，背侧观（牛）（引自Getty,1975）

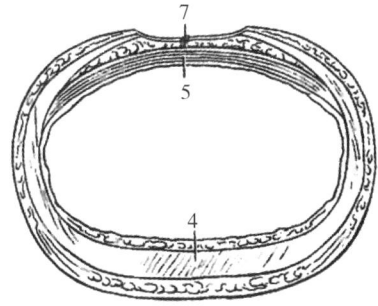

B　气管横切（马）

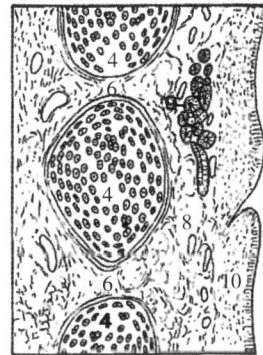

C　气管纵切（猪）
（引自Trautmann和Fiebiger,1957）

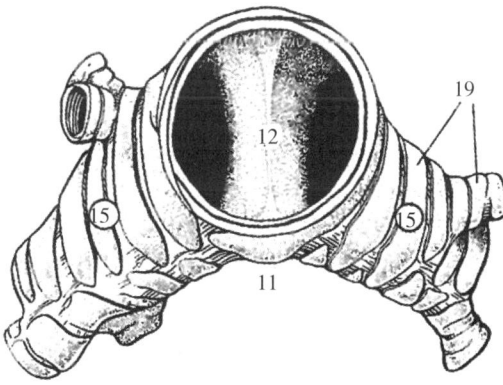

D　气管分叉，横断面前面观（马）

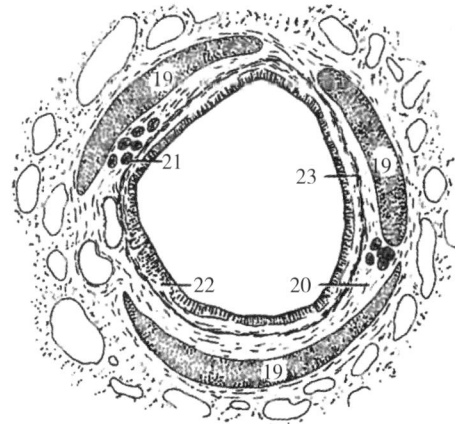

E　支气管横切面（马）
（引自Trautmann和Fiebiger,1957）

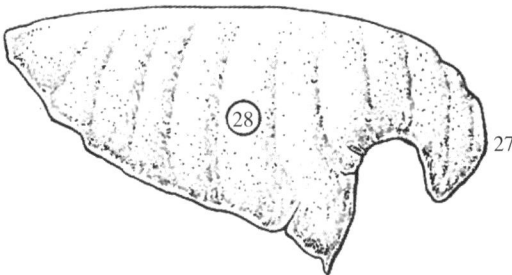

F　右肺肋面（马）（引自Getty,1975）

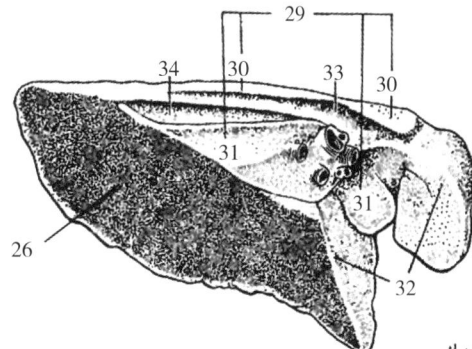

G　左肺，内侧面（马）（引自Getty,1975）

1 后腔静脉沟 Sulcus venae cavae caudalis. 右肺内侧面上供后腔静脉通过的沟，在副叶和中、后叶之间。 A

2 膈面 Facies diaphragmatica. 肺的膈面。 A

3 叶间面 Facies interlobares. 叶间裂处肺的面。

4 背缘［钝缘］ Margo dorsalis [obtusus]. 肺背侧的、厚而圆钝的边缘。 AB

5 锐缘 Margo acutus. 肺的薄的边缘。 A

6 腹侧缘 Margo ventralis. 锐缘的腹侧缘，在右肺为中叶尖之前的锐缘，在左肺为前叶的腹侧缘。 AB

7 底缘 Margo basalis. 锐缘的底缘，走向前腹侧，为膈面和肋面相交的线。 AB

8 肺门 Hilus pulmonis. 肺的一个部位，支气管和脉管从这里进入肺。 A

9 肺根 Radix pulmonis. 在肺门处，由入肺的各种结构组成。 A

10 右肺心切迹 Incisura cardiaca pulmonis dextri. ABC

11 左肺心切迹 Incisura cardiaca pulmonis sinistri. C

12 （右肺）前叶 Lobus cranialis [pulm. dext.] 肺分叶的依据是肺叶支气管的起点和分支。 ABC（所有家畜的左、右肺都有一个前叶和一个后叶，在右肺都有一个副叶；除马外，右肺都有中叶；除马外，左肺的前叶又分为前部和后部。在反刍动物，右肺前叶也分为前部和后部。）

13 前部 Pars cranialis. 反刍动物右肺前叶的前部。 BC

14 后部 Pars caudalis. 反刍动物右肺前叶的后部。 BC

15 （左肺）前叶 Lobus cranialis [pulm. sin.] 除马外，分为前部和后部。 C

16 前部［左肺顶］ Pars cranialis [Culmen]. 左肺前叶的前部（马除外）。 C

17 后部［左肺小舌］ Pars caudalis [Lingula]. 左肺前叶的后部（马除外）。 C

18 （右肺）中叶 Lobus medius [pulm. dext.]. 右肺的中叶（马除外）。 AB

19 后叶 Lobus caudalis. AB

20 （右肺）副叶 Lobus accessorius [pulm. dext.]. A

21 （右肺）前叶间裂 Fissura interlobaris cranialis [pulm. dext.] 右肺的前叶间裂，位于前叶与中叶之间，马无。 B

22 后叶间裂 Fissura interlobaris caudalis. 位于右肺的中叶与后叶之间（马除外，在马的右肺则是位于前叶与后叶之间）以及左肺的前叶与后叶之间。 B

23 **支气管肺段** * Segmenta bronchopulmonalia. 依据肺段支气管对肺组织的划分。肺段支气管有支气管肺动脉相伴。 C

24 前叶背侧段 Segmenta dorsalia lobi cranialis. 指前叶背侧的数个肺段。 C

25 前叶腹侧段 Segmenta ventralia lobi cranialis. 指前叶腹侧的数个肺段。 C

26 前叶内侧段 Segmenta medialia lobi cranialis. 前叶的数个内侧段。

27 前叶外侧段 Segmenta lateralis lobi cranialis. 前叶的数个外侧段。

28 中叶段 Segmenta lobi medii. 中叶的数个肺段，马除外。 C

29 后叶背侧段 Segmenta dorsalia lobi caudalis. 后叶背侧的数个肺段。 C

30 后叶腹侧段 Segmenta ventralia lobi caudalis. 后叶腹侧的数个肺段。 C

31 后叶内侧段 Segmenta medialia lobi caudalis. 后叶内侧的数个肺段。 C

32 后叶外侧段 Segmenta lateralia lobi caudalis. 后叶外侧的数个肺段。

33 副段 Segmentum accessorium. C

34 肺小叶 Lobuli pulmonis. 一个初级小叶直径约1mm；一个次级小叶为边长约1cm的多面体，含有约50个初级小叶。 B

35 细支气管 Bronchuli. 直径小于1mm，管壁无软骨。 D

36 呼吸性细支气管 Bronchuli respiratorii. 直径小于0.5mm，分支且管壁含有肺泡。 D

37 肺泡小管 Ductuli alveolares. 管壁上布满了肺泡的开口。 D

38 肺泡小囊 Sacculi alveolares. 承载多个肺泡的囊。 D

39 肺泡 Alveoli pulmonis. 肺最小的呼吸性小腔。 D

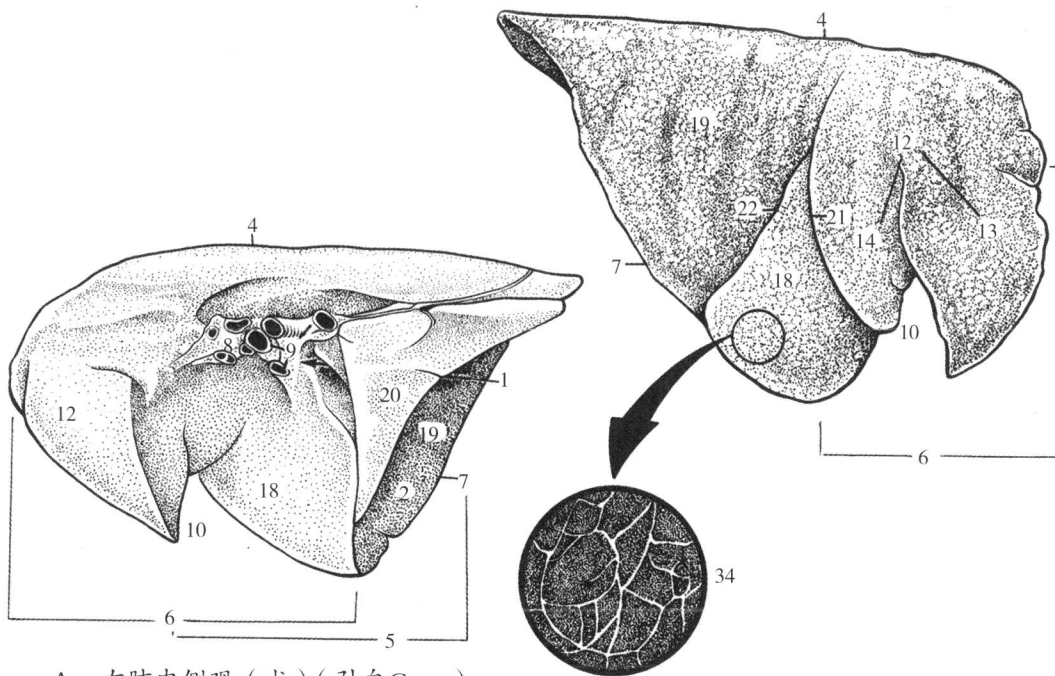

A　右肺内侧观（犬）（引自Getty）

B　右肺肋面（牛）（引自Getty）

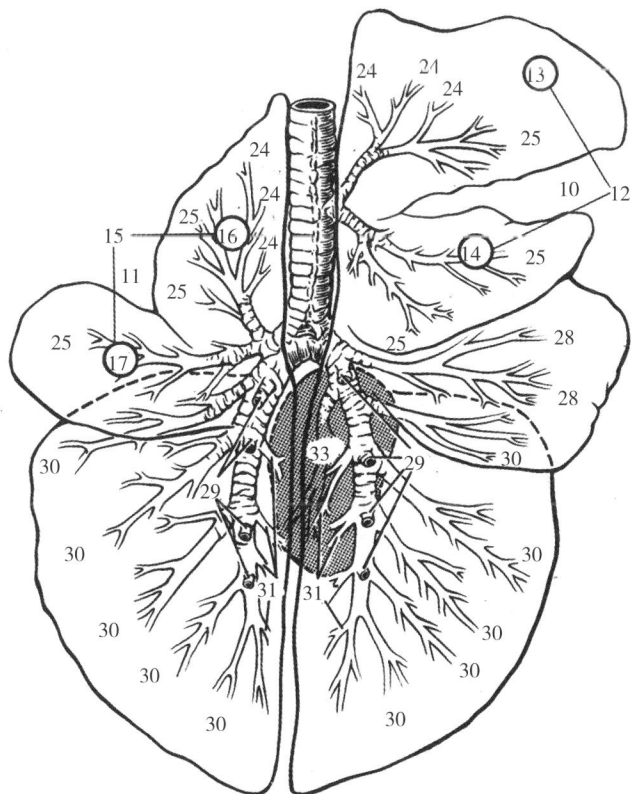

C　支气管肺段，背侧观（牛）（引自Getty）

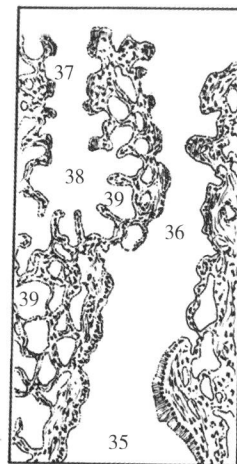

D　肺，组织切片（犬）

1 **胸腔 CAVUM THORACIS**. 其壁由肋、胸椎、胸骨及相关肌肉构成，包括膈。胸腔呈截顶圆锥状，在四足动物，其侧面平坦，其顶与第1对肋平齐，其倾斜凹陷的底座落在膈上。

2 胸内筋膜 Fascia endothoracica. 衬于壁胸膜外的胸壁内表面的结缔组织。 C

3 胸膜腔 Cavum pleurae. 分为左的和右的，潜在的实际上真实存在的空隙，位于肺胸膜和壁胸膜之间或肺叶之间。 AC

4 胸膜 Pleura. 衬于纵隔的左、右侧，肋的内面，膈，以及肺表面的浆膜。壁胸膜在肺根和肺韧带处延续为肺胸膜。 A

5 胸膜顶 Cupula pleurae. 在胸腔入口处胸膜囊的盲端。 A

6 肺胸膜 Pleura pulmonalis. 覆盖于肺表面的浆膜。 C

7 壁胸膜 Pleura parietalis. 衬于每一胸膜腔的壁上。

   8 纵隔胸膜 Pleura mediastinalis. 壁胸膜的一部，指覆盖于纵隔左、右侧面的胸膜。 AC

     9 心包胸膜 Pleura pericardiaca. 纵隔胸膜的一部，指覆盖于纤维性心包表面的部分。 AC

  10 肋胸膜 Pleura costalis. 衬贴于肋和肋间内肌内表面的壁胸膜。 C

  11 膈胸膜 Pleura diaphragmatica. 覆盖于膈的壁胸膜。 D

12 胸膜隐窝 Recessus pleurales. 壁胸膜各部间折转处形成的缝隙，有利于胸壁的活动和肺的扩张。

13 肋膈隐窝* Recessus costodiaphragmaticus. 位于肋胸膜和膈胸膜之间，肺底缘的后方。 AD（该隐窝在体表的投影显示出胸膜腔的最腹侧边界。）

14 肋纵隔隐窝 Recessus costomediastinalis. 位于肋胸膜和纵隔胸膜之间。 C

15 腰膈隐窝 Recessus lumbodiaphragmaticus. 在肉食动物、猪、绵羊和山羊，由伸入到最后肋椎骨端之后直到第1腰椎的胸膜围成。 B

16 左纵隔膈隐窝 Recessus mediastinodiaphragmaticus sinister. 纵隔隐窝因纵隔与膈附着部向左偏离而形成的扩展部。 AD

17 肺韧带 Lig. pulmonale. 由肺根后方的纵隔胸膜与肺胸膜延续而成。 ACD

18 纵隔 Mediastinum. 指两侧胸膜腔之间稍偏向的结缔组织隔及纵隔胸膜。它含有除肺以外的大部分胸腔内结构。

19 前纵隔 Mediastinum craniale. 在心包之前，含有大血管、气管和食管。 A

20 腹侧纵隔 Mediastinum ventrale. 在心包和胸骨之间。 AC

21 中纵隔 Mediastinum medium. 含有心和心包。 C

22 背侧纵隔 Mediastinum dorsale. 在心包与椎骨之间。 A

23 后纵隔 Mediastinum caudale. 在心包的后方，其背侧部含有主动脉和食管，其腹侧部薄，附着于膈偏左。 AD

  23a 纵隔窗 Fenestrae mediastini. 穿过后纵隔的小开口，在健康动物充满脂肪（肉食动物、马）。

24 纵隔浆膜腔［心后囊］ Cavum mediastini serosum [Bursa infracardiaca]. 后纵隔内偏于食管右侧的浆膜囊，为网膜囊的扩展。 CD

25 腔静脉襞［褶］ Plica venae cavae. 连系后腔静脉（以及右侧膈神经）的胸膜襞（褶），从心包到膈，向腹侧延续到后纵隔。 D

26 纵隔隐窝 Recessus mediastini. 位于后纵隔与腔静脉襞之间的胸膜腔的外突部，隐窝内含有右肺的副叶。 AD

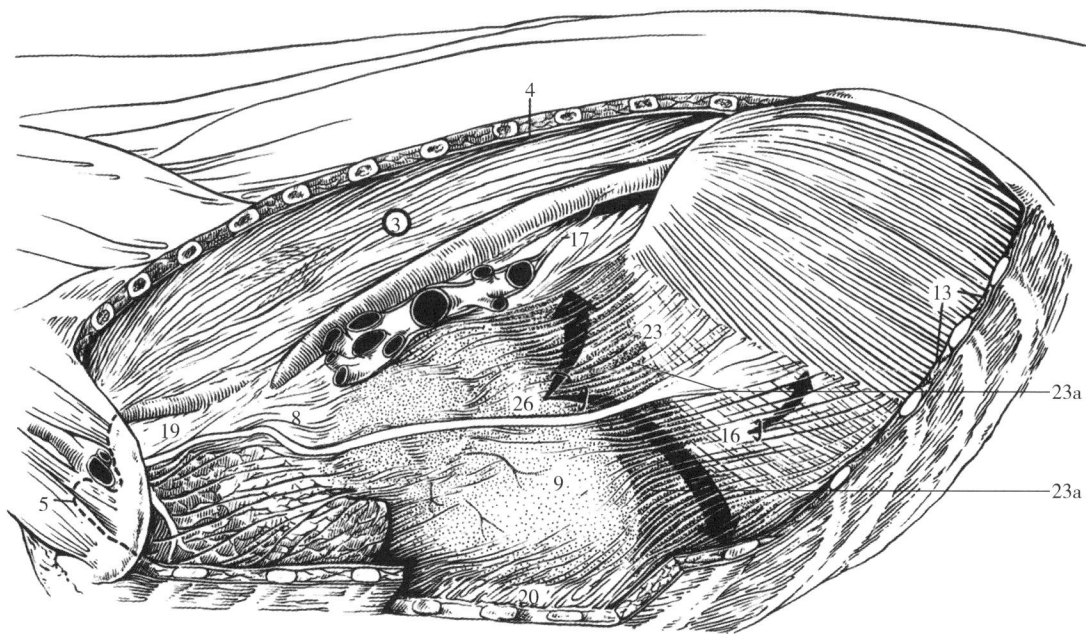

A 左胸膜腔，肺和第2~12肋已切除（犬）

B 左胸腰区，背外侧观（犬）

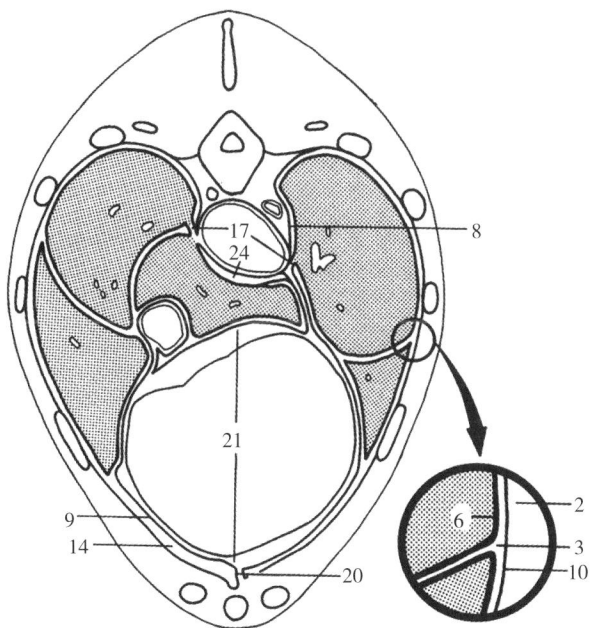

C 胸廓，横切面（犬）

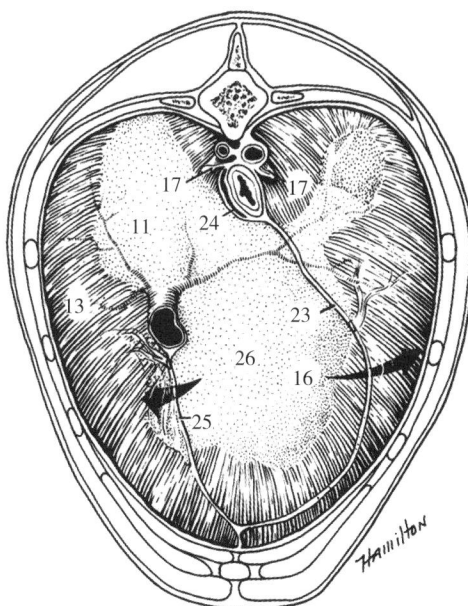

D 膈，前面观（犬）

1 **泌尿生殖系统　SYSTEMA UROGENITALE**.

2 **泌尿系统　SYSTEMA URINARIUM**.

3 **肾**　Ren [Nephros]．AB，以及217页B

4 **外侧缘**　Margo lateralis．肾的外侧缘。AB

5 **内侧缘**　Margo medialis．肾的内侧缘。AB

6 **肾门**　Hilus renalis．肾内侧缘处的一点，在此血管和输尿管进出肾。AB

7 **肾窦**　Sinus renalis．在肾门深处的肾腔，其内含有脂肪和结缔组织包围着的肾盂和血管。A

8 **腹侧面**　Facies ventralis．肾的腹侧面。C

9 **背侧面**　Facies dorsalis．肾的背侧面。C

10 **前端**　Extremitas cranialis．肾的前端。AB

11 **后端**　Extremitas caudalis．肾的后端。A

12 **肾筋膜**　Fascia renalis．分为两层，分别包围肾和脂肪囊。C

13 **脂肪囊**　Capsula adiposa．它从纤维囊的外面包围肾。C

14 **纤维囊**　Capsula fibrosa．位于肾表面。D

15 **肾叶**　Lobi renis．每一个肾叶由一个肾锥体及其帽状的皮质构成。肾分叶可在所有动物正在发育的肾看到，但只有牛的肾表面一直保持分叶状态。在其他种类的成年肾上只能由肾锥体和肾剖面上见到的叶间脉管提示肾叶的范围。AB

16 **肾皮质**　Cortex renis．肾的外层，覆盖锥体底，并以肾柱的方式伸入锥体之间。AB

17 **皮质小叶**　Lobuli corticales．由一支髓放线及其周围的肾迷路构成。D

18 **迂曲部**　Pars convoluta．由迂回曲折的肾小管和肾小体构成。D

19 **肾小体**　Corpuscula renalia．旧称Malpighi小体，直径0.1~0.3mm，由肾小球突入一个小囊（旧称Bowman囊）构成。D

20 **肾小球**　Glomerula．一个肾小球（旧称Malpighi小球）是指一团位于肾小体内的毛细血管。D

21 **辐状部**　Pars radiata．肾的髓放线，由成束的从髓质伸向皮质的直的小管构成，每一髓放线就是一个皮质小叶的芯。D

22 **肾髓质**　Medulla renis．构成肾锥体。A

23 **肾锥体**　Pyramides renales．每一肾锥体的底座落在皮质上，锥体尖突入肾盂或肾盏，成为肾乳头。AB

24 **锥体底**　Basis pyramidis．肾锥体的底，被皮质覆盖。AB

25 **肾乳头**　Papilla renales．肾锥体的顶，在猪和牛，各个肾乳头都是分开的，各自带有肾盏；但在肉食动物、绵羊、山羊和马，肾乳头融合为肾嵴。B

26 **乳头管**　Ductus papillares．由柱状上皮衬里的较大的终末管。B

27 **肾嵴**　Crista renalis．在肉食动物、绵羊、山羊和马，各肾乳头融合形成肾嵴。AC

28 **筛区**　Area cribrosa．由于乳头管的开口，在肾乳头上或肾嵴上形成的多孔区。B

29 **乳头孔**　Foramina papillaria．乳头管的开口。B

30 **肾柱**　Columnae renales．肾锥体之间或周围的伸入髓质的皮质嵴的断面。A

31 **肾小管**　Tubuli renales．D

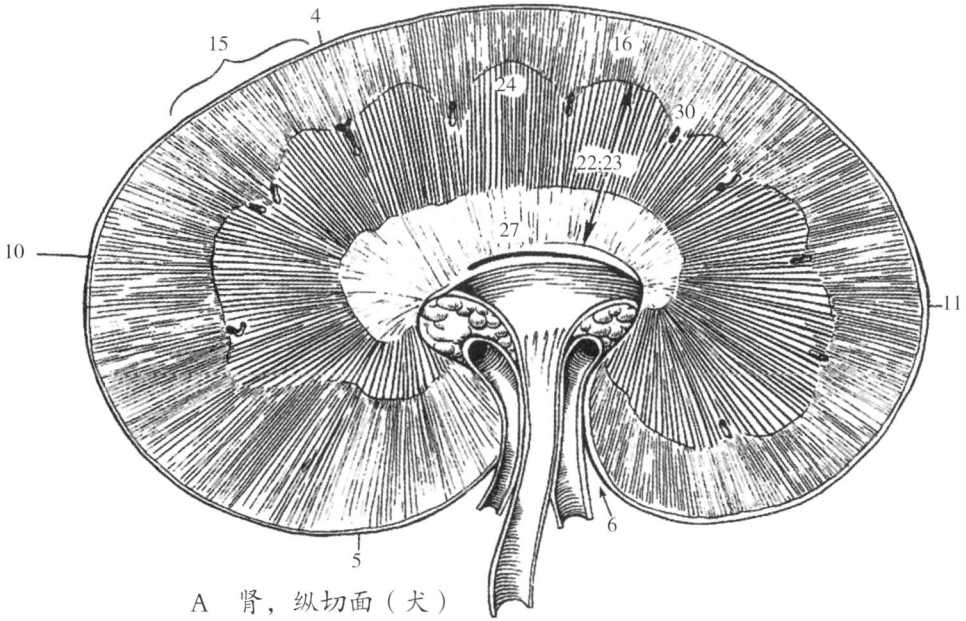

A 肾，纵切面（犬）

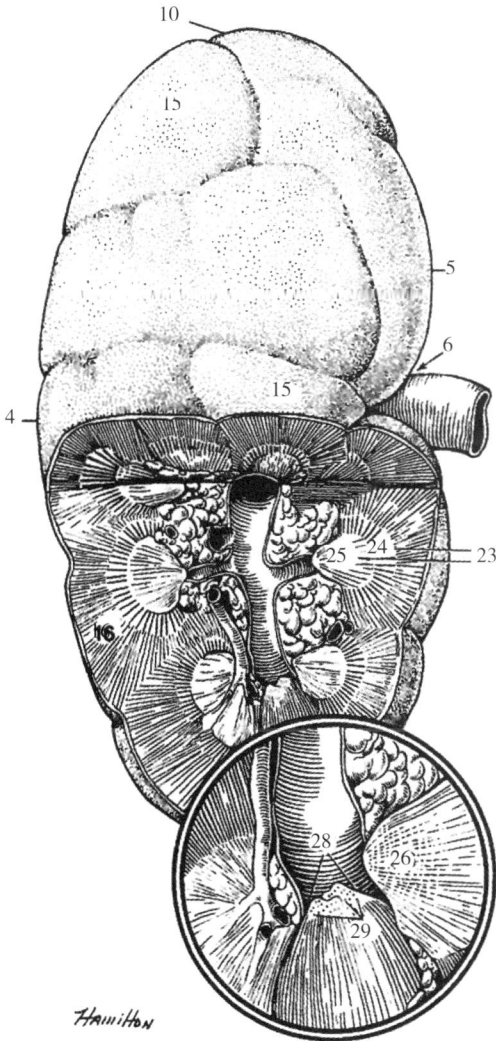

B 肾，背侧观，部分切除（牛）

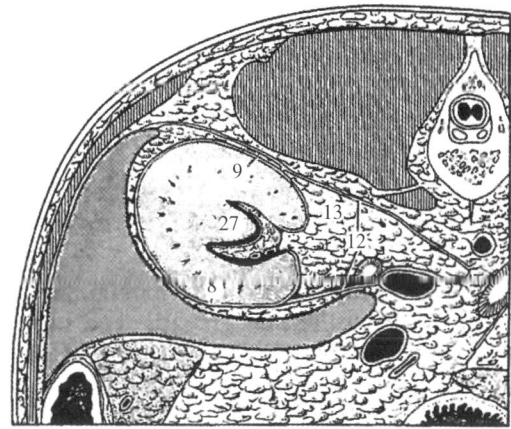

C 原位显示肾，横切面（犬）

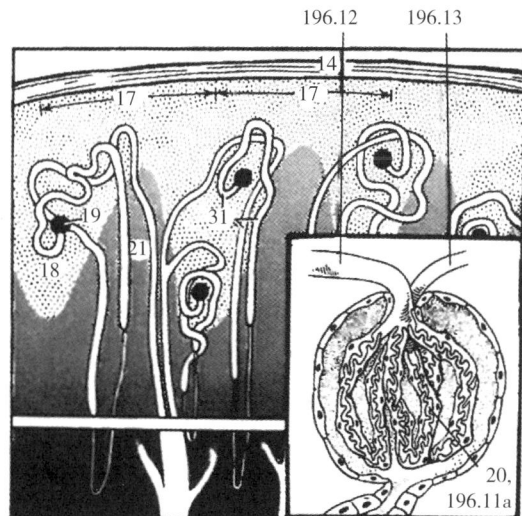

D 肾，组织结构示意图

1 肾盂　Pelvis renalis.　收集尿液的地方，位于肾窦内输尿管的起始处。在大多数牛和部分猪，它并不膨大。　ABD

2 肾盂隐窝　Recessus pelvis.　肾盂的隐窝，属于几种肾盂扩展形式之一，为肾锥体之间囊状的憩室，见于肉食动物、绵羊、山羊和兔。每一肾盂隐窝包含一条与肾嵴相连的由肾锥体形成的侧嵴。叶间脉管行走于隐窝间的沟底。　B

3 肾盂腺（马）　Gll. pelvis renalis.　肾盂的黏液腺。　D

4 肾盏　Calices renales.　现时的观点是肾盏包含于肾盂内。　D

　　5 肾大盏　Calices renales majores.　较大的肾盏，在牛和猪为肾盂的初级分支。　A

　　6 肾小盏　Calices renales minores.　直接对接肾乳头（在某些猪和大多数牛）。　A

7 终隐窝　Recessus terminales.　马肾盂的管状憩室，延伸到肾的前端和后端内。它并不属于肾盂，因为它并不位于肾窦内，并且衬有与肾嵴表面一样的双层上皮。　D

8 **肾脉管**　Vasa sanguinea renis.　C

8a 肾动脉　Arteria renalis.　由该动脉发出分支进入肾。　C

9 叶间动脉　Arteriae interlobares.　叶间动脉沿锥体之间从肾窦走向皮质。　CD

　　10 弓状动脉　Arteriae arcuatae.　从叶间动脉发出。　C

　　　　11 小叶间动脉　Arteriae interlobulares.　起自弓状动脉并穿过皮质组织。　C

　　　　　　11a 小叶内动脉　Arteriae intralobulares.　195 页 D

　　　　　　12 入球小动脉　Arteriala glomerularis afferens.　从小叶间动脉发出。　C，以及 195 页 D

　　　　　　12a 肾小球毛细血管网　Rete capillare glomerulare.　195 页 D.20

　　　　　　13 出球小动脉　Arteriala glomerularis efferens.　从肾小球走出的脉管，到肾小管间毛细血管。　C，以及 195 页 D

　　　　　　14 囊支　Rami capsulares.　来自小叶间动脉，到肾纤维囊。　C

　　　　15 直小动脉　Arteriolae rectae.　从出球小动脉或弓状动脉分出到髓质的降支。　C

16 肾静脉　Vena renalis.　位于肾内的静脉分支。　C

17 叶间静脉　Venae interlobares.　位于肾锥体之间。　CD

　　18 弓状静脉　Venae arcuatae.　在皮髓交界处的叶间静脉间形成弓状静脉。　C

　　　　19 小叶间静脉　Venae interlobulares.　位于肾皮质小叶的迂曲部内。　C

　　　　　　19a 小叶内静脉　Venae intralobulares.　C

　　　　　　20 星状小静脉　Venulae stellatae.　为小叶间静脉的囊支，见于犬、绵羊、山羊和马。　C

　　　　　　21 直小静脉　Venulae rectae.　汇集髓质静脉到弓状静脉。　C

22 囊支（猫）　Venae capsolares.　在肾门处由肾静脉的分支形成，构成一种特征性的网状。　E

23 **输尿管**　Ureter.　从肾到膀胱的管道。　ADE，以及 217 页 B

24 腹部　Pars abdominalis.　输尿管的腹段。

25 盆部　Pars pelvina.　输尿管的骨盆段。

26 外膜　Tunica adventitia.　输尿管的结缔组织外膜。　F

27 肌膜　Tunica muscularis.　输尿管的肌织膜。　F

28 黏膜　Tunica mucosa.　其表面衬以变移上皮。　F

29 输尿管腺（马）Gll. uretericae.　分布于输尿管肾端的黏液腺。　F

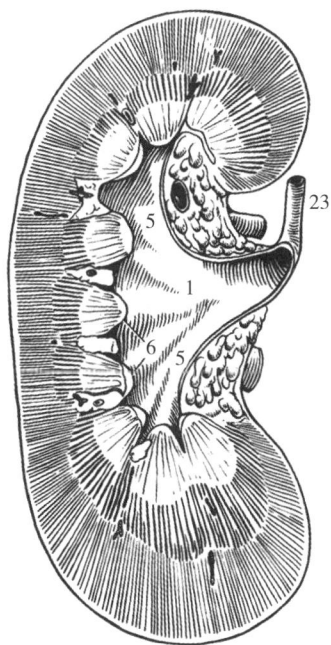

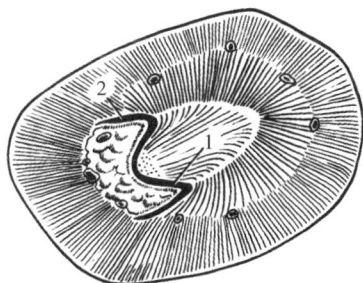

B 肾，横切面（犬）

C 肾血管示意图（在皮质，放线部呈白色卷曲的条纹状）

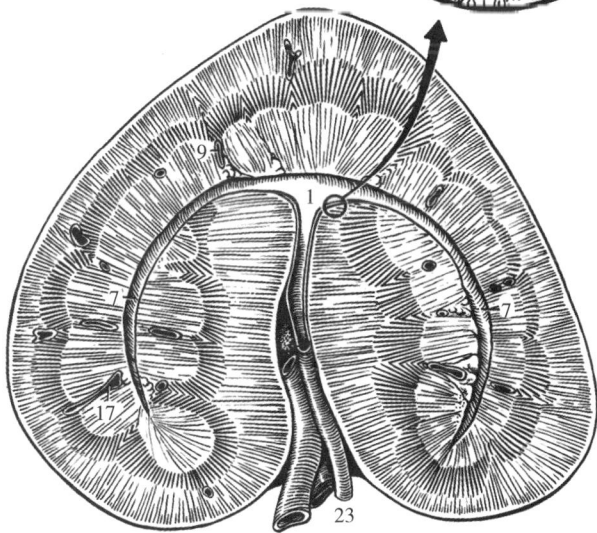

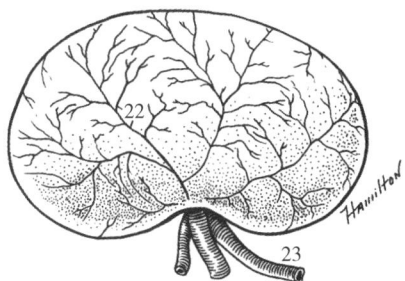

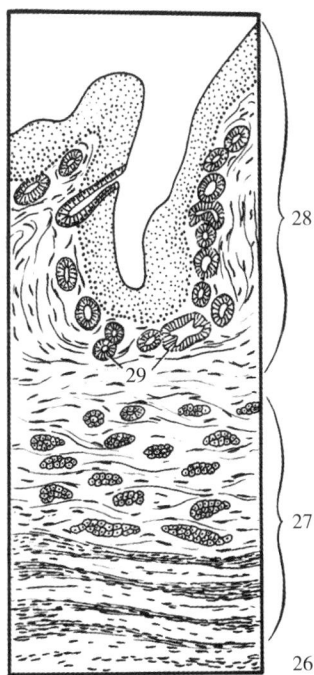

E 左肾，腹侧观（猫）

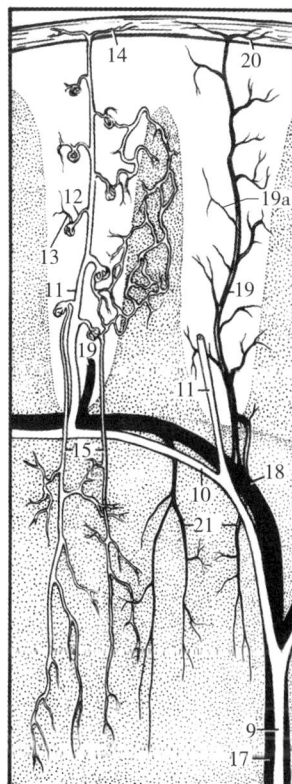

F 输尿管，组织切片（马）

1 **膀胱** Vesica urinaria. AC，以及217页B

2 膀胱尖［顶］ Apex vesicae [Vertex vesicae]. 膀胱的前盲端。 AC

3 膀胱体 Corpus vesicae. 在家畜，膀胱的背侧壁并不形成膀胱底。 AC

4 膀胱颈 Cervix vesicae. A

5 背侧面 Facies dorsalis. 膀胱的背侧面。 A

6 腹侧面 facies ventralis. 膀胱的腹侧面。 A

7 膀胱正中韧带 Lig. vesicae medianum. 连接膀胱腹侧面与骨盆联合及腹白线之间的腹膜褶。在胎儿时期该褶的游离缘含有脐尿管。 AC

8 脐尿管（个体发生） Urachus. 胎儿期将尿液从膀胱经过脐带导到尿囊的导管。在膀胱正中韧带它是关闭的。 C（在第5版N.A.V.，该词条是被忽略的，因为它属于个体发生名词。）

9 膀胱侧韧带 Lig. vesicae laterale. 将膀胱连系到盆腔外侧壁（雄性）或子宫阔韧带（雌性）。该韧带内含有膀胱圆韧带。 AC

10 膀胱圆韧带 Lig. tere vesicae. 两侧对称，为膀胱侧韧带内脐动脉的遗迹。 AC

11 浆膜 Tunica serosa. 膀胱表面的腹膜脏层。 B

12 浆膜下组织 Tela subserosa. 位于浆膜和肌层之间。 B

13 肌织膜［膀胱逼尿肌］ Tunica muscularis（M. detrussor vesicae）. 即膀胱的肌层，膀胱壁的平滑肌。名词膀胱括约肌略去，因为除了成层的尿道肌外，再无这样的括约肌的迹象。 B（名词膀胱逼尿肌是一个备用名词，其作用是排出尿液。）

14 耻骨膀胱肌 M. pubovesicalis. 在耻骨膀胱韧带内的平滑肌，该韧带从骨盆联合到膀胱颈。 A

15 直肠尿道肌 M. rectourethralis. 起点：直肠的腹侧纵肌；止点：在雄性止于尿道，在雌性止于阴道前庭和阴唇内平滑肌中。在公牛，其出现和位置不定。 C

16 黏膜下组织 Tela submucosa. 位于黏膜下方疏松的血管化的结缔组织。 B

17 黏膜 Tunica mucosa. 被覆变移上皮。 B

18 膀胱三角 Trigonum vesicae. 在两侧的输尿管口和尿道口之间黏膜面光滑的区域。 D

19 输尿管柱 Columna ureterica. 由于输尿管在膀胱壁内穿行导致的膀胱黏膜的隆起。 D

20 输尿管口 Ostium ureteris. 输尿管在膀胱的开口。 D

21 输尿管襞［褶］ Plica ureterica. 膀胱三角的两边。 D

22 尿道内口 Ostium urethrae internum. D

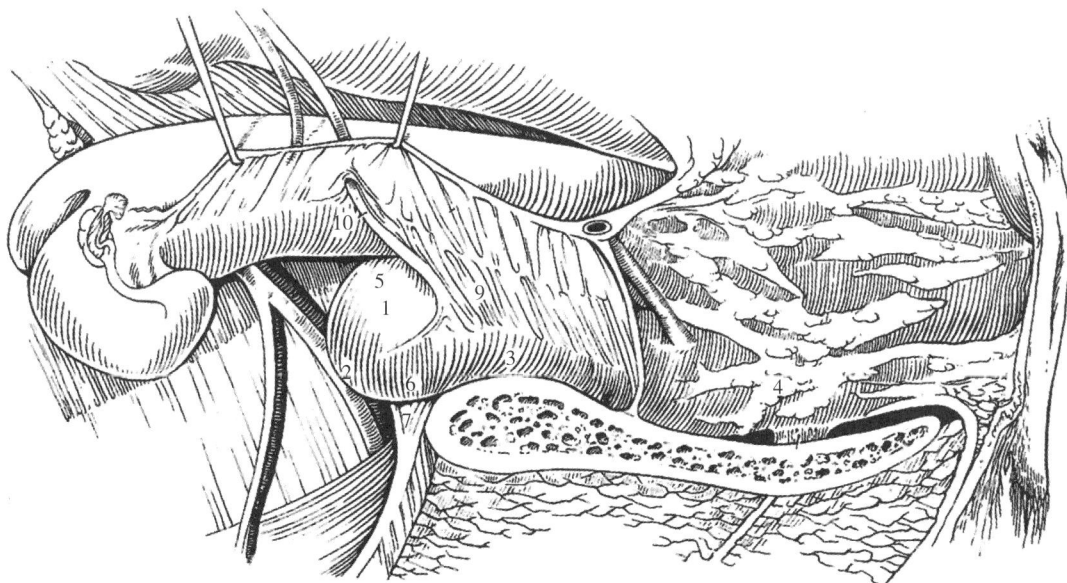

A　原位显示生殖器官和膀胱，子宫阔韧带的断缘已用镊子掀起，左外侧观（母牛）

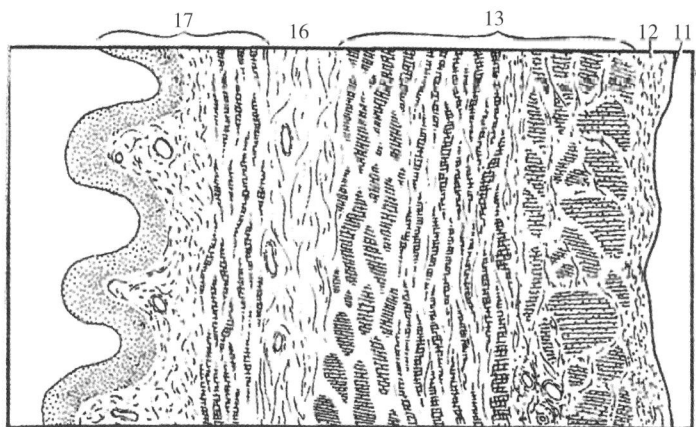

B　膀胱壁组织切片（牛）（引自Trautmann和Fiebiger）

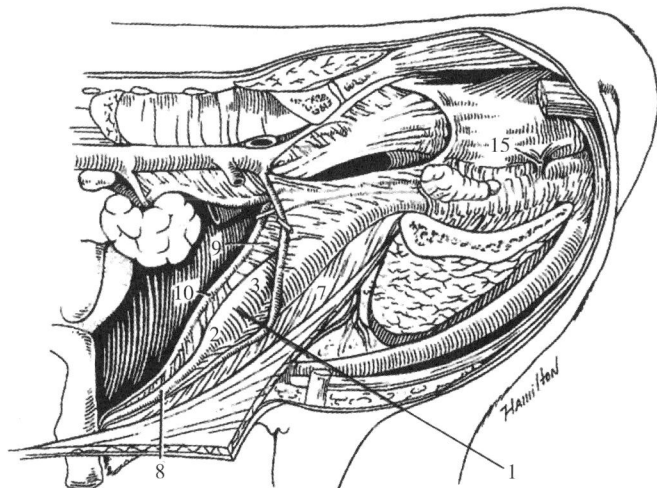

C　原位显示尿生殖器官，左外侧观（新生母牛）
（引自Popesko）

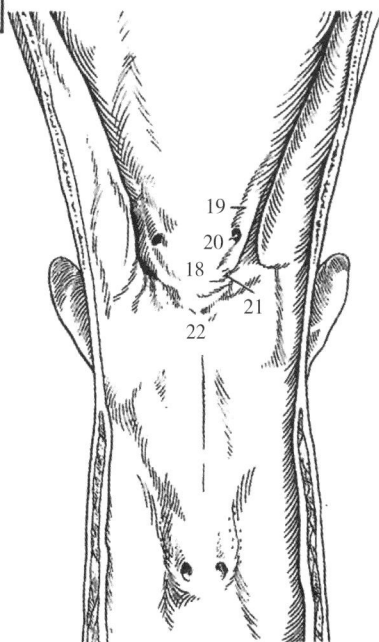

D　膀胱和雄性尿道背侧壁，内面观（马）

1 雄性生殖器官　ORGANA GENITALIA MASCULINA.

2 **睾丸**＊　Testis [Orchis].　由于睾丸在阴囊内的位置不同，从水平位、倾斜位到垂直位皆有，使得对睾丸边缘的命名具有种属性。为避免混淆，将反刍动物睾丸的内缘、猪睾丸的前缘以及大多数其他动物睾丸的背缘，由于其对应于附睾体，因此统称为附睾缘，与其相对的睾丸边缘称为游离缘。AC，以及203页E

3 头端　Extremitas capitata.　与附睾头相连，在大部分动物为睾丸的前端，但反刍动物则为背端。A

4 尾端　Extremitas caudata.　与附睾尾相连，在大部分动物为睾丸后端，但在反刍动物则为腹端。A

5 外侧面　Facies lateralis.　反刍动物的外侧面是朝向后的。ACc

6 内侧面　Facies medialis.　在反刍动物该面是朝向前的。

7 游离缘　Margo liber.　大部分动物朝向腹侧，在猪朝向后，在反刍动物朝向外。ACa

8 附睾缘　Margo epididymalis.　在大部分动物朝背侧，但猪的朝向前，反刍动物的朝向内侧。A Cb

9 白膜　Tunica albuginea.　睾丸的致密白色囊。B

10 睾丸纵隔　Mediastinum testis.　为睾丸内沿轴向的一束结缔组织，睾丸小隔由此发出。马无睾丸纵隔。B

11 睾丸小隔　Septula testis.　微小的睾丸小叶间结缔组织隔板，从睾丸纵隔出发到白膜。B

12 睾丸小叶　Lobuli testis.　B

13 睾丸主［实］质　Parenchyma testis.　由生精小管组成。B

14 精曲小管　Tubuli seminiferi contorti.　弯曲的生精小管。B

15 精直小管　Tubuli seminiferi recti.　从精曲小管起，到睾丸网。B

16 睾丸网　Rete testis.　位于睾丸纵隔内的管网，连接精直小管到睾丸输出小管。马无睾丸网。B

16a（睾丸附件）（Appendix testis）.　在附睾头附近的睾丸表面出现的有皱纹的疣状突起，为胚胎期中肾旁管（译者注：又称缪勒管）的遗迹，在马恒有，在犬、猪、绵羊和山羊偶有。A

17 **附睾**＊　Epididymis.　附着于睾丸的一个器官，由来自于睾丸的白膜被覆，包含有睾丸输出小管及盘绕的附睾管。AB，以及203页E

18 附睾头　Caput epididymidis.　含有附睾小叶。在反刍动物具有降臂和升臂。ABC

19 睾丸输出小管　Ductuli efferentes testis.　从睾丸网到附睾管，它们盘曲起来形成附睾小叶。B

20 附睾体　Corpus epididymidis.　由盘绕的附睾管构成。ABC

21 附睾尾　Cauda epididymidis.　在这里附睾管延续为输精管。ABC

22 附睾小叶［附睾圆锥］　Lobuli epididymidis [Coni epididymidis].　位于附睾头内，含有盘曲的睾丸输出小管。B

23 附睾管　Ductus epididymis.　附睾内盘曲迂回的管道，在马70~80m长。B

24（迷小管）（Ductuli aberrantes）.　由附睾管或睾丸输出小管分出的盲支。为罕见的中肾小管遗迹，以囊肿的形式存在于附睾表面。BC

24a（附睾附件）（Appendix epididymidis）.　附睾头的附件，为中肾的遗迹，恒常出现于马，偶见于犬、猪、绵羊和山羊。

25（旁睾）（Paradidymis）.　脱离出的中肾小管，位于附睾头近侧的精索内。BC

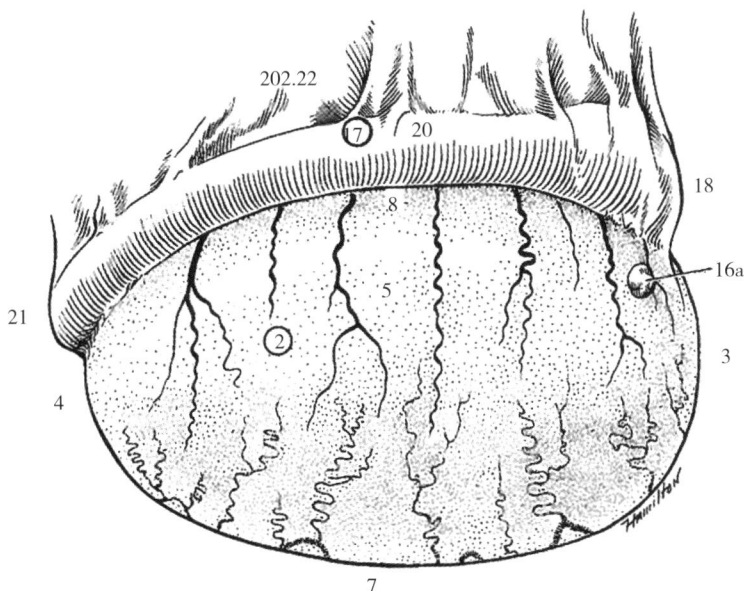

A 右侧睾丸和附睾，外侧观（马）

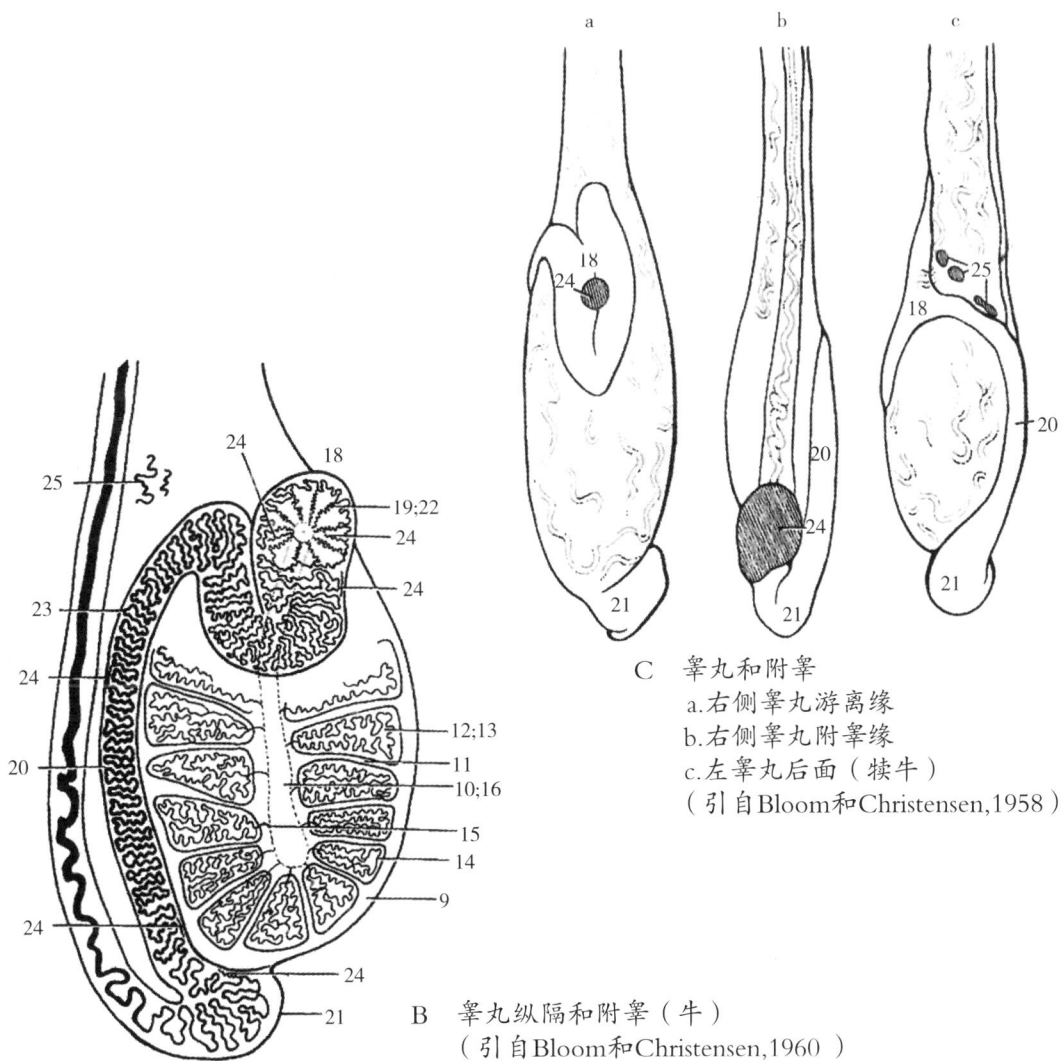

C 睾丸和附睾
a.右侧睾丸游离缘
b.右侧睾丸附睾缘
c.左睾丸后面（犊牛）
（引自Bloom和Christensen,1958）

B 睾丸纵隔和附睾（牛）
（引自Bloom和Christensen,1960）

1 **输精管*** Ductus deferens. 从附睾管延伸，经过精索到尿道的精阜。 AD

2 输精管壶腹 Ampulla ductus deferentis. 输精管末部的膨大，由管壁的腺性增厚所致，猫和猪缺如。 AB

3 壶腹腺 Gll. ampullae. 在家畜为分支管状腺。 B

4 外膜 Tunica adventitia. 在输精管的腹膜外段的结缔组织外膜。

5 浆膜 Tunica serosa. 输精管的浆膜，见于四足动物。 B

6 肌膜 Tunica muscularis. 输精管的平滑肌。 B

7 黏膜 Tunica mucosa. 输精管的黏膜。 B

8 射精管（猪、马） Ductus ejaculatorius. 短而变化无常的管道，为输精管和精囊腺的共同排出道。 A

9 **精索*** Funiculus spermaticus. 包含睾丸的血管、淋巴管、神经、附睾，与输精管的鞘膜脏层一起组成。 CD

10 **精索和睾丸被膜*** Tunicae funiculi spermatici et testis. 被覆于睾丸和精索的被膜（从起源上讲，睾丸被膜由两组结构构成：一是伴随睾丸下降被带来的腹腔内结构［精索内筋膜以及鞘膜的脏层和壁层］，二是在睾丸下降之前即已预备的腹腔外结构［精索外筋膜以及阴囊皮肤和肉膜］。）

11 精索外筋膜 Fascia spermatica externa. 为腹外斜肌筋膜的延续，腹外斜肌筋膜在会阴区延续为会阴深筋膜。 CD

12 睾提肌 M. cremaster. 从腹内斜肌来的一部分肌肉，到鞘膜。起点：髂筋膜；止点：睾丸周围的鞘膜。该肌位于精索外筋膜和精索内筋膜之间，可牵引睾丸向腹股沟。 CD

13 睾提肌筋膜 Fascia cremasterica. 睾提肌表面的筋膜。 D

14 精索内筋膜 Fascia spermatica interna. 为腹横筋膜的延续。 CD

15 鞘膜 Tunica vaginalis. 指被覆于精索及睾丸并衬贴于精索系膜的浆膜，是胎儿时期腹膜向腹股沟管的突出所致。在雄性，在睾丸下降后变为鞘膜。在雌性犬常见鞘膜突，而在雌性猫则缺如。 D（Watson，2009）

16 壁层 Lamina parietalis. 鞘膜壁层，由腹膜壁层延续而来。 CD

17 脏层 Lamina visceralis. 鞘膜脏层，衬贴于睾丸、附睾和精索表面。 CD

18 鞘膜环 Anulus vaginalis. 腹膜壁层折转形成鞘膜壁层时的浆膜环，位于腹股沟管深环处并衬贴于该环内表面。 A

19 鞘膜管 Canalis vaginalis. 精索周围鞘膜壁层与脏层间潜在的间隙。 CD

20 鞘膜腔 Cavum vaginale. 睾丸周围的鞘膜壁层与脏层间的空隙。 C

21 睾丸系膜 Mesorchium. 含有睾丸血管和神经的腹膜褶。 DE（在家畜，在睾丸下降后输精管、输精管系膜以及睾丸系膜在精索内仍保持各自特征。）

22 睾丸近系膜［血管襞］ Mesorchium proximale [Plica vasculosa]. 从睾丸血管起始处到附睾系膜。 CE，以及201页A

23 精索系膜 Mesofuniculus. 睾丸系膜的一部，为从输精管系膜起始缘到鞘膜壁层间的一窄条带。 D

24 睾丸远系膜 Mesorchium distale. 从附睾系膜延伸到睾丸，形成睾丸囊［附睾窦］的壁。 CE

25 输精管系膜［输精管襞］ Mesoductus deferens [Plica ductus deferentis]. 将输精管附着到睾丸系膜上以及腹壁和盆壁上。 D

26 附睾系膜 Mesepididymis. 将附睾附着于睾丸近系膜和远系膜之间。 E

27 睾丸固有韧带[1] Lig. testis proprium. 连系睾丸与附睾尾之间的韧带。 C

28 附睾尾韧带[1] Lig. caudae epididymidis. 位于附睾尾和鞘膜壁层之间（有蹄类）。在肉食动物，附睾尾附着于精索内筋膜上，因此不存在附睾尾韧带，但有阴囊韧带。 C

29 阴囊韧带[1] Lig. scroti. 为连于肉膜与附睾尾（有蹄类）或附睾尾部（肉食动物）之间的结缔组织索。 C

30 睾丸囊［附睾窦］ Bursa testicularis [Sinus epididymalis]. 由睾丸远系膜、睾丸和附睾围成。 C

---

[1]：这些结构均属于睾丸引带的遗迹。

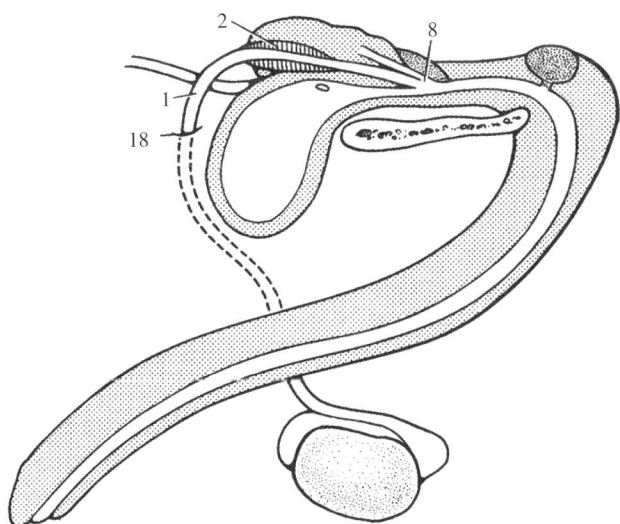

A 雄性生殖器官示意图，显示右侧睾丸（马）
（引自Nickel等，1979）

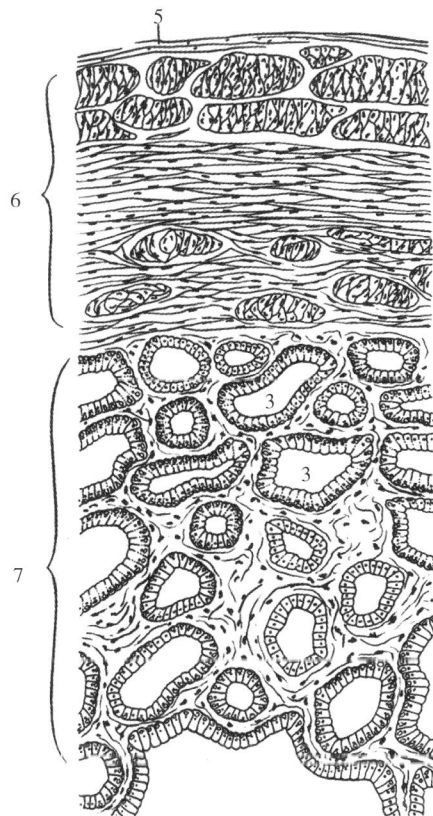

B 输精管壶腹组织切片（牛）

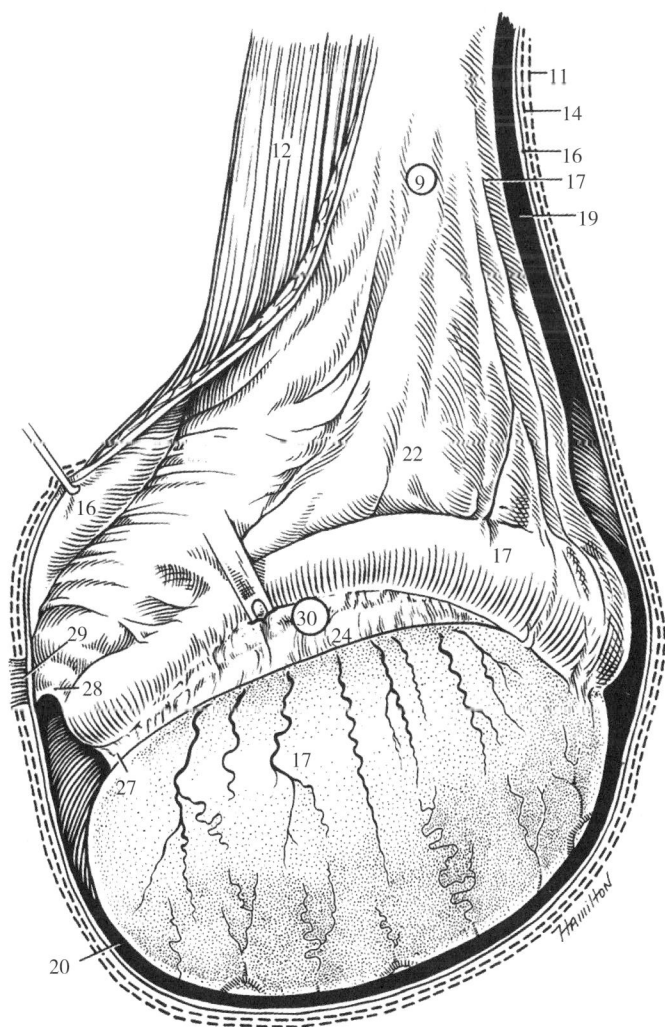

C 右侧睾丸和精索，外侧观；筋膜、睾提肌和
鞘膜壁层已打开（马）

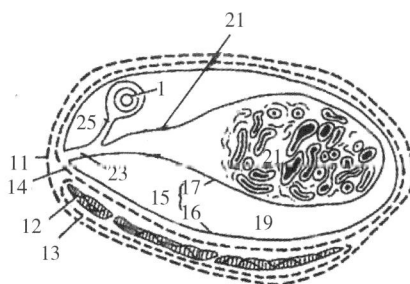

D 右精索，横切面，远侧切面（马）

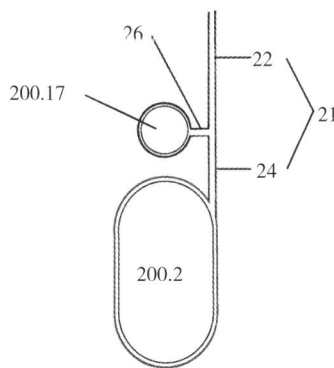

E 睾丸系膜和附睾系膜示意图

1 腹膜鞘突　Processus vaginalis peritonei [peritonaei].　为胎儿时期在睾丸下降前由腹膜向腹股沟管形成的圆柱形外突，然后在雄性，该鞘突变为了鞘膜。在成年雌犬，腹膜鞘突常见，而在成年雌猫则无。（Watson，2009）

2 睾丸下降（个体发生）[1]　Descensus testis.　睾丸由其原初位置向阴囊的下降。　A

3 睾丸引带（个体发生）[1]　Gubernaculum testis.　睾丸的引导带，从睾丸到附睾尾，再到腹股沟管深环并通过腹股沟管的间充质束。睾丸引带的遗迹有睾丸固有韧带、附睾尾韧带和阴囊韧带。　A

4 **副性腺**　Glandulae genitales accessoriae.　C

5 输精管壶腹　Ampulla ductus deferentis.　C，另见202页2条。

6 精囊腺（有蹄类）　Glandula vesicularis.　在猪和反刍动物，位于膀胱颈处的复管泡状腺。在马，为一肌质壁的瓶状器官，中央有集中的收集腔，黏膜皱褶形成复杂的腺隐窝系统。在肉食动物无精囊腺。　BC（马的精囊腺根据其外形和结构有时也称为精囊。）

7 外膜　Tunica adventitia.　精囊腺的结缔组织外膜。　B

8 肌膜　Tunica muscularis.　仅在马出现的连续的肌膜。　B

9 黏膜（马）　Tunica mucosa.

10 排泄管　Ductus excretorius.　精囊腺的排泄管，开口于精阜上，有时路经射精管。　D

11 前列腺*　prostata.　分泌物排入雄性尿道骨盆部的腺体。　C

12 腹侧面　Facies ventralis.　前列腺的腹侧面。

13 背侧面　Facies dorsalis.　前列腺的背侧面。　C

14 前列腺体　Corpus prostatae.　在肉食动物、猪、牛和马，位于雄性尿道骨盆部的起始处。　D

15 前列腺扩散部　Pars disseminata prostatae.　在猪、牛、山羊，该部构成雄性尿道骨盆部管壁内腺性的一层，但在绵羊缺少腹侧半；在肉食动物则只是数个腺叶。　E

16 （右和左）叶　Lobus [dexter et sinister].　在马，右叶和左叶间以腺峡相连（C）；在肉食动物则由一条沟不完全分开。

17 前列腺峡　Isthmus prostatae.　在马位于左、右叶之间，跨过膀胱颈背侧面。　C

18 实质　Parenchyma.　前列腺腺质。　DE

19 前列腺小管　Ductuli prostatici.　许多开口于雄性尿道的腺小管。　D

20 肌质　Substantia muscularis.　辐散穿过腺体到前列腺囊且含有大量平滑肌的隔膜。　DE

21 前列腺囊　Capsula prostatae.　前列腺腺囊，含有平滑肌。　DE

22 尿道球腺*　Glandula bulbourethralis.　分泌物进入雄性尿道骨盆部的后端，于尿道肌和球海绵体肌之间向背外侧突出。在猪则向前扩展到雄性尿道骨盆部的全长。犬缺如。　C

23 尿道球腺管　Ductus gl. bulbourethralis.　211页D

　　1）：这些名词在第5版 N.A.V. 中是被省略的，因其属于个体发生的范畴。但为便于更好地理解这些结构在胎儿期个体和生后的转变，本书仍然对其加以保留。

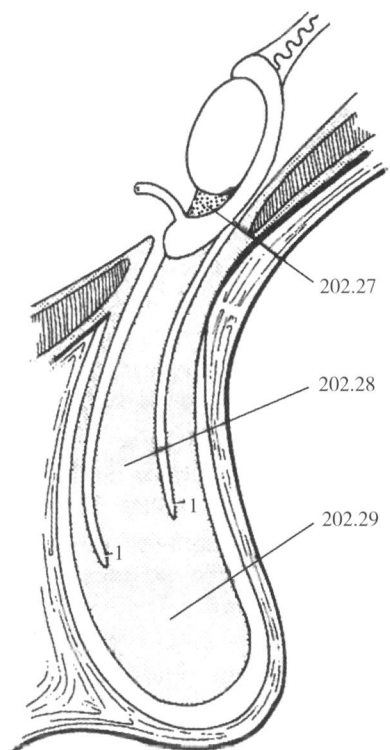

A 位于腹股沟管内的腹膜鞘突和
  睾丸引带（猪）
  （引自Backhouse和Butler）

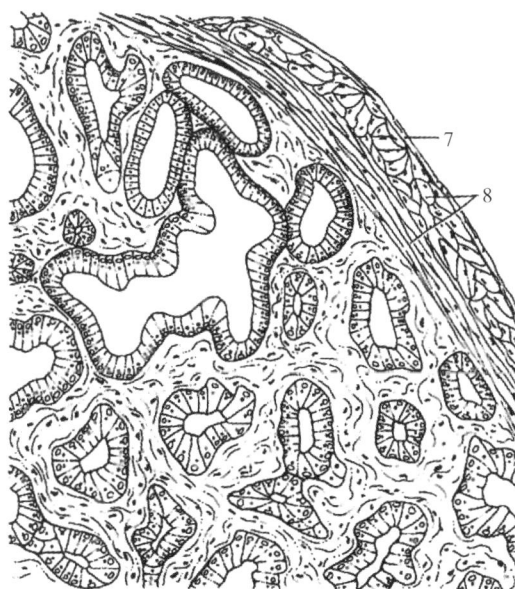

B 精囊腺，组织切片（牛）

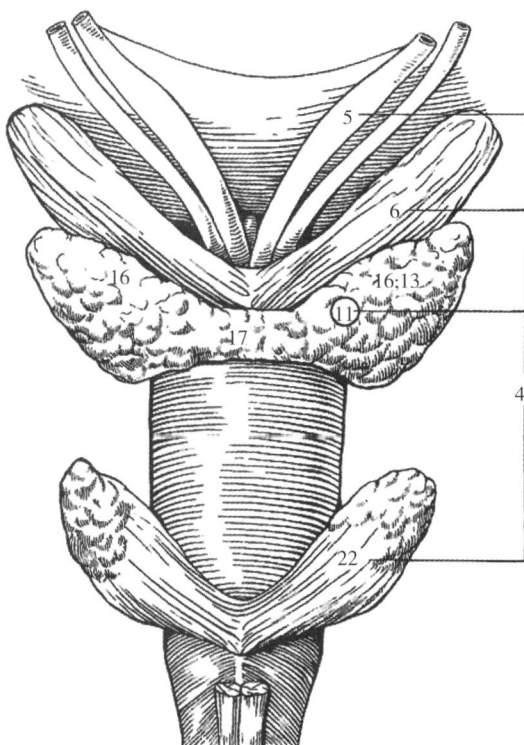

C 副性腺，背侧观（马）
  （引自Nickel等，1979）

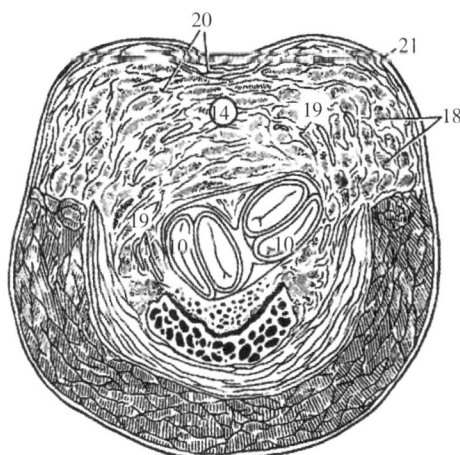

D 前列腺体，在雄性尿道骨盆部和海绵
  层横切，输精管在10的背侧（牛）

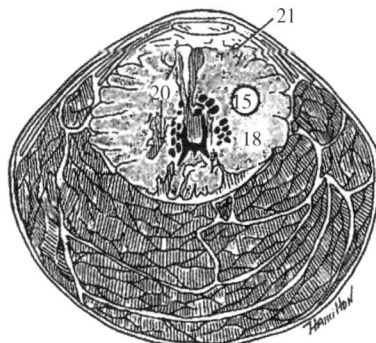

E 前列腺扩散部，图中两侧和
  腹侧为尿道肌（牛）

1 **雄性外生殖器** PARTES GENITALES MASCULINAE EXTERNAE. 包括阴茎、包皮、阴囊。

2 **阴茎*** Penis. 雄性的交配器官。 A

3 阴茎根 Radix penis. 由一对阴茎脚和一个阴茎球组成。 A

4 阴茎脚 Crus penis. 阴茎海绵体附着于坐骨弓腹侧面的两个近端部，其表面覆盖坐骨海绵体肌。 A

5 阴茎体 Corpus penis. 阴茎根与阴茎头之间的柱体。 A

6 阴茎背 Dorsum penis. 勃起时与尿道面相对的阴茎的一侧。 A

7 阴茎背侧沟 Sulcus dorsalis penis. 马阴茎的背侧沟。 B

8 尿道面 Facies urethralis. A

9 尿道沟 Sulcus urethralis. 位于阴茎体，内含尿道海绵体和雄性尿道。 B

10 阴茎乙状曲（猪、反刍动物） Flexura sigmoidea penis. 阴茎在疲软状态下在大腿之间形成的S状弯曲。 EH

11 阴茎游离部 Pars libera penis. 阴茎的包皮附着部以远的部分。 EFH

12 阴茎头 Glans penis. 阴茎的头部，含有阴茎头海绵体。在反刍动物，过去认为阴茎头就是阴茎游离部，因此旧称为阴茎头盔（Galea glandis）。阴茎头是指突出于阴茎海绵体白膜之外的软垫，无论是质地软硬还是形状的大小，都有很大的种间差异。可以是血窦型的（肉食动物、马），也可以是纤维型的（反刍动物），或实际上不存在（猪）。可涉及游离部的大部（马），或超过游离部的范围（犬），或为游离部全部（猫），或仅为游离部的一小部分（反刍动物）。 ACDEFG

13 阴茎头背侧突（马） Processus dorsalis glandis. 由前向后可延伸约10cm。 AD

14 阴茎头长部（犬） Pars longa glandis. 位于远侧的圆柱状部分。 G

15 阴茎头球（犬） Bulbus glandis. 阴茎头的近侧部。 G

16 阴茎头冠 Corona glandis. ADG

17 阴茎头中隔 Septum glandis. 不完全的腹正中隔。 C

18 阴茎头颈 Collum glandis. 阴茎头的缩细部，阴茎头冠以近的缩窄部。 AD

19 阴茎头窝（马） Fossa glandis. 环绕尿道突的环形陷凹。 CD

20 尿道窦（马） Sinus urethralis. 阴茎头窝背侧的憩室。 CD

21 包皮 Preputium [Praeputium]. 鞘样结构，在非勃起状态围绕在阴茎游离部周围，是一由内层和外层构成的皮肤褶，两层在包皮口处相互延续。内层终于阴茎的包皮附着处。 H

22 外层 Lamina externa. 为包皮的皮肤褶的外层。 D

23 包皮缝 Raphe preputii [Rhaphe praeputii]. 包皮的正中腹侧的连接缝，与阴囊缝连续。 F

24 包皮口 Ostium preputiale [prae-]. 在此处外层折转为内层。 DE

25 包皮腔 Cavum preputiale [prae-]. 位于包皮内层与阴茎游离部之间。在马，此腔被包皮褶分为两个同心圆的隐窝。 DEH

26 内层 Lamina interna. 为包皮的皮肤褶的内层。它附着于阴茎游离部的近端，在此与阴茎游离部和阴茎头表面的皮肤相延续。 DFG

27 包皮褶［襞］（马） Plica preputialis [prae-]. 为包皮内层形成的筒状皮肤褶，在包皮环处折返。 D

28 包皮环（马） Anulus preputialis [prae-]. 为包皮褶折返处皮肤增厚的带。 D

29 包皮憩室（猪） Diverticulum preputiale [prae-]. 与包皮腔前端相通的双叶状大的背囊。 H

30 包皮系带 Frenulum preputii [prae-]. 在猫和反刍动物出现的连于阴茎缝和包皮缝间的发育不全的皮肤褶。 F

C　阴茎头，在阴茎头窝和尿道窦
开口后方的横切面（马）

B　阴茎体横切面（马）

A　阴茎外侧观，右坐骨海绵体肌部分切除（马）

D　阴茎、包皮和腹壁，纵切，
里面（马）

F　阴茎游离部，右侧观（牛）

E　阴茎和包皮，包皮右侧壁已切除，
外侧观（牛）

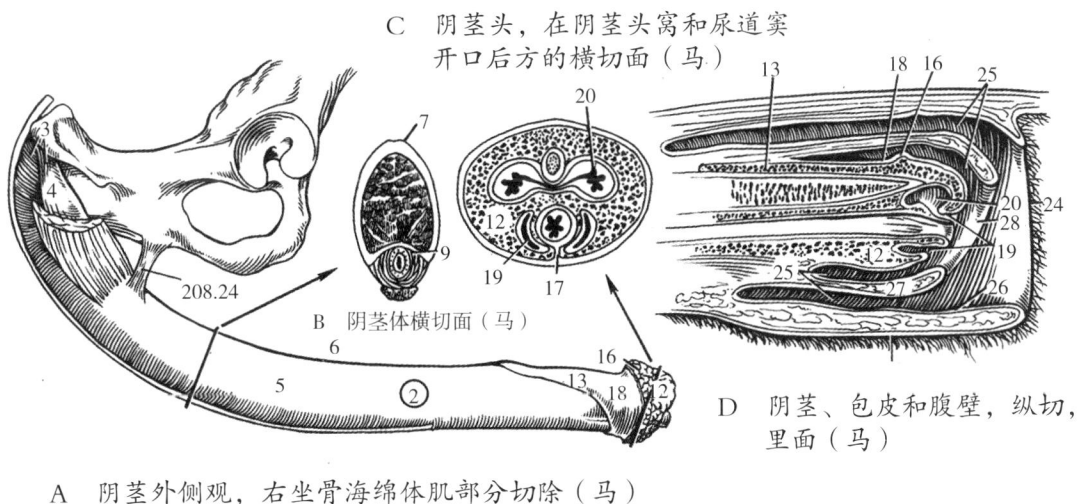

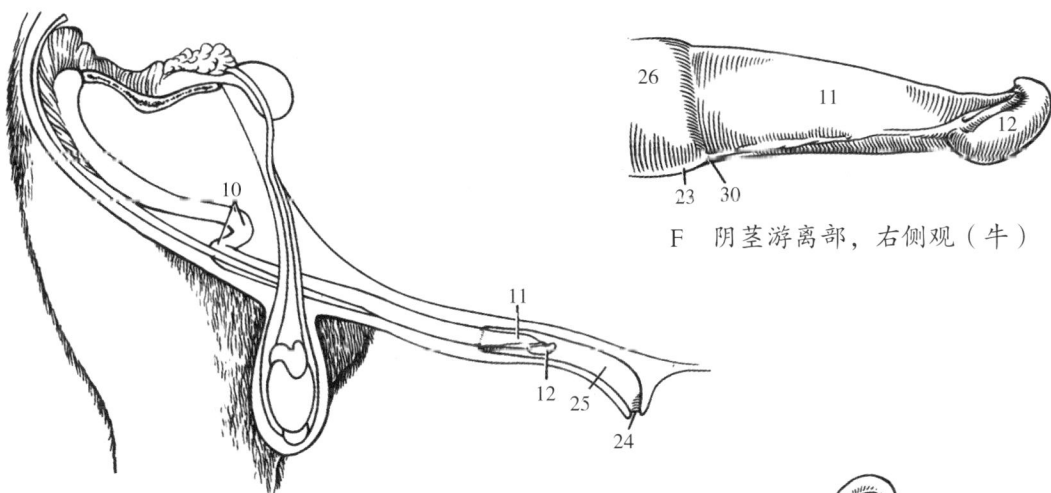

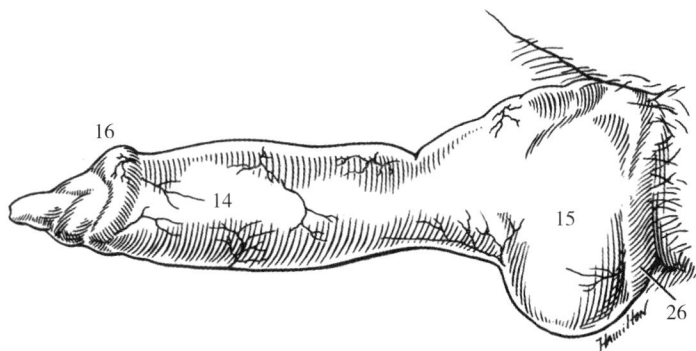

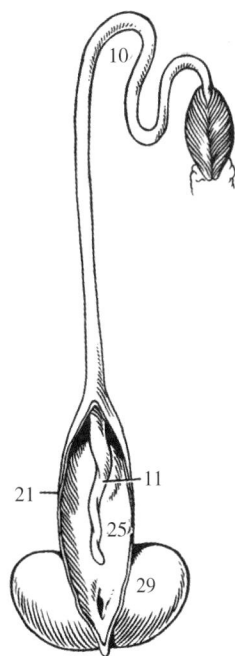

G　阴茎头，勃起，左前外侧观（犬）
（引自Hart和Kitchell）

H　包皮和阴茎，包皮已被切开并已将包
皮口附近的包皮切除，腹侧观（猪）
（引自Ellenberger和Baum）

1 包皮腺　Gll. preputiales [prae-].　一种特殊的位于包皮内层的皮脂腺和汗腺，接近包皮口，在马可扩展到包皮环。　A

2 包皮淋巴小结　Lymphonoduli [Noduli lymphatici].

3 包皮前肌　M. preputialis [prae-] cranialis.　属于皮肌，马无。起点：剑突区的浅筋膜；在牛还从躯干皮肌横向包皮口；止点：左、右侧同肌形成一环，围绕在包皮口周围。　B

4 包皮后肌　M. preputialis [prae-] caudalis.　属于皮肌，见于猫和反刍动物，在犬和猪发育不全；马无。起点：在猫起于肛门外括约肌表面；在反刍动物起于鞘膜外侧和内侧的腹股沟筋膜；止点：包皮。　B

5 阴茎缝　Raphe [Rhaphe] penis.　在猪和反刍动物，为从包皮系带到阴茎头的接缝。旧名词阴茎头缝（反刍动物）被省略掉了，因为此缝大部分不在阴茎头。　C

6 阴茎海绵体　Corpus cavernosum penis.　左、右侧的阴茎海绵体在阴茎体部融合。　DG

7 阴茎骨　Os penis.　阴茎内的骨（肉食动物），为骨化融合的阴茎海绵体的远部，位于阴茎头。在猫，大部分为软骨质。　D

8 尿道海绵体　Corpus spongiosum penis.　围绕尿道的勃起组织，旧称 corpus cavernosum urethrae.　D

9 阴茎头尿道海绵体　Corpus spongiosum glandis.　阴茎头处的海绵体，由尿道海绵体延续而来。　D

10 阴茎球〔尿道球〕　Bulbus penis.　尿道海绵体后部的膨大，旧称尿道球。　D

11 尿道海绵体结节　Tuberculum spongiosum.　兔的尿道海绵体结节，位于阴茎游离部左腹侧的圆形突起。　C

12 阴茎海绵体白膜　Tunica albuginea corporum cavernosorum.　包围阴茎海绵体的致密白色纤维膜。　DFG

13 阴茎尖〔顶〕韧带（反刍动物）　Lig. apicale penis.　起于乙状弯曲以远的白膜背侧面，止于阴茎尖处的白膜内。　E

14 尿道海绵体白膜　Tunica albuginea corporis spongiosi.　尿道海绵体的纤维性被膜。　F

15 阴茎中隔　Septum penis.　位于两侧阴茎海绵体之间的矢状中隔。　F

16 阴茎海绵体小梁　Trabeculae corporum cavernosorum.　位于阴茎海绵体腔之间的由结缔组织和平滑肌构成的隔板。　F

17 尿道海绵体小梁　Trabeculae corporis spongiosi.　位于尿道海绵体腔之间的由结缔组织和平滑肌构成的隔板。　F

18 阴茎海绵体腔　Cavernae corporum cavernosorum.　阴茎海绵体内的血管腔隙。　F

19 尿道海绵体腔　Cavernae corporis spongiosi.　尿道海绵体内的血管腔隙。　F

20 螺旋动脉　Arteriae helicinae.　阴茎深动脉的终末分支，在非勃起时为盘曲和关闭状态，勃起时则向海绵体腔开放。　F

21 海绵腔静脉　Venae cavernosae.　从勃起组织的血管腔隙走出的静脉。　F

22 阴茎浅筋膜　Fascia penis superficialis.　可扩展到阴茎头部，也进入包皮，并且与会阴浅筋膜、阴囊中隔和精索外筋膜相延续。　BG

23 阴茎深筋膜　Fascia penis profunda.　紧密围绕在阴茎海绵体和尿道海绵体周围，加入阴茎悬韧带，并与会阴深筋膜相延续。　BG

24 阴茎悬韧带　Lig. suspensorium penis.　为双侧的胶原纤维板，从骨盆联合后部到阴茎海绵体，包围着阴茎背动脉、静脉和神经。　207 页 A

25 阴茎祥状韧带　Lig. fundiforme penis.　阴茎的吊兜状的韧带，为从耻前腱腹侧面发出的双侧弹性韧带，越过阴茎的侧面，并混入阴囊中隔。　G

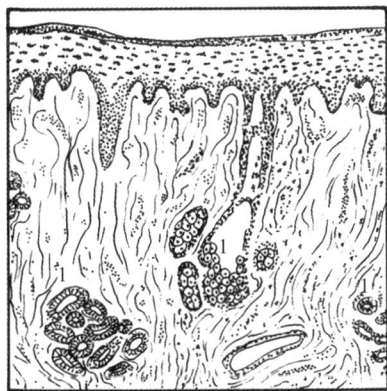

A 包皮内层，组织切片（马）
（引自 Krage）

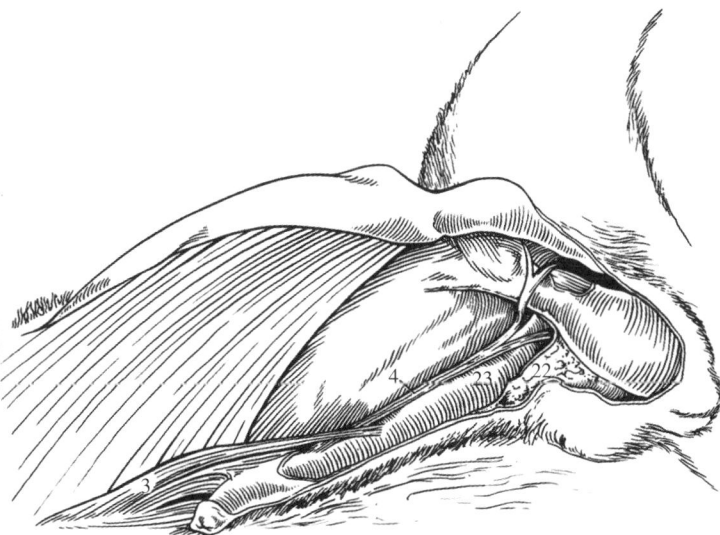

B 包皮肌（睾提肌上方的精索外筋膜已切开），
腹外侧观（山羊）

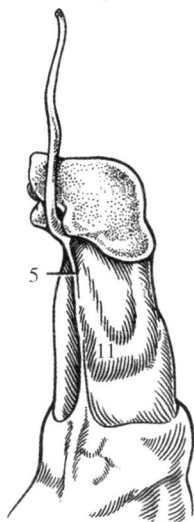

C 阴茎，左腹侧观（绵羊）
（引自 Nickel 等，1979）

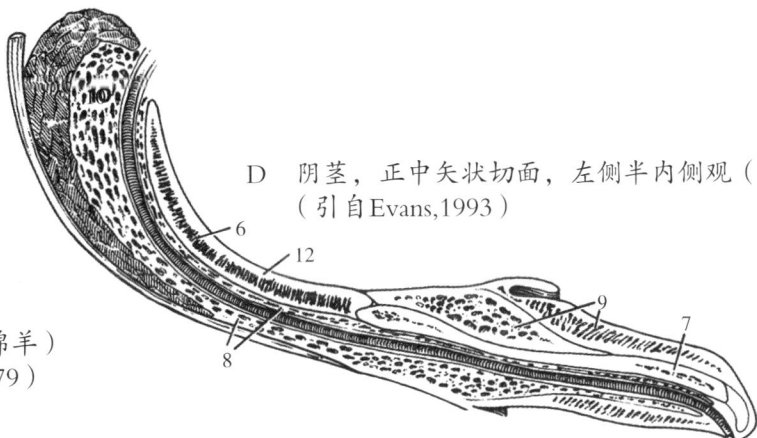

D 阴茎，正中矢状切面，左侧半内侧观（犬）
（引自 Evans，1993）

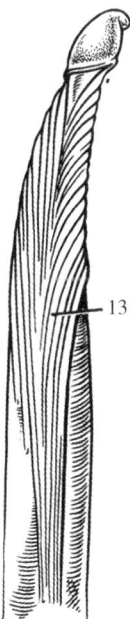

F 阴茎，组织切片（猫）

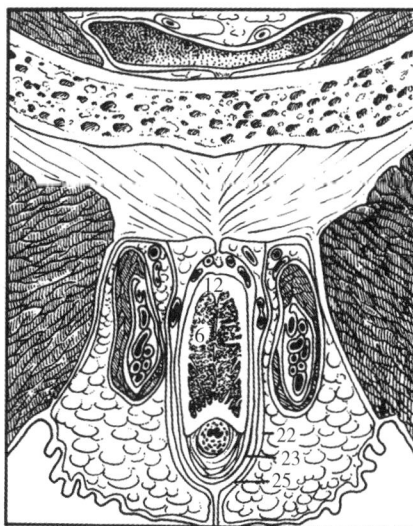

E 阴茎，其皮肤和浅筋膜已切除，仅保
留了阴茎头部的，背侧观（牛）

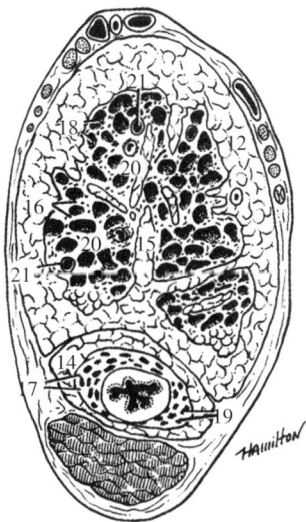

G 阴茎，为过包皮腱，在阴囊前作的横切面，
精索被斜行切过（马）

1 **雄性尿道**＊ Urethra masculina. 尿和精液排出的通道。

2 盆部 Pars pelvina. 雄性尿道位于盆腔内的部分。 AD

3 前列腺前部 Pars preprostatica [prae-]. 位于膀胱与前列腺之间，在猫是雄性尿道中最长的部分。 A

4 前列腺部 Pars prostatica. 与前列腺有关的部分。 AC

4a 前列腺后部 Pars postprostatica. 位于前列腺和尿道峡之间的雄性尿道。在2017年版的 A.N.V.中，该结构被列于"前列腺窦"之后。 A

5 尿道嵴 Crista urethralis. 雄性尿道背侧黏膜面的纵向嵴，从输尿管襞［褶］汇合处到精阜。在某些物种会进一步向后延伸。 C（译者注：在第6版N.A.V.中，该结构以及以下6~9条被列于"前列腺部"项下。）

6 精阜 Colliculus seminalis. 尿道嵴上的一个突起，其每一侧上具有射精口或输精管和精囊腺腺管各自的开口。 A

7 射精口 Ostium ejaculatorium. 射精管在精阜上的开口。 A

8 雄性子宫 Uterus masculinus. 痕迹性的雄性子宫，在马最大，也最为常见。其前部常分叉，位于输精管壶腹之间的生殖褶内，其后端可能开口于精阜。 B

9 前列腺窦 Sinus prostaticus. 指精阜与尿道侧壁之间的隐窝。 AC

10 海绵层 Stratum spongiosum. 围绕雄性尿道的海绵组织。 CF

11 尿道峡 Isthmus urethrae. 雄性尿道绕过坐骨弓时狭窄的一段。 CF

12 阴茎部 Pars penina. 雄性尿道的阴茎部，被尿道海绵体包围。 DE

13 尿道隐窝（猪、反刍动物） Recessus urethralis. 在坐骨弓处尿道的后背侧，向腹侧开口于尿道。 D

14 尿道舟状窝（猪、马） Fossa navicularis urethrae. 雄性尿道阴茎部的舟状窝，在马为雄性尿道阴茎部末端略膨大的部分。 E

15 尿道突 Processus urethrae. 雄性尿道阴茎部游离的末部，在绵羊、山羊最长，猫和猪缺如。 E

16 尿道外口 Ostium urethrae externum. E

17 肌织膜 Tunica muscularis. 为雄性尿道骨盆部的平滑肌。此肌织膜在有前列腺扩散部的地方包绕在其周围，在无前列腺扩散部的地方包绕在尿道海绵层之外。注意不要将它和厚而有条纹的尿道肌混淆，后者在肌织膜的外面。 CF

18 黏膜 Tunica mucosa. 雄性尿道的黏膜，除尿道外口，其余黏膜内衬变移上皮；而在尿道外口，上皮变为复层扁平上皮。 F

19 尿道陷窝 Lacunae urethrales. 由表面的黏膜上皮形成的小袋。 F

20 尿道腺 Gll. urethrales. 出现于犬和马雄性尿道骨盆部黏膜的孤立分支腺，也见于猪和马雄性尿道阴茎部。 F

21 **阴囊** Scrotum. 包容睾丸的皮肤囊袋。（阴囊皮肤、肉膜以及精索外筋膜可以看作是腹腔外的睾丸膜。从起源上讲，睾丸膜包括两组结构：由睾丸下降带来的腹腔内结构［精索内筋膜以及鞘膜脏层和壁层］和先于睾丸下降即已存在的腹腔外结构［精索外筋膜和由阴囊皮肤和肉膜构成的阴囊］。）

22 阴囊皮肤 Cutis scroti. G

23 阴囊缝 Raphe [Rhaphe] scroti. 阴囊皮肤上的正中接缝。 G

24 肉膜 Tunica dartos. 位于皮下组织中的一层平滑肌，可以皱缩阴囊皮肤，延续为会阴浅筋膜。G

25 阴囊中隔 Septum scroti. 由肉膜构成的阴囊正中隔板。 G

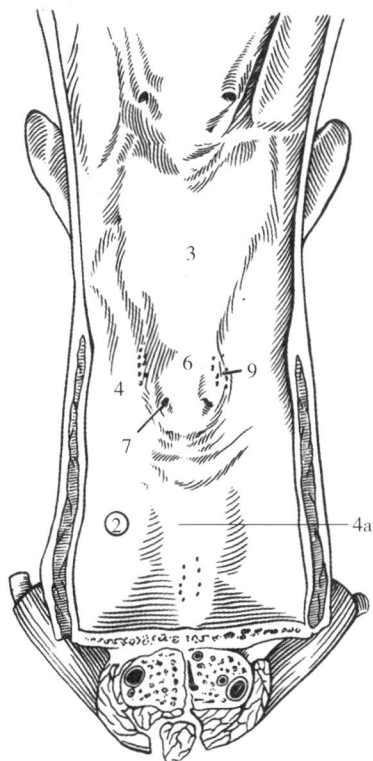

A 尿道骨盆部的背侧壁，阴茎球被
切出断面，位于图的底部，膀胱
三角在上方，内侧观（马）

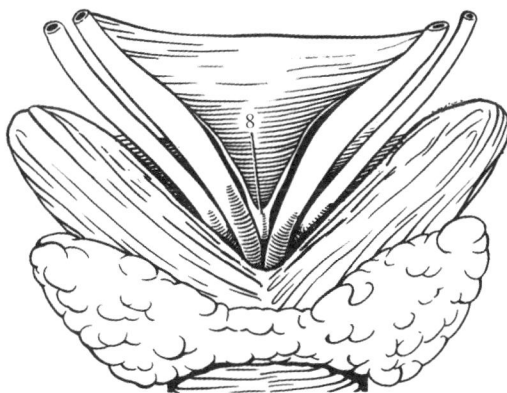

B 雄性子宫，背侧观（马）

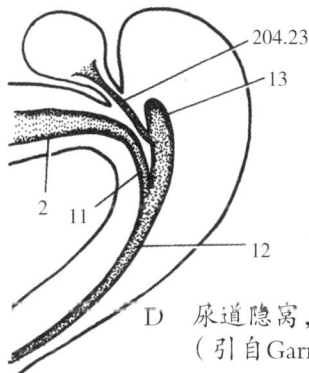

D 尿道隐窝，正中矢状面（牛）
（引自Garrett）

C 尿道的前列腺部，横切面，
尿道肌在腹侧和两侧（牛）

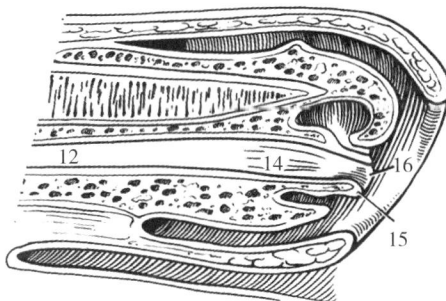

E 阴茎和包皮，正中矢状切面，
左侧半内侧观（马）

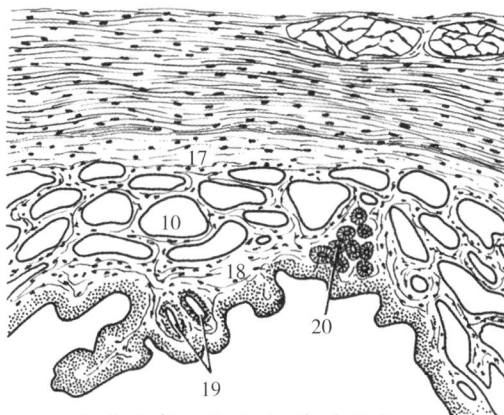

F 尿道盆部，组织切片（犬）

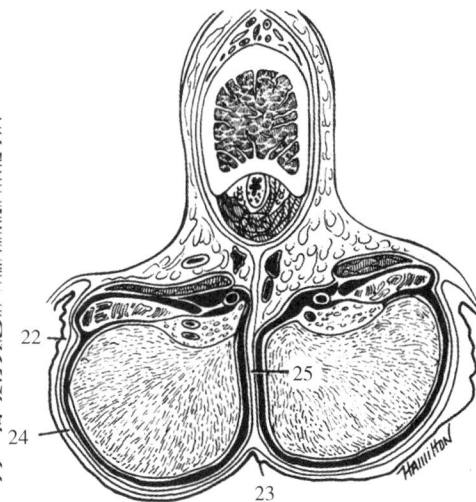

G 阴囊和阴茎，横切面，后面观（马）

1 **雌性生殖器官　ORGANA GENITALIA FEMININA**.

2 **卵巢**　Ovarium.　ABC

3 卵巢门　Hilis ovarii.　卵巢上卵巢系膜附着和卵巢血管进出的部位。　B

4 内侧面　Facies medialis.　卵巢的内侧面。　A

5 外侧面　Facies lateralis.　卵巢的外侧面。　C

6 游离缘　Margo liber.　卵巢的游离缘。　A

7 卵巢窝（马）Fossa ovarii.　在卵巢游离缘将来发生排卵的部位出现的凹陷。　A

8 卵巢系膜缘　Margo mesovaricus.　卵巢系膜附着的卵巢缘。　A

9 输卵管端　Extremitas tubaria.　卵巢的接近输卵管漏斗的一端，与卵巢子宫端相对。　A

10 子宫端　Extremitas uterina.　卵巢的由卵巢固有韧带连于子宫的一端。　A

11 腹膜界缘　Margo limitans peritonei [peritonaei].　腹膜的终止缘，为卵巢系膜在卵巢上的附着线，也是由扁平的间皮向立方的浅层上皮的过渡线。在马，血管区的终止线围绕着卵巢窝。　AB

12 浅层上皮　Epithelium superficiale.　该上皮在年轻的动物是立方状的，在马限于卵巢窝。　ABC

13 白膜　Tunica albuginea.　在卵巢皮质，胶原纤维的量是非常少的，因此白膜一词未被采用，且在第6版N.A.V.中被删除。

14 卵巢皮质［实［主］质区］Cortex ovarii [Zona parenchymatosa].　尽管在大多数动物含有卵泡的组织位于外周，可以称作"皮质"，但在马却位于中央，因此需要一个非区位性的名词来表示该结构，即实［主］质区。　B

15 髓质［血管区］Medulla ovarii [Zona vasculosa].　在皮质，由于所含胶原纤维非常少，因而名词白膜未被采用，并被废弃。在马，血管区位于外周，因此不能称为髓质，而其他动物的血管区可以称为髓质。　B

16 卵巢间质　Stroma ovarii.　卵巢的结缔组织。　BC

17 初级卵泡　Folliculi ovarici primarii.　初级卵泡（Primary ovarian follicles），在出现卵泡腔之前，含有一个卵母细胞以及包围它的一至多层卵泡细胞。　C

18 泡状卵泡　Folliculi ovarici vesiculosi.　泡状卵泡具有一充满液体的腔，并随着卵泡的成熟卵泡腔扩大。　BC

19 黄体*　Corpus luteum.　由排卵后的颗粒层和卵泡内层的细胞发育而成。　B

20 白体　Corpus albicans.　为黄体退化后依然保持的结构，其颜色依动物而不同，在牛为红色。　B

21 卵巢固有韧带　Lig. ovarii proprium.　为一被覆腹膜的结缔组织带，连于卵巢的子宫端与子宫角的尖或附近的子宫系膜之间。　A

22 **副卵巢**　Epoophoron.　一些退化的小管形成的复合体，也称卵巢冠，偶尔在卵巢系膜或输卵管系膜上形成囊肿。　D

23 副卵巢纵管*　Ductus epoophori longitudinalis.　中肾管前部的遗迹，旧称Gärtner管（见216页23条）。　D

24 横小管　Ductuli transversi.　为中肾小管的退化残余，从卵巢门穿过卵巢系膜和输卵管系膜到副卵巢纵管。　D

25 囊状附件　Appendices vesiculosae.　出现于输卵管漏斗附近的有柄的囊肿。　D

26 **旁卵巢**　Paroophoron.　位于接近卵巢子宫端卵巢系膜内的一组中肾小管。　D

27 **输卵管**　Tuba uterina [Salpinx].　将卵子从卵巢输送到子宫的管道。　A

28 输卵管腹腔口　Ostium abdominale tubae uterinae.　输卵管在漏斗上的向腹腔的开口。　A

29 输卵管漏斗　Infundibulum tubae uterinae.　输卵管的漏斗状的卵巢端。　A

30 输卵管伞　Fimbriae tubae.　围绕在输卵管漏斗周边的伞状边缘。　A

31 卵巢伞　Fimbriae ovarica.　贴附于卵巢的输卵管伞。　A

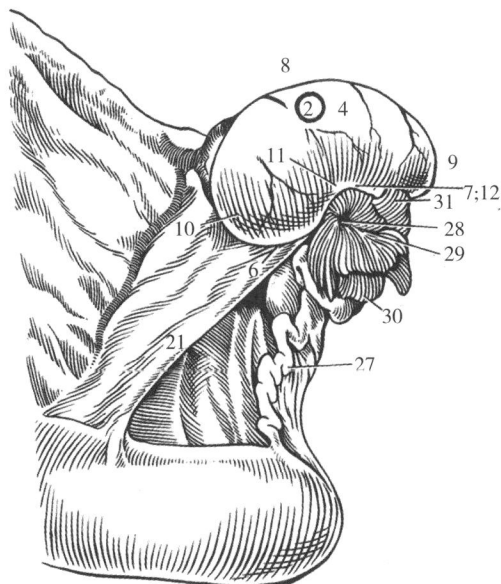

A 左卵巢和卵巢囊，内侧观（马）

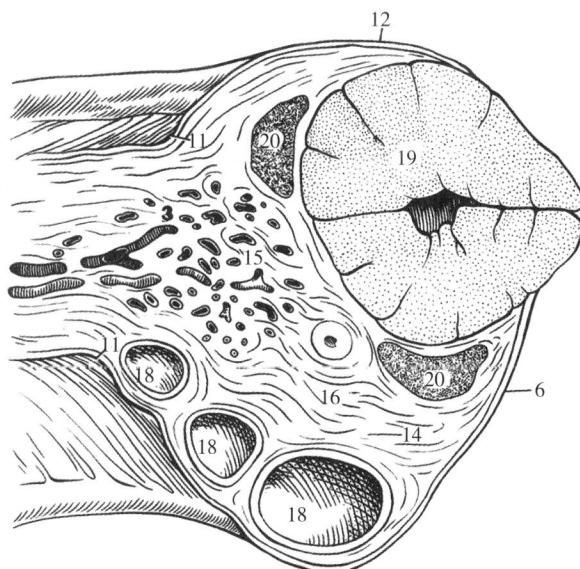

B 卵巢和卵巢系膜，大体切面（牛）

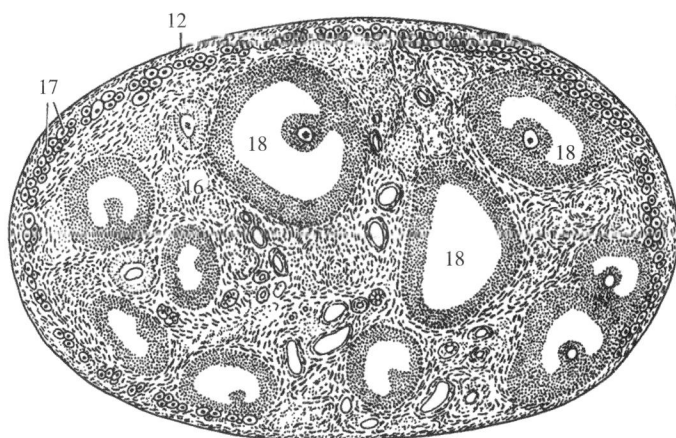

C 卵巢，组织切片（猫）

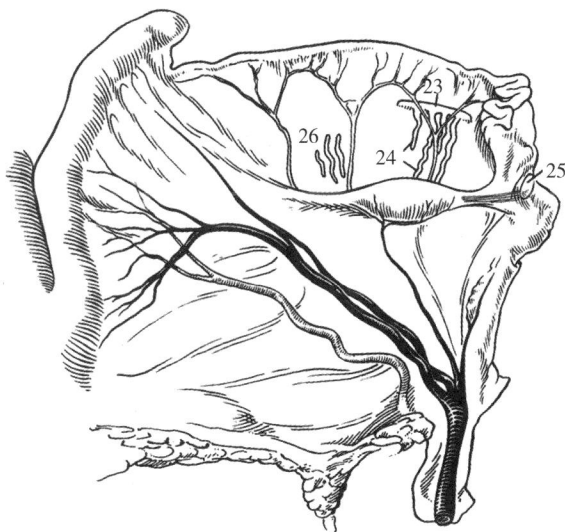

D 右卵巢和子宫角，显示副卵巢和旁卵巢，
背侧观（绵羊）

1 输卵管壶腹　Ampulla tubae uterinae.　从输卵管腹腔口到峡，相对较粗。　AB

2 输卵管峡　Isthmus tubae uterinae.　较狭窄的部分，通向子宫。　A

3 子宫部　Pars uterina.　在肉食动物和马，位于子宫壁内的输卵管子宫部是明确的，并且终止于一个乳头上；在猪和反刍动物，输卵管是逐渐延续为子宫角的。　A

4 输卵管子宫口　Ostium uterinum tubae.　A

5 浆膜　Tunica serosa.　输卵管的浆膜。　B

6 浆膜下组织　Tela subserosa.　浆膜下一层疏松结缔组织。　B

7 肌织膜　Tunica muscularis.　输卵管的平滑肌层，在子宫部最厚。　B

8 黏膜　Tunica mucosa.　输卵管的黏膜。　B

9 输卵管襞［褶］　Plica tubariae.　输卵管黏膜的褶皱。　B

10 **子宫**　Uterus.　孕育胎儿的器官。　CD

11 双角子宫　Uterus bicornis.　具有两个子宫角，单一的子宫体和子宫颈，家畜的子宫就属于此类。　CD

12 （右和左）子宫角*　Cornu uteri [dextrum et sinistrum].　D

13 系膜缘　Margo mesometricus.　子宫角的有子宫系膜附着的边缘。　D

14 游离缘　Margo liber.　子宫角的与系膜缘相对的缘。　D

15 角间韧带　Lig. intercornuale.　为在绵羊和山羊子宫角间含有平滑肌的浆膜褶，跨越子宫角之间的锐角。

16 角间背侧韧带（牛）*　Lig. intercornuale dorsale.　D

17 角间腹侧韧带（牛）*　Lig. intercornuale ventrale.　D

18 子宫体*　Corpus uteri.　子宫角和子宫颈之间未分叉的部分。　D

19 （右和左）子宫缘　Margo uteri [dexter et sinister].　子宫体和子宫颈的左、右缘，有子宫系膜附着。　D

20 背侧面　Facies dorsalis.　子宫体的背侧面。　C

21 子宫腔　Cavum uteri.　D

22 腹侧面　Facies ventralis.　子宫体的腹侧面。

23 子宫帆　Velum uteri.　见于肉食动物、猪、反刍动物，为子宫角汇合处其内侧壁融合形成的正中矢状隔板，马无。　D

24 子宫底　Fundus uteri.　马子宫体的前端。　C

25 子宫颈*　Cervix uteri.　子宫增厚的鞘状末端，起关闭子宫的作用。　D

26 （子宫颈）阴道前部　Portio prevaginalis [prae-] [cervicis]　子宫颈的阴道之前的部分。　D

27 （子宫颈）阴道部　Portio vaginalis [cervicis].　子宫颈突入阴道的部分。在母犬，阴道背侧正中的黏膜褶向前延伸到一个子宫颈结节，这便是子宫颈阴道部（McCarthy, 2005）。　D

B　输卵管壶腹，组织切片（牛）

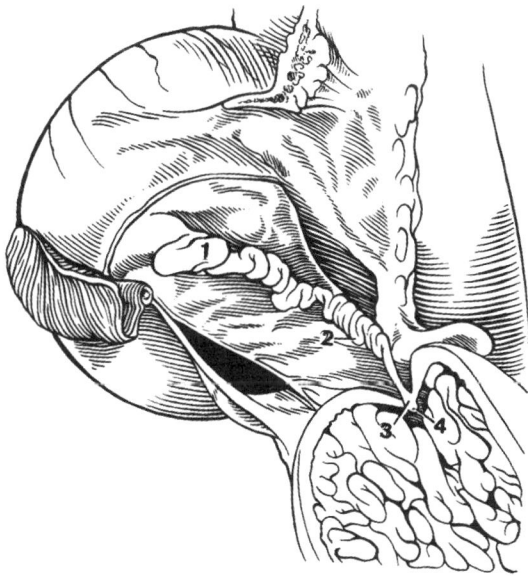

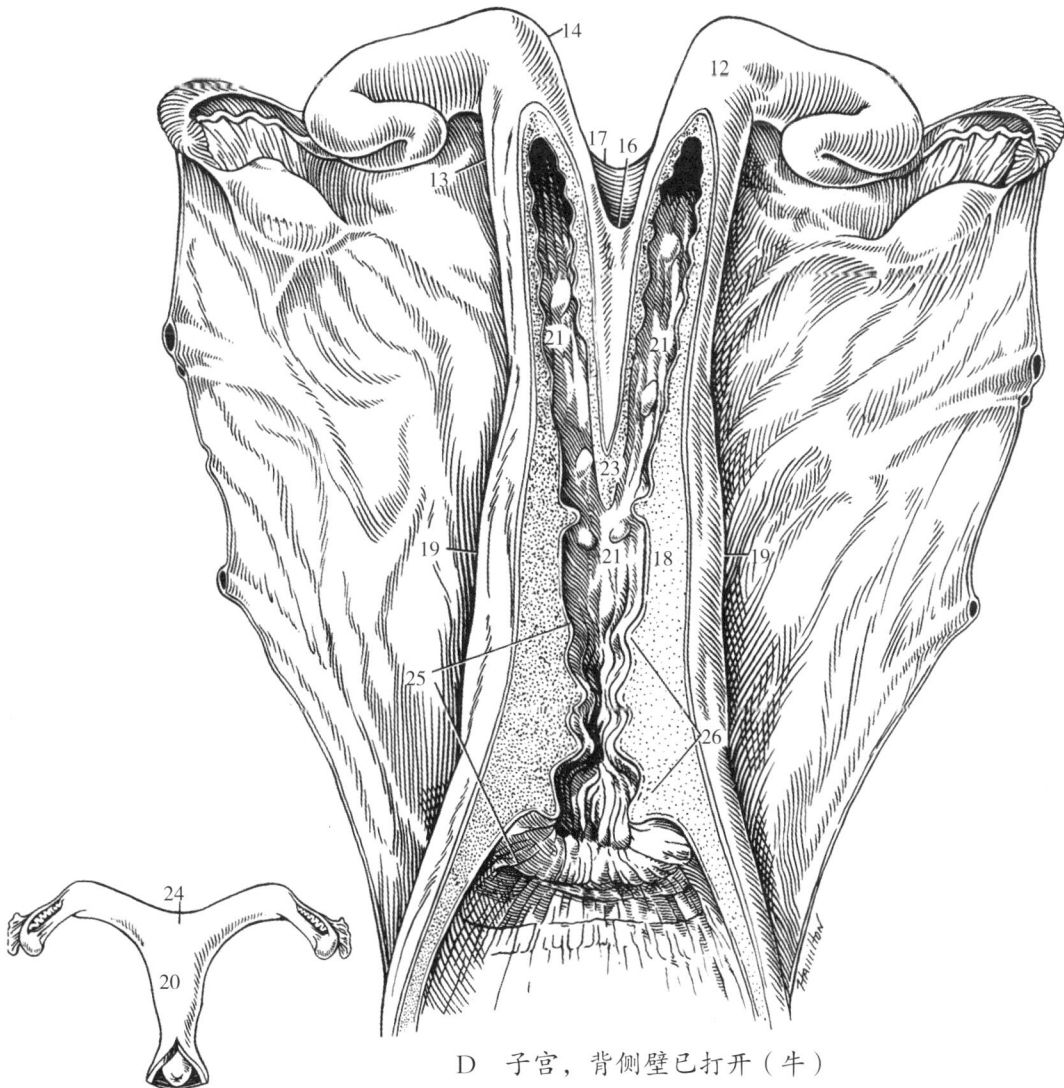

A　卵巢、输卵管和输卵管系膜，外侧面，
　　子宫角已打开，在图的右下方（马）

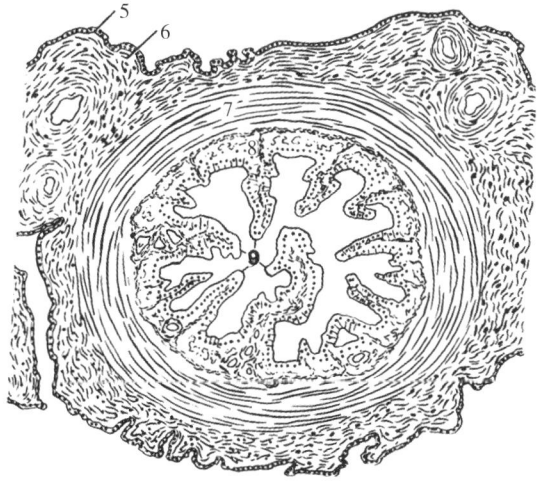

D　子宫，背侧壁已打开（牛）

C　子宫，背侧观，卵巢被置于侧旁（马）

1　子宫内口　Ostium uteri internum.　位于子宫体和子宫颈之间。　A

2　子宫外口　Ostium uteri externum.　位于子宫颈和阴道之间。　AE

3　子宫颈管　Canalis cervicis uteri.　AC

4　纵行襞［褶］　Plicae longitudinales.　子宫颈黏膜的纵行褶皱。　A

5　环形襞［褶］*（反刍动物）　Plicae circulares.　子宫颈黏膜环形或半月形的褶皱，可关闭子宫颈管。　A

6　子宫颈枕*（猪）　Pulvini cervicales.　子宫颈黏膜交指状的突起，可关闭子宫颈管。　C

7　子宫颈腺　Gll. cervicale.　在肉食动物、猪、绵羊、山羊子宫颈出现的单管状腺。但是子宫颈的黏液主要是由其被覆上皮分泌的。

8　子宫旁组织　Parametrium.　包于子宫系膜腹膜层之间的结缔组织、平滑肌、血管和神经的统称。　D

9　浆膜［子宫外膜］　Tunica serosa [perimetrium].　被覆于子宫表面的腹膜脏层。　D

10　浆膜下组织　Tela subserosa.　在浆膜深面的结缔组织层。　D

11　肌织膜［子宫肌层］　Tunica muscularis [Myometrium].　子宫的平滑肌。内层为环形和斜行肌，较厚；外层为纵行肌，与子宫外膜相连。有一血管层将环肌层和纵肌层隔开。　D

12　黏膜［子宫内膜］　Tunica mucosa [endometrium].　具有增厚的腺化的固有层，黏膜被覆柱状上皮。　D

13　子宫阜*　Carunculae.　反刍动物子宫内膜的突起，体现胎盘的母体部分，在妊娠期增大，并接受子叶（胎儿的胎盘部分，已被兽医胚胎学名词采用）的绒毛膜绒毛，从而形成胎盘。　A

14　子宫腺　Gll. uterini.　分支管状腺，遍布子宫内膜。　D

15　子宫圆韧带　Lig. teres uteri.　从子宫角的顶端到腹股沟管深环，被包于子宫阔韧带的外侧褶中。该韧带最常见于犬，可见其穿过由鞘膜突封闭的腹股沟管，隔着皮肤可从腹股沟区到阴门的阴唇之间触摸到。在猫，可见其在无鞘突相随的情况下穿过腹股沟管（Watson, 2009）。　B

16　腹膜鞘突　Processus vaginalis peritonei [peritonaei].　腹膜在腹股沟管形成的鞘突。在雄性经历睾丸下降后变为鞘膜。在母犬常终生保有，在母猫消失（Watson, 2009）。　B

17　**阴道**　Vagina.　从子宫颈到阴瓣［处女膜］或阴道前庭的管道。　AE

18　阴道穹*　Fornix vaginae.　环绕子宫颈阴道部的阴道向前的盲袋。　AE

19　腹侧壁　Paries ventralis.　阴道的腹侧壁。　A

20　背侧壁　Paries dorsalis.　阴道的背侧壁。　A

21　阴瓣［处女膜］　Hymen.　恰处于尿道口之前横平面上的阴道黏膜褶，在处女标志着阴道口的存在，在家畜不发达。　E

22　阴道口　Ostium vaginae.　阴道向阴道前庭的开口，以阴瓣［处女膜］或一个正好在尿道口前方的横向板为标志。　A

23　（前庭输精管）　（Ductus deferens vestigialis）.　中肾管后部的残留物，旧称Gärtner管（见212页23条），常见于母牛的阴道，在尿道口前外侧开口。　A

24　浆膜　Tunica serosa.　被覆在阴道前端的腹膜。　A

25　浆膜下组织　Tela subserosa.　浆膜下的疏松结缔组织。　A

26　外膜　Tunica adventitia.　被覆在阴道后部外面的结缔组织。　A

27　肌织膜　Tunica muscularis.　阴道壁的平滑肌。　A

28　黏膜　Tunica mucosa.　阴道的黏膜。其内衬的上皮依动物种类和发情阶段而不同，显示从分泌性的柱状上皮到复层扁平上皮，分布范围和模式也不同。此外，在乏情期，在母犬的背侧阴道黏膜可看到永久性的纵行黏膜皱褶（见214页27条）（McCarthy, 2005）。

29　阴道褶　Rugae vaginales.　牛的阴道穹内表面的纵行黏膜隆起，分布在子宫颈阴道部周围。　A

30　阴道淋巴小结　Lymphonoduli [Noduli lymphatici] vaginales.　位于固有层内。

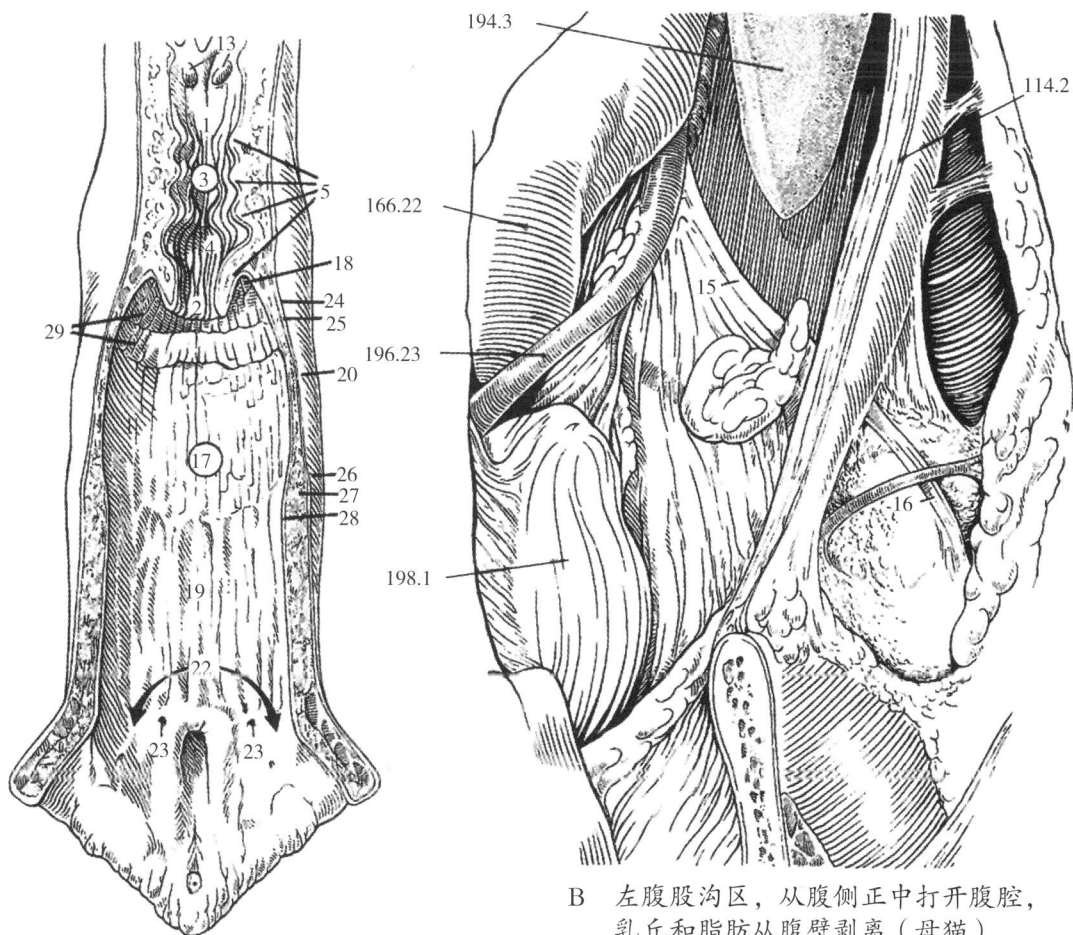

A 子宫颈和阴道，背侧壁已打开（牛）

B 左腹股沟区，从腹侧正中打开腹腔，
乳丘和脂肪从腹壁剥离（母猫）

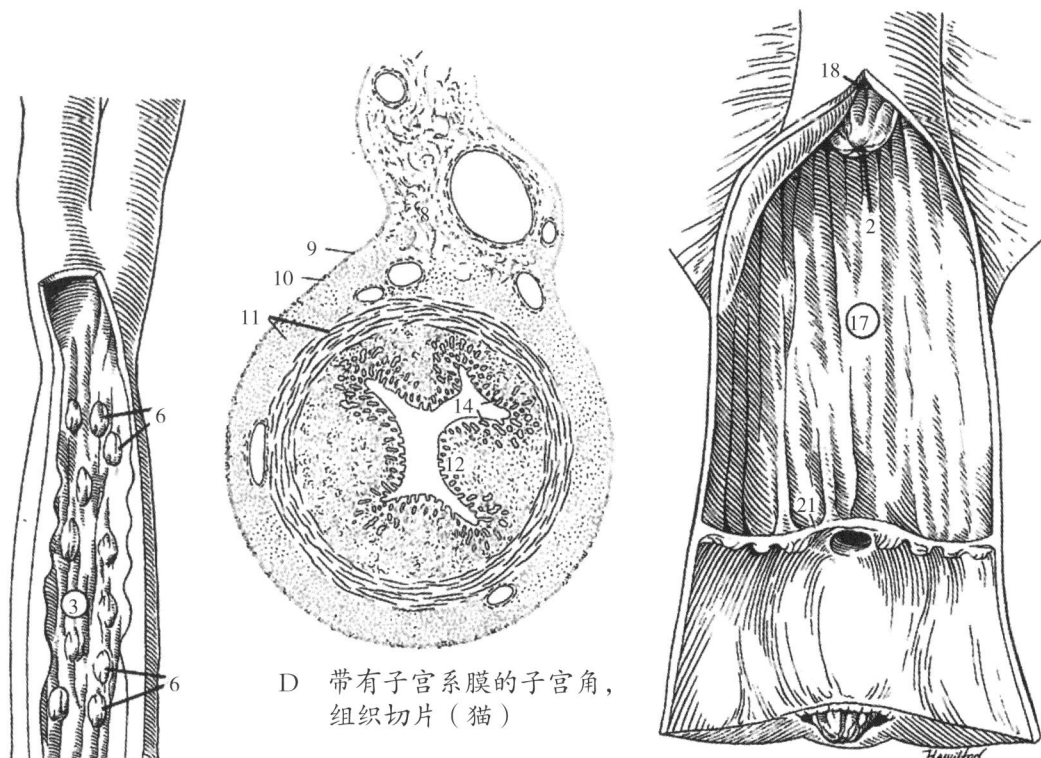

C 子宫颈，背侧壁已打开（猪）

D 带有子宫系膜的子宫角，
组织切片（猫）

E 阴道和阴道前庭的底壁（马）

1 **阴道前庭**　Vestibulum vaginae.　雌性生殖道从阴瓣［处女膜］到阴唇的部分。人类的阴道前庭是十分浅的，以至于被划分到外生殖器内。但在四足动物却相当深（在猫约与阴道等长），并不被划分在雌性外阴［雌性外生殖器］内。　ABE

2 前庭球　Bulbus vestibuli.　犬和马阴道前庭外侧壁的海绵体组织。　C

3 前庭球中间部　Pars intermedia bulborum.　两侧前庭球间的连合部。　B

4 前庭小腺　Gll. vestibulares minores.　分布于阴道前庭腹侧壁和外侧壁内的微小分支管状腺。

5 前庭大腺　Gl. vestibularis major.　在猫、牛和绵羊有前庭大腺，位于会阴膜和前庭括约肌前方的分叶状腺体，其导管开口于前庭侧壁。　A

6 尿道下憩室（猪、反刍动物）＊ Diverticulum suburethrale.　位于尿道腹侧的一个盲囊，开口于尿道口。　A

7 尿道结节＊（犬）　Tuberculum urethrale.　在阴道-阴道前庭交界处带有尿道口的隆起。在犬，在该结节两侧有两条弯曲弧形的黏膜褶向前以V形发散的方式延伸。在阴道-阴道前庭交界处有一非正式称为"扣带"的环形、狭窄的带状缩窄部，发挥着括约肌样的作用（McCarthy，2005）。　B

8 **雌性外生殖器**　PARTES GENITALES FEMINIAE EXTERNAE.　包括阴门和阴蒂。在家畜，阴道前庭不属于外生殖器。

9 **阴门［外阴］**　Vulva [Pudendum femininum].　包括阴唇和阴唇连合。

10 阴唇＊　Labium vulvae [pudendi].　在家畜，无法区分大、小阴唇，可能在兔和肉食动物有例外。阴唇的外面为被覆有稀疏毛的皮肤，内面则为被覆复层扁平上皮的黏膜。　ABCD

11 阴唇腹侧连合＊　Commissura labiorum ventralis.　ABCD

12 阴唇背侧连合＊　Commissura labiorun dorsalis.　BC

13 阴门裂　Rima pudendi [vulvae].　位于左、右阴唇间，为尿生殖系统的外部开口。　B

14 **阴蒂**　Clitoris.　为在阴道前庭腹侧壁上原始的、与阴茎部分同源的器官。　C

15 阴蒂脚　Crus clitoridis.　右、左脚均附着于坐骨弓处，两脚合并为阴蒂体。　AC

16 阴蒂体　Corpus clitoridis.　由合并的海绵体构成，在牛是弯曲的。　ABC

17 阴蒂头　Glans clitoridis.　在犬和马最为发达。　BCD

18 阴蒂窦＊　Sinus clitoridis.　在马有三个阴蒂窦开口于阴蒂头的背侧面，位于阴蒂系带附近。其中正中窦占据阴蒂头的中央，外侧窦浅且不恒定。其他窦可出现于阴蒂头的腹侧。　D

19 阴蒂系带　Frenulum clitoridis.　犬、马阴蒂头背侧正中与阴蒂包皮的前庭壁之间的附着带。在其他动物，阴蒂包皮与阴蒂头之间的间隔不足以分出一个系带。　BCD

20 阴蒂包皮　Preputium [Praeputium] clitoridis.　阴蒂的包皮。在家畜，阴蒂包皮由阴蒂腹侧连合和阴道前庭黏膜的一个横褶构成，此横褶上有阴蒂系带附着。　BCD

21 阴蒂窝　Fossa clitoridis.　即阴蒂包皮腔。在猫、猪，此窝几乎因包皮黏附于阴蒂头而被湮没。在犬和马，除阴蒂系带外，此窝环绕阴蒂头。　BCD

22 阴蒂海绵体　Corpus cavernosum clitoridis.　右和左海绵体融合成阴蒂体。在犬，大部分勃起组织被脂肪代替。在猫，则含有一段软骨，对应于雄性的阴茎骨。在有蹄类，大部分为纤维。　E

23 阴蒂海绵体中隔　Septum corporum cavernosorum.　两海绵体之间不完全的中隔。　E

24 阴蒂头海绵体（犬、马）　Corpus spongiosum glandis.　与白膜中间部相延续。　B

25 阴蒂筋膜　Fascia clitoridis.　E

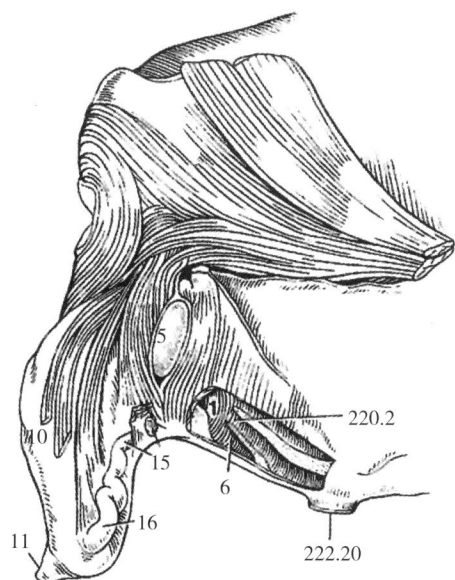

A　雌性生殖器官，右侧壁已打开（牛）

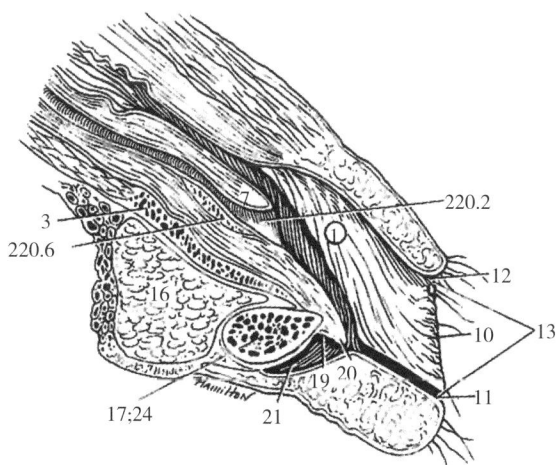

B　雌性生殖器官，正中矢状切面（犬）

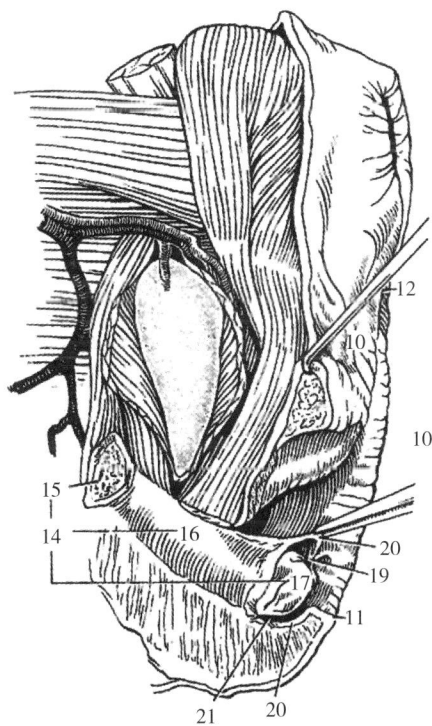

C　雌性生殖器官，左外侧观，阴唇腹侧部及
　　前庭缩肌已切除以暴露前庭球（马）

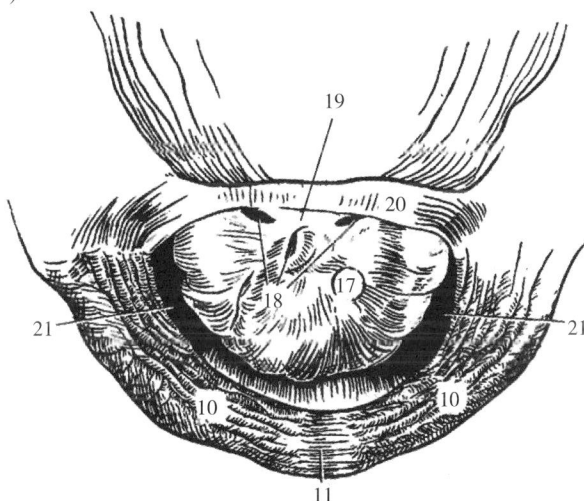

D　阴蒂头（马）（引自De Schaepdrijver等，1988）

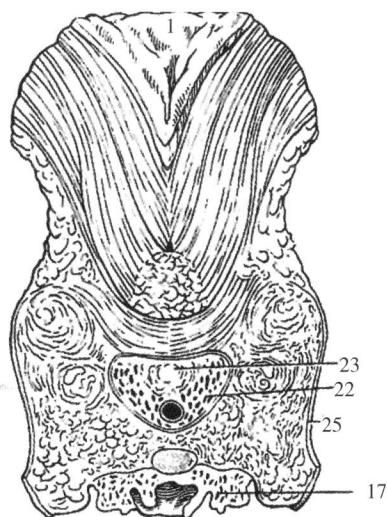

E　阴蒂体，前庭以下的横切面。
　　其中17指示阴蒂头腹侧突（马）

1 **雌性尿道** Urethra feminina. 对应于雄性尿道的前列腺前部。 AB

2 尿道外口 Ostium urethrae externum. 219页A

3 外膜 Tunica adventitia. 被覆于雌性尿道外面的疏松结缔组织。 A

4 肌织膜 Tunica muscularis. 雌性尿道壁的平滑肌。 A

5 黏膜 Tunica mucosa. 雌性尿道的黏膜，被覆复层上皮，在尿道末端为复层扁平上皮，在中段为复层立方或柱状上皮，接近膀胱时为变移上皮。 A

6 尿道海绵体层 Stratum spongiosum. 围绕着尿道的海绵体组织。 219页B

7 尿道腺 Gll. urethrales. 见于牛，可开口于黏膜表面或一个陷窝。 A

8 尿道陷窝 Lacunae urethrae. 雌性尿道黏膜上皮的管状外翻，见于猪、牛、马。 A

9 （尿道旁管）（Ductus paraurethrales）. 猫、猪和绵羊的尿道旁管，为上皮性的盲管，长1~2cm，在尿道和阴道间的夹角内。在猫和猪，它们是小的尿道旁腺的导管，绵羊无这种腺体。这类管道开口于尿道外口附近。 B

10 （尿道旁腺）（Gll. paraurethrales）. 在猫和猪，为尿道旁管上附带的腺体。 B

11 尿道嵴 Crista urethralis. 背侧纵向的黏膜嵴，从两侧输尿管襞［褶］汇合处开始，向后延伸到雌性尿道中部。 A

12 **个体发生名词** TERMINI ONTOGENETICI. 有关发育的名词术语［所有个体发生的名词在第5版N.A.V.中被省略，而被收录于《Nomina Embryologica Veterinaria》（兽医胚胎学名词）中。］

胎儿胎膜	Membranae fetales
羊膜	Amnion
尿膜	Allantois
绒毛膜	Chorion
绒毛膜绒毛	Villi chorii
胎盘	Placenta
子宫部	Pars uterina
胎儿部	Pars fetalis
分散胎盘	Placenta diffusa
多叶胎盘	Placenta multiplex
胎盘块	Placentomus
子宫阜	Caruncula
绒毛叶	Cotyledon
环状胎盘	Placenta zonaria
脐带	Funiculus umbilicalis
中肾	Mesonephros
中肾管	Ductus mesonephricus
中肾旁管	Ductus paramesonephricus
尿生殖窦	Sinus urogenitalis

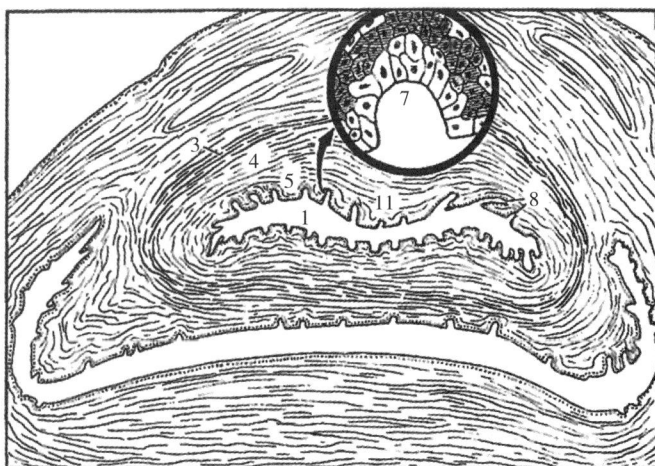

A　雌性尿道，横切面，在尿道上方为输精管遗迹，
下方为尿道下憩室（牛）（引自Schmaltz）

B　雌性尿道，横切面，上方为阴道
黏膜（猪）

1　**会阴**　**PERINEUM**.　体壁的一部分，封闭骨盆腔后口，并围绕在肛门和尿生殖道周围。　A

2　缝　Raphe [Rhaphe].　正中矢状的皮肤接缝，在马从阴囊缝一直延伸到会阴。　B

3　会阴肌　Musculi perinei.　会阴的肌肉。

4　盆膈　Diaphragma pelvis.　由肛提肌、尾骨肌、盆膈内筋膜、盆膈外筋膜构成。　C

5　肛提肌*　M. levator ani.　位于直肠侧面，尾骨肌内侧。在肉食动物，分为髂尾肌和耻尾肌。在有蹄类，起自坐骨棘或荐结节阔韧带，止于肛门外括约肌，在猪还止于2~5尾椎。该肌在有蹄类分为3个束：抵达尾椎的、抵达肛门外括约肌的和抵达会阴隔和会阴中心腱的。　CEF（分别标为Ca和Fa、Cb和Fb以及Cc和Fc。）

　6　髂尾肌（肉食动物）　M. iliocaudalis [-coccygeus].　起点：髂骨体；止点：在猫为1~3尾椎，在犬为3~7尾椎；另外还借助于骨盆筋膜止于肛门外括约肌。　D

　7　耻尾肌（肉食动物）　M. pubocaudalis [-coccygeus].　起点：耻骨前支及骨盆联合；止点：猫为1~3尾椎，犬为3~7尾椎；另外还借助于骨盆筋膜止于肛门外括约肌。　D

　8　（肛提肌腱弓）　(Arcus tendineus m. levatoris ani.)　为闭孔筋膜的加强部分，从骨盆联合的后端延伸到坐骨棘的肛提肌起始处，见于反刍动物和马。　E

9　尾骨肌*　M. coccygeus.　起点：坐骨棘；止点：1~4尾椎。　CE

10　盆膈内筋膜　Fascia diaphragmatis pelvis interna.　位于尾骨肌和肛提肌内侧，在这些肌肉的边缘，与盆膈外筋膜相结合，向后折返到直肠表面。　E

11　盆膈外筋膜　Fascia diaphragmatis pelvis externa.　位于尾骨肌和肛提肌外侧，在这些肌肉的边缘，该筋膜与盆膈内筋膜相结合，向背侧延续为尾深筋膜。　C

12　肛门外括约肌*　M. sphincter ani externus.　环绕肛门内括约肌的横纹肌。　C

13　皮部　Pars cutanea.　肛门外括约肌的皮部，环绕肛门的背腹向或发散状细纤维束。　C

14　浅部　Pars superficialis.　肛门外括约肌的浅部，在有蹄类是主要部分，其大部分为环行肌纤维。许多肌纤维束穿过一个腹侧交叉部后进入阴门缩肌，或者在雄性终止于球海绵体肌表面。在马该肌分为一个大的环状的后部和一对小的前部。　CF

15　深部　Pars profunda.　肛门外括约肌的深部，与肛提肌密切相关或互相延续。　C

16　盆筋膜　Fascia pelvis.　会阴的盆筋膜，在盆腔内。　E

17　盆壁筋膜　F. pelvis parietalis.　衬于盆壁内表面，包括盆膈内筋膜和闭孔筋膜。　E

　18　闭孔筋膜　Fascia obturatoria.　在肉食动物和马位于闭孔内肌的背侧面；在猪和反刍动物位于闭孔外肌盆部的背侧面。　E

19　盆筋膜腱弓　Arcus tendineus fasciae pelvis.　为盆膈内筋膜沿肛提肌腹侧缘分布的一个模糊区，有直肠阴道隔附着，见于反刍动物和马。　E

20　耻骨膀胱韧带　Lig. pubovesicale.　从骨盆联合到膀胱颈。　219页A

21　盆脏筋膜　F. pelvis visceralis.　被覆在盆腔器官表面。　E

　22　前列腺筋膜　Fascia prostatae.　被覆在前列腺表面。

　23　直肠阴道隔　Septum rectovaginale.　该隔的外侧附着于盆筋膜腱弓，沿直肠和阴道之间的背侧延伸。　E

24　会阴隔　Septum perineale.　母马的四边形膜片，起于阴门缩肌深面的阴道前庭背侧面，向前背侧延伸到阴蒂缩肌直肠部和直肠。肛提肌的腹侧部附着于会阴隔的前外侧角，前庭缩肌起自会阴隔的外缘。　F

A 会阴，会阴区包括会阴并延伸至乳丘（乳房）

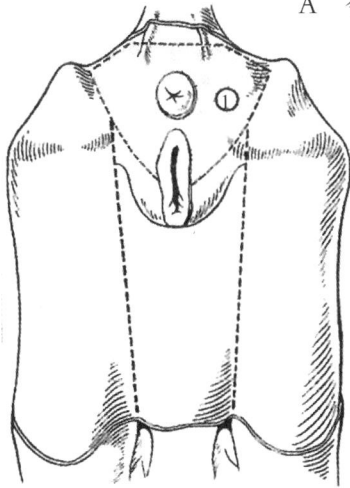

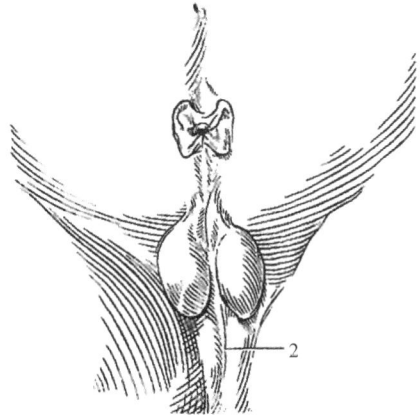

B 雄性生殖器官，腹侧观（马）

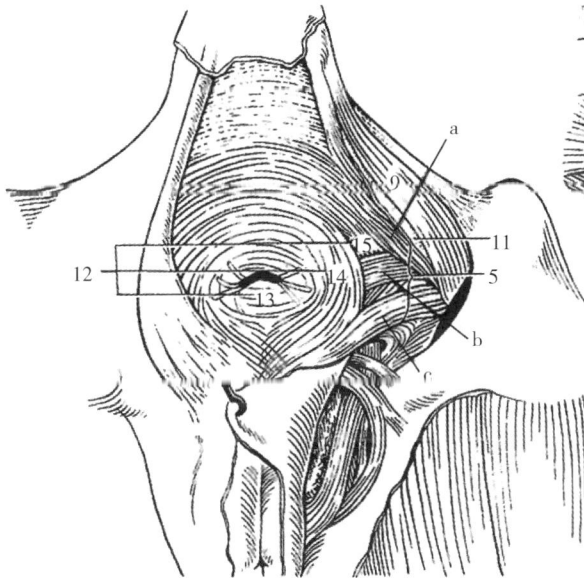

C 盆膈（牛）

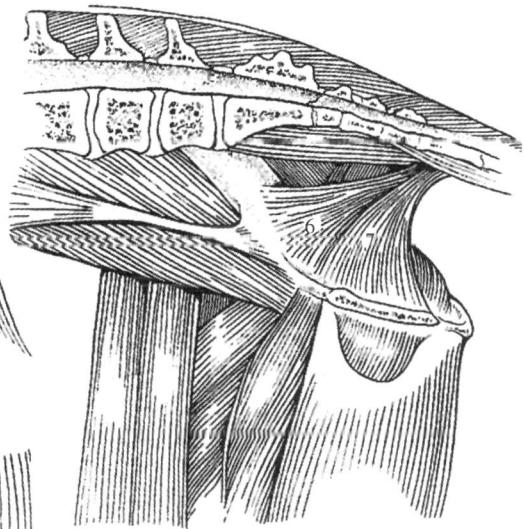

D 骨盆壁，右侧壁内侧观（犬）
（引自Nickel等，1954）

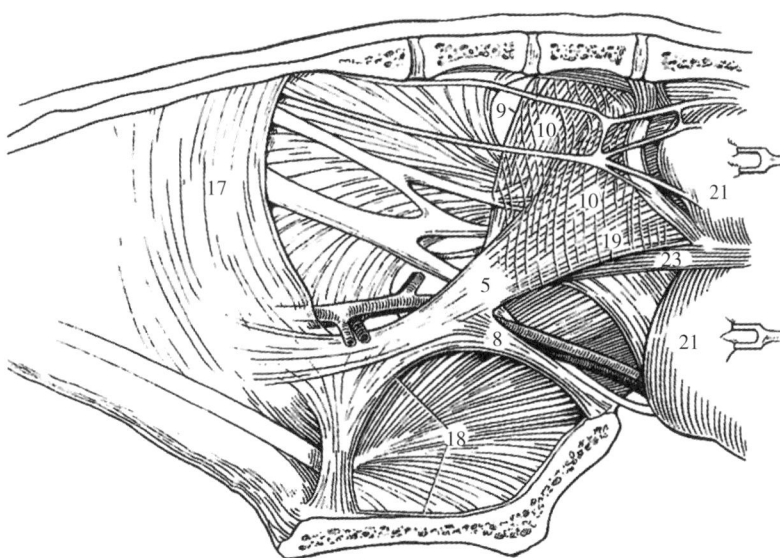

E 盆筋膜，左侧半内侧观，直肠及阴道已向后掀起，
盆壁筋膜和闭孔筋膜部分切除（牛）

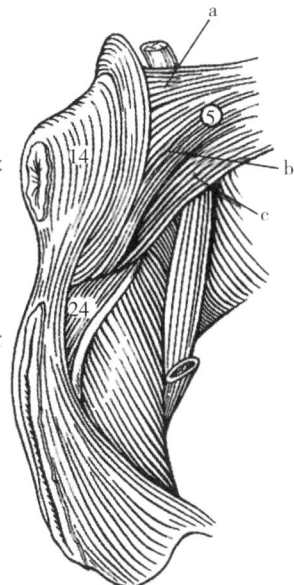

F 会阴肌，后外侧观（马）

1　会阴中心腱［会阴体］ Centrum tendineum perinei [Corpus perineale]. 会阴的腱性中心。位于肛门和阴门（雌性）或阴茎球（雄性）之间的纤维肌性结节，有肛门外括约肌、球海绵体肌、肛提肌和会阴浅横肌附着。 AD

2　尿道肌 M. urethralis. 骨盆部尿道的横纹肌，在雄性环绕在雄性尿道周围，在雌性起自阴道侧壁，在尿道腹侧形成一吊带。 BE

3　坐骨尿道肌 M. ischiourethralis. 起点：坐骨弓；止点：在犬抵止于会阴横韧带，具有压迫阴茎背静脉的作用；在母马，抵止于阴道背外侧壁；在其他有蹄类，抵止于尿道肌。该肌位于盆筋膜和会阴膜之间。 C

4　球腺肌 M. bulboglandularis. 雄性的位于尿道球腺表面，雌性的为前庭大腺表面的横纹肌。 B

5　会阴膜 Membrana perinei. 封闭位于坐骨弓和盆膈之间的尿生殖三角的会阴深筋膜。在尿道肌和球海绵体肌之间抵止于雄性尿道或阴道前庭。 CD

6　会阴横韧带 Lig. transversun perinei. 为会阴膜的腹侧带，跨越坐骨联合，附着于坐骨。

7　会阴浅横肌 M. transversus perinei superficialis. 反刍动物和马的一条退化的肌带。起点：坐骨结节区的筋膜；止点：会阴中心腱。 D

8　坐骨海绵体肌 M. ischiocavernosus. 起点：在雄性为坐骨结节，在雌性为坐骨弓；止点：在两阴茎脚相接而形成的阴茎体处，包围阴茎脚。雌性退化。 BC

9　球海绵体肌 M. bulbospongiosus. 旧称M. bulbocavernosus. 起点：阴茎海绵体侧面的白膜，因而阴茎海绵体受到该肌的压迫；止点：该肌的正中隔。 BF（在雌性，由于阴道前庭变长，该肌又分为以下两肌。）

10　前庭缩肌 M. constrictor vestibuli. 起点：在肉食动物、绵羊和山羊，从肛门外括约肌起始；在牛和马，从肛提肌的腹侧缘起始；在马，还起自会阴隔和阴蒂缩肌。止点：左、右侧的该肌在阴道前庭腹侧以一腱膜相连，彼此互为止点。其他的抵止点还有阴道前庭、阴蒂和尿生殖隔，依动物不同而异。 D

11　阴门缩肌 M. constrictor vulvae. 在阴唇内的横纹肌。起点：肛门外括约肌浅部；止点：阴唇。在反刍动物和马则止于阴门腹外侧的会阴筋膜。 ACD

12　阴茎缩肌 M. retractor penis. 主要是平滑肌。起点：1~4尾椎，依动物而不同；在猪起自荐骨。在直肠和肛提肌之间行向腹侧。 F

13　阴蒂缩肌 M. retractor clitoridis. 见上条。在猪，其椎骨上的起点消失，其阴蒂部起自直肠。 D

14　肛门部 Pars analis. 阴茎（蒂）缩肌的肛门部，在肉食动物其后部嵌入到肛门括约肌的背外侧表面或深面。 F

15　直肠部 Pars rectalis. 阴茎（蒂）缩肌的直肠部，其后部嵌入直肠外侧壁。母猪无，犬偶尔有；在马，两侧同肌在直肠腹侧相接，旧称为肛门悬韧带。 AF

16　阴茎部 Pars penina. 阴茎缩肌的阴茎部，除了在猪和反刍动物乙状弯曲处外，在雄性尿道阴茎部的表面延伸。 BF

17　阴蒂部 Pars clitoridea. 阴蒂缩肌的阴蒂部，犬缺如，在前庭缩肌深侧延伸到阴唇和阴蒂（马除外）。 ACD

18　会阴浅筋膜 Fascia perinei superficialis. 会阴区的浅筋膜。 C

19　会阴皮纵肌 M. longitudinalis perinei cutaneus. 为从肛门到阴门的皮下小肌纤维束。在母猫和母犬，显示该肌存在。

20　阴唇皮括约肌 M. sphincter labiorum cutaneus. 在阴门缩肌和皮肤之间。在母猫和母犬，显示该肌存在。

21　坐骨直肠窝 Fossa ischiorectalis. 为脂肪填充的空隙，位于盆膈（在内侧）、荐结节韧带（在外侧）和闭孔筋膜（在腹侧）之间。 DE

22　坐骨直肠窝脂体 Corpus adiposum fossae ischiorectalis. 坐骨直肠窝的脂肪垫。 E

23　阴部管 Canalis pudendalis. 坐骨直肠窝内供阴部内动、静脉和阴部神经通过的筋膜管道。 E

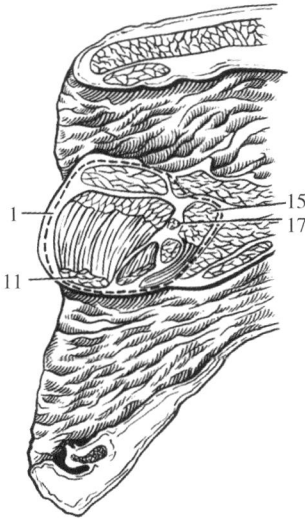

A 肛门、会阴体和阴门，正中矢
状切面，左侧半内侧观（马）

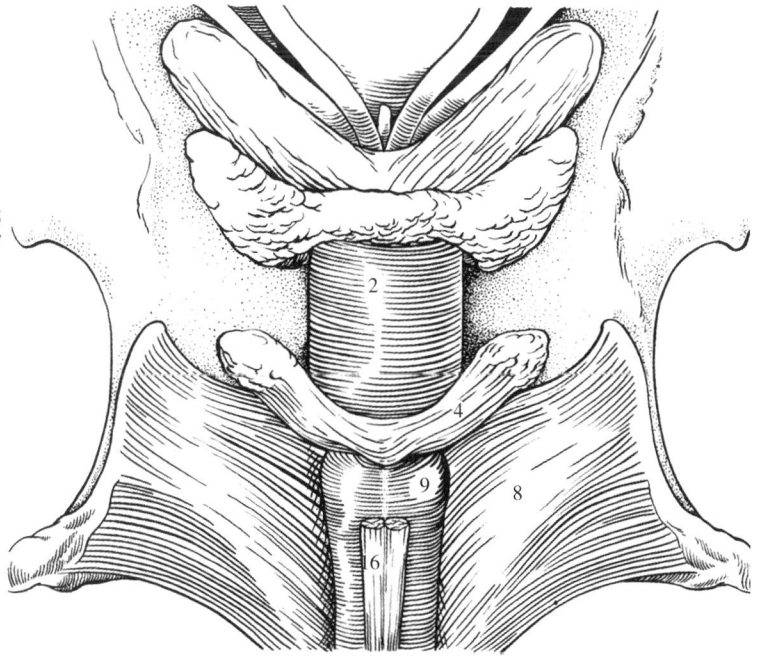

B 雄性尿道盆部及阴茎根（马）
（引自Nickel等，1979）

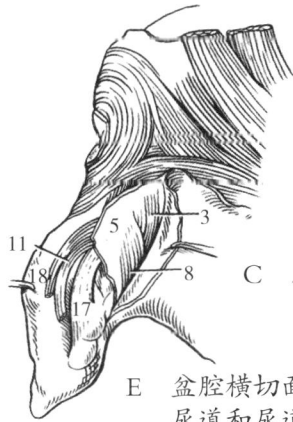

C 肛门和阴门，右侧观（牛）

E 盆腔横切面，直肠和盲肠在上，阴道、
尿道和尿道下憩室在下（母牛）

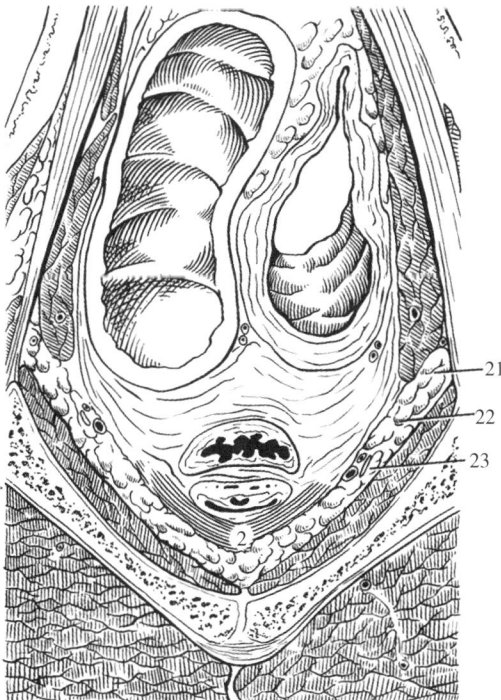

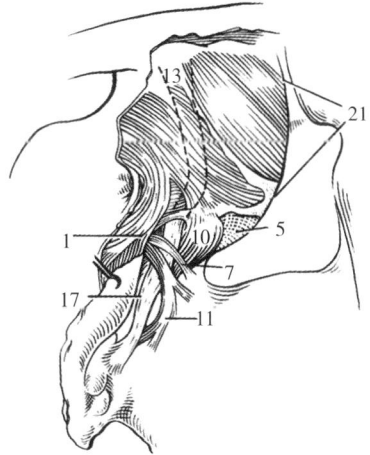

D 会阴，右后外侧观（母牛）

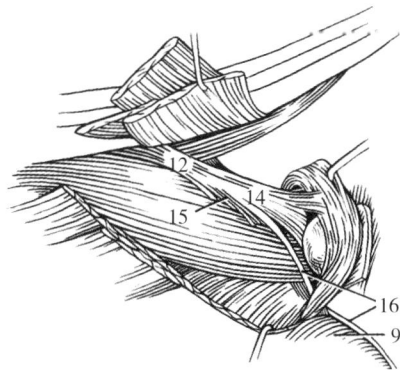

F 会阴肌，左外侧观，盆膈肌肉被
横切并掀开（犬）（引自Miller等）

1 **腹膜** PERITONEUM [PERITONAEUM]. 衬贴于腹腔、骨盆腔、阴囊腔内表面，并且被覆在这些体腔内所含器官表面的浆膜。 A

2 壁腹膜 Peritoneum [peritonaeum] parietale. 衬贴于上述各腔壁内表面的浆膜。 A

3 浆膜 Tunica serosa. 壁腹膜的浆膜，由一层间皮和一层结缔组织构成。

4 浆膜下组织 Tela subserosa. 在某些部位出现于浆膜下的一层疏松结缔组织。

5 脏腹膜 Peritoneum [Peritonaeum] viscerale. 被覆于器官表面的浆膜。壁腹膜向脏腹膜的过渡是通过腹膜褶、大网膜、系膜和韧带等具有特殊名称的结构完成的。 A

6 浆膜 Tunica serosa. 脏腹膜的浆膜，同第3条。

7 浆膜下组织 Tela subserosa. 脏腹膜的浆膜下组织，同第4条。

8 腹膜腔 Cavum peritonei [peritonaei]. 位于壁腹膜和脏腹膜之间含有腹腔液的潜在间隙。 A

9 网膜孔* Foramen omentale [epiploicum]. 从大腹膜囊向网膜囊前庭的开口。该口从背侧的后腔静脉、腹侧的含有门静脉的肝十二指肠韧带、前侧的肝尾状叶和后方的胰腺之间通过。 BC（旧称Winslow空隙。）

10 网膜囊 Bursa omentalis. 也称小腹膜囊，由两个网膜、胃、肝围成的潜在间隙，与大腹膜囊通过网膜孔相通。 BD

11 网膜囊前庭 Vestibulum bursae omentalis. 由小网膜、胃和肝围成。 BCD

12 网膜囊背侧隐窝 Recessus dorsalis omentalis. 位于右膈脚和肝之间，以及食管和后腔静脉之间的网膜囊前庭的一个小憩室。 C

13 后隐窝入口 Aditus ad recessum caudalem. 从网膜囊前庭向网膜囊后隐窝的开口，其境界为胃胰襞「褶」、肝胰襞「褶」、胃小弯以及十二指肠。 BCD

14 网膜囊后隐窝 Recessus caudalis omentalis. 由大网膜围成的腔。 BD

15 脾隐窝 Recessus lienalis. 为网膜囊的左端，由胃膈韧带、胃脾韧带、膈脾韧带以及马的脾肾韧带围成。 B

16 胃胰襞［褶］Plica gastropancreatica. 含有胃左脉管的网膜囊壁的褶皱。 BC

17 肝胰襞［褶］* Plica hepatopancreatica. 含有肝动脉的网膜囊壁的褶皱。 BC

18 网膜上隐窝（反刍动物）* Recessus supraomentalis. 位于大网膜背侧的腹膜腔部，含有肠团。 D

19 原背侧系膜（个体发生）[1] Mesenterium dorsale primitivum. 双层腹膜的隔膜，连接体壁和肠管。 AB

20 胃背侧系膜（个体发生）[1] Mesenterium dorsale. 为大网膜的原基。

21 大网膜 Omentum majus [Epiploon]. 位于腹腔的腹侧壁和肠管之间的腹膜囊，参与围成网膜后隐窝。 BD

22 浅壁* Paries superficialis. 在单胃动物，起自胃大弯，到大网膜的后折返处；在反刍动物，起自瘤胃左纵沟，到十二指肠降部和前部，以及皱胃大弯。 BD

23 深壁* Paries profundus. 在单胃动物，从大网膜的后折返处到其背侧附着部；在反刍动物，起自瘤胃右纵沟，到十二指肠降部和前部，以及皱胃大弯。 BD

24 胃膈韧带 Ligamentum gastrophrenicum. 从膈到胃底。 C

25 胃脾韧带 Ligamentum gastrolienale. 位于胃和脾之间。 BC

26 膈脾韧带 Ligamentum phrenicolienale. 从膈到脾。 C

26a 脾肾韧带 Ligamentum lienorenale. 为马膈脾韧带的左侧部，到达左肾。 C

27 网膜帆（犬） Velum omentale. 这一矢状的膜连接大网膜的深壁与降结肠系膜的左面，具有一游离的后缘。 C（由于打印错误，C图注中"ca"在第5版N.A.V.是被省略的。）

---

[1]：这些结构由于其属于个体发生的术语，在第5版N.A.V.被省略，但本书为了增强对某些出生后结构的理解，仍将其保留下来。

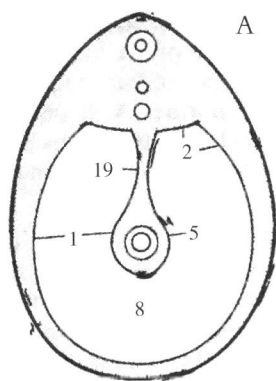

A　胚期腹膜示意图

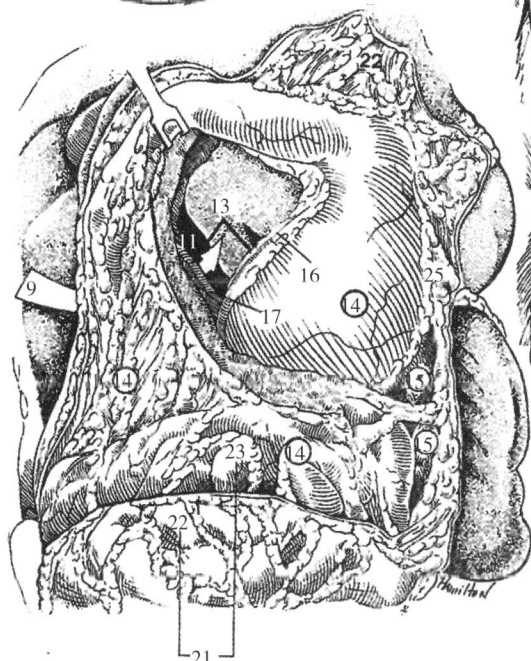

B　网膜囊，其浅壁已向前拉起，网膜后隐窝（13）
　　在肝乳头突表面（犬）

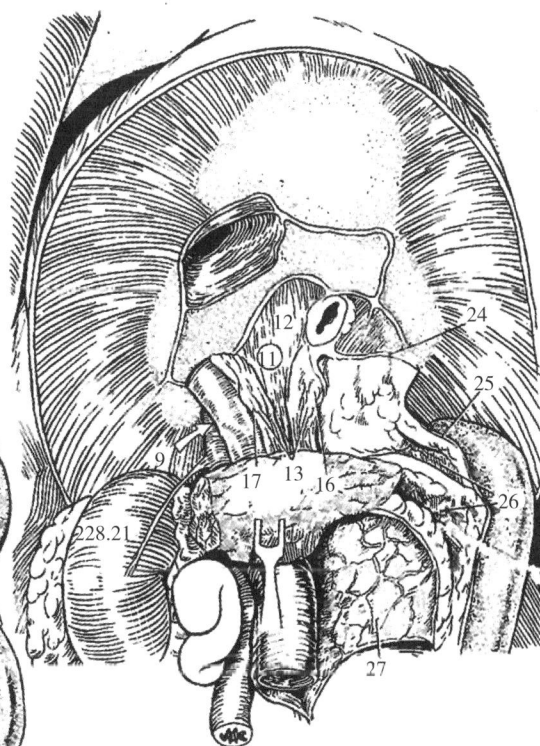

C　腹壁背侧部，胃、肝、胰右叶
　　已切除，后腹侧观（犬）

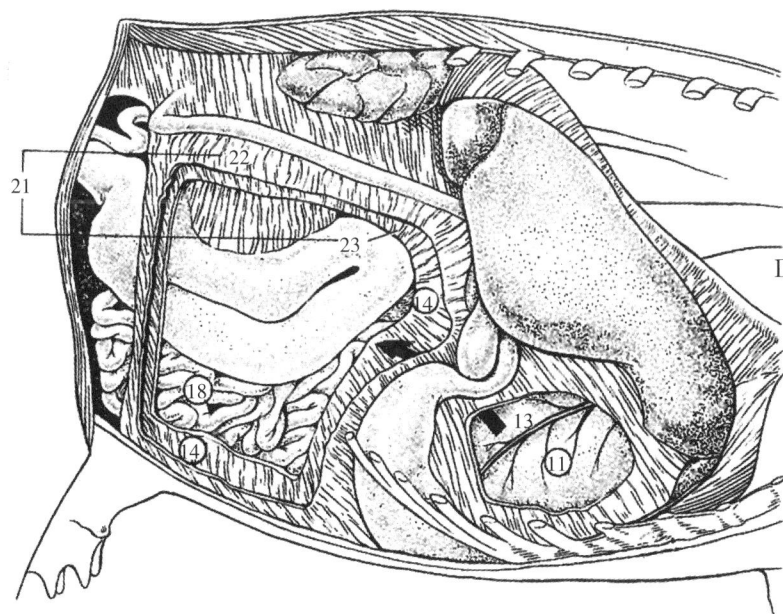

D　网膜囊，大网膜已切开以
　　显示图左侧的空肠、盲肠
　　和升结肠；小网膜也切开
　　以显示图右侧的瓣胃（牛）

1 十二指肠系膜 Mesoduodenum. AB

2 肠系膜* Mesenterium. 在特定意义上肠系膜连系空肠、回肠。

3 肠系膜根* Radix mesenterii. 其背侧附着部含肠系膜前动脉。 A

4 空肠系膜 Mesojejunum. A

5 回肠系膜 Mesoileum. A

6 结肠系膜* Mesocolon.

7 升结肠系膜 Mesocolon ascendens. 附着于升结肠。 A

8 横结肠系膜 Mesocolon transversum. 附着于横结肠。 A

9 降结肠系膜 Mesocolon descendens. 附着于降结肠。 AB

10 乙状结肠系膜 Mesocolon sigmoideum. 在牛，附着于乙状结肠。

11 直肠系膜 Mesorectum. A

12 原腹侧系膜（个体发生）[1] Mesenterium ventrale primitivum.

13 胃腹侧系膜（个体发生）[1] Mesogastrium ventrale.

14 小网膜* Omentum minus. 将胃小弯及十二指肠前部连系到肝的脏面。 CE

15 肝胃韧带 Ligamentum hepatogastricum. 为小网膜的大部，从肝到胃。 C

16 肝十二指肠韧带 Ligamentum hepatoduodenale. 小网膜的右侧游离缘，连系于肝和十二指肠前部之间，内含有门静脉、肝动脉和胆总管（译者注：在马为肝总管），并形成网膜孔的腹侧界。 C

17 肝镰状韧带* Ligamentum falciforme hepatis. 一个原腹侧系膜的派生物，位于肝的壁面、膈和腹腔腹侧壁之间。在犬，该韧带的后部可延伸到脐，常充有脂肪。 CDE

18 肝冠状韧带 Ligamentum coronarium hepatis. 将肝连系于膈上，围绕着肝的裸区和腔静脉沟，并将三角韧带和镰状韧带连接起来。 E

19 右三角韧带 Ligamentum triangulare dextrum. 冠状韧带的右侧游离褶，位于肝右叶与膈之间。 E

20 左三角韧带 Ligamentum triangulare sinistrum. 冠状韧带的左侧游离褶，位于肝左叶与膈之间。 DE

21 肝肾韧带 Ligamentum hepatorenale. 在尾状突和右肾之间。 227页C

22 十二指肠结肠襞［褶］ Plica duodenocolica. 位于十二指肠升部和降结肠（犬为降结肠系膜）之间。 A

23 十二指肠后隐窝（犬） Recessus duodenalis caudalis. 十二指肠末端腹膜附着面的一个小盲囊，向前开口。 B

1）：这些结构在第5版N.A.V.被省略，因其为个体发生的名词术语。

B 十二指肠后隐窝，左腹外侧观，显示
十二指肠空肠曲和降结肠（犬）

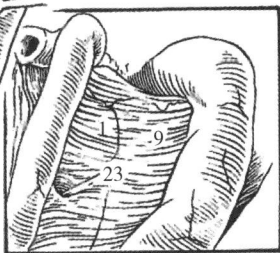

A 肠系膜腹侧观，大部分空肠
已切除（犬）

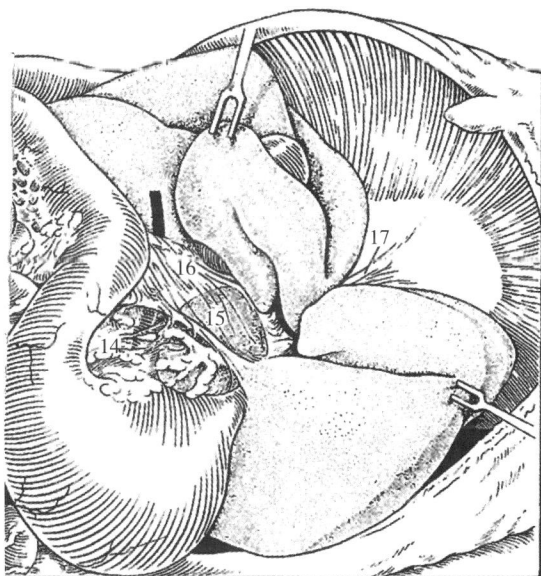

C 小网膜，左后腹侧观，第7~12肋已切除，
箭头示网膜孔（犬）

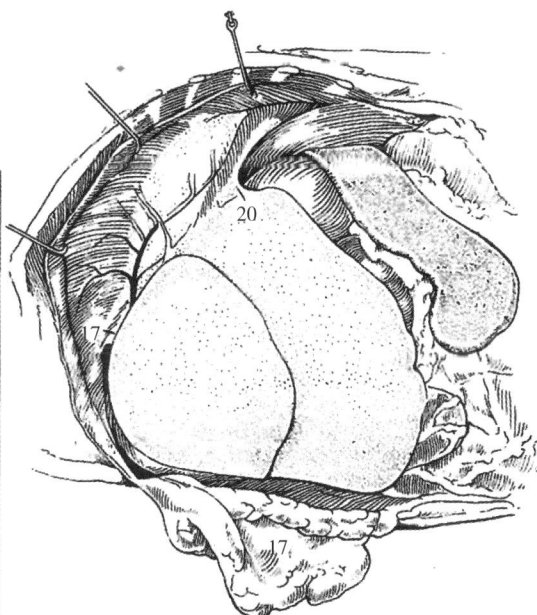

D 原位显示肝，左外侧观，
用镊将膈拉起（犬）

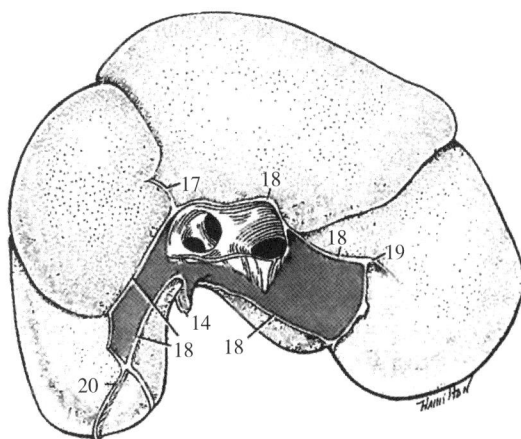

E 肝的膈面，背侧观，原位固定（犬）

1　回盲襞［韧带］*　plica ileocecalis [-caecalis].　位于回肠的对系膜弯与盲肠之间，在马，附着于盲肠背侧带。　B

2　盲结襞（马）*　Plica cecocolica [caeco-].　位于右下大结肠的外侧游离带与盲肠外侧带之间。　A

3　膀胱正中韧带　Lig. vesicae medianum.　见198页7条。

4　膀胱侧韧带　Lig. vesicae laterale.　见198页9条。

5　腹股沟三角　Trigonum inguinale.　由下列三线划定：腹股沟弓［腹股沟韧带］、腹直肌的外缘、阴部腹壁动脉干和腹壁后动脉构成的线。　C

6　腹股沟外侧窝　Fossa inguinalis lateralis.　位于腹股沟管深环上的凹陷，在腹壁后动脉外侧。　C

7　睾丸系膜　Mesorchium.　见202页21条。

8　输精管系膜　Mesoductus deferens.　见202页25条。

9　附睾系膜　Mesepididymis.　见202页26条。

10　睾丸囊［附睾窦］　Bursa testicularis [Sinus epididymalis].　见202页30条。

11　腹膜鞘突　Processus vaginalis peritonei [peritonaei].　见204页1条。

12　生殖襞［褶］　Plica genitalis.　在雄性，将直肠生殖陷凹与膀胱生殖陷凹分开，含有输精管和雄性子宫。　C

13　子宫阔韧带*　Lig. latum uteri.　将腹腔内雌性器官附着在背外侧体壁的腹膜褶。　D

14　子宫系膜　Mesometrium.　子宫阔韧带的连系子宫的部分。　D

15　输卵管系膜　Mesosalpinx.　从子宫阔韧带向外侧分出的腹膜褶，形成卵巢囊外侧壁，在肉食动物和猪完全包围卵巢。它将卵巢系膜分为两部分，即卵巢近系膜和卵巢远系膜。　D

16　卵巢系膜　Mesovarium.　子宫阔韧带的连系卵巢的部分，与睾丸系膜同源。　D

　　17　卵巢近系膜　Mesovarium proximale.　从腹壁到输卵管系膜起始缘。　D

　　18　卵巢远系膜　Mesovarium distale.　从输卵管系膜起始缘到卵巢。　D

19　卵巢囊　Bursa ovarica.　由输卵管系膜、卵巢远系膜和卵巢围成的腔。　D

20　卵巢悬韧带　Lig. suspensorium ovarii.　卵巢系膜的游离缘。　D

21　直肠生殖陷凹　Excavatio rectogenitalis.　位于直肠与生殖襞（雄性）或直肠与子宫、子宫阔韧带（雌性）之间的腹膜腔的隐窝。　C

22　直肠旁窝　Fossa pararectalis.　直肠生殖陷凹向直肠及直肠系膜两侧的对称性扩展部。　C

23　膀胱生殖陷凹　Excavatio vesicogenitalis.　位于膀胱与生殖襞或膀胱与子宫及子宫阔韧带（雌性）之间的腹膜腔隐窝。　C

24　耻骨膀胱陷凹　Excavatio pubovesicalis.　位于膀胱及膀胱侧韧带腹侧的腹膜腔隐窝。　C

25　腹膜后隙　Spatium retroperitoneale [-peritoneaale].　位于体壁和腹膜之间充有结缔组织和脂肪的间隙。

26　**内分泌系统**　**SYSTEMA ENDOCRINUM.**　内分泌腺，无管腺，分泌激素进入血液。

27　**甲状腺**　Glandula thyroidea [thyreoidea].　在气管前端表面。　EF

28　（右和左）叶　Lobus [dexter et sinister].　E

29　腺峡（肉食动物、牛）　Isthmus glandularis.　连接左、右叶后端的腺性条带，有时无。　E

30　纤维峡（绵羊、山羊、马）　Isthmus fibrosus.　连接左、右叶后端的纤维结缔组织条带，有时无。

31　锥状叶　Lobus pyramidalis.　见于猪，腹侧正中向前突出的形状大小不定的叶。　F

32　纤维囊　Capsula fibrosa.　G

33　间质　Stroma.　结缔组织支架。　G

34　主［实］质　Parenchyma.　腺性组织，由腺泡构成。　G

35　小叶　Lobuli.　E

36　腺泡　Folliculi.　含有胶质的上皮性的囊。　G

37　（副甲状腺）（Gll. thyroideae [thyreoideae] accessoriae）.　分布于舌到心之间的甲状腺组织构成的小结节。

B　盲肠和回肠，内侧观（马）（引自Getty）

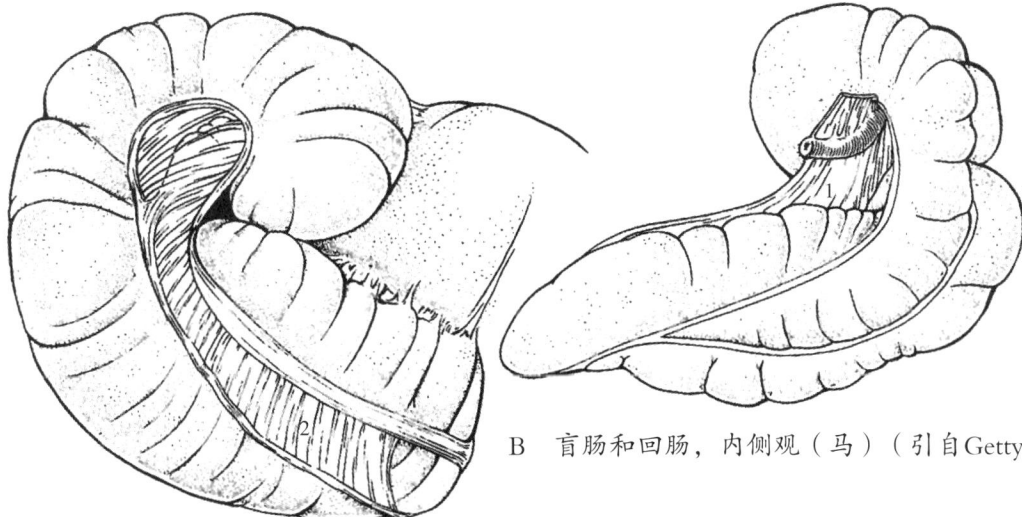

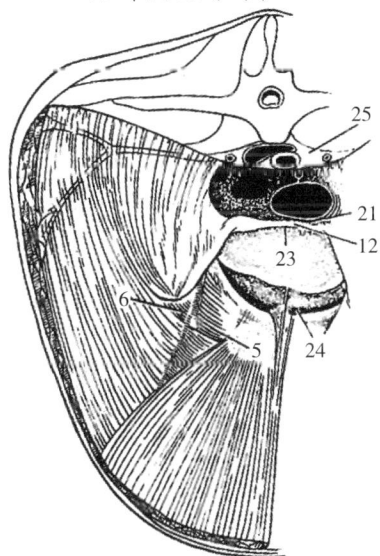

A　盲肠，右上大结肠和右下大结肠，
　　右外侧观（马）

D　右侧卵巢和子宫角，内侧
　　观及其横切面（犬）

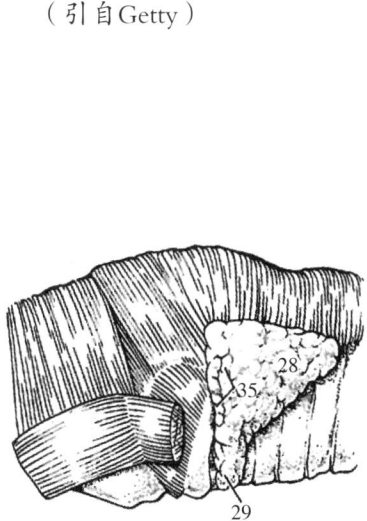

内侧　　　　　　外侧

C　腹腔和盆腔，前面观（马）
　　（引自Getty）

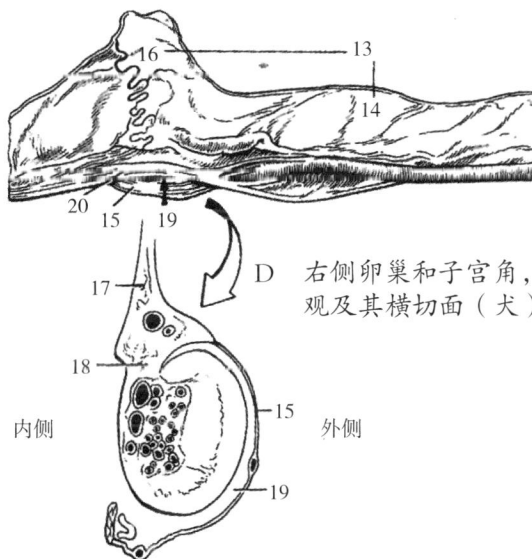

F　甲状腺，腹侧观
　　（猪）

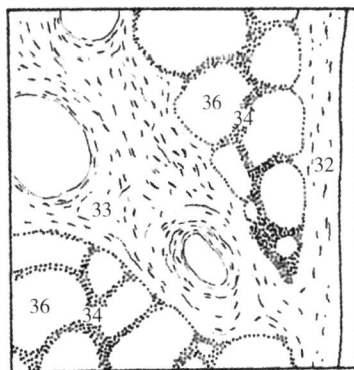

E　甲状腺，左外侧观（牛）

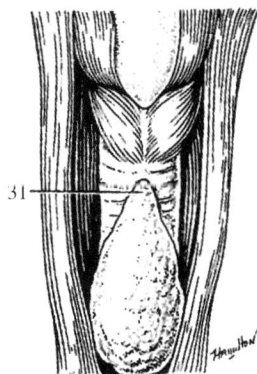

G　甲状腺，组织切片（犬）

1 **内甲状旁腺〔Ⅳ〕**[1] Glandula parathyroidea [-thyreoidea] interna〔Ⅳ〕. 起源于第4咽囊，猪无，肉食动物的位于甲状腺叶内，反刍动物的包埋在甲状腺叶的内侧面，马的在甲状腺叶前半部分的表面。 A

2 **外甲状旁腺〔Ⅲ〕**[1] Glandula parathyroidea [-thyreoidea] externa〔Ⅲ〕. 起源于第3咽囊，在肉食动物位于甲状腺叶的外侧面。猪和反刍动物的在颈总动脉末端附近，马的在胸腔入口处。 A

3 **垂体〔垂体腺〕** Hypophysis [Glandula pituitaria]. 位于底蝶骨的垂体窝内，垂体的腺性部分和神经部分为下丘脑和各内分泌腺之间建立了一种联系。 B

4 腺垂体 Adenohypophysis. 垂体的腺叶，起源于口腔上皮。名词"前叶"不适用于家畜。 B

5 结节部 Pars tuberalis. 腺垂体的结节部，覆盖漏斗及灰结节。 B

6 中间部 Pars intermedia. 腺垂体的中间部，位于腺垂体远部与神经垂体之间。在肉食动物和马包围神经垂体。 B

7 远部 Pars distalis. 腺垂体的远部，为腺垂体的最大部。 B

8 （咽部） （Pars pharyngea）. 腺垂体的咽部，为垂体囊（Rathke囊）的遗迹。在肉食动物和马位于鼻咽部的背侧黏膜内。

9 神经垂体 Neurohypophysis. 下丘脑向腹侧的伸出物，由漏斗和神经叶构成。在猪和反刍动物，位于腺垂体的后背侧沟里，在肉食动物则被腺垂体包围，因而名词"后叶"并不适合于家畜。 B

10 漏斗 Infundibulum. 由下丘脑伸出的漏斗状的柄。 B

11 根 Radix. 漏斗根，一个组织区域，在这里，漏斗的神经纤维加入灰结节。

12 腔部 Pars cava. 漏斗的腔部，为第3脑室的隐窝。 B

13 密部 Pars compacta. 漏斗的实芯部。 B

14 神经垂体远部 Pars distalis neurohypophysis. 神经垂体的叶，指神经垂体远于鞍隔的部分。 B

15 垂体腔 Cavum hypophysis. 为垂体囊（Rathke囊）腔的遗迹，位于腺垂体的远部和中间部之间，马无。 B

16 **松果腺** Glandula pinealis. （另见丘脑上部）脑上体或松果体。

17 **肾上腺** Glandula adrenalis. 位于肾前半部的内侧，但牛的左肾上腺却在肾的前方，接近肠系膜前动脉。 CD

18 腹侧面 Facies ventralis. 肾上腺的腹侧面。 CD

19 背侧面 Facies dorsalis. 肾上腺的背侧面。

20 外侧缘 Margo lateralis. 肾上腺的外侧缘。 C

21 内侧缘 Margo medialis. 肾上腺的内侧缘。 C

22 门 Hilus. 肾上腺门，为内侧缘的一处凹陷，正是肾上腺静脉出肾上腺的部位。 D

23 囊 Capsula. 肾上腺囊，为肾上腺的结缔组织被膜。 C

24 皮质 Cortex. 为肾上腺外围浅黄色的部分，由索状或团状排列的上皮细胞构成。 C

25 髓质 Medulla. 为肾上腺中央的棕色区域，由嗜铬细胞（肾上腺素分泌细胞）和交感神经节细胞构成。 C

26 （副肾上腺） （Gll. adrenales [suprarenales] accessoriae）. 可含有皮质和髓质组织，位于腰区的腹膜外间隙内。

27 **胰岛** Insulae pancreaticae. 小的（直径0.04~2.0mm）内分泌细胞团，分泌胰岛素和胰高血糖素。 E

28 **胸腺** Thymus. 见淋巴系统。

1）: 家畜甲状旁腺数目和位置的多样性使得有必要在腺体的名称后加数字Ⅳ或Ⅲ以指示其分别起源于第3或第4咽囊的上皮。

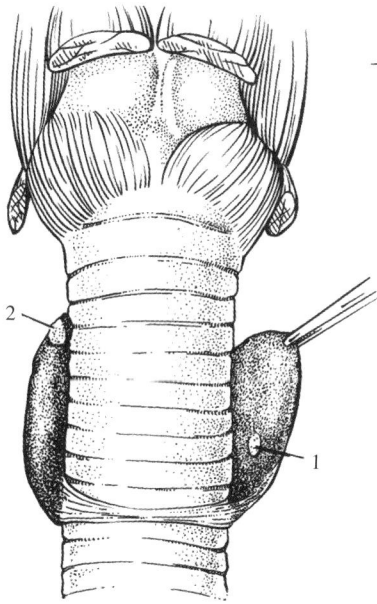

A　喉、气管、甲状腺和甲状旁腺，腹侧观（犬）

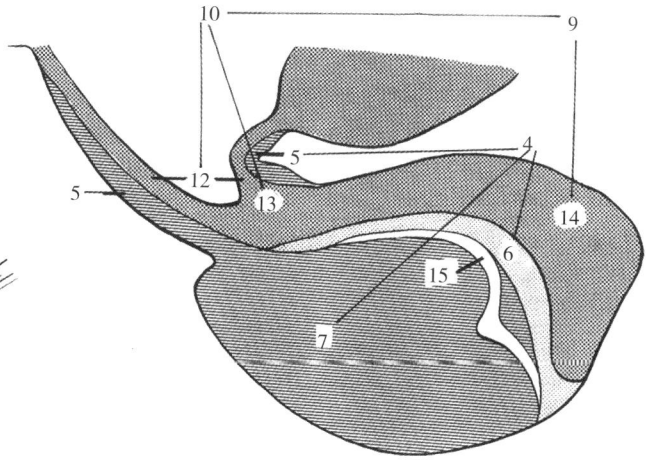

B　垂体，正中矢状切面（牛）

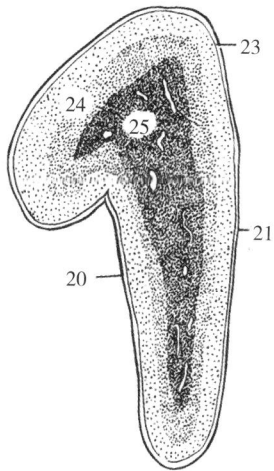

C　右肾上腺纵剖面，腹侧观（犬）

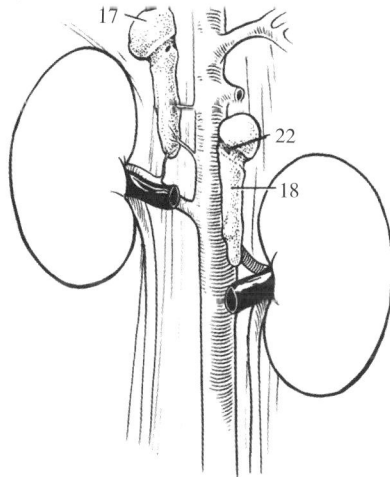

D　肾上腺和肾，腹侧观，后腔静脉及膈腹静脉
　　已切除（犬）

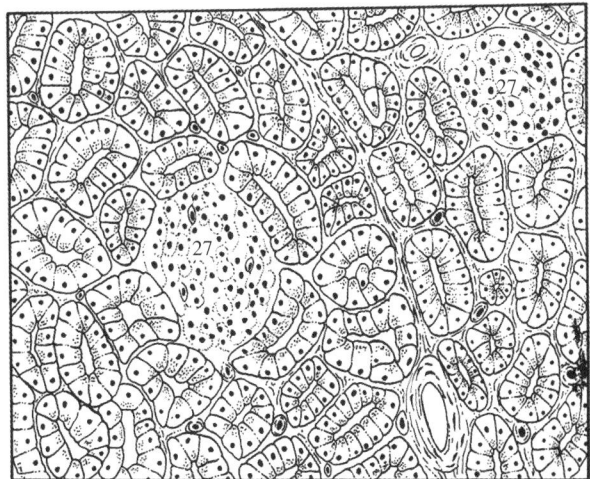

E　胰岛，组织切片（猪）

1 **心包　PERICARDIUM.** 为包围心和各大血管根部的锥形囊。外包有心包胸膜。由一个外纤维部和内双层浆膜部构成。　BCDE

2 纤维心包　Pericardium fibrosum.　即心包的外纤维部。　CDE

3 胸骨心包韧带（复数）　Ligg. sternopericardiaca.　位于纤维心包与胸骨之间两侧的纤维连接带，见于反刍动物。　C

4 胸骨心包韧带　Lig. sternopericardiacum.　位于纤维心包与胸骨之间的单一连接带，见于马。　E

5 膈心包韧带　Lig. phrenicopericardiacum.　位于纤维心包和膈之间，见于肉食动物和猪。　B

6 浆膜心包　Pericardium serosum.　被纤维心包围绕的一个封闭的囊。由于心的陷入，大约一半的囊壁成为浆膜心包的脏层，而未内折的浆膜心包则与纤维心包牢固融合在一起。　CDE

7 壁层　Lamina parietalis.　纤维心包的浆膜性内衬。　CDE

8 脏层［心外膜］　Lamina visceralis [Epicardium].　在心和大血管根部表面被覆的浆膜。　CDE

9 心包腔　Cavum pericardii.　浆膜心包壁层和脏层间形成的体腔，内含少量浆液。　CDE

10 心包横窦　Sinus transversus pericardii.　心包腔在结合在一起的主动脉和肺干与相邻的心房凹壁部分之间的隧道状扩展。　DE

10a 心包斜窦　Sinus obliquus pericardii.　心包腔在右肺静脉和后腔静脉之间，以及在右和左肺静脉之间的隐窝。（依据N.A.V.命名）

11 **心　COR.** 由心包包裹的锥形（有蹄类）或鸡蛋形中空肌质器官，心血管系统的中心。　ACE

12 心基　Basis cordis.　心的上面，在肉食动物和猪向前背侧，在反刍动物和马向背侧，心基的下界为冠状沟。　AE

13 心耳面　Facies auricularis.　心的有两心耳尖指向的面，面向左侧胸壁。　AE

14 心房面　Facies atrialis.　心的心房朝向的面，与心耳面相对，面向右侧胸壁。　AE

15 右心室缘　Margo ventricularis dexter.　心前的凸缘，属于右心室的一部。　ACE

16 左心室缘　Margo ventricularis sinister.　左心室表面走向膈的边，形成心的后缘。　CE

17 心尖　Apex cordis.　由左心室形成，与心基相对。　CE

18 心尖切迹　Incisura apicis cordis.　右心室缘近心尖处的切迹，由锥旁室间沟延续而成。　CE

19 锥旁室间沟　Sulcus interventricularis paraconalis.　心耳面上的纵沟，从冠状沟沿动脉圆锥向下延伸，在室间隔的外面。　AE

20 窦下室间沟　Sulcus interventricularis subsinuosus.　心房面上的纵沟，在室间隔的外面，起自冠状沟，在腔静脉窦和冠状窦的腹侧。　AC

21 冠状沟　Sulcus coronarius.　除动脉圆锥外，几乎环绕整个心，指明了心房和心室的外部界限。　AC

注意：再次提醒，凡有"*"标记的结构，均是体格检查和临床介入的重要标志。

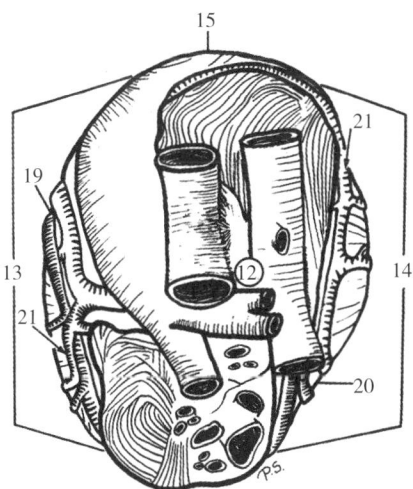

A　心基，背侧观（马）

B　心包，左侧观（犬）

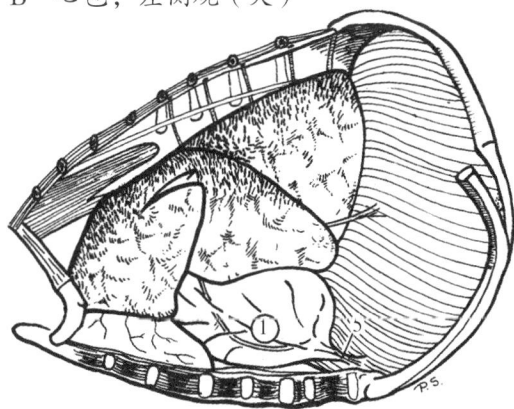

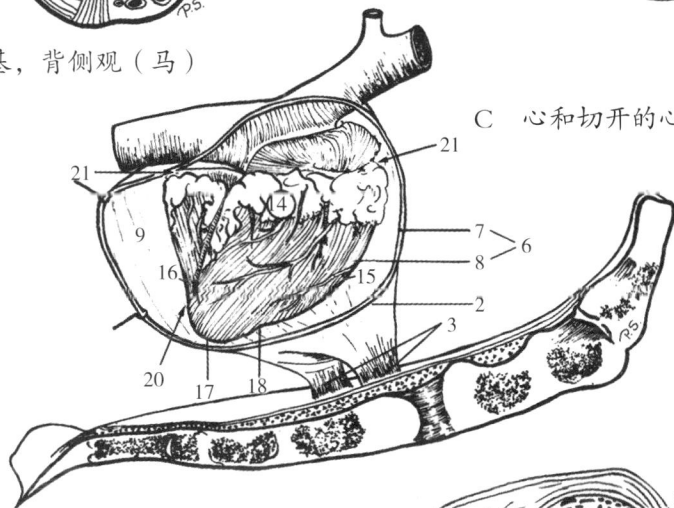

C　心和切开的心包（犊）

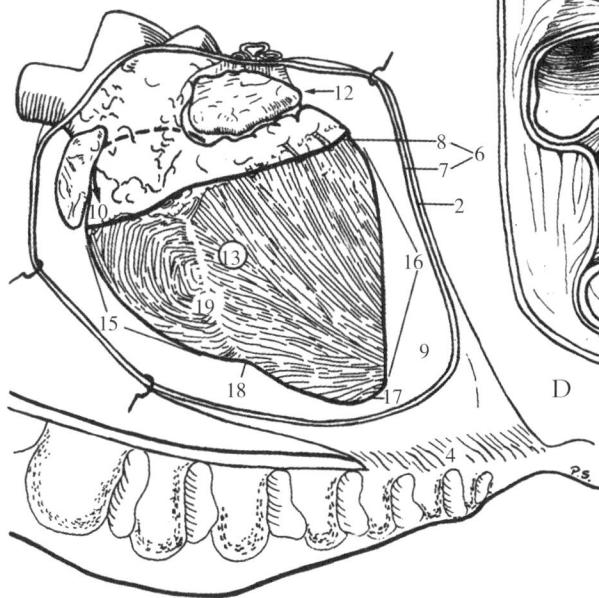

D　心包的背侧壁，腹侧观（马）

E　心和切开的心包，左侧观（马）

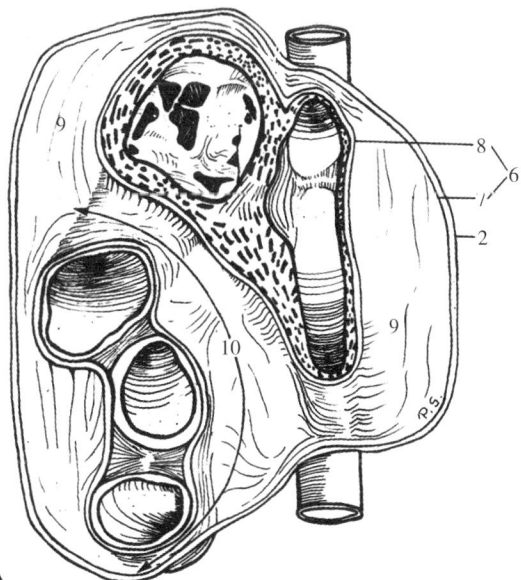

1 心室　Ventriculus cordis.　两个心腔中冠状沟以下的部分。　ABD

2 室间隔　Septum interventriculare.　右、左心室间纵向的隔墙，其外在的位置和走向由室间沟体现。　DE

3 肌部　Pars musculare.　室间隔的较大且较厚的部分，由两心室相邻的室隔壁的心肌构成。　D

4 膜部　Pars membranacea.　为室间隔非常小的背侧部，猫的最明显，成年牛无。　D

5 房室隔　Septum atrioventriculare.　位于右心房和左心室之间小的隔膜，在右房室瓣隔尖的背侧。　D

6 心房　Atrium cordis.　两个心腔的位于心基的部分，在冠状沟水平由一个纤维环与相应的心室隔开。　DE

7 心耳　Auricula atrii.　左、右心房有耳状盲端的憩室。　D

8 房间隔　Septum interatriale.　左、右心房间肌性的隔墙。　D

9 （右和左）房室口　Ostium atrioventriculare [dext. et sin.] 右、左心房向相应的心室开放的大通口，有纤维环环绕。　A

10 肺干口　Ostium trunci pulmonalis.　右心室向肺干的开口，有纤维环环绕，此纤维环上有一系列瓣膜附着。　A

11 主动脉口　Ostium aortae.　左心室向升主动脉的开口，有纤维环环绕，此纤维环上有一系列瓣膜附着。　AD

12 肉柱　Trabeculae carneae.　心室壁内表面上由心肌构成的心内膜下的隆起，伸入心腔内。　D

13 最小静脉孔　Foramina venarum minimarum.　心最小静脉的众多开口。　D（心最小静脉分别开口于四个心腔，即右心房、右心室、左心房、左心室。）

14 心涡　Vortex cordis.　心尖处涡旋状排列的心肌。　B

15 乳头肌　Musculi papillares.　突向心室腔的锥状心肌突起，通过腱索连系到房室瓣。　DE

16 腱索　Chordae tendineae.　位于房室瓣和乳头肌顶端间的纤维肌性索。　DE

17 纤维三角　Trigona fibrosa.　一对相邻的致密结缔组织构成的三角区，位于左、右房室口与主动脉口之间。　A

18 纤维环　Anuli fibrosi.　环绕房室口、主动脉口和肺干口的结缔组织环，从其上发出相应的瓣膜。　A

19 心软骨　Cartilago cordis.　见于肉食动物、猪和马，为主动脉纤维环内或其附近的软骨块，在肉食动物可能没有，常见老年钙化（猪和马）或老年多发（马）。　A

20 心骨　Ossa cordis.　心纤维环内的一对骨，在绵羊常为单一。　C

21 **心肌**　Myocardium.　横纹肌性质的心肌包含了下列的内部传导系统。　DE（在20世纪最后几十年里，在心的兴奋传导系统陆续发现下列结构：左房室Kent纤维、James心房-希氏束通路、James结内束、James结间束、Mahaim结-室纤维以及Mahaim束-室纤维，见Constantinescu, 2002。）

22 窦房结　Nodus sinuatrialis.　也称Keith-Flack结，位于前腔静脉口附近的界沟内，由特殊的心肌组织构成的小型复合体，为心的起搏点。　E

23 房室结　Nodus atrioventricularis.　也称Aschoff-Tawara结，位于右心房房中隔底部，接近于冠状窦口。　E

24 房室束　Fasciculus atrioventricularis.　也称His束，为一束特化的心肌纤维，在其起始段含有房室结，从心房到心室，特别到乳头肌。　E

25 房室束干　Truncus fasciculi atrioventricularis.　房室束在室间隔内分支之前的部分。　D

26 *房室束右脚*　Crus fasciculi atrioventricularis dextrum.　房室传导系统的右支，最终在右心室的乳头肌内分支为Purkinje纤维。　E

26a *房室束左脚*　Crus fasciculi atrioventricularis sinistrum.　房室传导系统的左支，最终在左心室乳头肌内分支为Purkinje纤维。　E

27 **心内膜**　Endocardium.　衬于心腔内表面的光滑发亮的膜。　DE

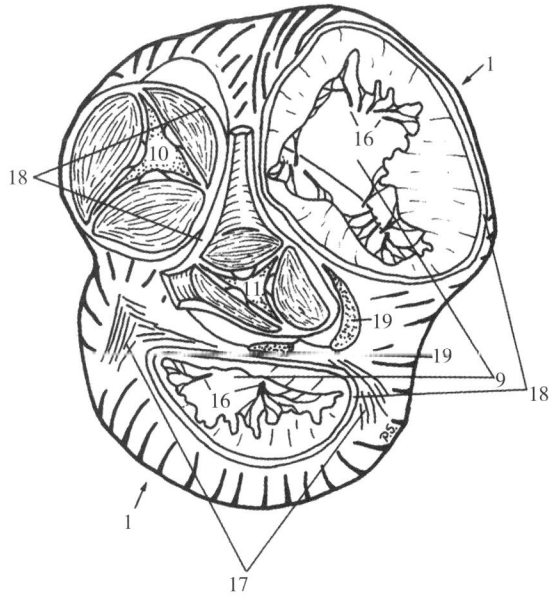

A　心室，背侧观，心房已切除（马）

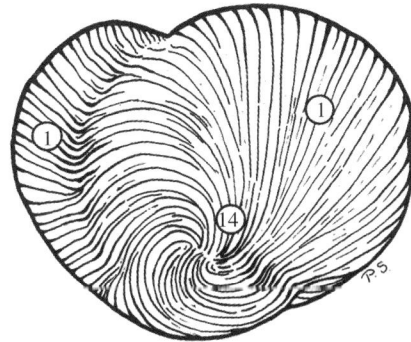

B　心尖，腹侧观（马）

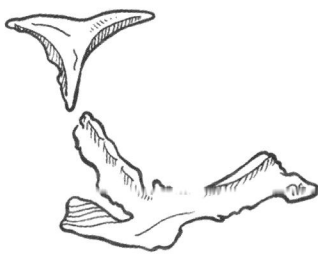

C　心骨，右后背侧观（牛）

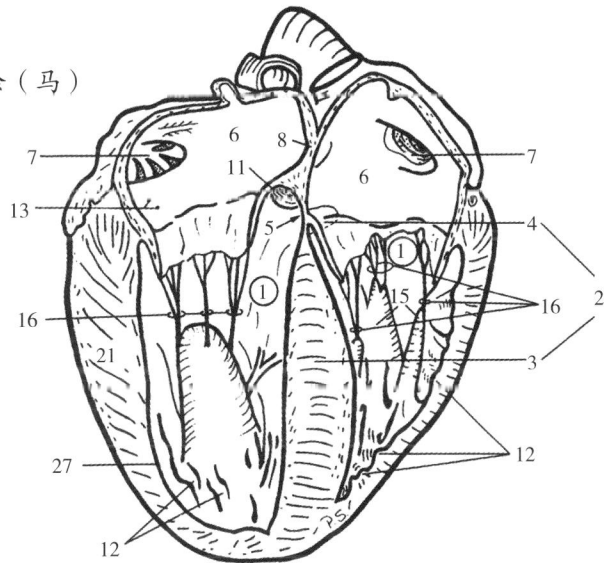

D　心矢状切面，左侧半右侧观（猫）

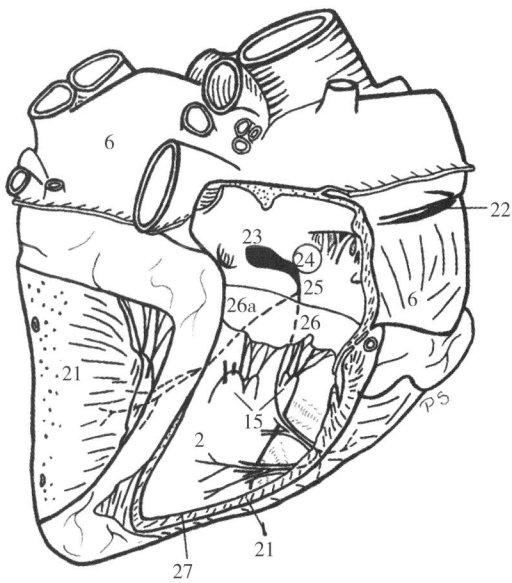

E　心的心房面，部分心室壁已切除（马）

1 **右心房** Atrium dextrum. 占据心基的右前部，位于右心室的背侧（有蹄类）或前背侧（肉食动物），由三部分构成：右心耳、腔静脉窦以及其间的固有右心房。 AB

2 梳状肌 Mm. pectinati. 位于右心耳和固有右心房壁上的肌性嵴，其中大部分由界嵴发出。 AB

3 界沟 Sulcus terminalis. 常不太清楚（特别在肉食动物），为界嵴相对应的外在的沟。 A

4 界嵴 Crista terminalis. 位于腔静脉窦和右心耳之间心房壁内表面肌质的嵴。 AB

5 腔静脉窦 Sinus venarum cavarum. 右心房内位于宽阔的腔静脉口和右房室口之间具有平坦光滑内表面的部分，以房间隔和界嵴为界。 AB

6 卵圆窝 Fossa ovalis. 在后腔静脉开口处的右心房房间隔上的压迹，在静脉间结节后方。为胎儿时期卵圆孔（Botali孔）的遗迹。 A

7 卵圆窝缘 Limbus fossae ovalis. 卵圆窝周边突出的边缘。 A

8 卵圆孔（个体发生）Foramen ovale. 房间隔上的开口，有时可保留到成年。 B〔由于卵圆孔是一个个体发生名词术语，故在第5版N.A.V.是被省略的，但是在某些个体在生后仍可见到，这种病态被称为房间隔缺损（ASD）。〕

9 右心耳 Auricula dextra. 右心房的盲端憩室，沿升主动脉的右侧面弯到其前面。 B

10 前腔静脉口 Ostium venae cavae cranialis. 前腔静脉在腔静脉窦前背侧的开口。 AB

11 后腔静脉口 Ostium venae cavae caudalis. 后腔静脉在腔静脉窦后侧的开口。 AB

12 静脉间结节 Tuberculum intervenosum. 右心房背侧壁内表面的横向嵴，位于前、后腔静脉开口之间。 AB

13 后腔静脉瓣 Valvula venae cavae caudalis. 位于后腔静脉口附近的活瓣样皱襞，常常在成年动物消失或在幼年（驹）时缺如。 B

13a 冠状窦口 Ostium sinus coronarii. 冠状窦的开口，含有小的冠状窦瓣。 A

14 冠状窦瓣 Valvula sinus coronarii. 位于冠状窦口的半月形皱襞，可能并不明显甚至不存在，特别在马。 AB

15 **右心室** Ventriculus dexter. 心的一个腔，构成整个心室的右前部。 ACD

16 右房室口 Ostium atrioventriculare dextrum. 右心房和右心室之间的开口。 ACD

17 右房室瓣〔三尖瓣〕 Valva atrioventricularis dextrum [Valva tricuspidalis]. 指右房室口上的整个瓣膜系统，基本上由3个大尖组成，伴随一些小的中间尖。 CD

18 角尖 Cuspis angularis. 位于右房室口前角的尖瓣，从右心室的隔壁和侧壁发出。 ACD（在N.A.称为前尖。）

19 壁尖 Cuspis parietalis. 从右房室口的壁缘发出。 CD（在N.A.称为后尖。）

20 隔尖 Cuspis septalis. 从右房室口的隔缘发出。 CD

21 室上嵴 Crista supraventricularis. 将右房室口与动脉圆锥隔开的肌性嵴。 C

22 动脉圆锥 Conus arteriosus. 右心室左前背侧角的膨大，为肺干起始部。 CD

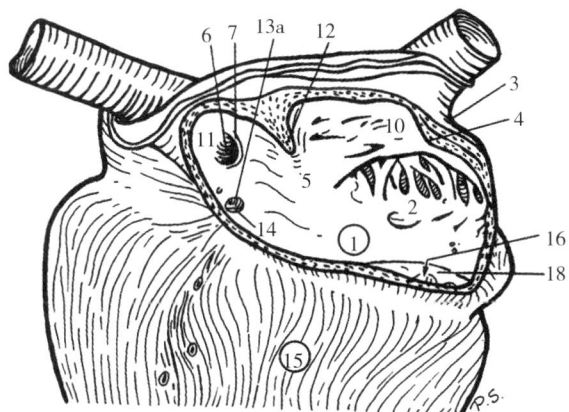

A　心，右心房已打开（马）

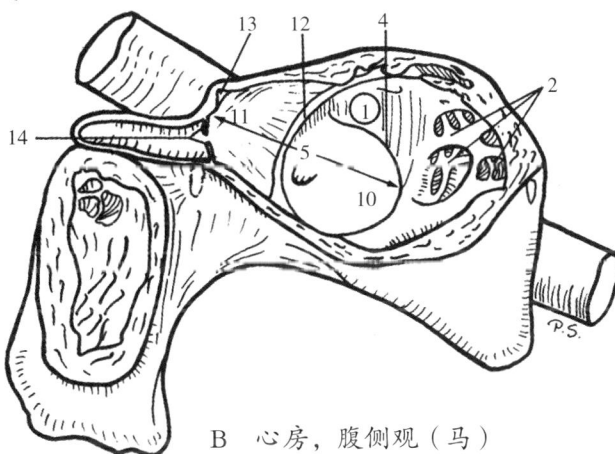

B　心房，腹侧观（马）

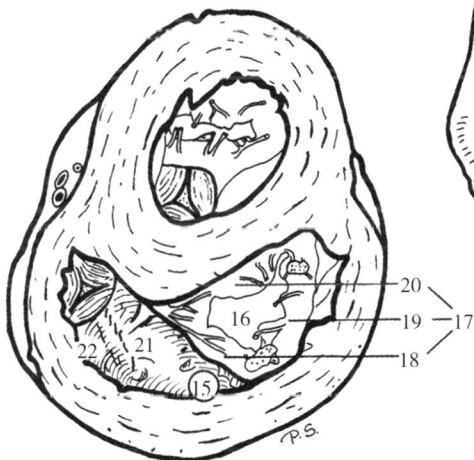

C　心室，水平切面，腹侧观（山羊）

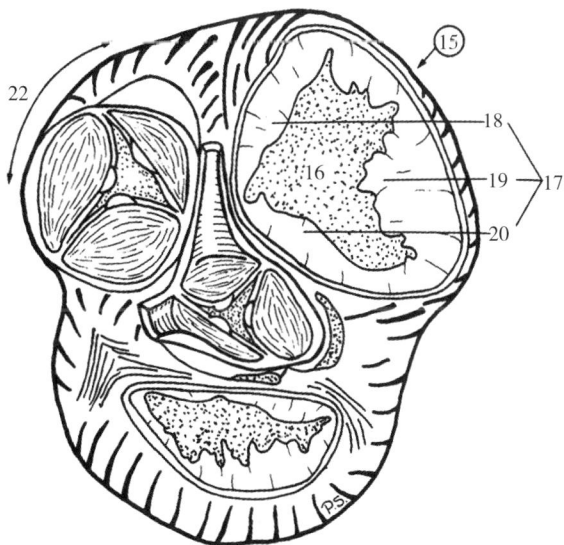

D　心，背侧观，心房已切除（马）

1 肺干口　Ostium trunci pulmonalis.　肺干与动脉圆锥间的通口。　A

2 肺干瓣　Valva trunci pulmonalis.　由3片新月状的膜片构成的活瓣装置，附着于肺干口的纤维环上。　A

3 中间半月瓣　Valvula semilunaris intermedia.　左前位的半月瓣。　AB（在N.A.中称为前半月瓣。）

4 右半月瓣　Valvula semilunaris dextra.　右前位的半月瓣。　AB

5 左半月瓣　Valvula semilunaris sinistra.　后位的半月瓣。　AB

6 半月瓣小结　Noduli valvularum semilunarium.　在半月瓣边缘的中点附近凹面上的小隆起。　B

7 半月瓣弧缘　Lunulae valvularum semilunarium.　在半月瓣膜游离边上新月形的嵴，沿每一半月瓣小结的两侧延伸。　B

8 大乳头肌　Musculus papillaris magnus.　右心室内最大的乳头肌，位于右心室侧壁上（有蹄类）或涉及隔壁（肉食动物）。　B（在N.A.称为前乳头肌。）

9 小乳头肌　Musculi papillares parvi.　通常是成群的中等大小的乳头肌。大部分位于隔壁的后部。　B（在N.A.称为后乳头肌，在人仅一枚，不像家畜的是数枚。）

10 动脉下乳头肌　Musculus papillaris subarteriosus.　位于隔壁上，肺干口的腹侧。　B（在N.A.称为隔乳头肌，在人有数枚，在家畜仅一枚。）

11 右隔缘肉柱　Trabecula septomaginalis dextra.　心肌构成的条索，从室间隔到心室侧壁，常常是多单元的，并且有分支，是房室束右脚到心室侧壁的一条捷径。　B

12 左心房　Atrium sinistrum.　占据心基左后半部，在左心室背侧。　C

13 梳状肌　Mm. pectinati.　左心耳壁内的肌质嵴。　C

14 左心耳　Auricula sinistra.　左心房的盲端憩室，围绕肺干的后面延伸，指向左胸壁。　C

15 卵圆孔瓣　Valvula foraminis ovalis.　位于房间隔上的卵圆窝底板。　C

16 肺静脉口　Ostia venarum pulmonalium.　肺静脉在左心房上的入口。　C

17 左心室　Ventriculus sinister.　构成心室的左后部。　C

18 左房室口　Ostium atrioventriculare sinistrum.　左心房和左心室之间的通口。　A

19 左房室瓣［二尖瓣，僧帽瓣］　Valva atrioventricularis sinistra [Valva bicuspidalis，mitralis].　指左房室口上整个瓣膜系统，基本上是两个大尖，常见附属的中间尖瓣参与其间。　A

20 隔尖　Cuspis septalis.　起自左房室口的隔缘，将主动脉口与左房室口隔开。　AC（在N.A.称为前尖。）

21 壁尖　Cuspis parietalis.　起自左房室口的壁缘。　AC（在N.A.中称为后尖。）

22 主动脉口　Ostium aortae.　左心室向主动脉的开口。　A

23 主动脉瓣　Valva aortae.　由3片新月形瓣叶组成的瓣装置，附着于主动脉纤维环上。　A

24 隔半月瓣　Valvula semilunaris septalis.　主动脉口右后位的半月瓣膜，面向房间隔。　AC（在N.A.称为后隔半月瓣。）

25 右半月瓣　Valvula semilunaris dextra.　主动脉口前位的半月瓣，面向右心室。　AC

26 左半月瓣　Valvula semilunaris sinistra.　主动脉口左后位的半月瓣膜，面向左心室中央。　AC

27 半月瓣小结　Noduli valvularum semilunarium.　在半月瓣游离缘中点处的小隆起。　C

28 半月瓣弧缘　Lunulae valvularum semilunarium.　在半月瓣膜游离边上的新月形嵴，沿每一半月瓣小结的两侧延伸。　C

29 心耳下乳头肌　Musculus papillaris subauricularis.　位于左心室侧壁，左心耳腹侧。　C（在N.A.称为前乳头肌。）

30 心房下乳头肌　Musculus papillaris subatrialis.　位于左心室侧壁，左心房腹侧。　C（在N.A.称为后乳头肌。）

31 左隔缘肉柱　Trabeculae septomarginales sinistrae.　从室间隔起始，穿过左心室腔，到达乳头肌，它们是房室束左脚到左心室侧壁的捷径。　C

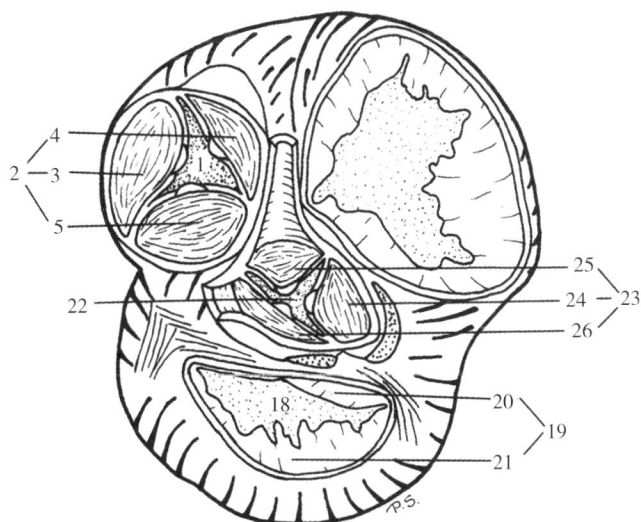

A 心室，背侧观，心房已切除（马）

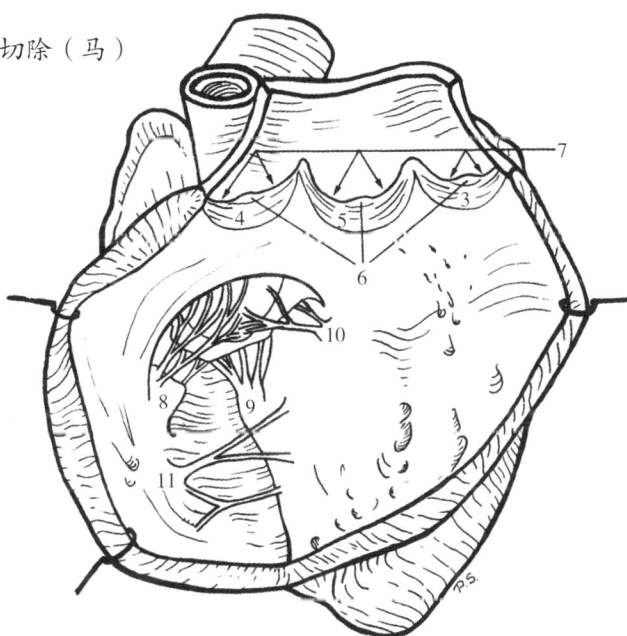

B 右心室，前面观，已打开（马）

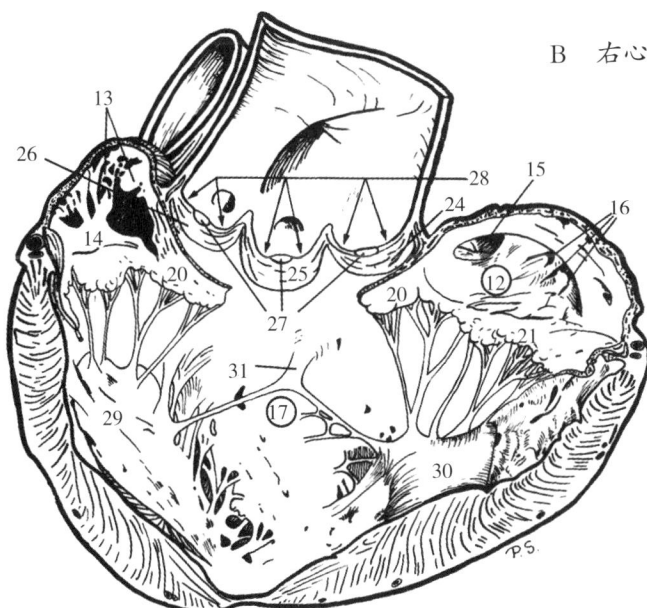

C 左心房和左心室，已打开，后面观（马）

1 **动脉　ARTERIAE**. 运送血液到肺和周身。

2 **肺干　TRUNCUS PULMONALIS**. 为动脉圆锥和肺动脉起始端之间的动脉干。 AE

3 肺干窦　Sinus trunci pulmonalis. 肺干的3个膨大，位于半月瓣根的上方。 BD

4 右肺动脉　A. pulmonalis dextra. 从升主动脉后方越过，越过气管腹侧面，进入右肺肺门。 AC

5 前叶支　Ramus lobi cranialis. 右肺动脉的到右肺前叶的分支。 A

6 升支　Ramus ascendens. 前叶支中到前叶前部（反刍动物）的分支。 A

7 降支　Ramus descendens. 前叶支中到前叶后部（反刍动物）的分支。 A

8 中叶支　Ramus lobi medii. 右肺动脉到右肺中叶的分支，马无。 A

9 后叶支　Ramus lobi caudalis. 右肺动脉到右肺后叶的分支。 A

10 副叶支　Ramus lobi accessorii. 进入右肺副叶。 A

11 **左肺动脉**　A. pulmonalis sinistra. 进入左肺肺门。 ACE

12 前叶支　Ramus lobi cranialis. 左肺动脉的到左肺前叶的分支。 A

13 升支　Ramus ascendens. 到左肺前叶前部（马无）的分支。 A

14 降支　Ramus descendens. 到左肺前叶后部（马无）的分支。 A

15 后叶支　Ramus lobi caudalis. 左肺动脉中到左肺后叶的分支。 A

16 动脉导管（个体发生）Ductus arteriosus. 为肺干和主动脉弓之间专属的导管。 E［该名词在第5
版 N.A.V. 被省略，因其为个体发生的名词术语。如果该结构在生后仍然持续存在，便会形成一种
疾病，称为动脉导管未闭（PDA）。］

17 动脉韧带*　Ligamentum arteriosum. 动脉导管的纤维性遗迹。 A

18 **主动脉　AORTA**. 身体的主要动脉，起自左心室。 ABCE

19 **升主动脉　AORTA ASCENDENS**. 主动脉起始部，向前背侧延伸，为主动脉在心包之内
的部分，延续为主动脉弓。 B

20 主动脉球　Bulbus aortae. 其内部被主动脉窦占据。 D

21 主动脉窦　Sinus aortae. 主动脉壁的3个膨大，每个窦均位于相应半月瓣的背侧。 D

22 右冠状动脉　A. coronaria dextra. 起自主动脉口右半月瓣上方的主动脉窦，然后在心包下沿冠状
沟的右侧部延伸。 BCD

23 窦下室间支　Ramus interventricularis subsinuosus. 右冠状动脉的一个分支，在窦下室间沟内向下
延伸（猪、马，有时还有猫），在猫其分支十分多变，可起自右、左两条冠状动脉。 C（在 N.A.
称为后室间支。）

24 隔支　Rami septales. 窦下室间支的隔支，进入室间隔。 C

25 左冠状动脉　A. coronaria sinistra. 起自主动脉口左半月瓣上方的主动脉窦。 BDE

26 锥旁室间支　Ramus interventricularis paraconalis. 左冠状动脉的分支，沿锥旁室间沟下降。 BDE
［在 N.A. 称为前室间支，即左前降支（LAD）。］

27 隔支　Rami septales. 锥旁室间支的隔支，进入室间隔。 BD

28 旋支　Ramus circumflexus. 左冠状动脉在冠状沟左部和后部内的延续，也延伸到冠状沟的右
部。 BDE

29 中间支［左室缘支］Ramus intermedius [Marginis ventricularis sinistri]. 旋支的分支，沿左心
室缘的纵沟下行（肉食动物、猪、反刍动物）。 DE

30 窦下室间支　Ramus interventricularis subsinuosus. 旋支的分支，沿窦下室间沟下行（肉食动
物、猪，马除外）。 D

31 隔支　Rami septales. 起自旋支的窦下室间支，进入室间隔。 D

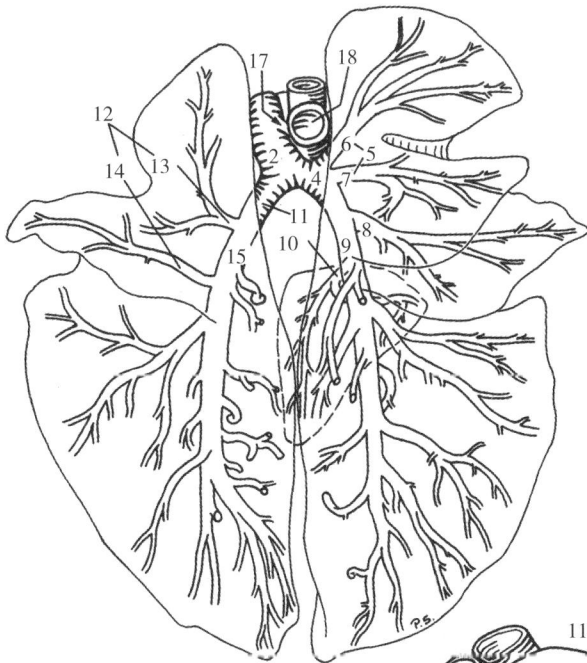

A 肺干，水平展开的肺的
背侧观（山羊）

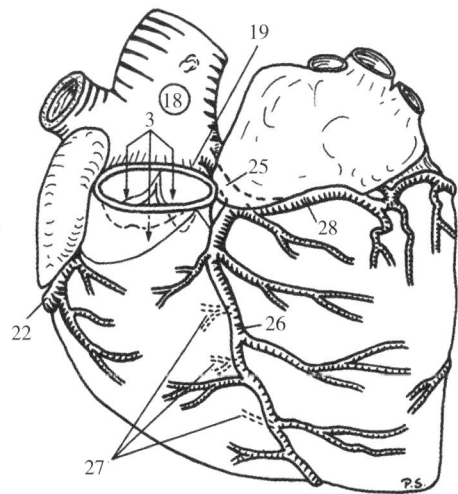

B 左冠状动脉（马）

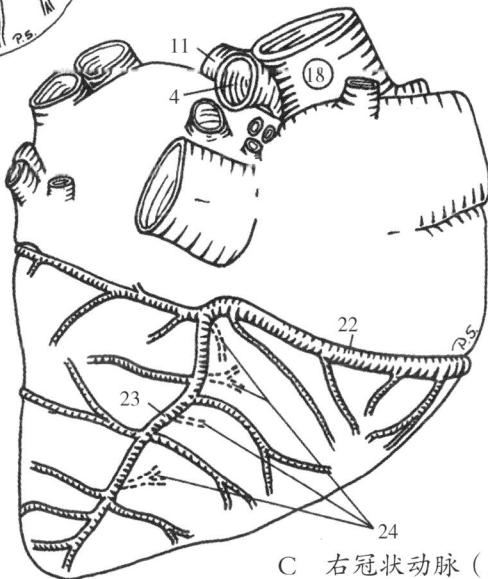

C 右冠状动脉（马）

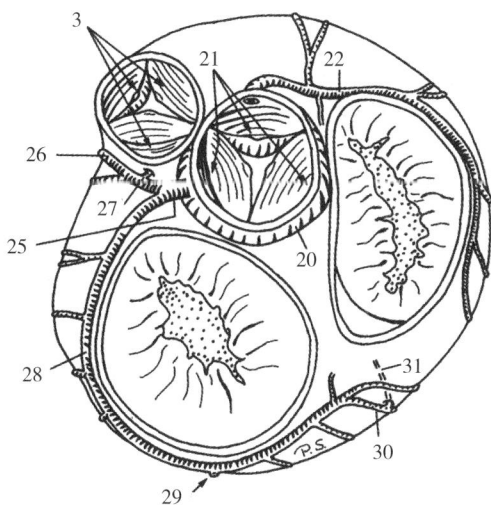

D 心，背侧观，心房已切除（犬）

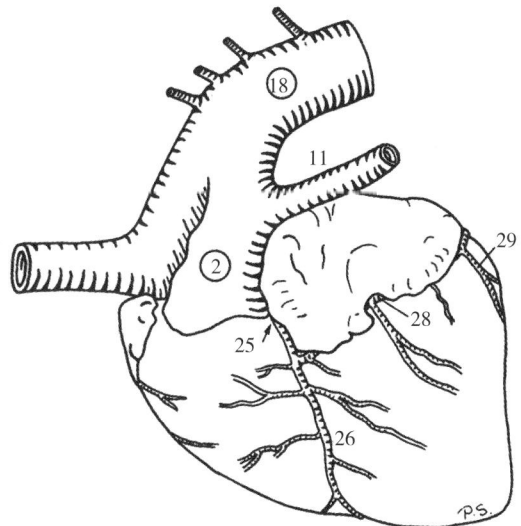

E 心耳面（胎牛）

1 **主动脉弓　ARCUS AORTAE**. 升主动脉和降主动脉之间向后背侧弯曲的主动脉段，起自心包内，在动脉韧带的附着点后延续为降主动脉。 A

2 **主动脉旁体**　Corpora paraaortica. 为副神经节，分散位于主动脉径路及其发出的大血管起始部。 A

3 **臂头干　TRUNCUS BRACHIOCEPHALICUS**. 起自主动脉弓，为向前背侧行的大动脉干，延伸到右锁骨下动脉与双颈动脉干分叉处或右锁骨下动脉与右颈总动脉分叉处（在无双颈干的情况下）。 A

4 **双颈干　TRUNCUS BICAROTICUS**. 发出左和右颈总动脉的总干，起自臂头干，在肉食动物常缺如，在猪、反刍动物和马偶尔缺如。 A

5 **颈总动脉　ARTERIA CAROTIS COMMUNIS**. 沿左、右侧向前延伸的可分为颈内动脉和颈外动脉的动脉干，在有双颈干的情况下，通过双颈干间接起自臂头干。 ABCDE

颈总动脉——肉食动物　CARNIVORA.

6 **甲状腺后动脉**　A. thyroidea [thyreoidea] caudalis. 较少见且起点多变，向前走向甲状腺后部。 B

7 **甲状腺前动脉**　A. thyroidea [thyreoidea] cranialis. 向腹侧弯曲并分支进入甲状腺前极。 B

8 **胸锁乳突肌支**　Ramus sternocleidomastoideus. 到胸头肌和锁乳突肌。 B

9 **咽支**　Ramus pharyngeus. 向前背侧延伸并供应咽的缩肌。 B

10 **环甲肌支**　Ramus cricothyroideus [-thyreoideus]. 向前腹侧延伸，其分支进入环甲肌。 B

11 **喉后支**　Ramus laryngeus caudalis. 与喉后神经平行，从后方进入喉。 B

颈总动脉——猪　SUS

12 **甲状腺后动脉**　A. thyroidea [thyreoidea] caudalis. 穿入甲状腺后极，不恒定。 C

13 **甲状腺前动脉**　A. thyroidea [thyreoidea] cranialis. 分支进入甲状腺前极，不恒定。 C

14 **咽支**　Ramus pharyngeus. 向前行，供应咽后缩肌。 C

15 **环甲肌支**　Ramus cricothyroideus [-thyreoideus]. 到环甲肌。 C

16 **喉后支**　Ramus laryngeus caudalis. 向后行，伴随喉后神经。 C

17 **喉前动脉**　A. laryngea cranialis. 起点接近于颈总动脉末端分叉处，伴随喉前神经到喉。 C

18 **咽支**　Ramus pharyngeus. 喉前动脉的咽支，到咽后缩肌。 C

19 **喉支**　Ramus laryngeus. 喉前动脉的直接延续，向前进入喉，到达甲状软骨的内侧。 C

颈总动脉——反刍动物　RUMINANTIA.

20 **胸锁乳突肌支**　Rami sternocleidomastoidei. 颈总动脉到胸乳突肌和锁乳突肌的分支，其起点多变。 DE

21 **甲状腺后动脉**　A. thyroidea [thyreoidea] caudalis. 进入甲状腺后极，见于绵羊，在牛和山羊不恒定。 DE

22 **甲状腺前动脉**　A. thyroidea [thyreoidea] cranialis. 弯向并供应甲状腺前极。 DE

23 **咽支**　Ramus pharyngeus. 到咽壁。 DE

24 **环甲肌支**（牛、绵羊）　Ramus cricothyroideus [-thyreoideus]. 供应环甲肌，在绵羊可能不止一支。 DE

25 **喉后支**　Ramus laryngeus caudalis. 与喉后神经平行延伸，在甲状软骨和环状软骨间进入喉。 DE

26 **喉前动脉**　A. laryngea cranialis. 向前腹侧延伸到喉，不同动物其起点的位置不同。 DE

27 **咽支**　Ramus pharyngeus. 喉前动脉的咽支，分布于咽壁及咽缩肌。 DE

28 **喉支**　Ramus laryngeus. 进入喉的喉前动脉的直接延续。 DE

29 **咽升动脉**　A. pharyngea ascendens. 向前内侧延伸到咽的背侧壁。 DE

30 **腭支**（牛）　Rami palatini. 到软腭。 D

31 **扁桃体支**（牛）　Rami tonsillares. 走向扁桃体。 D

32 **咽支**　Rami pharyngei. 为一些供应咽壁和咽壁肌的小分支，来自咽升动脉。 DE

33 **腭升动脉**（绵羊、山羊）　A. palatina ascendens. 向前内侧延伸到软腭。 E

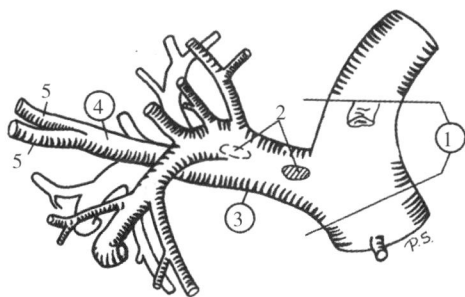

A　主动脉弓，左外侧观（马）

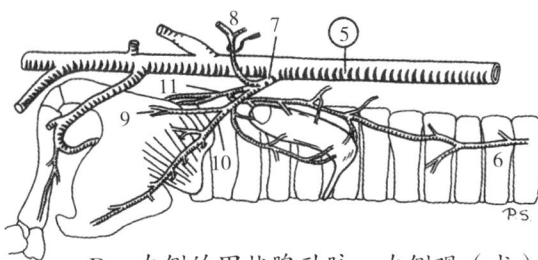

B　左侧的甲状腺动脉，左侧观（犬）

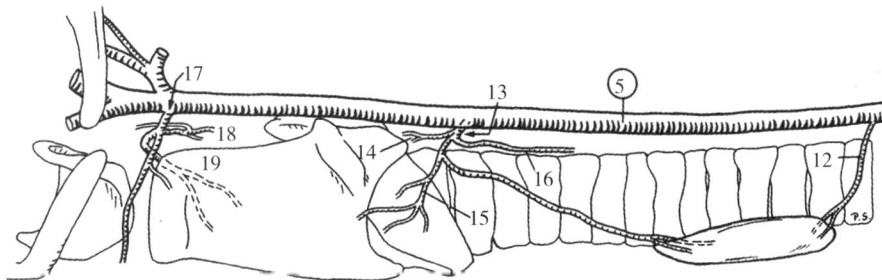

C　左颈总动脉，外侧观（猪）

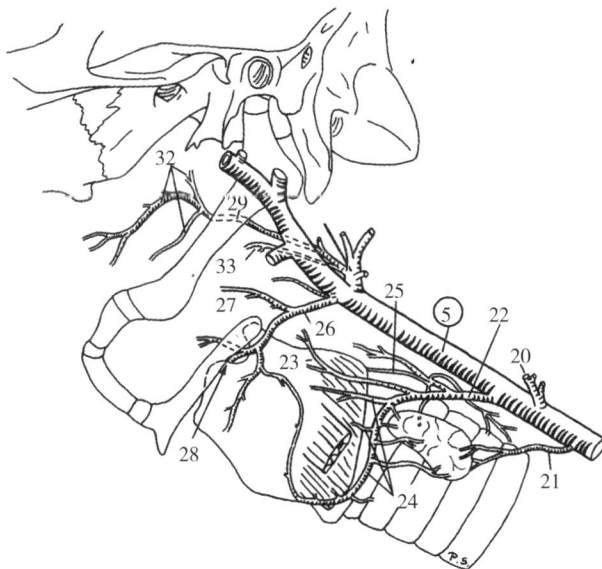

E　左颈总动脉，外侧观（绵羊）

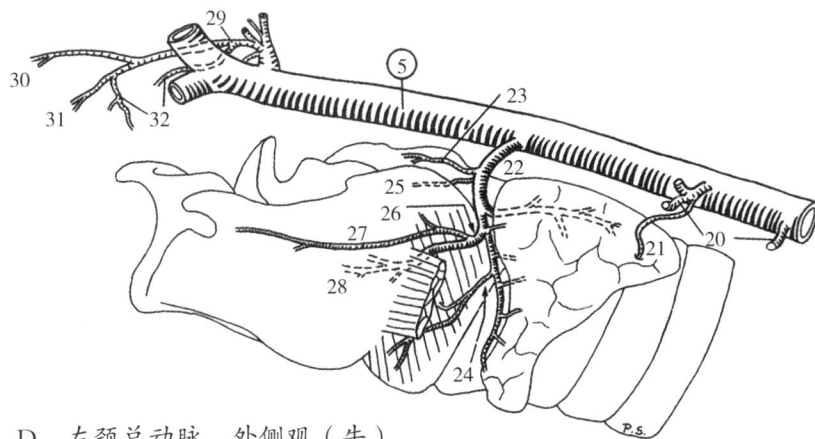

D　左颈总动脉，外侧观（牛）

颈总动脉——马 EQUUS

1 （甲状腺后动脉）（A. thyroidea [thyreoidea] caudalis）. 不恒定，发出分支进入甲状腺后极。 A

2 甲状腺前动脉 A. thyroidea [thyreoidea] cranialis. 沿甲状腺前极弯曲并供应该部。 A

3 咽支 Ramus pharyngeus. 甲状腺前动脉的咽支，向前进入咽壁的后部。 A

4 环甲肌支 Ramus cricothyroideus [-thyreoideus]. 到环甲肌。 A

5 喉后支 Ramus laryngeus caudalis. 平行于喉后神经，到喉。 A

6 咽升动脉 A. pharyngea ascendens. 向前背侧延伸进入咽肌。 A

7 腭支 Rami palatini. 咽升动脉的腭支，到软腭。 A

8 咽支 Rami pharyngei. 咽升动脉的咽支，进入咽壁的后半部。 A

9 喉前动脉 A. laryngea cranialis. 向前腹侧延伸到喉。 A

10 咽支 Ramus pharyngeus. 喉前动脉的咽支，到咽的缩肌。 A

11 喉支 Ramus laryngeus. 喉前动脉的喉支，经甲状软骨和环状软骨间进入喉。 A

通用名词 TERMINUS COMMUNIS

12 **颈外动脉 A. CAROTIS EXTERNA.** 颈总动脉在发出颈内动脉后的直接延续（肉食动物、猪、马）或发出枕动脉（成年反刍动物）后的直接延续。 ABD

颈外动脉——肉食动物 CARNIVORA.

13 枕动脉 A. occipitalis. 向背侧延伸到颈部和头部的枕区。 BD

14 髁动脉 A. condylaris. 向髁腹侧窝延伸并通过舌下神经管和颈静脉孔到达颅腔。 B

15 枕支 Ramus occipitalis. 枕动脉在与椎动脉来的吻合支相连接后的分枝状延续。 B

16 脑膜后动脉（犬） A. meningea caudalis. 枕支的分支，通过乳突孔进入颞道，到达颅腔，分支到脑硬膜。 D

17 鼓室后动脉 A. tympanica caudalis. 供应中耳和内耳。 B

18 喉前动脉 A. laryngea cranialis. 向腹侧延伸到喉。 BD

19 咽支 Ramus pharyngeus. 喉前动脉的咽支，向背侧行，供应舌骨咽肌、甲咽肌和环咽肌。 B

20 喉支 Ramus laryngeus. 喉前动脉的喉支，通过甲状裂进入喉。 B

21 咽升动脉 A. pharyngea ascendens. 向前背侧延伸到鼓泡内侧面，并与颈内动脉吻合。 BD

22 腭支 Rami palatini. 咽升动脉的腭支，供应软腭，在猫也许仅有一支。 D

23 咽支 Rami pharyngei. 咽升动脉的咽支，主要到咽的前部。 D

24 舌动脉 A. lingualis. 向前腹侧延伸，在舌骨和舌骨舌肌间进入舌内。 BD

25 腭升动脉 A. palatina ascendens. 常常体现为两条小血管，供应舌根、软腭和附近的咽壁。 BD

26 舌骨周支 Rami perihyoidei. 起自腭升动脉的不同部位，供应舌骨周围的结构和腭扁桃体。 BD

27 舌深动脉 A. profunda linguae. 舌动脉向前的直接延续，沿颏舌肌的外侧面向前到舌尖。 D

28 舌背支 Rami dorsales linguae. 呈波状向背侧到舌背。 D

29 面动脉 A. facialis. 向前腹侧延伸，越过下颌骨腹侧缘，并继续沿咬肌前缘上升。 BC

30 腺支 Ramus glandularis. 到下颌腺和舌下腺。 B

31 舌下动脉 A. sublingualis. 向前沿下颌骨腹侧缘的内侧面延伸，在穿过下颌舌骨肌后分支到口腔底。 BCD

32 颏下动脉 A. submentalis. 沿下颌骨腹侧缘，在下颌舌骨肌的腹侧延伸到颏。 CD

33 下唇动脉 A. labialis inferior. 向前延伸到下唇。 BC

34 口角动脉 Aa. angulares oris. 走向口角。 C

35 上唇动脉 A. labialis superior. 向前延伸到上唇。 C

36 （与）眶下动脉吻合支 Ramus anastomoticus cum a. infraorbitali. 连接眶下动脉。 C（译者注：此处"与"字为方便读者理解，正式应用时可省略；以下其他动脉、静脉的吻合支及神经的交通支同样可省略"与"。）

37 眼角动脉（猫） A. angularis oculi. 拐向后背侧到内眼角，在犬也有报道。 C

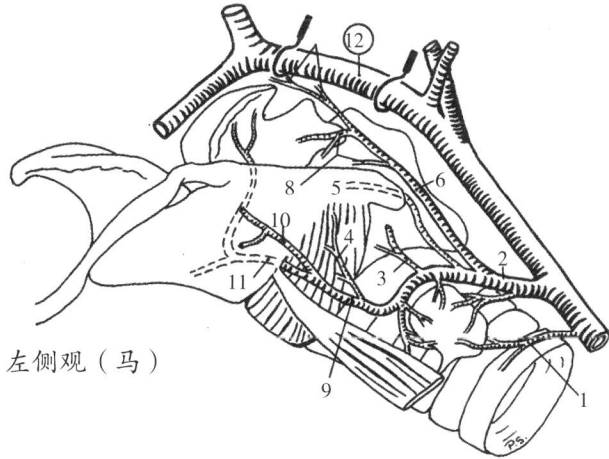

A 颈总动脉，左侧观（马）

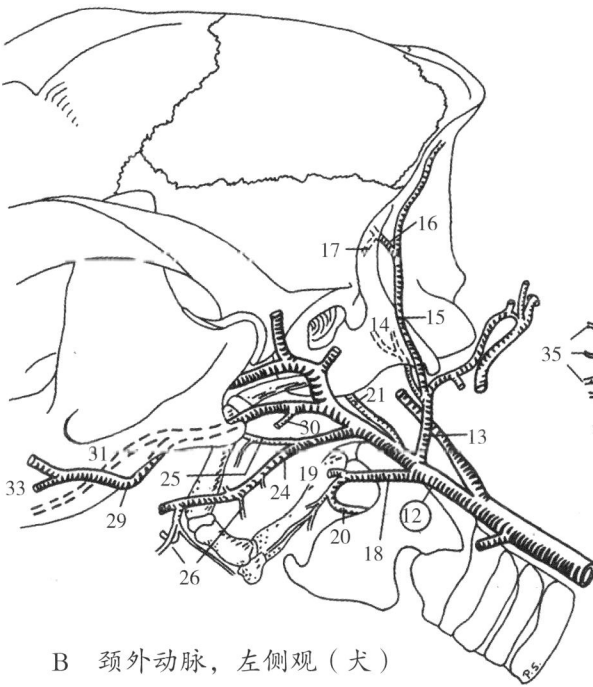

B 颈外动脉，左侧观（犬）

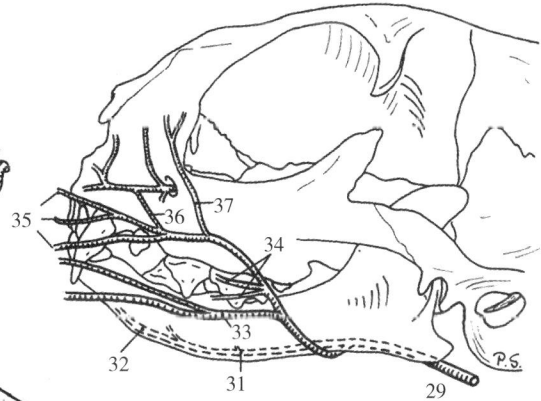

C 面动脉，左侧观（猫）

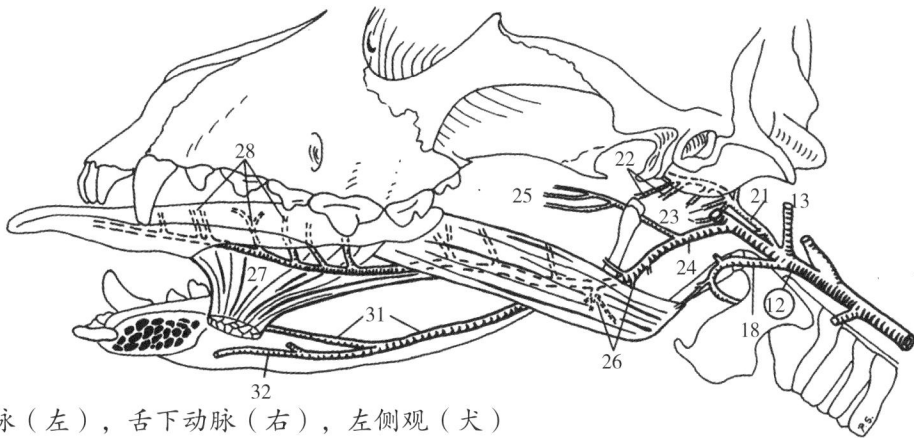

D 舌动脉（左），舌下动脉（右），左侧观（犬）

1　耳后动脉　A. auricularis caudalis.　为围绕耳基后部的动脉环路。　ABC

2　茎乳动脉　A. stylomastoidea.　从耳后动脉发出，进入茎乳孔，到达中耳。　ABC

3　腮腺支　Ramus parotideus.　供应腮腺的多变的分支，来自耳后动脉。　ABC

4　胸锁乳突肌支（犬）　Ramus sternocleidomastoideus.　偶尔有双支到胸乳突肌和锁乳突肌的联合腱上。　AC

5　腺支　Ramus glandularis.　到下颌腺。　C

6　耳外侧支　Ramus auricularis lateralis.　沿对耳屏缘延伸，在耳背面。常见双支（特别在猫）。　ABC

7　耳中间支　Ramus auricularis intermedius.　起自耳后动脉，沿耳背的中间延伸。　ABC

8　耳内侧支　Ramus auricularis medialis.　在耳背面沿耳屏缘延伸。　ABC

9　枕支　Ramus occipitalis.　由耳后动脉发出，进入颞肌后缘。　ABC

10　耳深动脉　A. auricularis profunda.　由耳后动脉发出，然后发出分支到外耳的内面，并分支到耳的肌肉和颞肌。　ABC

11　腮腺动脉　A. parotidea.　颈外动脉的分支，为到腮腺的主要动脉。　ABC

12　颞浅动脉　A. temporalis superficialis.　颈外动脉的分支，向背侧延伸，向前发出分支。　ABC

13　面横动脉　A. transversa faciei.　从腮腺内面走出，向前延伸。　C

14　耳前动脉　A. auricularis rostralis.　颞浅动脉的分支，从腮腺和颞肌之间延伸到耳廓。　C

15　下睑外侧动脉　A. palpebralis inferior lateralis.　由颞浅动脉发出，从外侧进入下睑。　C

16　上睑外侧动脉　A. palpebralis superior lateralis.　从外侧进入上睑。　C

17　鼻背后动脉（犬）　A. dorsalis nasi caudalis.　向前延伸到鼻背侧区。　C

18　上颌动脉　A. maxillaris.　穿过翼状管（犬）到翼腭窝。　ABC

19　颞下颌关节支　Ramus articularis temporomandibularis.　由上颌动脉分出，有时是多个脉管。　AC

20　下齿槽动脉　A. alveolaris inferior.　在下颌支和翼内肌之间延伸，进入下颌管。　ABC

21　下颌舌骨肌支　Ramus mylohyoideus.　到下颌舌骨肌。　BC

22　齿支　Rami dentales.　下齿槽动脉的分支，到齿。　C

23　颏支　Rami mentales.　下齿槽动脉的分支，从颏孔穿出。　C

24　颞深后动脉　A. temporalis profunda caudalis.　上颌动脉的分支，进入颞肌。　AB

25　咬肌动脉　A. masseterica.　颞深后动脉的分支，越过下颌切迹，到咬肌。　AB

26　鼓室前动脉　A. tympanica rostralis.　上颌动脉的分支，通过岩鼓裂进入中耳。　AB

27　脑膜中动脉　A. meningea media.　上颌动脉的分支。穿过卵圆孔、棘切迹或棘孔到脑硬膜。　AB

28　（与）颈内动脉吻合支　Ramus anastomoticus cum a. carotide interna.　并入到眼外动脉（犬）或网支的同名支中，到达颈内动脉。　A

29　上颌动脉异网（猫）　Rete mirabile a. maxillaris.　由上颌动脉形成的颅外网。　B

30　网支　Rami retis.　来自上颌动脉异网，穿过眶裂直接到大脑动脉环，或者加入颈内动脉，间接到大脑动脉环。　B

31　颞深前动脉　A. temporalis profunda rostralis.　来自上颌动脉异网，在颞肌内分支。　B

32　（与）眼内动脉吻合支　Ramus anastomoticus cum a. ophthalmica interna.　来自上颌动脉异网，于视神经内侧加入眼内动脉。　251页A

　　33　视网膜中央动脉　A. centralis retinae.　是对视网膜小动脉眼球外干支的统称。

　　34　睫状后长动脉　Aa. ciliares posteriores longae.　分为内侧和外侧同名动脉，穿过巩膜前部，供应眼球血管膜。　251页A

　　　　35　睫状后短动脉　Aa. ciliares posteriores breves.　在巩膜筛区附近穿过巩膜，供应眼球脉络膜。　见251页A

　　　　36　巩膜外动脉　Aa. episclerales.　在巩膜外表面。

37　肌支　Rami musculares.　主要供应眼球肌。　251页A

　　38　睫状前动脉　Aa. ciliares anteriores.　在巩膜沟附近穿过巩膜，供应眼球的纤维膜和血管膜。

　　39　巩膜外动脉　Aa. episclerales.　发自肌支，沿巩膜外表面延伸。

　　40　结膜后动脉　Aa. conjunctivales posteriores.　到结膜。

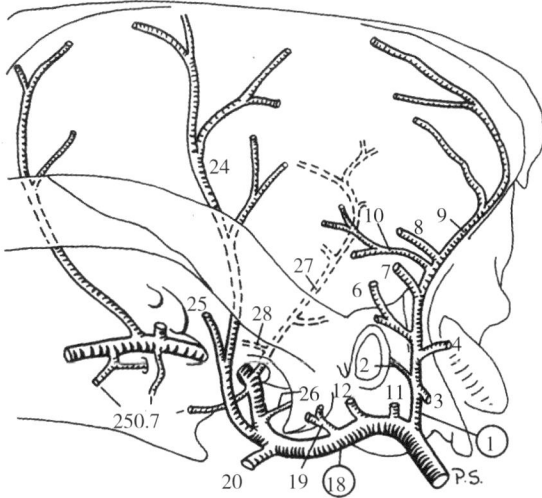

A 上颌动脉，左侧观（犬）

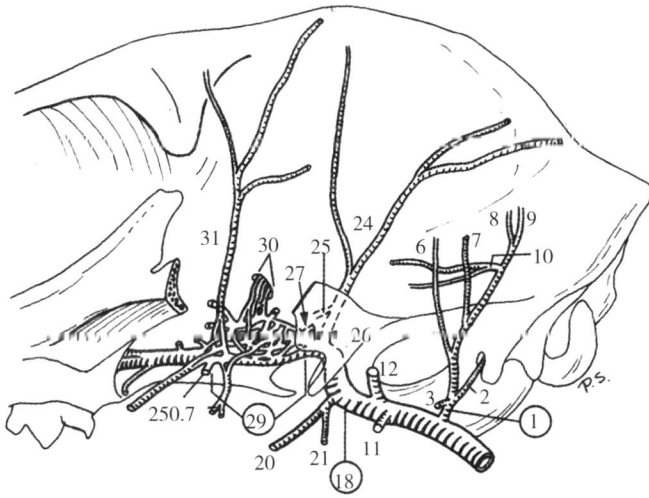

B 上颌动脉的半示意图，左侧观（猫）

C 颈外动脉的分支，左侧观（犬）

1 泪腺动脉　A. lacrimalis.　伴随泪腺神经到泪腺。　A

2 筛外动脉　A. ethmoidalis externa.　通过筛孔进入颅腔。　A

　　3 鼻中隔后动脉　Aa. nasales septales caudales.　穿过筛板进入鼻腔。

4 眶上动脉　A. supraorbitalis.　穿过眶骨膜，越过眶背内侧缘。　A

5 颊动脉　A. buccalis.　向前腹侧延伸到颊。　A

　　6 颧腺支　Rami glandulares zygomatici.　到颧腺。

7 翼支　Rami pterygoidei.　到翼肌的多个分支。见249页 AB

8 眼外动脉（犬）　A. ophthalmica externa.　在翼状管前方离开上颌动脉，进入眶骨膜，向前背侧延伸。　BC

9 （与）颈内动脉吻合支　Ramus anastomoticus cum a. carotide interna.　穿过眶裂进入颅腔，与颈内动脉相吻合。　BC

　　10 （与）脑膜中动脉吻合支　Ramus anastomoticus cum a. meningea media.　颈内动脉吻合支在颅内发出的分支，与脑膜中动脉吻合。　B

11 （与）眼内动脉吻合支　Ramus anastomoticus cum a. ophthalmica interna.　见248页32条。　BC

　　12 视网膜中央动脉　A. centralis retinae.　见248页33条。　B

　　13 睫状后长动脉　Aa. ciliares posteriores longae.　见248页34条。　B

　　　　14 睫状后短动脉　Aa. ciliares posteriores breves.　见248页35条。　B

　　　　15 巩膜外动脉　Aa. episcerales.　见248页36条。　B

16 肌支　Rami musculares.　见248页37条。　BC

　　17 睫状前动脉　Aa. ciliares anteriores.　见248页38条。

　　18 巩膜外动脉　Aa. episclerales.　见248页39条。

　　19 结膜后动脉　Aa. conjunctivales posteriores.　见248页40条。　C

20 泪腺动脉　A. lacrimalis.　见本页1条。　BC

21 筛外动脉　A. ethmoidalis externa.　见本页2条。　BC

　　22 脑膜前动脉　A. meningea rostralis.　在筛板后缘处硬膜内分支。　B

　　23 鼻中隔后动脉　Aa. nasales septales caudales.　见本页3条。　B

24 颞深前动脉（犬）　A. temporalis profunda rostralis.　在颞肌前缘中部进入颞肌。　B

25 颊动脉（犬）　A. buccalis.　见本页5条。　B

26 颧腺支　Rami glandulares zygomatici.　见本页6条。　B

27 眶下动脉　A. infraorbitalis.　经上颌孔进入眶下管，然后从眶下孔穿出。　ABD

28 颊动脉　A. malaris.　向前背侧延伸到内眼角。　ABD

　　29 下睑内侧动脉　A. palpebralis inferior medialis.　进入下睑内侧部。　BD

　　30 上睑内侧动脉　A. palpebralis superior medialis.　供应上睑内侧部。　BD

　　31 第3睑动脉　A. palpebrae tertiae.　到结膜半月襞［褶］［第3睑］。　BD

32 齿支　Rami dentales.　到上列齿。　AD

32a 鼻背动脉（猫）　A. dorsalis nasi.　在猫供应鼻背侧区，因为在猫没有像犬那样的鼻背后动脉。　A

33 鼻背前动脉（犬）　A. dorsalis nasi rostralis.　穿过眶下管（猫）向前背侧到鼻区。　AD

34 鼻外侧动脉　A. lateralis nasi.　到鼻外侧区和上唇。　AD

35 腭小动脉　A. palatina minor.　走向硬腭和软腭。　ABD

36 腭降动脉　A. palatina descendens.　上颌动脉在翼腭窝前端处向前腹侧的延续。　ABD

37 腭大动脉　A. palatina major.　穿过腭大管，在腭沟内继续前伸。　ABD

38 蝶腭动脉　A. sphenopalatina.　通过蝶腭孔伸向鼻腔。　BD

　　39 鼻后、鼻外侧和鼻中隔动脉　Aa. nasales caudales, laterales et septales.　到鼻腔。　D

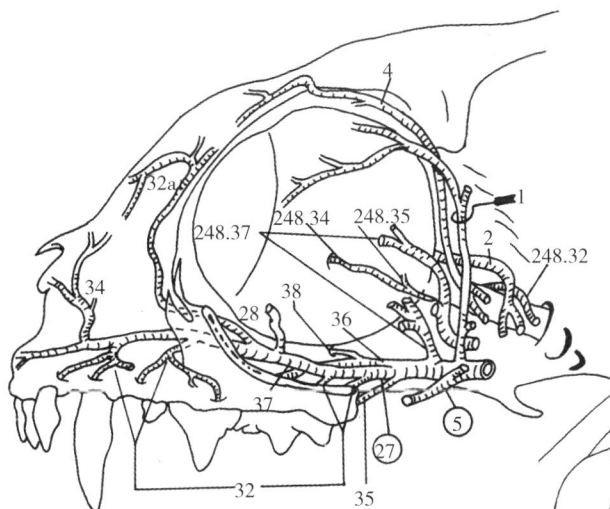

A 颈外动脉的分支，外侧观（猫）

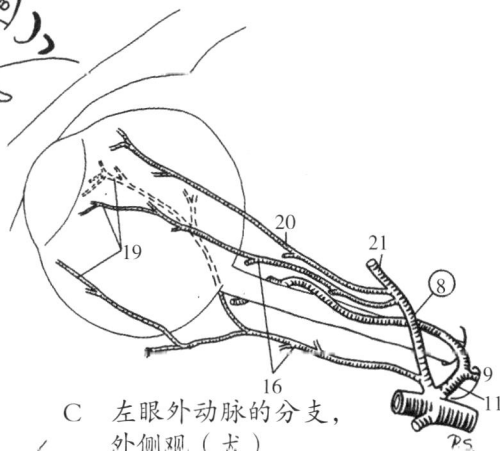

C 左眼外动脉的分支，外侧观（犬）

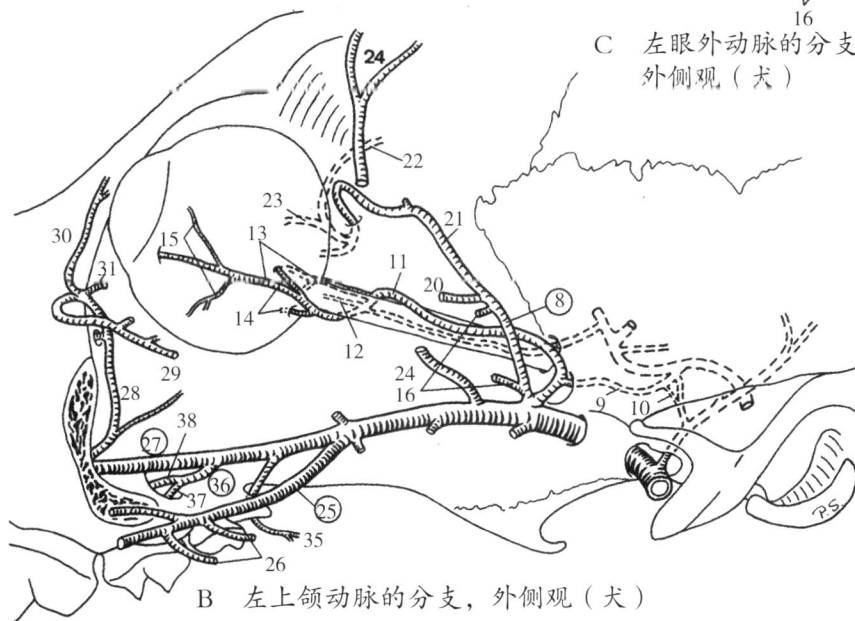

B 左上颌动脉的分支，外侧观（犬）

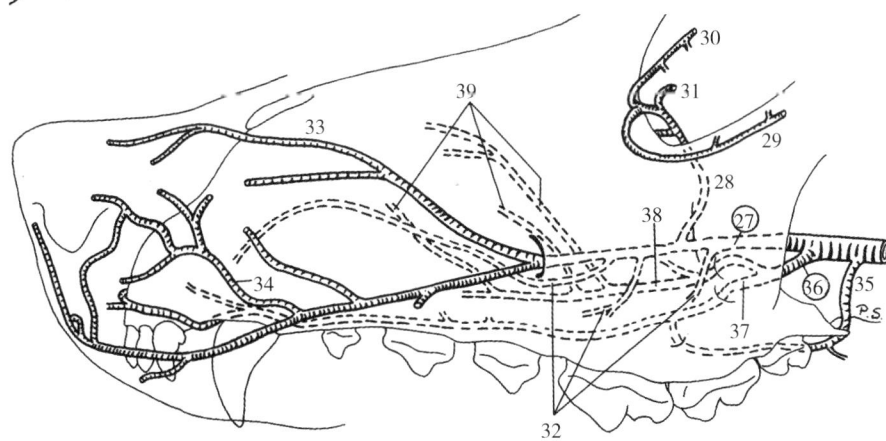

D 左上颌动脉的终末支，外侧观（犬）

颈外动脉——猪　SUS

1　**舌动脉**　A. lingualis.　颈外动脉的分支，经舌骨和舌骨舌肌间进入舌。　BC

2　舌骨周支　Rami perihyoidei.　围绕舌骨周围的分支，主要趋向正中矢状面。　B

3　腭升动脉　A. palatina ascendens.　沿茎突舌骨内侧面延伸进入软腭及其肌肉。　B

4　咽升动脉　A. pharyngea ascendens.　舌动脉向背侧发出的分支，常为两支。　B

5　腭支　Rami palatini.　供应腭部肌肉。　B

6　咽支　Rami pharyngei.　在咽壁分支。　B

7　舌下动脉　A. sublingualis.　向背侧在颏舌骨肌背缘越过颏舌肌的外侧面，供应口腔底和多口舌下腺。　AB

8　舌深动脉　A. profunda linguae.　舌动脉的沿颏舌肌外侧面向前延伸的丛状延续。　B

9　舌背支　Rami dorsales linguae.　沿舌骨舌肌和茎突舌肌的内侧面向舌背延伸。　B

10　**面动脉**　A. facialis.　向前腹侧延伸，在越过下颌骨腹缘后以多个分支进入咬肌腹侧部。　ABC

11　咽支　Ramus pharyngeus.　到咽外侧壁。　AC

12　腺支　Rami glandulares.　到下颌腺、腮腺和单口舌下腺。　AC

13　颏下动脉　A. submentalis.　在下颌舌骨肌腹外侧面向前延伸。　A

14　**耳后动脉**　A. auricularis caudalis.　向背侧延伸到耳的后面，分支变化不定。　AC

15　腮腺支　Ramus parotideus.　到腮腺。　C

16　胸锁乳突肌支　Ramus sternocleidomastoideus.　到锁头肌和胸乳突肌。　C

17　耳外侧支　Ramus auricularis lateralis.　在耳背的对耳屏缘向耳尖方向延伸。　C

18　耳中间支　Ramus auricularis intermedius.　在耳背的中间走向耳尖。　C

19　耳内侧支　Ramus auricularis medialis.　在耳背的耳屏缘向耳尖方向延伸。　C

20　耳深动脉　A. auricularis profunda.　分支到耳部肌和颞肌，也供应外耳的表面。　C

21　**腮腺支**　Rami parotidei.　到腮腺。　AC

22　**颞浅动脉**　A. temporalis superficialis.　向背侧行，越过颧弓的外侧面。　AC

23　面横动脉　A. transversa faciei.　绕过下颌颈外侧面，继续向前越过咬肌表面。　C

24　颞下颌关节支　Ramus articularis temporomandibularis.　向背侧行到颞下颌关节。　C

25　耳前动脉　Aa. auriculares rostrales.　向后延伸到外耳道并供应耳肌群和外耳的内表面。　C

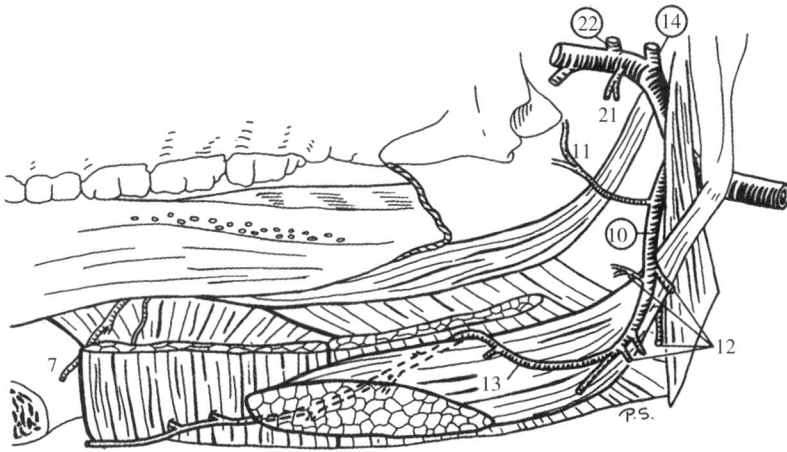

A　左面动脉，外侧观（猪）

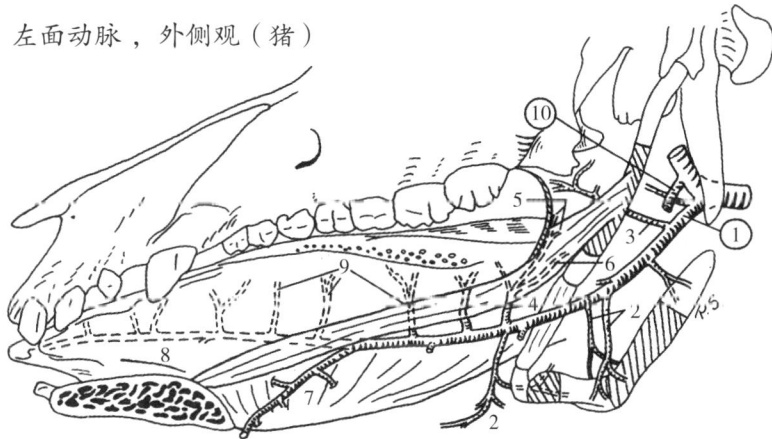

B　左舌动脉，外侧观（猪）

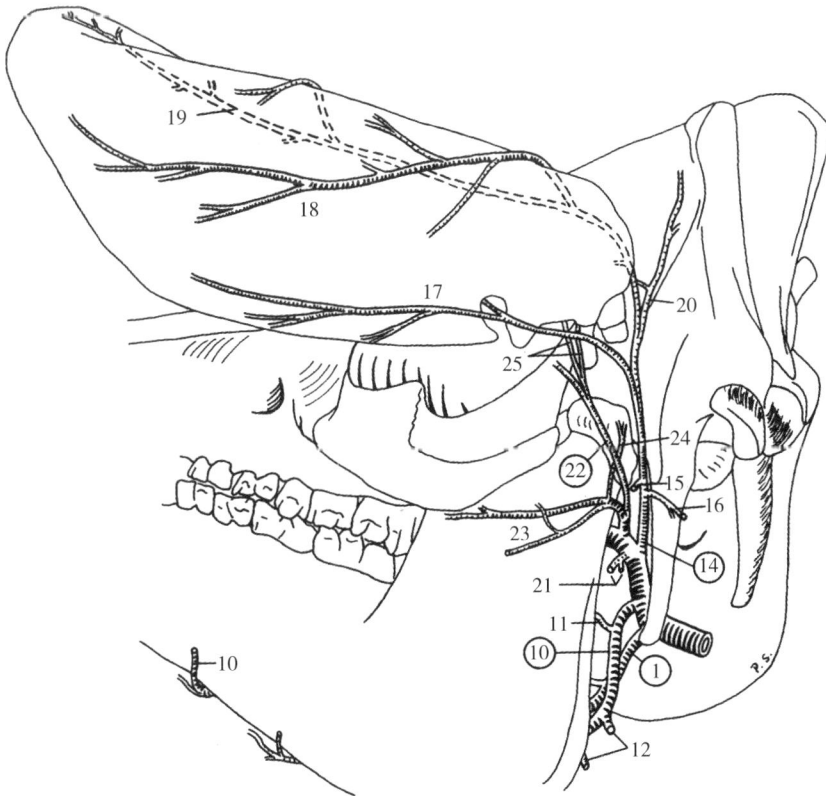

C　左颈外动脉的分支，后外侧观（猪）

1　上颌动脉　A. maxillaris.　沿波状弯曲的路线到翼腭窝。　A

2　脑膜中动脉　A. meningea media.　向后内侧行进，经棘切迹到达脑硬膜。　A

3　硬膜外前异网支　Ramus ad rete mirabile epidurale rostrale.　参与硬膜外前异网的形成。　A

4　颞深后动脉　A. temporalis profunda caudalis.　越过颧弓内侧面，进入颞肌。　A

5　咬肌动脉　A. masseterica.　通过下颌切迹进入咬肌。　A

6　翼肌支　Rami pterygoidei.　上颌动脉到翼肌的分支。　A

7　下齿槽动脉　A. alveolaris inferior.　向前腹侧经下颌孔进入下颌管内。　A

8　下颌舌骨肌支　Ramus mylohyoideus.　从下齿槽动脉发出的到下颌舌骨肌的分支。　A

9　齿支　Rami dentales.　下齿槽动脉的分支，到下颌的齿。　A

10　颏支　Rami mentales.　经颏外侧孔穿出，分支到颏区和下唇。　A

11　颊动脉　A. buccalis.　在上颌结节与下颌支之间向腹侧延伸，在咬肌前缘处分支。　A

12　颞深前动脉　A. temporalis profunda rostralis.　颊动脉的分支，向背侧到颞肌。　A

13　眼角动脉　A. angularis oculi.　起自颊动脉，向前背侧行，然后拐向后背侧到内眼角。　A

14　下睑内侧动脉　A. palpebralis inferior medialis.　起自眼角动脉，走向下睑内侧部。　A

15　口角动脉　A. angularis oris.　起自颊动脉，向前腹侧行到口角。　A

16　下唇动脉　A. labialis inferior.　起自颊动脉，向前腹侧行，供应下唇和颊腹侧腺。　A

17　上唇动脉　A. labialis superior.　起自颊动脉，供应上唇和颊背侧腺。　A

18　眼外动脉　A. ophthalmica externa.　起自上颌动脉，穿过眶骨膜，在上直肌和外直肌间行至眼球退缩肌的背侧部。　AB

19　脑膜前动脉　A. meningea rostralis.　起自眼外动脉，经眶圆孔进入颅腔供应脑硬膜。　A

20　至硬膜外前异网的分支　Ramus ad rete mirabile epidurale rostrale.　在颅腔内起自脑膜前动脉，参与硬膜外前异网的形成。　A

21　滑车上动脉　A. supratrochlearis.　起自眼外动脉，穿过眶骨膜，拐向眼球肌表面，然后再度穿出眶骨膜到达额骨的颧突。　AB

22　上睑内侧动脉　A. palpebralis superior medialis.　滑车上动脉的分支，沿额骨颧突前面向内侧延伸，供应上睑内侧部。　A

23　眶上动脉　A. supraorbitalis.　起自眼外动脉，穿过眶骨膜进入眶上管，并穿出眶上孔。　AB

24　睫状前动脉　Aa. ciliares anteriores.　起自眼外动脉，在巩膜沟附近穿过巩膜，供应眼球的血管膜。　B

25　筛外动脉　A. ethmoidalis externa.　起自眼外动脉，穿出眶骨膜，经筛孔进入颅腔，然后穿过筛板走向鼻腔。　AB

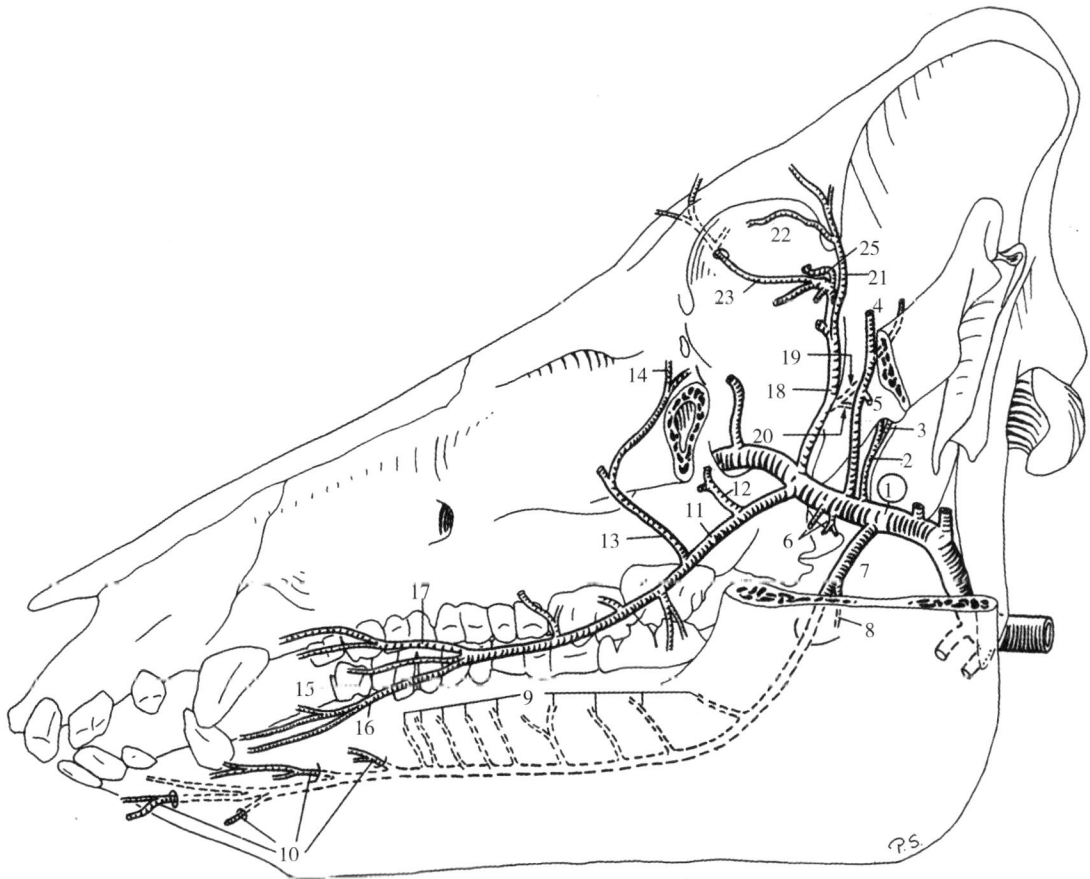

A　左上颌动脉，外侧观（猪）

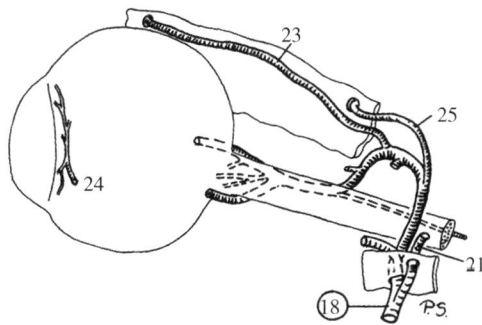

B　左眼外动脉，外侧观，眶骨膜部分切除（猪）

1 泪腺动脉　A. lacrimalis.　起自眼外动脉，在眶骨膜内向前背侧延伸，抵达泪腺。　C

　2 下睑外侧动脉　A. palpebralis inferior lateralis.　泪腺动脉的分支，由外侧进入下睑。　C

　3 上睑外侧动脉　A. palpebralis superior lataralis.　泪腺动脉的分支，由外侧进入上睑外侧部。　C

4 肌支　Rami musculares.　眼外动脉的不同分支，供应眼球肌。　A

5 （与）眼内动脉吻合支　Ramus anastomoticus cum a. ophthalmica interna.　眼外动脉的分支，在视神经内侧面与眼内动脉相接，并向前延续。　A

　6 视网膜中央动脉　A. centralis retinae.　是对视网膜小动脉眼球外干支的统称。　A

　7 睫状后长动脉　Aa. ciliares posteriores longae.　发自与眼内动脉的吻合支，成对的动脉，穿过巩膜前外侧部和前内侧部，供应眼球血管膜。　A

　　8 睫状后短动脉　Aa. ciliares posteriores breves.　睫状后长动脉的分支，在接近视神经的部位穿过巩膜，供应脉络膜。　A

　　9 巩膜外动脉　Aa. episclerales.　睫状后长动脉的分支，沿巩膜外表面延伸并分布于斯。　A

10 结膜后动脉　Aa. conjunctivales posteriores.　沿巩膜延伸，进入结膜。　A

11 颧动脉　A. malaris.　越过颧骨颞突的内表面，穿过眶骨膜，走向内眼角。　B

12 第3眼睑动脉　A. palpebrae tertiae.　供应第3眼睑。　B

13 额支　Ramus frontalis.　颧动脉的分支，在眶骨膜外起始，在眶的腹内侧部表面延伸到内眼角。　B[1]

　14 下睑内侧动脉　A. palpebralis inferior medialis.　为额支的分支，从内侧进入下睑。B[1]

15 结膜前动脉　Aa. conjunctivales anteriores.　为颧动脉的分支，供应结膜。B[1]

16 鼻背动脉　A. dorsalis nasi.　从眶内走出，走向鼻背侧区，为额支的一个分支。B[1]

17 眶下动脉　A. infraorbitalis.　经上颌孔进入眶下管，由眶下孔穿出。　B

18 齿支　Rami dentales.　眶下动脉的分支，到上列齿。　B

19 鼻外侧动脉　Aa. laterales nasi.　在鼻外侧区向前背侧延伸。　B

20 腭降动脉　A. palatina descendens.　从上颌动脉发出，在翼腭窝前端处向前腹侧延伸。　BC

21 蝶腭动脉　A. sphenopalatina.　发自腭降动脉，穿过蝶腭孔走向鼻腔。　C

　22 鼻后、鼻外侧和鼻中隔动脉　Aa. nasales caudales，laterales et septales.　在鼻黏膜内分支。　C

23 腭小动脉　A. palatina minor.　沿腭骨锥突和上颌结节间伸向软腭，不恒定。　C

24 腭大动脉　A. palatina major.　向前穿过腭大管并继续在腭沟内前行，发出分支到硬腭，到对侧硬腭的对应部位，到鼻，并通过腭裂到鼻黏膜。　C

1）：尽管在 N.A.V. 还没有按下列序列排序，但 Paul Simoens 教授还是提出了将上述 13—14—15—16 的排序改为 15—13—14—16 或其他序列的建议：

13 结膜前动脉 Aa. conjunctivales anteriores.

14 额支 Ramus frontalis.

15 下睑内侧动脉 A. palpebralis inferior medialis.

16 鼻背动脉 A. dorsalis nasi.

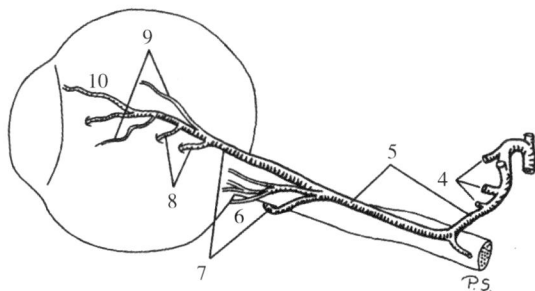

A　到右眼的动脉，内侧观（猪）

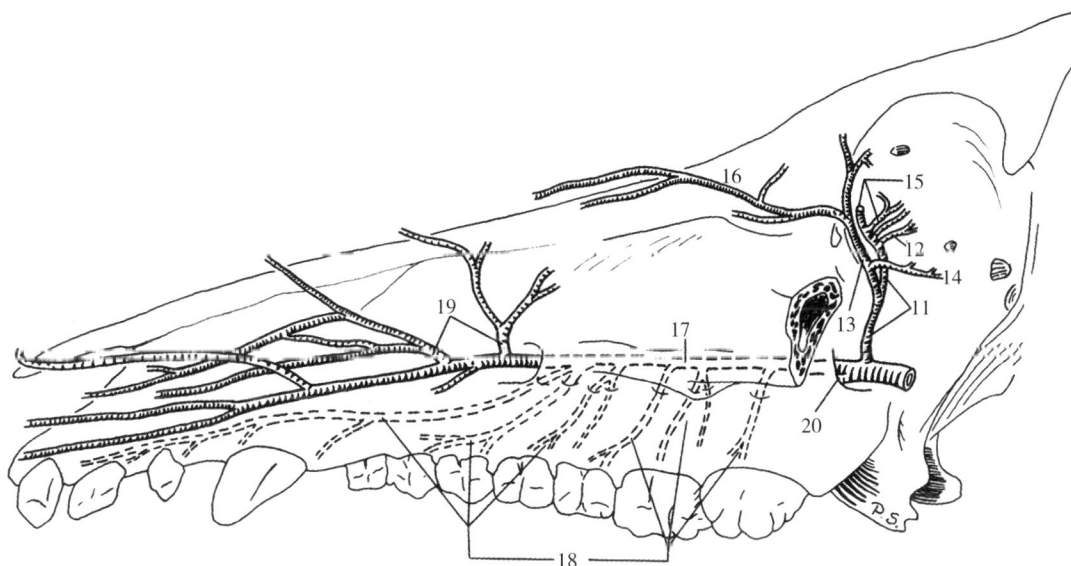

B　左侧的眶下动脉和颧动脉，外侧观（猪）

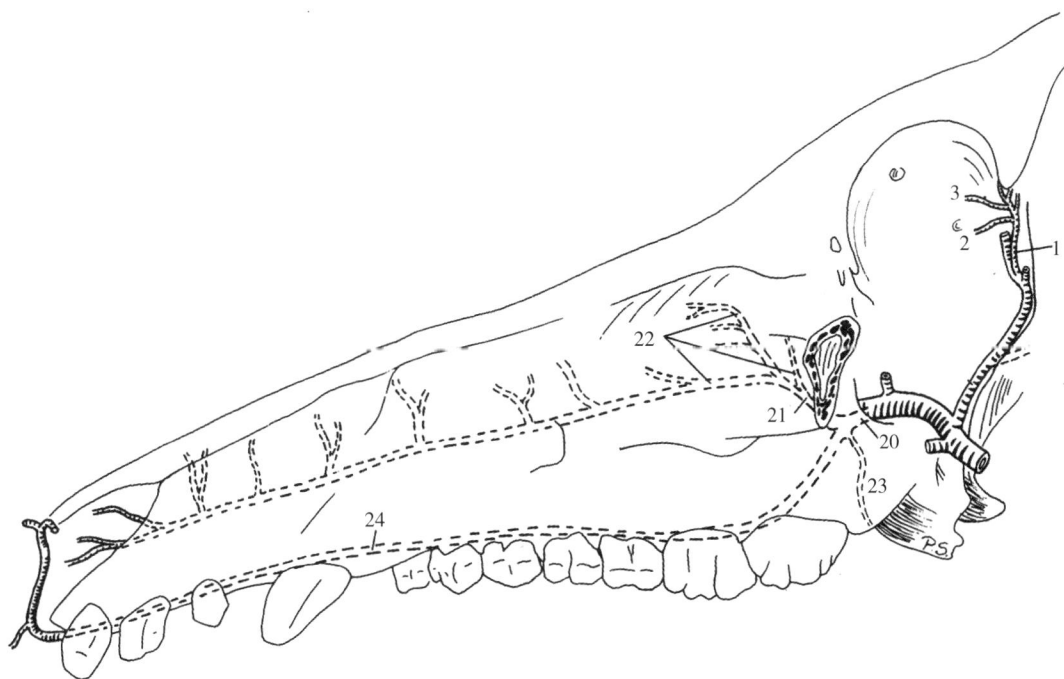

C　左上颌动脉，外侧观（猪）

颈外动脉——反刍动物　RUMINANTIA

1　**舌面干**　Truncus linguofacialis.　舌动脉和面动脉的总干，常见于牛，在绵羊和山羊无面动脉。B

2　**舌动脉**　A. lingualis.　由舌面干发出，沿舌骨舌肌内侧面进入舌。　ABC

3　**腺支**　Rami glandulares.　由舌动脉发出，以不同的分支进入下颌腺。　A

4　**舌骨周支**　Rami perihyoidei.　围绕舌骨，常通过一条明确的分支与对侧同名支相吻合。　A

5　**舌下动脉**　A. sublingualis.　在舌骨舌肌内侧面向前延伸，也许单侧退化（绵羊、山羊）。　A

6　*额下动脉*（绵羊、山羊）　A.submentalis.　偶尔出现，穿过下颌舌骨肌，继续浅表地延伸到颏区。　A

7　**舌深动脉**　A. profunda linguae.　向前沿颏舌肌外侧面延伸。　A

8　*舌背支*　Rami dorsalies linguae.　在舌内起自舌深动脉，走向舌背。　A

9　**面动脉**（牛）*　A. facialis.　向前腹侧延伸，在面血管切迹*（Incisura vasorum facialium）处越过下颌骨腹侧缘，然后在咬肌前缘上升。　B

10　**腺支**　Ramus glandularis.　面动脉的腺支，偶尔为多个分支，进入下颌腺。　B

11　**颏下动脉**　A. submentalis.　起自面动脉，在下颌舌骨肌腹外侧面向前延伸。　B

12　**下唇动脉**　Aa. labiales inferiores.　供应下唇的一对向前的血管。　B

13　**上唇动脉**　A. labialis superior.　向前延伸进入上唇和鼻唇镜。　B

14　**口角动脉**　A. angularis oris.　供应口角，非常细或无。　B

15　**鼻外侧前支**　Ramus lateralis nasi rostralis.　在鼻侧面延伸，常以数个分支代替。　B

16　（与）**眶下动脉吻合支**　Ramus anastomoticus cum a. infraorbitali.　与眶下动脉的分支连接。　B

17　**眼角支**　Ramus angularis oculi.　走向内侧眼角的不恒定的分支。

18　**耳后动脉**　A. auricularis caudalis.　起自颈外动脉，向后背侧走向耳的基部。　BC

19　**腮腺支**　Rami parotidei.　到腮腺。　BC

20　**茎乳动脉**　A. stylomastoidea.　穿过茎乳孔进入面神经管，分支到中耳。　BC

21　**脑膜支**（绵羊、山羊）　Ramus meningeus.　在外耳门附近进入颞骨，横跨过颞道进入颅腔，供应脑膜。　C

22　**胸锁乳突肌支**（山羊）　Ramus sternocleidomastoideus.　到胸乳突肌和锁乳突肌。　C

23　**耳外侧支**　Ramus auricularis lateralis.　在耳背面沿对耳屏走向耳尖。　BC

24　**耳中间支**（绵羊、山羊）　Ramus auricularis intermedius.　在耳背的中间走向耳尖，也偶尔见于牛。　C

25　**耳中间外侧支**（牛）　Ramus auricularis intermedius lateralis.　在耳背面走向耳尖。　B

26　**耳中间内侧支**（牛）　Ramus auricularis intermedius medialis.　在耳背面走向耳尖。　B

27　**枕支**　Ramus occipitalis.　走向枕区。　BC

28　**耳深动脉**　A. auricularis profunda.　由耳后动脉发出，到外耳的内面，也到耳的肌肉和颞肌。　BC

29　**咬肌支**（牛）　Ramus massetericus.　起自颈外动脉，向前腹侧进入咬肌后部。　B

A　左舌动脉，外侧观（绵羊）

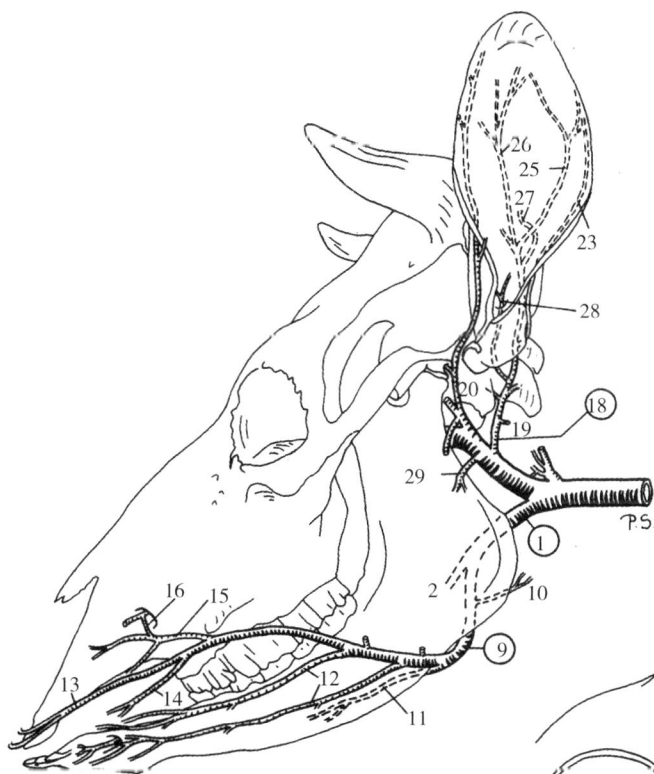

B　头部的动脉，外侧观（牛）

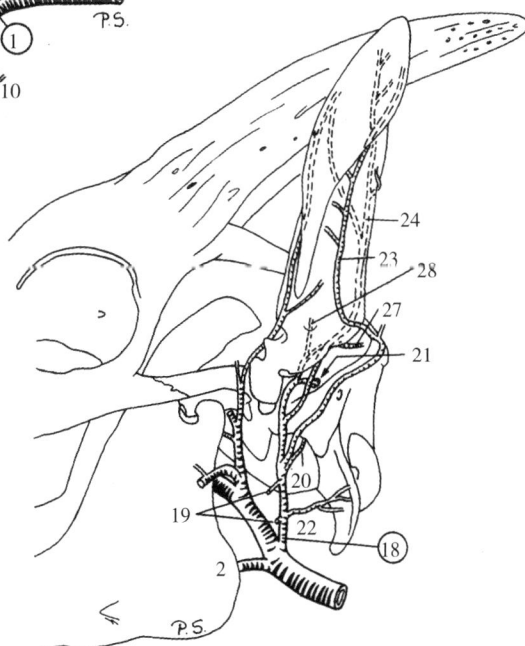

C　耳的动脉，外侧观（山羊）

1 颞浅动脉 A. temporalis superficialis. 向背侧越过颧弓外侧面，在额区分支。 AB

2 耳前动脉（绵羊、山羊） A. auricularis rostralis. 越过颧弓外侧面，到达耳基的前部。 A

3 耳内侧支 Ramus auricularis medialis. 在耳背面沿耳屏缘走向耳尖，为耳前动脉的分支。 A

4 面横动脉 A. transversa faciei. 越过下颌支，在咬肌表面向前下方延伸。 AB

5 颞下颌关节支（牛） Ramus articularis temporomandibularis. 到颞下颌关节，有不同的起点。 B

6 咬肌支（绵羊、山羊） Ramus massetericus. 到咬肌。 A

7 下唇动脉（绵羊、山羊） A. labialis inferior. 在下唇内延伸。 A

8 上唇动脉（绵羊、山羊） A. labialis superior. 在上唇内延伸。 A

9 口角动脉 A. angularis oris. 走向口角。 A

10 （与）眶下动脉吻合支 Ramus anastomoticus cum a. infraorbitali. 经常是多个分支与眶下动脉连接。 A

11 耳前动脉（牛） A. auricularis rostralis. 走向耳基的前部。 B

12 脑膜支 Ramus meningeus. 穿过颞道进入颅腔，分支到脑膜。 B

13 耳内侧支 Ramus auricularis medialis. 在耳背面走向耳尖，与耳屏缘平行。 B

14 角动脉* A. cornualis. 起自颞浅动脉，向后内侧行至角基，依角的大小和发育阶段，往往呈现出数支。 AB

15 泪腺支（牛、绵羊） Ramus lacrimalis. 起自颞浅动脉的不同水平，然后穿过眶骨膜到泪腺。 B

16 上睑外侧动脉 A. palpebralis superior lateralis. 向前内侧进入上睑。 AB

17 下睑外侧动脉 A. palpebralis inferior lateralis. 向前内侧进入下睑，绵羊常缺如。 AB

18 鼻背动脉（山羊） A. dorsalis nasi. 向前行至鼻背侧面。 A

19 上颌动脉 A. maxillaris. 向前背侧延伸至翼腭窝。 AB

20 翼肌支 Ramus pterygoideus. 供应翼肌的易变的分支。 AB

21 下齿槽动脉 A. alveolaris inferior. 穿过下颌孔并在下颌管内延伸。 AB

22 下颌舌骨肌支 Ramus mylohyoideus. 到下颌舌骨肌，是由下齿槽动脉在进入下颌管前发出。 A

23 齿支 Rami dentales. 供应下颌的齿。 A

24 颏动脉 A. mentalis. 下齿槽动脉的直接延续，从颏孔走出到颏。 A

25 颞深动脉（绵羊、山羊） A. temporalis profunda. 由上颌动脉发出后，先向前行一小段，然后拐向背侧，在颞肌内分支。 A

26 颞下颌关节支 Ramus articularis temporomandibularis. 到颞下颌关节。 A

27 颞深后动脉（牛） A. temporalis profunda caudalis. 供应颞肌。 B

28 咬肌动脉 A. masseterica. 越过下颌切迹进入咬肌。 B

29 颊动脉 A. buccalis. 越过上颌结节表面，进入颊的后部。 AB

30 颞深前动脉（牛） A. temporalis profunda rostralis. 起自颊动脉，进入颞肌。 B

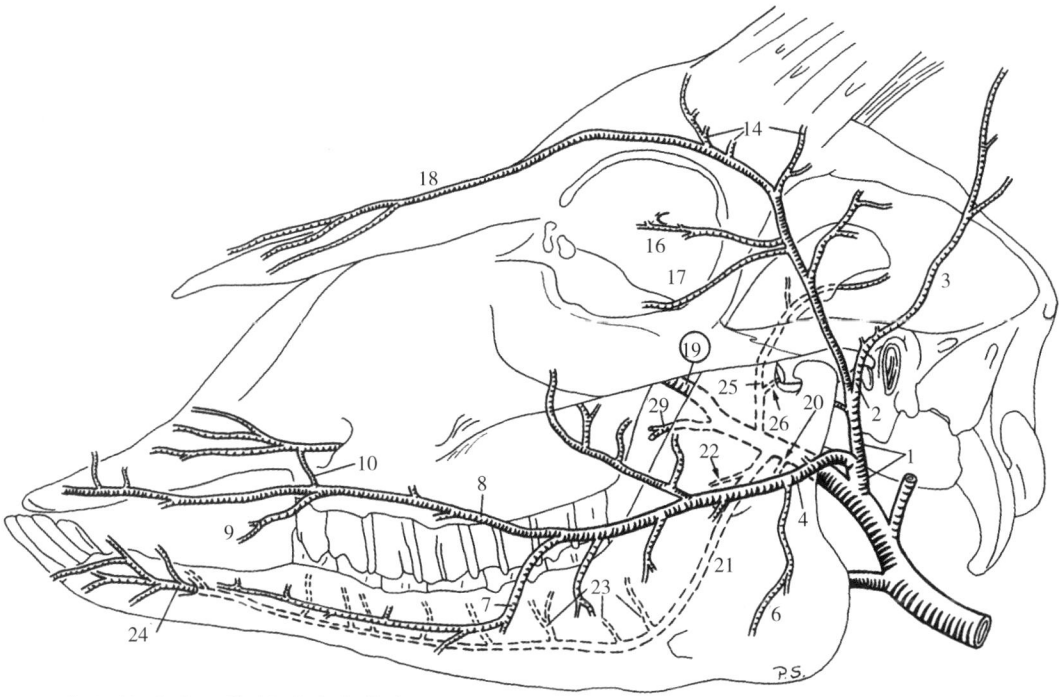

A　头部的动脉，外侧观（山羊）

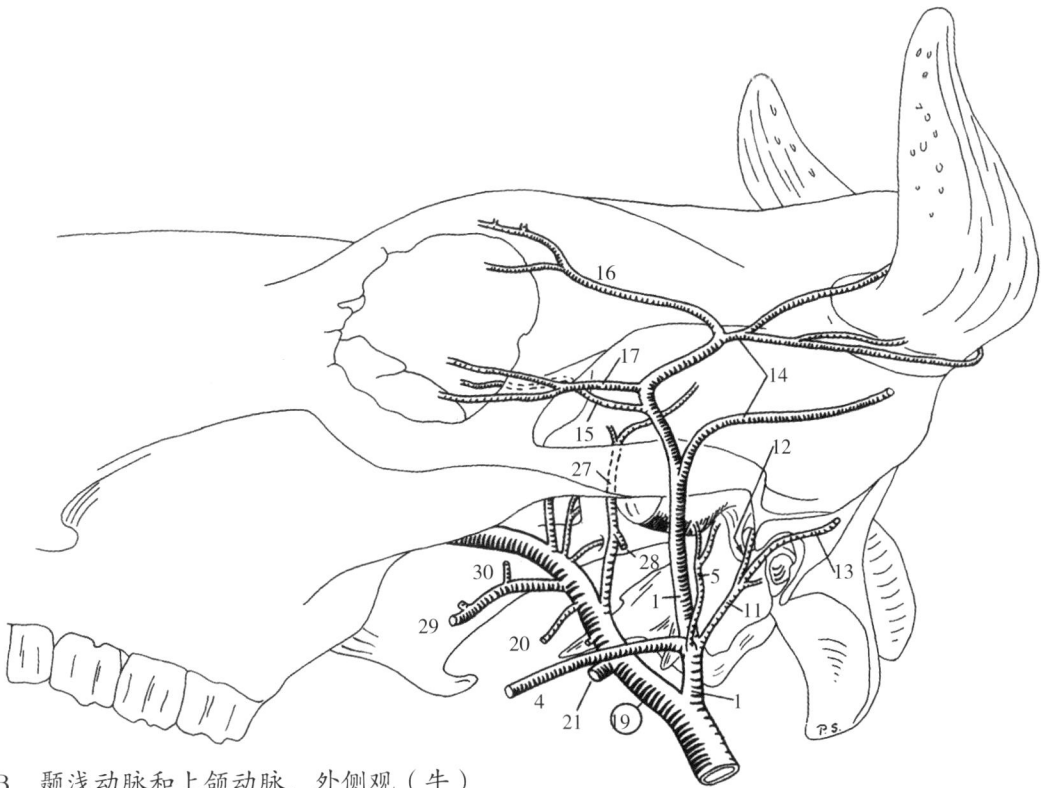

B　颞浅动脉和上颌动脉，外侧观（牛）

1 至硬膜外前异网的后支　Ramus caudalis ad rete mirabile epidurale rostrale.　穿过卵圆孔到硬膜外前异网，也可以在卵圆孔附近穿过颅骨。　AC

2 至硬膜外前异网的前支　Rami rostrales ad rete mirabile epidurale rostrale，穿过眶圆孔到硬膜外前异网。　AC

3 眼外动脉　A. ophthalmica externa.　穿过眶骨膜，于上直肌和外直肌之间延伸到眼球退缩肌表面，并在视神经表面继续向前。　ABC

4 眼异网　Rete mirabile ophthalmicum.　在眼外动脉径路上出现的动脉网。　AB

5 眶上动脉　A. supraorbitalis.　穿过眶上管到额区，见于牛，有时见于绵羊。　AB

　6 筛外动脉　A. ethmoidalis externa.　穿过筛孔到颅腔，继续穿过筛板至鼻腔。　A

　7 结膜前动脉　Aa. conjunctivales anteriores.　到结膜，起点不定。　AB

8 泪腺动脉　A. lacrimalis.　沿上直肌进入泪腺，绵羊无。　A

9 （与）眼内动脉吻合支　Ramus anastomaticus cum a. ophthalmica interna.　眼外动脉的一条短支，在视神经前内侧面与眼内动脉相连接。　B

10 肌支　Rami musculares.　主要到眼球肌，大部分起自眼异网。　B

　11 睫状前动脉　Aa. ciliares anteriores.　穿通巩膜的前部，在脉络膜内分支。

　12 巩膜外动脉　Aa. episclerales.　在巩膜表面延伸并供应之。

　13 结膜后动脉　Aa. conjunctivales posteriores.　沿巩膜到结膜。

14 睫状后长动脉　Aa. ciliares posteriores longae.　一对沿眼球内侧或外侧前行的动脉，穿过巩膜进入血管膜。　B

　15 视网膜中央动脉　A. centralis retinae.　常为发出众多视网膜小动脉的两条十支。　B

　16 睫状后短动脉　Aa. ciliares posteriores breves.　在筛区附近穿过巩膜，并在脉络膜内分支。　B

　17 巩膜外动脉　Aa. episclerales.　从外面供应巩膜。　B

18 颧动脉　A. malaris.　在眶内向前内侧延伸到内眼角，并延续到面部外侧面。　AC

19 第3睑动脉　A. palpebrae tertiae.　供应第3眼睑。　AC

20 下睑内侧动脉　A. palpebralis inferior medialis.　起自颧动脉，向外侧行，供应下睑。　AC

21 上睑内侧动脉（绵羊、山羊）　A. palpebralis superior medialis.　在上睑内向外行，不恒定，特别在绵羊。　A

22 眼角动脉（牛）　A. angularis oculi.　向后行至内眼角。　C

23 鼻外侧后动脉　A. lateralis nasi caudalis.　向前行至鼻区。　AC

24 鼻背动脉（牛、绵羊）　A. dorsalis nasi.　在鼻背侧面前行。　AC

25 眶下动脉　A. infraorbitalis.　穿过上颌孔到眶下管内，分支到面区外侧面。　AC

26 齿支　Rami dentales.　到上列齿。　AC

27 鼻外侧前动脉　A. lateralis nasi rostralis.　到鼻区。　A

28 腭降动脉　A. palatina descendens.　上颌动脉向前腹侧方的直接延续。　AC

29 蝶腭动脉　A. sphenopalatina.　穿过蝶腭孔到鼻腔。　AC

　30 鼻后、鼻外侧和鼻中隔动脉　Aa. nasales caudales，laterales et septales.　供应鼻腔后腹侧部黏膜。　AC

31 腭小动脉　A. palatina minor.　供应软腭和附近的结构。　AC

32 腭大动脉　A. palatina major.　穿过腭大管，在腭沟内继续向前延伸，供应硬腭，并与对侧的同名支相吻合，还可供应鼻黏膜。　AC

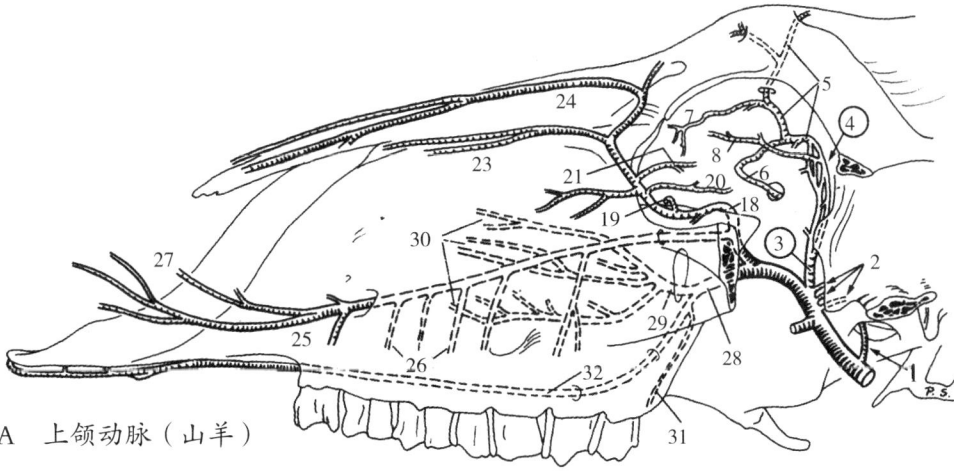

A 上颌动脉（山羊）

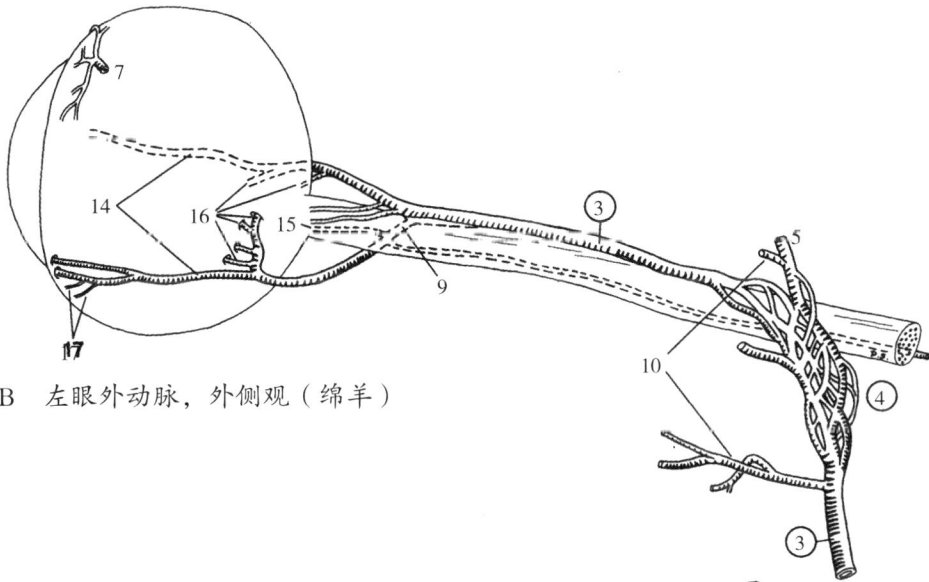

B 左眼外动脉，外侧观（绵羊）

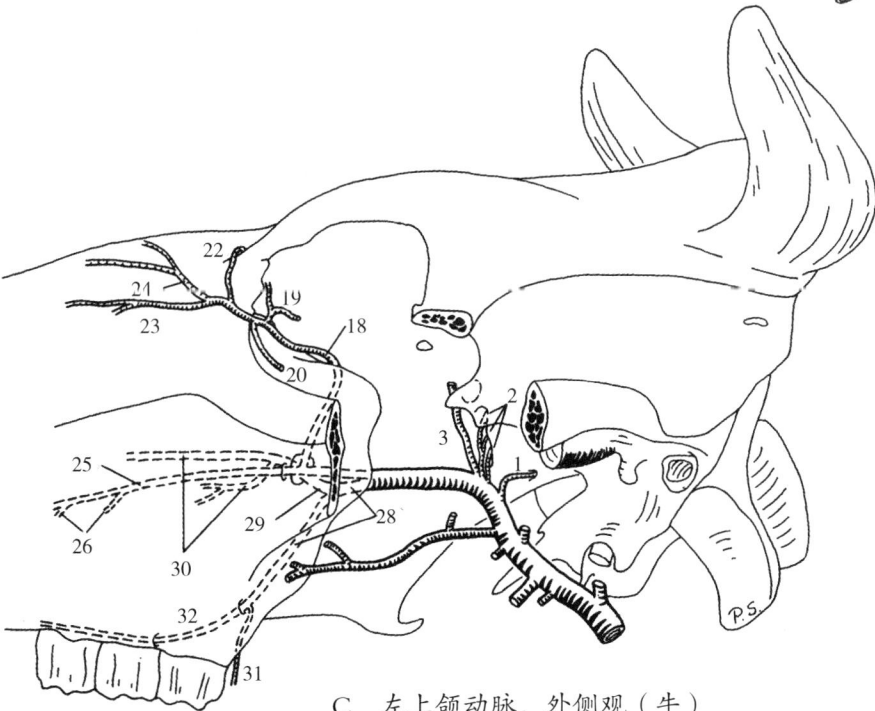

C 左上颌动脉，外侧观（牛）

颈外动脉——马　EQUUS

1　**枕动脉**　A. occipitalis.　与颈内动脉一起或在其紧前方起于颈总动脉，沿着略呈"S"状的路径到寰椎窝。　AB

2　**腺支**　Ramus glandularis.　到下颌腺。　AB

3　**髁动脉**　A. condylaris.　向前背侧行，分为肌支和脑膜支，后者经颈静脉孔和舌下神经管进入颅腔。　AB

4　**枕支**　Ramus occipitalis.　指枕动脉与椎动脉的枕动脉吻合支连接后的直接延续的一段，走向项嵴。　AB

5　**脑膜后动脉**　A. meningea caudalis.　由枕支发出，向前背侧行，穿过乳突孔进入颞道，到达颅腔，供应脑硬膜。　AB

6　**舌面干**　Truncus linguofacialis.　舌动脉和面动脉起始的共同主干，罕见缺如，另外腭升动脉也起于此干。向前下沿茎突舌骨在茎突舌骨肌内侧面延伸。　ABC

7　**腭升动脉**　A. palatina ascendens.　向前在茎突舌骨肌和茎突咽肌之间延伸，主要供应软腭。　C

8　**舌动脉**　A. lingualis.　常沿着舌骨舌肌和角舌骨肌之间进入舌。　C

9　**舌骨周支**　Rami perihyoidei.　出现在舌骨附近并供应舌骨的分支状血管。　C

10　**舌深动脉**　A. profunda linguae.　在舌内沿颏舌肌外侧面向前行。　C

11　**舌背支**　Rami dorsales linguae.　走向舌背。　C

12　**面动脉**＊　A. facialis.　起始后沿翼内侧肌内侧面向前腹侧延伸，绕过面血管切迹，再沿咬肌前缘上升到面部。　AC

13　**咽支**　Ramus pharyngeus.　到咽壁，不恒定。（咽支这一名称在第5版 N.A.V. 是被省略的。）

14　**舌下动脉**　A. sublingualis.　在下颌骨和下颌舌骨肌之间向前腹侧延伸，在穿过下颌舌骨肌之后，则沿多口舌下腺的腹侧缘到达口腔底。　C

15　**颏下动脉**　A. submentalis.　向前，在下颌舌骨肌的腹外侧面延伸。　C

16　**下唇动脉**　A. labialis inferior.　向前延伸到下唇。　A

17　**口角动脉**　A. angularis oris.　到口角。　A

18　**上唇动脉**　A. labialis superior.　向前延伸到上唇。　A

19　**鼻外侧动脉**　A. lateralis nasi.　常见成对地供应鼻外侧区。　A

20　**（与）眶下动脉吻合支**　Ramus anastomoticus cum a. infraorbitali.　与眶下动脉的分支相交通。　A

21　**鼻背动脉**　A. dorsalis nasi.　向前背侧伸到鼻背侧区。　A

22　**眼角动脉**　A. angularis oculi.　指向内眼角。　A

23　**咬肌支**　Ramus massetericus.　起自颈外动脉，向前腹侧越过下颌支，继续在咬肌腹侧部表面延伸。　AB

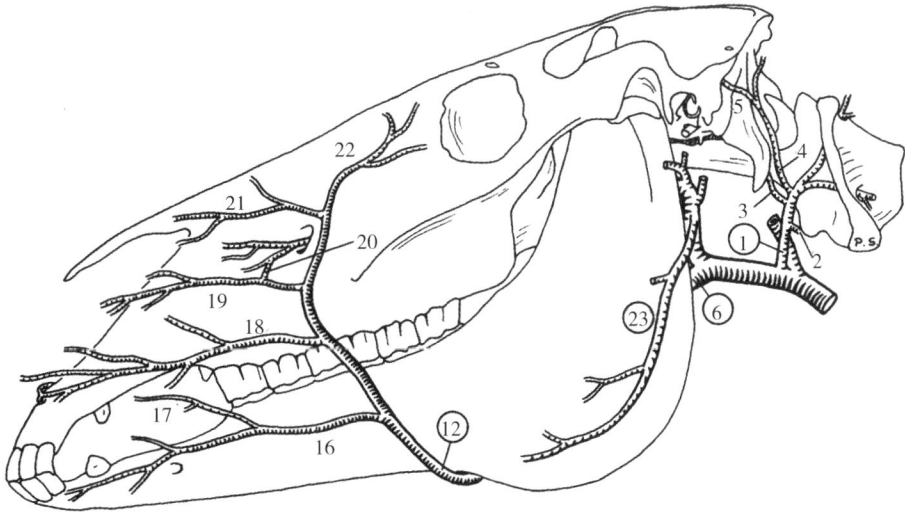

A 左面动脉，外侧观（马）

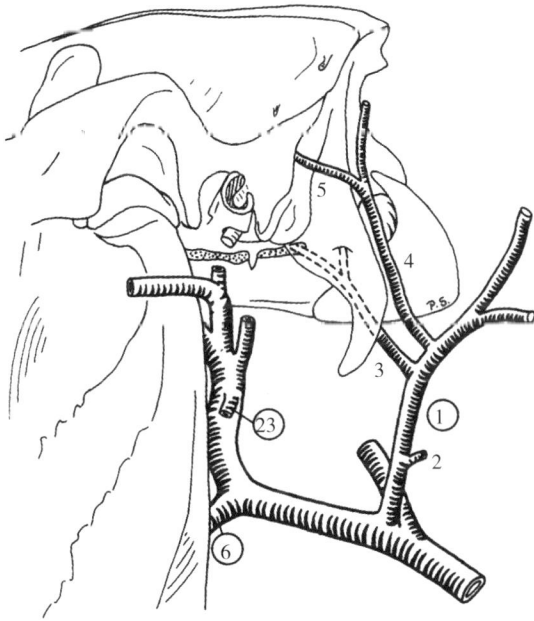

B 左枕动脉，外侧观（马）

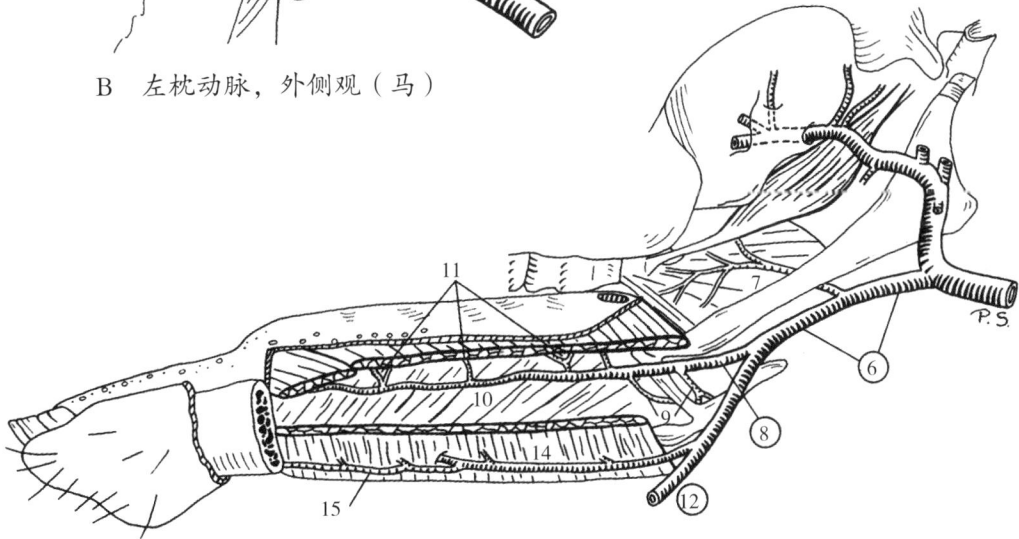

C 左舌面干，外侧观（马）

1 耳后动脉　A. auricularis caudalis.　向背侧到耳基部。　AD

2 腮腺支　Rami parotidei.　为到腮腺的几个分支。　A

3 耳外侧支　Ramus auricularis lateralis.　在耳背面沿对耳屏缘走向耳尖。　A

4 耳中间支　Ramus auricularis intermedius.　在耳背面的中间走向耳尖。　A

5 耳内侧支　Ramus auricularis medialis.　在耳背面沿耳屏缘走向耳尖。　A

6 枕支　Ramus occipitalis.　向枕区和颞区延伸。　A

7 耳深动脉　A. auricularis profunda.　在外耳道和乳突之间延伸，发出肌支及一至多条到外耳内面的分支。　ABC

8 茎乳动脉　A. stylomastoidea.　穿过或在茎乳孔附近进入鼓室腔。　C

9 鼓室后动脉　A. tympanica caudalis.　供应中耳及其肌肉。　C

10 颞浅动脉　A. temporalis superficialis.　在外耳和颞下颌关节间行向背侧，最终在颞肌处分为多个肌支。　AD

11 面横动脉　A. transversa faciei.　向前行至咬肌表面并供应之。　AD

12 颞下颌关节支　Ramus articularis temporomandibularis.　到颞下颌关节。　A

13 耳前动脉　A. auricularis rostralis.　走向耳基的前部。　A

14 上颌动脉　A. maxillaris.　弯向颅底外面，穿过翼状管到翼腭窝。　ABD

15 下齿槽动脉*　A. alveolaris inferior.　向前腹侧延伸，穿过下颌孔进入下颌管。　ABD

16 齿支　Rami dentales.　供应下颌的齿。　D

17 颏动脉*　A. mentalis.　从颏孔穿出来。　D

18 翼肌支　Rami pterygoidei.　到翼肌。　AB

19 鼓室前动脉　A. tympanica rostralis.　沿咽鼓管延伸，穿过岩鼓裂进入中耳。　BC

20 脑膜中动脉　A. meningea media.　向后行，通过棘切迹进入颅腔，供应脑硬膜。　BC

21 颞深后动脉　A. temporalis profunda caudalis.　向后背侧行，进入颞肌。　AB

22 颞深前动脉　A. temporalis profunda rostralis.　经小翼孔穿出翼状管，主要供应颞肌。　AB

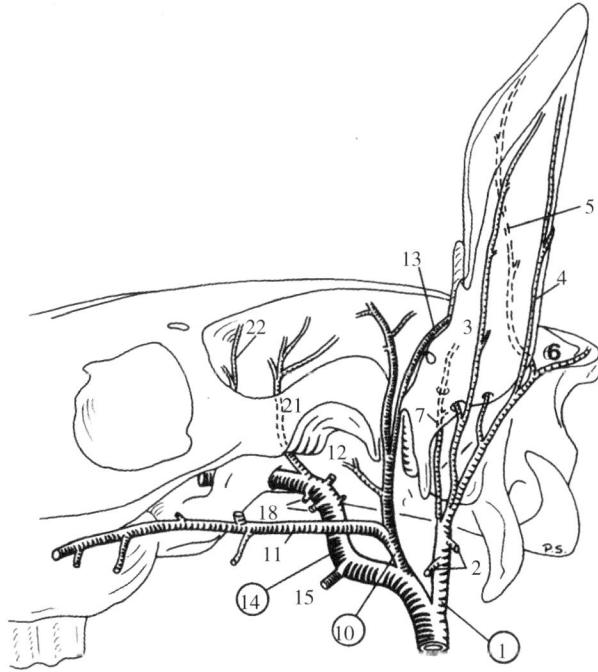

A 耳的动脉，外侧观（马）

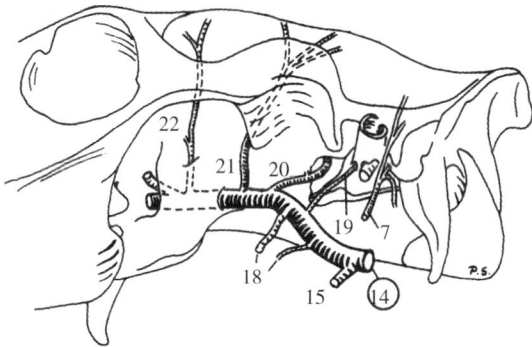

B 左上颌动脉，腹外侧观（马）

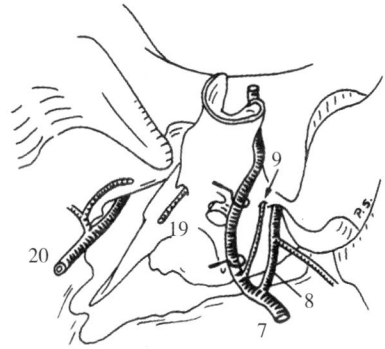

C 与左颞骨有关的动脉，腹外侧观（马）

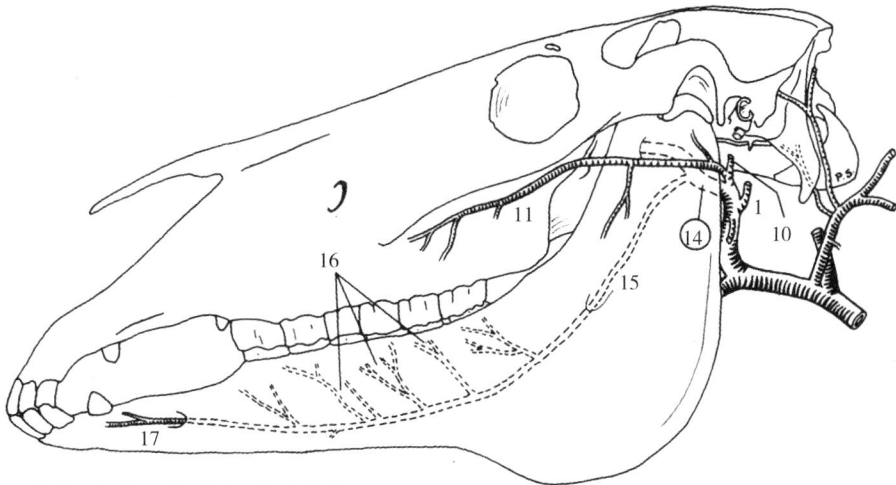

D 头部动脉，左外侧观（马）

1 眼外动脉　A. ophthalmica externa.　经前翼孔离开翼状管，进入眶骨膜，在上直肌和外直肌之间延伸，到眼球背侧面。　ABC

2 （与）眼内动脉吻合支　Ramus anastomoticus cum a. ophthalmica interna.　延伸到视神经内侧面，加入眼内动脉。　AB

3 视网膜中央动脉　A. centralis retinae.　供应视网膜小动脉的所有眼球外干支的总称。　A

4 睫状后长动脉　Aa. ciliaes posteriores longae.　穿过巩膜后部内侧和外侧，在脉络膜周层［上层］内继续前行到睫状体和虹膜。　AB

5 睫状后短动脉　Aa. ciliares posteriores breves.　由睫状后长动脉发出的短支，在筛区附近穿过巩膜，在脉络膜内分支。　AB

6 巩膜外动脉　Aa. episclerales.　从外面供应巩膜。　AB

7 肌支　Rami musculares.　有不同起点的供应眼球肌的分支。　AB

8 睫状前动脉　Aa. ciliares anteriores.　在巩膜沟附近穿过巩膜，在血管膜内分支。　A

9 巩膜外动脉　Aa. episclerales.　沿巩膜表面延伸并供应之。　A

10 结膜后动脉　Aa. conjunctivales posteriores.　到结膜。　A

11 眶上动脉　A. supraorbitalis.　伴随额神经穿过眶上孔。　ABC

12 泪腺动脉　A. lacrimalis.　在眶骨膜内行至泪腺。　AB

13 上睑外侧动脉　A. palpebralis superior lateralis.　从外侧进入上睑。　B

14 下睑外侧动脉　A. palpebralis inferior lateralis.　从外侧进入下睑。　B

15 筛外动脉　A. ethmoidalis externa.　伴随筛神经经筛孔进入颅腔，然后穿过筛板到鼻腔。　ABC

16 脑膜前动脉　A. meningea rostralis.　在筛窝处起始，在脑硬膜前部分支。　ABC

17 第3睑动脉　A. palpebrae tertiae.　供应第3眼睑。　AB

18 颊动脉　A. buccalis.　在上颌结节和下颌支之间延伸，在颊部的各结构内分布。　ABC

19 眶下动脉　A. infraorbitalis.　穿过上颌孔进入眶下管，再以不同粗细的干支伴随眶下神经出眶下孔。　ABC

20 颧动脉　A. malaris.　沿眶骨膜与眶前内侧壁之间延伸，供应眼内侧角处各结构。　C

21 上睑内侧动脉　A. palpebralis superior medialis.　沿向外的路径进入上睑。　C

22 下睑内侧动脉　A. palpebralis inferior medialis.　供应下睑内侧部。　C

23 齿支　Rami dentales.　供应上列齿。　C

24 腭降动脉　A. palatina descendens.　伴随翼腭神经向前腹侧延伸，为上颌动脉的延续，有不同的分支模式。　ABC

25 腭小动脉　A. palatina minor.　伴随腭小神经向前腹侧，在上颌结节内侧面走向软腭。　C

26 腭大动脉　A. palatina major.　经腭大孔进入腭大管，向前继续在腭沟内伴随腭大神经延伸，与对侧同名动脉相吻合后，以单一的小支进入切齿骨间管。　C

27 蝶腭动脉　A. sphenopalatina.　伴随鼻后神经穿过蝶腭孔进入鼻腔。　C

28 鼻后、鼻外侧和鼻中隔动脉　Aa. nasalies caudales，lateralea et septales.　供应鼻后部的黏膜。　C

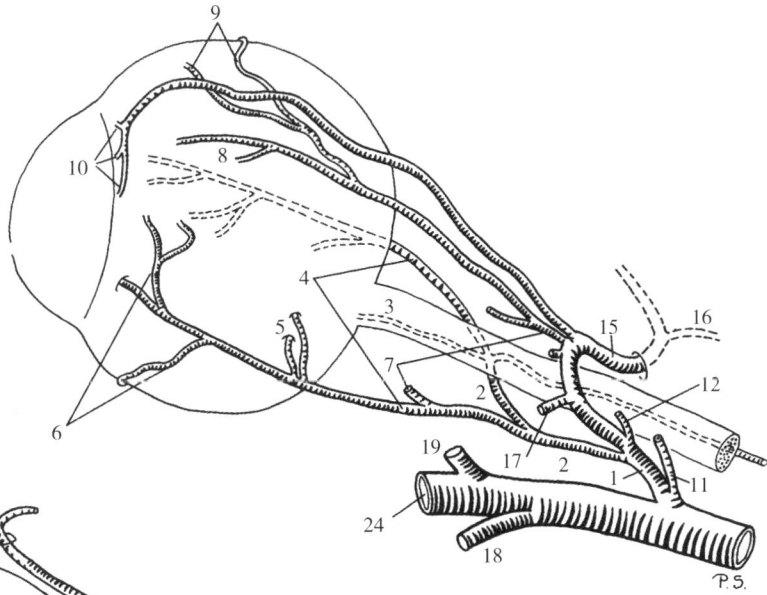

A　左眼外动脉，外侧观（马）

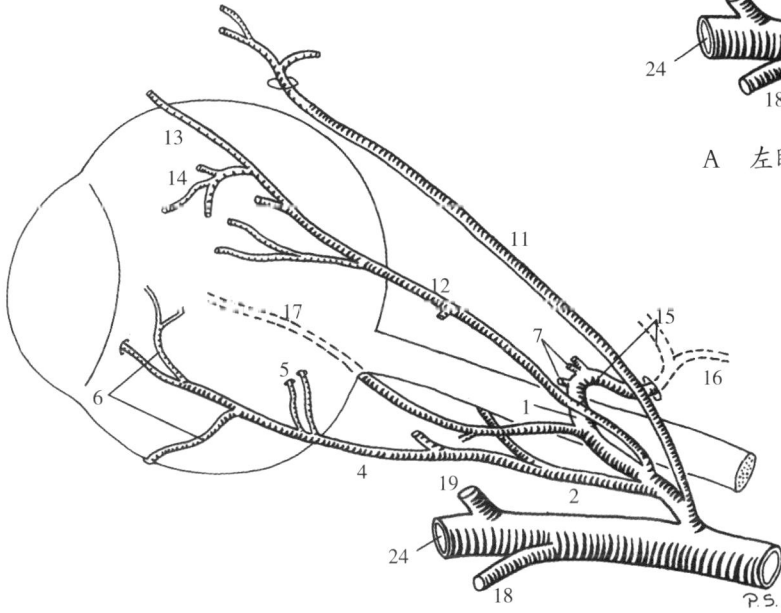

B　左眼外动脉，外侧观（马）

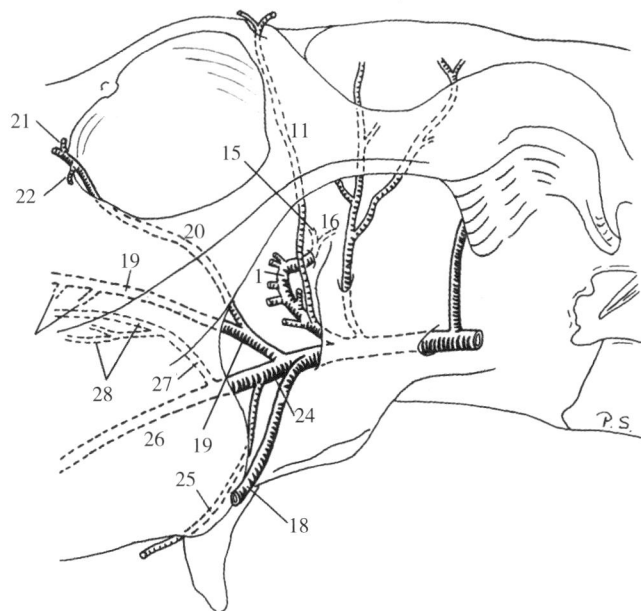

C　左上颌动脉，腹外侧观（马）

通用名词　TERMINI COMMUNES

1　**颈内动脉　ARTERIA CAROTIS INTERNA.** 起自颈总动脉，常与枕动脉一同起始（特别是猪和反刍动物），经颈动脉管（肉食动物）、颈静脉孔（猪）、岩枕裂（反刍动物）或颈动脉切迹（马）进入颅腔。成年猫、猪、反刍动物颈内动脉的颅外部分退化。　ABCDEF

2　颈动脉球　Glomus caroticum.　含有上皮样化学感受细胞的小结节，位于颈总动脉分叉处。　B

3　颈动脉窦　Sinus caroticus.　颈内动脉起始处不同程度的显著增粗部分。　DE

4　颈基底动脉（马）　A. caroticobasilaris.　颈内动脉向后内侧与基底动脉的连接支，不恒定。　A

5　颈动脉间后动脉（肉食动物、马）　A. intercarotica caudalis.　在垂体后方将两侧颈内动脉连通，可以形成网状（特别在肉食动物）。　AC

6　颈动脉间前动脉（肉食动物）　A. intercarotica rostralis.　在垂体前方连通左、右颈内动脉或左、右大脑前动脉（猫）。　C

颈内动脉——猪　SUS

7　枕动脉　A. occipitalis.　颈内动脉向背侧的分支。　BF

8　枕支　Ramus occipitalis.　颈内动脉在与来自椎动脉的枕动脉交通支连通后的直接延续，走向项嵴。　BF

9　*脑膜后动脉*　A. meningea caudalis.　经颞道进入颅腔，分布于脑硬膜。　B

10　*髁动脉*　A. condylaris.　先抵达髁腹侧窝，然后经舌下神经管和颈静脉孔进入颅腔。　BF

11　*茎乳动脉*　A. stylomastoidea.　穿过茎乳孔和面神经管，进入中耳。　B

12　**硬膜外后异网**　Rete mirabile epidurale caudale.　在寰椎水平的硬膜外异网，由椎动脉的终末段、经枢椎与寰椎间进入的椎动脉脊髓支，以及髁动脉构成。　F

13　**至硬膜外前异网的分支**　Ramus ad rete mirabile epidurale rostrale.　颈内动脉大的分支，走向破裂孔，在此加入硬膜外前异网。　BF

14　**硬膜外前异网**　Rete mirabile epidurale rostrale.　由来自颈内动脉、脑膜中动脉、脑膜前动脉以及上颌动脉的小动脉支构成的网，包括颅外部分和颅内部分。　F

颈内动脉——反刍动物　RUMINANTIA

15　枕动脉　A. occipitalis.　在颈总动脉转为颈外动脉的地方，与残存的颈内动脉一起起始。　DE

16　腭升动脉（牛）　A. palatina ascendens.　越过咽壁供应软腭。　DE

17　茎乳深动脉（牛）　A. stylomastoidea profunda.　穿过茎乳孔，进入中耳。　DE

18　脑膜中动脉　A. meningea media.　经颈静脉孔进入颅腔。　DE

19　髁动脉　A. condylaris.　常常以双支的形式走向髁腹侧窝，经过双通道的舌下神经管，加入椎动脉和硬膜外后异网（牛）。　DE

20　枕支　Ramus occipitalis.　由枕动脉在与椎动脉或髁动脉发出的枕动脉吻合支连接后延续而成，在枕骨的项面分支。　DE

21　脑膜后动脉　A. meningea caudalis.　经枕鳞的乳突缘附近的开口到达脑膜，也许不存在（牛）。　D

22　**硬膜外前异网**　Rete mirabile epidurale rostrale.　位于海绵窦处的吻合状动脉网，在颈内动脉的颅内径路上形成，由上颌动脉的分支供应，与硬膜外后异网相延续（牛）。　E

23　交叉网（牛）　Rete chiasmaticum.　硬膜外前异网向视交叉水平的网状扩展。　E

24　*眼内动脉*　A. ophthalmica interna.　由硬膜外前异网发出，伴随视神经穿过视神经管进入眶内，并与眼外动脉相吻合。　E

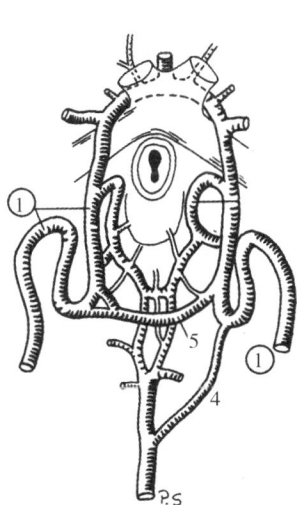

A　颈内动脉，腹侧观（马）

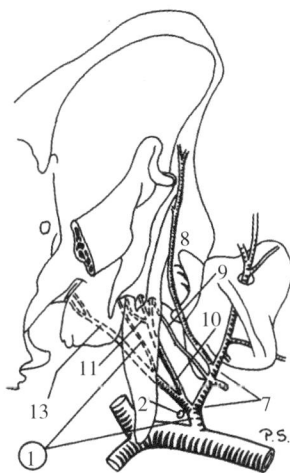

B　左颈内动脉，外侧观（猪）

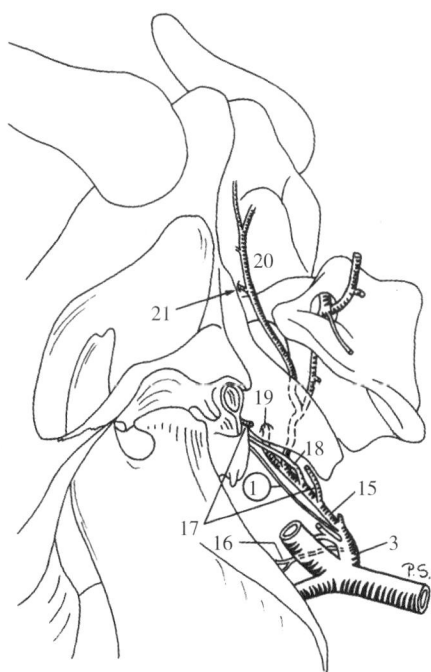

D　左颈内动脉，外侧观（牛）

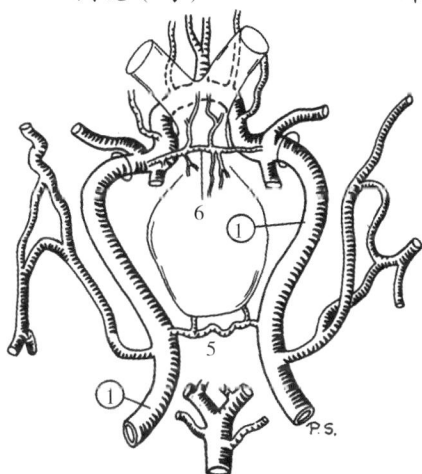

C　颈内动脉，腹侧观（犬）

E　颈内动脉，腹侧观（牛）

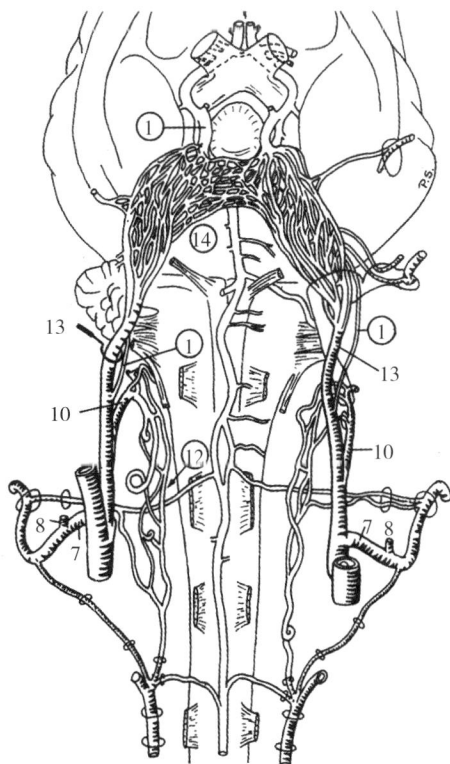

F　颈内动脉，腹侧观（猪）

通用名词　TERMINI COMMUNES
1　**大脑动脉**　**ARTERIAE CEREBRI**.　供应脑。
2　**大脑动脉环**　Circulus arteriosus cerebri.　即 Willis 环，环绕在垂体和视交叉周围，由前交通动脉、大脑前动脉和后交通动脉参与构成。　AB
3　**脉络丛前动脉**　A. choroidea [chorioidea] rostralis.　主要供应侧脑室脉络丛。　AB
4　**大脑前动脉**　A. cerebri rostralis.　直接起自颈内动脉，构成大脑动脉环的前外 1/4 部，并继续延伸向大脑半球内侧面。　ABC（以下 3 段被认为是大脑前动脉的组分：起始部，在颈内动脉终末段与大脑中动脉起点之间；第 2 部延伸于大脑中动脉起点和视交叉之间，在这一部左、右对称的动脉相互连接形成前交通动脉；第 3 部在大脑纵裂内向前延伸，在胼胝体膝处拐向后方，继续在大脑半球内侧面向后延伸 [Simoens 等，1978]。）
5　**眼内动脉**　A. ophthalmica interna.　伴随视神经穿过视神经管，与眼外动脉相吻合。在牛由硬膜外前异网发出，穿过交叉网。　ABC
6　**脑膜前动脉（猫）**　A. meningea rostralis.　向前到脑硬膜的单一分支，起自两侧眼内动脉在颅内的交通支。　B
7　**筛内动脉**　A. ethmoidalis interna.　向前延伸到筛窝，在筛窝处分支。　AC
8　**前交通动脉**　A. communicans rostralis.　连接左、右大脑前动脉，恰在视交叉前方。猪恒有，肉食动物和反刍动物不恒定，马无。猪和反刍动物偶尔会出现多支。　C
9　**皮质支**　Rami corticales.　供应大脑皮质。　AC
10　**中央支**　Rami centrales.　穿入脑的深部。　A
11　**大脑中动脉**　A. cerebri media.　起自大脑动脉环，向外到梨状叶，在猪为 2~3 支。　ABC
12　**皮质支**　Rami corticales.　到大脑皮质。　AC
13　**中央支**　Rami centrales.　穿入脑内。　A
14　**纹状体支**　Rami striati.　供应纹状体及其相关结构。　A
15　**后交通动脉**　A. communicans caudalis.　连通颈内动脉与基底动脉，并形成大脑动脉环的后外 1/4 部。　ABC
16　**大脑后动脉**　A. cerebri caudalis.　从大脑动脉环的后外侧部起始，沿大脑脚向后背侧延伸，马的常为 2 支，犬常为多支。　ABC
17　**脉络丛后支**　Rami choroidei [chorioidei] caudales.　到达第 3 脑室脉络丛。　A
18　**皮质支**　Rami corticales.　到大脑皮质。　AC
19　**中央支**　Rami centrales.　穿通到脑内。　A
20　**小脑前动脉**　A. cerebelli rostralis.　起于后交通动脉，在猪、绵羊和马偶尔还起自基底动脉，越过大脑脚，向后背侧延伸到小脑外侧面。在猫、猪、绵羊和马可能为多支。　ABC
21　**锁骨下动脉**　**ARTERIA SUBCLAVIA**.　到前肢的动脉总干的胸腔内阶段。其左锁骨下动脉起自主动脉弓（肉食动物、猪）或臂头（动脉）干（反刍动物、马），而右锁骨下动脉通常起自臂头（动脉）干。　D

锁骨下动脉——肉食动物　CARNIVORA
22　**椎动脉**　A. vertebralis.　向前在第 1~6 颈椎的横突孔内穿行，穿过寰椎翼的翼切迹而转向背侧，并经寰椎的椎外侧孔进入椎管，然后左、右侧椎动脉在椎管内连通形成基底动脉。　ABCD
23　**脊髓支**　Rami spinales.　经颈椎的椎间孔进入椎管。　AD
24　**脊髓腹侧动脉**　A. spinalis ventralis.　在脊髓正中裂内行走的单一脉管。　ABC
25　**（与）枕动脉吻合支**　Ramus anastomoticus cum a. occipitali.　加入枕动脉，在部分猫可能缺如。　A
26　**降支**　Ramus descendens.　椎动脉的肌支，经寰椎的翼切迹走出。　A
27　**基底动脉**　A. basilaris.　位于菱脑腹侧面的单一动脉，由左、右椎动脉合并而成。　ABC
28　**小脑后动脉**　A. cerebelli caudalis.　起自基底动脉,，到小脑后侧面，可能有多支和不同的起源。　ABC
29　**迷路动脉**　A. labyrinthi.　进入内耳道，供应内耳结构，可能有不同的起始点。　ABC
30　**（至）脑桥支**　Rami pontem.　到脑桥的分支，犬可能缺如。　ABC

B 大脑动脉环，腹侧观（猫）

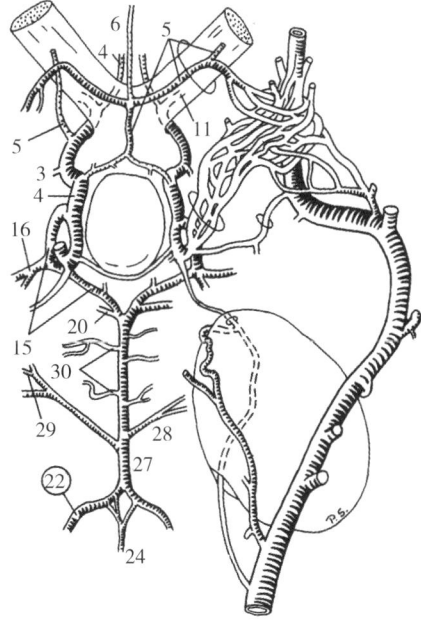

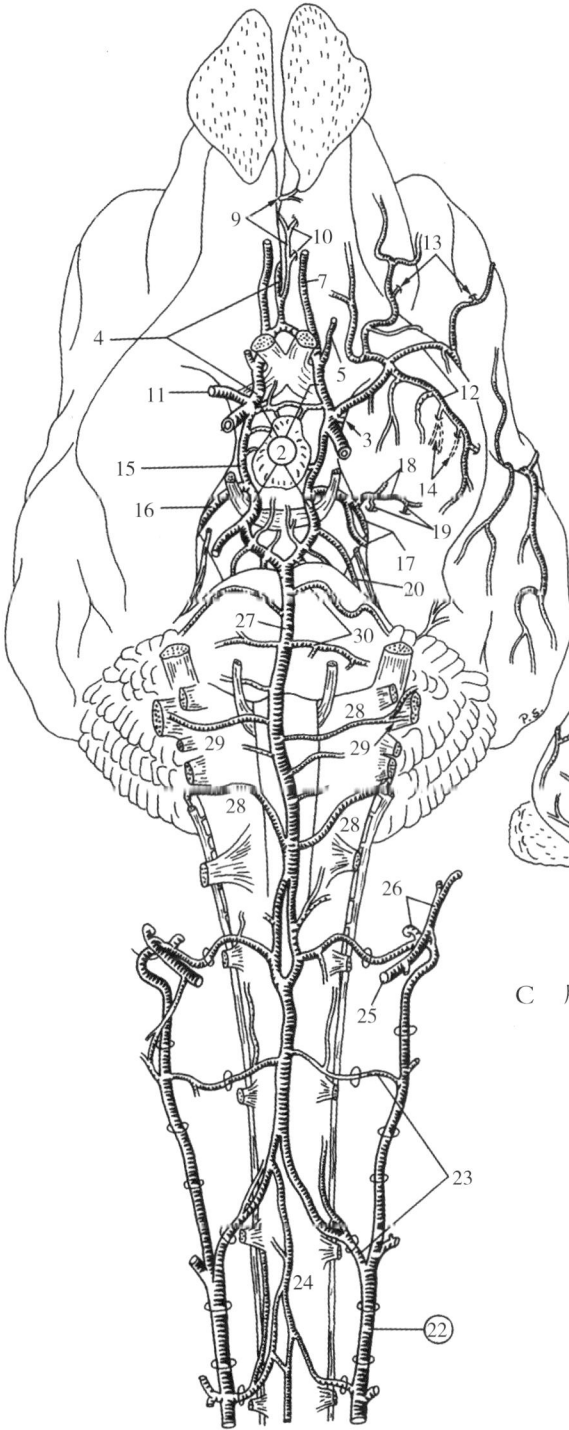

A 脑的动脉与椎动脉，腹侧观（犬）

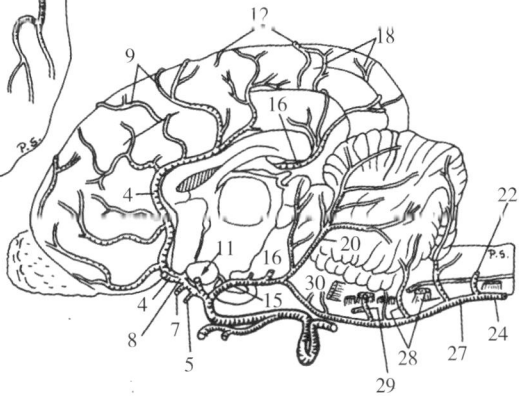

C 脑的动脉，左半球已切除，左侧观（犬）

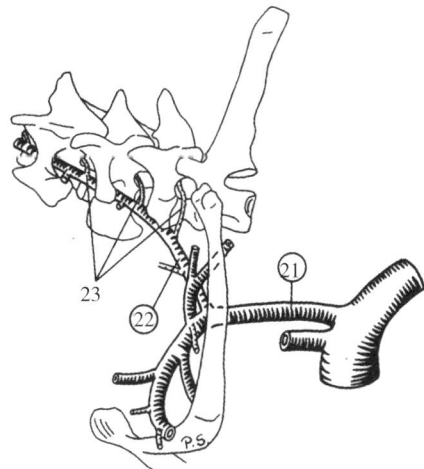

D 左锁骨下动脉，外侧观（犬）

1 肋颈干　Truncus costocervicalis.　行向背侧的动脉干，猫的不恒定。　A

2 第1肋间背侧动脉　A. intercostalis dorsalis Ⅰ.　供应第1肋间隙，在肉食动物可以扩展至第2、3肋间隙。　A

3 肩胛背侧动脉　A. scapularis dorsalis.　向背侧穿过第1肋间隙或越过第1肋骨的前面。　A

4 颈深动脉　A. cervicalis profunda.　经第1肋间隙离开胸腔，然后弯向前背侧，供应颈部肌肉。　A

5 胸椎动脉（犬）　A. vertebralis thoracica.　向后在第2~3肋颈的背侧面延伸，因而犬的这支动脉并不等同于其他家畜的肋间最上动脉（肋间最上动脉沿肋颈的腹侧面延伸）。　A（在第5版 N.A.V. 的犬部分并未提及胸椎动脉，也许是打印错误，因为这支动脉仅犬有。）

6 第2和3肋间背侧动脉　Aa. intercostales dorsales Ⅱ et Ⅲ.　在相应的肋间隙向腹侧延伸。　A

7 背侧支　Rami dorsales.　向背侧行至背肌。　A

8 脊髓支　Ramus spinalis.　经相应的椎间孔进入椎管。　A

9 肋间最上动脉（猫）　A. intercostalis suprema.　在第2、3肋颈的腹侧面向后延伸，也可能缺如。　B

10 第2和3肋间背侧动脉　Aa. intercostalis dorsales Ⅱ et Ⅲ.　沿相应肋间隙向腹侧行。　B

11 背侧支　Rami dorsalis.　起自第2和3肋间背侧动脉，向背侧行至背肌。　B

12 脊髓支　Ramus spinalis.　经相应的椎间孔进入椎管。　B

13 胸廓内动脉　A. thoracica interna.　向后腹侧弯曲，在胸骨和胸廓横肌间通过。　A

14 心包膈动脉　A. pericardiacophrenica.　与膈神经相伴到心包，偶尔可伸达膈。　A

15 胸腺支　Rami thymici.　供应胸腺的多个分支，也许仅为一支（特别在猫）。　A

16 纵隔支　Rami mediastinales.　主要到前纵隔。　A

17 穿支　Rami perforantes.　经每一肋间隙的腹侧部离开胸腔。　A

18 胸骨支　Rami sternales.　到胸骨节。　A

19 乳丘支　Rami mammarii.　供应各胸乳丘的内侧部。　A

20 肋间腹侧支　Rami intercostales ventrales.　常常是双股的胸廓内动脉的节段性分支，供应第2~8肋间隙的腹侧部，在猫可能缺第2肋间腹侧支。　A

21 肌膈动脉　A. musculophrenica.　向后背侧延伸，穿过膈，继续在腹膜下延伸。　A

22 肋间腹侧支　Rami intercostales ventrales.　肌膈动脉的肋间腹侧支，常为双股的节段性分支，供应第8~10（11）肋间隙的腹侧部。　A

23 腹壁前动脉　A. epigastrica cranialis.　向后离开胸廓，在腹直肌背侧面向后行。　A

24 腹壁前浅动脉　A. epigastrica cranialis superficialis.　起自腹壁前动脉，穿过腹直肌，继续在皮下后行。　A

25 乳丘支　Rami mammarii.　到后胸乳丘和前腹乳丘。　A

26 颈浅动脉　A. cervicalis superficialis.　起自左锁骨下动脉，为向前背侧延伸的动脉干，离开胸廓前口。　AC

27 三角肌支　Ramus deltoideus.　可能有不同的起点，伴随头静脉在胸外侧沟内延伸。　AC

28 升支　Ramus asendens.　沿锁头肌内侧面向前延伸的肌支，常常是双支。　C

29 肩胛前支　Ramus prescapularis [prae-].　颈浅动脉在发出肩胛上动脉之后的直接延续，平行于肩胛骨前缘。　C

30 肩胛上动脉　A. suprascapularis.　伴随肩胛上神经到肩胛骨前缘。　C

31 肩峰支　Ramus acromialis.　起自肩胛上动脉，在越过肩胛骨颈后在肩胛骨外面延伸。　C

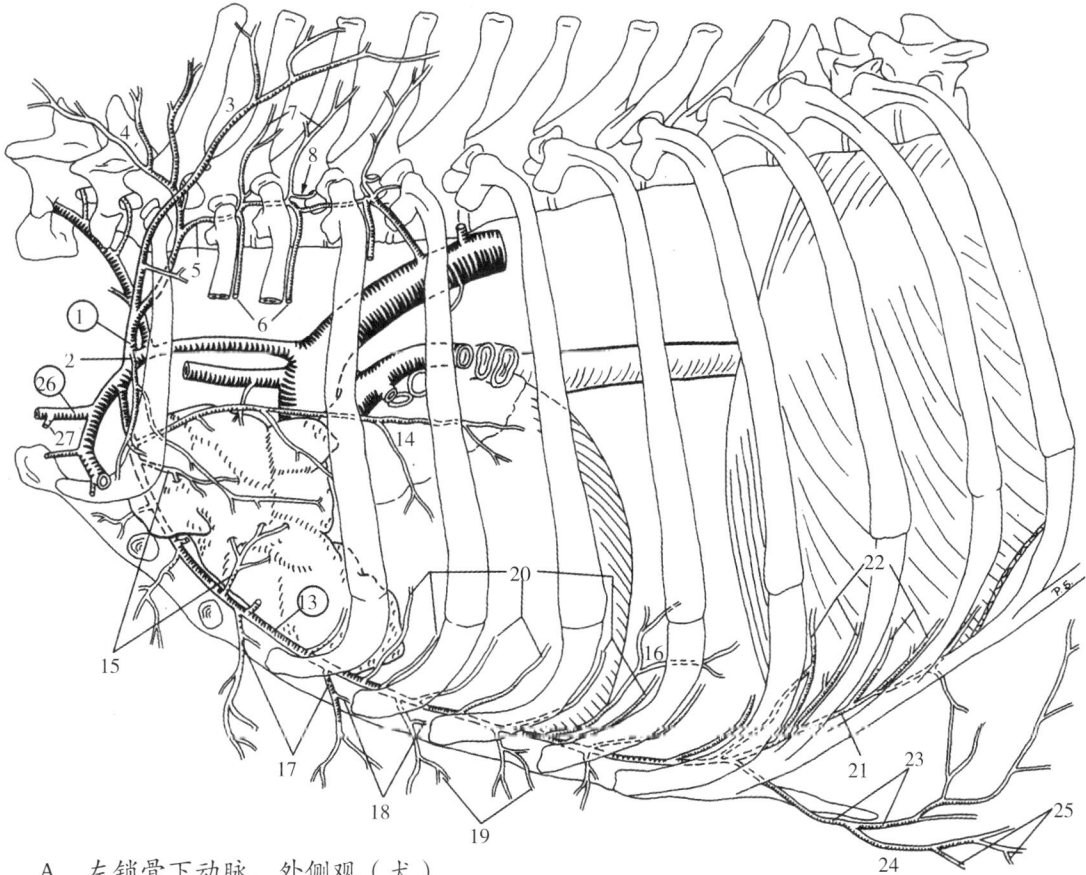

A 左锁骨下动脉，外侧观（犬）

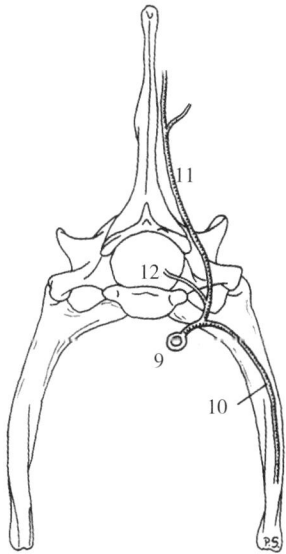

B 右肋间最上动脉的分支，后面观（猫）

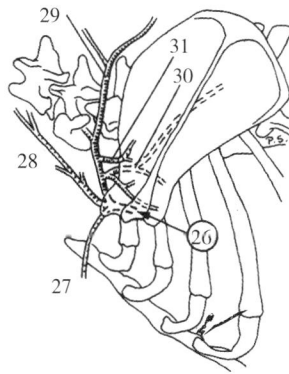

C 左颈浅动脉，外侧观（犬）

锁骨下动脉——猪　SUS

1　**椎动脉**　A. vertebralis.　向前，在第1~5颈椎横突孔（有的个体还包括第6颈椎横突孔）内延伸，继续穿过寰椎窝、翼孔和寰椎的椎外侧孔，然后左、右椎动脉与基底动脉连接。　ABC

2　**右第1肋间背侧动脉**　A. intercostalis dorsalis Ⅰ dextra.　可能有不同的起始点，沿第1肋间隙向腹侧延伸。　C

3　**脊髓支**　Rami spinales.　经第3~7（偶有第8）颈椎间孔和枢椎的椎外侧孔进入椎管。　ABC

4　**脊髓背侧动脉**　A. spinalis dorsalis.　由脊髓支发出，小，接近脊神经背根。　B

5　**脊髓腹侧动脉**　A. spinalis ventralis.　沿脊髓腹侧正中裂延伸的单一动脉。　B

6　**（与）枕动脉吻合支**　Ramus anastomoticus cum a. occipitali.　在寰椎窝内起自椎动脉，与枕动脉连接。　AB

7　**降支**　Ramus descendens.　椎动脉的肌支，从翼孔穿出。　AB

8　**硬膜外后异网**　Rete mirabile epidurale caudale.　接近椎管起始端处的动脉网，由椎动脉和髁动脉供应。　B（该名词在第5版 N.A.V. 是被省略的，在本书270页12条已被编列。）

9　**基底动脉**　A. basilaris.　在菱脑腹侧面延伸的单一动脉，成自左、右椎动脉的连合。　B

10　**小脑后动脉**　A. cerebelli caudalis.　向背外侧行至小脑后面，偶尔见双支。　B

11　**迷路动脉**　A. labyrinthi.　进入内耳道，供应内耳。　B

12　**（至）脑桥支**　Rami ad pontem.　向脑桥发出的分支。　B

13　**肩胛背侧动脉**　A. scapularis dorsalis.　经第1肋间隙出胸腔并可以穿过第1胸椎的椎外侧孔。　AC

14　**第2肋间背侧动脉**　A. intercostalis dorsalis Ⅱ.　沿第2肋间隙向腹侧延伸。　A

15　**肋颈干**　Truncus costocervicalis.　为发出颈深动脉和肋间最上动脉的总干，有时缺如。　AC

16　**颈深动脉**　A. cervicalis profunda.　穿过第2胸椎的椎外侧孔。　AC

17　左第1肋间背侧动脉　A. intercostalis dorsalis Ⅰ sinistra.　沿第1肋间隙向腹侧行。　A

18　**肋间最上动脉**　A. intercostalis suprema.　沿颈长肌的背外侧面延伸。　AC

19　第3~5肋间背侧动脉　Aa. intercostales dorsales Ⅲ - Ⅴ.　在相应肋间隙向腹侧延伸。　AC

　　20　背侧支　Ramus dorsalis.　各肋间背侧动脉的背侧支，向背侧行，穿过相应胸椎的椎外侧孔，常为双支。　AC

　　　　21　脊髓支　Ramus spinalis.　各肋间背侧动脉的脊髓支，穿过相应椎间孔或椎外侧孔。　AC

22　**甲状颈干**　Truncus thyrocervicalis [thyreo-].　颈浅动脉和甲状腺后动脉的总干，常常仅有右甲状颈干。　C

23　**右甲状腺后动脉**　A. thyroidea [thyreoidea] caudalis dextra.　向前至甲状腺。　C

24　**颈浅动脉**　A. cervicalis superficialis.　向前背侧延伸。　C

25　**升支**　Ramus ascendens.　颈浅动脉的升支，向前背侧朝臂肌方向延伸。　C

26　**肩胛前支**　Ramus prescapularis [prae-].　为颈浅动脉的直接延续，沿锁骨下肌前缘延伸。　C

27　**肩峰支**　Ramus acromialis.　到冈上肌的外侧面，并越过肩胛骨颈外侧面。　C

28　**左颈浅动脉**　A. cervicalis superficialis sinistra.　弯向前腹侧，然后向前背侧延续。　A

29　**升支**　Ramus ascendens.　为沿锁头肌内侧面向前背侧延伸的肌支。　A

30　**肩胛前支**　Ramus prescapularis [prae-].　沿锁骨下肌的前缘延伸。　A

31　**肩峰支**　Ramus acromialis.　到冈上肌外侧面并从外侧越过肩胛骨颈。　A

注：第22条和23条在第5版 N.A.V. 是被省略的；第24~27条表示右颈浅动脉的分支；第28~31条表示左颈浅动脉的分支，就如同在下一页中所示的那样。形容词"左"或"右"都没有在第5版 N.A.V. 中列出。在该版 N.A.V. 中仅列出了颈浅动脉及其3个分支。

A　左锁骨下动脉，外侧观（猪）

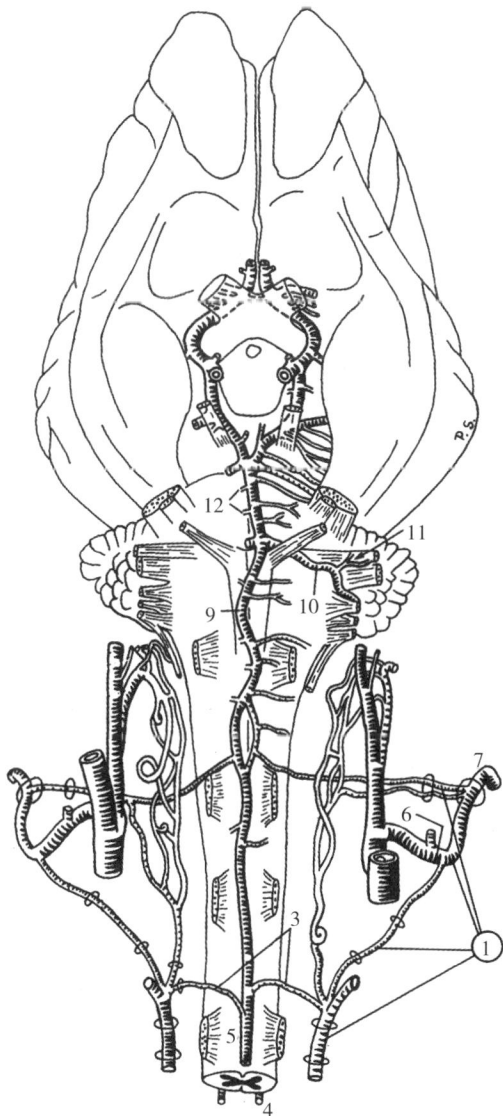

B　椎动脉，腹侧观（猪）

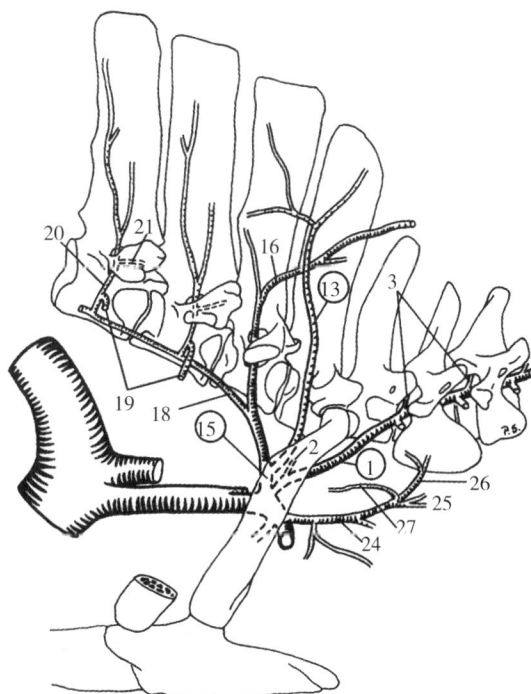

C　臂头干，右外侧观（猪）

1 胸廓内动脉　A. thoracica interna.　向后腹侧延伸，然后在胸廓横肌的腹侧面继续向后延伸。　A

2 心包膈动脉　A. pericardiacophrenica.　向后延伸到心包，也可能到达膈。有时缺如。　A

3 胸腺支　Rami thymici.　到胸腺。　A

4 纵隔支　Rami mediastinales.　分布于前纵隔。　A

5 穿支　Rami perforantes.　在胸骨附近穿通肋间肌。　A

6 胸骨支　Rami sternales.　到胸骨。　A

7 乳丘支　Rami mammarii.　供应胸乳丘。　A

8 肋间腹侧支　Rami intercostales ventrales.　供应前6~7肋间隙的腹侧部，也许在某些肋间隙缺如或不明显。　A

9 肌膈动脉　A. musculophrenica.　沿肋弓内侧面向后背侧延伸一段后穿过膈。　A

10 肋间腹侧支　Rami intercostales ventrales.　肌膈动脉的肋间腹侧支，供应第7~8肋间隙的腹侧部，偶尔还供应第6肋间隙腹侧部。　A

11 腹壁前动脉　A. epigastrica cranialis.　在腹直肌背面向后延伸。　A

12 肋间腹侧支　Rami intercostales ventrales.　腹壁前动脉的肋间腹侧支，向背侧延伸到第9~12肋间隙，有时还包括第13肋间隙，在后部节段可能消失。　A

13 肋腹腹侧支　Ramus costoabdominalis ventralis.　在最后肋骨后面向背侧行。　A

14 乳丘支　Rami mammarii.　到前两个腹乳丘。　A

锁骨下动脉——反刍动物　RUMINANTIA

15 肋颈干　Truncus costocervicalis.　向前背侧延伸的分支多变的动脉干，由锁骨下动脉发出。　B

16 肩胛背侧动脉　A. scapularis dorsalis.　向前越过第1肋的椎骨端，然后向后背侧延续。　B

17 肋间最上动脉　A. intercostalis suprema.　向后在第1、2肋颈腹侧面延伸，偶尔还过第3肋颈腹侧面，偶尔罕见地沿上述肋颈的背侧面延伸（绵羊、山羊）。　B

18 第1和2（3）肋间背侧动脉　Aa. intercostalis dorsales Ⅰ et Ⅱ（Ⅲ）.　沿相应肋骨后缘向腹侧延伸，偶见肋颈干发出第3肋间背侧动脉。　B

19 背侧支　Ramus dorsalis.　向背侧行到背肌。　B

20 脊髓支　Ramus spinalis.　由背侧支发出，偶尔由肋间背侧动脉发出（牛），经相应的椎外侧孔（牛）或椎间孔（绵羊、山羊）进入椎管。　B

21 颈深动脉　A. cervicalis profunda.　在第7颈椎横突的后面（偶尔在其前面）向背侧行，在颈部延伸较远（牛）。　B

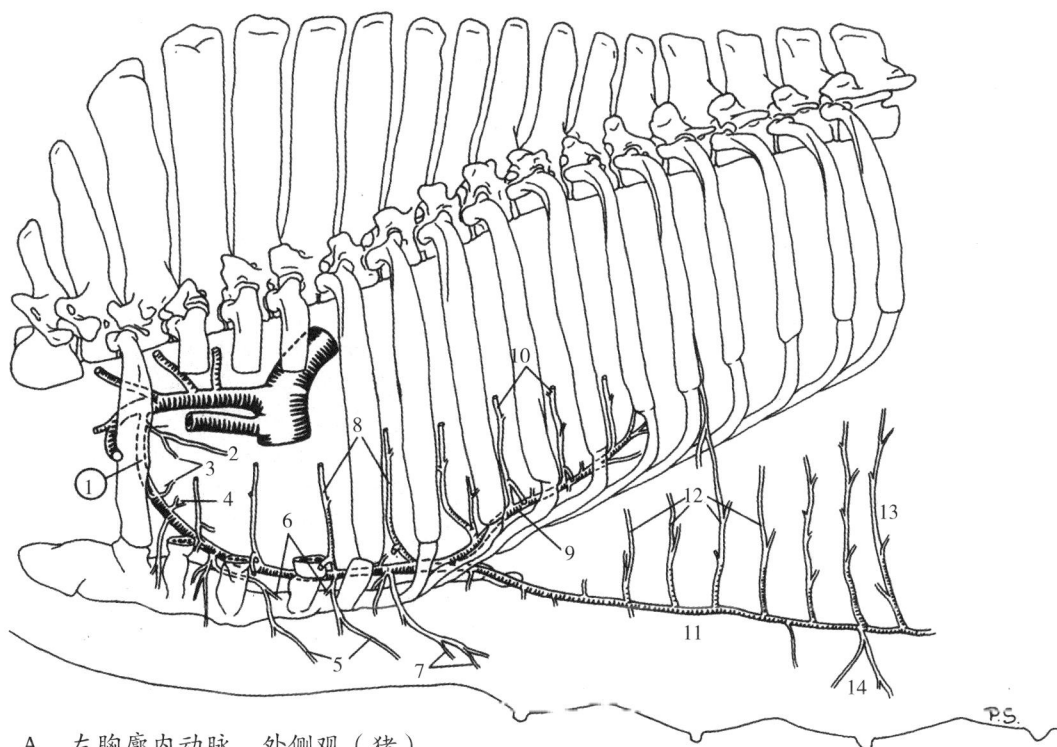

A 左胸廓内动脉，外侧观（猪）

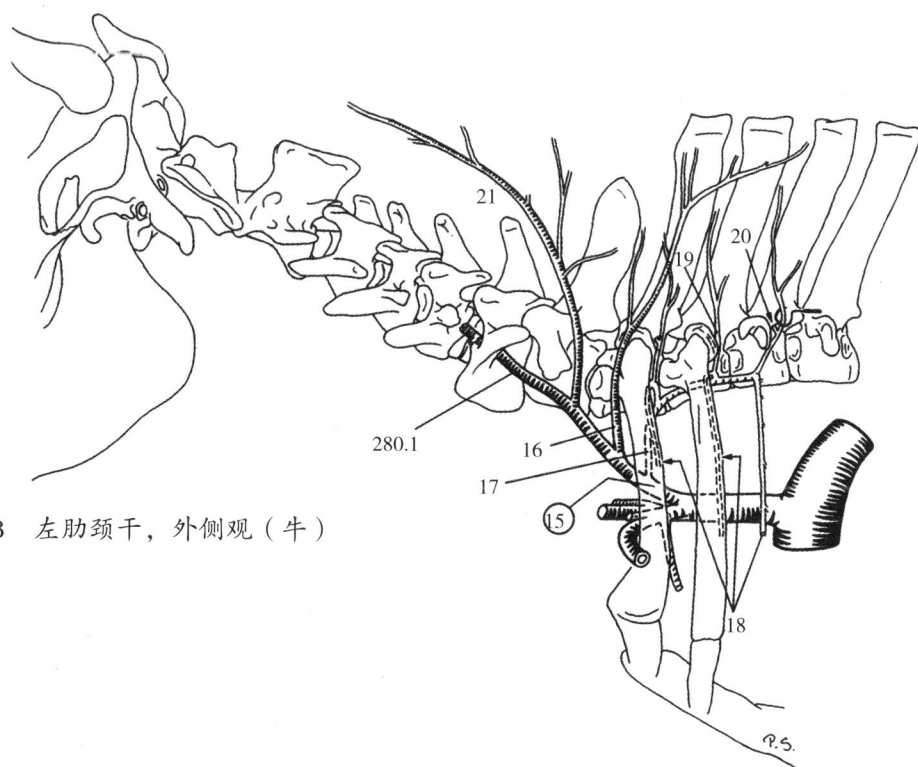

B 左肋颈干，外侧观（牛）

1 **椎动脉** A. vertebralis. 肋颈干的直接延续，它穿过第3~6颈椎的横突孔向前背侧延伸，其中大部分血液经第2~3颈椎（偶尔为3~4颈椎）之间的脊髓支导入到椎管内，而沿寰椎和枢椎外侧面延伸的这一段仅为椎动脉的一个分支，该分支穿过枢椎的横突孔，发出一些小支加入降支和与枕动脉的吻合支中。 AB，以及279页B

2 脊髓支 Rami spinales. 进入第3~6椎间孔、第7椎间孔（某些绵羊除外）以及枢椎的椎外侧孔。 AB

3 脊髓背侧动脉 A. spinalis dorsalis. 沿脊神经背侧根延伸的不规则脉管，在某些部位缺如。 B

4 脊髓腹侧动脉 A. spinalis ventralis. 在脊髓腹侧正中裂内行走的单一动脉。 B

5 基底动脉 A. basilaris. 位于两侧后交通动脉连接点与脊髓腹侧动脉之间大而不成对的血管。 B

  6 小脑后动脉 A. cerebelli caudalis. 由基底动脉发出，向背外侧延伸到小脑后面。 B

  7 迷路动脉 A. labyrinthi. 由基底动脉发出，进入内耳道，供应内耳。 B

  8 （至）脑桥支 Rami ad pontem. 由基底动脉发出，到脑桥。 B

9 降支 Ramus descendens. 椎动脉大的肌支，由寰椎的椎外侧孔走出。 AB

10 （与）枕动脉吻合支 Ramus anastomoticus cum a. occipitali. 穿过寰椎翼孔，与枕动脉连接。 AB

11 硬膜外后异网 Rete mirabile epidurale caudale. 在枕骨水平的硬膜外异网，在牛成自椎动脉和髁动脉，延续为硬膜外前异网。硬膜外后异网在山羊和绵羊缺如。 B

12 颈浅动脉 A. cervicalis superficialis. 锁骨下动脉向前发出的分支。 ACD

13 三角肌支 Ramus deltoideus. 伴随头静脉在胸外侧沟内延伸，不恒定。 A

14 升支 Ramus ascendens. 在臂头肌的内侧面上向前背侧延伸。 AC

15 肩胛前支* Ramus prescapularis [prae-]. 沿冈上肌前缘向背侧延伸，供应巨大的颈浅淋巴结。 AC

16 肩胛上动脉（绵羊、山羊） A. suprascapularis. 伴随肩胛上神经延伸，越过冈上肌的前内侧面。 C

17 肩峰支 Ramus acromialis. 向外侧延伸到冈上肌的前外侧面。 C

18 肩胛上支（牛） Ramus suprascapularis. 一条伴随肩胛上神经的小动脉分支。 A

19 肩峰支 Ramus acromialis. 向前越过冈上肌。 A

20 **胸廓内动脉** A. thoracica interna. 起自锁骨下动脉，向后腹侧弯曲，继续在胸廓横肌腹侧面向后延伸。 AD

21 心包膈动脉 A. pericardiacophrenica. 向后延伸到心包，也可到达膈。偶尔缺如。 D

22 胸腺支 Rami thymici. 到胸腺，常为单支，甚至缺如。 D

23 纵隔支 Rami mediastinales. 到纵隔。 D

24 穿支 Rami perforantes. 穿过第1~6肋间隙的腹侧部。 D

25 胸骨支 Rami sternales. 到附近的胸骨节。 D

26 肋间腹侧支 Rami intercostales ventrales. 沿第1~6肋骨的后缘向背侧行。 D

27 肌膈动脉 A. musculophrenica. 先向后背侧延伸，穿过膈后继续平行于肋弓延伸。 D

28 肋间腹侧支 Rami intercostales ventrales. 沿第7~8肋骨后缘（有时包括第9、10肋骨后缘）向背侧延伸。 D

29 膈支 Ramus phrenicus. 进入膈的胸骨部。 D

30 腹壁前动脉 A. epigastrica cranialis. 于肋弓和剑状突之间（牛、绵羊）或第7肋间隙（山羊）穿出，向后继续在腹直肌背侧面延伸并最终进入该肌。 D

31 腹壁前浅动脉 A. epigastralis cranialis superficialis. 在皮下延伸。 D

32 肋间腹侧支 Rami intercostales ventrales. 来自腹壁前动脉，向背侧延伸向第11~12肋间隙，个别例伸向第9~10肋间隙。 D

33 肋腹腹侧支 Ramus costoabdominalis ventralis. 向背侧延伸向最后肋骨的后方。 D

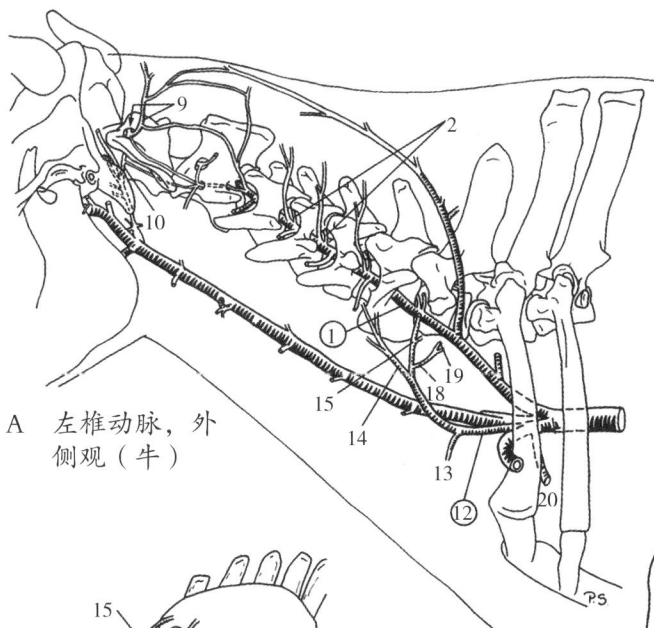

A 左椎动脉，外
　侧观（牛）

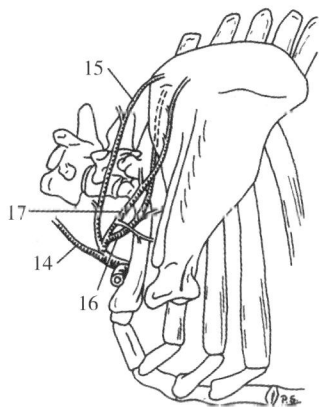

C 左颈浅动脉的分支，外侧观（绵羊）

B 椎动脉，腹侧观（牛）

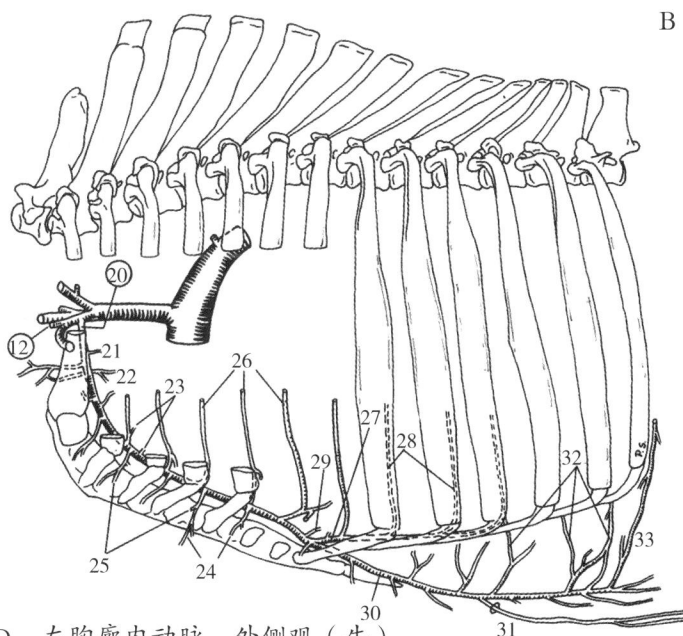

D 左胸廓内动脉，外侧观（牛）

锁骨下动脉——马　EQUUS

1 肋颈干　Truncus costocervicalis.　向背侧延伸的动脉干。可起自臂头干（特别在右侧），偶见起自主动脉。　AC

2 肋间最上动脉　A. intercostalis suprema.　在颈长肌的外侧面向后延伸。　AC

3 第2~5肋间背侧动脉　Aa. intercostales dorsales Ⅱ-Ⅴ.　沿相应肋的后缘向腹侧行。　A

4 背侧支　Ramus dorsalis.　为上述肋间背侧动脉的分支，向背侧行至背肌。　A

5 脊髓支　Ramus spinalis.　穿过相应的椎间孔至椎管。　A

6 肩胛背侧动脉　A. scapularis dorsalis.　从第2肋间隙穿出（偶见第3肋间隙）。　AC

7 颈深动脉　A. cervicalis profunda.　穿过第1或第2肋间隙，也可起自肋颈干。　AC

8 第1肋间背侧动脉　A. intercostalis dorsalis Ⅰ.　在第1肋间隙向腹侧延伸。　A

9 椎动脉　A. vertebralis.　穿通第1~5颈椎横突孔（偶见有第6、7颈椎横突孔），继续穿过寰椎窝、翼孔，并经寰椎的椎外侧孔进入椎管，在椎管内两侧的椎动脉结合而成基底动脉。右侧的椎动脉起于臂头干。　ABC

10 脊髓支　Rami spinales.　经第3~8颈椎的椎间孔以及枢椎的椎外侧孔进入椎管。　A

11 脊髓背侧动脉　A. spinalis dorsalis.　沿脊髓的背外侧面延伸。　B

12 脊髓腹侧动脉　A. spinalis ventralis.　在脊髓腹侧正中裂内延伸的不成对动脉。　B

13 （与）枕动脉吻合支　Ramus anastomotica cum a. occipitali.　与枕动脉相吻合。　AB

14 降支　Ramus descendens.　枕动脉的肌支，向背侧穿过翼孔。　AB

15 基底动脉　A. basilaris.　单一的脉管，由左、右椎动脉合并而成，在菱脑腹侧面前行。　B

16 小脑后动脉　Aa. cerebelli caudales.　起自基底动脉，向外侧到小脑后面，常是单一的。　B

17 迷路动脉　A. labyrinthi.　经内耳道到中耳，常有一支小脑后动脉，发自迷路动脉。　B

18 （至）脑桥支　Rami ad pontem.　到脑桥的分支。　B

19 胸廓内动脉　A. thoracica interna.　向腹后弯曲并继续在胸廓横肌的腹侧面延伸。　AC

20 心包膈动脉　A. pericardiacophrenica.　供应心包并伴随膈神经到膈。　C

21 胸腺支　Rami thymici.　至胸腺。　C

22 纵隔支　Rami mediastinales.　供应前纵隔。　C

23 穿支　Rami perforantes.　在胸骨附近穿过肋间肌。　C

24 胸骨支　Rami sternales.　到胸骨。　C

25 肋间腹侧支　Rami intercostales ventrales.　沿前6~7个肋的后缘向背侧行。　C

26 肌膈动脉　A. musculophrenica.　向后背侧行，穿过膈以后，继续平行于肋弓延伸。　C

27 肋间腹侧支　Rami intercostales ventrales.　在第8（偶有第7）~11（有的甚至达第16）肋间隙向背侧行。　C

28 腹壁前动脉　A. epigastrica cranialis.　在第9肋软骨和剑状软骨间穿出，进入腹壁。　C

29 颈浅动脉　A. cervicalis superficialis.　向前腹侧延伸。　AC

30 三角肌支*　Ramus deltoideus.　伴随头静脉在胸外侧沟*中延伸。　A

31 肩胛前支　Ramus prescapularis [prae-].　平行于锁骨下肌前缘延伸。　A

32 升支　Ramus ascendens.　在臂头肌内侧面向前背侧延伸。　A

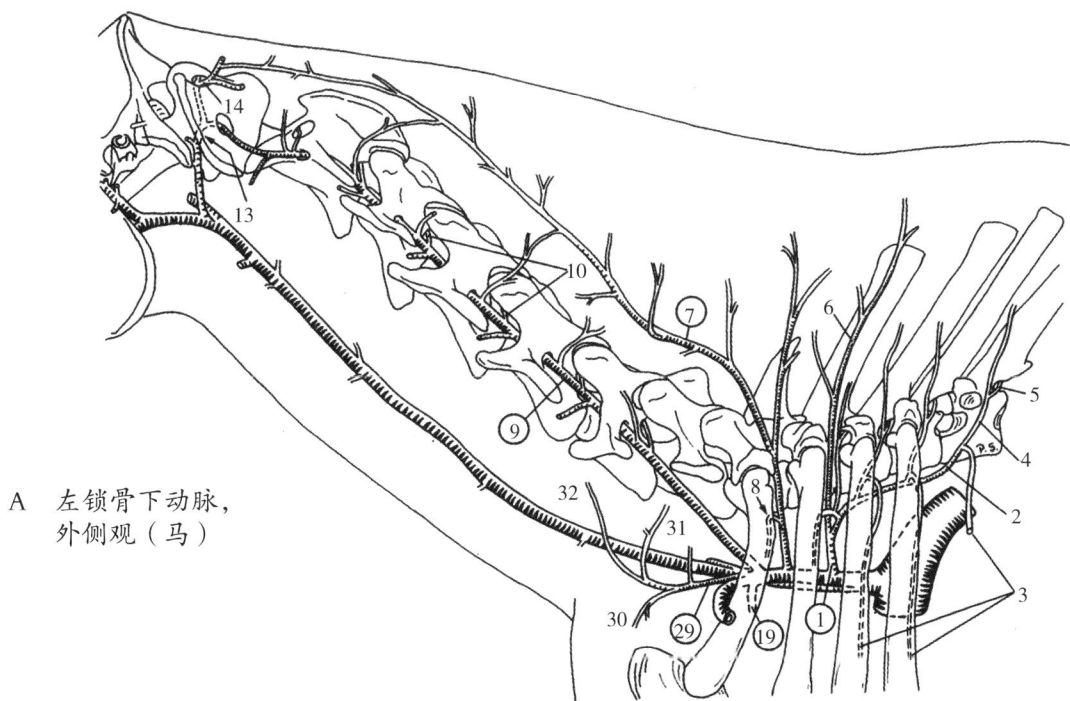

A 左锁骨下动脉，
　　外侧观（马）

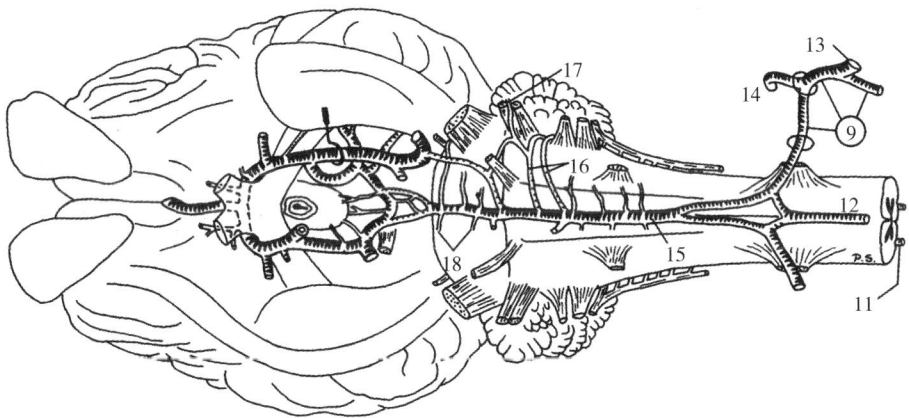

B 基底动脉，腹侧观（马）

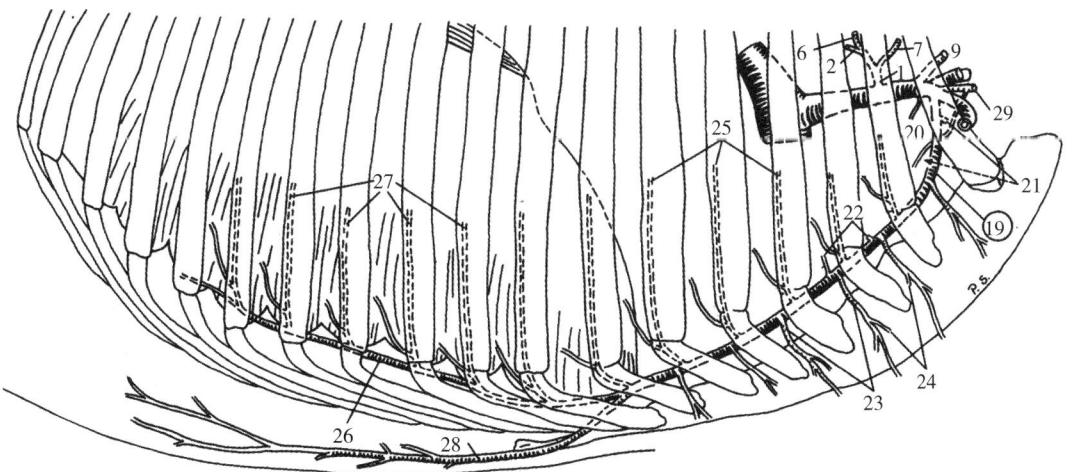

C 右胸廓内动脉，外侧观（马）

通用名词　TERMINUS COMMUNIS

1 **腋动脉　ARTERIA AXILLARIS**. 为锁骨下动脉在发出颈浅动脉后的延续。　AB（营养前肢骨的某些动脉并未完全收录在第5版N.A.V.中。）

腋动脉——肉食动物　CARNIVORA

2 三角肌支（犬）　Ramus deltoideus. 伴随头静脉在胸外侧沟内延伸。　B

3 胸廓外动脉　A. thoracica externa. 越过胸深肌的前缘，供应胸肌。　B

4 胸外侧动脉　A. thoracica lateralis. 向后延伸到胸的腹侧壁。　B

5 乳丘外侧支　Rami mammarii laterales. 供应胸乳丘。　B

6 肩胛下动脉　A. subscapularis. 沿肩胛骨后缘延伸。　AB

7 旋肱后动脉　A. circumflexa humeri caudalis. 越过肩关节的后面。　AB

　8 桡侧副动脉　A. collateralis radialis. 伴随桡神经在臂肌表面延伸。　AB

　　9 肱骨滋养动脉（犬）　A. nutricia humeri. 有多种起始点，见本页17a。　AB

　　　10 中副动脉　A. collateralis media. 起自桡侧副动脉，为向肘关节网发出的一个分支，也许缺如（犬）。　AB

11 胸背动脉　A. thoracodorsalis. 越过大圆肌内侧面，到背阔肌。　AB

12 旋肩胛动脉　A. circumflexa scapulae. 向前背侧越过肩胛骨的内侧面和外侧面。　AB

13 旋肱前动脉　A. circumflexa humeri cranialis. 沿肱骨内侧面弯向前方。　AB

臂动脉——猫　FELIS

14 臂动脉 *　A. brachialis. 伴随正中神经向远伸，穿过髁上孔。　A

15 臂深动脉　A. profunda brachii. 走向肱骨后面的肌肉。　A

16 臂浅动脉　A. brachialis superficialis. 沿臂二头肌延伸到肘关节的前面。　A

17 臂二头肌动脉　A. bicipitalis. 供应臂二头肌。　A

17a 肱骨滋养动脉　A. nutricia humeri. 供应肱骨。　A

18 尺侧副动脉　A. collateralis ulnaris. 在鹰嘴处分支。　A

　19 肘关节网　Rete articulare cubiti. 位于肘关节后面的动脉网，有多条动脉供应，包括中副动脉和骨间返动脉。　A

20 桡浅动脉　Aa. radiales superficiales. 起自臂浅动脉，伴随前臂内侧皮神经延伸。　A

21 前臂浅前动脉　A. antebrachialis superficialis cranialis. 起自臂浅动脉，沿前臂前内侧面延伸。　AC

21a 第1指背远轴侧动脉　A. digitalis dorsalis Ⅰ abaxialis. 沿第1指远轴侧面延伸。

　22 背侧浅弓　Arcus dorsalis superficialis. 为与尺动脉背侧支在掌背侧区相交通的皮下交通支。　C

　　23 指背侧第1~4总动脉　Aa. digitales dorsales communes Ⅰ-Ⅳ. 背侧浅弓的浅支。　C

　　　24 指背侧固有动脉　Aa. digitales dorsales propriae. 为指背侧总动脉的分叉。　C

25 肘横动脉　A. transversa cubiti. 向外侧弯曲越过肘关节的前面。　A

26 前臂深动脉　A. profunda antebrachii. 多分支的，不同程度地分布于前臂后侧的肌肉。　A（前臂深动脉在所有家畜都供应前臂后侧的肌肉。这一名称是表示所有供应这些肌肉的具有臂动脉或正中动脉起源的动脉的通用名词 [Simoes 等，1980]。）

27 骨间前动脉　A. interossea cranialis. 穿过前臂骨间隙，继续在前臂骨间膜的前面延伸。　AC

28 骨间返动脉　A. recurrens interossea. 起自骨间前动脉，向近侧行至肘关节的外侧面。　A

29 腕背侧支　Ramus carpeus dorsalis. 常以双支分布于腕背侧网。　C

30 骨间后动脉　A. interossea caudalis. 在前臂骨间膜和旋前方肌之间延伸。　A

31 尺动脉　A. ulnaris. 由骨间后动脉发出，伴随尺神经在前臂的后缘延伸。　A

　32 尺返动脉　A. recurrens ulnaris. 作为尺动脉的升支（或返支）向近侧延伸到鹰嘴的内侧面。　A（尺返动脉在许多书中被描述为臂动脉的后远支［降支］或尺动脉的后背侧支［升支］。因此名词"升支"更契合"尺返"的意思 [Simoes 等，1980]。）

　33 背侧支　Ramus dorsalis. 由尺动脉发出，到背侧浅弓。　AC

　　34 腕背侧支　Ramus carpeus dorsalis. 背侧支的分支，到腕背侧网。　C

　　35 第5指背远轴侧动脉　A. digitalis dorsalis Ⅴ. abaxialis. 起自背侧浅弓。　C

B 左腋动脉，内侧观（犬）

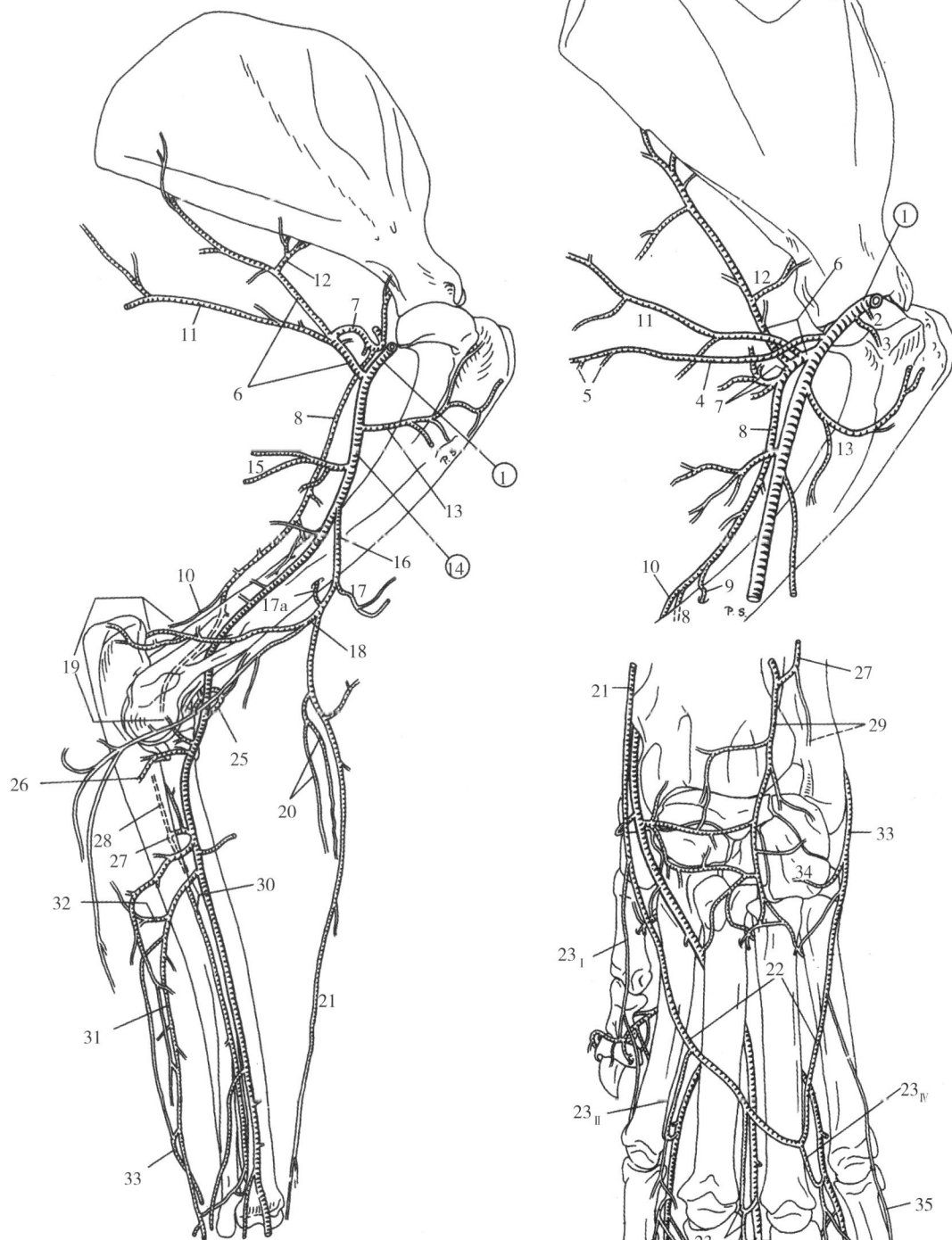

A 左前肢动脉，内侧观（猫）

C 左前足动脉，背侧观（猫）

1　骨间支　Ramus interosseus.　骨间后动脉的分支，穿过前臂骨间隙的远部，加入骨间前动脉。　A

　　2　腕背侧支　Ramus carpeus dorsalis.　骨间支到腕背侧面的分支。　C

2a 腕掌侧支　Ramus carpeus palmaris.　尺动脉的小分支，在腕掌侧面延伸。　A

3　掌侧支　Ramus palmaris.　骨间后动脉在腕掌侧支起点以远的延续，加入尺动脉内。　A

　　4　浅支　Ramus superficialis.　沿掌部的掌外侧面延伸，加入掌侧浅弓并（或）延续为指掌侧第4总动脉和第5指掌远轴侧动脉。　A

　　5　深支　Ramus profundus.　走向骨间肌，形成掌深弓的外侧来源。　A

臂动脉——犬　CANIS

6　臂动脉　A. brachialis.　为腋动脉的直接延续，越过肱骨内侧面向远侧延伸。　B

7　臂深动脉　A. profunda brachii.　分布到臂部后侧的肌肉。　B

8　臂二头肌动脉　A. bicipitalis.　供应臂二头肌。　B

9　尺侧副动脉　A. collateralis ulnaris.　在尺神经附近向后延伸，在鹰嘴处分支。　B

10　肘关节网　Rete articulare cubiti.　位于肘关节后方。　B

11　臂浅动脉　A. brachialis superficialis.　向前下方延伸，走向臂二头肌远侧部。　B

12　桡浅动脉　Aa. radiales superficiales.　成对的小型浅动脉，伴随前臂内侧皮神经延伸。　B

13　前臂浅前动脉　A. antebrachialis superficialis cranialis.　为臂浅动脉在前臂部的延续，旋即分支。B

　　14　内侧支　Ramus medialis.　沿腕桡侧伸肌的前内侧缘和腕部的背内侧面延伸。　BC

　　　　15　指背侧第1总动脉　A. digitalis dorsalis communis Ⅰ.　为前臂浅前动脉内侧支的直接延续。　C

　　16　外侧支　Ramus lateralis.　沿前臂部前面和腕背侧面延伸。　BC

　　　　17　指背侧第2~4总动脉　Aa. digitales dorsalies communes Ⅱ-Ⅳ.　沿伸肌腱的前面延伸。　C

　　　　　　18　指背侧固有动脉　Aa. digitales dorsales propriae.　为3对血管，起自指背侧第2~4总动脉的分叉处，沿各指相邻面的背侧部延伸。　C

19　肘横动脉　A. transversa cubiti.　臂动脉的分支，向外侧越过肘关节。　B

20　前臂深动脉　A. profunda antebrachii.　不同程度地供应前臂后侧（掌侧）的肌肉。　B（见284页26条所引文献的原文。）

21　骨间总动脉　A. interossea communis.　臂动脉的分支，走向前臂骨间隙。　B

22　尺动脉　A. ulnaris.　向后行至尺骨内侧面，在此结合尺神经，沿腕尺侧屈肌外侧面延伸。　B

　　23　尺返动脉　A. recurrens ulnaris.　为尺动脉的分支，沿鹰嘴的内侧面向近侧延伸，加入肘关节网。B（尺返动脉在许多教科书中被描述为臂动脉的后远支［降支］或尺动脉的后背侧支［升支］，因此名词"升支"更契合"尺返"的含义[Simoens等，1980]。）

　　24　背侧支　Ramus dorsalis.　沿腕尺侧屈肌的外侧缘延伸到腕外侧区。　BC

　　　　25　腕背侧支　Ramus carpeus dorsalis.　背侧支中到腕背网的分支。　C

　　　　26　第5指背远轴侧动脉　A. digitalis dorsalis Ⅴ abaxialis.　沿第5掌骨和第5指的背外侧面延伸。　C

　　27　腕掌侧支　Ramus carpeus palmaris.　（该支在第5版N.A.V.被省略。）

28　骨间前动脉　A. interossea cranialis.　起自骨间总动脉，穿过前臂骨间隙近侧部，沿前臂骨间膜前方继续向远侧行。　BC

　　29　骨间返动脉　A. recurrens interossea.　向近侧到肘关节的外侧面，参与肘关节网。　B

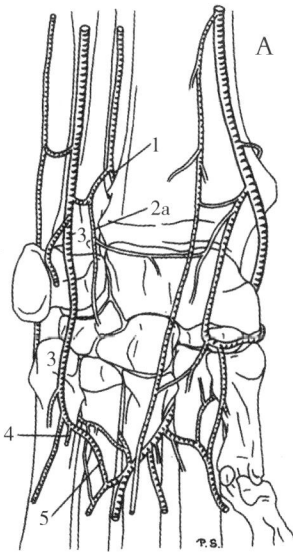

A 左腕的动脉，掌侧观（猫）

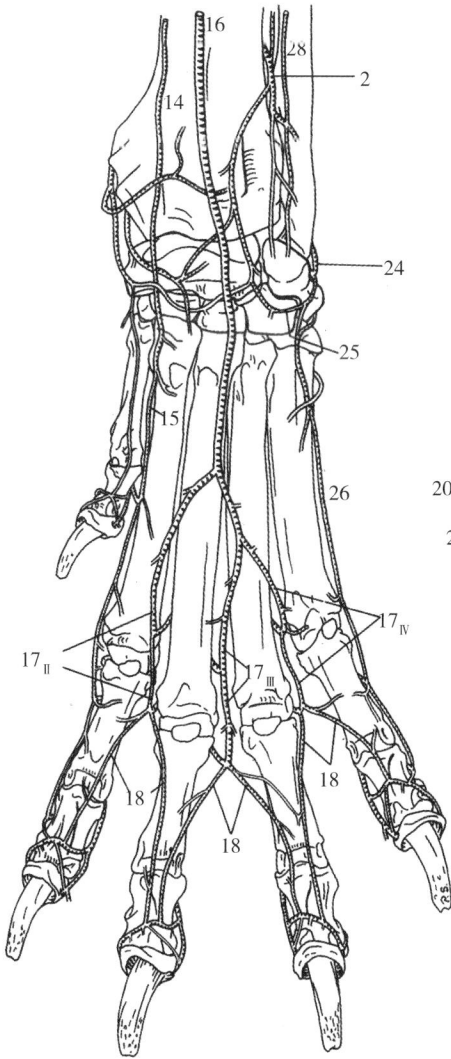

C 左前足的动脉，背侧观（猫）

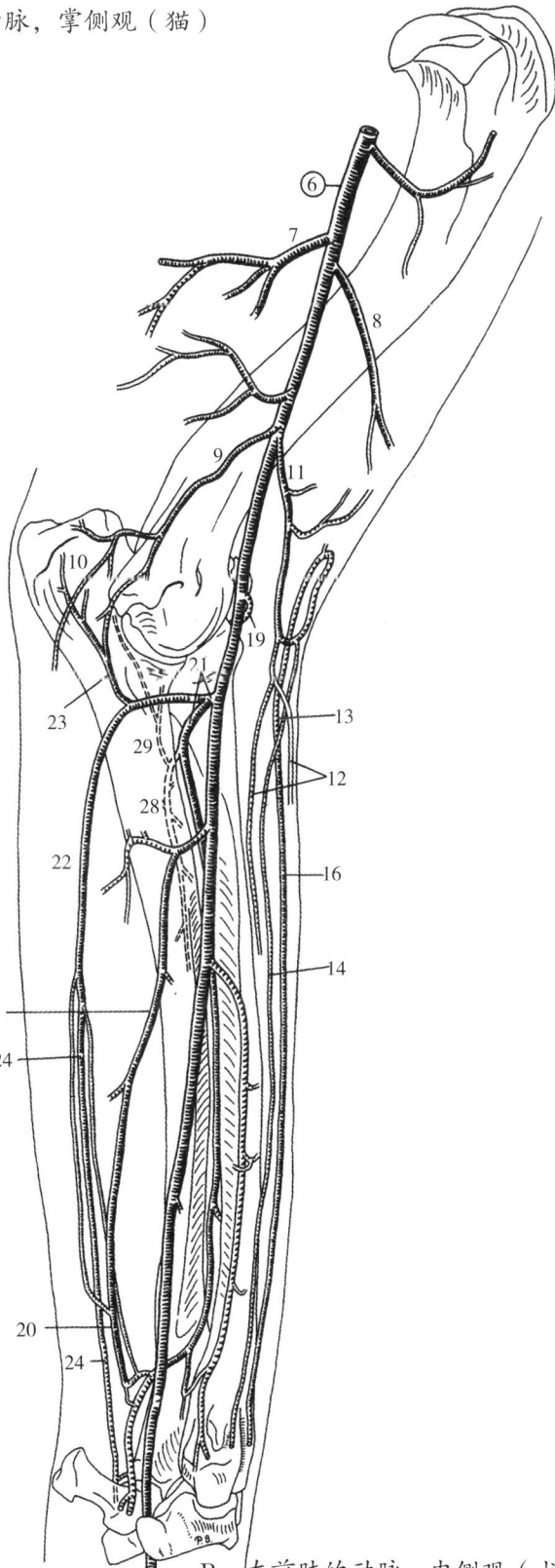

B 左前肢的动脉，内侧观（犬）

1　骨间后动脉　A. interossea caudalis.　在前臂骨间膜和旋前方肌间延伸。　B

2　骨间支　Ramus interosseus.　向前穿过前臂骨间隙远侧部。　A

3　腕背侧支　Ramus carpeus dorsalis.　起自骨间支，到腕背网。　A

4　腕掌侧支　Ramus carpeus palmaris.　到腕部掌侧面的小支。　B

5　掌侧支　Ramus palmaris.　为骨间后动脉的直接延续，加入尺动脉或/和前臂深动脉。　B

6　浅支　Ramus superficialis.　为掌浅弓的外侧来源。　B

7　深支　Ramus profundus.　为掌深弓的外侧来源。　B

正中动脉——肉食动物　CARNIVORA

8　正中动脉　A. mediana.　为臂动脉在发出骨间总动脉（犬）或骨间后动脉后的直接延续，沿前臂的后内侧面延伸，穿过腕管，到掌心区。在猫，在桡动脉起点以远急剧变细。　B

9　桡动脉　A. radialis.　沿桡骨后内侧缘延伸，并在屈肌支持带内延伸到腕的掌内侧面。在猫，大部分正中动脉的血液被导入到桡动脉内，桡动脉再延续为腕背侧支。　B

10　腕掌侧支　Ramus carpeus palmaris.　为桡动脉的分支，走向腕掌侧面。　B

11　腕背侧支　Ramus carpeus dorsalis.　向前下方延伸，越过腕的内侧面，常为多支。　AB

11a　第1指背远轴侧动脉　A. digitalis dorsalis Ⅰ abaxialis.　为腕背侧支在第1指背侧面的直接延续。

12　腕背网　Rete carpi dorsale.　腕背侧的动脉网。　A

13　掌背侧第1~4动脉　Aa. metacarpeae dorsales Ⅰ-Ⅳ.　为腕背网发出的一些小支，它们加入指间第1动脉和第2~4远穿支。　A

14　掌浅支　Ramus palmaris superficialis.　加入掌浅弓，或者继续延续为指掌侧第2总动脉（大部分猫如此）。　B

15　掌深弓　Arcus palmaris profundus.　横卧于各骨间肌的掌侧。此弓也许不完整，也许由位于骨间肌背侧的弓补充（犬）。在猫，此弓主要通过桡动脉的腕背侧支获得供应。　B

16　掌心第1~4动脉　Aa. metacarpeae palmares Ⅰ-Ⅳ.　在猫，这些动脉是前足部最大的动脉。　B

17　近穿支　Ramus perforans proximalis.　为连接掌心动脉与其对应的掌背侧动脉间的连接支，它们穿过掌骨间隙近侧部。在猫，桡动脉主要供给与掌深弓相连的第2近穿支。　AB

18　远穿支　Ramus perforans distalis.　为连接掌心动脉与其相应的掌背侧动脉之间的连接支，它们穿过掌骨间隙远侧部。远穿支也与指背及指掌侧第2~4总动脉相连接。在犬可见到许多不同的变化。　AB

19　掌浅弓　Arcus palmaris superficialis.　位于指深屈肌和指浅屈肌之间。猫的常缺如。　B

20　指掌侧第1~4总动脉　Aa. digitales palmares communes Ⅰ-Ⅳ.　在猫，这些动脉主要由掌心动脉通过远穿支供应。　B

21　掌枕支　Ramus tori metacarpei.　供应掌枕，常为双支。　B

22　指间动脉　A. interdigitalis.　将每一条指掌侧总动脉与相应的指背侧总动脉相连接（肉食动物）或与指背侧固有动脉相连接（猫）。　AB

23　指掌侧固有动脉　Aa. digitales palmares propriae.　成对地沿指掌侧面向远侧延伸，最后进入远指节骨的底轴侧孔或底远轴侧孔，这些动脉显示出与其他家畜相似的分支模式，详列于下列词条。　B（译者注：这些动脉在中指节和远指节的分布模式与第5指掌远轴侧动脉相似。）

23a　近指节掌侧支　Ramus palmaris phalangis proximalis.　供应近指节掌侧的结构。

23b　（近指节背侧支）（Ramus dorsalis phalangis proximalis）.　供应近指节背侧的结构。　A

24　指枕支　Ramus tori digitalis.　常为双支，供应指枕。　B

25　第5指掌远轴侧动脉　A. digitalis palmaris Ⅴ abaxialis.　最终进入第5指远指节骨的底远轴侧孔。　B（该动脉在第5版 N.A.V. 被省略）

26　中指节掌侧支　Ramus palmaris phalangis mediae.　供应中指节的掌侧结构。　B

27　（中指节背侧支）（Ramus dorsalis phalangis mediae.）供应中指节背侧的结构。　B

28　爪冠动脉　A. coronalis.　供应冠区的结构。

29　远指节掌侧支　Ramus palmaris phalangis distalis.　供应远指节掌侧的结构。　B

30　终弓　Arcus terminalis.　远指节骨内的动脉弓。由相应的指掌轴侧与远轴侧固有动脉形成。

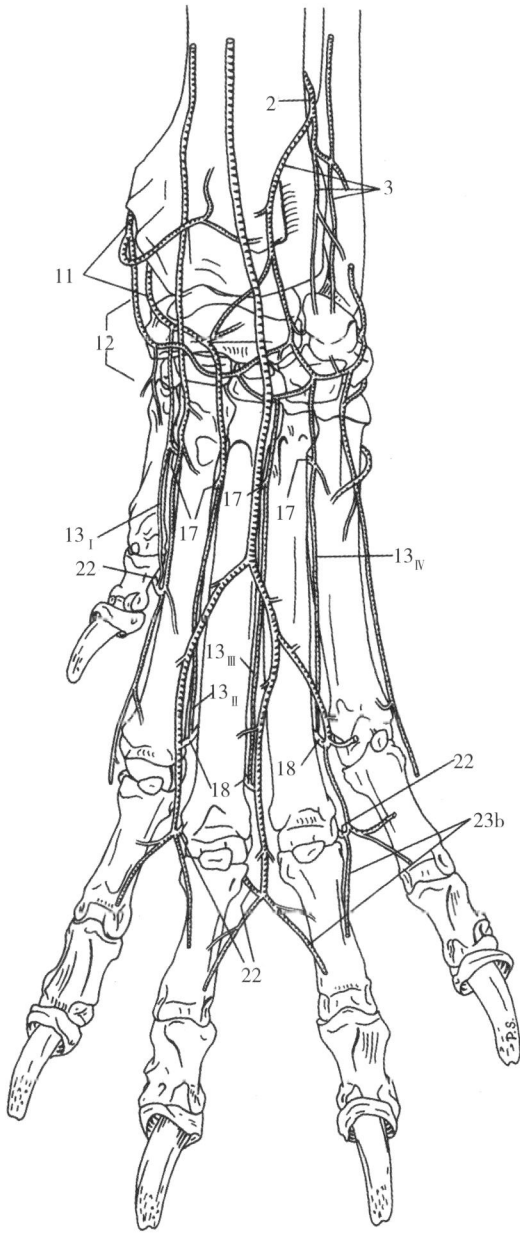

A 左前足的动脉，背侧观（犬）

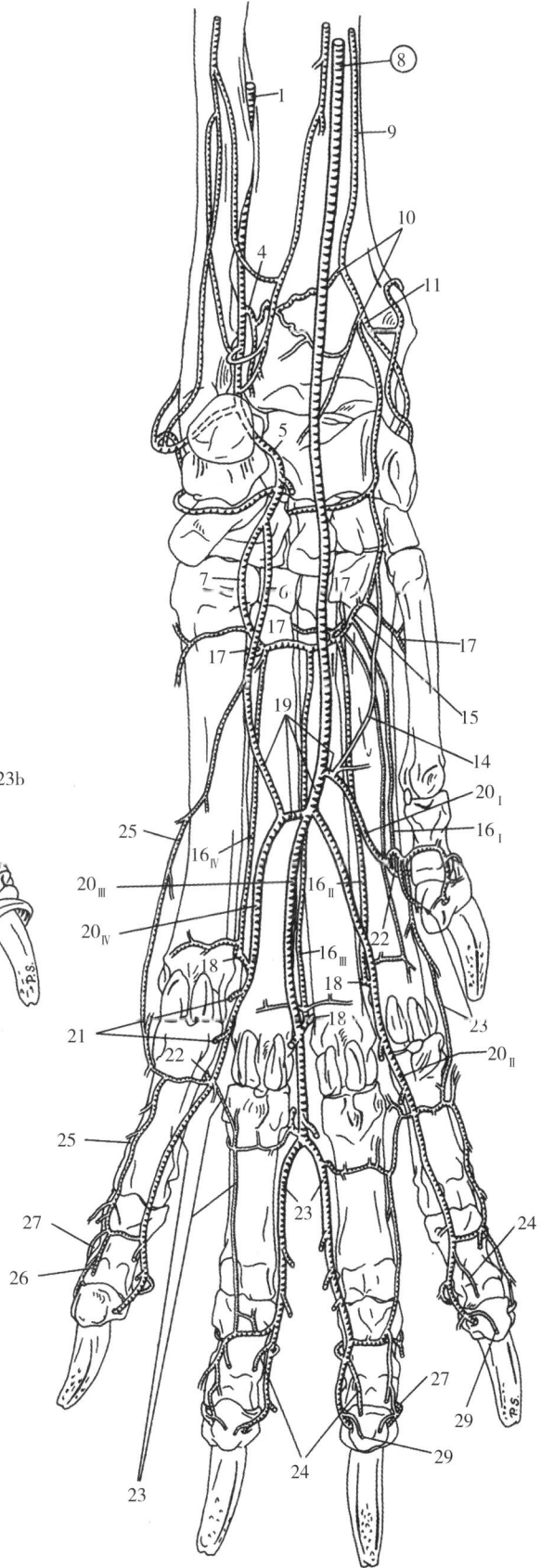

B 左前足的动脉，掌侧观（犬）

腋动脉——猪　SUS

1　三角肌支　Ramus deltoideus.　伴随头静脉在胸外侧沟内延伸。　A

2　胸廓外动脉　A. thoracica externa.　在第1肋内侧面附近起自腋动脉，从胸廓前口走出，供应胸肌。　A

3　胸外侧动脉　A. thoracica lateralis.　伴随胸外侧神经向后沿胸深肌的内侧面延伸。　A

4　乳丘支　Rami mammarii.　供应第1（偶尔还有第2）胸乳丘。　A

5　肩胛下动脉　A. subscapularis.　沿肩胛骨后缘向后背侧延伸。　AB

6　胸背动脉　A. thoracodorsalis.　沿大圆肌和背阔肌内侧面向后背侧延伸。　AB

7　旋肱后动脉　A. circumflexa humeri caudalis.　沿肩关节后面延伸。　AB

8　肩胛上动脉　A. suprascapularis.　从旋肱后动脉发出，向前背侧越过肩胛骨颈内侧面，继续沿肩胛骨前缘延伸。　AB

9　旋肱前动脉　A. circumflexa humeri cranialis.　向前腹侧穿过或沿喙臂肌外侧面延伸，也可直接起自腋动脉（若如此，则此动脉的起点标志着腋动脉转变为臂动脉）。　A

10　桡侧副动脉　A. collateralis radialis.　伴随桡神经到臂肌表面。　AB

11　肱骨滋养动脉　A. nutricia humeri.　为桡侧副动脉的分支，进入肱骨滋养孔。　AB

12　中副动脉　A. collateralis media.　桡侧副动脉向后腹侧的分支，到肘关节网。　AB

13　前臂浅前动脉　A. antebrachialis superficialis cranialis.　为桡侧副动脉的直接延续支，沿腕桡侧伸肌延伸。　AB

14　指背侧第3总动脉　A. digitalis dorsalis communis Ⅲ.为前臂浅前动脉的浅延续支。AB

15　指背侧固有动脉　Aa. digitales dorsales propriae.　为指背侧第3总动脉的直接延续支。　A

16　旋肩胛动脉　A. circumflexa scapulae.　走向肩胛骨后缘并主要分布于肩胛骨外侧面。　AB

17　臂动脉　A. brachialis.　为腋动脉的直接延续，沿臂部内侧面延伸。　AB

18　臂深动脉　A. profunda brachii.　到臂三头肌。　AB

19　臂二头肌动脉　A. bicipitalis.　到臂二头肌。　A

20　尺侧副动脉　A. collateralis ulnaris.　伴随尺神经延伸，常得到前臂深动脉分支的加强。　A

21　肘关节网　Rete articulare cubiti.　供应肘关节。　A

22　腕掌侧支　Ramus carpeus palmaris.　（这支动脉在第5版N.A.V.被省略。）

23　肘横动脉　A. transversa cubiti.　向外侧越过肱骨前面。　AB

24　前臂深动脉　A. profunda antebrachii.　常为多支，到前臂掌侧肌肉。　A（见284页26条所引原文。）

25　骨间总动脉　A. interossea communis.　向外到前臂骨间隙近侧部。　A

26　骨间前动脉　A. interossea cranialis.　向外侧穿过前臂骨间隙近侧部后，继续向远侧行。　B

27　骨间返动脉　A. recurrens interossea.　起自骨间前动脉，向近侧延伸向肘关节网。　B

28　骨间后动脉　A. interossea caudalis.　沿桡骨和尺骨间延伸于一个细小的动脉网中。　A

29　骨间支　Ramus interosseus.　起自骨间后动脉，穿过前臂骨间隙远侧部，加入骨间前动脉。　B

30　腕背侧支　Ramus carpeus dorsalis.　到腕背网的骨间支的分支。　B

31　腕掌侧支　Ramus carpeus palmaris.　起自骨间后动脉，为到腕掌侧面的深支。　A

32　掌侧支　Ramus palmaris.　为骨间后动脉的直接延续，在接受尺侧副动脉后，继续沿副腕骨内侧面下行。　A

32a　腕背侧支　Ramus carpeus dorsalis.　到腕背侧面。　A（根据第5版N.A.V.，把这一名词移至32a，因其不属于尺侧副动脉的分支，而是骨间后动脉的分支。）

33　浅支　Ramus superficialis.　由掌侧支发出，沿掌部掌外侧缘向下延伸，加入掌浅弓。　A

34　深支　Ramus profundus.　掌侧支到掌深弓的分支，不恒定。　A（译者注：按第6版N.A.V.，本页33和34条应归于32条之下。）

A 左前肢的动脉，内侧观（猪）

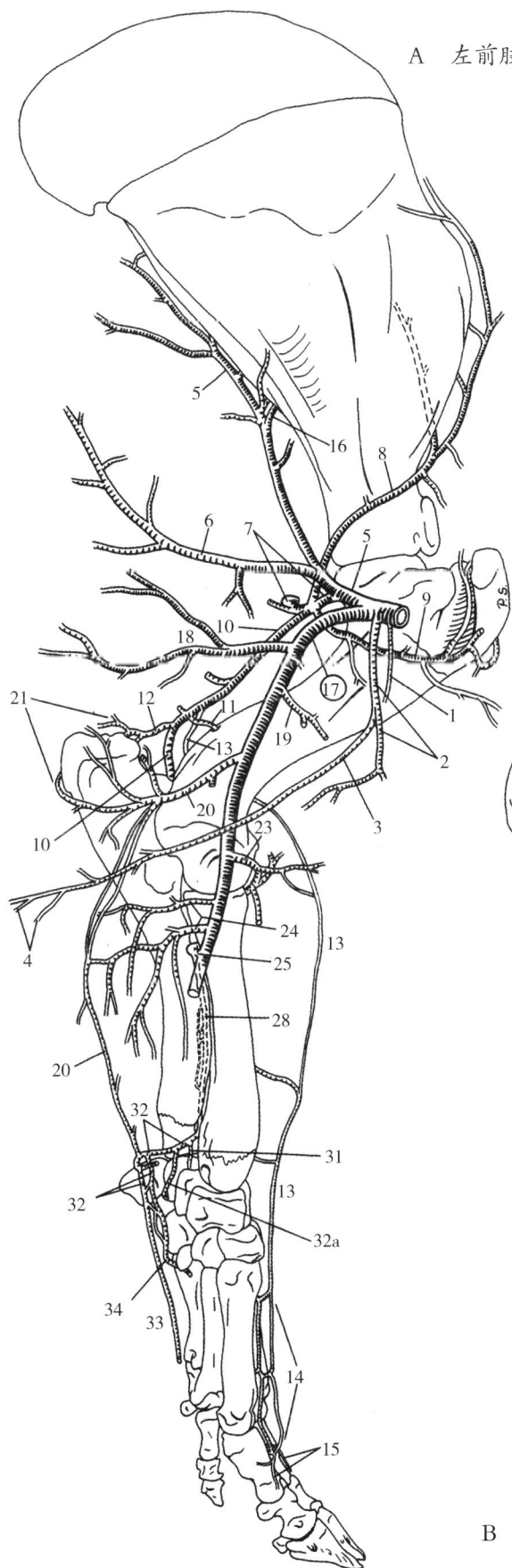

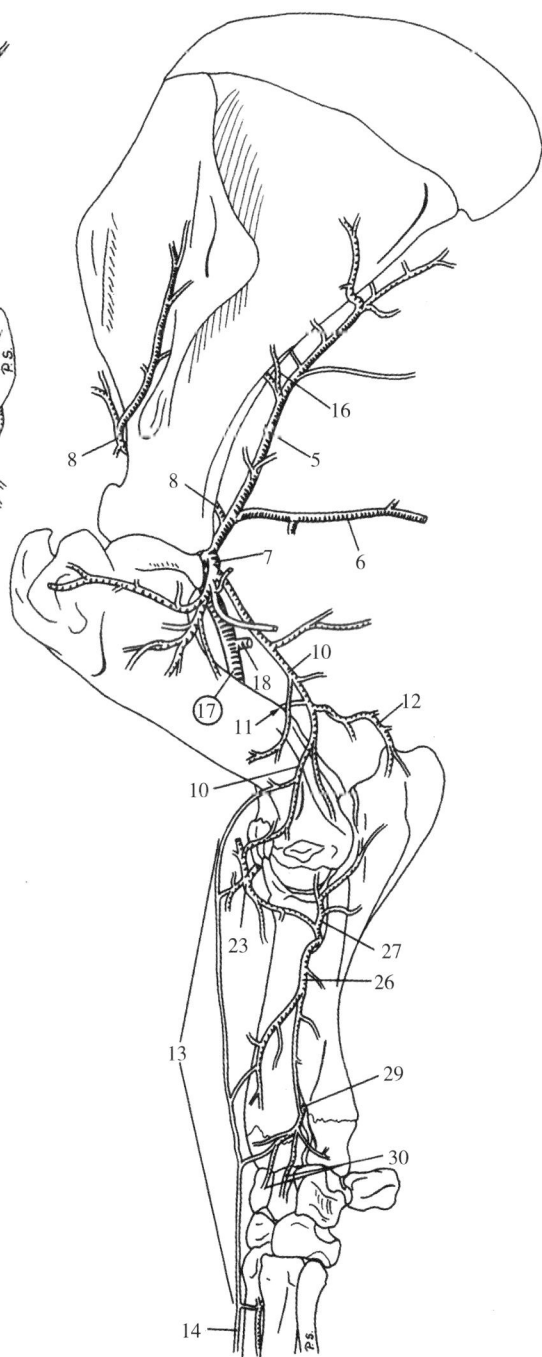

B 左前肢的动脉，外侧观（猪）

1 **正中动脉** A. mediana. 臂动脉在发出骨间总动脉后即延续为正中动脉，它在一个细小的动脉网包围中沿指屈肌腱内侧向下延伸，并穿过腕管。 A

2 **桡动脉** A. radialis. 沿桡骨后内侧面延伸，被一细小的动脉网所包围，向下向浅侧延伸至腕的掌内侧面。 A

3 **腕掌侧支** Ramus carpeus palmaris. 到腕掌侧面的小分支。 A

4 **腕背侧支** Ramus carpeus dorsalis. 越过腕内侧面向背侧行。 AB

5 **腕背网** Rete carpi dorsale. 腕背侧的动脉网。 B

6 **掌背侧第2和第4动脉** Aa. metacarpeae dorsales Ⅱ et Ⅳ. 来自腕背网并接受第4近穿支的小分支。 B

7 **指背侧固有动脉** Aa. digitales dorsales propriae. 沿第2与第3指、第4与第5指相邻面延伸的掌背侧第2和第4动脉的细小分支。 B

8 **掌背侧第3动脉** A. metacarpea dorsalis Ⅲ. 起自腕背网，被近穿支加强。 BC

9 **掌浅支** Ramus palmaris superficialis. 沿第3指屈肌腱的内侧面向下延伸，然后加入掌浅弓。 A

10 **掌深弓** Arcus palmaris profundus. 为桡动脉与骨间后动脉掌侧支的深支间的横向连接，此弓横过骨间肌的背侧面，常常得到较其更掌侧的另一弓的补充。 A

11 **掌心第2~4动脉** Aa. metacarpeae palmares Ⅱ-Ⅳ. 在向轴侧延伸中越过第3和第4掌骨头后加入远穿支。 A

12 **近穿支** Ramus perforans proximalis. 将掌心第2~4动脉的每一条连接到其背侧的掌背侧动脉。近穿支穿过掌骨间隙的近侧部。 AB

13 **第3远穿支** Ramus perforans distalis Ⅲ. 将掌心第3动脉与其背侧对应支连接起来。该远穿支穿过第3和第4掌骨间隙的远侧部。 AB

14 **尺侧支** Ramus ulnaris. 横向连接于正中动脉和骨间后动脉的掌侧支之间。 A

15 **掌浅弓** Arcus palmaris superficialis. 连接桡动脉的掌浅支、正中动脉和骨间后动脉掌侧支的浅支的筋膜下形式多样的动脉弓。 A

16 **指掌侧第2~4总动脉** Aa. digitales palmares communes Ⅱ-Ⅳ. 其中的指掌侧第2和第4总动脉走向第2~3指间隙和第4~5指间隙（译者注：原文为3~4指间隙），分支为相应指的指掌侧固有动脉；而指掌侧第3总动脉在第3~4指间隙延伸并分支为相应指的指掌轴侧固有动脉（第3和第4指掌轴侧固有动脉）。 AC

17 **指掌侧固有动脉** Aa. digitales palmares propriae. 进入相应指远指节骨的轴侧孔。 ABC

18 **指间动脉** A. interdigitalis. 四支穿过指间隙的每一支指间动脉，均将第3和第4指掌轴侧和远轴侧固有动脉与相应的指背轴侧和远轴侧固有动脉相连接。 ABC

19 **近指节背侧支** Ramus dorsalis phalangis proximalis. 此六支中的每一支常起自指间动脉（第3指和第4指）或第2和第5近指节掌侧支，并在相应近指节骨背面分布。 B

20 **近指节掌侧支** Ramus palmaris phalangis proximalis. 为每一指掌侧固有动脉的横支，它们横向越过相应近指节骨的掌侧面。 ABC

21 **指枕支** Ramus tori digitalis. 为第3和第4指掌侧固有动脉以及第2和第5近指节掌侧支的分支，供应相应蹄枕。 AC

22 **中指节背侧支** Ramus dorsalis phalangis media. 为每一指掌侧固有动脉的横支，它们横向越过相应中指节骨的背侧面。 ABC

23 **蹄冠动脉** A. coronalis. 为第2~5指中指节背侧支的浅支，沿相应指的远轴侧面走向蹄冠。 B

24 **中指节掌侧支** Ramus palmaris phalangis mediae. 为每一指掌侧固有动脉的横支，它们横过相应中指节骨的掌侧面。 AC

24a **远指节掌侧支** Ramus palmaris phalangis distalis. 沿远指节骨的掌侧面延伸。 A

25 **远指节背侧支** Ramus dorsalis phalangis distalis. 每一指掌轴侧固有动脉的沿相应远指节轴侧延伸的细支。 BC

26 **终弓** Arcus terminalis. 埋在远指节骨内的动脉弓。 A

A　左前足的动脉，掌侧观（猪）

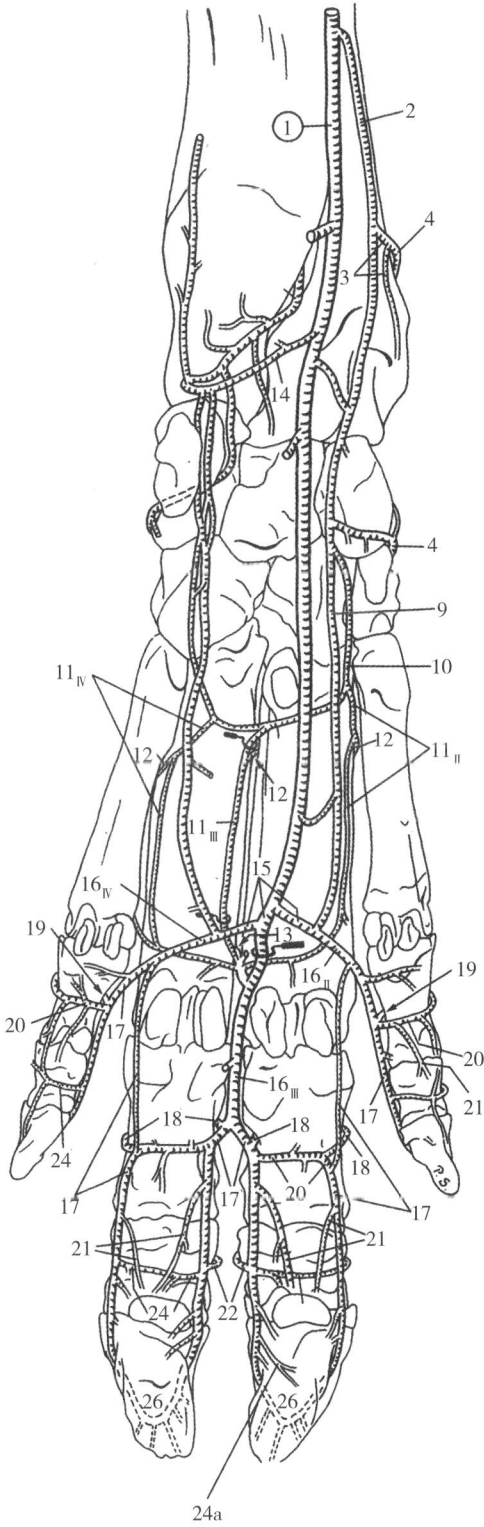

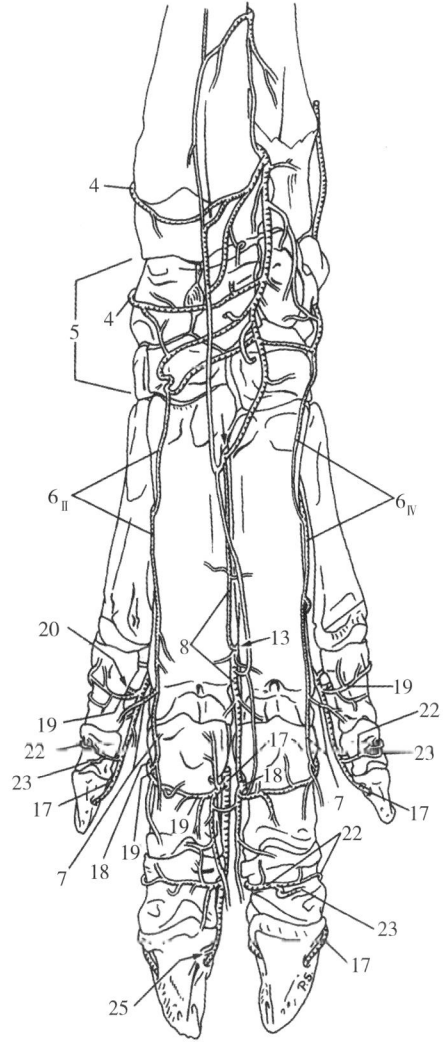

B　左前足的动脉，背侧观（猪）

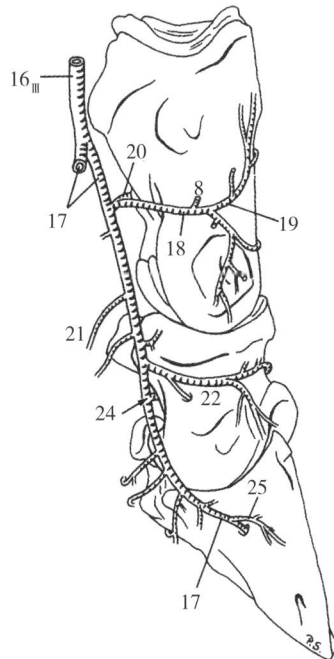

C　左前足第4指的动脉，轴侧观（猪）

腋动脉——反刍动物　RUMINANTIA

1　胸廓外动脉　A. thoracica externa.　主要供应胸肌。　A

2　三角肌支（牛）Ramus deltoideus.　伴随头静脉，沿胸外侧沟延伸。　A

3　肩胛上动脉（牛）A. suprascapularis.　伴随肩胛上神经。　AB

4　肩胛下动脉　A. subscapularis.　向后背侧沿肩胛骨后缘延伸。　AB

5　胸背动脉　A. thoracodorsalis.　向后背侧延伸的肌动脉。　AB

6　旋肱后动脉　A. circumflexa humeri caudalis.　向外侧越过肩关节的关节角。　AB

7　桡侧副动脉　A. collateralis radialis.　向下后方延伸，伴随桡神经。　AB

8　前臂浅前动脉　A. antebrachialis superficialis cranialis.　桡侧副动脉的一支小分支，伴随桡神经的浅支，接受肘横动脉和骨间前动脉的加强。　BD

9　指背侧第2和第3总动脉　Aa. digitales dorsales communes II et III.　由前臂浅前动脉发出的非常小的动脉分支。　D

10　指背侧固有动脉　Aa. digitales dorsales propriae.　其内侧者为指背侧第2总动脉的延续，两条指背轴侧固有动脉来自指背侧第3总动脉。　D

11　肱骨滋养动脉　A. nutricia humeri.　为桡侧副动脉的分支。　AB

12　中副动脉　A. collateralis media.　为桡侧副动脉的分支，向后延伸到肘关节。　AB

13　旋肩胛动脉　A. circumflexa scapulae.　向前背侧延伸向肩胛骨后缘，并继续沿肩胛骨内侧面和外侧面延伸。　AB

14　旋肱前动脉　A. circumflexa humeri cranialis.　向前越过肱骨内侧面，有多种起始，可起始于腋动脉、肩胛下动脉、旋肱后动脉或胸背动脉（旋肱前动脉的起始标志着腋动脉转变为臂动脉）。　A

15　臂动脉　A. brachialis.　腋动脉的直接延续，越过肱骨内侧面。　AB

16　臂深动脉　A. profunda brachii.　向后发出的短干，很快进入臂肌。　A

17　尺侧副动脉　A. collateralis ulnaris.　向后延伸，常在腕尺侧伸肌和腕尺侧屈肌间发出一远延续支。　ABC

18　肘关节网　Rete articulare cubiti.　供应肘关节。　A

19　腕掌侧支　Ramus carpeus palmaris.　C（本动脉在第5版N.A.V.是被省略的。）

19a　腕背侧支　Ramus carpeus dorsalis.　为骨间总动脉的直接延续，通常穿过前臂近骨间隙，在桡骨和尺骨间的前外侧沟内向远侧行。　BCD

20　指背侧第4总动脉　A. digitalis dorsalis communis IV.　沿掌背侧面的浅层延伸。　D

21　臂二头肌动脉　A. bicipitalis.　短的肌支，主要供应臂二头肌。　A

22　肘横动脉　A. transversa cubiti.　向前行的动脉干，在肘关节的屈面分支进入肌肉。　AB

23　骨间总动脉　A. interossea communis.　沿桡骨的后内侧面向后外侧延伸，在牛和山羊可进入前臂骨近骨间隙。　A

24　骨间前动脉　A. interossea cranialis.　为骨间总动脉的直接延续，多数个体的该动脉穿过前臂骨近骨间隙，沿桡骨与尺骨之间的前外侧沟向远侧行。　BD

25　骨间返动脉　A. recurrens interossea.　向近侧延伸到鹰嘴外侧面。　B

26　腕背侧支　Ramus carpeus dorsalis.　骨间前动脉的分支，向远背侧行，在腕的背外侧面分支。　BD

27　骨间支　Ramus interosseus.　骨间前动脉穿过前臂骨远骨间隙向后的延续。　BC，以及297页A

28　腕掌侧支　Ramus carpeus palmaris.　骨间支至腕掌侧的深支。　BC，以及297页A

29　掌侧支　Ramus palmaris.　骨间支的直接延续。常常以分枝状延伸于腕的掌外侧面。　BC，以及297页A

30　浅支　Ramus superficialis.　掌侧支的分支，沿指屈肌腱的外侧行走，通常与掌浅弓相连。　C，以及297页A

31　深支　Ramus profundus.　掌侧支的深支，经掌骨与骨间肌之间穿过，加入掌深弓。　C，以及297页A

32　骨间后动脉　A. interossea caudalis.　沿桡骨与尺骨之间的内侧沟延伸。　A

B　左前肢的动脉，外侧观（牛）

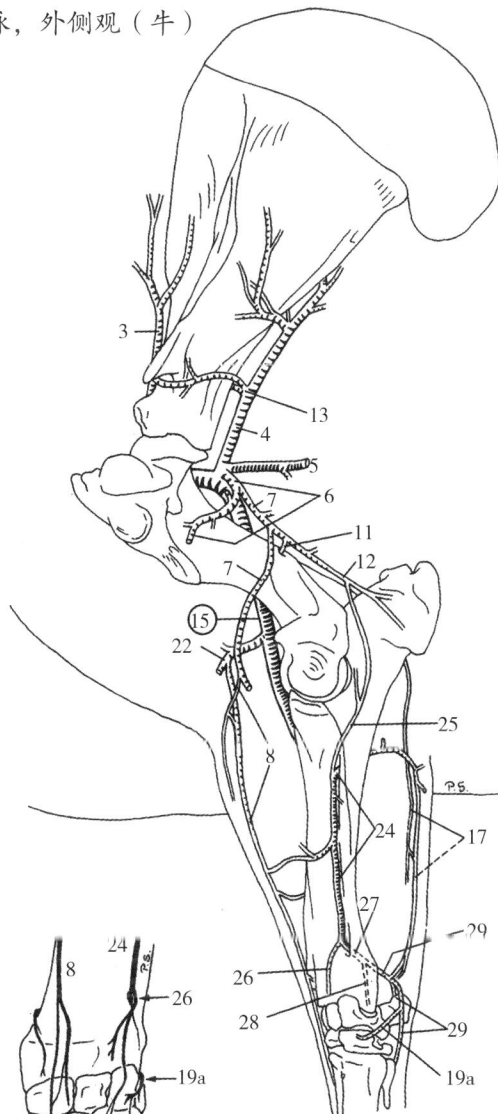

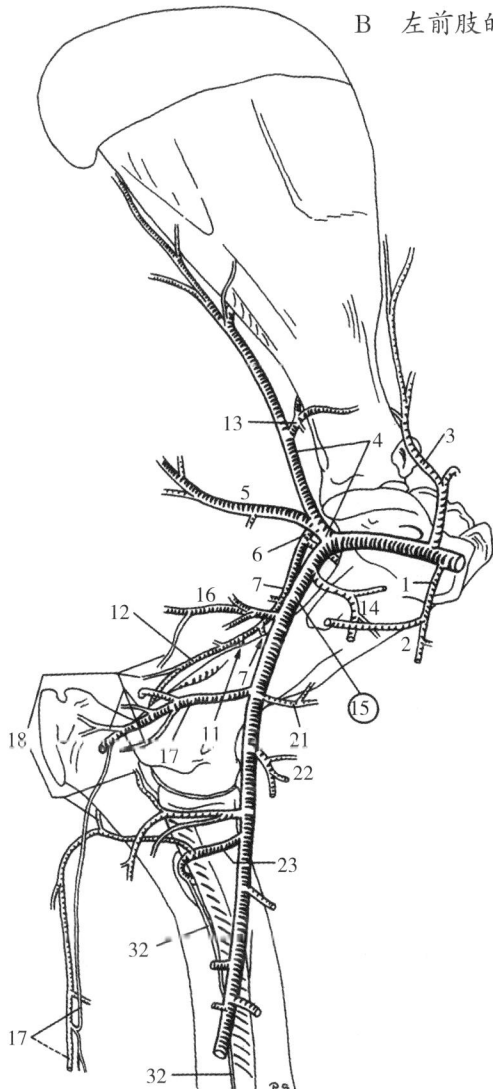

A　左前肢的动脉，内侧观（牛）

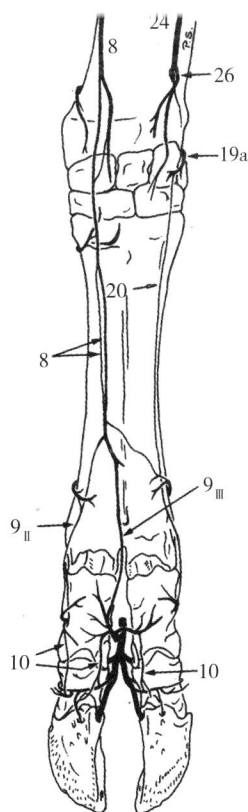

C　左腕的动脉，掌侧观（牛）

D　左前足的动脉，背侧观（牛）

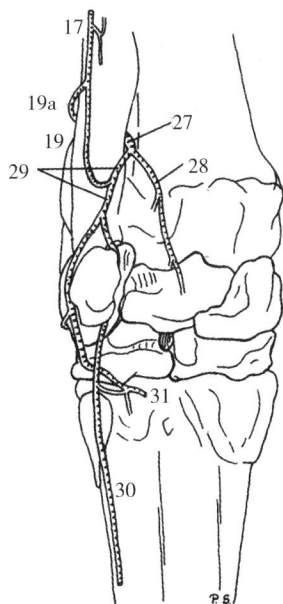

1 正中动脉　A. mediana.　臂动脉在发出骨间总动脉后的直接延续，穿过腕沟。　ACD

2 前臂深动脉　A. profunda antebrachii.　到前臂后侧的肌肉。　A（另见284页26条括弧中的注释。）

3 桡动脉　A. radialis.　沿腕部掌内侧的浅面延伸。　A

4 腕掌侧支　Ramus carpeus palmaris.　牛的一细小动脉。　A

5 腕远支　Ramus carpeus distalis.　常常以双支到腕背侧。　AB（译者注：第6版N. A. V.已改为腕背侧支）

  6 腕背网　Rete carpi dorsale.　腕背侧的动脉网。　B

    7 掌背侧第3动脉　A. metacarpea dorsalis Ⅲ.　由腕背网发出，在第3和第4掌骨的背侧纵沟内延伸，连接指间动脉。　BD

8 掌侧浅支　Ramus palmaris superficialis.　在掌筋膜下延伸，加入掌浅弓，或延续为指掌侧第2总动脉。　ACD

9 掌深弓　Arcus palmaris profundus.　在第3和第4掌骨与骨间肌之间连接桡动脉和骨间支。　A

10 掌心第2~4动脉　Aa. metacarpeae palmares Ⅱ-Ⅳ.　位于第3和第4掌骨与骨间肌之间的吻合间动脉。　ACD

  11 第3近穿支　Ramus perforans proximalis Ⅲ.　通过掌近管将掌心第3动脉或掌深弓与掌背侧第3动脉连接。　AB

  12 第3远穿支　Ramus perforans distalis Ⅲ.　通过掌远管将掌心第3动脉与掌背侧第3动脉连接。　ABD

13 掌浅弓　Arcus palmaris superficialis.　发达程度不同的筋膜下动脉，通过正中动脉将骨间支与桡动脉的掌侧浅支相连接。　ACD

14 指掌侧第2总动脉　A. digitalis palmaris communis Ⅱ.　ACD

  15 第2指掌轴侧固有动脉　A. digitalis palmaris propria Ⅱ axialis.　沿筋膜下延伸到内侧悬蹄。　AC

16 第3指掌远轴侧固有动脉　A. digitalis palmaris propria Ⅲ abaxialis.　沿第3指屈肌腱的掌内侧缘延伸并最终进入第3远指节的掌内侧面。　AC

  17 近指节背侧支　Ramus dorsalis phalangis proximalis.　第3指掌远轴侧固有动脉到近指节背侧面的分支。　ABC

  18 指枕支　Ramus tori digitalis.　第3指掌远轴侧固有动脉向蹄枕的分支。　AC

  19 中指节背侧支　Ramus dorsalis phalangis mediae.　第3指掌远轴侧固有动脉到中指节背侧面的分支。　ABC

  20 远指节掌侧支　Ramus palmaris phalangis distalis.　沿远指节掌侧面延伸。　AC

    21 远指节背侧支　Ramus dorsalis phalangis distalis.　沿远指节的背侧面延伸。

22 指掌侧第3总动脉　A. digitalis palmaris communis Ⅲ.　正中动脉在掌浅弓以远的直接延续。　ABCD

23 近指节掌侧支　Rami palmares phalangis proximalium.　指掌侧第3总动脉的分支，横跨近指节骨掌侧面，加入指掌远轴侧固有动脉。　AD

24 指间动脉　A. interdigitalis.　通过指间隙与掌背侧第3动脉连通。　ABD

  25 近指节背侧支　Rami dorsales phalangium proximalium.　指间动脉向近指节背侧的分支。　D

26 第3和4指掌轴侧固有动脉　Aa. digitales palmares propriae Ⅲ et Ⅳ axiales.　各自走向相应轴侧孔，进入远指节骨内。　ABD

  27 指枕支　Ramus tori digitalis.　指掌轴侧固有动脉向蹄枕的分支。　ACD

  28 中指节掌侧支　Ramus palmaris phalangis mediae.　为第3和4指掌轴侧固有动脉的分支，横向越过第3和4指中指节骨的掌侧面。　AD

  29 中指节背侧支　Ramus dorsalis phalangis mediae.　第3和第4指掌轴侧固有动脉横过第3和第4指的中指节骨背侧面的分支。它的一个分支（297页C和D中箭头所指）进入远指节骨的轴侧孔并加入终弓。　BCD

    30 蹄冠动脉　A. coronalis.　起自轴侧的中指节背侧支（牛）或指掌轴侧固有动脉，进入蹄冠的远轴侧部。　BCD

  31 远指节掌侧支　Ramus palmaris phalangis distalis.　第3和4指掌轴侧固有动脉的直接延续。　AD

    32 远指节背侧支　Ramus dorsalis phalangis distalis.　远指节掌侧支的分支，沿远指节骨的轴侧面向背侧行。　D

  33 终弓　Arcus terminalis.　远指节骨内的动脉弓。　AD

C 左前足的动脉，内侧观（牛）

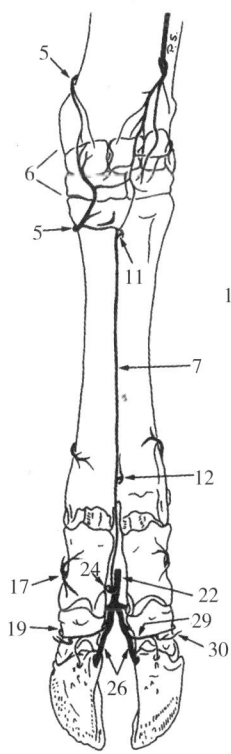

B 左前足的动脉，
背侧观（牛）

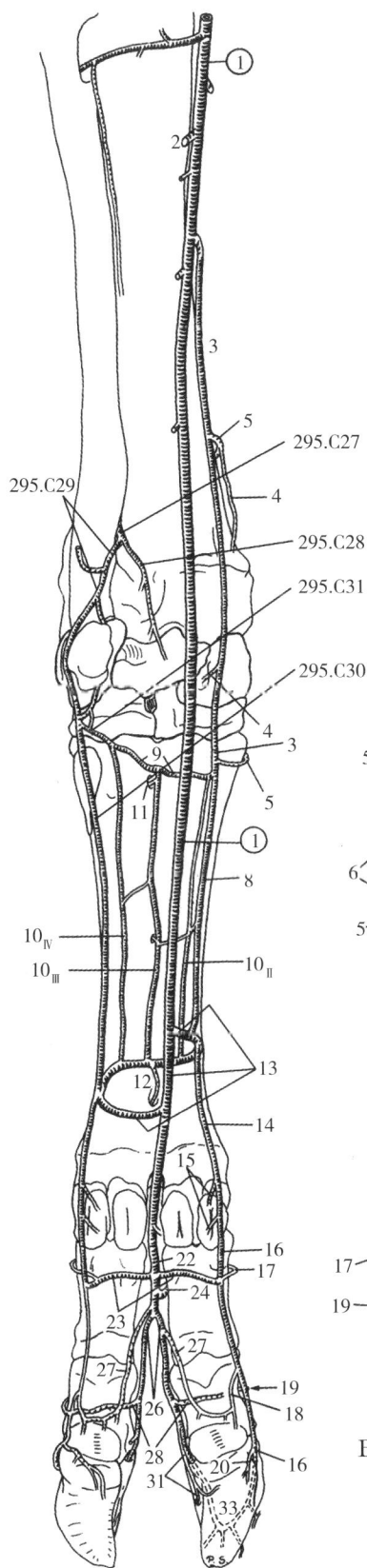

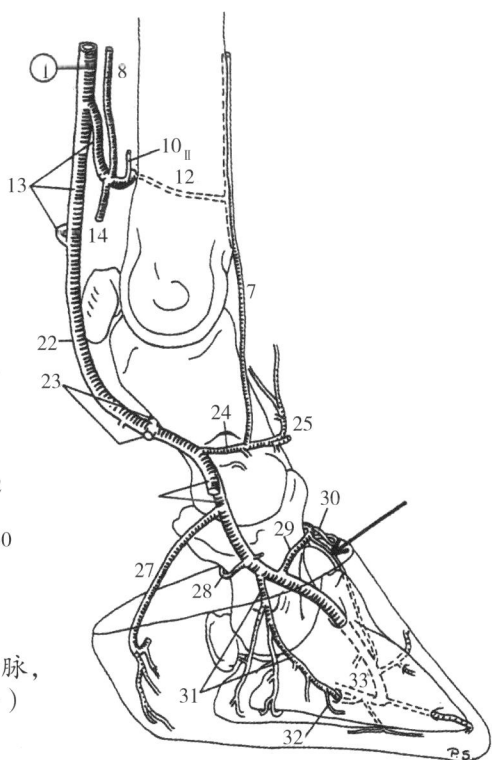

A 左前肢的动脉，掌侧观（牛）

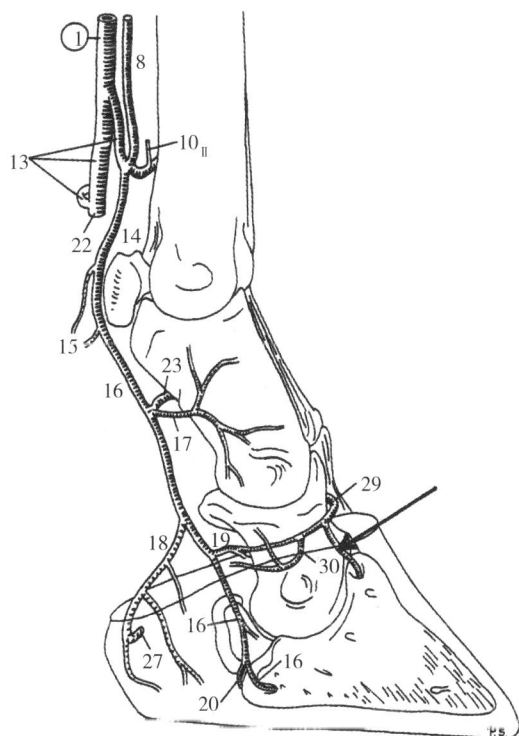

D 左前足的动脉，第3指已切除，
内侧观（牛）

1　指掌侧第4总动脉　A. digitalis palmaris communis Ⅳ. A

2　第4指掌远轴侧固有动脉　A. digitalis palmaris propria Ⅳ abaxialis. 沿第4指的屈肌腱掌外侧缘延伸。 A

3　近指节背侧支　Ramus dorsalis phalangis proximalis. 为第4指掌远轴侧固有动脉的分支，到达第4指近指节骨背侧。 A

4　指枕支　Ramus tori digitalis. 为第4指掌远轴侧固有动脉的分支，进入第4指枕的外侧部。 A

5　中指节背侧支　Ramus dorsalis phalangis mediae. 为第4指掌远轴侧固有动脉的分支，到第4指中指节骨背侧。 A

6　远指节掌侧支　Ramus palmaris phalangis distalis. 为第4指掌远轴侧固有动脉的分支，向轴侧越过第4指远指节骨的掌侧。 A

7　远指节背侧支　Ramus dorsalis phalangis distalis. 为第4指掌远轴侧固有动脉的远指节背侧支。

8　第5指掌轴侧固有动脉　A. digitalis palmaris propria Ⅴ axialis. 沿筋膜下延伸到外侧悬蹄。 A

腋动脉——马　EQUUS

9　胸廓外动脉　A. thoracica externa. 向后腹侧延伸到胸肌，多变且不恒定。 B

10　肩胛上动脉　A. suprascapularis. 向背侧沿肩胛下肌和冈上肌之间的沟延伸，伴随肩胛上神经，常出现双支。 BC

11　肩胛下动脉　A. subscapularis. 沿肩胛下肌和大圆肌之间向后背侧延伸向肩胛骨后角。 BC

12　胸背动脉　A. thoracodoralis. 向后背侧越过大圆肌内侧面，并继续沿背阔肌表面延伸。 BC

13　旋肱后动脉　A. circumflexa humari caudalis. 与腋神经相伴向外行至肩关节后方。 BC

14　旋肩胛动脉　A. circumflexa scapulae. 在肩胛下肌和臂三头肌长头间延伸，并向肩胛骨外侧面和内侧面发出分支。 BC（其肩胛骨滋养动脉在第5版N.A.V.中是被省略的，但却在299页图C中有所体现，是旋肩胛动脉的一支。）

15　旋肱前动脉　A. circumflexa humeri cranialis. 向前腹侧越过肱骨内侧面。 BC

16　臂动脉　A. brachialis. 腋动脉在发出旋肱前动脉后向远侧的直接延续，越过肱骨内侧面到肘关节前内侧面。 BC

17　臂深动脉　A. profunda brachii. 臂动脉向后发出的短干，主要供应肱骨后方的肌肉。 BC

18　桡侧副动脉　A. collateralis radialis. 臂深动脉的分支，伴随桡神经在臂肌沟内延伸到肘关节的前方。 BC

19　中副动脉　A. collateralis media. 走向鹰嘴窝并供应肘关节网。 C

20　臂二头肌动脉　A. bicipitalis. 为向前并稍向下方的肌动脉干，主要供应臂二头肌。 B

21　肱骨滋养动脉　A. nutricia humeri. 进入肱骨的滋养孔。 B

22　尺侧副动脉　A. collateralis ulnaris. 向后下方越过肱骨内侧面并沿腕尺侧伸肌（译者注：即尺骨外侧肌或腕外侧屈肌）和腕尺侧屈肌间向下延伸，正在腕上方加入正中动脉的掌侧支。 BC

23　肘关节网　Rete articulare cubiti. 围绕肘关节的动脉网。 BC

23a　背侧支　Ramus dorsalis. 尺侧副动脉的背侧支。

24　肘横动脉　A. transversa cubiti. 向前下方越过肘关节的前方，并继续沿桡骨背侧面走向腕部。 BC，以及301页B

25　骨间总动脉　A. interossea communis. 向后外侧行向前臂骨间隙。 B

26　骨间前动脉　A. interossea cranialis. 穿过前臂骨间隙，继续沿桡骨外侧缘向下延伸。 BC，以及301页B

27　骨间返动脉　A. recurrens interossea. 为骨间前动脉的分支，沿尺骨外侧面向近侧延伸。 C

28　腕背侧支　Rami carpei dorsales. 参与形成腕背网。 C

29　骨间后动脉　A. interossea caudalis. 非常纤细且不恒定，沿桡骨后面延伸。 B

A 左前足的动脉，
远轴侧观（牛）

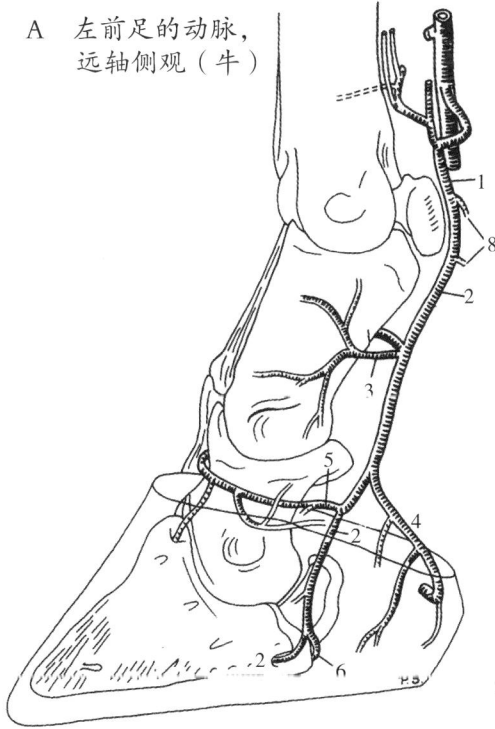

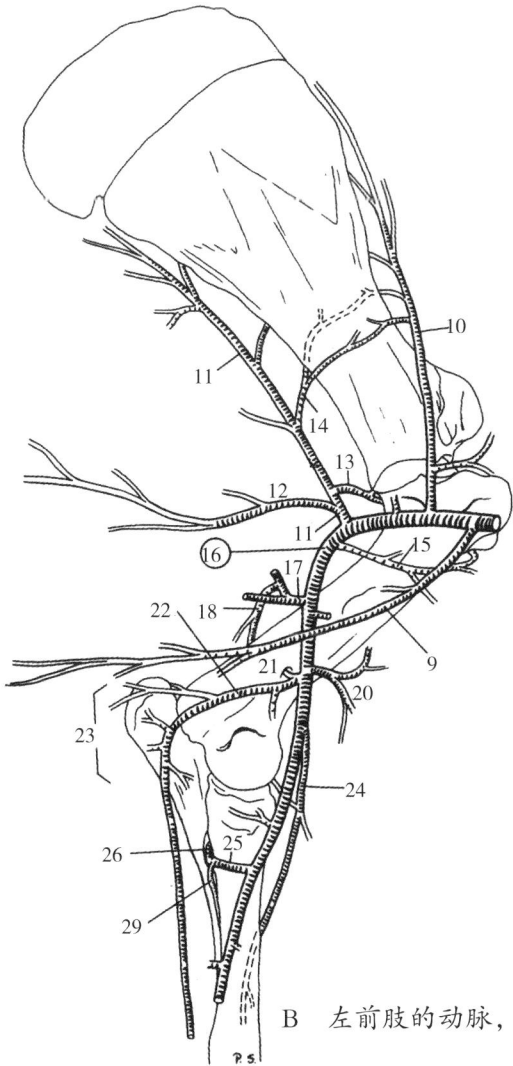

B 左前肢的动脉，内侧观（马）

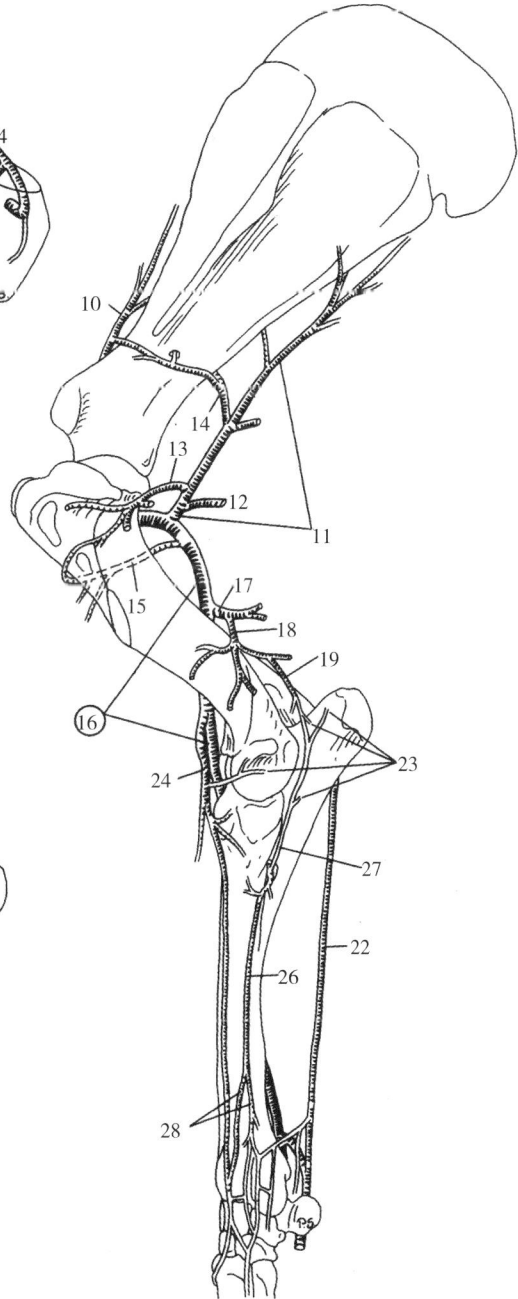

C 左前肢的动脉，外侧观（马）

1 **正中动脉** A. mediana. 臂动脉发出骨间总动脉之后的直接延续，穿过腕管后沿指屈肌腱内侧面延伸。 A

2 **前臂深动脉** A. profunda antebrachii. 供应前臂后侧的肌肉。 A（另见284页26条所引文献原文。）

3 **桡近动脉** A. radialis proximalis. 沿桡骨后面延伸的小动脉。 A

4 **腕背侧支** Ramus carpeus dorsalis. 桡近动脉向腕背网伸出的分支。 AB

    5 **腕背网** Rete carpi dorsale. 位于腕背侧面。 B

        6 **掌背侧第2和3动脉** Aa. metacarpeae dorsales Ⅱ et Ⅲ. 沿第2~3掌骨间和第3~4掌骨间的背侧沟延伸。 BCD

7 **腕掌侧支*** Ramus carpeus palmaris. 供应腕掌侧部。 A（这一小支在马的上翼状韧带切开术中有重要意义。）

8 **桡动脉** A. radialis. 沿腕掌侧延伸。 A

8a **腕背侧支** Ramus carpeus dorsalis. 围绕腕部内侧缘（在桡腕骨水平），然后转为一背侧支。 A

9 **（与）掌背侧第2动脉吻合支** Ramus anastomoticus cum a. metacarpea dorsali Ⅱ. 在第2掌骨底周围延伸。 AB

10 **掌深弓** Arcus palmaris profundus. 位于桡动脉和正中动脉掌侧支之间的连接支，常常出现于骨间肌的背侧面和掌侧面。 A

    11 **掌心第2和3动脉** Aa. metacarpeae palmares Ⅱ et Ⅲ. 沿第2~3掌骨间和第3~4掌骨间的掌侧沟延伸。 ACD

        12 **远穿支** Ramus perforans distalis. 掌心动脉的分支，穿过掌骨之间，加入掌背侧动脉。 ACD

13 **掌侧支** Ramus palmaris. 向远外侧延伸，加入尺侧副动脉并继续下行。 A

14 **浅支** Ramus superficialis. 为掌侧支的分支，参与掌浅弓的形成。 A

    15 **指掌侧第3总动脉** A. digitalis palmaris communis Ⅲ. 浅支在连接掌浅弓后即延续为指掌侧第3总动脉。 AD

16 **深支** Ramus profundus. 参与掌深弓的形成。 A

17 **（与）掌背侧第3动脉吻合支** Ramus anastomoticus cum a.metacarpea dorsali Ⅲ. 沿第4掌骨外侧面延伸并加入掌背侧第3动脉。 AB

18 **（掌浅弓）** （Arcus palmaris superficialis）. 为正中动脉与掌侧支浅支之间的筋膜下连接支。 A

19 **指掌侧第2总动脉** A. digitalis palmaris communis Ⅱ. 正中动脉在参与掌浅弓的形成之后即延续为指掌侧第2总动脉。 ACD

20 **指内侧〔第3指掌内侧固有〕动脉** A. digitalis [palmaris propria Ⅲ] medialis. 沿内侧近籽骨的远轴侧面到底沟，进入底孔。 ACD

    21 **近指节掌侧支** Ramus palmaris phalangis proximalis. 向外侧延伸过近指节骨的掌侧面。 AC

    22 **近指节背侧支** Ramus dorsalis phalangis proximalis. 由近指节掌侧支向背侧发出的分支。 AC

    23 **中指节掌侧支** Ramus palmaris phalangis mediae. 指内侧动脉向外侧发出的分支，横向越过中指节骨掌侧面。 A

    24 **中指节背侧支** Ramus dorsalis phalangis mediae. 沿内侧蹄软骨的外侧面走向中指节骨的背侧面。 C

    25 **指枕支** Ramus tori digitalis. 指内侧动脉的分支，向远掌侧方向延伸，主要分支到蹄枕。 AC

        26 **蹄冠动脉** A. coronalis. 为指枕支的分支，沿内侧蹄软骨和蹄匣的近缘向背侧行。 AC

    27 **远指节背侧支** Ramus dorsalis phalangis distalis. 为指内侧动脉的远指节背侧支，穿过掌内侧突孔或切迹，在壁面内侧沟内延伸向背侧。 AC

    28 **终弓** Arcus terminalis. 位于远指节骨底管内的血管弓，由指内侧动脉和指外侧动脉连接而成。 A

        28a **底缘动脉** A. marginis solearis. 围绕远指节骨底缘延伸。 CD

29 **指外侧〔第3指掌外侧固有〕动脉** A. digitalis [palmaris propria Ⅲ] lateralis. 沿骨间中肌和指深屈肌腱之间的外侧部延伸，取代了所有掌心动脉和指掌侧第3总动脉，继续沿外侧近籽骨的远轴侧下行，到达底外侧沟，进入底外侧孔。 ACD

    30 **近指节掌侧支** Ramus palmaris phalangis proximalis. 见本页21条。 AD

        31 **近指节背侧支** Ramus dorsalis phalangis proximalis. 见本页22条。 AD

    32 **中指节掌侧支** Ramus palmaris phalangis mediae. 见本页23条。 A

    33 **中指节背侧支** Ramus dorsalis phalangis mediae. 见本页24条。 D

    34 **指枕支** Ramus tori digitalis. 见本页25条。 AD

        35 **蹄冠动脉** A. coronalis. 见本页26条。 AD

    36 **远指节背侧支** Ramus dorsalis phalangis distalis. 见本页27条。 AD

C 左前足的动脉，内侧观（马）

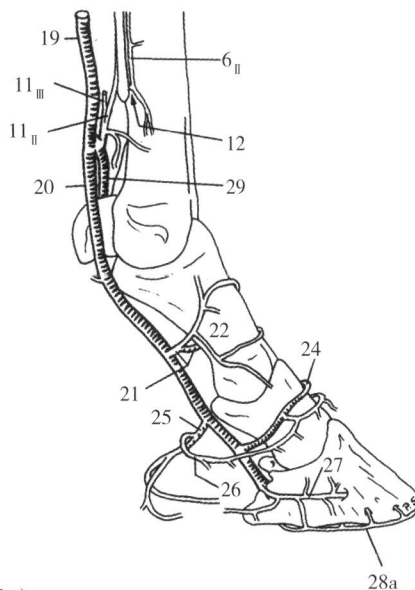

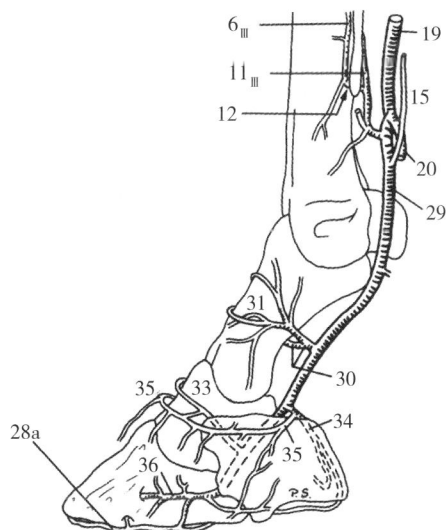

B 左腕的动脉，背侧观（马）

D 左前足的动脉，外侧观（马）

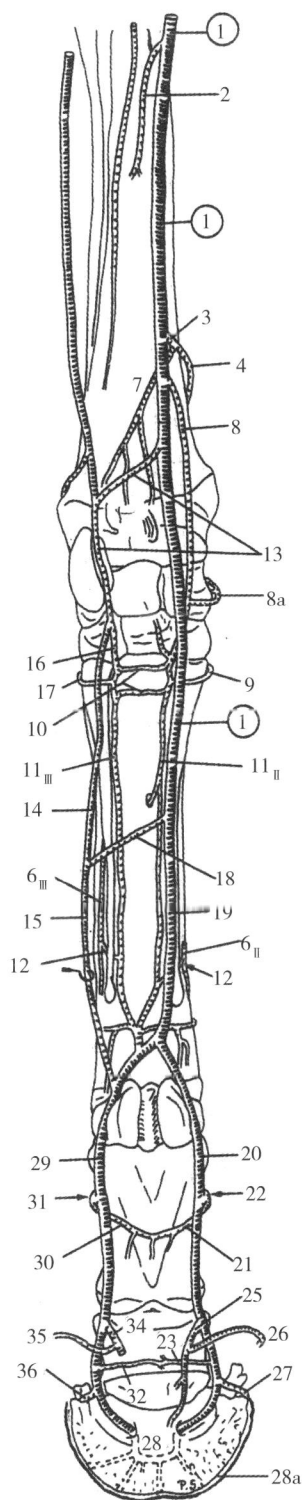

A 左前肢的动脉，掌侧观（马）

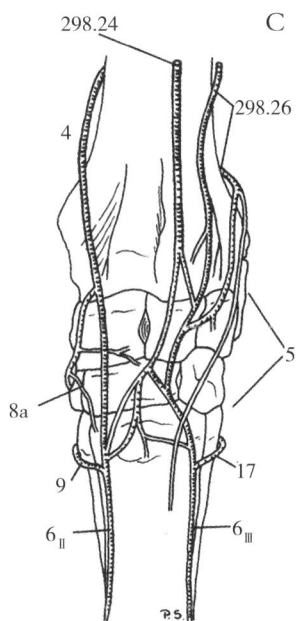

通用名词　TERMINI COMMUNES

1 **降主动脉　AORTA DESCENDENS**. 主动脉在主动脉弓之后的延续。　AC

2 **胸主动脉　AORTA THORACIA**. 降主动脉的胸廓内部分，延续到膈的主动脉裂孔。　ABC

3 支气管食管动脉　A. bronchoesophagea [-oesophagea]. 多变的供应肺和食管的动脉干。　A

4 支气管支　Ramus bronchalis. 发达程度不同，在气管分为左、右支气管处分支，分别沿左、右支气管进入肺门。　A

5 食管支　Ramus esophageus [oesophageus]. 沿食管向后延伸。　A

6 食管支　Rami esophagei [oesophagei]. 在猪和绵羊，分布于食管的小分支。

7 心包支　Rami pericardiaci. 犬支气管食管动脉到心包的分支，有多种起点。　A

8 纵隔支　Rami mediastinales. 犬食管支到纵隔的分支。　A

9 膈前动脉（马）　A. phrenica cranialis. 到膈的腰部的胸廓内分支，在猪、绵羊和牛也有记载。　C

10 肋间背侧动脉　Aa. intercostale dorsales. 左、右对称的血管，越过椎体到肋间隙，并沿肋沟延伸，常与下列脉管的起始段合并在一起。　ABC

11 背侧支　Ramus dorsalis. 向背侧分布于背肌，在猪穿过椎外侧孔。　BC

12 脊髓支　Ramus spinalis. 经椎间孔、椎外侧孔或两者兼有（猪）进入椎管，供应脊髓腹侧动脉。　BC

13 内侧皮支　Ramus cutaneus medialis. 背侧支向体表的直接延续，猪缺如。　B

14 外侧皮支[1]　Ramus cutaneus lateralis.

15 侧副支（猪、肉食动物）　Ramus collateralis. 越过肋的内侧面到前一肋间隙。曾经在马记录到走向后一肋的前缘的同类动脉。　B

16 外侧皮支　Rami cutanei laterales. 到外侧胸壁皮肤的穿通支。　B

17 乳丘支　Rami mammarii. 到胸乳丘（肉食动物、猪）。　B

18 膈支　Rami phrenici. 起自后部的肋间背侧动脉，供应膈的肋部。

19 肋腹背侧动脉　A. costoabdominalis dorsalis. 沿最后肋的后面延伸，在马由腹主动脉发出。　C

20 背侧支　Ramus dorsalis. 向背侧走向背肌，在猪穿过最后胸椎的椎外侧孔。　C

21 脊髓支　Ramus spinalis. 肋腹背侧动脉背侧支的脊髓支，经胸腰椎间孔，在猪还经相应椎外侧孔进入椎管，供应脊髓腹侧动脉。　C

22 内侧皮支　Ramus cutaneus medialis. 为肋腹背侧动脉背侧支的浅侧皮支。　C

23 外侧皮支[1]　Ramus cutanneus lateralis.

24 外侧皮支　Rami cutannei laterales. 向外侧至邻近的皮肤节段。　C

1）：这些动脉在第 5 版 N.A.V. 被省略。

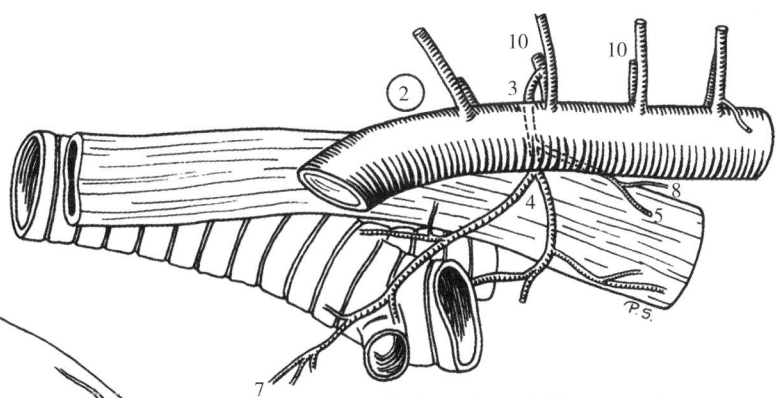

A 降主动脉，左侧观（犬）

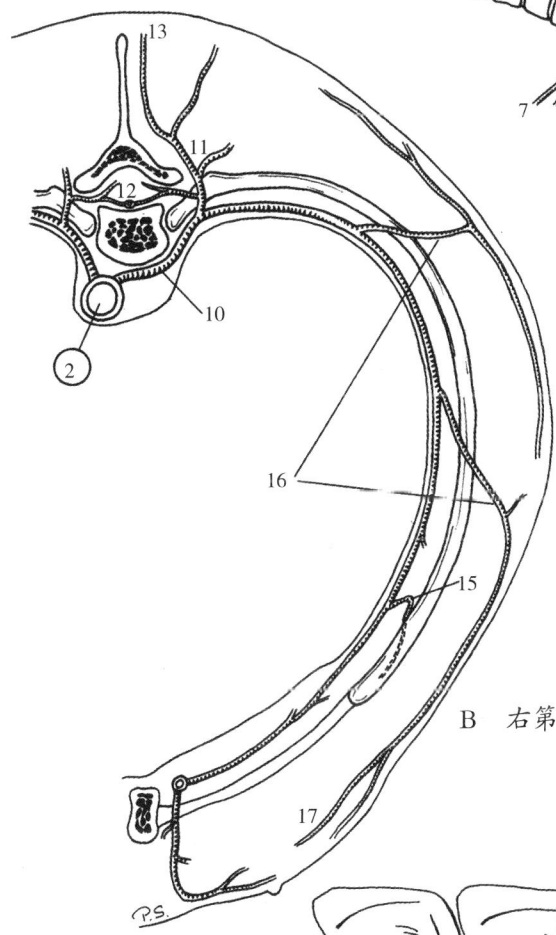

B 右第5肋间背侧动脉，后面观（犬）

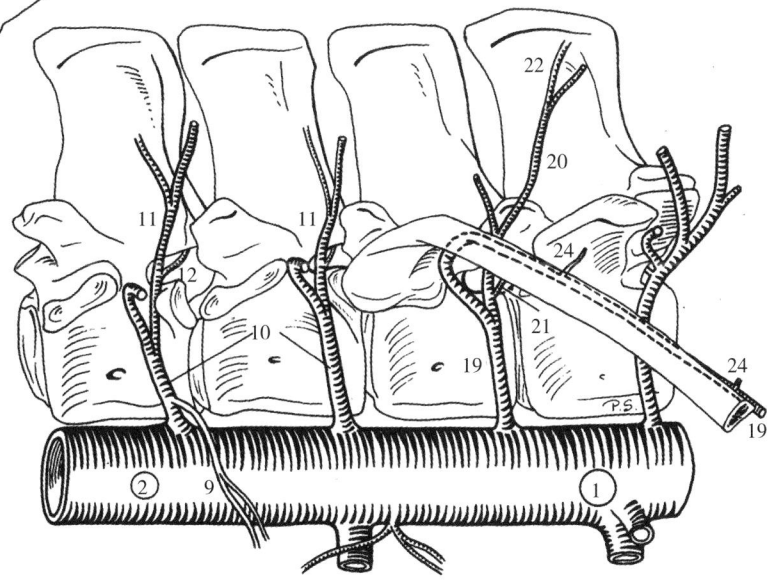

C 降主动脉的胸腰段，左侧观（马）

1　**腹主动脉　AORTA ABDOMINALIS**

2　膈后动脉　A. phrenica caudalis.　向前延伸进入膈的腰部，在肉食动脉是与腹前动脉共起于一总干，在猪和反刍动物起于腹腔动脉，马无膈后动脉。　A

3　肾上腺前支　Rami adrenales [supra-] craniales.　向后延伸向肾上腺，起点多变。　A

4　腹前动脉　A. abdominalis cranialis.　见于肉食动物和猪，延伸到腹侧壁。在肉食动物，与膈后动脉共起于一短干。　A

5　腰动脉　Aa. lumbales.　左、右侧起始部常合并的节段性血管，横过相应腰椎椎体到肋突［横突］的后缘；在肉食动物，其前2~3对起自胸主动脉，最后一对起点多变。　ABC

6　膈支（猪、反刍动物）　Rami phrenici.　起自前部腰动脉，向前延伸向膈的腰部。也可能缺，特别在猪。

7　肾上腺支（犬、反刍动物）　Rami adrenales [supra-].　起自前部腰动脉，供应肾上腺。

8　脊髓支　Ramus spinalis.　经相应的椎间孔或椎外侧孔进入椎管，连接脊髓腹侧动脉。　BC

9　背侧支　Ramus dorsalis.　向背侧到轴上肌，在猪则穿过相应腰椎的椎外侧孔。　BC

10　内侧皮支　Ramus cutaneus medialis.　走向背部皮肤的内侧区。　B

11　外侧皮支　Ramus cutaneus lateralis.　为背侧支向背部皮肤的延续。

12　旋髂深动脉　A. circumflexa ilium profunda.　在肉食动物起自主动脉，在其他家畜则起自髂外动脉，肉食动物的旋髂深动脉分支也与其他动物不同。　A（在兔起自髂总动脉，"髂总动脉"一词未在第5版N.A.V.收录。）

13　前支　Rami craniales.　旋髂深动脉的前支，向前腹侧延伸到腹胁区。　A

14　后支　Rami caudales.　旋髂深动脉的后支，向腹侧或腹后侧延伸到腹胁区和股部。　A

15　（荐正中动脉，马）（A. sacralis mediana）主动脉沿荐骨盆面的直接延续，相当纤细甚至缺如。（根据第5版N.A.V.，应被列为本页22a条。）

16　荐正中动脉（肉食动物、猪、反刍动物）　A. sacralis mediana.　主动脉沿荐骨盆面的直接延续。在犬和绵羊，有时成对。　ABC

17　第6（7）腰动脉（猪、绵羊、山羊）　A. lumbalis Ⅵ（Ⅶ）.　常见其起始段是左、右合并的，横过相应腰椎椎体到肋突［横突］的后缘。　B

18　荐支　Rami sacrales.　常见其起始段是左、右合并的，呈节段性分布，向背侧进入相应的荐腹侧孔，最后一对荐支经荐骨和第1尾椎间穿过。　ABC

19　脊髓支　Ramus spinalis.　连接到脊髓腹侧动脉。　BC

20　背侧支　Ramus dorsalis.　荐支的背侧支，经相应荐背侧孔及最后荐椎与第1尾椎之间穿出，供应轴上肌。　BC

21　荐外侧动脉（猫）　A. sacralis lateralis.　各荐支间沿荐骨腹侧面延伸的吻合支。　C

22　（荐外侧动脉，犬）（A. sacralis lateralis）.　各荐支间沿荐骨腹侧面延伸的吻合支。

23　尾正中动脉　A. caudalis [coccygea] mediana.　为荐中动脉（马除外）在沿尾椎腹侧面的直接延续，被附近的血管突或血管弓包围。在马，该动脉常起自左侧或右侧臀后动脉。　ABC

24　尾支　Rami caudales [coccygei].　有时其左、右侧起始端是合并的（犬、猫），节段性分布，向背侧越过相应尾椎椎体。　ABC

25　尾腹外侧动脉　A. caudalis [coccygea] ventrolateralis.　位于尾支间的一系列吻合支，沿尾椎腹侧面延伸。　ABC

26　尾背外侧动脉　A. caudalis [coccygea] dorsolateralis.　位于尾支间的一系列吻合支，沿尾椎的背外侧面延伸。　BC

27　尾血管体　Corpora caudalia [coccygea].　尾内的动-静脉吻合的小结节。

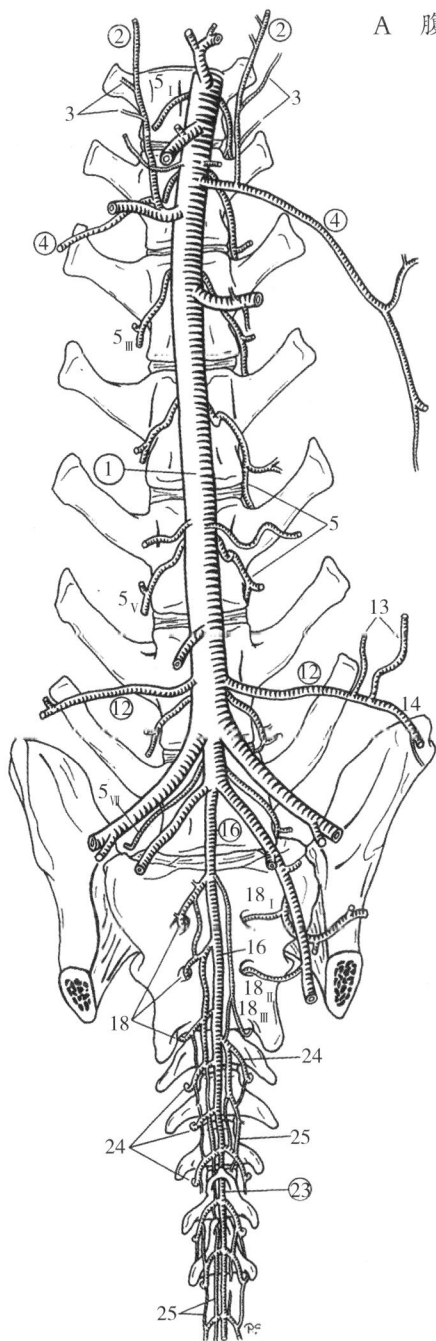

A 腹主动脉，腹侧观（犬）

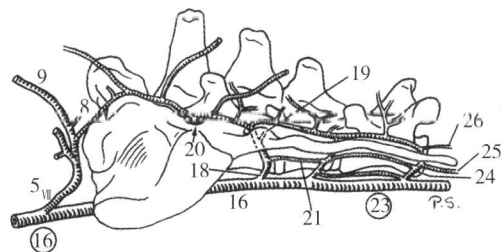

C 荐中动脉和尾中动脉的分支，左侧观（猫）

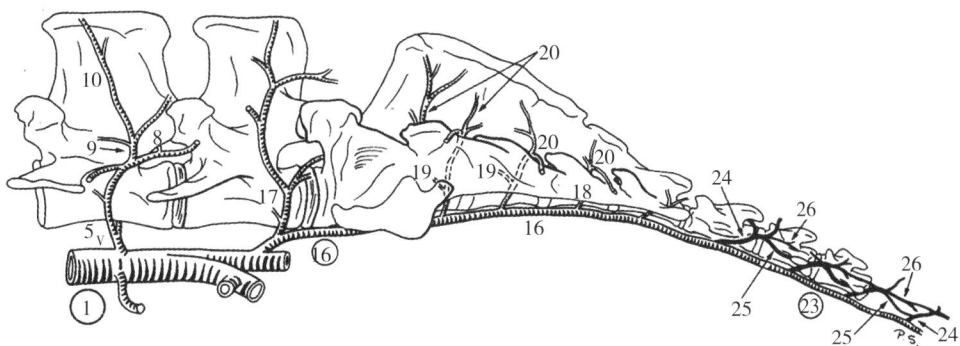

B 腹主动脉、荐中动脉和尾中动脉的节段性分支，左侧观（山羊）

1 腹腔动脉　A. celiaca [ceoliaca].　不成对，起自腹主动脉起始段。　ABC

腹腔动脉——肉食动物　CARNIVORA

2 （膈后动脉，猫）（A. phrenica caudalis).　向前延伸到膈的腰部。

3 胃左动脉　A. gastrica sinistra.　走向胃的贲门部，并沿小弯伸向右侧。　AB

4 食管支　Rami esophagei [oesophagei].　胃左动脉的食管支，穿过膈的食管裂孔。　A

5 肝动脉　A. hepatica.　向前腹侧延伸，并向右到肝。　AB

6 右外侧支　Ramus dexter lateralis.　到肝右外侧叶。　B

7 尾状叶动脉　A. lobi caudati.　供应肝的尾状叶。　B

8 右内侧支　Ramus dexter medialis.　供应肝的右内侧叶，有时有多支。　B

9 左支　Ramus sinister.　为到肝左部各分支的动脉干。　B

10 左内侧支　Rami sinistri mediales.　供应肝左内侧叶和方叶。　B

11 胆囊动脉　A. cystica.　起自肝动脉左内侧支中的一支或右内侧支，到胆囊。　B

12 左外侧支　Rami sinistri laterales.　为左支的外侧支，到达左外侧叶。　B

13 胃右动脉　A. gastrica dextra.　沿胃小弯走向左侧。　AB

14 胃十二指肠动脉　A. gastroduodenalis.　一条短干，位于胰和十二指肠前部之间。　AB

15 胰十二指肠前动脉　A. pancreaticoduodenalis cranialis.　在十二指肠系膜内延伸，分支到胰和十二指肠降部，并与胰十二指肠后动脉以对接的方式而吻合。　A［术语"对接"（inosculation）是指两条动脉在一条直线上相互吻合，因此难以分辨其中任一条从哪里起始，到哪里终止；这一术语主要用于腹腔和盆腔内脏的动脉分布。］

16 胃网膜右动脉　A. gastroepiploica dextra.　起于胃十二指肠动脉，沿胃大弯在大网膜内向左侧延伸，并以对接的方式与胃网膜左动脉吻合。　A

17 脾动脉　A. lienalis.　起自腹腔动脉，向左侧沿胰左叶延伸，到脾。　AB

18 胰支　Rami pancreatici.　进入胰左叶。　A

19 胃短动脉　Aa. gastricae breves.　经胃脾韧带到达胃大弯。　A

20 胃网膜左动脉　A. gastroepiploica sinistra.　沿胃大弯向右延伸，以对接的方式与胃网膜右动脉吻合。　A

腹腔动脉——猪　SUS

21 膈后动脉　A. phrenica caudalis.　向前到膈的腰部。　C

22 肝动脉　A. hepatica.　向前腹侧并偏右走向肝。　CD

23 胰支　Rami pancreatici.　起自肝动脉，向后腹侧走向胰腺。　C

24 右外侧支　Ramus dexter lateralis.　相当细的分支，主要供应肝的右外侧叶。　CD

25 尾状叶动脉　A. lobi caudati.　供应肝的尾状叶。　D

26 胃十二指肠动脉　A. gastroduodenalis.　向腹侧延伸，穿过胰腺到十二指肠。　CD

27 胰十二指肠前动脉　A. pancreaticoduodenalis cranialis.　起自胃十二指肠动脉，在胰右叶和十二指肠之间向后背侧延伸，并以对接的方式与胰十二指肠后动脉吻合。　C

28 胃网膜右动脉　A. gastroepiploica dextra.　起自胃十二指肠动脉，沿胃大弯延伸，并以对接的方式与胃网膜左动脉吻合。　C

29 右内侧支　Ramus dexter medialis.　起自肝动脉，主要供应肝的右内侧叶。　C

30 胆囊动脉　A. cystica.　向腹侧沿胆囊管到胆囊。　D

31 左侧支　Ramus sinister.　起自肝动脉，为供应肝左侧半的大动脉。　CD

32 左外侧支　Rami sinistri laterales.　供应肝的左外侧叶。　D

33 左内侧支　Rami sinistri mediales.　供应肝的左内侧叶。　D

34 胃右动脉　A. gastrica dextra.　起自肝动脉，在小网膜内向腹侧延伸，并在胃壁面分布。　D

35 脾动脉　A. lienalis.　起自腹腔动脉，向左行到达脾的背端，然后沿脾门向腹侧行。　C

36 胃左动脉　A. gastrica sinistra.　起自脾动脉，沿胃小弯向腹侧行，并在胃的脏面分支分布。　C

37 食管支　Rami esophagei [oesophagei].　向前越过胃小弯到食管后部。　C

38 憩室动脉　A. diverticuli.　到达胃憩室的内侧面。　C

39 胰支　Ramus pancreaticus.　起自脾动脉，到胰左叶。　C

40 胃脾支　Ramus gastrolienalis.　短的动脉干，供应胃和脾的背侧小部分。　C

41 胃网膜左动脉　A. gastroepiploica sinistra.　沿胃脾韧带到胃大弯，并以对接的方式与胃网膜右动脉吻合。　C

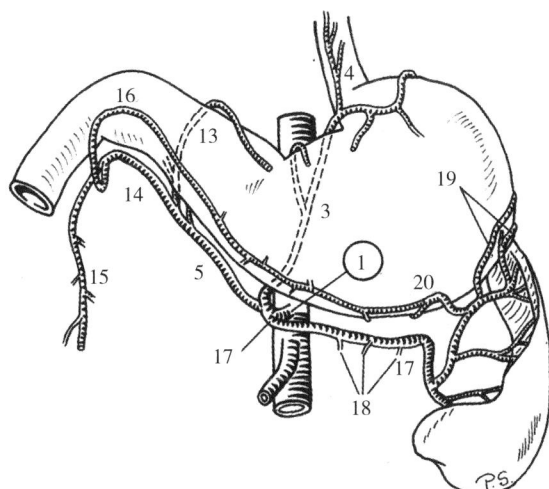

A 胃和脾的动脉，腹侧观（犬）

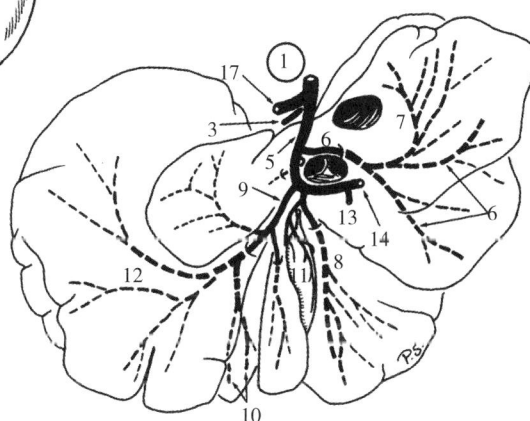

B 肝动脉，后面观（犬）

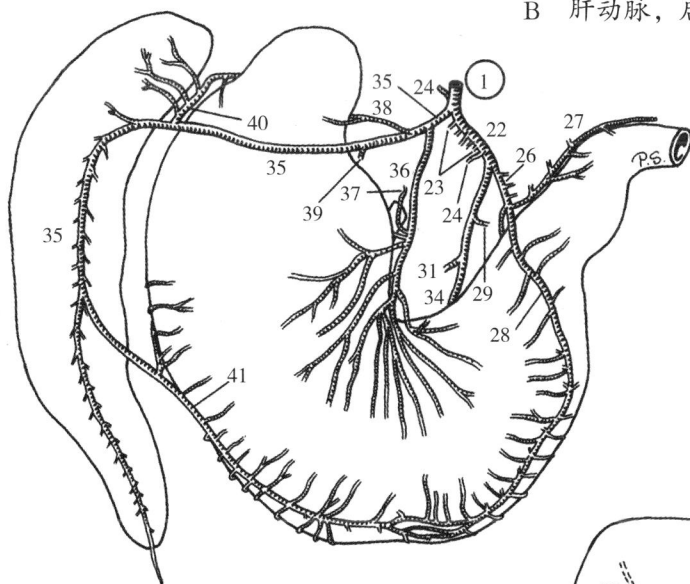

C 胃和脾的动脉，后面观（猪）

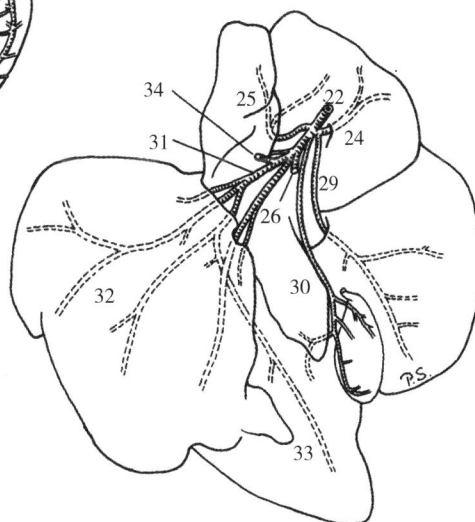

D 肝动脉，后面观（猪）

腹腔动脉——反刍动物　RUMINANTIA

1　膈后动脉　Aa. phrenicae caudales.　向前腹侧延伸到膈的腰部。　A

2　肾上腺前支　Rami adrenales [supra-] craniales.　起自腹腔动脉，到肾上腺，不恒定。

3　胃左动脉　A. gastrica sinistra.　沿瘤胃房的左侧面以及瓣胃底到皱胃小弯，在绵羊、山羊常起自肝动脉。它常以对接的形式与胃右动脉吻合。　A，另见306页15条。

4　胃网膜左动脉　A. gastroepiploica sinistra.　越过瓣胃颈的左后面到皱胃大弯。　A

5　网胃副动脉　A. reticularis accessoria.　起于胃左动脉，走向网胃，或许在牛缺如。　A

6　肝动脉　A. hepatica.　向右侧和前腹侧方向进入肝。　B

7　胰支　Rami pancreatici.　向后背侧延伸入胰。　B

8　右支　Ramus dexter.　常以双支进入肝右叶。　B

9　尾状叶动脉　A. lobi caudati.　起自右支，到肝的尾状叶。　B

10　胆囊动脉　A. cystica.　沿胆囊管延伸向胆囊，在牛该动脉起自胃十二指肠动脉。　B

11　左支　Ramus sinister.　起自肝动脉，供应肝左叶、尾状叶和方叶。　B

12　胃右动脉　A. gastrica dextra.　在小网膜内沿十二指肠到皱胃小弯，并以对接方式与胃左动脉吻合。　AB

13　胃十二指肠动脉　A. gastroduodenalis.　起自肝动脉，到达十二指肠。　AB

14　胰十二指肠前动脉　A. pancreaticoduodenalis cranialis.　起自肝动脉，沿十二指肠延伸，并以对接的方式与胰十二指肠后动脉吻合。　AB

15　胃网膜右动脉　A. gastroepiploica dextra.　起自胰十二指肠前动脉，沿皱胃大弯延伸，并以对接的方式与胃网膜左动脉吻合。　AB

16　脾动脉　A. lienalis.　向左越过瘤胃，进入脾门。　A

17　胰支　Rami pancreatici.　起自脾动脉，进入胰左叶。　A

18　瘤胃左动脉　A. ruminalis sinistra.　穿过前沟，越过瘤胃房到瘤胃的壁面；在绵羊，该动脉常起自胃左动脉。　A

19　网胃动脉　A. reticularis.　起自瘤胃左动脉，向左侧延伸，越过瘤胃进入瘤网胃沟，在绵羊和山羊常起自脾动脉或胃左动脉。　A

20　膈支　Rami phrenici.　网胃动脉中到膈的腰部的分支。　A

21　食管支　Rami esophagei [oesophagei].　网胃动脉中到食管的分支。　A

22　网膜支　Ramus epiploicus.　在大网膜深壁中后行，继续穿过瘤胃后沟，牛缺如。　A

23　瘤胃右动脉　A. ruminalis dextra.　沿右纵沟延伸，山羊的在右副沟延伸，经瘤胃后沟到达瘤胃壁面（绵羊、山羊），在牛还在瘤胃左纵沟内继续前行。　A

腹腔动脉——马　EQUUS

24　胃左动脉　A. gastrica sinistra.　在胃膈韧带内走向胃小弯，并以对接的形式与胃右动脉吻合。大约15%的个体，该动脉起于脾动脉。有的个体，该动脉有两支，一支起于脾动脉而另一支起于肝动脉。　C

25　脏面支　Ramus visceralis.　起自胃左动脉，在胃的脏面分支。　C

26　壁面支　Ramus parietalis.　起自胃左动脉，在胃的壁面分支。　C

27　食管支　Ramus esophageus [oesophageus].　穿过膈的食管裂孔，沿食管背侧面延伸。　C

28　肝动脉　A. hepatica.　向前腹侧和右侧进入肝门。　C

29　胰支　Rami pancreatici.　进入胰的背面。　C

30　胃右动脉　A. gastrica dextra.　沿胃小弯延伸，走向十二指肠壶腹，并且以对接的方式与胃左动脉吻合。　C

31　胃十二指肠动脉　A. gastroduodenalis.　为发出胰十二指肠前动脉和胃网膜右动脉的总干。　C

32　胰十二指肠前动脉　A. pancreaticoduodenalis cranialis.　供应胰体并沿十二指肠乙状袢继续延伸，并以对接的方式与胰十二指肠后动脉相吻合。　C

33　胃网膜右动脉　A. gestroepiploica dextra.　从十二指肠壶腹的后面越过，沿胃大弯继续延伸，并以对接的方式与胃网膜左动脉相吻合。　C

34　右支　Ramus dexter.　起自肝动脉，以多变的分支供应肝的右侧半。　C

35　左支　Ramus sinister.　起自肝动脉，供应肝的左叶和方叶。　C

36　脾动脉　A. lienalis.　起自腹腔动脉，沿胃脾韧带向左延伸，并继续沿脾门到脾的腹侧端。　C

37　胰支　Rami pancreatici.　供应胰左叶。　C

38　胃短动脉　Aa. gastricae breves.　在胃脾韧带内延伸到胃大弯。　C

39　胃网膜左动脉　A. gastroepiploica sinistra.　沿胃大弯向右延伸，并以对接的方式与胃网膜右动脉吻合。　C，另见306页15条。

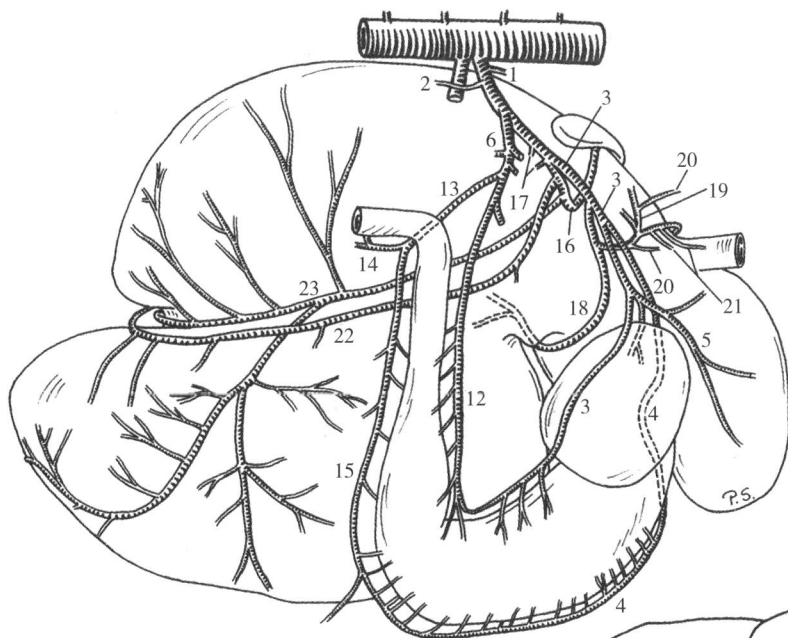

A 胃的动脉，右侧观（山羊）

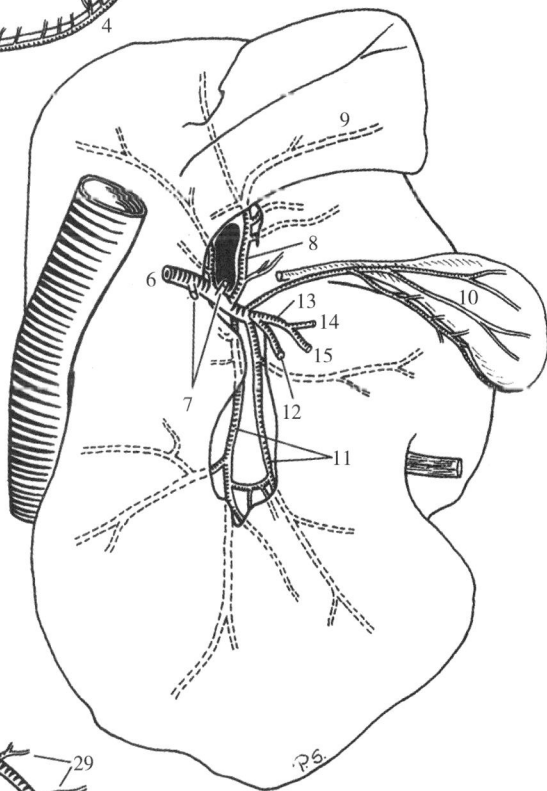

B 肝的动脉，后面观（牛）

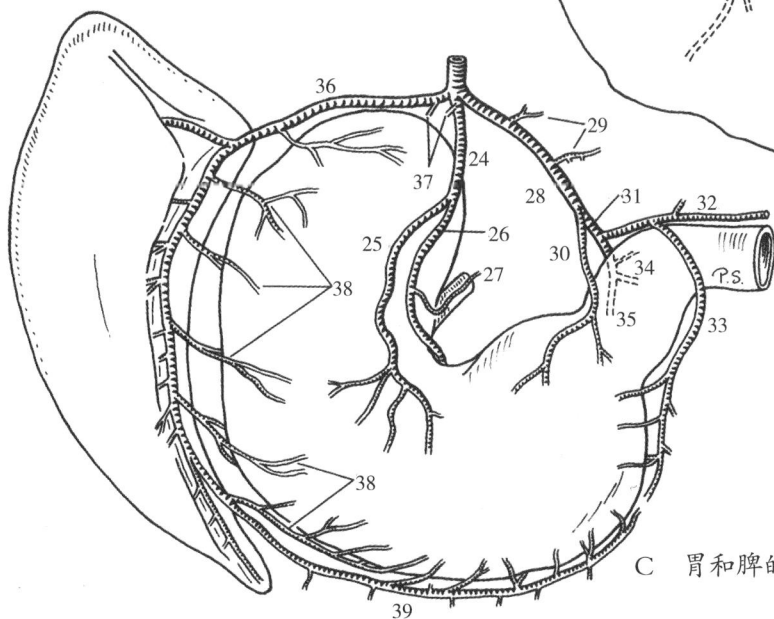

C 胃和脾的动脉，后面观（马）

通用名词　TERMINI COMMUNES

1 **肠系膜前动脉**　A. mesenterica cranialis.　位于肠系膜根内不成对的主动脉分支，其分支将按所供应肠段的顺序进行排序。　ABC（这种排序与第4版N.A.V.有重要区别，更易于理解。）

2 **胰支**（反刍动物）Rami pancreatici.　到胰右叶。　A

3 **胰十二指肠后动脉**　A. pancreaticoduodenalis caudalis.　供应部分胰和部分十二指肠，并以对接的方式与胰十二指肠前动脉吻合。　A，另见306页15条。

4 **空肠动脉**　Aa. jejunales.　在空肠系膜内放射状延伸，借动脉弓相互连接，供应空肠。　AB

4a **右结肠支**（绵羊、山羊）Rami colici dextri.　供应结肠离心回的最后一圈，与空肠密切相关。

5 **侧副支**（牛）Ramus collateralis.　在空肠系膜内向后腹侧弯曲，并在远端再次加入肠系膜前动脉内。　A

6 **回肠动脉**　Aa. ilei.　不同程度地起于肠系膜前动脉和位于回肠系膜内的回结肠动脉，供应回肠。　A

7 **回结肠动脉**　A. ileocolica.　不同程度的一条复合干，分支到回肠、盲肠和结肠。　AB

8 **回肠系膜支**　Ramus ilei mesenterialis.　起自回结肠动脉，在肠系膜内沿盲肠小弯延伸，并与回肠动脉吻合。　AB

9 **盲肠动脉**（肉食动物、猪、反刍动物）A. cecalis [caecalis].　在猫沿盲肠背缘，在犬在盲肠祥的轴中延伸，在猪和反刍动物在回盲襞［褶］中走向盲肠尖。　A

10 **回肠系膜对侧支**（肉食动物、反刍动物）Ramus ilei antimesenterialis.　沿回肠大弯在回盲襞［褶］中走向空肠。　A

11 **盲肠内侧动脉**（马）　A. cecalis [caecalis] medialis.　沿盲肠内侧带走向盲肠尖。　B

12 **盲肠外侧动脉**（马）　A. cecalis [caecalis] lateralis.　沿盲肠外侧带走向盲肠尖。　B

13 **结肠支**　Ramus colicus.　供应升结肠的初始段，即猪的向心回和马的下大结肠，并以对接方式与结肠右动脉吻合。在猪，被一动脉网包围。　B

14 **结肠支**　Rami colici.　见于反刍动物，沿升结肠的右侧面延伸，供应结肠近祥和向心回，相当于其他家畜的结肠支，也相当于人的在N.A.中的升动脉（A. ascendens）。反刍动物的结肠支起自回结肠动脉远部，也可与结肠右动脉共起于一个总干。　A

15 **结肠右动脉**（反刍动物）Aa. colicae dextrae.　供应结肠的离心回和远祥，相当于其他家畜的结肠右动脉。它们起于回结肠动脉近部，也可与结肠支共起于一个总干。　A

16 **结肠右动脉**　A. colica dextra.　在肉食动物，与回结肠动脉和结肠中动脉共起于一个总干；在猪和马则与结肠中动脉一同起于肠系膜前动脉，供应升结肠的末段，即猪的离心回或马的上大结肠，并以对接的形式与结肠支和结肠中动脉吻合。　B

17 **结肠中动脉**　A. colica media.　直接起于（猫、反刍动物）或与结肠右动脉（猪、马）一同起于肠系膜前动脉，或起于回结肠动脉（肉食动物，偶尔包括绵羊），供应横结肠，在肉食动物和反刍动物还供应降结肠的初段，以对接的形式与结肠右动脉和结肠左动脉吻合。　AB

18 **肠系膜后动脉**　A. mesenterica caudalis.　主动脉不成对的内脏支，借应肠管的末段。　AB

19 **结肠左动脉**　A. colica sinistra.　在降结肠系膜内延伸，供应降结肠，并以对接的形式与结肠中动脉吻合。　AB

20 **乙状结肠动脉**　Aa. sigmoideae.　为结肠左动脉和直肠前动脉发出的多个分支，到乙状结肠。　AB

21 **直肠前动脉**　A. rectalis cranialis.　在直肠系膜内沿直肠的背缘延伸。　AB

22 **肾上腺中动脉**（肉食动物）　A. adrenales [supra-] media.　供应肾上腺的分支，来自腹主动脉。C

23 **肾上腺中动脉**（猪）　Aa. adrenales [supra-] mediae.　到肾上腺中段。

24 **肾动脉**　A. renalis.　走向肾门，常在进入肾之前就开始分支。其肾内分支罗列于内脏学一章（请参见肾血管）。　C

25 **肾上腺后支**　Rami adrenales [supra-] caudales.　向前走向肾上腺。　C

26 **输尿管支**　Ramus uretericus.　到输尿管的腹腔段。　C

27 **睾丸动脉**　A. testicularis.　沿睾丸近系膜穿过腹股沟管到睾丸。　D

28 **附睾支**　Rami epididymales.　到附睾。　D

29 **输精管支**　Rami ductus deferentis.　在山羊，分支到输精管的初始段。

30 **卵巢动脉**　A. ovarica.　通过卵巢系膜蟠曲延伸向卵巢。　C

31 **输卵管支**　Ramus tubarius.　在输卵管系膜内延伸，供应输卵管。　C

32 **子宫支**　Ramus uterinus.　在卵巢系膜内延伸，供应子宫角的前部。　C

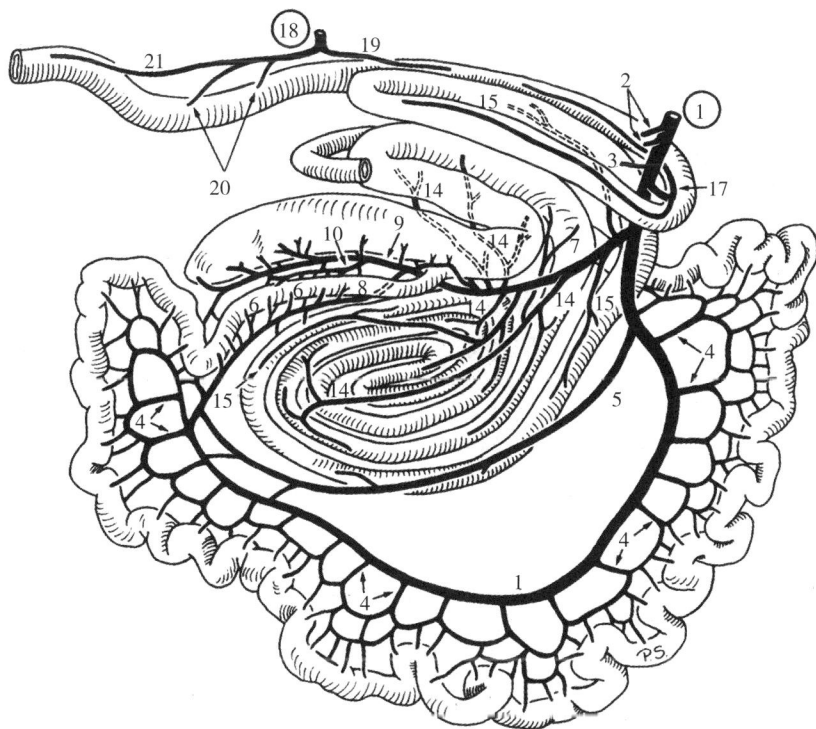

A 肠管的动脉，右侧观（牛）

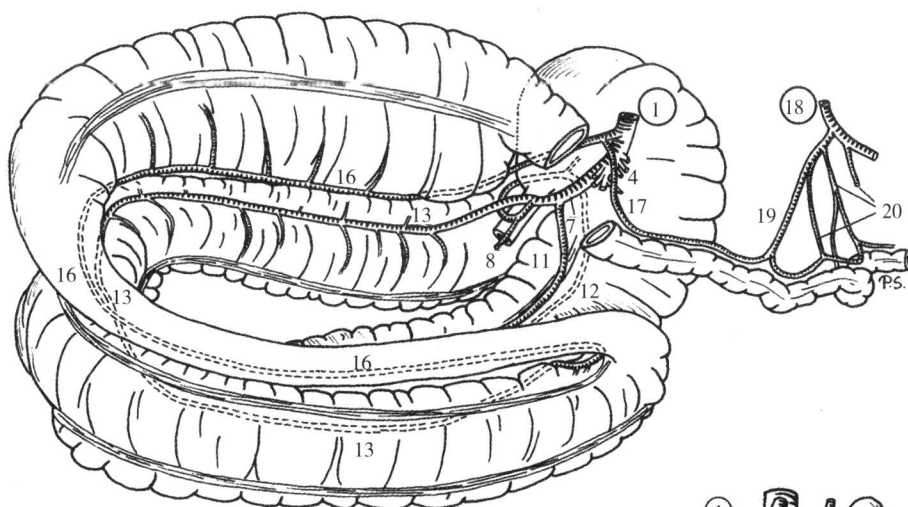

B 大肠的动脉，左侧观（马）

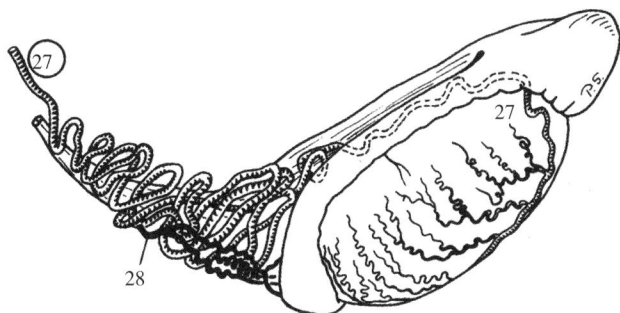

D 左睾丸动脉，外侧观（猪）

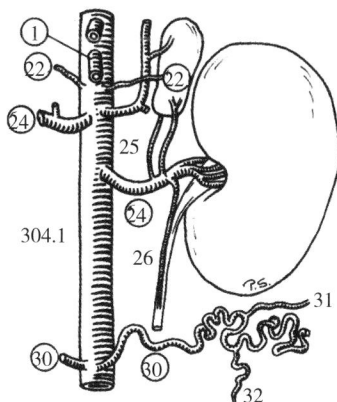

C 腹主动脉和左肾，腹侧观（犬）

1 **髂内动脉 A. ILIACA INTERNA**. 腹主动脉向两侧发出的大分支，经过长的（猪、反刍动物）或短的（肉食动物、马）一段过程后，以分为臀后动脉和阴部内动脉而结束。在猪，经坐骨大孔离开盆腔，并沿荐结节阔韧带外面延伸。 AB（在兔，髂内动脉起自髂总动脉，不过这一名词未经正式讨论确定，因而如同前面提到过的，没有在N.A.V.中列出。）

髂内动脉——肉食动物 CARNIVORA

2 脐动脉 A. umbilicalis. 进入膀胱侧韧带。在胎儿期该动脉穿过脐带到胎盘。在生后其远侧部变为一遗迹。 AB

3 膀胱前动脉（猫） A. vesicalis cranialis. 供应膀胱前背侧部。正常情况下为多支。 A

4 （膀胱前动脉）（犬） （A. vesicalis cranialis）. 供应膀胱前背侧部。 B

5 膀胱圆韧带 Ligamentum teres vesicae. 位于膀胱侧韧带的前缘附近，为胎儿期脐动脉的遗迹。 AB

6 臀前动脉（猫） A. glutea [glutaea] cranialis. 延伸越过坐骨大切迹。 A

7 闭孔动脉 A. obturatoria. 伴随闭孔神经走向闭孔，不恒定。 A

8 髂腰动脉 A. iliolumbalis. 在髂骨和髂腰肌之间延伸。 A

9 臀后动脉 A. glutea [glutaea] caudalis. 沿坐骨棘的背侧缘延伸，并从坐骨小切迹旁越过。 AB

10 髂腰动脉（犬） A. iliolumbalis. 在髂腰肌和髂骨之间延伸。 B

11 臀前动脉（犬） A. glutea [glulaea] cranialis. 延伸越过坐骨大切迹。 B

12 坐骨神经伴随动脉 A. comitans n. ischiadici. 伴随坐骨神经。 AB

13 尾外侧动脉 A. caudalis [coccygea] lateralis. 沿尾的外侧面延伸。 AB

14 会阴背侧动脉 A. perinealis dorsalis. 供应会阴的背侧部。 AB

15 阴部内动脉 A. pudenda interna. 沿坐骨棘延伸。 AB

16 前列腺动脉 A. prostatica. 到前列腺，是供应雄性盆腔内脏的主要动脉。 A

17 输精管动脉 A. ductus deferentis. 沿输精管延伸。 A

18 膀胱后动脉 A. vesicalis caudalis. 到达膀胱颈，然后在膀胱表面分支。 A

19 输尿管支 Ramus uretericus. 起自膀胱后动脉，到输尿管的末段。在猫可起于阴部内动脉。 A

20 尿道支 Ramus urethralis. 起自膀胱后动脉（犬）或输精管动脉（猫），分布到尿道初始段。 A

21 直肠中动脉 A. rectalis media. 到直肠。 A

22 阴道动脉 A. vaginalis. 为髂内动脉的分支，在阴道侧壁内分支，为供应雌性盆腔器官的主要动脉。 B

23 子宫动脉 A. uterina. 为阴道动脉的分支，为子宫的主要动脉，沿子宫颈、子宫体和子宫角在子宫系膜内延伸。 B

24 膀胱后动脉 A. vesicalis caudalis. 为子宫动脉的分支，到膀胱颈。 B

25 输尿管支 Ramus uretericus. 为上述膀胱后动脉的分支，到输尿管的末段。 B

26 尿道支 Ramus urethralis. 为膀胱后动脉的分支，到尿道起始部。 B

27 直肠中动脉 A. rectalis media. 为阴道动脉的分支，向背侧到直肠。 B

28 尿道动脉 A. urethralis. 为阴部内动脉的分支，供应尿道的盆内部的后部，起点不恒定。 AB

29 会阴腹侧动脉 A. perinealis ventralis. 为阴部内动脉的分支，沿直肠延伸到会阴。 AB

30 直肠后动脉 A. rectalis caudalis. 为会阴腹侧动脉的分支，到直肠和肛道。 AB

31 阴囊背侧支 Ramus scrotalis dorsalis. 为会阴腹侧动脉的分支，到阴囊的后背侧部。 A

32 阴唇背侧支 Ramus labialis dorsalis. 为会阴腹侧动脉的分支，到阴唇。 A

33 阴茎动脉 A. penis. 阴部内动脉的分支，为供应阴茎的动脉干。 A

34 阴茎球动脉 A. bulbi penis. 进入阴茎球，进而延伸到尿道海绵体内。 A

35 阴茎深动脉 A. profunda penis. 进入阴茎脚，并在阴茎海绵体内延伸。 A

36 阴茎背侧动脉 A. dorsalis penis. 沿阴茎背面走向阴茎头。 A

37 阴蒂动脉 A. clitoridis. 沿阴道前庭外侧壁到阴蒂。 B

38 前庭球动脉 A. tulbi vestibuli. 进入前庭球。 B

39 阴蒂深动脉 A. profunda clitoridis. 供应阴茎海锦体。 B

40 阴蒂背侧动脉 A. dorsalis clitoridis 沿阴蒂体的前腹侧缘到阴蒂头。 B

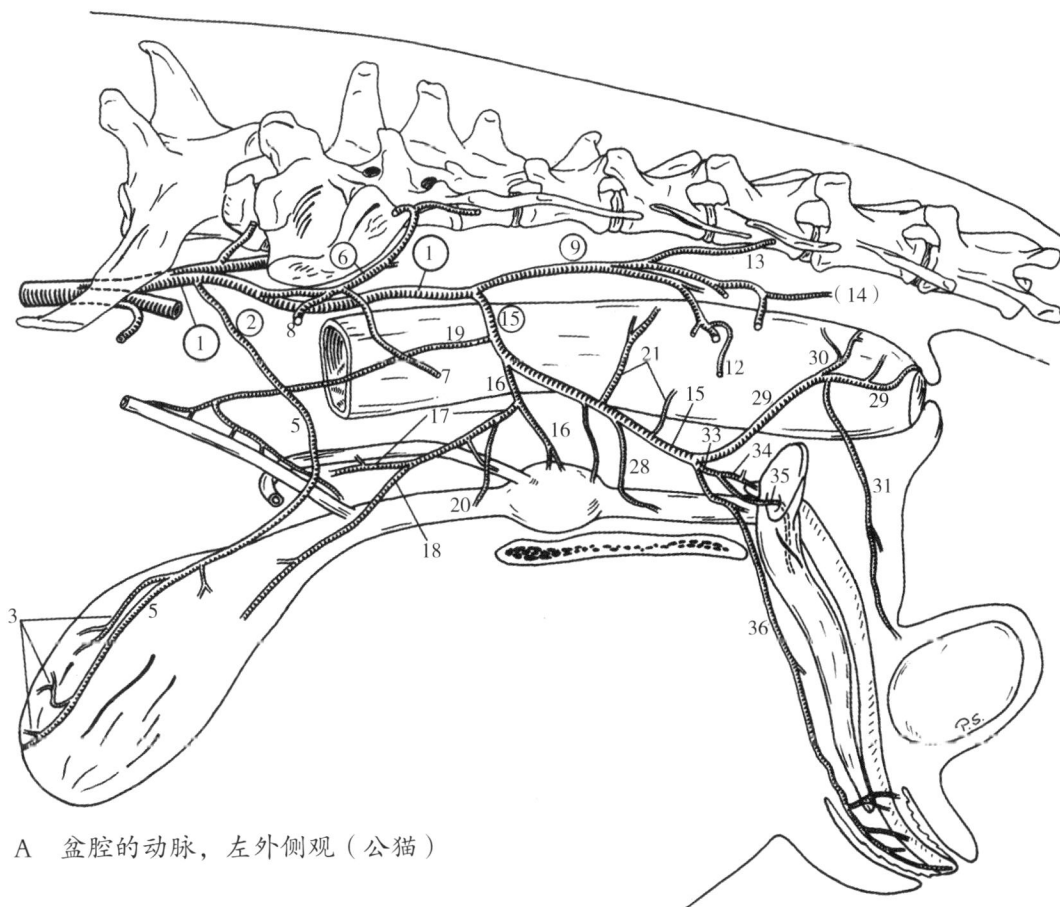

A　盆腔的动脉，左外侧观（公猫）

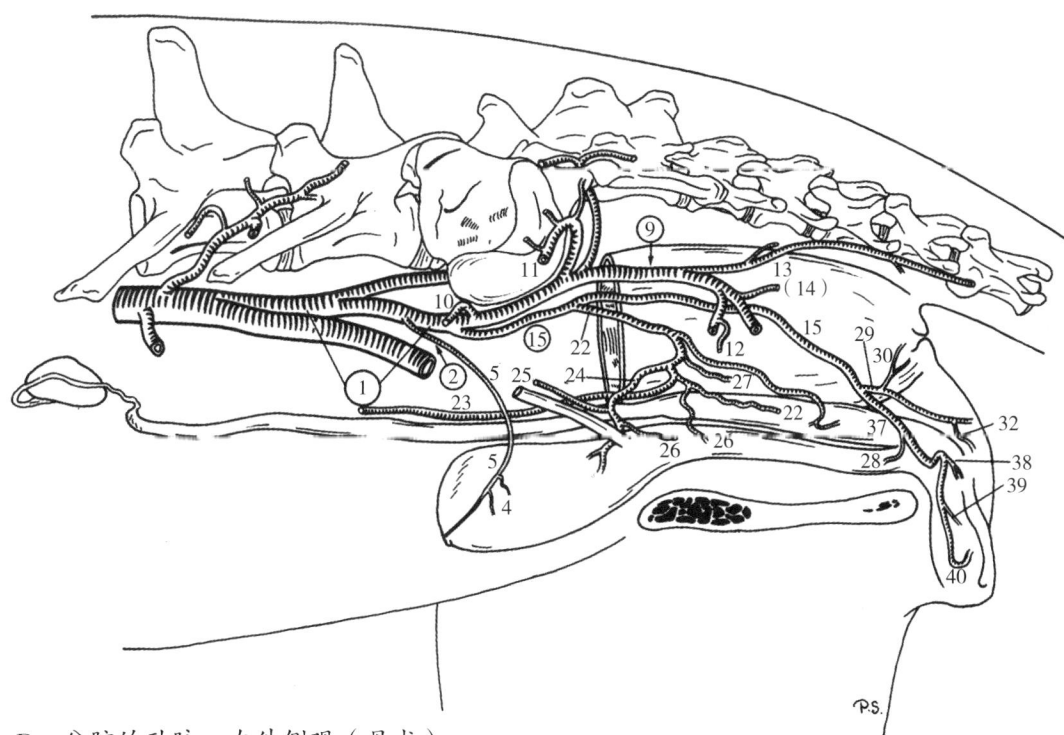

B　盆腔的动脉，左外侧观（母犬）

髂内动脉——猪　SUS

1　脐动脉　A. umbilicalis.　进入膀胱侧韧带内，在胎儿期，该动脉在脐带内继续延伸到胎盘。　AB

2　输精管动脉　A. ductus deferentis.　沿输精管延伸。　A

3　输尿管支　Ramus uretericus.　起于输精管动脉，沿输尿管分支。　A

4　子宫动脉　A. uterina.　在子宫阔韧带内延伸，供应子宫颈、子宫体和子宫角。　B

5　输尿管支　Ramus uretericus.　沿输尿管分支。　B

6　膀胱前动脉　Aa. vesicales craniales.　供应膀胱前部。　AB

7　膀胱圆韧带　Ligamentum teres vesicae.　为子宫动脉在膀胱侧韧带前缘附近的遗迹。　AB

8　髂腰动脉　A. iliolumbalis.　到达腰肌。　AB

9　闭孔动脉　A. obturatoria.　与闭孔神经一同走向闭孔。　AB

10　臀前动脉　A. glutea [glutaea] cranialis.　跨过坐骨大切迹。　AB

11　前列腺动脉　A. prostatica.　越过直肠和精囊腺的外侧面到前列腺，该动脉是供应雄性盆腔内脏的主要动脉。　A

12　输精管支　Ramus ductus deferentis.　为前列腺动脉的分支，供应输精管的末段。　A

13　膀胱后动脉　A. vesicalis caudalis.　供应膀胱后部。　A

14　输尿管支　Ramus uretericus.　供应输尿管的末段。　A

15　尿道支　Ramus urethralis.　供应尿道骨盆部的前段。　A

16　阴道动脉　A. vaginalis.　沿直肠侧壁到达阴道。该动脉是雌性盆腔器官的主要供应者。　B

17　子宫支　Ramus uterinus.　沿子宫颈和子宫体延伸。　B

18　膀胱后动脉　A. vesicalis caudalis.　走向膀胱后部。　B

19　输尿管支　Ramus uretericus.　供应输尿管的末段。　B

20　尿道支　Ramus urethralis.　供应尿道的前段。　B

21　直肠中动脉　A. rectalis media.　走向直肠，不恒定。　B

22　会阴背侧动脉　A. perinealis dorsalis.　走向会阴。在公猪也有记载，是作为前列腺动脉或臀后动脉的分支。　AB

23　直肠后动脉　A. rectalis caudalis.　供应肛管。　B

24　臀后动脉　A. glutea [glutaea] caudalis.　在坐骨小切迹处向外延伸到臀部肌肉。　AB

25　阴部内动脉　A. pudenda interna.　先向内穿过坐骨小孔，再向后腹侧走向坐骨弓。　AB

26　尿道动脉　A. urethralis.　走向雄性尿道骨盆部的后段，也可能与对侧同名动脉形成一共同的起始干。　AB

27　会阴腹侧动脉　A. perinealis ventralis.　走向会阴。　AB

28　直肠后动脉　A. rectalis caudalis.　供应肛管。　A

29　阴囊背侧支　Rami scrotales dorsales.　在阴囊背侧部分支。　A

30　阴唇背侧支　Rami labiales dorsales.　在阴唇内分支。　B

31　阴茎动脉　A. penis.　走向阴茎根。　A

32　阴茎球动脉　A. bulbi penis.　起自阴茎动脉，进入阴茎球，在尿道海绵体内分支。　A

33　阴茎深动脉　A. profunda penis.　进入阴茎海绵体。　A

34　阴茎背动脉　A. dorsalis penis.　与对侧同名动脉合并，沿阴茎背延伸，或者在乙状弯曲处沿一侧延伸。　A

35　阴蒂动脉　A. clitoridis.　向阴蒂脚延伸。　B

36　前庭球动脉　A. bulbi vestibuli.　向前庭球延伸。　B

37　阴蒂深动脉　A. profunda clitoridis.　进入阴蒂海绵体。　B

38　阴蒂背动脉　A. dorsalis clitoridis.　沿阴蒂体腹侧面延伸，右侧阴蒂背动脉可来源于左阴蒂背动脉。　B

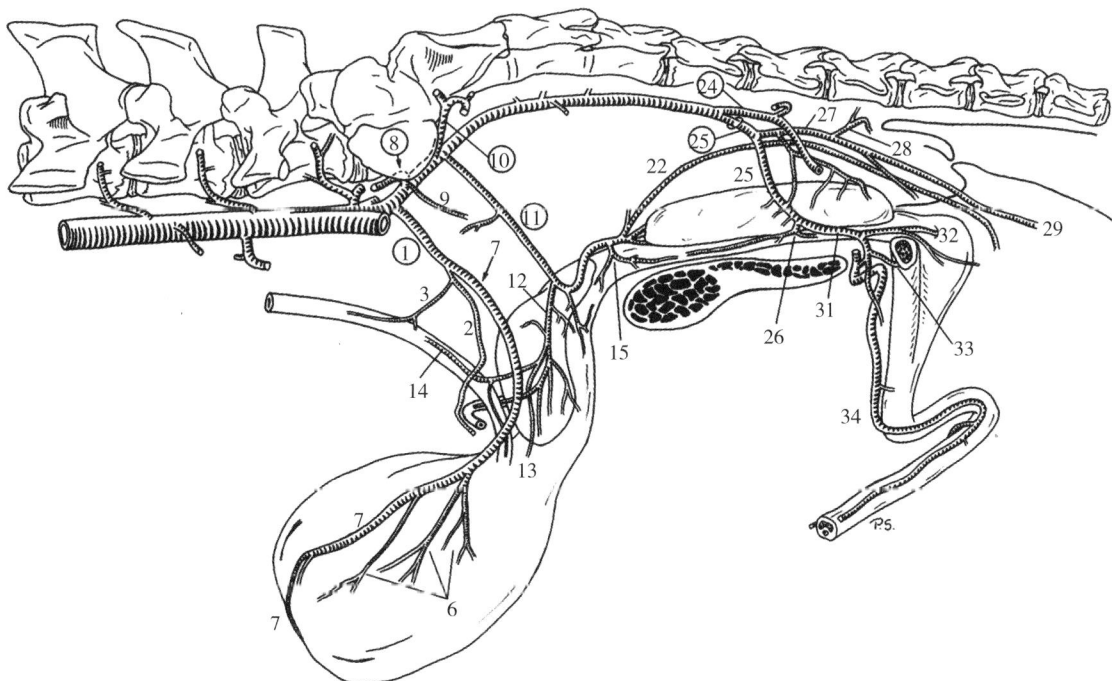

A　盆腔的动脉，左外侧观（公猪）

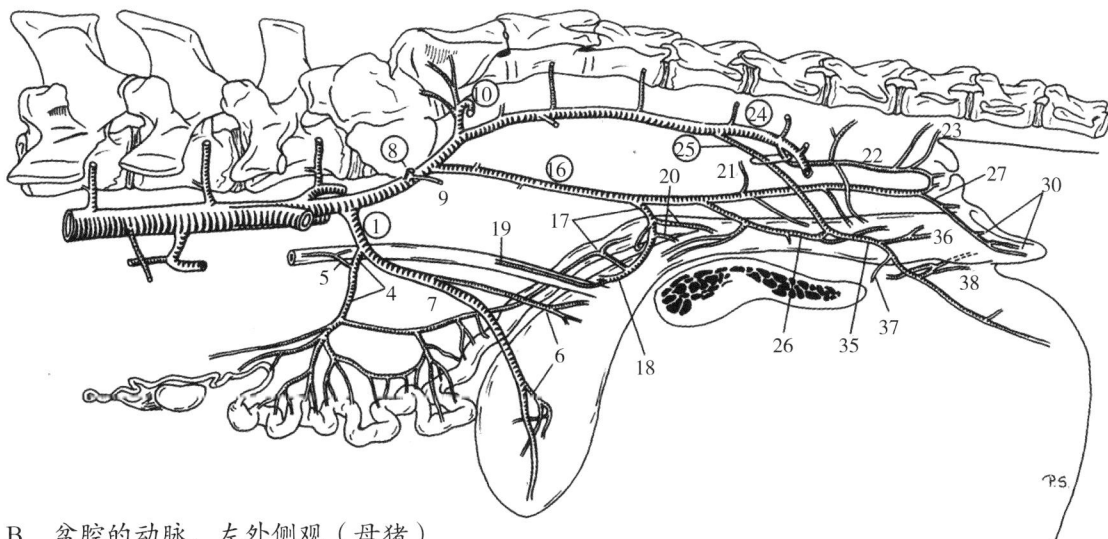

B　盆腔的动脉，左外侧观（母猪）

髂内动脉——反刍动物　RUMINANTIA

1　脐动脉　A. umbilicalis.　在膀胱侧韧带内延伸，在胎儿期该动脉通过脐带到胎盘。　AB

2　输精管动脉　A. ductus deferentis.　沿输精管延伸。　A

3　子宫动脉　A. uterina.　在子宫阔韧带内延伸，供应子宫颈、子宫体和子宫角。　B

4　输尿管支　Ramus uretericus.　到输尿管的后段。　AB

5　膀胱前动脉　Aa. vesicales craniales.　供应膀胱的前部。　AB

6　膀胱圆韧带　Ligamentum teres vesicae.　接近膀胱侧韧带前缘处的脐动脉遗迹。　AB

7　髂腰动脉　A. iliolumbalis.　在髂骨和髂腰肌之间向外延伸。　AB

8　第6腰动脉（牛）　A. lumbalis Ⅵ.　走向最后腰椎。　A

9　臀前动脉　A. glutea [glutaea] cranialis.　向外侧穿过坐骨大孔，常含有多支。　AB

10　第1和2荐支（牛）　Rami sacrales Ⅰ et Ⅱ.　向背侧进入相应荐腹侧孔，并以背侧支的形式从相应荐背侧孔穿出。　A

11　前列腺动脉　A. prostatica.　到精囊腺和前列腺，该动脉是供应雄性盆腔脏器的主要血管。　A

12　输精管支　Ramus ductus deferentis.　供应输精管的末段。　A

13　膀胱后动脉　A. vesicalis caudalis.　供应膀胱的后部。　A

14　输尿管支　Ramus uretericus.　起自膀胱后动脉，到输尿管的末段。　A

15　尿道支　Ramus urethralis.　供应雄性尿道的初始段。　A

16　阴道动脉　A. vaginalis.　起自髂内动脉，走向阴道。该动脉是供应雌性盆腔脏器的主要血管。　B

17　子宫支　Ramus uterinus.　沿阴道和子宫颈延伸。　B

18　膀胱后动脉　A. vesicalis caudalis.　供应膀胱的后部。　B

19　输尿管支　Ramus uretericus.　到输尿管的末段。　B

20　尿道支　Ramus urethralis.　到尿道起始部。　B

21　直肠中动脉　A. rectalis media.　到直肠，在雄性也有记载，为前列腺动脉的分支。　B

22　会阴背侧动脉　A. perinealis dorsalis.　走向肛门，在雄性也有记载，为前列腺动脉的分支。　B

23　直肠后动脉　A. rectalis caudalis.　供应直肠后部和肛管。　B

24　阴唇背侧支　Ramus labialis dorsalis.　进入阴唇背侧部。　B

25　臀后动脉　A. glutea [glutaea] caudalis.　穿过坐骨小孔而离开盆腔。　AB

26　阴部内动脉　A. pudenda interna.　走向坐骨弓，起自髂内动脉。　AB

27　尿道动脉（牛）　A. urethralis.　供应雌性尿道的后部或雄性尿道骨盆部。　A

28　前庭动脉（牛）　A. vestibularis.　向腹侧延伸到阴道前庭的侧壁。

29　会阴腹侧动脉　A. perinealis ventralis.　走向会阴。　AB

30　直肠后动脉　A. rectalis caudalis.　供应雄性的直肠后部和肛管。　A

31　阴唇背侧和乳房支　Ramus labialis dorsalis et mammarius.　在阴唇内分支并继续延伸到乳房。　B

32　尿道动脉（绵羊、山羊）　A. urethralis.　供应雌性尿道后部或雄性尿道骨盆部。　B

33　阴茎动脉　A. penis.　走向阴茎根。　A

34　阴茎球动脉　A. bulbi penis.　进入阴茎球并继续在尿道海绵体内延伸。　A

35　阴茎深动脉　A. profunda penis.　进入阴茎脚，并继续在阴茎海绵体内延伸。　A

36　阴茎背动脉　A. dorsalis penis.　沿阴茎背走向阴茎头，左右常不对称。　A

37　阴蒂动脉　A. clitoridis.　到阴蒂脚。　B

38　前庭球动脉（绵羊、山羊）　A. bulbi vestibuli.　在前庭球内分支。　B

39　阴蒂深动脉　A. profunda clitoridis.　进入阴蒂海绵体。　B

40　阴蒂背动脉　A. dorsalis clitoridis.　沿阴蒂的腹侧面延伸。　B

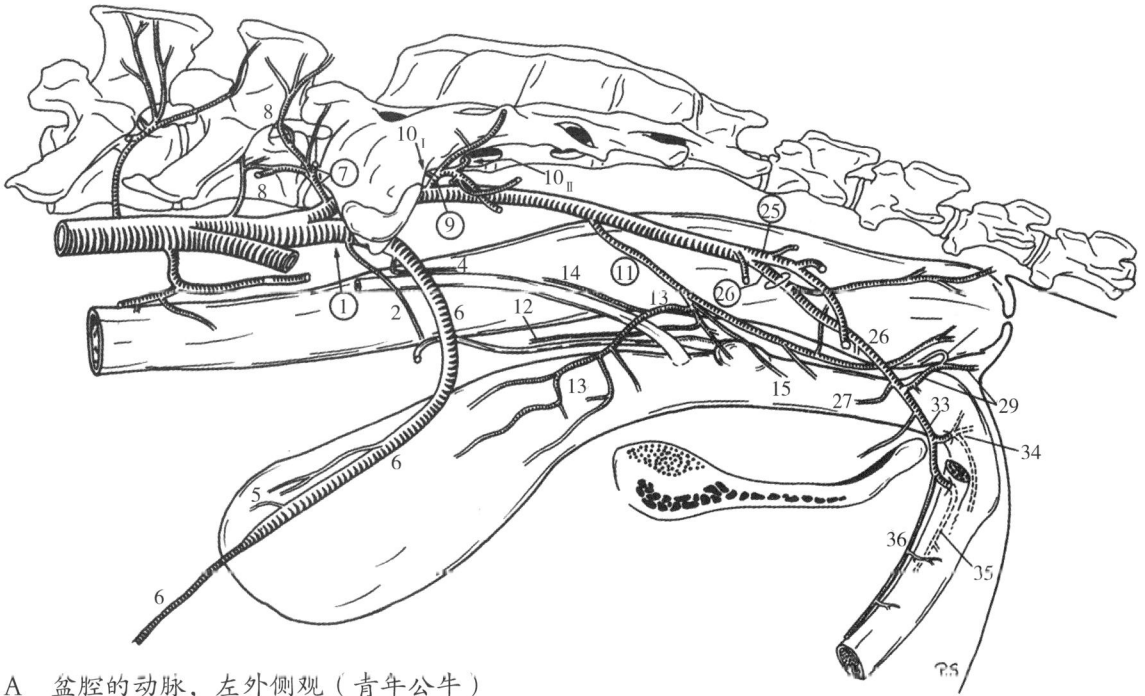

A　盆腔的动脉，左外侧观（青年公牛）

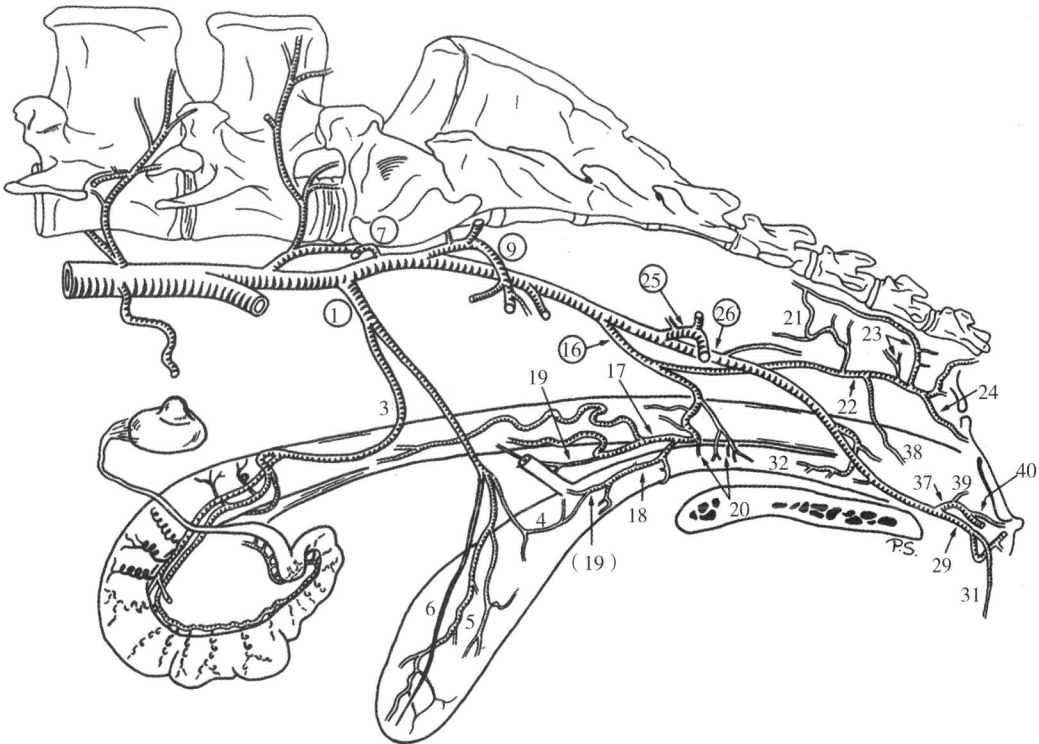

B　盆腔的动脉，左外侧观（母山羊）

髂内动脉——马　EQUUS

1　第5和6腰动脉　Aa. lumbales V et Ⅵ.　供应第5和6腰椎肋突［横突］背侧的结构。　AB
2　臀后动脉　A. glutea [glutaea] caudals.　穿过荐结节阔韧带的背侧部。　AB
3　臀前动脉　A. glutea [glutaea] cranialis.　起自臀后动脉，沿髂骨内侧面向后腹侧延伸，穿过坐骨大孔。　AB
4　髂腰动脉　A. iliolumbalis.　越过髂骨翼的腹内侧面，继续向前背侧在髂骨翼和第6腰椎之间延伸，可起于臀后动脉。　AB
5　闭孔动脉　A. obturatoria.　穿过闭孔而离开盆腔。　AB
　6　髂股动脉　A. iliacofemoralis.　沿髂骨体的前内侧面延伸。　AB
　　7　升支　Ramus ascendens.　沿阔筋膜张肌延伸。　AB
8　阴茎中动脉　A. penis media.　到阴茎背，加入阴茎背动脉。　A
9　阴蒂中动脉　A. clitoridis media.　走向阴蒂脚，分支为下列两动脉。　B
　　10　阴蒂深动脉　A. profunda clitoridis.　供应阴蒂海绵体。　B
　　11　阴蒂背动脉　A. dorsalis clitoridis.　沿阴蒂体腹侧缘走向阴蒂头。　B
12　荐支　Rami sacrales.　走向相应的荐盆侧孔［荐腹侧孔］。　AB
13　脊髓支　Ramus spinalis.　加入脊髓腹侧动脉。　A
14　背侧支　Ramus dorsalis.　从荐背侧孔穿出。　A
15　尾中动脉　A. caudalis [coccygea] mediana.　起自左或右臀后动脉或尾腹外侧动脉，偶尔起自荐中动脉。　AB
16　尾腹外侧动脉　A. caudalis [coccygea] ventrolateralis.　沿尾椎的腹外侧面延伸。　AB
17　尾支　Rami caudales [coccygea].　向背侧行，到相应尾椎的后面。　AB
18　尾背外侧动脉　A. caudalis [coccygea] dorsolateralis.　在尾椎背外侧面上延伸的一系列尾支间的吻合支。　A
19　尾血管体　Corpora caudalia [coccygea].　尾部动静脉吻合而成的小结节。
20　**阴部内动脉**　A. pudenda interna.　沿坐骨棘延伸。　AB
21　脐动脉　A. umbilicalis.　在膀胱侧韧带内弯曲延伸，胎儿期该动脉可延伸到胎盘。　AB
22　输精管动脉　A. ductus deferentis.　沿输精管延伸。　A
　23　输尿管支　Ramus uretericus.　供应输尿管。　A
24　膀胱前动脉　Aa. vesicales craniales.　供应膀胱。　AB
25　膀胱圆韧带　Ligamentum teres vesicae.　为脐动脉在膀胱侧韧带附近的遗迹。　AB
26　前列腺动脉　A. prostatica.　抵达前列腺，它是供应雄性盆腔脏器的主要血管。　A
27　输精管支　Ramus ductus deferentis.　供应输精管的末段。　A
　28　膀胱后动脉　A. vesicalis caudalis.　抵达膀胱。　A
　　29　输尿管支　Ramus uretericus.　供应输尿管的末段。　A
　　30　尿道支　Ramus urethralis.　供应雄性尿道前段。　A
31　直肠中动脉　A. rectalis media.　在直肠壁内分支。　A
32　阴道动脉　A. vaginalis.　供应雌性盆腔内脏，特别是阴道。该动脉是供应雌性盆腔脏器的主要血管。　B
33　子宫支　Ramus uterinus.　到子宫颈和子宫体。　B
　34　膀胱后动脉　A. vesicalis caudalis.　到膀胱的后部。　B
　　35　输尿管支　Ramus uretericus.　供应输尿管的末段。　B
　　36　尿道支　Ramus urethralis.　供应雌性尿道的初始段。　B
37　直肠中动脉　A. rectalis media.　到直肠。　B
38　前庭支　Ramus vestibularis.　沿阴道前庭延伸。　B
39　会阴腹侧动脉　A. perinealis ventralis.　到会阴。　AB
40　直肠后动脉　A. rectalis caudalis.　到直肠后部和肛管。　AB
41　阴唇背侧支　Ramus labialis dorsalis.　到阴唇。　B
42　阴茎动脉　A. penis.　到阴茎根。　A
43　阴茎球动脉　A. bulbi penis.　进入阴茎球并继续在尿道海绵体内延伸。　A
44　阴茎深动脉　A. profunda penis.　进入阴茎海绵体。　A
45　阴茎背动脉　A. dorsalis penis.　沿阴茎背延伸，中途有阴茎中动脉加强。　A
46　前庭球动脉　A. bulbi vestibuli.　到前庭球。　B

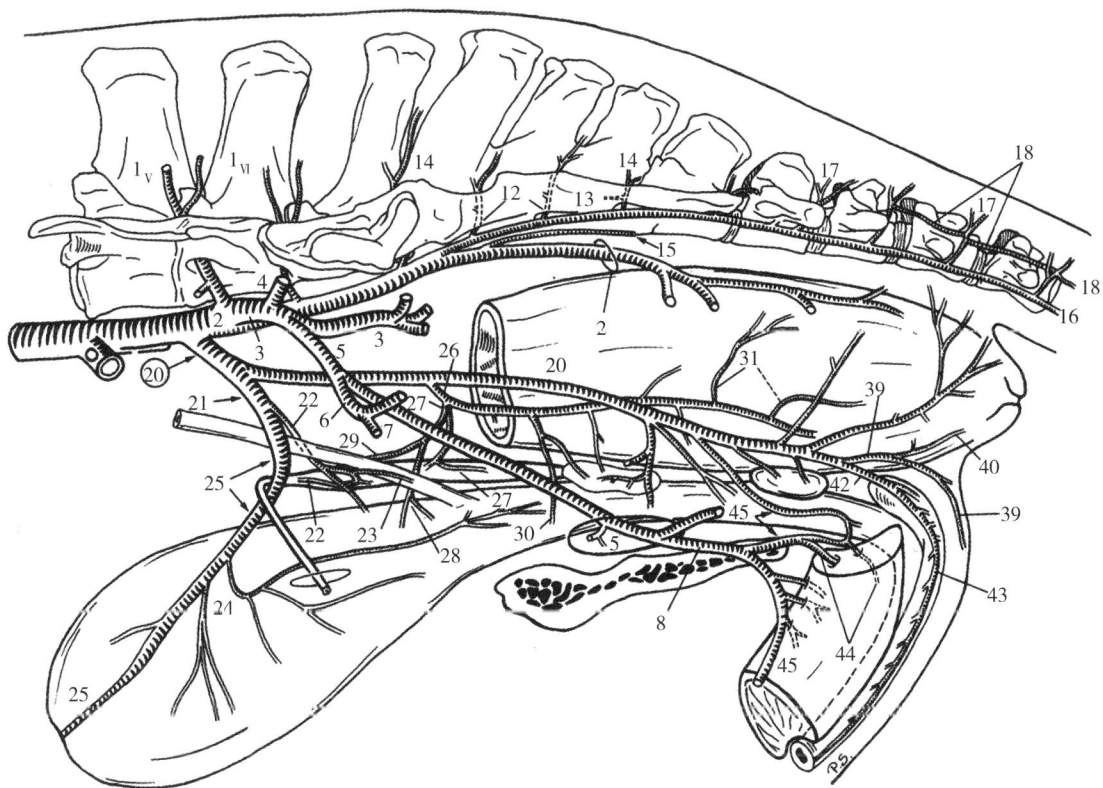

A 盆腔的动脉，左外侧观（公马）

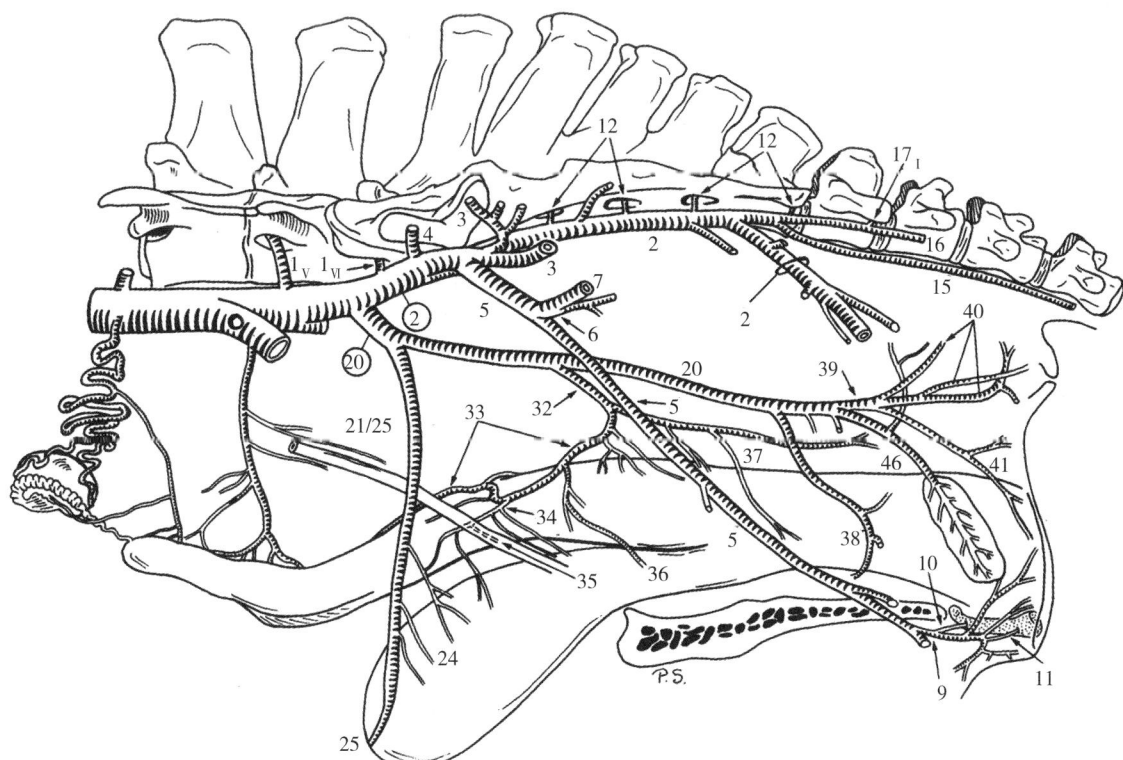

B 盆腔的动脉，左外侧观（母马）

通用名词　TERMINI COMMUNES

1 **髂外动脉　A. ILIACA EXTERNA**. 主动脉的分支，走向血管腔隙（见130页5条）。ABC（某些营养后肢骨的动脉没有在第5版N.A.V.中列出。在兔，髂外动脉由髂总动脉分出，如前面提到过的，名词"髂总动脉"尚未被正式接受，也未在N.A.V.中列出，因为有关兔的解剖特征迄今没有完全被接受。）

2 **旋髂深动脉**　A. circumflexa ilium profunda. 在肉食动物为主动脉的分支，在兔为髂总动脉的分支，在其他家畜则为髂外动脉的分支。其分支形式在肉食动物也有不同。该动脉走向髋结节前方。 A

3 **前支**　Ramus cranialis. 旋髂深动脉的前支，在侧腹壁中延伸。 A

4 **后支**　Ramus caudalis. 旋髂深动脉的后支，在后外侧腹壁中延伸。 A

5 **睾提肌动脉（马）**　A. cremasterica. 穿过腹股沟管到睾提肌。 C

6 **子宫动脉（马）**　A. uterina. 沿子宫阔韧带延伸向子宫体和子宫角。

7 **股深动脉**　A. profunda femoris. 为阴部腹壁动脉干和旋股内侧动脉的总干。 ABC

8 **阴部腹壁动脉干**　Truncus pudendoepigastricus. 为腹壁后动脉和阴部外动脉的总干，在猫不恒有。 ABC

9 **腹后动脉（牛、绵羊）**　A. abdominalis caudalis. 延伸进入腹内斜肌。

10 **睾提肌动脉（牛、山羊）**　A. cremasterica. 穿过腹股沟管到睾提肌。

11 **腹壁后动脉**　A. epigastrica caudalis. 沿腹直肌延伸。 ABC

12 **膀胱中动脉（猪）**　A. vesicalis media. 供应膀胱，在绵羊也有记载。 A

13 **睾提肌动脉（绵羊）**　A. cremasterica. 穿过腹股沟管进入睾提肌。

14 **膀胱中动脉（肉食动物）**　A. vesicalis media. 到膀胱。 B

15 **睾提肌动脉（肉食动物、猪）**　A. cremasterica. 穿过腹股沟管到睾提肌。 A

16 **子宫圆韧带动脉（肉食动物）**　A. lig. teretis uteri. 到子宫圆韧带。 B

17 **阴部外动脉**　A. pudenda externa. 穿过腹股沟管到腹股沟区。 ABC

18 **阴囊腹侧支**　Ramus scrotalis ventralis. 到阴囊。 AC

19 **阴唇腹侧支［乳房后动脉（反刍动物、马）］**　Ramus labialis ventralis [A. mammaria caudalis（Ru, eq）]. 到阴唇，分支到达腹股沟乳丘。 B

20 **阴茎前动脉（马）**　A. penis cranialis. 连接阴茎背动脉。 C

21 **腹壁后浅动脉［乳房前动脉（反刍动物、马）］**　A. epigastrica caudalis superficialis [A. mammaria cranialis（Ru, eq）]. 沿腹侧腹壁的浅层延伸。 ABC

22 **包皮支**　Rami preputiales [prae-]. 到包皮的腹壁后浅动脉的分支。 AC

23 **乳丘支**　Rami mammarii. 到腹乳丘和腹股沟乳丘的腹壁后浅动脉的分支。 B

24 **旋股内侧动脉**　A. circumflexa femoris medialis. 股深动脉向股骨内侧面的直接延续。 ABC

25 **闭孔支**　Ramus obturatorius. 通过闭孔进入盆腔。 AB

26 **深支**　Ramus profundus. 沿股骨后侧面向远侧延伸。 AB

27 **升支**　Ramus ascendens. 越过股骨内侧面。 AB

28 **横支**　Ramus transversus. 越过股骨内侧面。 AB

29 **髋臼支**　Ramus acetabularis. 穿过髋臼切迹进入髋关节。 AB

30 **腹后动脉（肉食动物）**　A. abdominalis caudalis. 在腹内斜肌内表面延伸。 B

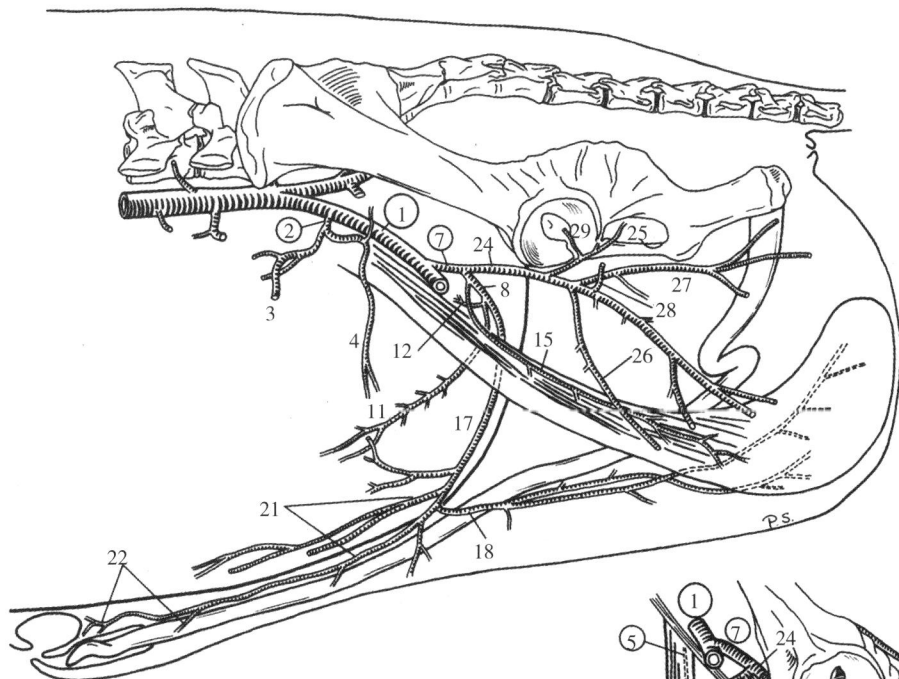

A　髂外动脉，左外侧观（公猪）

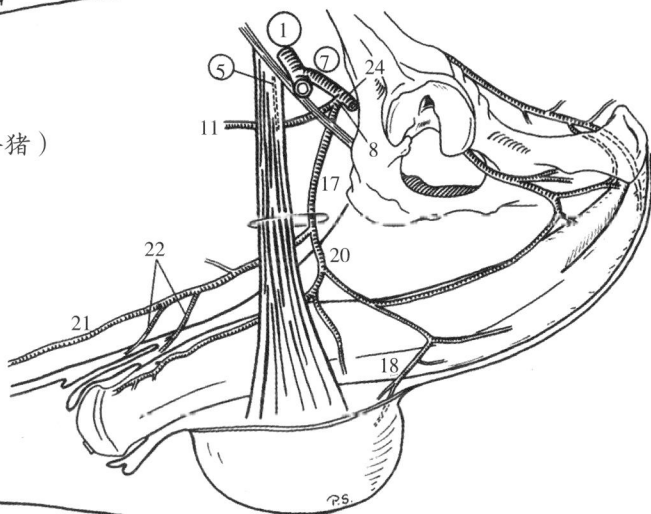

C　左髂外动脉，左
外侧观（公马）

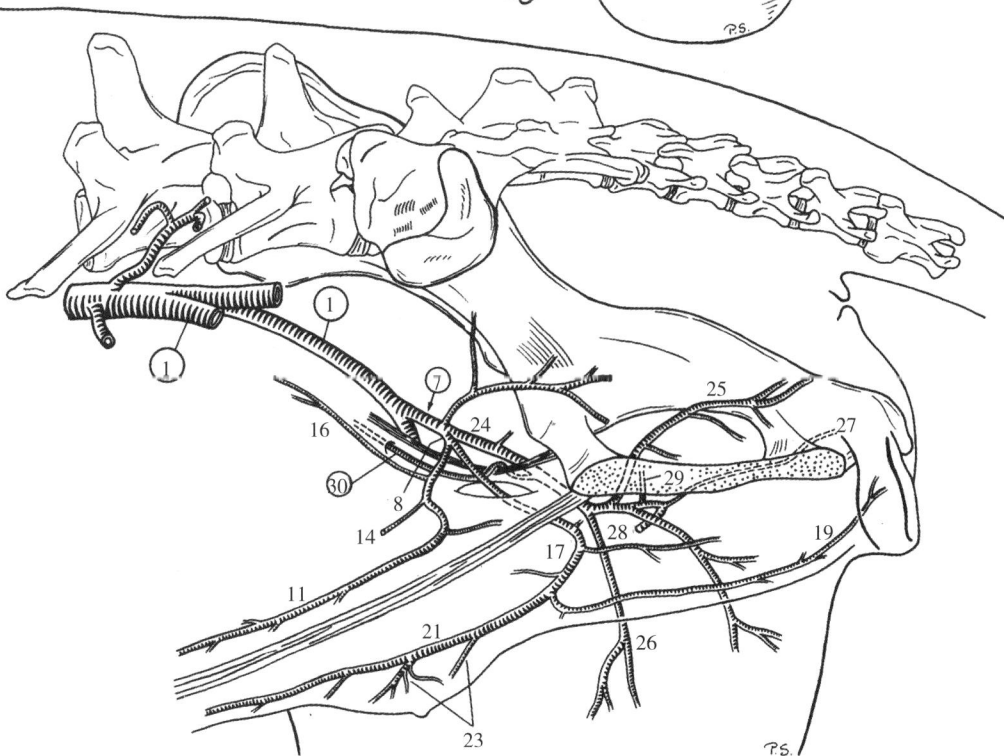

B　右髂外动脉，右侧半内侧观（母犬）

股动脉——肉食动物　CARNIVORA

1　股动脉　A. femoralis.　为髂外动脉的直接延续，穿过股管。　A

2　旋髂浅动脉（犬）　A. circumflexa ilium superficialis.　在猫则作为旋股外侧动脉的一个分支。　A

3　旋股外侧动脉　A. circumflexa femoris lateralis.　在股内侧肌与股直肌之间向外侧延伸。　A

4　升支　Ramus ascendens.　旋股外侧动脉的分支，向近侧行。　A

5　降支　Ramus descendens.　旋股外侧动脉的分支，在股四头肌内向远外侧行。　A

6　横支　Ramus transversus.　A

7　股后近动脉　A. caudalis femoris proximalis.　股动脉的肌支，常越过股薄肌的外侧面。　A

8　膝降动脉　A. genus descendens 到膝关节的内侧面。　A

8a 股骨滋养动脉*　A. nutricia ossis femoris.　为肉食动物股动脉发出的一条起点多变的动脉。

9　隐动脉　A. saphena.　股动脉的分支，沿浅层走向胫骨内侧髁。　A

10　膝关节支　Ramus articularis genus.　隐动脉的分支，越过缝匠肌表面到膝关节。　A

11　前支　Ramus cranialis.　在胫骨体内侧面延伸，到足背。　AB

 12　第2趾背远轴侧动脉（猫）A. digitalis dorsalis Ⅱ abaxialis.　前支的分支，沿足背内侧到第2趾远轴侧面。　B

  13　趾背侧第2~4(猫),1~4(犬)总动脉　Aa. digitales dorsales communes Ⅱ - Ⅳ（fe），Ⅰ - Ⅳ（Ca）. 沿皮下延伸到跖趾关节处分支。　B

   14　趾背侧固有动脉　Aa. digitales dorsales propriae.　为趾背侧总动脉的分支，沿各趾间的背侧部延伸。　B

  15　第5趾背远轴侧动脉（猫）　A. digitalis dorsalis V abaxialis.　沿第5趾背外侧面延伸。　B

16　后支　Ramus caudalis.　为隐动脉的分支，在浅面沿胫骨体内缘延伸到跗部跖内侧面。　AC

17　跟支　Rami calcanei.　到跟部。　C

 18　跟网　Rete calcaneum.　位于跟结节处的动脉网。　C

19　足底内侧动脉　A. plantaris medialis.　隐动脉后支较大的终支，位于跗部内侧面。　C

 20　深支（犬）　Ramus profundus.　沿趾深屈肌腱内缘延伸，向外侧参与跖深弓的形成，在猫也有过记载。　C

 21　浅支　Ramus superficialis.　沿趾浅屈肌腱内缘延伸。　C

  22　趾跖侧第2~4总动脉　Aa. digitales plantares communes Ⅱ - Ⅳ.　足底内侧动脉浅支的浅表分支。　C

  23　跖枕支　Ramus tori metatarsei.　趾跖侧总动脉向跖枕的分支。　C

  24　趾间动脉　A. interdigitalis.　连接每一趾跖侧总动脉到相应趾的趾背侧总动脉或趾背侧固有动脉（犬）。　BC

  25　趾跖侧固有动脉　Aa. digitales plantares propriae.　从趾跖侧总动脉分支而成，沿各趾趾间面的跖侧延伸，进入远趾节骨轴侧和远轴侧底孔。　C

   26　近趾节跖侧支[1)]　Ramus plantaris phalangis proximalis.

   27　（近趾节背侧支[1)]）（Ramus dorsalis phalangis proximalis）.

   28　趾枕支[1)]　Ramus tori digitalis.　供应趾枕。　C

   29　中趾节跖侧支[1)]　Ramus plantaris phalangis mediae.

   30　（中趾节背侧支[1)]）（Ramus dorsalis phalangis mediae）.

   31　爪冠动脉[1)]　A. coronalis.　供应冠区的结构。

   32　远趾节跖侧支[1)]　Ramus plantaris phalangis distalis.

   33　终弓[1)]　Arcus terminalis.　位于远趾节骨内的动脉弓。由趾跖轴侧和远轴侧动脉吻合形成。

 34　足底外侧动脉　A. plantaris lateralis.　在趾浅屈肌和趾深屈肌间延伸，进而在趾深屈肌腱外侧面延伸。　C

  35　足底深弓　Arcus plantaris profundus.　横向越过骨间肌的跖侧面，连接足底内侧动脉的深支，通过第2近穿支获得其主要血液来源。　C

   36　跖底第2~4动脉　Aa. metatarseae plantares Ⅱ - Ⅳ.　为足底深弓发出的分支，沿相应跖骨的跖外侧面延伸。　C

   37　远穿支　Ramus perforans distalis.　连接每一跖底动脉到其相应的跖背侧动脉，穿过相应的跖骨间隙。同时也与趾背侧和趾跖侧总动脉相连接。　C

38　股后中动脉　A. caudalis femoris media.　股动脉发出的供应内收肌和半膜肌的肌支。　A

39　股后远动脉　A. caudalis femoris distalis.　股动脉发出的行走于腘肌内的大肌支。　A

1）：详见288页23~30条对前肢相应动脉的描述，请将"掌侧"换为"跖侧"。

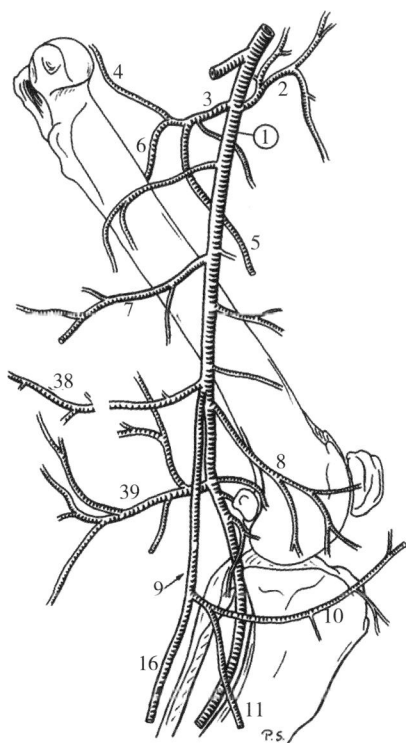

A 左股动脉，内侧观（犬）

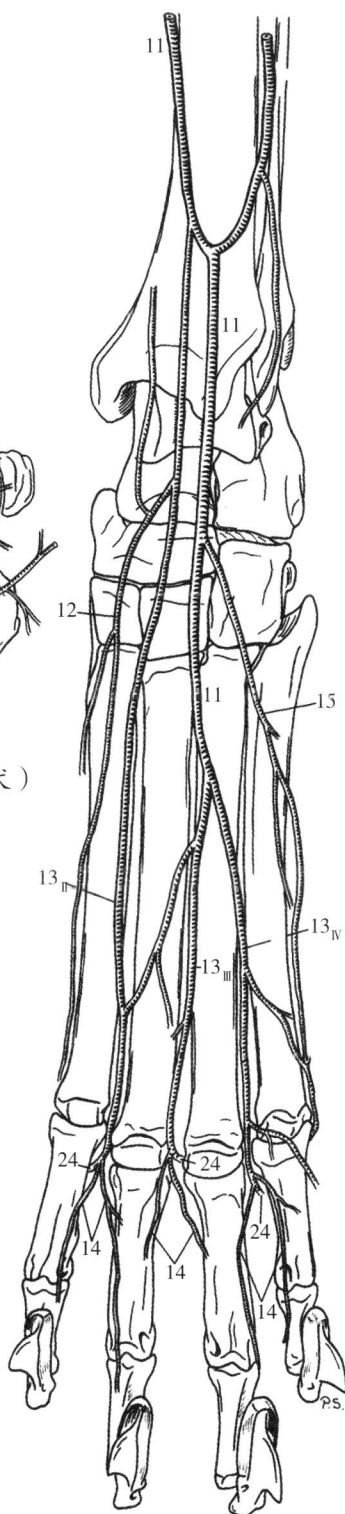

B 左后足的动脉，背侧观（猫）　　C 左后足的动脉，跖侧观（犬）

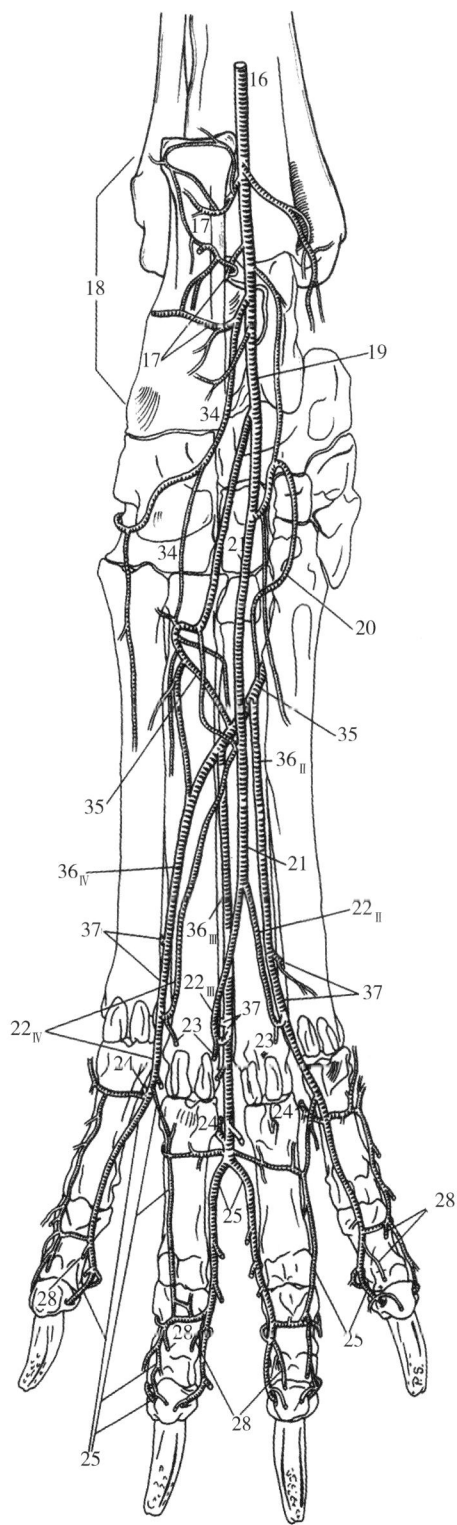

1 **腘动脉**　A. poplitea.　股动脉在发出股后远动脉后的直接延续，越过股胫关节的屈面。　AB

2 **膝近外侧动脉**　A. genus proximalis lateralis.　沿股骨外侧髁在膝关节囊分支。　B

3 **膝近内侧动脉**　A. genus proximalis medialis.　沿股骨内侧髁在膝关节囊分支。　A

4 **膝中动脉**　A. genus media.　向前延伸到股骨的髁间窝。　AB

5 **腓肠动脉**　Aa. surales.　沿小腿的后面到腓肠肌。　AB

6 **膝远外侧动脉**　A. genus distalis lateralis.　越过股胫外侧副韧带的外侧面延伸到膝关节的外侧面。　B

7 **膝远内侧动脉**　A. genus distalis medialis.　越过股胫内侧副韧带的内侧面而到膝关节的内侧面。　A

8 **膝关节网**　Rete articulare genus.　围绕膝关节。　AB

9 **膝盖［髌］网**　Rete patellae.　在膝盖骨处的动脉网。　AB

10 **胫后返动脉**　A. recurrens tibialis caudalis.　起自腘动脉，沿胫骨的后面向近侧延伸向股胫关节。在猫则为胫前动脉的一个分支。　A

11 **胫前动脉**　A. tibialis cranialis.　腘动脉较大的终支，向前远侧穿过小腿骨间膜的近侧部，继续沿胫骨背外侧面延伸。　ABC

12 **胫前返动脉**　A. recurrens tibialis cranialis.　沿胫骨外侧面向近侧延伸到膝关节。　AB

13 **胫骨和腓骨滋养动脉***　A. nutricia tibiae et fibulae.　发出滋养胫骨和腓骨动脉的干，在许多场合这两类动脉分开起始。　AB

14 **浅支**　Ramus superficialis.　胫前动脉的分支，沿胫骨体的外侧面延伸，常与隐动脉的后支在跗部连接。　BC

15 **第5趾背远轴侧动脉（犬）**　A. digitalis dorsalis Ⅴ abaxialis.　沿跗部、跖部和第5趾的背外侧延伸，为浅支的分支。　B

16 **骨间支**　Ramus interosseus.　见于猫，向后穿过小腿骨间膜远部，并通过股后远动脉的一个分支将胫前动脉与股动脉连接，也与隐动脉前支（以及后支）相连接。　C

17 **踝支**　Rami malleolares.　向内侧踝和外侧踝延伸。　C

18 **足背动脉**　A. dorsalis pedis.　为胫前动脉在跗部背侧和轴侧向小腿跗关节以远的直接延续。　C

19 **跗外侧动脉**　A. tarsea lateralis.　沿跗部外侧面延伸。　C

20 **跗内侧动脉**　A. tarsea medialis.　沿跗部内侧面延伸。　C

21 **弓状动脉**　A. arcuata.　向外侧行越过跗部的背侧和外侧面。　C

22 *跖背侧第2~4动脉*　Aa. metatarseae dorsales Ⅱ - Ⅳ. 沿第2~4跖骨的背外侧面延伸并加入相应的远穿支。　C

23 *第2近穿支*　Ramus perforans proximalis Ⅱ. 跖背侧第2动脉的大支，通过穿越第2和3跖骨间的近端到跖骨的跖侧面，加入足底深弓。　C

24 **胫后动脉**　A. tibialis caudalis.　腘动脉较小的终支，在小腿骨后面。　AB

A　左膝部的动脉，内侧观（犬）

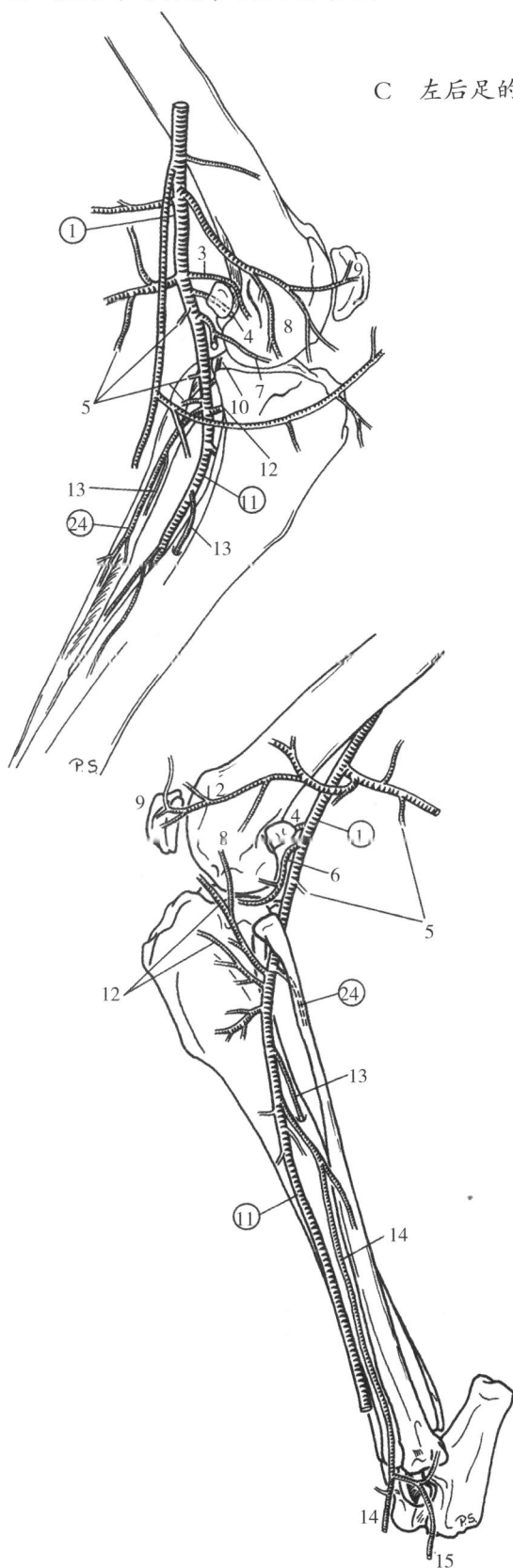

C　左后足的动脉，背侧观（猫）

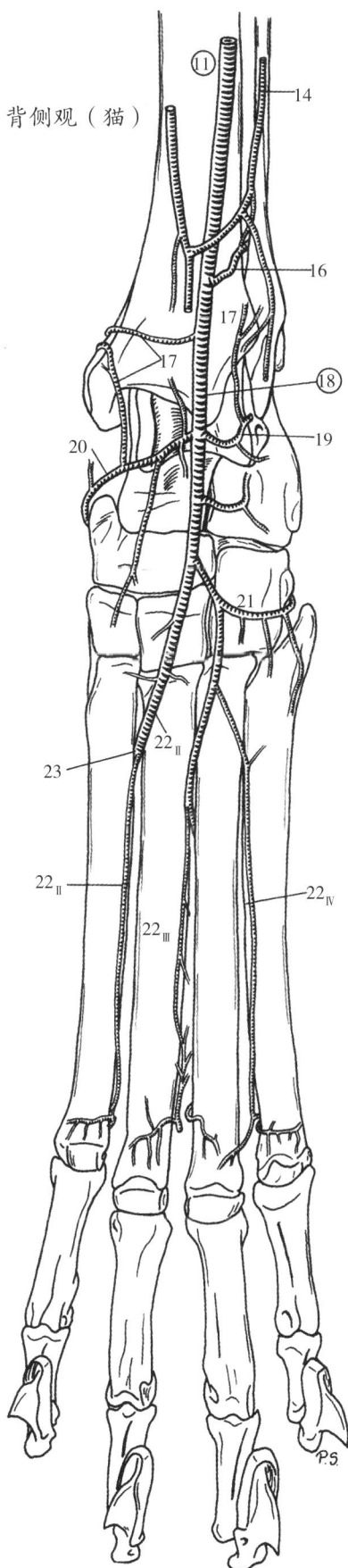

B　左膝部的动脉，外侧观（犬）

股动脉——猪　SUS

1　股动脉　A. femoralis.　髂外动脉的直接延续，穿过股管。　A
2　旋股外侧动脉　A. circumflexa femoris lateralis.　向外侧在股四头肌内延伸。　A
3　升支　Ramus ascendens.　旋股外侧动脉的分支，向近侧行。　A
4　降支　Ramus descendens.　在股四头肌内向前腹侧行。　A
5　横支　Ramus transversus.　越过股近部的外侧面。　A
6　隐动脉　A. saphena.　向前腹侧行至膝关节内侧面，继续在皮下向后远侧到跗部的跖内侧面。　A
7　后支　Ramus caudalis.　在浅面向跗部的跖内侧面延伸。　AC
8　内侧踝支　Rami malleolares mediales.　在内侧踝处分支。
9　跟支　Rami calcanei.　隐动脉后支的分支，到跟结节。　C
10　跟网　Rete calcaneum.　围绕跟结节的动脉网。　C
11　足底内侧动脉　A. plantaris medialis.　隐动脉后支在跗部跖内侧面较大的终支。　C
12　深支　Ramus profundus.　足底内侧动脉的分支，接受远跗穿动脉后，加入足底深弓。　C
13　浅支　Ramus superficialis.　沿趾屈肌腱的内侧面延伸。　C
14　趾跖侧第2~4总动脉　Aa. digitales plantares communes Ⅱ-Ⅳ.　足底内侧动脉浅支的浅表分支。　C
15　趾跖侧固有动脉　Aa. digitales plantares propriae.　起自趾跖侧总动脉的分叉处，沿趾间面的跖侧延伸，进入远趾节骨的轴侧孔及壁面。　C
16　趾间动脉　A. interdigitalis.　通过趾间隙连接每一支趾跖侧固有动脉与趾背侧固有动脉。　BC
17　近趾节背侧支　Ramus dorsalis phalangis proximalis.　起自趾间动脉或近趾节跖侧支（第2和5趾），在近趾节骨背面分支。　BC
18　近趾节跖侧支　Ramus plantaris phalangis proximalis.　趾跖侧固有动脉横向分支，横过近趾节骨跖侧面。　C
19　趾枕支　Ramus tori digitalis.　供应蹄枕。　C
20　中趾节背侧支　Ramus dorsalis phalangis mediae.　越过中趾节骨背侧面。　BC
21　蹄冠动脉　A. coronalis.　中趾节背侧支的浅支，沿蹄冠向远轴侧延伸。　B
22　中趾节跖侧支　Ramus plantaris phalangis mediae.　越过中趾节骨的跖侧面。C
22a　远趾节跖侧支　Ramus plantaris phalangis distalis.　越过远趾节骨的跖侧面。
23　远趾节背侧支　Ramus dorsalis phalangis distalis.　沿远趾节骨的轴侧面向背侧行。　BC
24　终弓　Arcus terminalis.　在远趾节骨内的动脉弓，由趾跖轴侧和远轴侧固有动脉形成。　C
25　足底外侧动脉　A. plantaris lateralis.　隐动脉后支较小的终支。越过跗部跖侧面，接受近跗穿动脉后，继续沿跖部的跖外侧面延伸，与趾跖侧第4总动脉相吻合。　C
26　足底深弓　Arcus plantaris profundus.　该弓连接足底外侧动脉与足底内侧动脉的深支，越过骨间肌的背侧面（也常越过其跖侧面）。　C
27　跖底第2~4动脉　Aa. metatarseae plantares Ⅱ-Ⅳ.　足底深弓在相应跖骨的跖外侧面发出的分支，连接第3远穿支。　C
28　第2~4近穿支　Rami perforantes proximales Ⅱ-Ⅳ.　穿过跖骨间隙的跖底第2~4动脉的分支。　BC
29　跖背侧第2和4动脉　Aa. metatarseae dorsales Ⅱ et Ⅳ.　第2和4近穿支在第3和4跖骨背远轴侧的延续。　B
30　趾背侧固有动脉　Aa. digitales dorsales propriae.　跖背侧第2和4动脉沿2~3和4~5趾间面的延续。　B
31　第3远穿支　Ramus perforans distalis Ⅲ.　连接跖底第3动脉到跖背侧第3动脉，也连接到跖底第2和第4动脉以及趾跖侧第3总动脉。　BC
31a　浅支　Ramus superficialis.　为足底外侧动脉的直接延续，加入趾跖侧第4总动脉。
32　股后动脉　Aa. caudales femoris.　股动脉在腘窝发出的肌支。　A
33　膝降动脉　A. genus descendens.　到膝关节的内侧面。　A
34　膝近内侧动脉　A. genus proximalis medialis.　不恒定出现，到膝关节内侧面。　A
35　股骨滋养动脉　A. nutricia ossis femoris.　一支恒定出现的动脉，起自股动脉的不定部位。

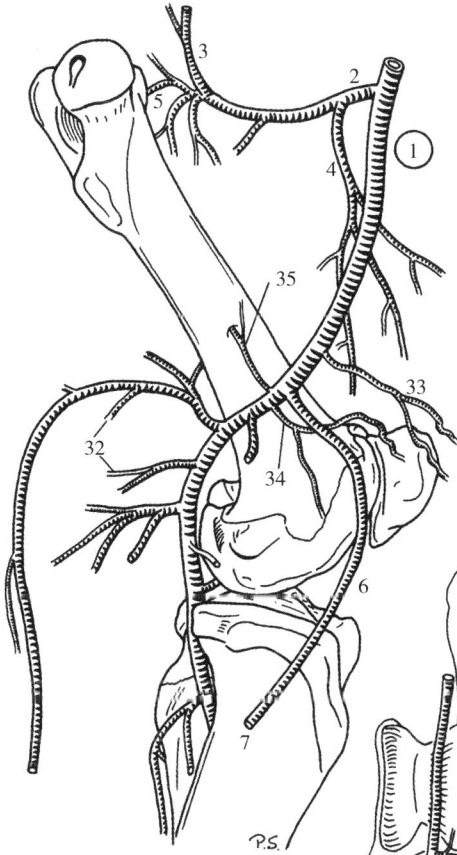

A　左股部的动脉，内侧观（猪）

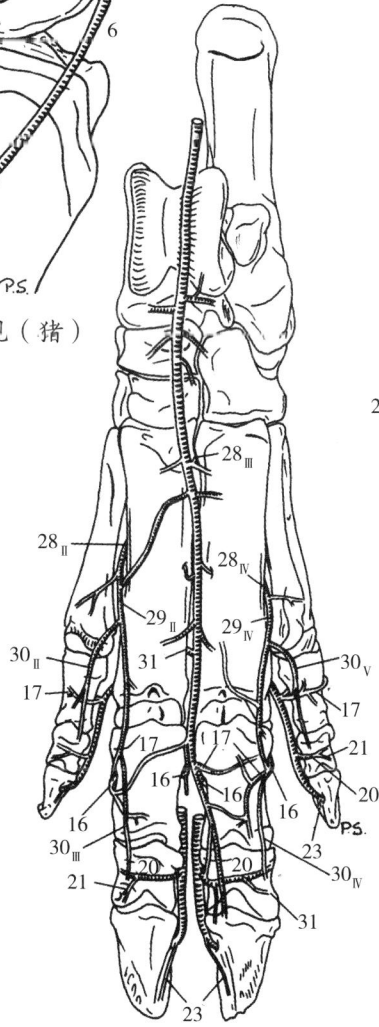

B　左后足的动脉，背侧观（猪）

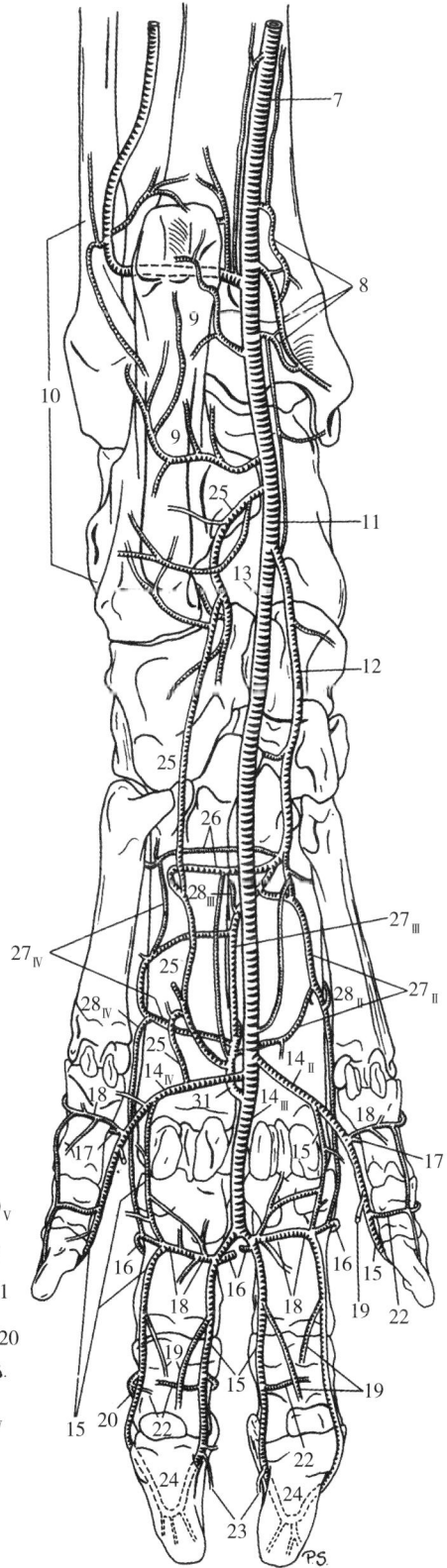

C　左后足的动脉，跖侧观（猪）

1 腘动脉　A. poplitea.　股动脉在腘窝的直接延续，经过股胫关节的屈面。　A

2 膝近外侧动脉　A. genus proximalis lateralis.　走向膝关节的外侧面。　A

3 腓肠动脉　Aa. surales.　腘动脉向后下方的分支，供应小腿后侧的肌肉。　A

4 膝远外侧动脉　A. genus distalis lateralis.　走向膝关节的外侧面。　A

5 膝远内侧动脉　A. genus distalis medialis.　走向膝关节的内侧面。　A

6 膝中动脉　A. genus media.　在股骨内侧髁和外侧髁之间走向膝关节的前面。　A

7 膝关节网　Rete articulare genus.　围绕膝关节的动脉网。　A

8 膝盖［髌］网　Rete patellae.　膝盖骨处的动脉网。　A

9 胫前动脉　A. tibialis cranialis.　腘动脉大的终支，穿过小腿骨间膜的近侧部后，继续沿胫骨外侧缘延伸。　AB

10 胫前返动脉　A. recurrens tibialis cranialis.　向近侧越过胫骨外侧髁到膝关节。　A

11 小腿骨间动脉　A. interossea cruris.　沿小腿骨间膜的后面延伸。　AB

12 胫骨滋养动脉　A. nutricia tibiae.　进入胫骨滋养孔。　A

13 腓骨滋养动脉　A. nutricia fibulae.　进入腓骨滋养孔。　A

14 穿支　Ramus perforans.　向前穿过小腿骨间膜的远侧部，然后加入胫前动脉，有时为双支。　AB

15 （与）胫后动脉吻合支　Ramus anastomoticus cum a. tibiali caudali.　向后内侧越过胫骨远侧部，与胫后动脉吻合。　AB

16 内侧踝支　Rami malleolares mediales.　到内侧踝。　A

17 外侧踝支　Rami malleolares laterales.　到外侧踝。　A

18 外侧踝前动脉　A. malleolares cranialis lateralis.　向后外侧到外侧踝，不恒定出现。　AB

19 内侧踝前动脉　A. malleolares cranialis medialis.　走向内侧踝。　B

20 足背动脉　A. dorsalis pedis.　胫前动脉的直接延续，在小腿跗关节以下，位于跗部背侧。　AB

21 跗外侧动脉　A. tarsea lateralis.　向外侧延伸到跗部外侧面，为足背动脉的分支，分为近支和远支。　B

22 近跗穿动脉　A. tarsea perforans proximalis.　从距骨和跟骨之间穿过，加入足底外侧动脉。　B

23 跗内侧动脉　A. tarsea medialis.　沿跗部内侧面延伸。　B

24 远跗穿动脉　A. tarsea perforans distalis.　在第3和第4跗骨间穿过，加入足底内侧动脉的深支。　B

25 跖背侧第3动脉　A. metatarsea dorsalis Ⅲ.　足背动脉的直接延续，沿跖骨背侧面延伸，有远跗穿动脉加入，最终到达成对的第3趾间动脉。　B

26 趾背侧固有动脉　Aa. digitales dorsales propriae.　沿第3和第4趾轴侧面延伸的背侧血管。　B

27 胫后动脉　A. tibialis caudalis.　腘动脉较小的终支，沿小腿的后面向远侧延伸。　A

28 旋腓骨支　Ramus circumflexus fibulae.　由胫后动脉发出，围绕腓骨向外侧延伸。　A

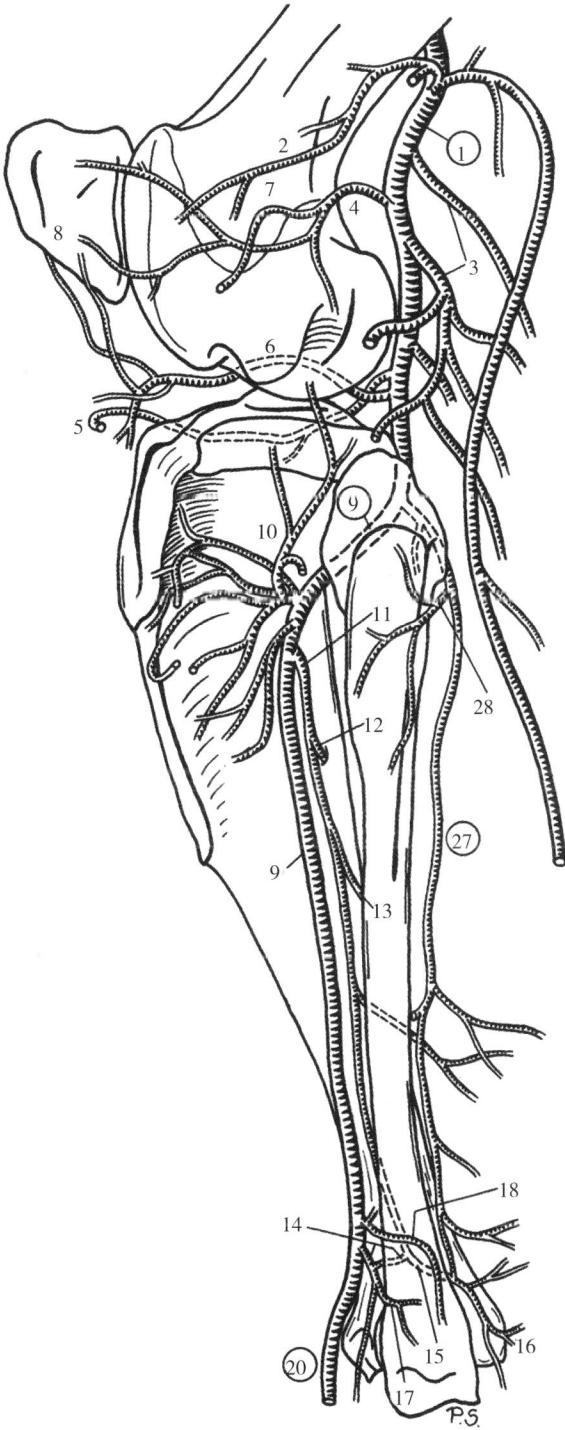

A 左膝部的动脉，背外侧观（猪）

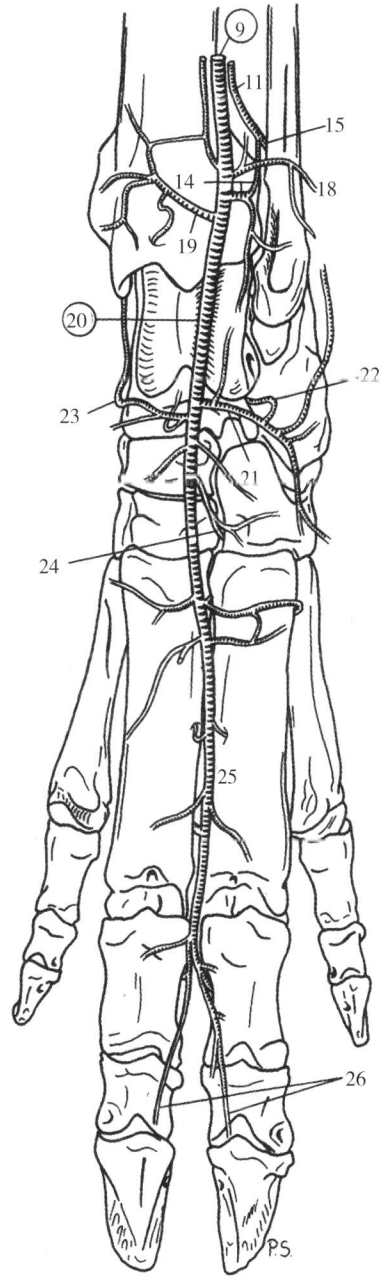

B 左后足的动脉，背侧观（猪）

股动脉——反刍动物　RUMINATIA

1　股动脉　A. femoralis. 髂外动脉的直接延续，沿股管延伸。　A
2　旋股外侧动脉　A. circumflexa femoris lateralis. 在股四头肌内向外侧延伸。　A
3　升支　Ramus ascendens. 向近侧延伸。　A
4　降支　Ramus descendens. 在股四头肌内向前远侧行。　A
5　横支　Ramus transversus. 与旋股内侧动脉相吻合。　A
6　隐动脉　A. saphena. 在股内侧离开股三角的下端。　A
7　后支　Ramus caudalis. 延伸向小腿跖内侧面。　AB
  8　内侧踝支　Rami malleolares mediales. 在内侧踝处分支。　B
  9　跟支　Rami calcanei. 到跟结节。　B
   10　跟网　Rete calcaneum. 围绕跟结节。　B
11　足底内侧动脉　A. plantaris medialis. 隐动脉后支大的终支，位于跗部跖内侧。　B
  12　深支　Ramus profundus. 加入足底深弓。　B
  13　浅支　Ramus superficialis. 沿趾深屈肌腱的内缘延伸。　B
   14　趾跖侧第2总动脉　A. digitalis plantaris communis Ⅱ. 足底内侧动脉浅支的内侧延续支。　BC
    15　第2趾跖轴侧固有动脉　A. digitalis plantaris propria Ⅱ axialis. 进入内侧悬蹄的底。　C
    16　第3趾跖远轴侧固有动脉　A. digitalis plantaris propria Ⅲ abaxialis. 为趾跖侧第2总动脉沿第3趾屈肌腱远轴侧的直接延续。　C
    17　近趾节背侧支　Ramus dorsalis phalangis proximalis. 到近趾节骨背侧的分支。　C
    18　趾枕支　Ramus tori digitalis. 进入蹄枕。　C
    19　中趾节背侧支　Ramus dorsalis phalangis mediae. 到中趾节骨的背侧面。　C
    20　远趾节跖侧支　Ramus plantaris phalangis distalis. 在远趾节骨跖侧面延伸。　C
     21　远趾节背侧支　Ramus dorsalis phalangis distalis. 向背侧行，在远趾节骨的壁面延伸。　C
   22　趾跖侧第3总动脉　A. digitalis plantaris communis Ⅲ. 是足底内侧动脉浅支向外侧的延续。　BD
   23　近趾节跖侧支　Rami plantares phalangium proximalium. 为趾跖侧第3总动脉的分支，越过第3和4近趾节骨的跖侧面，加入相应趾跖远轴侧固有动脉。　CD
   24　趾间动脉　A. interdigitalis. 经趾间隙连通趾跖侧第3总动脉和跖背侧第3动脉。　D
    25　近趾节背侧支　Rami dorsales phalangium proximalium. 趾间动脉向第3和第4近趾节骨背侧的分支。　D
   26　第3和4趾跖轴侧固有动脉　Aa. digitales plantares propriae Ⅲ et Ⅳ axiales. 趾跖侧第3总动脉的终支，向远侧到相应的轴侧孔。　D
    27　趾枕支　Ramus tori digitalis. 到蹄枕。　D
    28　中趾节跖侧支　Ramus plantaris phalangis mediae. 越过中趾节骨的跖侧面。　CD
    29　中趾节背侧支　Ramus dorsalis phalangis mediae. 到中趾节骨的背侧面。　CD
     30　蹄冠动脉　A. coronalis. 起自相应的中趾节背轴侧支，并向浅侧沿蹄冠延伸。　CD
    31　远趾节跖侧支　Ramus plantaris phalangis distalis. 供应远趾节骨的底面，进入轴侧面，加入终弓。　D
    32　远趾节背侧支　Ramus dorsalis phalangis distalis. 沿远趾节骨的轴侧面向背侧延伸。　D
    33　终弓　Arcus terminalis. 远趾节骨内的动脉弓，由第3和第4趾跖轴侧和远轴侧固有动脉结合而成。　D
 34　足底外侧动脉　A. plantaris lateralis. 隐动脉后支较小的终支，在跗部的跖侧。　B
  35　足底深弓　Arcus plantaris profundus. 连接于足底外侧动脉和足底内侧动脉深支之间，位于第3~4跖骨与骨间肌之间。　B
   36　跖底第2~4动脉　Aa. metatarseae plantares Ⅱ-Ⅳ. 足底深弓在第3和4跖骨与骨间肌之间的分支。　BD
   37　第3近穿支（牛）　Ramus perforans proximalis Ⅲ. 跖底第3动脉与进入第3和4跖骨近背侧面的跖背侧第3动脉间小的连接支。　D
   38　第3远穿支　Ramus perforans distalis Ⅲ. 连接于跖底第3动脉与跖背侧第3动脉之间。　B

B　左跗部和跖部的动脉，
　　跖侧观（牛）

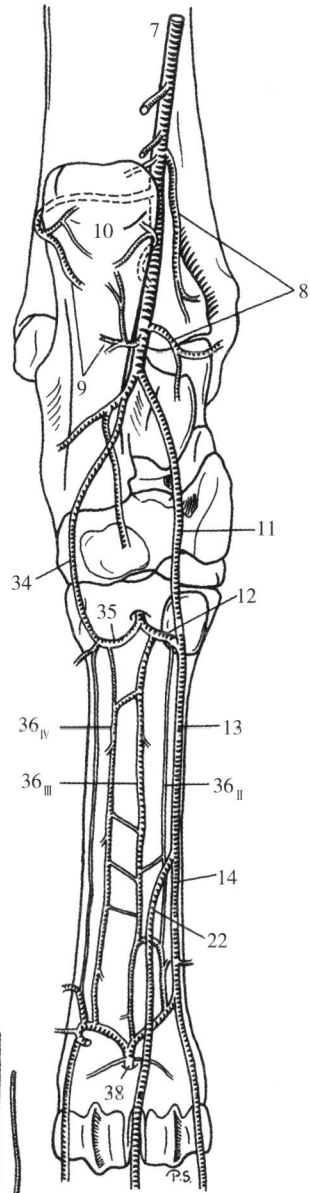

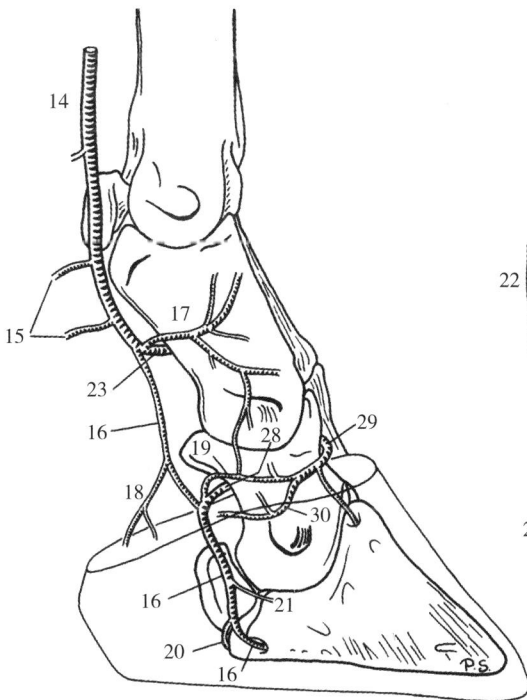

332.9a

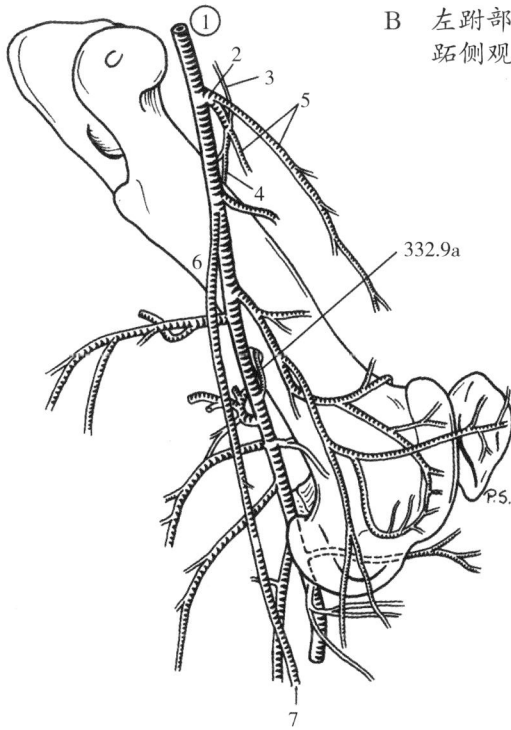

A　左股部的动脉，内侧观（牛）

C　左后足的动脉，远轴侧观（牛）

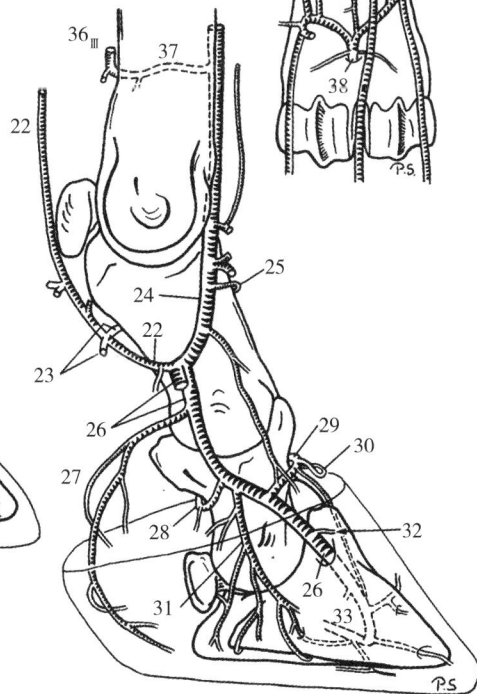

D　左后足的动脉，第3趾已切除，
　　轴侧观（牛）

1　浅支［趾跖侧第4总动脉］　Ramus superficialis [A. digitalis plantaris communis IV]. 为足底外侧动脉的直接延续，沿趾深屈肌腱外缘延伸。　A

 2　第4趾跖远轴侧固有动脉　A. digitalis plantaris propria Ⅳ abaxialis. 足底外侧动脉浅支的直接延续。　A

  3　近趾节背侧支　Ramus dorsalis phalangis proximalis. 到第4趾近趾节骨的背侧面。　A

  4　趾枕支　Ramus tori digitalis. 进入蹄枕。　A

  5　中趾节背侧支　Ramus dorsalis phalangis mediae. 到中趾节骨的背侧面。　A

  6　远趾节跖侧支　Ramus plantaris phalangis distalis. 向轴侧越过远趾节骨的跖侧面。　A

   7　远趾节背侧支　Ramus dorsalis phalangis distalis. 沿远趾节骨的壁面向背侧行。　A

 8　第5趾跖轴侧固有动脉　A. digitalis plantaris propria Ⅴ axialis. 为足底外侧动脉浅支的分支，进入外侧悬蹄的底部。　A

9　膝降动脉　A. genus descendens. 到膝关节的内侧面。　B

9a　股骨滋养动脉　A. nutriacia ossis femoris. 为一恒有的动脉，起于股动脉的不定部位。　331页A

10　股后动脉　A. caudalis femoris. 通过其近支和远支供应腘窝处的肌肉。　B

11　膝近外侧动脉　A. genus proximalis lateralis. 在膝关节外侧面分支。　B

12　腘动脉　A. poplitea. 为股动脉的直接延续，越过膝关节的屈侧面。　B

13　膝中动脉　A. genus media. 在膝交叉韧带间延伸向膝关节的前面。　B

14　腓肠动脉　Aa. surales. 腘动脉在小腿后面向腓肠肌发出的分支。　B

15　膝远外侧动脉　A. genus distalis lateralis. 到膝关节外侧面。　B

16　膝远内侧动脉　A. genus distalis medialis. 到膝关节的内侧面。　B

17　膝关节网　Rete articulare genus. 围绕膝关节的动脉网。　B

18　膝盖［髌］网　Rete patellae. 围绕膝盖骨的网。　B

19　胫前动脉　A. tibialis cranialis. 腘动脉大的终支，沿胫骨前外侧面延伸。　BC

20　胫前返动脉（牛）　A. recurrens tibialis cranialis. 向背侧越过胫骨外侧髁到膝关节。　B

21　小腿骨间动脉　A. interossea curis. 沿胫骨体外侧缘延伸。　B

22　穿支　Ramus perforans. 起自小腿骨间动脉，向前越过胫骨外侧缘并加入胫前动脉或外侧踝前动脉。　B

23　（与）胫后动脉吻合支　Ramus anatomoticus cum a. tibiali caudali. 在胫骨远侧部加入胫后动脉。　B

24　内侧踝支　Rami malleolares mediales. 到内侧踝。　B

25　外侧踝支　Rami malleolares laterales. 到外侧踝。　B

26　胫骨滋养动脉　A. nutricia tibiae. 进入胫骨的滋养孔。　B

27　外侧踝前动脉　A. malleolares cranialis lateralis. 到外侧踝。　B

28　内侧踝前动脉　A. malleolares cranialis medialis. 到内侧踝。　B

29　浅支　Ramus superficialis. 胫前动脉在跗部背侧的浅支，与腓浅神经伴行。　BC

30　趾背侧第3（绵羊、山羊），第2～4总动脉（牛）　A. digitalis dorsalis communis Ⅲ（ov, cap），Ⅱ-Ⅳ（bo）. 为胫前动脉浅支的直接延续。趾背侧第3总动脉加入趾间动脉。　C

 31　趾背侧固有动脉　Aa. digitales dorsales propriae. 沿趾背轴侧和远轴侧延伸的趾部浅动脉。　C

32　足背动脉　A. dorsalis pedis. 为胫前动脉向小腿跗关节的直接延续。　BC

33　跗外侧动脉　A. tarsea lateralis. 在跗部背外侧面分支。　C

34　跗内侧动脉　A. tarsea medialis. 在跗部背内侧面分支。　BC

35　跗穿动脉　A. tarsea perforans. 在中央第4跗骨与第2和3跗骨之间穿过，并在跖近管中继续延伸，加入足底内侧动脉（绵羊、山羊）、跖底第3动脉（牛）或足底深弓（牛），在牛也可能缺如。　BC

36　跖背侧第3动脉　A. metatarsea dorsalis Ⅲ. 足背动脉在第3和4跖骨背侧面的纵沟内的直接延续，加入趾间第3动脉。　BC

37　胫后动脉　A. tibialis caudalis. 腘动脉较小的终支，在胫骨后面。　B

38　内侧踝支（牛）　Rami malleolares mediales. 到内侧踝。　B

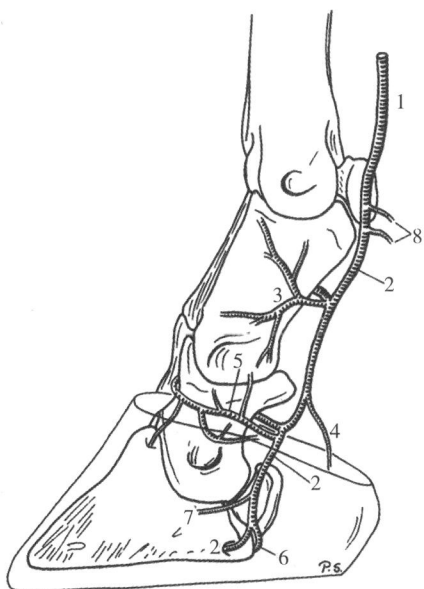

A　左后足的动脉，远轴侧观（牛）

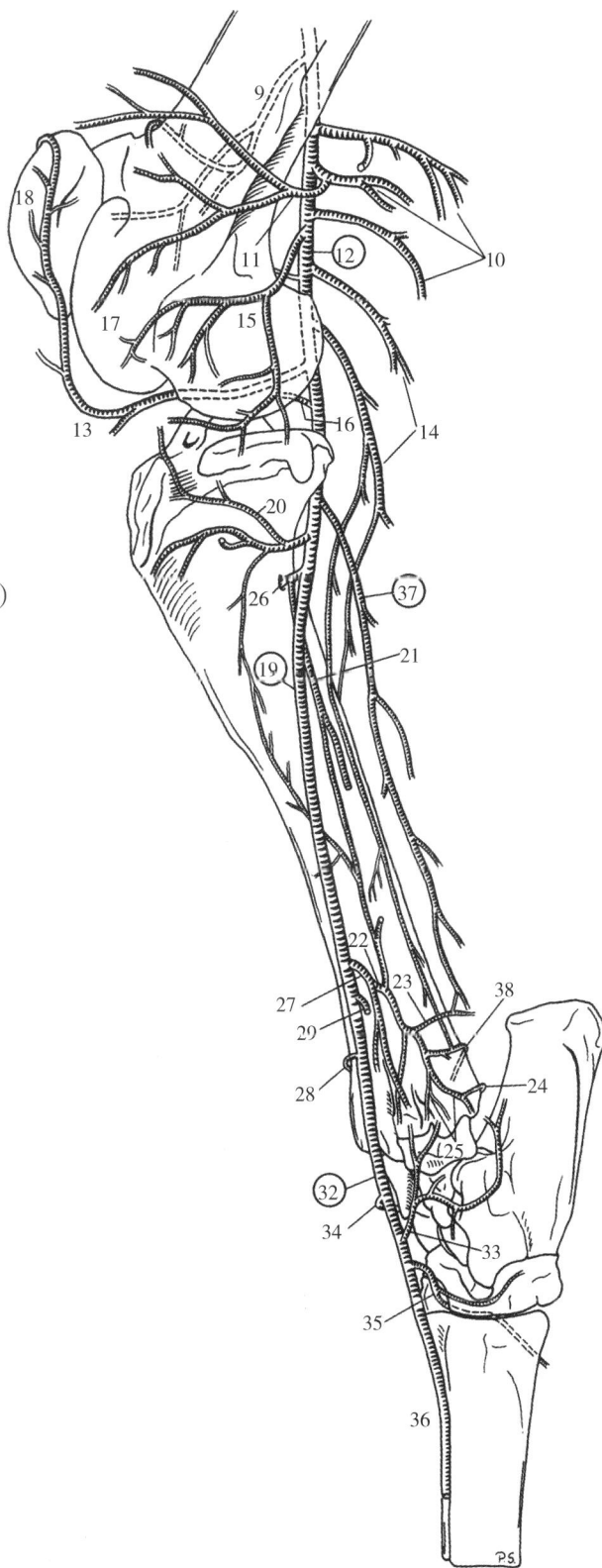

C　左后足的动脉，背侧观（牛）

B　左小腿的动脉，外侧观（牛）

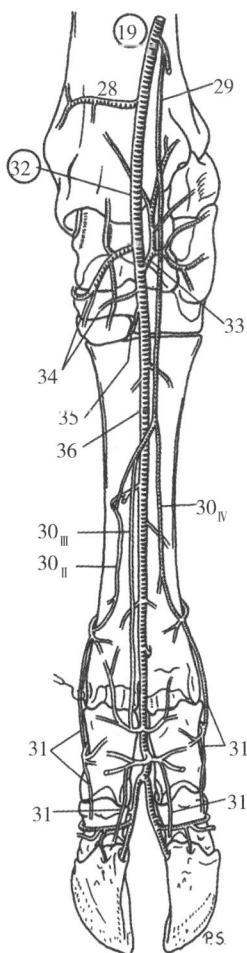

股动脉——马　EQUUS

1　**股动脉**　A. femoralis.　髂外动脉的直接延续，在股管内延伸。　A

2　**旋股外侧动脉**　A. circumflexa femoris lateralis.　在股内侧肌和股直肌之间向前外侧延伸。　A

3　**降支**　Ramus descendens.　在股四头肌内向远侧行。　A

4　**隐动脉**　A. saphena.　在股管远端向内侧离开股动脉，并沿后远侧浅表的轨迹在大腿内侧面延伸。　A

5　**前支**　Ramus cranialis.　隐动脉较细的前远侧分支，沿胫骨内侧面延伸。　A

6　**后支**　Ramus caudalis.　隐动脉向后远侧的直接延续，接受股后动脉一个分支（常见）、外侧踝后动脉（偶尔）以及胫后动脉的隐动脉吻合支（常见）的加入，继续向远侧越过跗部内侧面。　AB

7　足底内侧动脉　A. plantaris medialis.　后支的分支，沿跗部跖内侧面向远侧延伸。　AB

8　深支　Ramus profundus.　足底内侧动脉的深支，向背外侧加入足底深弓。　AB

9　浅支［趾跖侧第2总动脉］　Ramus superficialis [A. digitalis plantaris communis Ⅱ].　足底内侧动脉的浅表直接延续，沿趾深屈肌腱的内侧缘延伸，加入趾内侧动脉、第3远穿支或足底外侧动脉的浅支。　AB

10　足底外侧动脉　A. plantaris lateralis.　向远外侧到趾深屈肌腱外缘。　AB

11　足底深弓　Arcus plantaris profundus.　此弓连接于足底外侧动脉与足底内侧动脉深支之间，常见到双支，在跖部近端，骨间中肌的背侧和跖侧。　B

12　跖底第2和3动脉　Aa. metatarseae plantares Ⅱ et Ⅲ.　为足底深弓的分支，沿骨间中肌的内缘和外缘远行，常加入第3远穿支。　B

13　第2远穿支　Ramus perforans distalis Ⅱ.　为跖底第2动脉的细支，在第2和第3跖骨间向背侧延伸，并加入较细的跖背内侧动脉。　B

14　浅支［趾跖侧第3总动脉］　Ramus superficialis [A. digitalis plantaris communis Ⅲ].　为足底外侧动脉在浅表的直接延续，沿趾深屈肌腱的外侧缘远行，加入趾外侧动脉、第3远穿支或足底内侧动脉的浅支。　B

15　**膝降动脉**　A. genus descendens.　沿股内侧肌内侧缘向前远侧延伸到膝关节内侧面。　A

15a　**股骨滋养动脉**　A. nutricia ossis femoris.　一支恒定出现但起点不定的动脉。　A

16　**股后动脉**　A. caudalis femoris.　供应腘窝处肌肉的大动脉。　A

17　**腘动脉**　A. poplitea.　股动脉在发出股后动脉后的直接延续，越过股胫关节的屈面。　A

18　**膝近外侧动脉**　A. genus proximalis lateralis.　向前外侧到膝关节的外侧面。　A

19　**膝近内侧动脉**　A. genus proximalis medialis.　向前内侧到膝关节的内侧面。　A

20　**膝中动脉**　A. genus media.　在膝交叉韧带间向前至膝关节前面。　A

21　**膝远外侧动脉**　A. genus distalis lateralis.　越过股胫关节外侧副韧带的内侧面，到膝关节外侧面。　A

22　**膝远内侧动脉**　A. genus distalis medialis.　越过股胫关节内侧副韧带的外侧面，到膝关节内侧面。　A

23　**膝关节网**　Rete articulare genus.　包围膝关节。　A

24　**膝盖［髌］网**　Rete patellae.　围绕膝盖骨。　A

B 左跗部、跖部动脉，跖侧观（马）

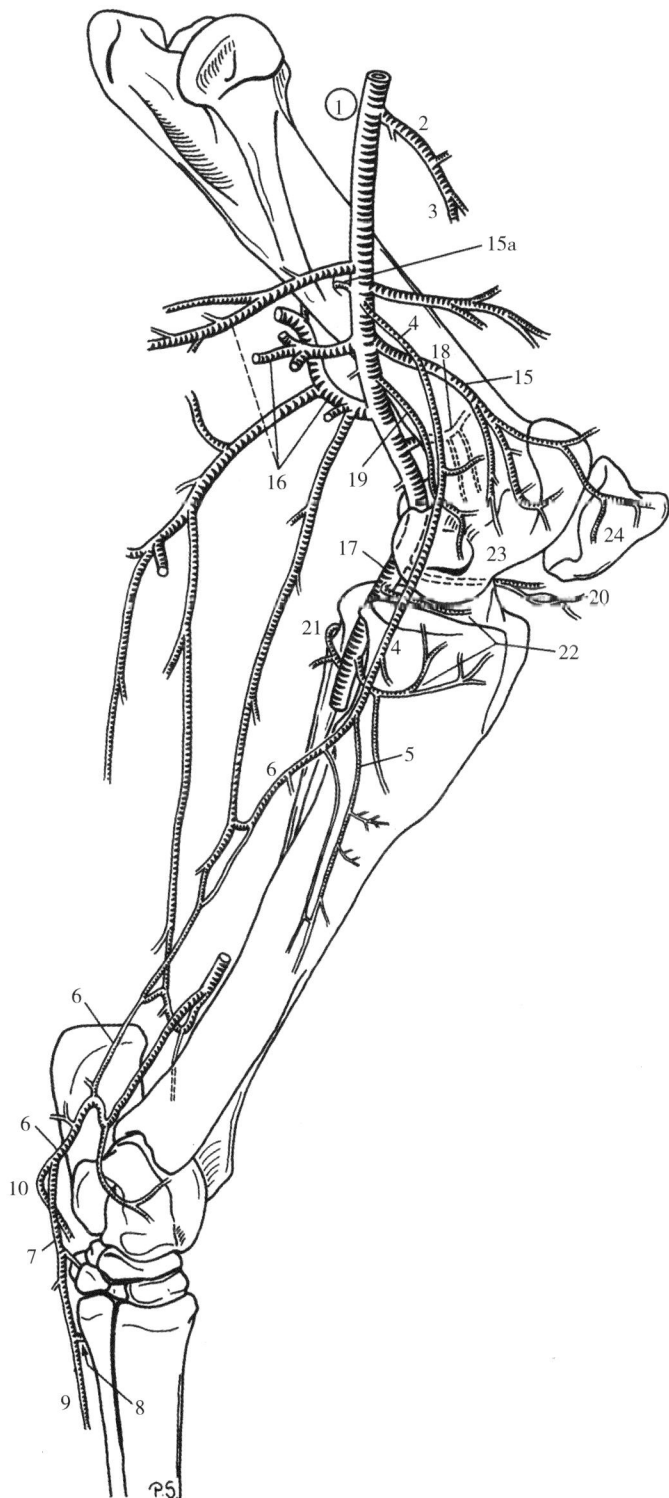

A 左后肢的动脉，内侧观（马）

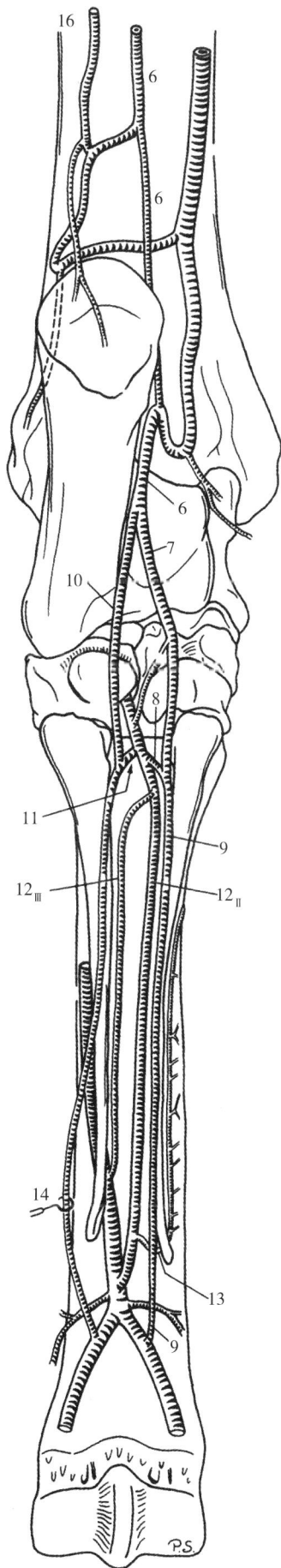

1　胫前动脉　A. tibialis cranialis.　腘动脉较大的终支，沿胫骨前外侧面延伸。　AB

2　浅支　Ramus superficialis.　胫前动脉的浅支，沿小腿前外侧面伴随腓浅神经而行。　A

3　足背动脉　A. dorsalis pedis.　胫前动脉向远侧的直接延续，在跗部背侧面。　AB

4　跗穿动脉　A. tarsea perforans.　穿过跗管，加入足底深弓、足底外侧动脉或跖底第2动脉。　AB

5　跖背侧第3动脉　A. metatarsea dorsalis Ⅲ.　为足背动脉的直接延续，越过第3跖骨的背外侧面，再在第3和第4跖骨间的背侧沟中延伸。　A

6　远穿支　Ramus perforans distalis.　跖背侧第3动脉的直接延续，穿过第3和第4跖骨之间在跖部跖侧延伸。　A

    7　趾内侧动脉［第3趾跖内侧固有动脉］　A. digitalis [plantaris propria Ⅲ] medialis.　第3远穿支的内侧终支，进入底内侧孔。　ACD

        8　近趾节跖侧支　Ramus plantaris phalangis proximalis.　到近趾节骨的跖侧面。　C

        9　近趾节背侧支　Ramus dorsalis phalangis proximalis.　到近趾节骨的背内侧面。　CD

      10　中趾节跖侧支　Ramus plantaris phalangis mediae.　到中趾节骨的跖侧面。　C

      11　中趾节背侧支　Ramus dorsalis phalangis mediae.　为趾内侧动脉的分支，从内侧蹄软骨的外侧面延伸向中趾节骨的背侧面。　D

      12　趾枕支　Ramus tori digitalis.　在蹄枕内分布。　CD

        13　蹄冠动脉　A. coronalis.　起自趾枕支或趾内侧动脉，沿内侧蹄软骨的近缘向背侧延伸。　CD

      14　远趾节背侧支　Ramus dorsalis phalangis distalis.　穿过跖内侧突孔或切迹后，继续在壁面内侧沟延伸。　CD

      15　终弓　Arcus terminalis.　位于底管内的动脉弓，由趾内侧动脉和趾外侧动脉吻合而成。　C

        15a　底缘动脉　A. marginis solearis.　沿远趾节骨底缘分布。　C

    16　趾外侧动脉［第3趾跖外侧固有动脉］　A. digitalis [plantaris propria Ⅲ] lateralis.　第3远穿支的外侧终支，进入底外侧孔。　ACD

      17　近趾节跖侧支　Ramus plantaris phalangis proximalis.　到近趾节骨的跖侧面。　AC

      18　近趾节背侧支　Ramus dorsalis phalangis proximalis.　在近趾节骨的背外侧面分支。　AC

      19　中趾节跖侧支　Ramus plantaris phalangis mediae.　到中趾节骨的跖侧面。　C

      20　中趾节背侧支　Ramus dorsalis phalangis mediae.　沿外侧蹄软骨的内侧面到中趾节骨的背侧面。　A

      21　趾枕支　Ramus tori digitalis.　分布到蹄枕。　AC

        22　蹄冠动脉　A. coronalis.　起于趾枕支或趾外侧动脉，沿外侧蹄软骨的近侧缘延伸。　AC

      23　远趾节背侧支　Ramus dorsalis phalangis distalis.　穿过跖外侧突孔或切迹，继续在壁面外侧沟中延伸。　AC

24　胫后动脉　A. tibialis caudalis.　腘动脉小的终支，沿胫骨后面延伸。　AB

25　胫骨滋养动脉　A. nutricia tibiae.　进入胫骨的滋养孔。　A

26　外侧踝后动脉　A. malleolaris caudalis lateralis.　在胫骨和趾深屈肌间向外延伸，向外侧踝延伸。　AB

27　跟支　Rami calcanei.　到跟结节。　AB

    28　跟网　Rete calcaneum.　围绕跟结节的动脉网。　AB

29　（与）隐动脉吻合支　Ramus anastomoticus cum a. saphena.　胫后动脉在发出外侧踝后动脉以后的直接延续，弯曲状，加入并加强隐动脉后支，偶见缺如。　AB

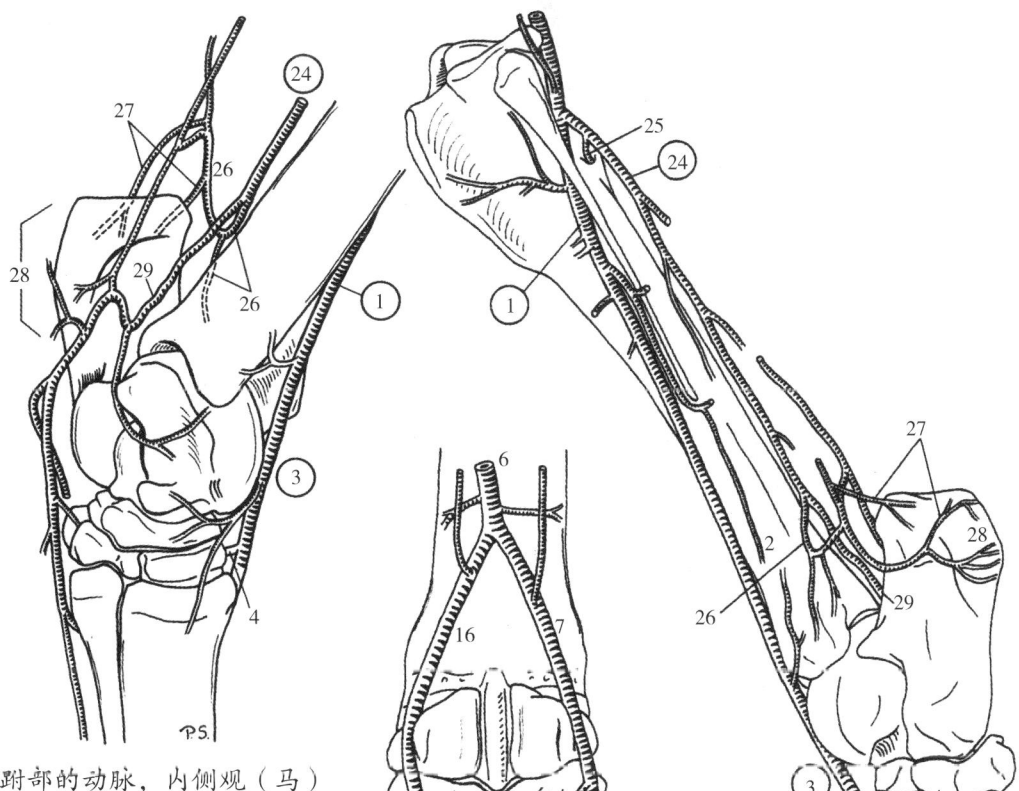

B 左跗部的动脉，内侧观（马）

C 左后足的动脉，跖侧观（马）

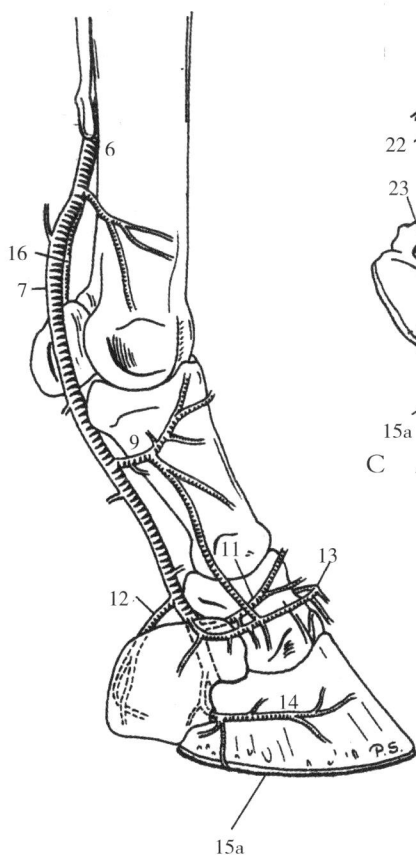

D 左后足的动脉，内侧观（马）

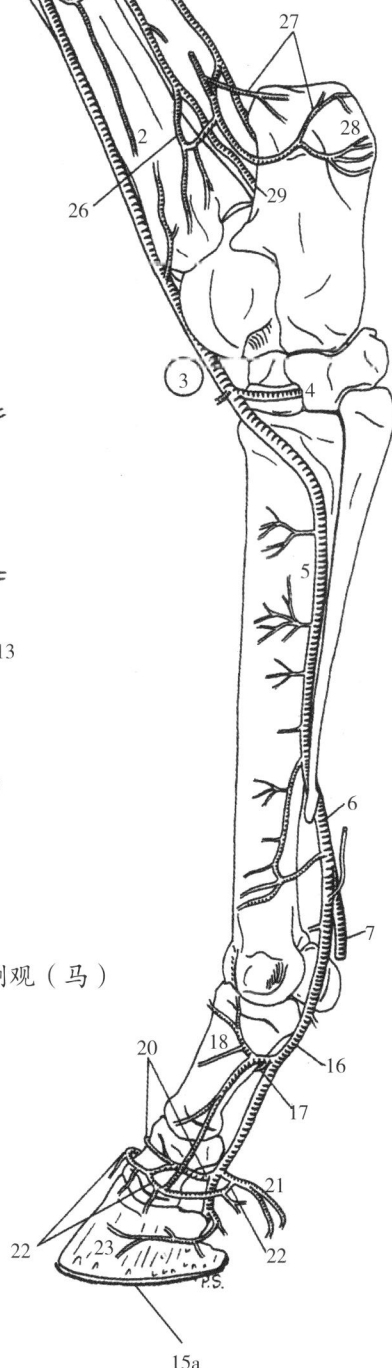

A 左后肢的动脉，外侧观（马）

通用名词　TERMINI COMMUNES

1 **静脉**[1]　VENAE.　将肺和外周的血液传输到心。

2 **肺静脉**　VENAE PULMONALES.　收集肺的氧合血液，并将其转入左心房，相互间有汇合或分支。　AB

3 右肺前叶静脉　V. pulmonalis lobi cranialis dextri.　收集右肺前叶的血液。　AB

4 （右）肺中叶静脉　V. pulmonalis lobi medii.　收集右肺中叶的血液，马缺如。　AB

5 右肺后叶静脉　V. pulmonalis lobi caudalis dextri.　收集右肺后叶的血液。　AB

6 副叶支　Ramus lobi accessorii.　收集副叶血液。　AB

7 左肺前叶静脉　V. pulmonalis lobi cranialis sinistri.　收集左肺前叶的血液。　AB

8 左肺后叶静脉　V. pulmonalis lobi caudalis sinistri.　收集左肺后叶的血液。　AB

9 **心静脉**　VENAE CORDIS.　BC

10 冠状窦　Sinus coronarius.　静脉在冠状沟处向右心房开口处的扩大。接受心中静脉、心大静脉、左房斜静脉和左奇静脉。　BC

11 心中静脉　V. cordis media.　位于窦下室间沟内，开口于冠状窦或右心房（马），可距冠状窦一定距离。　B

12 心大静脉　V. cordis magna.　从冠状窦向锥旁室间沟延伸。　BC

　　13 中间支［左室缘静脉］　Ramus intermedius [V. marginis ventricularis sinistri].　在左室缘面上。　C

14 左房斜静脉（肉食动物、马）　V. obliqua atrii sinistri.　收集左房壁血液到冠状窦，为左心总静脉的遗迹。　B

15 心右静脉　Vv. cordis dextrae.　收集右心室壁的血液，开口于右心室。　B

16 心小静脉　Vv. cordis minimae.　众多细小的静脉，开口于所有四个心腔，特别是心房腔。

17 左腔静脉襞（肉食动物）Plica v. cavae sinistrae.　左前腔静脉的遗迹（这一结构在第5版N.A.V.被省略）。

18 **左奇静脉**　V. AZYGOS SINISTRA.　在猪和反刍动物起自冠状窦，向后背侧弯曲，然后沿主动脉的左背侧面延伸。　C

19 食管静脉　Vv. esophageae [oesophageae].　到胸段食管。　C

20 支气管静脉　Vv. bronchales.　沿气管和主支气管延伸，在猪和牛还沿肺内支气管延伸。　C

21 （右半奇静脉）（猪、反刍动物）　（V. hemiazygos dextra）.　左奇静脉的后部补充，沿主动脉右侧延伸。

22 肋间背侧静脉　Vv. intercostales dorsales.　节段性分布，向背侧越过椎体到肋间隙，继续沿肋间延伸。　D

23 背侧支　Ramus dorsalis.　肋间背侧静脉的背侧支，向背侧进入椎外背侧静脉丛。　D

　　24 椎间静脉　V. intervertebralis.　起自背侧支，穿过椎间孔，连接椎外静脉丛和椎内静脉丛。　D

　　　　25 椎外腹侧（静脉）丛　plexus vertebralis externus ventralis.　脊柱腹侧面的静脉网。　E

　　　　26 椎外背侧（静脉）丛　plexus vertebralis externus dorsalis.　脊柱背侧面的静脉网。　DE

　　　　27 椎内腹侧（静脉）丛　plexus vertebralis internus ventralis.　椎管底面的静脉网。　DE

　　　　　　28 弓间支　Rami interarcuales.　为双侧的分支，穿过黄韧带，加入椎外背侧静脉丛。　E

　　　　　　29 脊髓支　Rami spinales.　穿过硬膜而将椎内腹侧静脉丛与脊髓静脉连接起来。　DE

　　　　　　　　30 脊髓静脉　Vv. spinales.　沿脊髓延伸的纵向静脉。　DE

　　　　　　31 椎体静脉　Vv. basivertebrales.　穿过椎体，常加入椎外腹侧静脉丛。　E

32 肋腹背侧静脉　V. costoabdominalis dorsalis.　伴随同名动脉。　D

33 背侧支　Ramus dorsalis.　上一静脉的背侧支，到椎外背侧静脉丛。　D

　　34 椎间静脉　V. intervertebralis.　穿过胸腰椎间孔。　D

35 第1和2腰静脉　Vv. lumbales I et II.　越过椎体到肋突的后缘。　D

36 背侧支　Ramus dorsalis.　到椎外背侧静脉丛。　D

　　37 椎间静脉　V. intervertebralis.　穿过椎间孔到椎内静脉丛。　D

1）根据静脉的意义："传输肺和外周血液到心"，静脉的排列理应遵此顺序。但是 N.A.V. 却采纳了一个建议，所有静脉的起源被视为与动脉起源一致，即起自心，而不是遵循血流方向，因而较大的静脉被列在其支流之前，但肺静脉除外。在解剖学教科书中，支流的末端仍被认定为静脉分支的起端，以血流方向为顺序。

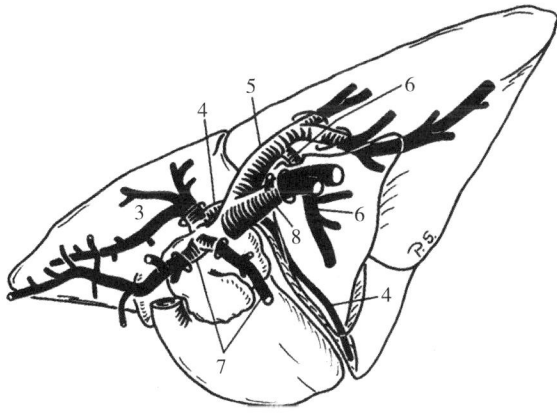

A 肺的静脉，左肺已切除（猫）

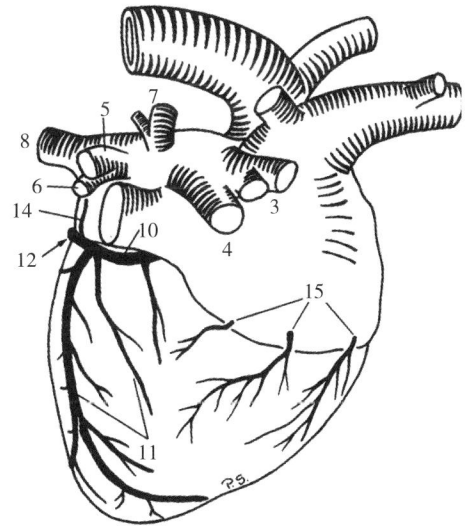

B 心房面的静脉（犬）

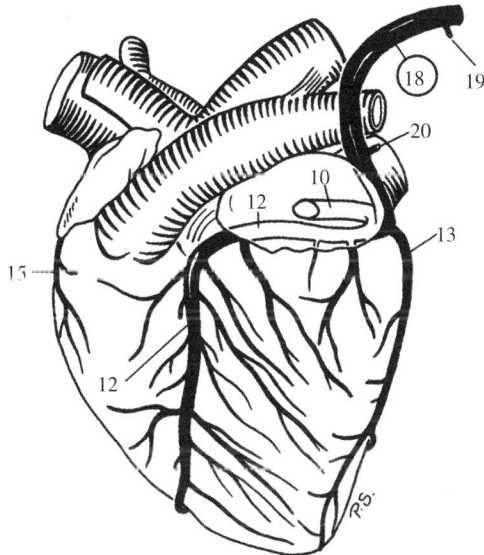

C 心耳面的静脉（牛）

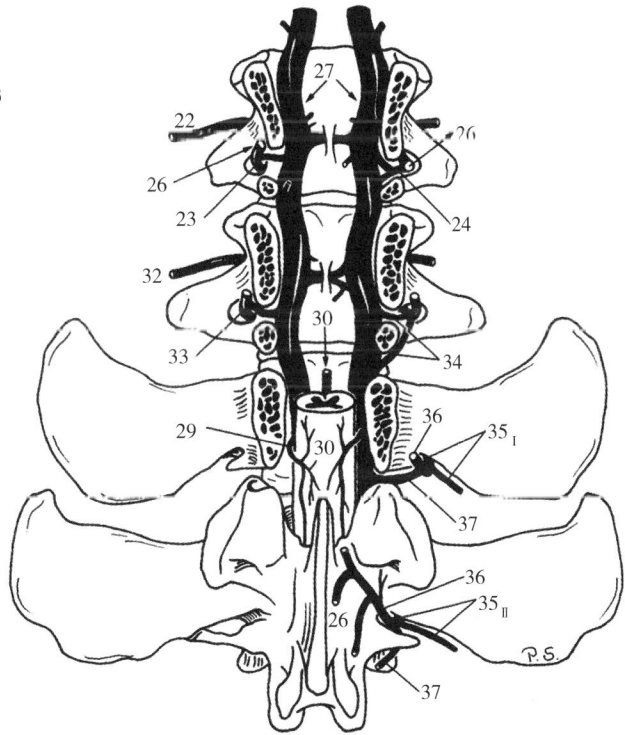

D 静脉与胸椎和腰椎的关系，椎弓已部分切除，右背侧观（猪）

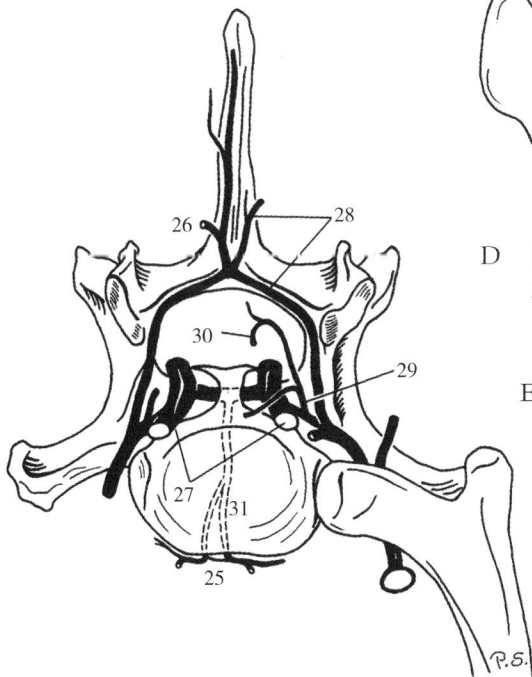

E 静脉与第7颈椎的关系，后面观（犬）

1 **前腔静脉 VENA CAVA CRANIALIS**. 大的不成对的静脉，向前离开腔静脉窦，在前纵隔内走向胸廓前口，分支为左、右臂头静脉（肉食动物、猪，有时还有山羊）或发出左、右锁骨下静脉（反刍动物、马）。 A

2 **右奇静脉** V. azygos dextra. 见于肉食动物、反刍动物、马和某些猪，不成对，弯曲越过气管和食管右侧面，继续沿胸主动脉右背侧面延伸。 AB

3 **支气管食管静脉**（犬、马） V. broncho-esophagea [-oesophagea]. 双侧的（犬）或单侧的（马）静脉，发出分支到支气管和食管。 A

4 （**左半奇静脉**）（犬、马）（V. hemiazygos sinistra）. 发达程度不一或不恒定出现，不成对，伴随或取代右奇静脉的后部，在胸廓内起自右奇静脉的后半段，越过脊柱腹侧面，继续在降主动脉左侧面后行。 B

5 **肋间背侧静脉** Vv. intercostales dorsales. 伴随同名动脉。 AB

6 背侧支 Ramus dorsalis. 到椎外背侧静脉丛。 AB

7 椎间静脉 V. intervertebralis. 穿过椎间孔，将椎外静脉丛和椎内静脉丛相连接。 AB

8 **肋腹背侧静脉** V. costoabdominalis dorsalis. 与同名动脉相伴。 B

9 背侧支 Ramus dorsalis. 到椎外背侧静脉丛。 B

10 椎间静脉 V. intervertebralis. 起自肋腹静脉的背侧支，穿过相应椎间孔，连接椎外与椎内静脉丛。 B

11 **第1和2（3）腰静脉** Vv. lumbales Ⅰ et Ⅱ（Ⅲ）. 双侧的，但起始段常融合为一支，伴随同名动脉。 B

12 背侧支 Ramus dorsalis. 到椎外背侧静脉丛。 B

13 椎间静脉 V. intervertebralis. 起自第1、2腰静脉的背侧支，穿过椎间孔，连接椎外静脉丛和椎内静脉丛。 B

14 **支气管食管静脉**（猫） V. broncho-esophagea [-oesophagea]. 发出到支气管和食管的分支。 B

15 **肋颈静脉** V. costocervicalis. 在肉食动物，左肋颈静脉起自左臂头静脉。 A

肋颈静脉——肉食动物 CARNIVORA

16 椎静脉 V. vertebralis. 伴随同名动脉。 AC

17 椎间静脉 Vv. intervertebrales. 穿过椎间孔以及寰椎的椎外侧孔，连接椎外和椎内静脉丛。 AC

18 （与）颈内静脉吻合支 Ramus anastomoticus cum v. jugulari interna. 在寰椎窝内起自椎静脉，越过寰枕关节的腹侧面到颈内静脉。 C

19 肩胛背侧静脉 V. scapularis dorsalis. 伴随同名动脉。 A

20 第1肋间背侧静脉 V. intercostalis dorsalis Ⅰ. 伴随同名动脉。 A

21 颈深静脉 V. cervicalis profunda. 伴随同名动脉。 A

22 胸椎静脉 V. vertebralis thoracica. 在犬伴随同名动脉。 A

23 第3和4肋间背侧静脉 Vv. intercostales dorsales Ⅲ et Ⅳ. 伴随同名动脉。 A

24 背侧支 Rami dorsales. 到椎外背侧静脉丛。 A

25 椎间静脉 V. intervertebralis. 背侧支的分支，穿过椎间孔，连接椎外与椎内静脉丛。 A

26 肋间最上静脉 V. intercostalis suprema. 伴随同名动脉，在犬可能缺如。 A

27 第2肋间背侧静脉 V. intercostalis dorsalis Ⅱ. 伴随同名动脉。 A

28 背侧支 Ramus dorsalis. 到椎外背侧静脉丛。 A

29 椎间静脉 V. intervertebralis. 背侧支的分支，穿过椎间孔，连接椎外和椎内静脉丛。 A

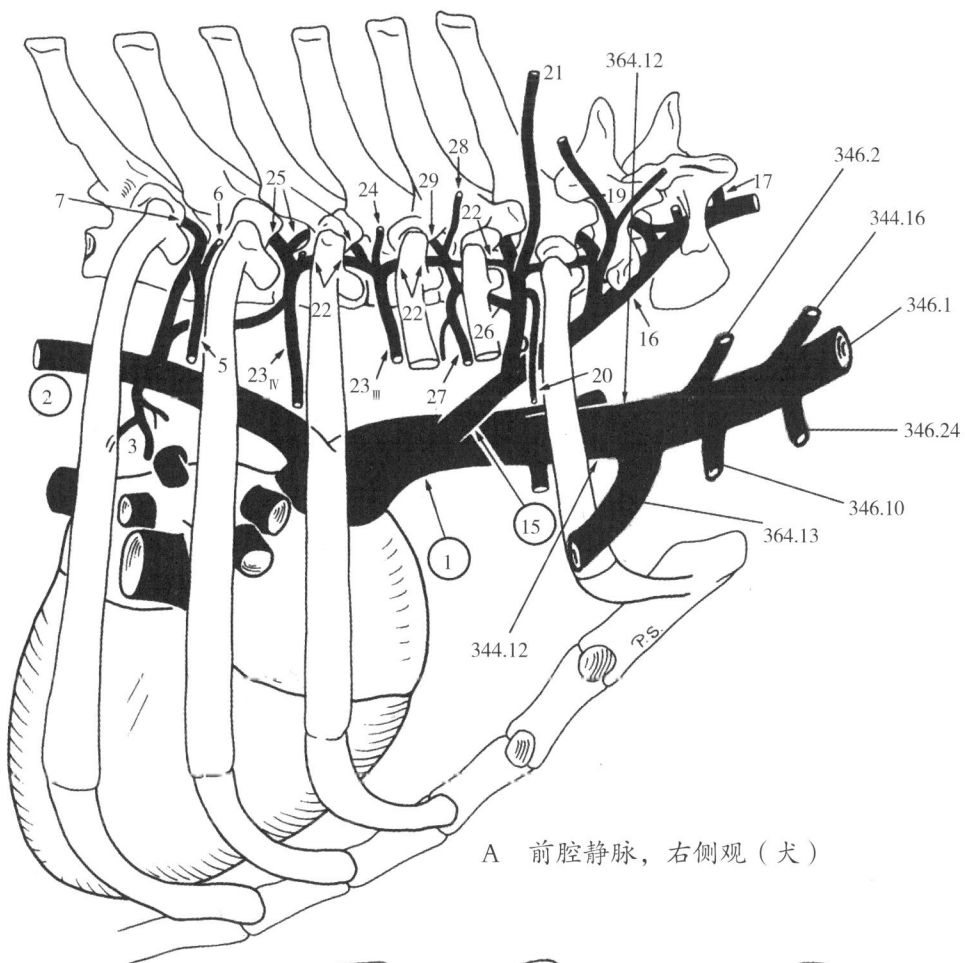

A 前腔静脉，右侧观（犬）

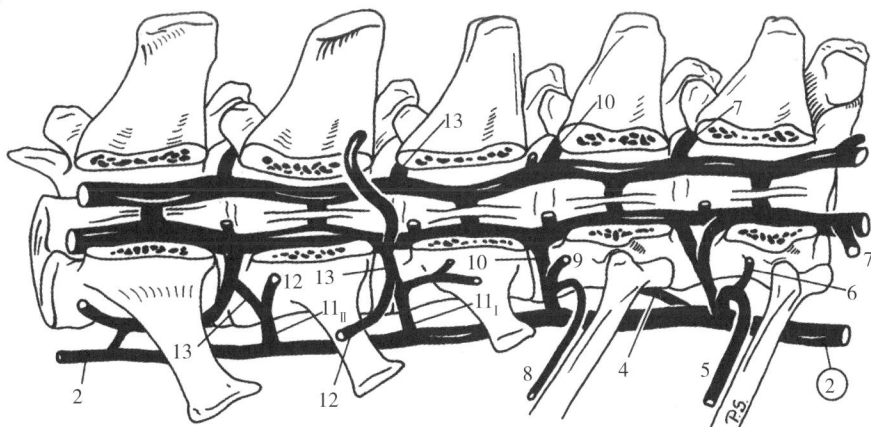

B 静脉与胸、腰椎的关系，椎弓已切除，
右背侧观（犬）

C 静脉与第1~4颈椎的关系，椎弓已切除，
右背外侧观（犬）

肋颈静脉——猪　SUS

1　椎静脉　V. vertebralis.　伴随同名动脉分布。　AB

2　椎间静脉　Vv. intervertebrales.　穿过椎间孔或寰椎、枢椎的椎外侧孔，连接椎外和椎内静脉丛。　B

3　（与）枕静脉吻合支　Ramus anastomoticus cum v. occipitali.　在寰椎窝处连接枕静脉，在枢椎处伴随着一支相同的分支。　B

4　降支　Ramus descendens.　向背侧从翼孔穿出，加入椎外背侧静脉丛。　B

5　肋间最上静脉　V. intercostalis suprema.　伴随同名动脉。　A

6　第3和4（5）肋间背侧静脉　Vv. intercostales dorsales Ⅲ et Ⅳ（Ⅴ）.　伴随同名动脉。　A

　7　背侧支　Ramus dorsalis.　向背侧穿过椎外侧孔，加入椎外背侧静脉丛。　A

　　8　椎间静脉　V. intervertebralis.　进入椎间孔，连接椎外和椎内静脉丛。　A

9　第2肋间背侧静脉　V. intercostalis dorsalis Ⅱ.　伴随同名动脉。　A

10　肩胛背侧静脉　V. scapularis dorsalis.　穿过第1胸椎的椎外侧孔，继续延伸向椎外背侧静脉丛。　A

11　颈深静脉　V. cervicalis profunda.　延伸穿过第2（偶见第1）胸椎的椎外侧孔，分支分布于椎外背侧静脉丛。　A

12　胸椎静脉　V. vertebralis thoracica.　向后在肋骨颈的背侧面延伸。　A

13　第1肋间背侧静脉　V. intercostalis dorsalis Ⅰ.　伴随同名动脉。　A

肋颈静脉——反刍动物　RUMINATIA

14　肋间最上静脉　V. intercostalis suprema.　伴随同名动脉。　C

15　肋间背侧静脉　Vv. intercostales dorsales.　向远侧在左侧第1~3肋间隙，右侧第1肋间隙（不恒定）延伸。　C

　16　背侧支　Ramus dorsalis.　分布于椎外背侧静脉丛。　C

　　17　椎间静脉　V. intervertebralis.　背侧支的分支，穿过椎间孔，连接椎外和椎内静脉丛。　C

18　肩胛背侧静脉　V. scapularis dorsalis.　伴随同名动脉。　C

19　颈深静脉　V. cervicalis profunda.　伴随同名动脉。　C

20　胸椎静脉　V. vertebralis thoracica.　向后越过肋骨颈的背侧面，在绵羊和山羊不恒定。　C

21　椎静脉　V. vertebralis.　伴随同名动脉。　CD

22　椎间静脉　Vv. intervertebrales.　进入椎间孔以及枢椎的椎外侧孔，连接椎外和椎内静脉丛。　CD

23　降支　Ramus descendens.　为椎静脉椎骨内段发出的分支，通过枢椎的椎外侧孔离开枢椎，加入椎外背侧静脉丛。　D

　24　（与）枕静脉吻合支　Ramus anastomoticus cum v. occipitali.　穿过寰椎的椎孔，加入枕静脉。　D

肋颈静脉——马　EQUUS

25　颈深静脉　V. cervicalis profunda.　伴随同名动脉。　E

26　第1肋间背侧静脉　V. intercostalis dorsalis Ⅰ.　伴随同名动脉。

27　肋间最上静脉　V. intercostalis suprema.　伴随同名动脉。

28　第2~6（左），第2~4（右）肋间背侧静脉　Vv. intercostalis dorsales Ⅱ-Ⅵ（Sin），Ⅱ-Ⅳ（dex）.　伴随同名动脉。　E

　29　背侧支　Ramus dorsalis.　参与椎外背侧静脉丛的构成。　E

　　30　椎间静脉　V. intervertebralis.　背侧支的分支，进入椎间孔，连接椎外与椎内静脉丛。　E

31　肩胛背侧静脉　V. scapularis dorsalis.　参与椎外背侧静脉丛。　E

32　椎静脉　Vv. vertebrales.　伴随同名动脉。　EF

33　椎间静脉　Vv. intervertebrales.　穿过椎间孔及寰椎、枢椎的椎外侧孔，连接椎外及椎内静脉丛。　F

34　（与）枕静脉吻合支　Ramus anastomoticus cum v. occipitali.　在寰椎窝连接到枕静脉，也可见相同的吻合支出现于枢椎水平。　F

35　降支　Ramus descendens.　向背侧从翼孔穿出，并分支。　F

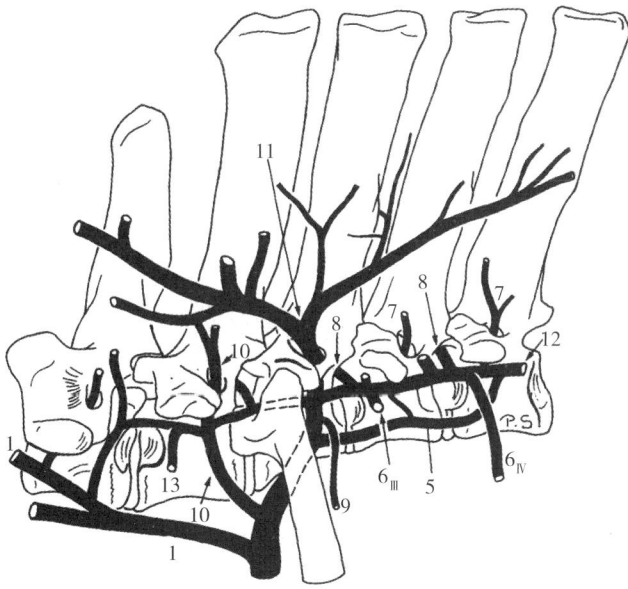

A　静脉与C7至T4椎骨的关系，左侧观（猪）

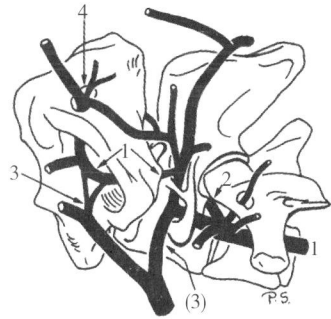

B　静脉与C1~3椎骨的关系，左侧观（猪）

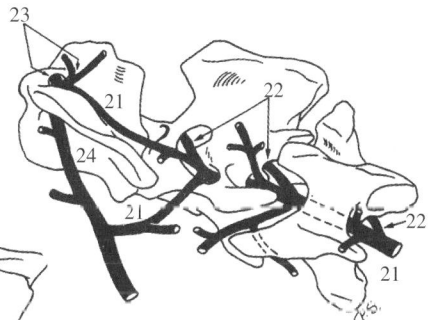

C　静脉与C6至T4椎骨的关系，左外侧观（牛）

D　静脉与C1~3椎骨的关系，左外侧观（牛）

E　静脉与T1~5椎骨的关系，左外侧观（马）

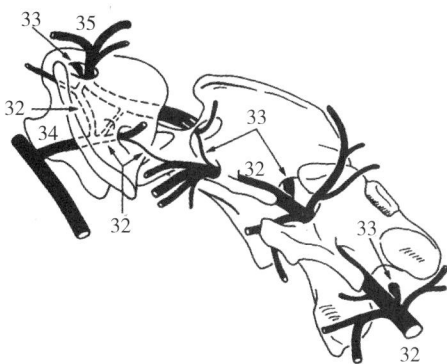

F　静脉与C1~3椎骨的关系，左外侧观（马）

通用名词　TERMINI COMMUNES

1 胸廓内静脉　V. thoracica interna.　在猫和多数犬，两侧的胸廓内静脉常起自一个干，犬的左侧者尚可起自左臂头静脉。然后各自沿同名动脉延伸。　AB

2 心包膈静脉　V. pericardiacophrenica.　到心包和膈的不太明确的静脉。

3 胸腺静脉　Vv. thymicae.　到胸腺的胸叶，起源和发达程度不定。

4 纵隔静脉　Vv. mediastinales.　到纵隔。　A

5 穿静脉　Vv. perforantes.　穿过肋间肌。　A

6 肋间腹侧静脉　Vv. intercostales ventrales.　具有不同的起源，向背侧沿前6（牛）、前7（猫、马）或前8（犬、猪、绵羊、山羊）肋间隙延伸，猪缺第1肋间腹侧静脉，猪、绵羊和山羊有时可见于第9肋间隙。　A

7 肌膈静脉　V. musculophrenica.　向后背侧，进入膈的胸骨部（猪、绵羊、山羊）或穿过膈继续沿膈的肋部的腹腔面延伸（肉食动物、牛、马）。　A

8 肋间腹侧静脉　Vv. intercostales ventrales.　由肌膈静脉发出，在中部的肋间隙延伸。　A

9 腹壁前静脉　V. epigastrica cranialis.　伴随同名动脉。　A

10 腹壁前浅静脉［腹皮下静脉］（肉食动物、猪、反刍动物）　V. epigastrica cranialis superficialis [V. subcutanea abdominis].　在腹底壁的皮下延伸，并以对接的方式与腹壁后浅静脉吻合。在马，该静脉起自胸廓浅静脉。　A，另见364页29条

11 膈支（反刍动物）Rami phrenici.　到膈的肋部，起自腹壁前静脉。　A

12 **臂头静脉　V. BRACHIOCEPHALICA.**　在肉食动物和猪，为前腔静脉成对的分支，在大部分猪是双支，部分山羊也是双支。它发出锁骨下静脉和颈外静脉。　B，以及341页A

13 甲状腺后静脉　V. thyroidea [thyreoidea] caudalis.　肉食动物不成对的静脉，沿气管腹侧面延伸向甲状腺。　B

14 左肋颈静脉（肉食动物）V. costocervicalis sinistra.　收集大部分左侧胸腔前部大静脉的静脉干。　B

15 **双颈（静脉）干　TRUNCUS BIJUGULARIS.**　前腔静脉不成对的直接延续，见于反刍动物、马，偶见于猪，在锁骨下静脉之前。A（双颈静脉干在第5版N.A.V.是被省略的，这一名词原先的含义是前腔静脉之前的一段静脉干。）

16 **颈内静脉　V. JUGULARIS INTERNA.**　见于肉食动物、猪、牛和大部分马。在肉食动物、猪、部分牛和大部分马，它起自颈外静脉，而在大部分牛和部分马，它起自前腔静脉的前端。绵羊和山羊缺如。本条所指之颈内静脉是作为颈外静脉的分支。当颈内静脉出现于马时，就不含有下列分支。　ABC，以及341页A

17 甲状腺中静脉　V. thyroidea [thyreoidea] media.　不恒定，进入甲状腺后极。　B

18 甲状腺前静脉　V. thyroidea [thyreoidea] cranialis.　起点多变，进入甲状腺前极。　B

19 环甲静脉　V. cricothyroidea [-thyreoidea].　到环甲肌。　B

20 喉后支　Ramus laryngeus caudalis.　供应喉的后部。　B

21 喉后（静脉）弓（肉食动物）　Arcus laryngeus caudalis.　位于左、右喉后支之间的横向连接支，在喉腹侧面。　B

22 喉前静脉（牛）　V. laryngea cranialis.　在甲状软骨和环状软骨间进入喉。

23 枕静脉（猫、猪、反刍动物）　V. occipitalis.　起于颈外静脉（绵羊、山羊，有时有牛），走向寰椎窝。　C

24 咽升静脉（牛）　V. pharyngea ascendens.　到咽背侧壁。

25 茎乳静脉（猪）　V. stylomastoidea.　进入茎乳孔。

26 枕支　Ramus occipitalis.　到枕区。　C

27 颈外动脉伴行静脉（肉食动物、猪）　V. comitans a. carotidis externae.　沿颈外动脉延伸。　C

28 喉前静脉（猪）V. laryngea cranialis.　进入喉。

29 咽静脉　V. pharyngea.　到咽静脉丛。　C

30 舌动脉伴行静脉　V. comitans a. lingualis.　伴随舌动脉，并加入舌静脉。　C

31 腭静脉（猫、猪）V. palatina.　沿翼内肌内表面延伸，供应硬腭。　C

32 腭（静脉）丛　Plexus palatinus.　在硬腭内的静脉丛。　C

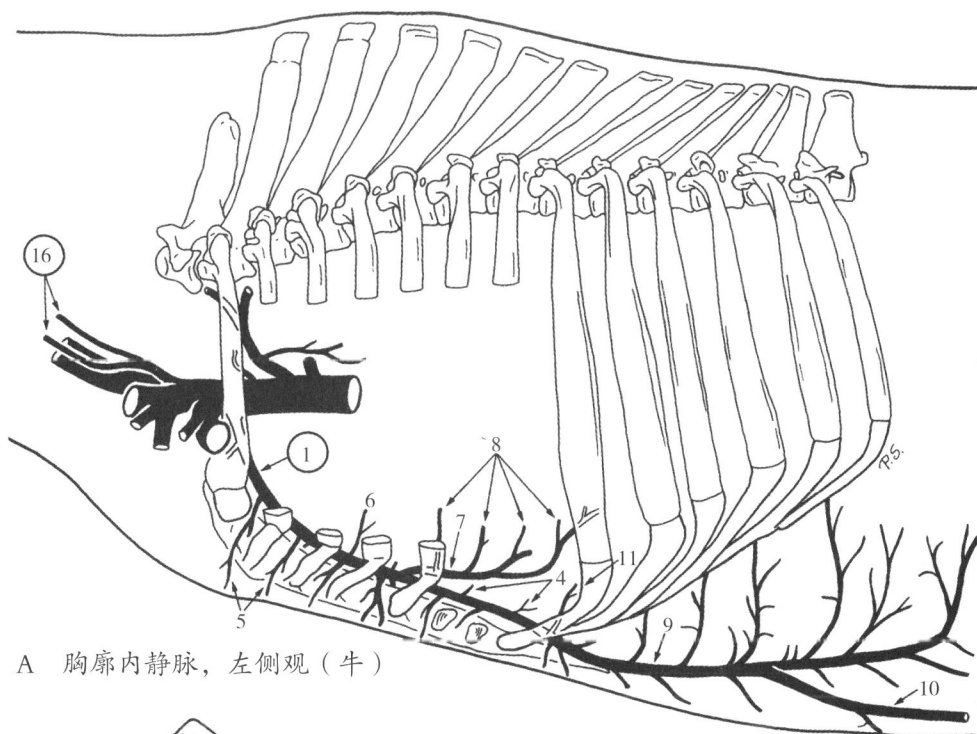

A　胸廓内静脉，左侧观（牛）

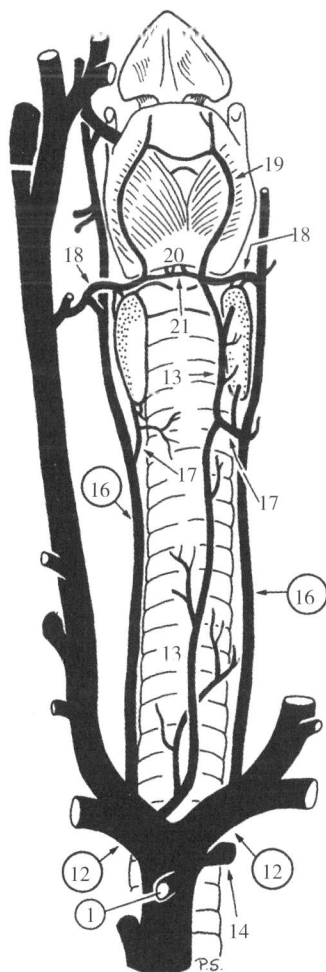

B　喉和气管的静脉，腹侧观（犬）

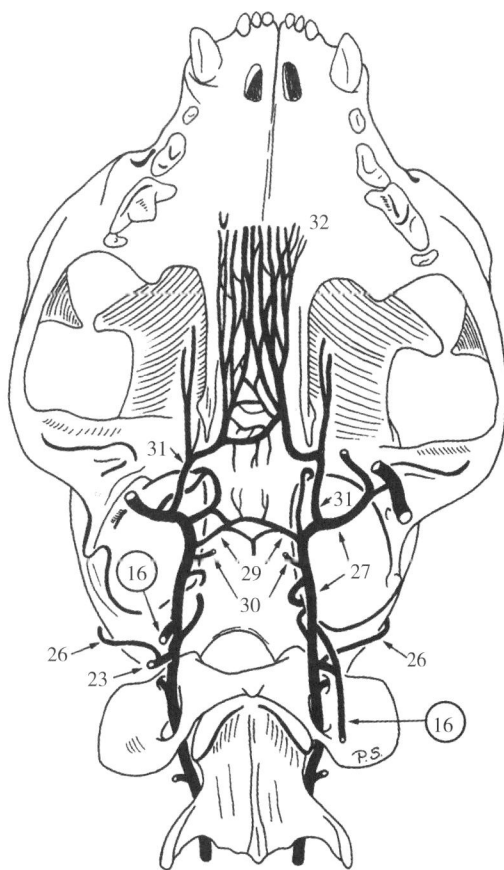

C　颈内静脉，下颌骨已去除，腹侧观（猫）

1 **颈外静脉　V. JUGULARIS EXTERNA.** 颈部重要的浅静脉，起自臂头静脉干（肉食动物，以及部分猪、山羊），前腔静脉（绵羊），或有蹄类的双颈静脉干（除某些猪、绵羊和山羊），沿颈静脉沟延伸，然后分支为舌面静脉和上颌静脉。 AB，以及341页A

2 **颈浅静脉** V. cervicalis superficialis. 伴随同名动脉。 AB，以及341页A

3 **升支** Ramus ascendens. 起自颈浅静脉，伴随颈浅动脉的升支。 AB

4 **耳支（猪）** Ramus auricularis. 与耳后静脉相吻合。

5 **肩胛上静脉（肉食动物）** V. suprascapularis. 伴随肩胛上神经。 A

6 **肩胛上支（反刍动物）** Ramus suprascapularis. 伴随同名动脉。 B

7 **肩峰支** Ramus acromialis. 伴随同名动脉。 B

8 **肩峰支（肉食动物、猪）** Ramus acromialis. 伴随相应动脉。 A

9 **肩胛前支** Ramus prescapularis [prae-]. 伴随同名动脉。 AB

10 **头静脉** V. cephalica. 颈外静脉的分支（犬、有蹄类）或颈浅静脉的分支（猫），沿胸外侧沟（在犬，还沿臂头肌的后内侧延伸），进而沿腕桡侧伸肌的内侧缘在皮下延伸，然后加入桡静脉而终止于腕的掌内侧面。 BD，以及341页A和365页E（基于实践的需要，一些解剖学家和临床医生将头静脉分为臂部和前臂部，类似于臂浅动脉延续为前臂浅动脉。）

11 **肘正中静脉** V. mediana cubiti. 向后远侧（肉食动物、猪、反刍动物）或后近侧（马）连接到臂静脉、正中静脉（牛、山羊）和（或）臂浅静脉（肉食动物），在肘区的前面。 D

12 **副头静脉** V. cephalica accessoria. 头静脉在皮下的分支，起于臂部中段（猪：第1根）、前臂部近段（马）、前臂中部稍偏远（肉食动物）或前臂部远段（猪：第2根以及反刍动物）。向远越过腕和掌部背内侧面。 CD

副头静脉——肉食动物，猪　CARNIVORA，SUS

13 **腕背侧支（肉食动物）** Ramus carpeus dorsalis. 为到腕背（静脉）网的分支，常为多支。 D

14 **指背侧第1~4（肉食动物），第2~4（猪）总静脉** Vv. digitales dorsales communes Ⅰ-Ⅳ（Car），Ⅱ-Ⅳ（su）. 沿指伸肌腱浅面延伸至相应掌指关节的外侧面，然后分支。 D

　15 **指背侧固有静脉** Vv. digitales dorsales propriae. 包括3对（猪）或4对（肉食动物）背侧静脉，起自指背侧总静脉。 D

16 **第5指背远轴侧静脉（犬）** V. digitalis dorsalis Ⅴ abaxialis. 伴随同名动脉。 D

副头静脉——反刍动物　RUMINANTIA

17 **指背侧第2总静脉** V. digitalis dorsalis communis Ⅱ. 向远内侧越过掌中部，加入远掌深（静脉）弓或指掌侧第2总静脉（牛）。 C

18 **指背侧第3总静脉** V. digitalis dorsalis communis Ⅲ. 为副头静脉的直接延续。 C

　19 **指背侧固有静脉** Vv. digitales dorsales propriae. 一对背侧浅层的轴侧静脉，沿指总伸肌腱延伸。 C

　　20 **近指节背侧支** Ramus dorsalis phalangis proximalis. 指背侧第3总静脉（牛）的分支，向远轴侧越过近指节的背侧面。 C

　　21 **中指节背侧支** Ramus dorsalis phalangis mediae. 指背侧固有静脉的分支，在蹄冠沟内向远轴侧延伸。 C

　　22 **蹄冠静脉** V. coronalis. 指背侧固有静脉的浅支，在蹄的远轴侧冠沟内延伸。 C

　　　22a 蹄（静脉）丛 Plexus ungularis. 围绕远指节骨的壁面，也延伸到远指节骨的底面，因此有人建议称蹄真皮密网。

23 **指背侧第4总静脉** V. digitalis dorsalis communis Ⅳ. 不恒定，向背外侧越过掌中部，加入掌远深（静脉）弓或指掌侧第4总静脉（牛）。 C

通用名词　TERMINI COMMUNES

24 **肩胛臂静脉（犬）** V. omobrachialis. 向后远侧越过臂头肌和三角肌外侧面，加入腋臂静脉。 A，以及341页A和365页E

25 **甲状腺中静脉（绵羊、山羊）** V. thyroidea [thyreoidea] media. 向前延伸到甲状腺后极。 B

26 **甲状腺前静脉（绵羊、山羊）** V. thyroidea [thyreoidea] cranialis. 在甲状腺前极处分支。 B

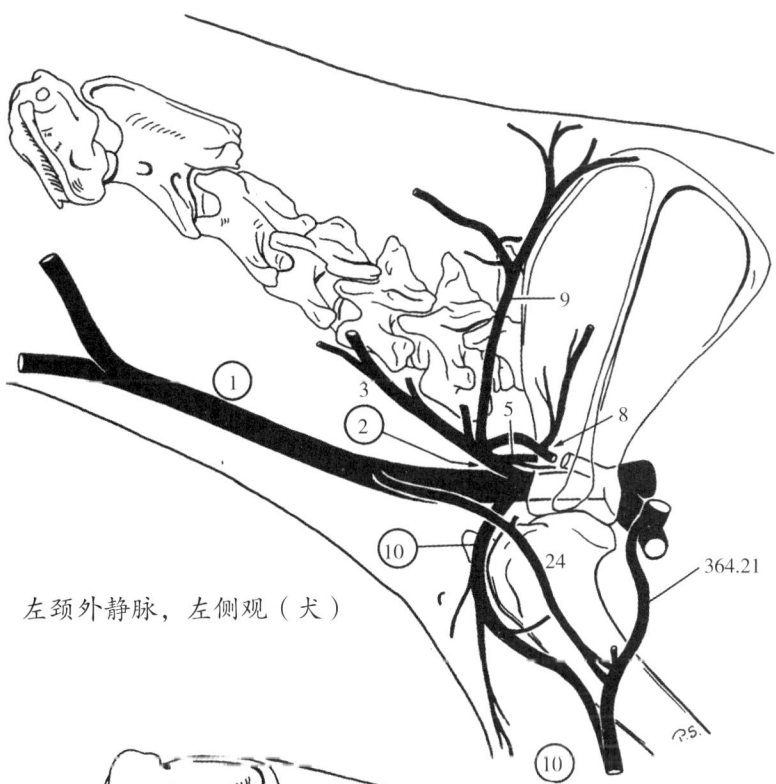

A　左颈外静脉，左侧观（犬）

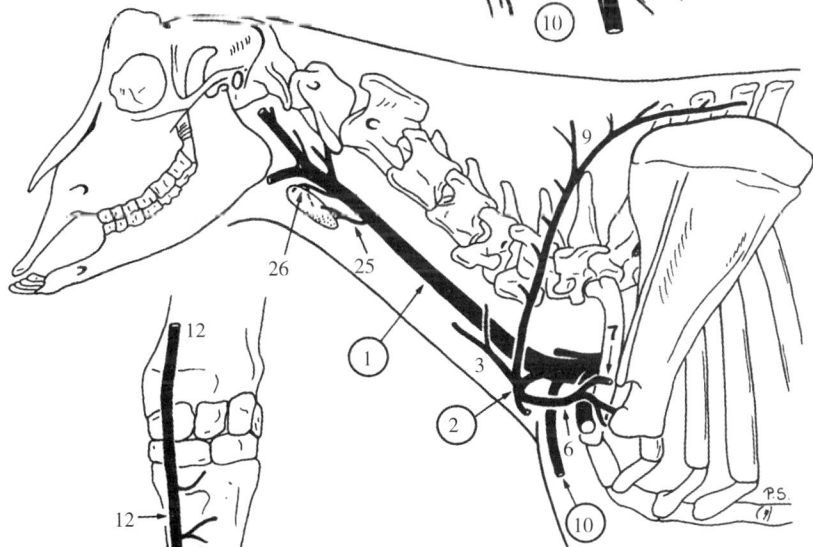

B　左颈外静脉，左侧观（山羊）

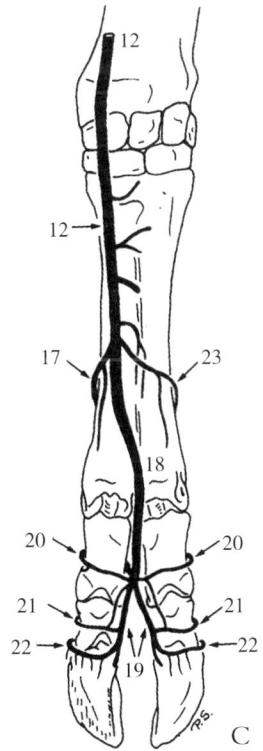

C　左副头静脉，背侧观（牛）

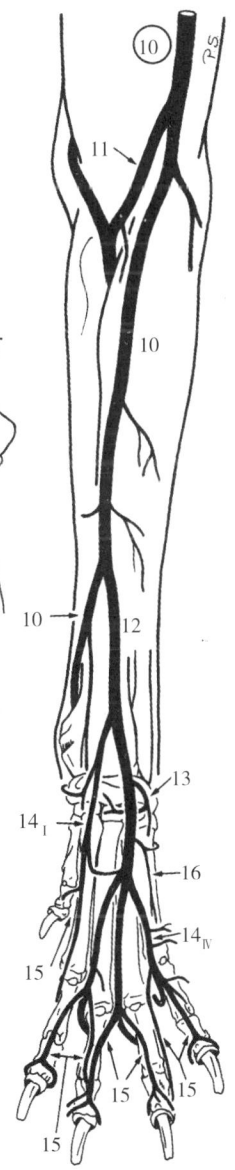

D　左头静脉，背侧观（犬）

1　舌面静脉　V. linguofacialis.　颈外静脉向前背侧（肉食动物）或前腹侧（有蹄类）发出的终支，作为舌静脉和面静脉的总干。　AB

舌面静脉——猫　FELIS

2　腺静脉　V. glandularis.　到下颌腺。　AC

3　舌骨（静脉）弓　Arcus hyoideus.　双侧舌面静脉的连接支。　ABC

4　喉奇静脉　V. laryngea impar.　分布于喉的不成对的静脉。　AB

5　舌奇静　V. lingualis impar.　不成对，进入舌。　ABC

  6　咽升静脉　V. pharyngea ascendens.　到咽壁。　BC

    7　咽（静脉）丛　Plexus pharyngeus.　咽壁内的静脉网。　BC

    8　喉前静脉　V. laryngea cranialis.　穿过甲状裂进入喉。　BC

    9　腭升静脉　V. palatina ascendens.　走向腭帆，分布到腭扁桃体。　BC

  10　舌支　Ramus lingualis.　到舌。　BC

    11　舌背静脉　Vv. dorsales linguae.　在舌内向背侧行。　BC

12　舌静脉　V. lingualis.　到舌。　ABC

13　颏下静脉　V. submentalis.　沿下颌体的腹内侧缘延伸。　BC

14　舌下静脉　V. sublingualis.　到口腔底。　BC

15　舌深静脉　V. profunda linguae.　伴随同名动脉。　BC

  16　舌背静脉　Vv. dorsales linguae.　舌深静脉的分支，在舌背分支。　BC

17　面静脉　V. facialis.　越过下颌骨外侧面，在面部浅层走向内侧眼角。　ABC

18　下唇静脉　V. labialis inferior.　走向下唇，常常以一浅支和一深支延伸。　AB

19　口角静脉　V. angularis oris.　走向口角。　A

20　面深静脉　V. profunda faciei.　起自面静脉，向背内侧到颧骨颞突的内侧面。　AB

  21　（与）颞浅静脉吻合支　Ramus anastomoticus cum v. temporali superficiali.　到颞浅静脉。　A

  22　（与）眼外腹侧静脉吻合支　Ramus anastomoticus cum v. ophthalmica externa ventrali.　穿过眶骨膜，加入眼外腹侧静脉。　A

  23　眶下支　Ramus infraorbitalis.　穿过眶下孔而延伸。　A

24　腭降静脉　V. palatina descendens.　在翼腭窝内分支。　AB

  25　腭小静脉　V. palatina minor.　到软腭。　B

  26　腭大静脉　V. palatina major.　参与形成腭（静脉）丛。　B

  27　蝶腭静脉　V. sphenopalatina.　伴随同名动脉。　B

28　上唇静脉　V. labialis superior.　伴随同名动脉。　A

29　下睑静脉　V. palpebralis inferior.　到下睑。　A

30　鼻外侧静脉　V. lateralis nasi.　到鼻外侧区。　A

31　鼻背静脉　V. dorsalis nasi.　到鼻背侧区。　A

32　眼角静脉　V. angularis oculi.　面静脉的直接延续，越过眶背内侧缘。　A

  33　额［滑车上］静脉　V. frontalis [supratrochlearis].　沿眶上缘延伸，与耳前静脉吻合。　A

  33a　上睑外侧静脉　V. palpebralis superior lateralis.　到上睑外侧部。　A

  34　上睑内侧静脉　V. palpebralis superior medialis.　到上睑内侧部。　A

  35　下睑内侧静脉　V. palpebralis inferior medialis.　到下睑内侧部。　A（该静脉在第5版N.A.V.中是被省略的。）

  36　（与）眼外背侧静脉吻合支　Ramus anastomoticus cum v. ophthalmica externa dorsali.　眼角静脉向眶内的直接延续，加入眼外背侧静脉。　A

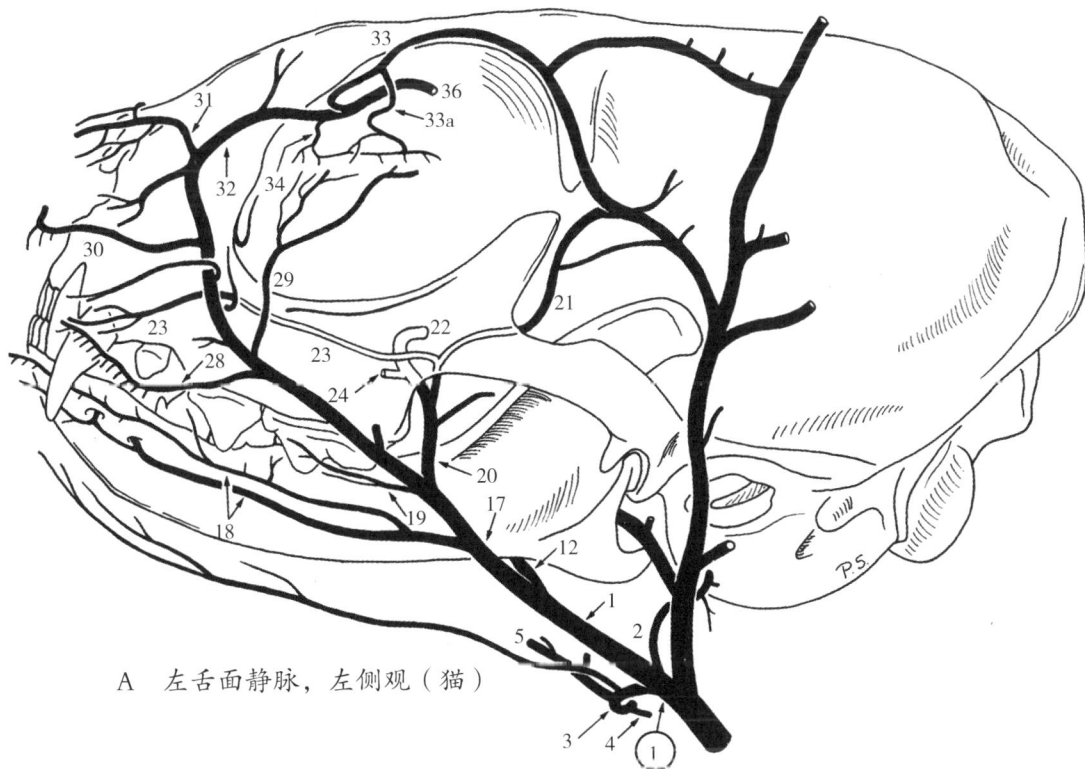

A 左舌面静脉，左侧观（猫）

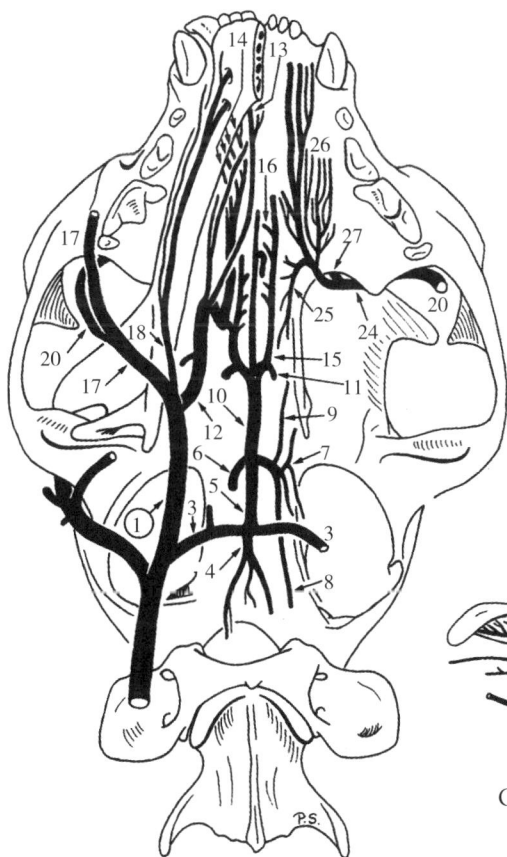

B 右舌面静脉和左腭降静脉，腹侧观（猫）

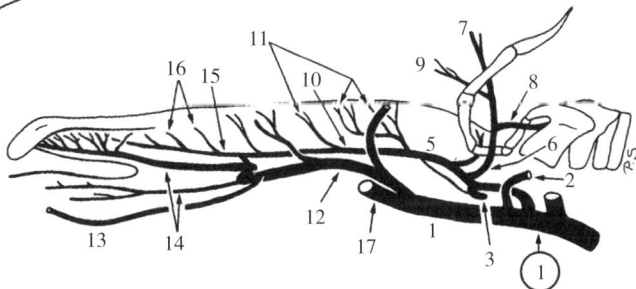

C 左舌静脉，左侧观（猫）

舌面静脉——犬　CANIS

1　舌静脉　V. lingualis.　进入舌内。　ABCD

2　腺静脉　V. glandularis.　到下颌腺。　A

3　咽升静脉　V. pharyngea ascendens.　到咽壁。　ABC

　　4　咽（静脉）丛　Plexus pharyngeus.　在咽壁内的静脉丛。　AB

　　5　喉前静脉　V. laryngea cranialis.　经甲状裂进入喉。　ABC

　　6　腭升静脉　V. palatina aseendens.　加入腭（静脉）丛。　ABC

7　舌骨（静脉）弓　Arcus hyoideus.　为两侧舌静脉之间的连接支，常为双支或多支。　ABC

　　8　喉奇静脉　V. laryngea impar.　不成对。　BC

　　9　颏下支　Ramus submentalis.　发达程度不一的不成对分支，越过下颌舌骨肌的腹侧面。　ABC

10　舌下静脉　V. sublingualis.　到口腔底。　ABC

　　11　舌腹侧浅静脉　V. superficialis ventralis linguae.　在舌尖腹侧黏膜内分支。　B

12　舌深静脉　V. profunda linguae.　伴随同名动脉。　BC

　　13　舌骨深（静脉）弓　Arcus hyoideus profundus.　位于两侧舌深静脉起始段之间的静脉弓，进入舌的深部。　BC

　　14　舌背静脉　Vv. dorsales linguae.　在舌背分支。　BC

15　面静脉　V. facialis.　越过下颌骨外面及面部，走向内眼角。　ACD

16　颏下静脉　V. submentalis.　沿下颌体腹内侧缘延伸。　AC

17　下唇静脉　V. labialis inferior.　进入下唇内。　AC

18　口角静脉　V. angularis oris.　走向口角。　A

19　面深静脉　V. profunda faciei.　向背内侧延伸，到颧骨颞突的内侧面。　AD

　　20　（与）颞浅静脉吻合支　Ramus anastomoticus cum v. temporali superficiali.　到颞浅静脉。　AD

　　　　21　颧腺支　Rami glandulares zygomatici.　颞浅静脉吻合支或面深静脉的分支，分布于颧腺。　A

　　　　22　齿支　Rami dentales.　起于颞浅静脉吻合支，常以一总干起始。穿过上颌管壁的小孔而分布于上列臼齿。　AD

　　23　（与）眼外腹侧静脉吻合支　Ramus anastomoticus cum v. ophthalmica externa ventralis.　向背内侧延伸，穿通眶骨膜，加入眼外腹侧静脉。　AD

　　24　眶下静脉　V. infraorbitalis.　伴随同名动脉。　AD

　　　　25　颧静脉　V. malaris.　眶下静脉或眼外腹侧静脉吻合支的分支，到眶的腹内侧缘。　A

　　26　腭降静脉　V. palatina descendens.　在翼腭窝内分支。　AD

　　　　27　腭小静脉　V. palatina minor.　到软腭。　AD

　　　　28　腭大静脉　V. palatina major.　加入腭（静脉）丛。　AD

　　　　29　蝶腭静脉　V. sphenopalatina.　伴随同名动脉。　AD

30　上唇静脉　V. labialis superior.　伴随同名动脉。　AD

31　下睑静脉　V. palpebralis inferior.　到下睑。　AD

32　鼻外侧静脉　V. lateralis nasi.　到鼻外侧区。　AD

33　鼻背静脉　V. dorsalis nasi.　到鼻背。　AD

34　眼角静脉　V. angularis oculi.　为面静脉的直接延续，越过眶的背内侧缘。　AD

　　35　（与）眼外背侧静脉吻合支　Ramus anastomoticus cum v. ophthalmica externa dorsali.　穿过眶骨膜，延续到眼外背侧静脉。　AD

　　36　上睑内侧静脉　V. palpebralis superior medialis.　在上睑内分支。　A

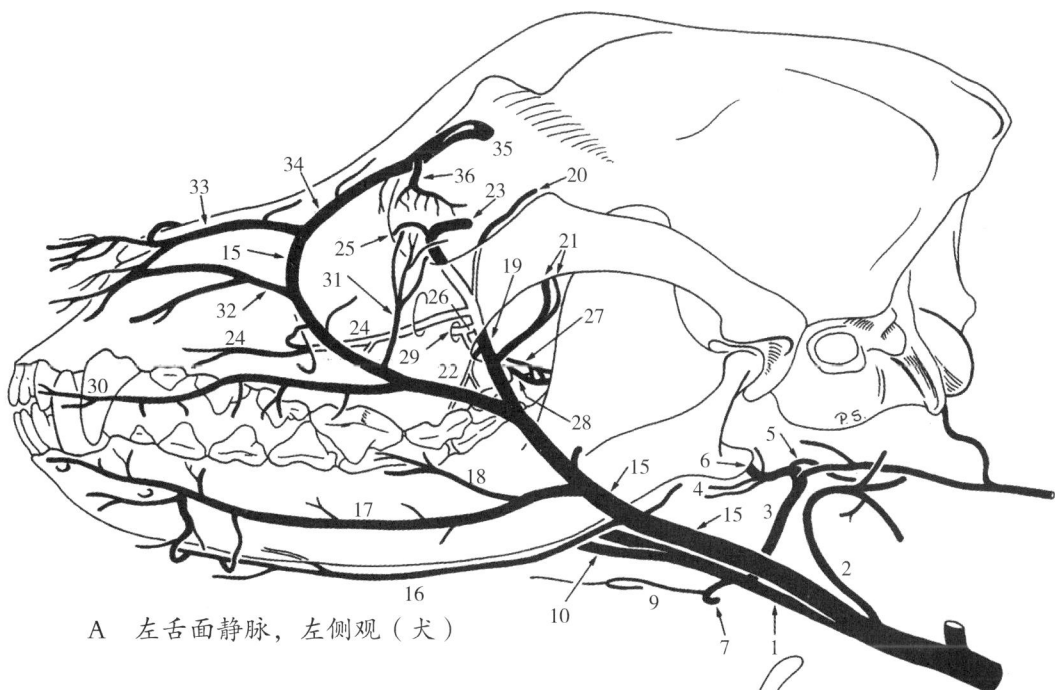

A 左舌面静脉，左侧观（犬）

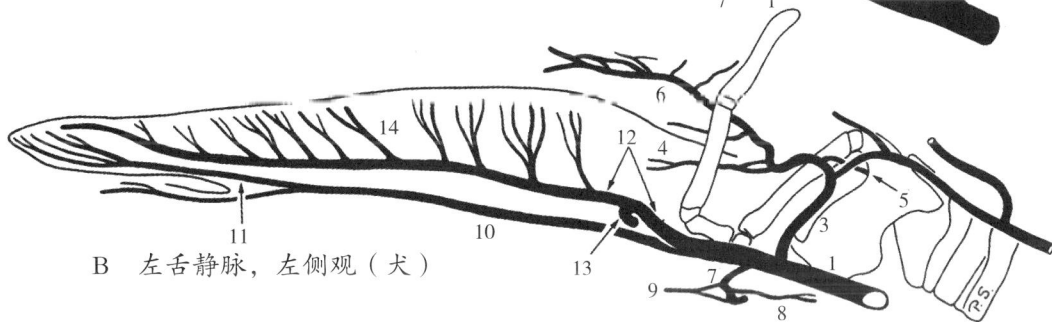

B 左舌静脉，左侧观（犬）

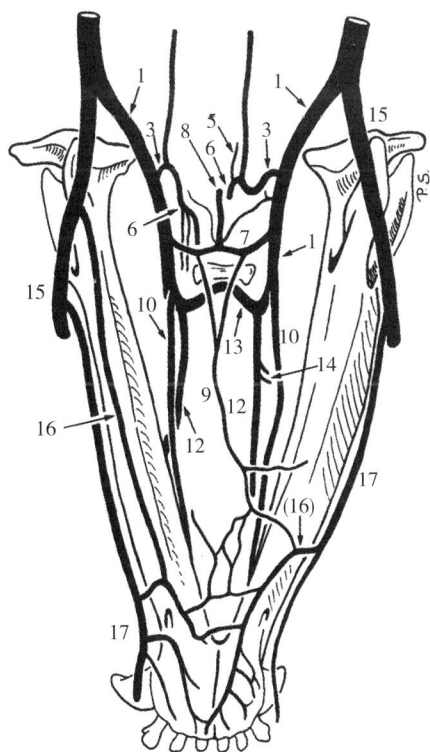

C 舌的静脉，腹侧观（犬）

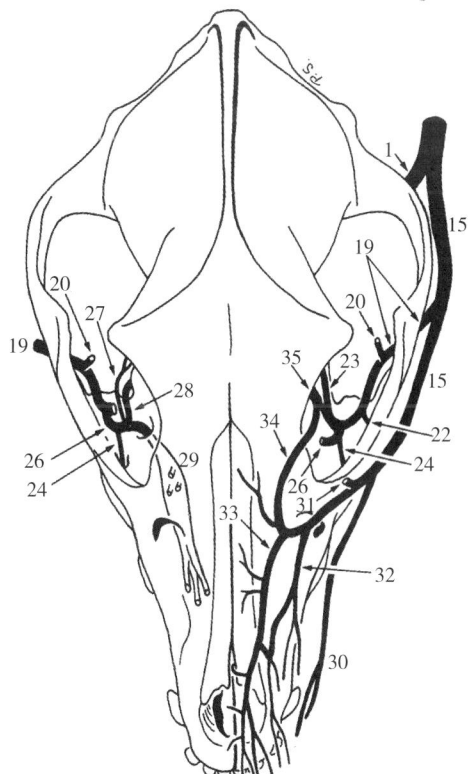

D 左侧面静脉和右侧面深静脉，背侧观（犬）

舌面静脉——猪，反刍动物，马　SUS，RUMINATIA，EQUUS

1　腺静脉　Vv. glandulares.　到下颌腺。　AB

2　喉前静脉（绵羊）　V. laryngea cranialis.　经甲状软骨孔进入喉。

3　舌静脉　V. lingualis.　走向舌，在猪加入舌动脉伴行静脉，沿茎突舌肌内侧面延伸或穿过下颌舌骨肌（山羊、马）。　ABC

4　舌骨（静脉）弓（猪、反刍动物）　Arcus hyoideus.　为两侧舌静脉之间横向的吻合支，沿颏舌骨肌腹后面行走（猪）或深入舌内（反刍动物）。　B

5　舌下静脉　V. sublingualis.　沿下颌舌骨肌背内侧到口腔底。　B

6　咽升静脉（猪）　V. pharyngea ascendens.　到咽壁。　B

7　咽（静脉）丛　Plexus pharyngeus.　位于咽壁的静脉网，其血液导出到咽升静脉和咽静脉。　B

8　颏下静脉（猪、绵羊、山羊、马）　V. submentalis.　沿下颌舌骨肌的腹外侧面走向颏。在猪则为一条沿颏舌骨肌外侧面走向颏内侧孔的静脉。　B

9　舌深静脉　V. profunda linguae.　沿舌骨舌肌的内侧面走向舌尖。　B

10　舌背静脉　Vv. dorsales linguae.　在舌背分支。　B

11　面静脉　V. facialis.　越过面血管切迹，继续在咬肌前缘延伸。　ABC

12　颏下静脉（牛）　V. submentalis.　沿下颌舌骨肌的腹外侧面走向颏部。　A

13　下唇静脉（猪、马）　V. labialis inferior.　到下唇。　C（这些静脉具有种属特异性的，没有在第5版N.A.V.中详细列出，但须知，它们仅见于猪和马。）

14　下唇静脉（反刍动物）　Vv. labiales inferiores.　单支（绵羊、山羊）或以深支和浅支进入下唇。　A

15　口角静脉　V. angularis oris.　不恒定。　A

16　口角静脉（马）　V. angularis oris.　起点多变的面静脉的分支，到口角。　C

17　上唇静脉（马）　V. labialis superior.　到上唇。　C

18　面深静脉　V. profunda faciei.　先在咬肌内侧面延伸，再转到上颌结节后面，走向翼腭窝。　ABC

19　面深静脉丛（反刍动物）　Plexus v. profundae faciei.　位于咬肌内侧面的面深静脉的相互吻合的分支。　A

20　面深静脉窦（马）　Sinus v. profundae faciei.　面深静脉的长梭状膨大部。　C

21　眼外腹侧静脉　V. ophthalmica externa ventralis.　面深静脉向眼静脉窦（猪）或眼静脉丛（马）的延续。　B

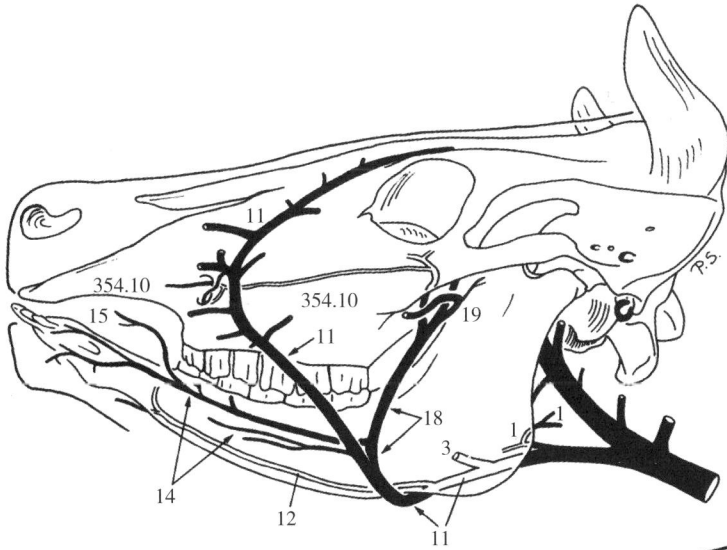

A 头部静脉，左外侧观（牛）

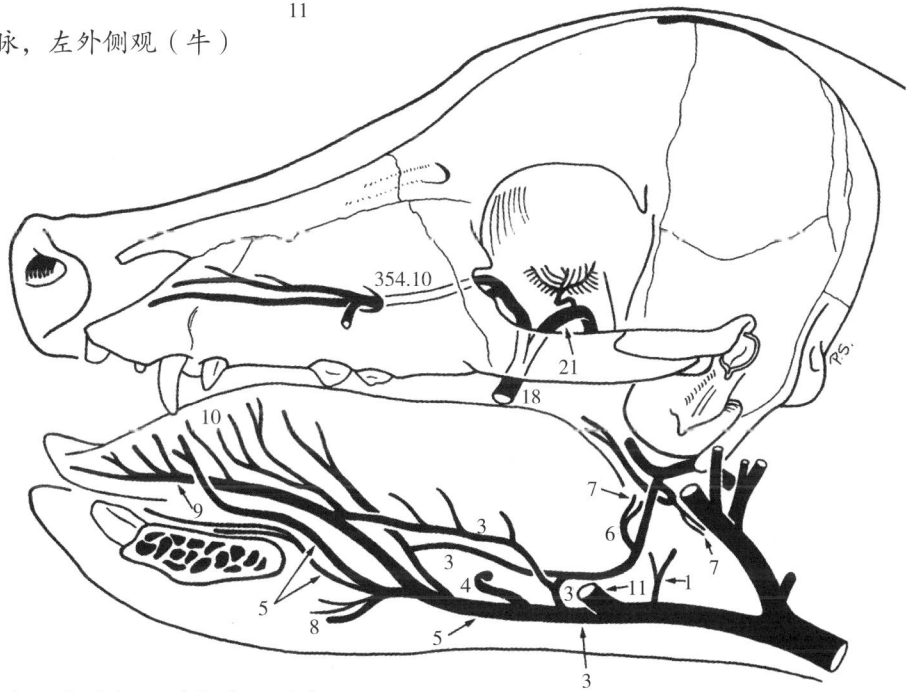

B 头部静脉，左外侧观（新生仔猪）

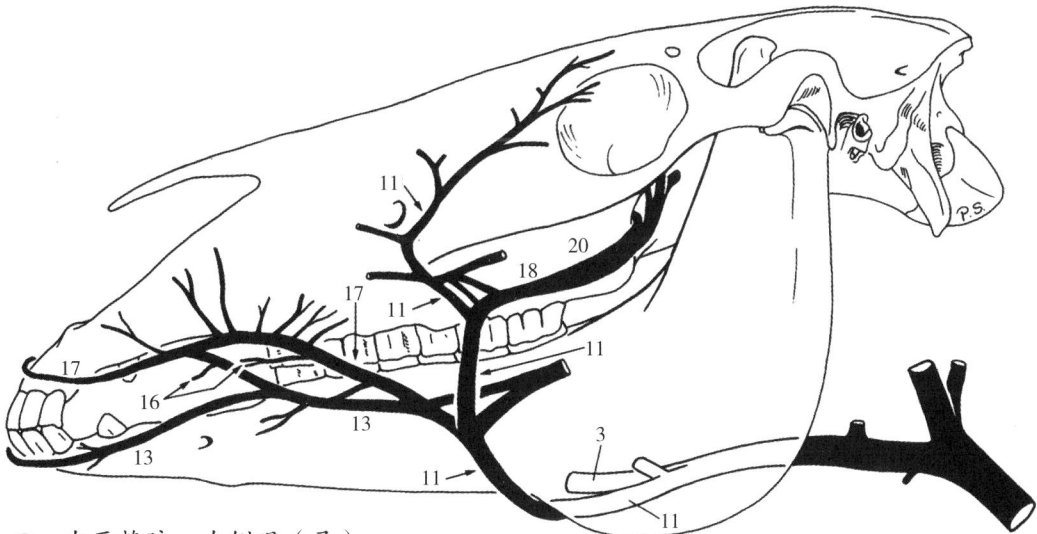

C 左面静脉，左侧观（马）

1　眼（静脉）窦（猪）Sinus ophthalmicus.　在马为眼（静脉）丛。在猪和马分别为眼眶内的静脉膨大和静脉网。　A

2　涡静脉　Vv. vorticosae.　指4条在脉络膜内分支的静脉。　AB

3　睫状静脉　Vv. ciliares.　涡静脉的前支，到睫状体。　B

4　结膜静脉　Vv. conjunctivales.　到结膜。　A

5　泪腺静脉　V. lacrimalis.　到泪腺。　A

6　筛外静脉　V. ethmoidalis externa.　进入筛孔。　A

7　颧静脉　V. malaris.　起自眼丛（马）、眼外腹侧静脉（猪），走向内眼角。　A

8　眼外背侧静脉　V. ophthalmica externa dorsalis.　在上斜肌和上睑提肌之间延伸。　A

9　眶上静脉　V. supraorbitalis.　位于眶的背内侧，穿过眶上孔而离开眶。在猪，与面静脉有吻合。　A

10　眶下静脉　V. infraorbitalis.　起自面静脉，穿过眶下孔。在反刍动物起于腭降静脉。　353页　AB

11　腭降静脉　V. palatina descendens.　面深静脉在翼腭窝内的直接延续。　D

12　腭小静脉　V. palatina minor.　到软腭，不恒定。

13　腭大静脉　V. palatina major.　起自腭降静脉，越过上颌体的翼腭面（猪、牛、马）或穿过腭大管（绵羊、山羊）到硬腭。　A

14　蝶腭静脉　V. sphenopalatina.　起于腭降静脉，穿过蝶腭孔进入鼻腔。　A

15　上唇静脉（猪）V. labialis superior.　到上唇。　C

16　口角静脉　V. angularis oris.　到口角，有1~2支下唇静脉的分支作补充。　C

17　上唇静脉（反刍动物）Vv. labialis superior.　为到上唇的浅和深静脉。　D

18　鼻外侧静脉　V. lateralis nasi.　在鼻外侧区，发达程度参差不齐。　CD

19　鼻背静脉（反刍动物）Vv. dorsales nasi.　在鼻背侧区，发达程度参差不齐。　D

20　下睑内侧静脉（猪、反刍动物）V. palpebralis inferior medialis.　进入下睑内侧部，在牛常起自眼角静脉。　CD

21　鼻背静脉（猪、马）V. dorsalis nasi.　在鼻背侧区分支。　C

22　眼角静脉　V. angularis oculi.　面静脉的直接延续，走向内眼角。　CD

23　上睑内侧静脉　V. palpebralis superior medialis.　到上睑内侧部。　CD

24　（与）眼外背侧静脉吻合支（猪）Ramus anastomoticus cum v. ophthalmica externa dorsali.　眼角静脉分出的与眼外背侧静脉的吻合支。　C

25　额［滑车上］静脉（反刍动物）V. frontalis [supratrochlearis].　沿眼眶上缘延伸，在额区分布。　D

26　下睑内侧静脉（马）V. palpebralis inferior medialis.　到下睑内侧部。　A

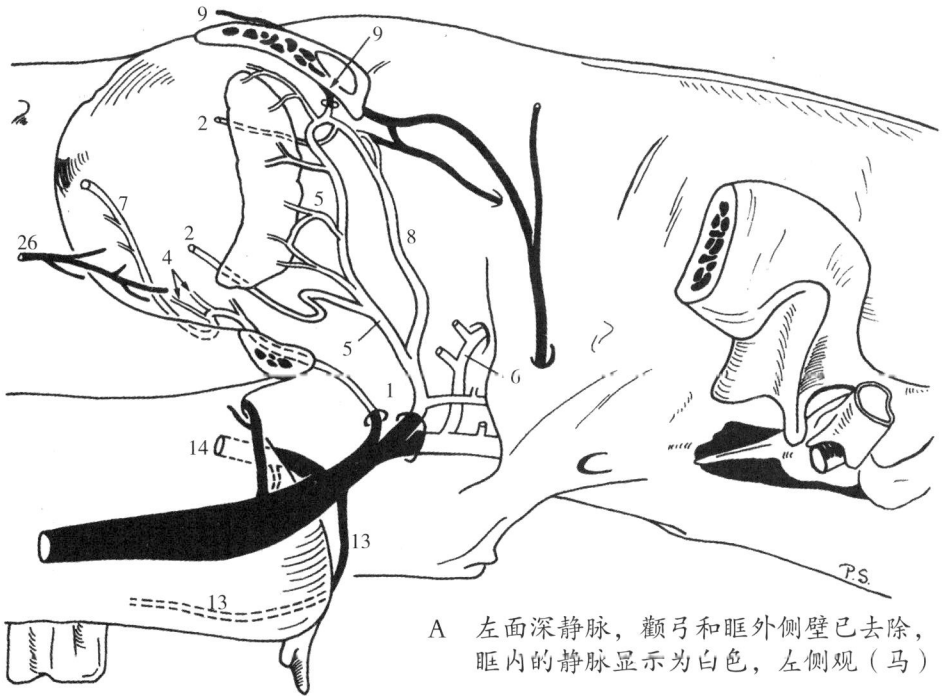

A 左面深静脉，颧弓和眶外侧壁已去除，眶内的静脉显示为白色，左侧观（马）

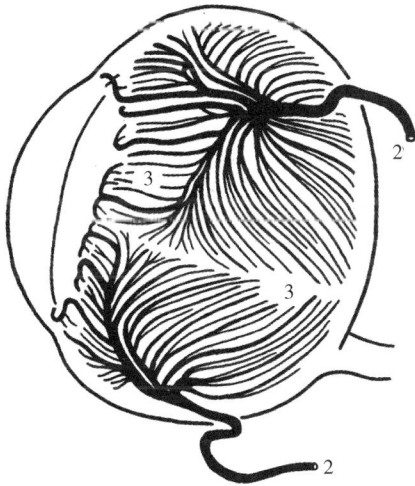

B 左眼球的静脉，外侧观（马）

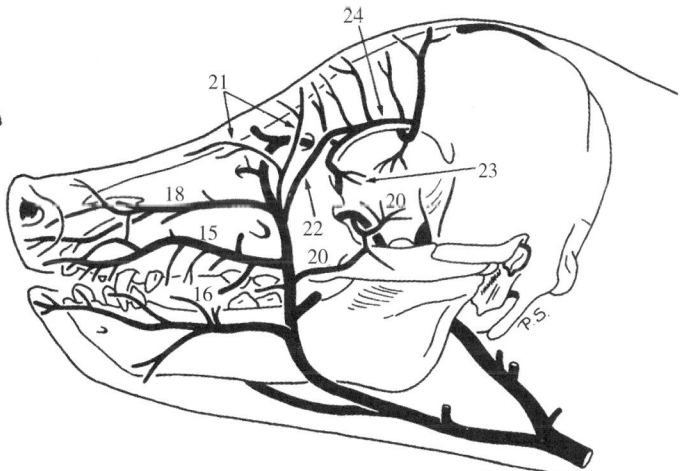

C 头部左侧的静脉，左侧观（新生小猪）

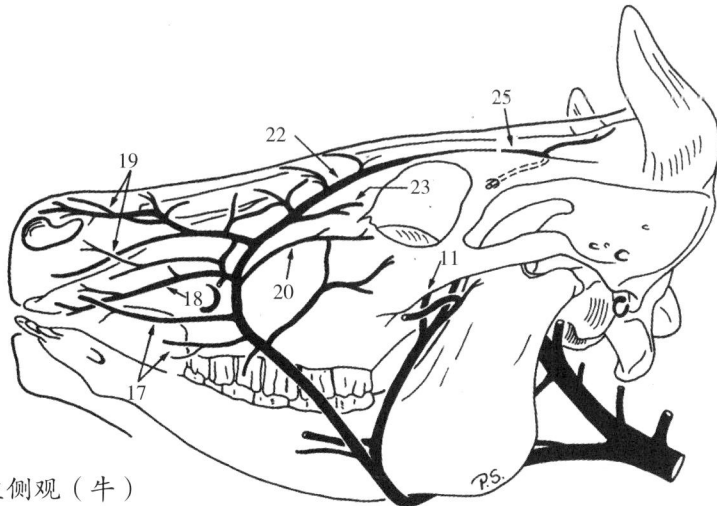

D 左面静脉，左侧观（牛）

通用名词　TERMINUS COMMUNIS

1　上颌静脉　V. maxillaris. 颈外静脉的终支，在颞下颌关节腹侧延伸，然后在翼肌背外侧面向前延伸。 ABD（其中上颌静脉的腹侧部（起始部）常被称为"下颌后静脉"，巴隆（Barone）教授的这一观点常被脉管学分会的专家们所讨论，但始终未被接受。但是不知何故，该观点显然受到了位于里约热内卢的世界兽医解剖学家协会的认同和支持，尽管如此，我们也从未将该名词引入列表中。）

上颌静脉——肉食动物，猪　CARNIVORA, SUS

2　胸锁乳突肌静脉　V. sternocleidomastoidea. 到胸头肌和锁头肌。在猪可能有两支。 BD

3　腺静脉（肉食动物）　V. glandularis. 到下颌腺（犬）。 B

4　耳后静脉　V. auricularis caudalis. 伴随同名动脉。 ABD

5　腮腺支　Rami parotidei. 到腮腺。 ABD

6　耳外侧静脉（犬、猪）　V. auricularis lateralis. 在耳背侧沿对耳屏缘延伸，在猪也可起于上颌静脉或颞浅静脉。 BD

7　耳中间静脉　V. auricularis intermedia. 沿耳背的中间延伸。 ABD

8　耳深静脉（犬、猪）　V. auricularis profunda. 沿颞肌表面延伸。 BD

9　茎乳静脉（犬）　V. stylomastoidea. 进入茎乳孔。 B

10　颞浅静脉　V. temporalis superficialis. 伴随同名动脉。 ABD

11　面横静脉（犬、猪）　V. transversa faciei. 沿颧弓的腹侧面延伸。 BD

12　下睑外侧静脉（猪）　V. palpebralis inferior lateralis. 面横静脉的分支，到下睑外侧部。 D

13　耳外侧静脉（猫）　V. auricularis lateralis. 在耳背面沿对耳屏缘延伸。 A

14　耳前静脉　V. auricularis rostralis. 在外耳的前方延伸。 ABD

15　耳内侧静脉　V. auricularis medialis. 在耳背面沿耳屏缘延伸。 ABD

16　（与）眼（静脉）丛吻合支（猫）　Ramus anastomoticus cum flexu ophthalmico. 加入眼（静脉）丛。A

17　上睑外侧静脉（猪）　V. palpebralis superior lateralis. 到上睑外侧部。 D

18　耳深静脉（猫）　V. auricularis profunda. 经颞浅静脉内侧越过，绕过耳基的后面，再分布于耳的肌肉和颞肌。 A

19　茎乳静脉　V. stylomastoidea. 进入茎乳孔。 A

20　翼（静脉）丛　Plexus pterygoideus. 一些静脉在翼肌后面的汇集，延续到上颌静脉。 AB

21　咬肌静脉　V. masseterica. 经下颌切迹到达咬肌。 B

22　颞下颌关节静脉　Vv. articulares temporomandibulares. 形成一围绕颞下颌关节的静脉网。 BD

23　腭静脉（犬）　V. palatina. 到软腭。 B

24　腭（静脉）丛　Plexus palatinus. 软腭内的静脉网。 B

25　下齿槽静脉　V. alveolaris inferior. 沿翼内侧肌与下颌支之间行进，进入下颌管。 AB

26　颊静脉（肉食动物）　V. buccalis. 到达颊，常由面静脉或下唇静脉分出。

27　颞深静脉　Vv. temporales profundae. 从颞下颌关节的前面进入颞肌。 A

28　翼肌静脉　Vv. pterygoideae. 进入翼肌。 AB

29　颊静脉（猪）　V. buccalis. 颊部的大静脉，与面静脉有吻合。 D

30　眶下静脉（猫）　V. infraorbitalis. 穿过眶下管。 A

31　眼（静脉）丛（肉食动物）　Plexus ophthalmicus. 眼眶腹后侧部内的静脉网。 AB

32　涡静脉　Vv. vorticosae. 穿过巩膜，分布于脉络膜前区。 AC

33　睫状静脉　Vv. ciliares. 涡静脉的分支，到睫状体。 C

34　结膜静脉　Vv. conjunctivales. 到结膜。 C

35　泪腺静脉　V. lacrimalis. 到泪腺。 A

36　筛外静脉　V. ethmoidalis externa. 经筛孔进入颅腔，在犬可能为双支并加入眼外背侧静脉。 B

37　眼外腹侧静脉　V. ophthalmica externa ventralis. 在眶的腹内侧部内延伸。在猫为双支。通过一个大吻合支与面深静脉连接。 ABC

38　眼外背侧静脉　V. ophthalmica externa dorsalis. 在眶的背内侧部内延伸，与眼角静脉和眼外腹侧静脉有吻合。 ABC

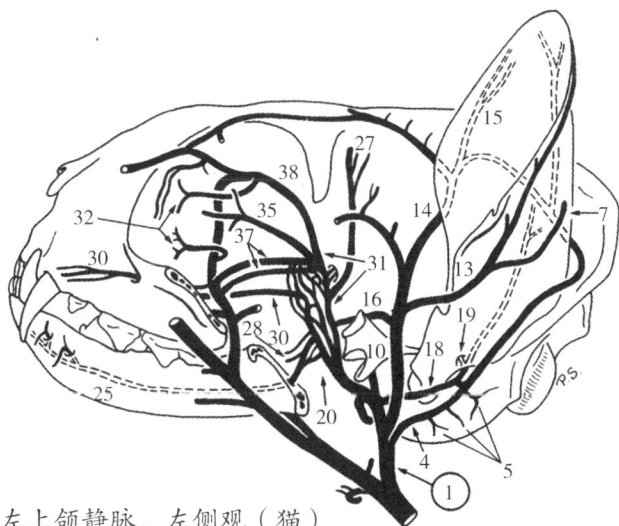

A 左上颌静脉，左侧观（猫）

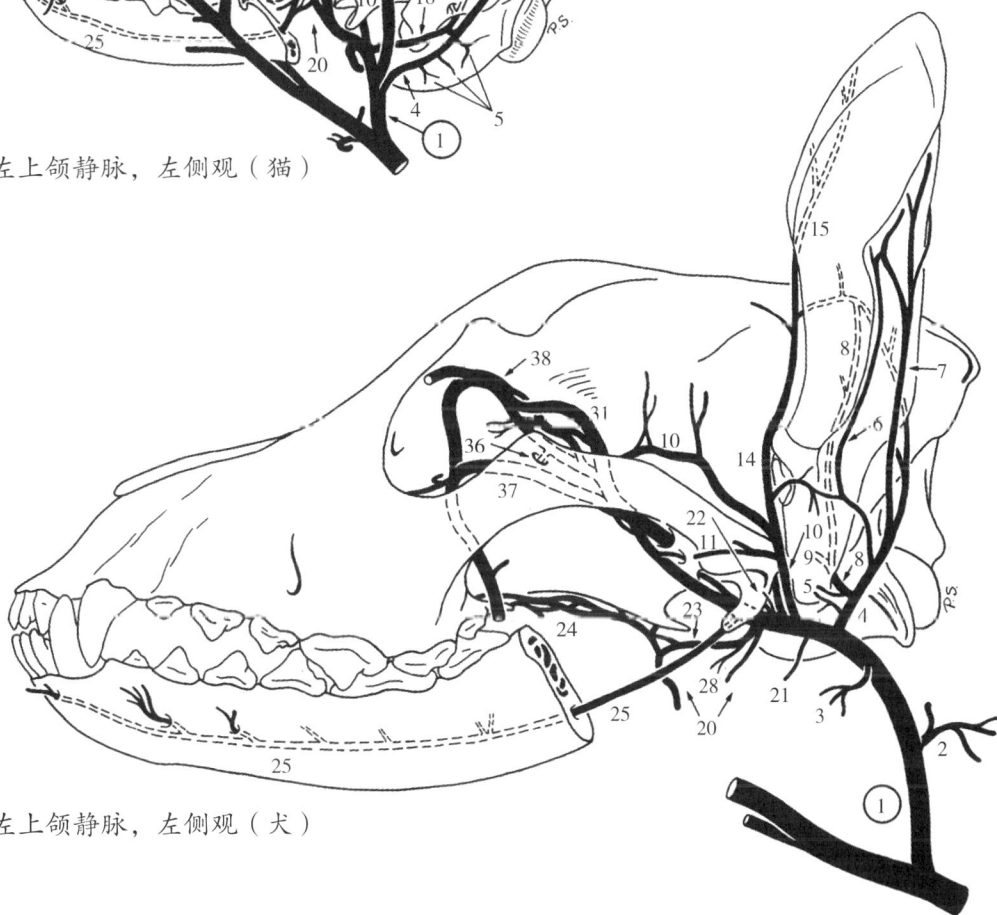

B 左上颌静脉，左侧观（犬）

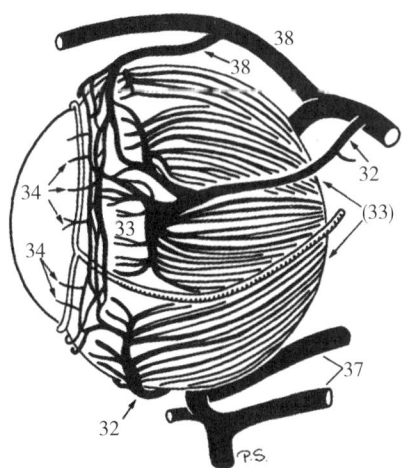

C 左眼球的静脉，外侧观（猫）

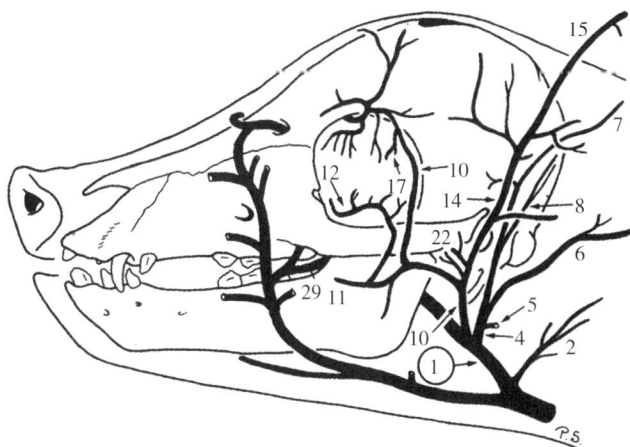

D 左上颌静脉，左侧观（新生小猪）

上颌静脉——反刍动物　RUMINANTIA

1　耳后静脉　V. auricularis caudalis.　走向耳基部。　A

2　腺静脉　Vv. glandulare.　到腮腺（反刍动物）和下颌腺（牛）。　A

3　茎乳静脉　V. stylomastoidea.　进入茎乳孔。　A

4　耳外侧静脉　V. auricularis lateralis.　在耳背面沿对耳屏缘延伸。　A

5　耳中间静脉　V. auricularis intermedia.　在耳背的中间延伸。　A

6　耳深静脉　V. auricularis profunda.　分为许多肌支。　A

7　咬肌腹侧静脉　V. masseterica ventralis.　到咬肌。　AB

8　颞浅静脉　V. temporalis superficialis.　越过颧弓进入颞肌。　AB

9　耳前静脉　V. auricularis rostralis.　来自颞浅静脉，越过盾状软骨到枕区。　A

10　耳内侧静脉　V. auricularis medialis.　在耳背面沿耳屏缘延伸。　A

11　面横静脉　V. transversa faciei.　伴随同名动脉。　A

12　下睑外侧静脉　V. palpebralis inferior lateralis.　到下睑的外侧部，起自颞浅静脉；在牛，有一咬肌静脉的分支相伴或取代下睑外侧静脉。　A

13　上睑外侧静脉　V. palpebralis superior lateralis.　进入上睑外侧部。　A

14　角静脉　V. cornualis.　沿颞线至角基部。　A

15　眼外背侧静脉　V. ophthalmica externa dorsalis.　起自颞浅静脉，穿过眶骨膜，继续沿外直肌的背缘延伸。　AB

16　眼（静脉）丛　Plexus ophthalmicus.　位于眶骨膜深侧的静脉网。　B

17　涡静脉　Vv. vorticosae.　四条起自眼静脉丛的静脉，穿过巩膜，分布于脉络膜。　BC

18　睫状静脉　Vv. ciliares.　涡静脉向前的分支，分布于睫状体。　C

19　结膜静脉　Vv. conjunctivales.　眼静脉丛到结膜的分支。

20　泪腺静脉　V. lacrimalis.　眼静脉丛到泪腺的分支。　B

21　筛外静脉　V. ethmoidalis externa.　穿过筛孔，进而穿过筛板进入鼻腔。　B

22　眶上静脉　V. supraorbitalis.　眼静脉丛的分支，穿过眶上管与额静脉吻合。　B

23　颧静脉　V. malaris.　眼静脉丛到内眼角的分支。　B

24　第3睑静脉　V. palpebrae tertiae.　颧静脉的分支，到第3睑。常有多支。　B

25　翼（静脉）丛　Plexus pterygoideus.　位于翼肌后外侧面的静脉网。　B

26　腭静脉　Vv. palatinae.　到软腭。　B

27　腭（静脉）丛　Plexus palatinus.　围绕腭扁桃体并深入软腭内的静脉网。　B

28　咽静脉　Vv. pharyngeae.　在咽壁内分支。　B

29　下齿槽静脉　V. alveolaris inferior.　进入下颌管。　B

30　颏静脉　V. mentalis.　从颏孔穿出，分布于颏部。　A

31　颞深静脉　V. temporalis profunda.　越过颞下颌关节的前面，进入颞肌。　B

32　咬肌静脉　V. masseterica.　穿过下颌切迹到咬肌。　AB

33　颞下颌关节静脉　Vv. articulares temporomandibulares.　到颞下颌关节。　AB

34　颊静脉　V. buccalis.　到颊部。　B

35　翼肌静脉　V. pterygoideae.　到翼肌。　B

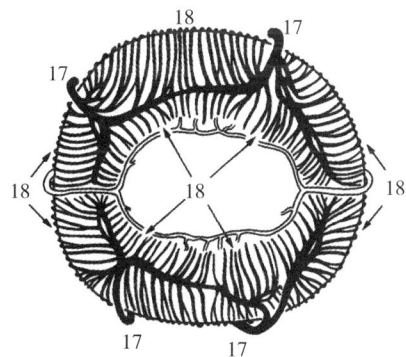

C　左眼球的静脉，前面观（绵羊）

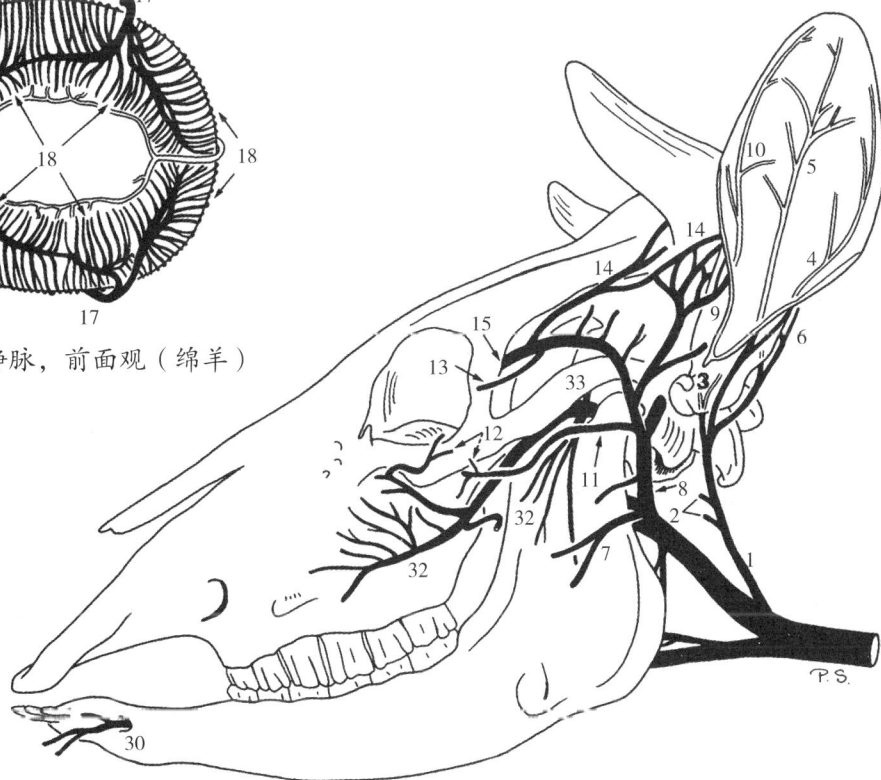

A　头部的静脉，左外侧观（牛）

B　左上颌静脉的分支，左侧观（牛）

上颌静脉——马 EQUUS

1 甲状腺前静脉 V. thyroidea [thryreoidea] cranialis. 围绕甲状腺前极弯曲。 B

2 （甲状腺中静脉）（V. thyroidea [thyreoidea] media）. 不恒定，进入甲状腺中部。 B

3 咽升静脉 V. pharyngea ascendens. 进入咽肌。 B

    4 咽（静脉）丛 plexus pharyngeus. 围绕在咽周围的静脉网。 B

5 环甲静脉 V. cricothyroidea [-thyreoidea]. 到环甲肌。 B

6 喉后支 Ramus laryngeus caudalis. 在甲状软骨和环状软骨之间进入喉，与喉后神经平行。 B

7 枕静脉 V. occipitalis. 走向寰椎窝，接受椎静脉的吻合支，继续沿髁旁突的内侧面延伸，加入岩腹侧窦的颅外段。 A

8 茎乳静脉 V. stylomastoidea. 到茎乳孔。

9 枕支 Ramus occipitalis. 起自枕静脉，向项嵴延伸，常常被一支细的椎静脉分支替代。 A

10 耳后静脉 V. auricularis caudalis. 到耳的基部。 AB

11 腮腺支 Rami parotidei. 到腮腺。 B

12 耳外侧静脉 V. auricularis lateralis. 在耳背沿对耳屏延伸。 B

13 耳中间静脉 V. auricularis intermedia. 在耳背的中间。 B

14 耳内侧静脉 V. auricularis medialis. 在耳背沿耳屏缘延伸。 B

15 咬肌腹侧静脉 V. masseterica ventralis. 进入咬肌。 AB

16 颞浅静脉 V. temporalis superficialis. 在外耳和颞下颌关节间越过，在颞肌内分支。 AB

17 面横静脉 V. transversa faciei. 沿面嵴的腹侧缘延伸，加入面静脉。 AB

    18 面横静脉窦 Sinus v. transversae faciei. 面横静脉的长形膨大。 A

19 耳前静脉 V. auricularis rostralis. 到耳基的前部。 AB

    20 耳深静脉 V. auricularis profunda. 分支为肌支。 B

21 翼（静脉）丛 Plexus pterygoideus. 位于翼肌后外侧面的静脉网络。 B

22 咽静脉 Vv. pharyngeae. 在咽壁形成一个静脉网。 B

23 腭静脉 Vv. palatinae. 进入软腭。 B

    24 腭（静脉）丛 plexus palatinus. 位于软腭和硬腭内的静脉丛。 B

25 下齿槽静脉 V. alveolaris inferior. 进入下颌管。 AB

    26 颏静脉 V. mentalis. 从颏孔穿出。 A

27 舌下支 Ramus sublingualis. 进入舌。 AB

28 颞深静脉 V. temporalis profunda. 进入颞肌。 B

29 颞下颌关节静脉 Vv. articulares temporomandibulares. 到颞下颌关节。 B

30 翼肌静脉 Vv. pterygoideae. 在翼肌内分支。 AB

31 颊静脉 V. buccalis. 沿咬肌的内侧面延伸，加入面静脉。 AB

    32 颊静脉窦 Sinus v. buccalis. 颊静脉的梭形膨大。 A

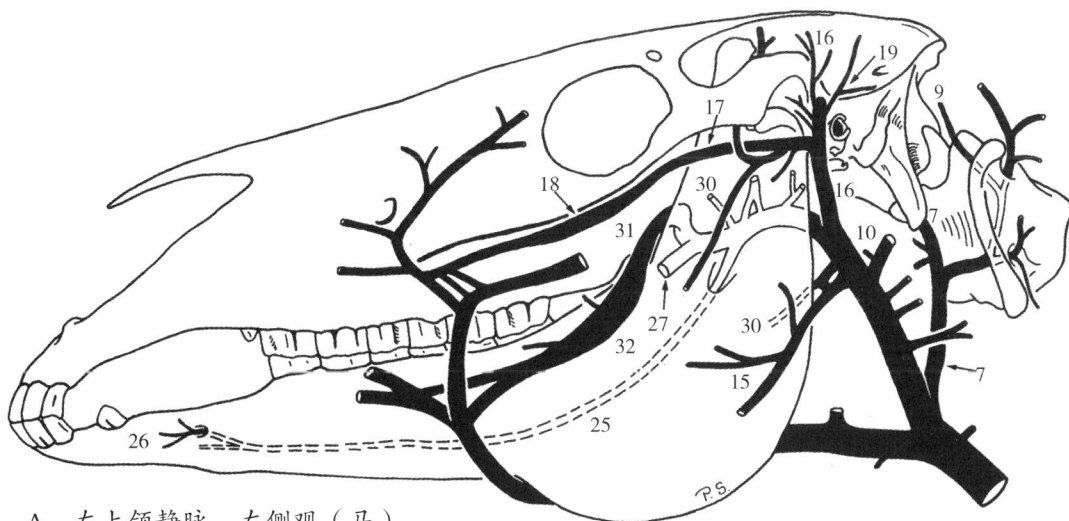

A 左上颌静脉，左侧观（马）

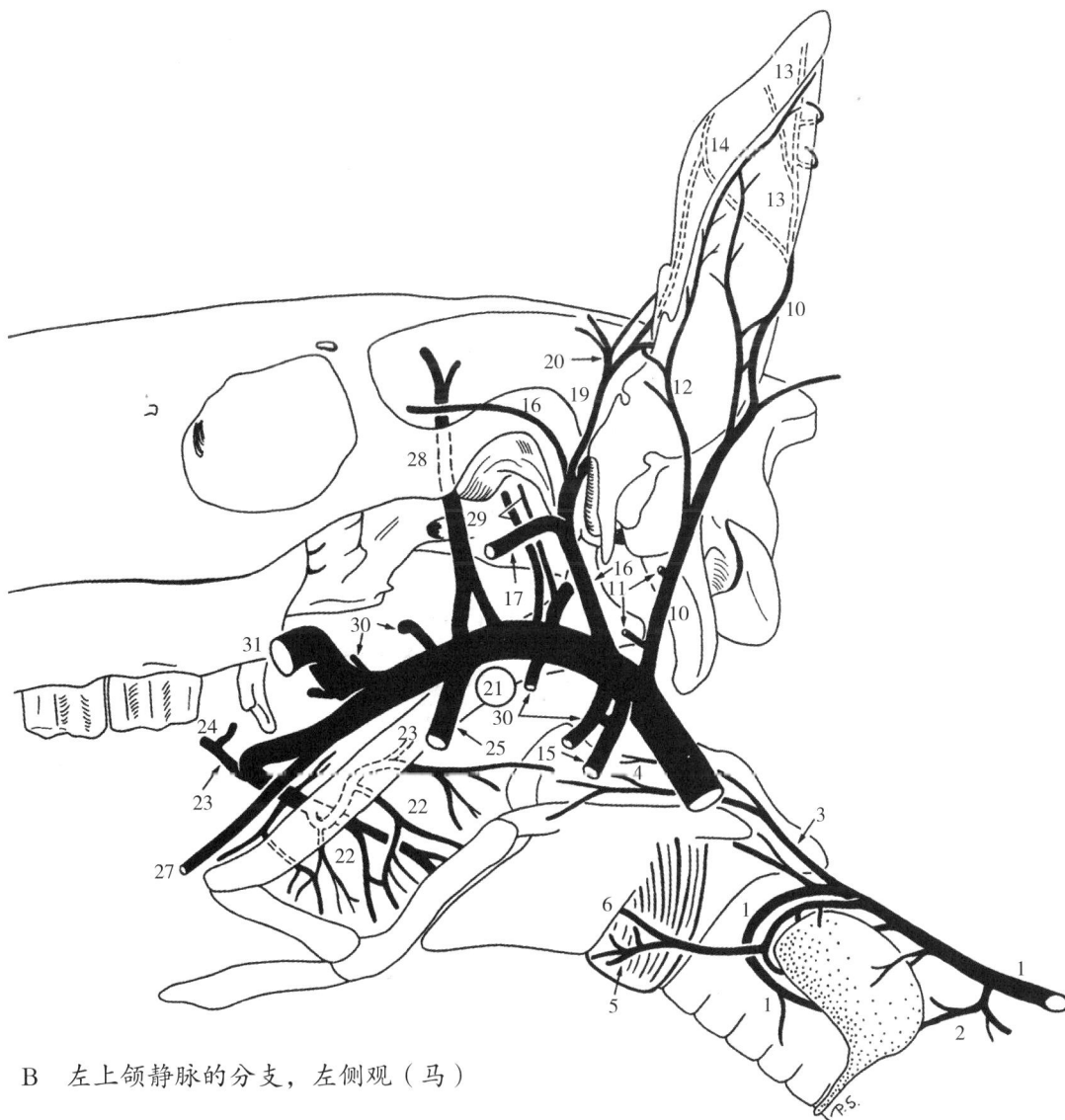

B 左上颌静脉的分支，左侧观（马）

通用名词　TERMINI COMMUNES

1 **硬膜窦　SINUS DURAE MATRIS.** 存在于硬膜内的通道，接受脑和颅骨的血液，汇入导静脉及椎内腹侧静脉丛。

2 **横窦** Sinus transversus. 位于骨小脑幕内（肉食动物、马）和膜小脑幕内（猪、反刍动物）。 ABCD

2a **会合窦** Sinus communicans. 连接左、右横窦。

3 **颞窦** Sinus temporalis. 在肉食动物、马和反刍动物，为横窦的延续，穿过颞道延续为关节后孔导静脉。 ABCD

4 **乙状窦** Sinus sigmoideus. 在肉食动物、猪和反刍动物，为横窦的延续，沿颞骨岩部的后面延续为颈静脉孔导静脉。 ABDE

5 **窦汇** Confluens sinuum. 三角形的（马，猫也常见）、丛状的（猪、反刍动物）或非对称性的（肉食动物）的窦的汇合。 ABCD

6 **基底窦** Sinus basilaris. 为椎内腹侧静脉丛在枕髁斜坡上的延续，在牛含有硬膜外后异网。 ABCDE

7 **基底间窦** Sinus interbasilaris. 左、右侧基底窦在腹侧的连接，也可以通过背侧的连接而得到补充。 ABE

8 **背侧矢状窦** Sinus sagittalis dorsalis. 沿内矢状嵴在大脑镰的边缘延伸。 ABCD

9 **外侧陷窝** lacunae laterales. 为大脑背侧静脉汇入背侧矢状窦处的膨大。 AC

10 **腹侧矢状窦（马）** Sinus sagittalis ventralis. 在大脑镰的游离缘内。 C

11 **（腹侧矢状窦，肉食动物）（Sinus sagittalis ventralis）.**

12 **直窦** Sinus rectus. 为大脑镰内大脑大静脉不成对的延续。 AC

13 **岩腹侧窦** Sinus petrosus ventralis. 海绵窦向后的延伸，在肉食动物位于颅内，在马通过破裂孔离开颅腔，在反刍动物位于岩枕裂。 ABCE

14 **迷路静脉** Vv. labyrinthi. 进入内耳道，起自岩腹侧窦。

15 **岩背侧窦（肉食动物、马）** Sinus petrosus dorsalis. 在膜小脑幕内沿颞骨岩部到横窦，在反刍动物也有描述。 ABCD

16 **海绵窦** Sinus cavernosus. 位于脑垂体的外侧面，在肉食动物和马包围颈内动脉，在猪和反刍动物包围硬膜外前（动脉）异网。 ABE

17 **海绵间窦** Sinus intercavernosi. 在脑垂体的前和后侧，连接左、右海绵窦。 ABE

18 **板障静脉** Vv. diploicae. 将静脉血由板障导入硬膜窦。

19 **额板障静脉** V. diploica frontalis. 在额骨板障内分支，汇入背侧矢状窦。 A

20 **顶板障静脉** V. diploica parietalis. 在顶骨内分支，汇入横窦（反刍动物）或背侧矢状窦。 A

21 **枕板障静脉** V. diploica occipitalis. 在枕骨内分支，汇入窦汇或横窦（犬）。 AB

22 **导静脉** Vv. emissariae. 连接静脉窦与头部静脉。

23 **乳突导静脉（犬、牛）** V. emissaria mastoidea. 离开乙状窦，穿过乳突孔。在犬加入枕骨导静脉。 AB

24 **枕骨导静脉** V. emissaria occipitalis. 离开横窦，穿过项嵴附近的枕骨，加入乳突导静脉。 A

25 **舌下神经管导静脉** V. emissaria canalis n. hypoglossi. 通过舌下神经管连接于基底窦与各静脉之间。 ACE

26 **颈静脉孔导静脉** V. emissaria foraminis jugularis. 通过颈静脉孔将乙状窦（肉食动物、猪、山羊）或基底窦（犬、猪、反刍动物）与各静脉相连接。 AE

27 **关节后孔导静脉（犬、反刍动物、马）** V. emissaria foraminis retroarticularis. 将颞窦与上颌静脉（犬、反刍动物）或颞浅静脉（马）相连。 ACD

28 **颈动脉管导静脉** V. emissaria canalis carotici. 离开岩腹侧窦，在鼓泡的前面走出，在肉食动物加入上颌静脉。 A

29 **卵圆孔导静脉** V. emissaria foraminis ovalis. 在肉食动物和反刍动物，通过卵圆孔将海绵窦连接到上颌静脉。 BE

30 **破裂孔导静脉** V. emissaria foraminis laceri. 连接海绵窦于颈内静脉（猪）或岩腹侧窦的颅外部分（马）。 C

31 **圆孔导静脉** V. emissaria foraminis rotundi. 连接海绵窦到上颌静脉或肉食动物的眼静脉丛。 B

32 **眶裂导静脉** V. emissaria fissurae orbitalis. 在肉食动物和马，通过眶裂将海绵窦连接到眼静脉丛。 ABC

33 **眶圆孔导静脉** V. emissaria foraminis orbitorotundi. 在猪和反刍动物，将海绵窦连接到眼静脉窦或眼静脉丛。 E

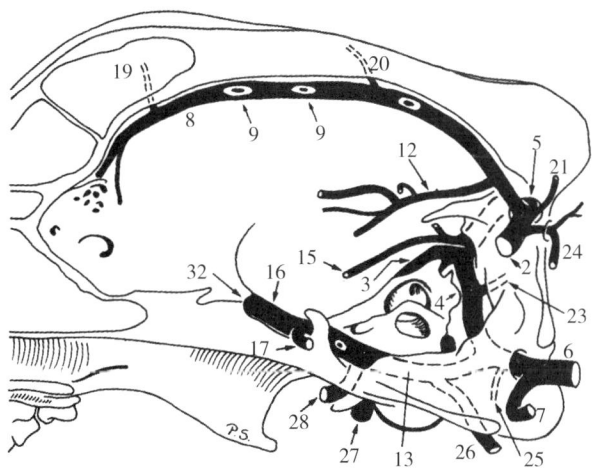

A 右侧硬膜窦，右侧半内侧观（犬）

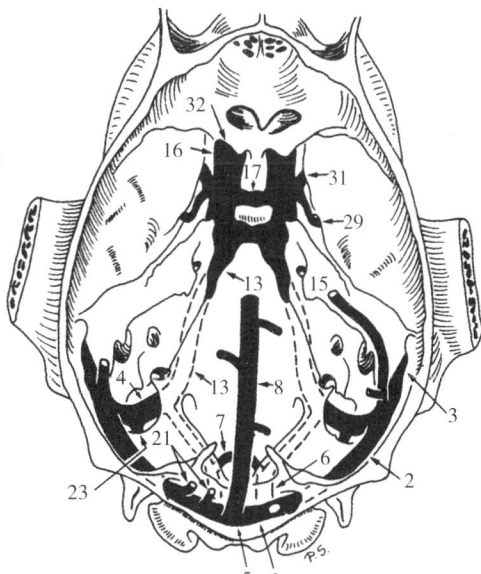

B 硬膜窦，背侧观（犬）

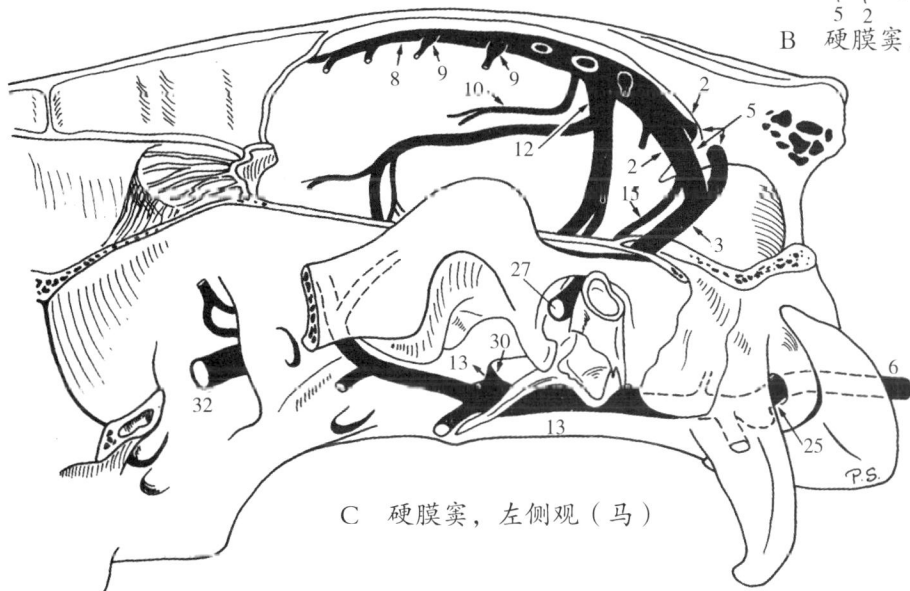

C 硬膜窦，左侧观（马）

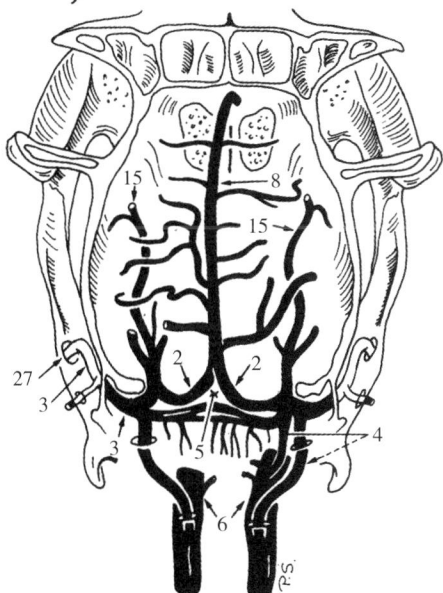

D 背侧硬膜窦，背侧观（山羊）

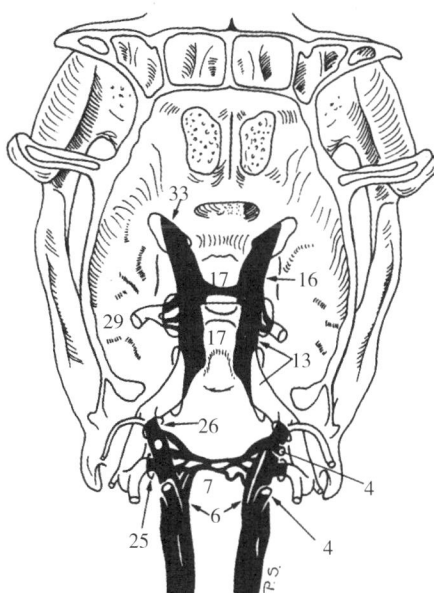

E 基底窦，背侧观（山羊）

1　大脑静脉　Vv. cerebri. 　大脑的无瓣膜静脉，汇集到硬膜窦。

2　大脑背侧静脉　Vv. cerebri dorsales. 　在大脑半球的凸面和前内面分支。　ABC

3　大脑腹侧静脉　Vv. cerebri ventrales. 　在大脑基底面和嗅脑基底部分支。　ABC

4　大脑大静脉　V. cerebri magna. 　由左、右位于第3脑室脉络组织内的大脑内静脉合并而成的不成对的静脉干，在大脑镰内延续为直窦。　BD

5　（胼胝体静脉）（V. corporis callosi）沿胼胝体背侧面向后延伸的不成对静脉。　B

6　大脑内静脉　Vv. cerebri internae. 　位于第3脑室脉络组织内的双侧静脉干，收集脉络丛静脉和丘脑纹状体静脉的血液。　BD

　　7　脉络丛静脉　V. choroidea [chorioidea]. 　收集侧脑室和第3脑室脉络丛的血液。　D

　　8　丘脑纹状体静脉　V. thalamostriata. 　沿尾状核的内侧缘延伸，收集纹状体和丘脑的血液。　D

9　小脑背侧静脉　Vv. cerebelli dorsales. 　在小脑蚓部和半球背侧面分支。　A

10　小脑腹侧静脉　Vv. cerebelli ventrales. 　收集小脑腹侧面以及邻近的菱脑结构的血液，包括第4脑室脉络丛。　C

11　眼内静脉　V. ophthalmica interna. 　伴随视神经行走的眼静脉丛或静脉窦，接受视网膜静脉和睫状静脉。

12　**锁骨下静脉　V. SUBCLAVIA**. 　起自臂头静脉（肉食动物、猪和某些山羊）或前腔静脉（反刍动物、马），在第1肋骨的前缘弯曲，在猪很短，并且为双支。　G，以及341页A

13　腋静脉　V. axillaris. 　为锁骨下静脉在第1肋骨前缘以外的延续，进入腋窝，在猪为双支。　EFG，以及341页A

14　胸廓外静脉　V. thoracica externa. 　双支（牛，也见于马）或多支（肉食动物、猪），进入胸肌。　G

15　胸廓浅静脉（反刍动物）　V. thoracica superficialis. 　在胸腹侧锯肌表面经过，继续在皮下延伸。

16　胸外侧静脉（肉食动物、猪）　V. thoracica lateralis. 　沿胸深肌的背缘延伸。

17　肩胛上静脉（有蹄类）　V. suprascapularis. 　伴随同名动脉。　FG

18　肩胛下静脉　V. subscapularis. 　伴随同名动脉。　EFG

19　旋肱前静脉（反刍动物）　V. circumflexa humeri cranialis. 　伴随同名动脉。

20　旋肱后静脉　V. circumflexa humeri caudalis. 　伴随同名动脉。　EFG

　　21　腋臂静脉（犬）　V. axillobrachialis. 　为旋肱后静脉（腋臂静脉起始处）与头静脉之间的吻合支，接受肩胛臂静脉。　E，以及347页A（在第5版N.A.V.中，腋臂静脉是列在旋肱后静脉以下的，因为仅在犬，它的作用是连接旋肱后静脉与头静脉。因此有必要标明种属特殊性，尽管在第5版未标明"犬"字。）

　　22　桡侧副静脉（肉食动物、猪、山羊）　V. collateralis radialis. 　伴随同名动脉，在猪起自旋肱前静脉或臂静脉。　EF

　　　　23　中副静脉　V. collateralis media. 　伴随同名动脉。　EF

24　肩胛上支（猪）　Ramus suprascapularis. 　向前背侧在肩胛骨和肩胛下肌间延伸，加入肩胛上静脉。　F

25　旋肩胛静脉　V. circumflexa scapulae. 　伴随同名动脉。　EFG

26　旋肱前静脉（猪）　V. circumflexa humeri cranialis. 　伴随同名动脉。　F

27　胸背静脉　V. thoracodorsalis. 　伴随同名动脉。　EFG

28　胸廓浅静脉（马）　V. thoracica superficialis. 　在胸腹侧锯肌表面延伸，引回胸廓侧壁的血液。　G

　　29　腹壁前浅静脉［腹皮下静脉］　V. epigastrica cranialis superficialis [V. subcutanea abdominis]. 　胸廓浅静脉在皮下的直接延续，走向腹股沟区。它通过对接的方式与腹壁后浅静脉相吻合。　G

30　旋肱前静脉（肉食动物、马）　V. circumflexa humeri cranialis. 　与同名动脉伴行。　G

E　左前肢的静脉，外侧观（犬）

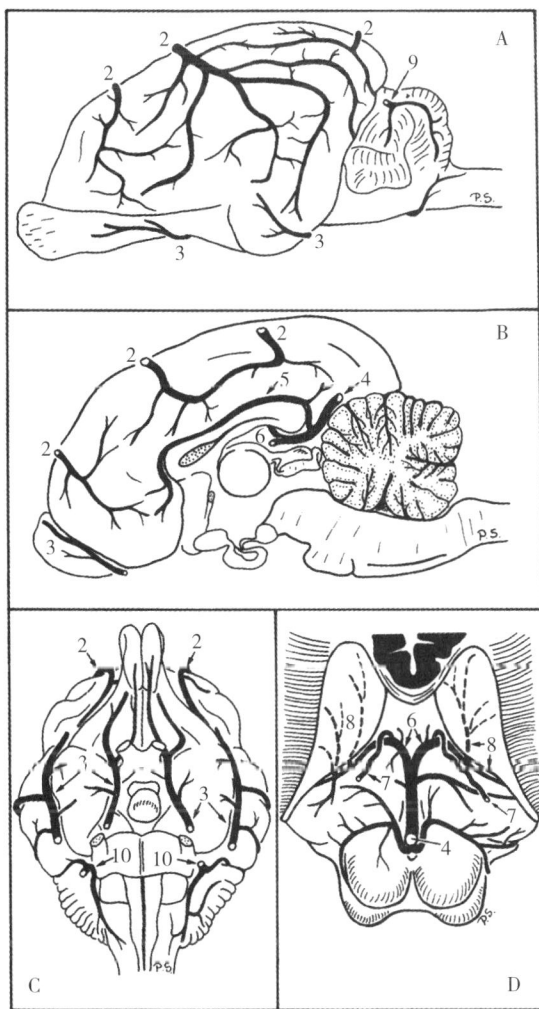

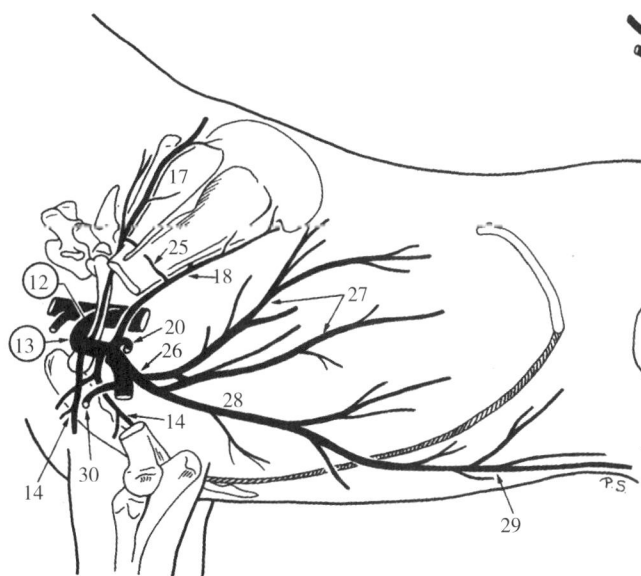

A　脑的静脉，左外侧观（犬）
B　脑的静脉，正中矢状切面，右侧半左侧观（犬）
C　脑的静脉，腹侧面观（猫）
D　尾状核、丘脑和中脑顶盖的静脉，背侧观（牛）

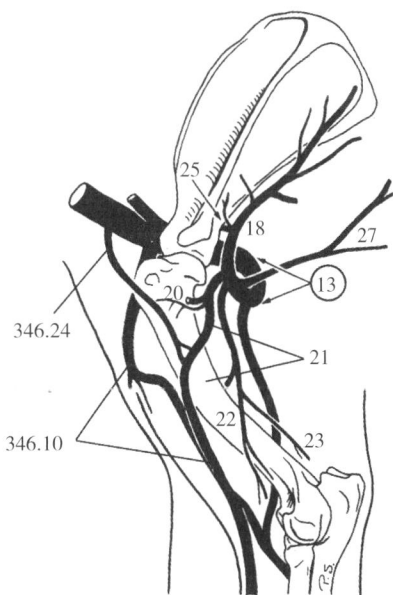

G　左锁骨下静脉，左侧观（马）

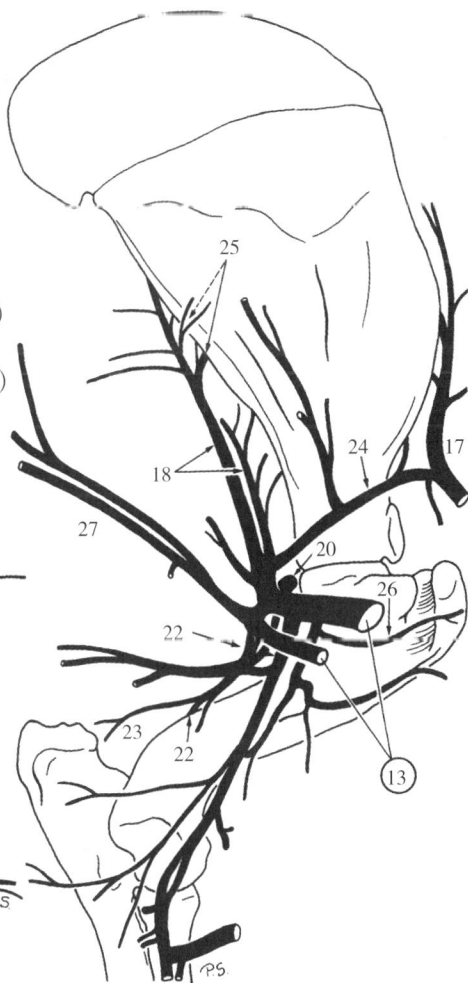

F　左前肢的静脉，内侧观（猪）

1　臂静脉　V. brachialis.　腋静脉的直接延续，伴随同名动脉，在猪为双支。　ACE

臂静脉——肉食动物，猪　CARNIVORA，SUS

2　臂深静脉　V. profunda brachii.　伴随同名动脉。　A

3　臂二头肌静脉（犬、猪）　V. bicipitalis.　伴随同名动脉。　A

4　尺侧副静脉　V. collateralis ulnaris.　在鹰嘴处分布，向远侧发出与尺静脉（犬）或骨间后静脉（猪）的交通支。在猪常为双支。　AC

5　臂浅静脉（肉食动物）　V. brachialis superficialis.　伴随同名动脉。　A

6　臂二头肌静脉（猫）　V. bicipitalis.　进入臂二头肌。　C

7　桡浅静脉　Vv. radiales superficiales.　伴随同名动脉。　A

8　肘横静脉　V. transversa cubiti.　伴随同名动脉。　AC

9　骨间总静脉（犬，猪）　V. interossea communis.　伴随同名动脉。　A

10　尺静脉（犬）　V. ulnaris.　伴随同名动脉，加入骨间后静脉的掌侧支。　A

　　11　尺返静脉　V. recurrens ulnaris.　伴随同名动脉，加入尺侧副静脉。　A

12　骨间前静脉　V. interossea cranialis.　伴随同名动脉。　B

　　13　骨间返静脉　V. recurrens interossea.　伴随同名动脉。　B

14　骨间后静脉　V. interossea caudalis.　伴随同名动脉，在猪为双支。　A

　　15　骨间支　Ramus interosseus.　伴随同名动脉。　A

　　16　掌侧支　Ramus palmaris.　伴随同名动脉。　A

　　　　17　浅支　Ramus superficialis.　伴随同名动脉。　A

　　　　18　深支　Ramus profundus.　伴随同名动脉。　A

19　骨间前静脉（猫）　V. interossea cranialis.　伴随同名动脉。　C

20　骨间返静脉　V. recurrens interossea.　伴随同名动脉。

21　骨间后静脉（猫）　V. interossea caudalis.　伴随同名动脉。　CD

22　尺静脉　V. ulnaris.　伴随同名动脉，加入骨间后静脉的掌支。　CD

　　23　背侧支　Ramus dorsalis.　来自尺静脉，到腕背外侧。　D

24　骨间支　Ramus interosseus.　伴随同名动脉。　D

25　掌侧支　Ramus palmaris.　来自骨间后静脉，伴随同名动脉。　D

　　26　浅支　Ramus superficialis.　来自掌支，在掌部掌外侧面延伸，加入掌浅弓。　D

　　　　27　第5指掌远轴侧静脉　V. digitalis palmaris V abaxialis.　为上述骨间后静脉掌支的浅支的直接延续。　CD

　　28　深支　Ramus profundus.　起自掌支，伴随同名动脉。　D

臂静脉——反刍动物，马　RUMINANTIA，EQUUS

29　臂深静脉　V. profunda brachii.　伴随同名动脉。　E

30　桡侧副静脉（牛、绵羊、马）　V. collateralis radialis.　伴随同名动脉。　E

　　31　中副静脉　V. collateralis media.　向远后侧走向肘关节。　E

32　臂二头肌静脉（马）　V. bicipitalis.　到臂二头肌。

33　尺侧副静脉　V. collateralis ulnaris.　伴随同名动脉。其一小支加入骨间前动脉的掌侧延续支（反刍动物）或正中静脉的掌侧支（马）。　E

34　肘横静脉　V. transversa cubiti.　伴随同名动脉。　E

35　臂二头肌静脉（反刍动物）　V. bicipitalis.　伴随同名动脉。　E

36　骨间总静脉　V. interossea communis.　伴随同名动脉，在牛、绵羊和部分山羊为双支。　E

37　尺返静脉（牛）　V. recurrens ulnaris.　沿鹰嘴的内侧面向近侧延伸，加入尺侧副静脉。　E

38　骨间后静脉　V. interossea caudalis.　非常细甚或不存在。　E

39　骨间前静脉　V. interossea cranialis.　伴随同名动脉。　E

　　40　骨间返静脉　V. recarrens interossea.　来自骨间前静脉，与同名动脉伴行。

　　41　骨间支（反刍动物）　Ramus interosseus.　伴随同名动脉。　E

　　　　42　掌侧支　Ramus palmaris.　伴随同名动脉。　A

　　　　　　43　浅支　Ramus superficialis.　起自骨间前静脉，不恒定。　371页A

　　　　　　44　深支　Ramus profundus.　到掌深（静脉）弓。　371页A

C　左肘的静脉，内侧观（猫）

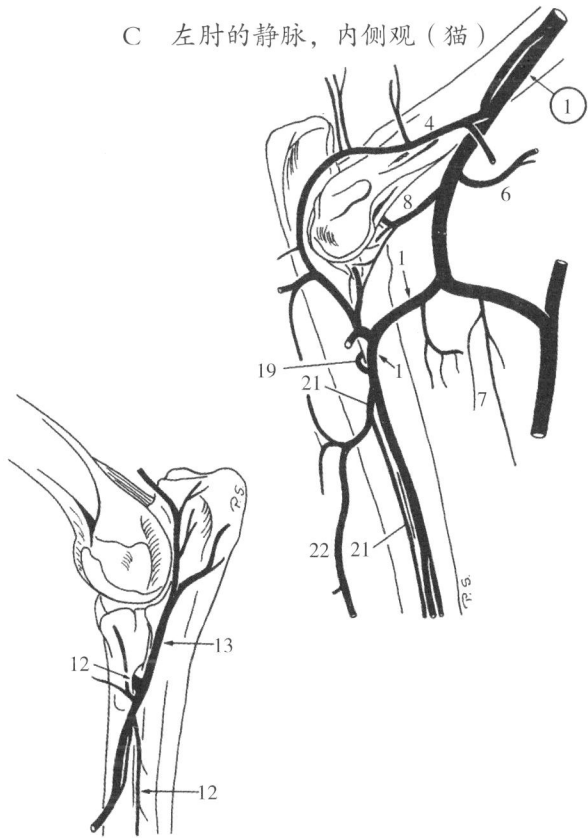

B　左肘的静脉，外侧观（犬）

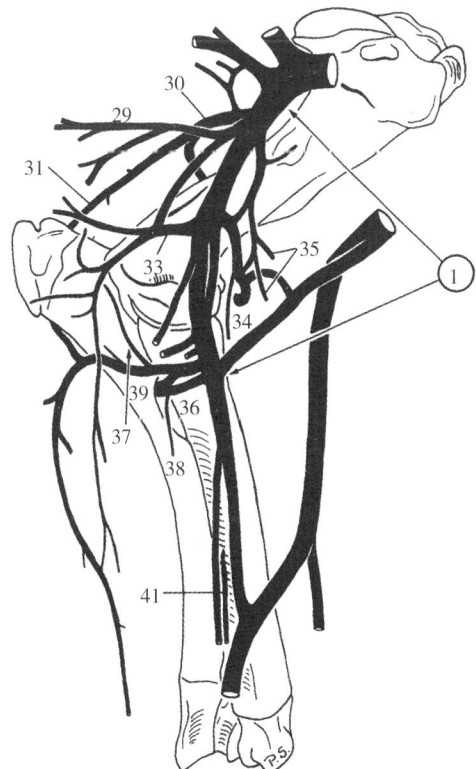

A　左前肢的静脉，内侧观（犬）

D　左前足的静脉，掌侧观（猫）

E　左前肢的静脉，内侧观（牛）

通用名词 TERMINUS COMMUNIS

1 正中静脉 V. mediana. 伴随同名动脉。 AC

正中静脉——肉食动物 CARNIVORA

2 前臂深静脉 V. profunda antebrachii. 伴随同名动脉。

3 桡静脉 V. radialis. 沿桡骨的后内侧缘延伸，接受头静脉的分支，继续在腕部掌内侧延伸。在猫为双支，成为正中静脉的主要延续。 A

4 腕背侧支 Ramus carpeus dorsalis. 伴随同名动脉，在犬为多支。 AB

  5 腕背（静脉）网 Rete carpi dorsale. 位于腕背侧面的静脉网，主要由桡静脉、骨间前静脉和骨间后静脉，以及副头静脉参与形成。 B

    6 掌背侧第1~4静脉 Vv. metacarpeae dorsales Ⅰ-Ⅳ. 伴随同名动脉，加入第1指轴侧固有静脉以及指背侧第2~4总静脉（犬）。 B

7 掌深（静脉）弓 Arcus palmaris profundus. 横过掌骨掌侧面。在猫受到桡静脉的腕背侧支的加强。 A

  8 掌心第1~4静脉 Vv. metacarpeae palmares Ⅰ-Ⅳ. 伴随同名动脉。 A

9 掌浅（静脉）弓 Arcus palmaris superficialis. 常为双支，在掌枕处横越过指屈肌腱的掌侧面。有一补充性的浅弓（猫）或中间弓（犬）位于掌部近侧半，在犬接受正中静脉。 A

  10 指掌侧第1~4总静脉 Vv. digitales palmares communes Ⅰ-Ⅳ. 因指掌侧固有静脉常直接起自掌浅静脉弓，所以指掌侧总静脉常缺如。 A

    11 指间静脉 V. interdigitalis. 伴随同名动脉。 A

    12 指掌侧固有静脉 Vv. digitales palmares propriae. 伴随同名动脉。 A

正中静脉——猪 SUS

13 桡静脉 V. radialis. 伴随同名动脉。 CD

14 掌深（静脉）弓 Arcus palmaris profundus. 位于掌骨和骨间肌之间。 C

  15 掌心第2~4静脉 Vv. metacarpeae palmares Ⅱ-Ⅳ. 伴随同名动脉，于掌远侧半因一条横行的加入掌浅静脉弓的吻合支而终止。 C

    16 近穿支 Ramus perforans proximalis. 掌心静脉的分支，穿过掌骨间隙的近侧部。 CD

      17 掌背侧静脉 V. metacarpea dorsalis. 为近穿支纤细的延续支，加入指背侧总静脉。 D

18 掌浅（静脉）弓 Arcus palmaris superficialis. 连接于桡静脉和骨间后静脉掌支的浅支之间，横越过指屈肌腱的掌侧面。 CD

  19 指掌侧第2~4总静脉 Vv. digitales palmares communes Ⅱ-Ⅳ. 伴随同名动脉。 C

    20 近指节掌侧支 Rami palmares phalangium proximalium. 为每一指掌侧总静脉或固有静脉横向发出的分支，越过相应近指节骨的掌侧面。 CD

    21 指间静脉 V. interdigitalis. 各指掌侧总静脉向相应指背侧总静脉或指背侧固有静脉发出的分支。 CD

      22 近指节背侧支 Rami dorsales phalangium proximalium. 为指间第2、3、4静脉的分支，分别在邻近近指节骨背侧面处分支。 D

    23 指掌侧固有静脉 Vv. digitales palmares propriae. 为三对静脉，由指掌侧总静脉分为两叉而来。第3和第4指掌远轴侧固有静脉起自相应的指背侧固有静脉。 CD

      24 蹄（静脉）丛 Plexus ungularis. 围绕远指节骨壁面分布，同时也扩展到蹄底面。此丛可看作是蹄真皮内稠密的静脉网。

A 左前足的静脉，掌侧观（犬）

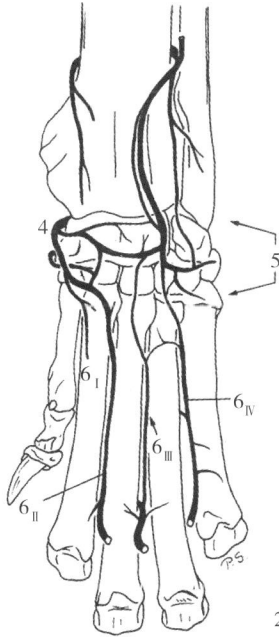

B 左前足背侧的深静脉（犬）

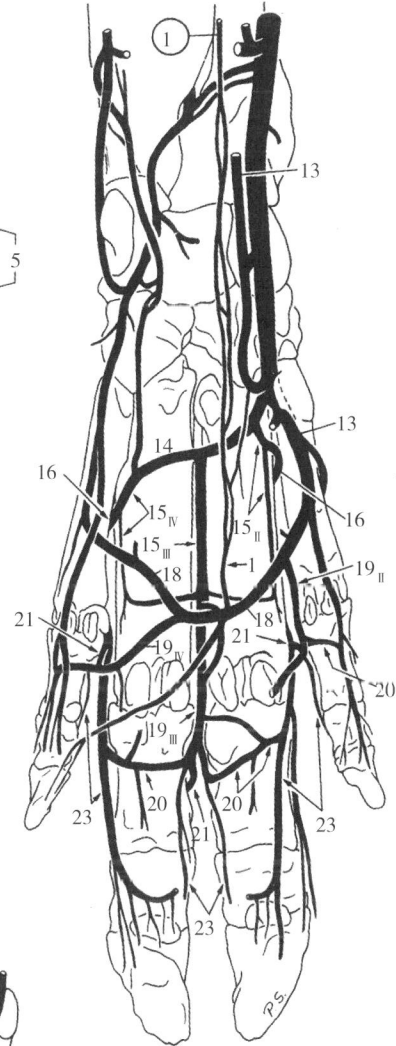

C 左前足的静脉，掌侧观（猪）

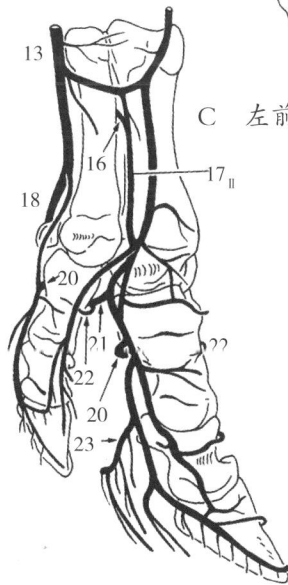

D 左前足的静脉，内侧观（猪）

正中静脉——反刍动物　RUMINANTIA

1　前臂深静脉　V. profunda antebrachii.　伴随同名动脉。

2　桡静脉　V. radialis.　伴随同名动脉。　A

3　浅支　Ramus superficialis.　包括多种浅支，在掌中部加入正中静脉（牛，有时有山羊）。　A

4　腕背侧支　Ramus carpeus dorsalis.　伴随同名动脉。　AB

　5　腕背（静脉）网　Rete carpi dorsale.　腕背侧面的静脉网。　B

　　6　掌背侧第3静脉　V. metacarpea dorsalis Ⅲ.　为腕背（静脉）网的分支，不恒定，伴随同名动脉。　B

7　掌深（静脉）弓　Arcus palmaris profundus.　连接于桡静脉和骨间前静脉掌支之间。　A

8　掌心第2~4静脉　Vv. metacarpeae palmares Ⅱ-Ⅳ.　伴随同名动脉。总的说来，作为桡静脉的直接延续，掌心第2静脉较明显。　A

　9　掌远深（静脉）弓　Arcus palmaris profundus distalis.　在掌远部的骨间肌深面连接掌心第2~4静脉。　A

　　10　第3远穿支　Ramus perforans distalis Ⅲ.　为掌远深（静脉）弓发出的穿过掌远管的分支，加入掌背侧第3静脉（牛）。　A

　　11　指掌侧第2总静脉　V. digitalis palmaris communis Ⅱ.　为掌远深（静脉）弓的浅分支。A

　　　12　第2指掌轴侧固有静脉　V. digitalis palmaris propria Ⅱ axialis.　到内侧悬指。　A

　　　13　第3指掌远轴侧固有静脉　V. digitalis palmaris propria Ⅲ abaxialis.　为指掌侧第2总静脉的直接延续。　A

　　14　指掌侧第4总静脉　V. digitalis palmaris communis Ⅳ.　为掌远深（静脉）弓的浅分支。A

　　　15　第4指掌远轴侧固有静脉　V. digitalis palmaris propria Ⅳ abaxialis.　为指掌侧第4总静脉的直接延续。　A

　　　16　第5指掌轴侧固有静脉　V. digitalis palmaris propria Ⅴ axialis.　到外侧悬指。　A

17　指掌侧第3总静脉　V. digitalis palmaris communis Ⅲ.　为正中静脉在与指掌侧第2总静脉（反刍动物）及指掌侧第4总静脉（绵羊、山羊）连接后的直接延续。在牛为双支。　A

18　指间静脉　V. interdigitalis.　伴随同名动脉，加入指背侧第3总静脉（牛），在绵羊起自第3或第4指掌轴侧固有静脉，且为双支。　A

19　第3和4指掌轴侧固有静脉　Vv. digitales palmares propriae Ⅲ et Ⅳ axiales.　伴随同名动脉。　A

　20　蹄冠静脉　V. coronalis.　指掌轴侧和远轴侧固有静脉在蹄冠内的浅连接支。　A

正中静脉——马　EQUUS

21　掌侧支　Ramus palmaris.　伴随同名动脉。　C

22　浅支［指掌侧第3总静脉］　Ramus superficialis [V. digitalis palmaris communis Ⅲ].　沿指深屈肌腱的外侧面延伸。　C

　23　指外侧静脉［第3指掌外侧固有静脉］　V. digitalis [palmaris propria Ⅲ] lateralis.　为正中静脉掌侧支的浅支在掌远深（静脉）弓以远的直接延续，在同名动脉背侧伴行。　C

　　24　蹄冠静脉　V. coronalis.　为指外侧静脉的浅支，在蹄冠上方弯曲向背侧，其远侧支在蹄真皮内形成静脉网（蹄静脉丛）。　C

　　25　终（静脉）弓　Arcus terminalis.　伴随同名动脉。　C

26　深支　Ramus profundus.　伴随同名动脉。　C

27　桡静脉　V. radialis.　伴随同名动脉并接受头静脉的汇入。　C（此处有一无名的桡静脉的腕掌侧支，连接正中静脉的掌支到桡静脉，这条静脉在施行上翼状韧带切开术时十分重要。）

28　掌深（静脉）弓　Arcus palmaris profundus.　伴随同名动脉。　C

　29　掌心第2和3静脉　Vv. metacarpeae palmares Ⅱ et Ⅲ.　伴随同名动脉，在骨间中肌的分支间穿过，加入掌远深（静脉）弓。　C

　　30　掌远深（静脉）弓　Arcus palmaris profundus distalis.　在掌远部连接于正中静脉掌侧支的浅支与桡静脉掌浅支之间，位于骨间中肌和指深屈肌腱之间。　C

31　掌浅支［指掌侧第2总静脉］　Ramus palmaris superficialis [V. digitalis palmaris communis Ⅱ].　伴随同名动脉。　C

　32　指内侧静脉［第3指掌内侧固有静脉］　V. digitalis [palmaris propria Ⅲ] medialis.　桡静脉的掌浅支在掌远深（静脉）弓以远的直接延续。伴随同名动脉。　CD

　　33　蹄冠静脉　V. coronalis.　指内侧静脉的浅支，在蹄冠上方转向背侧，其向下的分支构成蹄真皮内的静脉丛。　CD

　　34　蹄（静脉）丛　plexus ungularis.　围绕在远指节骨的壁面，此丛也延伸到蹄底面，可认为是蹄真皮内稠密的静脉网。　D

366.42

366.43

366.44

2

4

2

7

3

8 IV   8 III   8 II

9   9

10

14   17

14

15   16   12

18

19

15   13

20

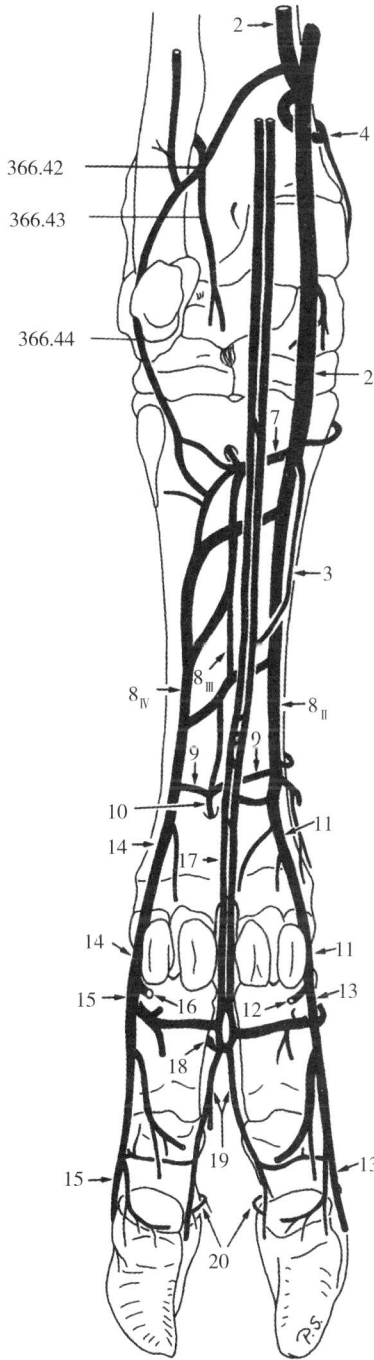

A 左前肢的静脉，掌侧观（牛）

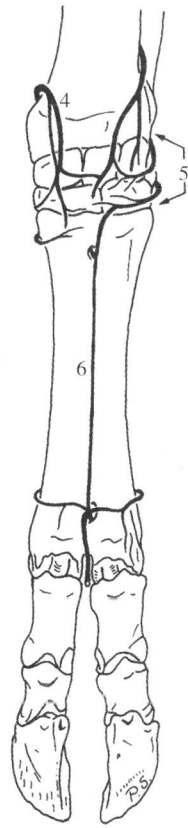

4

5

6

B 左前足的静脉，
背侧观（牛）

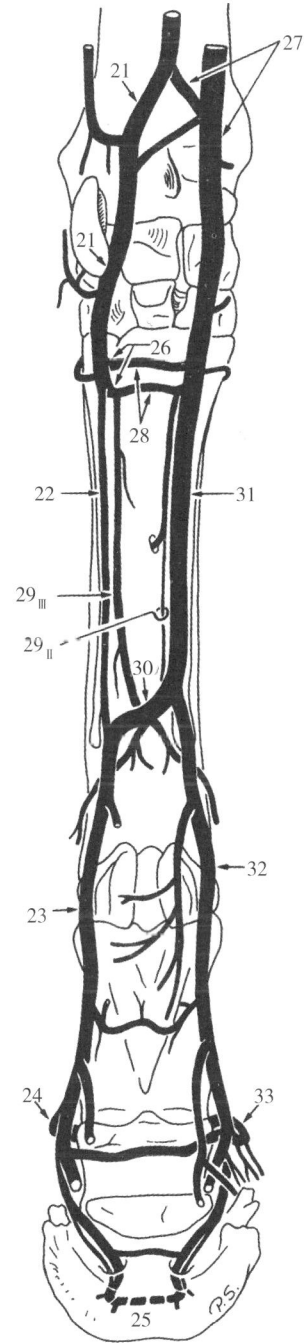

21   27

21

26

28

22   31

29 III

29 II

30

32

23

24   33

25

C 左前肢的静脉，掌侧观（马）

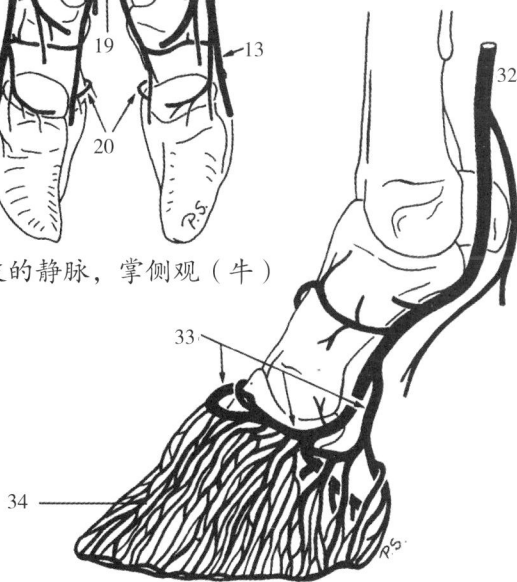

32

33

34

D 右侧指的静脉，内侧观（马）

通用名词　TERMINI COMMUNES

1　**后腔静脉**　**VENA CAVA CAUDALIS**. 离开腔静脉窦，在腔静脉褶内向后延伸，穿过膈的腔静脉孔进入腹腔，在肝的腔静脉沟内延伸，并继续在腹主动脉的右侧后行。　ABF

2　膈前静脉　Vv. phrenicae craniales. 分为左侧和右侧的膈前静脉，在中心腱内向周边延伸，分布到膈的各部（腰部、肋部和胸骨部）。　A

3　膈后静脉　V. phrenicae caudalis. 分为左侧和右侧的膈后静脉，与腹前静脉共起于后腔静脉（肉食动物）或起自左奇静脉（猪）。　A

4　肾上腺前支（肉食动物）　Ramus adrenales [supra-] craniales. 进入肾上腺。　A

5　腹前静脉　V. abdominalis cranialis. 向两侧分支，与膈后静脉共起（肉食动物）于后腔静脉（兔、猪的右侧腹前静脉）或左肾静脉（兔、猪的左侧腹前静脉），在腹前外侧壁分支。猪为双支。　A

6　腰静脉　Vv. lumbales. 成对，但起始段常常合并，节段性的，伴随同名动脉。　B

7　背侧支　Ramus dorsalis. 到椎外背侧静脉丛。　B

　　8　椎间静脉　V. intervertebralis. 穿过椎间孔，连接椎内和椎外静脉丛。　B

9　旋髂深静脉（肉食动物）　V. circumflexa ilium profunda. 伴随同名动脉。　A

10　肝静脉　Vv. hepaticae. 位于肝内，在肝的腔静脉沟加入后腔静脉。

11　肝右静脉　Vv. hepatica dextra. 在肝的右叶内。　A

12　肝中静脉　V. hepatica media. 在肝的中央部位，特别是方叶。　A

13　肝左静脉　V. hepatica sinistra. 在肝的左叶内。　A

14　肾静脉　V. renalis. 走向肾门，其中左肾静脉从腹主动脉腹侧越过。　AB

15　肾上腺后支（反刍动物、马）　Ramus adrenalis [supra-] caudalis. 到肾上腺。　B

16　左睾丸静脉（肉食动物）　V. testicularis sinistra. 伴随同名动脉。　C

　　17　蔓状丛　Plexus pampiniformis. 围绕在睾丸动脉周围的静脉网。　C

18　左卵巢静脉（肉食动物）　V. ovarica sinistra. 伴随同名动脉。　A

19　肾上腺静脉（牛、马）　Vv. adrenales [supra-]. 到肾上腺。　B

20　右睾丸静脉　V. testicularis dextra. 伴随同名动脉。　DF

21　膀胱前静脉（山羊）　V. vesicalis cranialis. 在膀胱侧韧带内走向膀胱。　F

22　蔓状丛　Plexus pampiniformis. 围绕在睾丸动脉周围的静脉网。　D

23　左睾丸静脉（猪、山羊、马）　V. testicularis sinistra. 伴随同名动脉。　BEF

24　膀胱前静脉（山羊）　V. vesicalis cranialis. 在膀胱侧韧带内走向膀胱。　F

25　蔓状丛　Plexus pampiniformis. 在猪、山羊和马，由左睾丸静脉的分支形成，围绕睾丸动脉。　E

26　右卵巢静脉　V. ovarica dextra. 伴随同名动脉。　A

27　子宫静脉（猪）　V. uterina. 为子宫的主要静脉。　389页B

　　28　膀胱前静脉　V. vesicalis cranialis. 为子宫静脉的分支，到膀胱。　389页B

29　膀胱前静脉（山羊）　V. vesicalis cranialis. 为右卵巢静脉的分支，到膀胱。

30　左卵巢静脉（猪、绵羊、马）　V. ovarica sinistra. 在卵巢系膜内走向左卵巢、左输卵管和左子宫角（译者注：原文为右侧结构），起自后腔静脉。　B

31　子宫静脉（猪）V. uterina. 见本页27条。

　　32　膀胱前静脉　V. vesicalis cranialis. 见本页28条。

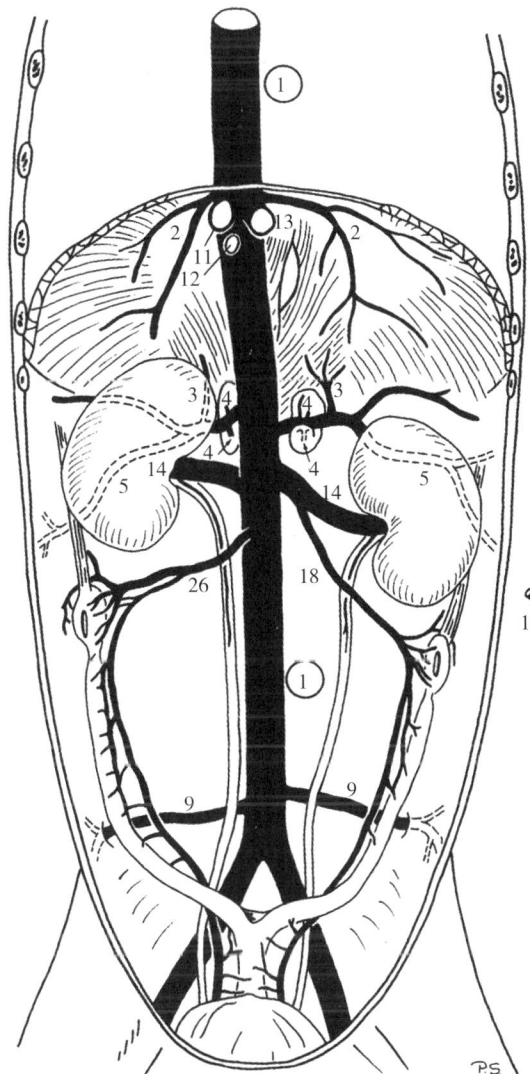

A　后腔静脉，腹侧观（母犬）

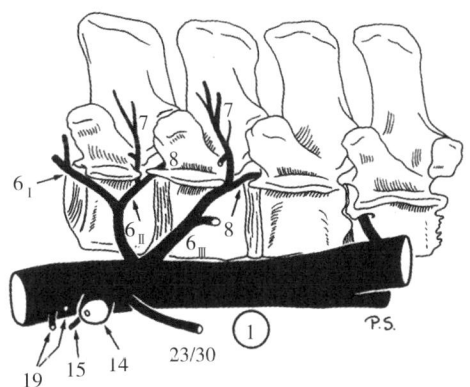

B　静脉与L2~5椎骨的关系，左侧观（马）

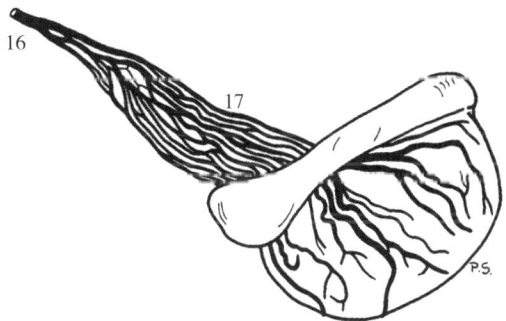

C　左睾丸的静脉，外侧观（犬）

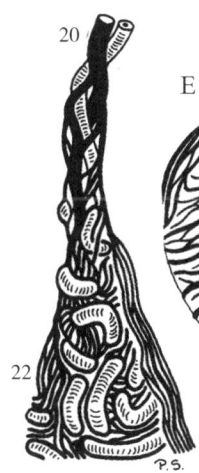

E　左侧睾丸的静脉，内侧观（猪）

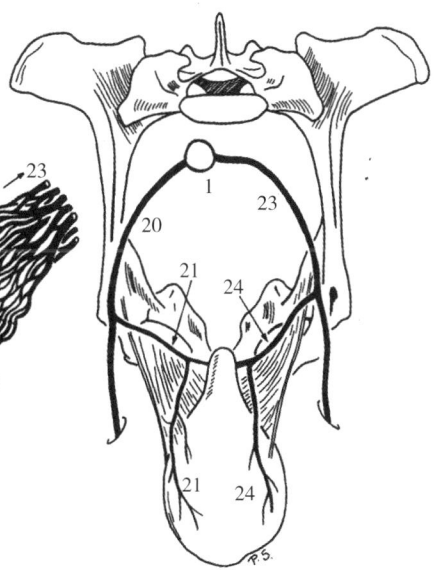

D　右蔓状丛，外侧观（牛）

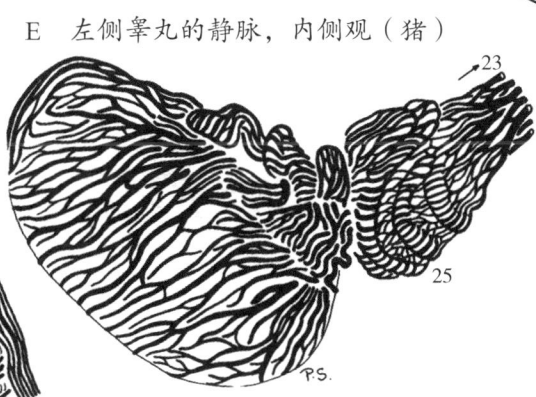

F　骨盆和膀胱的静脉，
　　前面观（公山羊）

1 **门静脉 V. PORTAE.** 不成对的静脉，输送消化道的静脉血（除直肠后段和肛门）以及胰、脾的静脉血到肝内。从位于小网膜内的肝门处开始，穿过胰切迹（肉食动物、反刍动物）或胰环（猪、马）到达肠系膜前动脉的右侧。 ABC

2 右支 Ramus dexter. 位于肝右叶（右外侧叶）和尾状突内。 A

3 左支 Ramus sinister. 位于肝左叶和中央部内，包括肝右内叶（肉食动物、猪、马）或右中央部（反刍动物）。 A

4 横部 Pars transversa. 左支的起始段，横行到达肝门的左侧（肉食动物、猪、马）或腹侧（反刍动物）。 A

5 脐部 Pars umbilicalis. 在肝左叶（或左内叶）内，为左支的呈矢状（肉食动物、猪、马）或横向（反刍动物）的直接延续部，走向肝圆韧带。原属于脐静脉的肝内部。 A

6 静脉导管（个体发生）[1] Ductus venosus. 脐静脉在肝内与后腔静脉短路式的连接部，在肉食动物和反刍动物的围产期仍然保留。

7 脐静脉（个体发生）[1] V. umbilicalis. 不成对，将胎盘的血液经脐带（肉食动物和反刍动物的脐带内为一对脐静脉）输入肝。脐静脉的血液可通过静脉导管或门静脉系统导入后腔静脉。

8 肝圆韧带 Ligamentum teres hepatis. 脐静脉在肝镰状韧带内的纤维性残留物。 C

9 胆囊静脉 Vv. cysticae. 汇集胆囊壁和邻近肝段的血液。 A

10 胃右静脉（犬） V. gastrica dextra. 伴随同名动脉。 A

11 胃壁面左静脉（马） V. gastrica sinistra parietalis. 到胃的壁面。 C

12 胰支（马） Rami pancreatici. 到胰。 C

13 胃十二指肠静脉 V. gastroduodenalis. 除牛以外，为不成对的门静脉分支。在牛，该静脉加入门静脉的一支肝内分支。胃十二指肠静脉走向十二指肠前曲。 ABC

14 胃右静脉（猫、有蹄类） V. gastrica dextra. 伴随同名动脉。 BC

15 胃网膜右静脉 V. gastroepiploica dextra. 伴随同名动脉。 ABC

16 胰十二指肠前静脉 V. pancreaticoduodenalis cranialis. 伴随同名动脉。 ABC

17 脾静脉 V. lienalis. 门静脉不成对的分支，伴随同名动脉。 ABC

脾静脉——肉食动物，猪，马 CARNIVORA，SUS，EQUUS

18 胰静脉 Vv. pancreaticae. 伴随同名动脉。 ABC

19 胃左静脉（肉食动物、猪） V. gastrica sinistra. 伴随同名动脉。 AB

20 憩室静脉（猪） Vv. diverticuli. 在胃憩室处分支。 B

21 胃脏面左静脉（马） V. gastrica sinistra visceralis. 到胃的脏面。 C

22 胰静脉支 Rami pancreatici. 分支到胰左叶。 C

23 胃短静脉 Vv. gestricae breves. 起于胰静脉支，伴随同名动脉。 ABC

24 胃网膜左静脉 V. gastroepiploica sinistra. 伴随同名动脉。 ABC

1）：因这些结构属于个体发生名词，故在第 5 版 N.A.V. 是被省略的。

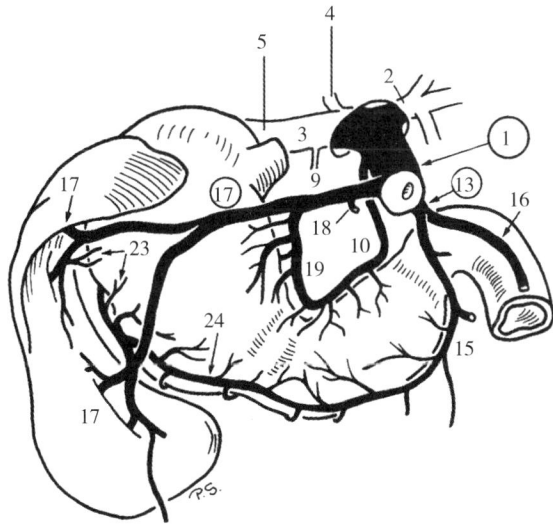

A　胃和脾的静脉，后面观（犬）

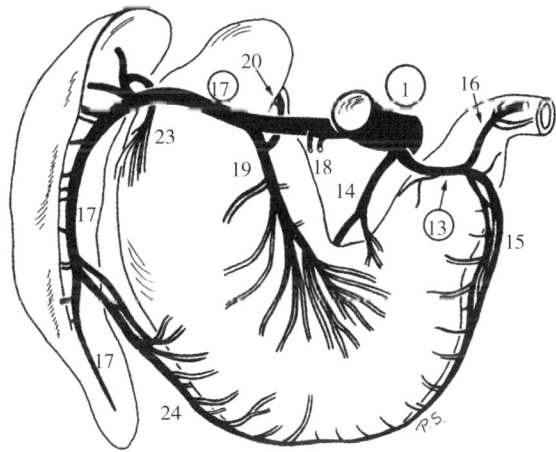

B　胃和脾的静脉，后面观（猪）

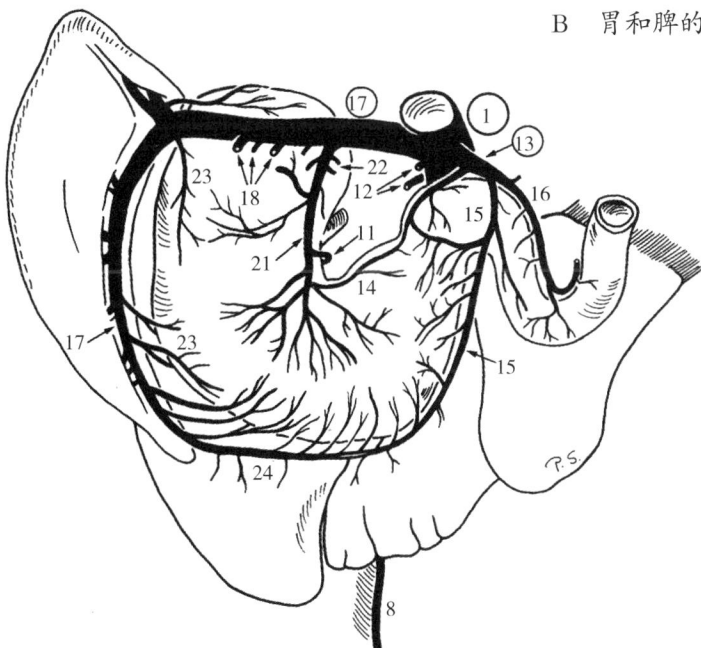

C　胃、脾和肝的静脉，后腹侧观（马）

脾静脉——反刍动物　RUMINANTIA

1　胰静脉　Vv. pancreaticae.　到胰左叶。　A

2　网膜支　Ramus epiploicus.　伴随同名动脉。

3　瘤胃右静脉　V. ruminalis dextra.　伴随同名动脉。　A

4　侧副支　Ramus collateralis.　平行于瘤胃右静脉。　A

5　网胃静脉　V. reticularis.　伴随同名动脉。　A

6　瘤胃左静脉　V. ruminalis sinistra.　伴随同名动脉。　A

7　食管后静脉　V. esophagea [oesophagea] caudalis.　分布于食管后段。　A

8　胃左静脉　V. gastrica sinistra.　伴随同名动脉。　A

9　胃网膜左静脉　V. gastroepiploica sinistra.　伴随同名动脉。　A

通用名词　TERMINI COMMUNES

10　肠系膜前静脉　V. mesenterica cranials.　不成对的门静脉大分支。汇集从十二指肠降部到横结肠的消化道血液。沿肠系膜前动脉的右侧在肠系膜内延伸。　BCD

11　胰十二指肠后静脉　V. pancreaticoduodenalis caudalis.　伴随同名动脉。　BCD

12　空肠静脉　Vv. jejunales.　伴随同名动脉。　BCD

12a　结肠右支[1]（绵羊、山羊）　Rami colici dextri.

13　侧副支（牛）Ramus collateralis.　在肠系膜内向后腹侧延伸，平行于肠系膜前静脉的终末段，发出空肠静脉，形成空肠静脉弓。　D

14　回肠静脉　Vv. ilei.　具有不同的起源（来自肠系膜前静脉、回结肠静脉和盲肠静脉），分布于回肠。　BCD

15　回结肠静脉　V. ileocolica.　伴随同名动脉。　BCD

16　结肠支[1]　Ramus colicus.　由回结肠静脉发出，在肉食动物和马，伴随同名动脉。　BC

17　结肠支[1]　Rami colici.　在反刍动物由回结肠静脉发出，伴随同名动脉。　D

18　结肠右静脉[1]　Vv. colicae dextrae.　在反刍动物，由回结肠静脉发出，伴随同名动脉。　D

19　盲肠静脉　V. cecalis [caecalis].　在肉食动物、猪和反刍动物，由回结肠静脉发出，伴随同名动脉。　CD

20　盲肠内侧静脉（马）　V. cecalis [caecalis] medialis.　由回结肠静脉发出，伴随同名动脉。　B

21　盲肠外侧静脉（马）　V. cecalis [caecalis] lateralis.　由回结肠静脉发出，伴随同名动脉。　B

22　结肠右静脉[1]　V. colica dextra.　由回结肠静脉（肉食动物、猪）或结肠支（马）发出。伴随同名动脉。　BC

23　结肠中静脉[1]（肉食动物、猪）　V. colica media.　起自回结肠静脉，伴随同名动脉，可加入肠系膜后静脉。　C

1）：有关物种特异性的详细信息请参考肠系膜前动脉各相应分支的分布情况。

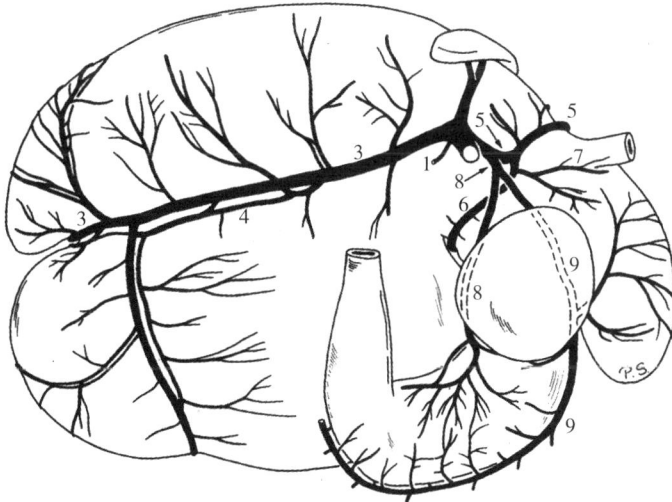

A 胃的静脉，右侧观（牛）

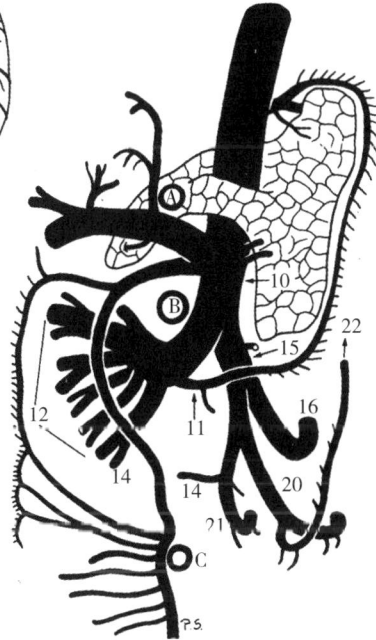

B 门静脉与胰、腹腔动脉（A）、肠系膜前动脉（B）和肠系膜后动脉（C）的关系，背侧观（马）

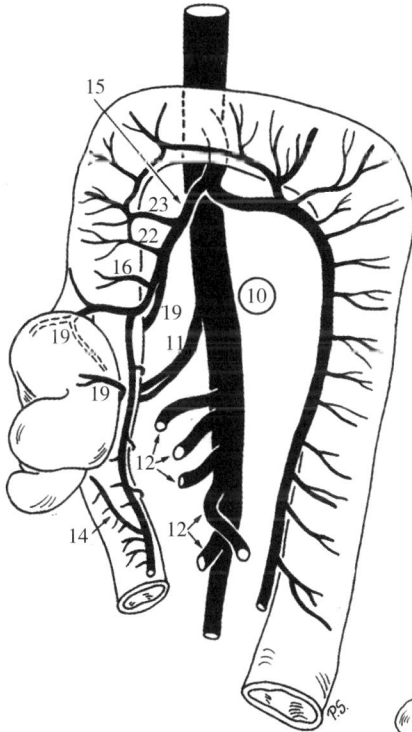

C 盲肠和结肠的静脉，腹侧观（犬）

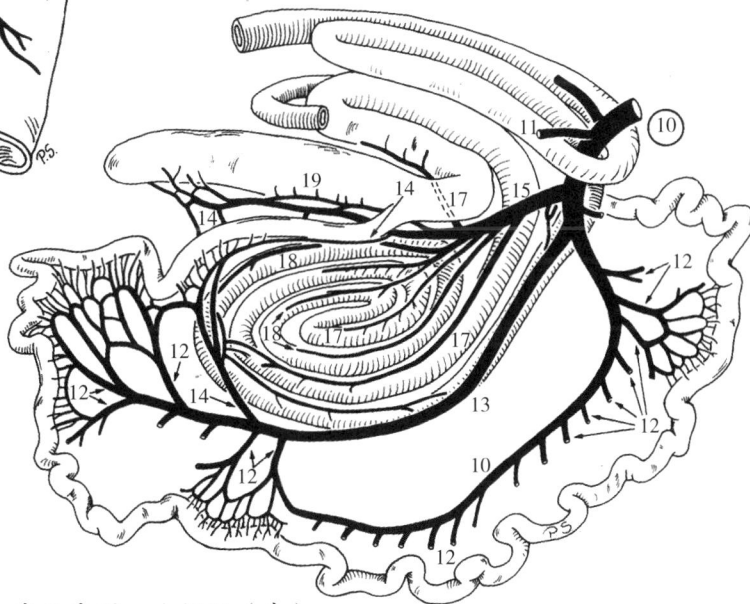

D 肠的静脉，半示意图，右侧观（牛）

1 肠系膜后静脉　V. mesenterica caudalis. 门静脉不成对的小的终支，在系膜内走向降结肠。　A

2 结肠中静脉（反刍动物、马）　V. colica media. 汇集横结肠的血液，沿横结肠系膜向右加入结肠右静脉。　A

3 结肠左静脉　V. colica sinistra. 为肠系膜后静脉在降结肠系膜内靠近降结肠的直接延续。马的例外，因其在结肠系膜内靠上的位置向后延伸。　A

4 乙状结肠静脉　Vv. sigmoideae. 由肠系膜后静脉发出，伴随同名动脉。　A

5 直肠前静脉　V. rectalis cranialis. 为结肠左静脉沿直肠背侧面的继续。与直肠后（以及直肠中）静脉相吻合。　A

6 **髂总静脉　V. ILIACA COMMUNIS.** 为后腔静脉的终支。向后外侧到达髂骨内侧面，分为髂外和髂内静脉。例外的是山羊缺左髂总静脉。　BE

7 第5（马）、6（有蹄类）、7（肉食动物）腰静脉　V. lumbalis Ⅴ（Eq），Ⅵ（Un），Ⅶ（Car）. 不同程度合并的节段性静脉，伴随同名动脉。　BE

8 旋髂深静脉（有蹄类）　V. circumflexa ilium profunda. 起自髂总静脉，伴随同名动脉。　BE

9 髂腰静脉（马）　V. iliolumbalis. 起自髂总静脉，伴随同名动脉。　B

10 左睾丸静脉（牛、绵羊）　V. testicularis sinistra. 起自髂总静脉，伴随同名动脉。　DE

11 蔓状丛　Plexus pampiniformis. 围绕睾丸动脉周围的静脉网。　D

12 左卵巢静脉（牛、山羊）　V. ovarica sinistra. 起自髂总静脉，越过腹主动脉的背侧面（牛）进入卵巢系膜，伴随同名动脉。　CE

13 膀胱前静脉（山羊）　V. vesicalis cranialis. 起自左卵巢静脉，到膀胱。

14 荐正中静脉（肉食动物、猪、反刍动物）　V. sacralis mediana. 沿荐骨的盆面延伸。在猪常为双支，有时在肉食动物、山羊和牛局部出现双支。　E

15 荐支　Rami sacrales. 成对，但起始部常合并，进入对应的荐腹侧孔，加入椎外背侧静脉丛。最后一对在荐骨和尾椎间穿过。　E

16 椎间静脉　V. intervertebratis. 连接于荐支和椎内腹侧静脉丛之间。　E

17 （荐正中静脉，马）　（V. sacralis mediana）. 伴随同名动脉。　B

18 尾正中静脉（肉食动物、猪、反刍动物）　V. caudalis [coccygea] mediana. 为荐中静脉的直接延续，发达程度不一，伴随同名动脉。在肉食动物、猪，有时在山羊是成对的。　E

19 尾支　Rami caudales [coceygei]. 为尾中静脉的分支，伴随同名动脉。　E

20 椎间静脉　V. intervertebralis. 在尾椎之间向内，连接尾中静脉于椎内（外）静脉丛。　E

21 尾腹外侧静脉　V. caudalis [coccygea] ventrolateralis. 伴随同名动脉，参与椎外腹侧静脉丛。　E

22 尾背外侧静脉　V. caudalis [coccygea] dorsolateralis. 伴随同名动脉，参与椎外背侧静脉丛。　E

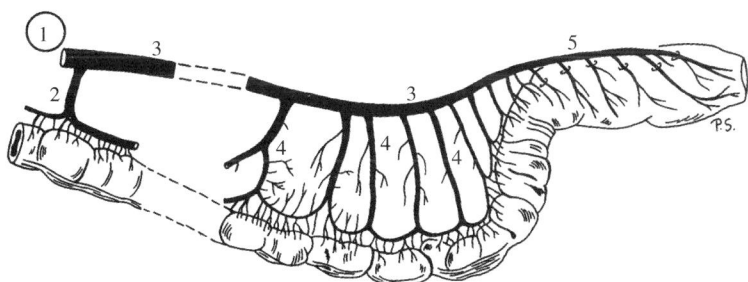

A　小结肠和直肠的静脉，左侧观（马）

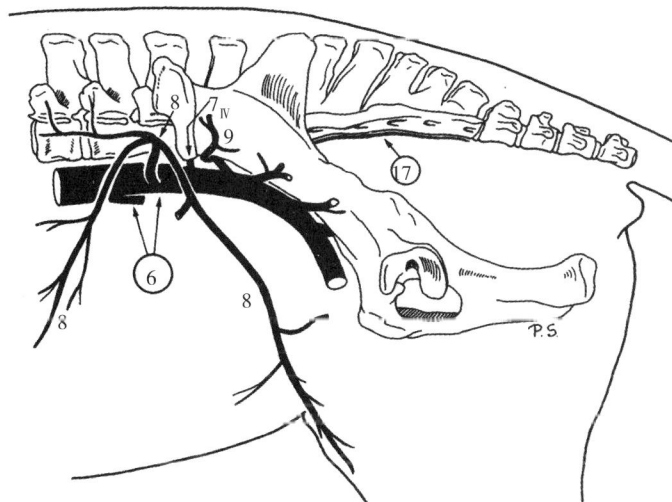

B　髂总静脉的分支，左外侧观（马）

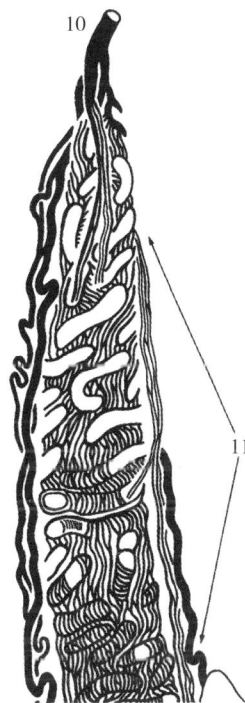

D　左睾丸静脉的铸型，
　　前内侧观（牛）

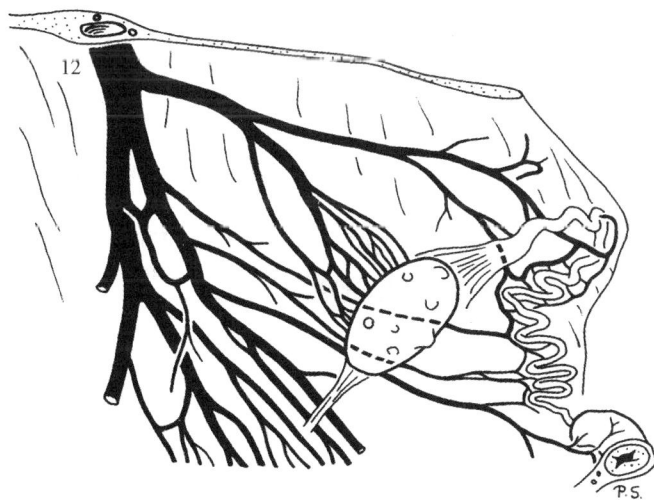

C　左卵巢、输卵管和子宫角的静脉，
　　内侧观（牛）

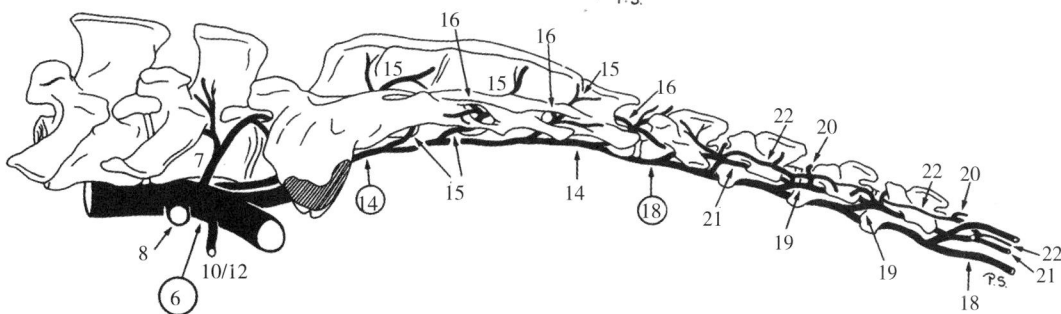

E　静脉与L5至Co4椎骨的关系（牛）

通用名词　TERMINUS COMMUNIS

1 **髂内静脉　V. ILIACA INTERNA**. 髂总静脉的内侧终支，伴随同名动脉进入盆腔。 AC

髂内静脉——肉食动物　CARNIVORA

2 髂腰静脉　V. iliolumbalis. 伴随同名动脉。 AC

3 闭孔静脉　V. obturatoria. 为髂内静脉（猫）或臀后静脉（犬）的分支，走向闭孔。 AC

4 前列腺静脉　V. prostatica. 到前列腺。 C

5 输精管静脉　V. ductus deferentis. 到输精管。 C

6 膀胱后静脉　V. vesicalis caudalis. 从膀胱静脉丛走出。 C

7 直肠中静脉　V. rectalis media. 到直肠。 C

8 阴道静脉　V. vaginalis. 到阴道侧壁。 A

9 子宫静脉　V. uterina. 伴随同名动脉。 A

10 膀胱后静脉　V. vesicalis caudalis. 为子宫静脉的分支，连接膀胱静脉丛。 A

11 直肠中静脉　V. rectalis media. 为阴道静脉或前列腺静脉的分支，进入直肠。 A

12 臀前静脉　V. glutea [glutaea] cranialis. 伴随同名动脉。 AC

13 尾外侧静脉　V. caudalis [coccygea] lateralis. 伴随同名动脉。 ABC

14 尾背侧静脉（猫）　V. caudalis [coccygea] dorsalis. 不成对，由左、右尾外侧静脉的分支汇集而成，位于尾的背侧面。 B

15 臀后静脉　V. glutea [glutaea] caudalis. 伴随同名动脉。 AC

16 会阴背侧静脉　V. perinealis dorsalis. 从会阴背侧部导出血液。 A

17 阴部内静脉　V. pudenda interna. 伴随同名动脉。 AC

18 尿道静脉　V. urethralis. 导出尿道骨盆部的血液。 AC

19 阴茎背静脉　V. dorsalis penis. 伴随同名动脉。左侧与右侧在坐骨弓处有一短段合并。 C

20 阴蒂背静脉　V. dorsalis clitoridis. 伴随同名动脉。左侧与右侧者在坐骨弓处有一短段合并。 A

21 会阴腹侧静脉　V. perinealis ventralis. 到会阴和肛门。 AC

22 直肠后静脉　V. rectalis caudalis. 伴随同名动脉，常与阴部内静脉的一个分支相伴（犬）。AC

23 阴囊背侧静脉　V. scrotalis dorsalis. 常有阴茎静脉的分支相伴。 C

24 阴唇背侧静脉　V. labialis dorsalis. 在犬伴随同名动脉。 A

25 阴茎静脉　V. penis. 伴随同名动脉，为阴茎球静脉和阴茎深静脉的总干。 C

26 阴茎球静脉　V. bulbi penis. 为阴茎静脉的分支，伴随同名动脉。 C

27 阴茎深静脉　V. profunda penis. 为阴茎静脉的分支，伴随同名动脉。 C

28 阴蒂静脉　V. clitoridis. 伴随同名动脉，为前庭球静脉和阴蒂深静脉的总干。 A

29 前庭球静脉　V. bulbi vestibuli. 导出前庭球的血液。 A

30 阴蒂深静脉　V. profunda clitoridis. 在犬为左、右侧合并。通过几个分支导出阴蒂海绵体的血液。 A

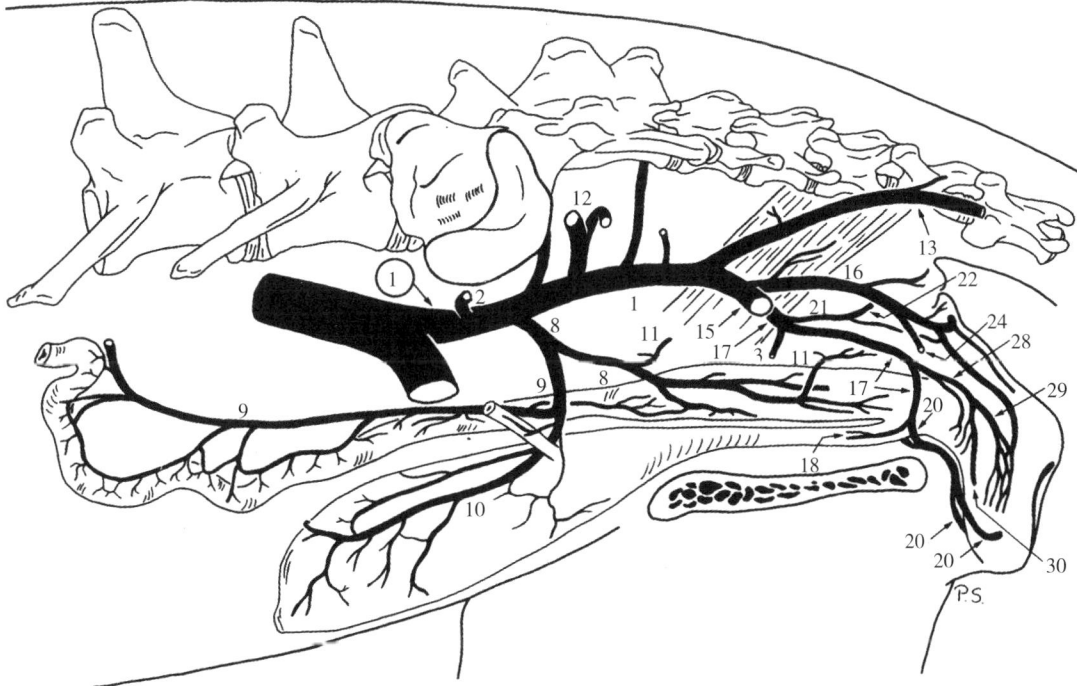

A 盆腔的静脉，左侧观（母犬）

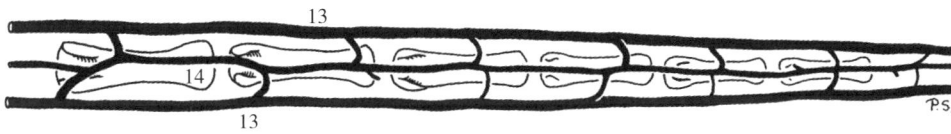

B 静脉与Co12~17椎骨的关系，背侧观（猫）

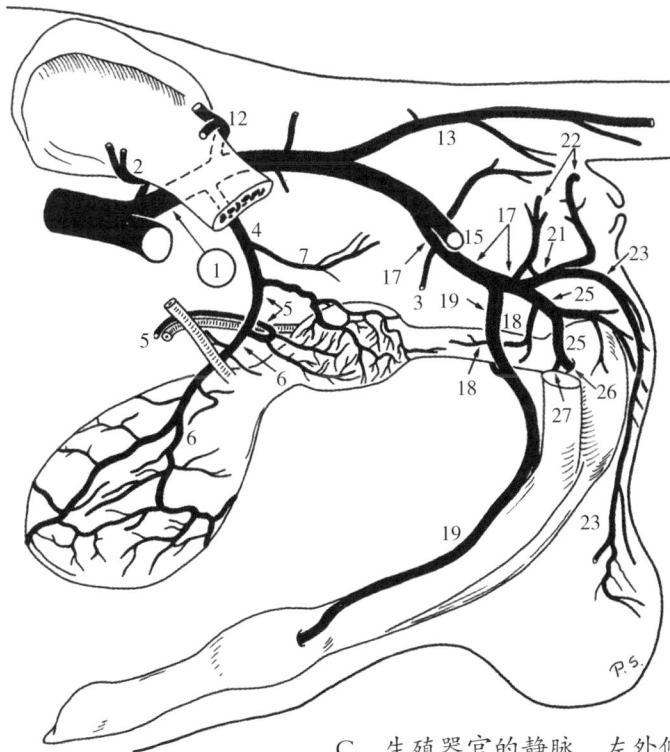

C 生殖器官的静脉，左外侧观（公犬）

髂内静脉——猪　SUS

1　髂腰静脉　V. iliolumbalis.　伴随同名动脉。　AB

2　臀前静脉　V. glutea [glutaea] cranialis.　伴随同名动脉。

3　前列腺静脉　V. prostatica.　伴随同名动脉。　A

4　膀胱后静脉　V. vesicalis caudalis.　伴随同名动脉。　A

5　阴道静脉　V. vaginalis.　伴随同名动脉。　B

6　子宫支　Ramus uterinus.　起自阴道静脉，伴随同名动脉。　B

7　膀胱后静脉　V. vesicalis caudalis.　起自阴道静脉，伴随同名动脉。　B

8　闭孔静脉　V. obturatoria.　伴随同名动脉。常与股深静脉和阴茎静脉（或阴蒂静脉）相连接。　AB

9　臀后静脉　V. glutea [glutaea] caudalis.　伴随同名动脉。　AB

10　会阴背侧静脉　V. perinealis dorsalis.　为髂内静脉或尾背外侧静脉的分布到会阴的分支。　AB

11　直肠后静脉　V. rectalis caudalis.　导出肛管的静脉血。　AB

12　阴部内静脉　V. pudenda interna.　伴随同名动脉。　AB

13　会阴腹侧静脉　V. perinealis ventralis.　走向会阴。　AB

14　阴囊背侧静脉　V. scrotalis dorsalis.　导出阴囊背侧部的静脉血，有阴茎球静脉的分支伴行。　A

15　阴唇背侧静脉　V. labialis dorsalis.　导出阴唇的静脉血，有会阴背侧静脉的分支伴行或替代。　B

16　阴茎静脉　V. penis.　为阴部内静脉的分支，在坐骨弓处通过一大的前支与对侧同名静脉连接，此前支延伸入闭孔静脉和股深静脉。　A

17　阴茎球静脉　V. bulbi penis.　导出尿道海绵体的静脉血。　A

18　阴茎深静脉　V. profunda penis.　导出阴茎海绵体的静脉血。　A

19　阴茎背静脉　V. dorsalis penis.　伴随同名动脉。常双侧对称或仅在起始部为单侧。　A

20　阴蒂静脉　V. clitoridis.　伴随同名动脉，在坐骨弓处通过一大的前支与对侧同名静脉连接，此前支延伸入闭孔静脉和股深静脉。　B

21　前庭球静脉　V. bulbi vestibuli.　走向前庭球。　B

22　阴蒂深静脉　V. profunda clitoridis.　导出阴蒂海绵体的静脉血。　B

23　阴蒂背静脉　V. dorsalis clitoridis.　有多样的起源，沿阴蒂腹侧面延伸。　B

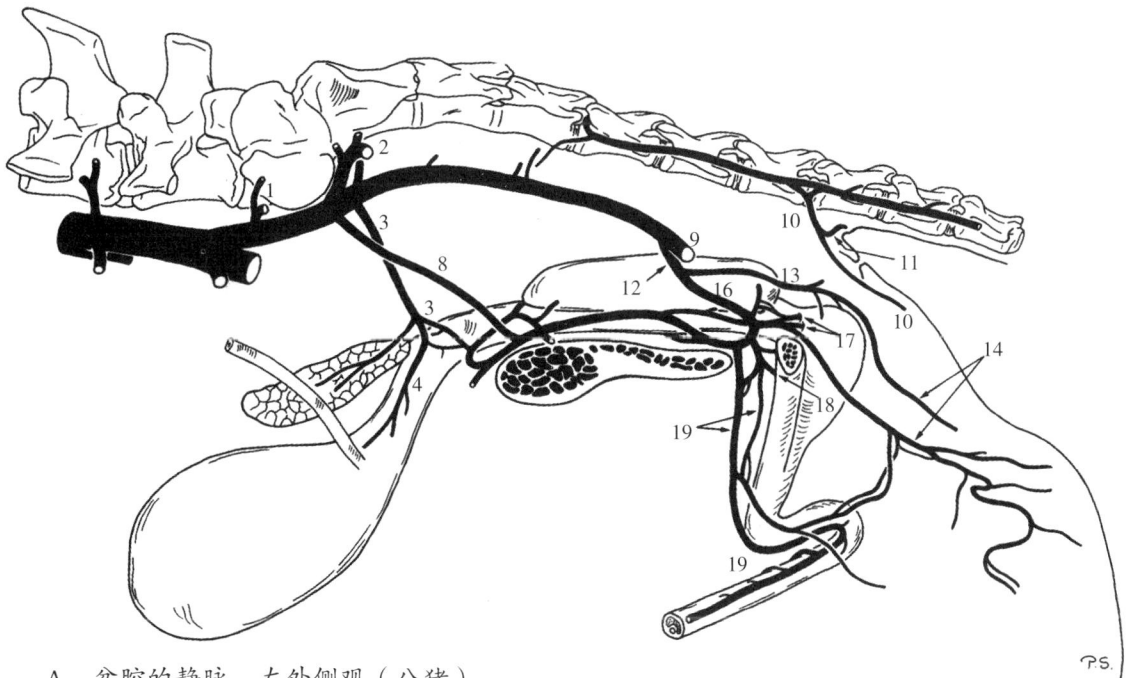

A　盆腔的静脉，左外侧观（公猪）

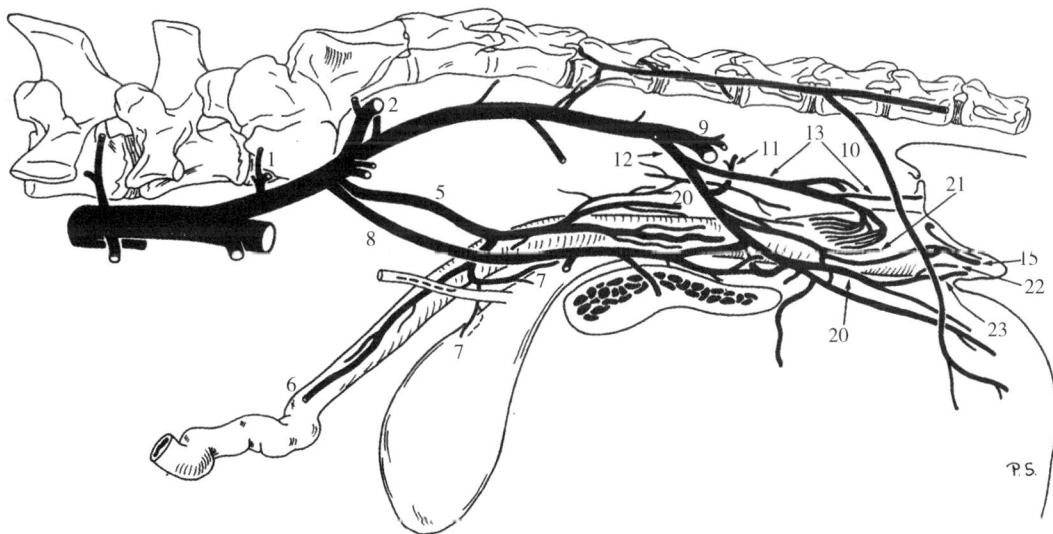

B　盆腔的静脉，左外侧观（母猪）

髂内静脉——反刍动物　RUMINANTIA

1　子宫静脉（牛）　V. uterina.　细且不恒定，伴随子宫动脉进入子宫静脉网。　B

2　髂腰静脉　V. iliolumbalis.　伴随同名动脉。　AB

3　臀前静脉　V. glutea [glutaea] cranialis.　伴随同名动脉。　AB

4　闭孔静脉　V. obturatoria.　走向闭孔，可以是双支并起于阴部内静脉（牛）。　AB

5　阴道副静脉（牛）　V. vaginalis accessoria.　到阴道，常为双支。　B

6　前列腺静脉　V. prostatica.　伴随同名动脉。　A

7　输精管静脉　V. ductus deferentis.　伴随同名动脉。　A

　　8　膀胱后静脉　V. vesicalis caudalis.　起自输精管静脉，导出膀胱静脉丛的血液。　A

9　阴道静脉　V. vaginalis.　伴随同名动脉。　B

10　子宫支　Ramus uterinus.　为阴道静脉的分支，伴随同名动脉。参与构成子宫静脉网，在牛是丛状的。　B

　　11　膀胱后静脉　V. vesicalis caudalis.　为子宫支的分支，导出膀胱静脉丛的血液。　B

12　直肠中静脉　V. rectalis media.　常单侧缺失，起自阴道静脉，到达直肠（牛、山羊）（在雄性起自前列腺静脉）。　B

13　会阴背侧静脉　V. perinealis dorsalis.　起自阴道静脉，到会阴（在雄性起自前列腺静脉）。　B

　　14　直肠后静脉（母牛、山羊）　V. rectalis caudalis.　伴随同名动脉，形态和起源多样。　B

　　15　阴唇背侧静脉　V. labialis dorsalis.　起自会阴背侧静脉，伴随同名动脉。　B

16　臀后静脉　V. glutea [glutaea] caudalis.　起自髂内静脉，伴随同名动脉。　AB

17　阴部内静脉　V. pudenda interna.　起自髂内静脉，伴随同名动脉。在雌性，在坐骨弓处与对侧同名静脉连接。　AB

18　直肠后静脉（公牛、绵羊）　V. rectalis caudalis.　起自阴部内静脉，伴随同名动脉，在形态和起点上多样。　A

19　前庭静脉（牛）　V. vestibulars.　起自阴部内静脉，伴随同名动脉。　B

20　会阴腹侧静脉　V. perinealis ventralis.　到会阴。　AB

　　21　阴唇背侧和乳房静脉　V. labialis dorsalis et mammaria.　起自会阴腹侧静脉，伴随同名动脉，加入阴唇腹侧静脉［乳房后静脉］。在牛可与对侧合并或单侧缺失。　B

22　阴茎静脉　V. penis.　起自阴部内静脉，伴随同名动脉。或与对侧者在坐骨弓处吻合。　A

　　23　阴茎球静脉　V. bulbi penis.　起自阴茎静脉，导出尿道海绵体的静脉血。　A

　　24　阴茎深静脉　V. profunda penis.　起自阴茎静脉，导出阴茎海绵体的静脉血。　A

　　25　阴茎背静脉　V. dorsalis penis.　阴茎背不成对的静脉。比较特殊的是在绵羊和山羊，在阴茎乙状弯曲处阴茎背静脉接受来自阴部外静脉分支的汇入；在山羊，不成对的阴茎背静脉后部有可能缺如。　A

26　阴蒂静脉　V. clitoridis.　伴随同名动脉。　B

27　前庭球静脉（绵羊、山羊）　V. bulbi vestibuli.　起自阴蒂静脉，导出前庭球的静脉血。

28　阴蒂深静脉　V. profunda clitoridis.　导出阴蒂海绵体的静脉血。　B

29　阴蒂背静脉　V. dorsalis clitoridis.　沿阴蒂体腹侧面延伸。　B

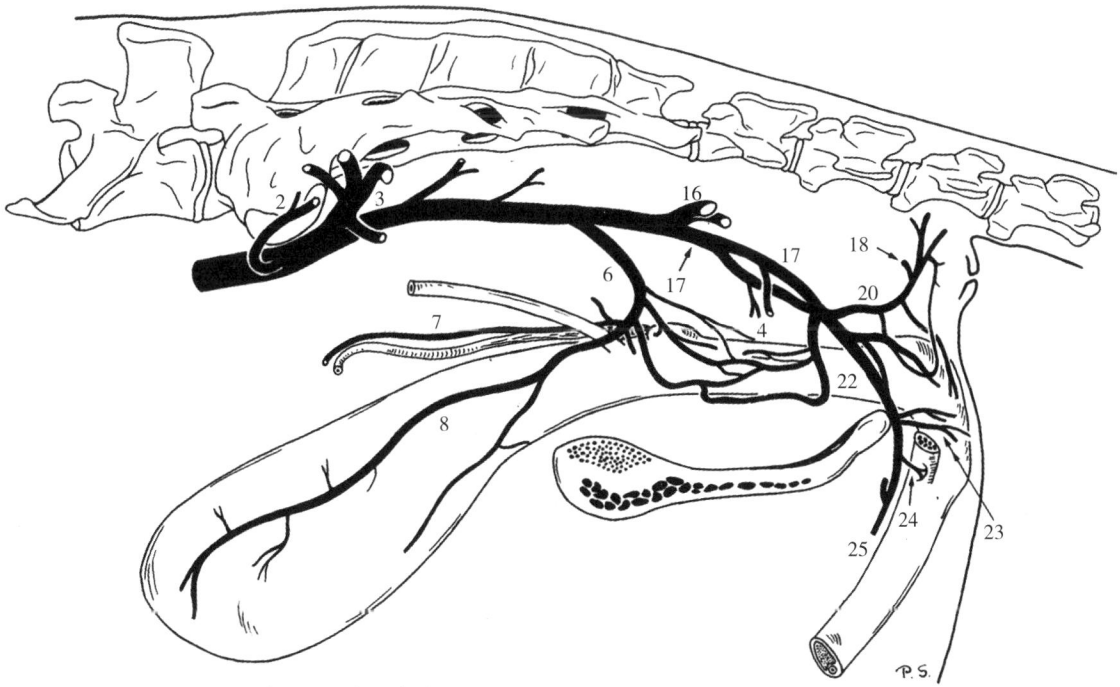

A 盆腔的静脉，左外侧观（公牛）

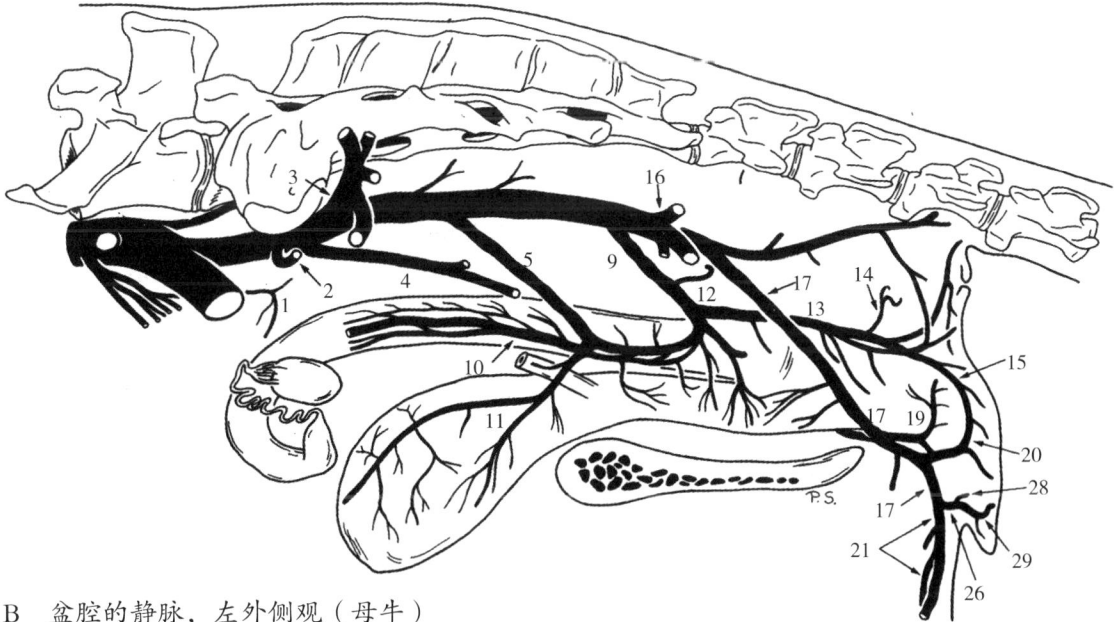

B 盆腔的静脉，左外侧观（母牛）

髂内静脉——马　EQUUS

1　臀后静脉　V. glutea [glutaea] caudalis.　伴随同名动脉。　AB

2　臀前静脉　V. glutea [glutaea] cranials.　由臀后静脉发出，伴随同名动脉。　AB

3　荐支　Rami sacrales.　进入每一荐腹侧孔，从相应的荐背侧孔穿出，加入椎外背侧静脉丛。第1荐支起自髂内静脉。　AB

  4　椎间静脉　V. intervertebralis.　在荐管内起始，将荐支与椎内腹侧静脉丛连接。　A

5　尾中静脉　V. caudalis [coccygea] mediana.　不成对，起自左或右臀后静脉或双侧臀后静脉，由不对称的分支汇合而成。很少由荐中静脉发出。　A

6　尾腹外侧静脉　V. caudalis [coccygea] ventrolateralis.　伴随同名动脉，参与构成椎外腹侧静脉丛。　AB

  7　尾支　Rami caudalis [coccygei].　由尾腹外侧静脉发出，伴随同名动脉。　A

    8　椎间静脉　V. intervertebralis.　为尾支的内侧支，从尾椎间越过，连接椎外与椎内腹侧静脉丛。　A

    9　尾背外侧静脉　V. caudalis [coccygea] dorsolateralis.　伴随同名动脉，参与构成椎外背侧静脉丛。　A

10　阴部内静脉　V. pudenda interna.　伴随同名动脉。后段常伴有一条在荐结节阔韧带外侧延伸的平行静脉，并在坐骨小孔处再次加入主干内。　AB

11　前列腺静脉　V. prostatica.　到前列腺。　A

  12　输精管支　Ramus ductus deferentis.　伴随同名动脉。　A

    13　膀胱后静脉　V. vesicalis caudalis.　起自输精管支，导出膀胱静脉丛的血液。　A

14　直肠中静脉　V. rectalis media.　到直肠。　A

15　阴道静脉　V. vaginalis.　伴随同名动脉。　B

  16　子宫支　Ramus uterinus.　到子宫颈和子宫体。　B

    17　膀胱后静脉　V. vesicalis caudalis.　起自子宫支，导出膀胱静脉丛的血液。　B

      18　直肠中静脉　V. rectalis media.　起自膀胱后静脉、阴道静脉，到直肠。　B

19　会阴腹侧静脉　V. perinealis ventralis.　到会阴部。　AB

20　直肠后静脉　V. rectalis caudalis.　到直肠。　AB

21　阴茎静脉　V. penis.　到阴茎根。　A

22　阴茎球静脉　V. bulbi penis.　起自阴茎静脉，导出尿道海绵体的静脉血。　A

23　阴茎深静脉　V. profunda penis.　起自阴茎静脉，导出阴茎海绵体的静脉血。　A

24　阴茎背静脉　V. dorsalis penis.　非常细，沿阴茎后段的背侧延伸，接受阴茎中静脉的汇入；继续在阴茎背侧延伸，在接受多条阴茎前静脉后形成一个由大的盘旋形静脉构成的复合体，以导出阴茎头和阴茎的尿道海绵体及阴茎海绵体的静脉血。　A

25　阴蒂静脉　V. clitoridis.　为阴部内静脉的直接延续。　B

26　前庭球静脉　V. bulbi vestibuli.　导出前庭球的静脉血。　B

27　阴蒂深静脉　V. profunda clitoridis.　导出阴蒂海绵体的静脉血。　B

28　阴蒂背静脉　V. dorsalis clitoridis.　沿阴蒂体腹缘延伸。　B

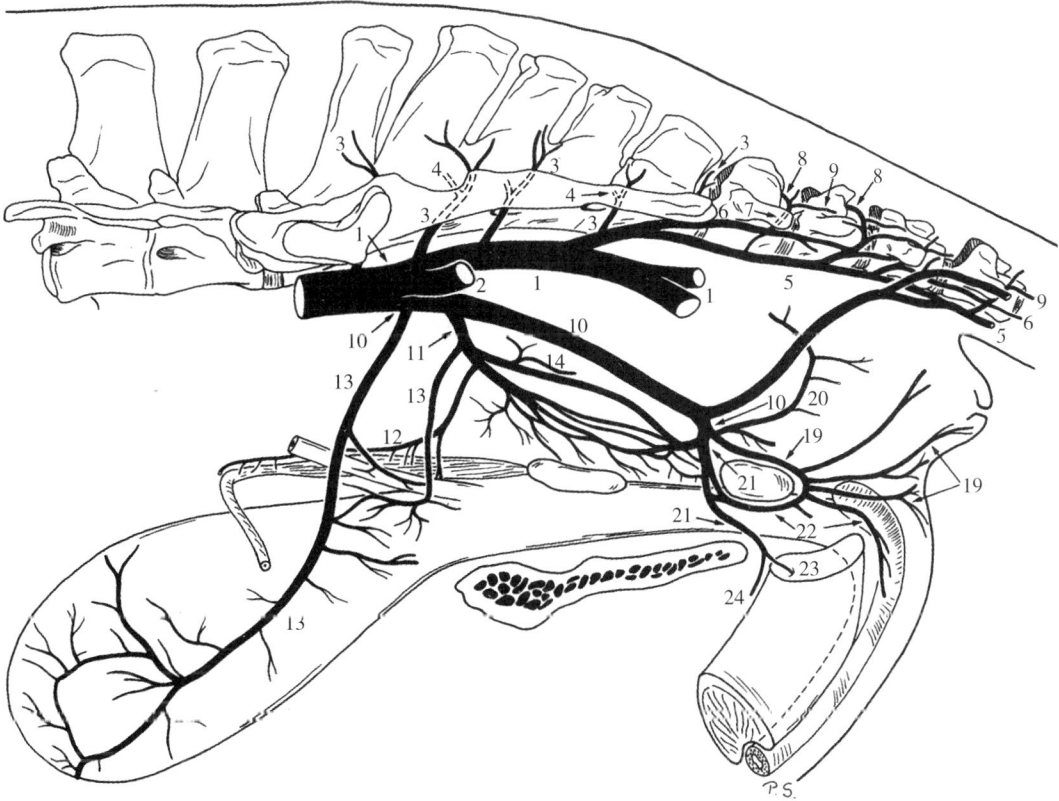

A　盆腔的静脉，左外侧观（公马）

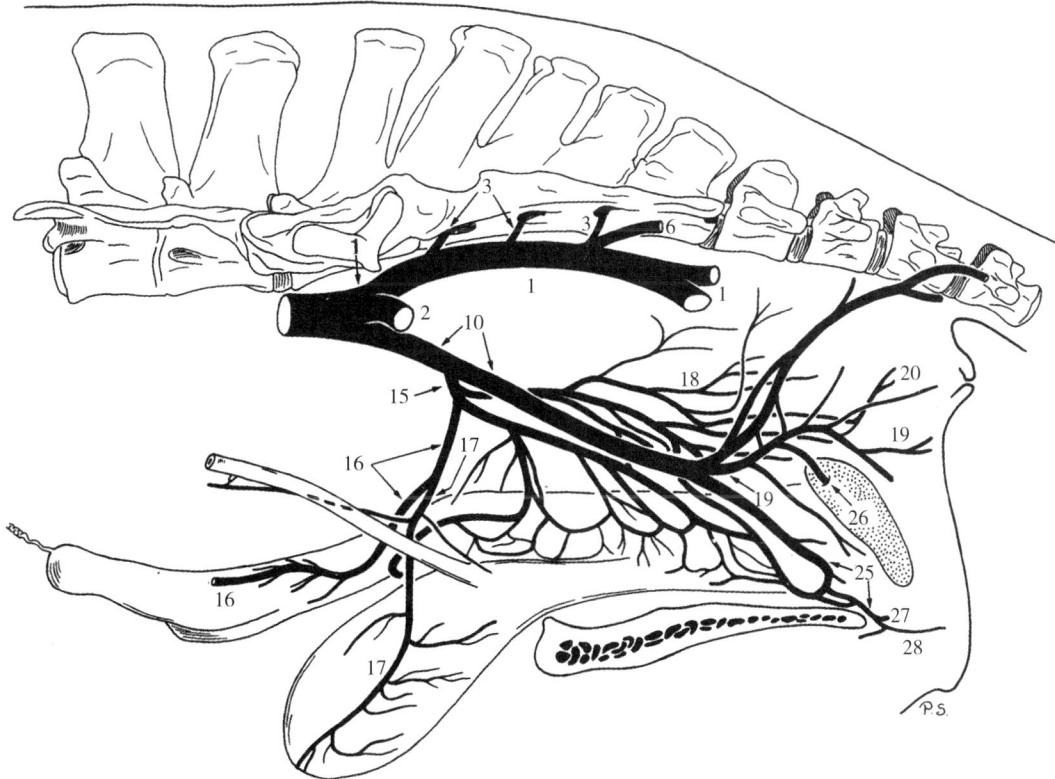

B　盆腔的静脉，左外侧观（母马）

通用名词　TERMINUS COMMUNIS

1 **髂外静脉　V. ILIACA EXTERNA**. 髂总静脉的外侧终支，沿髂骨体前方走向血管腔隙。　AB

髂外静脉——肉食动物　CARNIVORA

2 腹后静脉　V. abdominalis caudalis. 走向后外侧腹壁。　A

3 阴部腹壁静脉　V. pudendoepigastrica. 为腹壁后静脉和阴部外静脉的主干。　A

4 腹壁后静脉　V. epigastrica caudalis. 伴随同名动脉。　A

5 阴部外静脉　V. pudenda externa. 伴随同名动脉。　A

6 膀胱中静脉（猫）V. vesicalis media. 在膀胱侧韧带内走向膀胱。可起自腹壁后静脉或髂外静脉的一个肌支。　A

7 阴囊腹侧静脉　V. scrotalis ventralis. 导出阴囊静脉血。　A

8 阴唇腹侧静脉　V. labialis ventralis. 到阴唇，也导出腹股沟乳丘的血液。

9 腹壁后浅静脉　V. epigastrica caudalis superficialis. 伴随同名动脉，与腹壁前浅静脉对接式吻合，导出腹部和腹股沟乳丘的静脉血。　A，另见306页15条。

10 股深静脉　V. profunda femoris. 沿髂腰肌内侧面延伸。　A

11 旋股内侧静脉　V. circumflexa femoris medialis. 为股深静脉的直接延续，伴随同名动脉。　A

髂外静脉——猪　SUS

12 输精管静脉　V. ductus deferentis. 分布于输精管末段。

13 膀胱前静脉　V. vesicalis cranialis. 到膀胱。

14 股深静脉　V. profunda femoris. 为阴部腹壁静脉和旋股内侧静脉的主干。　B

15 阴部腹壁静脉　V. pudendoepigastrica. 为腹壁后静脉和阴部外静脉的主干。　B

16 腹壁后静脉　V. epigastrica caudalis. 伴随同名动脉。　B

17 阴部外静脉　V. pudenda externa. 伴随同名动脉。　B

18 阴囊腹侧静脉　V. scrotalis ventralis. 阴部外静脉发出的伴随同名动脉的双支静脉。

19 阴唇腹侧静脉　V. labialis ventralis. 阴部外静脉发出的伴随同名动脉的分支。　B

20 腹壁后浅静脉　V. epigastrica caudalis superficialis. 阴部外静脉的皮下属支，导出后部乳丘或包皮的静脉血。　B

21 旋股内侧静脉　V. circumflexa femoris medialis. 股深静脉的双延续支，伴随同名动脉。　B

22 外侧隐静脉［小隐静脉］V. saphena lateralis [parva]. 在股二头肌和半腱肌之间延伸，从腓肠肌的后面转向跟总腱的前外侧面。　BC

23 前支　Ramus cranialis. 外侧隐静脉的浅支，越过跗部外侧面，在距骨颈处与内侧隐静脉前支的一个分支相连，然后继续在跗和跖部近侧半的背面延伸。　BC

24 趾背侧第2~4总静脉　Vv. digitales dorsales communes Ⅱ-Ⅳ. 为外侧隐静脉前支的分支。与相应的跖背侧静脉相连。　C

25 趾背侧固有静脉　Vv. digitales dorsales propriae. 起自趾背侧第2~4总静脉，伴随同名动脉。　C

26 蹄冠静脉　V. coronalis. 为第3和第4趾背侧固有静脉的分支（轴侧和远轴侧）。沿蹄冠的背侧部延伸。　C

26a 蹄（静脉）丛　Plexus ungularis. 围绕远趾节骨的壁面分布，也延伸到蹄底面。此丛可定义为蹄真皮内稠密的静脉网。

27 后支　Ramus caudalis. 为外侧隐静脉沿跗跖外侧面的直接延续，加入足底外侧静脉。　BC

28 （与）内侧隐静脉［大隐静脉］吻合支　Ramus anastomoticus cum v. saphena medialis [magna]. 为外侧隐静脉或其后支的分支，越过趾深屈肌的跖侧面，在载距突处加入内侧隐静脉的后支。　BC

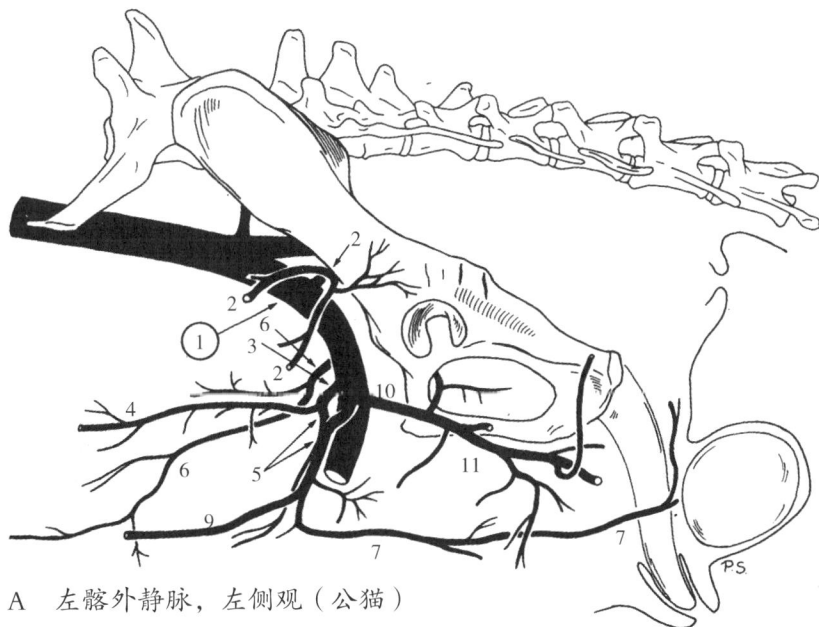

A 左髂外静脉，左侧观（公猫）

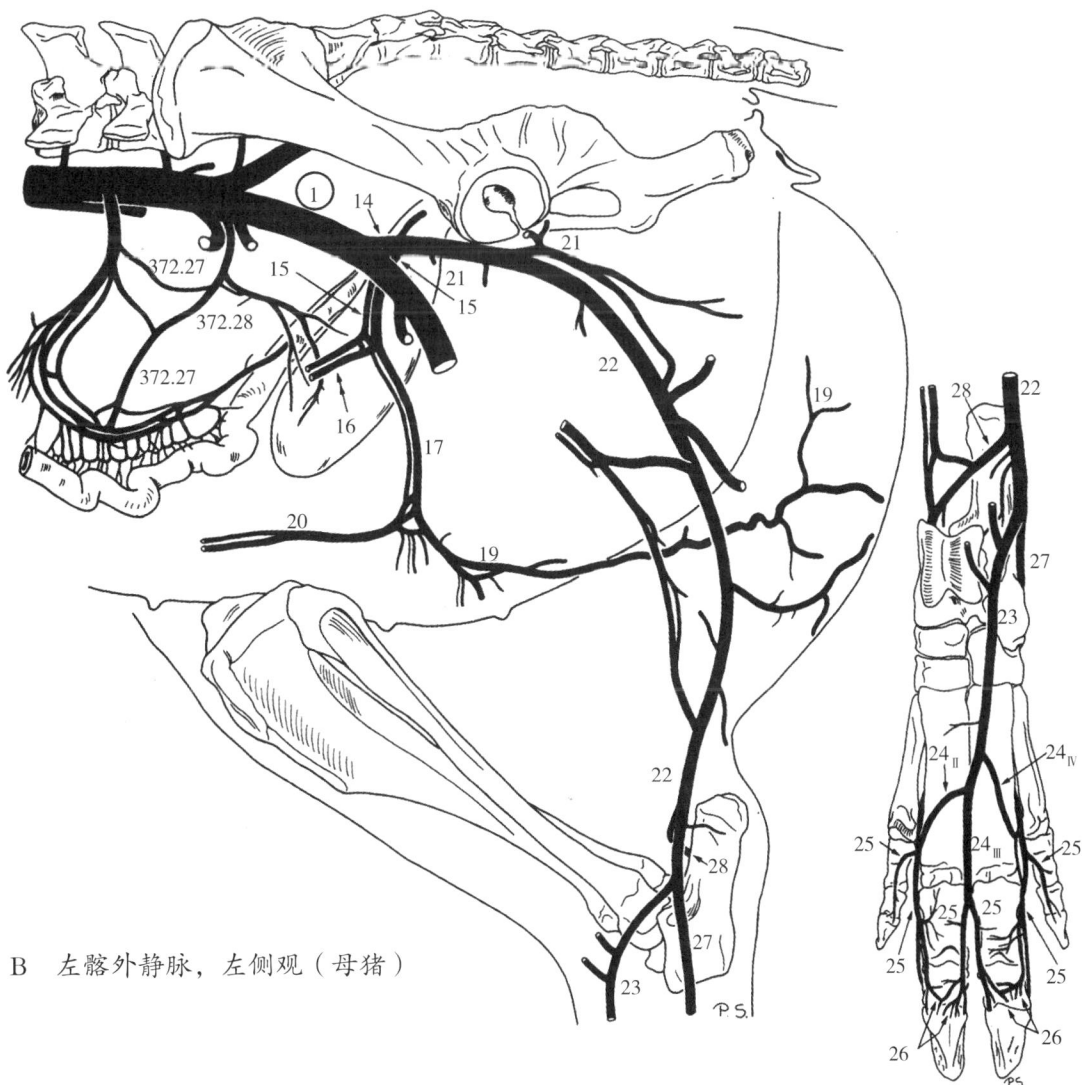

B 左髂外静脉，左侧观（母猪）

C 左后足的静脉，背侧观（猪）

髂外静脉——反刍动物　RUMINANTIA

1　股深静脉　V. profunda femoris.　伴随同名动脉。　A

2　阴部腹壁静脉　V. pudendoepigastrica.　阴部外静脉和腹壁后静脉的总干。　A

  3　腹后静脉　V. abdominalis caudalis.　伴随同名动脉。　A

  4　腹壁后静脉　V. epigastrica caudalis.　伴随同名动脉。　A

    5　睾提肌静脉　V. cremasterica.　起点多变，伴随同名动脉。　A

  6　阴部外静脉　V. pudenda externa.　伴随同名动脉。　AC

    7　阴囊腹侧静脉　V. scrotalis ventralis.　到阴囊。　A

    8　阴唇腹侧静脉［乳房后静脉］　V. labialis ventralis [mammaria caudalis].　阴部外静脉向乳房外侧面分支，在乳房上区继续走向阴唇。　C

    9　腹壁后浅静脉［乳房前静脉］　V. epigastrica caudalis superficialis [mammaria cranialis].　在雌性为阴部外静脉在乳房前外侧的分支，继续在腹下壁延伸，与腹壁前浅静脉以对接的方式吻合。　AC，另见306页15条。

10　旋股内侧静脉　V. circumflexa femoris medialis.　伴随同名动脉。　A

11　外侧隐静脉［小隐静脉］　V. saphena lateralis [parva].　沿腓肠肌后面在臀二头肌和半腱肌之间延伸到跟总腱的前外侧面。　A

  12　前支　Ramus cranialis.　为外侧隐静脉越过跗外侧面的分支。在接受胫前静脉的一个分支后，在跗、跖背侧面延续。　B

    13　趾背侧第3（2）和4总静脉　Vv. digitales dorsales communes（Ⅱ）Ⅲ et Ⅳ.　为外侧隐静脉前支的分支（牛为趾背侧第2~4总静脉，绵羊和山羊为趾背侧第3和4总静脉），其中趾背侧第2和4总静脉加入足底远深静脉弓，趾背侧第3总静脉加入跖背侧第3静脉和趾间静脉。　B

      14　趾背侧固有静脉　Vv. digitales dorsales propriae.　起自趾背侧第3总静脉的分叉，沿趾长伸肌的轴侧延伸。　B

        15　蹄冠静脉　V. coronalis.　趾背侧固有静脉的分支，沿蹄冠沟延伸。　B

        15a　蹄（静脉）丛　plexus ungularis.　围绕远趾节骨背侧面，也延伸到蹄底面。此丛可定义为蹄真皮的稠密静脉网。

    16　后支　Ramus caudalis.　外侧隐静脉在跗跖外侧面的直接延续，加入足底外侧静脉。　B

    17　（与）内侧隐静脉［大隐静脉］吻合支　Ramus anastomoticus cum v. saphena mediali [magna].　外侧隐静脉后支的分支，越过跟结节的背侧面，加入内侧隐静脉。　B

髂外静脉——马　EQUUS

18　输精管静脉　V. ductus deferentis.　到输精管的腹腔段。

19　子宫静脉　V. uterina.　伴随子宫动脉。

20　髂股静脉　V. iliacofemoralis.　沿髂骨体的前面延伸，常为双支。　DE

21　闭孔静脉　V. obturatoria.　沿髂骨体的内侧面延伸，穿过闭孔。　DE

22　阴茎中静脉　V. penis media.　到阴茎后部的背侧，加入阴茎背静脉。　E

23　阴蒂中静脉　V. clitoridis media.　与它的对侧支在坐骨弓腹侧吻合，穿过两阴蒂脚之间。导出阴蒂海绵体的血液。　D

24　股深静脉　V. profunda femoris.　伴随同名动脉。　DE

25　阴部腹壁静脉　V. pudendoepigastrica.　阴部外静脉和腹壁后静脉不恒定的总干。　DE

  26　腹壁后静脉　V. epigastrica caudalis.　双支，伴随同名动脉。　DE

  27　阴部外静脉　V. pudenda externa.　马的阴部外静脉虽然伴随同名动脉，但细小。　DE

27a　副阴部外静脉　V. pudenda externa accessoria.　一条伴随着小的阴部外静脉的大静脉，它通过股薄肌起点腱上的一个孔将阴茎或乳房背侧静脉丛直接连于股深静脉。　E

  28　阴囊腹侧静脉　V. scrotalis ventralis.　为阴部外静脉或其腹股沟静脉丛分出的阴囊支。　E

  29　阴茎前静脉　V. penis cranialis.　为阴部外静脉或其补充静脉分出的阴茎背支。　E

  30　阴唇腹侧静脉［乳房后静脉］　V. labialis ventralis [mammaria caudalis].　为阴部外静脉或其加强静脉发出的到乳房上区和阴唇的分支。　D

  31　腹壁后浅静脉［乳房前静脉］　V. epigastrica caudalis superficialis [mammaria cranialis].　阴部外静脉到腹后区的分支，通过对接与腹壁前浅静脉吻合。　DE

32　旋股内侧静脉　V. circumflexa femoris medialis.　伴随同名动脉。　DE

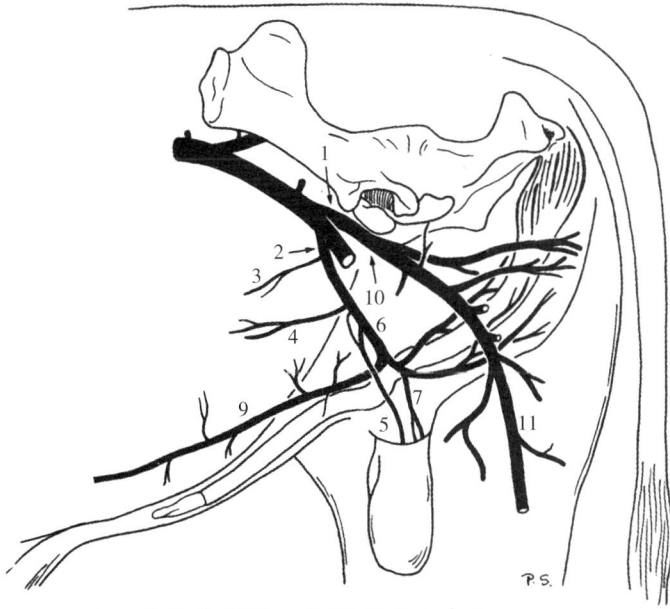

A 左髂外静脉，左侧观（公牛）

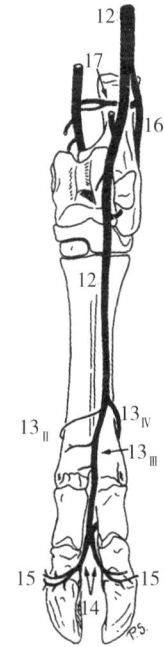

B 左后足的静脉，背侧观（牛）

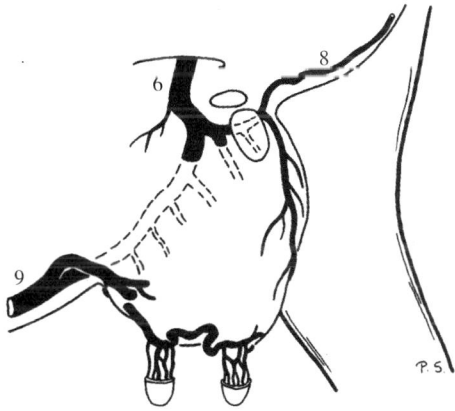

C 乳房的浅表静脉，左外侧观（牛）

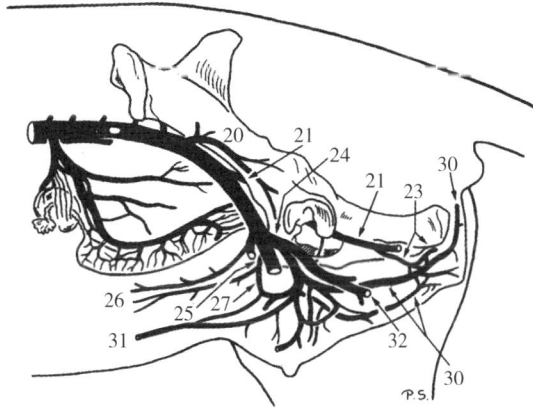

D 左髂外静脉，左侧观（母马）

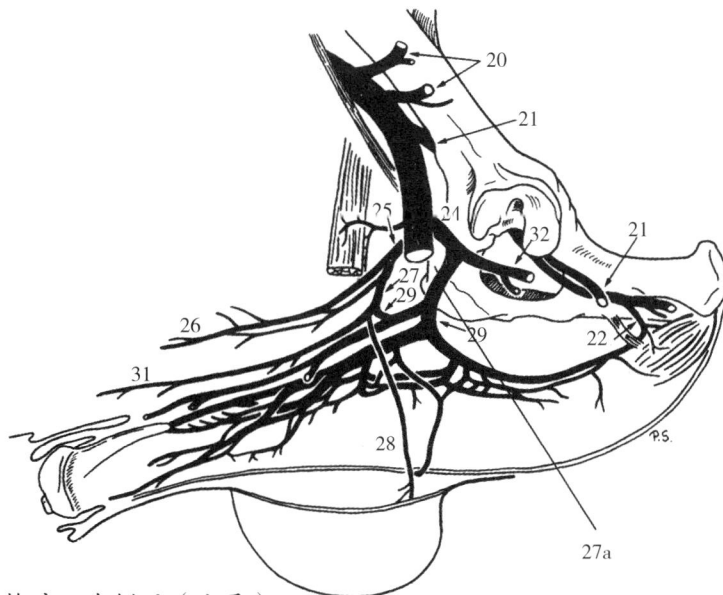

E 左髂外静脉，左侧观（公马）

股静脉——肉食动物　CARNIVORA

1　股静脉　V. femoralis.　髂外静脉在血管腔隙以下的直接延续，在股动脉后方延伸。　A

2　旋髂浅静脉（犬）V. circumflexa ilium superficialis.　伴随同名动脉。　A

3　旋股外侧静脉　V. circumflexa femoris lateralis.　伴随同名动脉。　A

4　股后近静脉　V. caudalis femoris proximalis.　伴随同名动脉。　A

5　内侧隐静脉［大隐静脉］　V. saphena medialis [magna].　伴随同名动脉。　A

6　前支　Ramus cranialis.　伴随同名动脉，加入外侧隐静脉或其吻合支，在跗的背内侧面继续，与足背静脉吻合。在第2跖骨背面延续为趾背侧第2总静脉（猫）或足背浅静脉弓的内侧根（犬）。　ABC

　　7　跗内侧静脉（犬）　V. tarsea medialis.　弯向跗内侧和跖侧，并在这里分支，发出足底内侧静脉。AB（另见7a）

　　7a　足底内侧静脉　V. plantaris medialis.　沿跖部跖内侧面到足底深（静脉）弓。　B

　　8　趾背侧第2总静脉（猫）　V. digitalis dorsalis communis Ⅱ.　C

　　　　9　趾背侧固有静脉　Vv. digitales dorsales propriae.　由趾背侧第2总静脉分叉而来。　C

10　后支　Ramus caudalis.　伴随同名静脉，在跗骨的跖内侧面分支。　AD

　　11　足底内侧静脉（猫）　V. plantaris medialis.　沿跖部跖内侧面到足底浅静脉弓。　D

12　膝降静脉　V. genus descendens.　伴随同名动脉。　A

13　膝关节支　Ramus articularis genus.　导出膝关节以及膝下脂肪体的静脉血。　A

14　股后中静脉　V. caudalis femoris media.　伴随同名动脉。　A

15　股后远静脉　V. caudalis femoris distalis.　伴随同名动脉。　A

16　外侧隐静脉［小隐静脉］　V. saphena lateralis [parva].　沿腓肠肌延伸，在股二头肌和半腱肌之间穿出后转为皮下延伸，继续在小腿外侧区延伸。　A

　　17　前支　Ramus cranialis.　沿小腿外侧区、跗背侧区和跖背侧区延伸。　ABC

　　　　18　（与）内侧隐静脉［大隐静脉］吻合支　Ramus anastomoticus cum v. saphrena mediali [magna].　为外侧隐静脉前支的分支，加入内侧隐静脉的前支。　ABC

　　　　19　第5趾背远轴侧静脉（犬）　V. digitalis dorsalis Ⅴ abaxialis.　外侧隐静脉前支的分支，沿第5跖骨的远轴侧缘延伸。　B

　　　　20　跗外侧静脉（犬）　V. tarsea lateralis.　外侧隐静脉前支到跗背侧和外侧的分支，与外侧隐静脉后支吻合。　AB

　　　　21　背侧浅（静脉）弓（犬）　Arcus dorsalis superficialis.　内侧隐静脉和外侧隐静脉前支间各种形式的连接。　B

　　　　　　22　第2趾背远轴侧静脉　V. digitalis dorsalis Ⅱ abaxialis.　背侧浅（静脉）弓的分支。　B

　　　　　　23　趾背侧第2~4总静脉　Vv. digitales dorsales communes Ⅱ-Ⅳ.　背侧浅（静脉）弓的分支，伴随同名动脉。　B

　　　　　　24　趾背侧固有静脉　Vv. digitales dorsales propriae.　伴随同名动脉。　B

　　　　　　25　趾背侧第3和4总静脉（猫）　Vv. digitales dorsales communes Ⅲ et Ⅳ.　外侧隐静脉前支的分支，伴随同名动脉。　C

　　　　　　　　26　趾背侧固有静脉　Vv. digitales dorsales propriae.　由趾背侧第3和第4总静脉分叉而来，伴随同名动脉。　C

B 左后足的静脉，
背侧观（犬）

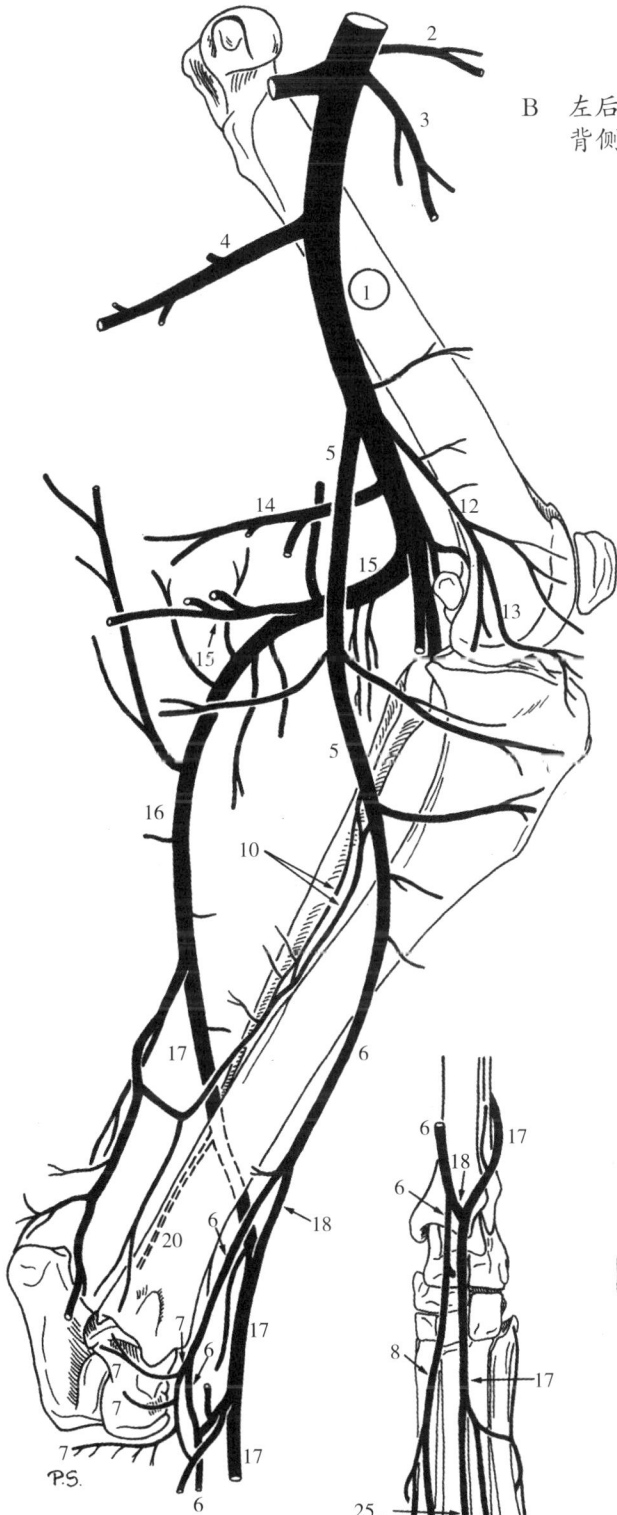

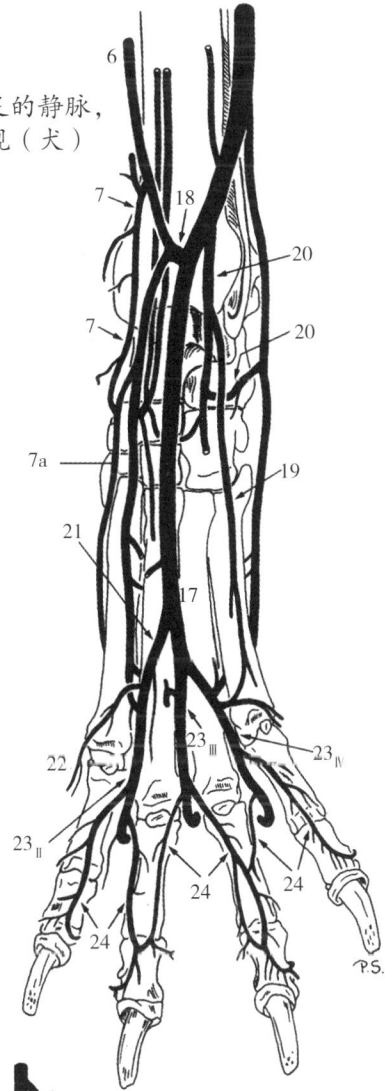

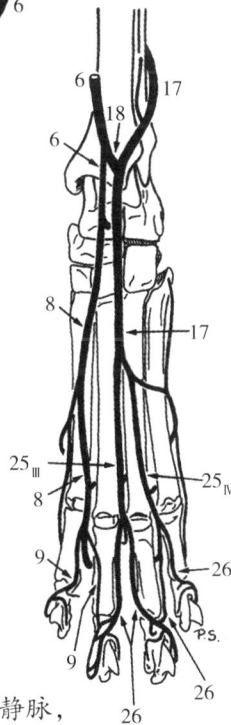

A 左后肢的静脉，
内侧观（犬）

C 左后足的静脉，
背侧观（猫）

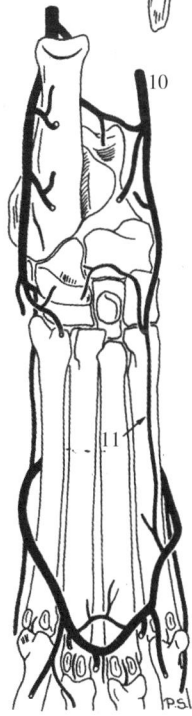

D 左后足的静脉，
跖侧观（猫）

1　后支　Ramus caudalis.　肉食动物外侧隐静脉的后支，沿小腿外侧区到跗部和跖部的跖外侧面。　AC

2　（与）内侧隐静脉［大隐静脉］吻合支　Ramus anastomoticus cum v. saphena mediali [magna].　为外侧隐静脉后支的分支，加入内侧隐静脉后支。　AC

3　足底深（静脉）弓　Arcus plantaris profundus.　外侧隐静脉的后支的内侧支越过骨间肌的跖侧（猫）或背侧（犬）后，加入内侧隐静脉后支（犬，有时有猫）和跖背侧第2静脉的近穿支。　AC

4　跖底第2~4静脉　Vv. metatarseae plantares Ⅱ-Ⅳ.　足底深静脉弓发出的分支，在骨间肌的跖侧（猫）或背侧（犬），加入足底浅（静脉）弓。　AC

5　足底浅（静脉）弓　Arcus plantaris superficialis.　外侧隐静脉后支的内侧支，在跖部远1/3处越过趾深屈肌腱的跖侧面，加入足底内侧静脉（猫）或跗内侧静脉的远支（犬）。　AC

6　第2趾跖远轴侧静脉（猫）　V. digitalis plantaris Ⅱ abaxialis.　起自足底浅（静脉）弓和趾背侧第2总静脉。　A

7　趾跖侧第2和4（猫），第2~4（犬）总静脉　Vv. digitales plantares communes Ⅱ et Ⅳ（fe），Ⅱ-Ⅳ（ca）.　足底浅（静脉）弓向远侧发出的分支，伴随同名动脉。　AC

8　趾间静脉　V. interdigitalis.　为趾跖侧总静脉或趾跖侧固有静脉发出的分支，加入相应的趾背侧固有静脉或总静脉中。　AC

9　趾跖侧固有静脉　Vv. digitales plantares propriae.　伴随同名动脉。　AC

10　第5趾跖远轴侧静脉（猫）V. digitalis plantaris Ⅴ abaxialis.　为足底浅（静脉）弓的分支。　A

11　**腘静脉**　V. poplitea.　为股静脉在发出股后远静脉后的直接延续。伴随同名动脉。　D

12　**膝静脉**　Vv. genus.　发达程度不同的膝关节的静脉。　D

13　**胫前静脉**　V. tibialis cranialis.　腘静脉向前远方的直接延续。伴随同名动脉。　BD

14　**足背静脉**　V. dorsalis pedis.　为胫前静脉在小腿跗关节以下跗部背侧的直接延续。在跗中部与内侧隐静脉的前支相吻合（猫）或合并（犬）。　B

15　跗内侧静脉（猫）　V. tarsea medialis.　到跗的内侧和跖侧。　B

16　跗外侧静脉（猫）　V. tarsea lateralis.　到跗的外侧和跖侧，与外侧隐静脉的后支相吻合。　B

17　背侧深（静脉）弓　Arcus dorsalis profundus.　沿第3、4跖骨的背侧面延伸，在猫起自足背静脉，在犬起自内侧隐静脉的前支，也许仅是外侧隐静脉后支的一条弓形分支。　B

18　跖背侧第2~4（犬）；第2（或3），4（猫）静脉　Vv. metatarseae dorsales Ⅱ-Ⅳ（ca），Ⅱ（Ⅲ）Ⅳ（fe）.　为背侧深（静脉）弓的分支，跖背侧第2和4静脉加入相应的趾背侧总静脉（犬）。跖背侧第2（肉食动物）和4（猫）静脉在近穿支起点以下是小而不发达的。　B

19　**胫后静脉**　V. tibialis caudalis.　伴随同名动脉，常有股后远静脉的一条分支相伴（犬）或取代之。　D

B　左跗部和跖部的静脉，背侧观（猫）

A　左后足的静脉，跖侧观（猫）

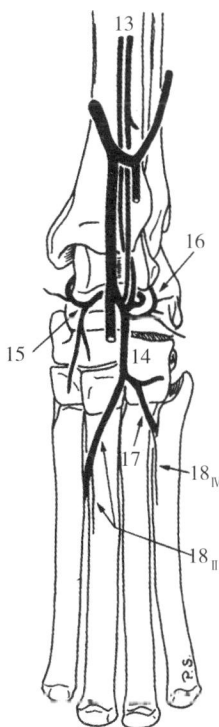

C　左后足的静脉，跖侧观（犬）

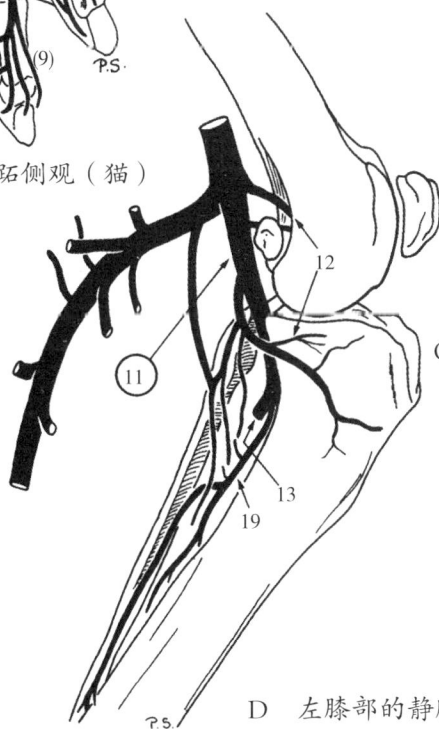

D　左膝部的静脉，内侧观（犬）

股静脉——猪 SUS

1 股静脉 V. femoralis. 为髂外静脉在血管腔隙以下的直接延续，沿股动脉的后方行进。 A

2 旋股外侧静脉 V. circumflexa femoris lateralis. 伴随同名动脉。 A

3 内侧隐静脉［大隐静脉］ V. saphena medialis [magna]. 伴随隐动脉的两支静脉。 A

4 前支 Ramus cranialis. 伴随同名动脉，接受腹壁后浅静脉的一条吻合支。 A

  5 内侧支 Ramus medialis. 可直接起自内侧隐静脉，也可起自前支，在皮下以各种途径到达跗背内侧部。 AC

  6 外侧支 Ramus lateralis. 起自内侧隐静脉前支和腹壁后浅静脉之间的吻合支，在皮下迂曲地走向距骨颈，加入外侧隐静脉的前支。 AC

7 后支 Ramus caudalis. 为内侧隐静脉沿胫骨体的两支直接的浅表延续，接受外侧隐静脉后支的吻合支。在跗的跖内侧面分支为足底内侧静脉和足底外侧静脉。 AB

  8 足底内侧静脉 V. plantaris medialis. 为后支的两支直接延续，伴随同名动脉。 AB

   9 深支 Ramus profundus. 足底内侧静脉的分支，伴随同名动脉。 AB

   10 浅支 Rams superficialis. 足底内侧静脉的双支直接延续，伴随同名动脉。 AB

    11 趾跖侧第2~4总静脉 Vv. digitales plantares communes Ⅱ-Ⅳ. 为足底内侧静脉浅支的分支，伴随同名动脉。 B

     12 趾跖侧固有静脉 Vv. digitales plantares propriae. 起自趾跖侧第2、3、4总静脉不同样式的分叉处。 BD

      13 趾间静脉 V. interdigitalis. 伴随同名动脉。 BD

  14 足底外侧静脉 V. plantaris lateralis. 伴随同名动脉，加入外侧隐静脉的后支。 ABD

   15 足底深（静脉）弓 Arcus plantaris profundus. 连接于足底外侧静脉和足底内侧静脉深支之间，伴随同名动脉。 BD

    16 跖底第2~4静脉 Vv. metatarseae plantares Ⅱ-Ⅳ. 起自足底深（静脉）弓，伴随同名动脉。 B

     17 第2和4近穿支 Rami perforantes proximales Ⅱ et Ⅳ. 跖底静脉的分支，伴随同名动脉。 BCD

      18 跖背侧第2和4静脉 Vv. metatarseae dorsales Ⅱ et Ⅳ. 为近穿支的分支，伴随同名动脉，加入趾背侧静脉。 CD

      19 第3远穿支 Ramus perforans distalis Ⅲ. 连接于跖底静脉和相应的跖背侧静脉之间。 BC

20 膝降静脉 V. genus descendens. 伴随同名动脉。 A

21 股后静脉 Vv. caudales femoris. 伴随同名动脉。 A

22 腘静脉 V. poplitea. 股静脉在腘窝的直接延续，伴随同名动脉。 A

23 膝静脉 Vv. genus. 导出膝关节的静脉血。 A

24 胫前静脉 V. tibialis cranialis. 为腘静脉的直接延续，以双支伴随同名动脉。 AC

25 小腿骨间静脉 V. interossea cruris. 伴随同名动脉。 BC

26 足背静脉 V. dorsalis pedis. 胫前静脉在小腿跗关节以远的直接延续，为伴随足背动脉的两条静脉。 C

  27 跗外侧静脉 V. tarsea lateralis. 伴随同名动脉。 C

   28 近跗穿静脉 V. tarsea perforans proximalis. 跗外侧静脉的分支，伴随同名动脉。 C

  29 跗内侧静脉 V. tarsea medialis. 伴随同名动脉。 C

  30 远跗穿静脉 V. tarsea perforans distalis. 连接于足背静脉和足底深（静脉）弓之间，通过跗管。 C

  31 跖背侧第3静脉 V. metatersea dorsalis Ⅲ. 为两支足背静脉的直接延续，伴随同名动脉。 C

32 胫后静脉 V. tibialis caudalis. 到小腿后面的肌肉。 A

A 左后肢的静脉，
内侧观（猪）

B 左后足的静脉，
跖侧观（猪）

D 左后足的静脉，外侧观（猪）

C 左后足的静脉，背侧观（猪）

股静脉——反刍动物　RUMINANTIA

1　股静脉　V. femoralis.　髂外静脉的直接延续，伴随同名动脉。　A

2　旋股外侧静脉　V. circumflexa femoris lateralis.　伴随同名动脉。　A

3　内侧隐静脉［大隐静脉］　V. saphena medialis [magna].　穿过缝匠肌和股薄肌之间，在内侧浅面走向膝关节，并继续沿胫骨体后内侧缘向远后方延伸。　A

4　后支　Ramus caudalis.　为内侧隐静脉向跗内侧部的直接延续。　AB

　　5　足底内侧静脉　V. plantaris medialis.　伴随同名动脉。　AB

　　　　6　深支　Ramus profundus.　为足底内侧静脉的深支，伴随同名动脉。　AB

　　　　7　浅支（牛）　Ramus superficialis.　为足底内侧静脉的浅支，伴随同名动脉。　ABD

　　　　　　8　趾跖侧第2总静脉　V. digitalis plantaris communis Ⅱ.　足底内侧静脉浅支的内侧直接延续，被一支与足底远深（静脉）弓的大连接支加强。伴随同名动脉。　ABD

　　　　　　　　9　第2趾跖轴侧固有静脉　V. digitalis plantaris propria Ⅱ axialis.　伴随同名动脉。　AB

　　　　　　　　10　第3趾跖远轴侧固有静脉　V. digitalis plantaris propria Ⅲ abaxialis.　为趾跖侧第2总静脉的直接延续，伴随同名动脉。　ABD

　　　　　　　　　　11　蹄冠静脉　V. coronalis.　第3趾跖远轴侧静脉的分支，沿蹄冠的远轴侧段向背侧延伸。　AB

　　　　　　9　趾跖侧第3总静脉　V. digitalis plantaris communis Ⅲ.　足底内侧静脉浅支的外侧延续，伴随同名动脉。　ABD

　　　　　　　　13　趾间静脉　V. interdigitalis.　连接趾跖侧第3总静脉和趾背侧第3总静脉。　BD

　　　　　　　　14　第3和4趾跖轴侧固有静脉　Vv. digitales plantares propriae Ⅲ et Ⅳ axiales.　由趾跖侧第3总静脉分叉而来，伴随同名动脉。　BD

　　　　　　　　　　15　蹄冠静脉　V. coronalis.　趾跖侧固有静脉在蹄冠轴侧段向背侧的分支。　BD

　　16　足底外侧静脉　V. plantaris lateralis.　伴随同名动脉。　AB

　　　　17　足底深（静脉）弓　Arcus plantaris profundus.　连接于足底外侧静脉和足底内侧静脉深支之间，伴随同名动脉。　B

　　　　　　18　跖底第3~4静脉　Vv. metatarsae plantares Ⅲ-Ⅳ.　为足底深（静脉）弓的分支，伴随同名动脉。　ABD

　　　　　　　　19　足底远深（静脉）弓　Arcus plantaris profundus distalis.　在跖底第2~4静脉之间各种形式的连接，位于跖远部的第3、4跖骨和骨间肌之间。　BD

　　　　　　　　　　20　第3远穿支　Ramus perforans distalis Ⅲ.　为足底远深（静脉）弓的穿过跖远管的分支，加入跖背侧第3静脉。　B

　　　　　　　　　　21　趾跖侧第4（牛），第2~4（绵羊、山羊）总静脉　Vv. digitales communes Ⅳ（bo），Ⅱ-Ⅳ（ov, cap）.　常起于足底远深（静脉）弓，在跖部远1/3伴随同名动脉。　BD

　　　　　　　　　　　　22　趾跖侧固有静脉　Vv. digitales plantares propriae.　起自趾跖侧总静脉的分叉处，伴随同名动脉。　B

23　膝降静脉　V. genus descendens.　伴随同名动脉。　A

24　股后静脉　Vv. caudales femoris.　有多种起点，到腘窝附近的肌肉。　A

25　腘静脉　V. poplitea.　为股静脉的直接延续，伴随同名动脉。　A

26　膝静脉　Vv. genus.　发达程度不同，导出膝关节的静脉血。　A

27　胫前静脉　V. tibialis cranialis.　为腘静脉的直接延续，常在胫前动脉旁出现两支。　AC

28　足背静脉　V. dorsalis pedis.　胫前静脉在小腿跗关节以远的直接延续。　AC

　　29　跗穿静脉　V. tarsea perforans.　伴随同名动脉，加入足底深（静脉）弓。　AC

　　30　跖背侧第3静脉　V. metatarsea dorsalis Ⅲ.　足背静脉的直接延续，伴随同名动脉。它向近侧延伸，代表了外侧隐静脉发达的前支，正在小腿远部的背外侧面。经过向背外侧斜行后，加入外侧隐静脉的后支。　AC（外侧隐静脉并未被列入第5版N.A.V.，尽管它被所有解剖学家和临床医生认为是十分明显的结构。它具有一前支和一内侧支，在临床上采血、静脉注射，以及在大型反刍动物作间接阻滞麻醉中都十分重要。）

31　胫后静脉　V. tibialis caudalis.　到小腿后部的肌肉，实际上被一支股后静脉代替。　A

B 左后足的静脉，跖侧观（牛）

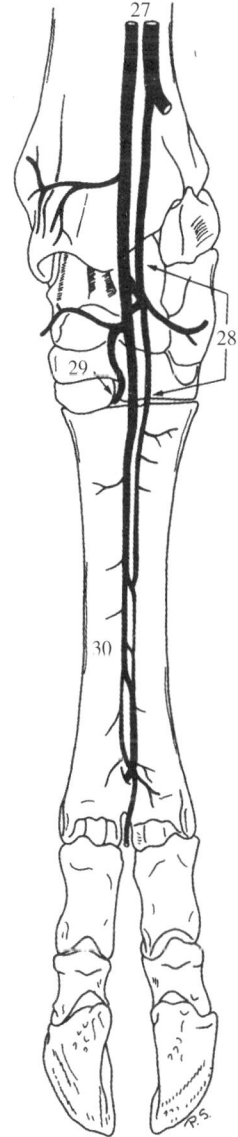

C 左后足的静脉，背侧观（牛）

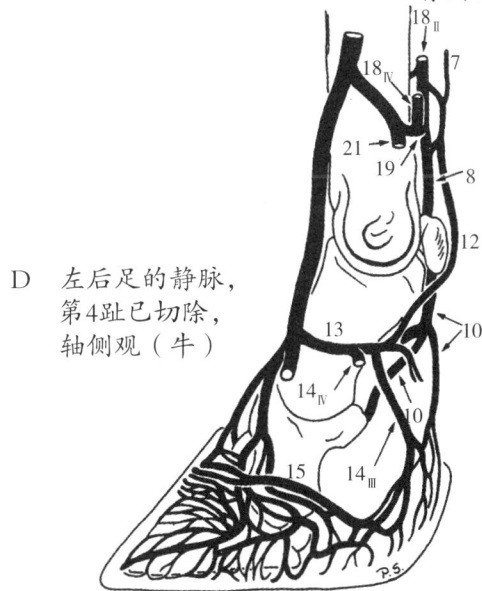

D 左后足的静脉，第4趾已切除，轴侧观（牛）

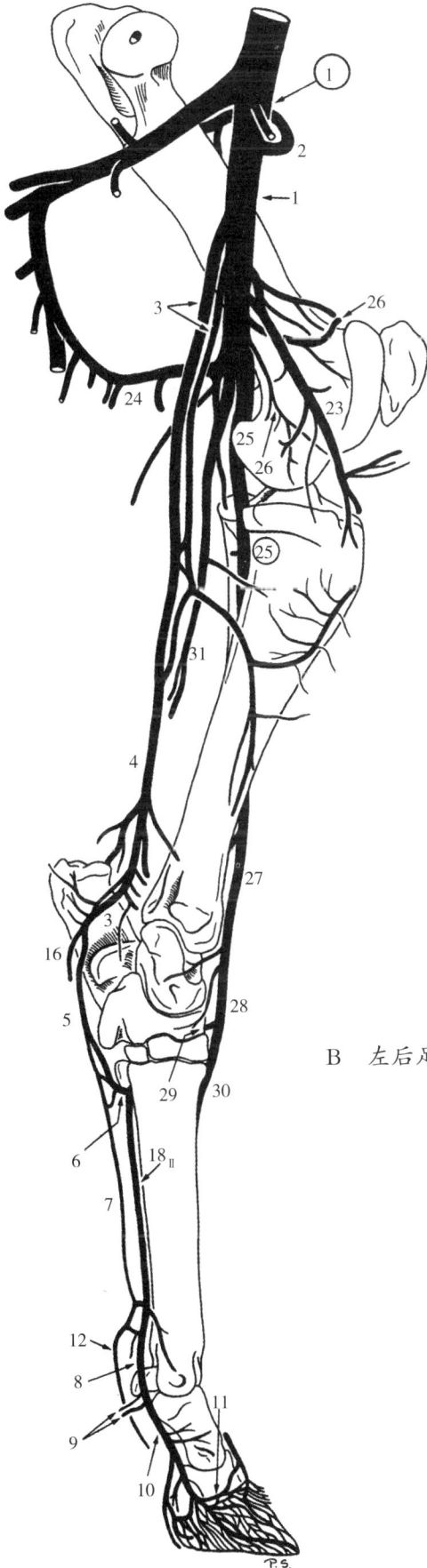

A 左后肢的静脉，内侧观（牛）

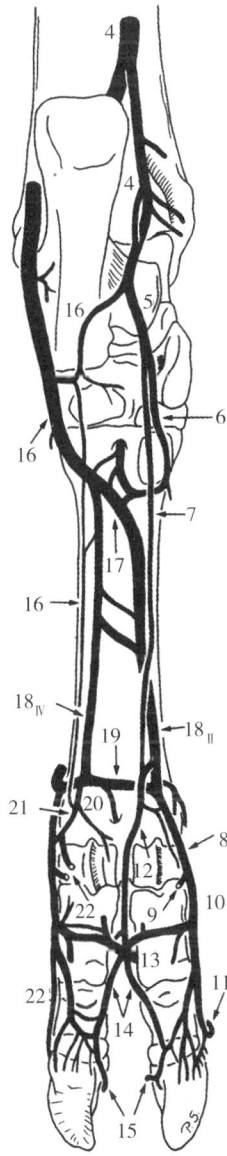

股静脉——马　EQUUS

1　**股静脉**　V. femoralis.　为髂外静脉的直接延续。伴随同名动脉。　A

2　旋股外侧静脉　V. circumflexa femoris lateralis.　伴随同名动脉。　A

3　内侧隐静脉［大隐静脉］　V. saphena medialis [magna].　在浅层越过大腿内侧，在小腿近内侧分叉。　A

4　前支　Ramus cranialis. 沿胫骨体内侧面延伸，进而到跗内侧面，在这里通过一条大的交通支与足背静脉相连。　AC

5　趾背侧第2总静脉　V. digitalis dorsalis communis Ⅱ.　为内侧隐静脉前支的直接延续，弯向跖部跖侧面，加入足底内侧静脉的浅支，为马跖部最大的静脉。　ABC

6　后支　Ramus caudalis. 内侧隐静脉的后支，伴随同名动脉，接受来自胫后静脉的一支大交通支，分叉为足底内侧和外侧静脉。　AB

7　足底内侧静脉　V. plantaris medialis.　伴随同名动脉。　AB

8　深支　Ramus profundus.　足底内侧动脉的深支，伴随同名动脉。　A

9　浅支［趾跖侧第2总静脉］　Ramus superficialis [V. digitalis plantaris communis Ⅱ].　为足底内侧静脉的直接延续，伴随同名动脉，加入足底远深（静脉）弓。　AB

10　趾内侧［第3趾跖内侧固有］静脉　V. digitalis [plantaris propria Ⅲ] medialis.　足底内侧静脉浅支的直接延续。伴随同名动脉。　AB

11　蹄冠静脉　V. coronalis.　趾内侧静脉的分支，向近侧弯向蹄冠，并连接对侧同名支。蹄冠静脉的远支形成蹄真皮的静脉丛。　AB

11a　蹄（静脉）丛　Plexus ungularis.　围绕远趾节骨壁面，也扩展到底面，此丛可被看作是蹄真皮内稠密的静脉网。　A

12　终（静脉）弓　Arcus terminalis.　位于底管内的静脉弓，由趾内侧静脉和趾外侧静脉连接而成。　B

13　足底外侧静脉　V. plantaris lateralis.　伴随同名动脉。　AB

14　足底深（静脉）弓　Arcus plantaris profundus.　连接于足底外侧静脉与足底内侧静脉深支之间，伴随同名动脉。　B

15　跖底第2和3静脉　Vv. metatarseae plantares Ⅱ et Ⅲ.　为足底深（静脉）弓的分支，伴随同名动脉。　AB

16　足底远深（静脉）弓　Arcus plantaris profundus distalis.　连接于足底外侧静脉浅支和足底内侧静脉浅支之间，在跖远1/3处位于骨间中肌的跖侧，接受跖底第2和3静脉。　BD

17　浅支［趾跖侧第3总静脉］Ramus superficialis [V. digitalis plantaris communis Ⅲ].　为足底外侧静脉的直接延续，伴随同名动脉沿趾深屈肌腱的外缘延伸，加入足底远深（静脉）弓。　BD

18　趾外侧［第3趾跖外侧固有］静脉　V. digitalis [plantaris propria Ⅲ] lateralis.　足底外侧静脉浅支的直接延续，伴随同名动脉。　BD

19　蹄冠静脉　V. coronalis.　趾外侧静脉的分支，弯向近侧到蹄冠，加入其内侧的同名支。它的远支形成蹄真皮的静脉网。　BD

20　膝降静脉　V. genus descendens.　伴随同名动脉。　A

21　股后静脉　V. caudalis femoris.　伴随同名动脉。　A

22　外侧隐静脉［小隐静脉］　V. saphena lateralis [parva].　沿腓肠肌延伸。　A

23　后支　Ramus caudalis. 外侧隐静脉的后支，沿跟总腱的前外侧缘延伸。　AB

24　腘静脉　V. poplitea.　股静脉的直接延续，伴随同名动脉。　A

25　膝静脉　Vv. genus.　导出膝关节的静脉血。　A

26　胫前静脉　V. tibialis cranialis.　腘静脉的直接延续，伴随同名动脉。　C

27　足背静脉　V. dorsalis pedis.　胫前静脉在小腿跗关节以远发达程度不同的直接延续。　C

28　跗穿静脉　V. tarsea perforans.　伴随同名动脉，加入足底深（静脉）弓。　BC

29　跖背侧第2静脉　V. metatersea dorsalis Ⅱ.　足背静脉的直接延续，越过第3跖骨背面。　C

30　胫后静脉　V. tibialis caudalis.　伴随同名动脉，与内侧隐静脉后支吻合。　AB

31　外侧踝后静脉　V. malleolaris caudalis lateralis.　伴随同名动脉。　AB

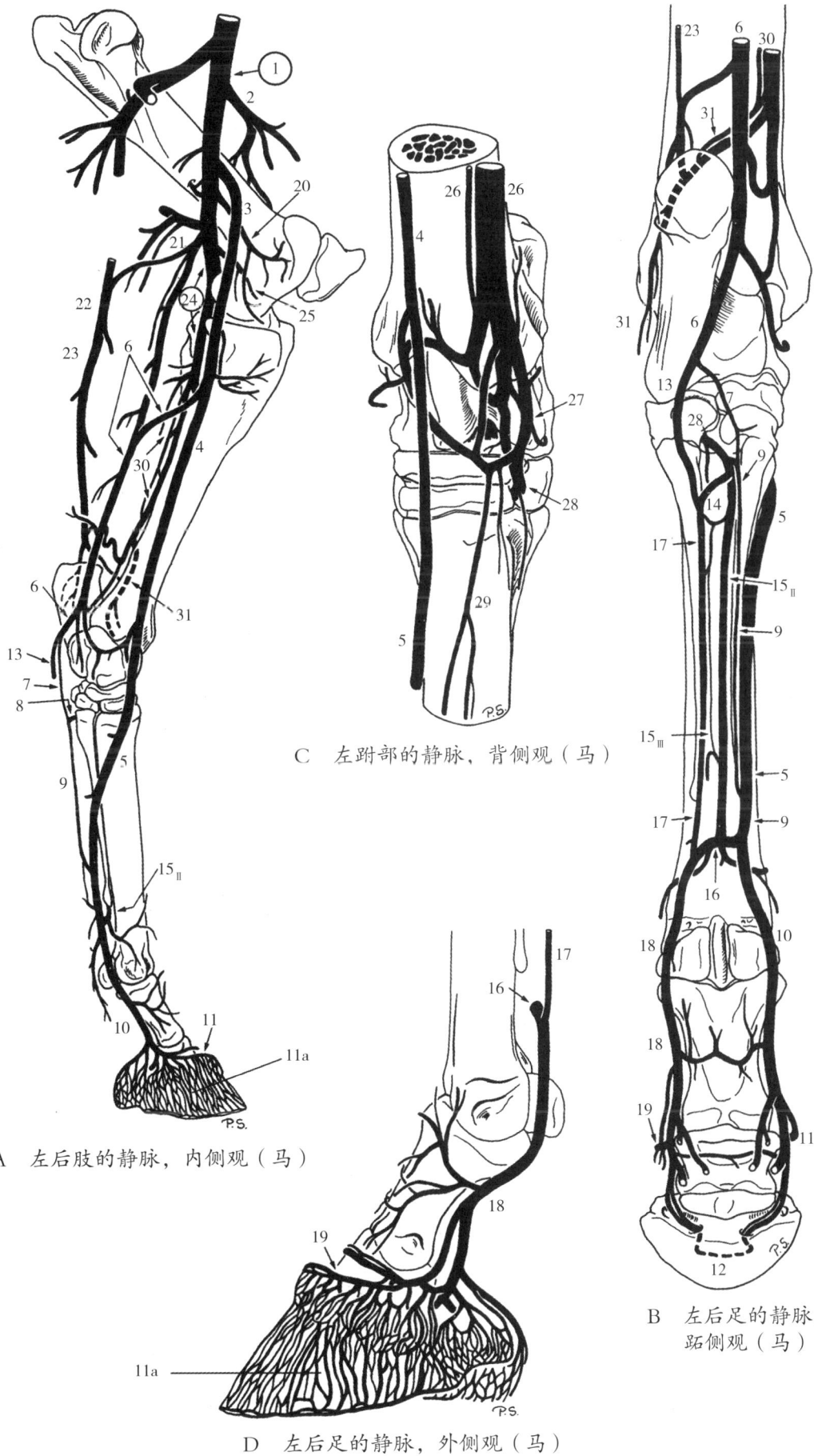

C　左跗部的静脉，背侧观（马）

A　左后肢的静脉，内侧观（马）

D　左后足的静脉，外侧观（马）

B　左后足的静脉，跖侧观（马）

1　**淋巴系统　SYSTEMA LYMPHATICUM.**　由淋巴器官（淋巴结、淋巴小结、扁桃体、脾和胸腺）和淋巴管道构成。

2　淋巴结　Lymphonodus [Nodus lymphaticus].　一种结构化的有被膜的淋巴器官。　ABCD

3　血淋巴结　Lymphonodus hemalis [haemalis].　具有脾样的结构，含有淋巴组织和血窦，见于猪和反刍动物。

4　淋巴管　Vas lymphaticum.　具有瓣膜的薄壁管道，内含淋巴。　ABCD

5　浅淋巴管　Vasa lymphatica superficialia.　位于皮下或皮内的淋巴管。　A

6　深淋巴管　Vasa lymphatica profunda.　位于筋膜下的淋巴管。　A

7　淋巴管瓣　Valvula lymphatica.　淋巴管内由两片或一片瓣叶构成。　D

8　淋巴丛　Plexus lymphaticus.　淋巴管网。

9　淋巴中心　Lymphocentrum.　在所有的物种，由一个或一组淋巴结组成，恒定出现于相同区域并接受相同区域的淋巴管。　A

10　**胸导管　DUCTUS THORACICUS.**　起自主动脉裂孔附近（反刍动物）或其内，沿胸主动脉右背侧面（偶尔在左背侧面）行走，在第6胸椎水平的前纵隔内转左，开口于前腔静脉近左颈静脉起点处（颈内、颈外静脉或者两者兼有）或左锁骨下静脉。胸导管的汇入点称为左静脉角，可在胸腔前口处找到，也许有多个汇入点。　AC

11　气管干〔颈干〕Truncus trachealis [Truncus jugularis].　沿气管行进的双侧淋巴管道，引导头部和颈部的淋巴。右气管干常终止于右淋巴导管，而左侧的终止于胸导管。　AB

12　**右淋巴导管　DUCTUS LYMPHATICUS DEXTER.**　位于颈右后部的一条淋巴管道，汇集来自颈、胸廓和腋淋巴结以及右气管干的淋巴。它开口于右静脉角，也许缺如。　B（译者注：原著以及第6版 N.A.V. 中本词条与气管干同级。）

13　**乳糜池　CISTERNA CHYLI.**　位于腹主动脉背侧的一个淋巴囊，汇集来自内脏干（或腹腔干和肠干）和腰干的淋巴，开口于胸导管。　C

14　腰干　Trunci lumbales.　成对，汇集来自后肢和骨盆的淋巴到乳糜池，可以是丛状（犬，猪）。　C

15　内脏干　Truncus visceralis.　不成对，汇集来自腹腔干和肠干的淋巴，可能缺如（马，有时还见于山羊）或呈丛状（肉食动物）。　C

16　腹腔干　Truncus celiacus [coeliacus].　汇集来自腹腔淋巴中心的淋巴，注入内脏干（肉食动物、猪、反刍动物）或乳糜池（马）。　C

17　肠干　Truncus intestinalis.　汇集来自肠系膜前淋巴中心的淋巴，注入内脏干（肉食动物、猪、反刍动物）或乳糜池（马，有时见于山羊）。在肉食动物可为丛状。　C

18　结肠干　Truncus colicus.　汇集来自结肠淋巴结的淋巴，注入肠干或内脏干（有时见于牛），可有数条（肉食动物、猪）。　C

19　空肠干　Truncus jejunalis.　汇集来自空肠淋巴结的淋巴，注入肠干，在肉食动物可有数条。　C

20　胃干　Truncus gastricus.　汇集来自胃淋巴结的淋巴，注入腹腔干或乳糜池（反刍动物），有时到肠干（山羊）。　C

21　肝干　Truncus hepaticus.　汇集肝（门）淋巴结和肝副淋巴结的淋巴，注入腹腔干或肠干（反刍动物）。　C

22　**淋巴结　LYMPHONODI [NODI LYMPHATICI].**　见本页第2条。

23　输入淋巴管　Vasa lymphatica afferentia.　指经淋巴结凸面（肉食动物、反刍动物）或淋巴结门（猪）进入淋巴结的淋巴管。　D

24　淋巴窦　Sinus lymphaticus.　位于淋巴结被膜下或髓质的网状空隙。　D

25　输出淋巴管　Vasa lymphatica efferentia.　对于一个具体的淋巴结来说，是指经淋巴结门（肉食动物、反刍动物、马）或周边（猪）离开淋巴结的淋巴管。　D

26　被膜　Capsula.　即淋巴结被膜，含有一些弹性纤维和平滑肌纤维。　D

27　皮质　Cortex.　淋巴结外周的（肉食动物、反刍动物、马）或中央的（猪）部分，含有淋巴小结。　D

28　小梁　Trabecula.　淋巴结内的结缔组织索。　D

29　髓质　Medulla.　淋巴结的中央（肉食动物、反刍动物、马）或外周部（猪），具有由淋巴组织构成的髓索。　D

30　门　Hilus.　淋巴结表面供动脉、神经、输入淋巴管（猪）的进入以及静脉和肉食动物、反刍动物、马的输出淋巴管离开而形成的凹陷。　D

31　小叶　Lobulus.　由小梁不完全隔开的部分。　D

32　淋巴小结　Lymphonodulus [Nodulus lymphaticus].　由淋巴组织构成的富含细胞但不含腔的小团。　D

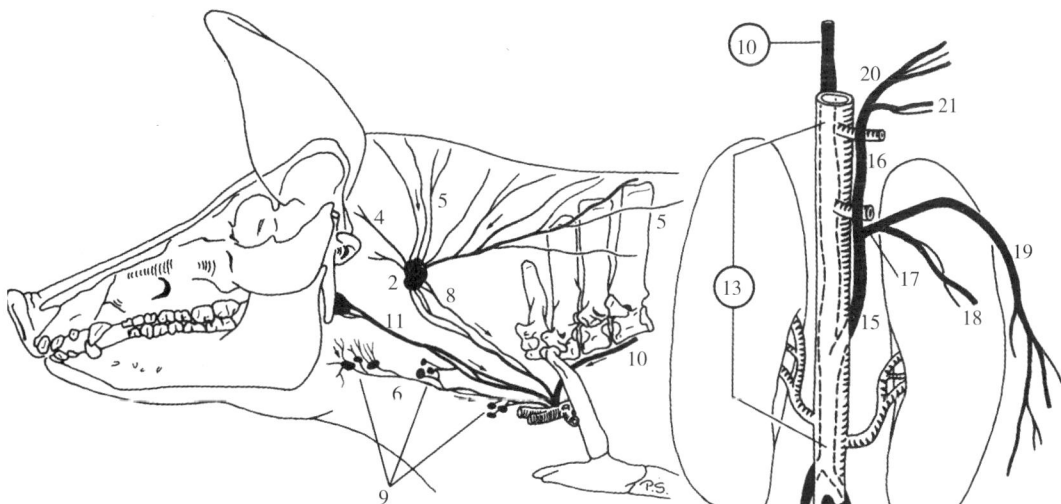

A 颈部淋巴结，左外侧观（猪）

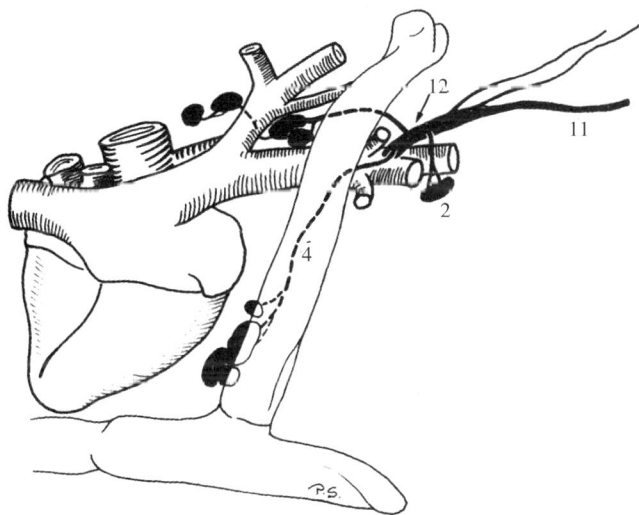

B 右淋巴导管，右侧观（猪）

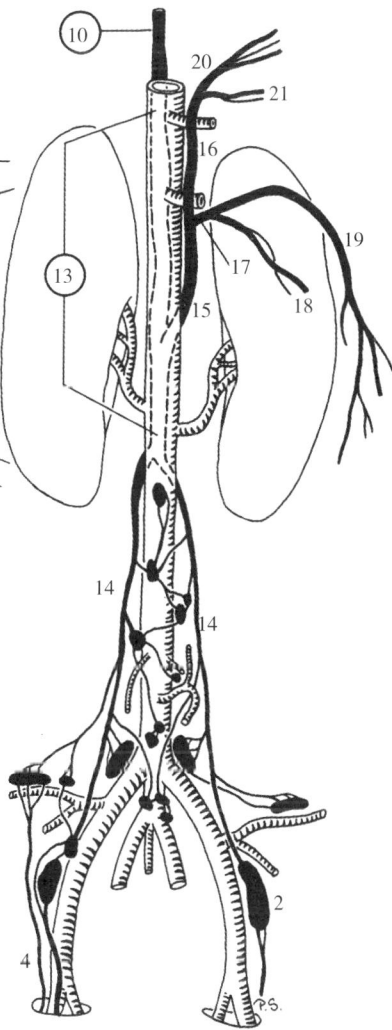

C 淋巴管与腹主动脉的关系，腹侧观（猪）

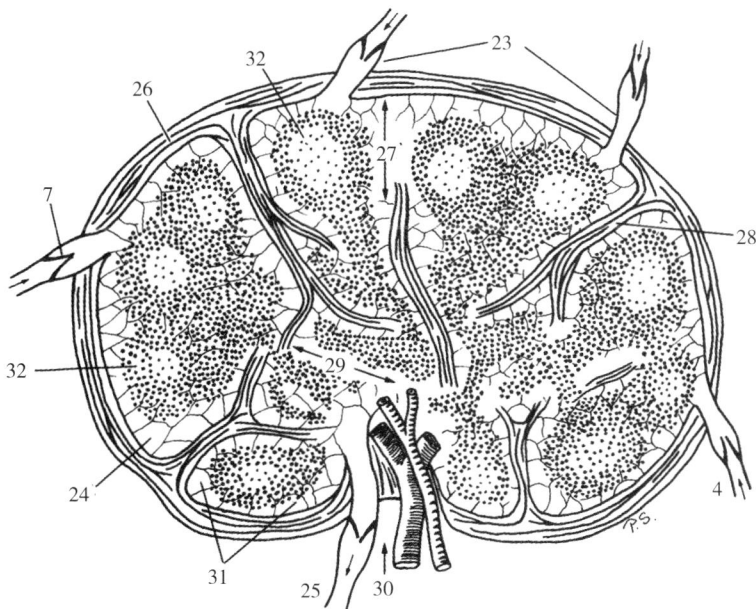

D 淋巴结切面（示意图）

1 腮腺淋巴中心　Lymphocentrum parotideum.　位于腮腺附近，汇集颅区的淋巴。（这个淋巴中心也包括腮腺副淋巴结 [Constantinescu等，1988]。腮腺副淋巴结也可称作颞淋巴结 [Casteleyn等，2008]，在牛常出现于颞区。）

2 腮腺浅淋巴结*（肉食动物、猪、牛、绵羊）　Lymphonodi parotidei superficiales.　位于腮腺之前。　A

3 腮腺深淋巴结　Lymphonodi parotidei profundi.　位于腮腺内或腮腺内侧。　A

4 下颌淋巴中心　Lymphocentrum mandibulare.　位于下颌区的后半部，汇集面区的淋巴。

5 下颌淋巴结*　Lymphonodi mandibulares.　接近下颌角（肉食动物、猪）或下颌骨面血管切迹（反刍动物、马）。　A

6 下颌副淋巴结（猪、兔、猫）　Lymphonodi mandibulares accessorii.　位于颈外静脉分叉处，腮腺的内侧。　A

6a 颊淋巴结（兔、犬）　Lymphonodus buccalis.　常见于兔，但在犬不恒定。

7 翼肌淋巴结（牛）　Lymphonodus pterygoideus.　不恒定，位于下颌支的前缘附近，翼内侧肌的前内侧，汇集硬腭的淋巴。　B

8 咽后淋巴中心　Lymphocentrum retropharyngeum.　位于下颌后窝。汇集头部深层结构的淋巴，包括鼻、喉和咽。

9 咽后内侧淋巴结*　Lymphonodi retropharyngei mediales.　位于咽背内侧壁的外表面。　AB

10 咽后外侧淋巴结*　Lymphonodi retropharyngei laterales.　位于寰椎翼腹侧，下颌腺（牛）和腮腺的后内侧。　AB

11 舌骨前淋巴结（牛）　Lymphonodus hyoideus rostralis.　不恒定，在甲状舌骨外侧面，汇集舌尖的淋巴。　B

12 舌骨后淋巴结（牛）　Lymphonodus hyoideus caudalis.　不恒定，在茎突舌骨角处，汇集下颌的淋巴。　B

13 颈浅淋巴中心　Lymphocentrum cervicale superficiale.　接受颈浅表淋巴管以及前肢和胸壁的淋巴。

14 颈浅淋巴结*（犬、反刍动物、马）　Lymphonodi cervicales superficiales.　位于肩关节的前背侧，锁头肌、肩胛横突肌和斜方肌（马）的内侧。　CDE

15 颈浅背侧淋巴结（猫、猪）　Lymphonodi cervicales superficiales dorsales.　位于斜方肌和肩胛横突肌内侧面。　A

16 颈浅中淋巴结（兔、猪）　Lymphonodi cervicales superficiales medii.　位于锁头肌内侧。　A

17 颈浅腹侧淋巴结（兔、猫、猪）　Lymphonodi cervicales superficiales ventrales.　沿颈外静脉背缘（兔），位于锁头肌和颈外静脉之间（猫）或锁头肌和腮腺之间（猪），也汇集胸部乳丘（猪）的淋巴。　A

18 颈浅副淋巴结（牛、绵羊）　Lymphonodi cervicales superficiales accessorii.　在斜方肌和肩胛横突肌的内侧，接受颈背侧区的淋巴。　CD

19 颈深淋巴中心　Lymphocentrum cervicale profundum.　沿气管分布的淋巴结链，汇集颈深部的淋巴。

20 颈深前淋巴结（绵羊无）　Lymphonodi cervicales profundi craniales.　位于气管前部，汇集头部的淋巴。　B

21 颈深中淋巴结　Lymphonodi cervicales profundi medii.　沿气管中1/3分布。　C

22 颈深后淋巴结　Lymphonodi cervicales profundi caudales.　位于第1肋前的气管旁，也接受腋淋巴中心（牛、马）和气管干（马）的淋巴。　C

23 肋颈淋巴结（反刍动物）　Lymphonodus costocervicalis.　位于第1肋的前内侧面，接近肋颈干。　C

24 菱形肌下淋巴结（牛）　Lymphonodus subrhomboideus.　不恒定，位于颈菱形肌的腹内侧面，接受颈部和肩部肌肉的淋巴。　C

25 腋淋巴中心　Lymphocentrum axillare.　接受前肢、胸侧壁深淋巴管的淋巴。

26 腋淋巴结[1]　Lymphonodi axillares.　是对所有位于肩关节内侧的淋巴结的统称。

27 固有腋淋巴结（猪无）　Lymphonodi axillares proprii.　位于肩关节背内侧。猪，有时绵羊缺如。　CDE

28 第1肋腋淋巴结（猫、猪、反刍动物）　Lymphonodi axillares primae costae.　位于第1肋外侧，腋静脉附近，有时猫和牛缺如。　C

29 腋副淋巴结（兔、肉食动物、牛、绵羊）　Lymphonodus axillaris accessorius.　常缺如，位于胸深肌的背缘。马也有记载。　C（译者注：原文为单数，在第6版N.A.V.，该名词为复数。）

30 胸肌淋巴结[1]　Lymphonodi pectorales.　在家畜未见记载。

31 肩胛下淋巴结[1]　Lymphonodi subscapulares.　在家畜未见记载。

32 肘淋巴结（绵羊、马）　Lymphonodi cubitales.　位于肘关节近内侧，绵羊的不恒定。　E

33 冈下肌淋巴结（牛）　Lymphonodus infraspinatus.　不恒定，位于冈下肌后缘。　D

---

[1]：这些名词在第5版N.A.V.是被省略的。

A 头、颈部的淋巴中心，左外侧观（猪）

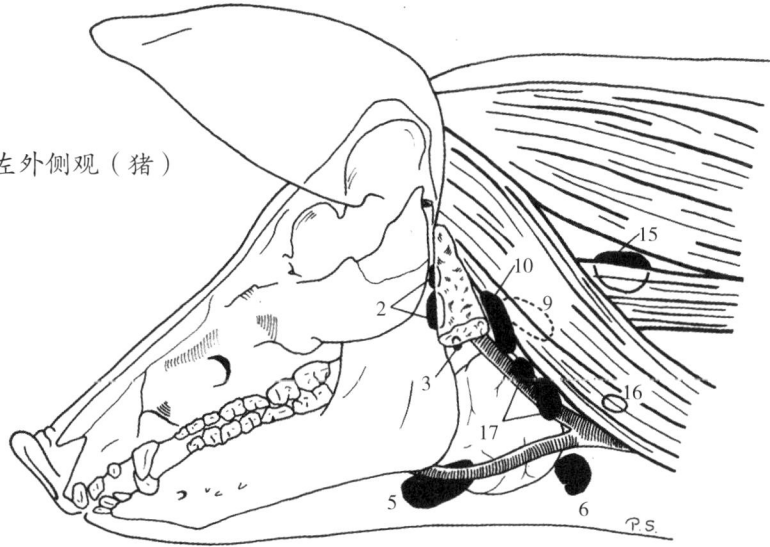

B 左侧咽后淋巴中心，
左侧观（牛）

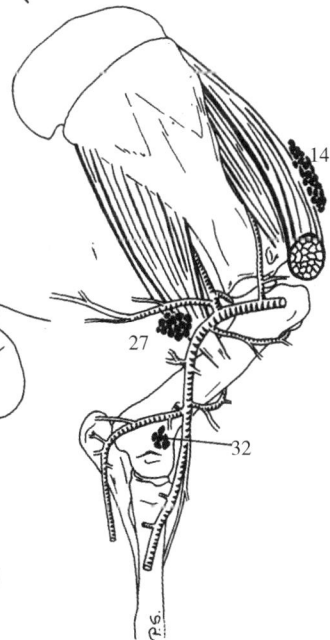

C 左侧颈和腋淋巴中心，
左侧观（牛）

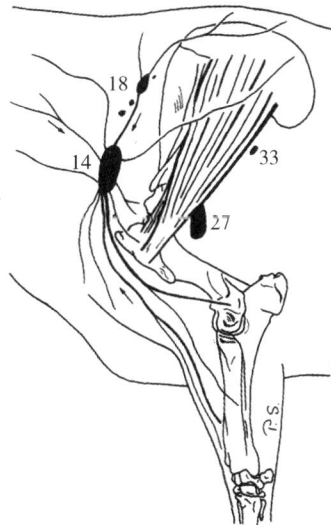

D 左侧颈部和腋部淋巴结，
左侧观（牛）

E 左侧颈部和腋部淋巴结，
内侧观（马）

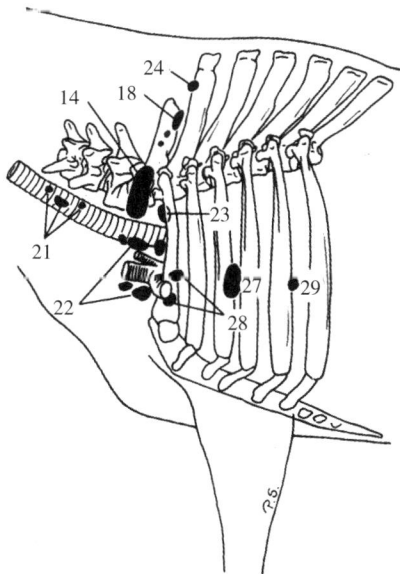

1 胸背侧淋巴中心　Lymphocentrum thoracicum dorsale.　沿胸主动脉背侧面分布，主要接收胸壁背侧部和外侧部以及膈和纵隔的淋巴。

2 胸主动脉淋巴结（犬无）Lymphonodi thoracici aortici.　位于胸主动脉的背侧，有时猫也缺如。　A

3 肋间淋巴结（兔无）Lymphonodi intercostales.　位于肋间隙接近肋头的部位，被胸膜和胸廓内筋膜覆盖，在肉食动物和猪可能缺如。　A

4 胸腹侧淋巴中心　Lymphocentrum thoracicum ventrale.　沿胸骨背侧面分布，主要接收胸腹侧壁和外侧壁以及膈和纵隔的淋巴。

5 胸骨淋巴结　Lymphonodi sternales.　位于胸骨背侧面（这一名词在第5版N.A.V.是被省略的）。

6 胸骨前淋巴结　Lymphonodi sternales craniales.　位于胸骨柄背侧附近，罕见有缺失者（犬、马）。　AC

7 胸骨后淋巴结（犬和猪无）Lymphonodi sternales caudales.　沿胸廓内动脉、静脉分布，位于胸廓横肌的背侧和腹侧（绵羊、牛）或后侧（马）。在猫和马不恒定。　C

7a 腹壁前浅淋巴结（兔、猫）Lymphonodus epigastricus cranialis superficialis.　沿腹壁前浅动脉和静脉在剑状突附近分布。

8 膈淋巴结（猫、牛、马）Lymphonodi phrenici.　位于膈的腔静脉孔处（猫和马的很小，且在猫很少出现）或膈的胸骨部（牛、马）。在马常为单个或缺如。　C

9 纵膈淋巴中心　Lymphocentrum mediastinale.　位于纵隔内，汇集胸腔内器官和胸壁的淋巴。

10 纵隔前淋巴结　Lymphonodi mediastinales craniales.　位于前纵隔内。　A

11 纵隔中淋巴结（反刍动物、马）Lymohonodi mediastinales medii。位于中纵隔内接近心基的主动脉弓右侧面。在马有时缺如。　A

12 纵隔后淋巴结（肉食动物无）Lymphonodi mediastinales caudales.　在后纵隔内沿食管分布。有时马也缺如。　A

13 项淋巴结（马）Lymphonodus nuchalis.　在颈最长肌内侧面颈深动脉和静脉附近，偶尔缺如。　A

14 支气管淋巴中心　Lymphocentrum bronchale.　接收肺、心、心包、部分气管、食管和纵隔的淋巴。

15 气管支气管［气管权］右淋巴结（绵羊无）Lymphonodi tracheobronchales [bifurcationis] dextri.　在气管即将分叉前的右侧面。山羊和牛不恒定。　B

16 气管支气管［气管权］左淋巴结　Lymphonodi tracheobronchales [bifurcationis] sinistri.　位于气管即将分叉前的左侧面。　AB

17 气管支气管［气管权］中淋巴结（兔和绵羊无）Lymphonodi tracheobronchales [bifurcationis] medii.　位于气管分叉的后背侧。山羊和牛的不恒定。　AB

18 气管支气管前淋巴结（猪、反刍动物）Lymphonodi tracheobronchales craniales.　位于气管支气管起始部的腹侧。　B

19 肺淋巴结　Lymphonodi pulmonales.　不恒定，存在于主支气管附近（猫、山羊、牛、马）的肺组织内部或表面（犬）。　B

20 腰淋巴中心　Lymphocentrum lumbale.　沿腹主动脉和后腔静脉分布，汇集背侧腹壁深层和腰区器官的淋巴。

21 主动脉腰淋巴结　Lymphonodi lumbales aortici.　沿腹主动脉和后腔静脉分布。　DE

22 固有腰淋巴结（牛）Lymphonodi lumbales proprii.　不恒定，在第13胸椎与腰椎及腰椎之间的椎间孔处。　E

23 肾淋巴结　Lymphonodi renales.　在肾门处接近肾动脉和肾静脉。在肉食动物很难与主动脉腰淋巴结区分开来。　D

24 膈腹淋巴结（猪）Lymphonodus phrenicoabdominalis.　不恒定，在腰大肌外侧缘处，腹前动脉、静脉之后。　D

25 卵巢淋巴结（马）Lymphonodus ovaricus.　不恒定，在卵巢悬韧带内，接收卵巢的淋巴。

26 睾丸淋巴结（猪）Lymphonodus testicularis.　不恒定，沿睾丸动脉或静脉分布，可能为多个，接收睾丸和附睾的淋巴。　D

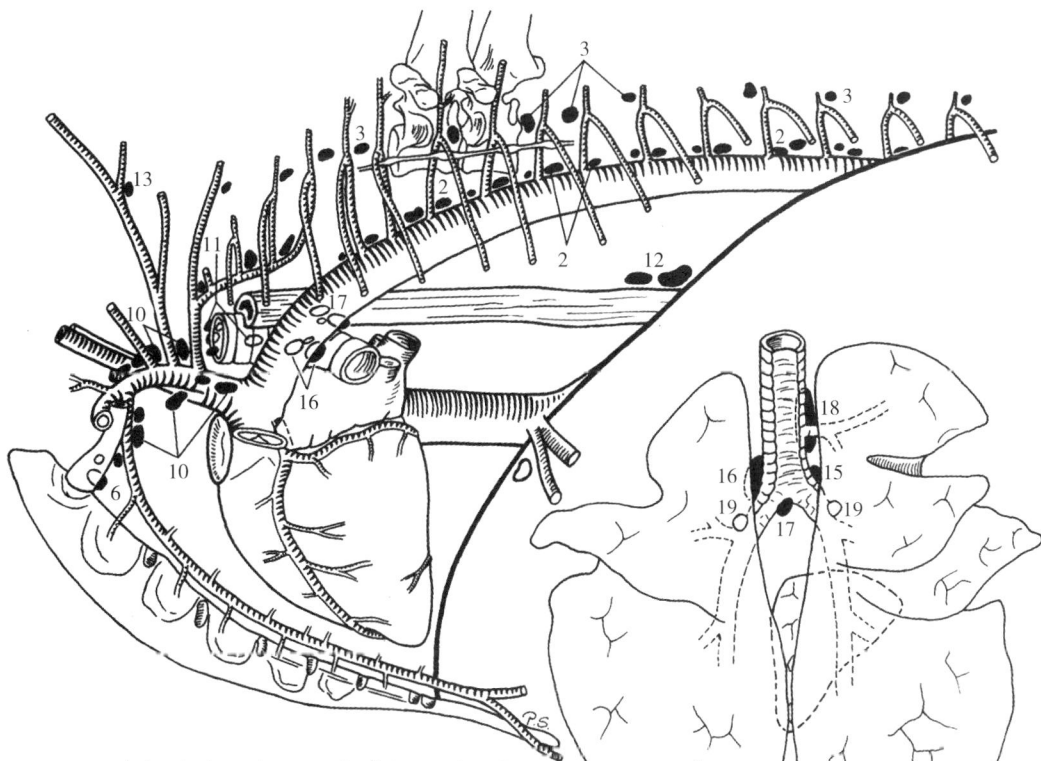

A　胸部的淋巴中心，左外侧观（马）

B　支气管淋巴中心，背侧观（山羊）

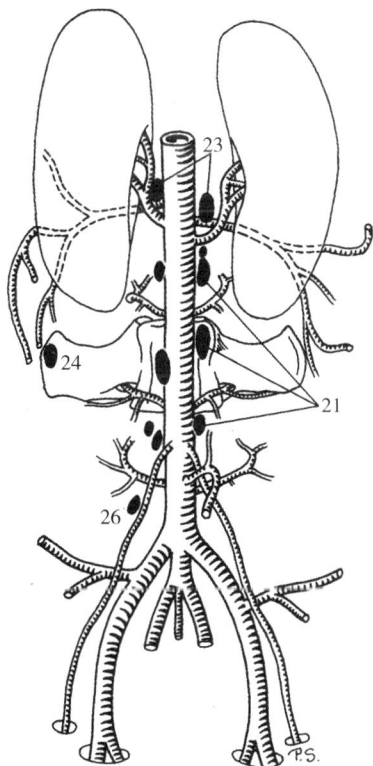

C　胸腹侧淋巴中心，背侧观（牛）

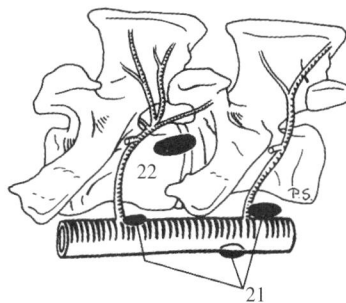

D　腰淋巴中心，腹侧观（猪）

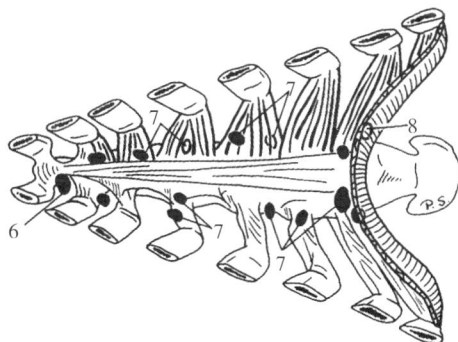

E　淋巴结与L4~5椎骨的关系，
　　左外侧观（牛）

1 **腹腔淋巴中心** Lymphocentrum celiacum [coeliacum]. 位于腹腔动脉及其分支的径路上，汇集胸廓内的腹腔内脏器官的淋巴，也接收胸腔内脏器官的淋巴（犬、猪、马）。（译者注：胸廓内的腹腔器官即腹前部包含的腹腔内脏器官。）

2 **腹腔淋巴结（有蹄类）** Lymphonodi celiaci [coeliaci]. 沿腹腔动脉分布，很难与周围的其他淋巴结区分清楚（反刍动物的肠系膜前淋巴结）。这些腹腔淋巴结的输出淋巴管形成腹腔干。 A

3 **脾淋巴结（兔无）** Lymphonodi lienales. 在脾门沿脾动脉和静脉分布（肉食动物、猪、马）或位于瘤胃房表面（反刍动物）。也许缺如（猫）。 AC

4 **胃淋巴结** Lymphonodi gastrici. 在接近胃小弯的胃左动脉上。也可能缺如（肉食动物）或只有一枚（肉食动物、猪），在反刍动物分成几个特殊的群。 A

5 **瘤胃右淋巴结** Lymphonodi ruminales dextri. 位于瘤胃右纵沟内。在山羊可能缺如或只有一枚。 C

6 **瘤胃左淋巴结（牛、绵羊）** Lymphonodi ruminales sinistri. 位于瘤胃左纵沟内，也可能缺如。 D

7 **瘤胃前淋巴结（牛、山羊）** Lymphonodi ruminales craniales. 在瘤胃前沟的深处，绵羊和山羊常缺如。 C

8 **网胃淋巴结（反刍动物）** Lymphonodi reticulares. 在网胃表面，可能缺如。 C

9 **瓣胃淋巴结（反刍动物）** Lymphonodi omasiales. 沿胃左动脉在瓣胃弯处分布。 C

10 **瘤皱胃淋巴结（反刍动物）** Lymphonodi ruminoabomasiales. 位于瘤胃前腹侧缘和皱胃起始部之间，或缺如（绵羊）。 D

11 **网皱胃淋巴结（牛、山羊）** Lymphonodi reticuloabomasiales. 在由瘤胃、网胃、瓣胃和皱胃围成的角内。在山羊也许缺如。 CD

12 **皱胃背侧淋巴结（反刍动物）** Lymphonodi abomasiales dorsales. 沿皱胃小弯分布。 C

13 **皱胃腹侧淋巴结（反刍动物）** Lymphonodi abomasiales ventrales. 沿皱胃大弯的后部分布，或缺如。

14 **肝（门）淋巴结** Lymphonodi hepatici [portales]. 在肝门附近。 AB

15 **肝副淋巴结（牛）** Lymphonodi hepatici accessorii. 沿肝的背缘、后腔静脉附近分布。 B

16 **胰十二指肠淋巴结** Lymphonodi pancreaticoduodenales. 在十二指肠降部和胰上。 A

17 **网膜淋巴结（兔、马）** Lymphonodi omentales. 沿大网膜接近胃大弯处分布。 A

18 **肠系膜前淋巴中心** Lymphocentrum mesentericum craniale. 沿肠系膜前动脉及其分支分布，汇集由这些动脉供应的肠管的淋巴。

19 **肠系膜前淋巴结（肉食动物无）** Lymphonodi mesenterici craniales. 在肠系膜前动脉上，猪和山羊的不恒定。难以与附近淋巴结区分清楚（特别在反刍动物）。 E

20 **空肠淋巴结** Lymphonodi jejunales. 在肠系膜内邻近空肠动、静脉处。在肉食动物和马或多或少向肠系膜根（肉食动物、马）或肠管的系膜附着缘（猪、牛）集中。在牛位于结肠旋襻最后离心回与空肠之间。在绵羊和山羊则位于结肠旋襻第一向心回与最后离心回之间。 E

20a **回盲肠淋巴结（兔、犬和山羊无）** Lymphonodi ileocecales [ileocaecales]. 位于回盲襞［韧带］内。 E

21 **回结肠淋巴结（猪、绵羊、山羊）** Lymphonodi ileocolici. 位于回、结肠相接处的回肠口附近。在猪，位于回肠系膜内和结肠系膜最近部内，但在山羊和绵羊则贴着肠壁。

22 **盲肠淋巴结（马）** Lymphonodi cecales [coecales] 位于回盲襞［韧带］内并沿盲肠内侧带、外侧带和背侧带分布。在猫、绵羊、山羊也有记录。

23 **结肠淋巴结（兔无）** Lymphonodi colici. 所有沿结肠不同肠段分布的淋巴结，除了位于回、结肠连接部的以外，都称作结肠淋巴结。 E

24 **肠系膜后淋巴中心** Lymphocentrum mesenterici caudales. 沿肠系膜后动脉及其分支分布，汇集降结肠和直肠的淋巴。

25 **肠系膜后淋巴结** Lymphonodi mesenterici caudales. 在降结肠系膜、乙状结肠系膜和直肠系膜内，在肠系膜后动脉及其分支附近。 E

26 **膀胱淋巴结（马）** Lymphonodi vesicales. 在膀胱侧韧带内，偶尔为一个。汇集膀胱（以及前列腺）的淋巴。

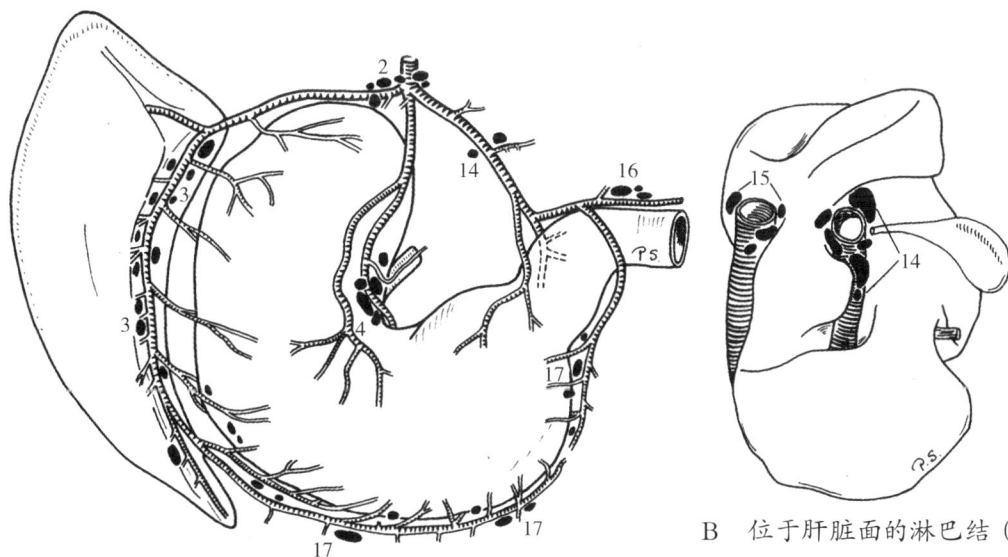

A　腹腔淋巴中心，后面观（马）

B　位于肝脏面的淋巴结（牛）

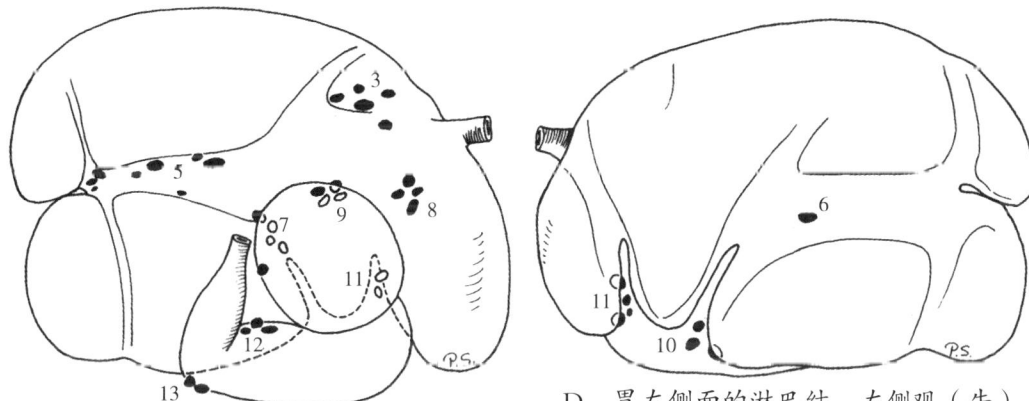

C　胃右侧面的淋巴结，右侧观（牛）

D　胃左侧面的淋巴结，左侧观（牛）

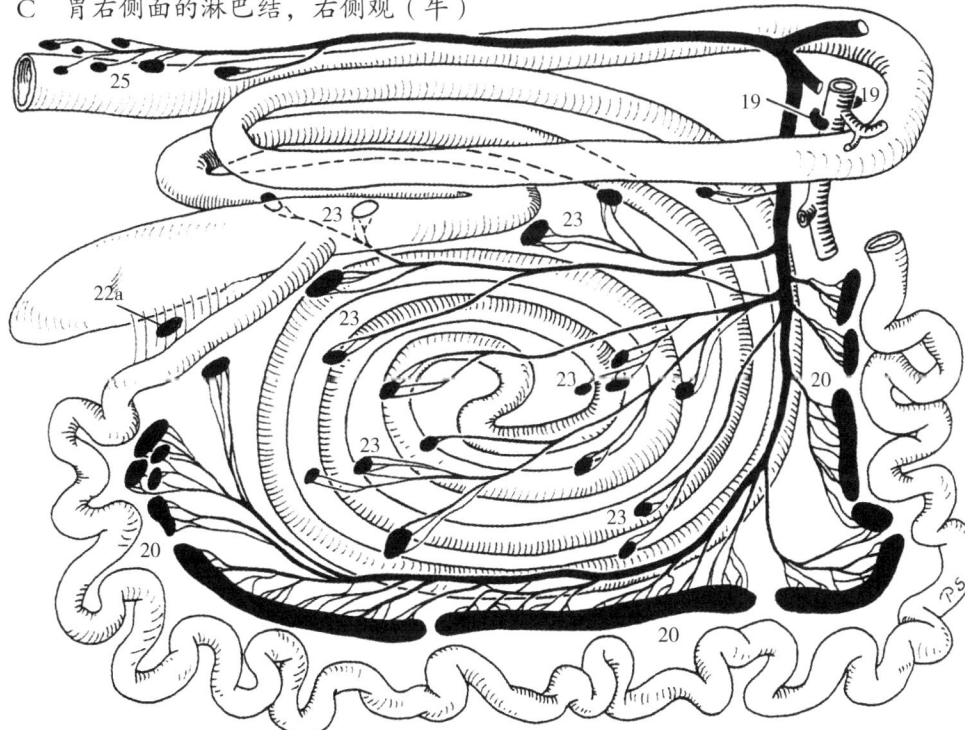

E　肠管的淋巴结示意图，右侧观（牛）

1 髂荐淋巴中心 Lymphocentrum iliosacrale. 位于荐骨的盆面，主动脉和后腔静脉末段周围。汇集盆壁、盆腔内脏和来自髂股淋巴中心、腹股沟股淋巴中心、坐骨淋巴中心、腘淋巴中心的淋巴。

2 髂内侧淋巴结 Lymphonodi iliaci mediales. 沿髂总动脉（兔）或主动脉末段（肉食动物、有蹄类）和髂总静脉分布。 ABD

3 荐淋巴结（马无） Lymphonodi sacrales. 不成对，发达程度不一，在荐中动脉和静脉起始段。 AB

4 髂外侧淋巴结（猪、牛、绵羊、马） Lymphonodi iliaci laterales. 沿旋髂深动脉和静脉分布。 B

5 髂内淋巴结 Lymphonodi iliaci interni. 接近髂内动脉、静脉和它们的分支，旧称腹下淋巴结。 AD

6 肛门直肠淋巴结（有蹄类） Lymphonodi anorectales. 在腹膜外直肠的背外侧面（猪、反刍动物和马）和肛管的背外侧（牛、马）。有时在猪和绵羊缺如。 D

7 子宫淋巴结（猪、马） Lymphonodi uterinus. 位于子宫阔韧带内，常缺如（猪、马）或有多个（猪）。 D

8 闭孔淋巴结（马） Lymphonodus obturatorius. 位于闭孔动脉、静脉起始段。 D

9 髂股淋巴中心 Lymphocentrum iliofemorale. 其旧有的备选名词腹股沟深淋巴中心已被摈弃，因为这个淋巴中心的许多淋巴结并不在腹股沟区，而是在盆腔入口处，沿髂外动脉和静脉分布。

10 髂外淋巴结（马无） Lymphonodi iliaci externi. 在髂骨体的前方，髂外动、静脉的径路上。 AB

10a 股淋巴结 Lymphonodi femorales. 为股管内伴随股动、静脉分布的淋巴结的总称。

10b 股近淋巴结［腹股沟深淋巴结］（马） Lymphonodi femorales proximales [inguinales profundi]. 位于股管内沿股动、静脉分布的一个大淋巴结。

11 股远淋巴结（肉食动物） Lymphonodus femoralis distalis. 位于股管远部不恒定的淋巴结。 A

12 腹壁后深淋巴结（牛） Lymphonodus epigastricus caudalis profundus. 在耻骨梳附近的腹壁后动脉、静脉径路上，汇集下腹壁的淋巴。

13 腹股沟股淋巴中心 Lymphocentrum inguinofemorale. 在腹外侧区和腹后区。汇集腹壁、盆腔腹侧壁、大腿内侧以及外生殖器的淋巴。旧曾用名词腹股沟浅淋巴中心已被摈弃，因为其几个淋巴结是远离腹股沟区的。

14 腹股沟浅淋巴结* Lymphonodi inguinales superficiales. 位于耻骨区浅层。

15 阴囊淋巴结* Lymphonodi scrotales. 在阴囊背外侧（猫除外）和精索的前方（肉食动物、猪、马）或后方（猪、反刍动物、马）。汇集阴茎和阴囊的淋巴。 C

16 乳房淋巴结* Lymphonodi mammarii. 位于腹股沟乳丘的后背侧（肉食动物、猪、反刍动物）或背侧（马）。在牛常伴有一乳房内淋巴结。汇集乳丘或乳房和雌性外阴的淋巴。 D（译者注：按拉丁文原义应为乳丘淋巴结，但乳房淋巴结一词沿用已久，宜予保留。）

17 髂下淋巴结* Lymphonodi subiliaci. 位于从髋结节到膝盖骨连线中点的侧襞内。肉食动物常缺如。 C

17a 腹壁后浅淋巴结（兔、猫） Lymphonodi epigastrici caudales superficiales. 位于同名的血管表面。

18 髋淋巴结（牛、绵羊、马） Lymphonodus coxalis. 在髋结节的腹侧面，股阔筋膜张肌的内侧。可能缺如，特别在马。 C

19 髋副淋巴结（牛） Lymphonodus coxalis accessorius. 不恒定，在阔筋膜张肌外侧或其内部。 C

20 腰旁窝淋巴结*（牛） Lymphonodi fossae paralumbalis. 不恒定，常为单个，位于腰旁窝中央皮下。 C

21 坐骨淋巴中心 Lymphocentrum ischiadicum. 位于臀区、尻区和坐骨结节区的荐结节阔韧带外侧面，汇集该区域肌肉和皮肤的淋巴。

22 坐骨淋巴结（犬无） Lymphonodi ischiadici. 位于坐骨小切迹处，荐结节阔韧带外面，臀后动、静脉的附近。在猪、绵羊和山羊有时缺如。 C

23 臀淋巴结（猪、牛、绵羊） Lymphonodus gluteus [gluteus]. 在坐骨大切迹附近，荐结节阔韧带外侧。C

24 结节淋巴结（反刍动物） Lymphonodus tuberalis. 不恒定，位于坐骨结节背内侧的皮下。 C

25 腘淋巴中心 Lymphocentrum popliteum. 在腘区，汇集后肢下部的淋巴。

26 腘淋巴结 Lymphonodi poplitei. 位于腘窝内。

27 腘深淋巴结（有蹄类） Lymphonodi poplitei profundi. 在腘窝深处，腓肠肌的后上方。可能缺如（猪）。 C

28 腘浅淋巴结*（兔、肉食动物、猪） Lymphonodi poplitei superficiales. 在腘窝浅部。猪的偶见缺如。

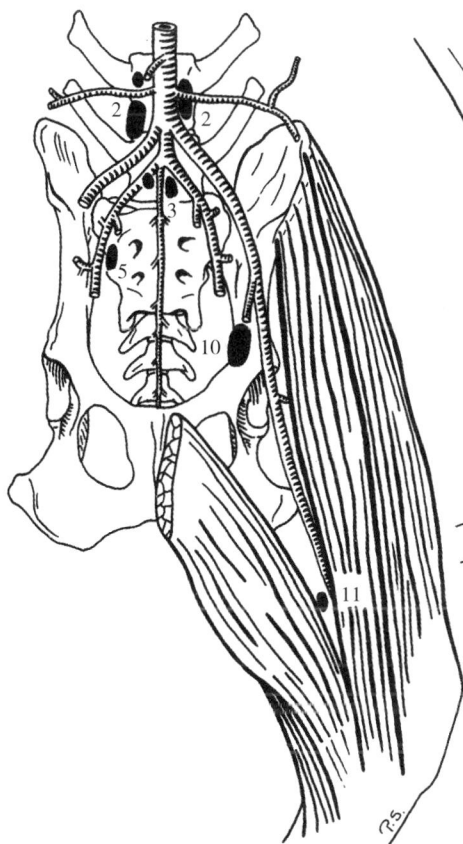

A　髂荐淋巴中心和髂股淋巴中心，
　　腹侧观（犬）

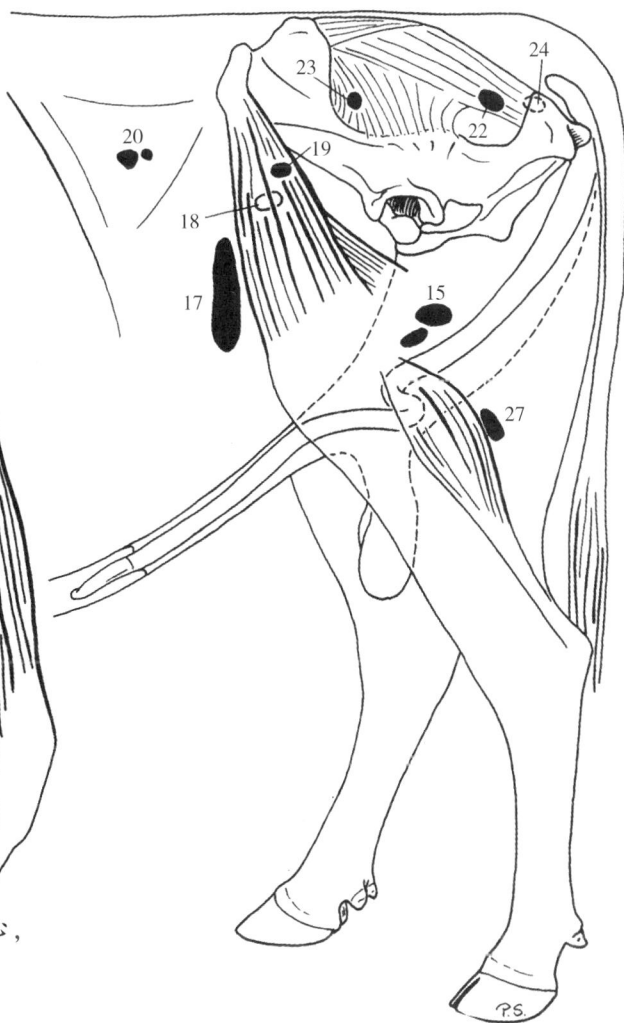

C　腹股沟股淋巴中心、坐骨淋巴中心和腘淋巴中心，
　　左外侧观（公牛）

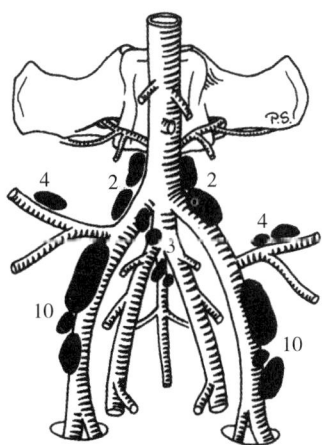

B　淋巴结与腹主动脉终末支的关系，
　　腹侧观（牛）

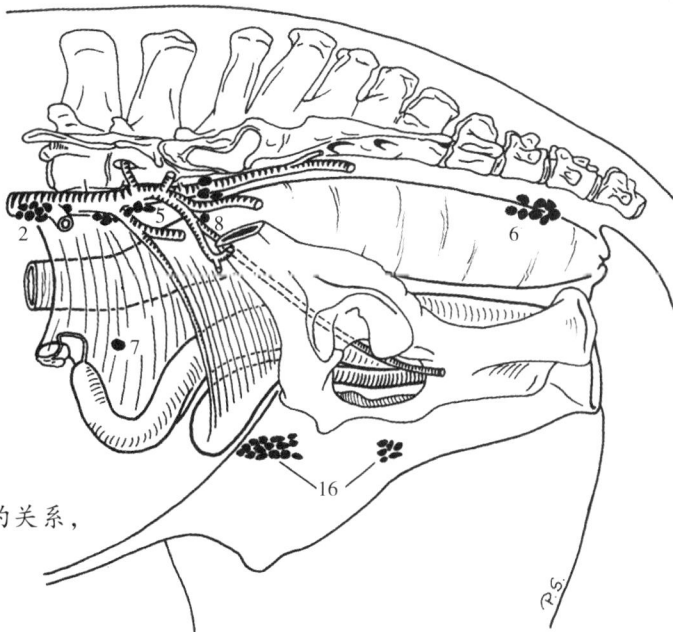

D　髂荐淋巴中心和腹股沟股淋巴中心，左外侧观（母马）

1 **脾 LIEN [SPLEN]**. 整合到循环系统中的大的腹腔内淋巴器官。形状多样：镰刀状（肉食动物、马），长椭圆形（猪、牛），掌形或三角形（绵羊、山羊）。 ABC

2 壁面［膈面］ Facies parietalis [diaphregmatica]. 隆凸的外侧面，面向膈（反刍动物、马）和左前腹壁。 AC

3 脏面 Facies visceralis. 凹陷的内侧面。含有脾门，在反刍动物，脏面的大部分不被覆浆膜。 B

4 肾面 Facies renalis. 为脏面的背侧部，面向左肾，反刍动物无。 B

5 胃面 Facies gastrica. 为脏面的前部，面向胃。在反刍动物为整个脏面。 BC

6 肠面 Facies intestinalis. 为脏面的后部，面向部分空肠和结肠。反刍动物无。 BC

7 背侧端 Extremitas dorsalis. AB

8 腹侧端 Extremitas ventralis. AB

9 前缘 Margo cranialis. ABC

10 后缘 Margo caudalis. ABC

11 脾门 Hilus lienis. 脏面上纵长的嵴（肉食动物、猪、马）或圆形的凹陷（反刍动物）。供神经、血管和淋巴管进出。 BC

12 浆膜 Tunica serosa. 被覆在脾表面的腹膜，而脾门以及反刍动物脾的脏面大部分无浆膜。 C

13 被膜 Capsula. 厚的囊，由胶原纤维、弹性纤维和平滑肌构成。 C

14 脾小梁 Trabeculae lienis. 由胶原纤维、弹性纤维和平滑肌构成的由被膜深面伸向中央的索。含有动脉、静脉、神经和淋巴管道。 C

15 脾红髓 Pulpa lienis rubra. 由充有血细胞的网状结缔组织构成的窦系统。 C

16 脾白髓 Pulpa lienis alba. 由富含细胞的淋巴组织聚集构成。包围着脾动脉脾支实质内段的起始部，形成大的淋巴小结构成的动脉周围淋巴组织鞘。 C

17 （脾动脉）脾支 Rami lienales [arteriae lienalis]. 脾动脉的分支，进入被膜和脾小梁，继续进入脾白髓，然后穿过脾红髓，最终呈刷状分支成髓小动脉。 BC

18 脾淋巴小结 Lymphonoduli [Noduli lymphatici] lienales. 由富含细胞的淋巴组织聚集形成的球形团。包围在脾动脉脾支实质段的周围。 C

19 （副脾）（Lien accessorius）. 偶尔出现的附带的岛状脾组织，也在猪的胃脾韧带内见到过。

20 **胸腺 THYMUS**. 形状不一的初级淋巴器官。在出生后经历退化过程。 D

21 （右和左）颈叶 Lobus cervicalis [dexter et sinister]. 胸腺的颈部，沿气管两侧向前延伸。幼年时体积较大的是猪和反刍动物，多变且通常较小的是猫和马，犬无。 D

22 中间叶 Lobus intermedius. 由胸腺组织形成的连接颈叶和胸叶的桥，穿过胸廓前口。在猪是双侧的。 D

23 （右和左）胸叶 Lobus thoracicus [dexter et sinister]. 胸腺的胸廓内部分，位于前纵隔的腹侧部（肉食动物、猪、马）或背侧部（反刍动物）。右叶和左叶明显融合。 D

24 胸腺小叶 Lobuli thymici. 由薄而细的结缔组织条纹不完全隔开。 D

25 皮质 Cortex. 胸腺小叶的外周部。

26 髓质 Medulla. 胸腺小叶的中央部。

27 （副胸腺小结）（Noduli thymici accessorii）. 偶见的胸腺组织的聚集，也曾见于牛。

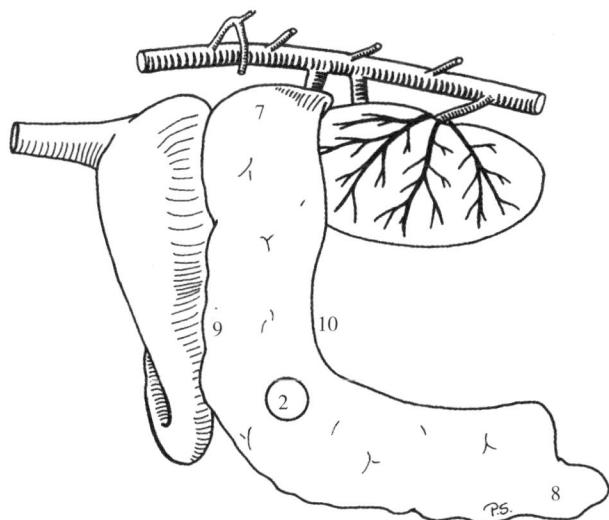

A　脾的形态位置，左侧观（猫）

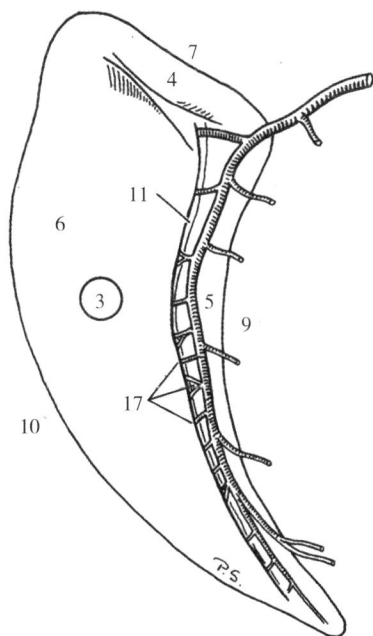

B　脾，右内侧观（马）

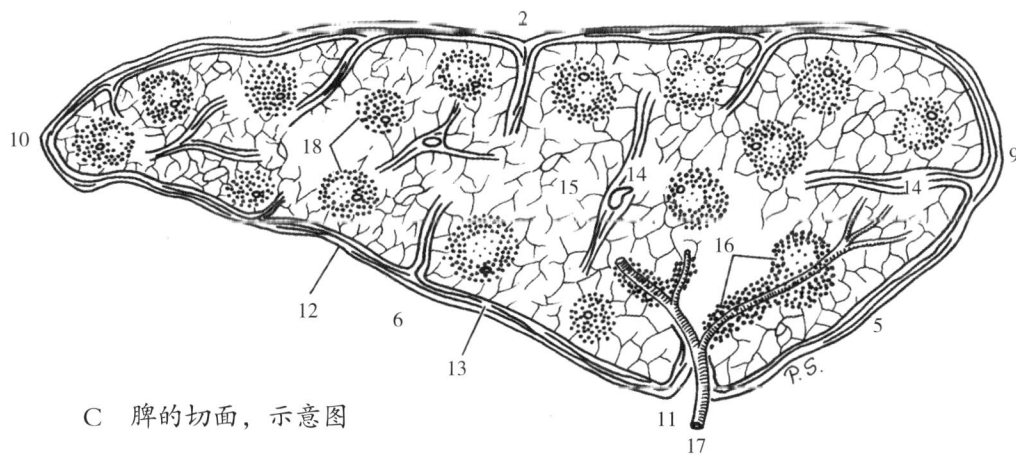

C　脾的切面，示意图

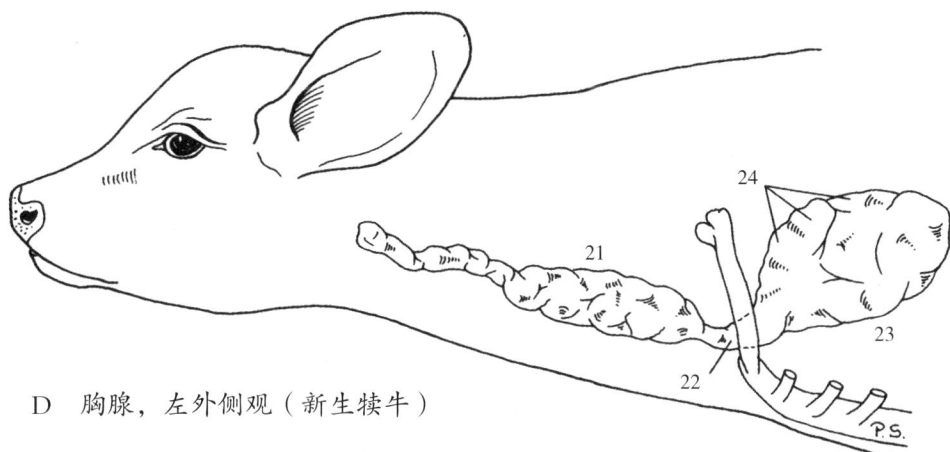

D　胸腺，左外侧观（新生犊牛）

1 **中枢神经系统** **SYSTEMA NERVOSUM CENTRALE.**

2 **脊髓** **MEDULLA SPINALIS.** 从第1对颈神经延伸到终丝。 A

3 颈部 Pars cervicalis. 对应于颈神经外观上的起始。 A

4 颈膨大 Intumescentia cervicalis. C6至T2节段的膨大部。 A

5 胸部 Pars thoracica. 对应于胸神经外观上的起始。 A

6 腰部 Pars lumbalis. 对应于腰神经外观上的起始。 A

7 腰膨大 Intumescentia lumbalis. L4至S2节段的膨大部。 A

8 荐部 Pars sacralis. 对应于荐神经外观上的起始。 A

9 尾部 Pars caudalis. 对应于尾神经外观上的起始。 A

10 脊髓圆锥 Conus medullaris. 为脊髓的末端，延续为终丝。 A

11 终丝 Filum terminale. 由胶质细胞和室管膜细胞构成的细丝。 AC

12 （背侧）正中沟 Sulcus medianus [dorsalis]. 两侧背侧索之间的沟。 AB

13 背外侧沟 Sulcus lateralis dorsalis. 背侧索与外侧索之间的浅沟。 AB

14 背中间沟 Sulcus intermedius dorsalis. 背侧索中部表面的浅沟。 AB

15 （腹侧）正中裂 Fissura mediana [ventralis]. 两侧腹索之间纵向的深沟。 B

16 腹外侧沟 Sulcus lateralis ventralis. 腹侧索与外侧索之间的沟。 B（这个沟相当于脊神经腹侧根离开脊髓的线（外观上的起点）。在许多哺乳动物是不如背外侧沟那么明显的，甚至缺如。）

17 脊髓索 Funiculi medullae spinalis. 为3对白质柱，包围灰质。 B

18 背侧索 Funiculus dorsalis. 位于背侧角和背侧正中隔之间的白质柱。 B

19 外侧索 Funiculus lateralis. 位于背侧角和腹侧角之间的白质柱。 B

20 腹侧索 Funiculus ventralis. 位于腹侧正中裂与腹侧角之间的白质柱。 B

21 **脊髓切面** Sectiones medullae spinalis. 脊髓的横切面。

22 中央管 Canalis centralis. BCD

23 终室 Ventriculus terminalis. 中央管在脊髓圆锥处的膨大。 C

24 背侧正中隔 Septum medianum dorsale. 蛛网膜下结缔组织在背侧正中沟的增厚，将背侧索分为左、右两部分。 B

25 灰连合 Commissura grisea. 为大量的无髓纤维在灰质内越边到对侧，特别在中央管背侧的灰质。 B

26 白连合 Commissura alba. 由有髓纤维在腹侧正中裂和灰质间越边而构成。尽管这些纤维在数量上显著不同，但在两侧腹侧索之间总有白质相连，这与背侧索相反，左、右背侧索则完全被背侧正中隔隔开。 B

27 灰质 Substantia grisea. 呈H形或蝴蝶形的中央的灰质。 D

28 背侧角 Cornu dorsale. BD

29 外侧角 Cornu laterale. BD

30 腹侧角 Cornu ventrale. BD

31 背侧角尖 Apex cornus dorsalis. 背侧角的尖或顶。 BD

32 胶状质 Substantia gelatinosa. 也称Rolando胶状质，关于这一章的特殊名词列表于书末。

33 胸核 Nucleus thoracicus. 位于颈8至腰2~3节段的Stilling-Clarke核。 D（这一来自N.A.的名词代替了在第2版N.A.V.的脊髓小脑背侧束核。以前胸核也称背核。）

34 中央中间（灰）质 Substantia intermedia centralis. 围绕在中央管周围的灰质。它向外扩展成外侧中间灰质，并包括灰连合和其他神经元及神经胶质成分。 D

35 外侧中间（灰）质 Substantia intermedia lateralis. 连接背侧角和腹侧角的灰质，毗邻外侧角。 D

36 颈外侧核 Nucleus cervicalis lateralis. 在颈1~3节段，背侧角的外侧。肉食动物和有蹄类发达。 D

37 副神经运动核 Nucleus motorius n. accessorii. 在颈1~6（7）节段的腹侧角背侧区域。 D

38 三叉神经脊束核 Nucleus tractus spinalis n. trigemini. 伴随胶状质延伸，在多种动物位于颈1~5（6）节段。 D

39 网状结构 Formatio reticularis. 在背侧角和外侧角之间的灰、白质混合形成的结构。 B

再次强调，凡在结构后标记有 * 者均为具有临床应用和体格检查有重要意义的结构。

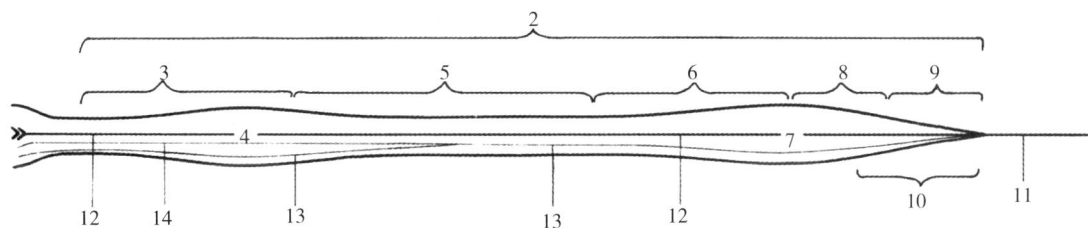

A　脊髓示意图，背侧观

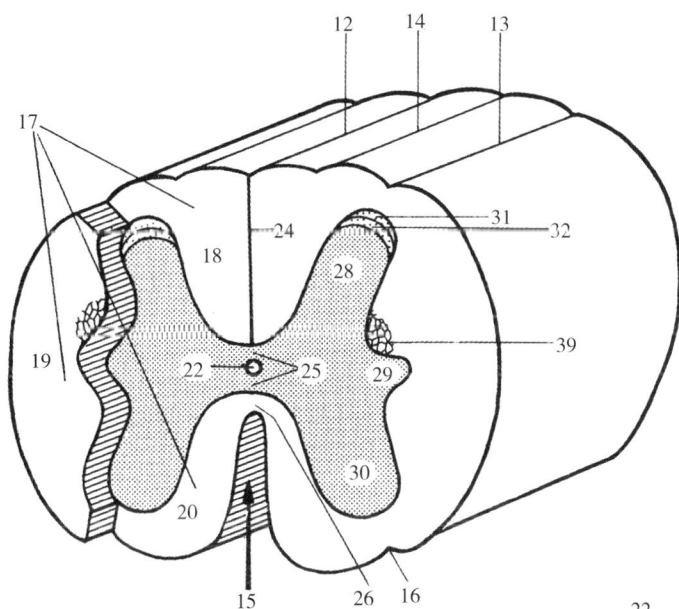

B　脊髓横截面示意图

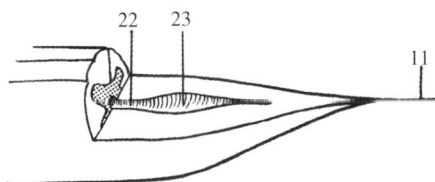

C　脊髓后端，腹侧半

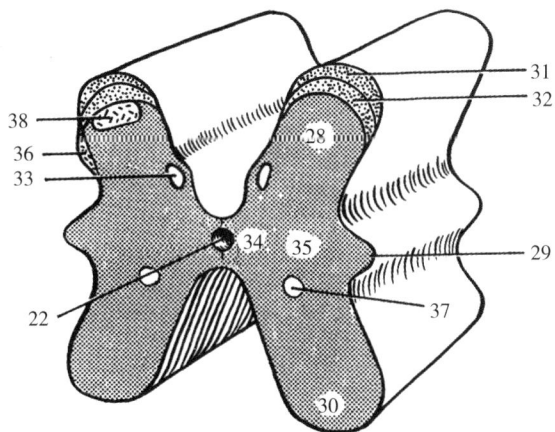

D　脊髓灰质，颈部横切面示意图（犬）

1 白质 Substantia alba. 体现为脊髓外部的三对索。

2 背侧索 Funiculus dorsalis. 执行上行传导功能。 A

3 薄束 Fasciculus gracilis. 又称Goll束，为背侧索的内侧部。 A

4 楔束 Fasciculus cuneatus. 又称Burdach束，为背侧索的外侧部。 A

5 锥体［皮质脊髓］背侧束 Tractus pyramidalis [corticospinalis] dorsalis. 仅有极少量该束出现于兔和有蹄类的颈前部脊髓。

6 固有束 Fasciculus proprii. 联系相邻的脊髓节段。 A

7 外侧索 Funiculus lateralis. 执行上行和下行的传导功能。 A

8 锥体［皮质脊髓］外侧束 Tractus pyramidalis [corticospinalis] lateralis. 位于背侧角尖的外侧。 A

9 脊髓小脑腹侧束 Tractus spinocerebellaris ventralis. 又称Gower束，在外侧索的腹外侧部。 A

10 脊髓小脑背侧束 Tractus spinocerebellaris dorsalis. 又称Flechsig束，在外侧索的背外侧部。 A

11 脊髓顶盖束 Tractus spinotectalis. 在脊髓小脑腹侧束的腹侧。 A

12 顶盖脊髓外侧纤维 Fibrae tectospinales laterales. 位于脊髓小脑背侧束和腹侧束之间偏内的区域。在腹侧索内也有顶盖脊髓纤维。 A

13 脊髓丘脑束 Tractus spinothalamicus. 位于脊髓小脑腹侧束和固有束之间。尽管直接的脊髓丘脑投射很少以至于称为一个束很勉强，但的确存在脊髓和丘脑间多级神经元通路，因此脊髓丘脑束对于表示这类通路是方便的。 A

14 网脊外侧束 Tractus reticulospinalis lateralis. 在锥体外侧束和红核脊髓束之间。 A

15 红核脊髓束 Tractus rubrospinalis. 又称Monakow束，联系于红核和脊髓腹角之间，位于外侧角外侧。 A

16 背外侧束 Tractus dorsolateralis. 又称Lissauer束，位于胶状质和脊髓表面之间短的纤维。 A

17 固有束 Fasciculi proprii. 连接于脊髓相邻节段之间，位于腹侧角的外侧。 A

18 腹侧索 Funiculus ventralis. 执行下行传导功能。 A

19 内侧纵束 Fasciculus longitudinalis medialis. 在有蹄类相当发达。可以不完全地认为是脑干内侧纵束的延续，由几种不同类型的纤维以不同比例混合而成。已经明确的有如下5种类型。 A

20 连合脊髓部 Pars commissurospinalis. 起自间位前核（旧称后连合核）。 A

21 间位脊髓部 Pars interstitiospinalis. 起自中脑的间位核。 A

22 顶盖脊髓部 Pars tectospinalis. 起自中脑顶盖。 A

23 前庭脊髓部 Pars vestibulospinalis. 起自前庭核。 A

24 网状脊髓部 Pars reticulospinalis. 起自中脑被盖的网状结构。 A

25 锥体［皮质脊髓］腹侧束 Tractus pyramidalis [corticospinalis] ventralis. 由同侧的（未越边的）纤维构成，最远可达胸部脊髓，是腹侧索中最内侧的纤维束。 A

26 脊髓橄榄束 Tractus spinoolivaris. 为腹侧索最外侧的部分，终止于橄榄核。 A

27 脊髓丘脑束 Tractus spinothalamicus. 参见本页13条。为内侧纵束的顶盖脊髓部（在内侧）和脊髓橄榄束（在外侧）之间的中间束。 A

28 固有束 Fasciculi proprii. 在腹索内联系毗邻脊髓节段，位于腹侧角腹内侧。 A

29 **脑 ENCEPHALON.** 由末脑、后脑、中脑、间脑和端脑构成。

30 **菱脑 RHOMBENCEPHALON.** 由末脑和后脑构成。 B

31 **末脑** Myelencephalon. 即延髓，从第1对颈神经到脑桥。 B

32 **延髓** Medulla oblongata. 即末脑。 B

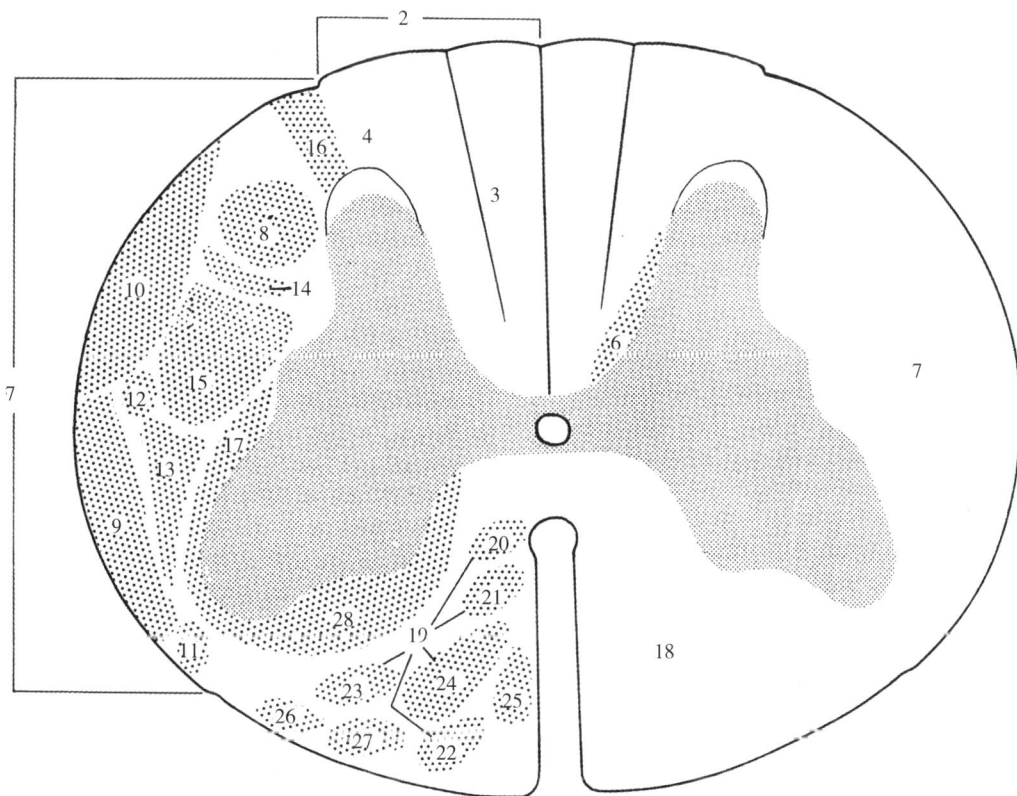

A 脊髓，横断面示意图，仅标记白质

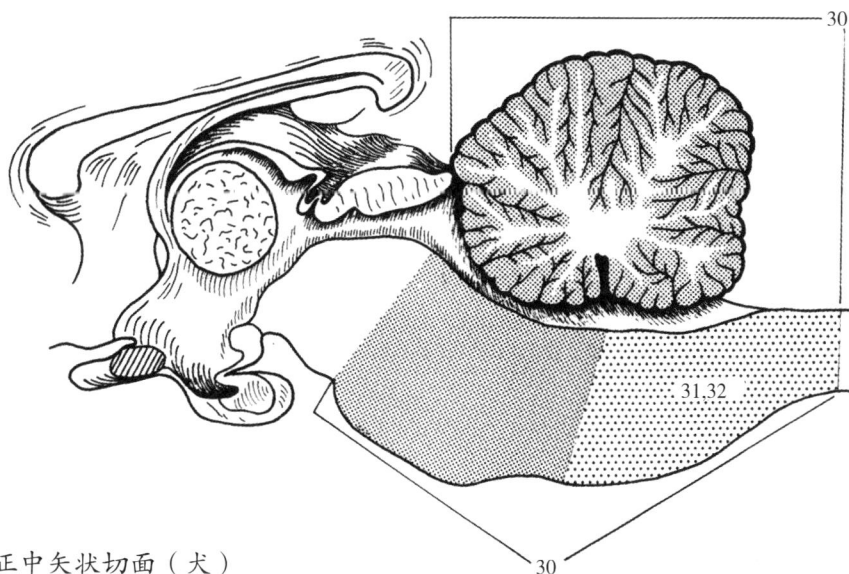

B 菱脑，正中矢状切面（犬）

1 （腹侧）正中裂 Fissura mediana [ventralis]. 脊髓的腹侧正中裂在延髓的延续。 A

2 （延髓）锥体 Pyramis [medullae oblongatae]. 纵向成对的隆起。 A

3 锥体交叉 Decussatio pyramidum. 在延髓腹侧面可见，也可在横断面上看到。 A

4 腹外侧沟 Sulcus lateralis ventralis. 位于锥体外侧的沟，有舌下神经和外展神经穿出。 A

4a 面结节 Tuberculum faciale. 在延髓腹侧面斜方体后缘的突起。 A（确切讲应为面腹侧结节，另有面背侧结节，未在第5版N.A.V.列出，可在菱形窝底看到，在内侧隆凸水平［见430.16］。）

5 背外侧沟 Sulcus lateralis dorsalis. 沿延髓的背侧面延伸向第4脑室外侧隐窝。 B

5a 三叉结节 Tuberculum trigeminale. 延髓外侧面的隆起，恰在舌咽神经根前方。

6 背侧中间沟 Sulcus intermedius dorsalis. 将薄束与楔束分开。 B

7 橄榄 Oliva. 在许多种类并不作为一个隆起而存在。（该名词在第5版N.A.V.被省略。）

8 小脑后脚 Pedunculus cerebellaris caudalis. 将延髓连接于小脑。 B

9 绳状体 Corpus restiforme. 小脑后脚的主部，占据小脑后脚的外侧部。含大量传入纤维束。 B

10 绳状旁体 Corpus juxtarestiforme. 小脑后脚的内侧小部，含有前庭小脑束和小脑前庭束。 B

11 外侧索 Funiculus lateralis. 为脊髓外侧索的直接延续。 AB

12 楔束 Fasciculus cuneatus. 又称Burdach束，为脊髓相应束的延续，在薄束的外侧。 B

13 楔束核结节 Tuberculum nuclei cuneati. 楔束核位置上的表面隆起。 B

14 薄束 Fasciculus gracilis. 又称Gall束，为脊髓相应束的延续，位于楔束的内侧。 B

15 薄束核结节 Tuberculum nuclei gracilis. 在薄束核表面的隆起。 B

16 浅弓状纤维 Fibrae arcuatae superficiales. 从楔束外侧核和弓状核到小脑。 B

17 （背侧）正中沟 Sulcus medianus [dorsalis]. 为脊髓同名沟的延续，向前到闩。 B

18 延髓切面 Sectiones medullae oblongatae. 通过延髓的切面（大部分是横切面）。

19 缝 Raphe [Rhaphe]. 衣缝样的正中壁，主要由正在越边的纤维构成。 D

20 菱脑被盖 Tegmentum rhombencephali. 中央管和第4脑室腹侧，橄榄和锥体背侧的区域，含有第5~12对脑神经核。 D

21 舌下神经运动核 Nucleus motorius n. hypoglossi. 位于舌下神经前置核的后方（C）以及延髓最内侧的位置（D）。 CD

22 中介核［闰核］ Nucleus intercalatus. 也称Staderini核，该核可能为舌下神经运动核提供反射性联系。位于舌下神经运动核和迷走神经副交感核之间。 CD

23 舌下神经前置核 Nucleus prepositus [prae-] n. hypoglossi. 也称Marburg核，可能为舌下神经运动核提供反射性联系。位于舌下神经运动核前方。 C

24 疑核［迷走神经和舌咽神经运动核］ Nucleus ambiguus [Nucleus motorius nn. vagi et glossopharyngei]. 菱脑被盖内最外侧的核团，较深，在孤束和孤束核的腹侧。 CD

25 迷走神经副交感核 Nucleus parasympatheticus n. vagi. 位于中介核和孤束核之间，在舌咽神经副交感核后方。 CD

26 舌咽神经副交感核 Nucleus parasympatheticus n. glossopharyngei. 在迷走神经副交感核的前方。 C

27 副神经运动核 Nucleus motorius n. accessorii. 在图C为最后一个核，在疑核的后方，与疑核在同一深度。 C

28 孤束 Tractus solitarius. 由第Ⅶ和第Ⅸ脑神经中的味觉纤维以及第Ⅸ、Ⅹ脑神经中的感觉纤维构成，位于菱脑被盖的背外侧部。 CD

29 孤束核 Nucleus tractus solitarii. 由与孤束的纤维有关联的神经细胞体聚集形成，其中背侧层的背外侧部是由前面提到的一些核团构成的。 CD

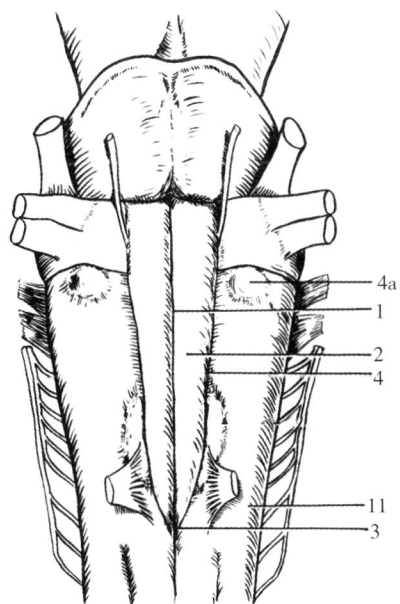

A 延髓及脑桥，腹侧观（犬）

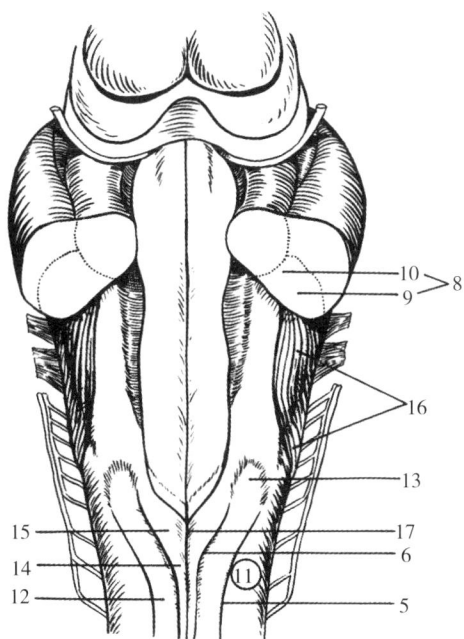

B 延髓及脑桥，背侧观（犬）

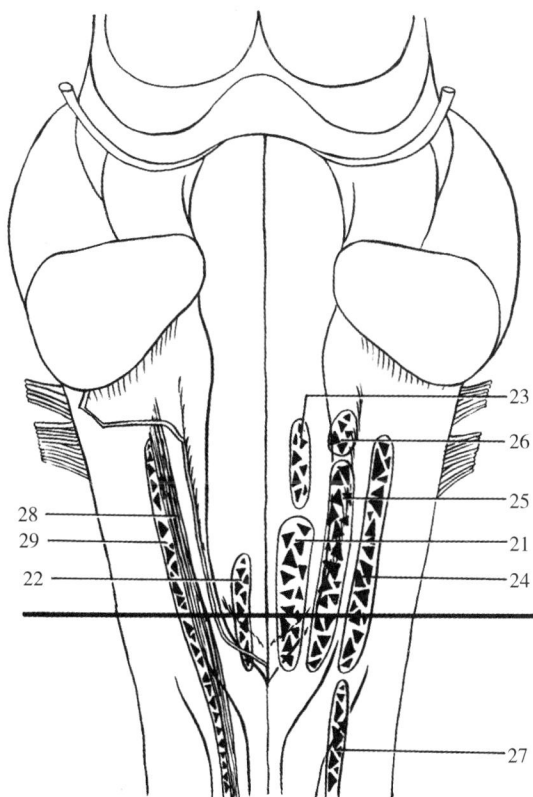

C 延髓，背侧观，示意部分核团（犬）

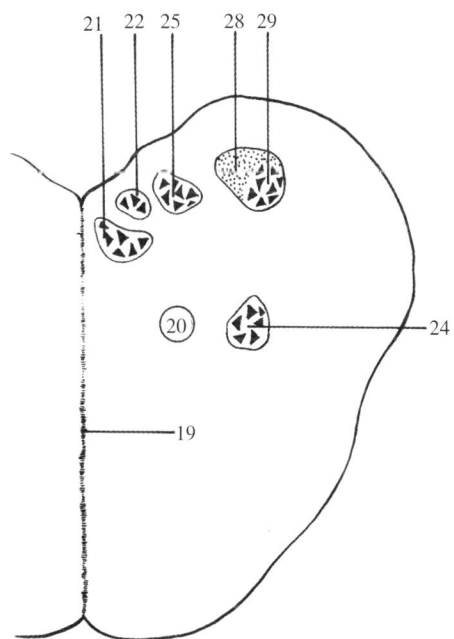

D 延髓横切面，示意
部分核团（犬）

1 三叉神经脊束 Tractus spinalis n. trigemini. 下行进入脊髓的纤维束，含有三叉神经的痛、温觉纤维。 ABCDE

2 三叉神经脊束核 Nucleus tractus spinalis n. trigemini. 三叉神经脊束纤维终止的核团，含有三个形态学上不同的部分。 A

3 尾侧部 Pars caudalis. ADE

4 极间部 Pars interpolaris. 位于尾侧部和吻侧部之间。 A

5 吻侧部 Pars rostralis. ABC

6 三叉神经运动核[1] Nucleus motorius trigemini. 在某些种类位于脑桥。 A

7 （耳）蜗腹侧核 Nucleus cochlearis ventralis. 前庭耳蜗神经中（耳）蜗神经的腹侧核。在某些种类位于脑桥。 AC

8 （耳）蜗背侧核［听结节］[1] Nucleus cochlearis dorsalis [Tuberculum acusticum]. 前庭耳蜗神经的（耳）蜗神经的背侧核。在某些种类位于脑桥。 AC

9 前庭核群[1] Nuclei vestibulares. 前庭耳蜗神经中与前庭部相连的4个核，位于第4脑室的腹外侧壁内。在某些种类，它们全部或部分位于脑桥。 A

10 前庭前核 Nucleus vestibularis rostralis. 又称Bechterew核。 AB

11 前庭内侧核 Nucleus vestibularis medialis. 呈三角形，又称Schwalbe核。 A

12 前庭外侧核 Nucleus vestibularis lateralis. 又称Deiter核。 AC

13 前庭后［降］核 Nucleus vestibularis caudalis [descendens]. 又称前庭脊髓核或Roller核。 AC（译者注：在人体解剖学中Roller核是舌下周核的一个亚核，位置和性质均不同于前庭后核。）

14 面神经运动核[1] Nucleus motorius n. facialis. 在某些种类位于脑桥。 AC

15 面神经副交感核 Nucleus parasympathicus n. facialis. 到翼腭神经节的节前纤维的起始核。在某些种类位于脑桥内。 A

16 面神经膝[1] Genu n. facialis. 由起自面神经运动核的纤维束形成绕过外展神经运动核背侧的环。 B

17 中间神经副交感核[1] Nucleus parasympathicus n. intermedii. 到下颌神经节和舌下神经节（肉食动物）的节前纤维的起始核。在某些种类位于脑桥。 AC

18 外展神经运动核[1] Nucleus motorius n. abducentis. 在某些种类位于脑桥。 AB

19 薄束核 Nucleus gracilis. 又称Goll束核，为到内侧丘系交叉的深弓状纤维的起始核。 AE

20 楔束内侧核 Nucleus cuneatus medialis. 也称Burdach束内侧核，为到内侧丘系交叉的深弓状纤维的起始核。 ADE

21 楔束外侧核 Nucleus cuneatus lateralis. 也称Burdach束外侧核，为到小脑的浅弓状纤维的起始核。 ADE

22 外侧索核 Nucleus funiculi lateralis. 为到小脑的浅弓状纤维的起始核。 DE

23 橄榄核 Nucleus olivaris. 旧称下橄榄核，但"下"字似不再需要，因为名词上橄榄核已经改为斜方体背侧核。橄榄核联系于脊髓和小脑之间。 ADE

24 橄榄核门 Hilus nuclei olivaris. 该结构在兔、肉食动物和有蹄类比较明显。 D

25 内侧副橄榄核 Nucleus olivaris accessorius medialis. ADE

26 背侧副橄榄核 Nucleus olivaris accessorius dorsalis. AD

27 斜方体背侧核 Nucleus dorsalis corporis trapezoidei. 部分外侧丘系纤维的起始核。 AB

28 斜方体腹侧核 Nuclei ventrales corporis trapezoidei. 部分外侧丘系纤维的起始核。 AB

1）：这些结构的位置因动物种类变动于延髓和脑桥之间，已经在延髓或脑桥分别列出。

B　延髓，横切面，示意部分核团（犬）

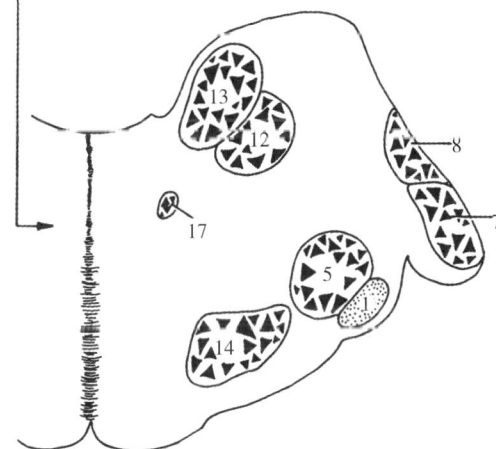

C　延髓，横切面，示意部分核团（犬）

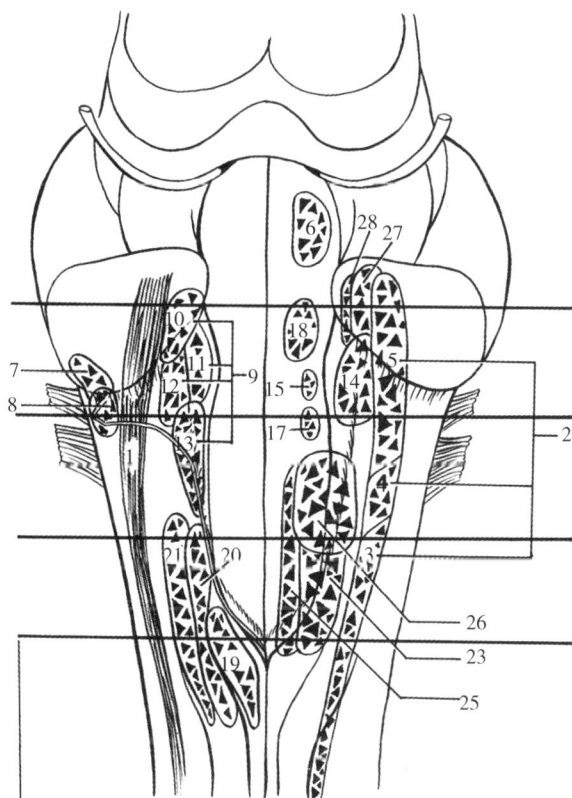

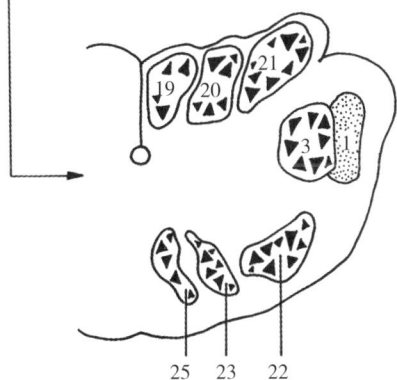

A　延髓，背侧观，示意部分核团（犬）

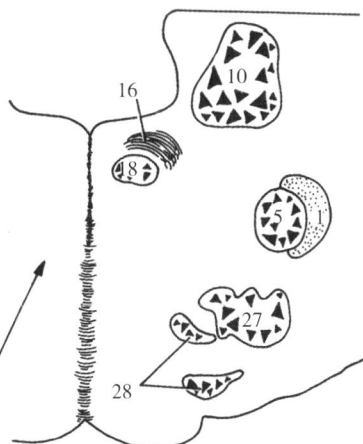

E　延髓，横切面，示意部分核团（犬）

D　延髓，横切面，示意部分核团（犬）

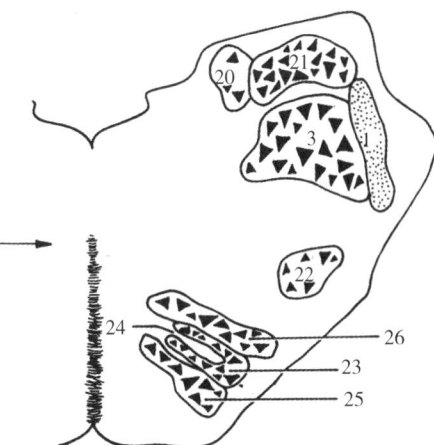

1 弓状核　Nucleus arcuatus. 部分浅弓状纤维的起始核。形成大脑-脑桥-小脑束联系。　CD

2 深弓状纤维　Fibrae arcuatae profundae. 深弓状纤维起自薄束核和楔束内侧核，形成内侧丘系交叉。　D

3 网状结构　Formatio reticularis. 在菱脑被盖内散在的神经元胞体和纤维。　CD

3a 外侧网状核　Nucleus reticularis lateralis. 包括在网状结构内。

3b 中缝核　Nuclei raphes. （译者注：原著为单数）见418页19条：缝。

4 薄束　Fasciculus gracilis. 又称Goll束，位于背侧正中沟和背中间沟之间。　AD

5 楔束　Fasciculus cuneatus. 又称Burdach束，位于背中间沟和背外侧沟之间。　AD

6 脊髓丘脑束　Tractus spinothalamici. 见416页1条。　CD

7 网状脊髓外侧束　Tractus reticulospinalis lateralis. 连系于延髓网状结构和脊髓之间。　D

8 脊髓顶盖束　Tractus spinotectalis. 连系于脊髓和中脑顶盖之间。　D

9 内侧丘系　Lemniscus medialis. 由第2级神经元发出的从内侧丘系交叉到丘脑这一阶段的纤维构成。　CD

10 内侧丘系交叉　Decussatio lemniscorum medialium. 由来自薄束核和楔束内侧核的深弓状纤维构成。　D

11 小脑后脚　Pedunculus cerebellaris caudalis. 粗大的纤维集团将延髓连系到小脑。　AC

12 脊髓小脑背侧束　Tractus spinocerebellaris dorsalis. 又称Flechsig束，通过小脑后脚将同侧脊髓连接到小脑。　D

13 脊髓小脑腹侧束　Tractus spinocerebellaris ventralis. 又称Gower束，通过小脑前脚将对侧脊髓连接到本侧小脑。　CD

14 橄榄小脑束　Tractus olivocerebellaris. 经小脑后脚连接橄榄到小脑。　D

15 浅弓状纤维　Fibrae arcuatae superficiales. 从弓状核、外侧索核以及楔束外侧核起始，到小脑。其浅层纤维为交叉越过边的纤维。　ABD

16 斜方体　Corpus trapezoideum. 由来自耳蜗核的横向纤维构成的薄板，为听觉通路的一部分。BC（另见第420页页下注）

17 锥体束　Tractus pyramidalis. 对应于锥体，含有下列3种纤维。　CD（由于许多纤维仅抵达延髓，在延髓它们止于神经核或网状结构，因此在此水平又对锥体束做了成分划分。）

18 皮质核纤维　Fibrae corticonucleares. 来自大脑皮质，到脑神经核。

19 皮质脊髓纤维　Fibrae corticospinales. 来自大脑皮质，到脊髓。

20 皮质网状纤维　Fibrae corticoreticulares. 来自大脑皮质，到延髓和脊髓的网状结构。

21 锥体交叉　Decussatio pyramidum. 由锥体束中正在越边的纤维构成。　BD

22 红核脊髓束　Tractus rubrospinalis. 又称Monakow束，从红核到脊髓。　CD

23 顶盖脊髓外侧纤维　Fibrae tectospinales laterales. 从中脑顶盖到脊髓。　CD

24 内侧纵束　Fasciculus longitudinalis medialis. 含有下列5种纤维。　CD

25 连合脊髓部　Pars commissurospinalis. 起于间位前核，该核旧称中脑后连合核。

26 间位脊髓部　Pars interstitiospinalis. 起于中脑的间位核。

27 顶盖脊髓部　Pars tectospinalis. 起于中脑顶盖。

28 前庭脊髓部　Pars vestibulospinalis. 起于前庭核。

29 网状脊髓部　Pars reticulospinalis. 起于网状结构。

30 前庭脊髓束　Tractus vestibulospinalis. 从前庭外侧核到脊髓。　CD

31 被盖中央束（肉食动物）　Tractus tegmenti centralis. 为连接苍白球、底丘脑未定带和红核到橄榄核的纤维束。　C

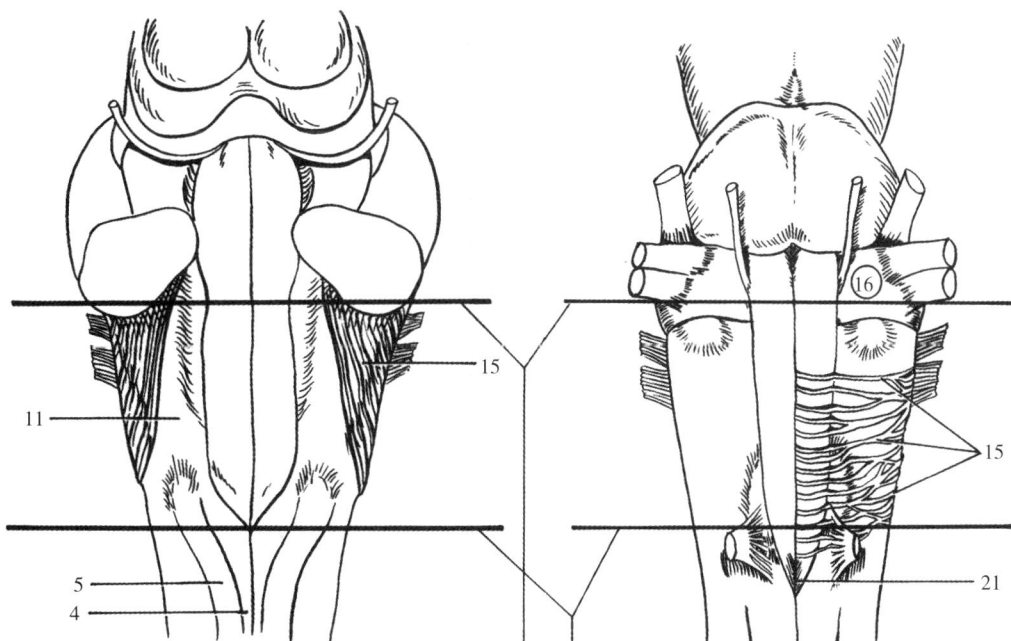

A　延髓和脑桥，背侧观（犬）

B　延髓和脑桥，腹侧观（犬）

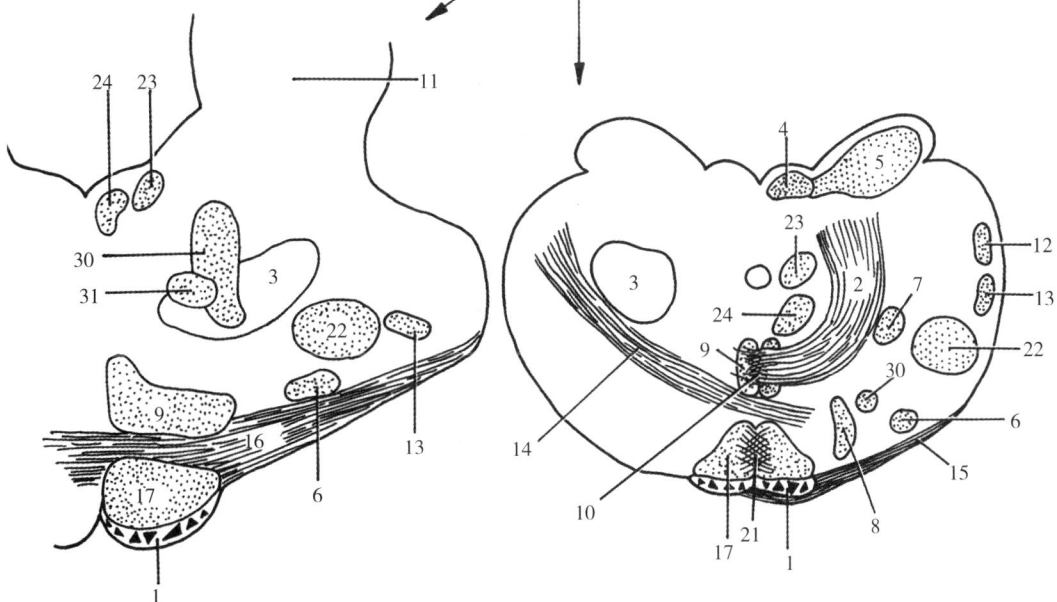

C　延髓，吻侧部横切面，示意部分核团（犬）

D　延髓，尾侧部横切面，示意部分核团（犬）

1 **后脑** Metencephalon. 菱脑的前部，包括小脑和脑桥。 A

2 **脑桥** Pons. 介于中脑和延髓之间突出的横行桥。含有横行纤维和菱脑被盖前部大脑-小脑通路上的神经元胞体群。 AB

3 基底沟 Sulcus basilaris. 正中的沟，由左、右侧锥体束围成。 B

4 小脑中脚［脑桥臂］ Pedunculus cerebellaris medius [Brachium pontis]. 由沟通小脑和脑桥的纤维构成。 ABD

5 脑桥切面 Sectiones pontis. 作过脑桥的脑横切面。 DE

6 脑桥背侧部［脑桥被盖］ Pars dorsalis pontis [Tegmentum pontis]. 第4脑室底及其深部毗邻的结构。 DE

7 中缝 Raphe [Rhaphe] 正中矢状面上衣缝样的结构，主要由横越边的纤维构成。 DE（在末脑也有一相同的缝，见418页19条。）

8 网状结构 Formatio reticularis. 与延髓网状结构相同。 DE

8a 中缝核 Nuclei raphes [rhaphes]. 在中缝内的核团。

9 外展神经运动核[1] Nucleus motorius n. abducentis. 在某些种类位于延髓内。 CE

10 面神经运动核[1] Nucleus motorius n. facialis. 在某些种类位于延髓内。 CE

11 面神经膝[1] Genu n. facialis. 由面神经运动核发出的纤维组成的环，位于外展神经运动核背侧。 CE

12 三叉神经运动核[1] Nucleus motorius n. trigemini. CD

13 三叉神经脑桥感觉核[1] Nucleus sensibilis pontinus n. trigemini. 是三叉丘系交叉后纤维的起始核。 CD（译者注：此处后的含义是指位置上在交叉的后方，不是指顺序。）

14 三叉神经中脑束 Tractus mesencephalicus n. trigemini. 由抵达三叉神经中脑束核的纤维组成。 C

15 三叉神经中脑束核 Nucleus tr. mesencephalici n. trigemini. 三叉神经前感觉核。 C

16 蓝斑核［蓝斑］ Nucleus ceruleus [coeruleus]. 蓝色柱状细胞群。 D

17 三叉神经脊束 Tractus spinalis n. trigemini. 下行到脊髓的纤维束，含有三叉神经痛觉和温觉纤维。 CE

18 三叉神经脊束核 Nucleus tractus spinalis n. trigemini. 三叉神经脊束的终止核。 E

19 前庭耳蜗神经核群 Nuclei n. vestibulocochlearis. 在某些种类的动物，该核群的一些核位于延髓内。 C

20 （耳）蜗腹侧核 Nucleus cochlearis ventralis. 前庭耳蜗神经核群耳蜗部分的腹侧核，在某些种类该核位于延髓。 CE

21 （耳）蜗背侧核［听结节］[1] Nucleus cochlearis dorsalis [Tuberculum acusticum]. 前庭耳蜗神经核群耳蜗部分的背侧核，在某些种类位于延髓。 CE

22 前庭前核[1] Nucleus vestibularis rostralis. 也称Bechterew核。 C

23 前庭内侧核 Nucleus vestibularis medialis. 三角形的，也称Schwalbe核。 CE

24 前庭外侧核 Nucleus vestibularis lateralis. 也称Deiter核。 CE

25 前庭后［降］核 Nucleus vestibularis caudalis [descendens]. 也称Roller核或前庭脊髓核。 C
（译者注：在人体解剖学中Roller核是舌下周核的一个亚核，位置和性质均不同于前庭后核）

26 听纹 Stria acustica. 由来自于耳蜗背侧核的纤维构成，它们越过小脑后脚，向内侧进入第4脑室底。 C

27 斜方体[1] Corpus trapezoideum. 由来自耳蜗核群的横向纤维组成的薄板，为听觉通路的一部分。 BE

28 斜方体背侧核 Nucleus dorsalis corporis trapezoidei. 旧称上橄榄核，为部分外侧丘系纤维的起始核。 CE

29 斜方体腹侧核 Nucleus ventrales corporis trapezoidei. 为部分外侧丘系纤维的起始核。 CE

30 小脑前脚［结合臂］ Pedunculus cerebellaris rostralis [Brachium conjunctivum]. 将小脑连系到中脑。 CD

1）：这些结构的位置因动物种类变动于延髓和脑桥之间，已经在延髓或脑桥分别列出（原著有较大的错误，此为译者纠正）。

A　全脑，着重显示菱脑，
　　左侧观（犬）

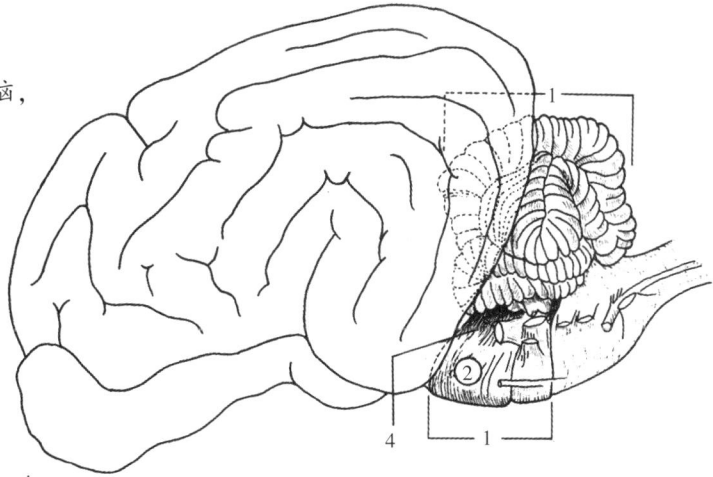

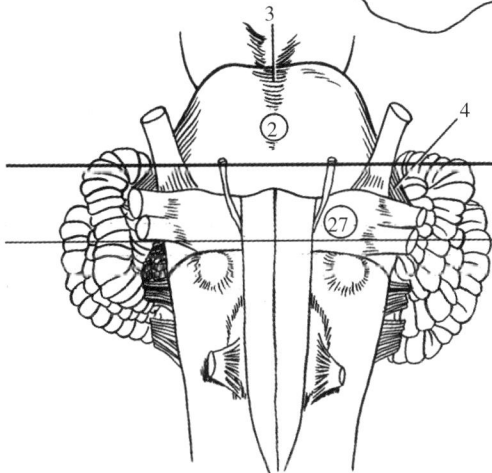

B　菱脑，腹侧观（犬）

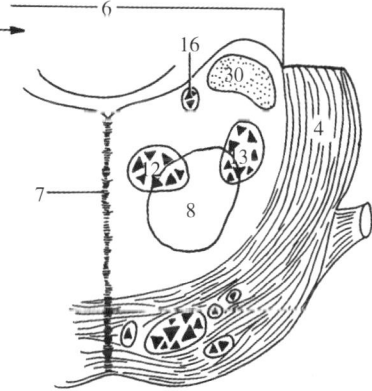

D　脑桥吻侧部横切，示
　　意某些核团（犬）

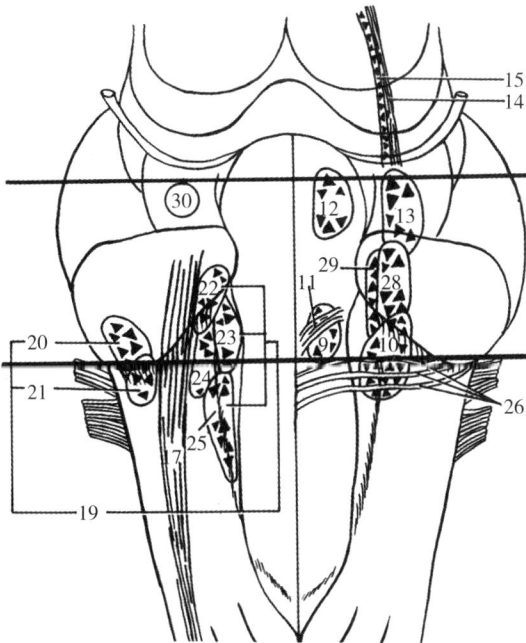

C　延髓和脑桥，背侧观，
　　示意部分核团（犬）

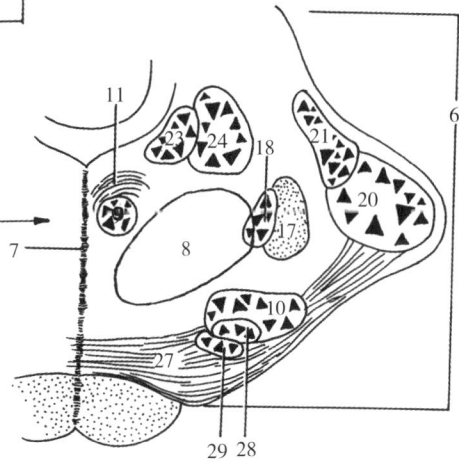

E　脑桥，尾侧部横切面，示意部分核团（犬）

1 脊髓丘脑束 Tractus spinothalamici. A，另见416页13条。

2 内侧丘系 Lemniscus medialis. 连系薄束核和楔束内侧核到丘脑的越过边的纤维。 A

3 三叉丘系 Lemniscus trigeminalis. 连系三叉神经脑桥感觉核到丘脑的越过边的纤维。 A

4 外侧丘系 Lemniscus lateralis. 连系耳蜗核到后丘和内侧膝状体的部分越过边的纤维。 A

5 外侧丘系核 Nucleus lemnisci lateralis. 为与外侧丘系纤维形成突触联系的一小群神经元。 A

6 红核脊髓束 Tractus rubrospinalis. 也称Monakow束，连系红核到脊髓。 A

7 顶盖脊髓束 Tractus tectospinalis. 连系中脑顶盖到脊髓。 A

8 被盖中央束 Tractus tegmenti centralis. 将苍白球、底丘脑未定带以及红核连系到橄榄核（肉食动物）。 A

9 内侧纵束 Fasciculus longitudinalis medialis. 含有下列4个部分。 A

10 连合脊髓部 Pars commissurospinalis. 起于间位前核，该核旧称后连合核。

11 间位脊髓部 Pars interstitiospinalis. 起于中脑的间位核。

12 顶盖脊髓部 Pars tectospinalis. 起于中脑顶盖。

13 网状脊髓部 Pars reticulospinalis. 起于中脑被盖的网状结构。

14 背侧纵束 Fasciculus longitudinalis dorsalis. 也称Schütz束，起自下丘脑室周后核，到中脑中央灰质和脊髓。 A

15 脑桥腹侧部 Pars ventralis pontis. A

16 锥体束 Tractus pyramidalis. 含有下列3种纤维。 A

17 皮质核纤维 Fibrae corticonucleares. 起于大脑皮质，抵止于脑神经核。

18 皮质脊髓纤维 Fibrae corticospinales. 从大脑皮质到脊髓。

19 皮质网状纤维 Fibrae corticoreticulares. 从大脑皮质到延髓和脊髓的网状结构。

20 皮质脑桥束 Tractus corticopontinus. 将大脑额叶、颞叶和枕叶皮质连系到脑桥核。

21 脑桥核 Nuclei pontis. 与皮质脑桥束相关。 A

22 脑桥横纤维 Fibrae pontis transversae. 从脑桥核到小脑。 A

23 **小脑** Cerebellum. 为后脑的一部分，在菱形窝的背侧。尽管由Larsell建立的小脑划分和命名体系已被采用，但经典的小脑分叶名称仍被保留沿用。 BCD（与经典命名相对应的Larsell命名体系列于第5版N.A.V.的152页，也列于下一页的括弧内。）

24 小脑叶片 Folia cerebelli. 由沟分隔开的薄形回。 BC

25 小脑裂 Fissurae cerebelli. 小脑叶片之间窄而深的沟。 BC

26 小脑沟 Sulci cerebelli. 小脑蚓部和半球之间的沟，或者小脑半球不同部分之间的沟。 BC

27 小脑谷 Vallecula cerebelli. 大的腹侧压迹。 D

28 小脑体 Corpus cerebelli. 由小脑前叶和小脑后叶构成，被蚓垂小结裂与绒球小结叶隔开。 BD （在N.A.，蚓垂小结裂也称后外侧裂。）

29 前叶 Lobus rostralis. BCD

30 原裂 Fissura prima. 在小脑前叶和后叶之间。 BC

31 后叶 Lobus caudalis. BCD

32 蚓垂小结裂 Fissura uvulonodularis. 将蚓垂与小结分开，它对应于N.A.中的背外侧裂［后外侧裂］。 D

33 绒球小结叶 Lobus flocculonodularis. 由半球的绒球和蚓部的小结融合而成。 CD

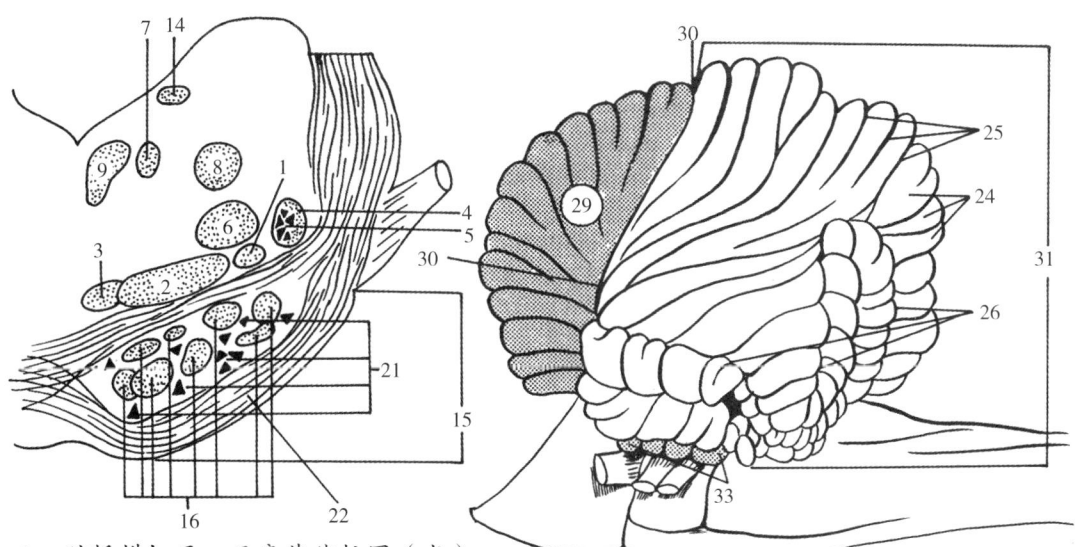

A　脑桥横切面，示意某些核团（犬）

C　菱脑，左侧观（犬）

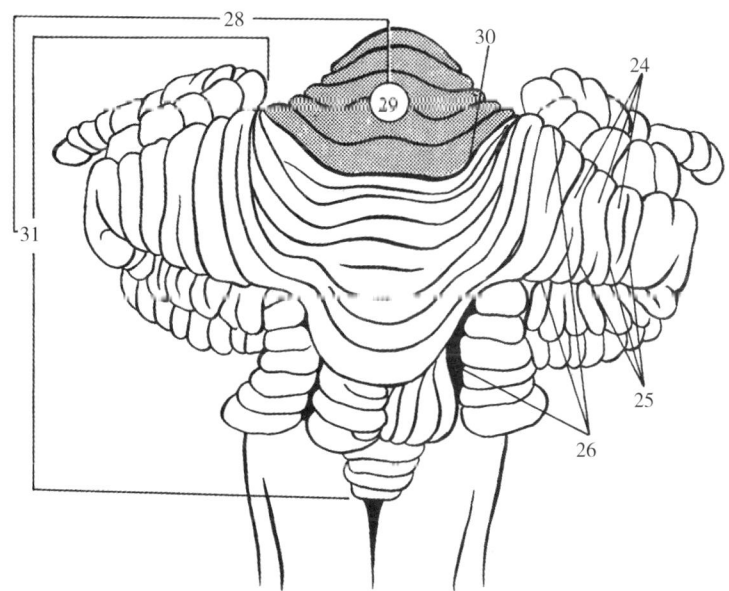

B　小脑，后背侧观（犬）

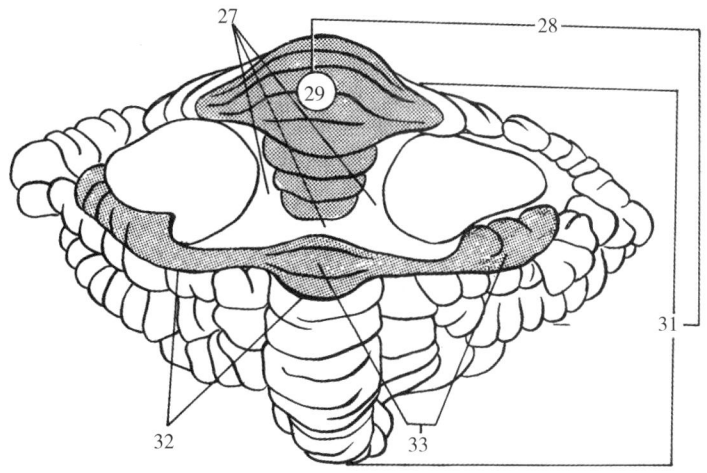

D　小脑，腹侧观（犬）

1 蚓部　Vermis.　小脑不成对的大的组成部分，含有下列10个小叶。　ABD

2 小脑小舌　Lingula cerebelli（Lob. Ⅰ Larsell）.　对应于小脑半球的小舌纽。　AD

3 中央小叶　Lobulus centralis（Lob. Ⅱ Larsell）.　对应于小脑半球的中央小叶翼。　ABD

4 山顶　Culmen.　对应于小脑半球的方形小叶。　ABC

　　5 前部　Pars rostralis（Lob. Ⅲ Larsell）.　山顶的前部。　ABC

　　6 后部　Pars caudalis（Lob. Ⅳ et Ⅴ Larsell）.　山顶的后部。　ABC

7 山坡　Declive（Lob. Ⅵ Larsell）.　对应于小脑半球的单小叶。　ABC

8 蚓小叶　Folium vermis（Lob. Ⅶ A Larsell）.　对应于小脑半球的祥状小叶前脚。　ABC

9 蚓结节　Tuber vermis（Lob. Ⅶ B Larsell）.　对应于小脑半球的祥状小叶后脚。　ABC

10 蚓锥体　Pyramis [vermis]（Lob. Ⅷ A et B Larsell）.　对应于小脑半球的旁正中小叶和背侧旁绒球。　ABCD

11 蚓垂　Uvula [vermis]（Lob. Ⅸ Larsell）.　对应于小脑半球的腹侧旁绒球。　ABD

12 小结　Nodulus（Lob. Ⅹ Larsell）.　对应于小脑半球的绒球。　AD

13 小脑半球　Hemispherium [Hemisphaerium] cerebelli.　由下列10个小叶构成。　D

14 小舌纽　Vinculum lingulae（Lob. H. Ⅰ Larsell）.　对应于小脑小舌。　D

15 中央小叶翼［翼状延续部］Ala lobuli centralis [Prolatio aliformis]（Lob. H. Ⅱ Larsell）.　对应于蚓部中央小叶。　D

16 方形小叶　Lobulus quadrangularis.　对应于蚓部的山顶。　BC

　　17 前部　Pars rostralis（Lob. H. Ⅲ Larsell）.　BC

　　18 后部　Pars caudalis（Lob. H. Ⅳ et H. Ⅴ Larsell）.　BC

19 单小叶　Lobulus simplex（Lob. H. Ⅵ Larsell）.　对应于蚓部的山坡。　BC

20 祥状小叶　Lobulus ansiformis.　对应于蚓部的蚓小叶和蚓结节。　BC

　　21 前脚　Crus rostrale（Lob. H. Ⅶ A Larsell）.　对应于蚓部的蚓小叶。　BCD

　　22 后脚　Crus caudalis（Lob. H. Ⅶ B Larsell）.　对应于蚓部的蚓结节。　BCD

23 旁正中小叶　Lobulus paramedianus（Lob. H. Ⅷ A Larsell）.　对应于蚓部蚓锥体的一部分。　BCD

24 旁绒球　Paraflocculus.　BCD

　　25 背侧旁绒球　Paraflocculus dorsalis（Lob. H. Ⅷ B Larsell）.　对应于蚓锥体的一部分。　BCD

　　26 腹侧旁绒球　Paraflocculus ventralis（Lob. H. Ⅸ Larsell）.　对应于蚓部的蚓垂。　BCD

27 绒球　Flocculus（Lob. H. Ⅹ Larsell）.　对应于蚓小结。　BD

　　28 绒球脚　Pedunculus flocculi.　连接小结的桥。　D

29 小脑切面　Sectiones cerebelli.　A

30 髓体　Corpus medullare.　小脑中央的白质，由有髓纤维构成。　A

31 活树　Arbor vitae.　白质分支，形成像活树的外观。　A

32 白质板　Laminae albae.　断面观如同张开的手指伸入小脑叶片内。　A

33 小脑皮质　Cortex cerebelli.　A

34 分子层　Stratum moleculare.　小脑皮质的外层，由浦肯野细胞的树突和篮状细胞的树突、轴突构成。　A

35 梨状神经元层　Stratum neuronorum piriformium.　为浦肯野细胞层的新称谓。　A

36 颗粒层　Stratum granulosum.　小脑皮质的深层，具有丰富的颗粒神经元的胞体、轴突及其树突。

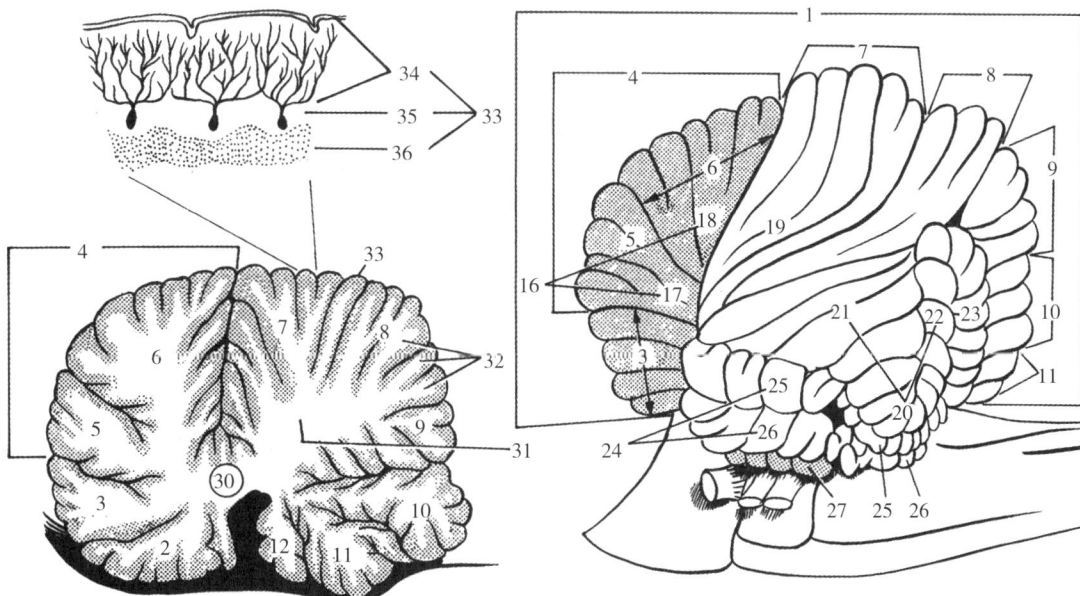

A　小脑，通过蚓部的正中矢状切面，右侧半内侧观（犬）

B　小脑，左侧观（犬）

C　小脑，背侧观（犬）

D　小脑，腹侧观（犬）

1　小脑外侧核［齿状核］　Nucleus lateralis cerebelli [Nucleus dentatus]．　小脑最大的核，位于髓体的腹外侧部内。　A

2　小脑中位核　Nuclei interpositi cerebelli．　位于小脑外侧核和顶核之间。　A

3　小脑中位外侧核［栓状核］　Nucleus interpositus lateralis cerebelli [Nucleus emboliformis]．　A

4　小脑中位内侧核［球状核］　Nucleus interpositus medialis cerebelli [Nucleus globosus]．　A

5　顶核　Nucleus fastigii．　髓体内最内侧的核。　A

6　第4脑室　Ventriculus quartus．　整体上属于菱脑。　A

7　菱形窝　Fossa rhomboidea．　为第4脑室底，如果去掉小脑和第4脑室盖就可看到。　A

8　正中沟　Sulcus medianus．　正中纵向的沟。　AB

9　第4脑室外侧隐窝　Recessus lateralis ventriculi quarti．　终止于第4脑室外侧孔。　BC

10　界沟　Sulcus limitans．　平行于正中沟，将内侧隆凸与菱形窝的其余部分分开。　AB

11　后凹　Fovea caudalis．　在迷走神经三角前端处的浅沟。　B

12　前凹　Fovea rostralis．　界沟前部的凹陷。　B

13　舌下神经三角　Trigonum n. hypoglossi．　在迷走神经三角后内侧，内部隐含舌下神经运动核。　B

14　第4脑室髓纹　Striae medullares ventriculi quarti．　在大部分哺乳动物不易分辨。在第424页的第26条已将此结构称为听纹。

15　前庭内侧核隆凸　Eminentia nuclei vestibularis medialis．　位于第4脑室外侧隐窝之前，在菱形窝的外侧面上。　AB

16　内侧隆凸　Eminentia medialis．　位于正中沟和界沟之间。　B

17　迷走神经三角　Trigonum n. vagi．　在舌下神经三角外侧。　B

18　最后区　Area postrema．　一个具有特殊组织结构的区域。　B

19　蓝斑　Locus ceruleus [caeruleus]．　位于第4脑室侧壁内微显蓝灰色的细胞柱。　B

20　第4脑室盖　Tegmen ventriculi quarti．　C（第4脑室顶的尖即所谓"顶（Fastigium）"，尽管这一单词可在解剖学文献中见到，并且作为顶核（Nucleus "fastigii"）被引用，但未在第5版N.A.V.中列出。）

21　后髓帆　Velum medullare caudale．　位于左、右小脑后脚、小结和第4脑室脉络丛之间的白质板。　C

22　前髓帆　Velum medullare rostrale．　位于左、右小脑前脚及小脑小舌间的白质板。　C

23　前髓帆系带　Frenulum veli medullaris rostralis．　将前髓帆连系于中脑顶盖板的带状结构。　C

24　第4脑室带　Tenia [Taenia] ventriculi quarti．　第4脑室后部顶壁的断缘（切缘）。　B

25　闩　Obex．　第4脑室顶壁后端不成对的横向结构，抵止于延髓的背侧正中沟。　BC

26　第4脑室脉络组织　Tela choroidea [chorioidea] ventriculi quarti．　由软膜和室管膜形成的一层结构，位于后髓帆和第4脑室带之间。　C

27　第4脑室孔　Aperturae ventriculi quarti．　第4脑室的开口。　C

28　第4脑室外侧孔　Aperturae laterales ventriculi quarti．　也称Luschka孔，对应于第4脑室外侧隐窝。　C

29　（第4脑室正中孔）　（Apertura mediana ventriculi quarti）．　也称Magendie孔，位于闩前不成对的孔，肉食动物缺如，其他哺乳动物不恒定出现。　C

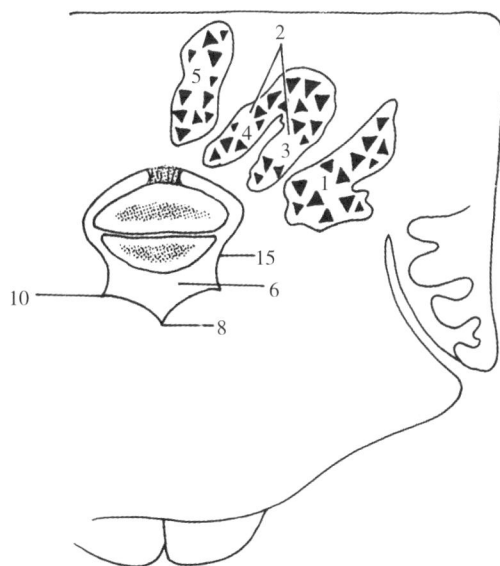

A　小脑横切面，示意部分核团（犬）

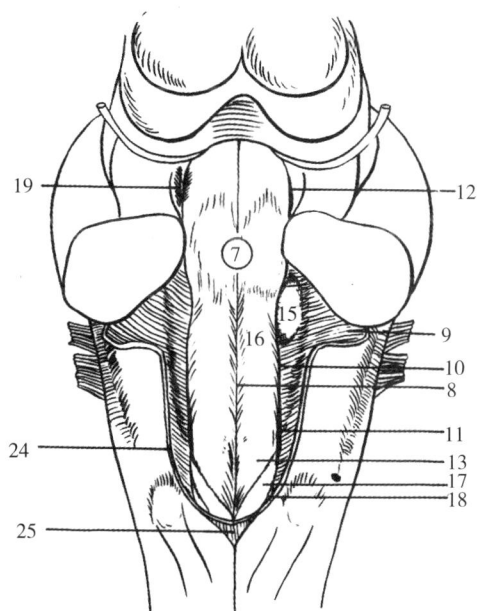

B　菱形窝（犬）

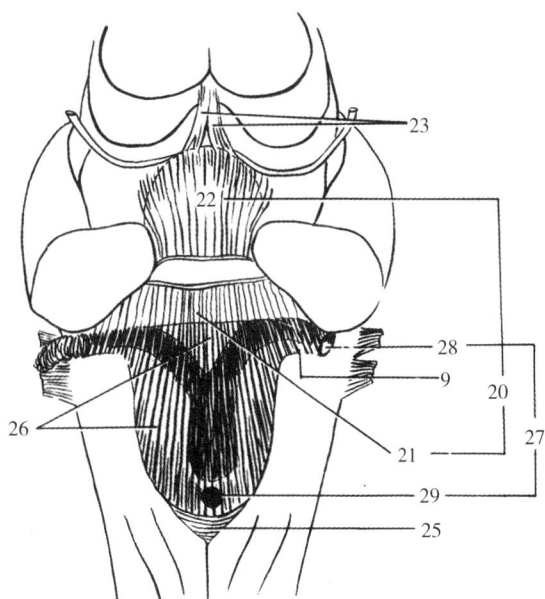

C　第4脑室盖（犬）

1 **中脑** **MESENCEPHALON**. 脑的一部分，含有中脑水管，位于脑桥和间脑之间，由顶盖和大脑脚构成。 ABCDE

2 **大脑脚** Pedunculus cerebri. 由腹侧的大脑脚底和背侧的被盖组成，这两部分之间由黑质隔开。 DF

3 **大脑脚底** Crus cerebri. 含有锥体束和脑桥束。 ABEF

4 脚间窝 Fossa interpeduncularis. 在两侧大脑脚底之间，乳头体的后方。 A

5 后穿质 Substantia perforata caudalis. 为脚间窝的底，供血管穿过。 A

6 脚横束 Tractus cruralis transversus. 起自大脑脚内侧沟，抵止于顶盖板（马）或松果腺附近（肉食动物、猪、反刍动物）。它构成了副视根。 AB

7 大脑脚内侧沟 Sulcus medialis cruris cerebri. 为动眼神经出脑处。 AF（还有一条中脑外侧沟，并未在第5版N.A.V.中列出，但在ABEF图中有清楚的标示，标示为7a。）

8 **中脑被盖** Tegmentum mesencephalis. 为大脑脚的背侧部，以黑质与大脑脚底隔开，其上叠加中脑顶盖。 EF

9 丘系三角 Trigonum lemnisci. 为大脑脚外侧面上三角形的区域，对应于其深部的外侧丘系。 B

10 **中脑顶盖** Tectum mesencephali. 中脑的顶，在中脑被盖背侧。 EF

11 顶盖板 Lamina tecti. EF

12 前丘 Colliculus rostralis. 半球状的隆凸，与视觉通路有关。 BCDEF

13 后丘 Colliculus caudalis. 比前丘低，与听觉通路有关，旧称听丘。 BCD

14 前丘臂 Brachium colliculi rostralis. 连接前丘到外侧膝状体，在家畜不太明显。 BC

15 后丘臂 Brachium colliculi caudalis. 连接后丘到内侧膝状体。 BC

16 **中脑切面** Sectiones mesencephali. 通过中脑的切面，大部分为横切。 DEF

17 中脑被盖 Tegmentum mesencephali. 见本页8条。 EF

18 中央灰质 Substantia grisea centralis. 包围中脑水管。 EF

19 中脑水管［大脑水管］ Aqueductus [Aquae-] mesencephali [Aqueductus cerebri]. 也称Sylvius水管，为第3脑室和第4脑室间的通道。 DEF

20 网状结构 Formatio reticularis. 为与脊髓、末脑和脑桥内相同结构的延续。 E

21 被盖中央束（肉食动物） Tractus tegmenti centralis. 连接苍白球、底丘脑未定带和红核到橄榄核。 E

22 内侧纵束 Fasciculus longitudinalis medialis. 见416页19条。 EF

23 连合脊髓纤维 Fibrae commissurospinales. 来自间位前核的纤维，到脊髓。该核旧称后连合核。

24 间位脊髓纤维 Fibrae interstitiospinales. 从中脑的间位核到脊髓的纤维。

25 前庭连合纤维 Fibrae vestibulocommissurales. 从前庭核群到对侧的间位前核，后者旧称后连合核。

26 前庭顶盖纤维 Fibrae vestibulotectales. 从前庭核群到中脑顶盖。

27 前庭丘脑纤维 Fibrae vestibulothalamicae. 从前庭核群到丘脑。

28 顶盖脊髓束 Tractus tectospinalis. 从中脑顶盖起始，到脊髓。 E

29 背侧纵束 Tractus longitudinalis dorsalis. 连系于下丘脑、被盖和许多其他核团之间。 EF

30 三叉神经中脑束 Tractus mesencephalicus n. trigemini. 由到三叉神经中脑束核的纤维构成。 E

31 三叉神经中脑束核 Nucleus tr. mesencephalici n. trigemini. 即三叉神经前感觉核。 E

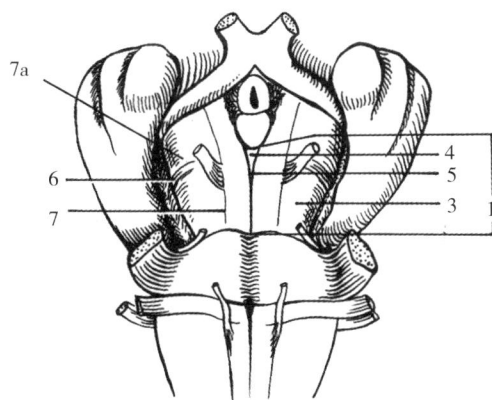

A　中脑，腹侧观（马）

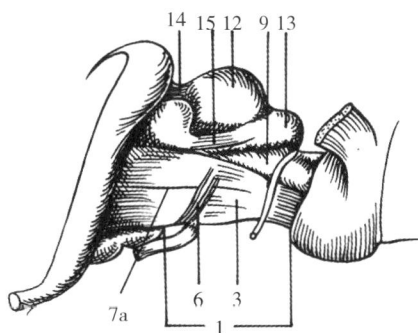

B　中脑，左侧观（马）

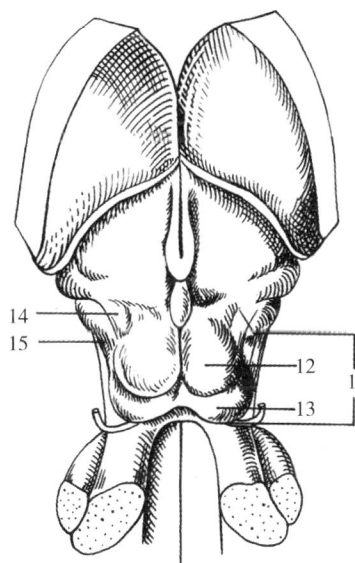

C　中脑，背侧观（马）

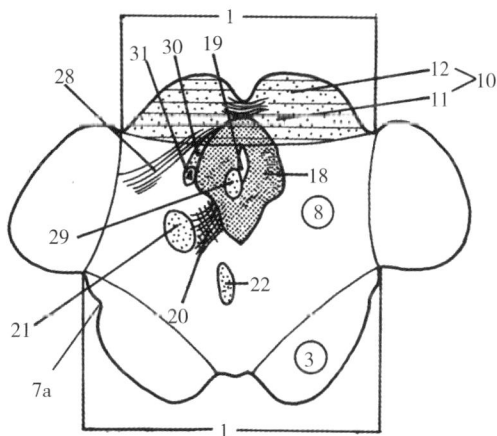

D　中脑，正中矢状面，
　　右侧半内侧观（马）

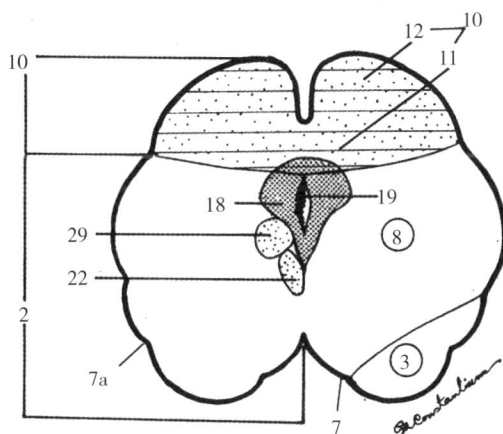

E　中脑，经过前丘的横切面（犬）

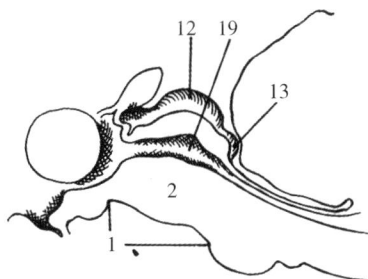

F　中脑经前丘的横切面（绵羊）

1 动眼神经运动核 Nucleus motorius n. oculomotorii. A

2 滑车神经运动核 Nucleus motorius n. trochlearis. 位于动眼神经运动核的后方。 B

3 动眼神经副交感核群 Nuclei parasympathici n. oculomotorii. 也称Edinger-Westphal核，在动眼神经运动核背内侧。 A

4 脚间核 Nucleus interpeduncularis. 与嗅觉通路有关。 A

5 被盖核群 Nuclei tegmenti. 也称Gudden核群，位于网状结构内，发出纤维到内侧纵束。 A

6 间位核 Nucleus interstitialis. 也称Cajal间位核，其传入纤维来自前庭核群、苍白球和前丘灰质层。 A

7 间位前核 Nucleus prestitialis [prae-]. 旧称后连合核。

8 连合前核 Nucleus precommissuralis [prae-]. 在后连合的前方。

9 红核 Nucleus ruber. 也称Stilling核，为红核脊髓束的起始核，传入纤维来自于小脑核和大脑皮质。 A

10 大细胞部 Pars magnocellularis. 系统发生较早，占据红核的中部和后部，在家畜发达。

11 小细胞部 Pars parvocellularis. 系统发生较晚较新，占据红核的前部，在人发达。

12 被盖交叉 Decussationes tegmenti. 由下列两部交叉构成，在某些情况下两部混合在一起，难以区分。 A

13 背侧交叉 Decussatio dorsalis. 为顶盖脊髓束的Meynert交叉。 A

14 腹侧交叉 Decussatio ventralis. 为红核脊髓束的Forel交叉，也含有红核网状纤维。 A

15 小脑前脚［结合臂］Pedunculus cerebellaris rostralis [Brachium conjunctivum]. 小脑成对的臂，将小脑锚定于中脑。 B

16 小脑前脚交叉 Decussatio pedunculorum cerebellarium rostralium. 在被盖后部内，内侧纵束的腹侧。 B

17 滑车神经交叉 Decussatio nervorum trochlearium. 位于前髓帆内。 465页C

18 三叉丘系 Lemniscus trigeminalis. 由越过边的将三叉神经感觉核群连系到丘脑的纤维构成。 B

19 内侧丘系 Lemniscus medialis. 由越过边的从薄束核和楔束内侧核到丘脑的纤维构成。 B

20 外侧丘系 Lemniscus lateralis. 由部分越过边的听觉通路纤维组成，对应于丘系三角。 B

21 外侧丘系核群 Nuclei lemnisci lateralis. 外侧丘系径路上的中继核，有多个。 B

22 脊髓丘脑束 Tractus spinothalamicus. 伴随外侧丘系的听觉纤维。 B，另见416页13条。

23 被盖束 Fasciculi tegmenti. 在有蹄类发达，因为其含有广泛的Wallenberg二级背侧束纤维，起自三叉神经脑桥感觉核。 C

24 黑质 Substantia nigra. 也称Soemmerring质，将大脑脚底与被盖隔开，属于锥体外系的有色素的核团。 B

25 密部 Pars compacta. 黑质的密部。 B

26 网状部 Pars reticulata. 黑质的网状部。 B

27 大脑脚底 Crus cerebri. B，另见432页3条

28 锥体束 Tractus pyramidalis. 含有抵止于中脑和菱脑的纤维，包含下列3种纤维。 B

29 皮质核纤维 Fibrae corticonucleares. 起于大脑的运动区皮质，到动眼神经、滑车神经和三叉神经的各运动核。

30 皮质脊髓纤维 Fibrae corticospinales. 终止于脊髓。

31 皮质网状纤维 Fibrae corticoreticulares. 连系大脑皮质到网状结构。

32 皮质脑桥束 Tractus corticopontinus. 在大脑脚底内位置不定，但主要在锥体束的外侧。在某些种类，该束分为两部：外侧部和内侧部。 B

33 额桥部 Pars frontopontina. 在锥体束的内侧。在家畜显著变小甚或消失。该束的许多纤维抵止于中脑。

34 顶桥部 Pars parietopontina. 在锥体束外侧。

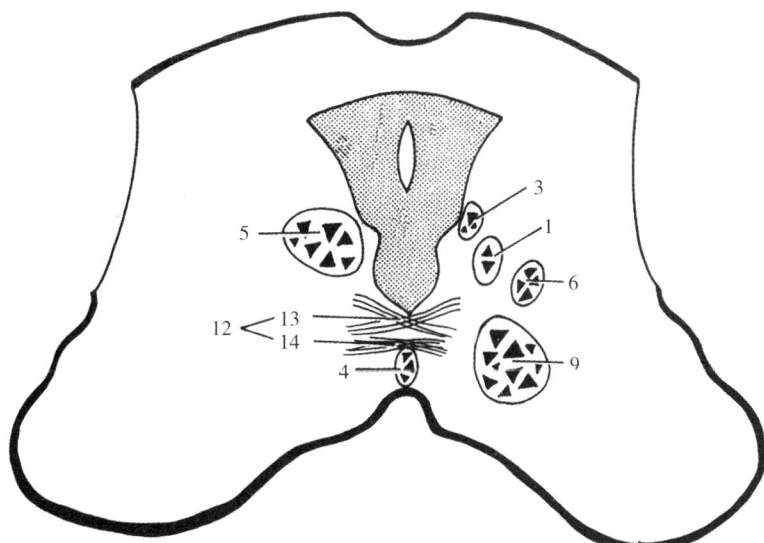

A 中脑横切面（犬）

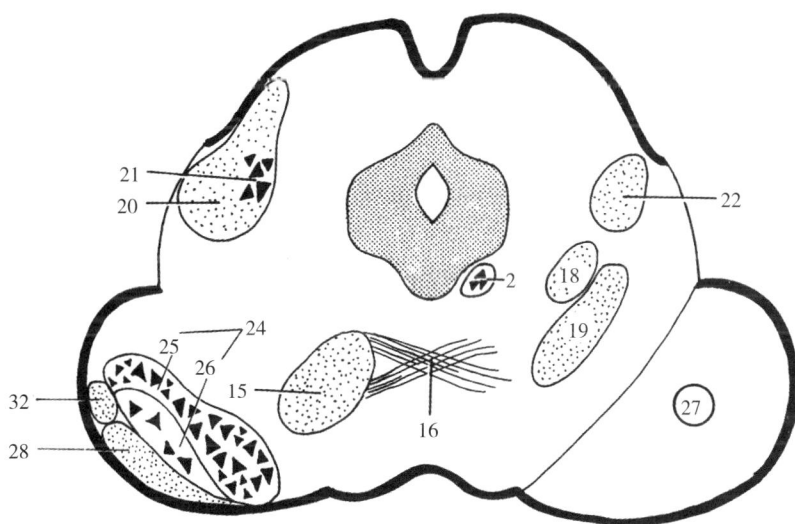

B 中脑前部横切面（犬）

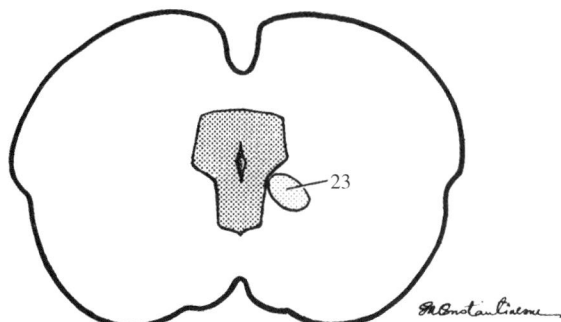

C 中脑后部横切面（绵羊）

1 顶盖前核 Nucleus pretectalis [prae-]. 位于后连合和前丘之间，接受视顶盖的冲动，发出纤维到动眼神经副交感核，参与光反射的形成。 C

2 中脑顶盖 Tectum mesencephali. 中脑的顶，位于中脑水管所在平面上方。 A

3 前丘带状层 Stratum zonale colliculi rostralis. 前丘的外层，由非常薄的一层白质构成。 A

4 前丘灰质层 Stratum griseum colliculi rostralis. 前丘的灰质层。 A

4a 视层 Stratum opticum. 接受视网膜轴突的直接传入，视层转而发出纤维投向更深层次，深层同时也接受听觉和躯体感觉的传入，主要功能是定位感觉刺激的空间位置。 A

5 前丘髓层 Strata medullaria colliculi rostralis. 分为浅（视）、中、深3层。 A

6 前丘连合 Commissura colliculorum rostralium. A

7 后丘核 Nucleus colliculi caudalis. B

8 后丘连合 Commissura colliculorum caudalium. B

9 后连合 Commissura caudalis. 由交叉纤维组成的"X"状的桥，连系前丘到对侧有关的上丘脑结构。一些作者认为后连合应为上丘脑（间脑）的一部。 C

10 后屈束 Fasciculus retroflexus. 也称Meyner束，一些学者认为其属于间脑的一部分，代表了缰核向脚间核的输入。 A

11 **前脑** PROSENCEPHALON. 由间脑和端脑构成。 D

12 **间脑** Diencephalon. 由下丘脑、底丘脑、丘脑、后丘脑和上丘脑组成。 CD

13 第3脑室 Ventriculus tertius. 围绕丘脑间黏合的不规则间隙，向前通过室间孔与左、右侧脑室相通，向后与中脑水管相通。 C

14 第3脑室脉络组织 Tela choroidea [chorioidea] ventricui tertii. 参与围成第3脑室顶和松果体上隐窝，支持第3脑室脉络丛。 C

15 穹窿下器 Organum subfornicale. 在两侧穹窿柱之间非常小而不成对的器官。 C

16 后连合 Commissura caudalis. C，另见本页9条。

17 连合下器 Organum subcommissurale. 在第3脑室内，位于后连合下方不成对的器官。它发出一纤丝（Reissner丝）沿中脑水管、第4脑室、脊髓中央管分布，甚至到达终丝内。 C

18 室间孔 Foramen interventriculare. 也称Monro孔，为左、右侧脑室向第3脑室的共同开口。 C

19 下丘脑沟 Sulcus hypothalamicus. 沿第3脑室延伸，在丘脑和下丘脑结合处。 C

20 丘脑间黏合 Adhesio [Adhaesio] interthalamica. 丘脑间黏合或丘脑间块，为左、右丘脑间的连接部。 C

21 视隐窝 Recessus opticus. 第3脑室向视交叉背侧的扩展。 C

22 神经垂体隐窝［漏斗隐窝］ Recessus neurohyphysialis [Rec. infundibuli]. 第3脑室的神经垂体隐窝。 C

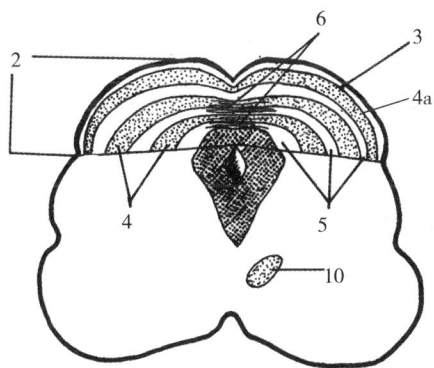

A 中脑经前丘的横切面（马）

B 中脑经后丘的横切面（马）

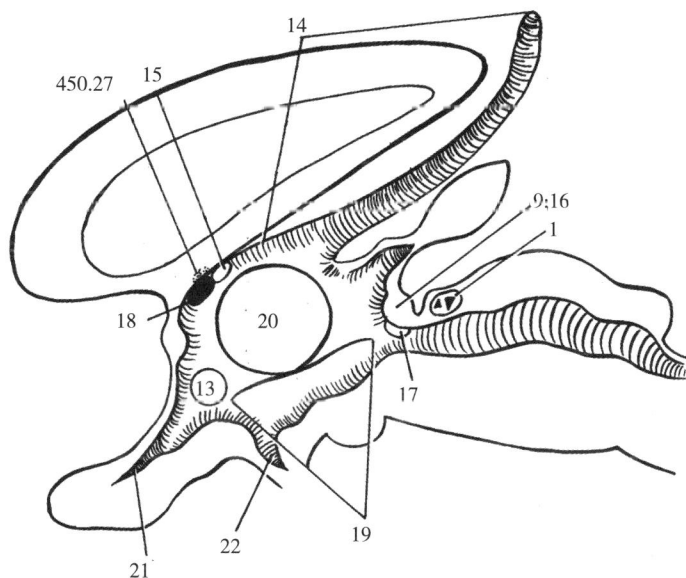

C 间脑，正中矢状切面，右侧半内侧观（马）

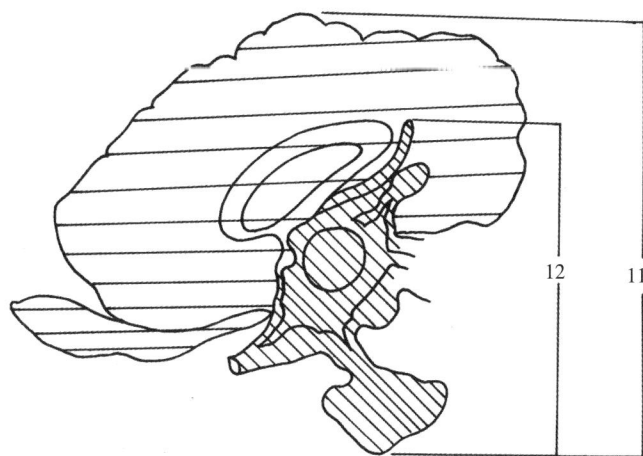

D 前脑，正中矢状切面，右侧半内侧观（马）

1 下丘脑　Hypothalamus.　间脑最腹侧的部分。由下丘脑沟与丘脑划分开。　A

2 乳头体　Corpus mamillare.　在脚间窝前方，灰结节后方，两侧大脑脚底之间。　ACD

3 乳头下隐窝　Recessus inframamillaris.　为脚间窝的前隐窝，在乳头体之后（之下）。　AD

4 灰结节　Tuber cinereum.　位于视交叉和乳头体之间。　AD

5 结节前部　Pars rostrali tuberis.　在漏斗的前方。　A

6 结节旁漏斗部　Pars parainfundibularis tuberis.　在漏斗两侧。　A

7 结节后部　Pars caudalis tubers.　在漏斗的后方。　A

8 结节漏斗沟　Sulcus tuberoinfundibularis.　D

9 垂体［垂体腺］　Hypophysis［Glandula pituitaria］.　C，另见232页3条

10 视束　Tractus opticus.　为视路的一部分，在视交叉和外侧膝状体之间。　ABC

11 视旁束　Fasciculus paraopticus.　在绵羊，沿视束内缘延伸的一小束神经纤维。它含有副视系统的来自对侧视网膜的投射纤维。　B

12 内侧根　Radix medialis.　消失于内侧膝状体底下，终止于前丘。　C

13 外侧根　Radix lateralis.　连系视束到外侧膝状体。　C

14 视交叉　Chiasma opticum.　由视神经的内侧纤维交叉越边形成。　AF

15 灰（质）终板　Lamina terminalis grisea.　在视交叉背侧，封闭第3脑室的前方。胚胎时期为神经管的前端。　D

16 灰（质）终板血管器　Organum vasculosum laminae terminalis griseae.　第3脑室内非常小的结构，在视隐窝上方。　D

17 下丘脑血管器　Organum vasculosum hypothalami.　第3脑室内的室管膜器官，具有多皱的表面，在丘脑间黏合的腹侧，神经垂体隐窝的背侧。　D

18 下丘脑切面　Sectiones hypothalami.　通过下丘脑的切面。

19 脑室周层　Stratum periventriculare.　围绕第3脑室，为下列各核群的总称。

20 **下丘脑前区与视前区**　Regio hypothalamica rostralis cum reg. preoptica [prae-].　在发育上它并不属于间脑，但在形态上和功能上则相关。

21 视上核　Nucleus supraopticus.　其神经内分泌纤维走向神经垂体。　E

22 视交叉上部　Pars suprachiasmatica.　在视交叉上方。　E

23 视交叉后部　Pars postchiasmatica.　在视束背侧，视交叉上部的后方。　E

24 视交叉上核　Nucleus suprachiasmaticus.　在视交叉上方。　F

25 室旁核　Nucleus paraventricularis.　在前连合、灰终板和丘脑间黏合之间，其神经内分泌纤维走向神经垂体。　E

26 副部　Pars accessoria.　由位于室旁核和视上核之间的神经内分泌神经细胞构成。　E

27 小细胞室旁核　Nucleus paraventricularis parvocellularis.　在室旁核外侧。

28 下丘脑前核　Nucleus hypothalamicus rostralis.　在前连合和视上核视交叉后部之间，室旁核和穹窿柱的外侧。　F

29 视前正中核　Nucleus preopticus [prae-] medianus.　位于前连合和视交叉之间。　F

30 视前内侧核　Nucleus preopticus [prae-] medialis.　F

31 视前外侧核　Nucleus preopticus [prae-] lateralis.　F

32 视前室周核　Nucleus preopticus [prae-] periventricularis.　在视前正中核和室旁核之间。　F

33 室周前核　Nucleus periventriclaris rostralis.　在室旁核群和下丘脑背内侧核之间。　E

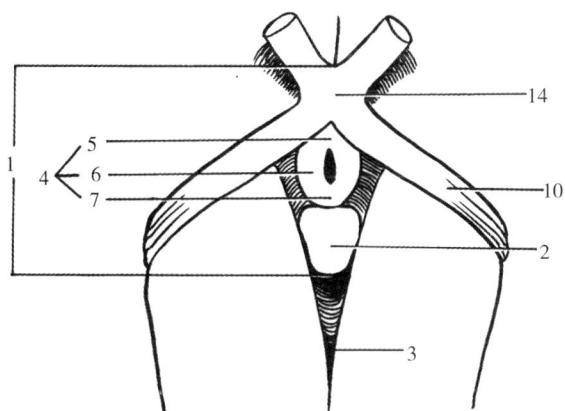

A 下丘脑，腹侧观（马）

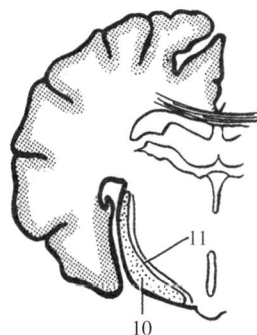

B 前脑，横切面（绵羊）

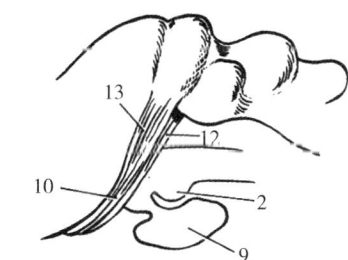

C 视顶盖，左侧观（马）

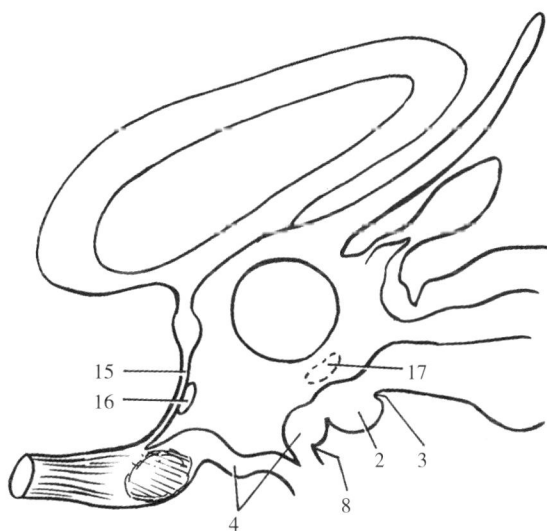

D 间脑，正中矢状切面，右侧半内侧观（绵羊）

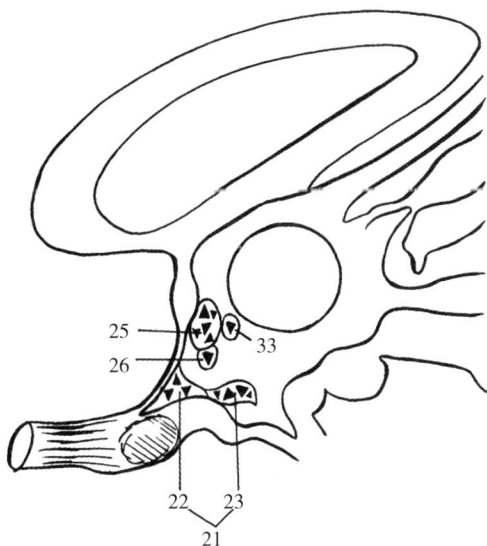

E 间脑，正中矢状切面，右侧半内侧观，
示意部分下丘脑核团（绵羊）

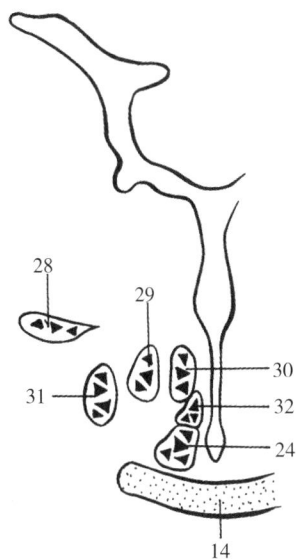

F 间脑，横切面，示意部分下丘脑核团（猫）

1　下丘脑中间　［结节］区　Regio hypothalamica intermedia [tuberalis].

2　下丘脑背内侧核　Nucleus hypothalamicus dorsomedialis.　在室旁核和下丘脑腹内侧核之间。　A

3　下丘脑腹内侧核　Nucleus hypothalamicus ventromedialis.　也称Cajal核，位于下丘脑背内侧核和室周后核之间。　A

4　漏斗核　Nucleus infundibularis.　位于神经垂体漏斗部的起始处。　A

5　下丘脑外侧区　Area hypothalamica lateralis.　包括如下几组核。　B

6　结节外侧核　Nuclei tuberis laterales.　为灰结节的外侧核，在漏斗核的背侧，结节旁漏斗部内。　B

7　结节乳头体核　Nucleus tuberomamillaris.　在结节后部内，乳头体的背侧。　A

8　后部［中介核］　Pars caudalis [Nucleus intercalatus].　结节乳头核的后部，在大脑脚底和乳头体之间向后扩展。　AC

9　乳头上部　Pars supramamillaris.　为结节乳头体核的主部。　A（在N.A.V.中有一错误的缩进。）

10　下丘脑后区　Regio hypothalamica caudalis.　包括乳头体。

11　乳头体前核　Nucleus premamillaris [prae-].　位于漏斗核和乳头体核群之间。　A

12　下丘脑背侧区　Area hypothalamica dorsalis.　在下丘脑外侧区的背侧。　B

13　下丘脑后背侧区　Area hypothalamica dorsocaudalis.　在下丘脑外侧区的后背侧。　B

14　下丘脑外侧核　Nucleus hypothalamicus lateralis.　位于下丘脑背外侧部，豆核袢和穹窿之间。它与下丘脑外侧区无关。　D

15　下丘脑穹窿周核　Nucleus hypothalamicus perifornicalis.　围绕穹窿的下丘脑核。　D

16　室周后核　Nucleus periventricularis caudalis.　部分室周纤维的起始核。　A

17　乳头体内侧核　Nucleus mamillaris medialis.　为乳头体的内侧核。　C

18　乳头体外侧核　Nucleus mamillaris lateralis.　为乳头体的外侧核。　C

19　乳头体灰白核　Nucleus mamillaris cinereus.　位于乳头体和灰结节之间。　A

20　连合　Commissurae.　连系左、右侧结构的白质连合。　D

21　视上连合　Commissurae supraopticae.　位于视束和视交叉背侧的横向纤维。　D

22　视上背侧连合　Commissura supraoptica dorsalis.　也称Ganser连合。　D

23　视上腹侧连合　Commissura supraoptica ventralis.　也称Meynert和Gudden连合。　D

24　乳头体上连合　Commossura supramamillaris.　在乳头体上方。

25　下丘脑内连合　Commissurae intrahypothalamicae.　在下丘脑内。

26　投射神经束　Tractus nervosi projectionis.　为脑各部间的相互连系以及涉及脊髓的上、下行投射纤维。

27　室周纤维　Fibrae periventriculares.　从下丘脑室周层到背侧纵束。　A

28　穹窿　Fornix.　为从海马连系到乳头体的弓状纤维，双向投射。　D

29　端脑内侧束　Fasciculus medialis telencephali.　为嗅脑、下丘脑和网状结构相互间的连系。　A

30　终纹　stria terminalis.　为连系杏仁体到嗅脑隔部、缰核、下丘脑前区的有髓神经纤维束，部分纤维通过前连合越边。见452页17条。

31　背侧纵束　Fasciculus longitudinalis dorsalis.　连系下丘脑到中脑、菱脑和脊髓。　A

32　下丘脑视网膜纤维　Fibrae hypothalamoretinales.

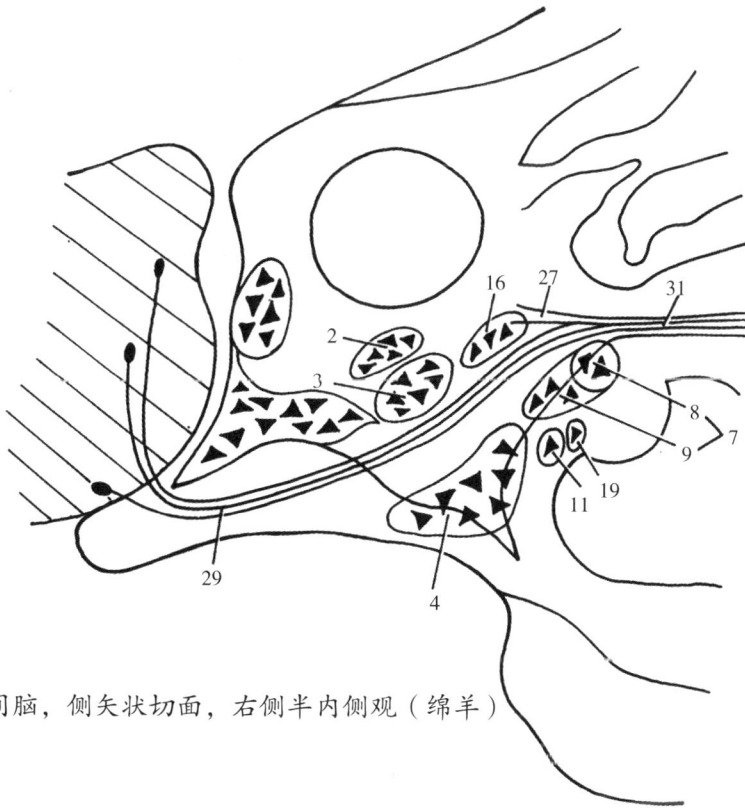

A　间脑，侧矢状切面，右侧半内侧观（绵羊）

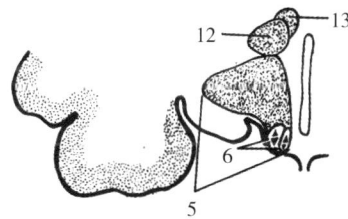

B　下丘脑横切面，经灰结节水平（猫）

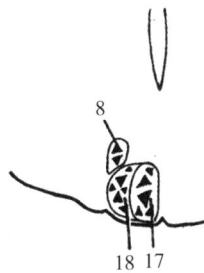

C　下丘脑横切面，经乳头体水平（猫）

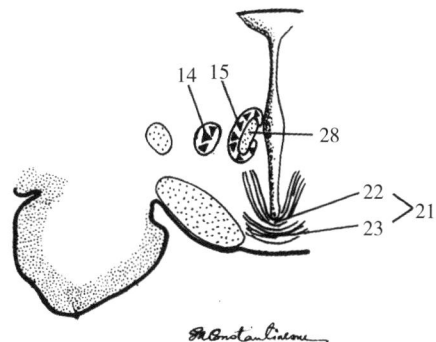

D　下丘脑横切面，经下丘脑联合（猫）

1　视上垂体束　Tractus supraopticohypophysialis.　从视上核到神经垂体神经叶的纤维，为神经内分泌性的。　D

2　室旁垂体束　Tractus paraventriculohypophysialis.　从室旁核到神经垂体神经叶的纤维，为神经内分泌性的。　D

3　结节垂体束　Tractus tuberohypophysialis.　旧称结节漏斗束，纤维来自下丘脑小细胞核群（漏斗核、腹内侧核、背内侧核），终止于神经垂体近侧部的毛细血管袢附近。　D

4　乳头体脚　Pedunculus mamillaris.　纤维位于中脑和乳头体之间的脚间窝外侧壁内。　D

5　乳头被盖束　Tractus mamillotegmentalis.　连系乳头体于被盖内核团。　D

6　乳头下丘脑束　Fasciculus mamillohypothalamicus.　连系乳头体到下丘脑。

7　乳头丘脑束　Tractus mamillothalamicus.　位于第3脑室侧壁内，连系乳头体到丘脑前核群。其第1短部与乳头被盖束一起组成Vicq d'Azyr束。　AD

8　**底丘脑**　Subthalamus.　位于丘脑和黑质之间。　A

9　底丘脑体　Corpus subthalamicum.　指底丘脑核及其外侧的相关结构。　A

10　未定带　Zona incerta.　位于乳头丘脑束与豆核袢之间。　A

11　底丘脑切面　Sectiones subthalami.　通过底丘脑的横切面。　AB

12　未定带　Zona incerta.　见本页10条。　A

13　底丘脑核　Nucleus subthalamicus.　也称Luys核，位于乳头丘脑束、丘脑网状核和黑质之间。　A

14　脑脚内核　Nucleus endopeduncularis.　对应于灵长类苍白球的内侧部。　B（本核不应在N.A.V.中列出。）

15　脑脚袢　Ansa peduncularis.　位于豆状核腹侧的纤维束，连系丘脑到脑岛和屏状核。　B

16　豆核袢　Ansa lenticularis.　连系苍白球到丘脑、底丘脑核和中脑。　A

17　丘脑腹侧脚　Pedunculus ventralis thalami.　为丘脑和下丘脑之间的连接桥，也含有到端脑的成分。　B

18　**丘脑**　Thalamencephalon.　丘脑（Thalamus）及其相关结构。　C

19　丘脑　Thalamus.　位于第3脑室两侧，下丘脑的背侧。　AC

20　丘脑前结节　Tuberculum rostrale thalami.　C

21　丘脑带　Tenia [Taenia] thalami.　沿丘脑缰纹的第3脑室脉络组织附着缘。　C

22　丘脑枕　Pulvinar.　大部分家畜不明显。　C

23　后丘脑　Metathalamus.　体现为膝状体。　C

24　内侧膝状体　Corpus geniculatum mediale.　与后丘连接，为听觉通路的一个结构。　C

25　外侧膝状体　Corpus geniculatum laterale.　与前丘连接，为视束的外侧视根终止处。　C

26　**上丘脑**　Epithalamus.　由松果腺（脑上体）、两条缰及其相关结构构成。　CD

27　松果腺　Glandula pinealis.　也称脑上体。　CD

28　（松果腺）体　Corpus [glandulae pinealis].　松果腺的体。　D

29　（松果腺）脚　Pedunculus [glandulae pinealis].　松果腺的前部，接左、右缰。　D

30　松果腺隐窝　Recessus pinealis.　第3脑室向松果腺体和脚间的扩展。　D（译者注：也称松果体隐窝以及下条的松果体上隐窝。）

31　松果腺上隐窝　Recessus suprapinealis.　第3脑室向松果腺背侧的扩展。　D

32　缰　Habenula.　将松果腺锚定于丘脑，属于白质。　C（应当称为"Habenulae"，因为脑上体有两个锚定结构。"Habenulae"是"Habenula"的复数形式；作为一个佐证，在本页33条中的"Habenularum"是"Habenula"的属格复数形式。）

33　缰连合　Commissura habenularum.　由连系两侧缰核的交叉纤维构成。　C

34　丘脑缰纹　Stria habenularis thalami.　也称丘脑髓纹，为缰向前延续成的白质带。　C

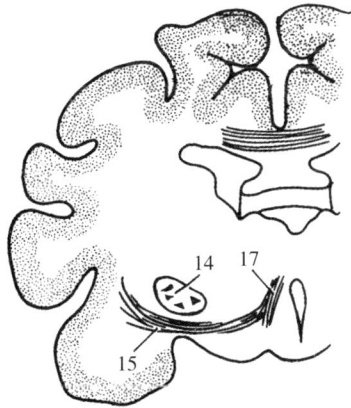

B　底丘脑，经灰结节水平的横切面（犬）

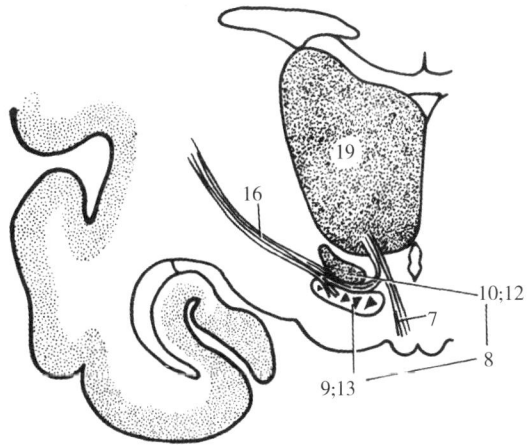

A　丘脑及底丘脑，经乳头体水平的横切面（犬）

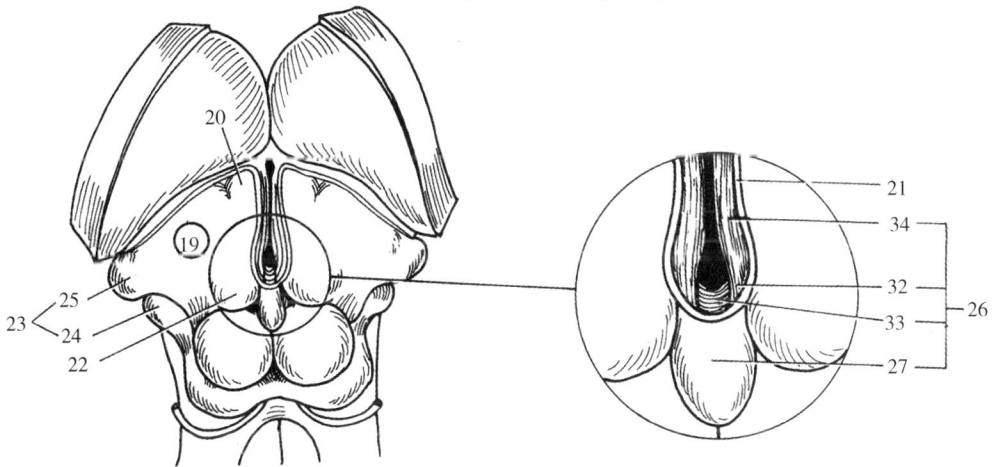

C　丘脑，背侧观（马）

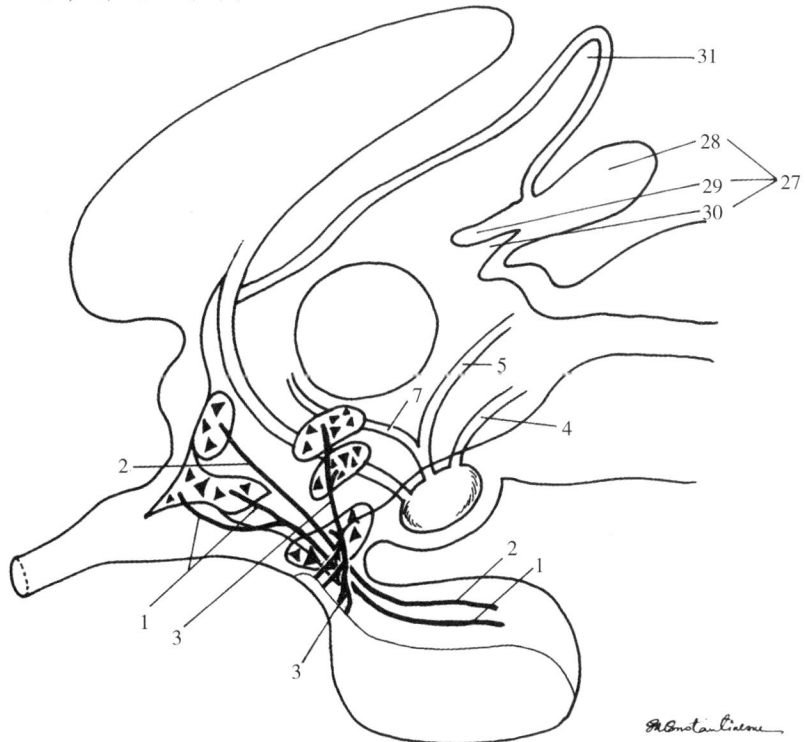

D　上丘脑，正中矢状切面，右侧半内侧观
　　示意下丘脑内的纤维束（绵羊）

1 　丘脑切面　Sectiones thalamencephali.　通过丘脑及其相关结构所作的切面。　ABC

2 　丘脑切面　Sectiones thalami.　通过丘脑的横切面。　ABC

3 　带状层　Stratum zonale.　被覆于丘脑背侧面的白质层。　AB

4 　丘脑前核群　Nuclei rostrales thalami.　丘脑的背侧部，位于丘脑前结节内，在缰纹（髓纹）和终纹之间，包含3个丘脑前核。传入通路以乳头丘脑束以及端脑内侧束为代表，传出则是直接到缰核群、扣带回和额皮质。　A

5 　前背侧核　Nucleus rostralis dorsalis.　A（译者注：在家养哺乳动物，rostralis与anterior含义相同，前者适用于头部结构，因此译为前背侧核，以下同。）

6 　前内侧核　Nucleus rostralis medialis.　A

7 　前腹侧核　Nucleus rostralis ventralis.　A

8 　丘脑外侧核群　Nuclei laterales thalami.　为6个在丘脑内髓板外侧的核团。　AB

9 　腹前核　Nucleus ventralis rostralis.　传入纤维来自于苍白球、小脑和间位核；传出纤维到运动皮质。　A

10 　腹外侧核［腹中间核］　Nucleus ventralis lateralis.　传入纤维来自于前庭核群和小脑，传出纤维到顶叶皮质。　A

11 　腹后核　Nucleus ventralis caudalis.　B

　　12 　内侧部　Pars medialis.　中继三叉丘系到感觉皮质。　B（译者注：又称腹后内侧核。）

　　13 　外侧部　Pars lateralis.　中继内侧丘系到感觉皮质。　B（译者注：又称腹后外侧核。）

　　14 　外侧背核　Nucleus lateralis dorsalis.　位于丘脑腹前核和腹外侧核的背侧，与丘脑其他核和颞叶皮质相连系。　A

15 　外侧后核　Nucleus lateralis caudalis.　位于丘脑腹后核的背侧，与丘脑其他核和颞叶皮质相连系。　B

16 　枕核　Nucleus pulvinaris.　传入纤维来自于其他丘脑核和顶盖前核，传出纤维到感觉皮质。　B

17 　丘脑外髓板　Lamina medullaris thalami externa.　将丘脑网状核与丘脑外侧核群隔开的一薄层白质。　AC

18 　丘脑内髓板　Lamina medullaris thalami interna.　将丘脑外侧核群与丘脑前核群隔开的一薄层白质。　AC

19 　丘脑板内核群　Nuclei intralaminares thalami.　传入纤维来自于小脑和内侧丘系，传出纤维到纹状体和丘脑背内侧核。包含下列5个核团。　C

20 　中央内侧核　Nucleus centralis medialis.　C

21 　中央旁核　Nucleus paracentralis.　C

22 　中央外侧核　Nucleus centralis lateralis.　C

23 　丘脑中央核［中央正中核］　Nucleus centralis thalami [Centrum medianum].　形态学上不完全属于板内核，灵长类更为发达，在有蹄类易于见到。　C

24 　（后屈）束旁核　Nucleus parafascicularis.　形态学上不完全属于板内核，但该核具有与板内核相同的功能特点。　C

25 　丘脑背内侧核　Nucleus dorsomedialis thalami.　位于丘脑室旁核的后方，传入纤维来自于丘脑腹侧脚，传出纤维到丘脑、下丘脑核团及大脑额叶皮质。　C

26 　丘脑室旁核群　Nuclei paraventriculares thalami.　有时也称"中线核"，接近正中矢状面，有时与丘脑板内核群融合为一体。

27 　丘脑网状核　Nucleus reticulatus thalami.　位于丘脑外髓板和内囊之间。　A

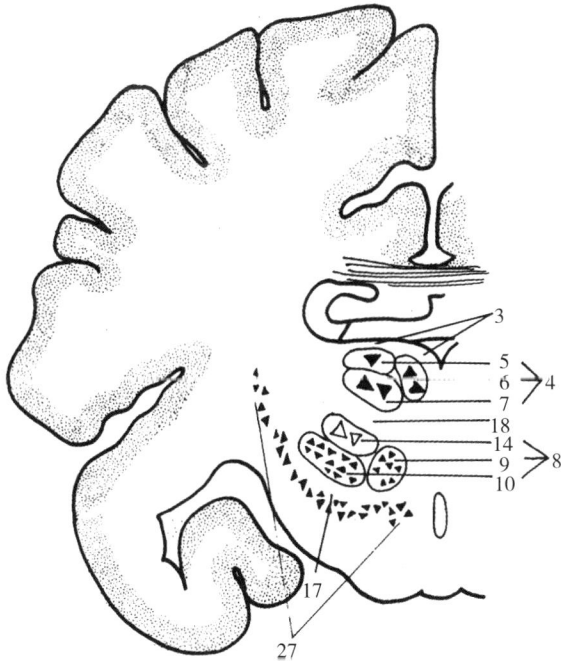

A　丘脑，横切面，经乳头体水平（马）

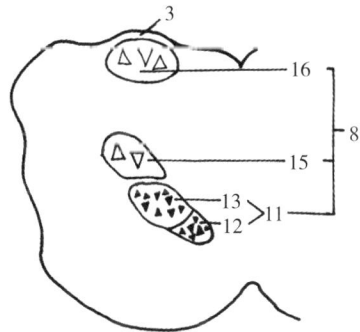

B　丘脑，横切面，经膝状体和大脑脚（马）

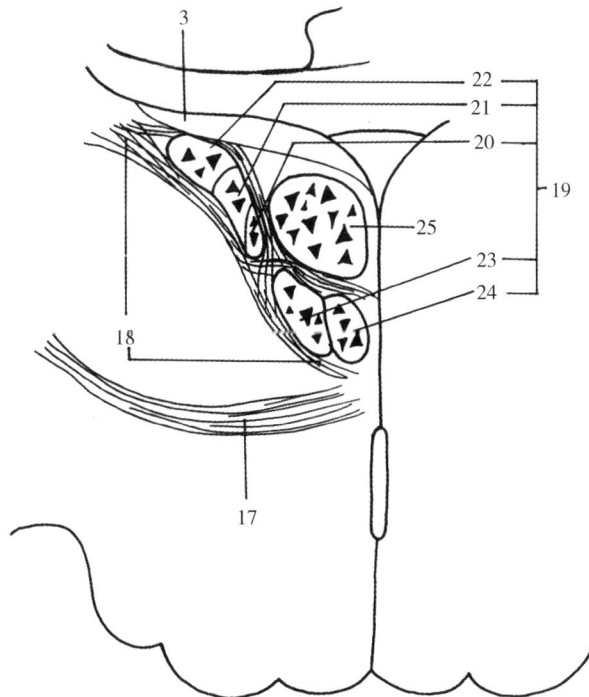

C　丘脑横切面，示意丘脑核团

1 **后丘脑切面** Sectiones metathalami. 仅有一个通过后丘脑的切面。 A

2 **内侧膝状体核** Nucleus geniculatus medialis. 为内侧膝状体内的细胞群，中继听觉通路。 A

3 **外侧膝状体核** Nucleus geniculatus lateralis. 与外侧膝状体相关，在视觉通路上。 A

4 背侧部 Pars dorsalis. 即主部，外侧视根的止点，为视放射的起始核（视放射到大脑枕叶纹状区）。 A

5 腹侧部 Pars ventralis. A

6 **上丘脑切面** Sectiones epithalami. 仅在图 B 显示横过上丘脑的一张切面。 B

7 **缰核群** Nuclei habenulares. 与缰相关，为丘脑缰纹中继到中脑的中继核。 B

8 缰内侧核 Nucleus habenularis medialis. B

9 缰外侧核 Nucleus habenularis lateralis. B

10 缰连合 Commissura habenularum. 连接左、右侧缰核群。 B

11 后屈束 Fasciculus retroflexus. 也称 Meynert 束，从缰核群到脚间核。 B

12 **端脑** Telencephalon. 前脑最发达的部分，其主要组成部分为新皮质、嗅脑和纹状体。

13 **大脑** Cerebrum. 为由半球间连合连接的两个大脑半球。 C

14 大脑纵裂 Fissura longitudinalis cerebri. 将大脑左、右半球分开。大脑镰位于其内。 ACD

15 大脑横裂 Fossura transversa cerebri. 在两大脑半球与小脑之间，膜性小脑幕位于其内。 C

16 大脑底 Basis cerebri. 对应于大脑腹侧部。 D

17 半球 Hemispherium [Hemisphaerium]. 大脑的两个最大的对称部分。 C

18 凸面［背外侧面］ Facies convexa [F. dorsolateralis]. E

19 内侧面 Facies medialis. 两侧的内侧面，由大脑纵裂隔开。 F

20 底面 Facies basilaris. 底面或腹侧面。 D

21 背侧缘［背内侧缘］ Margo dorsalis [dorsomedialis]. 凸面和内侧面的分界。 AEF

22 前极［额极］ Polus rostralis [frontalis]. EF

23 后极［枕极］ Polus caudalis [occipitalis]. EF

24 皮质 Pallium. 大脑半球披风样的部分，包裹着脑干。 D

25 旧皮质 Paleopallium [Palaeo-]. 皮质中最古老的部分，属于嗅脑的一部，位于半球腹侧面，嗅脑外侧沟和内嗅沟之间，包括梨状叶。 D

26 古皮质 Archipallium. 在大脑半球内侧面，体现为海马及其相关结构（安蒙复合体）。 A

27 新皮质 Neopallium. 皮质中最年轻的部分，位于半球背外侧面，古、旧皮质之间。 AD

28 大脑皮质 Cortex cerebri. 覆盖于半球表面的灰质。 A

29 大脑沟 Sulci cerebri. 脑回之间的沟。 AEF

30 大脑回 Gyri cerebri. 卷曲的脑表面，由脑沟相互隔开。 AEF

B　上丘脑，横切面（马）

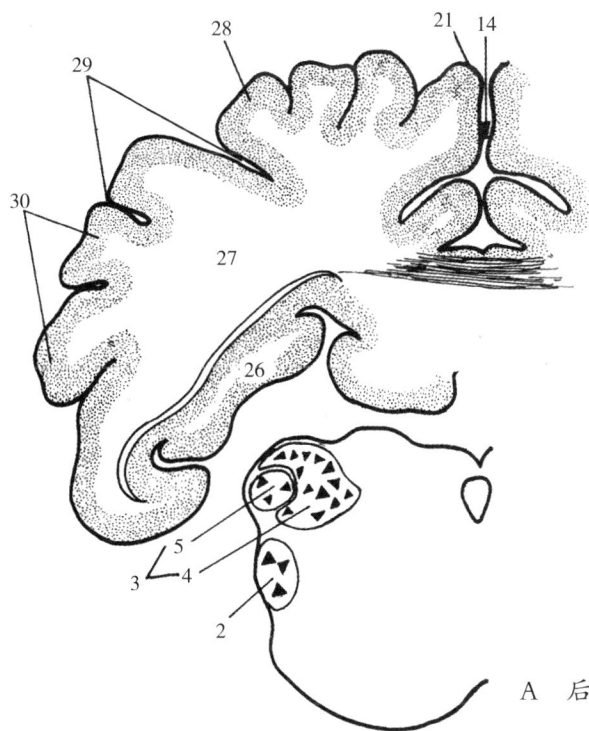

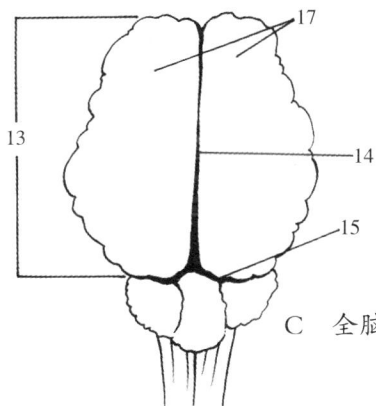

A　后丘脑和大脑半球，横切面（马）

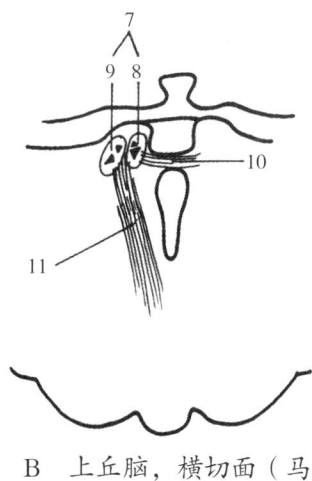

C　全脑，背侧观（马）

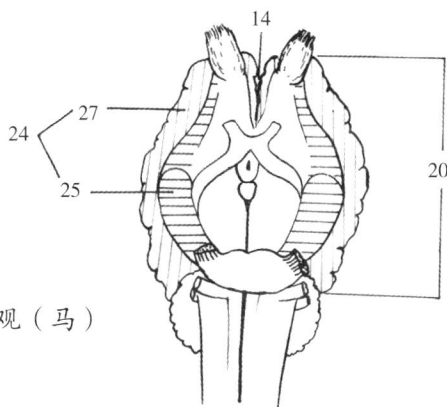

D　大脑底（马）

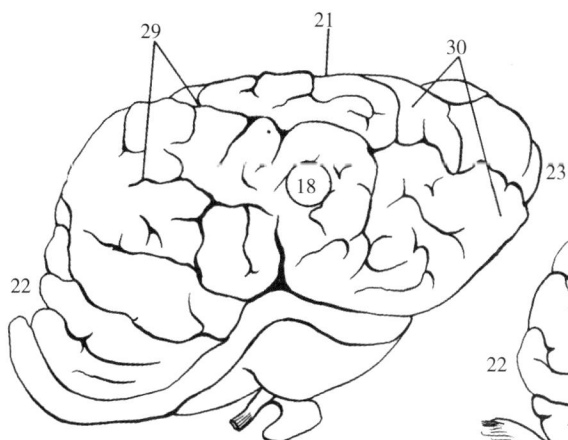

E　左半球凸面，外侧观（马）

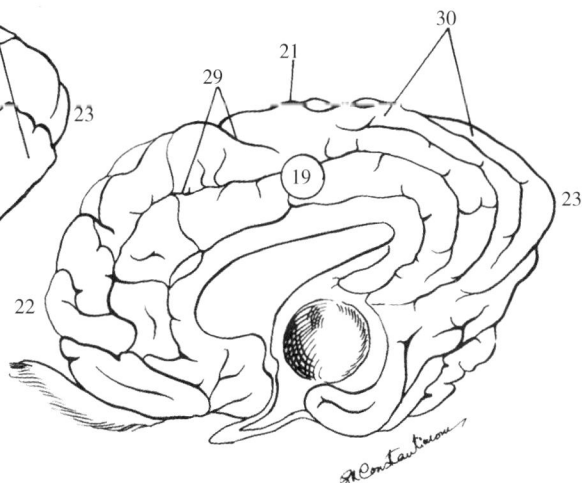

F　右半球，内侧观（马）

1　**嗅脑**　Rhinencephalon.　由端脑基底、海马及相关结构组成，其功能不完全是嗅觉。

2　嗅脑底部　Pars basalis rhinencephali.　A

3　嗅脑外侧沟　Sulcus rhinalis lateralis.　将新皮质与嗅脑隔开。　AB

4　前部　Pars rostralis.　嗅脑外侧沟的前部。　AB

5　后部　Pars caudalis.　嗅脑外侧沟的后部，前、后部之间由岛阈隔开。　AB

6　嗅脑内侧沟　Sulcus rhinalis medialis.　将新皮质与嗅脚隔开。　A

7　嗅球　Bulbus olfactorius.　嗅脑的最前部，含有僧帽细胞及其大量的树突。　AB

8　嗅球界沟　Sulcus limitans bulbi olfactorii.　将嗅球与嗅脚分开。　A

9　副嗅球　Bulbus olfactorius accessorius.　在肉食动物和有蹄类位于嗅球外侧、内侧和上方，与犁鼻系统有关。　465页A

10　嗅脚　Pedunculus olfactorius.　将嗅球连系到大脑半球。　A

11　外侧嗅束　Tractus olfactorius lateralis.　A

12　内侧嗅束　Tractus olfactorius medialis.　A

13　嗅三角　Trigonum olfactorium.　一个用于钝嗅类动物的名词，指内外侧嗅束之间的三角形区域。

14　嗅三角界沟　Sulcus limitans trigoni olfactorii.　一个用于钝嗅类动物的名词。

15　梨状叶　Lobus piriformis.　位于嗅脚后方，从嗅结节延伸到海马结节，向后与新皮质界线不清。　A

16　前部　Pars rostralis.　梨状叶的前部。　A

17　后部　Pars caudalis.　梨状叶的后部，以大脑外侧谷与前部隔开。　A

18　外侧嗅回　Gyrus olfactorius lateralis.　作为梨状叶前部和后部的前半部的外缘，适用于钝嗅类动物。　AB

19　岛阈　Limen insulae.　脑岛的极或门，位于嗅脑外侧沟前部和后部之间。为前穿质和脑岛灰质前部之间的过渡地带。　B

20　海马旁回　Gyrus parahippocampalis.　梨状叶向后的延续，位于海马沟外侧，旧称海马回。此名词仅适用于钝嗅哺乳动物。　AC

21　大脑外侧谷［窝］Vallecula [Fossa] lateralis cerebri.　在低等敏嗅哺乳类为大脑外侧的浅凹，在高等敏嗅哺乳类和钝嗅的种类则演变为一个窝，它将梨状叶的前、后部以及嗅脑外侧沟的前、后部分开。　AB

22　内嗅沟　Sulcus endorhinalis.　嗅结节的外侧界。　A

23　嗅结节　Tuberculum olfactorium.　以内侧嗅束和内嗅沟为界。　A

24　前穿质　Substantia perforata rostralis.　一般来说，仅见于高等哺乳动物和钝嗅哺乳动物。

25　嗅脑隔部　Pars septalis rhinencephali.　位于大脑半球内侧面。　C

26　胼胝体下区　Area subcallosa.　位于胼胝体膝和胼胝体嘴的腹侧。　C

27　终板旁回　Gyrus paraterminalis.　肉眼下仅见于钝嗅类动物。它代表了以前所谓的胼胝下回（胼胝体脚）。　C

28　斜角回　Gyrus diagonalis.　为终板旁回的腹侧部，指终板旁回腹侧部的一个浅表的隆起。　C

29　端脑［细胞性，真］隔　Septum telencephali [cellulare, verum].　端脑隔适用于所有种类，它连接胼胝体和穹窿，分隔左、右侧脑室。"细胞性隔"和"真隔"适用于低等哺乳类，在这些种类，增厚的端脑隔含有许多神经细胞，称为透明隔很勉强。　C

30　端脑［透明］隔　Septum telencephali [pellucidum].　该名词适用于钝嗅哺乳动物。

31　端脑［透明］隔腔　Cavum septi telencephali [pellucidi].

32　端脑［透明］隔板　Lamina septi telencephali [pellucidi].

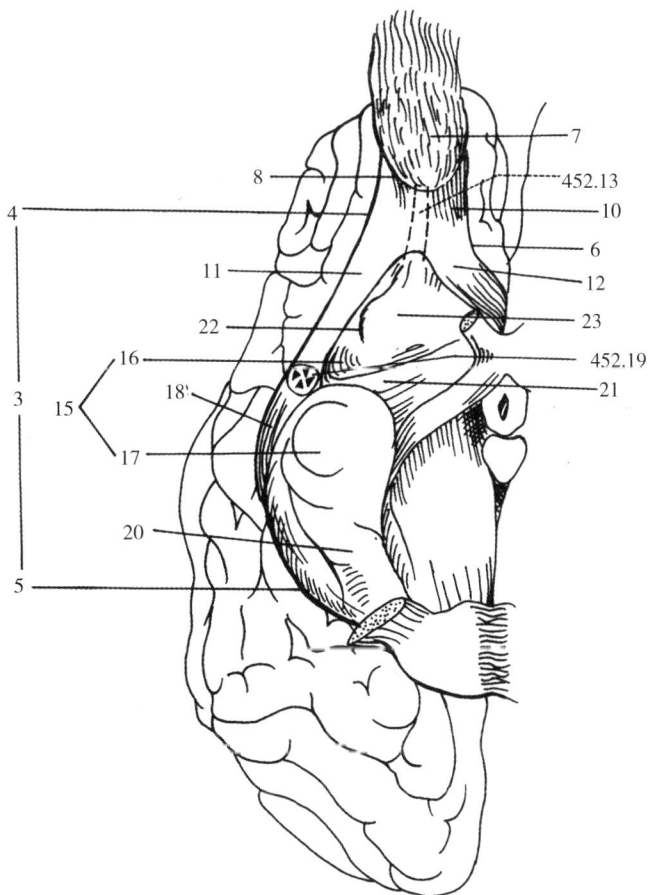

A 嗅脑底部（马）

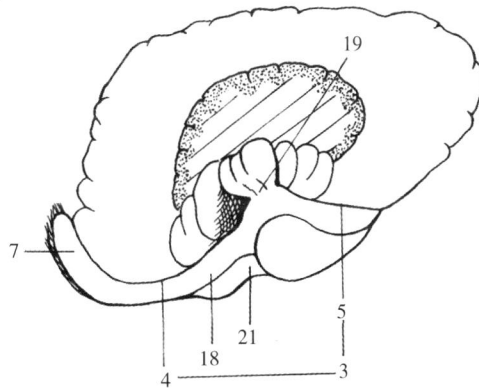

B 左脑岛，岛盖已切除（马）

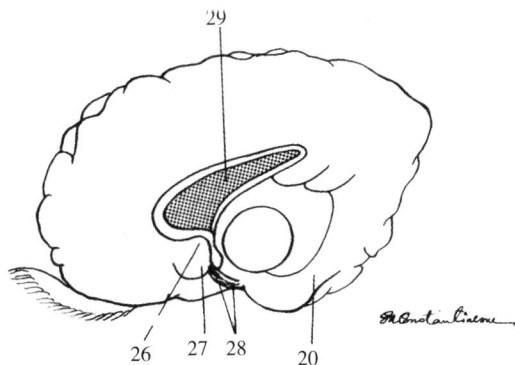

C 嗅脑隔部

1 嗅脑边缘部　　Pars limbica rhinencephali.

2 海马　Hippocampus.　其连合后部为海马的固有部分，其他两部发育均不太好。

3 连合前部　Pars precommissuralis [prae-].　向前到胼胝体膝甚或到嗅脚根部，但眼观并不明显，它可以包括终板旁回的背侧部。　B

4 连合上部〔灰被〕Pars supracommissuralis [Indusium griseum].　为一薄层灰质，覆盖在胼胝体表面和胼胝体沟内。　BC

5 连合后部　Pars retrocommissuralis.　海马的固有部分，为侧脑室的中央部和颞角内纵长的隆起。　ABC

6 膝回　Gyrus geniculi.　为胼胝上回向胼胝体膝腹侧的延续。　B

7 胼胝上回　Gyrus supracallosus.　如果胼胝体沟不直接紧邻胼胝体，则在其间出现一小的胼胝上回。　BC

8 胼胝体沟　Sulcus corporis callosi.　将胼胝体或胼胝体回与扣带回隔开的沟。　C

9 纵纹　Striae longitudinales.　在胼胝体表面的纵向白质带。　C

10 外侧纵纹　Stria longitudinalis lateralis.　外侧Lancisi纹。　C

11 内侧纵纹　Stria longitudinalis medialis.　内侧Lancisi纹。　C

12 海马脚〔ammonis角〕Pes hippocampi [Cornu ammonis].　海马的腹侧端，在人类呈爪状。　C

13 海马槽　Alveus hippocampi.　覆盖于海马内表面的一薄层白质。　AC

14 海马伞　Fimbria hippocampi.　海马槽的游离缘，沿海马边缘平行于齿状回延伸，延续为穹窿脚。　ABC

15 海马反转　Cornu ammonis inversum.　又称ammonis角反转，为海马复合体在脑室外表面的部分。在人类，保留在表面的残存部分形成束状回。　B

15a 束状回〔灰小束〕Gyrus fasciolaris [Fasciola cinerea].　A，另见本页15条。

16 齿状回〔齿状带〕Gyrus dentatus [Fascia dentata].　由于具有许多齿突而呈齿状。位于海马沟和齿伞沟之间。　C

17 海马沟　Sulcus hippocampi.　又称ammon角沟，位于海马旁回和齿状回之间。　BC

18 齿伞沟　Sulcus fimbriodentatus.　位于海马伞和齿状回之间的沟。　BC

19 齿海马沟　Sulcus dentatoammonis.　位于齿状回和海马反转之间。　B

20 伞海马沟　Sulcus fimbrioammonis.　位于海马伞和海马反转之间。　B

21 海马结节　Tuberculum hippocampi.　又称ammon角结节，位于海马旁回前端内侧，对应于灵长类的钩。　B

21a 钩[1]　Uncus.　在较高等的灵长类，钩相当于其他动物的海马结节。

21b 钩切迹[1]　Incissura unci.　位于钩和海马旁回之间。

21c 钩憩室[1]　Diverticulum unci.　侧脑室颞角的一个隐窝。

22 穹窿　Fornix.　由从海马到乳头体的弓状纤维构成，含双向纤维。　A22，25；B23~26，28

23 穹窿脚　Crus fornicis.　成对的汇聚性结构，起自海马，两侧穹窿脚合并形成穹窿体。　B

24 穹窿体　Corpus fornicis.　由穹窿脚合并而成的不成对的结构。　B

25 穹窿带　Tenia [Taenia] fornicis.　穹窿上供脉络组织附着的缘。　ABC

26 穹窿柱　Columna fornicis.　由穹窿体发出的成对的结构，绕过室间孔前方，在第3脑室壁内走向乳头体。　B

27 穹窿〔海马〕腹侧连合〔腹侧琴体〕Commissura fornicis [hippocampi] ventralis [Psalterium ventralis].　前腹侧连接，与隔核相关。　437页C

28 穹窿〔海马〕背侧连合〔背侧琴体〕Commissura fornicis [hippocamp] dorsalis [Psalterium dorsale].　穹窿脚的后背侧连接，难于与穹窿体区分。　B

29 穹窿下器官　Organum subfornicale.　见436页15条。

1）：这些结构仅见于灵长类动物，因此不应在 N.A.V. 中出现。

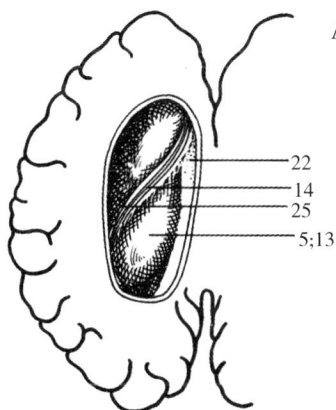

A 打开的左侧脑室，背侧观（马）

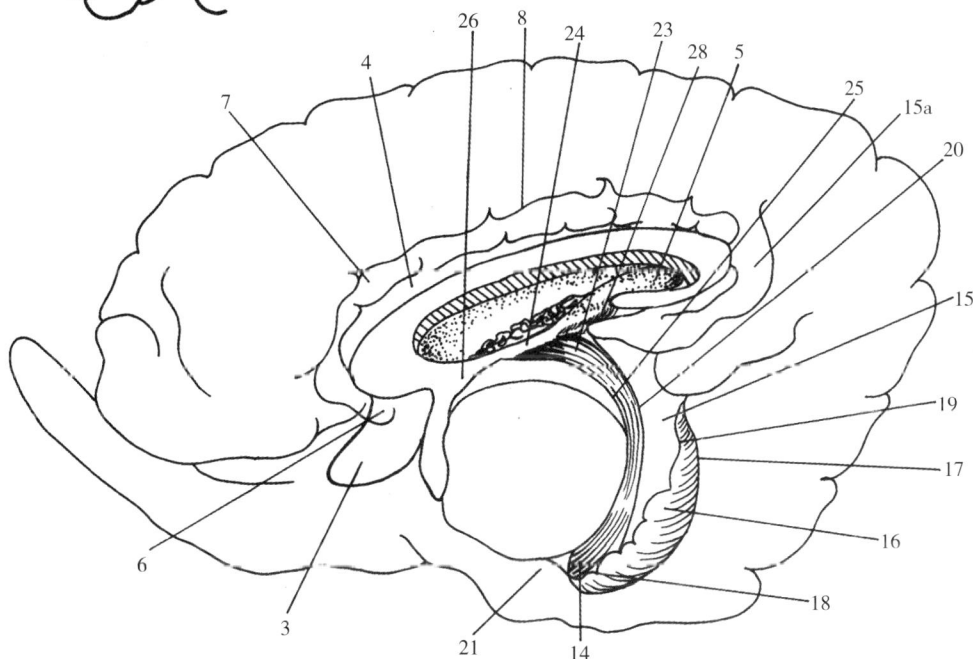

22
14
25
5;13

B 嗅脑边缘部，正中矢状面，右侧半内侧观（马）

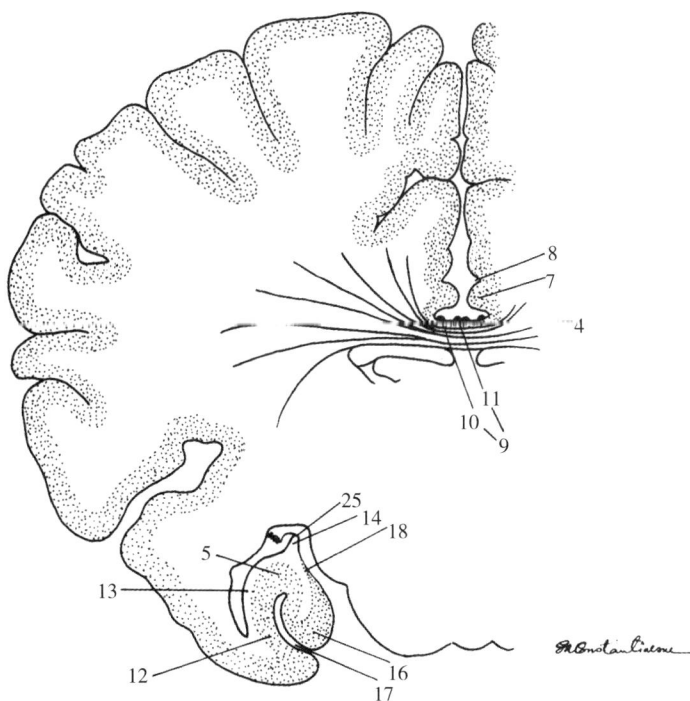

26 8 24 23 28 5
4 25 15a
7 20
15
19
17
16
6 18
3 21 14

8
7
4
11
10 9

25
14 18
5
13
16
12 17

C 嗅脑边缘部，横切面（马）

1　嗅脑切面　Sectiones rhinencephali.　通过嗅脑的切面。

2　异型［未层次化］皮质　Allocortex.　旧皮质和古皮质的外层，覆盖于嗅脑表面。　A

3　分子层　Stratum moleculare.　含有锥体细胞树突的末梢、少量神经元胞体和大量神经胶质细胞。　A

4　锥体层　Stratum pyramidale.　含有大小不同的锥体细胞以及神经终末。　A

5　颗粒层　Stratum granulare.　由不同形状的小型神经元以及神经终末构成。　A

6　旧皮质　Paleocortex [Palaeo-].　嗅脑底部的皮质，被覆于梨状叶表面。　A

7　旧皮质周围　Peripaleocortex [-palaeo-].　浅表的旧皮质。　A

8　古皮质　Archicortex.　嗅脑隔部和边缘部（海马、齿状回）的皮质。　A

　9　下托　Subiculum.　海马旁回背侧部的皮质，接近于海马沟，被一层白质覆盖。　A

　10　海马脚［Ammon角］　Pes hippocampi [Cornu ammonis].　其皮质也具备前面述及的异型皮质的主要层次，不同的是其颗粒层被一多形层替代，这类似于新皮质的多形层。　AB

　11　齿状回［齿状带］　Gyrus dentatus [Fascia dentata].　在过齿状回的切面上显示出齿状回与被一层分子层、一层具有非常小的神经细胞的锥体层和一层多形层构成的海马之间的关系。　A

12　古皮质周围　Periarchicortex.　浅表的古皮质。　A

13　中间嗅束　Tractus olfactorius intermedius.　一团浸润性的灰质，在敏嗅类动物发达，在钝嗅类动物其灰质逐渐减少，而其纤维则获得更大的发展。　449页A

14　前连合　Commissura rostralis.　白质形成的桥，连接左、右嗅脑，在第3脑室前壁内、终板的背侧。　B

15　前部　Pars rostralis.　为较大的一部，向前腹外侧到嗅球。　B

16　后部　pars caudalis.　为较细弱的一部，以后腹侧的方向越过豆状核到梨状叶。　B

17　终纹　Stria terminalis.　沿丘脑的尾状核沟延伸，连系杏仁体到嗅脑隔部、缰核以及下丘脑前区，部分纤维经前连合越边。　D

18　杏仁体　Corpus amygdaloideum.　尽管属于基底神经节的一部分，但在功能上却属于嗅脑。包含嗅觉通路的突触，位于侧脑室颞角的前方，与Ammon复合体及屏状核相联系。　BC

19　嗅束外侧核　Nucleus tractus olfactorii lateralis.　位于外侧嗅束的后部，传入纤维来自于嗅球。　449页A

20　皮质核　Nucleus corticalis.　与皮质相联系，传入纤维来自嗅球。　C

21　基底核　Nucleus basalis.　与外侧核功能相同。　C

22　外侧核　Nucleus lateralis.　向前最远可延伸至屏状核处。传入纤维来自于杏仁体其他核团，传出纤维到终纹和嗅皮质。　C

23　中央核　Nucleus centralis.　传入纤维来自嗅球。　C

24　内侧核　Nucleus medialis.　传入纤维来自嗅球。　C

25　斜角板　Lamella diagonalis.　也称Broca板，组织学结构上属于斜角回。　E，另见448页28条。

26　隔核群　Nuclei septi.　位于隔区的神经核团，部分核团从侧脑室内侧壁突入侧脑室。　E

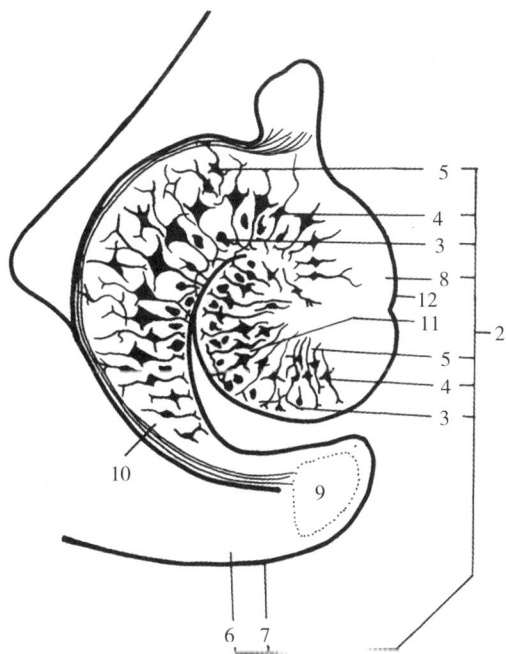

A　经侧脑室颞角的横切面示意图，示意旁海马回、海马和齿状回，后面观

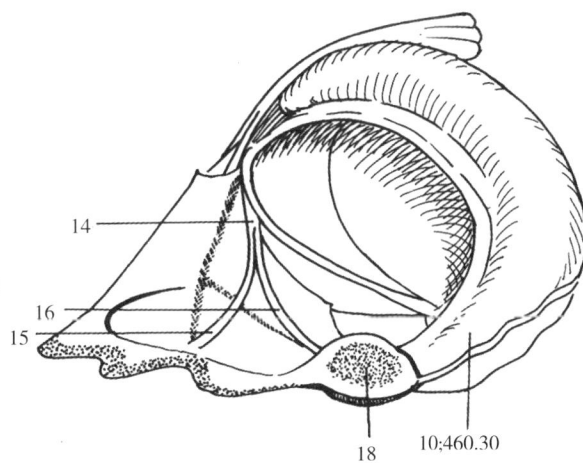

B　左侧海马复合体和前连合，外侧观（马）

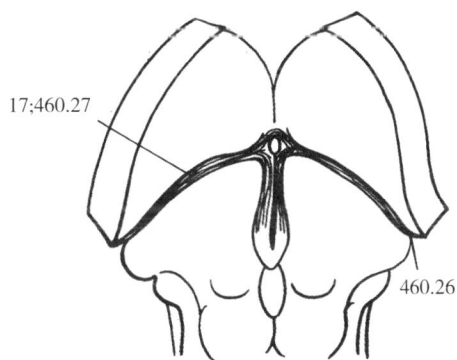

C　杏仁体，横切面（马）

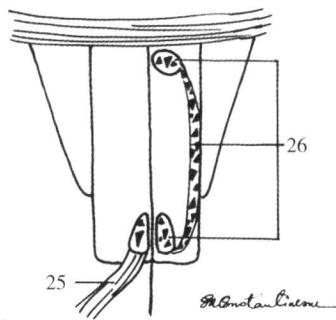

D　尾状核与丘脑，背侧观（马）

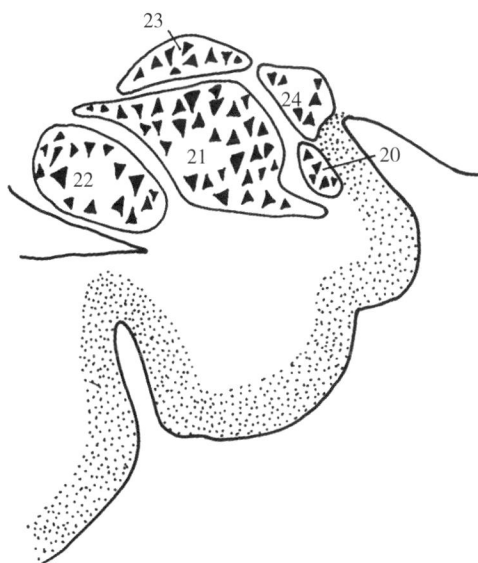

E　端脑隔，横切面

1 **新皮质** Neopallium. 系统发生最晚的皮质。下列沟和回是已经精简到最具明显特征的结构。下列物种被列为最典型类型：众所周知，肉食动物以家猫为例，尽管图D至图F取自犬科动物，有蹄类以马为例。

2 伪薛氏裂 Fissura pseudosylvia. 见于肉食动物，属于原始类型。位于梨状叶的背侧和外侧，在外侧嗅沟前部和后部之间加入外侧嗅沟中。 D

3 薛氏裂［大脑外侧裂］ Fissura sylvia [lateralis cerebri] 见于有蹄类和灵长类，是由于周围皮质的掩盖所致。在位置上与伪薛氏裂相同，但比较深。 A

4 外薛氏前沟 Sulcus ectosylvius rostralis. 在薛氏裂或伪薛氏裂的前背侧。 AD

5 斜角沟（有蹄类） Sulcus diagonalis. 在外薛氏前沟的腹侧。 A

6 外薛氏后沟 Sulcus ectosylvius caudalis. AD

7 前薛氏沟 Sulcus presylvius [prae-]. 位于斜角沟腹侧。 ADE

8 前端［眶］沟（有蹄类） Sulcus proreus [orbitalis]. 在前薛氏沟腹侧。 A

9 上薛氏中沟 Sulcus suprasylvius medius. 在外薛氏中回的背侧。 ADE

10 上薛氏前沟 Sulcus suprasylvius rostralis. 为上薛氏中沟向前的延续，位于外薛氏前回的背侧。 ADE

11 上薛氏后沟 Sulcus suprasylvius caudalis. 为上薛氏中沟向后的延续，位于外薛氏后回的背侧或后侧。 ACDE

12 缘沟［矢状沟］ Sulcus marginalis [sagittalis]. 位于大脑半球背外侧面。 CDE

13 外缘沟［外矢状沟］ Sulcus ectomarginalis [ectosagittalis]. 位于大脑半球背外侧面。 ACDE

14 内缘沟［内矢状沟］ Sulcus endomarginalis [endosagiitalis]. 位于大脑半球背侧面。在肉食动物也许缺如。 BCDE

15 祥沟 Sulcus ansatus. 在有蹄类位于两侧大脑半球的背缘。 BCDE

16 十字［中央］后沟（肉食动物） Sulcus postcruciatus [postcentralis]. 位于半球背外侧面，祥沟和十字沟之间。 DE

17 冠沟 Sulcus coronalis. 在肉食动物位于大脑半球的外侧面，位于十字前回和十字后回的腹外侧。 CDE

18 十字［中央］沟 Sulcus cruciatus [centralis]. 在肉食动物相当于灵长类的中央沟，位于大脑半球的内侧面和外侧面。在其他家畜仅在大脑半球的内侧面可见，在祥沟之前。 BCDEF

19 压部沟 Sulcus splenialis. 在大脑半球内侧面上，胼胝体和半球背缘之间的中点。 BF

20 上压部沟 Sulcus suprasplenialis. 在压部沟和大脑半球背缘之间的中点。 BF

21 斜沟 Sulcus obliquus. 见于大部分有蹄类，但以马最发达，位于薛氏裂和斜前回的后方。 AC

22 膝沟 Sulcus genualis. 在有蹄类较发达，犬不发达，猫无。为压部沟向前的延续。 BF

23 距状沟（有蹄类） Sulcus calcarinus. 压部沟向后的延续。 B（calcar意为马刺状，马刺为古罗马时期一种近似于齿轮状的器物。）

24 前内沟（有蹄类） Sulcus rostralis internus. 位于嗅脑内侧沟背侧并平行于该沟。 B

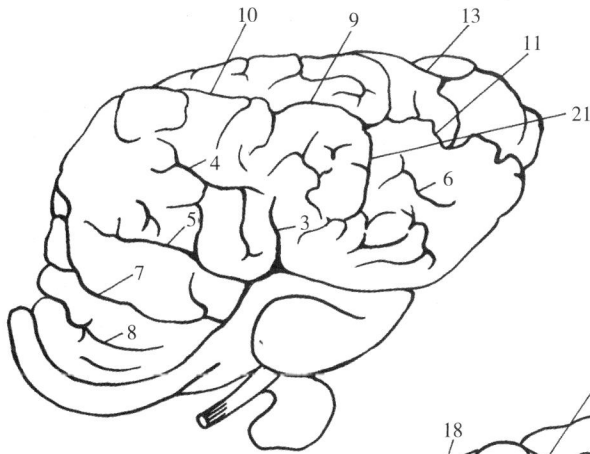

A　新皮质的沟，左侧观（马）

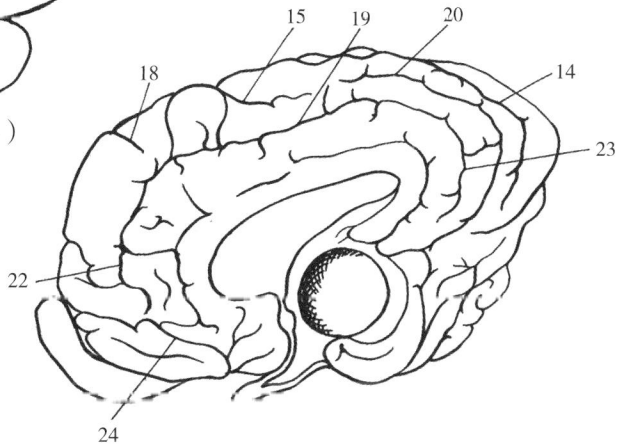

B　新皮质的沟，右半球内侧观（马）

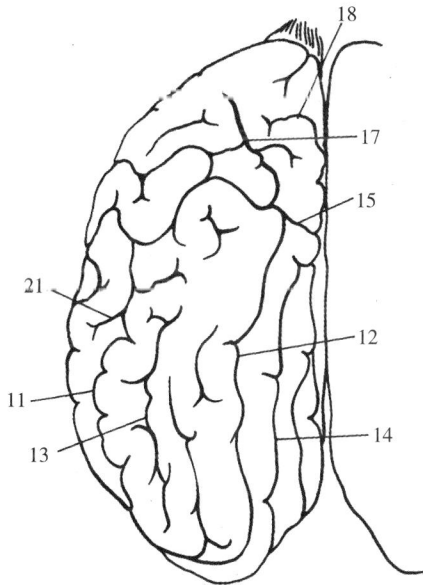

C　左侧新皮质的沟，背侧观（马）

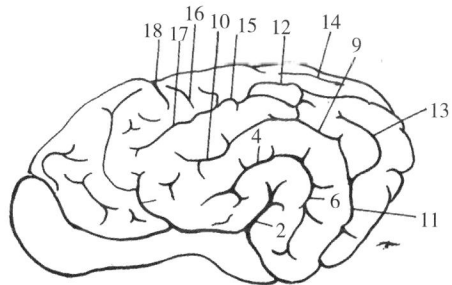

D　新皮质的沟，左侧观（犬）

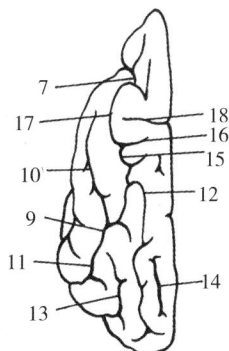

E　左侧新皮质的沟，背侧观（犬）

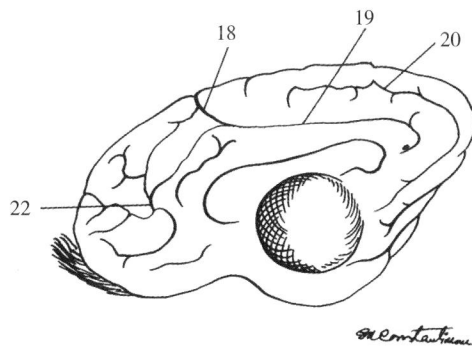

F　右半球新皮质的沟，内侧观（犬）

1 薛氏前回　Gyrus sylvius rostralis.　AD

2 薛氏后回　Gyrus sylvius caudalis.　AD

3 复合前回　Gyrus compositus rostralis.　在肉食动物，位于外薛氏前回的前方，嗅脑外侧沟的背侧。在有蹄类为大脑半球外侧面上最前背侧的结构。　ACD

4 复合后回　Gyrus compositus caudalis.　大脑半球最腹后侧的脑回。　AD

5 外薛氏中回　Gyrus ectosylvius medius.　在上薛氏中沟的腹侧。　ACDE

6 中间薛氏回　Gyrus intersylvius.　旧称猫回（Gyrus felinus），见于肉食动物，位于薛氏后回、外薛氏中回、外薛氏前沟和外薛氏后沟之间。　DE

7 斜前回　Gyrus obliquus rostralis.　见于有蹄类，位于薛氏裂和斜沟之间。　AC

8 斜后回　Gyrus obliquus caudalis.　见于有蹄类，位于斜沟之后，薛氏后回的背侧。　AC

9 外薛氏前回　Gyrus ectosylvius rostralis.　在上薛氏前沟的腹侧。　ACDE

10 外薛氏后回　Gyrus ectosylvius caudalis.　在上薛氏后沟的腹侧和前侧。　ACDE

11 外缘［外矢状］中回　Gyrus ectomarginalis [ectosagittalis] medius.　在大脑半球外侧面的后背侧部，上薛氏中沟和缘沟之间。　ACDE

12 外侧部（有蹄类）　Pars lateralis.　在外缘沟外侧。　AC

13 内侧部（有蹄类）　Pars medialis.　在外缘沟内侧。　AC

14 外缘［外矢状］后回　Gyrus ectomarginalis [ectosagittalis] caudalis.　位于上薛氏后沟和缘沟之间（肉食动物），或在上薛氏后沟和外缘回内侧部之间（有蹄类）。　ADE

15 外缘［外矢状］前回　Gyrus ectomarginalis [ectosagittalis] rostralis.　位于外薛氏前回和冠沟之间（肉食动物）或上薛氏前沟的背侧（有蹄类）。　AD

16 枕回　Gyrus occipitalis.　大脑半球的最后部。　BCEF

17 缘［矢状］回　Gyrus marginalis [sagittalis].　在大脑半球背缘中1/3和后1/3。　BCEF

18 十字［中央］后回　Gyrus postcruciatus [postcentralis].　在十字沟后方。　BCEF

19 十字［中央］前回　Gyrus precruciatus [precentralis].　在十字沟之前。　BCEF

20 前端回　Gyrus proreus.　从大脑半球外侧、内侧以及从上方透视地看是可见的最前腹侧的脑回。　ACDEF

21 扣带回　Gyrus cinguli.　位于胼胝体背侧并与之平行。　BF

22 脑岛（有蹄类）　Insula.　最初位置浅表，在个体发育过程中很大程度被岛盖掩盖。在肉食动物则没有被覆盖。　G

23 岛回　Gyrus insulae.　G

24 岛阈　Limen insulae.　位于嗅脑外侧沟的前、后两部之间。　G

25 岛盖　Opercula insulae.　覆盖脑岛的部分。　G

26 胼胝体　Corpus callosum.　两大脑半球间最大的纤维连合，在大脑纵裂底。　B

27 胼胝体压部　Splenium corporis callosi.　胼胝体的后部。　B

28 胼胝体干　Truncus corporis callosi.　即胼胝体体部，位于胼胝体压部和膝之间。　B

29 胼胝体膝　Genu corporis callosi.　胼胝体前部。　B

30 胼胝体嘴　Rostrum corporis callosi.　将胼胝体膝连到灰终板的喙样结构，越过前连合。　B

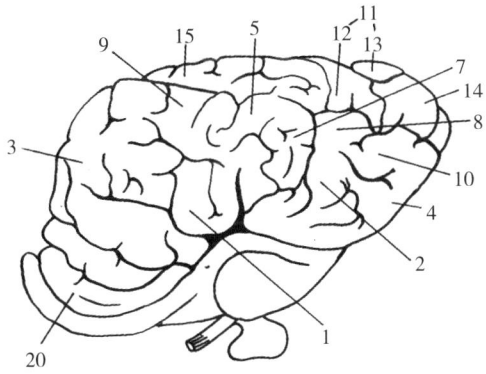

A　新皮质的回，左侧观（马）

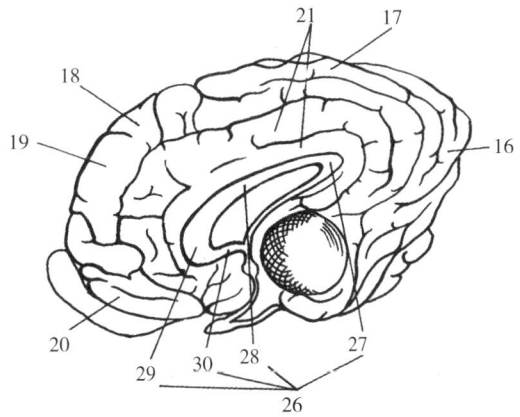

B　右半球新皮质的回，内侧观（马）

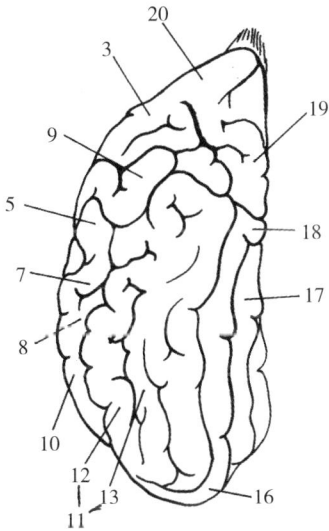

C　新皮质的回，背侧观（马）

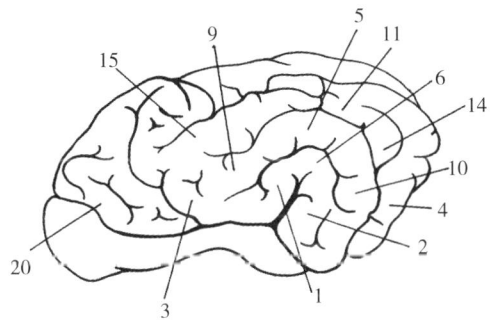

D　新皮质的回，左外侧观（犬）

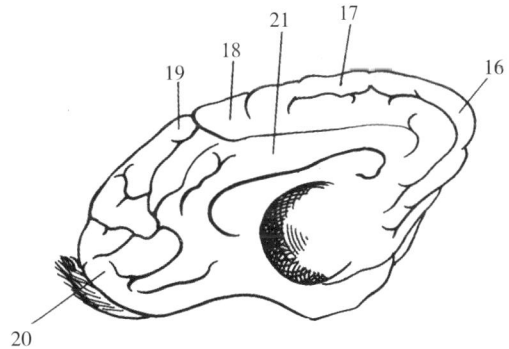

E　左半球新皮质的回，背侧观（犬）

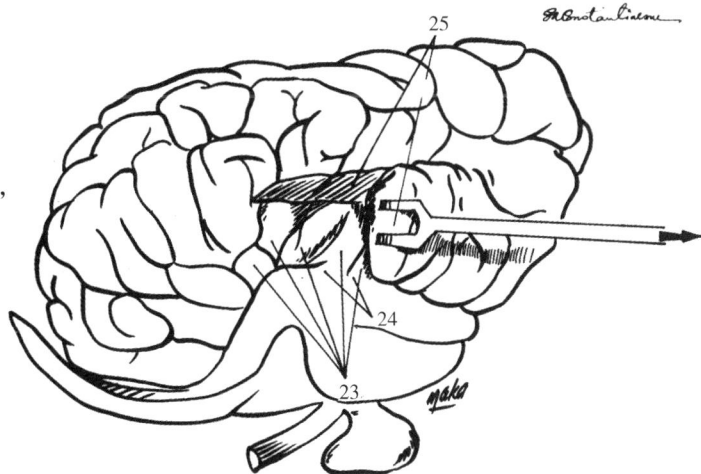

F　右半球新皮质的回，内侧观（犬）

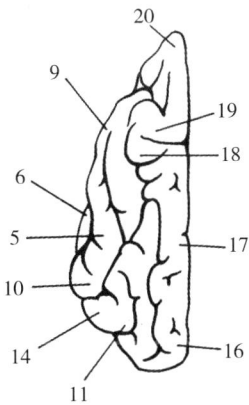

G　左侧脑岛，部分岛盖已切除（马）

1　新皮质切面　Sectiones neopallii.

2　新皮质［同型皮质］　Neocortex [Isocortex]．　由6~7层神经细胞体和纤维构成的灰质。　A

3　分子层［丛状层］　Stratum moleculare [plexiforme]．　由分支状的传入纤维、切线纤维、锥状细胞的树突、胶质细胞成分和很少的神经元胞体构成。　A

4　外颗粒层　Stratum granulare externum．　由小颗粒状的星形和锥体神经元胞体及其树突构成。　A

5　外锥体层　Stratum pyramidale externum．　由中型和大型锥体神经元胞体、树突及其轴突初段构成，是新皮质中最厚的一层。　A

6　内颗粒层　Sratum granulare internum．　由具有特殊的丘脑传入纤维以及小颗粒状、星形和锥体神经元构成。在感觉皮质这些神经元聚集成一厚层。　A

7　内锥体层　Stratum pyramidale internum．　由中型和大型锥体神经元构成。　A

8　多形层　Stratum multiforme．　由各种神经元，主要是梭形神经元构成。一些小型和中型锥体神经元也可见到。　A

9　额皮质　Cortex frontalis．　位于嗅脑外侧沟前部的背侧，薛氏裂（或伪薛氏裂）之前，以及十字沟之前。　B

10　顶皮质　Cortex parietalis．　新皮质的背侧部分，额皮质和枕皮质之间，上薛氏沟和压部沟之间。　B

11　颞皮质　Cortex temporalis．　位于嗅脑外侧沟后部的背侧，顶皮质和枕皮质腹侧，额皮质后方。　B

12　枕皮质　Cortex occipitalis．　新皮质的后部，位于顶皮质后方，颞皮质后背侧。　B

13　半卵圆中心　Centrum semiovale．　新皮质的白质。　C

14　大脑弓状纤维　Fibrae arcuatae cerebri．　位于毗邻脑回间的弓形纤维。　C

15　扣带　Cingulum．　在扣带回内的纤维束，连接海马旁回到前连合前方区域（所谓连合前区）。　CD

16　上纵束　Fasciculus longitudinalis superior．　连接额皮质、枕皮质和颞皮质的相关束。　E

17　下纵束　Fasciculus longitudinalis inferior．　连接颞皮质和枕皮质的小相关束。　E

18　钩束　Fasciculus uncinatus．　连接额皮质和颞皮质的相关纤维。　E

19　胼胝体辐射　Radiatio corporis callosi．　胼胝体纤维向半球内的延伸。　CD

20　辐射冠　Corona radiata．　从内囊向大脑皮质的放射状神经纤维束。　461页C

21　视辐射　Radiatio optica．　也称Gratiolet放射，是指从外侧膝状体到枕皮质［纹状区］的放射状神经纤维束。　F

22　听辐射　Radiatio acustica．　是指从内侧膝状体到颞皮质［听区］的放射状神经纤维束。　F

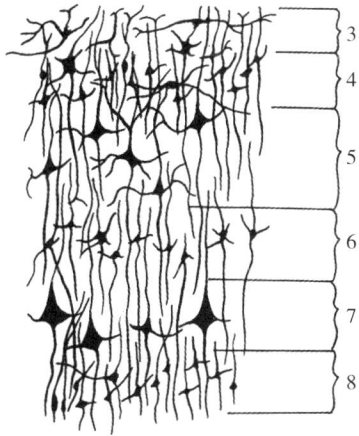

A　新皮质的组织学横切面

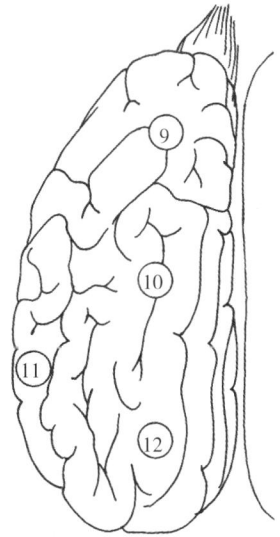

B　左半球的皮质，背侧观（马）

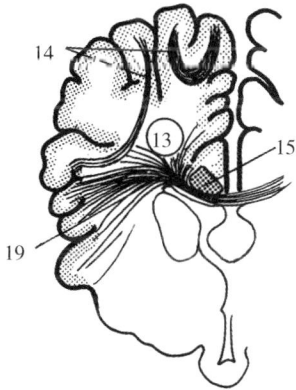

C　大脑半球内的纤维束，横切面示意图

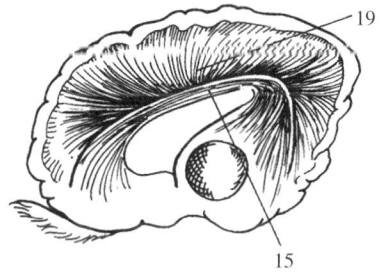

D　大脑半球内的纤维束，矢状切面示意图

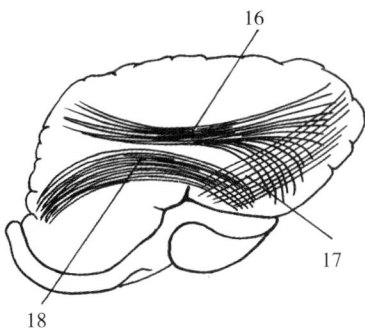

E　大脑半球内的纤维束，矢状切面示意图

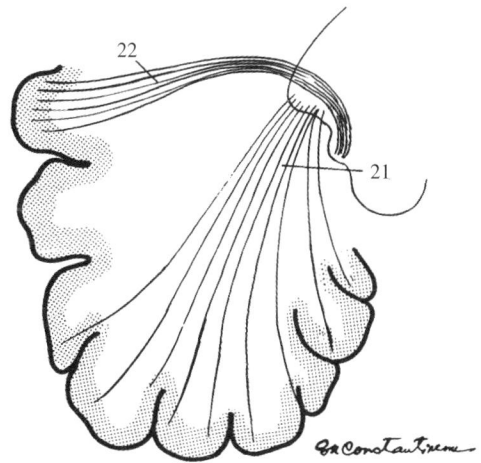

F　从膝状体到枕皮质和颞皮质的放射纤维

1 **纹状体** Corpus striatum. 以基底核群为代表，以灰质索为纽带相互连接，并由相互间的纤维将各核隔开并包绕，为重要的锥体外中枢。 ABC

2 尾状核 Nucleus caudatus. 位于豆状核的前内侧和背内侧。 ABCD

3 尾状核头 Caput nuclei caudati. 尾状核的最前部。 AB

4 尾状核体 Corpus nuclei caudati. A

5 尾状核尾 Cauda nuclei caudalti. 尾状核的最后部。 A

6 横［伏］核 Nucleus accumbens. 在尾状核的腹内侧。

7 豆状核 Nucleus lentiformis. 透镜状，位于尾状核的腹外侧和后外侧。又可被外侧岁半分为壳和苍白球。 ABC

8 壳 Putamen. 豆状核的外侧部。 ABC

9 苍白球 Pallidum [Globus pallidus]. 豆状核的内侧部。 BC

10 内侧髓板 Lamina medullaris medialis. 位于苍白球内，在家畜显著缩小。 C

11 外侧髓板 Lamina medullaris lateralis. 分隔壳和苍白球的白质板。 BC

12 内囊 Capsula interna. 位于尾状核和丘脑外侧，豆状核内侧的白质间隔，内含有极重要的传入和传出通路。 ABC

13 内囊膝 Genu capsulae internae. 位于内囊前、后脚之间。 B

14 内囊前脚 Crus rostrale capsulae internae. 位于尾状核头和豆状核之间。 B

15 内囊后脚 Crus caudale capsulae internae. 位于豆状核和丘脑之间。 B

16 内囊豆状核下部 Pars sublentiformis capsulae internae. 位于内囊最腹侧部。

17 内囊豆状核后部 Pars retrolentiformis capsulae internae. 位于豆状核后方。 A

18 外囊 Capsula externa. 将豆状核与屏状核隔开的白质。 B

19 屏状核 Claustrum. 长而薄的灰质板，将壳与脑岛隔开。它向前渐与嗅区和嗅脑外侧束接触，向后下渐与杏仁体接触。 B

19a 外囊 Capsula externa. 位于屏状核和大脑皮质之间。 B（首次引入N.A.V.）

20 **侧脑室** Ventriculus lateralis. 第1和第2脑室。通过室间孔与第3脑室相通。 CDE

21 中央部 Pars centralis. 侧脑室的中央部，位于胼胝体（为顶壁）和尾状核及海马（为底壁）之间。 CDE

22 室间孔 Foramen interventriculare. 也称Monro孔，连通第3脑室和左、右侧脑室。 BDE

23 前角 Cornu rostrale. 侧脑室向室间孔之前的扩展，在尾状核头的内侧，向前深入嗅球。 BDE

24 颞角 Cornu temporale. 侧脑室向腹侧伸入梨状叶的扩展。 E

25 尾状核 Nucleus caudatus. 见本页2条。

26 丘脑尾核沟 Sulcus thalamocaudatus. 将尾状核与丘脑隔开。 453页D

27 终纹 Stria terminalis. 见452页17条、453页D

28 附着板 Lamina affixa. 在人，位于终纹与侧脑室脉络带之间的侧脑室底壁。（不应在N.A.V.中列出。）

29 脉络带 Tenia [Taenia] choroidea [chorioidea]. 侧脑室脉络组织在终纹上的附着线。

30 海马脚［ammon角］Pes hippocampi [Cornu ammonis]. 见450页12条、452页10条以及453页B

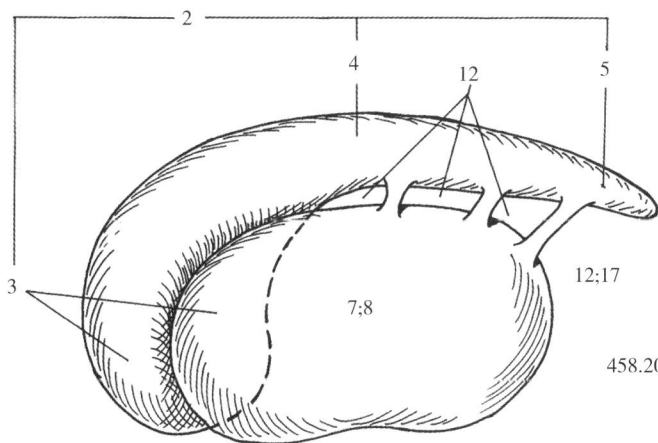

A 左纹状体，外侧观

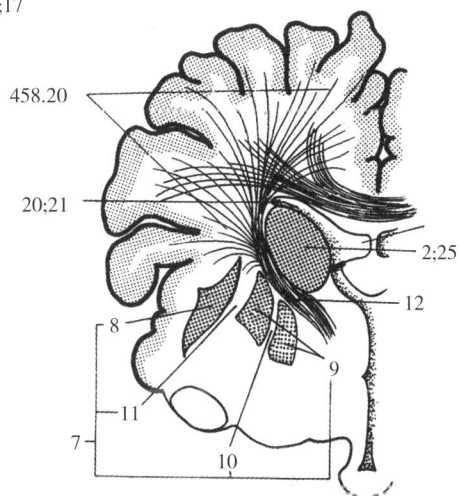

C 纹状体，左半球横切面，后面观

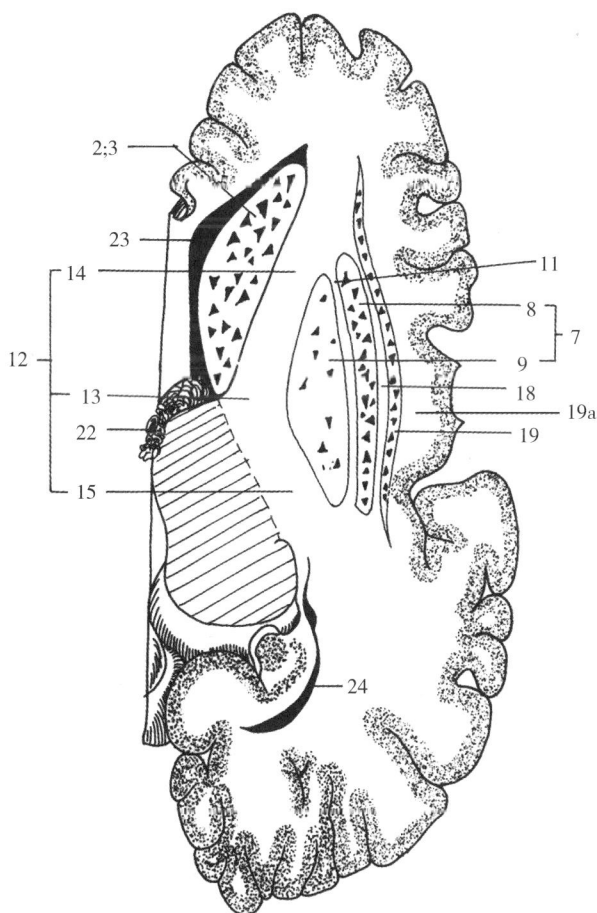

B 纹状体，右半球水平切面，背侧观

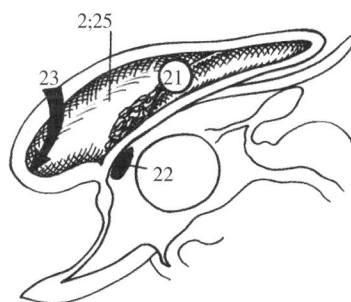

D 右侧脑室，内侧观

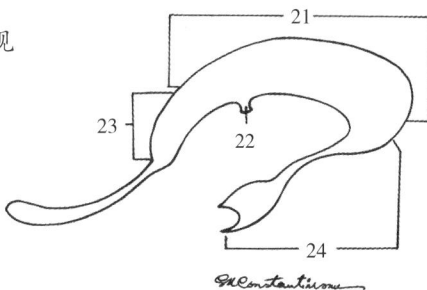

E 右侧脑室铸型，内侧观（马）

1 脑脊膜 MENINGES. 含有3层连续性的包围和保护中枢神经系统的膜，即硬膜、蛛网膜和软膜。

1a 硬膜[1] PACHYMENINX [DURA MATER].

2 脑硬膜 Dura mater encephali. 为脑膜中的外纤维层，保护脑，在颅腔内取代了骨膜。 AC

3 大脑镰 Falx cerebri. 脑硬膜在大脑纵裂内呈镰刀状的延伸。 AC

4 膜小脑幕 Tentorium cerebelli membranaceum. 在马和肉食动物，为起自骨小脑幕表面脑硬膜的纤维性壁（见图A的10.10），将两大脑半球与小脑隔开。 AB

4a 小脑镰[2] Falx cerebelli. 见于人类和几种野生哺乳动物，家畜缺。

5 鞍隔 Diaphragma sellae. 脑硬膜的水平向延伸，将垂体与脑部隔开。 AC

6 幕切迹 Incisura tentorii. 膜小脑幕上供脑干通过的切迹。 AB

7 三叉腔 Cavum trigeminale. 也称Meckel腔，为容纳三叉神经节的小囊。 B

8 硬膜下腔 Cavum subdurale. 在活体，硬膜和蛛网膜实际上是贴近的。 AC

9 脊硬膜 Dura mater spinalis. 保护脊髓，脊硬膜之外以硬膜外腔与椎管壁隔开。 ADE

10 脊硬膜终丝 Filum durae matris spinalis. 脊硬膜线状的后端。 E

11 硬膜上腔［硬膜外腔］ Cavum epidurale. 位于脊硬膜和椎管骨膜之间。 AE

12 硬膜下腔 Cavum subdurale. 见本页8条。 AE

12a 柔膜[1] LEPTOMENINX.

13 脑蛛网膜 Arachnoidea encephali. 脑的蛛网膜，柔脑脊膜的一部，为薄的无血管层，通过小梁与软膜相连。 AC

14 蛛网膜下腔［柔脑脊膜腔］Cavum subarachnoideale [Cavum leptomeningeum]. 充满脑脊液。 AC

15 脑脊液 Liquor cerebrospinalis.

16 脊蛛网膜 Arachnoidea spinalis. 见本页13条。 ADE

17 蛛网膜下腔* Cavum subarachnoideale [Cavum leptomeningeum]. 见本页14条。 AE

18 脑脊液 Liquor cerebrospinalis.

19 蛛网膜下池 Cisternae subarachnoideales. 为蛛网膜下腔的膨大。

20 小脑延髓池 Cisterna cerebellomedullaris. 位于小脑和延髓之间的蛛网膜下池。 A

21 大脑外侧谷［窝］池 Cisterna valleculae [fossae] lateralis cerebri. 蛛网膜下腔在大脑外侧谷处的膨大。在有蹄类会突入到薛氏裂。 C

22 交叉池 Cisterna chiasmatis. 位于视交叉周围。 A

23 脚间池 Cisterna interpeduncularis. 位于脚间窝内。 A

24 蛛网膜粒 Granulationes arachnoideales. 也称Pacchioni粒，蛛网膜穿过硬膜向硬膜窦内的绒毛样外翻。 C

25 脑软膜 Pia mater encephali. 柔软而含血管的膜，黏附于脑表面并随脑沟深入。 C

26 第4脑室脉络组织 Tela choroidea [chorioidea] ventriculi quarti. A，另见430页26条。

27 第4脑室脉络丛 Plexus choroideus [chorioideus] ventriculi quarti. 附着于第4脑室脉络组织的花环样聚集的含有血管的绒毛，扩展进入外侧孔。 A

28 第3脑室脉络组织 Tela choroidea [chorioidea] ventriculi tertii. A，另见436页14条。

29 第3脑室脉络丛 Plexus choroideus [chorioideus] ventriculi tertii. 附着于第3脑室脉络组织的花环样聚集的含血管的绒毛，从室间孔到松果体上隐窝。 AC

30 侧脑室脉络丛 Plexus choroideus [chorioideus] ventriculi lateralis. 位于侧脑室内花环样聚集的含血管的绒毛簇，从室间孔一直分布到颞角。 C

31 脉络小球[2] Glomus choroideus [chorioideus]. 增厚的侧脑室脉络丛，在人类有记载。

32 脊软膜 Pia mater spinalis. 柔脑脊膜柔软且富含血管的内层，黏附于脊髓表面。 ADE

33 齿状韧带 Lig. denticulatum. 由软膜形成的附着于脊硬膜的纤维性脊髓锚定装置。 D

34 中间隔 Septum intermedium. 在颈段脊髓分隔薄束与楔束的结缔组织隔。 F

1）：Pachymeninx [Dura mater]，Cavun epidurale，Leptomeninx，Cavum subarachnoideale [Cavum leptomeningeum]. 上述这些膜的名词是由希腊词根 Pachy- 和 Leptomeninx 组成的，常用于与脑膜有关的病理学和临床医学。备用名词 Spatium epidurale 是作为 Cavum epidurale 的同义词而被收入兽医组织学名词（N.H.V.）中的。

2）：不宜在 N.A.V. 中列出。

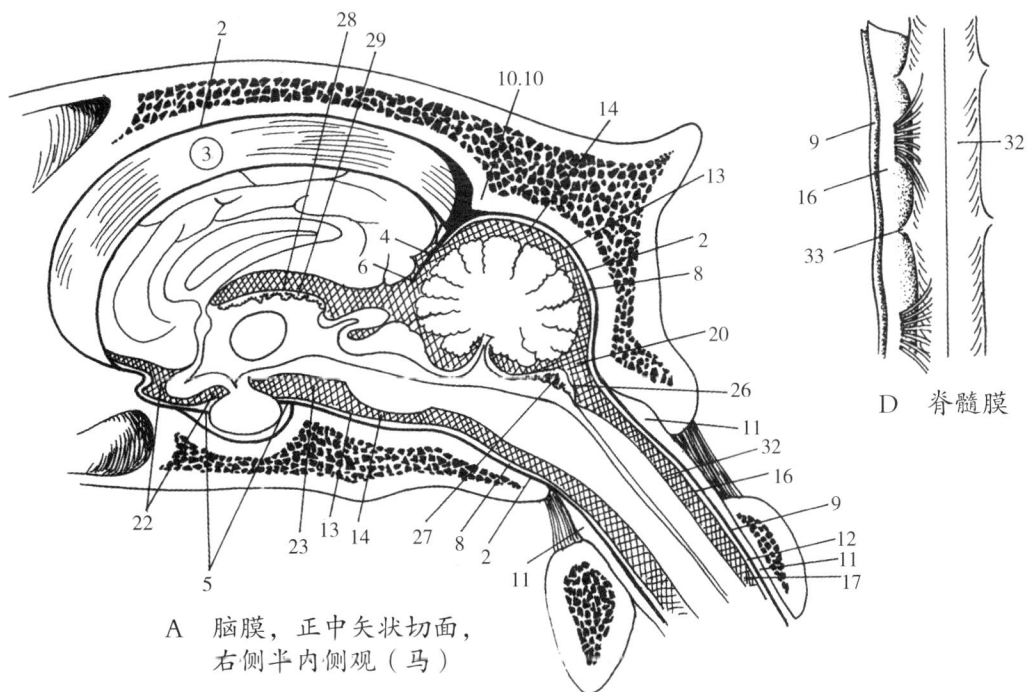

A　脑膜，正中矢状切面，
　　右侧半内侧观（马）

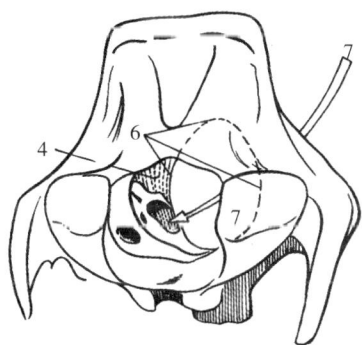

B　小脑膜幕，后面观（马）

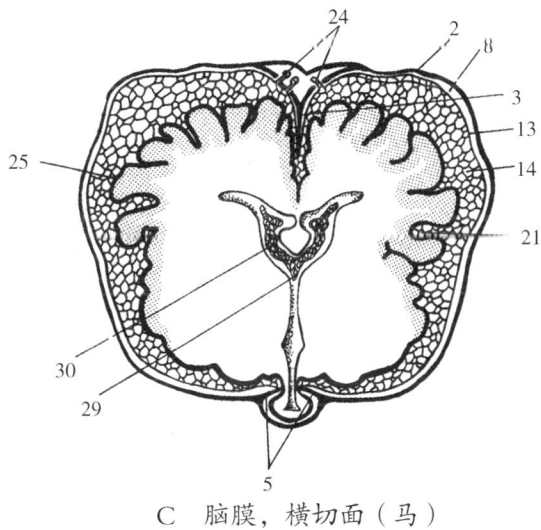

C　脑膜，横切面（马）

D　脊髓膜

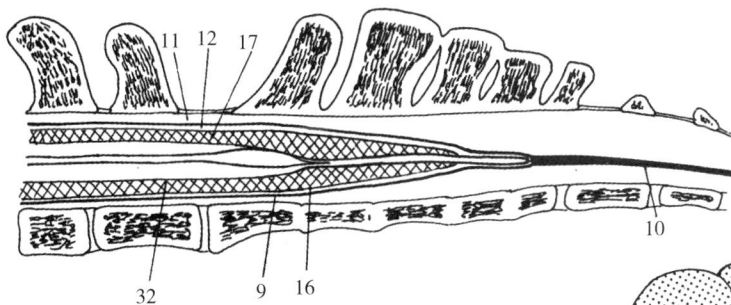

E　脊髓膜，正中矢状切面（马）

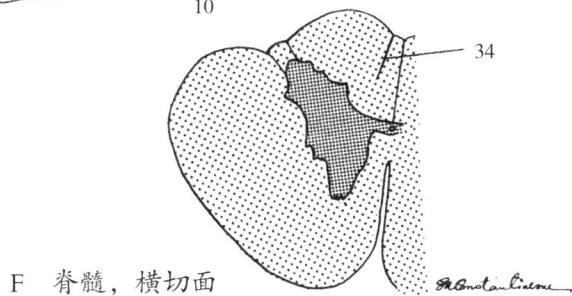

F　脊髓，横切面

1 **周围神经系统　SYSTEMA NERVOSUM PERIPHERICUM**.

2 **脑神经　NERVI CRANIALES**. 共有12对（CN Ⅰ-Ⅻ）.

3 **嗅神经**　Nn. olfactorii. 也称嗅丝（CN Ⅰ），从嗅细胞传导刺激，穿过筛骨筛板后进入嗅球，代表了嗅觉的中枢通路。A

4 犁鼻神经　N. vomeronasalis. 为嗅神经中来自犁鼻器的部分，终止于副嗅球。A

5 终神经　N. terminalis. 起始于犁鼻器及其附近的鼻中隔黏膜，进入颅腔后加入嗅脚，在出生后的肉食动物中曾有记载。A

6 终神经节　Ganglion terminale. 感觉性的。A

7 **视神经**　N. opticus. 第2对脑神经（CN Ⅱ），含有起始于视网膜的视觉纤维，穿过视神经管后与对侧的会合于视交叉。B

8 **动眼神经**　N. oculomotorius. 第3对脑神经（CN Ⅲ），含躯体运动和副交感成分，从大脑脚内侧沟出脑，穿过眶裂或猪和反刍动物的眶圆孔，与第4、6脑神经和第5脑神经的第1支相伴出颅腔。B

9 背侧支　Ramus dorsalis. 动眼神经的背侧支，支配上直肌和上睑提肌。B

10 腹侧支　Ramus ventralis. 动眼神经的腹侧支，支配内直肌、下直肌和下斜肌。B

11 睫状神经节　Ganglion ciliare. 位于动眼神经支配下斜肌的分支起点处，为副交感节前纤维和节后纤维形成突触联系的部位。B

12 动眼根　Radix oculomotoria. 动眼神经的副交感节前纤维构成的分支。B

13 睫状短神经　Nn. ciliare breves. 代表副交感节后神经纤维和支配眼后部结构的交感神经纤维（见下条）。B

14 （至睫状神经节的交感支）（Ramus sympathicus ad ganglion ciliare）. 细的交感节后纤维束，并不在睫状节换元。B（译者注：此交感支来自颈内动脉丛。）

15 （与）鼻睫神经交通支　Ramus communicans cum n. nasociliaro. 与鼻睫神经（反刍动物、马）或眼神经（肉食动物、猪）的交通支。B

16 **滑车神经**　N. trochlearis. 第4对脑神经（CN Ⅳ），从顶盖板的后背侧出脑，在马穿过滑车神经孔（不恒定），在肉食动物和马穿过眶裂，在猪和反刍动物穿过眶圆孔，沿一条内侧浅径在眶骨膜下向内侧支配上斜肌。C

17 滑车神经交叉　Decussatio nervorum trochlearium. 在前髓帆内。C

18 **三叉神经**　N. trigeminus. 第5对脑神经（CN Ⅴ），其躯体感觉纤维来自于头部的皮肤和黏膜，其躯体运动纤维到达咀嚼肌（除二腹肌后腹）。D

19 大根　Radix major. 即感觉根，位于脑桥和三叉神经节之间。D

20 三叉神经节　Ganglion trigeminale. 在脑硬膜形成的三叉腔内，旧称Gasser节。D，另见462页7条。

21 小根　Radix minor. 即运动根，起自脑桥。含有所有三叉神经的运动纤维，也含有感觉纤维。D

22 眼神经　N. ophthalmicus. 三叉神经第1分支（CN Ⅴ₁），也是最小的分支，穿过眶裂或猪和反刍动物的眶圆孔，传导眼、眼睑、结膜、前额皮肤、眶周围皮肤以及部分鼻腔黏膜的感觉。CD

23 脑膜支　Ramus meningeus. 从眼神经返回脑膜的分支，感知脑膜。D

24 泪腺神经*　N. lacrimalis. 位于眶骨膜下最浅表的分支之一，分布于泪腺、上眼睑和外眼角处的皮肤。CD

25 额神经*　N. frontalis. 也是眶骨膜下最浅表的分支，离开眶（在马经眶上孔），分为眶上神经和滑车上神经。CD

26 额窦神经　N. sinuum frontalium. 在上直肌和外直肌之间向背侧行，到达眶内侧壁的一个小孔，进入额窦；在牛，它可能在穿出眶圆孔之前起自颧神经的颧颞支。D

27 眶上神经　N. supraorbitalis. 额神经两分支之一，主司上眼睑和前额皮肤的感觉。D

28 滑车上神经　N. supratrochlearis. 额神经的另一分支，分布于内眼角处的上眼睑，也传导内眼角附近皮肤的感觉。D

A　嗅神经、犁鼻神经和终神经（犬）
（引自McCotter）

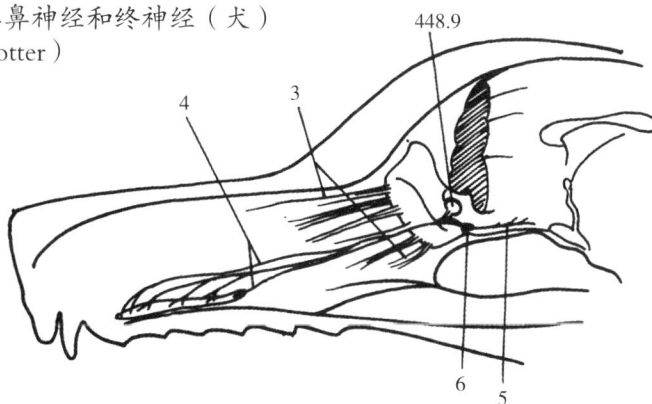

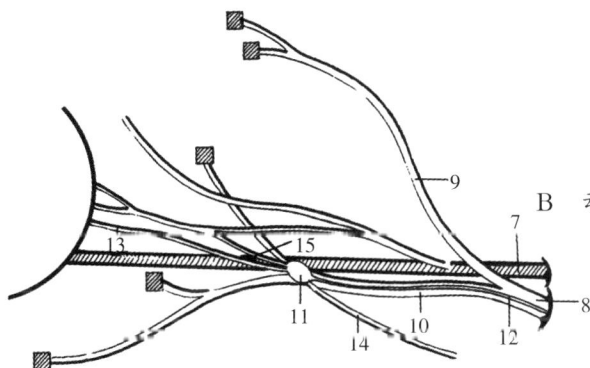

448.9

4　3

6　5

B　动眼神经和视神经在眶内的位置关系

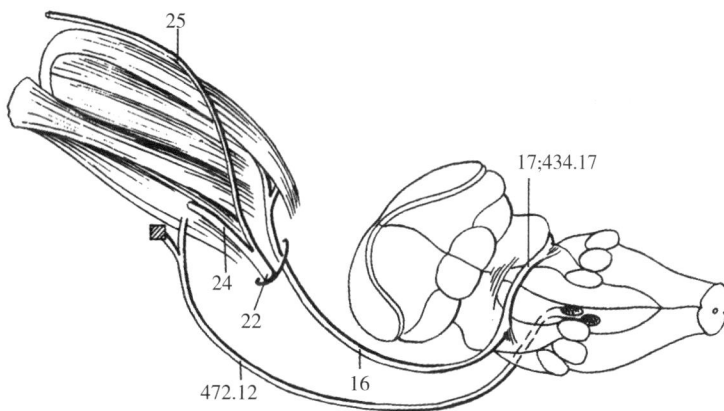

9

7

13　15

8

11　10　12

14

25

17;434.17

24

22

472.12　16

C　滑车神经、眼神经和外展神经，左侧观（犬）

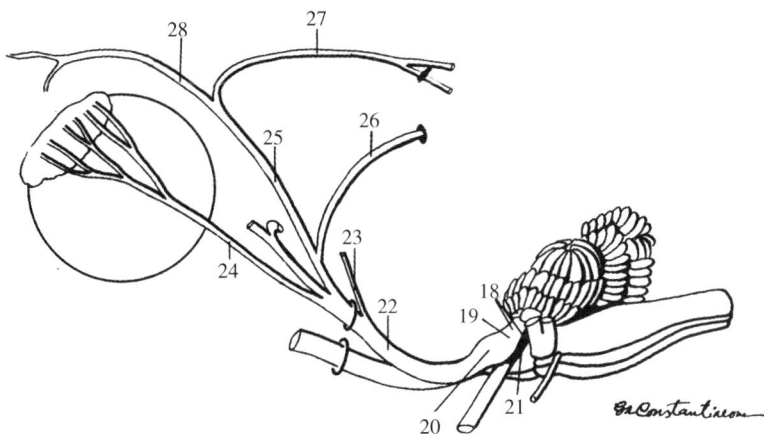

28　27

26

25

23

24　22

18

19

21

20

D　左侧三叉神经，左侧观（犬）

1 鼻睫神经　N. nasociliaris.　位于内直肌和上斜肌之间的深部，但易于在外直肌和上直肌之间的深部暴露之。　A

2 （与）睫状神经节交通支　Ramus communicans cum ganglio ciliari.　A

3 睫状长神经　Nn. ciliares longi.　分布于眼球前部结构。　A

4 筛神经　N. ethmoidalis.　穿过筛孔进入颅腔，然后穿过筛骨到达鼻腔。　ABC

  5 鼻外侧支　Ramus nasalis lateralis.　分布于鼻甲。　B

    6 额窦支（马）Ramus sinus frontalis.　分布于额窦。　B

  7 鼻内侧支　Ramus nasalis medialis.　分布于鼻中隔。　C

    8 鼻外支（肉食动物）Rami nasales externi.　分布于鼻骨之前的皮肤。　C

9 滑车下神经*　N. infratrochlearis.　分布于泪阜、泪囊、泪管和第3眼睑，然后穿过滑车切迹到眼内侧角周围的皮肤。在给山羊施行锯角术前应封闭该神经。　AG

  10 额窦支（马）Rami sinus frontalis.　A

  11 眼睑支　Rami palpebrales.　到上眼睑。　A

  12 角支（山羊）* Rami cornuales.　该神经应在锯角术前被封闭。

13 上颌神经　N. maxillaris.　三叉神经的第2大支（CN V$_2$），感觉性的，穿过圆孔（肉食动物、马）或眶圆孔（猪、反刍动物）。　DEF

14 脑膜支　Ramus meningeus.　分布于脑硬膜的一小部分。　E

15 颧神经　N. zygomaticus.　DE

16 颧颞支*　Ramus zygomaticotemporalis.　与泪腺神经相交通，向后背侧延伸到颞部皮肤和泪腺。由于眼神经和上颌神经的密切关系以及在泪腺神经和颧神经之间存在交通支，颧颞支以前被看作是泪腺神经或其一个分支；它也可被认为是颧神经的一个分支（正如本条），这与N.A.的理解是一致的。　D

  17 角支（反刍动物）*　Ramus cornualis.　在牛和山羊的断角术前应予以封闭。　G

18 （与）泪腺神经交通支　Ramus communicans cum n. lacrimali.　D

19 颧面支*　Ramus zygomaticofacialis.　分布于下眼睑及其附近皮肤。　D

20 颧面副支　Ramus zygomaticofacialis accessorius.　D

21 翼腭神经　N. pterygopalatinus.　行走一短段距离后分为3支神经。　DF（译者注：旧称蝶腭神经。）

22 腭小神经　N. palatinus minor.　分布于软腭黏膜。　DF

23 腭大神经　N. palatinus major.　穿过腭管，分布于硬腭。下列两支为其分支。　DF

  24 腭副神经　N. palatinus accessorius.　平行于腭大神经。　DF

  25 鼻后腹侧支（马）Rami nasales caudales ventrales.　穿过硬腭。　F

26 鼻后神经　N. nasalis caudalis.　通过蝶腭孔进入鼻腔，分布于鼻中隔和鼻腔侧壁的黏膜。　CDF

  27 鼻腭神经　N. nasopalatinus.　为鼻后神经隔支的直接延续，穿过腭裂到硬腭的黏膜。　C

A　左眶内的鼻睫神经（马）

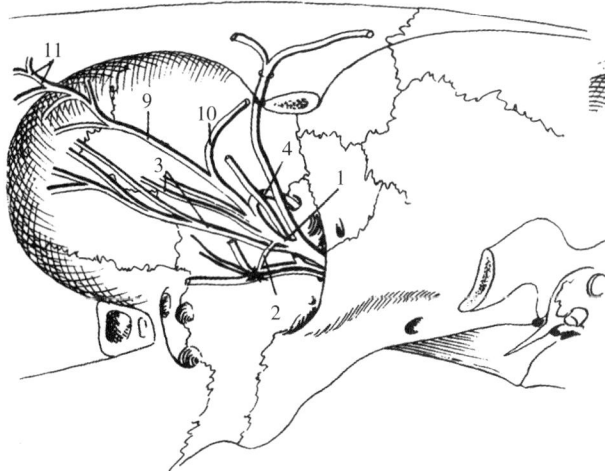

B　左筛神经，内侧观（马）

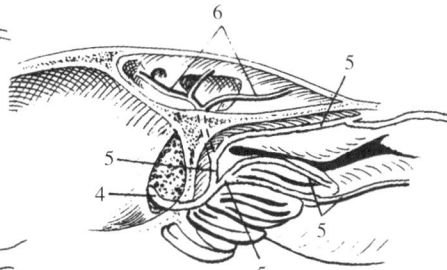

C　鼻腔内的神经，右侧
　　鼻腔内侧观（犬）

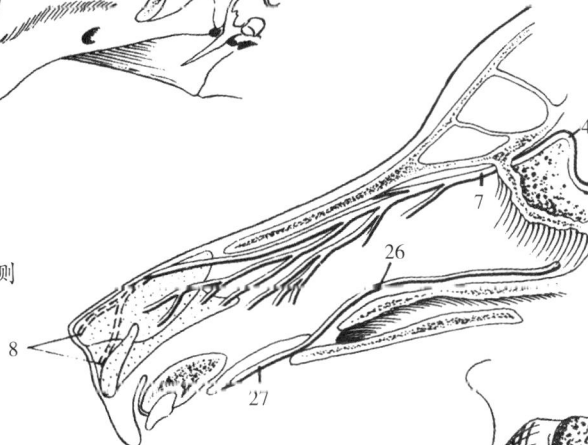

D　左上颌神经，左
　　外侧观（犬）

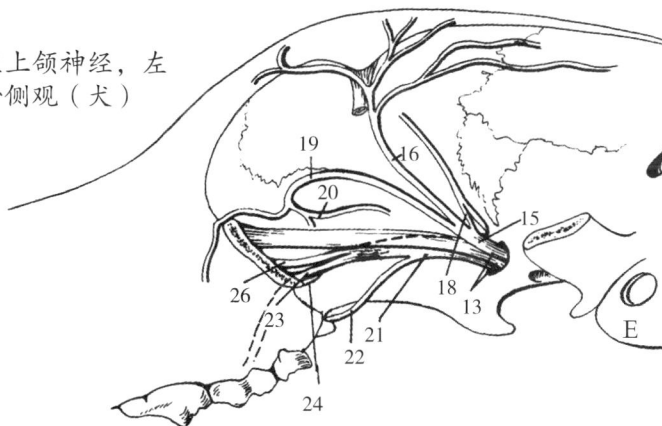

E　在颅腔内的左上颌神经（马）

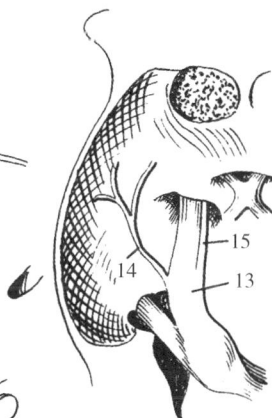

F　左上颌神经，左
　　外侧观（马）

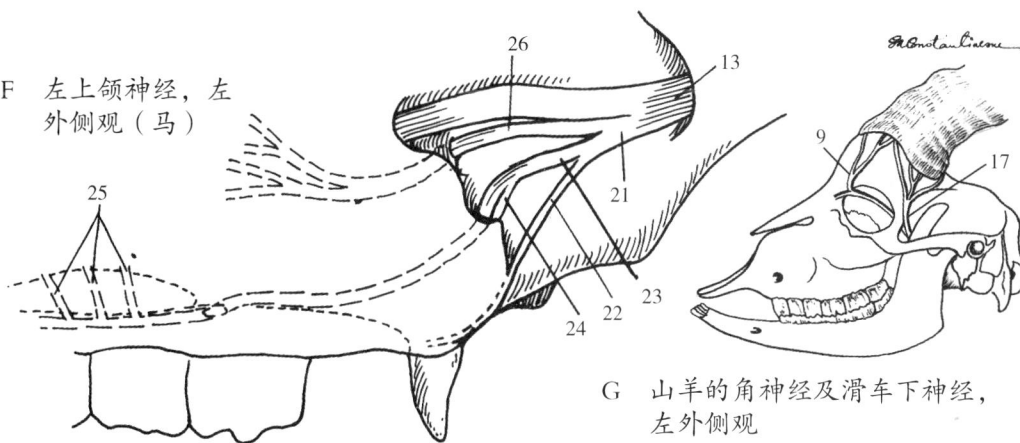

G　山羊的角神经及滑车下神经，
　　左外侧观

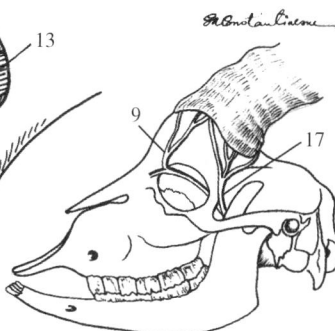

1 眶下神经*　N. infraorbitalis.　为上颌神经的直接延续，穿过眶下管及眶下孔，分布于从口角到面结节的连线（作为下界）以及经面结节作头部背正中线的垂线（作为后界）所划定范围的皮肤。　AC

2 上齿槽后支　Rami alveolares superiores caudales.　分布于最后上臼齿和上颌窦。　A

3 上齿槽中支　Rami alveolares superiores medii.　分布于其余上臼齿和上前臼齿及其齿龈，以及上颌窦。　A

4 上齿槽前支　Rami alveolares superiores rostrales.　分布于上犬齿和上切齿。　A

5 上齿丛　Plexus dentalis superior.　由各上齿槽支吻合而成。　A

　　6 上齿支　Rami dentales superiores.　分布到上列齿。　A

　　7 上齿龈支　Rami gingivales superiores.　分布到相应齿龈。　A

8 鼻外支　Rami nasales externi.　分布于鼻部。　B

9 鼻内支　Rami nasales interni.　分布于鼻前庭。　B

10 上唇支　Rami labiales superiores.　分布于颊前部以及上唇部的皮肤和黏膜。　B

11 翼腭神经节　Ganglion pterygopalatinum.　副交感性的神经节，位于翼腭神经上。在反刍动物和马不止一个。　C

12 眶支　Rami orbitales.　其中一些可分布于泪腺。　C

13 翼管神经　N. canalis pterygoidei.　由下列两神经合并而成。　C

14 岩大神经　N. petrosus major.　由来自于面神经的副交感纤维组成。　C

15 岩深神经　N. petrosus profundus.　属于交感神经，来自于颈内动脉丛。　C

16 （与）腭小神经交通支　Rami communicantes cum n. palatino minore.　C

17 （与）腭大神经交通支　Rami communicantes cum n. palatino majore.　C

18 （与）鼻后神经交通支　Rami communicantes cum n. nasali caudali.　C

19 下颌神经　N. mendibularis.　三叉神经的第3分支（CN V₃），属于混合神经，从卵圆孔穿出。　D

20 脑膜支　Ramus meningeus.　经棘孔返回颅腔。　E

21 咀嚼肌神经　N. masticatorius.　DE

22 咬肌神经　N. massetericus.　跨越下颌切迹。　DE

23 颞深神经　N. temporales profundi.　包括颞深后神经和颞深中神经，供应颞肌。　DE

24 翼外侧肌神经　N. pterygoideus lateralis.　分布于翼外侧肌，在马也可是颊神经的一个分支。　DE

25 翼内侧肌神经　N. pterygoideus medialis.　分布于翼内侧肌。　DE

26 鼓膜张肌神经　N. tensoris tympani.　经肌结节管进入鼓室，分布于鼓膜张肌。　D

27 腭帆张肌神经　N. tensoris veli palatini.　分布于腭帆张肌。　DE

28 颊神经　N. buccalis.　主司颊黏膜的感觉，含有到颊腺的副交感纤维，在反刍动物还分布于腮腺，在马通过颞深前神经分布于颞肌。　DE

29 耳颞神经*　N. auriculotemporalis.　围绕在下颌骨后方，然后加入面神经。它含有从耳基部、颧弓、面崎、口角、头部腹侧线稍上方到耳根之间大范围内皮肤的感觉纤维。下唇和颏除外。　DE

30 外耳道神经　N. meatus acustici externi.　分布于外耳道。　DE

31 鼓膜支　Ramus membranae tympani.　到鼓膜的分支。　DE

32 腮腺支　Rami parotidei.　DE

A　左眶下神经（犬）

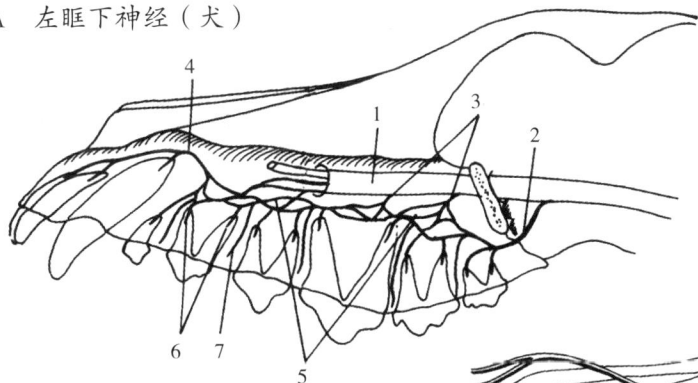

B　左眶下神经（犬）

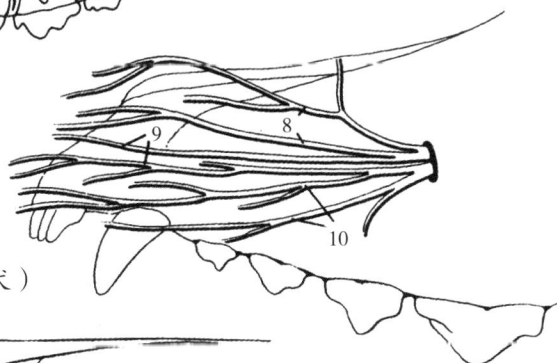

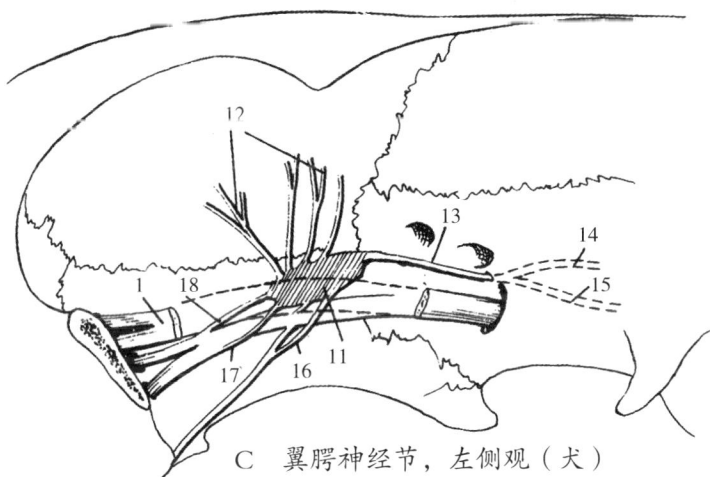

C　翼腭神经节，左侧观（犬）

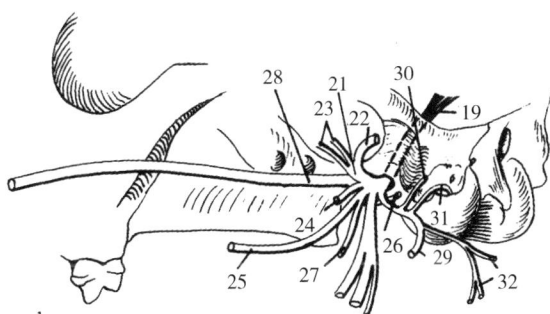

D　左下颌神经（犬）

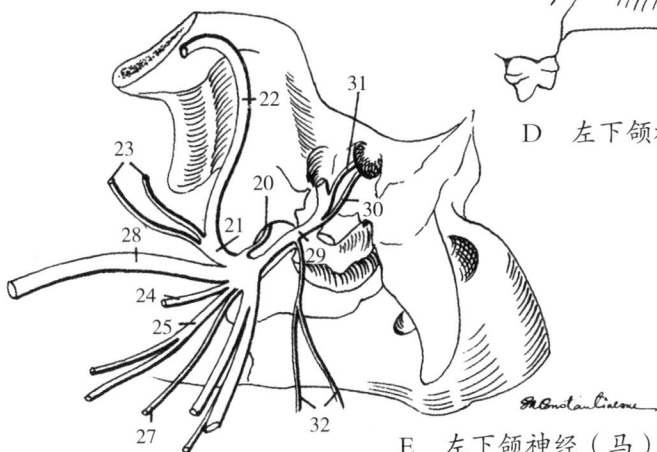

E　左下颌神经（马）

1　耳前神经　Nn. auriculares rostrales.　感觉神经，分布于耳前区和耳外侧区皮肤。　A

2　面横支　Ramus transversus faciei.　平行于面横动脉和面横静脉，分布于颊部皮肤。　A

3　（与）面神经交通支　Rami communicantes cum n. faciali.　参与颊支的形成。　A

4　舌神经　N. lingualis.　与下齿槽神经一同起始，伴随鼓索走向舌，鼓索内含有味觉纤维和来自面中间神经的副交感纤维。　B

5　口咽峡支　Rami isthmi faucium.　到口咽峡。　B

6　（与）鼓索交通支　Ramus communicans cum chorda tympani.　B

7　舌底神经　N. sublingualis.　发出分支到下颌腺和舌下外侧隐窝。　B

8　舌支　Rami linguales.　其感觉和味觉纤维分布于舌前2/3的黏膜。　B

9　（与）舌下神经交通支　Rami communicantes cum n. hypoglosso.　B

10　下齿槽神经*　N. alveolaris inferior.　进入下颌管。　C

11　下颌舌骨肌神经　N. mylohyoideus.　下齿槽神经在进入下颌管前的唯一分支，它供应下颌舌骨肌和二腹肌前腹，以及下颌间隙前部的皮肤。　C

12　下齿槽后支[1]　Rami alveolares inferiores caudales.　供应臼齿以及相应的齿龈。　C

13　下齿槽中支[1]　Rami alveolares inferiores medii.　供应前臼齿和相应齿龈。　C

14　下齿槽前支[1]　Rami alveolares inferiores rostrales.　到犬齿和切齿。　C

15　下齿丛[1]　Plexus dentalis inferior.　在下颌骨内的神经网络。　C

　16　下齿支[1]　Rami dentales inferiores.　到下列各齿的分支。　C

　17　下齿龈支　rami gingivales inferiores.　C

18　颏神经*（反刍动物、马）　N. mentalis.　穿出颏孔，供应颏和下唇。　C

　19　颏支　Rami mentales.　分布于颏。　C

　20　下唇支　Rami labiales inferiores.　供应下唇。　C

21　颏神经（肉食动物、猪）　Nn. mentales.　从数个外侧颏孔以及猪的内侧颏孔穿出。　D

　22　颏支　Rami mentales.　为颏神经的分支，分布于颏。　D

　23　下唇支　Rami labiales inferiores.　为颏神经的分支，分布于下唇。　D

1）：由于重大失误，这些分支未被列入第5版 N.A.V. 中，但被重新引入2012年修订的第5版 N.A.V. 中。

A　左耳颞神经（马）

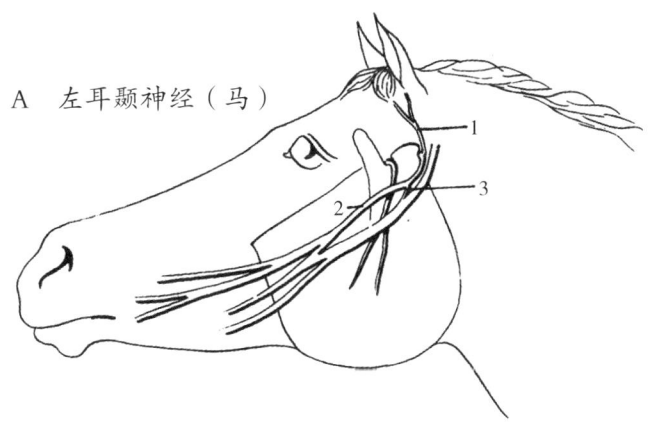

B　左舌神经（犬）

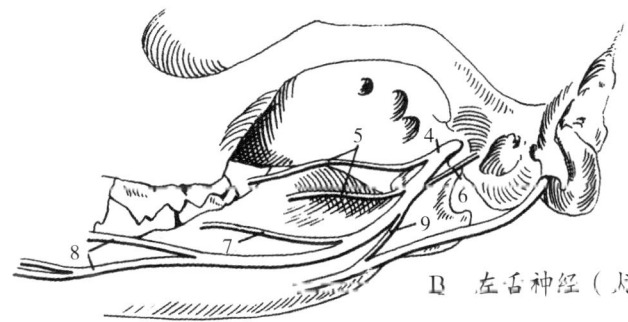

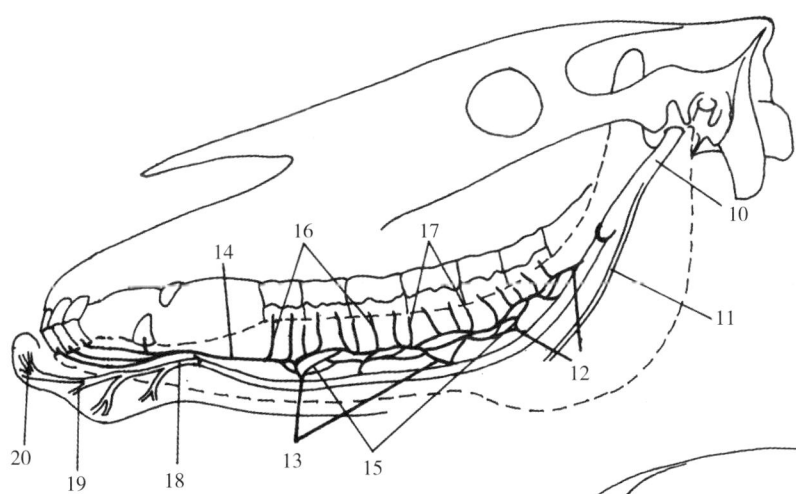

C　左下齿槽神经（马）

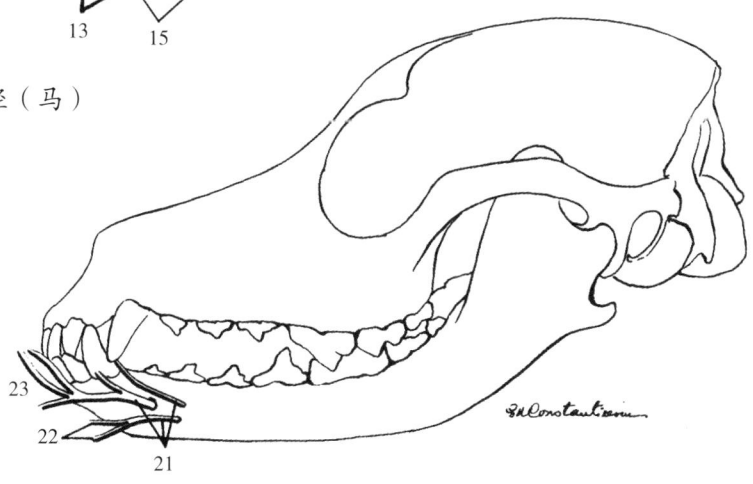

D　左颏神经（犬）

1　耳神经节　Ganglion oticum.　属于副交感神经节，位于颊神经起始处，发出分泌纤维到腮腺、颊腺和颧腺（肉食动物）。　A

2　岩小神经　N. petrosus minor.　由节前纤维构成。　A

3　（与）颊神经交通支　Rami communicantes cum n. buccali.　含有到颊腺和肉食动物颧腺的副交感纤维。　A

4　（与）耳颞神经交通支　Rami communicantes cum n. auriculotemporali.　含有到腮腺的副交感纤维。　A

5　下颌神经节　Ganglion mandibulare.　位于舌底神经起始处，但在肉食动物位于下颌腺门处，其节前纤维来自鼓索。　AC

6　（至下颌神经节的交感支）（Ramus sympathicus ad ganglion mandibulare）.　起自颈内动脉丛的至下颌神经节的交感神经分支，并不在该节换元。　AC

7　（与）舌神经交通支　Rami communicantes cum n. linguali.　A

8　腺支　Rami glandulares.　到舌下腺和下颌腺的腺支。　A

9　舌底神经节（肉食动物）　Ganglion sublinguale.　位于舌神经与来自下颌神经节的交通支（舌神经交通支）之间的夹角内。　A

10　（与）舌神经交通支　Rami communicantes cum n. linguali.　舌底神经节发出的与舌神经的交通支。　A

11　腺支　Rami glandulares.　舌底神经节发出的到舌下腺的分支。　A

12　**外展神经**　N. abducens.　第6对脑神经（CN Ⅵ），供应眼球退缩肌和外直肌。　465页C

13　**面神经［中间面神经］**　N. facialis [N. intermediofacialis].　第7对脑神经（CN Ⅶ），含有运动的、副交感的和味觉的纤维，穿过内耳道和面神经管，经茎乳孔出颅骨。　BCD

14　面神经膝　Geniculum n. facialis.　为面神经在骨内行进中的第1个拐弯处。　B

15　膝神经节　Ganglion geniculi.　B，另见本页32条。

16　岩大神经　N. petrosus major.　从面神经膝处发出，属副交感性，加入岩深神经后共同形成翼管神经。　BC，另见468页13条。

17　镫骨肌神经　N. stapedius.　B

18　耳内支*　Ramus auricularis internus.　穿过耳廓，供应耳廓内表面的皮肤。在离开面神经管后接受迷走神经的耳支（见476页6条）。　BD

19　耳后神经　N. auricularis caudalis.　供应耳后的肌肉。　BD

20　二腹肌支　Ramus digastricus.　供应二腹肌后腹，在马即为二腹肌的枕下颌部。　D

21　茎突舌骨肌支　Ramus stylohyoideus.　到茎突舌骨肌。　D

22　腮腺丛　Plexus parotideus.　D

23　耳睑神经*　N. auriculopalpebralis.　DE

24　耳前支　Rami auriculares rostrales.　供应耳前肌肉。　D

25　颧支　Ramus zygomaticus.　D

　　26　睑支　Rami palpebrales.　供应眼轮匝肌。　D

27　颊支　Rami buccales.　供应颊部、唇部和鼻部的肌肉。　DE

28　颊唇支　Rami buccolabiales.　E

29　下颌缘支　Ramus marginalis mandibulae.　马除外。　E（该名词替换了原先的颊腹侧神经。）

30　颈支　Ramus colli.　供应腮耳肌和颈皮肌。　D

31　中间神经　N. intermedius.　为中间面神经的副交感和感觉成分。　B

32　膝神经节　Ganglion geniculi.　相当于一个脊神经节，位于面神经管内面神经膝处。　B

33　鼓索　Chorda tympani.　穿过岩鼓裂后加入舌神经。　BC

A　左侧耳神经节、下颌神经节和
　　舌下神经节（犬）

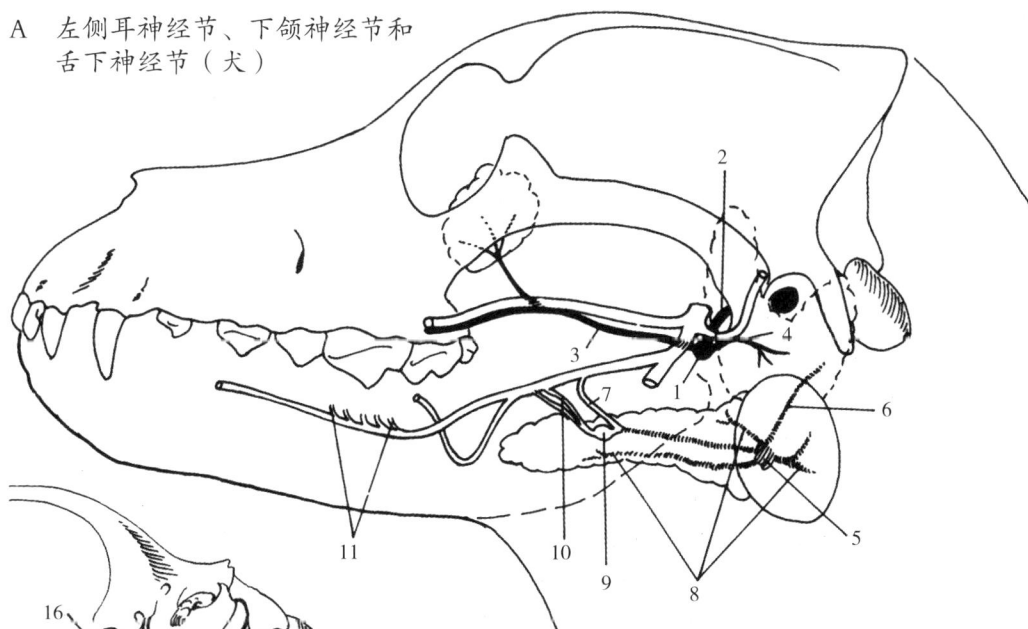

C　左面神经和下颌神经节（犬）

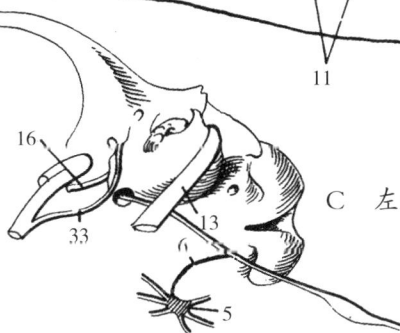

B　左侧中间面神经，
　　左侧观

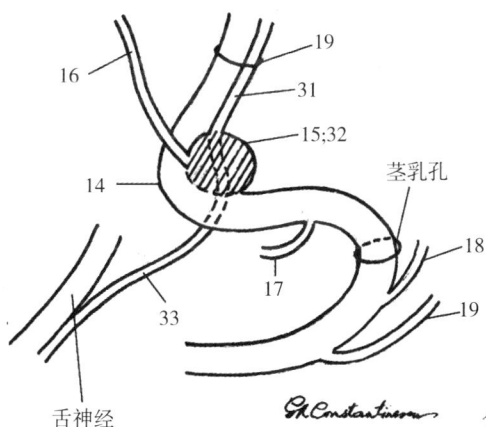

15;32

茎乳孔

舌神经

E　左面神经（犬）

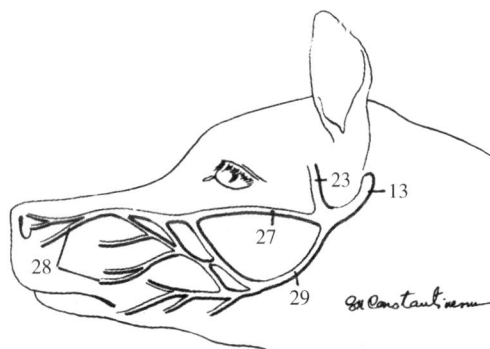

D　左面神经（马）

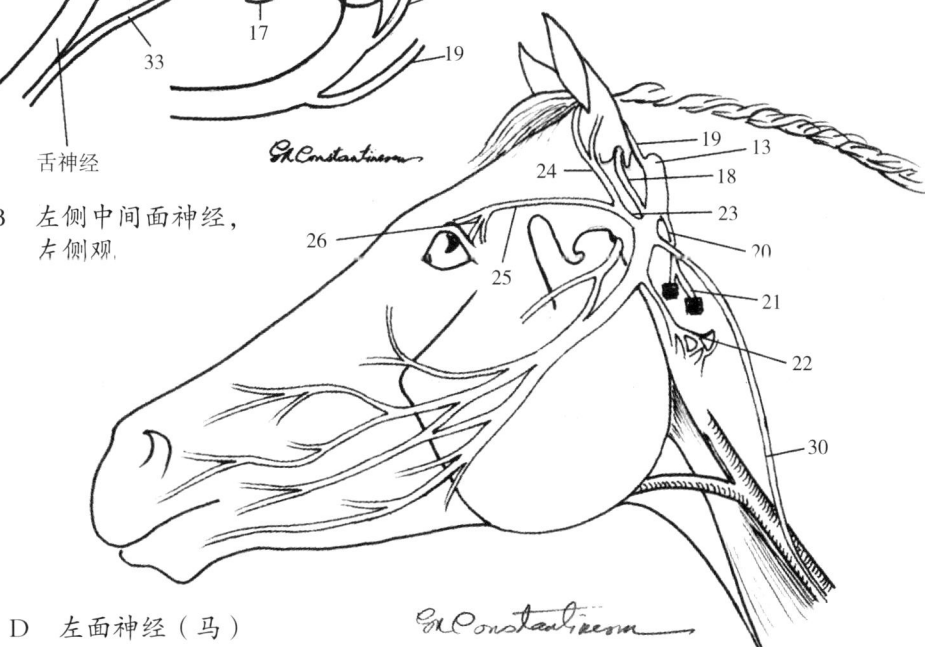

1　前庭耳蜗神经　N. vestibulocochlearis.　第8对脑神经（CN Ⅷ），含有身体位置觉、机械振动觉（前庭神经）、听觉（耳蜗神经）的纤维，旧称听前庭神经或位听神经。　A

2　前庭根　Radix vestibularis.　A

3　耳蜗根　Radix cochlearis.　A

4　前庭神经　N. vestibularis.　终止于前庭神经节。　A

5　前庭神经节　Ganglion vestibulare.　位于内耳道底。　A

  6　上部　Pars superior.　与前膜半规管、外膜半规管、椭圆囊以及球囊的前部相连系。　A

  7　下部　Pars inferior.　与后膜半规管和球囊的后部相连系。　A

  8　椭圆囊壶腹神经　N. utriculoampullaris.　纤维到椭圆囊斑、前膜壶腹和外膜壶腹。　A

    9　椭圆囊神经　N. utricularis.　到椭圆囊斑。　A

    10　前壶腹神经　N. ampullaris anterior.　到前膜壶腹。　A

    11　外侧壶腹神经　N. ampullaris lateralis.　到外侧膜壶腹。　A

    12　后壶腹神经　N. ampullaris posterior.　到后膜壶腹。　A

  13　球囊神经　N. saccularis.　到球囊斑，有2条球囊神经，分别起自前庭神经节上部和下部。　A

14　耳蜗神经　N. cochlearis.　终止于耳蜗螺旋神经节。　A

15　耳蜗螺旋神经节　Ganglion spirale cochleae.　位于耳蜗轴上，沿骨螺旋板的基部分布。　A，另见530页13条。

16　舌咽神经　N. glossopharyngeus.　第9对脑神经（CN Ⅸ），含有运动、感觉和副交感纤维，穿过颈静脉孔。　BCD

17　近神经节　Ganglion proximale.　在N.A.中，舌咽神经和迷走神经的神经节被称为上神经节和下神经节。而在N.A.V.中则倾向于近和远神经节，这样不受动物体位的影响。近神经节位于颈静脉孔内。　BC

18　远神经节　Ganglion distale.　该名词代替了以往使用的名词岩神经节。在犬和马，与近神经节难以区分。　BCD

19　鼓室神经　N. tympanicus.　由远神经节或近神经节发出，进入鼓室。　CD

  20　鼓室丛　Plexus tympanicus.　位于岬（岩骨岬）表面的神经网络。　C

    21　岩小神经　N. petrosus minor.　起自鼓室丛，含有到耳神经节的副交感纤维。　C

    22　颈动脉鼓室神经　Nn. caroticotympanici.　起自颈内动脉神经丛（交感的），变为鼓室丛的一种成分。　C

    23　咽鼓管支　Ramus tubarius.　到咽鼓管。　C

24　颈动脉窦支　Ramus sinus carotici.　到颈动脉窦和颈动脉球，起自舌咽神经。　D

25　茎突咽后肌支　Ramus m. stylopharyngei caudalis.　到茎突咽后肌的分支，起自舌咽神经。　D

26　咽支　Ramus pharyngeus.　舌咽神经的到咽背侧壁的分支。　D

27　咽丛　Plexus pharyngeus.　由舌咽神经的咽支、迷走神经的咽支以及来自颈前神经节的交感纤维混合交织而成。　D

28　咽外侧神经节（牛、绵羊）　Ganglion lateropharyngeum.　位于茎突舌骨前腹侧端的内侧。

29　舌支　Ramus lingualis.　分布于舌后1/3的黏膜。　D

30　扁桃体支　Rami tonsillares.　D

A　右前庭耳蜗神经，后面观

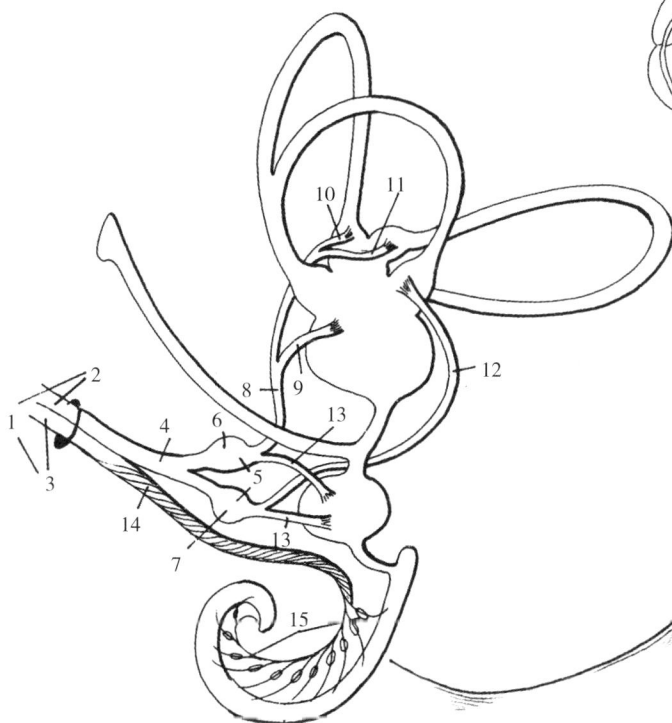

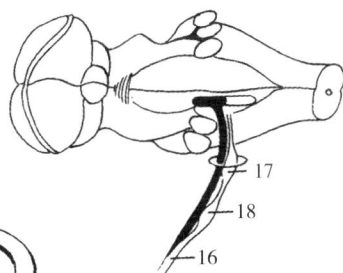

B　舌咽神经在菱形窝的起点

C　左舌咽神经在鼓室内的走向，
　　鼓室已打开，腹侧观（犬）

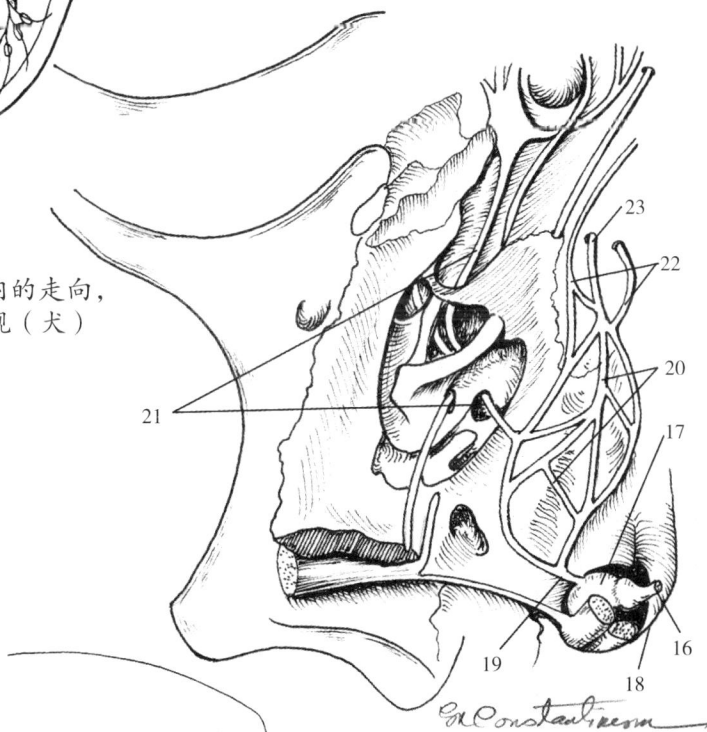

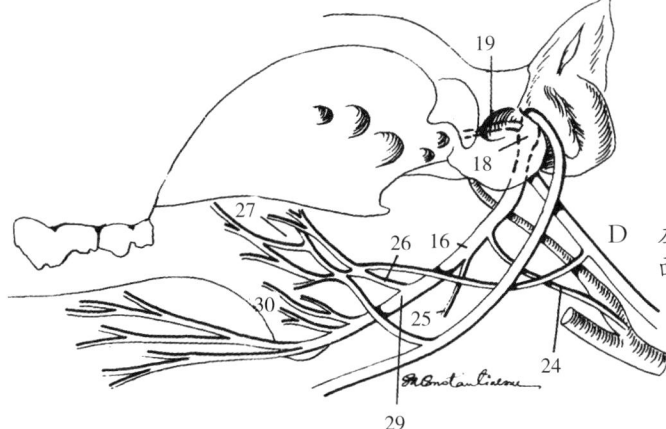

D　左舌咽神经，鼓室已打开，左腹后
　　面观（犬）（引自H.Evans）

1 **迷走神经**　N. vagus.　第10对脑神经（CN X），含有运动、感觉和副交感纤维，从颈静脉孔穿出。　ABCD

2 近神经节　Ganglion proximale.　位于颈静脉孔内，旧称颈静脉神经节。　AB

3 远神经节　Ganglion distale.　位于颈内动脉和颈前神经节后方，旧称结状神经节。　A

4 脑膜支　Ramus meningeus.　起自近神经节。　A

5 （与）舌咽神经交通支　Ramus communicans cum n. glossopharyngeo.　A

6 耳支*　Ramus auricularis.　该支与面神经在面神经管内相交通，分布于耳廓内表面的区域。　B

7 咽支　Rami pharyngei.　与舌咽神经的咽支一同分布于咽。　A

8 咽丛　Plexus pharyngeus.　由舌咽神经的咽支、迷走神经的咽支以及交感神经纤维交织而成。　A

9 食管支　Ramus esophageus [oesophageus].　A

10 喉前神经　N. laryngeus cranialis.　A

11 外支　Ramus externus.　喉前神经的外支，支配环甲肌。　A

12 内支　Ramus internus.　与喉后神经共同分布于相关的黏膜。　A

13 （与）喉后神经交通支　Ramus communicans cum n. laryngeo caudali.　迷走神经发出的与其喉后神经的交通支，位于喉内。　A

14 减压神经　N. depressor.　起自迷走神经或喉前神经，再返回迷走神经，分布于主动脉的压力感受器。　A

15 迷走交感干*　Truncus vagosympathicus.　迷走神经和交感干在颈部的共同通路。　A

16 心支　Rami cardiaci.　到心的副交感纤维。　C

17 喉返神经*　N. laryngeus recurrens.　右侧的袢绕过肋颈干，左侧的袢绕过主动脉，二者均沿气管走向喉。　CD

18 气管支　Rami tracheales.　D

19 食管支　Rami esophagei [oesophagei].　D

20 喉后神经　N. laryngeus caudalis.　为喉返神经的末段，支配除环甲肌以外的所有喉肌，以及与喉前神经共同分布于相关的喉黏膜。　ACD

21 支气管支　Rami bronchales.　CD

22 肺丛　Plexus pulmonalis.　CD

23 食管支［食管丛］　Rami esophagei [oesophagei] [Plexus esophageus，oesophageus].　CD

24 迷走腹侧干　Truncus vagalis ventralis.　由左、右侧迷走腹侧支合成。　CDE

25 胃壁面支　Rami gastrici parietales.　分布于胃壁面，反刍动物除外。　C

26 交通支　Ramus communicans.　连接于迷走背侧干与腹侧干之间，在反刍动物常位于食管左侧面，呈后腹侧或后背侧倾斜。　E

27 瘤胃房支　Rami atriales ruminis.　到瘤胃房的分支。　E

28 网胃前支　Rami reticulares craniales.　到网胃膈面的分支。　E

29 幽门支　Ramus pyloricus.　C

30 肝支　Rami hepatici.　在反刍动物，肝支中的某一支可起于迷走背侧干。　C

31 十二指肠支　Rami duodenales.　到十二指肠和胰的分支。　C

32 胃沟支　Rami ad sulcum ventriculi.　在反刍动物，分布于胃沟（网胃沟）。　E

33 瓣胃支　Rami omasiales.　E

34 皱胃壁面支　Rami abomasiales parietales.　到皱胃壁面。　E

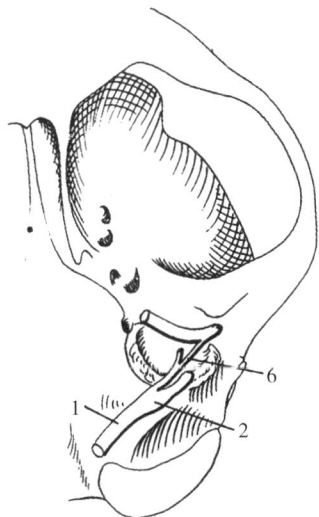

B 左迷走神经的耳支，腹外侧观（犬）

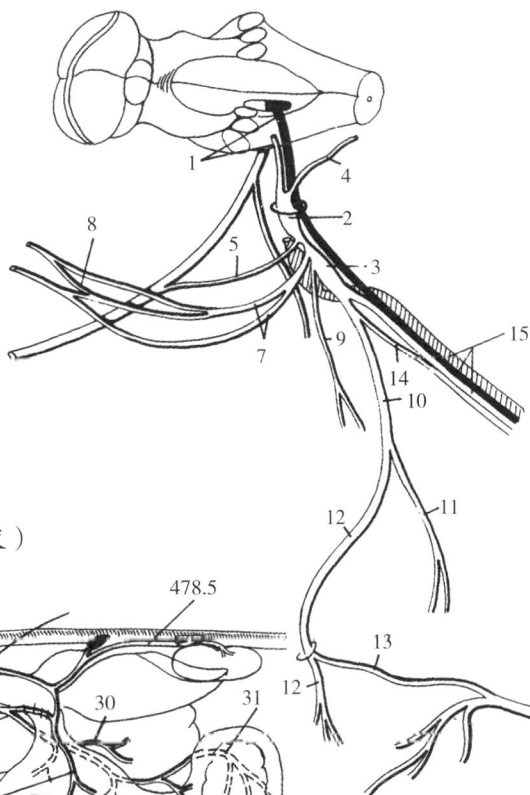

C 左迷走神经的胸部和腹部分支（犬）

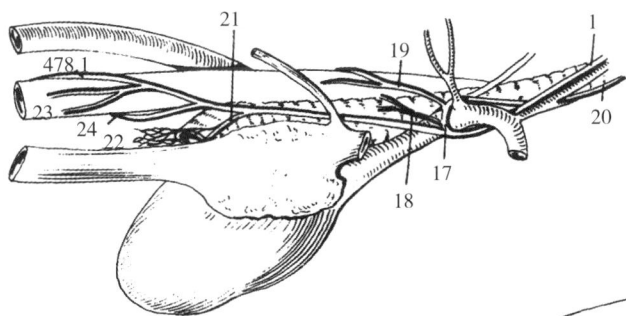

A 左迷走神经（犬）

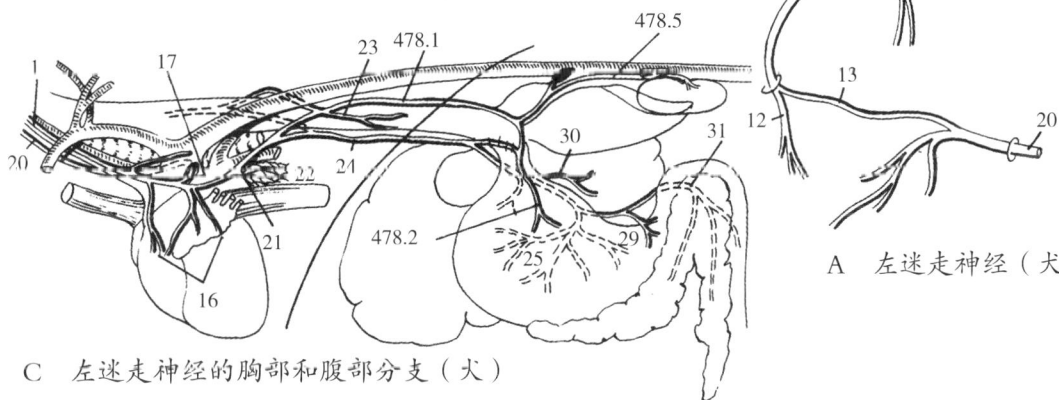

D 右迷走神经的胸部分支，右侧观（犬）

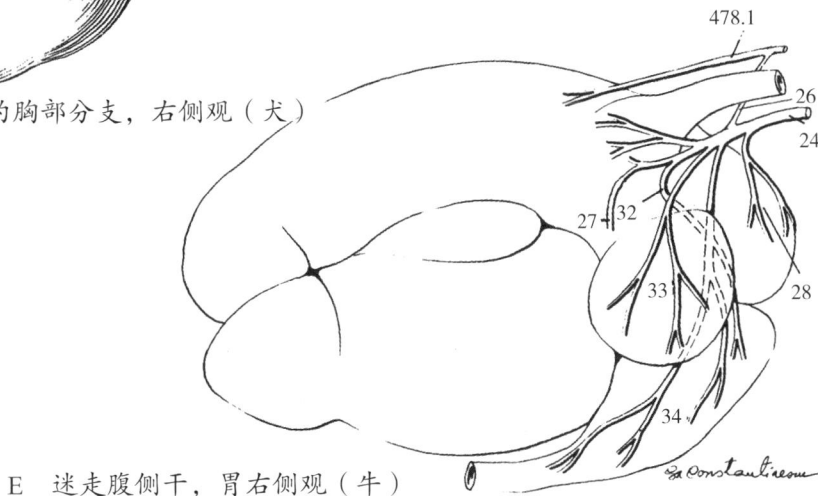

E 迷走腹侧干，胃右侧观（牛）

1　迷走背侧干　Truncus vagalis dorsalis.　由左、右侧迷走神经的背侧支，主要是右侧的背侧支合并而成。　A，以及477页CDE

2　胃脏面支　Rami gastrici viscerales.　分布于胃脏面。　477页C

3　瘤胃房支　Rami atriales ruminis.　到瘤胃房的分支。　A

4　腹腔支　Rami celiaci [coeliaci].　到腹腔丛。　A

5　肾支　Rami renales.　供应肾和肾上腺。见477页C

6　瘤胃背侧支　Rami ruminales dorsales.　迷走背侧干向瘤胃的直接延续，不包括到瘤胃房的。　A

7　瘤胃右支　Ramus ruminalis dexter.　为迷走背侧干的主要分支，分布到瘤胃脏面。　A

8　瘤胃前沟支　Ramus ad sulcum cranialem.　到瘤胃前沟的分支。　A

9　胃沟支　Ramus ad sulcum ventriculi.　到胃沟（网胃沟）的分支。　A

10　网胃后支　Rami reticulares caudales.　分布于网胃脏面。　A

11　皱胃大弯支　Ramus ad curvaturam majorem abomasi.　到皱胃大弯的分支。　A

12　瓣胃支　Rami omasiales.　到瓣胃的脏面。　A

13　皱胃脏面支　Rami abomasiales viscerales.　分布于皱胃脏面。　A

14　**副神经**　N. accessorius.　第11对脑神经（CN XI），完全为运动成分，穿过颈静脉孔。　BC

15　脑［颅］根　Radices craniales.　起自延髓，提供了内支的纤维，而内支则加入迷走神经。　C

16　脊髓根　Radices spinales.　起自脊髓，提供了外支的纤维，外支旧称脊副神经，或简称副神经。　C

17　内支　Ramus internus.　与迷走神经相交通。　C

18　外支　Ramus externus.　为副神经的直接延续，向腹后方延伸，供应肌肉。　BC

19　背侧支　Ramus dorsalis.　供应斜方肌、锁头肌和肩胛横突肌。　B

20　腹侧支*　Ramus ventralis.　供应胸头肌。　B

21　**舌下神经**　N. hypoglossus.　第12对脑神经（CN XII），纯运动神经，供应舌肌、甲状舌骨肌和颏舌骨肌。　D

22　舌支　Rami linguales.　供应舌肌。　D

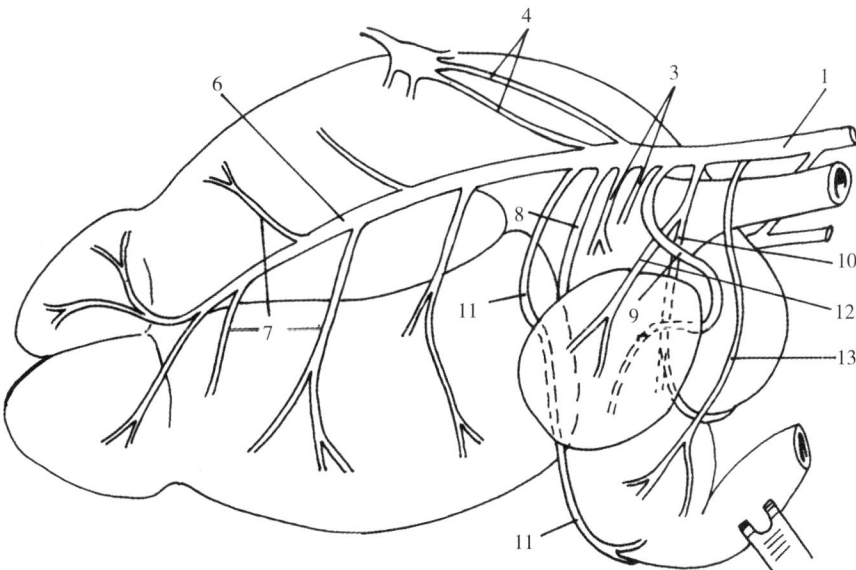

A　迷走背侧干，胃右侧观（牛），瓣胃和皱胃向前翻转以展示这两个胃的脏面

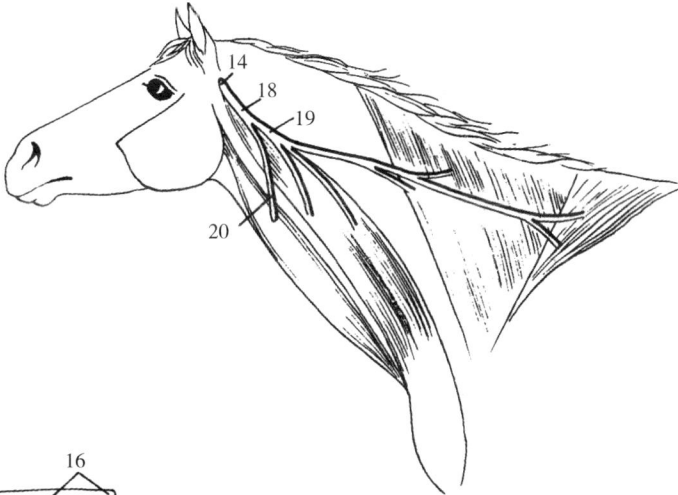

B　左副神经（马）

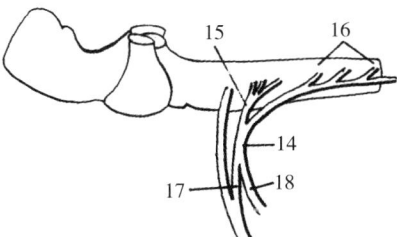

C　左副神经的起点（犬）

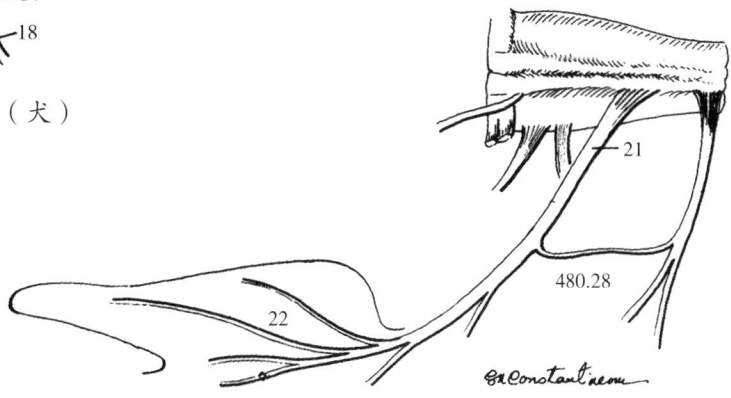

D　右舌下神经（犬）

1 **脊神经** NERVI SPINALES. 为混合神经，节段性分布，具有来自于脊髓的背侧根和腹侧根，由椎间孔穿出。 A

2 根丝 Fila radicularia. 为背侧根和腹侧根的起始。 A

3 腹侧根 Radix ventralis. 为运动性的。 A

4 背侧根 Radix dorsalis. 为感觉性的。 A

5 脊神经节 Ganglion spinale. 位于背侧根上，紧在其与腹侧根合并前的椎管内。 A

6 腹侧支 Ramus ventralis. 比背侧支粗大。 A

7 背侧支 Ramus dorsalis. 小于腹侧支。 A

8 交通支 Rami communicantes. 为脊神经与交感干之间的交通支。 A

9 膜支 Ramus meningeus. 从脊神经发出，再度返回椎管。 A

10 马尾 Cauda equina. 马尾样的结构，主要是荐神经和尾神经，它们围绕在终丝周围。 B

11 袢 Ansae. 连于相邻脊神经之间。

12 **颈神经** Nervi cervicales. 从颈部脊髓发出的8对脊神经。 C

13 背侧支 Rami dorsales. 供应颈背侧的皮肤和肌肉。 C

14 内侧支 Ramus medialis. 含运动和感觉纤维，但主要是感觉性的（除第8颈神经）。 C

　14a 背侧皮支 Ramus cutaneus dorsalis. 内侧支的分支，仅见于颈部。 C

15 外侧支 Ramus lateralis. 仅由运动纤维构成。 C

16 枕下神经 N. suboccipitalis. 第1颈神经（译者注：简称C1，C代表颈神经，T代表胸神经，L代表腰神经，S代表荐神经，Co代表尾神经，以下同。）的背侧支，以运动纤维供应颈前部肌肉。其感觉成分（称为枕神经）供应耳舟的内侧面。 C

17 枕大神经 N. occipitalis major. 为C2的背侧支，司耳背的感觉。 C

18 腹侧支 Rami ventrales. 比背侧支粗大且分支多样，它们的纤维混合而成颈丛。 C

19 耳大神经* N. auricularis magnus. 从C2的腹侧支分出，司耳基部和耳背后部的感觉。 C

20 颈横神经* N. transversus colli. 从C2的腹侧支分出，旧称颈皮神经，但颈部有许多皮神经，所以从N.A.中采用此含义更清晰的名词，主司下颌间隙部的感觉。 C

　21 前支 Rami craniales. 颈横神经的前支。 C

　22 后支 Rami caudales. 颈横神经的后支。 C

23 锁骨上神经 Nn. supraclaviculares. 起自C3~4（肉食动物）、C4~5（猪，反刍动物）、C5~6（马）的腹侧支，司肩部皮肤的感觉。 C

　24 锁骨上腹侧神经 Nn. supraclaviculares ventrales. C

　25 锁骨上中间神经 Nn. supraclaviculares intermedii. C

　26 锁骨上背侧神经 Nn. supraclaviculares dorsales. C

27 **颈丛** Plexus cervicalis. 由C1~5的腹侧支构成的神经网络。

28 颈袢 Ansa cervicalis. 位于舌下神经与C1的腹侧支之间（特别在犬）；或舌下神经与C1和C2，有时有C3腹侧支之间（特别在有蹄类）。供应胸骨舌骨肌、肩胛舌骨肌以及胸骨甲状肌。 C，以及479页D

29 前根 Radix cranialis. 颈袢的前根，来自舌下神经或C1腹侧支。 C

30 后根 Radix caudalis. 颈袢的后根，来自C1和C2，有时还有C3的腹侧支。 C

31 膈神经 N. phrenicus. 起自C5~7，有时为C5~6颈神经的腹侧支，到膈。 C，以及483页B

32 心包支 Rami pericardiaci. 膈神经的心包支。 C

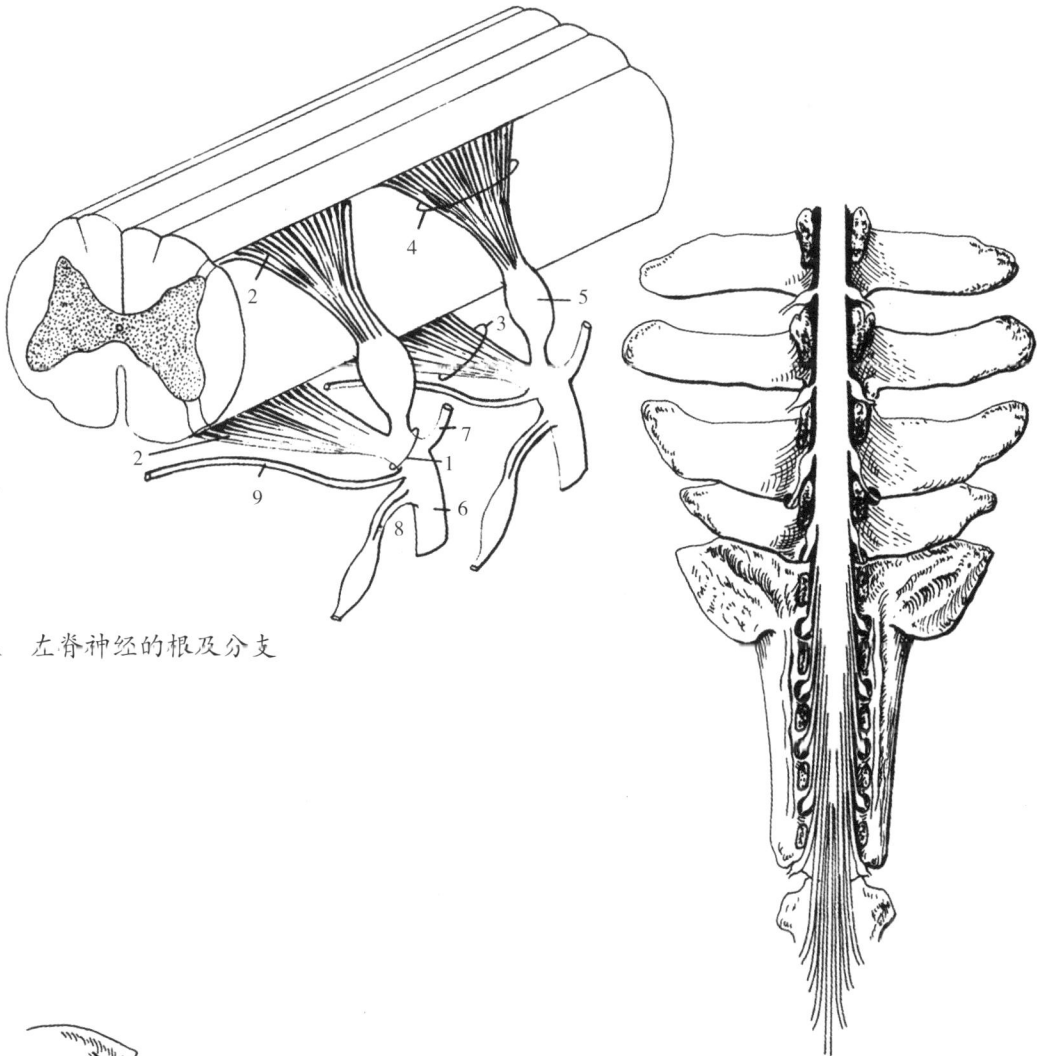

A 左脊神经的根及分支

B 马尾（马）

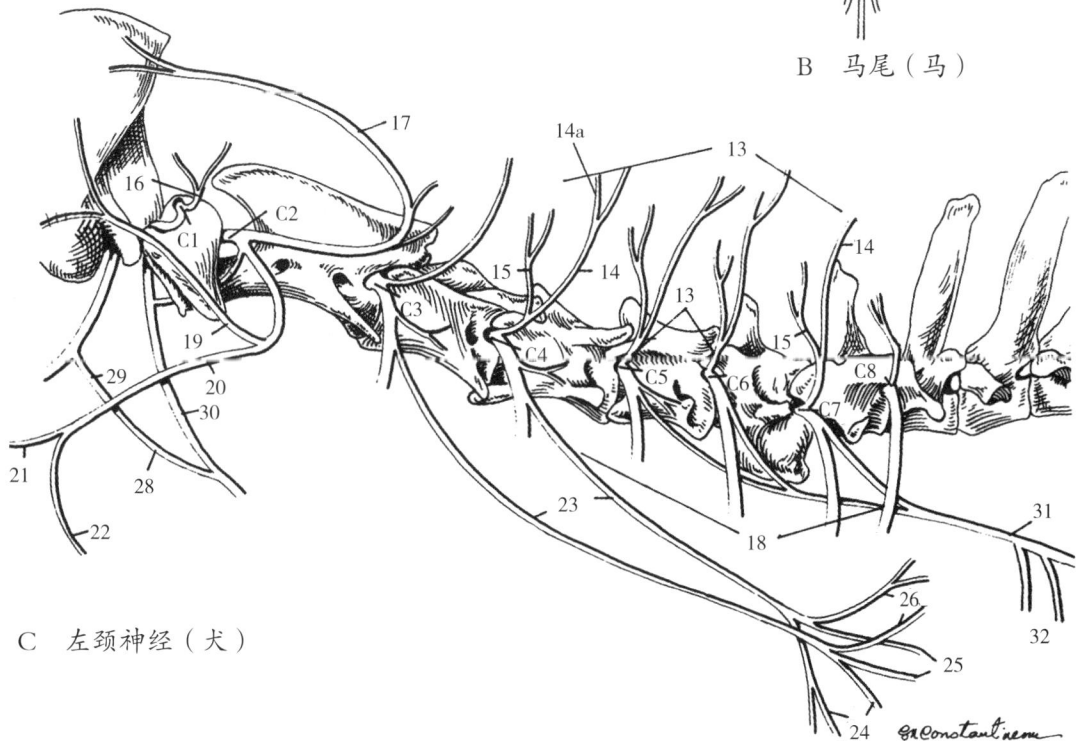

C 左颈神经（犬）

1 **臂丛** Plexus brachialis. 由C5至T2（猪）或C6至T2（犬、反刍动物、马）脊神经的腹侧支组成，走向腋窝，供应前肢和部分肩带肌（前肢外来肌）。 AB

2 **丛根** Radices plexus. 指组成臂丛的脊神经腹侧支。 A

3 **丛干** Trunci plexus. 由一些丛根在臂丛上方合并形成。 AB

4 **肩胛背神经** N. dorsalis scapulae. 臂丛小的分支（常在兽医教科书中被忽略），分布于颈腹侧锯肌和菱形肌。 AB

5 **锁骨下神经** N. subclavius. 在有蹄类支配锁骨下肌。 B

6 **肩胛上神经** N. suprascapularis. 起自C6~7（在马还有C8），供应冈上肌和冈下肌。 AB

7 **肩胛下神经** Nn. subscapulares. 起自C6~8，供应肩胛下肌。 AB

8 **肌皮神经** N. musculocutaneus. 起自C6（有蹄类），C7~8（肉食动物、马）。在有蹄类，从肩关节内侧下行，加入正中神经。 AB

9 **近肌支** Ramus muscularis proximalis. 供应喙臂肌和臂二头肌。 AB

10 **腋袢** Ansa axillaris. 在有蹄类，由肌皮神经和正中神经围绕在腋动脉的远侧面构成。肌皮神经的远肌支和前臂内侧皮神经在臂的远部离开正中神经。在肉食动物，肘部附近有连于肌皮神经和正中神经的交通支，但并不等同于腋袢。 B

10a **（与）正中神经交通支（肉食动物）** Ramus communicans cum n. mediano. 位于肘关节内侧面，在远肌支起点以近发出。

11 **远肌支** Ramus muscularis distalis. 与前臂内侧皮神经共同起于臂远部的肌皮神经（有蹄类），供应臂肌。 AB

12 **前臂内侧皮神经*** N. cutaneus antebrachii medialis. 沿前臂、腕和掌的内侧面下行，可隔着皮肤感知其在纤维带的内侧表面。 AB，以及491页AB

13 **腋神经** N. axillaris. 起自C6~7（马为C7~8），供应肩部肌肉和臂部及前臂部部分皮肤。 AB

14 **肌支** Rami musculares. 支配锁臂肌、三角肌、小圆肌、大圆肌、肩关节肌（猫、猪、马），以及肩胛下肌后部。 AB

15 **臂外侧前皮神经*** N. cutaneus brachii lateralis cranialis. 从臂三头肌长头和外侧头间起始，供应臂外侧面的皮肤，在肋间臂神经分布区的前方。 AB

16 **前臂前皮神经*** N. cutaneus antebrachii cranialis. 在三角肌抵止于三角肌粗隆处的腹缘处变得明显。供应腕桡侧伸肌肌腹部外面的皮肤。 AB

17 **胸肌前神经** Nn. pectorales craniales. 供应胸浅肌。 AB

18 **胸长神经** N. thoracicus longus. 起自C7或C7~8，或C8，向后行供应胸腹侧锯肌。 B

19 **胸背神经** N. thoracodorsalis. 主要起自C8，支配背阔肌。 AB

20 **胸外侧神经** N. thoracicus lateralis. 主要起自C8和T1，供应躯干皮肌。在有蹄类，其中一些纤维加入第2和第3（在反刍动物还有第1）肋间神经的皮支，从而组成肋间臂神经。 AB

21 **胸肌后神经** Nn. pectorales caudales. 支配胸升肌。 AB

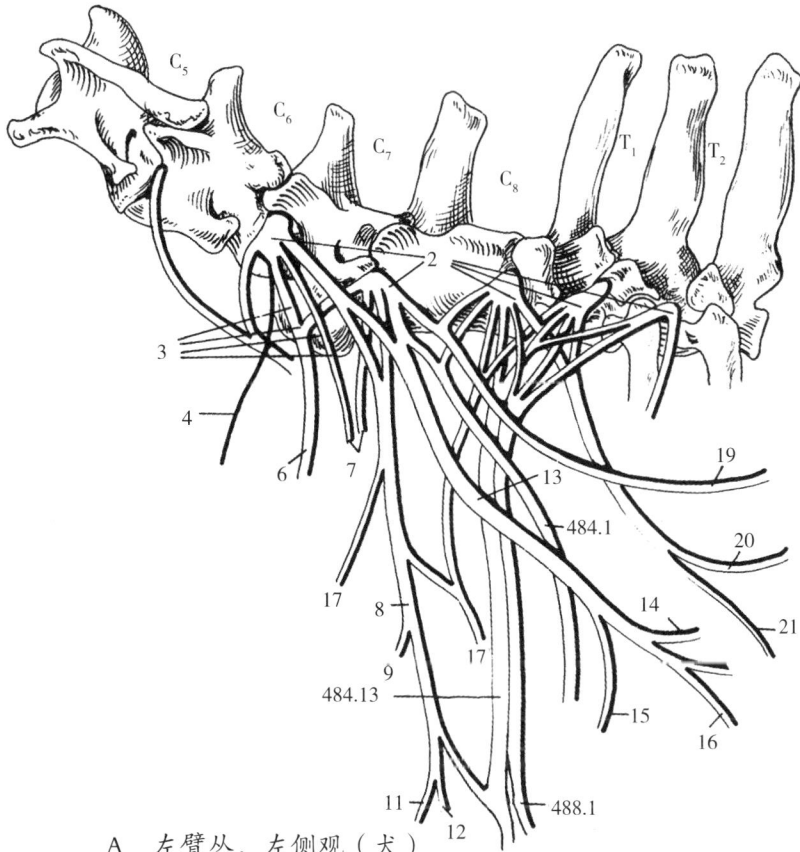

A　左臂丛，左侧观（犬）

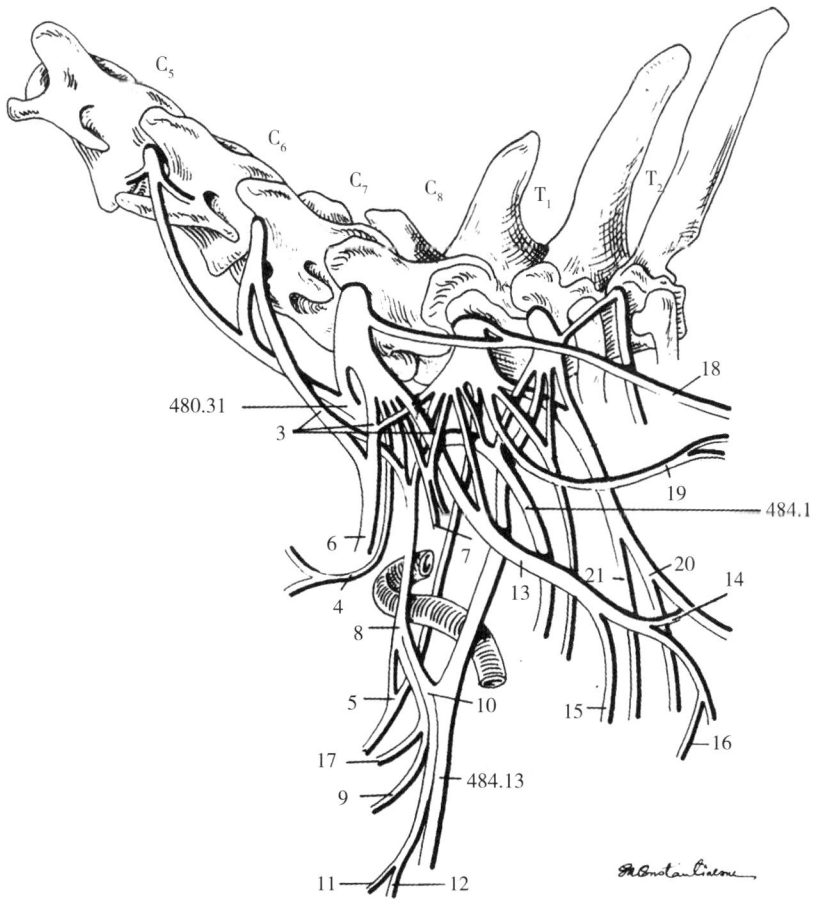

B　左臂丛，左侧观（马）

1 桡神经* N. radialis. 起自C7至T1，在臂动脉后方下行，进入臂三头肌和肱骨之间的间隙，在臂肌沟内伴随臂肌延伸。 A，以及483页AB

2 肌支 Rami musculares. 桡神经的肌支，分布于臂三头肌、前臂筋膜张肌和肘肌。 A

3 臂外侧后皮神经 N. cutaneus brachii lateralis caudalis. 供应臂三头肌外侧头表面的皮肤。 A

4 深支 Ramus profundus. A

5 肌支 Rami musculares. 桡神经的肌支，供应所有前臂和前足的伸肌，包括腕尺侧伸肌（尺骨外侧肌，为腕关节的屈肌），在肉食动物还包括臂桡肌和旋后肌。 A

6 浅支 Ramus superficialis. 桡神经的浅支，完全为感觉性的。 A，以及491页AB

7 前臂外侧皮神经* N. cutaneus antebrachii lateralis. 在臂三头肌外侧头腹侧缘处变得明显，供应前臂部指伸肌表面的皮肤。 A

8 外侧支（肉食动物、猪） Ramus lateralis. 伴随头静脉下降到腕部。 ABC

9 内侧支（肉食动物、猪） Ramus medialis. 伴随头静脉下降到腕部。 ABC

10 指背侧总神经[1] Nn. digitales dorsales communes. 见于肉食动物（有第1、2、3、4）、猪（有第2、3、4）和反刍动物（有第2、3）。 BC，以及491页A

11 指背侧固有神经[1] Nn. digitales dorsales proprii. 从指背侧总神经分叉而来。 BC，以及491页A

12 第1指背远轴侧神经（肉食动物） N. digitalis dorsalis Ⅰ abaxialis. 供应第1指远轴侧面的背侧部。 B

13 正中神经 N. medianus. 起自C8和T1（T2），供应前臂部的某些屈肌以及腕、掌和指部掌侧的皮肤。 DE，以及483页AB和487页ABC

14 内侧根 Radix medialis. 起自T1（T2）。 D

15 外侧根 Radix lateralis. 起自C8。 D

16 肌支 Rami musculares. 供应前臂部的下列肌：腕桡侧屈肌、指浅屈肌、指深屈肌（桡头和部分肱头），以及旋前圆肌和旋前方肌。 D

17 前臂骨间神经 N. interosseus antebrachii. 分布于骨膜。 D

正中神经——肉食动物 CARNIVORA

18 第1指掌远轴侧神经 N. digitalis palmaris Ⅰ abaxialis. 供应第1指远轴侧的掌侧面。 E

19 指掌侧第1总神经 N. digitalis palmaris communis Ⅰ. 正中神经的内侧终支，接受来自尺神经深支的相应掌心神经。 E（在肉食动物，指掌侧第1、2、3总神经为正中神经的终支，它们在分为指掌侧固有神经之前接受由尺神经深支分出的掌心神经。指掌侧第4总神经是由尺神经浅支分支形成，并接受尺神经深支分出的掌心第4神经。）

20 第1指掌轴侧固有神经 N. digitalis palmaris proprius Ⅰ axialis. 供应第1指轴侧的掌侧面。 E

21 第2指掌远轴侧固有神经 N. digitalis palmaris proprius Ⅱ abaxialis. 供应第2指远轴侧的掌侧面。 E

22 指掌侧第2总神经 N. digitalis palmaris communis Ⅱ. 正中神经的中间终支，接受来自尺神经的掌心第2神经。 E

23 第2指掌轴侧固有神经 N. digitalis palmaris proprius Ⅱ axialis. E

24 第3指掌远轴侧固有神经 N. digitalis palmaris proprius Ⅲ abaxialis. E

25 指掌侧第3总神经 N. digitalis palmaris communis Ⅲ. 正中神经的外侧终支，接受掌心第3神经。 E

26 第3指掌轴侧固有神经 N. digitalis palmaris proprius Ⅲ axialis. E

27 第4指掌轴侧固有神经 N. digitalis palmaris proprius Ⅳ axialis. E

28 交通支（猫）Ramus communicans. 为指掌侧第2总神经和指掌侧第3总神经之间的交通支。 E

1）：前足部的浅神经一般称为指总神经，深神经称为掌神经，在后足部称为跖神经。由总神经分叉而来的指［趾］部神经称为指［趾］固有神经。而其他独立来源的指［趾］部神经，名称中的"固有"二字是省略的，简单地称为指［趾］神经。

A　桡神经，左臂部和前臂部，背侧观（犬）

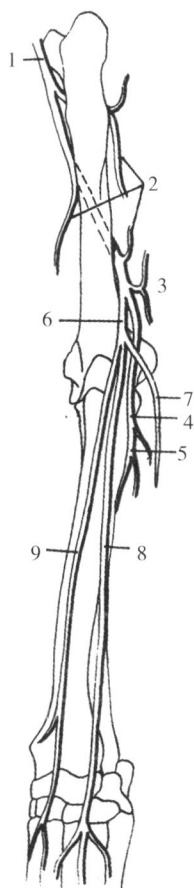

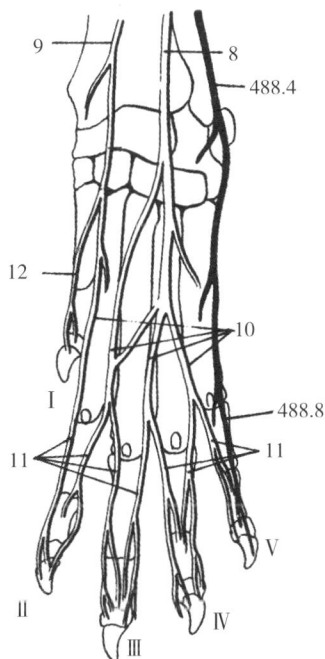

B　左前足的桡神经和尺神经，
背侧观（犬）

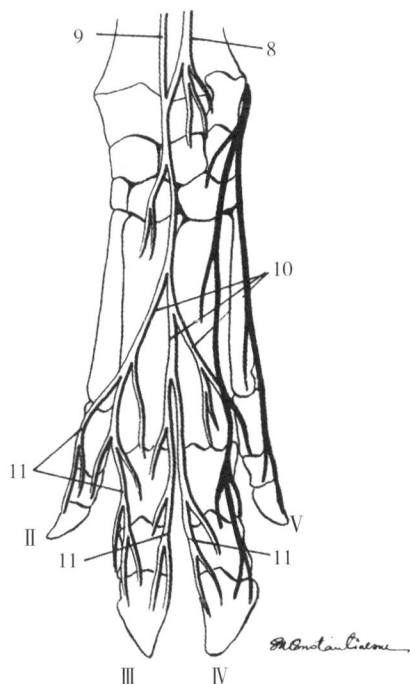

C　左前足的桡神经和尺神经，
背侧观（猪）

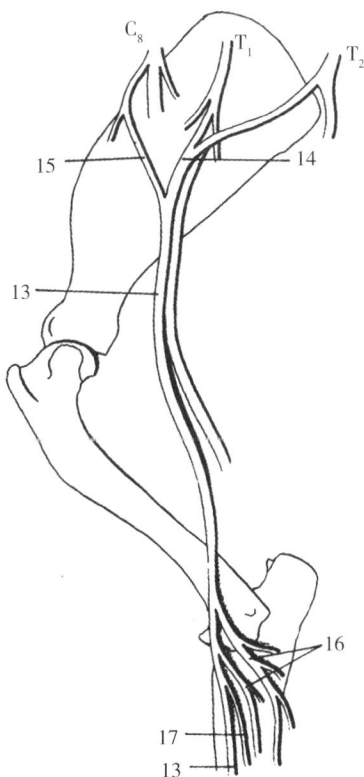

D　右侧肩部、臂部和肘部的正中神经，
内侧观（犬）

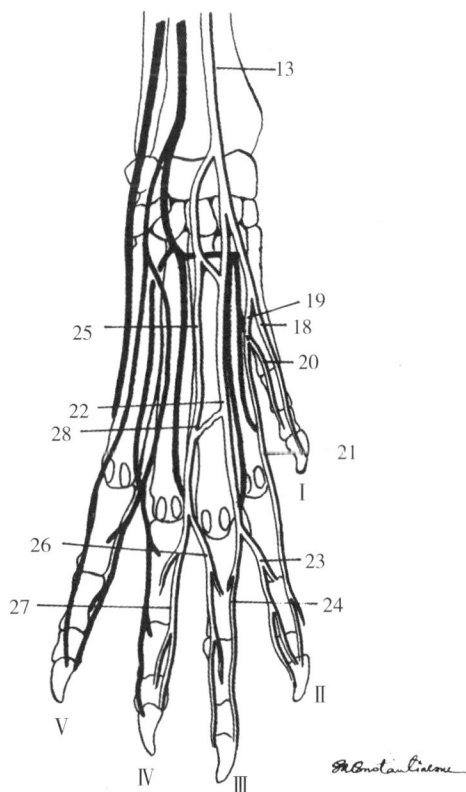

E　左前足的正中神经，掌侧观（猫）

正中神经——猪　SUS

1　第2指掌远轴侧神经　N. digitalis palmaris Ⅱ abaxialis.　起自正中神经内侧支，供应第2指远轴侧的掌侧面。　A

2　指掌侧第2总神经　N. digitalis palmaris communis Ⅱ.　起自正中神经内侧支。　A

3　第2指掌轴侧固有神经　N. digitalis palmaris proprius Ⅱ axialis.　A

4　第3指掌远轴侧固有神经　N. digitalis palmaris proprius Ⅲ abaxialis.　A

5　指掌侧第3总神经　N. digitalis palmaris communis Ⅲ.　A

6　第3指掌轴侧固有神经　N. digitalis palmaris proprius Ⅲ axialis.　A

7　第4指掌轴侧固有神经　N. digitalis palmaris proprius Ⅳ axialis.　A

8　交通支　Ramus communicans.　为指掌侧第3总神经和指掌侧第4总神经（来自尺神经）之间的交通支。　A

正中神经——反刍动物　RUMINANTIA

9　指掌侧第2总神经　N. digitalis palmaris communis Ⅱ.　起自正中神经的内侧支。　B

10　第2指掌侧固有神经　N. digitalis palmaris proprius Ⅱ.　为一短支，仅见于牛。　B

11　第3指掌远轴侧固有神经　N. digitalis palmaris proprius Ⅲ abaxialis.　为指掌侧第2总神经向第3指远轴侧的直接延续。　B

12　第3指掌轴侧神经　N. digitalis palmaris Ⅲ axialis.　起于正中神经的内侧支，在牛和绵羊位于第3指轴侧面，在山羊则有指掌侧第3总神经，由它分出第3指掌轴侧固有神经和第4指掌轴侧固有神经。　B

13　第4指掌轴侧神经　N. digitalis palmaris Ⅳ axialis.　正中神经的外侧支，在牛和绵羊沿第4指轴侧下行，在山羊则起于指掌侧第3总神经。牛的第3指掌轴侧神经和第4指掌轴侧神经常常再度合并为一短干，称为指掌侧第3总神经而进入指间隙，但很快又分开。　B

14　交通支　Ramus communicans.　连接于正中神经外侧支与尺神经掌侧支之间。　B

正中神经——马　EQUUS

15　掌内侧神经［指掌侧第2总神经］*　N. palmaris medialis [N. digitalis palmaris communis Ⅱ].　向下穿过腕管，在指深屈肌腱内缘下行。　CD（该神经的一个分支，非正规地被称为内侧籽骨神经，供应内侧近籽骨 [Cornelissen BPM等，1997]。）

16　交通支　Ramus communicans.　在掌中部连接掌内侧神经于掌外侧神经，位于指浅屈肌腱表面。　CD

17　指掌内侧（固有）神经*　N. digitalis palmaris [proprius] medialis.　为掌内侧神经在指部的直接延续，沿指屈肌腱延伸。　CD

18　背侧支　Ramus dorsalis.　在掌指关节处由指掌内侧（固有）神经分出，斜向指背侧延伸。在某些个体还分出一中间支。在其他个体，中间支由指掌内侧神经分出（D18a）。　CD

19　掌外侧神经［指掌侧第3总神经］*　N. palmaris lateralis [N. digitalis palmaris communis Ⅲ].　在掌部，接受尺神经掌侧支，然后沿指深屈肌外侧面下行。　C（该神经的一个分支，非正规地被称为外侧籽骨神经，供应外侧近籽骨 [Cornelissen BPM等，1997]。）

20　深支*　Ramus profundus.　掌外侧神经的深支，含有来自正中神经和尺神经的纤维，因此该支既被列入正中神经项下，也被列入尺神经项下。　C，另见490页15条。

21　掌心内侧神经　N. metacarpeus palmaris medialis.　C，另见490页16条。

22　掌心外侧神经　N. metacarpeus palmaris lateralis.　C，另见490页17条。

23　腕关节支　Rami articulares carpi.　供应腕关节。

24　骨间中神经*　N. interosseous medius.　供应骨间中肌（悬韧带）。　C，另见490页19条。

25　指掌外侧（固有）神经*　N. digitalis palmaris [proprius] lateralis.　为掌外侧神经的直接延续。　C，另见490页20条。

26　背侧支　Ramus dorsalis.　在掌指关节水平由指掌外侧（固有）神经发出，斜向走向指的背侧面。　C，另见490页21条。

A 左前足的正中神经和尺神经，
  掌侧观（猪）

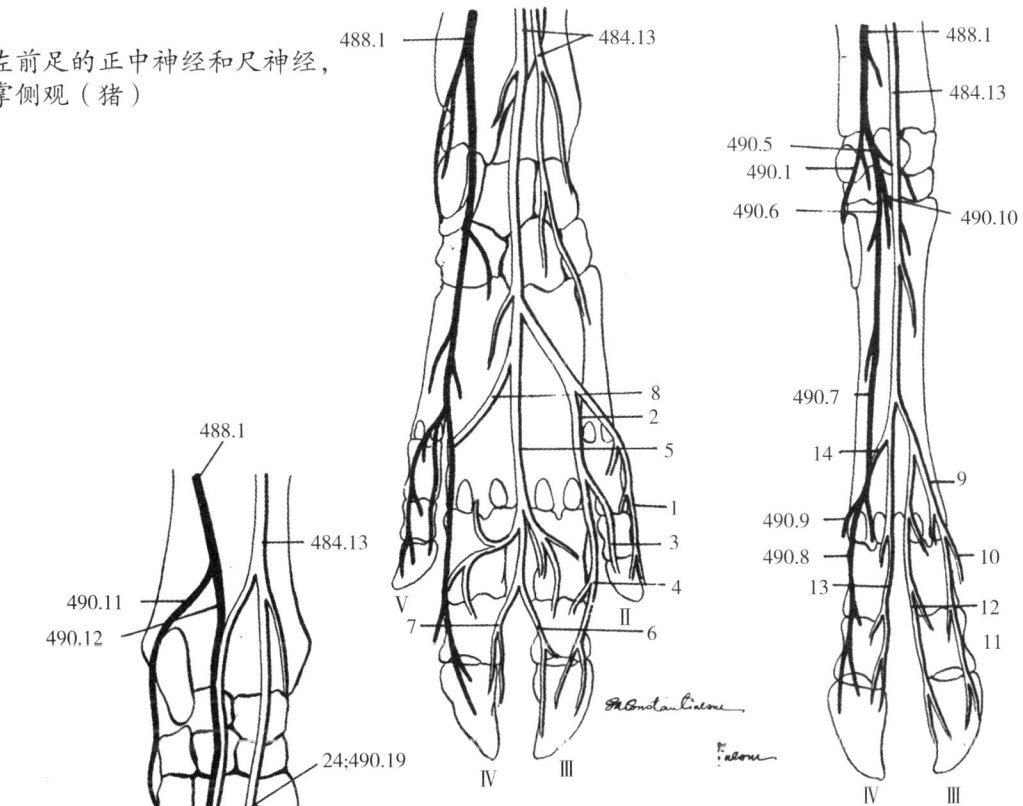

488.1

484.13

488.1

484.13

490.5
490.1
490.6

490.10

490.7

14

490.9
490.8
13

9

10

12

11

8
2
5
1
3
4
7
6

V
II

IV
III

IV
III

B 左前足的正中神经和尺神经，
  掌侧观（牛）

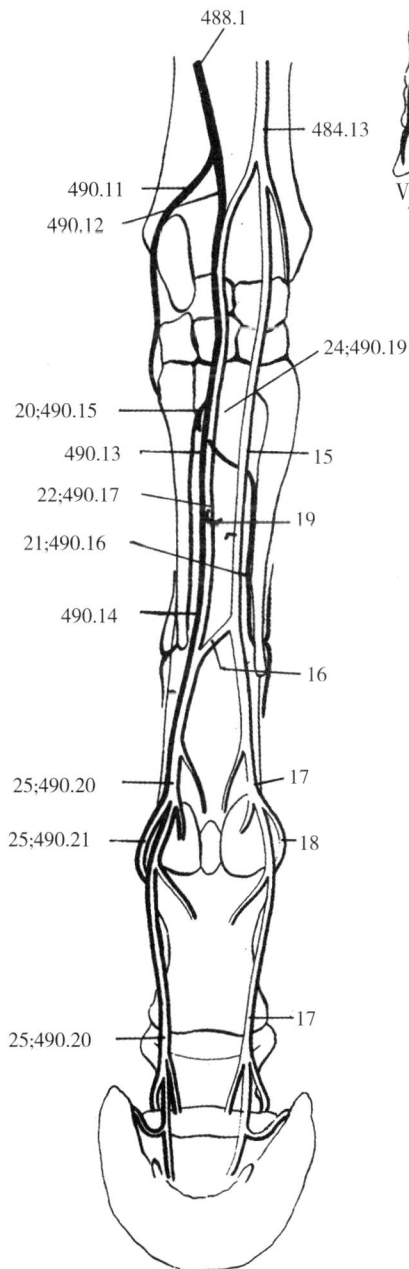

488.1

484.13

490.11
490.12

24;490.19

20;490.15
490.13

15

22;490.17
21;490.16

19

490.14

16

25;490.20

17

25;490.21

18

25;490.20

17

17

490.16

16

15

17

18

18a

17

C 左前足的正中神经和尺神经，
  掌侧观（马）

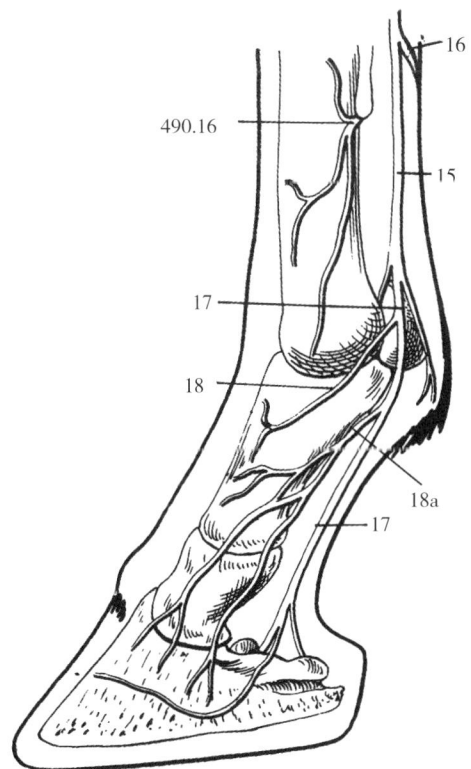

D 右指部的正中神经，内侧观（马）

通用名词　TERMINI COMMUNES

1　**尺神经**　N. ulnaris.　起自C8和T1（在牛和马，有时还有犬、绵羊和山羊，尚包括T2）脊神经，在正中神经后方延伸，供应腕尺侧屈肌、指浅屈肌（马）、指深屈肌（尺头及部分肱头）以及前臂部掌侧和前足部外侧的皮肤。　A，以及483页A和487页ABC

2　**前臂后皮神经***　N. cutaneus antebrachii caudalis.　在鹰嘴后缘处变得明显。　A

3　**肌支**　Rami musculares.　分布于腕尺侧屈肌、指浅屈肌（马，有时还有牛）以及指深屈肌（尺头及部分肱头）。　A

尺神经——肉食动物　CARNIVORA

4　**背侧支**　Ramus dorsalis.　ABC，以及485页B

5　**指背侧第4总神经（猫）**　N. digitalis dorsalis communis Ⅳ.　B

　　6　**第4指背远轴侧固有神经（猫）**　N. digitalis dorsalis proprius abaxialis.　沿第4指远轴侧背侧面延伸。　B

　　7　**第5指背轴侧固有神经（猫）**　N. digitalis dorsalis proprius Ⅴ axialis.　沿第5指轴侧的背侧面延伸。　B

8　**第5指背远轴侧神经**　N. digitalis dorsalis Ⅴ abaxialis.　沿第5指远轴侧背侧面延伸。　B，以及485页B

9　**掌侧支**　Ramus palmaris.　尺神经的掌侧支。　AC

10　**浅支**　Ramus superficialis.　掌侧支的浅支。　C

　　11　**指掌侧第4总神经**　N. digitalis palmaris communis Ⅳ.　接受掌心第4神经的并入。　C

　　　　12　**第4指掌远轴侧固有神经**　N. digitalis palmaris proprius Ⅳ abaxialis.　沿第4指远轴侧的掌侧面延伸。　C

　　　　13　**第5指掌轴侧固有神经**　N. digitalis palmaris proprius Ⅴ axialis.　沿第5指轴侧掌侧面延伸。　C

　　14　**第5指掌远轴侧神经**　N. digitalis palmaris Ⅴ abaxialis.　沿第5指远轴侧的掌侧面延伸。　C

15　**深支**　Ramus profundus.　C

　　16　**掌心神经（犬）**　Nn. metacarpei palmares.　掌心第1、2、3、4神经，在掌指关节水平加强各指掌侧总神经。　C

尺神经——猪　SUS

17　**背侧支**　Ramus dorsalis.　在腕部转向背侧面，并很快分叉。　DE

18　**指背侧第4总神经**　N. digitalis dorsalis communis Ⅳ.　是由桡神经浅支和尺神经背侧支的内侧支合并而成。　D

　　19　**第4指背远轴侧固有神经**　N. digitalis dorsalis proprius Ⅳ abaxialis.　沿第4指远轴侧的背侧面延伸。　D

　　20　**第5指背轴侧固有神经**　N. digitalis dorsalis proprius Ⅴ axialis.　沿第5指轴侧的背侧面延伸。　D

21　**第5指背远轴侧神经**　N. digitalis dorsalis Ⅴ abaxialis.　为尺神经背侧支的外侧支在第5指远轴侧背侧面的直接延续。　D

22　**掌侧支**　Ramus palmaris.　为尺神经的直接延续。　E

23　**浅支**　Ramus superficialis.　E

　　24　**指掌侧第4总神经**　N. digitalis palmaris communis Ⅳ.　为尺神经掌侧支的浅支直接延续。　E

　　　　25　**第4指掌远轴侧固有神经**　N. digitalis palmaris proprius Ⅳ abaxialis.　为指掌侧第4总神经在第4指远轴侧掌侧面的直接延续。　E

　　　　26　**第5指掌轴侧固有神经**　N. digitalis palmaris proprius Ⅴ axialis.　沿第5指轴侧掌侧面延伸。　E

　　27　**第5指掌远轴侧神经**　N. digitalis palmaris Ⅴ abaxialis.　沿第5指远轴侧掌侧面延伸。　E

28　**深支**　Ramus profundus.　E

A　右侧肩部、臂部和前臂部的尺神经，内侧观（犬）

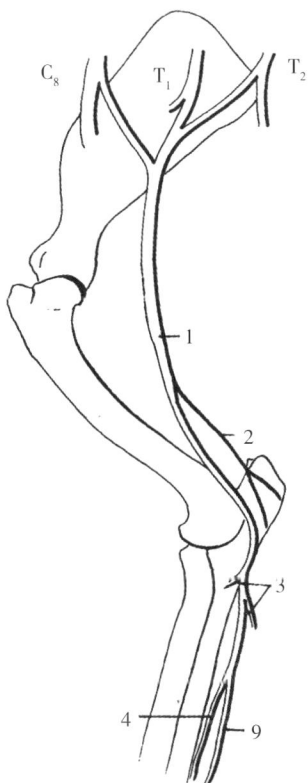

B　左前足的尺神经，背侧观（猫）

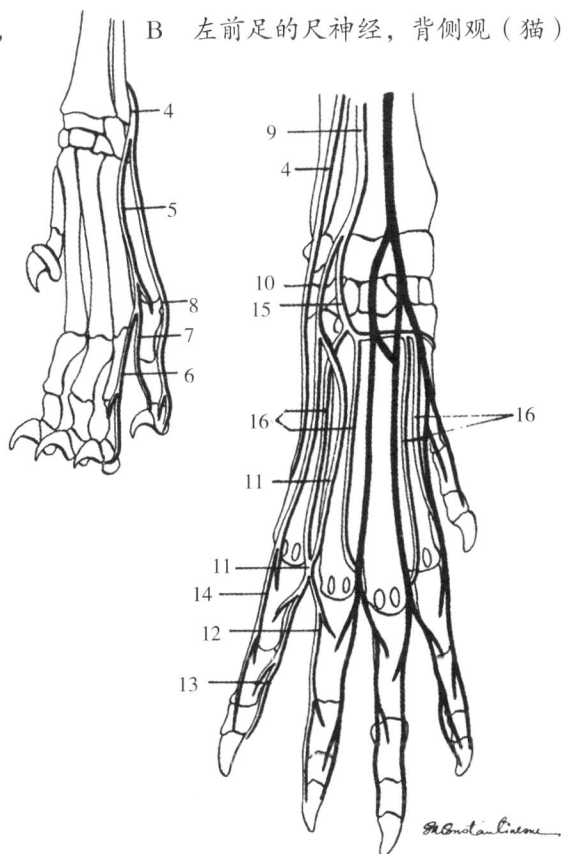

C　左前足的尺神经，掌侧观（犬）

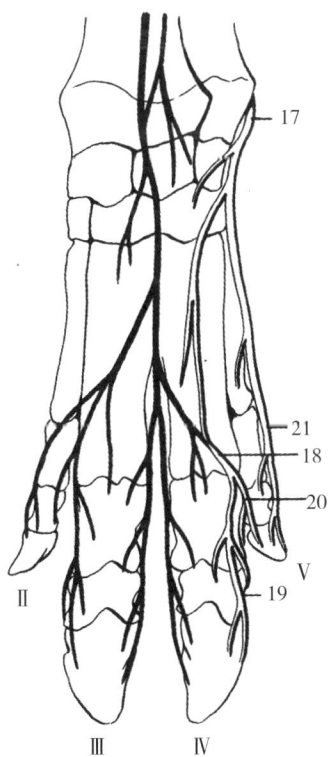

D　左前足的尺神经和桡神经，背侧观（猪）

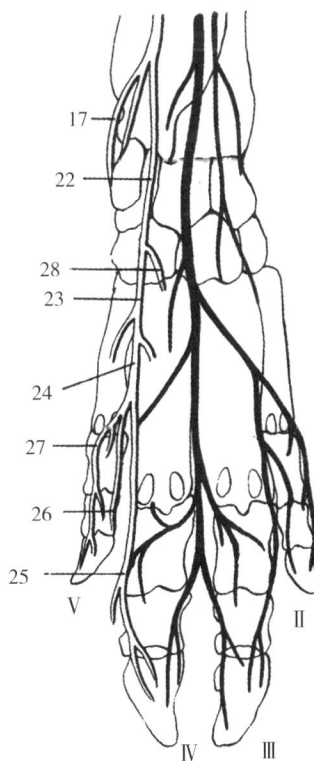

E　左前足的正中神经和尺神经，掌侧观（猪）

尺神经——反刍动物　RUMINANTIA

1　背侧支　Ramus dorsalis.　尺神经的背侧支，转向掌部背侧面。　A，以及487页B

2　指背侧第4总神经　N. digitalis dorsalis communis Ⅳ.　位于第4掌骨背外侧面。　A

3　第4指背远轴侧固有神经　N. digitalis dorsalis proprius Ⅳ abaxialis.　指背侧第4总神经在第4指远轴侧的直接延续。　A

4　第5指背侧固有神经　N. digitalis dorsalis proprius Ⅴ.　位于第5指背侧面。　A

5　掌侧支　Ramus palmaris.　487页B

6　浅支　Ramus superficialis.　掌侧支的浅支。　487页B

7　指掌侧第4总神经　N. digitalis palmaris communis Ⅳ.　接受来自第4指掌轴侧神经的交通支。487页B

8　第4指掌远轴侧固有神经　N. digitalis palmaris proprius Ⅳ abaxialis.　为指掌侧第4总神经的直接延续。　487页B

9　第5指掌侧固有神经　N. digitalis palmaris proprius Ⅴ.　位于第5指掌侧面。　487页B

10　深支　Ramus profundus.　487页B

尺神经——马　EQUUS

11　背侧支　Ramus dorsalis.　尺神经的背侧支，走向腕和掌部的背外侧面。　B，以及487页C

12　掌侧支　Ramus palmaris.　与掌外侧神经有纤维互换。　487页C

13　浅支　Ramus superficialis.　在马仅由在掌外侧神经内行走的尺神经纤维在发出尺神经掌侧支与掌外侧神经交通支之后构成。　487页C

14　掌外侧神经［指掌侧第3总神经］　N. palmaris lateralis [N. digitalis palmaris communis Ⅲ].　见486页19条，以及487页C（其发出的一条分支被非正规地称为外侧籽骨神经，供应外侧近籽骨 [Cornelissen BPM 等，1997]。）

15　深支*　Ramus profundus.　尺神经掌侧支的深支，支配骨间肌和外侧蚓状肌，并且发出掌心神经。深支含有来自尺神经和正中神经的纤维。　487页C

掌心神经　Nn. metacarpei palmares.　这些神经已被单独列为下面的第16条和第17条（参见486页21条和22条）。

16　掌心内侧神经　N. metacarpeus palmaris medialis.　487页D

17　掌心外侧神经　N. metacarpeus palmaris lateralis.　487页C

18　腕关节支　Rami articulares carpi.

19　骨间中神经*　N. interosseous medius，供应骨间中肌（译者注：即悬韧带）。　487页C

20　指掌外侧（固有）神经　N. digitalis palmaris [proprius] lateralis.　见486页25条，以及487页C

21　背侧支　Ramus dorsalis.　深支的背侧支。见486页26条，以及487页C

通用名词　TERMINI COMMUNES

22　胸神经　Nn. thoracici.　有13~18对，依动物种类而不同。　C

23　背侧支　Rami dorsales.　为较细小的分支。　C

24　内侧支　Ramus medialis.　供应轴上肌。　C

25　外侧支　Ramus lateralis.　从背侧支分出，为混合性的，供应髂肋肌和皮肤。　C

26　内侧皮支　Ramus cutaneus medialis.　从背侧支的外侧支发出的细支，走向背正中线。　C

27　外侧皮支　Ramus cutaneus lateralis.　从背侧支的外侧支发出，向腹侧可延伸到胸壁中部。　C

28　腹侧支［肋间神经］　Rami ventrales [Nn. intercostales].　为胸神经较粗的分支。　C

29　外侧（胸和腹）皮支　Ramus cutaneus lateralis [pectoralis et abdominalis].　在胸侧壁中部穿过肋间肌，向腹侧行，供应皮肤。　C

30　乳丘外侧支　Rami mammarii laterales.　起自外侧皮支，仅见于肉食动物和猪。　C

31　肋间臂神经　N. intercostobrachialis.　是由胸外侧神经的一个分支与第1（反刍动物）或第2和第3（肉食动物、反刍动物、马）肋间神经的分支合并而成，在所有种类均司臂三头肌表面皮肤的感觉，在反刍动物和马还支配肩臂皮肌的运动。　D

32　腹侧（胸和腹）皮支　Ramus cutaneus ventralis [pectoralis et abdominalis].　C

33　乳丘内侧支　Rami mammarii mediales.　起自腹侧皮支，仅见于肉食动物和猪。　C

34　肋腹神经　N. costoabdominalis.　为最后胸神经的腹侧支。之所以称为肋腹神经而不称为肋间神经，是因为它并不行走于两肋之间。

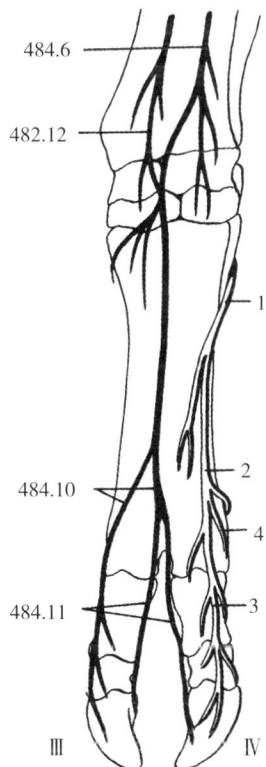

A 左前足的神经，背侧观（牛）

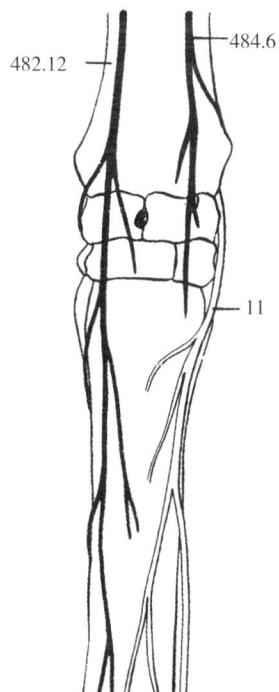

B 左腕部和掌部的神经，背侧观（马）

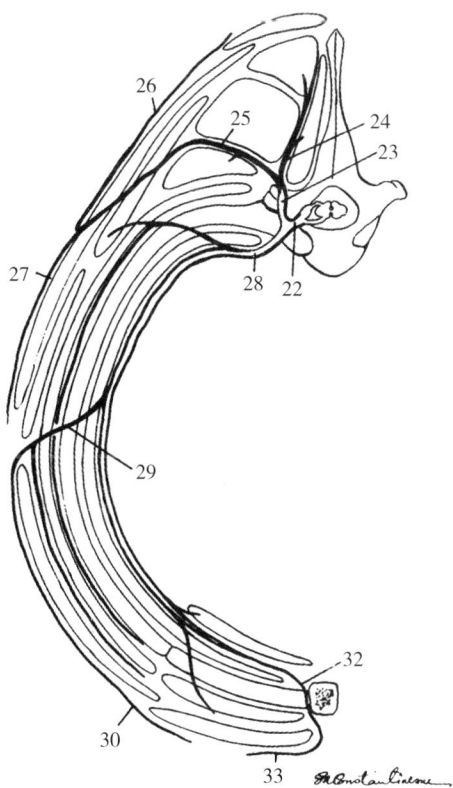

C 第8胸神经，经胸部的横切面（犬）

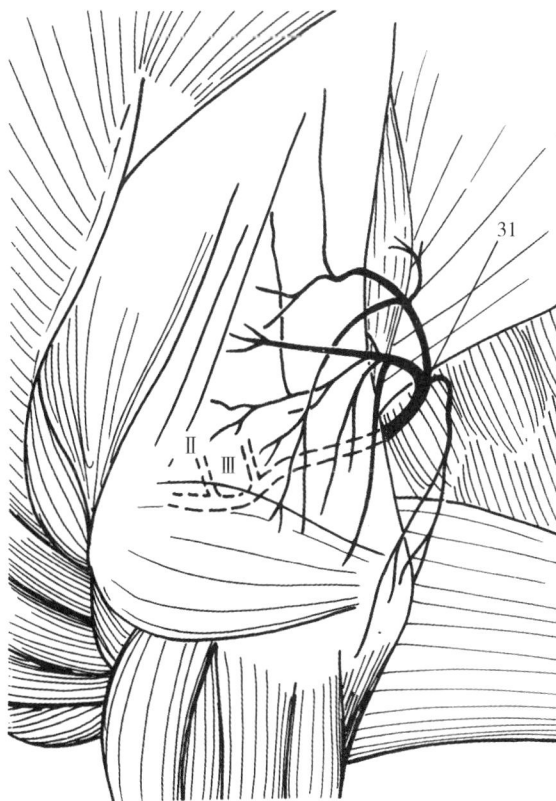

D 左肋间臂神经（牛）（引自Schaller）

1 **腰神经、荐神经和尾神经** Nn. lumbales，sacrales et caudales [coccygei].

2 腰神经 Nn. lumbales. 其数目依种类或品种而不同（如阿拉伯马只有5枚腰椎）。 ABDE

3 背侧支 Rami dorsales. 供应轴上肌以及腰部和臀部的皮肤。 ABE

4 内侧支 Ramus medialis. 司轴上肌的运动。 AB

5 外侧支 Ramus lateralis. 从最长肌和髂肋肌之间穿出到皮下即分为两支。 ABE

    6 内侧皮支 Ramus cutaneus medialis. ABE

    7 外侧皮支 Ramus cutaneus lateralis. ABE

    8 臀前皮神经 Nn. clunium craniales. 支配臀区皮肤及阔筋膜张肌表面的皮肤（特别是反刍动物和马）。 C

9 腹侧支 Rami ventrales. 参与形成腰丛。 ABE

10 荐神经 Nn. sacrales. A

11 背侧支 Rami dorsales. A

12 内侧支 Ramus medialis. 支配尾部的轴上肌（荐尾背侧肌、横突间背侧肌）。 A

13 外侧支 Ramus lateralis. 主要为皮神经性质。 A

    14 臀中皮神经 Nn. clunium medii. 供应臀浅肌表面的皮肤和股二头肌前部表面的皮肤，相当于臀区范围。 C

15 腹侧支 Rami ventrales. 参与形成荐丛，并且支配尾部的轴下肌（荐尾腹侧肌、横突间腹侧肌）。 A

16 **腰荐丛** Plexus lumbosacralis. 包含腰丛和荐丛，以及腰荐干。

17 丛根 Radices plexus. 参与构成丛的脊神经腹侧支。 E

18 丛干 Trunci plexus. 由丛根合并而成，在形成丛之前。 E

19 **腰丛** Plexus lumbalis.

20 髂腹下神经* N. iliohypogastricus. 在有6个腰椎的种类为第1腰神经腹侧支。供应腹壁肌和皮肤。 E

21 外侧皮支 Ramus cutaneus lateralis. E

22 腹侧皮支 Ramus cutaneus ventralis. E

23 髂腹下前神经 N. iliohypogastricus cranialis. 在有7个腰椎的种类为第1腰神经的腹侧支。 D

24 外侧皮支 Ramus cutaneus lateralis. D

25 腹侧皮支 Ramus cutaneus ventralis. D

26 髂腹下后神经 N. iliohypogastricus caudalis. 在有7个腰椎的种类为第2腰神经的腹侧支。 D

27 外侧皮支 Ramus cutaneus lateralis. D

28 腹侧皮支 Ramus cutaneus ventralis. D

29 髂腹股沟神经* N. ilioinguinalis. 为第2或第3腰神经的腹侧支，依动物种类而异。 DE

30 外侧皮支 Ramus cutaneus lateralis. DE

31 腹侧皮支 Ramus cutaneus ventralis. DE

32 **生殖股神经*** N. genitofemoralis. 起自L2（反刍动物、马）、L3和L4脊神经。 DE

33 生殖支 Ramus genitalis. 穿过腹股沟管，供应睾提肌、包皮、阴囊和乳丘。 DE

34 股支 Ramus femoralis. DE

35 **股外侧皮神经*** N. cutaneus femoris lateralis. 起自L3、L4（L5）脊神经，供应股部前内侧面的皮肤。 DE

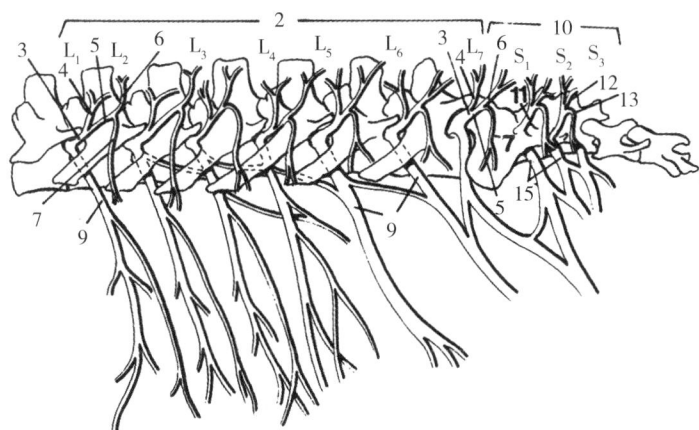

A　腰荐丛，左外侧观（犬）

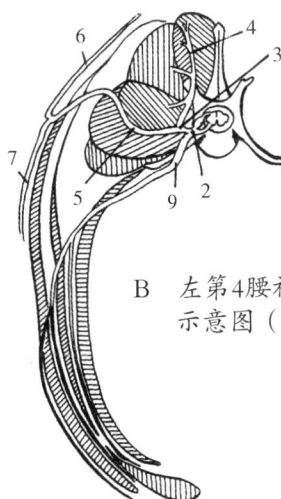

B　左第4腰神经，示意图（犬）

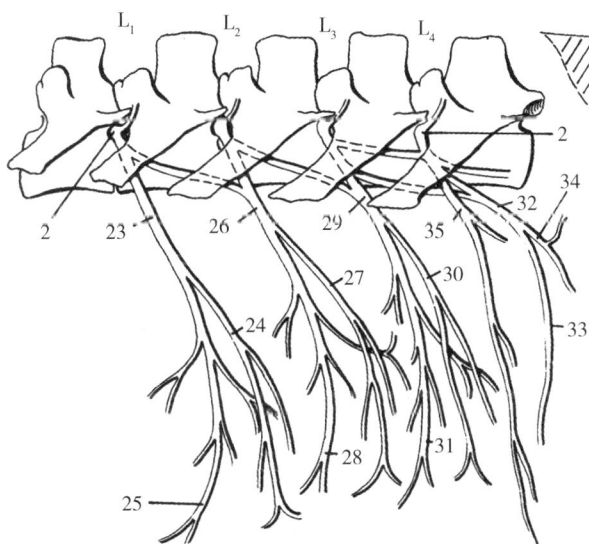

D　腰丛，左外侧观（犬）

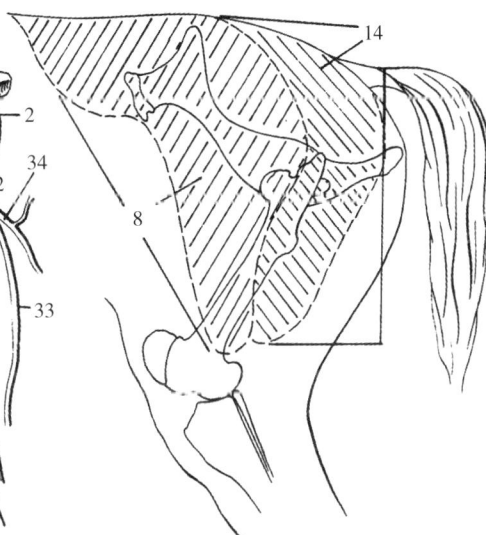

C　臀前皮神经和臀中皮神经，左外侧观（马）

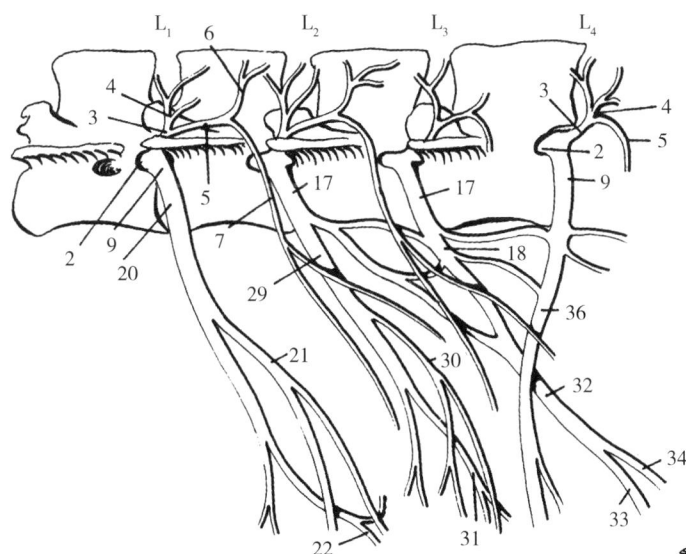

E　腰丛，左外侧观（牛）

1 **股神经** N. femoralis. 起自L3~6，依动物种类而有差异，为腰丛中最粗的神经。 A

2 **肌支** Rami musculares. 供应髂腰肌、腰小肌、股四头肌、缝匠肌和耻骨肌的一部。 A

3 **隐神经** N. saphenus. 混合性的神经（在犬仅为感觉性的），由股神经在股管内发出。 A，以及497页ABCD

4 **肌支** Rami musculares. 隐神经的肌支，供应缝匠肌的一部、股薄肌的一部和耻骨肌的一部（犬的耻骨肌除外）。

5 **皮支*** Rami cutanei. 隐神经的皮支，分布于小腿、跗部和跖部内侧面的皮肤。 A

6 **闭孔神经*** N. obturatorius. 起自L4至S1。 ABC

7 **前支** Ramus cranialis. 闭孔神经的前支，供应某些内收大腿的肌肉。 AB

8 **后支** Ramus caudalis. 闭孔神经的后支，供应内收大腿的肌肉和闭孔外肌。 AB

9 **荐丛** Plexus sacralis. 发出神经供应股后肌群以及整个小腿、后足肌肉及相应的皮肤。 A

10 **腰荐干** Truncus lumbosacralis. 体现为从腰丛加入荐丛的一个分支，加强了荐丛。 A

11 **臀前神经** N. gluteus [glutaeus] cranialis. 起自L5至S1，供应臀中肌、臀深肌和阔筋膜张肌；在马还供应臀浅肌的前部。 A

12 **臀后神经** N. gluteus [glutaeus] caudalis. 起自S1~2，供应臀浅肌（马臀浅肌前部除外）、股二头肌近侧部和半腱肌近侧部。 A（译者注：在反刍动物和猪为臀二头肌，国内教科书称为臀股二头肌，以下同。）

13 **股后皮神经** N. cutaneus femoris caudalis. 起自S1~3，供应臀部和股部外面和后面的皮肤。 A，以及501页C

14 **臀后皮神经** Nn. clunium caudales. 供应坐骨结节附近的一个皮区。 A

15 **坐骨神经** N. ischiadicus. 为畜体中最粗大的神经，起自L6至S2，经坐骨大孔出盆腔，绕过髋关节以后分为腓总神经和胫神经而终结。 ACD

16 **肌支** Rami musculares. 供应孖肌、股方肌、股后肌群，在马和肉食动物还供应闭孔内肌。 CD

17 **腓总神经*** N. fibularis [peron(a)eus] communis. 伴随胫神经在股二头肌内侧间隙中下行，然后斜行越过腓肠肌外侧头表面，在小腿近端外侧面分为腓浅神经和腓深神经而终结。 CDE

18 **小腿外侧皮神经** N. cutaneus surae lateralis. 从股二头肌前部和后部之间穿出，供应膝部和小腿后外侧的皮肤。 CD

19 **肌支** Rami musculares. 腓总神经的肌支，仅见于肉食动物，供应小腿后展肌。 D

20 **腓浅神经** N. fibularis [peron(a)eus] superficialis. DE，以及497页ABCD

21 **肌支** Rami musculares. 腓浅神经的肌支，供应趾外侧伸肌、腓骨长肌和肉食动物的腓骨短肌。 E

22 **皮支*** Rami cutanei. 腓浅神经的皮支，供应小腿远侧部背外侧面的皮肤。 497页C

L₅ L₆ L₇ S₁ S₂ S₃

9
13
14
10
12
11
15
1
3
6
7 8
2
5

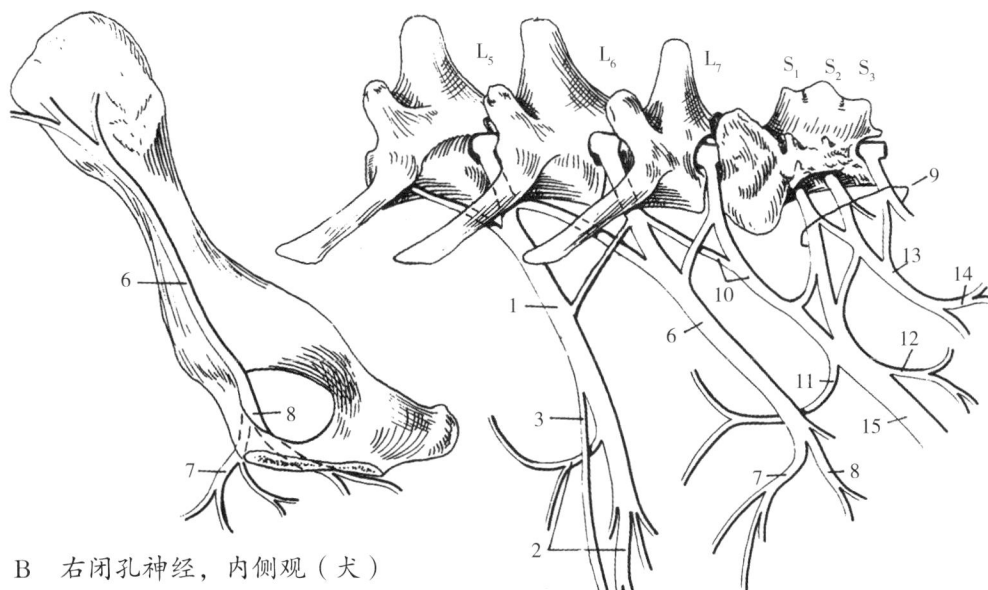

B 右闭孔神经，内侧观（犬）

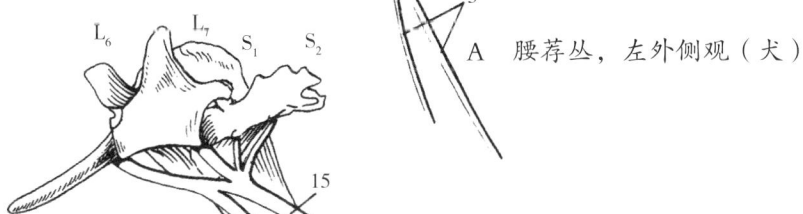

A 腰荐丛，左外侧观（犬）

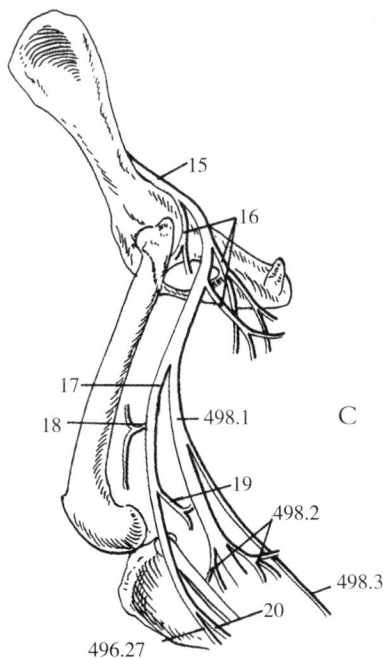

L₆ L₇ S₁ S₂

15
6
16
17
18
498.1

C 右坐骨神经，内侧观（犬）

15
16
17
18 498.1
19
498.2
498.3
20
496.27

D 左坐骨神经、腓总神经和胫神经，
　　外侧观（犬）

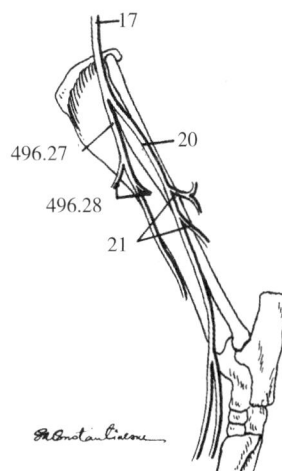

17
496.27
496.28
20
21

E 左腓总神经，外侧观（犬）

腓浅神经——肉食动物，猪　CARNIVORA，SUS

1　第2趾背远轴侧神经　N. digitalis dorsalis II abaxialis.　AB

2　趾背侧第2总神经　N. digitalis dorsalis communis II.　AB

3　第2趾背轴侧固有神经　N. digitalis dorsalis proprius II axialis.　AB

4　第3趾背远轴侧固有神经　N. digitalis dorsalis proprius III abaxialis.　AB

5　趾背侧第3总神经　N. digitalis dorsalis communis III.　AB

6　第3趾背轴侧固有神经　N. digitalis dorsalis proprius III axialis.　AB

7　第4趾背轴侧固有神经　N. digitalis dorsalis proprius IV axialis.　AB

8　趾背侧第4总神经　N. digitalis dorsalis communis IV.　AB

9　第4趾背远轴侧固有神经　N. digitalis dorsalis proprius IV abaxialis.　AB

10　第5趾背轴侧固有神经　N. digitalis dorsalis proprius V axialis.　AB

11　第5趾背远轴侧神经　N. digitalis dorsalis V abaxialis.　AB

腓浅神经——反刍动物　RUMINANTIA

12　趾背侧第2总神经　N. digitalis dorsalis communis II.　C

13　皮支　Rami cutanei.　趾背侧第2总神经发出的皮支。　C

14　第2趾背轴侧固有神经　N. digitalis dorsalis proprius II axialis.　C

15　第3趾背远轴侧固有神经　N. digitalis dorsalis proprius III abaxialis.　C

16　趾背侧第3总神经　N. digitalis dorsalis communis III.　C

17　皮支　Rami cutanei.　趾背侧第3总神经的皮支。　C

18　（与）跖背侧第3神经交通支　Ramus communicans cum n. metatarseo dorsali III.　C

19　第3趾背轴侧固有神经　N. digitalis dorsalis proprius III axialis.　C

20　第4趾背轴侧固有神经　N. digitalis dorsalis proprius IV axialis.　C

21　趾背侧第4总神经　N. digitalis dorsalis communis IV.　C

22　皮支　Rami cutanei.　趾背侧第4总神经的皮支。　C

23　第4趾背远轴侧固有神经　N. digitalis dorsalis proprius IV abaxialis.　C

24　第5趾背轴侧固有神经　N. digitalis dorsalis proprius V axialis.　C

腓浅神经——马　EQUUS

25　背侧支　Ramus dorsalis.　D

26　外侧支　Ramus lateralis.　D

通用名词　TERMINI COMMUNES

27　腓深神经　N. fibularis [peron(a)eus] profundus.　ABCD，以及495页DE

28　肌支　Rami musculares.　腓深神经的肌支，分布于小腿及后足肌的背外侧肌群。趾外侧伸肌、腓骨长肌和肉食动物的腓骨短肌除外。　495页E

腓深神经——肉食动物，猪　CARNIVORA，SUS

29　跖背侧第2神经（肉食动物）　N. metatarseus dorsalis II.　A

30　跖背侧第3神经　N. metatarsues dorsalis III.　AB

31　跖背侧第4神经（肉食动物）　N. metatarseus dorsalis IV.　A

腓深神经——反刍动物　RUMINANTIA

32　跖背侧第3神经　N. metatarseus dorsalis III.　C

33　（与）第3趾跖轴侧固有神经交通支　Ramus communicans cum n. digitali plantari proprio III axiali. 越过趾间隙。　C

34　（与）第4趾跖轴侧固有神经交通支　Ramus communicans cum n. digitali plantari proprio IV axiali. 穿过相应趾间隙。　C

腓深神经——马　EQUUS

35　跖背侧第2神经*　N. metatarseus dorsalis II.　为腓深神经的内侧皮支。　D

36　第3趾背内侧神经　N. digitalis dorsalis III medialis.　D

37　跖背侧第3神经*　N. metatarseus dorsalis III.　为腓深神经的外侧皮支。　D

38　第3趾背外侧神经　N. digitalis dorsalis III lateralis.　D

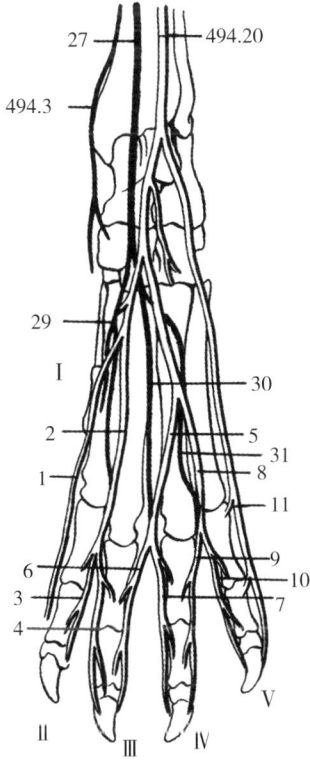

A 左后足的腓浅神经和腓深神经，
    背侧观（犬）

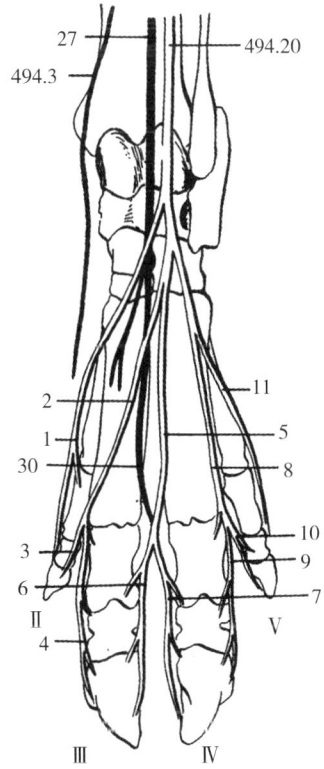

B 左后足的腓浅神经和腓深神经，
    背侧观（猪）

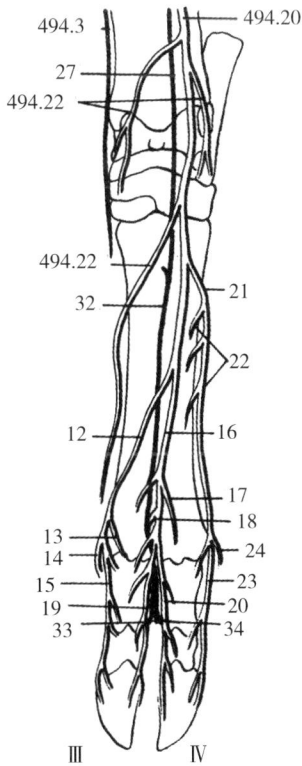

C 左后足的腓浅神经和腓深神经，
    背侧观（牛）

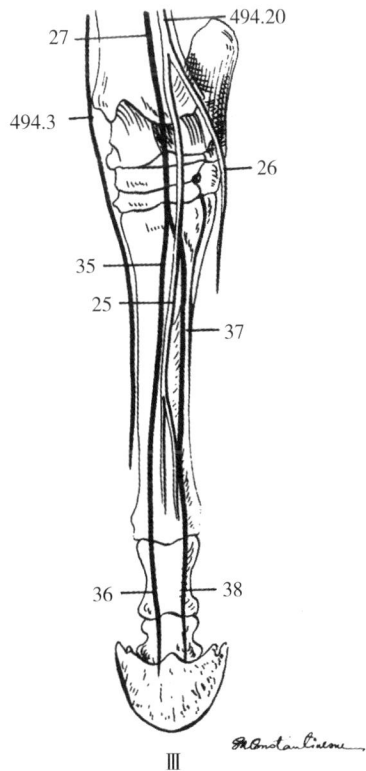

D 左后足的腓浅神经和腓深神经，
    背侧观（马）

通用名词　TERMINI COMMUNES

1　胫神经　N. tibialis.　与腓总神经并行，然后在腓肠肌的内、外侧头之间下行，在指深屈肌和跟腱之间向远延伸。　ABCD，以及495页CD和501页A

2　肌支　Rami musculares.　胫神经的肌支，至所有小腿后侧的肌肉。　495页D

3　小腿后皮神经*　N. cutaneus surae caudalis.　ABCD，以及495页D和501页A

3a　小腿后近皮神经（肉食动物）　N. cutaneus surae caudalis proximalis.

3b　小腿后远皮神经（肉食动物）　N. cutaneus surae caudalis distalis.

4　皮支［跗内侧皮支，马］　Rami cutanei [Ramus cutaneus tarsalis medialis(eq)].　501页A

胫神经——肉食动物，猪　CARNIVORA，SUS

5　足底内侧神经　N. plantaris medialis.　AB

6　第2趾跖远轴侧神经　N. digitalis plantaris Ⅱ abaxialis.　AB

7　趾跖侧第2总神经　N. digitalis plantaris communis Ⅱ.　AB

8　第2趾跖轴侧固有神经　N. digitalis plantaris proprius Ⅱ axialis.　AB

9　第3趾跖远轴侧固有神经　N. digitalis plantaris proprius Ⅲ abaxialis.　AB

10　趾跖侧第3总神经　N. digitalis plantaris communis Ⅲ.　AB

11　（与）趾跖侧第4总神经交通支（猪）　Ramus communicans cum n. digitali plantari communi Ⅳ.　B

12　第3趾跖轴侧固有神经　N. digitalis plantaris proprius Ⅲ axialis.　AB

13　第4趾跖轴侧固有神经　N. digitalis plantaris proprius Ⅳ axialis.　AB

14　趾跖侧第4总神经（肉食动物）　N. digitalis plantaris communis Ⅳ.　A

15　第4趾跖远轴侧固有神经（肉食动物）　N. digitalis plantaris proprius Ⅳ abaxialis.　A

16　第5趾跖轴侧固有神经（肉食动物）　N. digitalis plantaris proprius Ⅴ axialis.　A

17　足底外侧神经　N. plantaris lateralis.　有分支到皮肤。　AB

18　深支　Ramus profundus.　足底外侧神经的深支，为各跖底神经的干，供应各骨间肌。　AB

19　跖底神经（肉食动物）　Nn. metatarsei plantares.　为跖底第2、3、4神经。　A

19a　趾跖侧第4总神经（猪）　N. digitalis plantaris communis Ⅳ.　B

19b　第4趾跖远轴侧固有神经（猪）　N. digitalis plantaris proprius Ⅳ abaxialis.　B

19c　第5趾跖轴侧固有神经（猪）　N. digitalis plantaris proprius Ⅴ axialis.　B

20　第5趾跖远轴侧神经　N. digitalis plantaris Ⅴ abaxialis.　A

胫神经——反刍动物　RUMINANTIA

21　足底内侧神经　N. plantaris medialis.　在骨间中肌和趾屈肌腱之间的沟内延伸。　C

22　趾跖侧第2总神经　N. digitalis plantaris communis Ⅱ.　C

23　第2趾跖侧固有神经　N. digitalis plantaris proprius Ⅱ.　C

24　第3趾跖远轴侧固有神经　N. digitalis plantaris proprius Ⅲ abaxialis.　C

25　（与）第3趾背远轴侧固有神经交通支　Ramus communicans cum n. digitali dorsali proprio Ⅲ abaxiali.　C

26　趾跖侧第3总神经　N. digitalis plantaris communis Ⅲ.　C

27　第3趾跖轴侧固有神经　N. digitalis plantaris proprius Ⅲ axialis.　C

28　第4趾跖轴侧固有神经　N. digitalis plantaris proprius Ⅳ axialis.　C

29　足底外侧神经　N. plantaris lateralis.　发分支到皮肤。　D

30　深支　Ramus profundus.　足底外侧神经的深支，到各骨间肌。　D

31　趾跖侧第4总神经　N. digitalis plantaris communis Ⅳ.　为足底外侧神经的直接延续。　D

32　第4趾跖远轴侧固有神经　N. digitalis plantaris proprius Ⅳ abaxialis.　D

33　（与）第4趾背远轴侧固有神经交通支　Ramus communicans cum n. digitali dorsali proprio Ⅳ abaxiali.　D

34　第5趾跖侧固有神经　N. digitalis plantaris proprius Ⅴ.　D

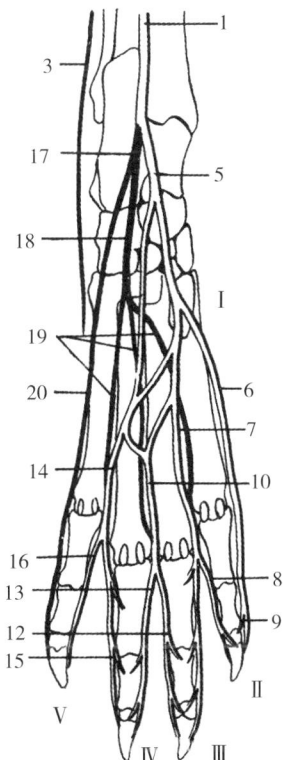

A 左后足的神经，跖侧观（犬）

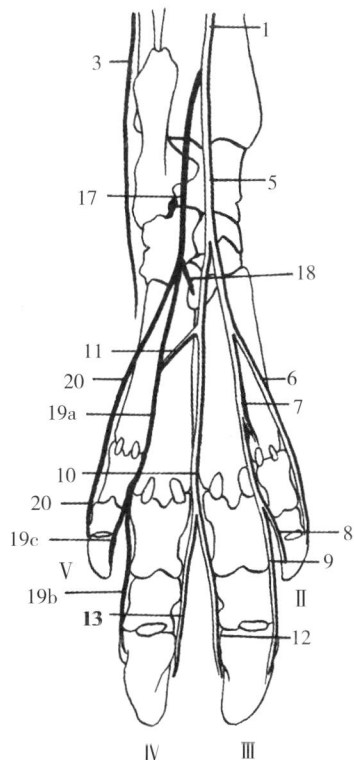

B 左后足的神经，跖侧观（猪）

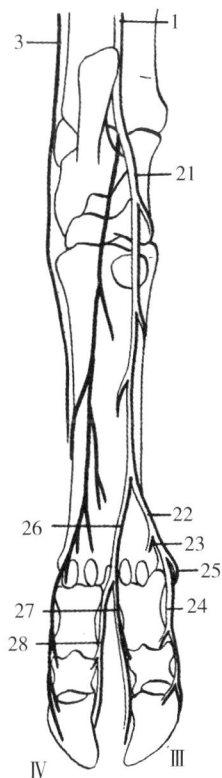

C 左后足的神经，跖侧观（牛）

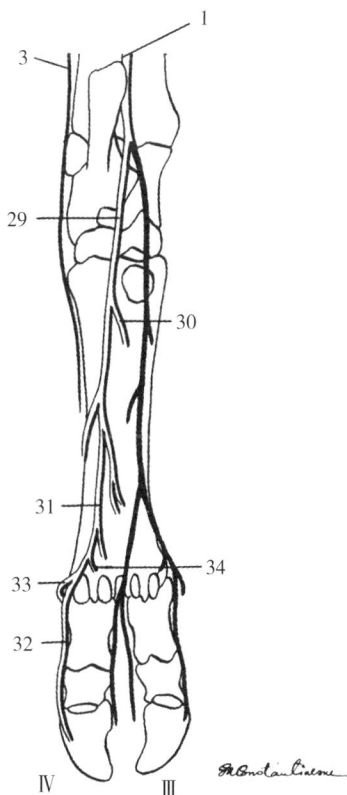

D 左后足的足底神经（牛）

胫神经——马 EQUUS

1 足底内侧神经［趾跖侧第2总神经］* N. plantaris medialis [N. digitalis plantaris communis Ⅱ]. 在骨间中肌和趾屈肌腱之间的沟内延伸。 A

2 交通支 Ramus communicans. 由足底内侧神经发出，与足底外侧神经相交通，越过屈肌腱的表面。 A

3 *趾跖内侧（固有）神经* N. digitalis plantaris [proprius] medialis. A

4 *背侧支* Ramus dorsalis. 趾跖内侧神经的背侧支。 A

5 足底外侧神经［趾跖侧第3总神经］* N. plantaris lateralis [N.digitalis plantaris communis Ⅲ]. 在骨间中肌和趾屈肌腱之间的沟内延伸。 B

6 深支* Ramus profundus. 供应骨间中肌。 B

7 *跖底神经* Nn. metatarsei plantares. 为跖底第2和第3神经，沿骨间中肌和小跖骨之间延伸。B

8 *趾跖外侧（固有）神经* N. digitalis plantaris [proprius] lateralis. B

9 *背侧支* Ramus dorsalis. 趾跖外侧神经的背侧支。 B

通用名词 TERMINI COMMUNES

10 尾骨肌支 Ramus musculi coccygei. 到尾骨肌的分支，在犬直接起自荐神经，在猪和马混合于直肠后神经中，在牛常混于肛提肌支和阴部神经中或者直肠后神经中。与直肠后神经的混合支旧称痔中神经。 C

11 肛提肌支 Ramus musculi levatoris ani. 到肛提肌的分支，与尾骨肌支有相同的混和关系（见尾骨肌支）。 C

12 阴部神经 * N. pudendus. 在犬起自S1~2（S3），在猫和猪起自S2~3，在反刍动物起自S2~4，在马起自S3~4，含有感觉、运动和副交感纤维。 C

13 皮支 Rami cutanei. 阴部神经的皮支，在猪和反刍动物分为近和远皮支，近皮支支配相当于其他动物股后皮神经所分布的皮区，远皮支支配相当于会阴浅神经分布的皮区。 C

14 （与）股后皮神经交通支 Ramus communicans cum n. cutaneo femoris caudali. C

15 会阴深神经 N. perinealis profundus. 在马以一总干与会阴浅神经共同起始，在牛以阴部神经最后盆支的形式独立起始，在犬以阴部神经的一系列分支起始，支配会阴的肌肉。 C

16 会阴浅神经 N. perinealis superficialis. 在马与会阴深神经共同起于阴部神经，在反刍动物和猪，由阴部神经远皮支替代。 C

17 *阴囊背神经* Nn. scrotales dorsales. C

18 *阴唇神经* Nn. labiales.

19 包皮阴囊支 Ramus preputialis [prae-] et scrotalis. 在牛和马为阴部神经的终支，在其他动物体现为阴茎背神经的一系列分支。 C

20 乳丘［房］支 Ramus mammarius. 分布于腹股沟区乳丘或乳房。

21 阴茎背神经* N. dorsalis penis. 沿阴茎背侧面走向阴茎头和包皮内层。 C

22 *阴蒂背神经* N. dorsalis clitoridis.

23 **直肠后神经*** Nn. rectales caudales. 来自S3~5脊神经的1~2支。在犬，它起于阴部神经。 DE

24 （与）阴部神经交通支 Ramus communicans cum n. pundeno. E

25 肌支 Rami musculares. 供应肛门外括约肌、阴茎（阴蒂）缩肌、球海绵体肌；在马还供应部分半膜肌。 DE

26 皮支 Rami cutanei. 供应肛门周围皮肤。 DE

27 **尾神经** Nn. caudales [coccygei]. 有5~8对，依动物种类而异。 D

28 背侧支 Rami dorsales. 形成尾背侧丛。 D

29 尾背侧丛 Plexus caudalis [coccygeus] dorsalis. 发出分支到尾背侧的肌肉和相应皮肤。 D

30 腹侧支 Rami ventrales. 形成尾腹侧丛。 D

31 尾腹侧丛 Plexus caudalis [coccygeus] ventralis. 发出分支到尾腹侧的肌肉和相应皮肤。 D

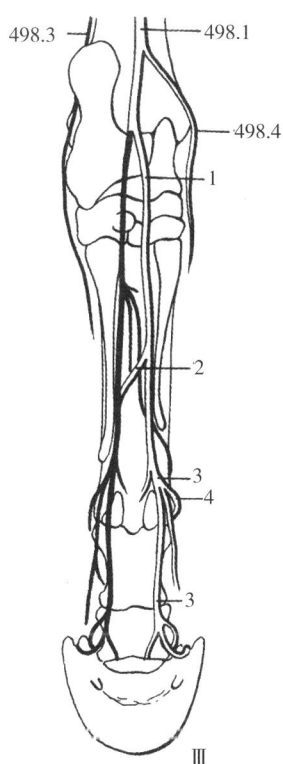

A 左后足的神经，
跖侧观（马）

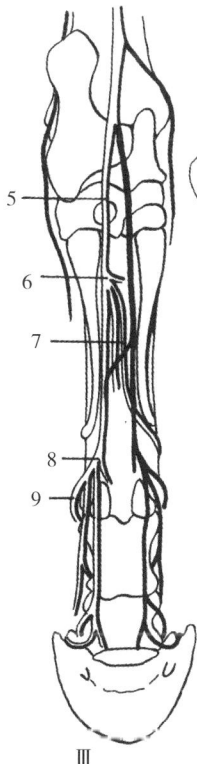

B 足底外侧神经，
左后足（马）

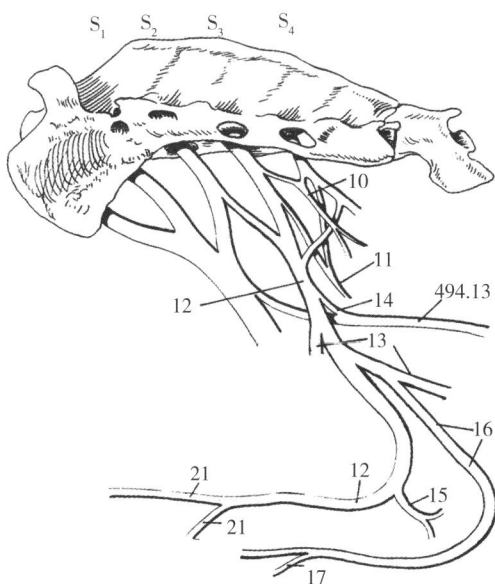

C 左阴部神经，外侧观（公牛）

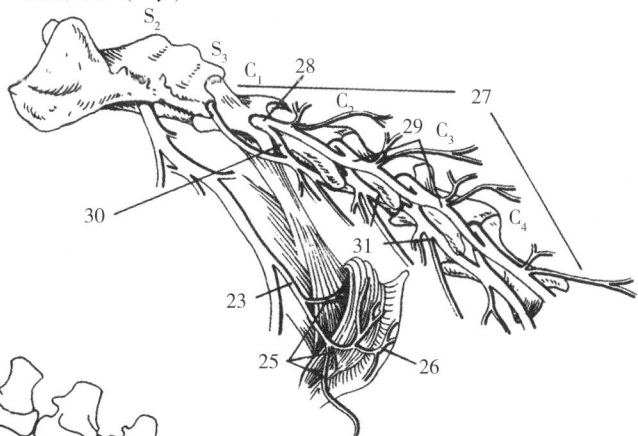

D 左直肠神经和尾神经，
外侧观（公犬）

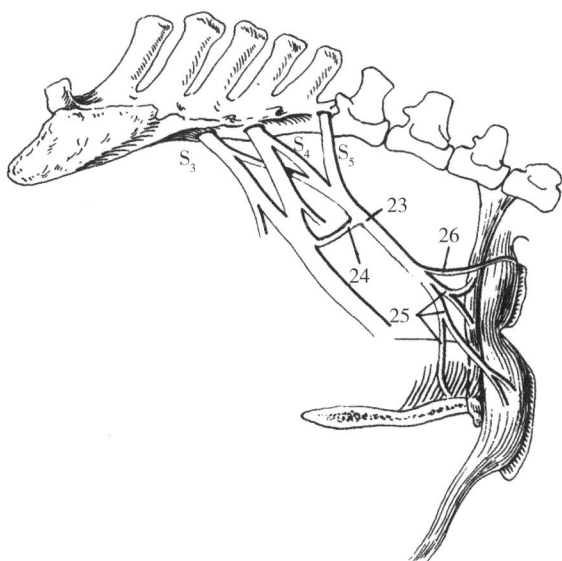

E 左直肠神经和尾神经，外侧观（公马）

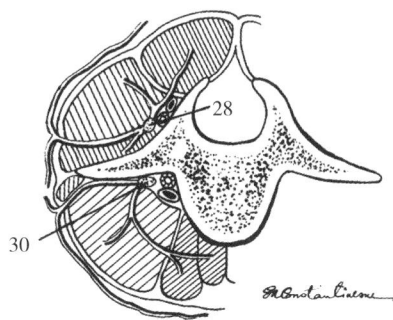

F 尾的横切面（马）

1　**自主神经系统**　**SYSTEMA NERVOSUM AUTONOMICUM**.　由自主丛、自主丛神经节和自主神经节构成。

2　胸主动脉丛　Plexus aorticus thoracicus.　围绕于升主动脉、主动脉弓和胸主动脉，含有交感干的分支和迷走神经的副交感纤维。　A

3　心丛　Pleuxs cardiacus.　由来自颈胸神经节、颈中神经节和胸神经节的交感纤维和来自迷走神经副交感纤维构成的神经网络。

4　心神经节　Ganglia cardiaca.　A

5　食管丛　Plexus esophageus [oesophageus].　含有交感和副交感（迷走神经）纤维，位于胸部食管的表面。　A

6　肺支　Rami pulmonales.　A

7　肺丛　Plexus pulmonalis.　含有交感和副交感纤维。　A

8　**腹主动脉丛**　Plexus aorticus abdominalis.　在腹主动脉表面。

9　腹腔丛　Plexus celiacus [coeliacus].　位于腹腔动脉表面。　BC

10　腹腔神经节　Ganglia celiaca [coeliaca].　成对，位于腹腔动脉两侧，由交通支互相连接。　BC

11　肠系膜前丛　Plexus mesentericus cranialis.　BC

12　肠系膜前神经节　Ganglion mesentericum craniale.　不成对，位于肠系膜前动脉起始处。　BC

13　肠系膜间丛　Plexus intermesentericus.　连接肠系膜前丛和肠系膜后丛。　BC

14　肠系膜后丛　Plexus mesentericus caudalis.　围绕肠系膜后动脉的神经网络。　BC

15　肠系膜后神经节　Ganglion mesentericum caudale.　位于肠系膜后动脉起始处。　BC

16　主动脉肾神经节　Ganglia aorticorenalia.　成对，位于肾动脉水平。　BC

17　膈神经节（猪、反刍动物）　Ganglia phrenica.　位于膈后动脉周围的神经丛内。

18　肝丛　Plexus hepaticus.　来自腹腔丛，伴随肝动脉到肝。　D

19　脾丛　Plexus lienalis.　来自腹腔丛，伴随脾动脉。　D

20　胃丛　Plexus gastrici.　来自腹腔丛，伴随胃动脉。　D

21　瘤胃右丛　Plexus ruminalis dexter.　来自腹腔丛，也来自迷走神经，特别是其背侧干的纤维。　E

22　瘤胃左丛　Plexus ruminalis sinister.　来自腹腔丛，也来自迷走神经，特别是其背侧干的纤维，在瘤胃右侧起始，经瘤胃前沟到左侧。　E

23　网胃丛　Plexus reticularis.　E

24　胰丛　Plexus pancreaticus.　来自腹腔丛，伴随胰的动脉。　D

25　肾上腺丛　Plexus adrenalis [suprarenalis].　由内脏神经和来自腹腔丛的纤维构成，含有到肾上腺髓质的节前纤维。

26　肾丛　Plexus renalis.　围绕肾动脉，含有肠系膜前神经丛和内脏神经的纤维。　BC

27　肾神经节　Ganglia renalia.　在肾丛内。

28　输尿管丛　Plexus uretericus.　伴随输尿管，纤维来自肾丛和主动脉丛。

A　胸部自主神经系统，左侧观（犬）

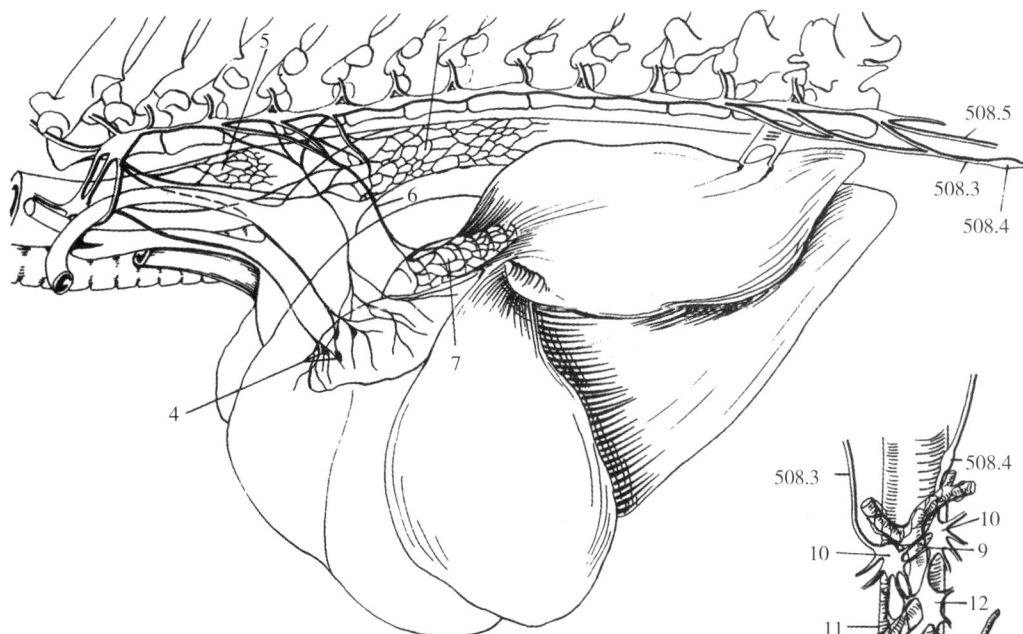

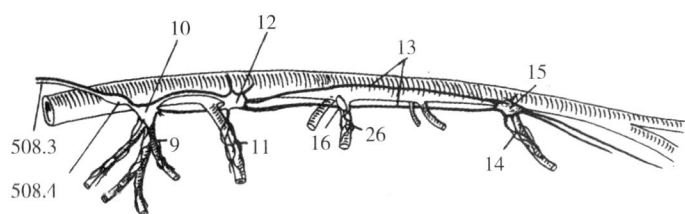

B　腹主动脉丛，左侧观（犬）

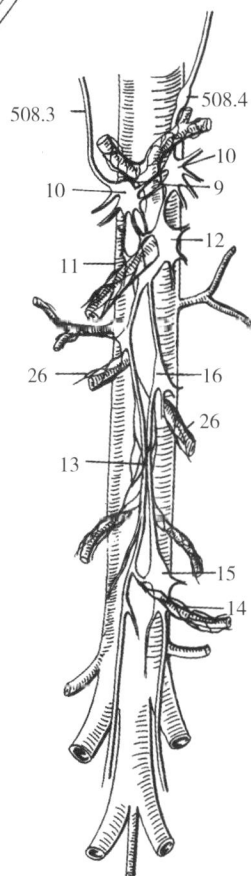

C　腹主动脉丛，腹侧观（犬）

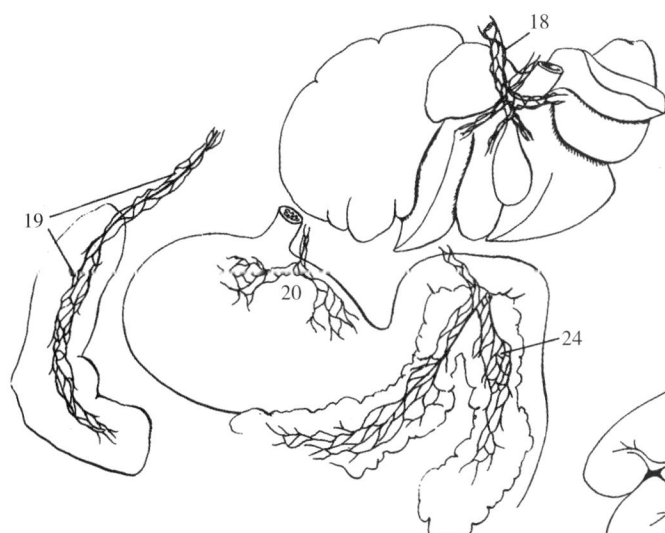

D　肝丛、脾丛、胃丛和胰丛（犬）

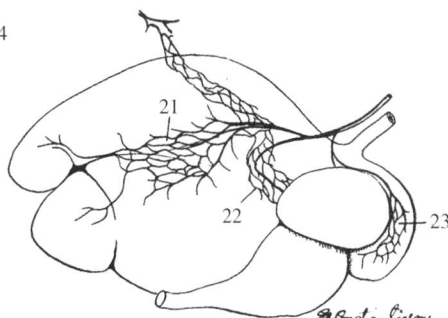

E　瘤胃丛和网胃丛，胃右侧观（牛）

1 睾丸丛 Plexus testicularis. 接受来自腹主动脉丛、肠系膜后丛以及腰内脏神经来的纤维，支配睾丸和附睾。 A

2 卵巢丛 Plexus ovaricus. 接受来自腹主动脉丛、肠系膜后丛以及腰内脏神经来的纤维，伴随卵巢动脉，可分为卵巢丛、输卵管丛和子宫丛。 B

3 结肠丛 Plexus colicus. 见于马，通过穿行于肠系膜背部而连接肠系膜前丛和肠系膜后丛，它通过与迷走背侧干的腹腔支相连而提供了一个副交感纤维到达降结肠的途径。该丛伴随结肠左动脉延伸。 C

4 直肠前丛 Plexus rectalis cranialis. 伴随直肠前动脉延伸。 C

5 肠丛 Plexus entericus. 是对供应肠壁的自主神经丛的总称。 D

6 浆膜下丛 Plexus subserosus. 位于肠管浆膜深侧的神经网络。 D

7 肠肌丛* Plexus myentericus. 也称 Auerbach 丛，位于肠壁两层肌之间，具有微神经节。 D

8 黏膜下丛 Plexus submucosus. 也称 Meissener 丛，位于黏膜下层，具有微神经节。 D

9 髂丛 Plexus iliaci. 为腹主动脉丛的延续，沿左、右髂内动脉和髂外动脉分布。 C

10 股丛 Plexus femoralis. 为髂丛向股动脉表面的延续。 C

11 腹下神经 N. hypogastricus. 左和右腹下神经，起自肠系膜后丛，走向盆丛。 EF

12 盆丛 Plexus pelvinus. 含有来自腹下神经的交感纤维和荐部副交感纤维，位于直肠侧壁的腹膜外，含有盆神经节。 EF

13 直肠中丛 Plexus rectales medii. 为盆丛沿直肠中动脉向直肠的腹膜后部的延续。 E

14 直肠后丛 Plexus rectales caudales. 为盆丛沿直肠后动脉向直肠后部的延续。 E

15 前列腺丛 Plexus prostaticus. 主要位于前列腺体的背侧面，沿雄性尿道骨盆部扩展。 E

16 输精管丛 Plexus deferentialis. 来自盆丛，伴随输精管。 E

17 子宫阴道丛 Plexus uterovaginalis. 大体上位于子宫旁组织内，发出分支到阴道和子宫。 F

18 阴道神经 Nn. vaginales. F

19 膀胱丛 Plexus vesicales. 其前丛伴随膀胱前动脉在膀胱侧韧带内走向膀胱顶，后丛到膀胱体和膀胱颈。 E

20 阴茎海绵体神经 Nn. corporis cavernosi penis. 从前列腺丛而来。 E

21 阴蒂海绵体神经 Nn. corporis cavernosi clitoridis. 从子宫阴道丛而来。 F

A　左睾丸丛，外侧观（犬）

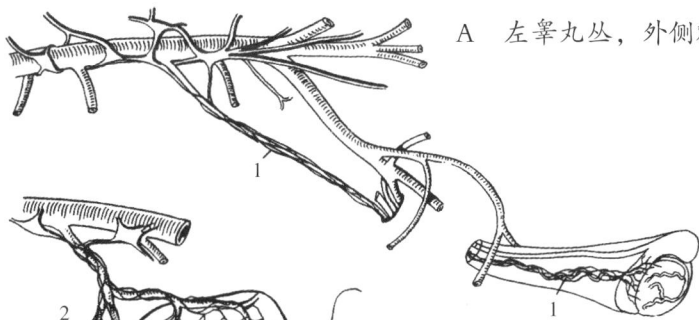

B　左卵巢丛，外侧观（牛）

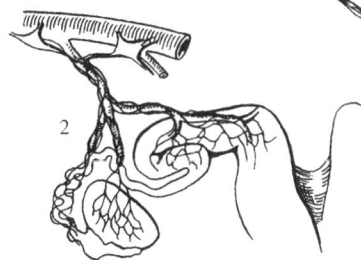

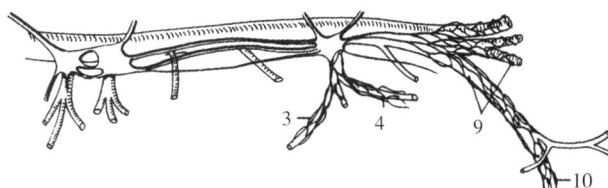

C　结肠丛、直肠丛和髂丛，左侧观（犬）

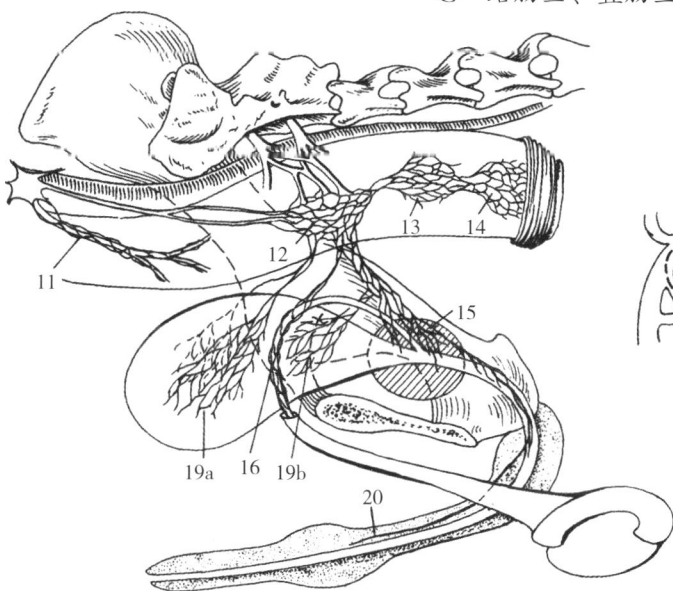

D　肠丛

E　腹下丛和盆丛，左外侧观（公犬）

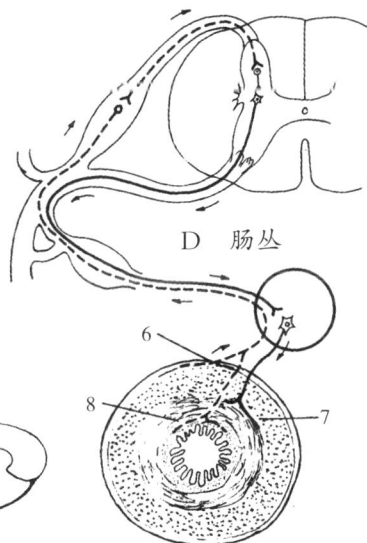

F　腹下神经和盆丛，左外侧观（母犬）

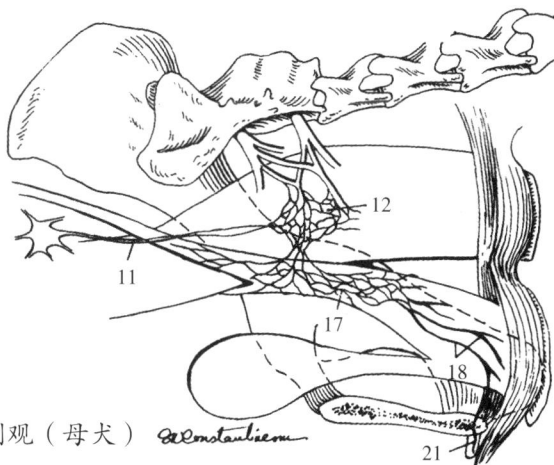

1 **交感部** Pars sympathica. 自主神经系的交感部，起自（T1）T2至L4脊髓，其腰部范围的长短取决于动物种类。

2 交感干 Truncus sympathicus. 成对的神经节链，从第1胸椎水平到第4~7尾椎的交感干位于脊柱腹外侧，在颈部则与迷走神经共同延伸于颈动脉鞘内。 B

3 交感干神经节 Ganglia trunci sympathici. 由多极神经元构成，是节前神经元与节后神经元形成突触的部位。 AB

4 中间神经节 Ganglia intermedia. 最常见于腰部的交通支和节间支上。 A

5 节间支 Rami interganglionares. 连接同一干上交感干神经节之间的分支，在某些情况下也出现于两侧对应的神经节之间。 B

6 交通支 Rami communicantes. 连于交感干和脊神经之间，含有来自脊髓的节前纤维和到外周的节后纤维。 AB

7 颈前神经节 Ganglion cervicale craniale. 为交感干上最前的神经元聚集，位于颈内动脉和枕动脉之间，更接近于颈内动脉，为节前神经元和节后神经元形成突触的部位。 C

8 颈静脉神经 N. jugularis. 为颈前神经节与舌咽神经和迷走神经间的交通支。 C

9 颈内动脉神经 N. caroticus internus. 参与形成颈内动脉丛。 C

10 颈内动脉丛 Plexus caroticus internus. 位于颈内动脉壁内，发出岩深神经以及到眼、耳的分支。 C

11 颈外动脉神经 Nn. carotici externi. 从颈前神经节发出的降支，到颈外动脉丛。 C

12 颈外动脉丛 Plexus caroticus externus. 围绕在颈外动脉周围的神经网络。 C

13 颈总动脉丛 Plexus caroticus communis. 围绕在颈总动脉周围。 C

14 喉咽支 Rami laryngopharyngei.

15 颈中神经节 Ganglion cervicale medium. 在马，肉眼观不恒定，位于胸腔入口内。 D

16 颈心神经 N. cardiacus cervicalis，起自颈中神经节。 D

17 颈胸［星状］神经节 Ganglion cervicothoracicum [stellatum]. 由颈后神经节与一个或多个胸神经节融合而成，位于颈长肌胸部外侧，第1肋间隙水平。 D

18 锁骨下袢 Ansa subclavia. 在颈中神经节和颈胸神经节之间围绕锁骨下动脉的一个神经环套。 D

19 锁骨下丛 Plexus subclavius. 位于锁骨下动脉壁内的神经网络。 D

20 椎神经 N. vertebralis. 由连系颈胸神经节到C2~8脊神经的神经纤维构成，伴随椎动脉进入横突管（译者注：原文为椎管，与实际不符）。有时其上可见一个神经节。 D

21 椎丛 Plexus vertebralis. 围绕在椎动脉周围。 D

22 颈心神经 Nn. cardiaci cervicales. 是根据其起始神经节命名的，在这里是因为其起源于颈后神经节（颈胸神经节）。 D

A 腰神经节和中间神经节

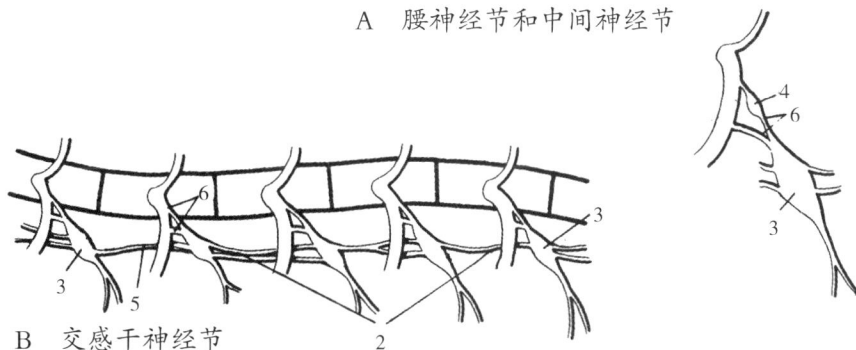

B 交感干神经节

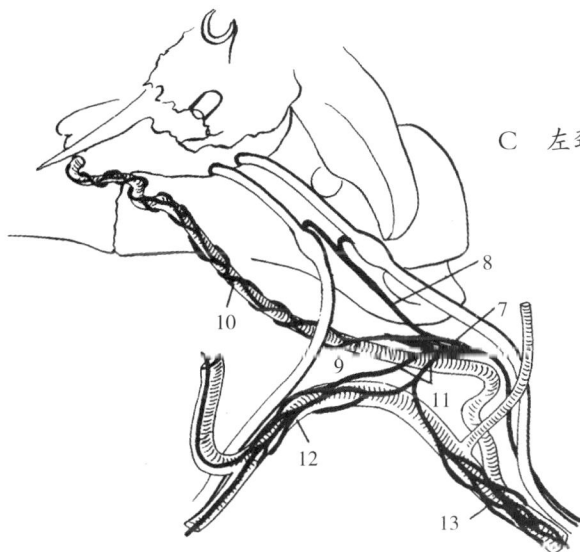

C 左颈前神经节，外侧观（马）

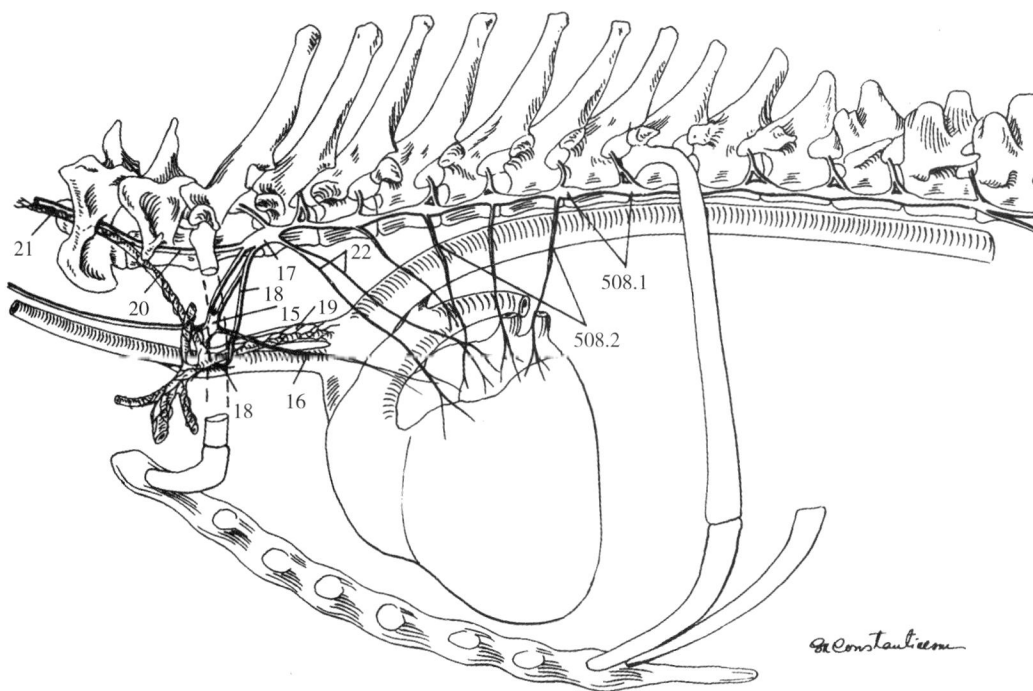

D 左颈中神经节和颈胸神经节，外侧观（犬）

1 胸神经节 Ganglia thoracica. 每侧为13~18个，依动物种类而异。位于胸部交感干内。 507页D

2 胸心神经 Nn. cardiaci thoracici. 是根据其起始的神经节命名的，因其起于前5~6个胸神经节。 507页D

3 内脏大神经 N. splanchnicus major. 起自除前5~7个和最后2~3个胸神经节以外的其他胸神经节，依动物种类不同而异。沿膈脚和腰小肌之间进入腹腔，抵止于腹腔神经节和肾上腺髓质。 503页ABC

4 内脏神经节 Ganglion splanchnicum. 见于犬和马，在内脏大神经的末端。 503页ABC

5 内脏小神经 N. splanchnicus minor. 起自最后2~3个胸神经节（马）或前1~3个腰神经节，终止于腹腔丛和肾丛。 503页A

6 肾支 Ramus renalis. 从内脏小神经发出到肾丛和肾上腺丛的交通支。

7 （内脏最小神经）（N. splanchnicus imus）. 最后的（在人就是最下的）内脏神经，偶见，为最后胸神经节到肾丛的分支。

8 腰神经节 Ganglia lumbalia. 数量上有变化，常为5~7对，位于腰部交感干内。 A

9 腰内脏神经 Nn. splanchnici lumbales. 起自腰神经节，走向腹腔丛和肠系膜前丛。 A

10 荐神经节 Ganglia sacralia. 有3~5对，位于荐部交感干内。 A

11 荐内脏神经 Nn. splanchnici sacrales. 为0~4支数量不等的小神经，参与构成盆丛。 A

12 尾神经节 Ganglia caudalia [coccygea]. 数量不等，非常小，位于尾内。 B

13 奇神经节 Ganglion impar. 为交感干上最后的神经节，单一不成对，位于尾内。 B

14 **副交感部** Pars parasympathica. 为自主神经系内拮抗交感部的部分，其中枢的输出来源于脑干和荐部脊髓。

15 睫状神经节 Ganglion ciliae. 具有它的动眼根—睫状短神经、睫状神经节交感支以及与鼻睫神经的交通支，见464页的描述。 C

16 翼腭神经节 Ganglion pterygopalatinum. 具有眶支，其他相关的神经以及其交通支，见468页的相关描述。 C

17 耳神经节 Ganglion oticum. 与岩小神经及其交通支一同在472页描述。 C

18 下颌神经节 Ganglion mandibulare. 连同它的分支在472页一同描述。 C

19 舌下神经节 Ganglion sublinguale. 连同它的分支在472页一同描述。 C

20 盆神经 Nn. pelvini. 在N.A.中称为盆内脏神经或勃起神经，含有到盆腔内脏的传入和传出纤维，并不限于勃起组织。起自S2~3（S4），与腹下神经一起构成盆丛。 B

21 盆神经节 Ganglia pelvina. 分布于盆丛内。 B

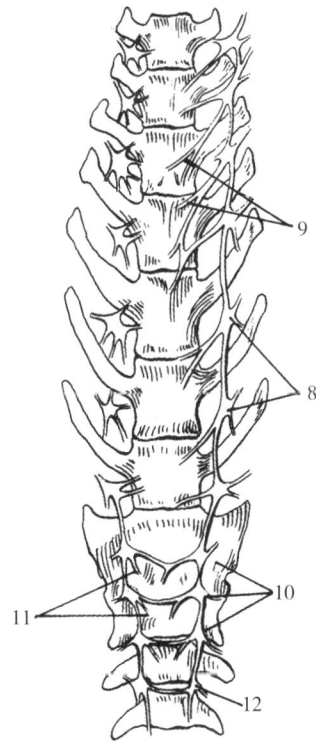

A　腰神经节、荐神经节和尾神经节，腹侧观（犬）

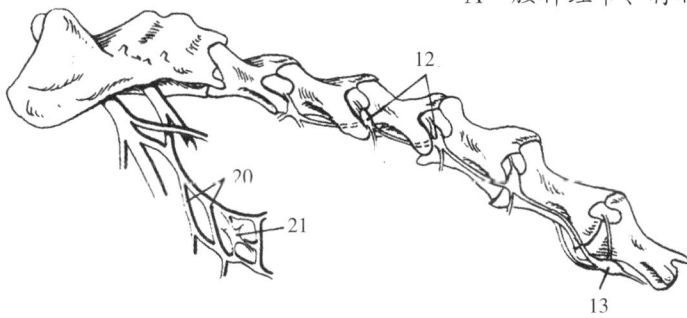

B　左盆神经和盆神经节，外侧观（犬）

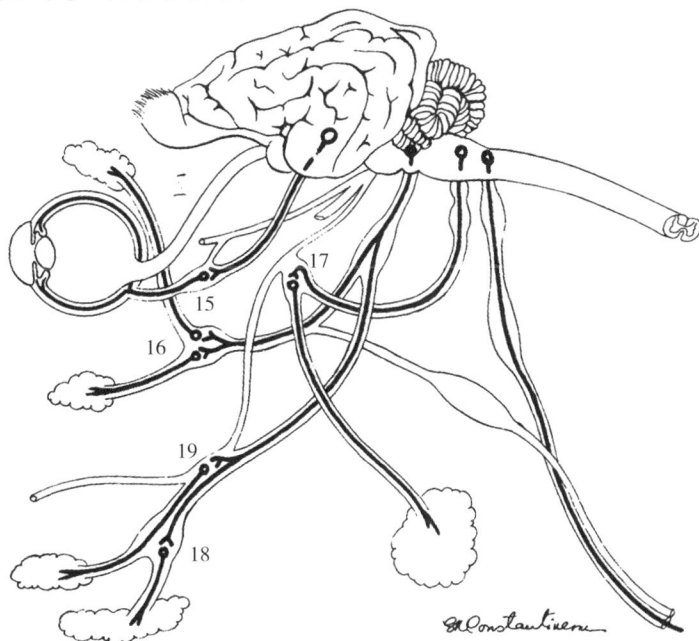

C　头部左侧的副交感神经节，外侧观（犬）

1 **视器 ORGANUM VISUS**

2 **眼 OCULUS.** A

3 视神经 N. opticus. 第2对脑神经（CN Ⅱ），确切地讲属于中枢神经系内的一个束，由外延的脑膜包被，从视交叉到达眼球，在视网膜内散开。实际上，它传输视觉信号到大脑皮质，然后加工形成视觉。 AC

4 视神经外鞘 Vagina externa n. optici. 为脑硬膜结合蛛网膜沿视神经的扩展（Nickel等，1992）。 C

5 视神经内鞘 Vagina interna n. optici. 在外鞘的深处，为脑软膜的扩展。 C

6 鞘间隙 Spatia intervaginalia. 为蛛网膜下腔（柔脑脊膜腔）沿视神经在内、外鞘间延伸的狭小间隙。 C

7 **眼球** Bulbus oculi. 由角膜和巩膜及其所包含的结构组成。 B

8 前极 Polus anterior. 角膜最高的点。 B

9 后极 Polus posterior. 眼球后半球的最高点，与前极相对。 B

10 赤道［中纬线］ Equator [Aequator]. 前、后极之间眼球最大的圆周。 B

11 经线［子午线］ Meridiani. 经前、后极作眼球的环形线。 B

12 眼球外轴 Axis bulbi externus. 连接前、后极的直线。 A

13 眼球内轴 Axis bulbi internus. 为外轴的一部分，指从角膜后面至视网膜前面的部分。 A

14 视轴 Axis opticus. 穿过角膜的光学中央、晶状体和玻璃体的直线，常与连接眼球前、后极的眼球外轴一致。 A

15 眼泡（个体发生）[1] Vesicula ophthalmica.

16 眼杯（个体发生）[1] Caliculus ophthalmica.

17 **眼球纤维膜** Tunica fibrosa bulbi. 是指由角膜和巩膜构成的眼球外壁。 A

18 巩膜 Sclera. 覆盖眼球除角膜以外的眼球表面的蓝白色保护层，在环绕和接近角膜的巩膜表面有结膜被覆。 ACE

19 巩膜沟 Sulcus sclerae. 巩膜在巩-角膜结合处形成的浅沟。 B

20 巩膜环 Anulus sclerae. 在巩膜内表面接近角膜缘处的环形嵴，供睫状肌附着。 E

21 巩膜静脉窦 Sinus venosus sclerae. 沿角膜缘分布并与虹膜角的腔隙相通。经巩膜静脉窦，房水离开前房。 E

22 巩膜静脉丛 Plexus venosus sclerae. 常由2个或多个巩膜静脉窦组成。 E

23 巩膜外层 Lamina episcleralis. 位于巩膜外表面与眼球鞘之间的一薄层疏松结缔组织。 E

24 巩膜固有质 Substantia propria sclerae. 主要由交织的胶原纤维和一些弹性纤维构成。 E

25 巩膜棕黑层 Lamina fusca sclerae. 为巩膜最内层，由低度致密的结缔组织和色素细胞构成。 C

26 巩膜筛区 Area cribrosa sclerae. 穿过巩膜壁的小孔区，为视神经离开眼球的通道。 D

1）：这些结构在第5版 N.A.V. 是被省略的，因其属于个体发生的结构。

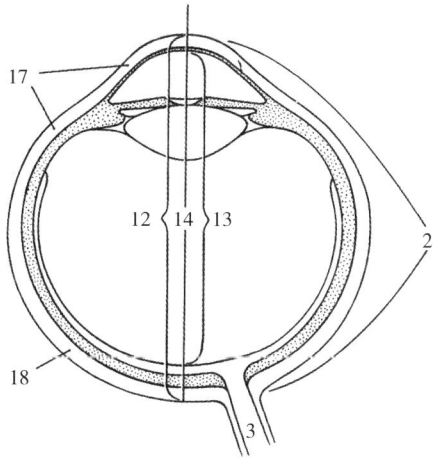

A　眼球的经向切面示意图（犬）

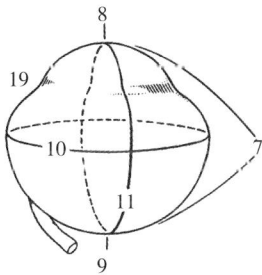

B　右眼球，内侧观（马）
　　（引自Sack和Habel）

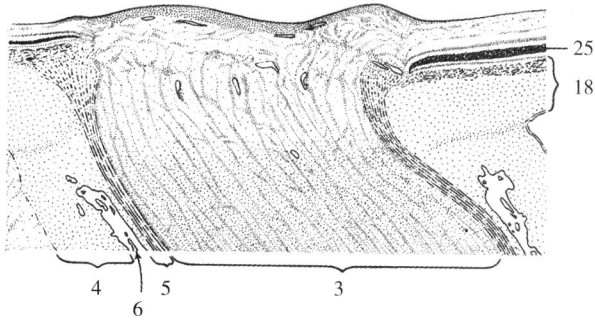

C　视神经和视神经鞘，组织切片（马）

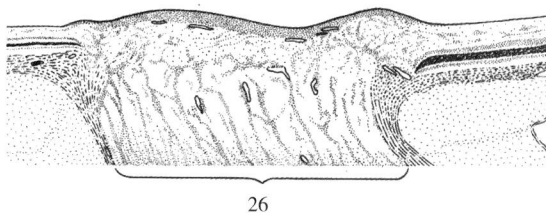

D　巩膜筛区，组织切片（马）

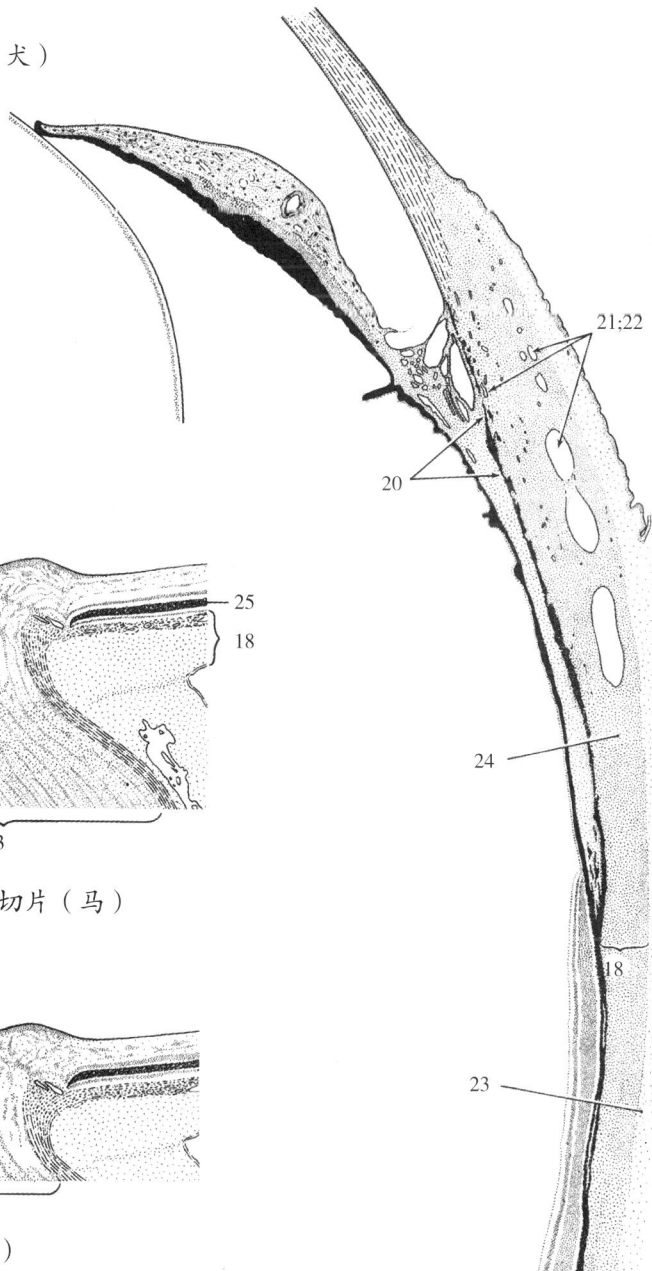

E　巩膜、虹膜、睫状体，经向切面（猫）

1 角膜 Cornea. 眼球无血管且透明的前壁部分，曲度较巩膜大。 A

2 结膜环 Anulus conjunctivae. 角膜前上皮与结膜上皮的结合处。 A

3 角膜缘 Limbus corneae. 角膜的边，在巩膜沟处延续为巩膜。 A

4 角膜顶 Vertex corneae. 角膜最高的部分。 A

5 前面 Facies anterior. A

6 后面 Facies posterior. A

7 角膜前上皮 Epithelium anterius corneae. 由2~5层柔软有核且不角化的细胞构成。 B

8 前界层 Lamina limitans anterior. 薄，几乎同质的模糊的一层，位于角膜前上皮与固有质之间。 B

9 角膜固有质 Substantia propria corneae. 为交织的纤维构成的结缔组织层，纤维的黏合物内含有由胞质突起连接的脂肪细胞。 B

10 后界层 Lamina limitans posterius. 也称Descemet膜，同质的，相当厚，位于固有质和角膜后上皮之间。 B

11 角膜后上皮 Epithelium posterius corneae. 为分布于角膜后表面的单层脂肪细胞，直接接触房水。 B（在出生后，该层结构确切且经临床证实的名称是"角膜后内皮"，其浸润在房水中的状态恰似血管内皮浸润在血液中。）

12 **眼球血管膜 [眼球色素膜]** Tunica vasculosa bulbi [Uvea]. 包括脉络膜、睫状体和虹膜。 A

13 脉络膜 Choroidea [Chorioidea]. 眼球血管膜的一部，在巩膜和视网膜视部之间。 AC（确切地讲，视网膜为不可分割的整体，见516页页下注。）

14 脉络膜周层 Lamina suprachoroidea [-chorioidea]. 也称脉络膜上板或脉络膜上层，为脉络膜最外层，由弹性纤维和色素化的结缔组织细胞构成的疏松衔接层。 C

15 脉络膜周隙 Spatium perichoroideale [-chorioideale]. 为脉络膜周层内的空隙，含有淋巴、血管和神经。 C

16 血管层 Lamina vasculosa. 为脉络膜最厚的一层，含有睫状后长动脉、睫状后短动脉和涡静脉的分支。 C

17 照毯 [膜] Tapetum lucidum. 在反刍动物和马为纤维性的，在肉食动物为细胞性的，为血管层深侧的无血管层，使某些动物的眼睛带有光泽。 C

18 脉络膜毛细血管层 Lamina choroidocapillaris [chorioideo-]. 位于血管层或照毯内表面。 C

19 基底复合体 Complexus basalis. 即基底层（basal layer），为脉络膜透明的最内层，在视网膜色素上皮层的深侧。以basal layer代替basal lamina是为了与大多数人医、兽医的解剖学教科书以及在兽医组织学中的名词保持一致。 C

20 **睫状体** Corpus ciliare. 位于虹膜和脉络膜之间的血管膜的环形部分。 AD

21 睫状冠 Corona ciliaris. 毗邻虹膜的睫状体的隆起部分，以负载睫状突。 D

22 睫状突 Processus ciliares. 在睫状体内表面呈放射状排列的纤维弹性嵴，可分泌房水。 D

23 睫状襞 [褶] Plicae ciliares. 位于睫状突表面或其间的微褶。 D

24 睫状环 Orbiculus ciliaris. 睫状体外周的脂肪部，与脉络膜相延续。 D

25 睫状肌 M. ciliaris. 睫状体内由平滑肌纤维构成的环，其功能在于调节晶状体。 E

26 经线纤维 Fibrae meridionales. 构成睫状肌的主体部分。 E

27 环行纤维 Fibrae circulares. 睫状肌中平行于虹膜缘的部分，在经线纤维之后。 E

28 基底层 Lamina basalis. 睫状体的最内层，紧邻视网膜色素上皮层。 E

B　角膜，组织切片（马）
（引自Sack和Habel,1982）

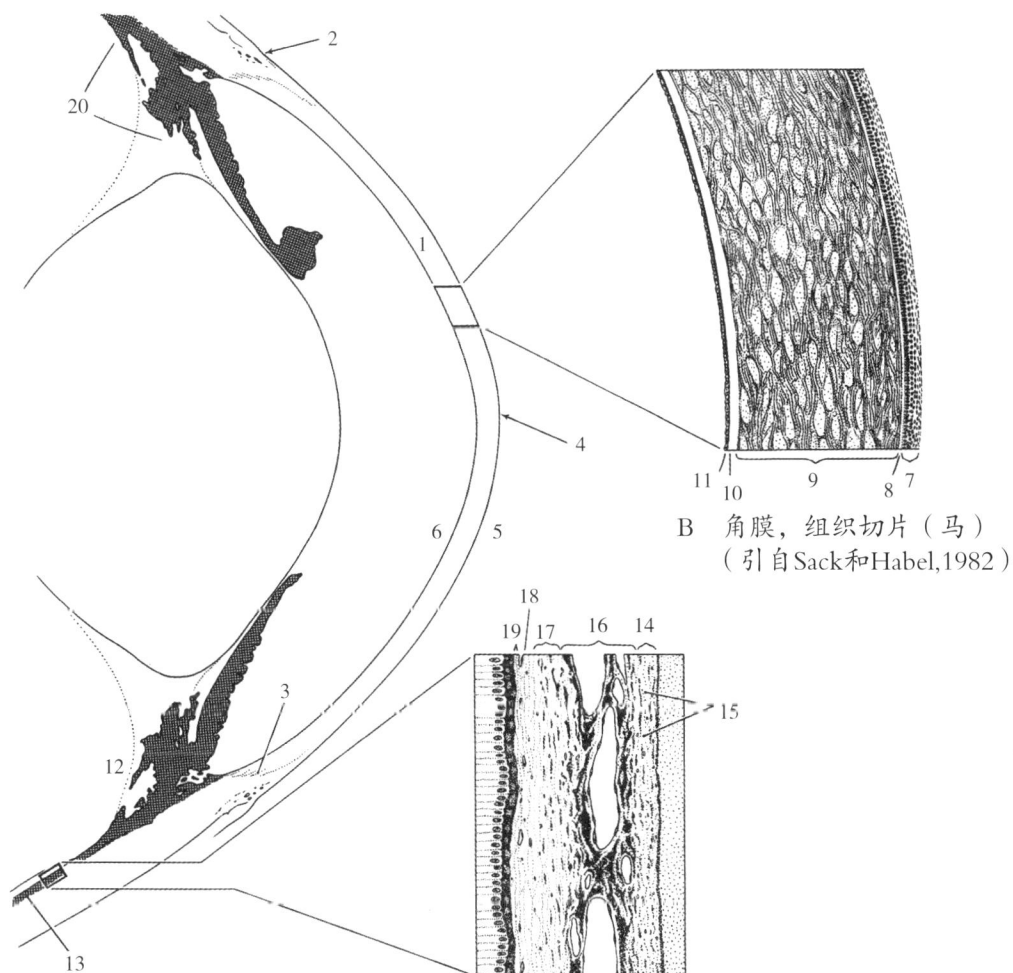

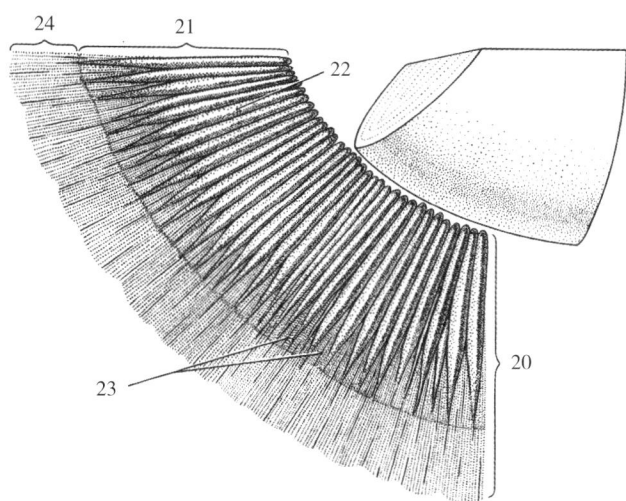

A　眼球前部，经向切面（马）
（引自Sack和Habel,1982）

C　脉络膜，组织切片（马）

D　睫状体的内面（马）（引自Sach和Habel）

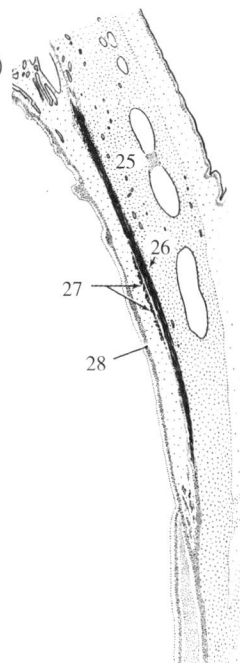

E　睫状体，组织切片（猫）

1 **虹膜** Iris. 位于晶状体前方，中央有孔的可收缩隔膜，为眼球血管膜的最前部，可调节进入眼底的光量。 A

2 **瞳孔缘** Margo pupillaris. 虹膜的向心缘，围绕瞳孔。 A

3 **虹膜粒** Granula iridica. 虹膜基质血管性的扩展，其后面被覆有视网膜虹膜部的色素上皮层。 AB

4 **睫状缘** Margo ciliaris. 为虹膜的外周缘，与睫状体互为延续，并通过虹膜角膜角梳状韧带附着于角膜缘。 A

5 **前面** Facies anterior. 面向角膜。 AB

6 **后面** Facies posterior. 面向晶状体。 B

7 **虹膜大环** Anulus iridis major. 虹膜较宽的外周部，具有不均一褶皱的前面。 AB

8 **虹膜小环** Anulus iridis minor. 虹膜较窄的向心部，具有相对平滑的前面。 AB

9 **虹膜襞〔褶〕**[1] Plicae iridis. 见于虹膜的前面，可以是永久性的也可以是暂时性的；可以是放射状的也可以是围绕瞳孔的环形。 AB

10 **瞳孔**[1] Pupilla. 由虹膜围成。 A

11 **瞳孔括约肌** M. sphincter pupillae. 位于虹膜小环内的平滑肌带，可缩小瞳孔。 B

12 **瞳孔开大肌** M. dilator pupillae. 位于虹膜的后面，其肌纤维几乎呈辐射状排列，可开大瞳孔。B

13 **虹膜间质** Stroma iridis. 主要由分支状的相互连接的色素细胞和多呈辐射状排列的胶原纤维构成，含有虹膜血管。 B

14 **色素上皮** Epithelium pigmentosum. 被覆在虹膜间质前面，并在虹膜角膜角处延续为角膜后上皮，赋予眼特殊的色彩。 B（这一名词在第5版 N.A.V. 是被省略的。）

15 **虹膜角膜角梳状韧带** Lig. pectinatum anguli iridocornealis. 为被覆虹膜上皮的胶原纤维小梁，小梁间为虹膜角膜角间隙。 AB（译者注：虹膜上皮即虹膜色素上皮向角膜后上皮的过渡。）

16 **虹膜角膜角间隙** Spatia anguli iridocornealis. 在组成梳状韧带的小梁间形成有上皮衬里的间隙，通过这些间隙房水流入巩膜静脉丛。 B

17 **虹膜动脉大环** Circulus arteriosus iridis major. 该环接近于虹膜的睫状缘，主要由睫状后长动脉发出的吻合支构成，该环发出辐集状分支在虹膜间质内走向瞳孔方向。 C

18 **虹膜动脉小环** Circulus arteriosus iridis minor. 该环接近于虹膜瞳孔缘，常不完整，由虹膜动脉大环辐集状分支发出的吻合支形成。 C

19 **瞳孔膜（个体发生）** Membrana pupillaris. （该名词未在第5版N.A.V.中列出，因其为个体发生名词。）

1）：这些结构在第5版 N.A.V. 中被省略，但至少"瞳孔"不应被省略，因为在另外8个名词中已经包含了"瞳孔"的含义（见514页1、2、11、12、17、18条和516页2、5条）。

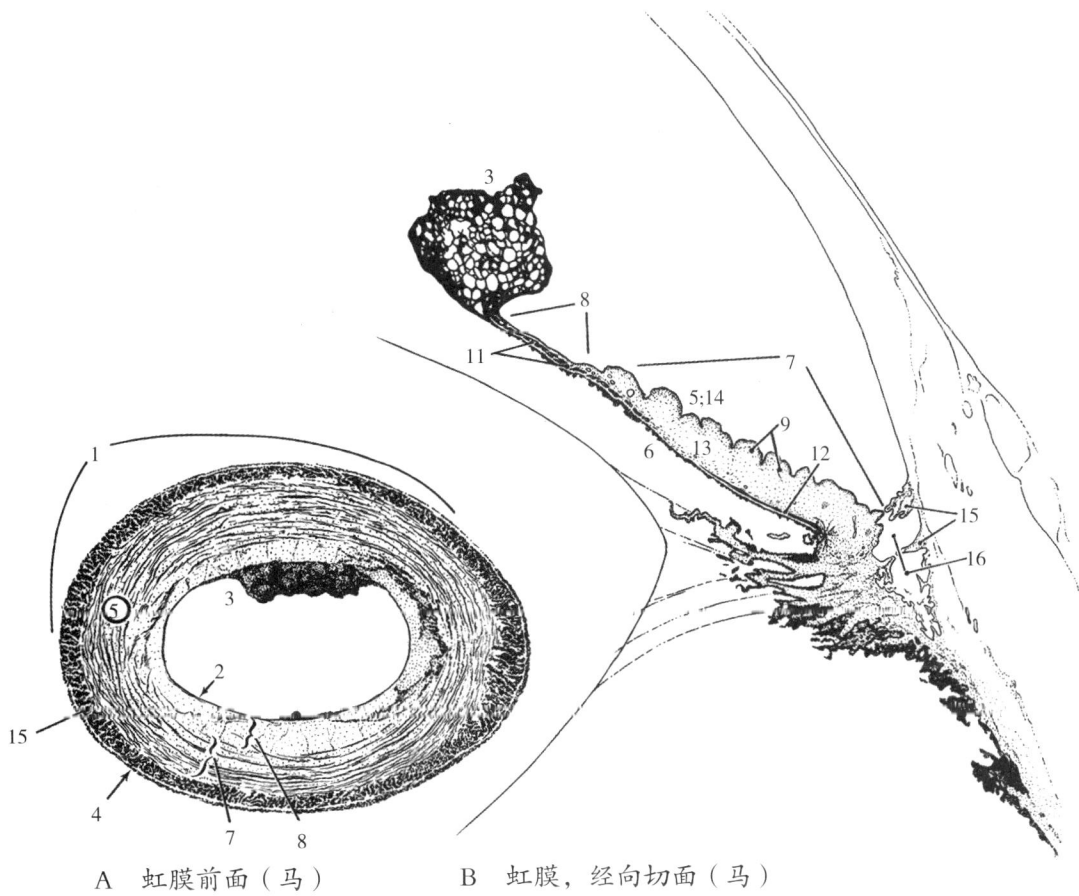

A 虹膜前面（马）　　　B 虹膜，经向切面（马）

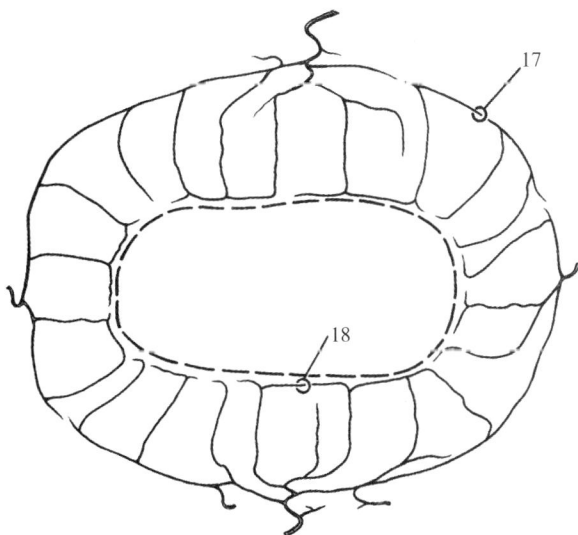

C 虹膜的动脉（马）

1　**眼球内膜**　Tunica interna bulbi.　为眼球壁的衬里，由视网膜及其色素上皮构成。　A

2　视网膜　Retina.　为眼球壁的衬里，从虹膜到视神经盘。　A

3　视网膜视部[1]　Pars optica retinae.　为视网膜的光感受部，从锯齿缘到视神经盘。　A

4　锯齿缘[1]　Ora serrata.　视网膜视部的边缘，与菲薄的盲部相延续，在人呈锯齿状。　A

5　视网膜盲部[1]　Pars ceca [caeca] retinae.　为视网膜的光不敏感部，从虹膜到锯齿缘。　A

6　视网膜睫状体部[1]　Pars ciliaris retinae.　位于睫状体内表面。　A

7　视网膜虹膜部[1]　Pars iridica retinae.　位于虹膜后面。　A

8　眼底　Fundus oculi.　C

8a　视神经盘　Discus n. optici.　为视神经在眼底肉眼可见的起点，缺乏感受器。　C

9　视盘陷凹　Excavatio disci.　视神经盘中央的凹陷。　B

10　黄斑　Macula.　视网膜上对视觉高度敏感的一个小区域，在某些种类不易看到。　CE

11　圆形中央区　Area centralis rotunda.　黄斑的圆形区，在某些种类不易看到，其位置在视神经盘外侧。　C

12　纹状中央区　Area centralis striaeformis.　在有蹄类，黄斑额外扩展的带状区，向内、外侧延伸。　C

13　中央凹　Fovea centralis.　为人类黄斑中央的凹陷，在家畜缺乏或不明显。

14　色素上皮层　Stratum pigmentosum.　视网膜的外色素上皮层，起源于视杯的外层。　F

15　视网膜色素上皮层[1]　Stratum pigm. retinae.　视网膜光敏感部的外色素上皮层。　F

16　睫状体色素上皮层[1]　Stratum pigm. cil.　睫状体内表面视网膜的外色素上皮层。　F

17　虹膜色素上皮层[1]　Stratum pigm. iridis.　虹膜后面视网膜的外色素上皮层。　F

18　神经层　Stratum nervosum.　视网膜神经层的显微分层在N.A.V.是被省略的，因为很难在巨视下分辨出来，但却在兽医组织学名词中有详细的收录。　F

19　神经上皮层　Stratum neuroepitheliale.　为神经层的最外层，由视杆细胞和视锥细胞及其细胞核构成。

20　视网膜节细胞层　Stratum ganglionare retinae.　为神经层的中层，含有双极的节细胞。

21　视神经节细胞层　Stratum ganglionare n. optici.　为神经层的内层，含有多极的节细胞以及它们的无髓鞘的轴突，这些轴突在节细胞以内。　F（译者注：其轴突向视神经盘方向集中并穿过巩膜筛板组成视神经。）

22　视网膜血管　Vasa sanguinea retinae.

23　视神经血管环　Circulus vasculosus n. optici.　视神经的动脉环，为睫状后短动［静］脉与视网膜中央动［静］脉的吻合支。　B

24　视网膜中央动［静］脉支　Rami a.[v.] centralis retinae.　视网膜中央动［静］脉的分支，离开视神经盘，伸展向视网膜的外周部。　D

25　视网膜背外侧小动［静］脉　Arteriola [Venula] lateralis retinae dorsalis.　E

26　视网膜腹外侧小动［静］脉　Arteriola [Venula] lateralis retinae ventralis.　D

27　视网膜背内侧小动［静］脉　Arteriola [Venula] medialis retinae dorsalis.　D

28　视网膜腹内侧小动［静］脉　Arteriola [Venula] medialis retinae ventralis.　D

29　黄斑背侧小动［静］脉　Arteriola [Venula] macularis dorsalis.　到黄斑背侧部的血管分支。　E

30　黄斑腹侧小动［静］脉　Arteriola [Venula] macularis ventralis.　到黄斑腹侧部的血管分支。　E

31　视网膜内侧小动［静］脉　Arteriola [Venula] medialis retinae.　E

　　1）：如果这些结构在胚胎时期存在，由于出生后视网膜在锯齿缘处向前在睫状体表面延续为非色素上皮，因此实际不存在视网膜视部、盲部、睫状体部和虹膜部之分，仅所谓的视网膜视部得以保留，直接称其为"视网膜"，临床上证明为眼的光敏感膜。

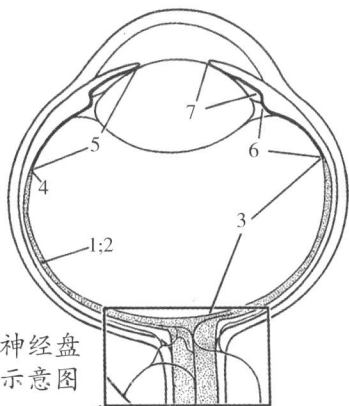

A 眼球，经过视神经盘
的经向切面，示意图

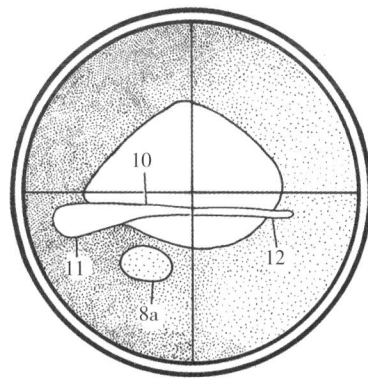

C 左眼眼底，前面观，示意图（马）
（引自Sack和Habel）

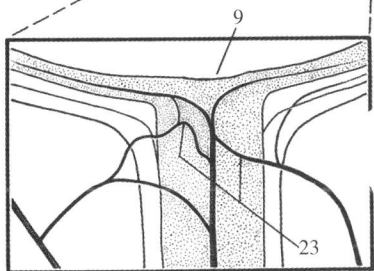

B 视神经盘及视网膜的动脉（犬）

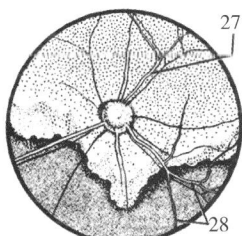
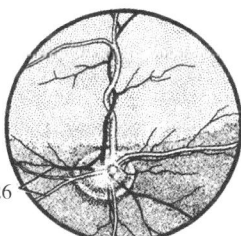
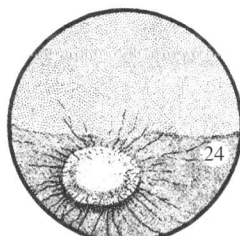

猫　　　　　牛　　　　　马

D 左神经盘，示视网膜的血管（猫、牛、马）
（引自Habel）

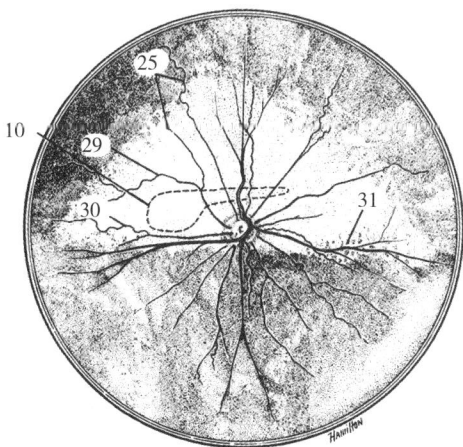

犬

E 左眼眼底，前面观（犬）
（引自Evans和Christensen,1979）

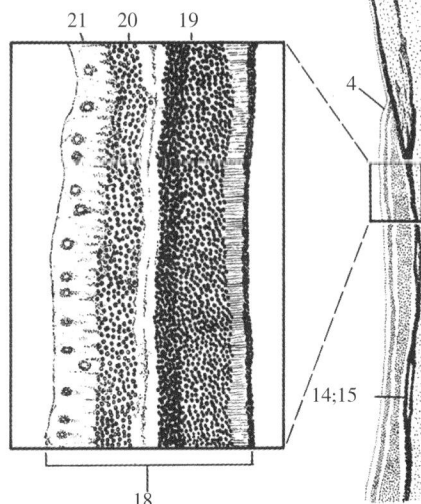

F 视网膜，组织切片（猫）

1 **眼球前房** Camera anterior bulbi. 虹膜和角膜之间的空隙，含有房水。 A

2 虹膜角膜角 Angulus iridocornealis. 虹膜和角膜之间，含有梳状韧带。 A

3 房水 Humor aquosus. 眼球前房和后房内的液体。

4 **眼球后房** Camera posterior bulbi. 虹膜与晶状体之间的空隙，含有房水。 A

5 房水 Humor aquosus.

6 **眼球玻璃体房** Camera vitrea bulbi. 晶状体和睫状体后方的空隙。 A

7 玻璃体 Corpus vitreum. 填充于眼球玻璃体房内的胶冻样团块。 A

8 玻璃体动脉（个体发生） A. hyaloidea. （这一名词在第5版N.A.V.中被删除，因其为个体发生名词。）

9 （玻璃体突）（Processus hyaloideus）. 玻璃体动脉的遗迹，位于视神经盘的中部，在马约2mm长，也见于反刍动物。 B

10 玻璃体管 Canalis hyaloideus. 玻璃体内凝集的纤维，从视神经盘到晶状体后极，含有胚胎期遗留的玻璃体动脉。 A

11 （乳头圆锥）（Conus papillaris）. 从视神经盘发出的一个微小血管突，被覆色素上皮，15%~20%的山羊有（也见于金黄仓鼠）。 D

12 玻璃体窝 Fossa hyaloidea. 玻璃体前面的凹陷，被晶状体占据。 A

13 玻璃体膜 Membrana vitrea. 由玻璃体纤维在玻璃体外周凝聚而成。 A

14 玻璃体间质 Stroma vitreum. 由透明纤维形成框架，其网眼内填充玻璃体液构成。

15 玻璃体液 Humor vitreus. 充满于玻璃体网眼内的液体。

16 **晶状体** Lens. 透明双凸的结构，可将光线聚焦于视网膜。 E

17 晶状体质 Substantia lentis.

18 晶状体皮质 Cortex lentis. 晶状体柔软的外层。 C

19 晶状体核 Nucleus lentis. 晶状体坚实的中心部。 C

20 晶状体纤维 Fibrae lentis. 透明，构成晶状体的实质，每一纤维（译者注：为细胞性质）在横切面上呈六边形，靠近外围的纤维有核，并含有半液状的内容物。 C

21 晶状体辐射 Radii lentis. 也称晶状体星，在晶状体表面呈Y形分支，为各晶状体纤维的终止点。 E

22 晶状体上皮 Epithelium lentis. 为晶状体前面的单层立方细胞。 C

23 晶状体囊 Capsula lentis. 有良好弹性的被膜，前面和赤道的较后面的厚。 C

24 晶状体前极 Polus anterior lentis. 晶状体前面的最高点。 E

25 晶状体后极 Polus posterior lentis. 晶状体后面的最高点。 E

26 晶状体前面 Facies anterior lentis. 在有蹄类，前面的曲度小于后面的。 C

27 晶状体后面 Facies posterior lentis. 在有蹄类，其曲度大于前面的。 C

28 晶状体轴 Axis lentis. 经过晶状体前、后极。 E

29 晶状体赤道 Equator [Aequator] lentis. 晶状体的边缘。 E

30 睫状小带 Zonula ciliaris. 晶状体的悬器，由许多从睫状突到晶状体囊的纤维组成，抵止于晶状体赤道前或后。 C

31 小带纤维 Fibrae zonulares. 细的同质性纤维，从睫状突到晶状体囊。 C

32 小带间隙 Spatia zonularia. 位于小带间。 C

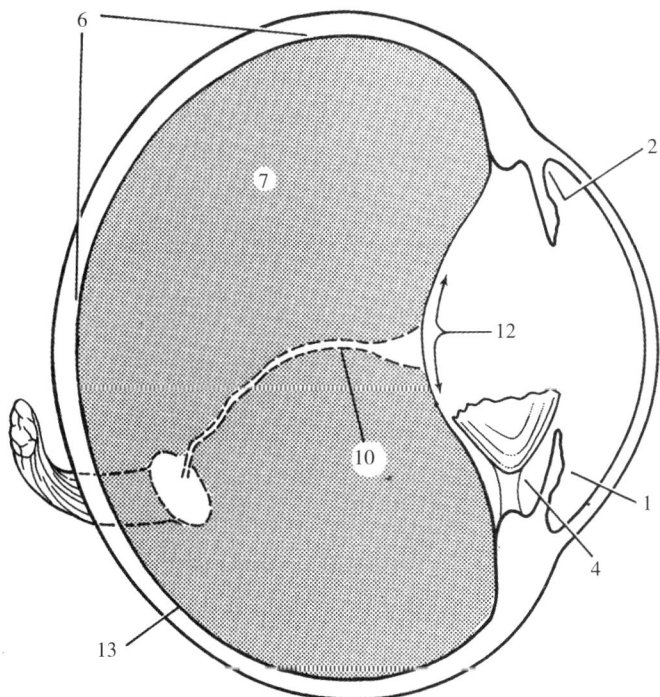

A 眼球，经向切面（绵羊）

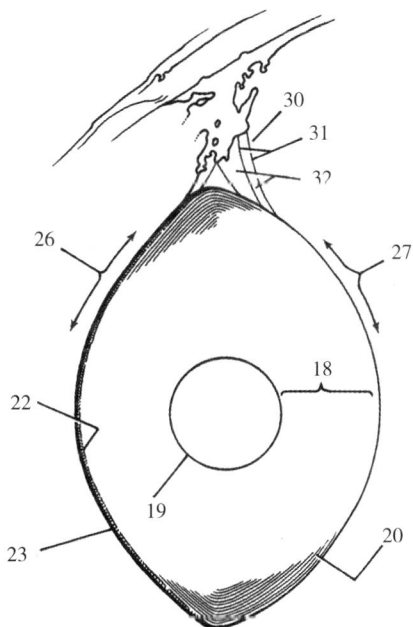

C 晶状体，经向切面（山羊）

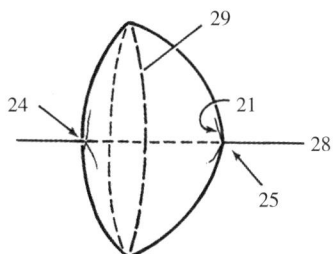

B 视神经盘切面（马）

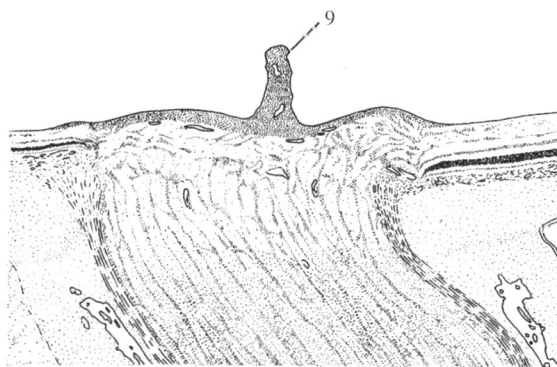

E 晶状体（牛）

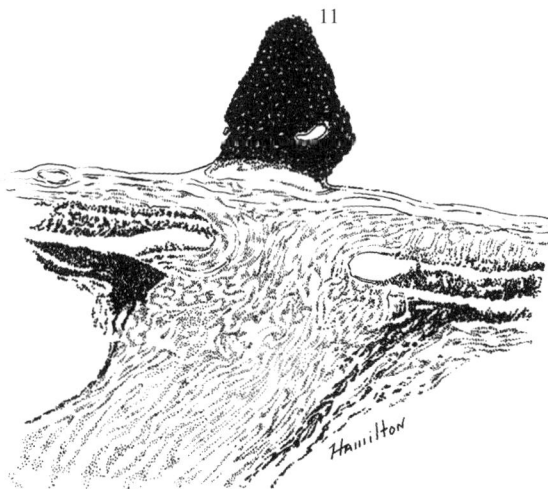

D 视神经切面（金黄地鼠）（引自Bacsich）

1 **眼附属器官 ORGANA OCULI ACCESSORIA.** 由眼球肌、眶筋膜、眼睑、结膜和泪器组成。

2 眼球肌 Musculi bulbi.

3 眶肌 M. orbitalis. 由平滑肌纤维构成的三个片层。环形纤维片层位于眶骨膜的深部内，并突入眼球。腹侧片层具有纵行纤维，从下直肌鞘延伸到下眼睑和第3眼睑；内侧片层具有从内直肌鞘和滑车到下眼睑和第3眼睑的纵向纤维。腹侧片层和内侧片层具有退缩眼睑的作用。 A

4 上直肌 M. rectus dorsalis. 从视神经管附近到眼球背侧面的赤道前方。 BCD

5 下直肌 M. rectus ventralis. 从视神经管附近到眼球腹侧面的赤道前方。 BC

6 内直肌 M. rectus medialis. 从视神经管附近到眼球内侧面的赤道前方。 BC

7 外直肌 M. rectus lateralis. 从视神经管附近到眼球外侧面的赤道前方。 BCD

8 眼球退缩肌 M. retractor bulbi. 起自视神经管附近（在肉食动物为眶裂），到眼球赤道后方的眼球后面，有使眼球向眶深处回缩的作用。它在4条直肌的深面由相应的4个肌束组成。 BCDG

9 上斜肌 M. obliquus dorsalis. 起自视神经管附近，在眶的背内侧壁内表面前行，绕过滑车后向外，抵止于上直肌深侧的眼球近赤道水平。 BCG

10 滑车 Trochlea. 眶背内侧壁上的软骨板，可偏转上斜肌的方向。 BFG

11 上斜肌滑膜鞘 Vagina synovialis m. obliqui dorsalis. 上斜肌的腱鞘，确保上斜肌腱无磨损地绕过滑车。 B

12 下斜肌 M. obliquus ventralis. 从眶内侧壁起始，到外直肌止点深面的眼球赤道处的表面。 CD

13 上睑提肌 M. levator palpebrae superioris. 起自视神经管背侧，在上直肌背侧延伸进入上眼睑。 CDEG

14 眶筋膜 Fasciae orbitales.

15 眶骨膜 Periorbita. 包围眼球、眼球肌和血管神经的锥形纤维膜，它的基部附着在眶的边缘，与骨膜融合，向后在脱离开眶后则增厚并游离。 DEG

16 眶隔 Septum orbitale. 两片起于眶缘的半月形膜，深入睑板内。 G

17 （眼球）肌筋膜 Fasciae musculares. 其中的浅筋膜为疏松的脂肪化的，包围上睑提肌和泪腺；其深筋膜为纤维性的，起于眼睑和角膜缘，包围眼球（眼球鞘），并随眼球肌和视神经折转。 E

18 眼球鞘 Vagina bulbi. 眼球深筋膜的一部分，包围眼球及眼球退缩肌。 E（也称Tenon筋膜）

19 巩膜上间隙 Spatium episclerale. 为巩膜和眼球鞘之间的空隙。 E（也称Tenon间隙）

20 眶脂体 Corpus adiposum orbitae. 位于眶骨膜以内或以外的脂肪。

21 眶骨膜内脂体 Corpus adiposum intraperiorbitale. 填充于眼球、肌肉、神经和血管之间。 G

22 眶骨膜外脂体 Corpus adiposum extraperiorbitale. DG

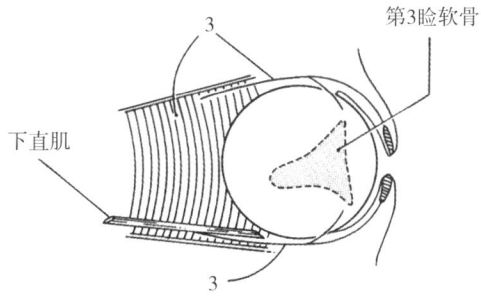

3　　第3睑软骨

下直肌

A　眶肌，示意图（猫）（引自Acheson）

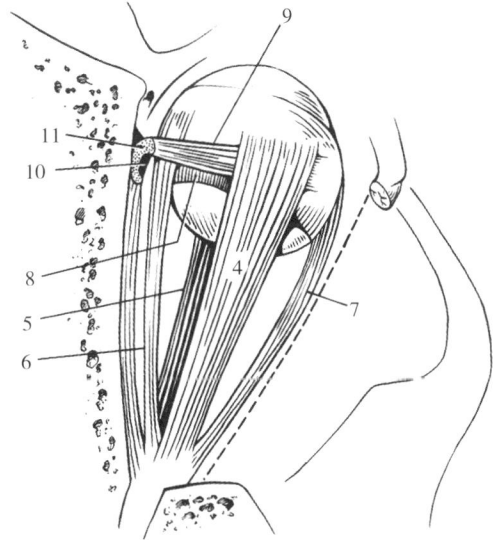

B　右眼球肌，背侧观（猫）

C　眼球肌的断端，位于右眶内（猫）

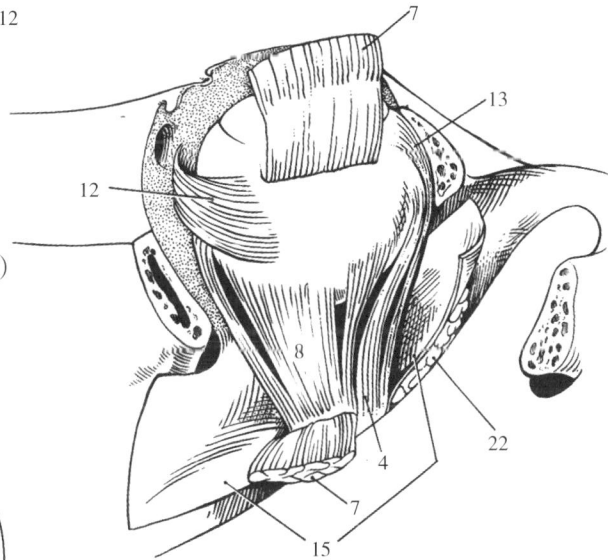

D　左眼球的肌肉，腹外侧观（马）

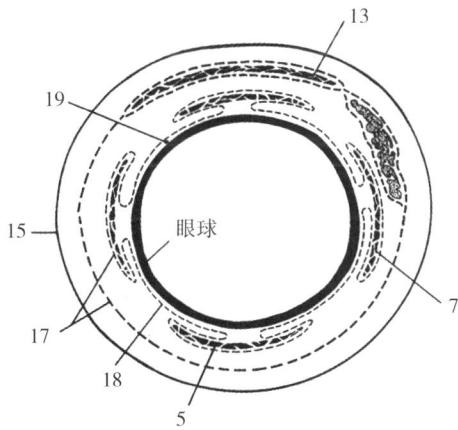

眼球

E　眶筋膜，示意图（引自Sack和Habel）

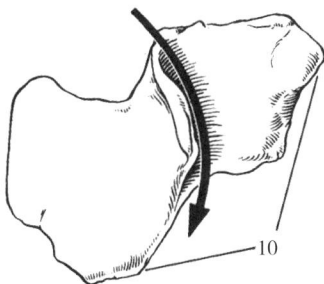

F　右滑车，额面观（牛）

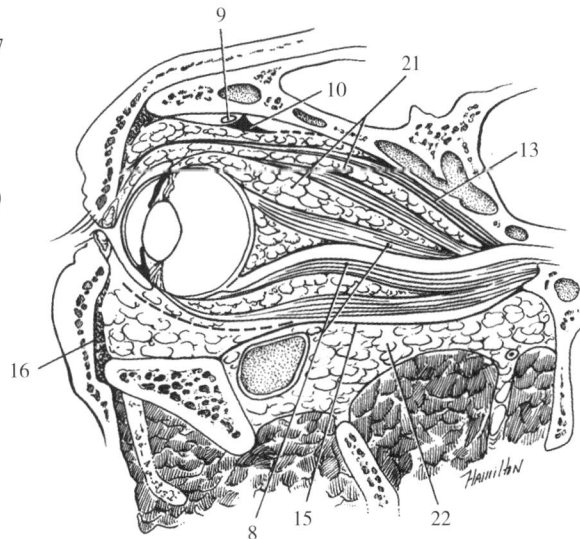

G　右眶，纵切面（牛）

1 眼睑   Palpebrae.

2 上睑   Palpebra superior.   B

3 下睑   Palpebra inferior.   B

4 睑前面   Facies anterior palpebrarum.   A

5 睑后面   Facies posterior palpebrarum.   A

6 睑裂   Rima palpebrarum.   上睑与下睑间的空隙。   B

7 睑外侧连合   Commissura palpebrarum lateralis.   上睑与下睑在外侧的结合部。   B

8 睑内侧连合   Commissura palpebrarum medialis.   上睑与下睑在内侧的结合部。   B

9 眼外侧角[1]   Angulus oculi lateralis.   睑裂的外侧端。   B

10 眼内侧角[1]   Angulus oculi medialis.   睑裂的内侧端。   B

11 睑前缘   Limbi palpebrales anteriores.   睑游离缘的前边，有睫毛附着。   A

12 睑后缘   Limbi palpebrales posteriores.   睑游离缘的后边，有睑板腺的开口。   A

13 睫毛   Cilia.   起自睑前缘的特殊毛。在肉食动物和猪的下睑可能缺失。   C

14 睫腺   Glandulae ciliares.   也称Moll腺，指与睫毛有关的汗腺。   A

15 皮脂腺   Glandulae sebaceae.   见于睫毛根附近，也称Zeis腺。   A

16 上睑板   Tarsus superior.   为眼轮匝肌与睑结膜之间由致密结缔组织构成的板，接近于上睑游离缘，在猪最发达。   C

17 下睑板   Tarsus inferior.   为眼轮匝肌与睑结膜之间由致密结缔组织构成的板，接近于下睑游离缘，在猪最发达。   C

18 睑内侧韧带   Ligamentum palpebrale mediale.   为睑内侧连合与眶内侧缘之间的纤维性连接。它与睑外侧韧带一起在眼轮匝肌收缩而缩小眼裂时确保睑裂为椭圆形而非圆形。   D

19 睑外侧缝   Raphe [Rhaphe] palpebralis lateralis.   供眼轮匝肌的纤维附着。   D

20 睑外侧韧带   Ligamentum palpebrale laterale.   在睑外侧连合和眶外侧缘之间的纤维性连接（在肉食动物和猪，眶外侧缘由眶韧带形成）。   D

21 睑板腺   Glandulae tarsales.   存在于睑板内狭长的皮脂腺，腺体呈短棒状垂直于睑后缘，开口于睑后缘。该腺分泌的脂性分泌物使得眼睑能排斥泪液，确保其能分布眼表面并从鼻泪管导出。   AC

22 上睑板肌   M. tarsalis superior.   为从内直肌鞘和滑车起始，到上睑的平滑肌板，作为眶肌的一部，连接到上睑板。   A

23 下睑板肌   M. tarsalis inferior.   为从下直肌鞘到下睑的平滑肌板，作为眶肌的一部分，连接到下睑板。   C

1）：在临床上它们分别被称为内眦和外眦。

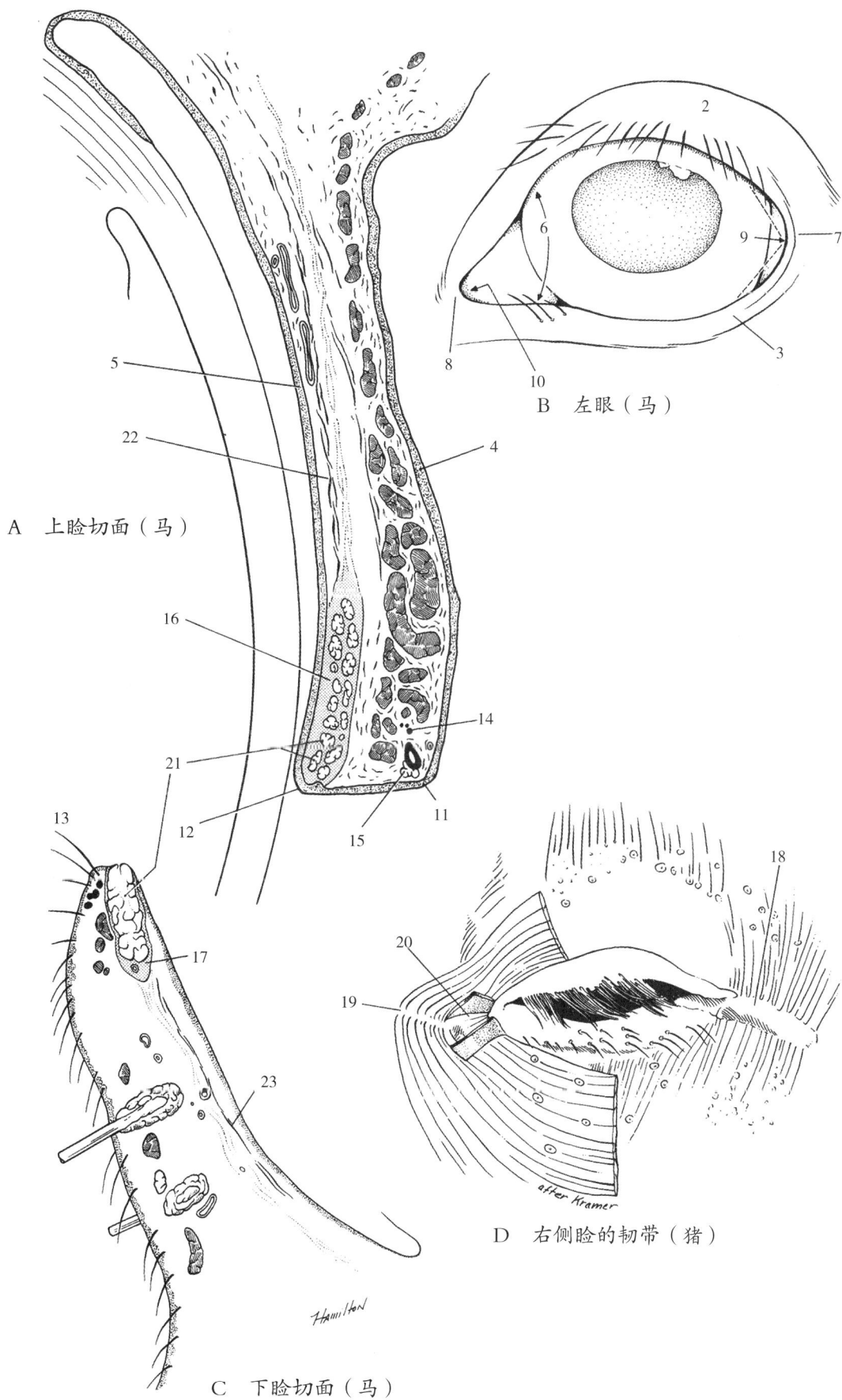

A 上睑切面（马）

B 左眼（马）

C 下睑切面（马）

D 右侧睑的韧带（猪）

1　结膜　Tunica conjunctiva. 眼睑后面的黏膜，折转到眼球前面至角膜缘处。 B

2　第3睑　Palpabra tertia. 也称瞬膜，指眼内角处由一块薄透明软骨支撑的结膜褶，当眼球后退时，第3眼睑滑过眼球。在其表面下有淋巴小结聚集。 A

3　软骨　Cartilago. 支撑第3睑的软骨，大致呈"T"字形，其"横梁"位于第3眼睑的游离缘，其"立柱"位于眶内侧壁和眼球之间。 C

4　浅腺　Glandula superficialis. 指围绕在"T"字形软骨"立柱"周围的副泪腺，其分泌物进入第3眼睑眼球面上的结膜囊。 C

5　深腺　Glandula profunda. 深副泪腺，见于猪和牛，也称Harder腺。 C

6　泪阜　Caruncula lacrimalis. 内眼角处的隆起，着生有细毛、皮脂腺和汗腺。 A

7　泪阜腺　Glandula carunculae lacrimalis. 犬泪阜深处的腺体。

8　球结膜　Tunica conjunctiva bulbi. 被覆在除角膜之外的眼球前表面，松弛地附着于巩膜表面。球结膜的表面被覆复层扁平上皮。 B

9　睑结膜　Tunica conjunctiva palpebrarum. 位于眼睑的后面，睑结膜被覆着从复层扁平到结膜穹窿处的立方的含有杯状细胞的上皮。 B

10　结膜上穹窿　Fornix conjunctivae superior. 由贴附于上睑的结膜折转为球结膜而成。 B

11　结膜下穹窿　Fornix conjunctivae inferior. 由贴附于下睑的结膜折转为球结膜而成。 B

12　结膜囊　Saccus conjunctivae. 睑结膜与球结膜之间的空隙。 B

13　结膜腺　Glandulae conjunctivales. 在接近于结膜穹窿处的结膜内小型副泪腺。 B

14　结膜集合淋巴小结　Lymphonoduli [Noduli lymphatici] aggregati conjunctivales. B

15　泪器　Apparatus lacrimalis.

16　泪腺　Glandula lacrimalis. 位于眼球的背外侧。 E

17　排出管　Ductuli excretorii. 连接泪腺和结膜上穹窿外侧部的管道。 E

18　（副泪腺）　（Gll. lacrimales accessoriae）. 尤指结膜穹窿附近的。 B

19　泪河　Rivus lacrimalis. 指闭眼时两眼睑间和眼球间狭窄的充满泪液的间隙。

20　泪湖　Lacus lacrimalis. 包围泪阜的半环形隐窝。 A

21　泪点　Punctum lacrimale. （复数形式：Puncta，因有两个泪点）。位于内眼角附近睑后缘上的微小裂隙状开口，引导泪液离开眼。 A

22　泪小管　Canaliculus lacrimalis. 连接泪点与泪囊的短管。 E

23　泪囊　Saccus lacrimalis. 鼻泪管的近端膨大，占据泪囊窝。 E

24　泪囊穹窿　Fornix sacci lacrimalis. 指绵羊的泪囊背侧隐窝。

25　鼻泪管　Ductus nasolacrimalis. 连接泪囊与鼻腔的管道，开口于鼻孔鼻阈处的底壁上，也许在其后还有一个副鼻泪管口。 E

26　泪襞［褶］　Plica lacrimalis. 在某些动物，见于鼻泪管口处。 D

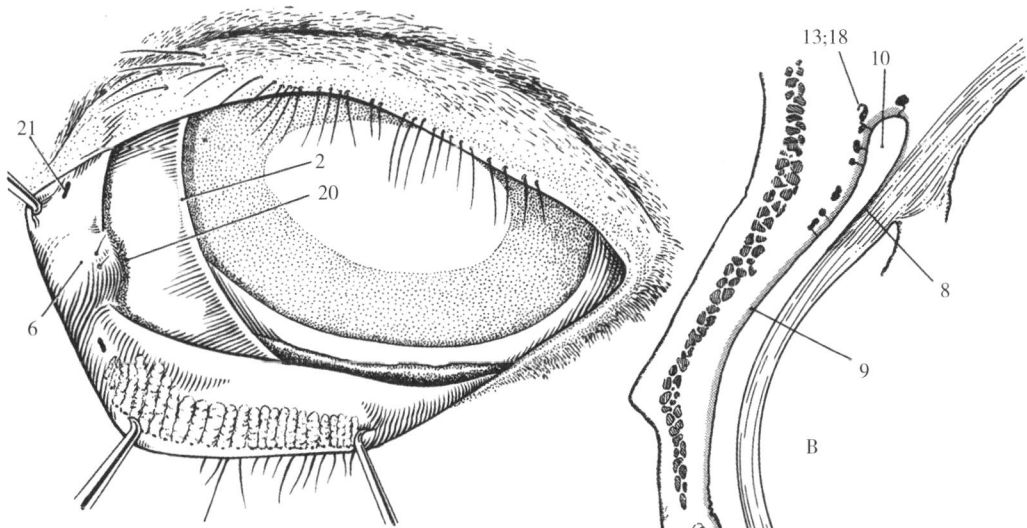

A 左眼（马）

B

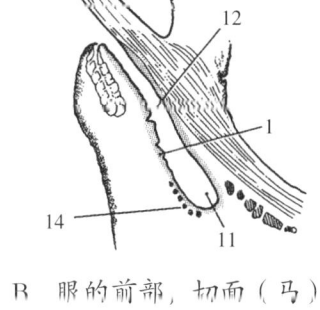

B 眼的前部，切面（马）

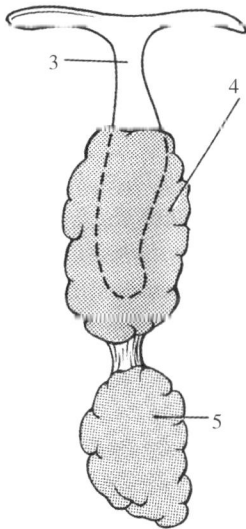

C 第3睑软骨（猪）
（引自Ellenberger和Baum）

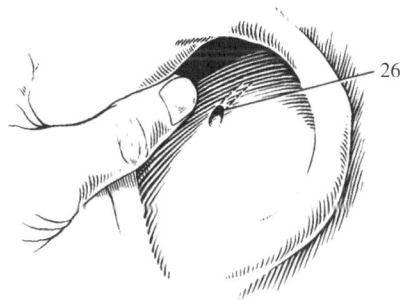

D 左鼻孔内的鼻泪管开口（马）

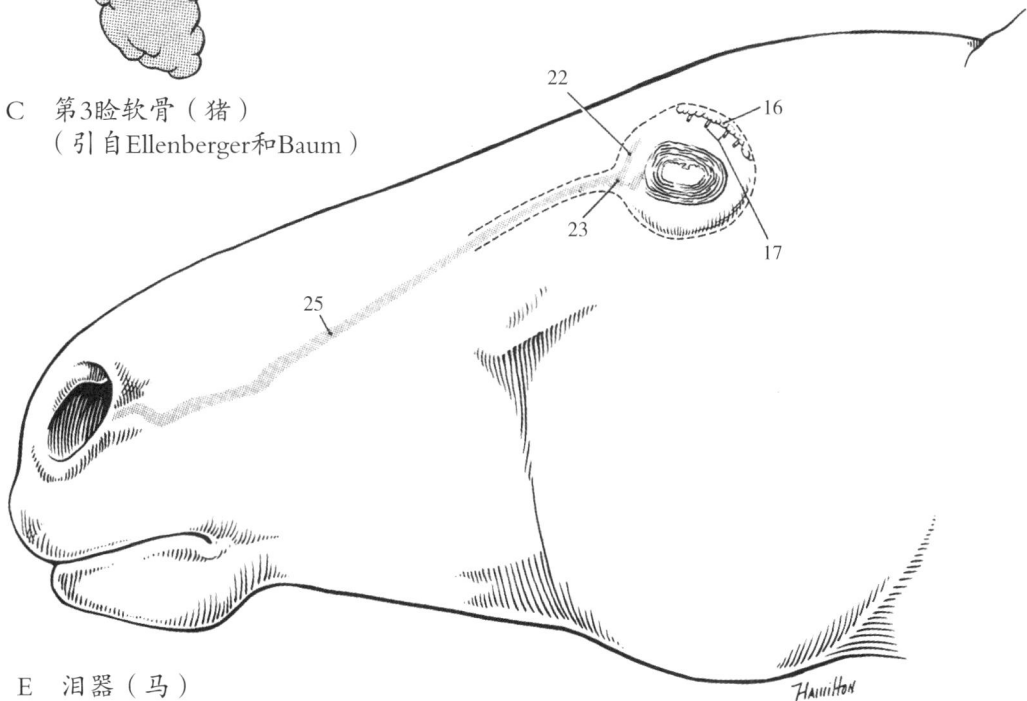

E 泪器（马）

1 **前庭蜗器［耳］** ORGANUM VESTIBULOCOCHLEARE [AURIS]. 一种感受器，可感知重力、声音以及头部和身体的位置变化。

2 **内耳** AURIS INTERNA. 位于岩骨内，可将声音的机械性刺激和位置的改变转变为神经冲动。

3 **膜迷路** Labyrinthus membranaceus. 封闭的膜性管道和腔体系统，位于骨迷路内，含有内淋巴。 A

4 内淋巴管 Ductus endolymphaticus. 位于前庭水管内，从椭圆囊和球囊到脑硬膜。 A

5 内淋巴囊 Saccus endolymphaticus. 内淋巴管稍膨大的末端。 A

6 椭圆球囊管 Ductus utriculosaccularis. 连于内淋巴管的球囊端与椭圆囊之间的一条短管。 A

7 椭圆囊 Utriculus. 为膜迷路在发出3个半规管处的膨大，占据前庭的椭圆囊隐窝。 AB

8 膜半规管 Ductus semicirculares. 半环形的膜性管，起始和终止均在椭圆囊上。它们相互间的朝向几乎均为直角。 C

9 前（膜）半规管 Ductus semicircularis anterior. 其环平面相对于颅底平面呈前内侧倾斜。 A

10 后（膜）半规管 Ductus semicircularis posterior. 其环平面相对于颅底平面呈前外侧倾斜，并稍向背侧。 A

11 外侧（膜）半规管 Ductus semicircularis lateralis. 其环平面相对于颅底平面呈向背侧稍向后倾。 A

12 半规管固有膜 Membrana propria ductus semicircularis. 即膜半规管黏膜的固有层，为管壁的外层。 C

13 半规管基底膜 Membrana basalis ductus semicircularis. 为膜半规管固有膜与上皮间的一薄层。 C

14 半规管上皮 Epithelium ductus semicircularis. 衬贴于膜半规管内表面的一层单层扁平上皮，沿半规管曲侧则为一柱状细胞带，一直伸向膜壶腹。 C

15 膜壶腹 Ampulla membranaceae. 膜半规管上接近于椭圆囊的梭形膨大，每一膜半规管有一个。

16 前膜壶腹 Ampulla membranacea anterior. 前膜半规管的膨大。 A

17 后膜壶腹 Ampulla membranacea posterior. 后膜半规管的膨大。 A

18 外侧膜壶腹 Ampulla membranacea lateralis. 外侧膜半规管的膨大。 A

19 壶腹嵴 Crista ampullaris. 半月形嵴，突入壶腹内，由结缔组织和神经纤维构成，表面覆以神经上皮，从神经上皮上发出成簇的纤毛突入壶腹的顶内。 B

20 顶 Cupula. 壶腹嵴上高耸的胶状质层，横断面呈钟形，由纤维柱和容纳神经上皮发出的感觉纤毛的内淋巴间隙交替组合而成。 B

21 膜脚 Crura membranacea. 膜半规管连接椭圆囊的端部。

22 单膜脚 Crus membranaceum simplex. 外侧膜半规管非壶腹的一端。 A

23 壶腹膜脚 Crura membranacea ampullaria. 膜半规管壶腹端与椭圆囊的结合部。 A

24 总膜脚 Crus membranaceum commune. 前、后膜半规管的非壶腹端与椭圆囊共同的连接。 A

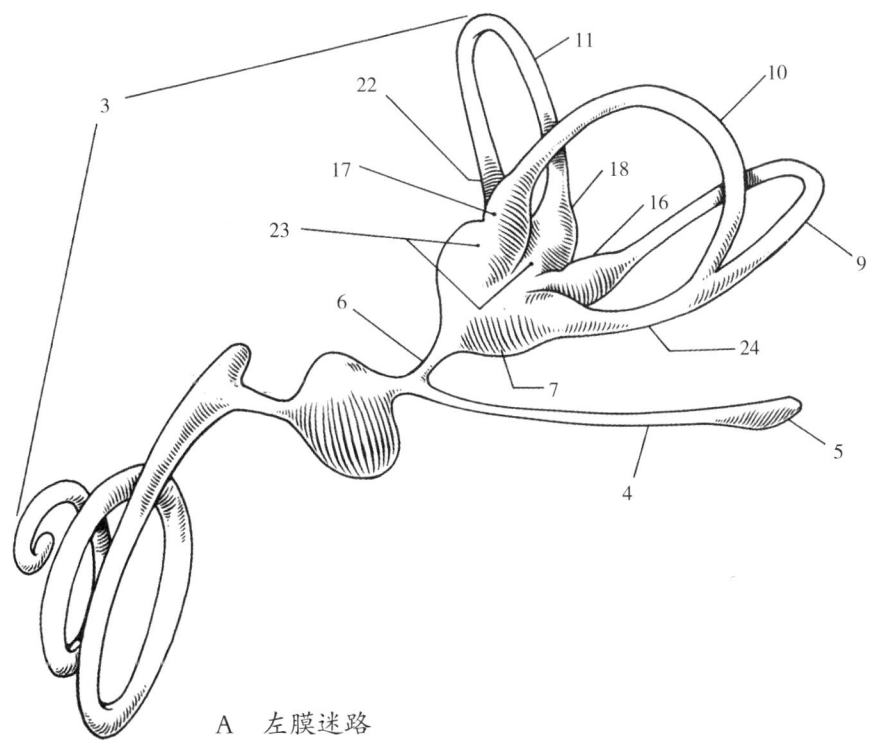

A 左膜迷路

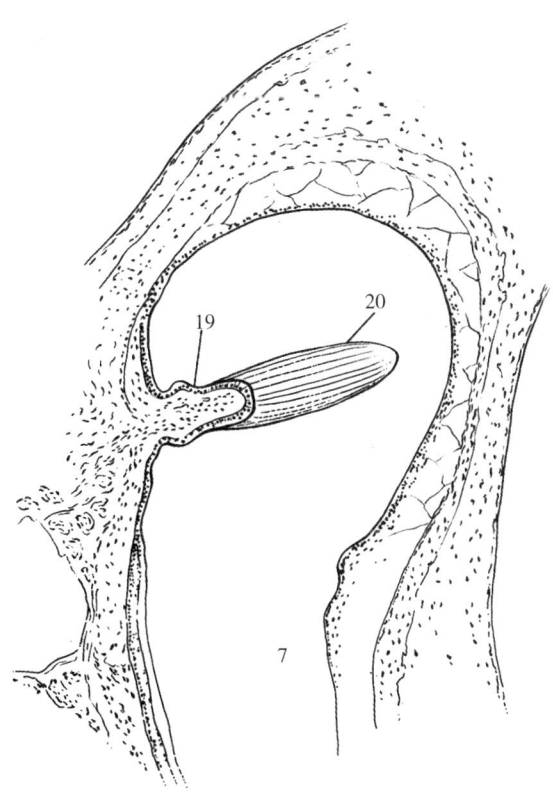

B 壶腹切面（豚鼠）

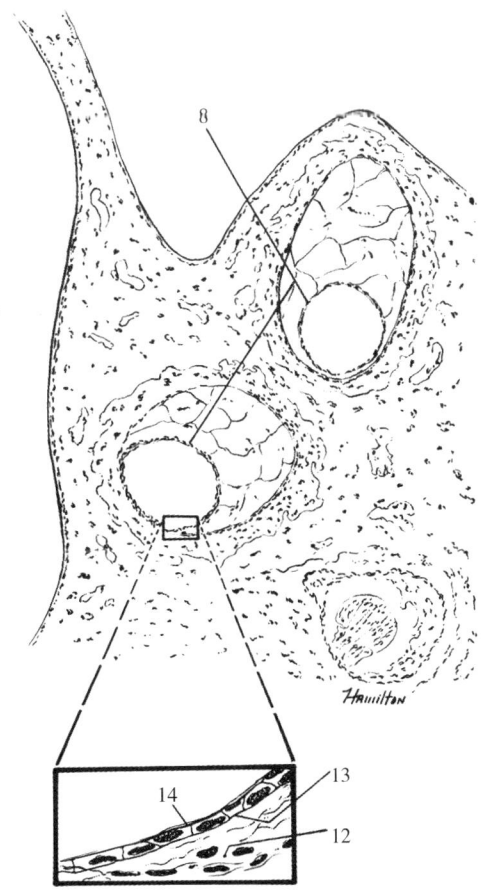

C 半规管断面（豚鼠）

1　连合管　Ductus reuniens.　短管，连接球囊与蜗管。　B

2　球囊　Sacculus.　膜迷路的膨大，占据球囊隐窝。　B

3　斑　Maculae.　膜迷路壁上由神经上皮构成的卵圆形区域，有感测头部位置的作用。　B

4　椭圆囊斑　Macula utriculi.　位于椭圆囊内侧壁上的斑。　B

5　球囊斑　Macula sacculi.　球囊内侧壁上的斑。　AB

6　位觉砂　Statoconia.　位于位觉砂膜表面内的微小碳酸钙棒。　A

7　位觉砂膜　Membrana statoconiorum.　覆盖在斑神经上皮表面的胶状质层，含有位觉砂和神经上皮细胞的纤毛。　A

8　内淋巴　Endolympha.　充满于膜迷路内的液体。

9　外淋巴　Perilympha.　存在于膜迷路与骨迷路之间的液体。

10　外淋巴隙　Spatium perilymphaticum.　位于骨迷路与膜迷路之间，除前庭阶和鼓阶外，此腔隙被其内的小梁进一步分隔为小的腔隙。　A

11　前庭阶　Scala vestibuli.　位于蜗管顶面一侧的外淋巴隙。　C

12　鼓阶　Scala tympani.　位于蜗管基底面一侧的外淋巴间隙。　C

13　外淋巴管　Ductus perilymphaticus.　在耳蜗基部附近连接外淋巴隙与蛛网膜下腔的管道。　B（译者注：也称蜗小管或蜗水管。）

14　**蜗管**　Ductus cochlearis.　膜迷路的螺旋形部分，占据耳蜗，横断面呈三角形。　BC

15　顶盲端　Cecum [Caecum] capulare.　蜗管的盲端，位于耳蜗顶部。　B

16　前庭盲端　Cecum [Caecum] vestibulare.　蜗管的盲起始端，接近球囊。　B

17　蜗管鼓壁［螺旋膜］　Paries tympanicus ductus cochlearis [Membrana spiralis].　面向鼓阶的蜗管壁。C

18　螺旋器　Organum spirale.　由蜗管鼓壁上的神经上皮构成，可将声波转化为神经冲动。　C

19　基底层　Lamina basilaris.　蜗管鼓壁的结缔组织成分，从螺旋骨板伸向螺旋韧带。　C

20　螺旋嵴［螺旋韧带］　Crista spiralis [Ligamentum spirale].　耳蜗的螺旋韧带，从耳蜗的外周向中央到基底层，由耳蜗骨膜增厚形成。　C

20a　蜗管内壁　Paries internus ductus cochlearis.　这一名词类似于兽医组织学的相应名词，用来指由骨螺旋板缘和盖膜构成的蜗管内壁，盖膜为内螺旋沟的边缘。

21　神经孔　Foramina nervosa.　在基底层内的孔，供神经纤维穿过并到达螺旋器。　C

22　骨螺旋板缘　Limbus laminae spiralis osseae.　位于骨螺旋板前庭面的致密结缔组织，向外周扩展，抵止于内螺旋沟两侧的沟唇。　C

23　板缘前庭唇　Labium limbi vestibulare.　内螺旋沟偏前庭阶一侧的边唇，向外延续为盖膜。　C

24　板缘鼓唇　Labium limbi tympanicum.　内螺旋沟偏鼓阶一侧的边唇，向外延续为基底层。　C

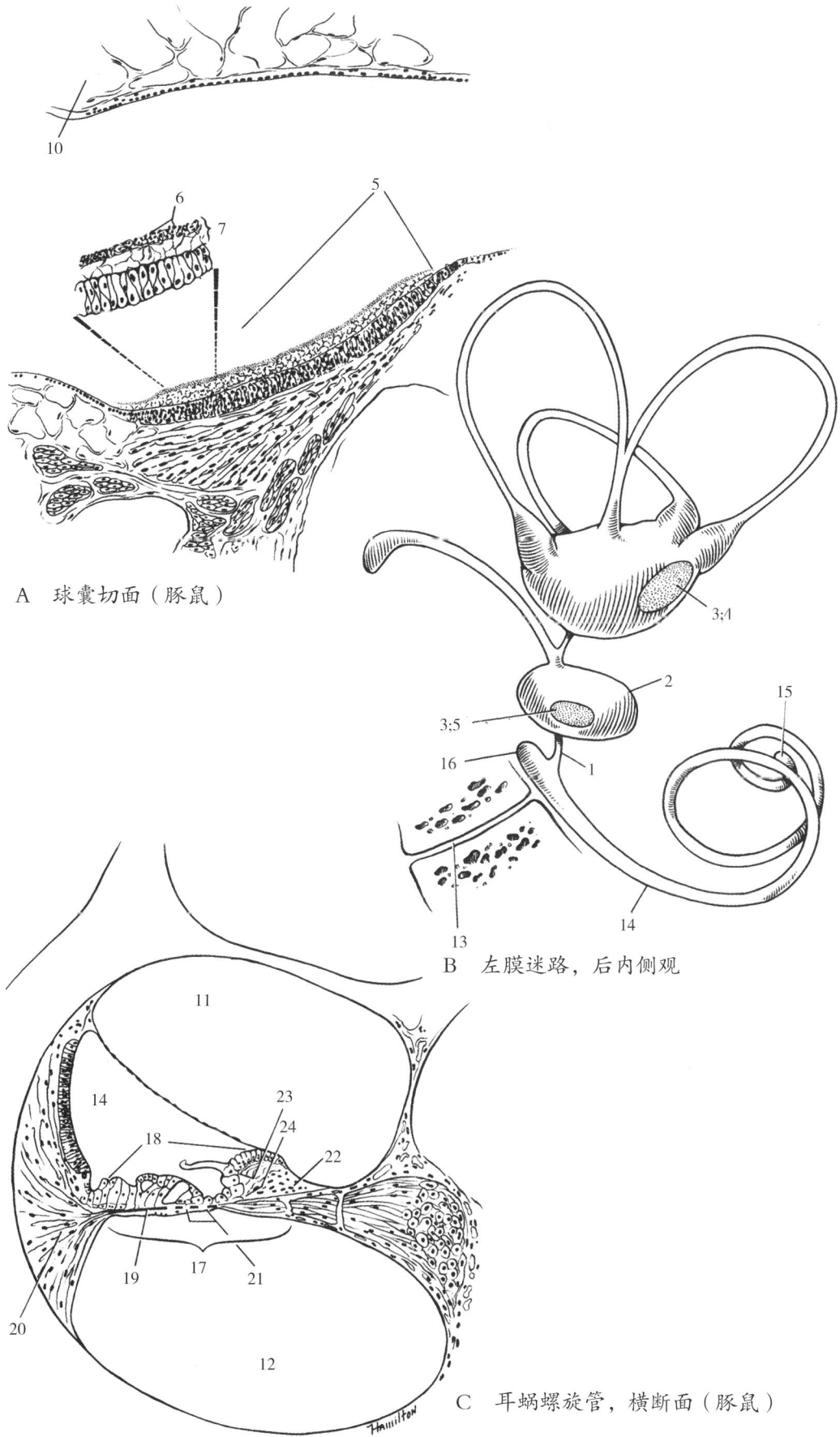

A　球囊切面（豚鼠）

B　左膜迷路，后内侧观

C　耳蜗螺旋管，横断面（豚鼠）

1 盖膜　Membrana tectoria.　板缘前庭唇的延续，盖在内螺旋沟和螺旋器的表面。　A

2 听齿　Dentes acustici.　板缘前庭唇前庭阶面上齿样的嵴，由稍突出的成排细胞构成。　A

3 内螺旋沟　Sulcus spiralis internus.　骨螺旋板缘两唇间的沟，有盖膜覆盖。　A

4 外螺旋沟　Sulcus spiralis externus.　此沟在螺旋器外周缘的表面，蜗管鼓壁和外壁的衔接处。　A

5 网状膜　Membrana reticularis.　覆盖着螺旋器，其深部衬有指细胞。通过网状膜的网孔，螺旋器感觉细胞的纤毛伸出来。　A

6 螺旋血管　Vas spirale.　位于螺旋器深侧，基底层鼓阶一侧。　A

7 蜗管前庭壁［前庭膜］　Paries vestibularis ductus cochlearis [Membrana vestibularis].　位于前庭阶和蜗管腔之间的薄膜。　AB

8 蜗管外壁　Paries externus ductus cochlearis.　依托于螺旋韧带内表面。　AB

9 基底嵴　Crista basilaris.　为螺旋韧带的基底嵴，在这里基底嵴延续为基底层。　A

10 螺旋隆凸　Prominentia spiralis.　在蜗管外壁，外螺旋沟上边。　A

11 隆凸血管　Vas prominens.　螺旋隆凸内的小血管。　A

12 血管纹　Stria vascularis.　由色素上皮构成的增厚层，有毛细血管侵入其内，可以分泌内淋巴。　A

13 蜗螺旋神经节　Ganglion spirale cochleae.　蜗轴内呈索状聚集的双极神经元，其树突从螺旋器的感觉细胞方向而来，其轴突形成耳蜗神经。　AB，另见474页15条。

14 **内耳血管**　Vasa auris internae.

15 迷路动脉　A. labyrinthi.　为基底动脉或小脑后动脉的分支，穿过内耳道进入岩骨，供应内耳。　D

16 前庭支　Rami vestibulares.　供应椭圆囊、膜半规管和球囊。　D

17 蜗支　Ramus cochlearis.　进入耳蜗的中央，供应蜗管及其附近结构。　D

18 蜗小动脉丝球　Glomerula arteriosa cochleae.　为蜗支的分支与螺旋血管间的球型动-静脉吻合，在牛和绵羊该球直径0.5~2mm。这种球型动-静脉吻合也见于前庭。　D

19 迷路静脉　Vv. labyrinthi.　内耳的静脉，通过蜗小管静脉和前庭水管静脉导出内耳的静脉血。在家畜没有与迷路动脉相匹配的星状静脉。　C（迷路静脉不应被列入N.A.V.中）

20 蜗轴螺旋静脉　V. spiralis modioli.　在耳蜗中央的螺旋静脉。　C

21 前庭静脉　Vv. vestibulares.　导出椭圆囊、膜半规管和球囊的静脉血。　C

22 前庭水管静脉　V. aqueductus [aquae-] vestibuli.　在前庭水管内，导出椭圆囊和膜半规管的静脉血。　C（译者注：前庭水管为容纳内淋巴管的小管，含外淋巴。）

23 蜗小管静脉　V. canaliculi cochleae.　蜗小管内的静脉，主要导出内耳静脉血。　C

A 蜗管，横切面（豚鼠）

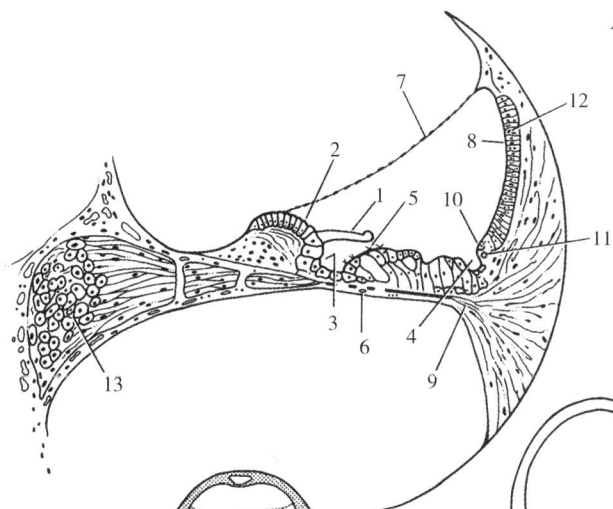

B 耳蜗，纵切面（豚鼠）

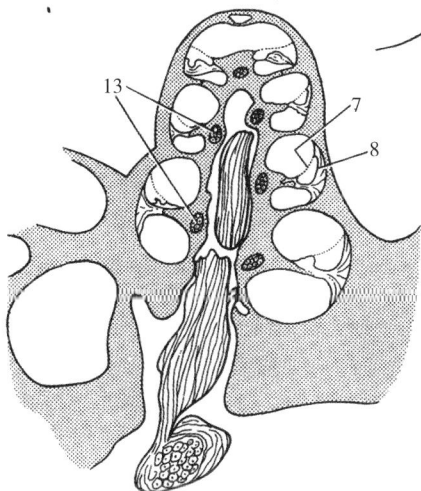

C 左膜迷路的静脉，后内侧观（犬）
（引自Shambaugh）

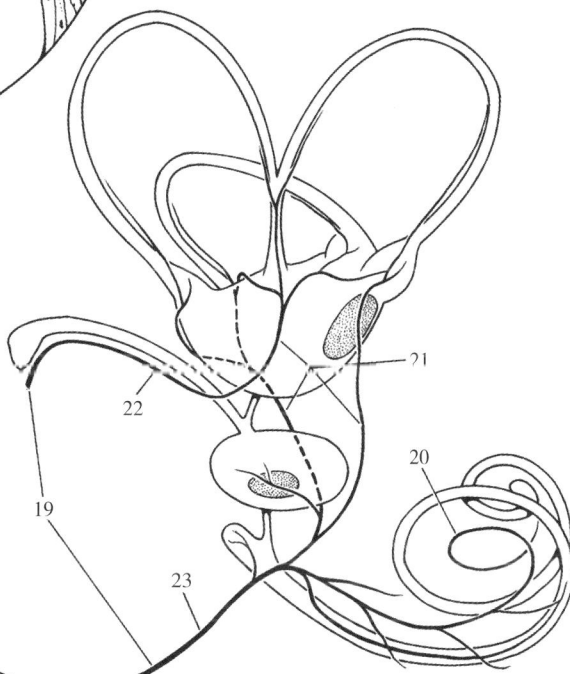

D 左膜迷路的动脉，后内侧观（绵羊）（引自Lewin）

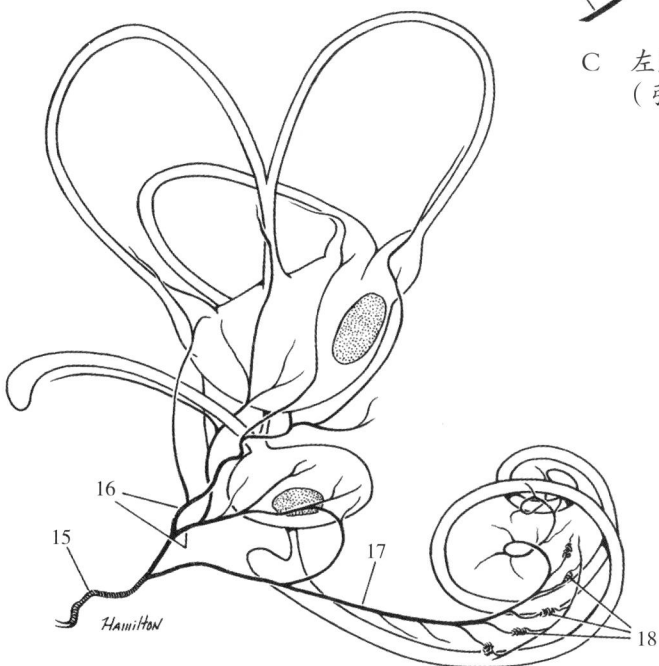

1　**骨迷路**　Labyrinthus osseus.　为岩骨内的隧道，以容纳膜迷路。　A

2　前庭　Vestibulum.　含有椭圆囊和球囊。　B

3　球囊隐窝　Recessus sphericus [sphaericus].　在前庭的前部，内含球囊。　B

4　椭圆囊隐窝　Recessus ellipticus.　在前庭的后部，含有椭圆囊。　B

5　前庭嵴　Crista vestibuli.　在前庭内侧壁上，位于球囊隐窝和椭圆囊隐窝之间。　B

6　蜗管隐窝　Recessus cochlearis.　球囊隐窝前腹侧壁上的隐窝，容纳蜗管的前庭盲端。　B

7　筛斑　Maculae cribrosae.　前庭内侧壁的筛样区，供前庭神经穿出。　B（该结构在第5版N.A.V.中被省略。）

8　骨半规管　Canales semicirculares.　直径0.2~0.5mm，含有膜半规管。　A

9　前（骨）半规管　Canalis semicircularis anterior.　含有前膜半规管。　D

10　后（骨）半规管　Canalis semicircularis posterior.　含有后膜半规管。　D

11　外侧（骨）半规管　Canalis semicircularis lateralis.　含有外侧膜半规管。　D

12　骨壶腹　Ampullae osseae.　3条骨半规管的一端的梭形扩大，以容纳膜壶腹。　A

13　前骨壶腹　Ampulla osseae anterior.　D

14　后骨壶腹　Ampulla osseae posterior.　D

15　外侧骨壶腹　Ampulla osseae lateralis.　D

16　骨脚　Crura ossea.　骨半规管与前庭之间的转接处。

17　总骨脚　Crus osseum commune.　前、后骨半规管非壶腹端的汇合部。　D

18　单骨脚　Crus osseum simplex.　外侧骨半规管单独的非壶腹端。　D

19　壶腹骨脚　Crura ossea ampullaria.　在前庭上开口的骨半规管的壶腹端。　D

20　耳蜗　Cochlea.　岩骨内的锥形隧道，在形态上与蜗牛壳相似。　A

21　蜗顶　Cupula cochleae.　CE

22　蜗底　Basis cochleae.　C

23　蜗螺旋管　Canalis spiralis cochleae.　耳蜗的螺旋形隧道，围绕蜗轴旋转1.25~4圈。　CDE

24　蜗轴　Modiolus.　耳蜗的锥形骨质中心。　E

25　蜗轴底　Basis modioli.　蜗底的中央部。　E

26　蜗轴板　Lamina modioli.　在相邻蜗螺旋管圈间围绕轴延伸的螺旋形层架。　E

27　蜗轴螺旋管　Canalis spiralis modioli.　蜗轴的螺旋管，用来容纳螺旋神经节，在骨螺旋板的基部。　E

28　蜗轴纵管　Canales longitudinales modioli.　含有耳蜗神经纤维的细管。　E

29　骨螺旋板　Lamina spiralis ossea.　从蜗轴突向蜗螺旋管内的螺旋形层架。　E

30　螺旋板钩　Hamulus laminae spiralis.　在蜗顶处骨螺旋板端部的钩。　E

31　蜗孔　Helicotrema.　在蜗顶处前庭阶与鼓室阶互通的开口。　E

32　第2螺旋板　Lamina spiralis secundaria.　从蜗螺旋管外壁伸出的骨板，在骨螺旋板对侧，用以锚定基底层，仅见于蜗螺旋管的基底圈。　E

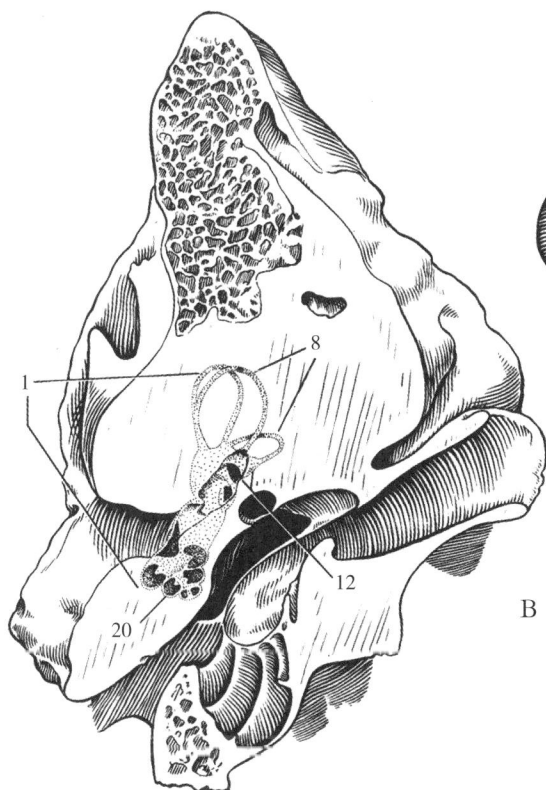

A　左岩骨，横切面，前面观（马）

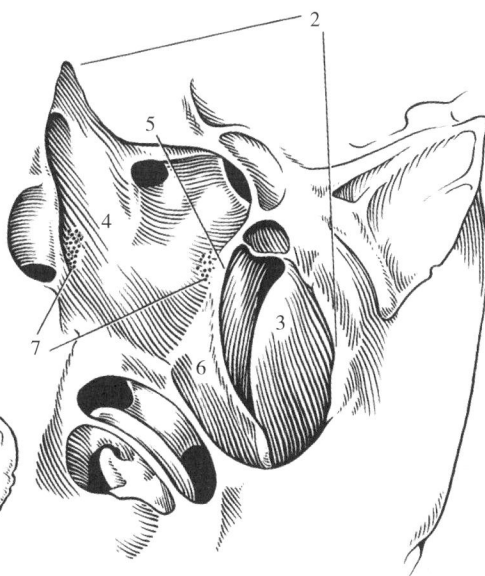

B　左骨迷路，已打开，腹侧观（马）

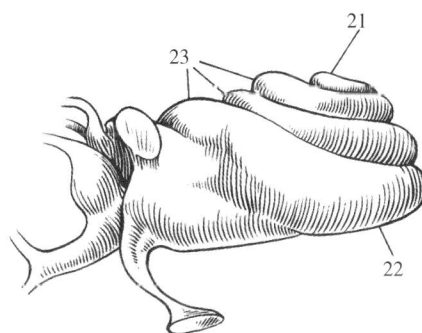

C　右耳蜗的铸型，腹侧观（牛）

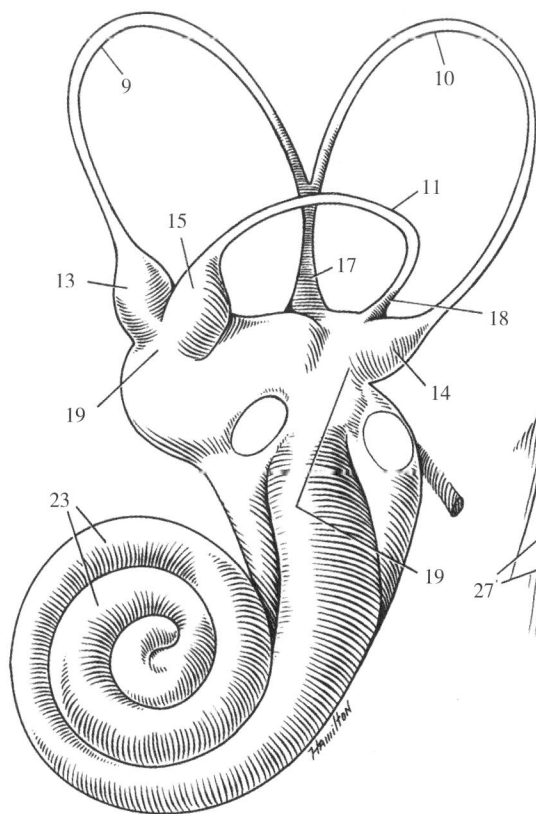

D　左骨迷路的铸型，外侧观（牛）

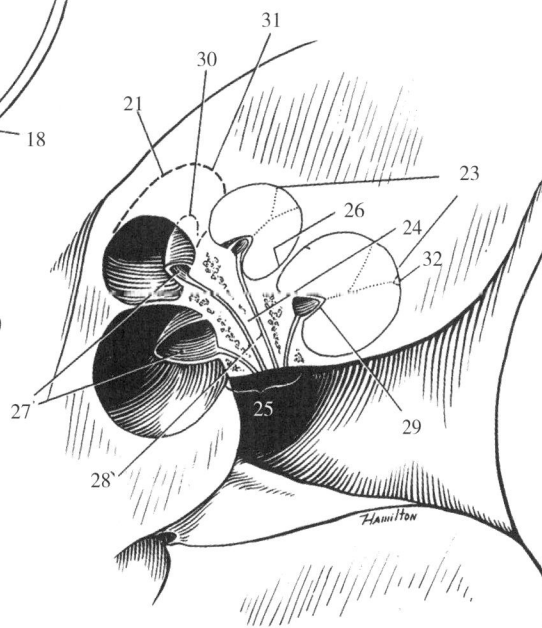

E　左耳蜗断面，背侧观（马）

1　内耳道　Meatus acusticus internus.　在岩骨内延伸，供面神经和前庭耳蜗神经通过。　A

2　内耳门　Porus acusticus internus.　内耳道的口。　B

3　内耳道底　Fundus meatus acustici interni.　内耳道的底面。　C

4　横嵴　Crista transversa.　将内耳道底分为上部和下部的嵴。　C

5　面［中间面］神经区　Area n. facialis [intermediofacialis].　内耳道底的一部分，含有面神经管的起始段，遮护面神经。　C

6　蜗区　Area cochleae.　内耳道底上一小片筛状区，外观呈螺旋状，有耳蜗神经的纤维穿过。　C

　　7　螺旋孔道　Tractus spiralis foraminosus.　蜗区中央呈向心螺旋状排列的小孔。　C

8　前庭上区　Area vestibularis superior.　有椭圆囊壶腹神经的纤维穿过。　C

9　前庭下区　Area vestibularis inferior.　小的筛状区，有球囊神经的纤维穿过。　C

10　单孔　Foramen singulare.　为后壶腹神经经过的小口。　C

11　**中耳**　**AURIS MEDIA**.　由鼓室、鼓膜、听小骨和耳咽管［咽鼓管］组成。

12　**鼓室**　Cavum tympani.　为颞骨岩部和鼓部间斜向的裂隙，在这里听小骨将鼓膜的振动传到内耳的外淋巴隙。　A

13　盖壁　Paries tegmentalis.　鼓室的背侧壁。　DE

14　鼓室上隐窝　Recessus epitympanicus.　鼓室的背侧部，含有听小骨。　E

15　顶部　Pars cupularis.　鼓室上隐窝上部的一个圆形小隐窝。　E

16　颈静脉壁　Paries jugularis.　鼓室的后腹侧壁。　D

17　迷路壁　Paries labyrinthicus.　鼓室的内侧壁，由岩骨构成。　E

18　前庭窗　Fenestra vestibuli.　由镫骨底封闭，通过镫骨底，声的振动作用于内耳的外淋巴。　E

19　岬　Promontorium.　鼓室内侧壁的隆凸，是因其深部有耳蜗的基底圈所致。　E

20　鼓室窦　Sinus tympani.　人类的在岬和蜗窗后方的凹陷。（该结构不应被列入 N.A.V. 中）

21　蜗窗　Fenestra cochleae.　为鼓室内侧壁的圆孔，与鼓阶相通，被第2鼓膜封闭。　E

22　第2鼓膜　Membrana tympani secundaria.　封闭蜗窗。

23　乳突壁　Paries mastoideus.　鼓室的后背侧壁。　D

24　乳突附件　Annexae mastoideae.　在 N.A.，这一名词指在乳突内具有重要临床意义的一些空隙。同样的空隙见于猪和牛。

25　鼓室小房　Cellulae tympanicae.　鼓室腹侧部的进一步分隔，肉食动物缺如。　D

26　鼓索小管鼓室孔　Apertura tympanicae canaliculi chordae tympani.　鼓索小管的鼓室开口。　D

27　颈动脉壁　Paries caroticus.　鼓室的前壁。　DE

28　膜壁　Paries membranaceus.　鼓室的外侧壁，主要由鼓膜占据。　D

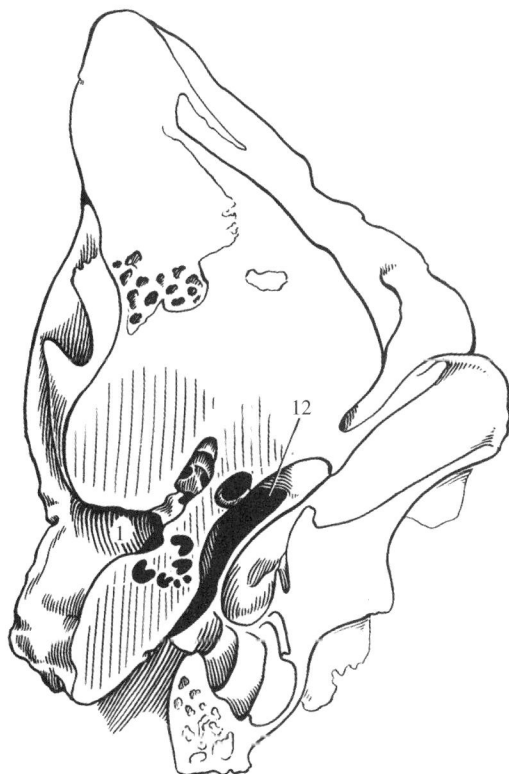

A 左颞骨的岩部和鼓部，横切面，前面观（马）

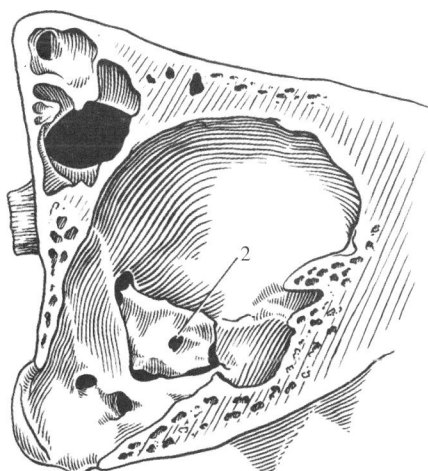

B 颅腔，内侧观（牛）

C 左侧的内耳道底（马）

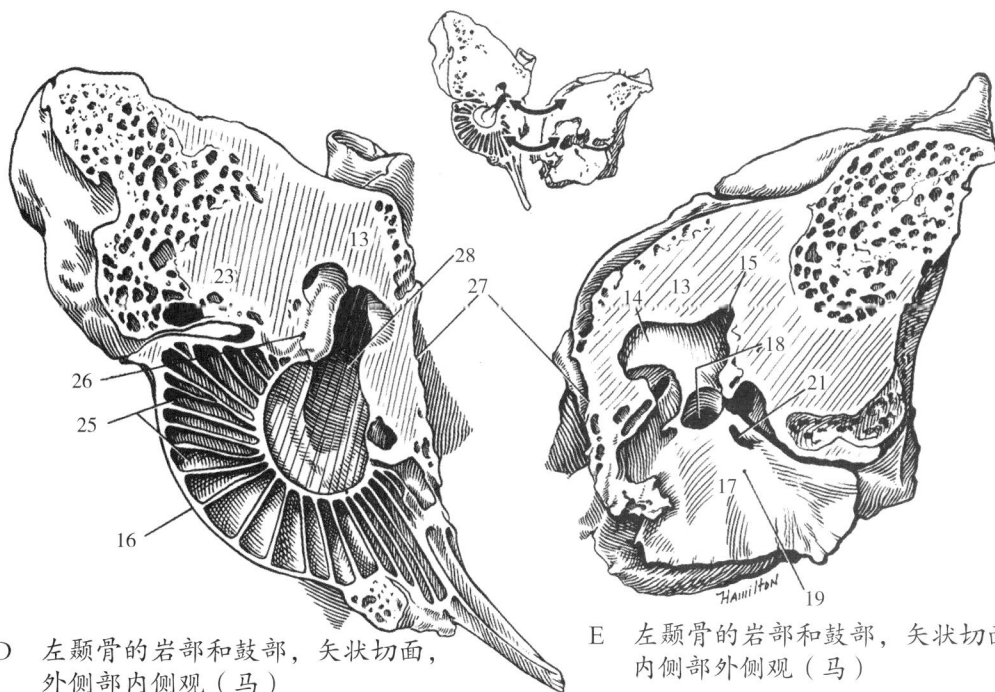

D 左颞骨的岩部和鼓部，矢状切面，
外侧部内侧观（马）

E 左颞骨的岩部和鼓部，矢状切面，
内侧部外侧观（马）

1 **鼓膜** Membrana tympani. 外耳道内端斜向的膜。 B

2 松弛部 Pars flaccida. 在紧张部背侧，封闭外耳道背侧壁上的切迹。 AB（鼓膜上唯一适合于切开的部位）

3 紧张部 Pars tensa. 鼓膜大的功能部，附着于鼓膜环上。 AB

4 锤骨前襞［褶］ Plica mallearis rostralis. 将锤骨柄近部附着于鼓膜环的前部。 B

5 锤骨后襞［褶］ Plica mallearis caudalis. 将锤骨柄近部附着于鼓膜环的后部。 B

6 锤凸 Prominentia mallearis. 在鼓膜外面见到的由锤骨外侧突向外压迫鼓膜而形成的小隆起。 A

7 锤纹 Stria mallearis. 在鼓膜外面见到的反光发亮的条纹，是由于锤骨柄与鼓膜内表面愈着所致。 A

8 鼓膜脐 Umbo membranae tympani. 鼓膜尖，为鼓膜外表面中央的凹陷部，由锤骨远端附着于其上所致。 B

9 纤维软骨环 Anulus fibrocartilagineus. 借助于该环，鼓膜附着于骨性的鼓膜环上。 BD

10 **听小骨** Ossicula auditus. 为3块成关节的骨，具有传递鼓膜振动越过鼓室，到达前庭阶内的外淋巴的作用。 C

11 镫骨 Stapes. 最内的听小骨，与砧骨成关节，其底封闭前庭窗。 C

12 镫骨头 Caput stapedis. 通过中间的豆状骨与砧骨成关节。 C

13 前脚 Crus rostrale. 镫骨的前臂，连接头部和底部。 C

14 后脚 Crus caudale. 镫骨的后臂，从后面连接头部和底部。 C

15 镫骨底 Basis stapedis. 镫骨的底部，封闭前庭窗。 C

16 砧骨 Incus. 位于中间的听小骨，与镫骨和锤骨成关节。 C

17 砧骨体 Corpus incudis. 与锤骨成关节。 C

18 长脚 Crus longum. 砧骨的长突，与镫骨成关节。 C

19 豆状突 Processus lenticularis. 见于人类，偶见于犬，为长脚的远端，略膨大，弯向内侧，与镫骨成关节。 C

20 豆状骨 Os lenticulare. 砧骨微小的附属骨，插于砧骨和镫骨之间，并与它们成关节。 C

21 短脚 Crus breve. 砧骨的短突，附着在鼓室上隐窝的壁上。 C

22 锤骨 Malleus. 最外的听小骨，与砧骨成关节，它的柄被包埋于鼓膜内。 C

23 锤骨柄 Manubrium mallei. 柄样的突起，被包埋于鼓膜内。 C

24 锤骨头 Caput mallei. 与砧骨成关节。 C

25 锤骨颈 Collum mallei. 锤骨头与锤骨柄之间不太明显的缩窄部。 C

26 外侧突 Processus lateralis. 位于锤骨柄近端的短突，向外。 C

27 前突 Processus rostralis. 长的突起，连接到鼓膜环附近。 C

28 肌突 Processus muscularis. 有鼓膜张肌附着。 C

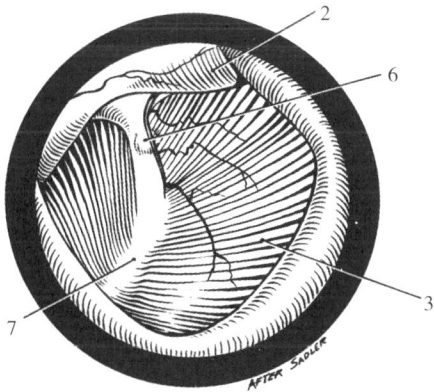

A　借助耳镜观察到的左鼓膜（犬）
（引自 de Lahunta 和 Habel）

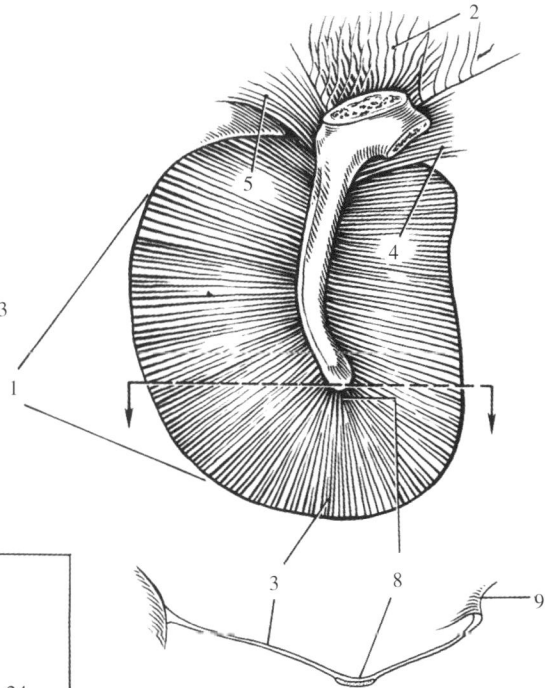

B　左鼓膜，内面观（犬）（引白 Spreull）

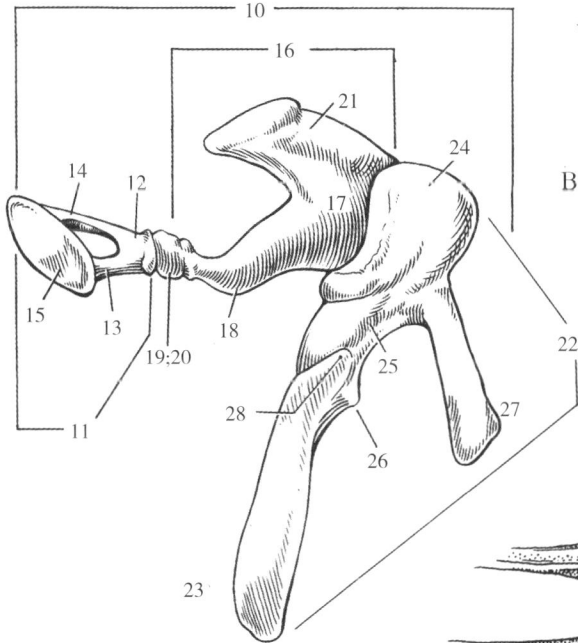

C　左听小骨，前内侧观（马）（引自 Holz）

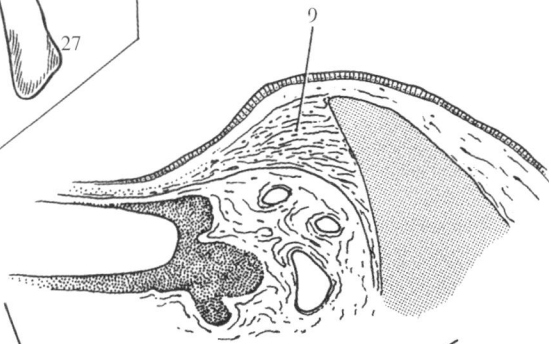

D　鼓膜的固着（犬）

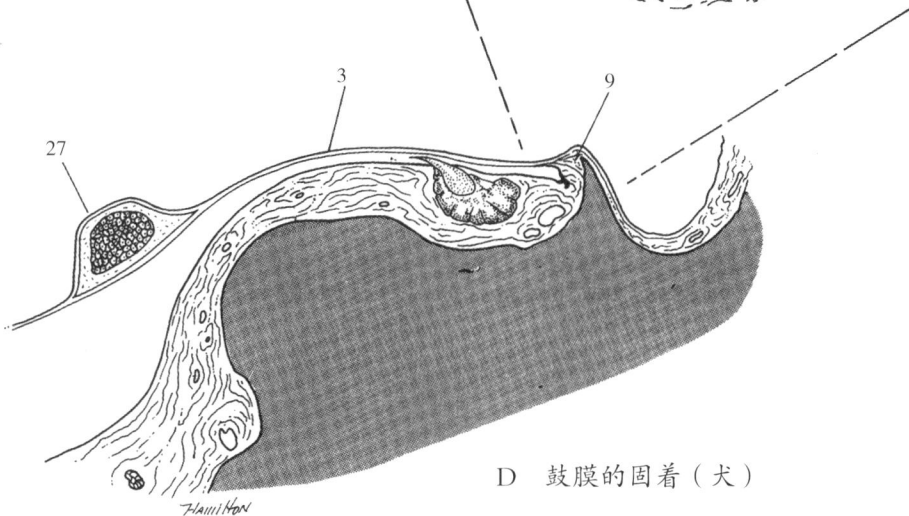

1　听小骨关节　Articulationes ossiculorum auditus.　听小骨间的连结。

2　砧锤关节　Articulatio incudomallearis.　砧骨体和锤骨头之间的关节。　A

3　砧镫关节　Articulatio incudostapedia.　砧骨长脚与镫骨头之间的关节。　A

4　鼓镫韧带联合　Syndesmosis tympanostapedia.　为前庭窗缘与镫骨底之间借镫骨环状韧带的连接。　A

5　听小骨韧带　Ligg. ossiculorum auditus.　指将听小骨连于鼓室壁的韧带总称。

6　锤骨韧带　Ligg. mallei.　涉及锤骨的韧带。　A

7　砧骨韧带　Ligg. incudis.　涉及砧骨的韧带。　A

8　镫骨膜　Membrana stapedis.　弥合镫骨脚与镫骨底之间间隙的膜。　D

9　镫骨环状韧带　Lig. anulare stapedis.　将镫骨底附着于前庭窗边缘。　AD

10　听小骨肌　Mm. ossiculorum auditus.　涉及听小骨的肌肉总称。

11　鼓膜张肌　M. tensor tympani.　起自鼓室壁,止于锤骨肌突。　AB

12　镫骨肌　M. stapedius.　起自鼓室壁,止于镫骨头,有减缓听小骨振动的作用。　A

13　**鼓室黏膜**　Tunica mucosa cavi tympani.　衬贴于鼓室内表面的黏膜,并折转到听小骨表面。

14　锤骨后襞［褶］　Plica mallearis caudalis.　从锤骨柄到鼓膜环后部,含有鼓索。　B

15　锤骨前襞［褶］　Plica mallearis rostralis.　从锤骨柄到鼓膜环前部,含有鼓索。　B

16　鼓锤襞［褶］　Plica mallearis tympani.　被覆在横过鼓膜上部的鼓索表面。　B

17　砧骨襞［褶］　Plica incudis.　折转移行于砧骨短脚表面。　A

18　镫骨襞［褶］　Plica stapedis.　折转移行于镫骨和镫骨肌表面。　A

19　**咽鼓管［耳咽管］**　Tuba auditiva.　也称Eustachian管,连于鼓室和鼻咽部之间。　E

20　咽鼓管鼓口　Ostium tympanicum tubae auditivae.　咽鼓管在鼓室的开口。　C

21　咽鼓管骨部　Pars ossea tubae auditivae.　为耳咽管较短的后部,受颞骨和部分底蝶骨支持。　C

22　咽鼓管峡　Isthmus tubae auditivae.　咽鼓管在其骨部和软骨部结合处的缩窄段。　C

23　咽鼓管软骨部　Pars cartilaginea tubae auditivae.　为咽鼓管较长的前部,由软骨支撑。　C

24　咽鼓管软骨　Cartilago tubae auditivae.　形状像一只倒槽。　C

　　25　内侧(软骨)板　Lamina [cartilaginis] medialis.　咽鼓管软骨较宽的内侧部。　C

　　26　外侧(软骨)板　Lamina [cartilaginis] lateralis.　咽鼓管软骨较窄的外侧部。　C

27　膜板　Lamina membranacea.　咽鼓管壁不受软骨和骨支撑的部分。　C

28　黏膜　Tunica mucosa.　被覆一层含杯状细胞的假复层纤毛上皮。　C

29　咽鼓管腺　Glandulae tubariae.　咽鼓管壁内的黏液腺或混合腺,在绵羊尤其多。　C

30　咽鼓管淋巴小结　Lymphonoduli [Noduli lymphatici] tubarii.　咽鼓管壁内的淋巴小结,反刍动物和猪发达,形成咽鼓管扁桃体。　C

31　咽鼓管咽口　Ostium pharyngeum tubae auditivae.　开口于鼻咽部的外侧壁上。　E

32　咽鼓管憩室(马)　Diverticulum tubae auditivae.　马的咽鼓管囊 [guttural pouch],为咽鼓管向腹后方形成的约300mL的膨大囊。　E(译者注:兽医临床上常称为喉囊。)

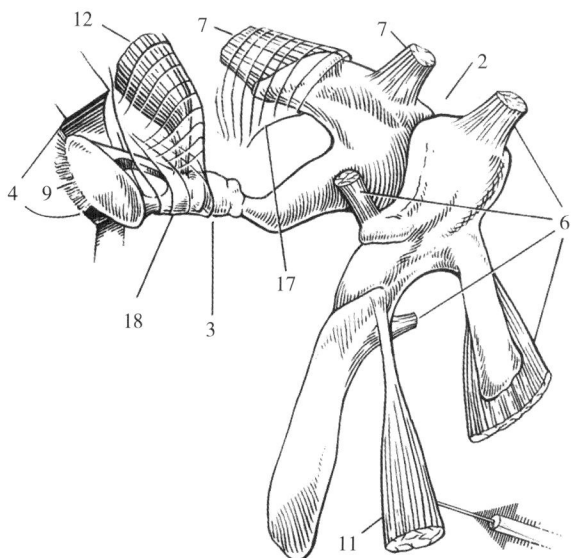

A 左听小骨的韧带和肌肉，前内侧观（马）

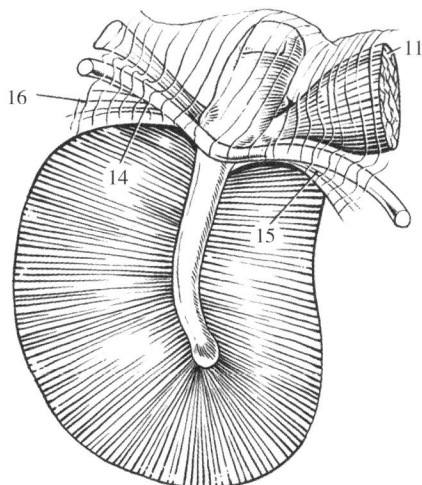

B 左鼓膜，内面观（犬）（引自Spreull）

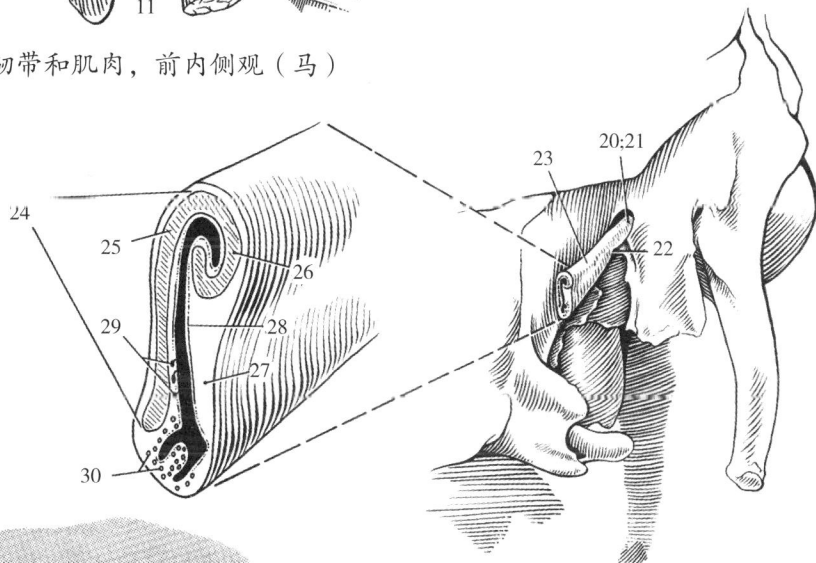

C 左耳咽管，示意图（猪）

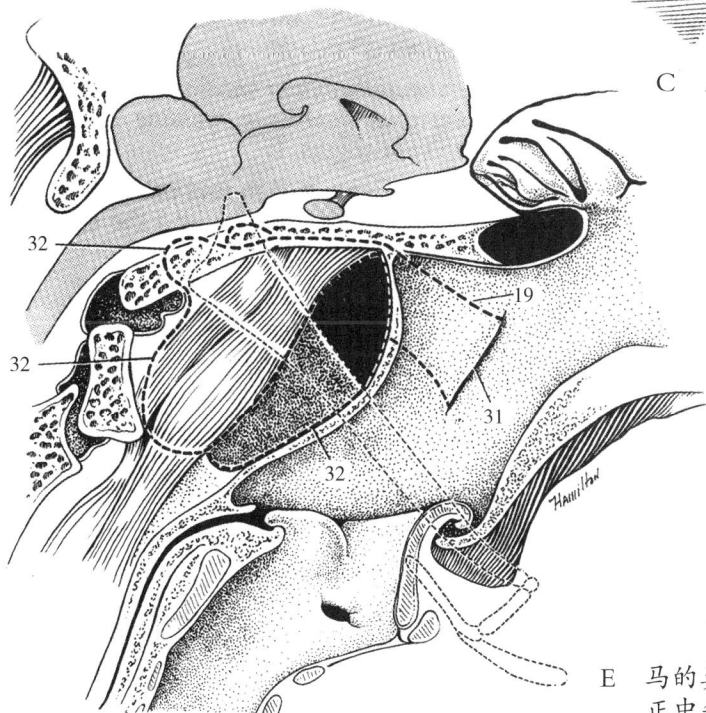

D 左镫骨，前内侧观（马）

E 马的鼻咽部和咽鼓管囊（喉囊），
正中矢状切面，左侧半内侧观

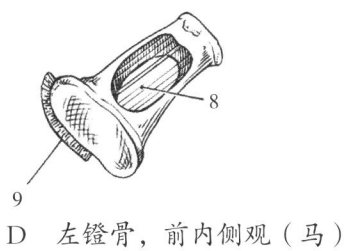

1 **外耳** AURIS EXTERNA. 由耳廓和外耳道组成。 B

2 **外耳道** Meatus acusticus externus. 从耳基部延伸到鼓膜的通道。 B

3 外耳门 Porus acusticus externus. 骨性外耳道的开口，在颅骨上可见。 A

4 软骨性外耳道 Meatus acusticus externus cartilagineus. 外耳道的软骨部。 B

5 环状软骨 Cartilago anularis. 独立的环形软骨，支撑耳廓软骨以内的软骨性外耳道部分。 BD

6 外耳道软骨 Cartilago meatus acustici. 耳廓软骨卷起来的近侧部，支持外耳道远侧部。 BD（在犬，该软骨向前弯曲，在后部显出可触摸到的耳甲隆起，可作为外科手术的标志。）

7 外耳道软骨切迹 Incisurae cartilaginis meatus acustici. 外耳道软骨上的切迹。 BE

8 耳屏板 Lamina tragi. 耳廓软骨卷曲的近侧部的突出前部。 BE

9 **耳廓** Auricula. 耳的外部可见部分。 C

10 耳廓软骨 Cartilago auriculae. 两面均被覆皮肤，它赋予各种动物耳的不同外形。 E

11 耳轮 Helix. 跨越耳廓尖的耳廓游离缘。 BE

12 内侧耳轮脚 Crus helicis mediale. 耳轮的后内侧脚，位于耳屏缘的近端。 BE

13 外侧耳轮脚 Crus helicis laterale. 耳轮的前外侧脚，位于耳屏缘的近端。 BE

14 耳轮棘 Spina helicis. 犬和猪耳屏缘在耳轮脚以远的一个突出部。 E

15 耳轮尾 Cauda helicis. 为对耳屏缘的近端，通过一个明显或不明显的切迹与对耳屏隔开。 D

16 耳屏缘 Margo tragicus. 耳廓的前内侧缘。 E

17 对耳屏缘 Margo antitragicus. 耳廓的后外侧缘。 E

18 缘皮囊 Saccus cutaneus marginalis. 肉食动物对耳屏缘处的皮肤囊，只有囊的前壁受到软骨的支撑。 CE

19 耳舟 Scapha. 耳廓向内的凹陷。 BE

20 耳舟襞［褶］Plicae scaphae. 耳廓内表面的嵴。 BE

21 耳甲 Concha auriculae. 指耳廓漏斗状的近侧部。 B

22 耳甲腔 Cavum conchae. 指耳甲围成的腔。 B

23 对耳屏 Antitragus. 耳廓的一部，构成耳甲腔后外侧壁（译者注：原著为前外侧壁），受耳廓软骨一部的支撑，该部软骨被一深或浅的切迹与对耳屏缘隔开。 E

24 对耳屏外侧突 Processus antitragicus lateralis. 犬耳廓软骨较为明显的一个突起，以对耳屏缘的方向突出。 DE

25 对耳屏内侧突 Processus antitragicus medialis. 耳廓软骨的一个嵴，从对耳屏向后延伸。 E

26 对耳屏襞［褶］Plica antitragica. 从对耳屏向近侧延伸进入耳甲腔的一个皮肤褶，见于犬。 C

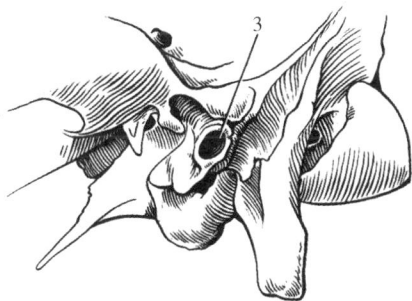

A　颅骨的后腹部，左侧观（牛）

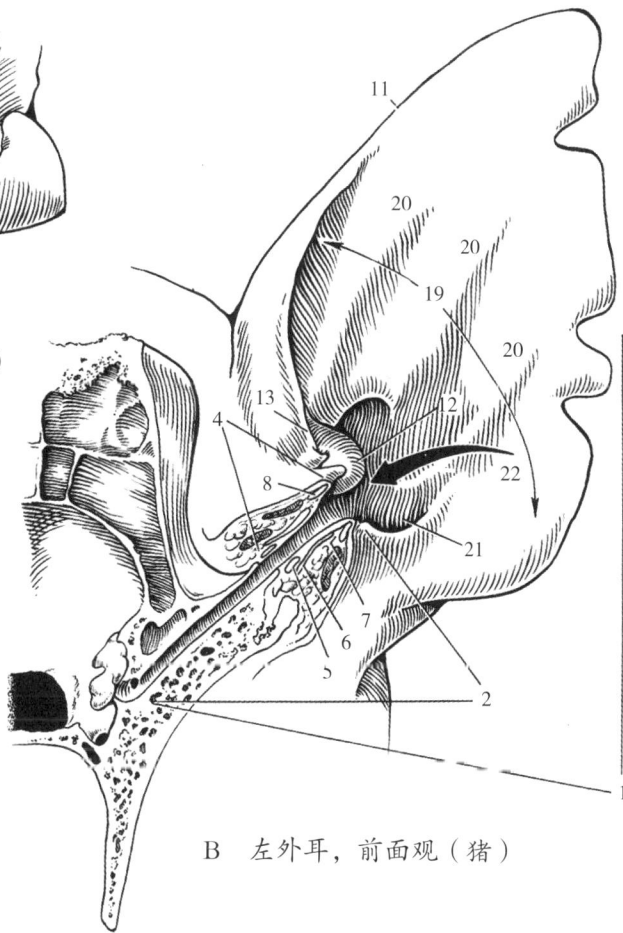

B　左外耳，前面观（猪）

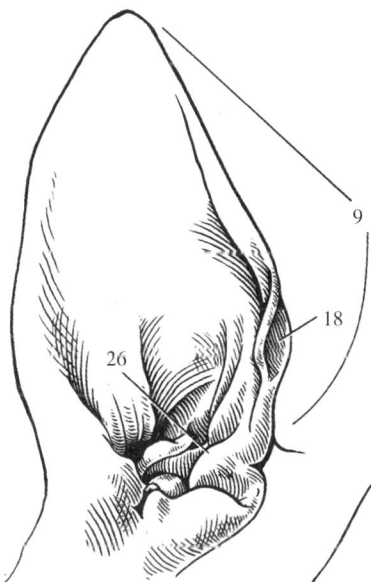

C　左耳廓，已刮毛，
　　前面观（犬）

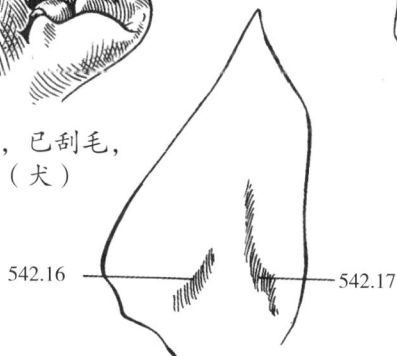

F　左耳廓软骨，后内侧观（猪）
　　（引自Horowitz和Sack）

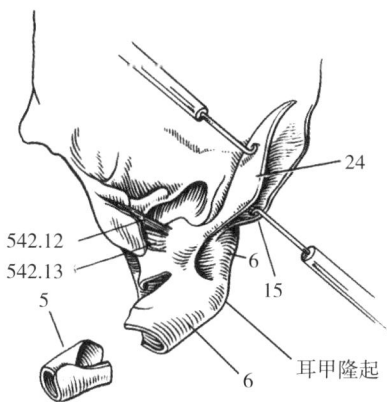

D　左侧外耳道软骨和软骨环，
　　前面观（犬）

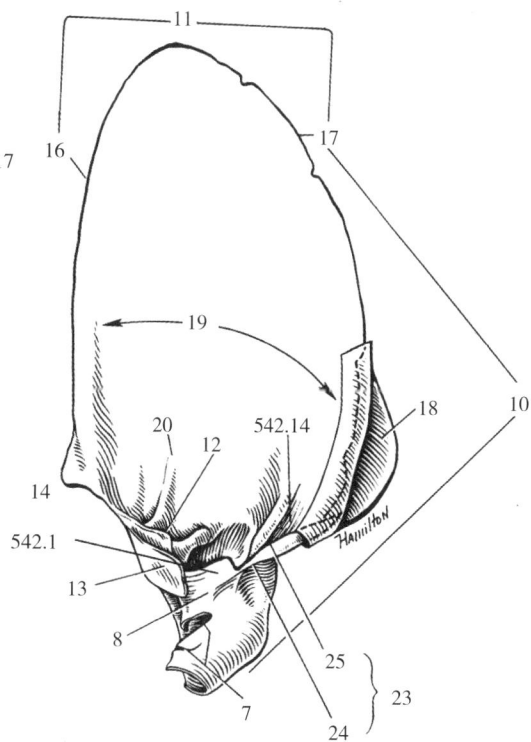

耳甲隆起

E　左耳廓软骨（犬）

1　耳屏　Tragus.　耳甲腔入口前内侧缘的长形隆起。　AE，以及541页 E

2　耳屏前切迹　Incisura pretragica [prae-].　在耳屏前内侧，将耳屏与外侧耳轮脚隔开。　AB

3　屏间切迹　Incisura intertragica.　在耳屏后外侧，将耳屏与对耳屏隔开。　ABE

4　耳廓尖　Apex auriculae.　A

5　终切迹　Incisura terminalis.　分隔耳屏板与耳廓软骨其余部分的切迹。　E

6　对耳屏耳轮切迹　Incisura antitragohelicina.　在对耳屏与耳轮之间。　E

7　茎突　Processus styloideus.　耳廓软骨细长的近端，与其后外侧的环状软骨重叠，马的明显。　B

8　耳甲隆起　Eminentia conchae.　耳廓软骨卷曲部后外侧的隆起，标志着外耳道软骨方向发生了改变。　E

9　耳背　Dorsum auriculae.　耳廓突出的一面。　A

10　耳固有肌　Mm. auriculares.　耳固有肌，非常小且不重要。

11　耳轮肌　M. helicis.　在耳屏缘。

12　耳轮小肌　M. helicis minor.　位于内侧与外侧耳轮脚之间，附着于耳屏板。　541页 D

13　耳屏肌　M. tragicus.　位于外侧耳轮脚与耳屏板之间。　541页 D

14　对耳屏肌　M. antitragicus.　在屏间切迹后方。　541页 E

15　对耳屏后肌　M. caudoantitragicus.　在对耳屏的后面。

16　耳廓横肌　M. transversus auriculae.　在耳甲的外面。　541页 F

17　耳廓斜肌　M. obliquus auriculae.　在耳甲的外面。　541页 F

18　盾状软骨　Cartilago scutiformis.　在耳廓基部的前内侧，颞肌和脂肪的表面，为数块转动耳廓的肌肉提供附着点。　C

19　耳脂体　Corpus adiposum auriculare.　耳脂垫，包围外耳道。　C

20　**嗅器　ORGANUM OLFACTUS**.　D

21　鼻黏膜嗅区　Regio olfactoria tunicae mucosae nasi.　位于筛鼻甲和鼻中隔的后部。　D

22　嗅腺　Glandulae olfactoriae.　位于嗅上皮深侧的浆液腺。　G

23　**犁鼻器　ORGANUM VOMERONASALE**.　旧称Jacobson器，其嗅觉功能据称与性行为和识别同族类有关。在有些种类，它可能作为副嗅器发挥作用。　H

24　犁鼻管　Ductus vomeronasalis.　由嗅黏膜形成的向后的盲管，含有嗅腺。　H

25　犁鼻软骨　Cartilago vomeronasalis.　水槽状软骨，支持犁鼻管。　H

26　**味器　ORGANUM GUSTUS**.　包括所有味蕾。

27　味蕾　Caliculus gustatorius.　是一种与周围上皮高矮相同的由支持细胞和味觉细胞聚集而成的纺锤状结构。味觉细胞上具有微绒毛，可穿出味孔。　F

28　味孔　Porus gustatorius.　上皮表面的孔，在味蕾的顶端，借助味孔，味觉物质被导入味觉细胞的裸露端。　F

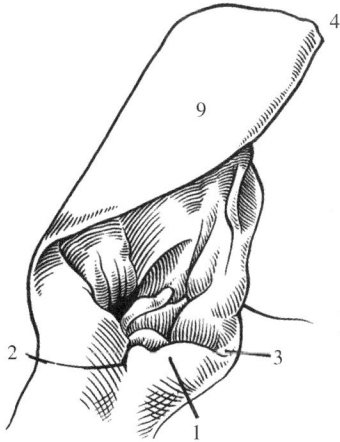

A　左耳廓，刮毛，前外侧观（犬）

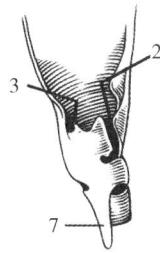

B　右外耳道软骨和软骨环，
　　前外侧观（马）

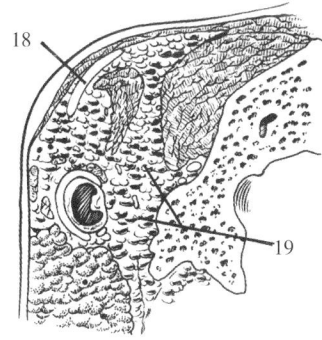

C　盾状软骨和耳脂体，
　　横切面（马）

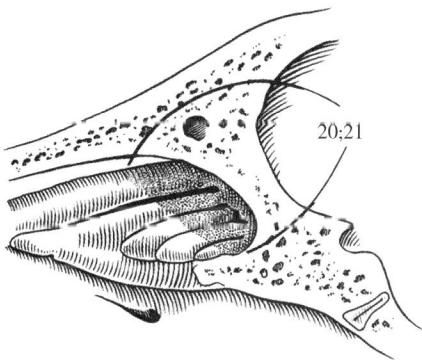

D　右侧鼻甲（绵羊）

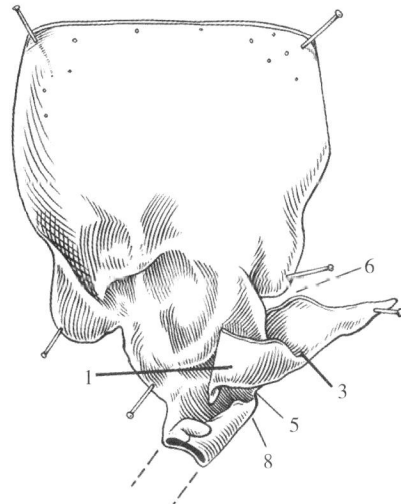

E　左耳廓软骨，前面观（犬）

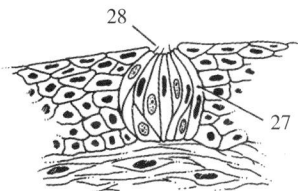

F　味蕾，组织切片

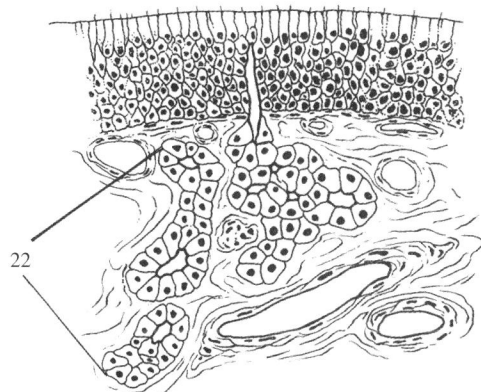

G　嗅黏膜，组织切片

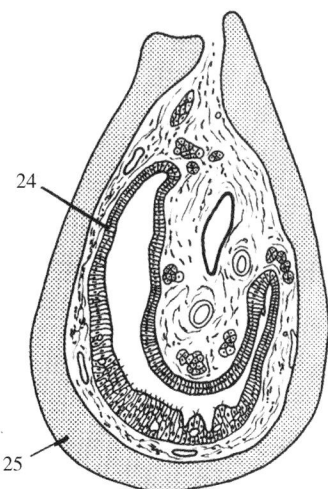

H　左犁鼻器，外侧观附横切面（绵羊）（引自Kratzing）

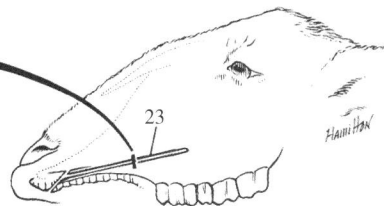

1 **皮肤** **CUTIS.** 由表皮、真皮和皮下组织构成。

2 皮沟 Sulci cutis. 不同位置不同深度的皮肤沟。 AB

3 皮嵴 Cristae cutis. 由表皮形成，并被小的皮沟隔开。 A

4 皮（肤）支持带 Retinacula cutis. 由结缔组织形成的条索，将皮肤连接到深面的筋膜或骨膜。 H

5 皮褶 Plicae cutis. 分布于全身各处的永久皮肤褶皱。 BC

6 皮垂［肉垂］（牛） Palear. C

7 颈横褶（绵羊） Plicae transversae colli. 在美利奴绵羊颈部横行的大永久褶。 B

8 颈附件（猪、绵羊、山羊） Appendices colli. 颈腹侧面皮肤的附件，内含一个软骨棒，常见于山羊。 E

9 触觉刺（肉食动物） Toruli tactiles. 具有触觉的隆起。

10 皮（肤）窦 Sinus cutanei. 各种皮肤形成的袋的统称。

11 眶下窦（绵羊） Sinus infraorbitalis. 位于眼的前方，含有黄色脂性分泌物。 B

12 腹股沟窦（绵羊） Sinus inguinalis. 位于腹股沟区，含有黄色脂性分泌物。 D

13 肛旁窦（肉食动物） Sinus paranalis. 肛门旁的皮肤囊，开口于肛门内，含有灰色脂性分泌物，带有不爽的气味。 F

14 指［趾］间窦（绵羊） Sinus interdigitalis. 位于指［趾］间的管状皮肤内陷，含有一种无色蜡样分泌物。 G

15 **表皮** Epidermis. 被覆于皮肤表面的复层扁平上皮。 H

16 **真皮** Dermis [Corium]. 表皮下面的结缔组织层，含有丰富的血管和神经，以及皮肤腺。 H

17 真皮乳头 Papillae dermales [coriales]. 真皮层不同长度、不同宽度的突起，也会出现分支，它们被接纳于表皮相应的凹陷内。 H

17a 真皮嵴 Crista dermales [coriales].

17b 真皮小叶 Lamellae dermales [coriales]. 真皮嵴和真皮小叶为真皮的两种基本形态。

18 神经末梢 Terminationes nervorum. 皮肤感觉神经终末的统称。 J

19 **皮下组织** Tela subcutanea [Hypodermis]. 由胶原纤维、弹性纤维和脂肪组成，与其表面的真皮相融合，并疏松地附着于其深侧的筋膜上。 H

20 脂膜 Panniculus adiposus. 皮下组织内厚的脂肪沉积，如猪的背膘。 I

21 神经末梢 Terminationes nervorum. 皮下组织内感觉神经终末的统称。

再次提醒，带有星号"*"的结构是临床上介入和体格检查的重要标志。

A 背部皮肤（犬）

B 头和颈（公绵羊）（引自 Merino）

C 圣格特鲁斯公牛

D 腹后区（公绵羊）

E 山羊头部

F 肛区（犬）

G 指（趾）间窦（绵羊）

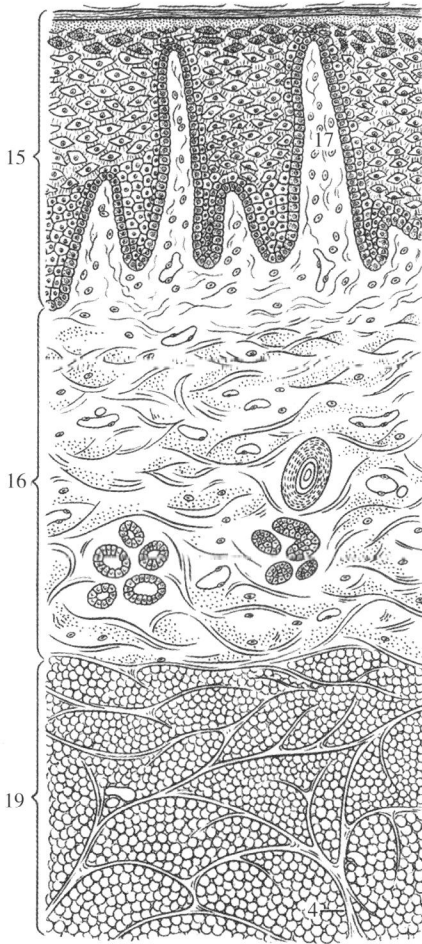

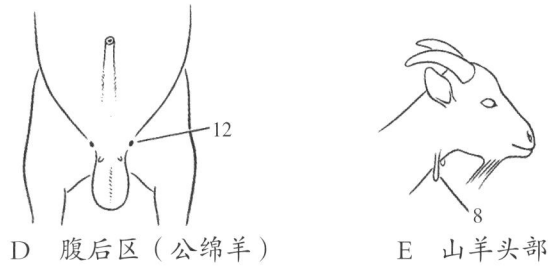

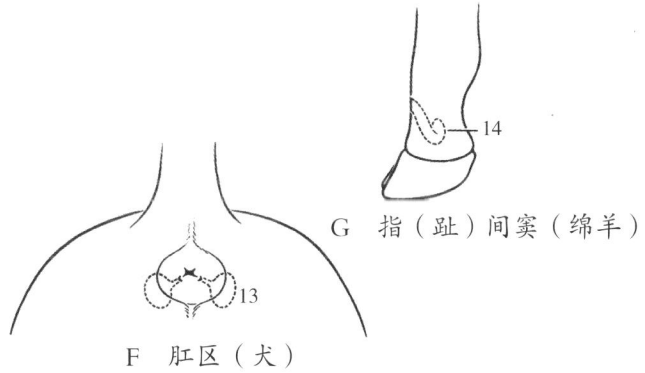

H 皮肤和皮下组织，组织切片（马）

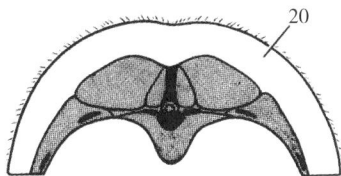

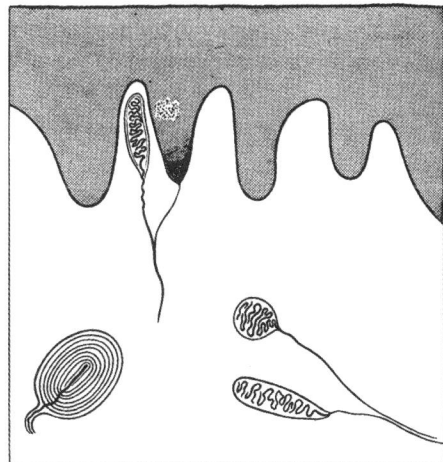

I 背部，横切面（猪）

J 神经终末，组织切片
（引自 Trautmann 和 Fiebiger，Montagna）

1 **毛 PILI**. 各种形态的毛的总称。尽管名词 "Capilli" 是指人头部的毛发，但在此处是指皮肤表面的被毛。相应地，羊体表的被毛称为棉状毛或柔毛（wool hair, pili lanei）。猪体表的被毛称为刚毛 "setae"。

2 被毛 Capilli. 哺乳动物的被毛，除在绵羊称为柔毛pili lanei，在猪主要是刚毛以外。

3 刚毛 Setae. 猪的刚毛。

4 柔毛 Pili lanei. 棉状毛，构成了绵羊的毛层，以及其他动物贴身的一层绒毛。

5 刘海 Cirrus capitis. 马鬃最前端下垂至前额顶的部分。 A

6 （马）鬃 Juba. A

7 尾毛 Cirrus caudae. 尾巴上的长毛。 C

8 掌距毛 Cirrus metacarpeus. 马前肢球节处的一簇长毛。 B

9 跖距毛 Cirrus metatarseus. 马后肢球节处的一簇长毛。

10 睫毛 Cilia. A

11 须（山羊） Barba. 下颌腹侧面的一簇长毛。 D

12 耳毛 Tragi. 外耳道入口处的毛。 A

13 鼻毛 Vibrissae. 鼻孔内的毛。 A

14 触毛 Pili tactiles. 是对长而不易弯曲毛的总称，主要位于头部，其毛根被一血窦包围，并富含感觉神经末梢。

15 眶上触毛 Pili tact. supraorbitales. 位于眼的上方。 DE

16 眶下触毛 Pili tact. infraorbitales. 位于眼的下方。 A

17 颧触毛 Pili tact. zygomatici. 位于眼的腹侧或后腹侧。 AE

18 颊触毛 Pili tact. baccales. 位于颊的表面。 E

19 上唇触毛 Pili tact. labiales superiores. 位于上唇和鼻孔周围。 A

20 下唇触毛 Pili tact. labiales inferiores. A

21 颏触毛 Pili tact. mentales. 位于下颌腹侧面。 E

22 腕触毛（猫） Pili tact. carpales. 位于前臂后内侧面。腕枕稍上方。 F

23 毛尖 Apex pili.

24 毛干 Scapus pili. 毛干，尤指暴露于皮肤外面的部分。 G

25 毛根 Radix pili. 指包埋于皮肤内的部分。 G

26 毛球 Bulbus pili. 毛根的近端膨大部。 G

27 毛囊 Folliculus pili. 包围于毛根周围的由上皮组织和结缔组织构成的鞘样结构。 G

28 毛乳头 Papilla pili. 突入毛球内的结缔组织楔子。 G

29 立毛肌 Mm. arrectores pilorum. 从毛囊到真皮乳头层的一小束平滑肌，可竖立毛发。 G

30 毛流 Flumina pilorum. 由一个区域内方向相同的毛组成。 H

31 集合型毛涡 Vortex pilorum convergens. H

32 分离型毛涡 Vortex pilorum divergens. H

33 集合型毛线 Linea pilorum convergens. 由两边汇聚的毛形成的线形或嵴形毛流。 H

34 分离型毛线 Linea pilorum divergens. 由两边分散的毛形成的槽形毛流。 H

35 毛交叉 Cruces pilorum. 由两条集合型毛线相交而成。 H

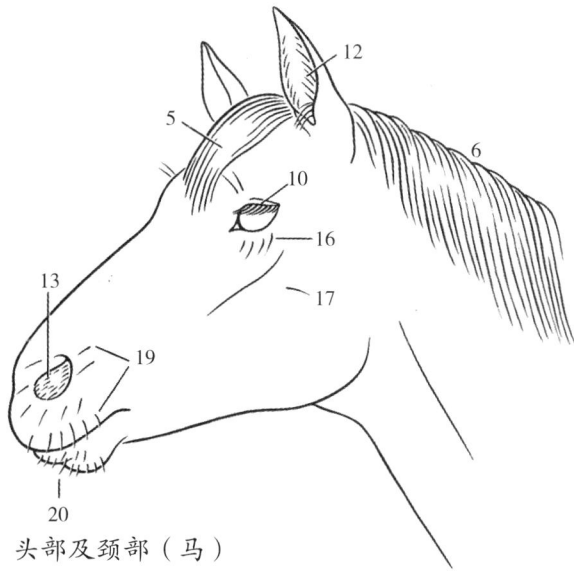

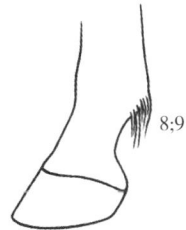

A　头部及颈部（马）

B　指［趾］部（马）

C　尾（牛）

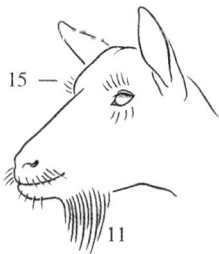

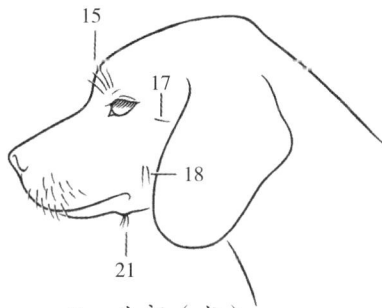

D　头部（山羊）

E　头部（犬）

F　右前足，掌侧观（猫）

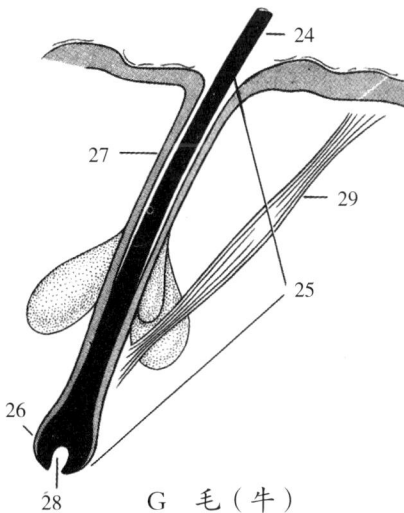

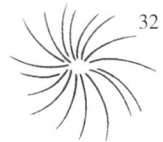

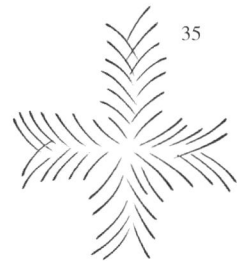

G　毛（牛）

H　毛流

1 **角　CORNU**. 反刍动物的角。　A

2 角基［根］Basis cornus.　角的近侧较粗的部分。　A

3 角体　Corpus cornus.　角根和角尖之间伸长的部分。　A

4 角尖　Apex cornus.　角尖锐的头。　A

5 角表皮　Epidermis cornus.　角的上皮层，包括活的细胞和角化的外部。它与皮肤的表皮是同源的，其下为角的真皮。　BC

6 角基［根］表皮*　Epiceras.　软角带，角基的表皮，为皮肤表皮向角表皮的过渡，类似于蹄的缘表皮（蹄缘）。　C

7 表皮小管　Tubuli epidermales.　也称角小管，从真皮乳头上生长而来，其排列方向与角的生长方向一致，平行排列，小管间由小管间角质连接。　BC

8 角真皮　Dermis [Corium] cornus.　位于骨质的角突与角表皮之间高度血管化的纤维结缔组织层，对应于皮肤真皮。　BC

9 真皮乳头　Papillae dermales [coriales].　为角真皮的突起，它们与角表皮形成的凹陷相对应。角小管来源于覆盖在真皮乳头表面的角表皮深层的生长。　C

10 **枕　TORI**（单数形式：Torus）.　名词枕当与普通皮肤联系使用时表示一个垫子，它包括厚的表皮、真皮和皮下组织。一个枕可能有或没有枕皮下组织。

11 腕枕*　Torus carpeus.　在肉食动物，位于腕部掌侧面；在马称为附蝉，位于前臂掌内侧面，腕部上方，且缺乏皮下组织。　DE

12 跗枕*　Torus tarseus.　仅见于马，也称附蝉*，位于跗部跖内侧面。　F

13 掌枕*　Torus metacarpeus.　在肉食动物位于掌指区的掌侧面。　D

14 掌距*　Calcar metacarpeum.　也称距（Ergot），马掌枕的遗迹，位于掌指区的掌侧。　E

15 跖枕　Torus metatarseus.　在肉食动物位于跖趾区跖侧面，类似于掌枕。

16 跖距　Calcar metatarseum.　也称距（Ergot），见于马。为跖枕的遗迹，位于跖趾区的跖侧。　F

17 指［趾］枕*　Torus digitalis.　在肉食动物位于每一指［趾］的掌［跖］侧面。　D

18 蹄枕*　Torus ungulae.　指反刍动物的指［趾］枕*，位于蹄底面的掌［跖］侧。　G

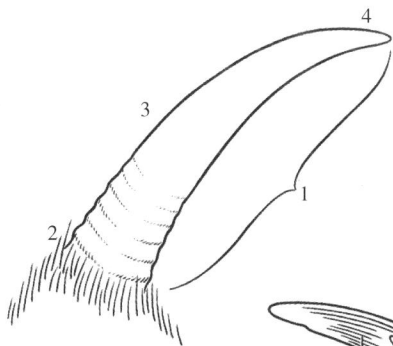

A 左侧角，外侧观（山羊）

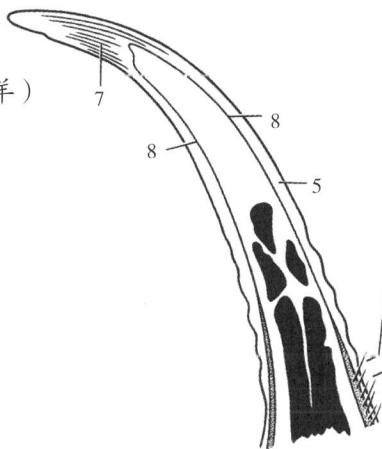

B 角，纵剖面（山羊）

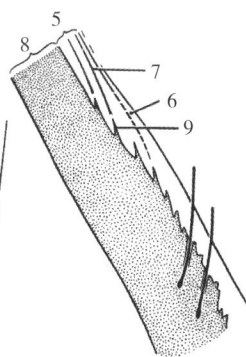

C 角基表皮，断面示意图（山羊）

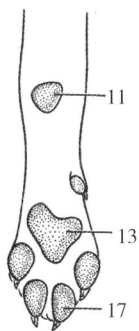

D 左前足，掌侧观（犬）

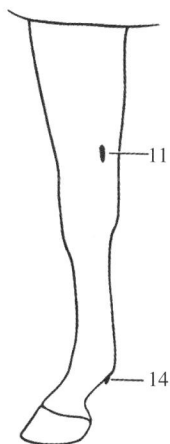

E 马右前肢，内侧观

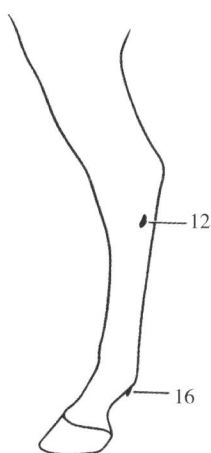

F 马右后肢，内侧观

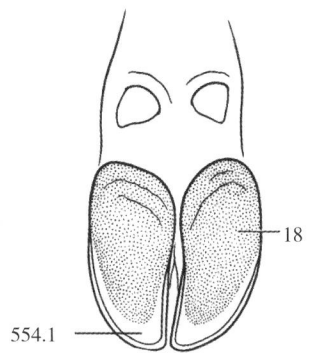

G 前足的指，掌侧观（牛）

1　**爪　UNGUICULA**.　肉食动物的爪，包括角化的表皮、真皮及皮下组织。　A

2　**蹄　UNGULA**.　见于有蹄类，包括角化的表皮、真皮及皮下组织。　C

3　**蹄缘**［**爪缘**（肉食动物）］ Limbus [Vallum].　为一窄条特化皮肤构成的带，成为爪或蹄的近部，包括表皮、真皮和皮下组织。其表皮为从皮肤表皮向爪或蹄表皮的过渡类型。在肉食动物，这条窄带及其上方的皮肤形成了一条褶，称为爪缘，部分地覆盖在爪壁上。在有蹄类，从皮肤到蹄的过渡区称为冠。　ABD（名词"缘"适用于所有种类，而爪缘适用于肉食动物。）

4　**缘表皮**［**蹄缘表皮**（有蹄类）］ Epidermis limbi [Perioplum].　由爪缘或蹄缘随爪或蹄向下生长形成的柔软角质。蹄的缘表皮称为蹄缘表皮，它形成蹄角质壁的外层。　CD（缘表皮适用于所有种类，而在有蹄类缘表皮可称为蹄缘表皮。）

5　**表皮小管**（有蹄类） Tubuli epidermales.　从缘真皮乳头上长出的角质小管，它们平行于蹄的生长方向，并由管间角质结合起来。　D

6　**缘真皮** Dermis [Corium] limbi.　位于缘表皮深面并营养缘表皮，在近端与皮肤真皮相延续，向远与蹄或爪的冠真皮相延续。　BD

7　**真皮乳头** Papillae dermales [coriales].　为缘［蹄襞］真皮的突起，契合缘表皮的角质陷凹。　D

8　**缘皮下组织**［**蹄缘皮下组织**（有蹄类）］[1] Tela subcutanes limbi [Pulvinus limbi].　爪缘或蹄缘的皮下组织，它可形成稍微抬高的带状隆起，即缘皮下组织。　D

9　**蹄冠**［**爪冠**（肉食动物）］ Corona.　蹄或爪的带状近侧部，位于蹄缘［爪缘］远侧和深侧。包括表皮、真皮和皮下组织，其中表皮向远侧生长，覆盖远指［趾］节骨，并形成角质壁中最厚的一层。　D

10　**冠表皮** Epidermis coronae.　产生自蹄或爪的冠部，由一薄层增殖细胞跟随大量角质化细胞构成，后者构成了角质壁的中层。　D

11　**表皮小管**（有蹄类） Tubuli epidermales.　直径约160μm，从冠真皮乳头向下生长，使冠表皮非常强韧而厚。小管包埋于管间角质中，小管的弹簧样特性使蹄壁对于远近向的压力产生弹性。　D

12　**冠真皮** Dermis [Corium] coronae.　位于爪或蹄的近缘的带状真皮，营养冠表皮，它向上与缘真皮相延续，向下与壁真皮相延续。　D

13　**真皮乳头** Papillae dermales [coriales].　冠真皮的突起，与冠表皮内表面的凹陷相契合。　D

14　**冠皮下组织**[1] Tela subcutanea coronae.

15　（**蹄冠皮下组织**）（有蹄类）[1] (Pulvinus coronae).　在马形成一带状的向外的隆凸。　D

---

[1]：名词 Torus 不应该应用于缘皮下组织和冠皮下组织这些由皮下组织构成的枕皮下组织，因为名词 Torus 是用来指整个指［趾］的垫，包括表皮、真皮和皮下组织。

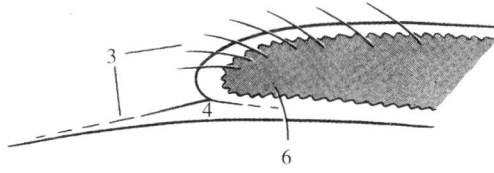

B　爪缘，矢状切面（猫）

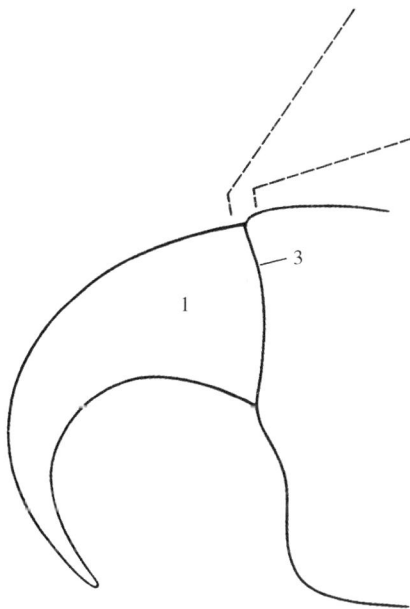

A　爪（猫）

C　马蹄（引自Sack和Habel）

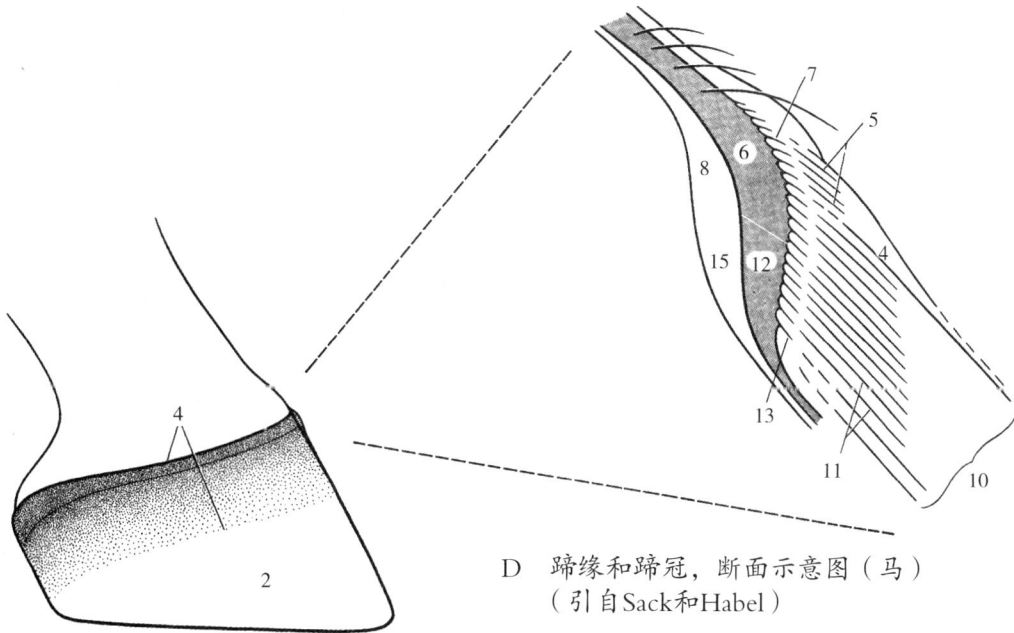

D　蹄缘和蹄冠，断面示意图（马）
　　（引自Sack和Habel）

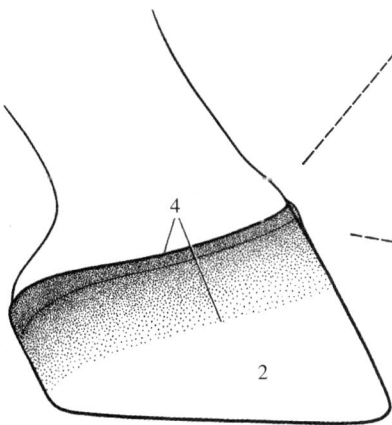

1 **蹄壁**［**爪壁**（肉食动物）］ Paries. 爪或蹄的壁部，位于冠部以远，由壁真皮及其表面的壁表皮构成。 A

2 壁表皮 Epidermis parietis. 壁部的表皮，形成近远方向的小叶，与其深面的壁真皮小叶相互嵌合。 C

3 表皮小叶[1] Lamellae epidermales. 近远向的（在蹄就是上下向的）表皮小叶，其中心角化，形成角质壁内表面的角小叶。 C

3a 表皮小管（有蹄类） Tubuli epidermales. 在表皮小叶间有多层排列的表皮小管，由真皮乳头生长而来（见白带）。

4 壁真皮 Dermis [Corium] parietis. 壁部的真皮，附着于远指［趾］节骨的壁面（在肉食动物附着于爪突），在马还附着于蹄软骨。 C

5 真皮小叶[1] Lamellae dermales [coriales]. 由壁真皮构成的小叶，与表皮小叶交错嵌合，在马每片小叶又形成100~200片次级小叶。在反刍动物没有次级小叶。 C

5a 真皮乳头 Papillae dermales [coriales]. 起始于每一嵴状的真皮小叶的远侧部。

5b 蹄骨悬器（有蹄类） Apparatus suspensorius ossis ungulae. 这一名词囊括了所有在蹄匣内悬吊远指［趾］节骨［蹄骨］的结构。

6 角质壁［板］ Paries corneus [Lamina]. 角质的壁，包括由缘部、冠部和壁部产生的角质化表皮，它不等同于壁表皮和壁角质。 AFG

7 外层 Stratum externum. 在近缘，由柔软的缘（蹄缘、爪缘）角质构成，向远形成一薄层有光泽的角质，这也来源于缘部。 AG

8 中层 Stratum medium. 形成角质壁的主体，由冠部产生的角质化表皮构成。 AEG

9 内层 Stratum internum. 在蹄匣内本层不含色素，并附有角小叶。 ACG

10 白带或蹄白线 Zona alba sive linea alba ungulae. 蹄的"白带"或"白线"，形成角质壁和角质底的结合部。 DE（对白带和白线两个术语在应用上要避免与腹壁的白线混淆，"蹄白线"一词被兽医普遍接受［见白线疾病］。）

11 轴侧部 Pars axialis. 肉食动物、猪和反刍动物角质壁的轴侧部。 H

  11a 轴侧沟 Sulcus axialis. 在猪和反刍动物蹄壁和蹄球之间斜向不规则的一条沟。

  11b 关节旁切迹 Incisura paraarticularis. 在猪和反刍动物正对远指［趾］节间关节的轴侧沟近端处略呈三角形的薄角质区。

12 远轴侧部 Pars abaxialis. 肉食动物、猪和反刍动物角质壁的远轴侧部。 H

  12a 远轴侧沟 Sulcus abaxialis. 在猪和反刍动物远轴侧蹄壁和蹄球间斜向不规则的沟。

13 外侧部[2] Pars lateralis. 蹄的背侧部与外侧部（外1/4）的分界是由蹄叉尖作与蹄轴面呈45°的向外直线与蹄壁相交形成的线。（译者注：此处删除部分原著内容。） B

13a 外侧踵部 Pars mobilis lateralis. 外侧踵部与外侧部的分界是通过蹄的最宽处作的一条横线。 B

14 内侧部[2] Pars medialis. 与外侧部对称。 B

14a 内侧踵部 Pars mobilis medialis. 内侧踵部与内侧部的分界是通过蹄的最宽处作的一条横线。 B

15 背侧缘（肉食动物、猪、反刍动物） Margo dorsalis. 位于爪或蹄背侧面的纵向嵴，由角质的轴部与远轴部相交而成。 FH

16 背侧部 Pars dorsalis. 蹄的背侧部，足尖。 B

17 外侧支部 Pars inflexa lateralis. 马角质壁的一部，从外侧掌［跖］缘沿叉旁外侧沟向背侧延伸，又称外侧蹄支（bar）。 E

18 内侧支部 Pars inflexa medialis. 马角质壁的一部，从内侧掌［跖］缘沿叉旁内侧沟向背侧延伸，又称内侧蹄支（bar）。 E

19 外侧掌［跖］缘 Margo palmaris sive plantaris lateralis. 为马蹄角质壁的纵向嵴，由外侧部与外侧支部结合而成，从壁外侧角延伸至冠缘。 E

20 内侧掌［跖］缘 Margo palmaris sive plantaris medialis. 为马蹄角质壁的纵向嵴，由内侧部与内侧支部结合而成，从壁内侧角延伸至冠缘。 E

21 外侧跖缘[3] Margo plantaris lateralis. 见本页19条。

21a 壁掌［跖］外侧角 Angulus parietis palmaris sive plantaris lateralis. 外侧踵部与外侧支部相接之处。

22 内侧跖缘[3] Margo plantaris medialis. 见本页20条。

22a 壁掌［跖］内侧角 Angulus parietis palmaris sive plantaris medialis. 内侧踵部与内侧支部相接之处。

23 冠缘 Margo coronalis. 蹄或爪角质壁的近缘。 G

24 底缘 Margo solearis. 蹄或爪角质壁的远缘，在有蹄类与地面接触。 G

25 外面 Facies externa. 角质壁的外面。 GH

26 内面 Facies interna. 角质壁的内面。 GH

27 缘沟（有蹄类） Sulcus limbalis. 为角质壁冠缘以远的一条沟，含有缘真皮和一薄层非角质化的缘表皮。 GH

28 冠沟（有蹄类） Sulcus coronalis. 为角质壁缘沟以远的一条沟，含有冠真皮和一薄层非角质化的冠表皮。 G

1）：在马有表皮和真皮小叶550~600片，牛有1 300~1 500片，绵羊有550~700片。 2）：马角质壁的境界从底缘沿角质小管方向到冠缘。 3）：这些名词在第5版N.A.V.中是被省略的，因为这两个结构分别被包含在19条和20条。

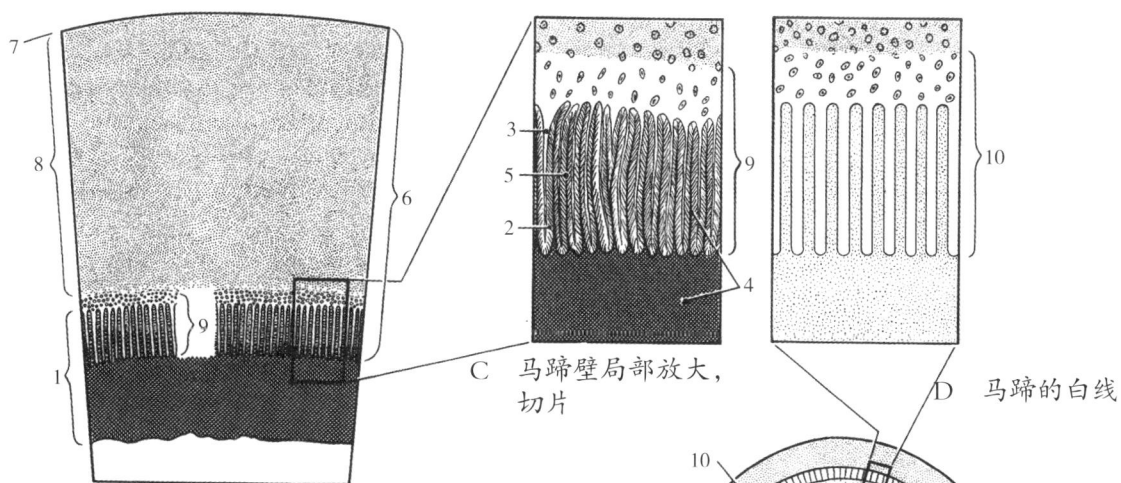

A　马蹄的角质壁，断面

C　马蹄壁局部放大，切片

D　马蹄的白线

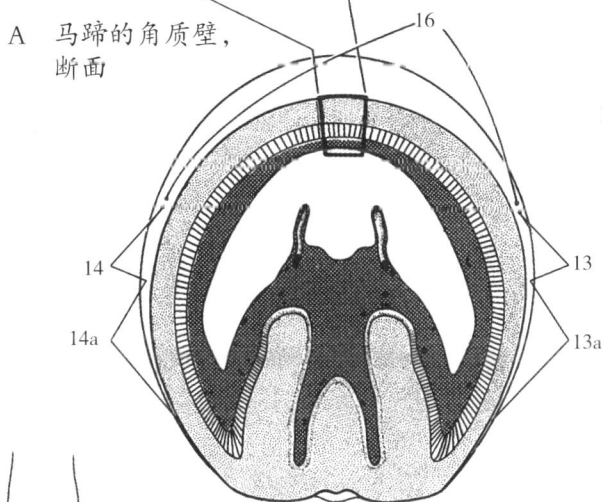

B　马右蹄横切面，远侧半近侧观

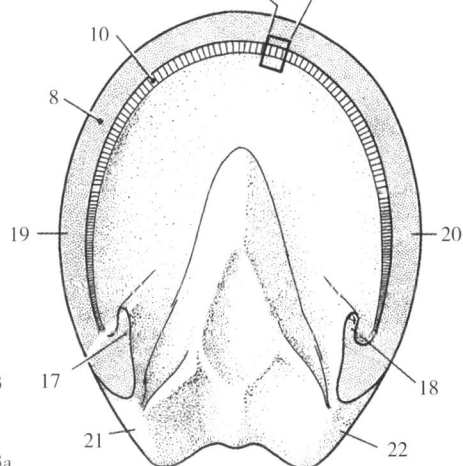

E　马右蹄匣，底面
（译者注：根据第1版I.V.A.N.修改）

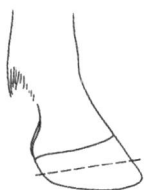

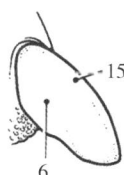

F　爪，轴侧观（犬）

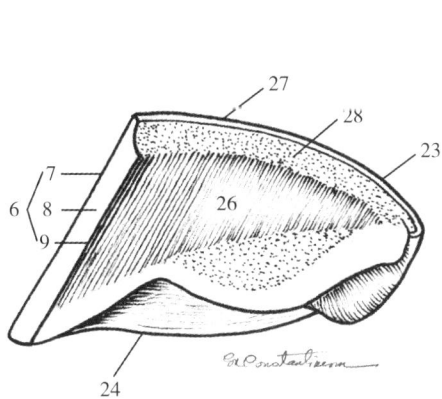

G　马右蹄匣，外侧半内侧观

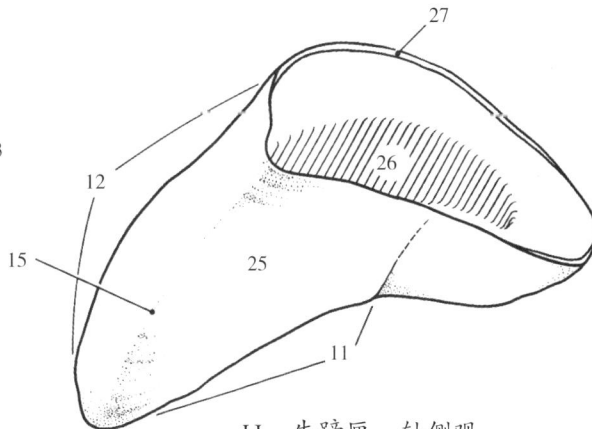

H　牛蹄匣，轴侧观

1 **蹄底**［**爪底**（肉食动物）］ Solea. 爪或蹄的底部，包括皮下组织、真皮和表皮。对于蹄，蹄底与壁部的底缘内面结合；对于爪底，则被爪壁的轴侧和远轴侧游离缘掩盖。 BE

2 底表皮 Epidermis soleae. 由一薄层能增殖的细胞及紧随其浅侧的大量角化细胞构成，后者形成角质底（horny sole）。 B

3 表皮小管（有蹄类）Tubuli epidermales. 角质底的角质小管从底真皮的乳头表面生长而来。这些小管被包埋于小管间角质中。 B

4 底真皮 Dermis [Corium] soleae. 位于底表皮深侧并营养底表皮，形成真皮乳头。对于蹄，底真皮在其周边与壁真皮和指［趾］枕真皮相延续；对于爪，底真皮与爪壁真皮相延续。 BE

5 真皮乳头 Papillae dermales [coriales]. 底真皮的乳头。指向远侧方向的真皮乳头，突入底的表皮内。 BE

6 底皮下组织 Tela subcutanea soleae. 位于远指［趾］节骨和底真皮之间的一层结缔组织。 AB

7 角质底 Solea cornea. 爪或蹄的角质底，即底表皮的角化部分。 DF

8 底体 Corpus soleae. 蹄底的主体或中央部，接合两个底脚。 CD

9 底轴侧脚 Crus soleae axiale. 猪和反刍动物狭窄的底轴侧部，位于蹄壁和大的角质枕之间。 C

10 底远轴侧脚 Crus soleae abaxiale. 见上条。 C

11 底外侧脚 Crus soleae laterale. 马蹄底在蹄叉外侧的部分。它的掌［跖］侧端称为底外侧角。D ［在有蹄类，蹄枕尖或蹄叉尖突入蹄底，将蹄底分为外侧脚和内侧脚（马）或轴侧脚和远轴侧脚（偶蹄兽）。］

12 底内侧脚 Crus soleae mediale. 见上条。 C

13 壁缘 Margo parietalis. 蹄底或爪底与壁部相接的边缘。 CDE

14 中央缘 Margo centralis. 蹄底与角质枕，特别是马的蹄叉相接的边缘。 CD

15 底轴侧角 Angulus soleae axialis. 猪蹄或反刍动物蹄底轴侧的最掌侧或最跖侧的部分。 C

16 底远轴侧角 Angulus soleae abaxialis. 类似于上条的远轴侧部分（见上条）。

17 底外侧角 Angulus soleae lateralis. 马蹄底外侧部中最掌侧或跖侧的部分，位于蹄壁外侧部和外侧支部之间，是底外侧脚的掌侧或跖侧端。 D

18 底内侧角 Angulus soleae medialis. 为马蹄底内侧脚的掌侧或跖侧端。 D

19 外面 Facies externa. 角质底的外面（浅面）。 DE

21 内面 Facies interna. 角质底的内面（深面）。 F

A 马的指［趾］，矢状切面
（引自Sack和Habel）

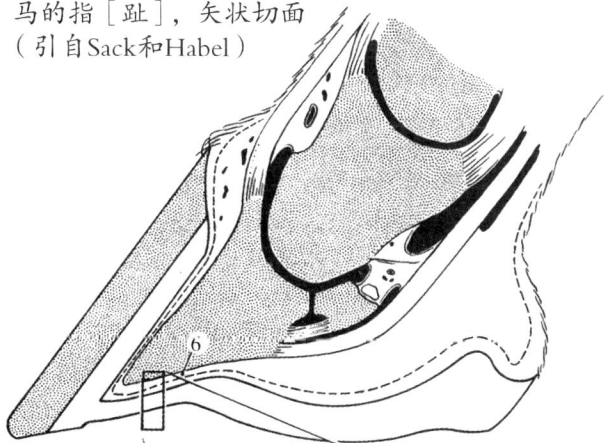

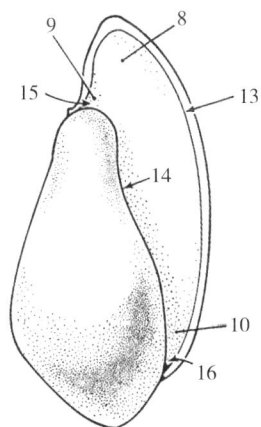

C 蹄匣，底面观（猪）

B 马蹄底部，组织学示意图
（引自Sack和Habel）

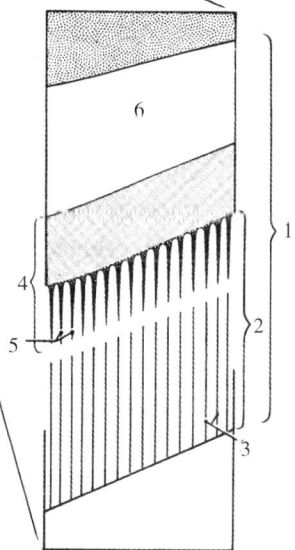

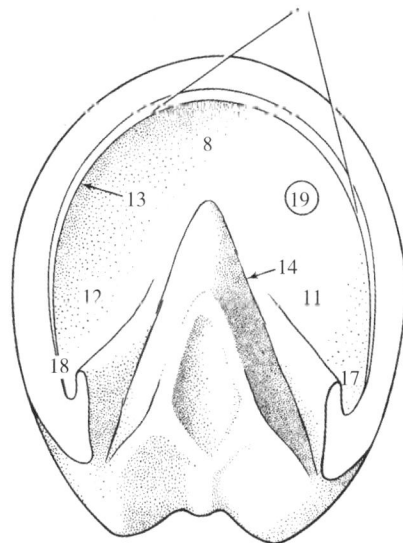

D 马左蹄匣，底面观

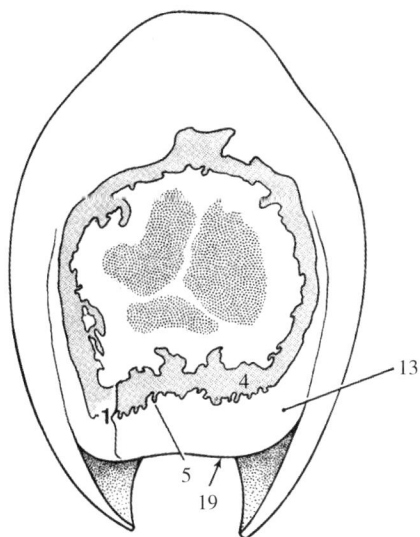

E 爪，横切面（犬）

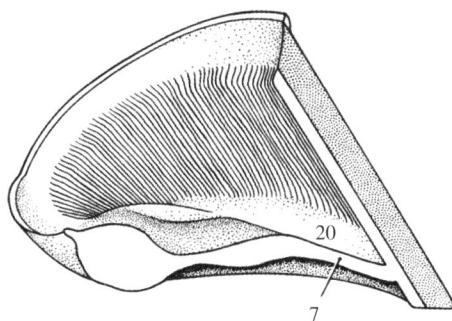

F 马蹄匣，矢状切面，内面观

1 **指［趾］枕** Torus digitalis. 包括皮下组织、真皮和表皮。 A（名词枕与皮肤联系使用时表示一个垫子，包括增厚的表皮、真皮和皮下组织。）

2 **蹄枕** Torus ungulae. 占据蹄壁（后）缘之间的部分，并突向蹄底。 B

3 枕表皮 Epidermis tori. 指［趾］枕的表皮，由一薄层能增殖的细胞附加大量角化细胞构成。 F

4 表皮小管（有蹄类） Tubuli epidermales. 即角质小管，在真皮乳头的表面生发而来，包埋在管间角质中。 F

5 枕真皮 Dermis [Corium] tori. 指［趾］枕或蹄枕的真皮。 F

6 真皮乳头 Papillae dermales [coriales]. 枕真皮向远侧发出的突起。 F

7 枕皮下组织（指［趾］枕皮下组织）[1] Tela subcutanea tori [Pulvinus digitalis]. 为指［趾］枕真皮深侧增厚的结缔组织，称为指［趾］枕皮下组织（Pulvinus digitalis），该名词是指所有动物的指［趾］枕皮下组织，在马可分为一个枕部和一个叉部（见本页21条）。 CF

8 指［趾］枕皮下组织枕部 Pars torica pulvini digitalis. 马指［趾］枕皮下组织的掌［跖］侧部。 E

9 角质枕 Torus corneus. 蹄的角质枕。 CG

10 外侧部（马） Pars lateralis. 为马角质壁外侧掌（跖）缘或跖（跖）缘表面的圆形隆凸，也称蹄踵球。 D

11 内侧部（马） Pars medialis. 见上条。 D

12 枕尖 Apex tori. 猪和反刍动物向背侧突入蹄底。 BG

13 枕底 Basis tori. 在猪和反刍动物，为指［趾］枕的掌侧部或跖侧部。 G

14 外面 Facies externa. G

15 内面 Facies interna. H

16 **蹄叉** Cuneus ungulae. 马蹄枕的尖，也称蹄蛙（frog）。 E（蹄叉，这个很早以前在马解剖学方面用来指蹄枕尖的名词，因其结构的特殊性和在临床的重要性而被保留沿用至今。）

17 叉表皮 Epidermis cunei. 由一薄层可增殖的细胞和紧随其外的大量角化细胞构成。 F

18 表皮小管 Tubuli epidermales. 即角质小管，从叉真皮的乳头上生发而来。小管被包埋于小管间角质中。 F

19 叉真皮 Dermis [Corium] cunei. F

20 真皮乳头 Papillae dermales. 叉真皮表面向远侧发出的突起。 F

21 叉皮下组织［指［趾］枕皮下组织叉部］ Tela subcutanea cunei [Pars cunealis pulvini digitalis]. 蹄叉厚的结缔组织，为指［趾］枕皮下组织的叉部。 EF

22 角质叉 Cuneus corneus. 叉表皮的角化部分。 I

23 叉尖 Apex cunei. 楔形蹄叉的尖，向背侧突入蹄底。 I

24 叉底 Basis cunei. 楔形蹄叉的较宽的部分，在两个蹄壁支部（蹄支）之间。 I

25 叉外侧脚 Crus cunei laterale. I

26 叉内侧脚 Crus cunei mediale. I

27 外面 Facies externa. 外面，即浅面。 I

28 内面 Facies interna. 内面，即深面。 K

29 叉旁外侧沟 Sulcus paracunealis lateralis. 蹄叉旁的沟，其外侧以蹄底和蹄支为界。 I

30 叉旁内侧沟 Sulcus paracunealis medialis. 与叉旁外侧沟对称，位于内侧（见上条）。 I

31 叉中央沟 Sulcus cunealis centralis. 蹄叉外面中央的沟。 I

32 叉棘 Spina cunei. 角质叉内面上的中央嵴，也称蛙索（frog-stay）。 K

33 **蹄匣** Capsula ungulae. 角质蹄，由角化细胞构成蹄缘、蹄冠、蹄壁、蹄底和指［趾］枕。 K（译者注：根据第6版N. A. V.，"蹄匣"一词与 "蹄叉"在同一级别。）

34 底面 Facies solearis. 为蹄匣面向地面的所有可见结构的总称。

35 接触面 Facies contactus. 包括蹄底缘、白线［白带］、蹄底周边部和蹄叉脚。

36 穹面 Facies fornicis. 为蹄底面不接触地面的部分。

37 背角 Angulus dorsalis. 即蹄背角，在马为角质壁背侧部的轴线与底面的夹角；在猪和反刍动物为角质壁背侧缘与底面所成的夹角。

38 外侧角 Angulus lateralis. 在蹄横径最大处，角质壁外侧部或远轴部与底面所成的夹角。

39 内侧角 Angulus medialis. 在蹄横径最大处，角质壁内侧部或轴部与底面所成的夹角。

40 外侧掌［跖］角 Angulus palmaris sive plantaris lateralis. 为马的外侧掌缘或跖缘与底面所成的夹角。

41 内侧掌［跖］角 Angulus palmaris sive plantaris medialis. 类似于外侧掌角或跖角。

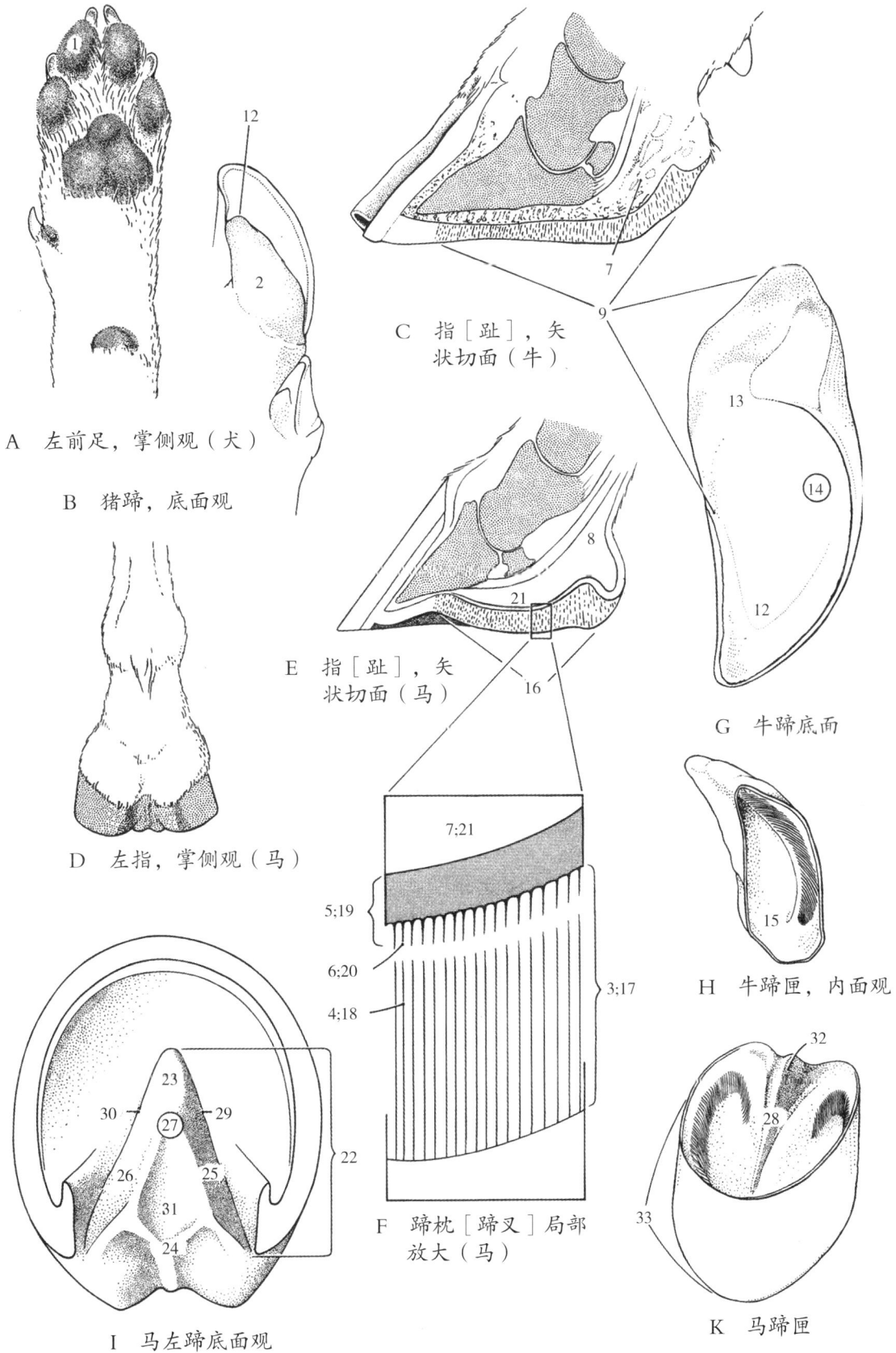

A 左前足，掌侧观（犬）

B 猪蹄，底面观

C 指［趾］，矢状切面（牛）

D 左指，掌侧观（马）

E 指［趾］，矢状切面（马）

F 蹄枕［蹄叉］局部放大（马）

G 牛蹄底面

H 牛蹄匣，内面观

I 马左蹄底面观

K 马蹄匣

1 **皮肤腺 GLANDULAE CUTIS.** 起源于皮肤表皮并与皮肤保持密切联系的腺体。在家畜，大多数皮肤腺起自毛囊并开口于毛囊，开口于表皮表面的相对少见。 A

2 汗腺 Gll. sudoriferae. 十分少见的外分泌腺，分泌水样汗液，如通过肉食动物的足枕和其他无毛区域分泌汗液，但也有广泛分布的顶浆型管状腺通过毛囊排出蛋白汗，马的这种类型的汗腺产生体表的显汗，而其他家畜的这种汗腺分泌物与种属特有的气味有关。 A

3 皮脂腺 Gll. sebaceae. 为全浆分泌，在汗腺开口的深侧将皮脂分泌入毛囊。但在身体的某些特殊部位，如生殖道开口处，皮脂的分泌可能与毛囊无关。 A

4 耵聍腺 Gll. ceruminosae. 一种特化的管状皮脂腺，位于外耳道壁内，分泌一种称为耵聍的蜡样物质。

5 口周腺（猫） Gll. circumorales. 位于唇内的大皮脂腺，下唇较多。 B

6 吻镜腺 Gll. plani rostralis. 分布于猪吻镜内的浆液性管状腺。 C

7 鼻唇镜腺 Gll. plani nasolabialis. 分布于牛鼻唇镜内的浆液性分支管状腺。 D

8 鼻镜腺（绵羊） Gll. plani nasalis. 分布于鼻镜内的浆液性分支管状腺。 E

9 颏腺（猪） Gll. mentalis. 与下颏颏毛相联系的皮脂腺和浆液性管状腺的局部聚集。 F

10 眶下窦腺（绵羊） Gll. sinus infraorbitalis. 位于眶下窦壁内大的皮脂腺和分泌脂性物质的分支管状腺。 H

11 角腺（山羊） Gl. cornualis. 位于角基部后内侧的皮脂腺局部聚集。 G

12 腹股沟窦腺（绵羊） Gll. sinus inguinalis. 位于腹股沟窦壁内的分支皮脂腺和管状腺体。 I

13 肛周腺（犬） Gll. circumanales. 分布于肛周皮肤内，与残留毛囊相关的特殊皮肤腺。 K

14 肛旁窦腺（肉食动物）* Gll. sinus paranalis. 位于对称的肛旁窦壁内的管状浆液腺和皮脂腺。 K

15 尾腺 Gll. caudae. 肉食动物尾背面一个椭圆形区域皮肤内的大型皮脂腺和管状浆液腺。 I

16 腕腺（猪） Gll. carpeae. 位于腕掌内侧面上的分支管状腺，浆-黏性分泌物分泌到几个位于这一区域的皮肤窦内。 M

17 指［趾］间窦腺（绵羊） Gll. sinus interdigitalis. 位于指［趾］间窦壁内的皮脂腺和管状浆液腺。 N

18 枕腺 Gll. tori. 在肉食动物为枕内的管状汗腺，在马为蹄叉掌部或跖部的分支管状腺。 O

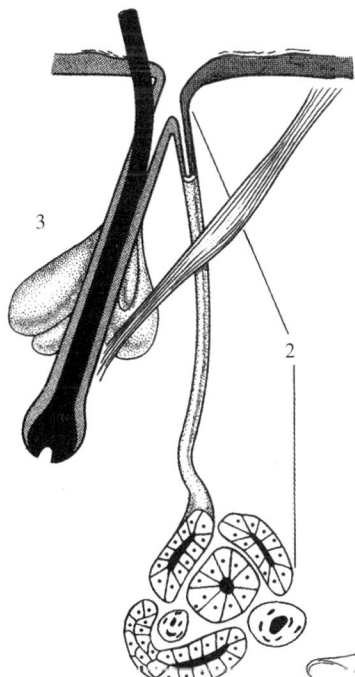

3

2

A　皮肤腺

B　口周腺（猫）

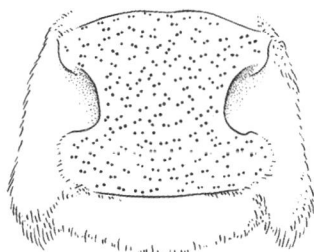

D　鼻唇镜腺（牛）

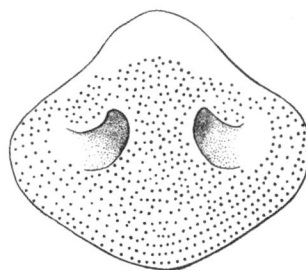

C　吻镜腺（猪）

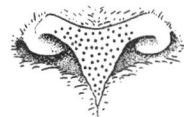

E　鼻镜腺（绵羊）

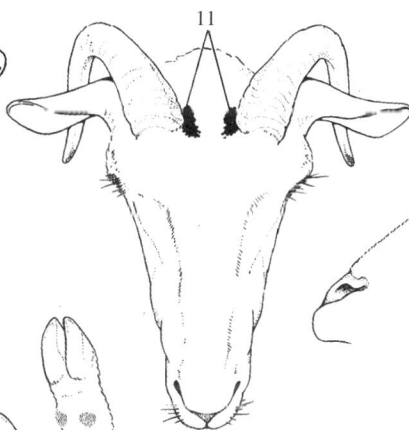

11

G　山羊头部

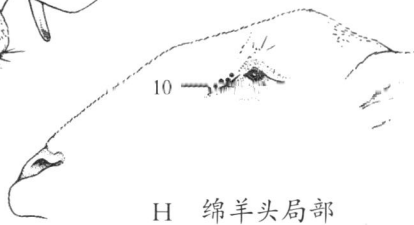

10

H　绵羊头局部

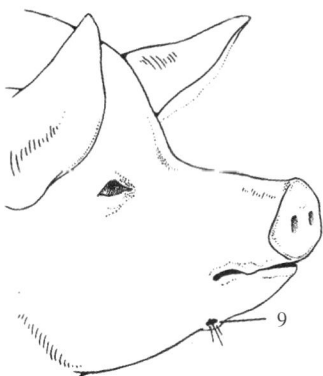

9

F　猪头部

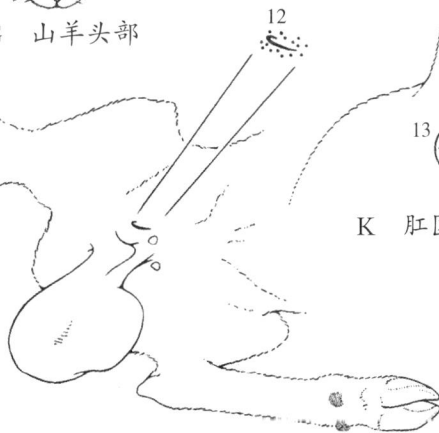

12

I　腹股沟区（公绵羊）

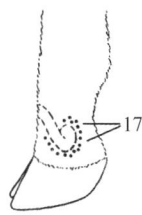

13

14

K　肛区（犬）

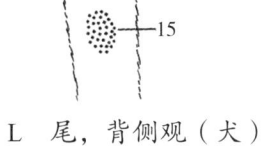

16

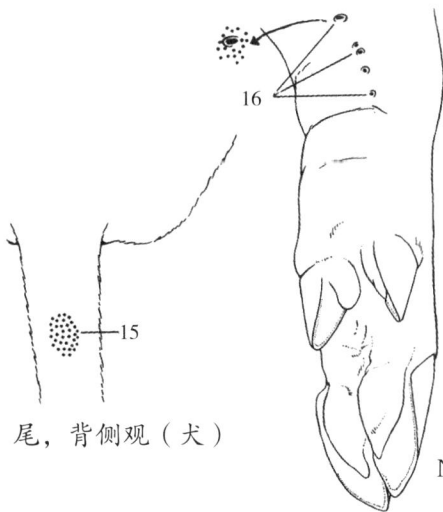

M　左前足，掌内侧观（猪）

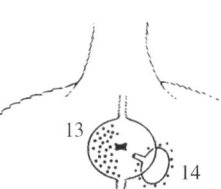

15

L　尾，背侧观（犬）

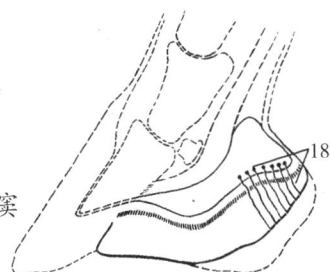

17

N　绵羊的指［趾］间窦

18

O　马的指［趾］，矢状切面

1 **乳丘 MAMMA**. 为乳腺复合体，每个乳丘由一个体部和一个乳头组成，与人类的一个乳房相当。各种家畜的乳丘个数通常是：母猫8个，母犬10个，母猪14个，母牛4个（在母牛，一个乳丘仅有一个乳头管和一个输乳窦），母羊（山羊和绵羊）及马2个。 A

2 乳房 Uber. 是对反刍动物和马所有乳丘的总称。 B

3 乳头 Papilla mammae. 每个乳丘腹侧面的突出部。乳汁由此导出。在肉食动物和猪称为nipple，在反刍动物和马称为teat. ABC

4 乳头括约肌 M. sphincter papillae. 围绕在乳头管周围的平滑肌纤维，在反刍动物称为teat sphincter. CD

5 乳丘体 Corpus mammae. 乳丘的锥形体部，由皮肤、腺组织和结缔组织构成。其上方附着于躯干腹侧面，向下延续为锥体顶端的乳头。 AC

6 乳丘间沟 Sulcus intermammarius. 纵向或横向的沟，分隔相邻的乳丘。 AC

7 乳腺 Glandula mammaria. 乳丘内单腺体及其相关的一套腺管组成的系统。通常各种动物每一乳丘内所含的乳腺个数为：猫5~7个，犬8~14个，猪2个，反刍动物1个，马2个。 CE

8 乳腺叶 Lobi glandulae mammariae. 肉眼所见的由结缔组织分隔出的乳腺小块。 E

9 乳腺小叶 Lobuli glandulae mammariae. 为大小约1mm×1.5mm×0.5mm、含有150~200个腺泡的腺体单元，分泌物进入一个中央小管；由一薄层结缔组织与其他小叶隔开。 C

10 输乳管 Ductus lactiferi. 直径大小不一，通常呈壶腹形，将乳汁输送到乳丘中央的输乳窦内。 C

11 输乳窦 Sinus lactiferi. 每个乳腺腺管系统远部的膨大，由较大的输乳管汇集形成，可扩展至乳头内（译者注：国内教科书称之为乳池）。 C

12 腺部 Pars glandularis. 位于乳丘体的腹端内（译者注：国内教科书称之为腺乳池）。 C

13 乳头部 Pars papillaris. 输乳窦的乳头部，位于乳头内，常以一缩窄部起于腺部（此缩窄处是由于窦壁内有伴随Füstenberg乳头静脉环的乳头括约肌所致）（译者注：国内教科书称之为乳头乳池）。 C

14 乳头管 Ductus papillaris. 位于乳头尖端内，使输乳窦乳头部与外界相通，也称纹状管（streak canal），其褶皱的黏膜在牛称为Füstenberg玫瑰花结。 DE

15 乳头孔 Ostium papillare. 乳头管在乳头尖端的开口。 DE

16 乳丘［房］悬器 Apparatus suspensorius mammarius. 为胶原和弹性组织构成的起始于体壁的悬吊乳丘的内侧板和外侧板，尤其在具有沉重摆动的乳房的乳牛特别发达（译者注：在牛、羊、马称乳房悬器）。 F

17 外侧板 Laminae laterales. 位于乳丘外侧面无延展性的结缔组织板层，起自联合腱和股板。 CF

18 悬板 Lamellae suspensoriae. 起自外侧板的结缔组织薄板，在不同高度进入乳丘内，起悬起乳丘重量的作用。 CF

19 内侧板［乳房悬韧带］Laminae mediales [Ligamentum suspensorium uberis]. 位于乳丘内侧面上的弹性结缔组织，如果左、右侧的该板均位于正中矢状面上，则形成乳房左、右两半间的乳房悬韧带。起自腹黄膜。 CF

20 悬板 Lamellae suspensoriae. 内侧板发出的结缔组织薄板（译者注：牛的内、外侧悬板各有7~10层），在不同高度进入乳丘内，起悬起乳丘重量的作用。 CF

21 雄性乳丘 Mamma masculina. 雄性的乳丘原基，由于功能性腺组织没有正常发育，故不具有乳丘体，仅有乳头。 G

22 （副乳丘）（Mamma accessoria）. 额外的乳丘，偶尔具有功能，位于正常乳丘的前或后。 B

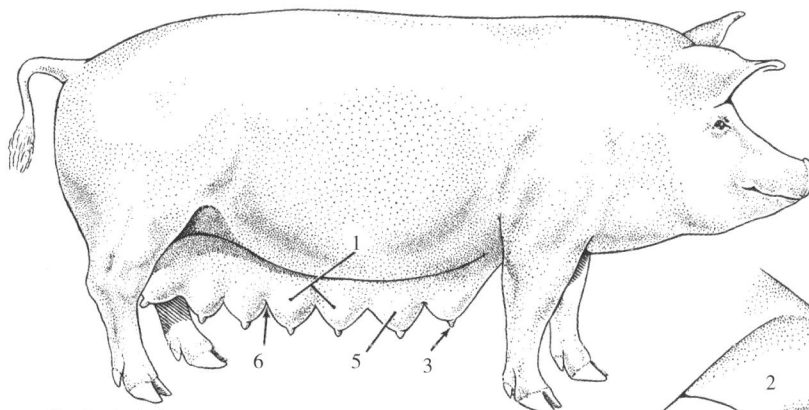

A 乳丘（猪）

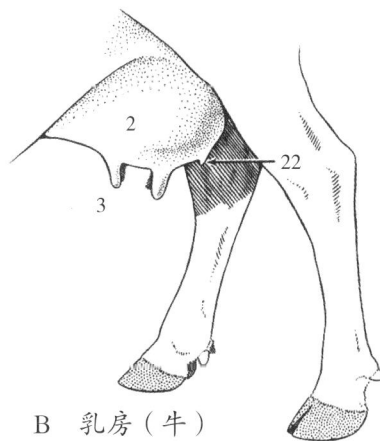

B 乳房（牛）

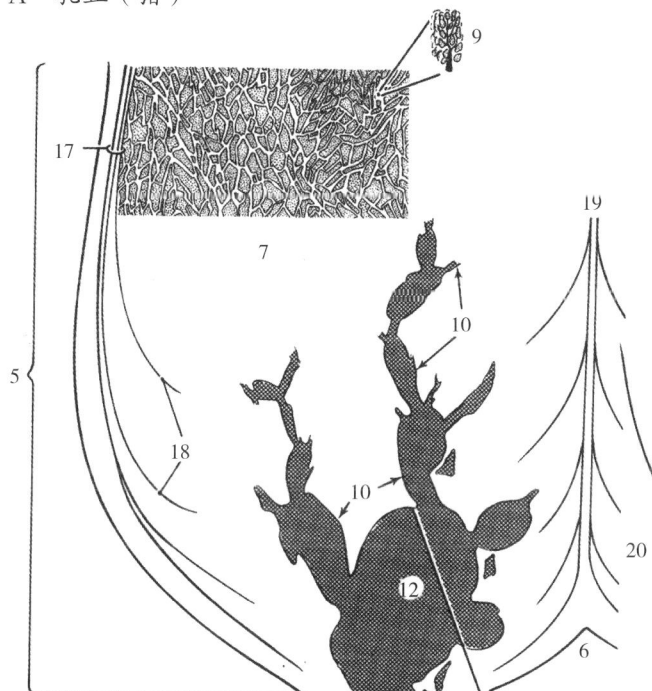

C 乳房，横切面（牛）

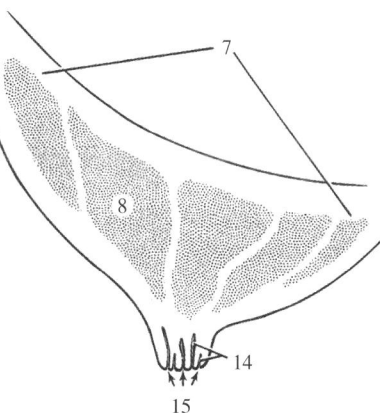

D 乳头管（牛）

E 乳丘，横切面（犬）

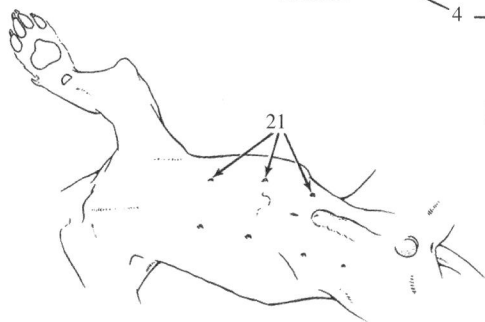

G 雄性乳丘（犬）

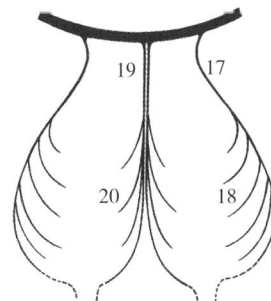

F 乳房悬器，示意图（牛）

附录 I

头 CAPUT (Head)

颅 Cranium (Skull)

顶 Vertex (Crown of the head)

前顶 Sinciput. 颅的前部。

额 Frons (Forehead)

枕部 Occiput. 颅的后部。

颞部 Tempora (Temples)

角 Cornu (Horn)

耳 Auris (Ear)

耳廓 Auricula (Auricle)

面 Facies (Face)

眼 Oculus (Eye)

上睑 Palpebra superior (Upper eyelid)

下睑 Palpebra inferior (Lower eyelid)

睑裂 Rima palpebrarum (Palpebral fissure)

眼球 Bulbus oculi (Eyeball)

下睑沟 Sulcus infrapalpebralis (Infrapalpebral groove)

鼻 Nasus (Nose)

鼻背 Dorsum nasi (Bridge of the nose)

鼻尖 Apex nasi (Apex of the nose)

鼻翼 Ala nasi (Wing of the nose)

鼻孔 Naris (Nostril)

鼻镜 Planum nasale (Nasal plane)

鼻唇镜 Planum nasolabiale (Nasolabial plane)

吻 Rostrum (Snout)

吻镜 Planum rostrale (Rostral plane)

口 Os (Mouth)（拉丁语"Os"既可译成"骨"，也可译成"口"，在前一种情形，os的属格形式为ossis，在后一种情形os 的属格形式为oris）

上唇 Labium superius (Upper lip)

下唇 Labium inferius (Lower lip)

口裂 Rima oris (Opening of mouth)

口腔 Cavum oris (Oral cavity)

舌 Lingua (Tongue)

咽门 Fauces (Entrance to pharynx)

颊 Bucca [Mala](Cheek)

颏 Mentus (Chin)

颏唇沟 Sulcus mentolabialis (Mentolabial groov)

颈 COLLUM (Neck)

颈 Cervix (Neck)

项 Nucha (Back of the neck)

鬃 Juba (Mane)

垂皮 Palear (Dewlap)

喉 Larynx. 位于咽和气管之间。

喉结 Prominentia laryngea. 喉的突出部。

咽 Pharynx 消化道与呼吸道在头部的交叉。

气管 Trachea (Windpipe)

食管 Esophagus [Oesophagus]. 位于咽和胃之间。

躯干 TRUNCUS (Trunk)

背 Dorsum (Back)

脊柱 Columna vertebralis (Vertebral column)

腰 Lumbus (Loin)

胸 Thorax. 位于颈和腹之间。

胸腔 Cavum thoracis (Thoracic cavity)

胸腹侧部 Pectus (Breast)

胸乳丘 [1] Mamma thoracica (Thoracic mamma)

 乳头 Papilla mammae（Nipple，肉食动物、猪）

腹 Abdomen (Abdomen). 在胸和盆部之间。

腹腔 Cavum abdomen (Abdominal cavity)

腹上窝 Fossa epigastrica. 位于腹中线上剑状突后方的浅凹陷。

脐 Umbilicus (Navel)

腹胁 Latus (Flank)

胁襞 [褶] Plica lateris (Fold of the flank)

腹股沟 Inguen (Groin)

腹乳丘 [1] Mamma abdominalis (Abdominal mamma)

乳头 Papilla mammae（Nipple，肉食动物、猪；Teat，反刍动物、马）

乳丘间沟 Sulcus intermammarius (Intermammary groove)

乳房 Uber (Udder) 反刍动物和马所有乳丘的集合体。Uber为反刍动物和马所有乳腺复合体的拉丁文名称。

包皮 Preputium [Praeputium] (Prepuce)

阴囊 Scrotum. 包容睾丸的皮肤囊。

盆部 Pelvis. 位于腹部和尾之间。

盆腔 Cavum pelvis (Pelvic cavity)

髋 Coxa (Hip)

臀 [尻] Nates [Clunes]. 左右侧高于坐骨结节的盆部，也称 croup 或 rump。

 1）：一个乳丘是指涉及一个乳头的所有乳腺结构的复合体，通常母猪具有 14 个乳丘，母犬 10 个，母猫 8 个，母牛 4 个，母马、母山羊和母绵羊各 2 个。

会阴 Perineum. 在尾腹侧，包括肛门和尿生殖区。

肛门 Anus (Anus)

肛裂 Crena ani (Anal cleft)

［雌性外阴］[Pudendum femininum] (Female pudendum)

阴门 Vulva (Vulva)

尾 CAUDA (Tail)

尾根 Radix caudae (Root of the tail)

尾毛 Cirrus caudae (Long hairs of the tail)

肢 MEMBRA (Limb)

前肢［胸肢］Membrum thoracicum (Thoracic limb)

腋 Axilla. 位于胸骨和前肢之间。

腋襞［褶］Plica axillaris (Axillary fold)

臂 Brachium (Arm)

前面 Facies cranialis (Cranial surface)

后面 Facies caudalis (Caudal surface)

外侧面 Facies lateralis (Lateral surface)

内侧面 Facies medialis (Medial surface)

臂二头肌外侧沟 Sulcus bicipitalis lateralis (Lateral bicipital groove)

臂二头肌内侧沟 Sulcus bicipitalis medialis (Medial bicipital groove)

肘 Cubitus (Elbow)

前臂 Antibrachium (Forearm)

前面 Facies cranialis (Cranial surface)

后面 Facies caudalis (Caudal surface)

外侧面 Facies lateralis (Lateral surface)

内侧面 Facies medialis (Medial surface)

前足 Manus (Hand)

前足背 Dorsum manus (Dorsal aspect of manus)

掌心 Palma manus (Palmar aspect of manus)

腕 Carpus (Wrist) 包括腕骨。

背面 Facies dorsalis (Dorsal surface)

掌面 Facies palmaris (Palmar surface)

外侧面 Facies lateralis (Lateral surface)

内侧面 Facies medialis (Medial surface)

腕枕 Torus carpeus［在肉食动物为 carpal pad，在马为 chestnut（附蝉）］

掌 Metacarpus. 包括掌骨。

背面 Facies dorsalis (Dorsal surface)

掌面 Facies palmaris (Palmar surface)

外侧面 Facies lateralis (Lateral surface)

内侧面 Facies medialis (Medial surface)

掌枕 Torus metacarpeus（Metacarpal pad，肉食动物）

掌距 Calcar metacarpeum（Spur，ergot，马）

指 Digiti manus (Digits of manus)

第 1 指［拇指］Digitus Ⅰ [Pollex] (First digit [thamb])

第 2~5 指 Digiti Ⅱ - Ⅴ (second-fifth digits)

背面 Facies dorsalis (Dorsal surface)

掌面 Facies palmaris (Palmar surface)

底面 Facies solearis (Solear surface)

外侧面 Facies lateralis（Lateral surface，马）

内侧面 Facies medialis（Medial surface，马）

轴侧面 Facies axialis（Axial surface，肉食动物、猪、反刍动物）

远轴侧面 Facies abaxialis（Abaxial surface，肉食动物、猪、反刍动物）

副指 Paradigitus. 在肉食动物、猪、牛，指不接触地面的指。在牛又称 dewclaws，其内不含指节骨，但具有蹄的结构。

悬蹄 Paraungula. 山羊和绵羊的悬蹄，不含指（趾）节骨的角质结构。

蹄 Ungula（Hoof，猪、反刍动物、马）

爪 Unguicula（Claw，肉食动物）

后肢［盆肢］Membrum pelvinum (Pelvic limb)

股 Femur (Thigh)

前面 Facies cranialis (Cranial surface)

后面 Facies caudalis (Caudal surface)

外侧面 Facies lateralis (Lateral surface)

内侧面 Facies medialis (Medial surface)

膝 Genu (Stifle)

腘窝 Poples (Hollow of stifle)

膝盖［髌］Patella

小腿 Crus (Leg)

前面 Facies cranialis (Cranial surface)

后面 Facies caudalis (Caudal surface)

外侧面 Facies lateralis (Lateral surface)

内侧面 Facies medialis (Medial surface)

腓肠 Sura (Calf)

外侧踝 Malleolus lateralis (Lateral malleolus)

内侧踝 Malleolus medialis (Medial malleolus)

后足 Pes (Foot)

后足背 Dorsum pedis (Dorsal aspect of foot)

足底 Planta pedis (Sole (plantar aspect) of foot)

跗 Tarsus (Ankle)

背面 Facies dorsalis (Dorsal surface)

跖面 Facies plantaris (Plantar surface)

外侧面 Facies lateralis (Lateral surface)

内侧面 Facies medialis (Medial surface)

跟 Calx (Heel)

跗枕 Torus tarseus（Chestnut，附蝉，马）

跖 Metatarsus. 包括跖骨。

背面 Facies dorsalis (Dorsal surface)

跖面 Facies plantaris (Plantar surface)

外侧面 Facies lateralis (Lateral surface)

内侧面 Facies medialis (Medial surface)

跖枕 Torus metatarseus（Metatarsaln pad，肉食动物）

跖距 Calcar metatarseum（Spur，ergot，马）

趾 Digiti pedis (Digits of foot，toes)

第1趾［拇趾］Digitus I [Hallux] (First digit)

第2~5趾 Digiti II‐V (Second-fifth digits)

　背面 Facies dorsalis (Dorsal surface)

　跖面 Facies plantaris (Plantar surface)

　（足）底面 Facies solearis (Solear surface)

　外侧面（马）Facies lateralis (Lateral surface)

内侧面（马）Facies medialis (Medial surface)

轴侧面（肉食动物、猪、反刍动物）Facies axialis (Axial surface)（译者注：除马以外，规定肢体的长轴经过第3和第4指［趾］之间）

远轴侧面（肉食动物、猪、反刍动物）Facies abaxialis (Abaxial surface)（译者注：除马以外，规定肢体的长轴经过第3和第4指［趾］之间）

副趾 Paradigitus. 在肉食动物、猪和反刍动物，指不接触地面的趾。在牛也称dewclaws，为第2和第5趾的遗迹，含有小的趾节骨，它们不与跖骨成关节。

（副爪）(Paraunguicula)（在犬，为不含趾节骨的角化结构）

悬蹄 Paraungula. 在绵羊和山羊，为不含趾节骨的角化结构

蹄（猪、反刍动物、马）Ungula (Hoof)

爪（肉食动物）Ungucula (Claw)

附录 II

一、指示身体各部的方位术语 TERMINI SITUM ET DIRECTIONEM PARTIUM CORPORIS INDICANTES.

正中的 Medianus. 位于正中矢状面上的。

矢状的 Sagittalis. 平行于正中矢状面的。

横切的 Transversalis. 垂直于（成直角）身体或局部长轴的。

内侧的 Medialis. 距正中矢状面更近的。

中间的 Intermedius (Intermediate)

外侧的 Lateralis. 距正中矢状面更远的。

颅［前］侧的 Cranialis. 更接近于颅的，适用于颈、躯干以及四肢的腕、跗以近的部分。

中的 Medius (Middle)

尾［后］侧的 Caudalis. 更接近于尾的，适用于颈、躯干以及四肢的腕、跗以近的部分。

前侧的 Anterior. 在四足动物，仅限于指示头部的某些结构。

吻［前］侧的 Rostralis. 更接近于鼻端或口裂端，适用于头部。

后侧的 Posterior. 在四足动物，仅限于指示头部的某些结构。

背侧的 Dorsalis. 更接近于背部的，该术语指颈、躯干和尾的背侧，头部以及前足和后足的背侧面。背平面 (Dorsal plane) 是指平行于身体或局部肢体的背面，且垂直于正中矢状面和横切面的平面。以背平面代替旧称的额面 (Frontal plane)，是因为后者有局限于头部结构之虞。

腹侧的 Ventralis. 四足站立时更接近地面的。

上的 Superior. 在四足动物，限于指示头部结构的方位。

下的 Inferior. 在四足动物，限于指示头部结构的方位。

内的 Internus (Internal)

外的 Externus (External)

右 Dexter (Right)

左 Sinister (Left)

纵的 Longitudinalis (Longitudinal)

横的 Trasversus (Transverse)

浅的 Superficialis (Superficial)

深的 Profundus (Deep)

二、指示四肢结构的方位术语 TERMINI AD MEMBRA SPECTANTES.

近的 Proximalis. 接近躯干的。

远的 Distalis. 接近肢游离端的。

内侧的 Medialis. 接近正中矢状面的。

外侧的 Lateralis. 远离正中矢状面的。

轴侧的 Axialis. 在肉食动物、猪、反刍动物，接近肢体长轴的。（译者注：除马以外，规定肢体的长轴经过第3和第4指［趾］之间）

远轴侧的 Abaxialis. 在肉食动物、猪、反刍动物，远离肢体长轴的。（译者注：除马以外，规定肢体的长轴经过第3和第4指［趾］之间）

背侧的 Dorsalis. 在四肢，背侧是指接近前足和后足背侧面的一侧。

掌侧的 Palmaris. 在前肢，掌侧是指前足内（后）面。

跖侧的 Plantaris. 在后肢，跖侧是指后足内（后）面。

三、一般用语 TERMINI GENERALES (General terms). 仅收录部分一般用语，包括兽医解剖学、兽医组织胚胎学的基本用语（按汉语拼音字母排序）。

半月，弧影 Lunula. 小半月。

伴行 Comes，comitis (Companion)

板，层 Lamina (Plate)

瓣 Valva (Valve). 瓣，由瓣构成的阀门样结构。

薄的 Gracilis (Slender)

贲门 Cardia. 食管与胃的接合处。

扁桃体 Tonsilla. 一团圆球形组织，特别是淋巴组织。

标准，规范 Norma (Norm)

闭孔肌 Obturator

玻璃状的 Vitreus (Vitreous，glassy)

勃起肌，立肌 Erector

白 Albus (White)

白色的，白膜的 Albugineus. 像煮熟的蛋清一样的颜色。

白色的，纯白的 Albicans (Whitish)

部，部分 Pars (Part)

苍白的 Pallidus (Pale)

残存物，遗迹 Rudimentum (Rudiment)

残留物，遗迹 Vestigium (Vestige)

肠 Intestinum (Intestine)

肠的 Entericus

长的 Longus (long)

侧副的 Collateralis (Collateral)

层 Stratum. 由不同组织形成。

尺侧的，尺骨的 Ulnaris (Ulnar)

齿 Densus (Dense)

充气的，气动的 Pneumaticus (Pneumatic)

传出的，输出的 Deferens (Deferent)

传出的，输出的 Efferens (Efferent)

穿孔的 Perforatus (Perforated)

床形的 Clinoideus (Clinoid) . 像四脚床样的。

触觉 Tactus

唇 Labium (Lip) . 唇或唇样的结构。

出芽，生殖 Germen，germinis (Germ)

传入的，输入的 Afferens (Afferent). 向内输送的。

粗隆 Tuberosis (Tuberosity)

粗糙的 Asper (Rough)

大的 Magnus

带 Tenia [Taenia] . 类似于腰带的结构。

单纯的 Simplex，simplicis (Simple)

胆囊 Fel-felis (Gall bladder)

单一的 Singularis (Singular)

导出的 Emissarius (Emissary)

导管，道 Ductus (Duct)

道，外口 Meatus. 管道对外的开口。

底，底部 Fundus. 囊或空腔器官的底。

顶部的，尖部的 Apicalis (Apical)

蝶状的 Sphenoidalis (Sphenoid)

顶盖的 Tectorius (Tectorial)

动脉 Arteria (Artery)

窦 Sinus. 空腔或血管的膨大。

短的 Brevis

端 Extremitas (Extremity)

钝的，不锋利的 Obtusus (Obtuse)

多孔的 Cribrosus (Perforated)

多裂的 Multifidus. 纵裂为多个部分。

额 Frons，frontis (Forehead)

耳，毛 Pinna (Auricula，feather)

耳的 Oticus

二腹的 Digastriculis (Digastric)，具有前、后两个肌腹的。

发声的，嗓音的 Vocalis (Vocal)

方的 Quadratus (Quadratic，square)

放射的 Radialis (Radial)

返回的，回来的 Recurrens，reccurentis (Recurrent)

反射 Reflexus (Reflected) . 折回。

帆，帘 Velum (Veil，Courtain)

腓骨的，腓侧的 Fibularis (Fibular)

腓骨的 Peroneus [Peronaeus]（Peroneal 与 Fibular 可互换）

分泌物 Secretum (Secretion)

分子的 Molecularis (Molecular)

附加的，偶发的 Adventitius (Adventitious). 出现于不寻常部位或源于外来因素的。

附录，阑尾 Appendix (Appendix)

副的，附加的 Accessorius (Accessory)

副交感的 Parasympathicus (Parasympathetic)

副神经节 Paraganglion. 含有特殊细胞的小体。

腹的，腹腔的 Celiacus [Coeliacus]

腹下 Hypogastrium. 腹的最后部。

阜，小阜 Caruncula (Caruncle)

感觉 Sensus (Sens)

根 Radix (Root)

跟 Calx (Heel)

钩 Hamatus (Hamate)

沟通，联络，交通 Communicatio (Communication)

钩状的 Uncinatus (Uncinate)

沟 Sulcus (Groove)

钩 Uncus (Hook)

管道，管 Tuba. 一段直管，或一个长的中空的圆柱形器官。

管，道 Canalis (Canal)

管，道 Tubus (Tube)

孤立的 Solitarius (Solitary)

骨膜 Periosteum. 覆盖在除关节面以外的骨表面的双层结蹄组织膜。

鼓室 Tympanum (Drum)

固有的 Proprius (Proper)

骨 Os (Bone)

弓状的 Arcuatus (Arched)

海绵状的 Spongiosus (Spongy)

汗 Sudor，sudoris (Sweat)

环 Anulus (Ring)

黑色的 Niger (Black)

核仁 Nucleolus. 小核。

壶腹 Ampulla. 管道的膨大部。

红的 Ruber (Red)

喉的 Laryngeus (Laryngeal)

厚的 Crassus (Thick)

后屈的 Retroflexus (Retroflex)

后足，后脚 Pes (Foot). 脚（足）样的部分。

骺，松果体 Epiphysis. 长骨的端或松果体。

滑车 Trochlea. 滑轮样的关节结构。

黄色的 Flavus (Yellow)

黄色的 Luteus (Yellow)

环形的，轮匝的 Orbicularis (Orbicular)

环状的 Cricoideus (Ring-shaped)

灰暗的 Fuscus (Dark)

灰色的 Cinereus

灰色的 Griseus (Gray)

回，脑回 Gyrus. 大脑半球表面圆形的隆起。

胡麻籽状的，籽骨的 Sesamoideus (Sesamoid)

呼吸作用 Respiratio，respirationis (Respiration)

集合体，聚合体 Aggregatus. 许多单体聚集成一团。

假的，伪的 Spurius (False)

降肌 Depressor (Depressor)

荐骨 Sacrum. 脊柱的一段，也是骨盆的一部。

间皮 Mesothelium. 衬于浆膜腔内表面。

剑状的 Xiphoideus (Xiphoid)

腱 Tendo (Tendon)

交感（神经）的 Sympathicus (Sympathetic)

胶状的 Gelatinosus (Gelatinous)

角，管，喇叭 Buccina

角 Cornu (Horn)

基部的，底层的 Basalis (Basal)

基底的 Basilaris (Basilar)

鸡 Gallus (Chicken，fowl)

棘的，棘突的 Spinalis

嵴 Crista (Crest)

接触的，触觉的 Tactilis (Tactile，touch)

结合的 Conjunctivus (Conjunctive)

接合，结合 Conjungatio (Conjugation)

结节 Tuberculum. 坚硬而圆的外部突起。

睫，纤毛 Cilium (Eyelash). 细胞表面可动的突出物。

胫骨的，胫侧的 Tibialis (Tibial)

颈静脉沟，轭状沟 Jugulum. 位于胸头肌、臂头

肌和胸降肌之间的凹窝。

静脉 Vena (Vein)

精液，精子 Sperma，spermatis (Sperm，semen，spermatozoa)

精液 Semen，seminis (Seminal fluid)，雄性生殖器官的分泌物，含有精子。

筋膜 Fascia. 位于皮下或肌下或肌肉周围的结缔组织膜。

颈 Collum (Neck)

臼，髋臼 Cotyla (Bowl)

基质，母质 Matrix，matricis. 构成基本结构的物质。

肌 Musculus (Muscle)

棘，棘突 Spina (Spine)

尖锐的 Acutus (Acute)

解剖，解剖学，结构 Anatomia (Anatomy)

卷曲盘绕的 Convolutus (Convoluted)

卷曲的，环绕的 Circumflexus，circumflex

锯齿状的 Serratus (Serrate)

锯齿状的 Denticulatus (Denticulate)

巨大的 Vastus (Vast)

咀嚼的 Masticatus (Chewed)

开大肌 Dilatator (Dilator)

开口 Ostium (Orifice)

可切的 Incisivus

髁 Condylus (Condyle)

孔 Foramen.

口，管口 Orificium (Orifice)

口，小孔 Stoma (Stomatis)

口 Os (Mouth)

髋 Coxa (Hip)

括约肌 Sphincter. 环形肌，使自然裂孔关闭。

可疑的 Ambiguus (Ambiguous)

肋 Costa (Rib)

泪 Lacrima (Tear)

棱柱，棱晶 Prisma，prismatis (Prism)

联合的 Associus (Associated)

两层间的，板障的 Diplois.

两分的，对裂的 Bifidus. 纵分成两部的。

联合 Symphysis. 两骨对称地由纤维软骨连接。

连接的，有关的 Connexus (Connected)

裂缝，裂隙 Interstitium (Interstice)

裂 Fissura (Fissure)

淋巴 Lympha (Lymph)

淋巴的 Lymphaticus (Lymphatic)

淋巴结 Lymphonodus (Lymph node)

菱形的 Rhis，rhinos (Rhomboid)

鳞状的 Squamosus (Squamous)．板状的或鳞片状的。

梨形的 Piriformis (Piriform)

粒，颗粒 Granulatio (Granulation)

立肌 Arrector

隆起，隆凸 Eminentia (Prominence)

隆凸 Prominens，prominentis (Prominent)

漏斗 Infundibulun．漏斗状的结构。

卵黄 Vitellus (Yolk)

卵子，卵 Ovum (Egg)

马的 Equinus，equine (Horse)

盲的，不通的 Cecus [Caecus] (Blind)

蔓状的 Pampiniformis (Tendril-like)

毛 Capillus．头发。

毛 Pilus (Hair)

毛样的 Capillaris (Capillary)

门，肝门 Porta．血管进入的部位。

门 Hilus．脉管和神经进出器官的凹陷处。

面，表面 Facies (Face，surface)

名词，名称 Nomen，nominis (Name)

迷走的 Vagus (Wandering)

磨盘 Mola (Millstone)

膜 Tunica (Tunic，coat)

迷行的 Aberrans (Aberrant)．偏离正常途径的。

母 Mater，matris (Mother)

囊，被膜 Capsula (Capsule)

囊膜，鞘 Theca

囊 Bursa．封闭的囊，内衬滑膜，含有液体。

囊 Saccus (Sack，pouch)

脑（脊）膜 Meninx，meningis (Meninges)

内膜 Intima．器官的最里层。

内皮 Endothelium．衬于心血管系统的内表面。

内脏 Viscus (Visceris)．Viscera 的单数形式，仅用
　　于复数场合。

内脏的 Splanchnicus (Splanchnic，visceral)

黏液 Mucus (Mucus)

黏液 Pituita (Glairy mucus)．黏稠的鼻液。

黏液的 Mucosus (Mucous)

尿 Urina (Urine)

颞 Tempus，temporis (Temple)

（内）收肌 Adductor．执行内收活动的肌肉。

膀胱的 Vesicalis (Vesical)

泡，腺泡，滤泡 Folliculus (Follicle)

袢 Ansa (Loop)

胚，胚胎 Embryo (Embryo)

胼胝的，硬的 Callosus (Callous)

平的，平坦的 Planus (Plane)

皮脂 Sebum

皮脂的 Sebaceus (Sebaceous)

皮质 Cortex．一个器官的外围部分。

皮，皮肤 Pellis (Pelt)．畜体表面带毛的皮肤。

破裂的 Lacer (Lacerated)

普通的，共同的 Communis (Common)

髂骨的 Iliacus (Iliac)

髂骨 Ilia，ilium (Hip bone)

腔，空洞 Caverna (Cavern)

腔的 Cavus.

腔隙，陷窝 Lacuna

前庭的 Vestibularis (Vestibular)

前足 Manus (Hand)．前肢的远端（"Manus"理应
　　如 "Pes" 被收录于第 5 版 N.A.V. 中）。

奇的，单的 Impar (Unpaired)

脐 Omphalos（希腊语）(Umbilicus，navel)

奇的，单的 Azygos (Unpaired)

切迹 Incisura (Notch)

切迹的 Incisus

憩室 Diverticulum．管状器官上向外突出的囊袋。

蚯蚓 Lumbricus (Earth worm)

球 Bulbus (Bulb)

球 Globus (Globe)

球状的 Spheroideus [Sphaeroideus] (Spherical)

起源 Geness (Origin)

颧的，颧骨的 Zygomaticus (Zygomatic)．与颧弓
　　有关的，接触颧骨的。

曲，弯 Flexura (Flexure)

躯干 Truncus (Trunk)

区，部位 Regio (Region)

屈肌 Flexor．使肢体成关节的两部相互靠近，与
　　伸肌相对。

韧带 Ligamentum．连接两个或多个骨或软骨的纤
　　维结缔组织带。

绒毛 Vellus (Flecece，wool，fur)

肉的 Carneus (Fleshy)

柔毛，胎毛 Lanugo (Wool，down)

柔软的，细微的 Pius (Tender，delicate)

柔软多汁的 Pulposus.

软的 Mollis (Soft)

软骨结合 Synchondrosis. 两骨由透明软骨或纤维软骨连接。

入口 Introitus (Entrance)

乳 Lac，lactis (Milk)

乳糜 Chylus. 肠道的淋巴液。

乳头 Mammilla (Nipple)

乳头 Papilla

乳突样的 Mastoideus (Mastoid)

腮 Branchia (Gills)

腮腺 Parotis，parotidis (Parotid)

筛状的 Cribriformis (Sieve-like)

三角形 Trigonum (Triangle)

三角形的 Delta (Triangular-shaped)

水的，水样的 Aquosus (Aqueous)

僧帽 Mitra (Miter). 罗马天主教教皇或大主教佩戴的高顶帽子。

色 Chroma (Color)

色素 Pigmentum (Pigment)

上腹部，腹上 Epigastrium. 腹的最前部。

山 Mons，montis (Mountain)

杓 Arytena [Arytaena]. 小汤勺。

射出的 Ejaculatorius (Ejaculatory)

舌骨的，舌骨形的，U字形的 Hyoideus (Hyoid)

肾的 Renalis (Renal)

升的，上行的 Ascendens (Ascending)

生命 Vita

生殖的，有生殖力的 Germinativus (Germinative)

生殖的 Genitalis (Genital)

神经 Nervus (Nerve)

神经节 Ganglion. 神经细胞的集合体。

神经元 Neuron (Nerve cell)

伸肌 Extensor. 使肢体的两部之间的角张大的肌肉，与屈肌相对。

神圣的 Sacer (Sacred)

肾 Nephros (Kidney)

舌下 Hypoglossus (Hypoglossal)

室，胃 Ventriculus (Ventricle)

十字的，交叉的 Cruciatus (Crossed)

视觉 Visus

首先的，第一的 Primus

首要的 Princeps，principis (Principal)

首要的 Capitalis (Capital)

束，径，道 Tractus. 由起始和终止相同的神经纤维构成的纤维束，执行相同的机能。

四个头的 Quadriceps，quadricipitis (Four-headed)

丝，细丝 Filamentum (Filament)

松果 Pinea (Pine cone)

双角的 Bicornis. 具有两个角的。

髓，髓质 Medulla. 柔软的骨髓样的结构。

缩肌 Constrictor (Constrictor)

梭形的 Fusiformis (Spindle-shaped)

胎，胎儿 Fetus (Fetus)

弹性的 Elasticus (Elastic)

天青色的 Ceruleus [Caeruleus] (Bluish)

提肌 Levator. 提举某结构的肌。

听觉 Auditus (Sense of hearing)

体 Corpus (Body or mass)

瞳孔的 Pupillaris (Pupillary)

头的 Capitatus

头的 Cephalicus，cephalic (Cranial)

透明的，清亮的 Lucidus (Clear)

透明的，玻璃样的 Hyalinus (Hyalin/hyaline)

透明的 Pellucidus (Pellucid)

投射 Projectio，projectionis (Projection)

凸的 Convexus (Convex)

臀部的 Gluteus [Glutaeus] (Glutael)

臀 Clunis (Buttock)

脱落的 Deciduus，deciduous，短暂的，最终会脱落的。

椭圆的 Ellipsoideus (Ellipsoidal)

突起 Processus

桶状物 Alveolus (Bucket)

外周部，周边部 Peripheria (Periphery)

外周的，周边的 Peripheralis (Peripherae)

豌豆状的 Pisiformis (Pisiform)（豌豆骨即副腕骨）

网 Rete. 复数形式为 Retia。

尾骨 Coccyx (Tail bone)

纹状的 Striatus (Striate，striped)

窝，凹 Fovea. 表面的自然凹陷。

窝，凹 Fossa. 低于表面的凹陷。

涡状的 Vorticisus (Vorticose)

（外）展的 Abductus. 远离正中矢状面的。

（外）展肌 Abductor. 执行外展活动的肌肉。

小动脉 Arteriola (Arteriole)

先天的 Congenitus (Congenital)

纤维 Fibra (Fibre)

纤维软骨 Fibrocartilago (Fibrocartilage)

涎，唾液 Saliva (Spit)

线 Linea (Line)

腺的 Glandular

小的 Parvus

小的 Minor

小隔 Septulum.

小管 Canaliculus

小管 Ductulus (Ductule)

小管 Tubulus (Tubule)

小骨 Ossiculum (Ossicle)

小角状的 Corniculatus. 角状的。

小球 Glomerulum (Glomerule). 由一团毛细血管构成的复合体。

小体 Corpusculum (Corpuscle)

下行的，降的 Descendens (Descending)

峡 Isthmus. 一个结构两部间缩窄的部分。

细胞，小房 Cellula

细胞 Cella (Cell)

细的，薄的 Tenuis (Thin)

斜的 Obliquus (Oblique)

斜角的，阶梯状的 Scalenus (Stairs-like)

斜坡，山坡 Declive，declivis (Declivity)

心的，贲门的 Cardiacus (Cardiac)

星 Stella (Star)

新月形的 Lunatus (Sichle-moon shaped)

星状的 Stellatus (Stellate)

胸，胸廓 Thorax，thoracis (Chest)

嗅觉 Olfactus

细支气管 Bronchulus (Bronchule)

隙，间隙 Spatium (Space)

腺泡 Acinus. 葡萄状的结构。

杏仁 Amygdala (Almond)

悬挂的 Suspensus (Suspended)

旋后的 Supinus.

旋后肌 Supinator. 将前足外缘向掌侧旋转的肌肉。

旋前肌 Pronator. 使前足外缘向背侧旋转。

血管的 Vascularis (Vascular)

血清 Serum. 血液的液体成分。

血 Sanguis，sanguinis (Blood)

压肌，压器 Compressor (Compressor)

压迹 Impressio (Impression)

眼的 Ophthalmicus (Ophthalmic)

岩石样的 Petrosus (Petrous)

岩，石 Petra (Rock)

腰带，带 Zona (Zone)

叶 Lobus (Lobe)

阴部的，外阴的 Pudendus (Pudenal). 与外阴有关的，特别指雌性的阴部。

阴道 Vagina. 雌性生殖道，位于子宫和阴门之间。

隐的 Occultus (Occult)

硬的 Durus (Hard)

营养的，滋养的 Nutricius (Nutrient)

阴茎的 Phallus (Penis)

阴毛 Pubes. 生殖器上的毛。

隐窝 Recessus.

乙状的，S形的 Sigmoideus (Sigmoid)

翼状的 Pterygoideus

翼 Pterygma，pterygmatis (Wing)

永久的，经常的 Permanens，permanentis (Permanent)

游离的，自由的 Liber (Free)

缘 Limbus (Edge，border). 器官的边缘。

缘 Margo (Border)

圆的 Rotundus (Round)

圆的 Teres，teretis (Round)

原纤维，纤丝 Fibrilla (Minute filament)

晕，小区 Areola

运动，肌 Motor. 能够产生运动的结构。

营养的，滋养的 Alimentaris (Alimentary)

杂种 Hybrida (Hybrid)

肘 Ancon，anconis (Ellbow)

脂肪 Adeps，adipis (Fat)

张肌 Tensor. 能紧张或拉伸某结构的肌肉。

盏 Calix (Cup)

真的 Verus

正面的，额面的 Frontalis (Frontal)

枕骨的，枕部的 Occipitalis (Occipital)

知觉，意识 Sensorium (Consciousnes)

致密的 Compectus (Compect)

支 Ramus (Branch)

支持带 Retinaculum. 固定带或韧带。

直的 Rectus (Straight)

肢杆 Zeugopodium. 骨骼的一部，包括前肢的桡骨和尺骨，或后肢的胫骨和腓骨。

肢枝 Autopodium. 该区包括腕/跗、掌/跖和指/趾。

肢枝基 Basipodium. 该区包括腕/跗。

肢枝梢 Metapodium. 为含有掌骨/跖骨的区域。

肢枝尖 Acropodium. 为含有指［趾］节骨的区域。

肢柱 Stylopodium. 骨骼的一部，在前肢指肱骨，在后肢指股骨以及髌骨。

汁，液 Succus (Juice)

指［趾］的 Digitalis (Digital)

中隔，间隔 Septum. 将一个团块或腔体分隔为两部的隔板。

终末的 Terminalis (Terminal)

中央的，中心的 Centralis (Central)

舟，小船 Navicula (Boat)

状态 Status (State)

转子 Trochanter. 股骨颈以下的2~3个突起之一。

锥体 Pyramis (Pyramid)

柱的 Stylus (Style)

自主的 Autonomicus (Autonomic)

黏连的，附着的 Affixus

纵隔 Mediastinum. 一个器官或腔体两部间的隔断。

足的，脚的 Pedalis (Pedal)

最长的 Longissimus

最宽阔的 Latissimus (Broadest)

最下的 Imus (Lowest)

坐骨 Ischium (Seat，buttock)

坐骨的 Ischiadicus (Sciatic)

祖先 Atavus (Ancester)

蛛网 Arachne (Spider)

四、特殊用语 TERMINI PECULIARES. 每一章的特殊用语。

（一）骨学 OSTEOLOGIA (Osteology)

骨骼系统 Systema skeletale (Skeletal system)

骨部 Pars ossea (Osseous part)

外骨膜 Periosteum. 骨外面的结缔组织层。

内骨膜 Endosteum. 衬贴于骨髓腔内表面的结缔组织层。

皮质 Substantia corticalis (Cortical substance)

密质 Substantia compecta (Compect substance)

松质 Substantia spongiosa (Spongy substance) 多孔的，有许多小梁。

软骨部 Pars cartilaginea (Cartilaginous part)

软骨膜 Perichondrium. 软骨外面的结缔组织层。

中轴骨骼 Skeleton axiale (Axial skeleton)

四肢骨骼 Skeleton appendiculare (Appendicular skeleton)

长骨 Os longum (Long bone)

短骨 Os breve (Short bone)

扁骨 Os planum (Flat bone)

不规则骨 Os irregulare (Irregular bone)

含气骨 Os pneumaticum (Pneumatic bone)

籽骨 Os sesamoideum (Sesamoid bone)

骨干 Diaphysis. 长骨的骨干。

干骺端 Metaphysis. 骨干的略展开的端，在此钙化的软骨被骨代替。

干骺软骨 Cartilago physialis (Physial cartilage). 指在动物成长期骺与干骺端之间正在生长的和钙化的可透过射线的软骨板。

干骺线 Linea Physialis (Physial line). 指在骨停止生长后，由骺融入到干骺端而成的一层不透射线的致密骨质，为干骺软骨的遗迹。

骺 Epiphysis. 长骨的端。

骺软骨 Cartilago epiphysialis. 完全包围次级骨化中心。（这一名词的含义已经从原来的改成了现有的被骨骼研究者认同的概念：骺软骨无论从组织学结构和机能上都不同于关节软骨和干骺软骨）

关节软骨 Cartilago articularis. 见骨连结部分。

初级骨化中心 Centrum ossificatanis primarium. 位于长骨骨干内。

次级骨化中心 Centrum ossificatanis secundarium. 位于骺内。

骨性结合，骨性连结 Synostosis. 骨与骨之间的骨性连结。

骨突 Apophysis. 缺乏独立的骨化中心的骨的突起。

关节面 Facies articularis (Articular surface)

髓腔 Cavum medullare (Medullary cavity)

黄骨髓 Medulla ossium flava (Yellow bone marrow)[1]

红骨髓 Medulla ossium rubra (Red bone marrow)[1]

滋养孔 Foramen nutricium (Nutrient foramen)

滋养管 Canalis nutricius (Nutrient canal)

1）：存在第3种类型的骨髓，灰骨髓或胶状骨髓，未被收录入第5版 N.A.V. 中，属于一种出现于面骨和颅顶的正常的脂肪少的骨髓。在非常老的或极其消瘦的个体也出现于其他骨。

（二）关节学 ARTHROLIGIA (Arthrology)

骨连结 ARTICULATIONES (Articulations). 是对所有骨连结的统称，包括纤维连结、软骨连结和滑膜连结〔还有另外一种骨连结，称为肌肉连结 (Synsarcosis)，意味着骨与骨之间仅有软组织，比如肌肉及其附属结构筋膜、腱膜等连接，典型的如前肢骨与中轴骨的连接〕

纤维连结 Articulationes fibrosae (Fibrous articulations)

韧带连结 Syndesmosis. 相连接的两骨相距较远，由韧带来连接。

缝 Sutura (Suture)

　锯状缝 Sutura serrata. 呈深的锯齿样缺口。

　鳞缝 Sutura squamosa. 呈鱼鳞状并呈覆瓦状覆盖。

　叶状缝 Sutura foliata. 兼具锯状缝和鳞缝的特点。

　平缝 Sutura plana. 相邻两骨以加厚的直的粗糙或平滑边缘缝接在一起。

　夹合缝 Schindylesis. 一骨的锐缘突入另一骨裂隙状的边缘中。

嵌合 Gomphosis [Articulatio dentoalveolaris]. 指齿嵌入齿槽的连接形式。

齿周膜 Peridontium. 围绕齿根的结缔组织，将齿固着于齿槽内。

软骨连结 Articulationes cartilagineae (Cartilaginous articulations)

软骨结合 Synchondrosis. 被连接的骨通过透明软骨（初级软骨结合，可发生骨化）或纤维软骨（次级软骨结合，不发生骨化）连接起来。

联合 Symphysis. 两侧对称性的相邻骨借助一个易于骨化的纤维软骨片连接。

滑膜连结 Articulationes synoviales (Synovial articulations). 动关节。（以 Articulationes synoviales 代替了以前的名词动关节 Diarthrosis 和关节 Articulus）

单关节 Articulatio simplex (Simple articulation)

复关节 Articulatio composita (Composite articulation). 两个以上的骨形成的关节。

平面关节 Articulatio plana (Plane articulation)

球窝〔杵臼〕关节 Articulatio spheroidea [Sphaeroidea, cotylica] (Spheroidal [socket] articulation or enarthrosis)

椭圆关节 Articulatio ellipsoidea (Ellipsoidal articulation)

屈成关节 Ginglymus (Hinge articulation, or trochlearthrosis)

髁状关节 Articulatio condylaris (Condylar articulation)

车轴关节 Articulatio trochoidea (Trochoid (pivoting) articulation)

鞍状关节 Articulatio sellaris (Saddle articulation)

关节软骨 Cartlago articularis (Articular cartilage)

滑膜窝（有蹄类）Fossae synoviales. 仅见于有蹄类。

关节腔 Cavum articulare (Articular cavity)

关节盘 Discus articularis (Articular disk)

关节半月板 Meniscus articularis (Articular meniscus)

关节唇 Labrum articulae. 关节的由纤维软骨构成的唇状结构。

关节囊 Capsula articularis (Articular capsule)

　纤维层 Stratum fibrosum (Fibrous layer)

　滑膜层 Stratum synoviale (Synovial layer)

　滑膜襞〔褶〕Plica synovialis (Synovial fold)

　滑膜绒毛 Villi synoviales (Synovial villi)

　滑液 Synovia (Synovial fluid)

韧带 Ligamenta (Ligaments)

　囊外韧带 Ligg. Extracapsularia (Extracapsular ligaments). 不与关节囊接触。

　囊韧带 Ligg. Capsularia (Capsular ligaments). 在关节囊外，为关节囊纤维层的增厚部分。

　囊内韧带 Ligg. Intracapsularia (Intracapsular ligaments). 在关节囊内，但与关节囊隔开。

（三）肌学 MYOLOGIA (Myology). 关于骨骼肌 (Skeletal)、横纹肌 (Striated)、随意肌 (Voluntary) 的内容。

肌 Musculus (Muscle)

头 Caput (Head) 肌腹的附着于起点的部分。

腹 Venter (Bully)

尾 Cauda (Tail)

肌内膜 Endomysium. 细微的结缔组织膜，包在每一肌纤维的外面。

肌外膜 Epimysium. 包在整个肌器官外面的纤维结缔组织。

肌束膜 Perimysium. 包在每一束肌纤维外面的纤维结缔组织鞘。

梭形肌 Musculus fusiformis (Fusiform muscle)

方形肌 Musculus quadratus (Quadrate muscle)

三角形肌 Musculus triangularis (Triangular muscle)

板状肌 Musculus planus (Flat muscle)

半羽肌 Musculus unipennatus (Unipennate muscle)

羽肌 Musculus bipennatus (Bipennate muscle)

多羽肌 Musculus multipennatus (Multipennate muscle)

屈肌 Musculus flexor (Flexor muscle)

伸肌 Musculus extensor (Extensor muscle)

展肌 Musculus abductor (Abductor muscle)

收肌 Musculus adductor (Adductor muscle)

回旋肌 Musculus rotator (Rotator muscle)

旋前肌 Musculus pronator (Pronator muscle)

旋后肌 Musculus supinator (Supinator muscle)

开大肌 Musculus dilatator (Dilator muscle)

张肌 Musculus tensor (Tensor muscle)

降肌 Musculus depressor (Depressor muscle)

提肌 Musculus levator (Levator muscle)

缩肌 Musculus retractor (Retractor muscle)

前引肌 Musculus protractor (Protractor muscle)

括约肌 Musculus sphincter (Sphincter muscle)

轮匝肌 Musculus orbicularis (Orbicularis muscle). 一端或两端有腱的环形肌。

关节肌 Musculus articularis (Aeticular muscle)

骨骼肌 Musculus skeleti (Skeletal muscle)

起点 Origin (Origin). 肌肉附着点中更近或位置变化幅度较小的[1]。

止点 Terminatio (Termination or insertion). 肌肉附着点中更远或位置变化幅度较大的[1]。

　　[1]: 一些参与推进、举起以及某些性活动的肌肉被称为可转换作用的肌肉，它们的起点和止点在不同情况下可以互换，对于这样一些肌，使用远、近、前、后等附着点替代"起点"和"止点"就更为恰当（比如臂二头肌、半腱肌、半膜肌、腰大肌、腰小肌、臂三头肌等）。

皮肌 Musculus cutaneus (Cutaneous muscle)

腱 Tendo (Tendon)

腱束膜 Peritendineum. 为肌束膜的延续。

腱内膜 Endotendineum. 为肌内膜的延续。

腱外膜 Epitendineum. 为肌外膜的延续。

腱膜 Aponeurosis. 扁平宽阔的腱。

筋膜 Fascia. 纤维结缔组织构成的板层，在皮下包裹身体以及肌或肌群。

腱划 Intersectio tendinea (Tendinous intersection)

腱弓 Arcus tendineus (Tendinous arch)

腱纤维鞘 Vagina fibrosa tendinis (Fibrous tendon sheath)

腱滑膜鞘 Vagina synovialis tendinis (Synovial sheath)（译者注：也称腱黏液鞘；通常概念上的腱鞘包含两部分，即腱纤维鞘和腱滑膜鞘，在某些部位可能仅有纤维鞘，或者纤维鞘的功能由另外的结构，比如伸肌或屈肌支持带代替，则该处所指的腱鞘主要是腱滑膜鞘，因此在各论中将出现多种名称）

腱系膜 Mesotendineum (Mesotendon). 腱滑膜鞘与腱之间的连系部，供应腱的脉管和神经经此进入腱。

肌滑车 Trochlea muscularis (Muscular trochlea)

滑膜囊 Bursa synovialis (Synovial bursa)（译者注：也称滑液囊或黏液囊；关节附近的个别滑膜囊可与关节囊相通）

滑膜囊和滑膜鞘 BURSAE ET VAGINAE SYNOVIALES (Synovial bursae and sheaths)

皮下滑膜囊 Bursa synovialis subcutanea (Subcutaneous synovial bursa)

肌下滑膜囊 Bursa synovialis submuscularis (Submuscular synovial bursa)

筋膜下滑膜囊 Bursa synovialis subfascialis (Subfascial synovial bursa)

腱下滑膜囊 Bursa synovialis subtendinea (Subtendinous synovial bursa)

韧带下滑膜囊 Bursa synovialis subligamentosa (Subligamentous synovial bursa)

腱滑膜鞘 Vagina synovialis tendinis. 腱滑膜鞘以两层结构包绕腱，在两层间含有滑液，两层之间在腱系膜处相连。

（四）内脏学 SPLANCHNOLOGA (Splanchnology)

黏膜 Tunica mucosa (Mucous membrane). 另见 pp.150，186

黏膜固有层 Lamina propria mucosae

黏膜肌层 Lamina muscularis mucosae. 非常薄的一层平滑肌，为黏膜最深层。另见 pp.152，160~164，188

黏膜下组织 Tela submucosa. 在黏膜下的疏松结缔组织。另见 pp.150, 152, 160, 162, 164, 188, 189

肌织膜 Tunica muscularis. 肌性套膜。另见 pp.160~164, 198, 202, 204, 210, 214, 216, 220

纤维膜 Tunica fibrous (Fibrous coat). 另见 p.170

白膜 Tunica albuginea. 睾丸和卵巢白色无扩张性的被囊。另见 pp.200, 212

外膜 Tunica adventitia. 结缔组织构成的外膜。另见 pp.152, 168, 196, 202, 204, 216, 220

浆膜下组织 Tela subserosa. 浆膜下一层疏松结缔组织和脂肪。另见 pp.160, 162, 164, 170

浆膜 Tunica serosa (Serous membrane). 另见 pp.160~164, 170, 178, 198, 202, 214, 216, 226, 412

实〔主〕质 Parenchyma. 腺体或器官的特异细胞和成分，受间质支持。另见 pp.204, 230

间质 Stroma. 构成器官、腺体或其他结构内的支架，支持实质。

腺 Glandula (Gland). 另见 p.174

叶 Lobus (Lobe). 器官进一步划分为叶。

小叶 Lobulus (Lobule). 叶进一步划分为多个小叶。

黏液腺 Glandula mucosa (Mucous gland)

浆液腺 Glandula serosa (Serous gland)

浆液黏液腺 Glandula seromucosa (Seromucous gland)

（五）脉管学 ANGIOLOGIA (Angiology)

侧副管 Vas collaterale (Collateral vessel)

吻合管 Vas anastomoticum (Anastomosing vessel)

血管丛 Plexus vasculosus (Vascular plexus)

异〔怪〕网 Rete mirabile. 在动脉或静脉径路上插入的脉管网。

动脉 Arteria (Artery)

小动脉 Arteriola (Arteriole)

动静脉吻合 Anastomosis arteriovenosa (Arteriovenous anastomosis)

动脉弓 Arcus arteriosus (Arterial arch)

静脉弓 Arcus venosus (Venous arch)

动脉网 Rete arteriosum (Arterial network)

关节血管环 Circulus articularis vasculosus (Vascular articular circle)

静脉 Vena (Vein)

皮静脉 Vena cutanea (Cutaneous vein)

伴行静脉 Vena comitans (Accompanying vein)

小静脉 Venula (Venule)

静脉瓣 Valva venosa

静脉瓣 Valvula venosa (Venous valvule)（译者注：具体指一片瓣膜）

静脉丛 Plexus venosus

静脉网 Rete venosum

静脉窦 Sinus venosus

导静脉，导血管 Vena emissaria.

毛细血管 Vas capillare [Vas haemocapillare，hemo.] (Capillary)

淋巴管 Vas lymphaticum (Lymphatic vessel)

毛细淋巴管 Vas lymphocapillare

淋巴管瓣 Valva lymphatica

淋巴管瓣 Valvula lymphatica (Lymphatic valvule)（译者注：具体指一片瓣膜）

淋巴管丛 Plexus lymphaticus (Lymphatic plexus)

淋巴结 Lymphonodus [Nodus lymphaticus] (Lymph node)

淋巴小结 Lymphonodulus [Nodulus lymphaticus] (Lymphatic nodule)（译者注：也称淋巴滤泡）

血淋巴结（反刍动物）Lymphonodus hemalis [haemalis]. 具有与脾相似的淋巴组织，其窦内通常含有红细胞。

池 Cisterna. 作为存储处的腔。

外膜 Tunica externa (External coat)

中膜 Tunica media (Middle coat)

内膜 Tunica intima (Intima coat)

脉管壁血管 Vasa vasorum. 分布于血管壁的小动脉。

血 Sanguis (Blood)

淋巴 Lympha (Lymph)

（六）神经系统 SYSTEMA NERVOSUM (Nervous system)

1. 中枢神经系统 SYSTEMA NERVOSUM CENTRALE (Central nervous system)

白质 Substantia alba (White substance)

灰质 Substantia grisea (Gray substance)

胶状质 Substantia gelatinosa (Gelatinous substance)

组织带 Tenia [Taenia] telae. 沿脑室边缘分布的带状结构，供脉络组织或脉络丛附着。（译者注：在侧脑室也称脉络带，在丘脑也称丘脑带）

室管膜 Ependyma. 衬于脊髓中央管或脑室内表面的细胞性的膜。

上皮板〔神经板〕Lamina epithelialis (Epithelial lamina)

界沟 Sulcus limitans (Limiting groove)

翼板 Lamina alaris

基板 Lamina basalis

脑神经核 Nuclei nervorum cranialium

起始核 Nuclei originis

终止核 Nuclei terminationis

2. 外周神经系统SYSTEMA NERVOSUM PERIPHERICUM (Peripheral nervous sysfem)

神经 Nervus (Nerve)

神经节 Ganglion. 由中枢系统以外的神经元胞体聚集而成，也指某些脑内的核团。

交通支 Ramus commuicans (Communicating branch)

肌支 Ramus muscularis (Muscular branch)

皮神经 Nervus cutaneus (Cutaneous nerve)

关节神经 Nervus articularis (Articular nerve)

血管的神经 Nervus vascularis (Vascular nerve)

动脉周丛 Plexus periarterialis (Periarterial plexus)

脊神经丛 Plexus nervorum spinalium. 由脊神经构成的丛。

3. 自主神经系统SYSTEMA NERVOSUM AUTONOMICUM (Autonomic nervous system)

自主丛 Plexus autonomici (Autonomic plexuses)

自主丛神经节 Ganglia plexuum autonomicorum. 自主神经丛的神经节。

自主神经节 Ganglia autonomica (Autonomica ganglia)

（七）感觉器ORGANA SENSUUM (Sens organs)

（八）被皮INTEGUMENTUM COMMUNE (Common integment)

附录Ⅲ

Ammon——用于称谓海马沟，见p.450.17
　　——用于称谓海马结节，见p.450.21
　　——在p.450.19，p.450.20，p.452.10，p.460.30
　　均使用了"ammonis"，源自人名"Ammon"

Bechterew——用于称谓前庭前核，见
　　p.420.10，p.424.22

Broca——用于称谓斜角板，见p.452.25

Burdach——用于称谓楔束，见p.416.4，
　　p.418.12，p.422.5
　　——用于称谓楔束内侧核，见p.420.20
　　——用于称谓楔束外侧核，见p.420.21

Cajal——用于称谓间位核，见p.434.6
　　——用于称谓下丘脑腹内侧核，见p.440.3

Deiter——用于称谓前庭外侧核，见p.420.12，
　　p.424.24

Edinger-Westphal——用于称谓动眼神经副交
　　感核群，见p.434.3

Forel——用于称谓腹侧交叉，见p.434.14

Flechsig——用于称谓脊髓小脑背侧束，见
　　p.416.10，p.422.12

Ganser——用于称谓视上背侧联合，见
　　p.440.22

Goll——用于称谓薄束，见p.416.3，p.418.14，
　　p.422.4
　　——用于称谓薄束核，见p.420.19

Gowers——用于称谓脊髓小脑腹侧束，见
　　p.416.9，p.422.13

Gratiolet——用于称谓视辐射，见p.458.21

Gudden——用于称谓被盖核群，见p.434.5
　　——用于称谓视上腹侧联合，见p.440.23

Lancisi——用于称谓外侧纵纹，见p.450.10
　　——用于称谓内侧纵纹，见p.450.11

Larsell——用于称谓小脑各叶，见p.426.23，
　　p.428.2~12，p.428.14~23，p.428.25~27

Lissauer——用于称谓背外侧束，见p.416.16

Luschka——用于称谓第4脑室外侧孔，见
　　p.430.28

Luys——用于称谓底丘脑核，见p.442.13

Magendie——（用于称谓第4脑室正中孔），
　　见p.430.29

Marburg——用于称谓舌下神经前置核，见
　　p.418.23

Meynert——用于称谓背侧交叉，见p.434.13
　　——用于称谓后屈束，见p.436.10，p.446.11
　　——用于称谓视上腹侧联合，见p.440.23

Monakow——用于称谓红核脊髓束，见
　　p.416.15，p.422.22，p.426.6

Monroe——用于称谓室间孔，见p.436.18，
　　p.460.22

Pacchioni——用于称谓蛛网膜粒，见p.462.24

Purkinje——用于称谓小脑皮质分子层，见
　　p.428.34
　　——用于称谓小脑皮质梨状神经元层，见
　　p.428.35

Reissner——用于称谓Reissner丝，见p.436.17

Rolando——用于称谓脊髓胶状质，见p.414.32

Roller——用于称谓前庭后［降］核，见
　　p.420.13，p.424.25

Schutz——用于称谓背侧纵束，见p.426.14

Schwalbe——用于称谓前庭内侧核，见
　　p.420.11，p.424.23

Soemmerring——用于称谓黑质，见p.434.24

Staderini——用于称谓中介［闰］核，见
　　p.418.22

Stilling——用于称谓红核，见p.434.9

Stilling-Clarke——用于称谓胸核，见p.414.33

Sylvius——用于称谓中脑［大脑］水管，见
　　p.432.19，以及此后出现的所有带"Sylvian"的
　　名词都与"Sylvius"有关。

Vicq d'Azyr——用于称谓乳头丘脑束，见
　　p.442.7

参考文献
（按原著格式排版）

Acheson GH. The topographical anatomy of the smooth muscle of the cat's nictating membrane. Anat Rec 1938; 71:297

Arey LB.Developmental Anatomy.7th ed.Philadelphia: Saunders;1965

Backhouse KM, Butler H. The gubernaculum testis of the pig. J Anat 1960; 94:107

Bacsich P, Chrisholm IA, Gellért A et al. On the presence of a reptilantype conus papillaris in the eye of the Golden Hamster. J Anat 1965; 99:195

Barone R. Anatomie comparée des mammifères domestiques. Tome 3 Splanchnologie Fascicule premier Appareil Digestif – Appareil Respiratoire, Laboratoire d'Anatomie. Lyon: École Nationale Vétérinaire Lyon; 1976:271

Barone R. Anatomie comparée des mammifères domestiques. Tome 1 Ostéologie. Paris: Vigot Frères; 1999

Barone R. Anatomie comparée des mammifères domestiques, Tome 2 Arthrologie et myologie. Paris: Vigot Frères; 1999a:333

Barone R. Anatomie comparée des mammifères domestiques. Tome 2 Arthrologie et myologie. Paris: Vigot Frères; 2000

Blom E, Christensen NO. Cysts and cyst-like Formations in the Genitals of the Bull. Yearbook 1958. Copenhagen: Roy. Vet. and Agr. College Copenhagen; 1958:101

Blom E, Christensen NO. The etiology of spermiostasis in the bull. Nord Vet. Med 1960;12: 453

Casteleyn CR, Breugelmans S, Simoens P et al. Morphological and immunological characteristics of the bovine temporal lymph node and hemal node. Vet Immunol and Immunopathol 2008; 126:339–350

Constantinescu GM, Brown EM, McClure RC. Accessory parotid lymph nodes and hemal nodes in the temporal fossa in three oxen. Cornell Vet 1988; 78: 147–154

Constantinescu GM, Green EM, McClure RC. Block anesthesia of cranial nerves in the horse (landmarks, approaches, topographic anatomy and the technique of anesthesia). Rev Rom Med Vet 1994; 4 (1):48–67

Constantinescu GM. Block anesthesia of cranial nerves in the ruminants. Anatomy,landmarks, and approaches. Rev Rom Med Vet 1995; 5 (3):279–294

Constantinescu GM, Green EM. The cutaneous areas and the clinical applications of the nerve block anesthesia of the cranial nerves in the horse. Rev Rom Med Vet 1995; 5 (1):57–66

Constantinescu GM. The Rhomboideus Atlantis M. should be listed in the Nomina Anatomica Veterinaria as a specific muscle of the pig. July 1991, Annual Meeting and Scientific Session of American Association of Veterinary Anatomists, Pullman, Washington. Anat Hist Embryol 1996; 25:218–219

Constantinescu GM, Radu CN, Cotofan V. Retrospective and comments on the acropodial fasciae in the horse. August 1994, XXth Congress of the European Association of Veterinary Anatomists, Zurich, Switzerland. Anat Histol Embryol 1997; 26:64

Constantinescu GM. Guide to regional ruminant Anatomy based on the Dissection of the Goat. Amos, Iowa: Iowa State University Press;2001

Constantinescu GM. Clinical Anatomy for Small Animal Practitioners. Amos, Iowa:Iowa State Press, a blackwell Publishing Company;2002

Constantinescu GM, Constantinescu IA. Clinical Dissection Guide for large Animals, Horse and large Ruminants. 2nd ed. Amos, Iowa: Iowa State Press, a Blackwell Publishing Company; 2004

Constantinescu GM, Wilson DA, Constantinescu IA. The anatomoclinical approach to the nerves of the pelvic limb of the horse for performing nerve block anesthesia. Wiener Tierarztliche Monatsschrift 2004; 91: 3,63–71

Constantinescu GM, Wilson DA, Constantinescu IA et al. The anatomoclinical approach to the nerves of the thoracic limb of the horse for performing nerve block anesthesia. Wiener Tierarztliche Monatsschrift 2004; 91: 2,30–41

Cornelissen BPM, Rijkenhuizen ABM, Kersten W et al. Nerve supply of the proximal sesamoid bone in the horse. The Veterinary Quarterly 1994; 16 (S2): 66–69. In: Cornelissen BPM. The equine proximal sesamoid bone, vascular and neural characteristics [Ph.D. thesis]. Utrecht; 1997

de Lahunta A, Habel RE. Applied Veterinary Anatomy. Philadelphia: Saunders;1986

De Schaepdrijver L, Simoens P, Princemaille J. De glans penis en glans clitoridis by het paard: enkele morfoligische aspecten met klinisch belang. Vlaams Dierg Tijdschr 1988; 57: 72

Dyce KM, Sack WO, Wensing CJG. Textbook of Veterinary Anatomy. 3rd ed. Philadelphia: Saunders;2002

Eichhorn EB, Boyden EA. The choledochoduodenal junction in the dog – a restudy of Oddi's sphincter. Am J Anat 1955; 97:431

Ellenberger W, Baum H. Handbuch der vergleichenden Anatomie der Haustiere. 18. Aufl. Berlin: Springer; 1943

Evans HE. Miller's Anatomy of the Dog. 3rd ed. Philadelphia: Saunders;1993

Evans HE, Christensen GC. Miller's anatomy of the dog. 2nd ed. Philadelphia: Saunders;1979

Evans HE,de Lahunta A.Miller's Anatomy of the Dog. 7th ed. Philadelphia: Saunders;2010

FCAT (Federative Committee on Anatomical Nomenclature). Terminologia Anatomica. International Anatomical Terminology.Stuttgart: Thieme; 1998:47

Feneis H, Dauber W. Pocket Atlas of Human Anatomy based on the international Nomenclature. 4th ed. Stuttgart: Thieme;2000

Garrett PD. Urethral recess in male goats, sheep, cattle, and swine. J Am Vet Med Ass 1987; 191: 689

Gasse H. Constantinescu GM. Simoens P et al. The Editorial Committee of ICVGAN) Nomina Anatomica Veterinaria 6th ed;2017

Geiger G. Die anatomischen Grundlagen des "Hymenalringes" beim Rinde. Tierärztl. Umschau 1954; 9:398

Gerisch D, Neurand K. Topographie und Histologie der Drüsen der Regio analis des Hundes. Anat Hist Emb 1973; 2:280

Getty R. Sisson and Grossman's The Anatomyof the Domestic Animals. 5th ed. Philadelphia: Saunders;1975

Ghetie V, Riga IT. Die funktionelle Struktur der Ligamenta collateralia am Ellbogen und Sprunggelenke des Pferdes. Anat Anz 1944/ 1945; 95: 271–285

Ghetie V. Anatomia Animalelor Domestice vol. I Aparatul locomotor. Ed Acad Rep Soc România 1971

Habel RE. Guide to the Dissection of Domestic Ruminants. 4th ed. Ithaca, N. Y: Published by the author;1989

Habermehl KH. Über besondere Randpapillen an der Zunge neugeborener Säugetiere. Z Anat Entw 1952; 116:355

Hart BL, Kitchell RL. External morphology of the erect glans penis of the dog. Anat Rec 1965; 152:193

Hebel R. Distribution of retinal ganglion cells in five mammalian species. Anat Embryol 1976; 150:45

Hertwig O. Entwicklungslehre des Menschen und

der Wirbeltiere.Jena:Fischer;1900

Hofmann R. Zur Topographie und Morphologie des Wiederkäuermagens in Hinblick auf seine Funktion [Dissertation]. Zbl Vet Med 1969; (Suppl.10)

Holz K. Vergleichende anatomische und topographische Studien über das Mittelohr der Säugetiere [Dissertation]. Berlin: Freie Universität Berlin;1931

Horowitz A, Kramer B, Sack WO. Atlas of musculoskeletal Anatomy of the Pig. Ithaca, N. Y.: Veterinary Textbooks;1982

Int. Committe on Vet. Gross Anat. Nomenclature. Nomina Anatomica Veterinaria. 6thed. Editorial Committee: Int. Committe on Vet. Gross Anat. Nomenclature;2017

Krage P. Präputium der Haussäugetiere[Dissertation]. Zürich: Vet. Med. Zürich;1907

Kratzing J. The structure of the vomeronasal organ in the sheep. J Anat 1971; 108:247

Lewin NA. Die Venenstruktur und der venöse Abfluß im Innenohr des Rindes und des Schafes. Wien tierärztl Mschr 1963; 50:888

McCarthy TC. Veterinary Endoscopy for the Small Animal Practitioner.Edinburgh: Elsevier Saunders; 2005:414

McCotter RE. The connection of the vomeronasal nerves with the accessory olfactory bulb in the opossum and other mammals. Anat Rec 1912; 6:299

McCotter RE. The Nervus terminalis in the adult dog and cat. J Comp Neurol 1913; 23:145

Nickel R, Schummer A, Seiferle E. Lehrbuch der Anatomie der Haustiere. Vol. I. Berlin: Parey; 1954

Nickel R, Schummer A, Seiferle E. Lehrbuch der AnatomiederHaustiere.Vol.IV.Berlin:Parey; 1992

Nickel R, Schummer A, Seiferle E. Lehrbuch der Anatomie der Haustiere.Vol.IV.Berlin:Parey; 1975

Nickel R, Schummer A, Seiferle E, Sack WO. The Viscera of the Domestic Mammals. 2nd ed. Berlin: Parey;1979

Popesko P. Atlas of topographical Anatomy of the Domestic Animals. Philadelphia:Saunders; 1971

Sack WO. Rooney's Guide to the Dissection of the Horse. 6th ed. Ithaca, N. Y.: Veterinary Textbooks;1991

Sack WO, Habel RE. Rooney's guide to the dissection of the horse. Ithaca, N.Y.: Veterinary Textbooks;1982

Schaller O. Der N. intercostobrachialis des Rindes. Wien tierärztl Mschr(Schreiber-Festschrift) 1960;292

Schmaltz R. Die Geschlechtsorgane. In: Ellenberger W, Hrsg. Handbuch der vergleichenden mikroskopischen Anatomie der Haustiere.Vol. II. Berlin: Parey;1911

Schreiber J. Der Bandapparat des Tarsus vom Schwein. Wien tierärztl Mschr 1961; 48:602

Shambaugh GE. Bloodstream in the labyrinth of the ear of dog and man. Am J Anat 1923; 32: 189

Simoens P, De Vos NR, Lauwers H. Illustrated anatomical nomenclature of the heart and the arteries of head and neck in the domestic mammals. Gent: Medelingen Fac. Diergeneeskunde Rijksuniv. Gent; 1978; 21:1

Simoens P, De Vos NR, Lauwers H. Illustrated anatomical nomenclature of the arteries of the abdomen, the pelvis, and the pelvic limb in domestic mammals. Gent: Medelingen Fac. Diergeneeskunde Rijksuniv. Gent; 1980; 25: II/1

Simoens P, De Vos NR, Lauwers H, Nicaise M. Illustrated anatomical nomenclature of the arteries of the thoracic limb in the domestic mammals. Gent: Medelingen Fac.Diergeneeskunde Rijksuniv. Gent; 1980; 22:1

Spreull JSA. Treatment of otitis media in the dog. J Small Anim Pract 1964; 5:107

Trautmann A, Fiebiger J. Fundamentals of the Histology of Domestic Animals. Ithaca, N. Y.: Comstock;1957

Vollmerhaus B. Zur vergleichenden Nomenklatur des lymphoepithelialen Rachenringes der Haussäugetiere. Zbl Vet Med 1959; 6:82

Waibl H, Herrmann J, Rehage J et al. Zur angewandten Anatomie des distalen "Vinculum tendinis" in der Fesselbeugesehnenscheide der Beckengliedmasse des Rindes, Dtsch Tierärztl Wschr 108, 233–280; 2001

Watson A. Vaginal ring and round ligament of the uterus in the female cat. Anat Hist Embryol 2009; 38: 319–320

Zietzschmann O, Krölling O. Lehrbuch der Entwicklungsgeschichte der Haustiere.Berlin: Parey;1955

索　引
（按汉语拼音字母排序）

C

K

P

Q

图书在版编目（CIP）数据

图解汉拉兽医解剖学名词：第4版/（美）乔戈·M.
康斯坦丁内斯库主编；刘为民等译. -- 北京： 中国农
业出版社， 2025. 1. -- ISBN 978-7-109-32362-9

Ⅰ. S852.1-61

中国国家版本馆CIP数据核字第2024X51S66号

图解汉拉兽医解剖学名词
TUJIE HAN LA SHOUYI JIEPOUXUE MINGCI

中国农业出版社出版
地址：北京市朝阳区麦子店街18号楼
邮编：100125
责任编辑：武旭峰　弓建芳
版式设计：小荷博睿　　责任校对：吴丽婷
印刷：北京通州皇家印刷厂
版次：2025年1月第1版
印次：2025年1月北京第1次印刷
发行：新华书店北京发行所
开本：889mm×1194mm　1/16
印张：42
字数：1215千字
定价：298.00元

版权所有·侵权必究
凡购买本社图书，如有印装质量问题，我社负责调换。

服务电话：010 - 59195115　010 - 59194918